U0259243

水力计算手册

第二版

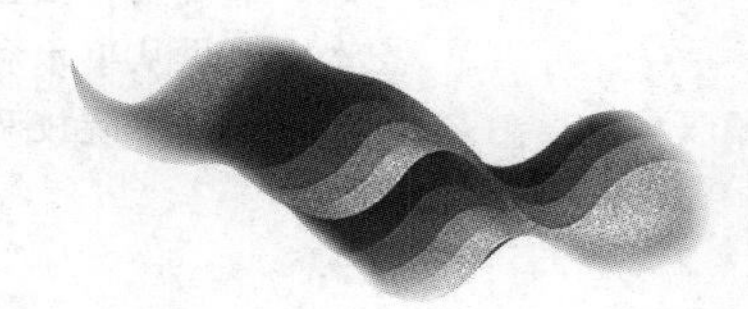

武汉大学水利水电学院
水力学流体力学教研室
李炜　主编

中国水利水电出版社
www.waterpub.com.cn

内 容 提 要

《水力计算手册（第二版）》，全面系统地汇述了水利水电工程水力设计中的计算公式、参数选择和计算方法等。

全书共分10篇，内容包括：管道及管网的水力计算；渠道的水力计算；堰闸、泄水建筑物、渠系建筑物、溢洪道和水工隧洞的过水能力、下游消能及其他相关的水力计算；河道的水力计算；渗流计算；水环境中污染物输移扩散的水力计算等。

本书与26年前出版的第一版相比，在内容上有了许多吐故纳新的修改和补充，在篇、章、节设置方面也更趋合理、周详，科技含量高，十分适于工程计算使用。

本书可供从事水利水电工程建设的设计、施工、管理及科研方面的技术人员使用，也可供有关高等院校和中等专业技术学校的师生使用参考。

图书在版编目（CIP）数据

水力计算手册/李炜主编．—2版．—北京：中国水利水电出版社，2006（2022.9重印）
ISBN 978-7-5084-2780-5

Ⅰ．水…　Ⅱ．李…　Ⅲ．水力计算-手册　Ⅳ．TV131.4-62

中国版本图书馆CIP数据核字（2005）第025894号

书　名	**水力计算手册（第二版）**
作　者	武汉大学水利水电学院水力学流体力学教研室　李炜主编
出版发行	中国水利水电出版社 （北京市海淀区玉渊潭南路1号D座　100038） 网址：www.waterpub.com.cn E-mail：sales@mwr.gov.cn 电话：（010）68545888（营销中心）
经　售	北京科水图书销售有限公司 电话：（010）68545874、63202643 全国各地新华书店和相关出版物销售网点
排　版	中国水利水电出版社微机排版中心
印　刷	北京印匠彩色印刷有限公司
规　格	184mm×260mm　16开本　37.5印张　889千字
版　次	1980年12月第1版 2006年6月第2版　2022年9月第7次印刷
印　数	31171—33170册
定　价	**150.00元**

《水力计算手册（第二版）》编写人员名单

主编：李　炜

统稿：李　炜　齐鄂荣

审稿：长江科学院

徐勤勤　朱光淬　金　峰　黄国兵

周　赤　吴昌瑜　卢金友

编写：武汉大学水利水电学院水力学流体力学教研室

编写人员：

第一篇　李　炜　　　第六篇　李　炜

第二篇　赵　昕　　　第七篇　徐孝平

第三篇　李　炜　　　第八篇　齐鄂荣

第四篇　李大美　　　第九篇　黄纪忠

第五篇　张晓元　　　第十篇　槐文信

前言（第二版）

武汉水利电力学院水力学教研室，在有关兄弟院校、科研和设计单位及水利出版社的支持帮助下，于1980年编写出版了《水力计算手册》。该书出版后，受到水利水电设计、施工、管理和科研部门的关注，得到了广泛的应用。

近年来，我国水利水电建设事业蓬勃发展。为满足读者的需要，中国水利水电出版社征求我们再版此书的意见。我们考虑到广大读者在使用此书时的反馈意见和建议；考虑近20年来，以计算技术为代表的科技的发展，以及水力学学科的进展，特别是许多研究新成果日臻成熟和被广泛采用的情况；也考虑到原书中一些成熟的内容和方法应加以保留，还有许多内容、方法等都要做较大的改动和补充，以适应水利水电工程建设和学科发展的需要等因素，故决定对本书进行修订后再版。

在修订时，我们充分考虑了水力学学科领域的一些新进展。例如在建筑物水力学方面，增加了窄缝式消能、宽尾墩式消能，以及隧洞消能中的孔板消能等新型消能工的水力计算；在空化空蚀方面，补充了在工程中得到广泛应用的空腔掺气减蚀措施（掺气槽），以及其他方面的新经验和新成果。

考虑到使用本手册的读者应已掌握了水力学的基本知识，故取消了第一版中有关水力学的基础知识部分，而将管道水力计算等一些内容加以充实，同时还增加了管道水击原理性的计算等方面的内容。由于第二版仍以介绍水利水电工程水力设计中的计算公式、参数选择和计算方法等

前言（第二版）

内容为主，又考虑到目前的使用者都具有较高的计算能力，故第二版取消了原书中的一些图表和例题。

由于计算技术的迅速发展和计算机的普遍使用，以及紊流模式理论的建立，使水力学从传统的空间一维计算为主发展到空间二维和三维流场的计算，水力计算中的数学模型、计算方法、程序设计和图形显示得到了很大的发展，形成了现代水力学的一个重要分支——计算水力学。鉴于本手册仍主要以空间一维水力计算为主，因此仅重点介绍一些应用计算机编程进行一维水力计算的基本原理和方法，同时引入了一些反映这些基本方法的计算程序，例如在管道和河道中非恒定流的计算。由于篇幅所限，对于较为简单的计算或试算，手册中并不罗列程序，读者可参照书中所述的有关计算的详细过程自行编制程序。由于利用计算机计算求解的方法可得到既快捷又比较精确的结果，故第二版删去了部分以查图表为主要手段的、较繁杂的手工计算方法。对于用计算机进行空间二维、三维水力计算所涉及的一些计算方法、网格剖分等原理性问题，本次修订中暂不介绍这方面的内容。

由于水环境保护和治理的需要，关于水环境问题的水力设计和计算研究发展很快，已形成现代水力学的另一个重要分支——环境水力学。在第二版中新增了这方面的内容，将污染物在水体中混合、输移和扩散的水力计算以及基本的水质模型单列一篇进行介绍。

第二版手册仍按面向工程中水力计算为主线来编写，全书共分十篇。第一篇为管道及管网的水力计算；第二篇

前言（第二版）

为渠道的水力计算；第三篇为堰闸泄流能力的计算；第四篇为泄水建筑物下游消能防冲的水力计算；第五篇为渠系建筑物的水力计算；第六篇为河岸式溢洪道的水力计算；第七篇为水工隧洞的水力计算；第八篇为河道的水力计算；第九篇为渗流计算；第十篇为水环境中污染物输移扩散的水力计算。

近20年来，水力学教研室的人员组成也发生了较大的变化，《水力计算手册》第一版的许多作者已离开了教研室，在编写第二版时，我们继承了他们的许多编写成果，对他们所做的贡献表示深切的谢意。

第二版手册由李炜任主编，并编写第一、三、六篇；赵昕编写第二篇；李大美编写第四篇；张晓元编写第五篇；徐孝平编写第七篇；齐鄂荣编写第八篇；黄纪忠编写第九篇；槐文信编写第十篇。全书由李炜、齐鄂荣统稿。

本书承蒙长江科学院徐勤勤、朱光淬、金峰、黄国兵、周赤、吴昌瑜、卢金友等专家的审阅，他们提出了许多宝贵的意见，对提高本书的质量起到很大作用，在此向他们表示衷心感谢。

我们要诚挚感谢中国水利水电出版社在出版手册第一版和第二版时所给予的大力支持，由于他们在编辑、制图、排版、校对、印刷等过程中精心而艰苦的工作，使手册得以更加完美地奉献给读者。

本书尚存在的问题和不足之处，敬请广大读者指正。

编者

2006年1月

前言（第一版）

本书介绍了中小型水利水电工程中经常遇到的水力计算方法和大型水利水电工程中的某些水力计算问题，并简要介绍了水力学的基本理论。在编写过程中，注意吸收国内外生产实践的经验和科学成果，力求反映我国水利建设的实际。为了便于应用，在安排上，部分篇章采用了以建筑物为中心，尽可能多列图表，并对某些较为复杂的计算内容附有算例。

在编写过程中，我们得到了许多单位的热情鼓励，在审稿会上，陕西省水利科学研究所、华北水利水电学院、大连工学院、电力部东北勘测设计院科研所、湖南省水利电力设计院、长江水利科学研究院、南京水利科学研究所、广东省水利水电科学研究所等单位的同志，对初稿提出了宝贵的意见，这对提高本书的质量起了很大的作用。此外，还有不少单位书面提供了意见和资料。这些热情的帮助使我们深受教育，也是我们在工作中的巨大动力，在此一并表示感谢。

参加本书编写工作的同志有：第一篇：梁在潮；第二篇：李炜、黄克中，农水系水工教研室谢景惠初期曾参加工作；第三篇：梁在潮、黄景祥，徐孝平、李步群初期曾参加部分工作；第四篇：李炜、陈菊清、梁在潮，水工水力学研究室胡诚义初期曾参加部分工作；第五篇：黄克中；第六篇：黄克中，郑邦民初期曾参加工作；第七篇：陈菊清、李炜；第八篇：徐正凡、黄景祥；第九篇：徐正

前言（第一版）

凡。全书由黄克中、梁在潮统稿。在编写本书初期，由我院副院长王宏硕教授直接领导，后来也不断得到他的大力支持。

本书存在的缺点错误和其他不足之处，请广大读者指正。

编　者

1979 年 8 月

目录

目录

目录

目录

目录

目录

目录

目录

目录

目录

目录

第一篇

管道及管网的水力计算

第一章 管流计算的基本公式

第一节 管 道 系 统

管道系统可分为简单管道和复杂管道。管道内径和沿程阻力系数不变的单线管道，称为简单管道；由两根以上管道组成的管道系统，称为复杂管道，例如，由内径不同的两根以上串联组成的串联管道，以及并联管道、枝状和环状管网等，都是复杂管道。

在管道系统中，局部水头损失只占沿程水头损失的5% ~10%以下，或管道长度大于1000倍管径时，在水力计算中可略去局部水头损失和出口流速水头，称为长管[1]；否则称为短管。在短管水力计算中应计算局部水头损失和管道流速水头。

液体完全充满输水管道所有横断面的流动，称为管流或有压流。管道系统的水力计算就是管流的计算。恒定管流水力计算的主要任务有：①确定管道系统满足输水流量的总水头或管道系统中水泵的扬程；②确定管道输水能力，即流量；③确定管径；④确定管道内任一断面的压强。在管流计算中，主要涉及到沿程水头损失和局部水头损失的计算。

第二节 恒定均匀管流的沿程水头损失

一、恒定均匀管流的沿程水头损失计算公式

1. 达西—魏斯巴哈公式

$$h_f = \lambda \frac{L}{d}\frac{v^2}{2g} \tag{1-1-1}$$

式中 h_f——管流的沿程水头损失；

L——管段的长度；

d——管道的内径；

v——管道过水断面的平均流速；

g——重力加速度；

λ——沿程水头损失系数。

或写成为

$$h_f = S_0 Q^2 L \tag{1-1-2}$$

式中 Q——管道输水流量；

S_0——比阻，即单位管长在单位流量下的沿程水头损失，s^2/m^6。对于圆管，

$$S_0 = \frac{8\lambda}{\pi^2 g d^5}$$

2. 谢才公式

$$v = C\sqrt{RJ} \tag{1-1-3}$$

式中 v——管道过水断面的平均流速；

R——管道过水断面的水力半径，对于圆管，$R=\frac{1}{4}d$；

J——水力坡度，在均匀管流中，$J=h_f/L$；

C——谢才系数，$C=\sqrt{\frac{8g}{\lambda}}$，其单位为 $m^{1/2}/s$。

或写成为

$$h_f = \frac{Q^2}{K^2}L \tag{1-1-4}$$

$$K = AC\sqrt{R}$$

式中 K——流量模数，其单位与流量相同。对于圆管，$K=\frac{\pi C d^{5/2}}{8}$。

显然，

$$S_0 = \frac{1}{K^2} \tag{1-1-5}$$

二、沿程水头损失系数的计算公式

1. 尼古拉兹试验曲线[2]

1933 年，尼古拉兹发表了其圆管人工加糙的阻力规律试验结果，见图 1-1-1。图中 λ 为沿程水头损失系数；Δ 为人工加糙高度；d 为圆管内径；Δ/d 称为管内壁相对粗糙度；Re 为雷诺数

$$Re = vd/\nu$$

式中 v——管内断面平均流速；

ν——流体的运动粘性系数（运动粘度），可由附录查出。

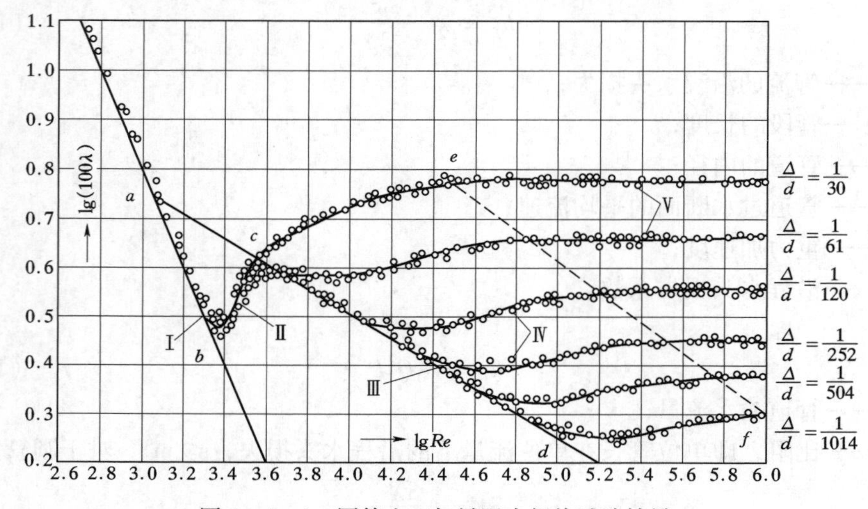

图 1-1-1 圆管人工加糙阻力规律试验结果

图1－1－1中：

第Ⅰ区——层流区（$Re<2000$）：

$$\lambda = \frac{64}{Re} \tag{1-1-6}$$

第Ⅱ区——层流转变为紊流的过渡区。

第Ⅲ区——水力光滑区：

$$Re < 10^5, \quad \lambda = \frac{0.3164}{Re^{1/4}} \tag{1-1-7}$$

$$Re > 10^5, \quad \frac{1}{\lambda} = 2\lg(Re\sqrt{\lambda}) - 0.8 \tag{1-1-8}$$

第Ⅳ区——紊流过渡区：

$$\frac{1}{\sqrt{\lambda}} - a\lg\frac{d}{2\Delta} = b\lg Re\sqrt{\lambda} + c \tag{1-1-9}$$

式中常数 a、b、c 的确定如下：

当 $\frac{\sqrt{\lambda}Re}{d/2\Delta} \leqslant 20$ 时，$a = 0, b = 2, c = -0.8$；

当 $20 < \frac{\sqrt{\lambda}Re}{d/2\Delta} \leqslant 40$ 时，$a = 0.870, b = 1.13, c = 0.33$；

当 $40 < \frac{\sqrt{\lambda}Re}{d/2\Delta} \leqslant 80$ 时，$a = 2.000, b = 0, c = 2.14$；

当 $80 < \frac{\sqrt{\lambda}Re}{d/2\Delta} \leqslant 400$ 时，$a = 2.588, b = -0.588, c = 3.25$。

第Ⅴ区——粗糙区（阻力平方区）：

$$\frac{1}{\sqrt{\lambda}} = 2\lg\left(3.7\frac{d}{\Delta}\right) \tag{1-1-10}$$

2. 实用管道的穆迪图[1]

对于实用管道，科尔布鲁克得出下列公式：

$$\frac{1}{\sqrt{\lambda}} = 1.74 - 2\lg\left(\frac{2\Delta}{d} + \frac{18.7}{Re\sqrt{\lambda}}\right) \tag{1-1-11}$$

式（1－1－11）适用于实用管道流动的水力光滑区、紊流过渡区和阻力平方区。式中 Δ 为实用管道内壁的当量粗糙度。对于一些常用的管道，其当量粗糙度可由表1－1－1查得。

为了计算方便，齐恩将式（1－1－11）改写成：

$$\frac{1}{\sqrt{\lambda}} = 1.14 - 2\lg\left(\frac{\Delta}{d} + \frac{21.25}{Re^{0.9}}\right) \tag{1-1-12}$$

穆迪将式（1－1－11）绘成图（俗称穆迪图，见图1－1－2）以便查用。

表 1-1-1 各种壁面当量粗糙度[3]

管道种类	加工及使用状况	Δ（mm）	
		变化范围	平均值
玻璃、铜、铅管、铝管	新的、光滑的、整体拉制的	0.001～0.01 0.0015～0.06	0.005 0.03
无缝钢管	1. 新的、清洁的、敷设良好的； 2. 用过几年后加以清洗的、涂沥青的、轻微锈蚀的、污垢不多的	0.02～0.05 0.15～0.3	0.03 0.2
焊接钢管和铆接钢管	1. 小口径焊接钢管（只有纵向焊缝的钢管）： （1）清洁的； （2）经清洗后锈蚀不显著的旧管； （3）轻度锈蚀的旧管； （4）中等锈蚀的旧管。 2. 大口径钢管： （1）纵缝和横缝都是焊接的； （2）纵缝焊接，横缝铆接，一排铆钉； （3）纵缝焊接，横缝铆接，二排或二排以上铆钉	 0.03～0.1 0.1～0.2 0.2～0.7 0.8～1.5 0.3～1.0 ≤1.8 1.2～2.8	 0.05 0.15 0.5 1.0 0.7 1.2 1.8
镀锌钢管	1. 镀锌面光滑洁净的新管； 2. 镀锌面一般的新管； 3. 用过几年后的旧管	0.07～0.1 0.1～0.2 0.4～0.7	 0.15 0.5
铸铁管	1. 新管； 2. 涂沥青的新管； 3. 涂沥青的旧管	0.2～0.5 0.1～0.15 0.12～0.3	0.3 0.18
混凝土管及钢筋混凝土管	1. 无抹灰面层： （1）钢模板，施工质量良好，接缝平衡； （2）木模板，施工质量一般。 2. 有抹灰面层并经抹光。 3. 有喷浆面层： （1）表面用钢丝刷刷过并经仔细抹光； （2）表面用钢丝刷刷过，但未经抹光	 0.3～0.9 1.0～1.8 0.25～1.8 0.7～2.8 ≥4.0	 0.7 1.2 0.7 1.2 8.0
橡胶软管			0.03

表 1-1-2 各种管道的糙率表[3]

管道种类	壁 面 状 况	n 值		
		最小值	正常值	最大值
有机玻璃管		0.008	0.009	0.010
玻璃管		0.009	0.010	0.013
黑铁皮管		0.012	0.014	0.015
白铁皮管		0.013	0.016	0.017
铸铁管	1. 有护面层； 2. 无护面层	0.010 0.011	0.013 0.014	0.014 0.016
钢　管	1. 纵缝和横缝都是焊接，但都不束窄过水断面； 2. 纵缝焊接，横缝铆接（搭接），一排铆钉； 3. 纵缝焊接，横缝铆接（搭接），两排或两排以上铆钉	0.011 0.0115 0.013	0.012 0.013 0.014	0.0125 0.014 0.015

续表

管道种类	壁面状况	n值		
		最小值	正常值	最大值
水泥管	表面洁净	0.010	0.011	0.013
混凝土管及钢筋混凝土管	1. 无抹灰面层:			
	（1）钢模板，施工质量良好，接缝平滑；	0.012	0.013	0.014
	（2）光滑木模板，施工质量良好，接缝平滑；		0.013	
	（3）光滑木模板，施工质量一般。	0.012	0.014	0.016
	2. 有抹灰面层，且经过抹光。	0.010	0.012	0.015
	3. 有喷浆面层:			
	（1）用钢丝刷仔细刷过，并经仔细抹光；	0.012	0.013	0.015
	（2）用钢丝刷刷过，且无喷浆脱落体凝结于衬砌面上；		0.016	0.018
	（3）仔细喷浆，但未用钢丝刷刷过，也未经抹光		0.019	0.023
陶土管	1. 不涂釉；	0.010	0.013	0.017
	2. 涂釉	0.011	0.012	0.014
岩石泄水管道	1. 未衬砌的岩石:			
	（1）条件中等的，即壁面有所整修；	0.025	0.030	0.033
	（2）条件差的，即壁面很不平整，断面稍有超挖。	—	0.040	0.045
	2. 部分衬砌的岩石（部分有喷浆面层，抹灰面层或衬砌面层）	0.022	0.030	—

3. 曼宁公式

在管流阻力平方区的计算中，常采用谢才公式（1－1－3）。其中谢才系数又常采用曼宁公式

$$C = \frac{1}{n} R^{1/6} \tag{1-1-13}$$

式中　R——水力半径，m；

n——糙率，可由表1－1－2查得。

4. 舍维列夫公式[4]

舍维列夫对旧钢管和旧铸铁管进行的试验得出

当$\frac{v}{\nu} \geqslant 9.2 \times 10^5 \left(\frac{1}{m}\right)$时，管流为阻力平方区，

$$\lambda = \frac{0.0210}{d^{0.3}} \tag{1-1-14}$$

当$\frac{v}{\nu} < 9.2 \times 10^5 \left(\frac{1}{m}\right)$时，管流为紊流过渡区，

$$\lambda = \frac{1}{d^{0.3}} \left(1.5 \times 10^{-6} + \frac{\nu}{v}\right)^{0.3} \tag{1-1-15}$$

若采用$\nu = 1.3 \times 10^{-6} m^2/s$（水温为10℃）时，式（1－1－15）可写成为

$$\lambda = \frac{0.0179}{d^{0.3}} \left(1 + \frac{0.867}{v}\right)^{0.3} \tag{1-1-16}$$

由此按式（1－1－14）和式（1－1－16）可得

$v \geqslant 1.2 m/s$，管流为阻力平方区，

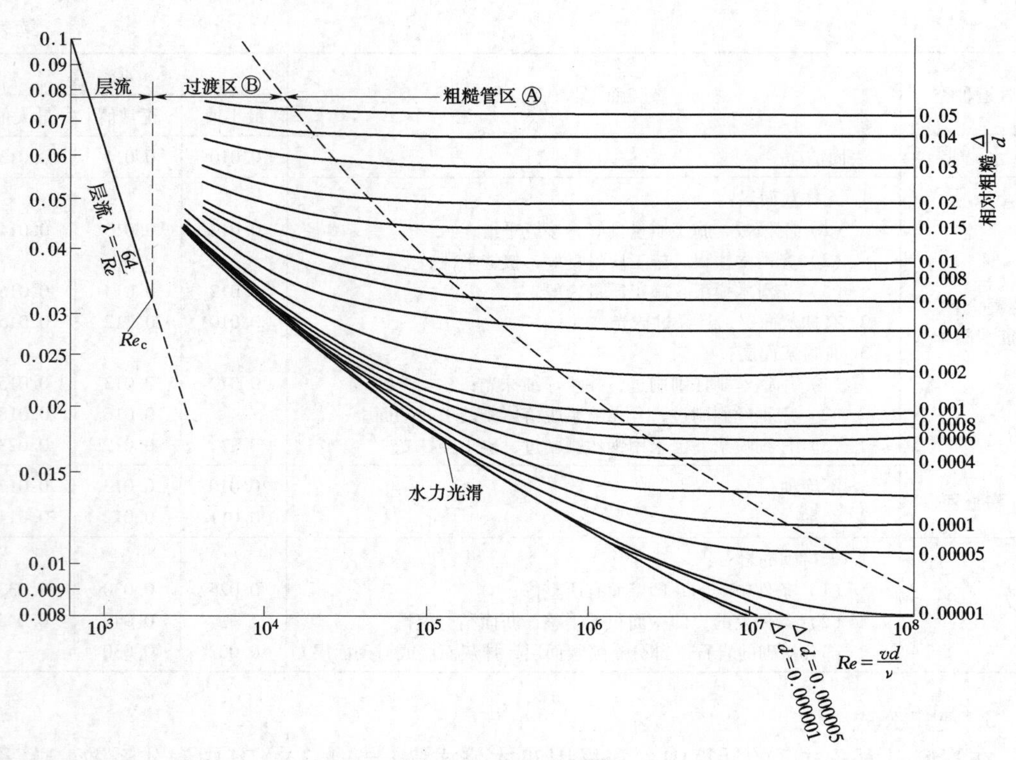

图 1-1-2 穆迪图

$$\frac{h_f}{L}=0.00107\frac{v^2}{d^{1.3}} \tag{1-1-17}$$

$v<1.2\text{m/s}$，管流为紊流过渡区，

$$\frac{h_f}{L}=0.000912\frac{v^2}{d^{1.3}}\left(1+\frac{0.867}{v}\right)^{0.3} \tag{1-1-18}$$

或按比阻 S_0 计算：

$v\geqslant 1.2\text{m/s}$
$$S_0=\frac{0.001736}{d^{5.3}} \tag{1-1-19}$$

$v<1.2\text{m/s}$
$$S_0=M\frac{0.001736}{d^{5.3}} \tag{1-1-20}$$

式中修正系数，$M=0.852\left(1+\frac{0.867}{v}\right)^{0.3}$。

对石棉水泥管进行试验得出

$$\frac{h_f}{L}=0.000561\frac{v^2}{d^{1.190}}\left(1+\frac{3.51}{v}\right)^{0.190} \tag{1-1-21}$$

$$S_0=0.000910\frac{1}{d^{5.190}}\left(1+\frac{3.51}{v}\right)^{0.190} \tag{1-1-22}$$

对塑料管（硬聚氯乙烯管、聚丙烯管、聚乙烯管）进行试验得出

$$\lambda=\frac{0.25}{Re^{0.226}} \tag{1-1-23}$$

第三节 管流的局部水头损失

局部水头损失的计算公式

$$h_j = \zeta \frac{v^2}{2g} \tag{1-1-24}$$

式中 ζ——局部水头损失系数，其数值主要取决于水流局部变化、边界的几何形状和尺寸，可由表1-1-3查得（表中A表示过水断面面积）；

v——相应管道断面平均流速（表1-1-3中已注明）。

表1-1-3 **局部水头损失系数**[5]

名称	简图	局部水头损失系数ζ
断面突然扩大	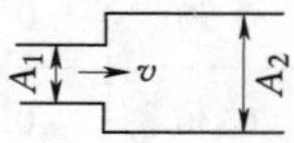 A_1 → v A_2	$\zeta = \left(1 - \frac{A_1}{A_2}\right)^2$
断面突然缩小	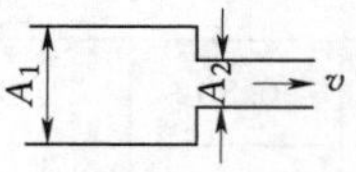 A_1 A_2 → v	$\zeta = 0.5\left(1 - \frac{A_2}{A_1}\right)$
进口	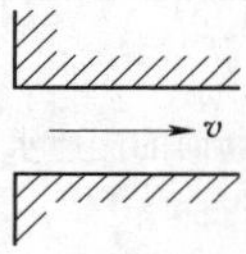 → v	直角 $\zeta = 0.50$
	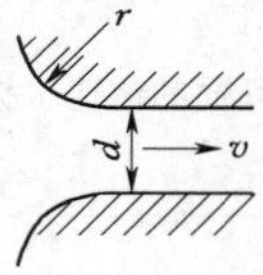 r d → v	角稍加修圆 $\zeta = 0.20 \sim 0.25$ 完全修圆（$r/d \geqslant 0.15$） $\zeta = 0.10$ 流线型（无分离绕流） $\zeta = 0.05 \sim 0.06$
	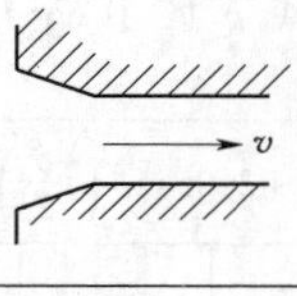 → v	切角 $\zeta = 0.25$
出口	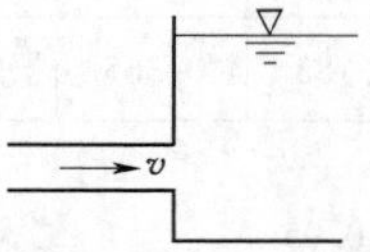 → v	流入水库 $\zeta = 1.0$
	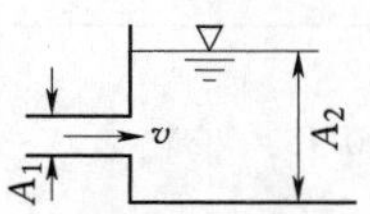 A_1 → v A_2	流入明渠 $\zeta = \left(1 - \frac{A_1}{A_2}\right)^2$

续表

<table>
<tr><th>名 称</th><th>简 图</th><th>局部水头损失系数ζ</th></tr>
<tr><td>圆形渐扩管</td><td>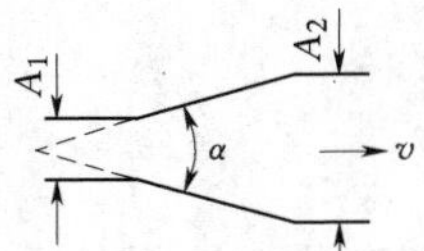
</td><td>

$\zeta = k\left(\frac{A_2}{A_1}-1\right)^2$

<table>
<tr><td>α</td><td>8°</td><td>10°</td><td>12°</td><td>15°</td><td>20°</td><td>25°</td></tr>
<tr><td>k</td><td>0.14</td><td>0.16</td><td>0.22</td><td>0.30</td><td>0.42</td><td>0.62</td></tr>
</table></td></tr>
<tr><td>圆形渐缩管</td><td>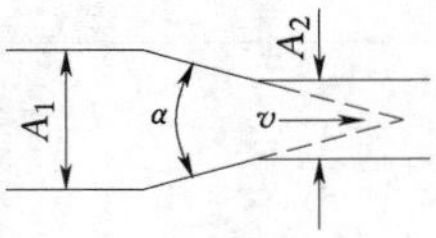
</td><td>

$\zeta = k_1 k_2$

<table>
<tr><td>α</td><td>10°</td><td>20°</td><td>40°</td><td>60°</td><td>80°</td><td>100°</td><td>140°</td></tr>
<tr><td>k_1</td><td>0.40</td><td>0.25</td><td>0.20</td><td>0.20</td><td>0.30</td><td>0.40</td><td>0.60</td></tr>
</table>

<table>
<tr><td>A_2/A_1</td><td>0.10</td><td>0.20</td><td>0.30</td><td>0.40</td><td>0.50</td></tr>
<tr><td>k_2</td><td>0.40</td><td>0.38</td><td>0.36</td><td>0.34</td><td>0.30</td></tr>
</table>

<table>
<tr><td>A_2/A_1</td><td>0.60</td><td>0.70</td><td>0.80</td><td>0.90</td><td>1.00</td></tr>
<tr><td>k_2</td><td>0.27</td><td>0.20</td><td>0.16</td><td>0.10</td><td>0</td></tr>
</table></td></tr>
<tr><td>矩形变圆形渐缩管</td><td>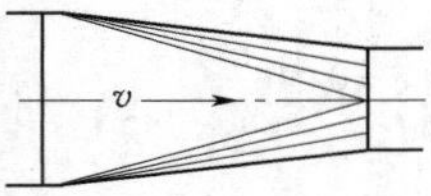
</td><td>$\zeta = 0.05$（相应于中间断面的流速水头）</td></tr>
<tr><td>圆形变矩形渐缩管</td><td>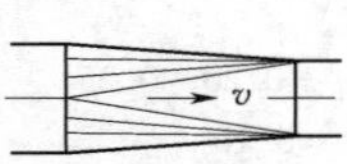
</td><td>$\zeta = 0.1$（相应于中间断面的流速水头）</td></tr>
<tr><td>缓弯管</td><td>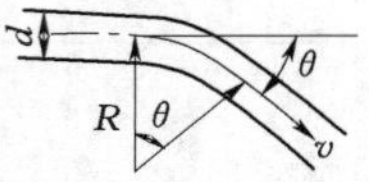
</td><td>$\zeta = \left[0.131 + 0.1632\left(\frac{d}{R}\right)^{7/2}\right]\left(\frac{\theta}{90°}\right)^{1/2}$</td></tr>
<tr><td>急弯管</td><td>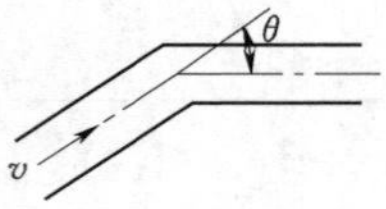
</td><td>

$\zeta = 0.946\sin^2\left(\frac{\theta}{2}\right) + 2.05\sin^4\left(\frac{\theta}{2}\right)$

<table>
<tr><td>θ</td><td>15°</td><td>30°</td><td>45°</td><td>60°</td><td>90°</td><td>120°</td></tr>
<tr><td>ζ</td><td>0.022</td><td>0.073</td><td>0.183</td><td>0.365</td><td>0.99</td><td>1.86</td></tr>
</table></td></tr>
<tr><td rowspan="2">斜分岔</td><td>
</td><td>$\zeta = 0.05$</td></tr>
<tr><td>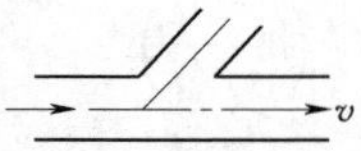
</td><td>$\zeta = 0.15$</td></tr>
</table>

续表

<table>
<tr><th>名 称</th><th>简 图</th><th colspan="8">局部水头损失系数ζ</th></tr>
<tr><td rowspan="3">斜分岔</td><td>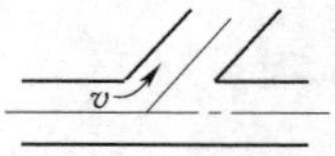</td><td colspan="8">$\zeta=1.0$</td></tr>
<tr><td>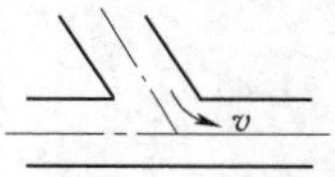</td><td colspan="8">$\zeta=0.5$</td></tr>
<tr><td></td><td colspan="8">$\zeta=3.0$</td></tr>
<tr><td rowspan="2">直角分岔</td><td>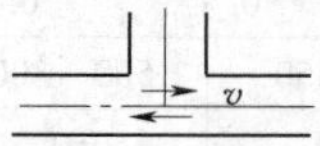</td><td colspan="8">$\zeta=0.1$</td></tr>
<tr><td>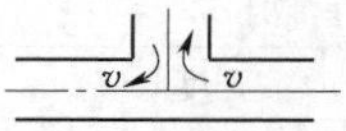</td><td colspan="8">$\zeta=1.5$</td></tr>
<tr><td>直角分流</td><td>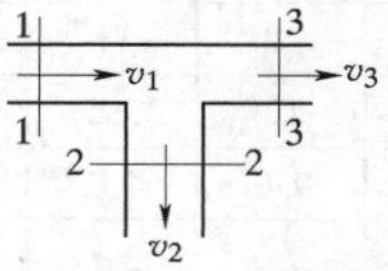</td><td colspan="8">$\zeta_{1-2}=2$，$h_{j1-2}=2\dfrac{v_2^2}{2g}$；$h_{j1-3}=\dfrac{v_1^2-v_3^2}{2g}$</td></tr>
<tr><td>弧形门</td><td>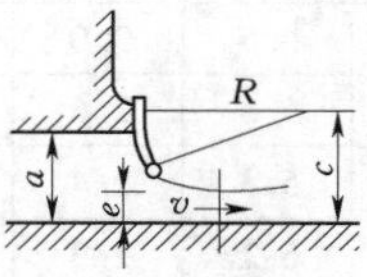</td><td colspan="8">（ζ值对应于收缩断面流速水头）
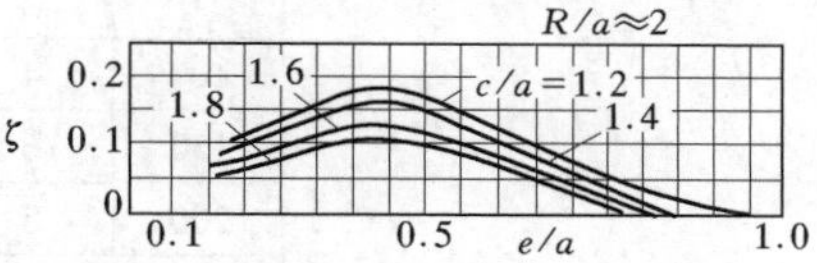</td></tr>
<tr><td rowspan="2">平板门</td><td rowspan="2">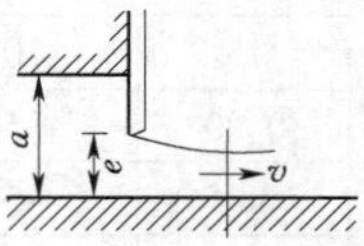</td><td>e/a</td><td>0.1～0.7</td><td>0.8</td><td>0.9</td><td colspan="4">说 明</td></tr>
<tr><td>ζ</td><td>0.05</td><td>0.04</td><td>0.02</td><td colspan="4">ζ值相应于收缩断面流速水头，不包括门槽损失</td></tr>
<tr><td>门槽</td><td>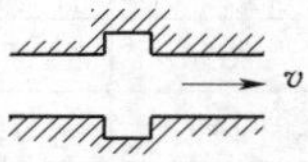</td><td colspan="8">$\zeta=0.05\sim0.20$（一般用0.1）</td></tr>
<tr><td rowspan="3">拦污栅</td><td rowspan="3">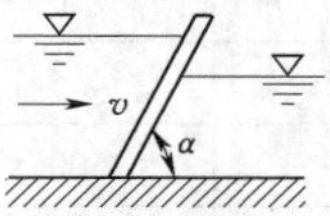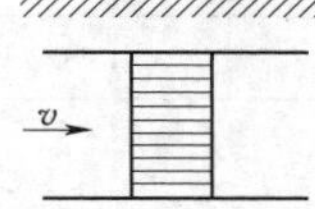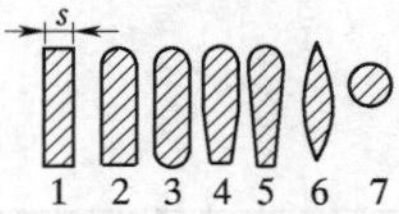</td><td colspan="8">$\zeta=\beta\left(\dfrac{s}{b}\right)^{4/3}\sin\alpha$
式中：s—栅条宽度；b—栅条间距；α—倾角；β—栅条形状系数（见下表）</td></tr>
<tr><td>栅条形状</td><td>1</td><td>2</td><td>3</td><td>4</td><td>5</td><td>6</td><td>7</td></tr>
<tr><td>β</td><td>2.42</td><td>1.83</td><td>1.67</td><td>1.035</td><td>0.92</td><td>0.76</td><td>1.79</td></tr>
</table>

续表

名称	简图	局部水头损失系数ζ
截门		$\zeta=3.0\sim5.5$
		$\zeta=1.4\sim1.85$
闸阀		见下表
碟阀		见下表
逆止阀		见下表
莲蓬头滤水网	无底阀 有底阀	无底阀 $\zeta=2\sim3$ 有底阀 $\zeta=5\sim8$

闸阀

全开时$\left(即\frac{a}{d}=0\right)$

d（mm）	15	20~50	80	100	150
ζ	1.5	0.5	0.4	0.2	0.1

d（mm）	200~250	300~450	500~800	900~1000
ζ	0.08	0.07	0.06	0.05

各种开度时

d		开度 a/d					
mm	in	1/8	1/4	3/8	1/2	3/4	1
12.5	1/2	450	60	22	11	2.2	1.0
19	3/4	310	40	12	5.5	1.1	0.28
25	1	230	32	9.0	4.2	0.90	0.23
40	$1\frac{1}{2}$	170	23	7.2	3.3	0.75	0.18
50	2	140	20	6.5	3.0	0.68	0.16
100	4	91	16	5.6	2.6	0.55	0.14
150	6	74	14	5.3	2.4	0.49	0.12
200	8	66	13	5.2	2.3	0.47	0.10
300	12	56	12	5.1	2.2	0.47	0.07

碟阀

α（°）	5	10	15	20	25
ζ	0.24	0.52	0.90	1.54	2.51
α（°）	30	35	40	45	50
ζ	3.91	6.22	10.8	18.7	32.6
α（°）	55	60	65	70	90
ζ	58.8	118	256	751	∞

逆止阀

d（mm）	150	200	250	300
ζ	6.5	5.5	4.5	3.5
d（mm）	350	400	500	≥600
ζ	3.0	2.5	1.8	1.7

第二章　恒定管流的计算

第一节　简单管道的水力计算

一、流量的计算

1. 自由出流

管道出口水流流入大气的，称为自由出流，如图1-2-1所示。

管流流量计算式

$$Q=\frac{1}{\sqrt{1+\lambda\frac{l}{d}+\sum\zeta}}A\sqrt{2gH_0}=\mu_c A\sqrt{2gH_0} \qquad (1-2-1)$$

$$H_0=H+\frac{\alpha v_0^2}{2g} \qquad \mu_c=\frac{1}{\sqrt{1+\lambda\frac{l}{d}+\sum\zeta}}$$

式中　μ_c——管道系统流量系数；

A——管道断面面积；

d——管道内径；

l——管道计算段长度；

H_0、H——包括行近流速（v_0）水头和不包括行近流速水头的作用水头；

λ——沿程水头损失系数；

$\sum\zeta$——管道计算段中各局部水头损失系数之和。

2. 淹没出流

管道出口淹没于水面之下的，称为淹没出流，如图1-2-2所示。

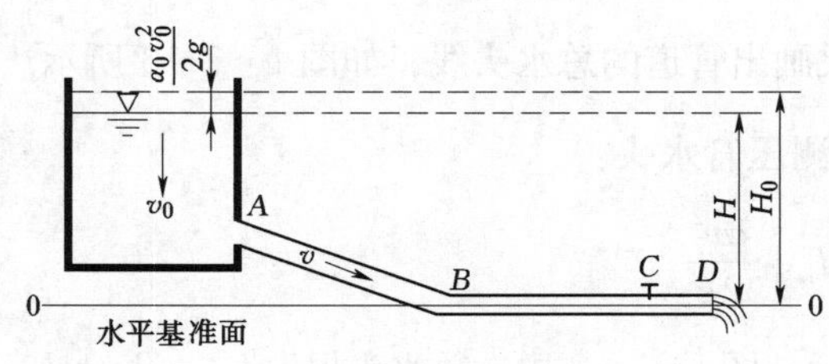

图1-2-1　自由出流示意图

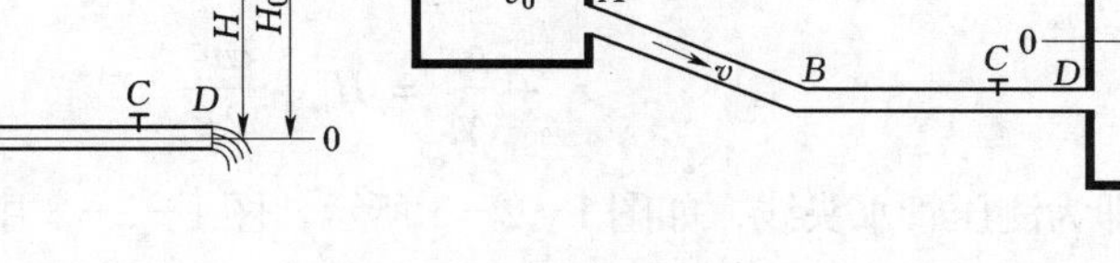

图1-2-2　淹没出流示意图

管流流量计算式

$$Q=\frac{1}{\sqrt{1+\lambda\frac{l}{d}+\sum\zeta}}A\sqrt{2gz_0}=\mu_c A\sqrt{2gz_0} \qquad (1-2-2)$$

$$\mu_c = \frac{1}{\sqrt{1 + \lambda \frac{l}{d} + \sum \zeta}}$$

式中 μ_c——管道系统流量系数；

$\sum\zeta$——包括管道出口水头损失系数的计算段各局部水头损失系数之和；

z_0、z——包括和不包括行近流速（v_0）的上下游水面高程差；

其他符号意义同前。

为了简化计算，可将管道系统的局部水头损失之和，按沿程水头损失的百分数估算。不同用途的室内给水管道系统，其局部水头损失占沿程水头损失的百分数为[4]：

（1）生活给水管道系统：25%～30%。

（2）生产给水管道系统：20%。

（3）消火栓消防给水管道系统：10%。

（4）自动喷水消防给水管道系统：20%。

（5）共用给水管道系统：生活、消防共用时为20%；生产、消防共用时为15%；生活、生产、消防共用时为20%。

二、测压管水头线的绘制

通过测压管水头线的绘制，可得到管道系统各断面上的压强和压强沿程的变化。测压管水头线的绘制步骤如下。

（1）选定基准线0—0，如图1-2-3所示。

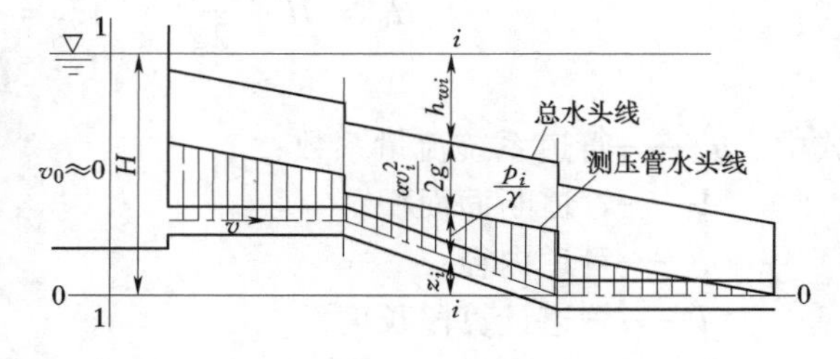

图1-2-3 测压管水头线

（2）由算得的管道流量 Q，求出各管段的流速和流速水头 $\frac{v_i^2}{2g}$。

（3）由流速水头算出各管段的沿程水头损失 h_{fi} 和各个局部水头损失 h_{ji}。

（4）算出各过水断面的总水头值：

$$H_i = H_0 - h_{fi} - h_{ji}$$

式中：$H_0 = H + \frac{\alpha v_0^2}{2g}$，可由基准线向上按一定比尺画出管道的总水头线，如图1-2-3所示。

（5）由相应的总水头减去流速水头，即为测压管水头：

$$z_i + \frac{p_i}{\gamma} = H_i - \frac{\alpha v_i^2}{2g}$$

其连线即为测压管水头线，如图1-2-3所示。图1-2-3中，总水头损失 $h_{wi} = h_{fi} + h_{ji}$。图1-2-4为管道系统进口和淹没出口的总水头线和测压管水头线。

三、管道直径 d 的选定

在管道系统的布置（包括管道长度）和所需输水流量 Q 已定的情况下，要选定管道的直径和所需的作用水头 H。

管径的选定是需要通过技术经济的综合比较，一般经济管径可由下式计算：

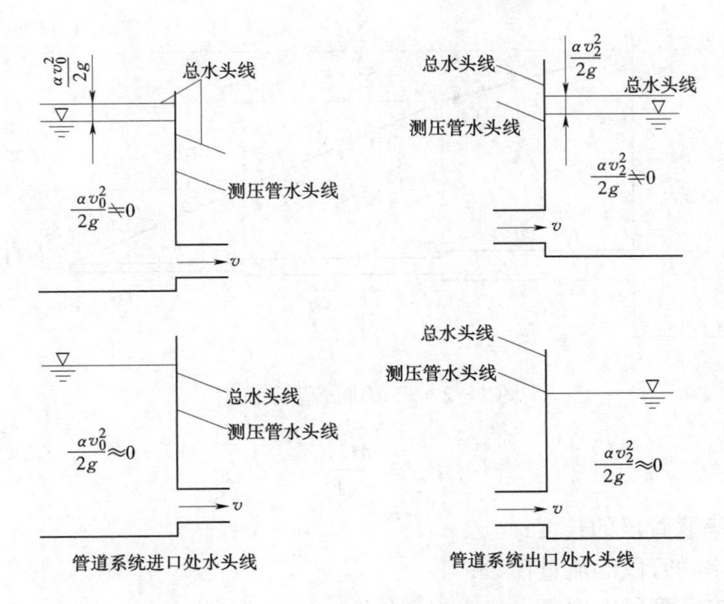

图 1－2－4　总水头线和测压管水头线

$$d = \sqrt{\frac{4Q}{\pi v_e}} \qquad (1-2-3)$$

式中　v_e——管道经济流速，可由表 1－2－1 选择。

表 1－2－1　**管道的经济流速**[6]

管道类型	经济流速（m/s）	管道类型	经济流速（m/s）
水泵吸水管	0.8～1.25	钢筋混凝土管	2～4
水泵压水管	1.5～2.5	水电站引水管	5～6
露天钢管	4～6	自来水管 d＝100～200mm	0.6～1.0
地下钢管	3～4.5	自来水管 d＝200～400mm	1.0～1.4

由管道产品规格选用接近经济管径又满足输水流量要求的管道。然后由此管径计算管道系统的作用水头。

第二节　串联和并联管道的水力计算

串联管道、并联管道及管网，一般都按长管计算，即不计局部水头损失和流速水头。

一、串联管道

串联管道如图 1－2－5 所示。

流量计算式

$$Q = \frac{1}{\sqrt{\sum \frac{l_i}{K_i^2}}}\sqrt{H} \qquad (1-2-4)$$

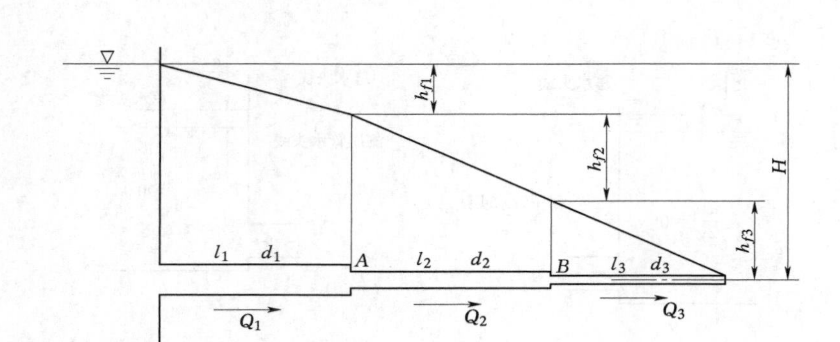

图 1-2-5 串联管道示意图

$$K_i = \frac{\pi C_i d_i^{5/2}}{8}$$

式中 l_i——各串联管段的长度；

K_i——各串联管段的流量模数；

d_i——各串联管段的内径；

C_i——各串联管段的谢才系数。

二、并联管道

以三个并联管为例，如图 1-2-6 所示。

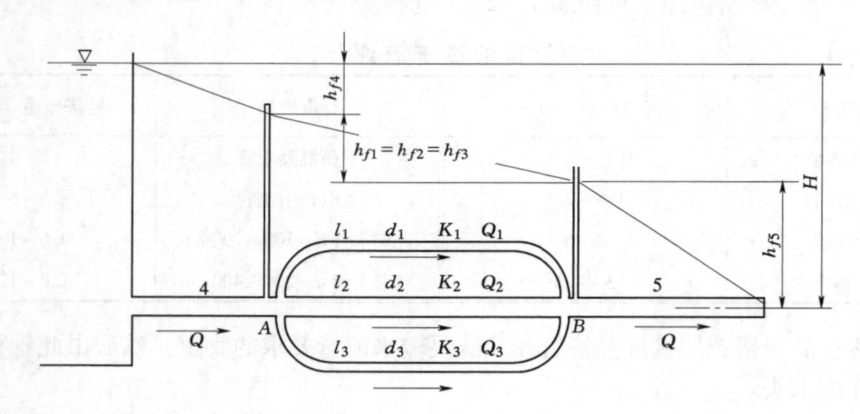

图 1-2-6 并联管道示意图

总流量计算式

$$Q = \left(\frac{K_1}{\sqrt{l_1}} + \frac{K_2}{\sqrt{l_2}} + \frac{K_3}{\sqrt{l_3}}\right)\sqrt{h_f} \quad (1-2-5)$$

两节点 A—B 间的水头损失

$$h_f = \frac{Q_1^2}{K_1^2}l_1 = \frac{Q_2^2}{K_2^2}l_2 = \frac{Q_3^2}{K_3^2}l_3 \quad (1-2-6)$$

式中 K_i、l_i——各并联管段的流量模数和长度。

由上述四个方程联立求解，可得出节点间水头损失和通过各管段的流量。

第三节　沿程均匀泄流管道和沿程多孔口等间距等流量出流管道的水力计算

一、沿程均匀泄流管道

如图 1-2-7 所示，单位管道长度上均匀泄出的流量为 q，全管长 l 泄出的流量 $Q_n = ql$，管道末端剩余流量为 Q_t（称为过境流量），有下列计算式：

$$H = \frac{1}{K^2}\left(Q_t^2 + Q_tQ_n + \frac{1}{3}Q_n^2\right) \quad (1-2-7)$$

或近似公式

$$H = \frac{1}{K^2}(Q_t + 0.55Q_n)^2 \quad (1-2-8)$$

$$K = \frac{\pi C d^{5/2}}{8}$$

式中　K——流量模数；

C——管道谢才系数。

二、沿程多孔口等间距等流量出流管道

在输水干管的支管上，从离进口 l 处起，以等间距 l 布设 N 个出水孔，各个孔口的出流量 q 相等；若支管进口总流量为 Q，则 $q = \frac{Q}{N}$，至支管末端出水孔口流量 Q 全部泄出，如图 1-2-8 所示。支管进口的总水头 H 可由下式计算：

$$H = F_1 \frac{Q^2}{K^2}L \quad (1-2-9)$$

$$F_1 = \frac{1}{6N^2}(N+1)(2N+1)$$

$$K = \frac{\pi C d^{5/2}}{8}$$

式中　F_1——多口系数；

L——支管总长度；

K——支管流量模数；

d——支管内径。

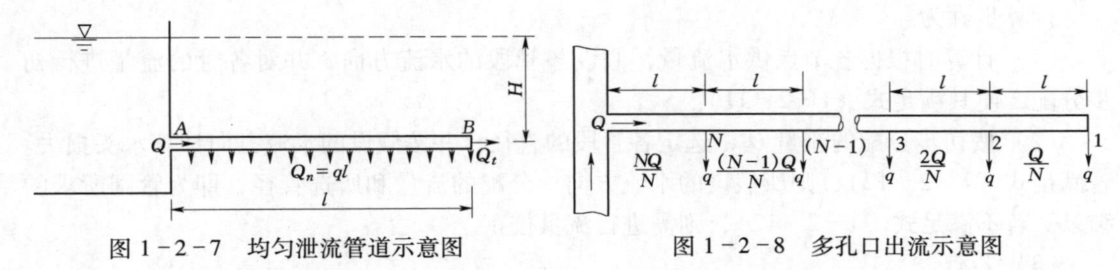

图 1-2-7　均匀泄流管道示意图　　　　图 1-2-8　多孔口出流示意图

第四节 管 网 计 算

一、枝状管网

由输水管道逐段分支构成的枝状管网系统，各末梢管路末端保持一定的各自所需的水头 h_e 和流量 q_e，如图 1－2－9 所示。

进行水力计算时，应根据已布置的枝状管网系统，选定一设计管线。一般是选择从水源到最远的、最高的、通过流量最大的管线为设计管线。也就是以最不利的管线为设计管线。从水源至末梢沿设计管线各管段的序号记为 i，则水源的供水所需水头 H 为

$$H = \sum_{i=1}^{n} \frac{Q_i^2}{K_i^2} l_i + h_e \tag{1-2-10}$$

式中 Q_i、K_i、l_i——通过 i 管段的流量、流量模数和管段长度；

h_e——末梢管段末端水头。

各管段的管径可由式（1－2－3），根据各管段的流量和经济流速选定。

二、环状管网

环状管网是由若干闭合的管环组成，如图 1－2－10 所示。

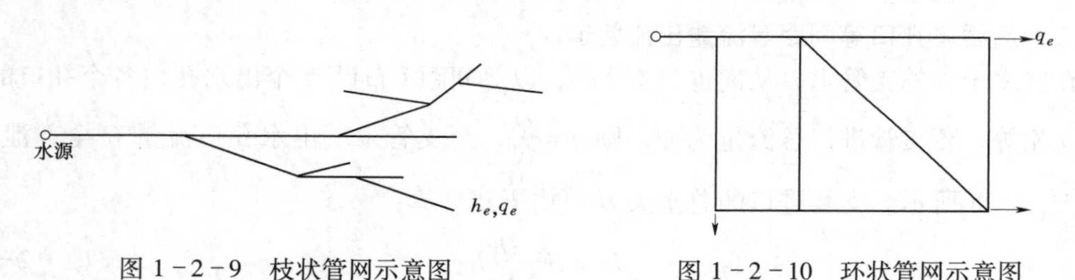

图 1－2－9 枝状管网示意图　　图 1－2－10 环状管网示意图

环状管网的水流必须满足下列两个条件：

（1）任一节点处流入的流量应等于流出的流量（包括节点供水流量 q_e）。记流入的流量为负，流出的为正，则有

$$\sum Q_i + q_e = 0 \tag{1-2-11}$$

（2）任一闭合的管环，从某一节点到另一节点，沿顺时针流动的水头损失应等于沿逆时针流动的水头损失。记顺时针方向为 C，逆时针方向为 CC，则有

$$\sum_{C} \frac{Q_i^2}{K_i^2} l_i = \sum_{CC} \frac{Q_i^2}{K_i^2} l_i \tag{1-2-12}$$

计算步骤为：

（1）计算时根据各节点供水流量，假设各管段的水流方向，并对各管的流量进行初步分配，使其满足式（1－2－11）。

（2）按初步分配的流量 Q_i，选定各管段的直径，并按假设的水流方向计算水头损失。若满足式（1－2－12），则所假设的水流方向、分配的流量和所选管径，即为管网所求的结果。若不满足式（1－2－12），则需进行流量校正。

（3）若有

$$\sum_{C} \frac{Q_i^2}{K_i^2} l_i > \sum_{CC} \frac{Q_i^2}{K_i^2} l_i \tag{1-2-13}$$

则沿顺时针方向分配的流量应减少 ΔQ；逆时针方向应增加 ΔQ，反之亦然。校正流量 ΔQ 可按式（1-2-14）计算：

$$\Delta Q = \frac{\sum_{C} \frac{l_i}{K_i^2} Q_i^2 - \sum_{CC} \frac{l_i}{K_i^2} Q_i^2}{2\left(\sum_{C} \frac{l_i}{K_i^2} Q_i + \sum_{CC} \frac{l_i}{K_i^2} Q\right)} \tag{1-2-14}$$

（4）再进行下列水头损失计算：

$$\sum_{C} \frac{l_i}{K_i^2} (Q_i - \Delta Q)^2$$

$$\sum_{CC} \frac{l_i}{K_i^2} (Q_i + \Delta Q)^2$$

直至两者相等，或两者相差 0.2～0.5m，即为所求结果。

第三章 水 击 计 算

第一节 水 击

在有压管道系统中，由于水力控制装置（如阀门、导水叶等）迅速调节流量，管道内流速相应地急速变化，致使管道内水流压强也相应地急剧升高或降低，并在管道内传播，这种水流现象称为水击（或水锤）。

若水击在管道内传播的速度以 c 表示（称为水击波传播速度），管道长度（从进口到水力控制装置的距离）以 L 表示，则 $t_r = 2L/c$ 称为水击相。若水力控制装置关闭时间 $T_s < t_r$，则称管道内发生直接水击；而 $T_s > t_r$ 时发生的水击，称为间接水击。

水击计算的目的是：计算有压管道内的最大内水压强，作为设计或校核管道强度等的依据；计算有压管道内最小内水压强，作为管线布置，防止有压管道中产生负压，等等。

第二节 水击波的传播速度

水击波传播速度 c 可由下式计算[7]：

$$c = \frac{\sqrt{E_w/\rho}}{\sqrt{1 + \frac{2E_w}{Kr}}} \tag{1-3-1}$$

式中 E_w——水的体积弹性模量，一般为 $2.1 \times 10^5 \text{N/cm}^2$；

ρ——水的密度；

r——管道内半径；

K——管道的抗力系数。

$\sqrt{E_w/\rho}$为水中声音传播速度，一般可取为 1435m/s。

管道的抗力系数可按下列不同情况加以确定。

1. 均质薄壁钢管

$$K = \frac{E_S \delta_s}{r^2} \tag{1-3-2}$$

式中 E_S——钢管的弹性模量，一般可取 $E_S = 19.6\text{MN/cm}^2$；

δ_s——管壁厚度，对有加劲环的情况，可近似取为 $\delta_s = \delta_0 + F/l$，其中，$\delta_0$ 为管壁厚度，F 和 l 分别为加劲环的截面积和间距。

2. 坚固岩石中无衬砌隧洞

$$K = 100\frac{K_0}{r} \tag{1-3-3}$$

式中　K_0——岩石的单位抗力系数，即在岩体中开挖半径为100cm的圆孔，孔周发生1cm径向位移时的内水压强值。

3. 埋藏式钢管或钢筋混凝土衬砌管道

$$K = K_s + K_c + K_f + K_r \tag{1-3-4}$$

式中　K_s——钢管的抗力系数，由式（1-3-2）计算，其中r取为钢管内半径r_1（见图1-3-1）；

K_r——围岩的抗力系，由式（1-3-3）计算，其中r取钢管内半径r_1；

K_c——回填混凝土的抗力系数，若混凝土已开裂，取$K_c=0$；若未开裂，可按下式计算：

$$K_c = \frac{E_c}{r_1(1-\mu_c^2)}\ln\frac{r_2}{r_1} \tag{1-3-5}$$

式中　E_c——混凝土的弹性模量；

μ_c——混凝土的泊松比；

r_2——衬砌外半径（见图1-3-1）；

K_f——环向钢筋的抗力系数，可按下式计算：

$$K_f = \frac{E_s f}{r_1 r_f} \tag{1-3-6}$$

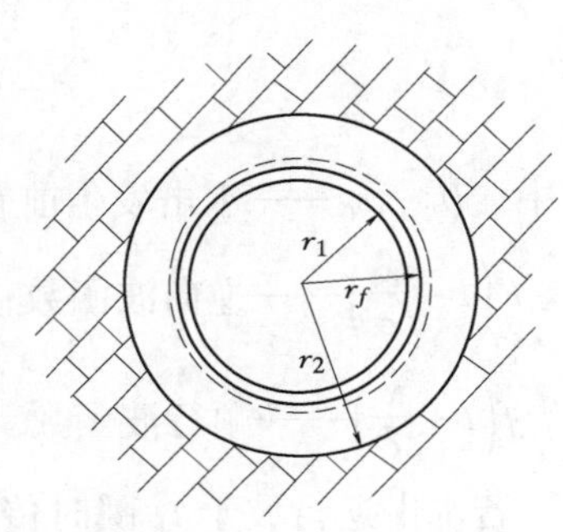

图1-3-1　钢管

式中　E_s——钢管的弹性模量；

f——每厘米长管道中钢筋面积；

r_f——钢筋圈的半径，如图1-3-1所示。

第三节　水击的基本方程

若取管道轴线沿水流方向为x坐标，在水击传播过程中，水流流速v和水头$H\left(=\frac{p}{\gamma}+z\right)$是坐标$x$和时间$t$的函数。由水流质量守恒和动量定律可得出下列的水击基本方程：

$$\frac{\partial H}{\partial t} + v\frac{\partial H}{\partial x} + v\sin\theta + \frac{c^2}{g}\frac{\partial v}{\partial x} = 0 \tag{1-3-7}$$

$$\frac{1}{g}\frac{\partial v}{\partial t} + \frac{\partial H}{\partial x} + \frac{v}{g}\frac{\partial v}{\partial x} + \frac{\lambda}{D}\frac{|v|v}{2g} = 0 \tag{1-3-8}$$

式中　c——水击波传播速度；

θ——管道轴线与水平线的夹角；

D——管道内径；

g——重力加速度；

λ——管道沿程水头损失系数，可由第一章中查出。

若管道布置接近水平（$\theta\approx0$），坐标z从管轴线起算，则$H=p/\gamma$（即为压强水头），且$\frac{\partial H}{\partial x}\ll\frac{\partial H}{\partial t}$；并取从阀门逆流向上游的距离$x$为正，则可由上述方程得到下列的简化方程：

$$\frac{\partial^2 H}{\partial x^2} = \frac{1}{c^2}\frac{\partial^2 H}{\partial t^2} \tag{1-3-9}$$

$$\frac{\partial^2 v}{\partial x^2} = \frac{1}{c^2}\frac{\partial^2 v}{\partial t^2} \tag{1-3-10}$$

上述波动方程的一般解为

$$H - H_0 = F\left(t - \frac{x}{c}\right) + f\left(t + \frac{x}{c}\right) \tag{1-3-11}$$

$$v - v_0 = -\frac{g}{c}\left[F\left(t - \frac{x}{c}\right) - f\left(t + \frac{x}{c}\right)\right] \tag{1-3-12}$$

式中 H_0、v_0——水击发生前管中的压强水头和流速；

$F\left(t - \frac{x}{c}\right)$——逆向波函数；

$f\left(t + \frac{x}{c}\right)$——顺行波函数。

若水击逆行波于 t_1 瞬时传到 x_1 处的 A 断面，其水头为 $H_{t_1}^A$，流速为 $v_{t_1}^A$；于 t_2 瞬时传到 x_2 处的 B 断面，其水头为 $H_{t_2}^B$，流速为 $v_{t_2}^B$。可由式（1-3-11）和式（1-3-12）得出两断面上水头与流速的关系式：

$$H_{t_1}^A - H_{t_2}^B = \frac{c}{g}(v_{t_1}^A - v_{t_2}^B) \tag{1-3-13}$$

同理可得顺行波于 t'_2 瞬时传至 B 断面，t'_1 瞬时传至 A 断面，两断面上水头与流速的关系式为

$$H_{t'_1}^A - H_{t'_2}^B = -\frac{c}{g}(v_{t'_1}^A - v_{t'_2}^B) \tag{1-3-14}$$

若取

$$\zeta = \frac{H - H_0}{H_0}$$

$$\eta = \frac{v}{v_{max}}$$

$$\mu = \frac{cv_{max}}{2gH_0}$$

式中 v_{max}——阀门全开时管中处于恒定流时的最大流速；

μ——管道断面系数。

则式（1-3-13）和式（1-3-14）可写成为

$$\zeta_{t_1}^A - \zeta_{t_2}^B = 2\mu(\eta_{t_1}^A - \eta_{t_2}^B) \tag{1-3-15}$$

$$\zeta_{t'_1}^A - \zeta_{t'_2}^B = -2\mu(\eta_{t'_1}^A - \eta_{t'_2}^B) \tag{1-3-16}$$

以上两式称为水击的连锁方程，适用于不计阻力时简单管道的水击计算。

第四节 简单管道最大水击压强的计算

由于水击波发生于阀门处，从上游反射回来的负波也是最后到达阀门处，因此最大水击压强总是发生在紧邻阀门的断面上。应用水击连锁方程可得出最大水击压强的计算式。

首先给出计算的起始条件和边界条件。

（1）起始条件：管道处于恒定流时，沿管道各断面上的水头 H_0 和流速 v_0。

（2）边界条件：

上游水库进口断面 B

$$H_B = H_0, \quad 即\ \zeta^B = 0$$

下游阀门断面 A

$$\eta_t^A = \tau_t \sqrt{1 + \zeta_t^A}$$

其中，$\tau_t = \dfrac{A_t}{A_{max}}$为阀门 t 瞬时的相对开度；A_t 为 t 瞬时阀门开度，A_{max}为阀门全开度。

一、阀门按非线性规律关闭时

第一相末的水击压强 ζ_1^A 计算式

$$\tau_1 \sqrt{1 + \zeta_1^A} = \tau_0 - \frac{\zeta_1^A}{2\mu} \qquad (1-3-17)$$

式中 τ_0——起始时刻的阀门相对开度；

τ_1——第一相末（即 $t_1 = 2L/c$ 时刻）时阀门的相对开度。

第二相末的水击压强 ζ_2^A 计算式

$$\tau_2 \sqrt{1 + \zeta_2^A} = \tau_0 - \frac{\zeta_2^A}{2\mu} - \frac{\zeta_1^A}{\mu} \qquad (1-3-18)$$

式中 τ_2——第二相末（即 $t_2 = 4L/c$ 时刻）时阀门的相对开度。

第 n 相末的水击压强 ζ_n^A 计算式

$$\tau_n \sqrt{1 + \zeta_n^A} = \tau_0 - \frac{\zeta_n^A}{2\mu} - \frac{1}{\mu}\sum_1^{n-1} \zeta_i^A \qquad (1-3-19)$$

式中 τ_n——第 n 相末（即 $t_n = n2L/c$ 时刻）时阀门的相对开度。

根据阀门开关规律可逐相计算各相末的水击压强，即可得出最大水击压强。

二、阀门按线性规律开关时

阀门按线性规律关闭时，如图 1-3-2（c）所示，阀门处水击压强随时间的变化有如图 1-3-2（a）、（b）两种类型，即最大水击压强发生在第一相末（称第一相水击）或发生在阀门完全关闭的瞬时（称末相水击）。

若为第一相末，其最大水击压强可由式（1-3-17）计算。

若为末相水击（也称为极限水击），其最大水击压强 ζ_m^A 可由式（1-3-20）计算：

$$\zeta_m^A = \frac{\sigma}{2}(\sigma + \sqrt{4 + \sigma^2}) \qquad (1-3-20)$$

$$\sigma = \frac{Lv_{\max}}{gH_0 T_s}$$

式中 σ——管道系统系数；

L——管道长度；

T_s——阀门关闭时间。

阀门突然开启时，则发生负水击。若阀门按线性规律开启时，其第一相负水击压强计算式为

$$\tau_1 \sqrt{1 - \zeta_1^A} = \tau_0 + \frac{\zeta_1^A}{2\mu} \quad (1-3-21)$$

负末相水击压强计算式为

$$\zeta_m^A = \frac{\sigma}{2}(\sqrt{4 + \sigma^2} - \sigma) \quad (1-3-22)$$

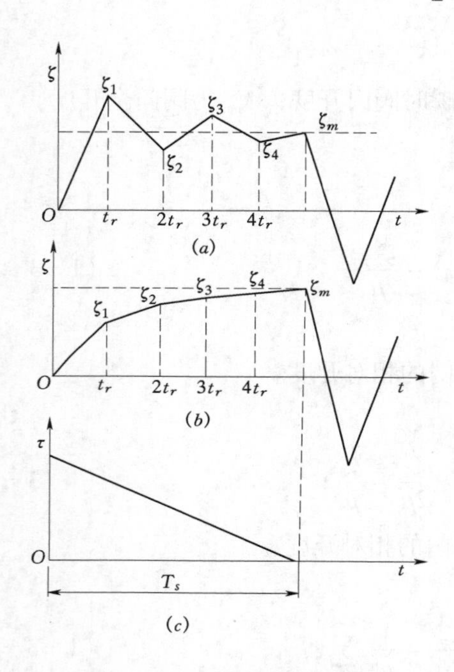

图 1-3-2 水击压强变化图

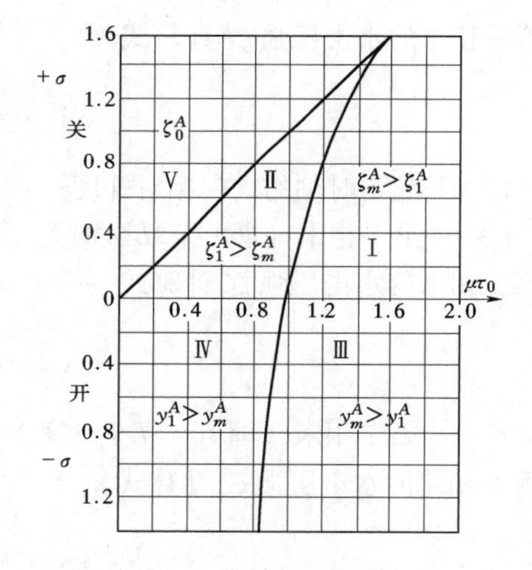

图 1-3-3 水击类型判断图

是哪种类型的水击，可由图 1-3-3 来判断。图中直线是 $\mu\tau_0 = \sigma$；曲线是

$$\sigma = \frac{4\mu\tau_0(1 - \mu\tau_0)}{1 - 2\mu\tau_0}$$

图中横坐标是 $\mu\tau_0$，纵坐标是管道系统系数 σ。它们与上述的一条直线和曲线将图划为五个区。

若 $\mu\tau_0$ 和 σ 值所决定的点，落在：

（1）曲线上，$\zeta_1^A = \zeta_m^A$，即第一相末水击压强达到极限值。

（2）直线上，表明阀门在第一相末完全关闭，这时必发生直接水击。

（3）Ⅰ区，则 $\zeta_m^A > \zeta_1^A$，即末相水击。

（4）Ⅱ区，则 $\zeta_1^A > \zeta_m^A$，即第一相水击。

（5）Ⅴ区，发生直接水击。

（6）Ⅲ区，则 $y_m^A > y_1^A$，即负末相水击。

（7）Ⅳ区，则 $y_1^A > y_m^A$，即第一相负水击。

第五节　水击计算的特征线法

水击基本方程式（1－3－7）、式（1－3－8）是具有两条特征线及沿特征线的特征方程：

沿顺向特征线 c^+：

$$\frac{\mathrm{d}x}{\mathrm{d}t} = v + c \tag{1-3-23}$$

$$\frac{c}{g}\mathrm{d}v + \mathrm{d}H + \left(\frac{\lambda |v| v}{2gD} + \sin\theta \frac{v}{c}\right)c\mathrm{d}t = 0 \tag{1-3-24}$$

沿逆向特征线 c^-：

$$\frac{\mathrm{d}x}{\mathrm{d}t} = v - c \tag{1-3-25}$$

$$\frac{c}{g}\mathrm{d}v - \mathrm{d}H + \left(\frac{\lambda |v| v}{2gD} - \sin\theta \frac{v}{c}\right)c\mathrm{d}t = 0 \tag{1-3-26}$$

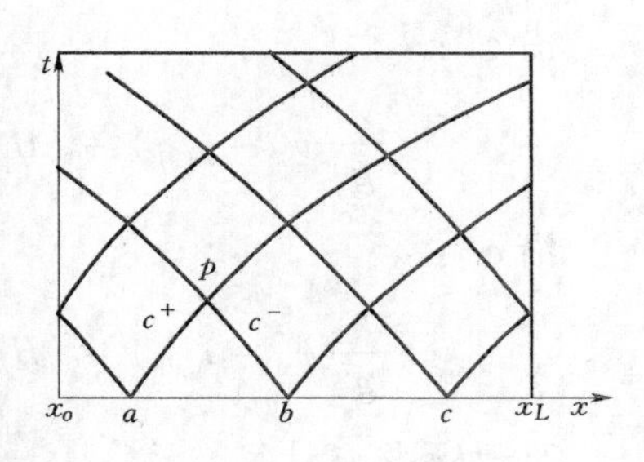

图 1－3－4　网格图

将 x 轴置于管道轴线上，纵坐标为时间 t，如图1－3－4所示为两条特征线族组成的网格。若已知两点 a、b 的位置（x_a，t_a）、（x_b，t_b）和相应的流速及水头（v_a，H_a）、（v_b，H_b），则可用下列差分方法得出两条特征线相交点 p 的位置（x_p，t_p）和相应的（v_p，H_p）。

c^+：

$$x_p - x_a = (v_a + c)(t_p - t_a) \tag{1-3-27}$$

$$\frac{c}{g}(v_p - v_a) + (H_p - H_a) + \frac{\lambda |v_a| v_a}{2gD}c(t_p - t_a) + v_a\sin\theta(t_p - t_a) = 0 \tag{1-3-28}$$

c^-：

$$x_p - x_b = (v_b - c)(t_p - t_b) \tag{1-3-29}$$

$$\frac{c}{g}(v_p - v_b) + (H_p - H_b) + \frac{\lambda |v_b| v_b}{2gD}c(t_p - t_b) + v_b\sin\theta(t_p - t_b) = 0 \tag{1-3-30}$$

一般管道中流速远小于水击波波速，则上述特征线方程可近似写成为

c^+：　$\Delta x = c\Delta t$

c^-：　$\Delta x = -c\Delta t$

若将管道分为 N 等份，则空间步长 $\Delta x=\dfrac{L}{N}$，并取时间步长 $\Delta t=\Delta x/c$，则可构成图1－3－5所示的矩形网格。

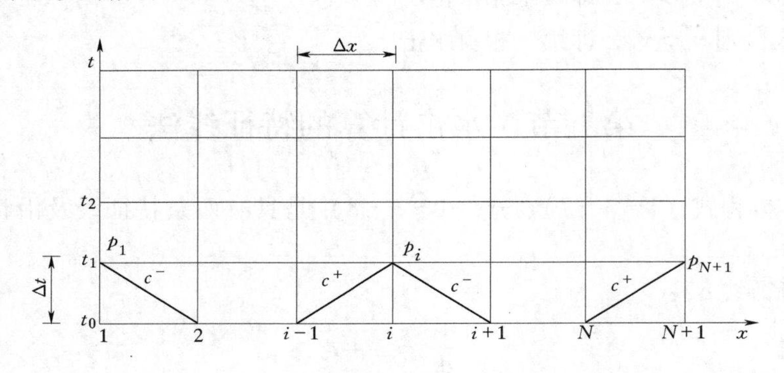

图1－3－5 矩形网格图

1. 内格点计算

沿 c^+：

$$\frac{c}{g}(v_{pi}-v_{i-1})+(H_{pi}-H_{i-1})+\frac{\lambda\Delta x}{2gD}|v_{i-1}|v_{i-1}+v_{i-1}\sin\theta\Delta t=0 \quad (1-3-31)$$

沿 c^-：

$$\frac{c}{g}(v_{pi}-v_{i+1})-(H_{pi}-H_{i+1})-\frac{\lambda\Delta x}{2gD}|v_{i+1}|v_{i+1}+v_{i+1}\sin\theta\Delta t=0 \quad (1-3-32)$$

2. 边界格点计算

上游边界断面（$i=1$）：

$$H_{p1}=H_0$$

$$\frac{c}{g}(v_{p1}-v_2)-(H_{p1}-H_2)+\frac{\lambda\Delta x}{2gD}|v_2|v_2+v_2\sin\theta\Delta t=0$$

下游边界（$i=N+1$），阀门按直线规律关闭：

$$\frac{c}{g}(v_{p_{N+1}}-v_N)-(H_{p_{N+1}}-H_N)-\frac{\lambda\Delta x}{2gD}|v_N|v_N-v_N\sin\theta\Delta t=0$$

$$v_{p_{N+1}}=\left(1-\frac{t}{T_s}\right)\phi_1\sqrt{2gH_{pN+1}}$$

式中 ϕ_1——阀门流速系数。

由 $\Delta t_1=t_1-t_0$（t_0 为起始瞬时）时段计算各格点的 v_{p_i} 和 H_{p_i}，再以此计算下一个 Δt_2 时段，如此逐时段计算，便可得出所要求的各格点上 v_{p_i} 和 H_{p_i}。也可将此步骤编制成计算程序来计算，以下通过一个例题加以说明。

有一水平放置的钢管，其直径 $D=4.6\text{m}$，管壁厚度 $\delta_s=0.02$，管道长度 $L=395\text{m}$。上游与水库连接，恒定流时管道进口压强水头 $H_0=40.0\text{m}$，最大流量 $Q=45\text{m}^3/\text{s}$，沿程水头损失系数 $\lambda=0.025$。下游端为一线性开关的阀门，$\tau=1-t/T_s$，关闭时间 $T_s=7\text{s}$。计算

$T_{max}=16s$ 内管道沿程压强水头的变化情况。

若将管道分成五段（$N=5$），$\Delta x=L/N$，$\Delta t=\Delta x/c$。波速 c 按式（1－3－1）计算，对于钢管抗力系数 $K=E_s\delta_s/r^2$，由钢管弹性模量，波速 c 可按下式计算

$$c=\frac{1435}{\sqrt{1+0.01\dfrac{D}{\delta_s}}}$$

计算程序：

```
dimension h (200,5), v (200,5),p(200)
data d/4. 6/, e/0. 02, L/395/, n/5, ts/7/, tmax/16/, h0/40. 0/, q/45/, f/0. 025/, g/9. 81/
c=1435. /sqrt (1.  +. 01 * d/e)
t=L/(n * c)
M=tmax/t+1
v0=q/(0. 785 4 * d * d)
c1=c/g
c2=(f * t)/(2. * d)
cf=f * L(2. * g * d * n)
do in=1, n+1
h (1, in)=h0-(in-1) * c4 * v0 * v0
v (1, in)=v0
enddo
p(1)=1.
do im=2,m+1
tt= (im-1) * t
do in=2, n
p (im)=1. -(im-1) t/ts
if (p (im). le. 0.0) p(im)=0.0
a=h (im-1, in-1)+h (im-1, in+1)+c1 * (v (im-1,in-1)-v(im-1,in+1))
b=-c4 * (v (im-1, in-1) * abs (v (im-1,in-1)-v(im-1, in+1) * abs(v (im-1, in+1)))
h(im, in)=0.5 * (a+b)
cc=(h (im-1, in-1)-h(im-1,in+1))/c1+(v(im-1,in-1)+v(im-1,in+1))
d=-c2 * (v(im-1,in-1) * abs(v(im-1,in-1))+v(im-1,in+1) * abs(v(im-1,in+1)))
v(im,in)=0.5 * (cc+d)
enddo
h (im, 1)=h0
cm=h (im-1,2)-v (im-1,2) * (c1-c4 * abs (v (i-1, 2)))
v (im,1)=(h0-cm)/c1
cp=h (im-1,n)+v (im-1,n) * (c1-c4 * abs(v (im-1, n)))
d1=v0 * v0 * p(im) * p(im)/h0
v (im, n+1)=-d1 * c1/2.0+sqrt((d1 * c1/2.0) * (d1 * c1/2.)+d1 * cp)
h (im, n+1)=cp-c1 * v (im, n+1)
enddo
open (2,file='ff. dat', status='UNKNOWN')
do im=1, m+1
```

```
tt = (im - 1) * t
write (2,'(lx,i3,f6.1,6f10.4,f10.6')) im, tt,(h(im, in), in = 1, n + 1), p(im)
enddo
close(2)
end
```

程序中变量：

ts—阀门关闭时间；tmax—计算最长时间；h0—恒定流时压强水头；q—恒定流时最大流量；f—沿程水头损失系数；L—管道全长；d—管道内径；e—管壁厚度；p—阀门开度；c—水击波波速；h—管道断面压强水头；v—管道断面流速。

计算结果见表1-3-1。

表1-3-1　全管道各计算断面水击压强水头及阀门开度计算结果

t	0	0.2*L*	0.4*L*	0.6*L*	0.8*L*	*L*	开度
0	40.0	39.8396	39.6791	39.5187	39.3582	39.1978	1.00000
0.5	40.0	41.2668	41.9743	42.7093	43.4717	44.2633	0.928566
1.0	40.0	41.7663	43.5348	45.3076	47.0866	49.4569	0.857132
1.5	40.0	42.5735	44.9321	47.2852	49.6324	51.9765	0.785698
2.0	40.0	42.9145	45.8292	48.7440	51.6590	54.7798	0.714265
2.5	40.0	43.2867	46.5128	49.7295	52.9354	56.1309	0.642831
3.0	40.0	43.4630	46.9250	50.3847	53.8412	57.3442	0.571397
3.5	40.0	43.6031	47.1953	50.7526	54.3633	57.9368	0.499963
4.0	40.0	43.6749	47.3489	51.0210	54.6904	58.3626	0.428529
4.5	40.0	43.7198	47.4388	51.1562	54.8713	58.5834	0.357095
5.0	40.0	43.7455	47.4905	51.2348	54.9779	58.7194	0.285661
5.5	40.0	43.7614	47.5226	51.2835	55.0437	58.8032	0.214228
6.0	40.0	43.7723	47.5444	51.3162	55.0877	58.8585	0.142794
6.5	40.0	43.7795	47.5588	51.3378	55.1163	58.8942	0.071360
7.0	40.0	43.7828	47.5653	51.3475	55.1290	58.8902	0.000000
7.5	40.0	39.9816	39.9824	39.9829	39.9832	39.9832	0.000000
8.0	40.0	36.2179	32.4359	28.6546	24.8739	21.1139	0.000000
8.5	40.0	40.0184	40.0176	40.0171	40.0168	40.0168	0.000000
9.0	40.0	43.7815	47.5628	51.3433	55.1232	58.8820	0.000000
9.5	40.0	39.9816	39.9824	39.9829	39.9832	39.9832	0.000000
10.0	40.0	36.2191	32.4384	28.6587	24.8797	21.1221	0.000000

参 考 文 献

1 徐正凡主编．水力学（上册）．北京：高等教育出版社，1986
2 武汉水利电力学院编．水力学．北京：水利电力出版社，1960
3 许承宣主编．工程流体力学．北京：中国电力出版社，1998
4 中国市政工程西南设计研究院主编．给水排水设计手册（第1册）——常用资料．北京：中国建筑工业出版社，2000
5 武汉水利电力学院，华东水利学院编．水力学．北京：人民教育出版社，1980
6 李炜，徐孝平主编．水力学．武汉：武汉水利电力大学出版社，2000

第二篇

渠道的水力计算

第一章 明槽恒定流动基础

明槽流动（又称明渠流、无压流）是在河、渠等流道中流动、具有自由液面的液流，液面上压强为大气压强。当管道流动为非满流时，也属于明槽流（如无压输水隧洞、无压涵管和下水道中的流动等）。

明槽流动的水深 h 为明槽过水断面上从液面至槽底最低点的距离。

明槽的底坡
$$i = \sin\theta = \frac{\Delta a}{l} \tag{2-1-1}$$

式中 θ——明槽底部与水平面的夹角（见图 2-1-1）；

Δa、l——两断面槽底高程差和间距。

当 $i>0$ 时，槽底高程沿流程下降，称为顺坡（或正坡）；$i=0$，槽底水平，称为平坡；$i<0$，槽底高程沿流程上升，称为逆坡（或负坡）。

当 $|i|<0.1$ 或 $|\theta|<6°$ 时为小底坡，此时 $l\approx$ 水平距离 l'，且 $i\approx\Delta a/l'=\tan\theta$，$\cos\theta\approx1.0$，$h\approx$ 铅垂方向的深度 $h'=h/\cos\theta$。

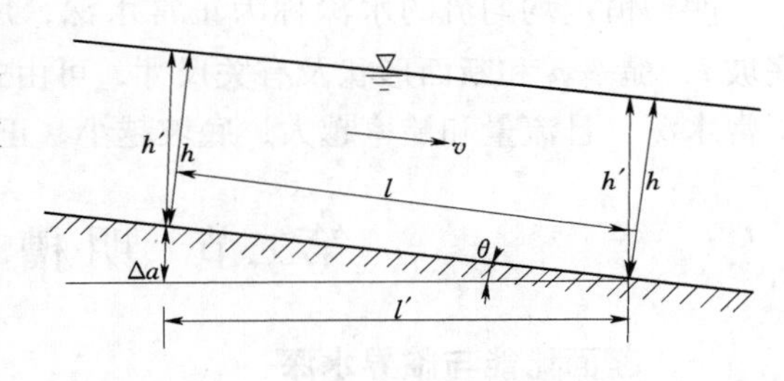

图 2-1-1 明槽水深和底坡示意图

槽身长直、底坡不变、横断面形状尺寸沿程不变的明槽称为棱柱形明槽，不能完全满足这些条件的明槽则为非棱柱形明槽。

第一节 明槽恒定均匀流

一、明槽均匀流的特性和形成条件

1. 明槽均匀流的特性

（1）水深 h、过水断面的形状和大小沿流程不变，过水断面上的流速分布和断面平均流速 v 沿流程不变，水流保持匀速直线运动。

（2）水头线、水面线和槽底线平行，即水力坡度 $J=$ 水面坡降 $J_S=$ 底坡 i。

2. 明槽均匀流的形成条件

（1）明槽水流恒定，流量沿程不变。

（2）明槽为长直的棱柱形槽，底坡、糙率沿程不变，且槽中没有影响水流的建筑物或障碍物。

（3）底坡 $i>0$（顺坡）。

二、明槽均匀流的基本计算式

根据谢才公式和明槽均匀流的性质，有

$$v = C\sqrt{Ri} \qquad (2-1-2)$$

或

$$Q = AC\sqrt{Ri} = K\sqrt{i} \qquad (2-1-3)$$

式中 v、Q、i、A、R、K、C——断面的平均流速、流量、底坡、过水断面面积、水力半径、流量模数和谢才系数。

一般可用曼宁公式计算谢才系数 C，则

$$v = \frac{R^{2/3}}{n}\sqrt{i}\ (\text{m/s}) \qquad (2-1-4)$$

$$Q = \frac{AR^{2/3}}{n}\sqrt{i}\ (\text{m}^3/\text{s}) \qquad (2-1-5)$$

式中 n—— 糙率。

R 单位为 m，A 单位为 m^2。

三、正常水深

明槽恒定均匀流的水深称为正常水深，用 h_0 表示。若已知棱柱形明槽中的流量 Q、底坡 i、糙率 n 和断面形状及有关尺寸，可由式（2-1-3）或式（2-1-5）唯一地确定正常水深，且流量和糙率越大，底坡越小，正常水深越大。

第二节 明槽恒定渐变流

一、断面比能与临界水深

1. 断面比能

断面比能（又称断面单位能量）E_S 是以过水断面最低点为基准面的断面总水头，即

$$E_S = h\cos\theta + \frac{\alpha v^2}{2g} = h\cos\theta + \frac{\alpha Q^2}{2gA^2} \qquad (2-1-6)$$

式中 h、A、Q、v、α——水深、过水断面面积、流量、断面平均流速和动能修正系数；

θ——明槽底坡的倾角（见图 2-1-2）。

小底坡的情况下有

$$E_S = h + \frac{\alpha v^2}{2g} = h + \frac{\alpha Q^2}{2gA^2} \qquad (2-1-7)$$

当流量已知时，同一断面上的断面比能是水深的函数，且其函数关系存在一个极小值点（见图 2-1-3）。

2. 临界水深

临界水深 h_K 是在给定的流量下，在同一个断面上对应于断面比能最小值的水深。

临界水深满足条件

$$1 - \frac{\alpha Q^2 B_K}{gA_K^3} = 0 \qquad (2-1-8)$$

式中 Q、α——流量和动能修正系数；

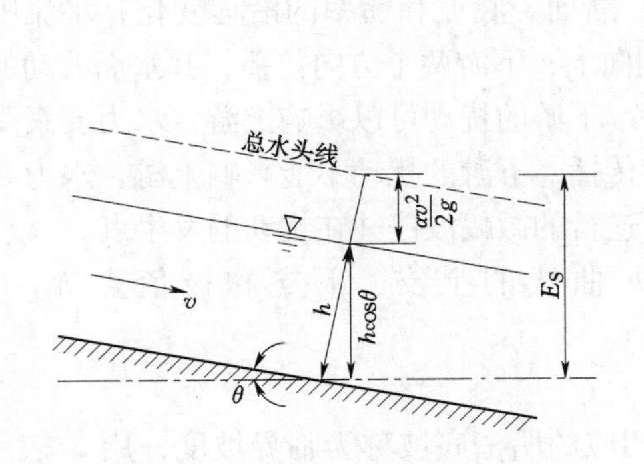

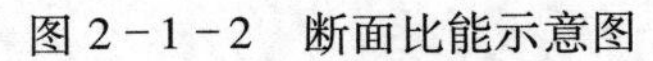
图 2-1-2　断面比能示意图

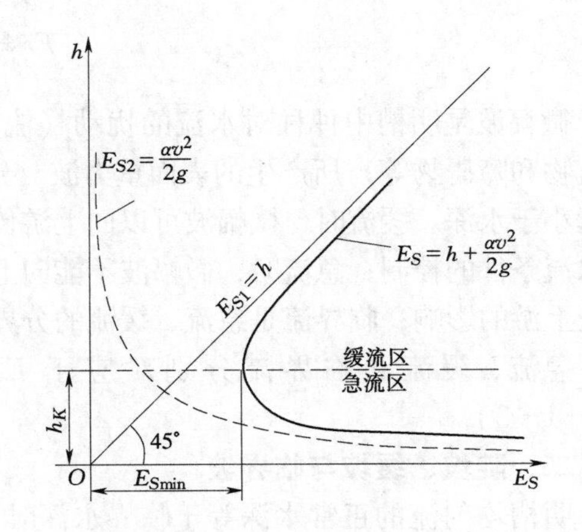

图 2-1-3　E_S—h 关系曲线

B_K、A_K——$h=h_K$ 时的水面宽和过水断面面积。

由式（2-1-8）可以求解出临界水深。

当断面形状为矩形时，

$$h_K = \sqrt[3]{\frac{\alpha q^2}{g}} \tag{2-1-9}$$

$$q = Q/b$$

式中　q——单宽流量；

　　b——矩形断面的宽度。

3. 急流、缓流、临界流及其判别

明槽流动可以分为缓流、急流和临界流三种流态，其判别方法见表 2-1-1。

表 2-1-1　明槽水流流态的判别

判别指标	缓　流	临界流	急　流
断面平均流速 v	$v<$ 微幅波波速 c	$v=c$	$v>c$
弗劳德数 Fr	$Fr<1$	$Fr=1$	$Fr>1$
水深 h	$h>h_K$	$h=h_K$	$h<h_K$

表 2-1-1 中，微幅波波速

$$c = \sqrt{g\frac{A}{B}} \tag{2-1-10}$$

弗劳德数

$$Fr = \frac{v}{c} = \frac{v}{\sqrt{gA/B}} \tag{2-1-11}$$

式中　B——水面宽；

　　A——过水断面面积。

对矩形断面明槽，微幅波波速和弗劳德数对应有：

$$c = \sqrt{gh} \tag{2-1-12}$$

$$Fr = \frac{v}{\sqrt{gh}} \tag{2-1-13}$$

微幅波是明槽中种种对水流的扰动（流量、断面、底坡和糙率的沿程变化，水流中的建筑物和障碍物等）所产生的表面重力波，分别向上、下游两个方向传播，其水面波动的幅度远小于水深。缓流时，微幅波可以向上游传播，下游的扰动可以影响上游，水力要素受下游水流条件的控制；急流时，微幅波不能向上游传播，下游的扰动不能影响上游，水力要素只受上游的影响；临界流是急流、缓流的分界，逆行的微幅波停驻在扰动的发生点。

急流、缓流和临界流分别对应于 E_S—h 曲线的上支、下支和极值点 h_K（见图2-1-3）。

二、陡坡、缓坡与临界坡

明槽均匀流的正常水深等于临界水深时，相应的明槽底坡称为临界坡度，用 i_K 表示：

$$i_K = \frac{Q^2}{A_K^2 C_K^2 R_K} = \frac{g\chi_K}{\alpha C_K^2 B_K} \tag{2-1-14}$$

式中 A_K、R_K、χ_K、B_K、C_K——临界水深时的明槽过水断面面积、水力半径、湿周、水面宽和谢才系数。

顺坡渠道的实际底坡有以下三种情况：

（1）缓坡：$i<i_K$，此时正常水深 $h_0>h_K$，均匀流流态为缓流。

（2）陡坡：$i>i_K$，$h_0<h_K$，均匀流流态为急流。

（3）临界坡：$i=i_K$，$h_0=h_K$，均匀流流态为临界流。

但是，当明槽水流为非均匀流时，不论底坡是陡坡、缓坡还是临界坡，均可以发生缓流、急流或临界流，水深均可以大于、小于或等于临界水深。

临界坡度 i_K 的大小与流量、糙率和断面形式及尺寸（如：底宽、边坡系数等）有关，因而渠道是陡坡还是缓坡也与上述因素有关。在其他条件相同的情况下，糙率 n 越大，i_K 越大。

三、明槽恒定渐变流的基本微分方程

明槽恒定渐变流中，断面比能 E_S 满足微分方程

$$\frac{\mathrm{d}E_S}{\mathrm{d}s} = i - J \tag{2-1-15}$$

而对棱柱形明槽中的恒定渐变流，从方程式（2-1-15）可以推导出水深 h 的沿程变化率

$$\frac{\mathrm{d}h}{\mathrm{d}s} = \frac{i - J}{1 - Fr^2} \tag{2-1-16}$$

$$J = \frac{v^2}{C^2R} = \frac{Q^2}{K^2} = \frac{n^2Q^2}{A^2R^{4/3}} \tag{2-1-17}$$

式中 i——底坡；

J——水力坡度；

C——谢才系数；

R——水力半径，m；

K——流量模数，m^3/s；

n——糙率。

弗劳德数 Fr 计算式见式（2－1－11）。

四、棱柱形明槽水面曲线的类型

明槽流动为恒定均匀流时，水深 h 恒等于正常水深 h_0，水面线为平行于槽底的直线。

明槽流动为恒定非均匀流时，水深将沿流程而变化。当 $dh/ds>0$ 时，水深沿程增大，这种情况称为壅水，水面曲线为壅水曲线；当 $dh/ds<0$ 时，水深沿程减小，这种情况称为降水，水面曲线为降水曲线。

在棱柱形明槽的情况下，从方程式（2－1－16）中分子和分母项的正负可以判断壅水、降水，根据明槽水深的大小范围有三种情况：

（1）第①区，$h>h_K$ 且 $h>h_0$，水面线位于正常水深线（$N—N$ 线）和临界水深线（$K—K$ 线）之上，$i-J>0$，$1-Fr^2>0$，则$\frac{dh}{ds}>0$，所以 1 区的水面曲线均为壅水曲线。

（2）第②区，$h_K<h<h_0$ 或 $h_0<h<h_K$，水面线位于 $N—N$ 线和 $K—K$ 线之间，则 $i-J<0$，$1-Fr^2>0$ 或 $i-J>0$，$1-Fr^2<0$，所以$\frac{dh}{ds}<0$，2 区的水面曲线均为降水曲线。

（3）第③区，$h<h_K$ 且 $h<h_0$，水面线位于 $N—N$ 线和 $K—K$ 线之下，$i-J<0$，$1-Fr^2<0$，则$\frac{dh}{ds}>0$，所以 3 区的水面曲线均为壅水曲线。

从图 2－1－4 中可以看到棱柱形明槽缓坡、陡坡、临界坡、平坡和逆坡五种情况，每种底坡可依水深范围分为三个或两个区，每区有惟一的一种水面曲线类型。其中陡坡、缓坡明槽水深范围都有三个区，各有三种水面曲线。平坡和逆坡渠道没有正常水深，只有②、③区，而临界坡渠道 $h_0=h_K$，$N—N$ 线与 $K—K$ 线重合，没有②区，只有①、③区，各只有两个区，故各有两种水面曲线。因此总共有 12 种类型的水面曲线。

水面曲线类型的命名规则为：用大写字母 M、S、C、H 和 A 分别代表缓坡、陡坡、临界坡、平坡和逆坡明槽，下标数字代表①、②、③区。

表 2－1－2 中为 12 种水面曲线的类型名称、水深范围、流态以及变化趋势，其中控制水深是某特定断面上已知的水深，是分析和绘制水面线的起点。

除了临界坡明槽的情况外，同一段渠道里，水面曲线不能从一个区以渐变流的方式跨越界限连续地过渡到相邻的区，这时水面线变化趋势有三种情况：

（1）当水深接近正常水深时，水面曲线恒以渐近方式趋向正常水深线。

（2）当水深很大时，水面曲线趋于水平。

（3）当水深接近临界水深时，水面曲线坡度变陡，将以水跃或水跌的急变流形式越过 $K—K$ 线。水面急剧跃起时形成水跃，流态从急流过渡到缓流，前提是来流为急流，而下游为缓流，以水跃作为两种流态的衔接。水面急剧下跌时形成水跌，前提是上游为缓流，下游为急流，而且水跌只能发生在两段渠道之间的转折断面、或渠道的进出口断面上。

临界坡明槽的情况，水面线可以以一定的小角度与正常水深线（同时也是临界水深线）相交。如果渠段足够长，急流区的 C_3 型壅水曲线有可能比较平滑地过渡到正常水深线，再过渡到缓流区的 C_1 型壅水曲线，否则两者必须以水跃的形式衔接。

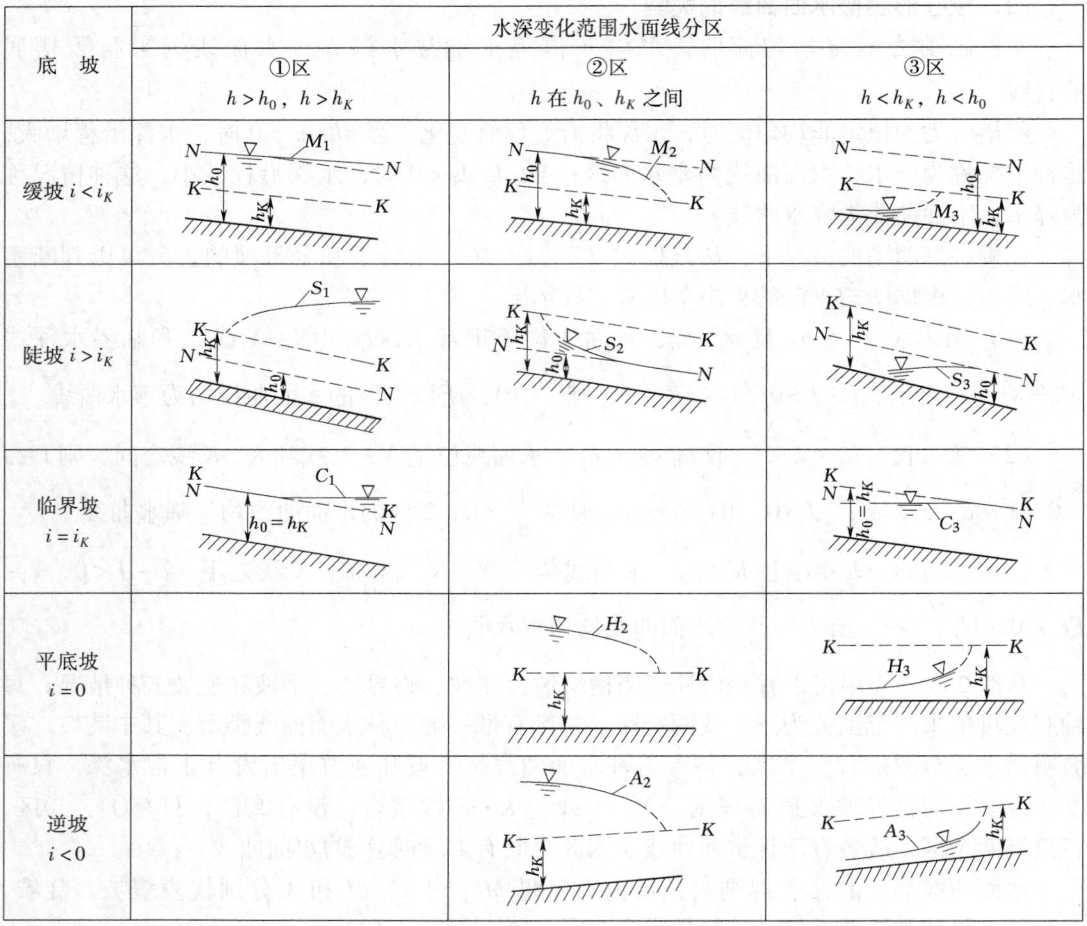

底　坡	水深变化范围水面线分区		
	①区 $h>h_0$，$h>h_K$	②区 h 在 h_0、h_K 之间	③区 $h<h_K$，$h<h_0$
缓坡 $i<i_K$	M_1	M_2	M_3
陡坡 $i>i_K$	S_1	S_2	S_3
临界坡 $i=i_K$	C_1		C_3
平底坡 $i=0$		H_2	H_3
逆坡 $i<0$		A_2	A_3

图 2－1－4　五种底坡水面曲线

表 2－1－2　　　　棱柱形明槽恒定渐变流水面曲线的类型及特性

底　坡		区域	水深范围	水面曲线名称	流态	基本特性		
						dh/ds	向上游趋向	向下游趋向
顺坡	缓坡 $0<i<i_K$	①	$h>h_0>h_K$	M_1	缓	>0	$h\to h_0$	→水平线
		②	$h_0>h>h_K$	M_2		<0	$h\to h_0$	控制水深或水跃
		③	$h_0>h_K>h$	M_3	急	>0	控制水深	→水跃
	陡坡 $i>i_K$	①	$h>h_K>h_0$	S_1	缓	>0	→水跃	→水平线
		②	$h_K>h>h_0$	S_2	急	<0	控制水深或水跃	$h\to h_0$
		③	$h_K>h_0>h$	S_3		>0	控制水深	$h\to h_0$
	临界坡 $i=i_K$	①	$h>h_K=h_0$	C_1	缓	>0	→正常水深或水跃	→水平线
		③	$h<h_K=h_0$	C_3	急	>0	控制水深	→正常水深或水跃

续表

底　坡		区域	水深范围	水面曲线名称	流态	基　本　特　性		
						dh/ds	向上游趋向	向下游趋向顺
平坡	$i=0$	②	$h>h_K$	H_2	缓	<0	→水平线	控制水深或水跌
		③	$h<h_K$	H_3	急	>0	控制水深	→水跃
逆坡	$i<0$	②	$h>h_K$	A_2	缓	<0	→水平线	控制水深或水跌
		③	$h<h_K$	A_3	急	>0	控制水深	→水跃

第三节　水跌和水跃

一、水跌

水跌是当明槽水流由缓流过渡到急流的时候，水面在短距离内发生急剧降落的现象。水跌发生于明槽底坡突变或有跌坎处，其上、下游流态分别为缓流和急流，如图2－1－5（*a*）、（*b*）所示，水面急剧地从临界水深线之上降落到临界水深线之下。

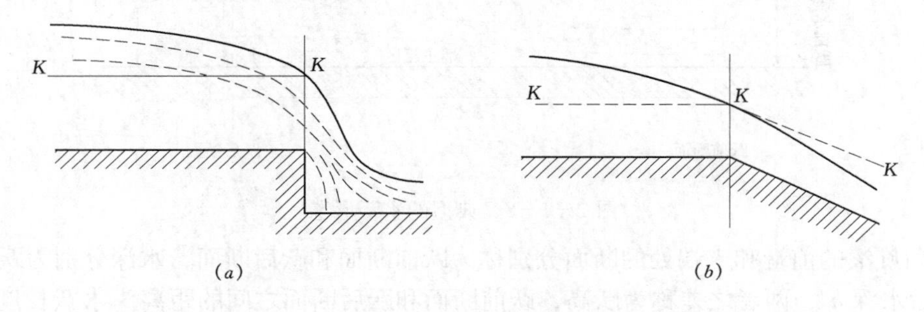

图2－1－5　水跌

根据实验观察，跌坎断面的水深 h_D 约为 $0.7h_K$，而水深等于 h_K 的断面约在跌坎断面上游（3～4）h_K 处（见图2－1－6）。但在进行明槽恒定渐变流的水面曲线分析时，通常近似取 $h_D=h_K$ 作为控制水深。

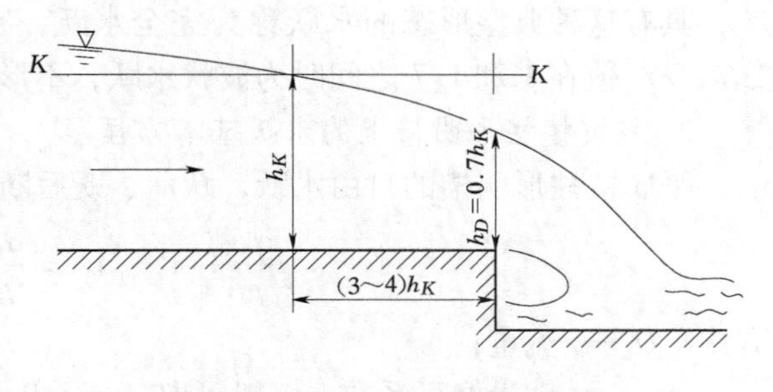

图2－1－6　跌坎断面水深

二、水跃

明槽水流从急流过渡到缓流时水面突然跃起的局部水流现象称为水跃。例如，闸、坝下泄的急流与下游的缓流相衔接时均会出现水跃现象（见图2－1－7），同时伴随有强烈的机械能损耗。工程中常常利用水跃作为泄水建筑物下游的消能措施。

1. 水跃形态

典型的水跃流动可以分为表面旋滚区和底部主流区（见图2－1－8）。在表面旋滚区中充满着剧烈翻滚的旋涡，并掺入大量气泡；在底部主流区中流速很大，主流接近槽底，受下

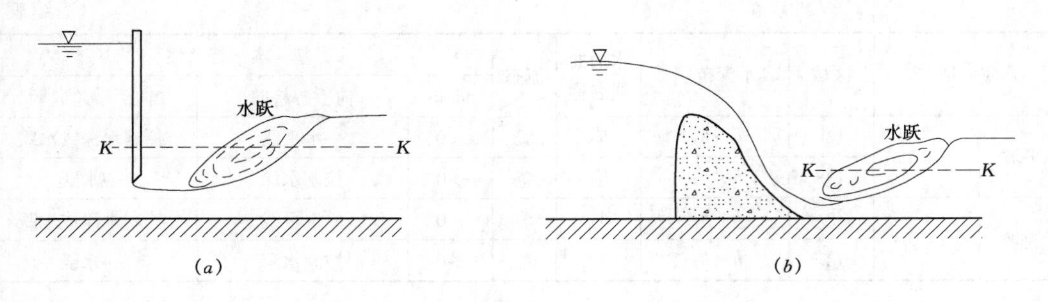

图 2-1-7 闸、堰下游的水跃

游缓流的阻遏，在短距离内水深迅速增加，水流扩散，流态从急流转变为缓流；两个区域之间有大量的质量、动量交换，不能截然分开，界面上形成横向流速梯度很大的剪切层。

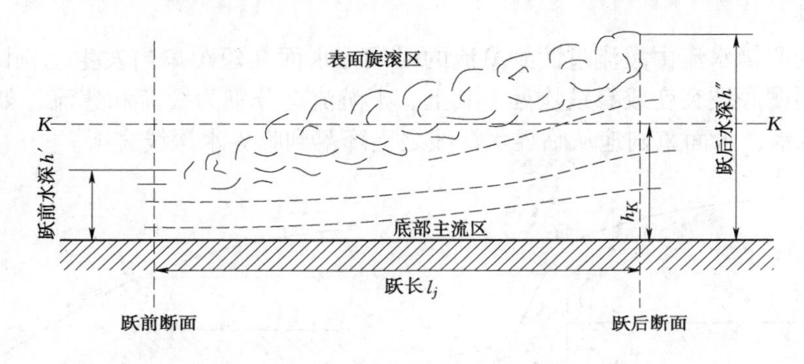

图 2-1-8 典型的水跃形态

表面旋滚的前端和末端处的断面分别称为跃前断面和跃后断面，水深分别为跃前水深 h'和跃后水深 h''，两者之差称为跃高，跃前断面和跃后断面之间的距离为水跃长度 l_j（简称跃长）。跃前、跃后断面的位置围绕平均位置不断前后摆动。

具有这种典型形态的水跃称为完全水跃，它要求跃前断面处的水流弗劳德数 $Fr_1 > 1.7$。Fr_1 值在 1 和 1.7 之间时为波状水跃，不形成表面旋滚区，而是产生水面波动。

2. 平坡棱柱形明槽上的水跃基本方程

平底棱柱形明槽的自由水跃，跃前、跃后断面的水力参数满足以下基本方程

$$\frac{\alpha_0 Q^2}{gA_1} + y_{c1}A_1 = \frac{\alpha_0 Q^2}{gA_2} + y_{c2}A_2 \tag{2-1-18}$$

式中 Q——流量；

α_0——动量修正系数，一般可取 $\alpha_0 \approx 1.0$；

g——重力加速度；

A_1、y_{c1}——跃前断面的过水断面面积、断面形心处的深度；

A_2、y_{c2}——跃后断面的过水断面面积、断面形心处的深度。

已知跃前水深和跃后水深中的一个，可以解方程得到另一个。跃前水深越小，对应的跃后水深就越大，反之亦然。

关于水跃现象的详细描述、分类和具体的计算公式，可参阅第四篇中的有关章节。

第二章　渠道水力计算中有关参数的确定

第一节　渠道断面型式和过水断面面积、湿周、水力半径等的计算

表2-2-1中所列出的为工程中所常见的矩形、梯形、复式、U形、圆形和抛物线形断面的过水断面面积A、湿周χ、水力半径R和水面宽B的计算式。

表2-2-1　渠道过水断面面积A、湿周χ、水力半径R和水面宽B计算公式

断面型式	A	χ	R	B	说明
矩形 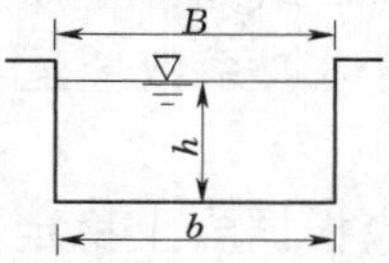	bh	$b+2h$	$\frac{bh}{b+2h}$	b	
梯形 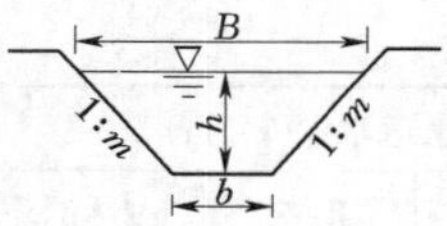	$(b+mh)h$	$b+2h\sqrt{1+m^2}$	$\frac{(b+mh)h}{b+2h\sqrt{1+m^2}}$	$b+2mh$	
复式断面 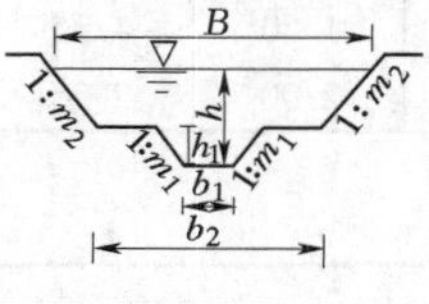	$(b_1+m_1h_1)h_1+(h-h_1)[b_2+m_2(h-h_1)]$	$b_2-2m_1h_1+2h_1\sqrt{1+m_1^2}+2(h-h_1)\sqrt{1+m_2^2}$	$\frac{A}{\chi}$	$b_2+2m_2\times(h-h_1)$	$h\geqslant h_1$（$h<h_1$时，主槽为梯形断面）
U形 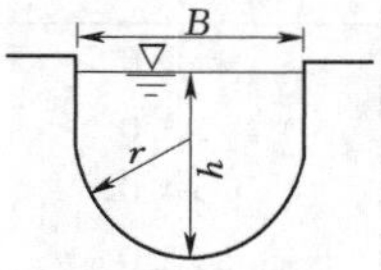	$\frac{1}{2}\pi r^2+2r(h-r)$	$\pi r+2(h-r)$	$\frac{r}{2}\left[1+\frac{2(h-r)}{\pi r+2(h-r)}\right]$	$2r$	$h\geqslant r$（$h<r$时，按圆形断面计算）
圆形 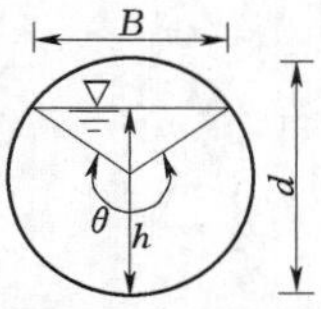	$\frac{d^2}{8}(\theta-\sin\theta)$	$\frac{d}{2}\theta$	$\frac{d}{4}\left(1-\frac{\sin\theta}{\theta}\right)$	$2\sqrt{h(d-h)}$	$\cos\frac{\theta}{2}=1-\frac{2h}{d}$

续表

断面型式	A	χ	R	B	说明
抛物线形 $y=\frac{4h}{B^2}x^2$	$\frac{2}{3}Bh$	$\sqrt{(1+4h)\ h}+\frac{1}{2}\ln(2\sqrt{h}+\sqrt{1+4h})$	$\frac{4}{3}h^{1.5}/\left[\sqrt{(1+4h)\ h}+\frac{1}{2}\ln(2\sqrt{h}+\sqrt{1+4h})\right]$	$2\sqrt{h}$	

第二节　渠道边坡系数和渠道岸顶超高

一、边坡系数的确定

渠道边坡系数的确定以保证边坡的稳定性为原则，根据土质、水深和挖填深度等因素选定。

1. 挖方渠道[3]

当挖方深度小于5m、水深小于3m时，最小边坡系数可按表2－2－2确定。土质排水沟的最小边坡系数可按表2－2－3确定，淤泥、流沙地段的排水沟边坡系数应适当加大。

当挖方深度大于5m，或水深大于3m时，或地下水位比较高时，应根据岩土稳定性分析计算确定边坡系数。

表2－2－2　挖方渠道的最小边坡系数

渠道土质	渠道水深 h（m）			渠道土质	渠道水深 h（m）		
	$h<1$	1～2	2～3		$h<1$	1～2	2～3
稍胶结的卵石	1.00	1.00	1.00	中壤土	1.25	1.25	1.50
夹砂的卵石和砾石	1.25	1.50	1.50	轻壤土、砂壤土	1.50	1.50	1.75
粘土、重壤土	1.00	1.00	1.25	砂　土	1.75	2.00	2.25

表2－2－3　土质排水沟的最小边坡系数

土　质	排水沟开挖深度（m）			
	<1.5	1.5～3.0	3.0～4.0	>4.0～5.0
粘土、重壤土	1.0	1.25～1.5	1.5～2.0	>2.0
中壤土	1.5	2.0～2.5	2.5～3.0	>3.0
轻壤土、砂壤土	2.0	2.5～3.0	3.0～4.0	>4.0
砂　土	2.5	3.0～4.0	4.0～5.0	>5.0

2. 填方渠道[3]

当填方高度小于或等于3m时，最小边坡系数可按表2－2－4确定。

当填方高度大于3m时，应根据岩土稳定性分析计算确定边坡系数。

3. 防渗渠道[3,4]

防渗材料采用混凝土、沥青混凝土、水泥土、砌石、灰土、三合土、四合土等刚性材料的渠道，或者以这些材料作为保护层的膜料防渗渠道，其最小边坡系数可按表2－2－5选用。但堤高超过3m或地质情况复杂的填方渠道，堤岸为高边坡的深挖方渠道，以及大型的素土、粘砂混合土防渗渠道，其最小边坡系数应通过边坡稳定分析计算确定。

大、中型渠道采用土保护层膜料防渗时，最小边坡系数宜按有关规范的方法通过分析计算确定，或按表2－2－6选用。

表2－2－4　　填方渠道的最小边坡系数

渠道土质	渠道水深（m）					
	<1		1～2		2～3	
	内坡	外坡	内坡	外坡	内坡	外坡
粘土、重壤土	1.00	1.00	1.00	1.00	1.25	1.00
中壤土	1.25	1.00	1.25	1.00	1.50	1.25
轻壤土、砂壤土	1.50	1.25	1.50	1.25	1.75	1.50
砂　土	1.75	1.50	2.00	1.75	2.25	2.00

表2－2－5　　刚性材料防渗渠道的最小边坡系数

渠基土质	渠道设计水深（m）											
	<1			1～2			2～3			>3		
	挖方	填方		挖方	填方		挖方	填方		挖方	填方	
	内坡	内坡	外坡	内坡	内坡	外坡	内坡	内坡	外坡	内坡	内坡	外坡
稍胶结的卵石	0.75	—	—	1.00	—	—	1.25	—	—	1.50	—	—
夹砂的卵石或砂土	1.00	—	—	1.25	—	—	1.50	—	—	1.75	—	—
粘土、重壤土、中壤土	1.00	1.00	1.00	1.00	1.00	1.00	1.25	1.25	1.00	1.50	1.50	1.25
轻　壤　土	1.00	1.00	1.00	1.00	1.00	1.00	1.25	1.25	1.25	1.50	1.50	1.50
砂　壤　土	1.25	1.25	1.25	1.25	1.50	1.50	1.50	1.50	1.50	1.75	1.75	1.50

表2－2－6　　土保护层膜料防渗渠道的最小边坡系数

保护层土质	渠道设计流量（m^3/s）			
	<2	2～5	5～20	>20
粘土、重壤土、中壤土	1.50	1.50～1.75	1.75～2.00	2.25
轻　壤　土	1.50	1.75～2.00	2.00～2.25	2.50
砂　壤　土	1.75	2.00～2.25	2.25～2.50	2.75

二、渠道岸顶超高的确定

1. 灌溉排水渠道[3]

为保证行水安全，渠道岸顶应比加大流量时的水位还要高出一定高度，称为岸顶超高。4、5级渠道的岸顶超高可按公式（2－2－1）计算确定：

$$F_b = \frac{1}{4}h_b + 0.2 \tag{2-2-1}$$

式中　F_b——渠道岸顶超高，m；

h_b——渠道通过加大流量时的水深，m。

1~3级渠道的岸顶超高应按土石坝设计要求经论证确定。

渠道弯道段的曲率半径小于5倍水面宽度或平均流速大于2m/s时，应增大凹岸超高，增加值的计算公式可用

$$F'_b = \frac{B_b V_b^2}{2gR} \tag{2-2-2}$$

式中 F'_b——弯道凹岸顶部超高增加值，m；

B_b——渠道通过加大流量时的水面宽度，m；

V_b——渠道通过加大流量时的断面平均流速，m/s；

g——重力加速度，m/s^2；

R——渠道弯道段中心线的曲率半径，m。

渠道填方高度大于3m时，岸顶超高应预加沉降高度。确定浑水渠道的岸顶超高时还应考虑可能的泥沙淤积的影响。

2. 水电站引水渠道[5]

水电站引水渠道的岸顶超高 F_b 应是引水渠道在通过设计流量时的水位之上的最大涌浪高度值与安全超高之和，即

$$F_b = \xi + \delta \tag{2-2-3}$$

式中 ζ——设计流量下，水电站突然丢弃全部负荷时的最大涌波高度，m，按明槽非恒定流方法计算确定；

δ——安全超高，m。

我国设计规范规定：对于小型水电站，安全超高值应符合表2-2-7要求；此外，还可以参照前苏联、美国垦务局和日本设计规范的公式[5]。其中日本设计规范给出的计算公式为

$$\delta = 0.05h + h_v + (0.05 \sim 0.15) \tag{2-2-4}$$

式中 h——设计流量时的水深，m；

h_v——相应于 h 时的流速水头，m。

表2-2-7 渠顶安全超高

最大流量（m³/s）	<10	10~50	>50
安全超高（m）	0.4	0.6~1.0	1.0以上

第三节 渠道糙率的确定

一、渠道糙率

土渠、石渠和防渗衬砌渠道的糙率可参照表2-2-8、表2-2-9和表2-2-10确定[3,4]。

表 2-2-8　土渠糙率

渠道流量（m^3/s）	渠槽特征	灌溉渠道	泄（退）水渠道
>20	平整顺直，养护良好 平整顺直，养护一般 渠床多石，杂草丛生，养护较差	0.0200 0.0225 0.0250	0.0225 0.0250 0.0275
20~1	平整顺直，养护良好 平整顺直，养护一般 渠床多石，杂草丛生，养护较差	0.0225 0.0250 0.0275	0.0250 0.0275 0.0330
<1	渠床弯曲，养护一般 支渠以下的固定渠道 渠床多石，杂草丛生，养护较差	0.0250 0.0275 0.0300	0.0275 0.0300 0.0350

表 2-2-9　石渠糙率

渠槽表面特征	糙率	渠槽表面特征	糙率
经过良好修整	0.0250	经过中等修整，有凸出部分	0.0330
经过中等修整，无凸出部分	0.0300	未经修整，有凸出部分	0.0350~0.0450

表 2-2-10　防渗衬砌渠槽糙率

防渗衬砌结构类别及特征		糙率
粘土、粘沙混合土、膨润混合土	平整顺直，养护良好 平整顺直，养护一般 平整顺直，养护较差	0.0225 0.0250 0.0275
灰土、三合土、四合土	平整，表面光滑 平整，表面较粗糙	0.0150~0.0170 0.0180~0.0200
水泥土	平整，表面光滑 平整，表面较粗糙	0.0140~0.0160 0.0160~0.0180
砌石	浆砌料石、石板 浆砌块石 干砌块石 浆砌卵石 干砌卵石、砌工良好 干砌卵石、砌工一般 干砌卵石、砌工粗糙	0.0150~0.0230 0.0200~0.0250 0.0250~0.0330 0.0230~0.0275 0.0250~0.0325 0.0275~0.0375 0.0325~0.0425
沥青混凝土	机械现场浇筑，表面光滑 机械现场浇筑，表面粗糙 预制板砌筑	0.0120~0.0140 0.0150~0.0170 0.0160~0.0180
混凝土	抹光的水泥沙浆面 金属模板浇筑，平整顺直，表面光滑 刨光木模板浇筑，表面一般 表面粗糙，缝口不齐 修整及养护较差 预制板砌筑 预制渠槽 平整的喷浆面 不平整的喷浆面 波状断面的喷浆面	0.0120~0.0130 0.0120~0.0140 0.0150 0.0170 0.0180 0.0160~0.0180 0.0120~0.0160 0.0150~0.0160 0.0170~0.0180 0.0180~0.0250

砂砾石保护层膜料防渗渠道的糙率可按式（2－2－5）计算确定：

$$n = 0.028d_{50}^{0.1667} \quad (2-2-5)$$

式中 d_{50}——允许砂砾石重量的50%通过的筛孔直径，mm。

二、断面周界上糙率不同时渠道的综合糙率

综合糙率是断面周界各部分糙率的一个平均值，其计算式有[6]

$$n_{max}/n_{min} > 1.5 \sim 2.0 \text{时} \quad n = \left(\frac{\chi_1 n_1^{3/2} + \chi_2 n_2^{3/2} + \cdots}{\chi_1 + \chi_2 + \cdots}\right)^{\frac{2}{3}} \quad (2-2-6a)$$

$$n_{max}/n_{min} < 1.5 \sim 2.0 \text{时} \quad n = \frac{\chi_1 n_1 + \chi_2 n_2 + \cdots}{\chi_1 + \chi_2 + \cdots} \quad (2-2-6b)$$

式中 n_{max}、n_{min}——断面周界各部分糙率中的最大值和最小值；

n_1、n_2、…——断面周界各部分的糙率；

χ_1、χ_2、…——断面周界各部分的湿周。

三、冰盖糙率

冬季有冰盖的情况下，计算渠道综合糙率时应计入冰盖部分的糙率和湿周，其中冰盖的糙率可参考表2－2－11选定[7]。

表2－2－11 渠道的冰盖糙率

冰盖条件	渠道断面平均流速（m/s）	n
光滑冰盖，无堆积冰块	0.40～0.60 ＞0.60	0.010～0.012 0.014～0.017
光滑冰盖，有堆积冰块	0.40～0.60 ＞0.60	0.016～0.018 0.017～0.020
粗糙冰盖，有堆积冰块		0.023～0.025

第四节 渠道的设计流速和允许流速

一、渠道的设计流速[3,5]

设计流速为在渠道设计时所选取的设计流量下的渠道断面平均流速，应该在渠道允许流速的范围内，同时较好地满足技术经济方面的要求。

土渠的设计流速宜控制在0.6～0.9m/s，最小不宜小于0.3m/s。在多泥沙条件下应按冲、淤平衡条件设计。结合通航的渠道，设计流速宜控制在0.6～0.8m/s，最大不宜超过1.0m/s。寒冷地区冬、春季灌溉的渠道，设计流速不宜小于1.5m/s。

小型水电站引水渠道的设计流速：衬砌渠道宜选用1～2m/s；土渠同上。中型水电站和低水头大流量小型水电站引水渠道的设计流速，应经技术经济比较确定。

二、渠道的允许流速

允许流速是为保证渠道的正常运用和安全，对水流流速规定的上、下限值。其中，为保证不发生渠床冲刷所要求的流速上限称为允许不冲流速；为保证不发生泥沙淤积所要求的流速下限称为允许不淤流速。

此外还有为阻止渠床上植物生长对流速下限的要求（一般要求流速大于0.3～0.5m/s），以及为保证航运安全对流速上限的要求等，可根据有关资料确定。

（一）渠道的允许不冲流速

使渠床泥沙或护面不被水流冲刷、破坏的最大断面平均流速称为不冲流速，主要与渠床或护面材料有关，也与水流的含沙量有关。设计渠道时应保证渠道的设计流速小于不冲流速。

1. 清水渠道的允许不冲流速

粘性土渠道、非粘性土渠道、石渠和防渗衬砌渠道的允许不冲流速，可分别参照表2-2-12、表2-2-13、表2-2-14和表2-2-15确定[3,4]。

表2-2-12　粘性土渠道的允许不冲流速

土　质	允许不冲流速（m/s）	土　质	允许不冲流速（m/s）
轻壤土	0.6～0.8	重壤土	0.70～0.95
中壤土	0.65～0.85	粘　土	0.75～1.00

注　表中所列允许不冲流速值为水力半径$R=1.0$m的情况。当$R\neq1.0$m时，表中所列数值应乘以R^{α}。指数α值可按下列情况采用：①疏松的壤土、粘土，$\alpha=1/3\sim1/4$；②中等密实的和密实的壤土、粘土，$\alpha=1/4\sim1/5$。

表2-2-13　非粘性土渠道的允许不冲流速　单位：m/s

土　质	粒　径（mm）	水　深　（m）			
		0.4	1.0	2.0	≥3.0
淤　泥	0.005～0.050	0.12～0.17	0.15～0.21	0.17～0.24	0.19～0.26
细　砂	0.050～0.250	0.17～0.27	0.21～0.32	0.24～0.37	0.26～0.40
中　砂	0.250～1.000	0.27～0.47	0.32～0.57	0.37～0.65	0.40～0.70
粗　砂	1.000～2.500	0.47～0.53	0.57～0.65	0.65～0.75	0.70～0.80
细砾石	2.500～5.000	0.53～0.65	0.65～0.80	0.75～0.90	0.80～0.95
中砾石	5.000～10.00	0.65～0.80	0.80～1.00	0.90～1.10	0.95～1.20
大砾石	10.00～15.00	0.80～0.95	1.00～1.20	1.10～1.30	1.20～1.40
小卵石	15.00～25.00	0.95～1.20	1.20～1.40	1.30～1.60	1.40～1.80
中卵石	25.00～40.00	1.20～1.50	1.40～1.80	1.60～2.10	1.80～2.20
大卵石	40.00～75.00	1.50～2.00	1.80～2.40	2.10～2.80	2.20～3.00
小漂石	75.00～100.0	2.00～2.30	2.40～2.80	2.80～3.20	3.00～3.40
中漂石	100.0～150.0	2.30～2.80	2.80～3.40	3.20～3.90	3.40～4.20
大漂石	150.0～200.0	2.80～3.20	3.40～3.90	3.90～4.50	4.20～4.90
顽　石	>200.0	>3.20	>3.90	>4.50	>4.90

注　表中所列允许不冲流速值为水力半径$R=1.0$m的情况。当$R\neq1.0$m时，表中所列数值应乘以R^{α}，指数α值可采用$\alpha=1/3\sim1/5$。

表2-2-14　石渠的允许不冲流速　单位：m/s

岩　性	水　深　（m）			
	0.4	1.0	2.0	3.0
砾石，泥灰岩，页岩	2.0	2.5	3.0	3.5
石灰岩，致密的砾石，砂岩，白云石灰岩	3.0	3.5	4.0	4.5
白云砂岩，致密的石灰岩，硅质石灰岩，大理石	4.0	5.0	5.5	6.0
花岗岩，辉绿岩，玄武岩，安山岩，石英岩，斑岩	15.0	18.0	20.0	22.0

表 2-2-15 防渗衬砌渠道的允许不冲流速 单位：m/s

<table>
<tr><th colspan="3">防渗衬砌结构类型</th><th>允许不冲流速</th><th colspan="2">防渗衬砌结构类型</th><th>允许不冲流速</th></tr>
<tr><td rowspan="2">土 料</td><td colspan="2">粘土、粘沙混合土</td><td>0.75~1.00</td><td rowspan="5">膜 料
（土料保护层）</td><td>砂壤土、轻壤土</td><td><0.45</td></tr>
<tr><td colspan="2">灰土、三合土、四合土</td><td><1.00</td><td>中壤土</td><td><0.60</td></tr>
<tr><td rowspan="2">水泥土</td><td colspan="2">现场填筑</td><td><2.50</td><td>重壤土</td><td><0.65</td></tr>
<tr><td colspan="2">预制铺砌</td><td><2.00</td><td>粘 土</td><td><0.70</td></tr>
<tr><td rowspan="6">砌 石</td><td colspan="2">干砌卵石（挂淤）</td><td>2.50~4.00</td><td>砂砾料</td><td><0.90</td></tr>
<tr><td colspan="2">浆砌卵石</td><td>3.00~5.00</td><td rowspan="2">沥青混凝土</td><td>现场浇筑</td><td><3.00</td></tr>
<tr><td rowspan="2">浆砌块石</td><td>单 层</td><td>2.50~4.00</td><td>预制铺砌</td><td><2.00</td></tr>
<tr><td>双 层</td><td>3.50~5.00</td><td rowspan="3">混凝土</td><td>现场浇筑</td><td><8.00</td></tr>
<tr><td colspan="2">浆砌料石</td><td>4.00~6.00</td><td>预制铺砌</td><td><5.00</td></tr>
<tr><td colspan="2">浆砌石板</td><td><2.50</td><td>喷射法施工</td><td><10.0</td></tr>
</table>

注 表中土料类和膜料类（土料保护层）防渗衬砌结构的允许不冲流速值为水力半径 $R=1.0$m 的情况。当 $R\neq 1.0$m 时，表中所列数值应乘以 R^{α}。指数 α 值可按下列情况采用：①疏松的土料或土料保护层，$\alpha=1/3\sim1/4$；②中等密实的和密实的土料或土料保护层，$\alpha=1/4\sim1/5$。

2. 挟沙水流渠道的允许不冲流速

以下几个经验公式和表格可供初步设计时参考：

（1）根据我国人民胜利渠、银川灌区、渭惠渠和部分国外的实测资料总结的公式[8]：

$$v'_S = 0.10\sqrt{\frac{\gamma_s-\gamma}{\gamma}gS^{1/3}R^{0.2}} \qquad (2-2-7)$$

式中 v'_S——挟沙水流时渠道的允许不冲流速，m/s；

γ、γ_s——水和沙粒的容重；

g——重力加速度，m/s^2；

S——悬移质含沙量，kg/m^3；

R——水力半径，m。

式（2-2-7）依据的资料范围：渠槽土质为较细的淤积土；流速为 0.35~1.445 m/s，水力半径为 0.2~2.15m；含沙量为 0.5~177 kg/m^3，粒径为 0.01~0.445mm。

（2）由引黄扩建总干渠和原延封干渠、人民胜利渠、人民跃进渠等引黄渠道的实测资料总结的引黄渠道挟沙水流不冲流速经验公式。

1）渠槽土质为粉壤土和粉质沙壤土❶。

$$v'_S = v'(2.5SR^{3/2}\omega_0^{1/2}+1)^{1/3} \qquad (2-2-8)$$

式中 v'_S、S、R——意义与式（2-2-7）相同；

ω_0——泥沙的加权平均沉速，cm/s；

v'——清水时的允许不冲流速，数值由表 2-2-16 查出。

❶ 黄河水利委员会水利科学研究所．黄河下游渠道设计方法初步研究．1959

2）渠槽土质为其他砂土、粉质壤土时，允许不冲流速 v'_s 值可以分别查表 2－2－17 和表 2－2－18 取得❶。

表 2－2－16　式（2－2－9）中的 v' 值

水力半径（m）	0.50	0.75	1.00	1.25	1.50	1.75
v'（m/s）	0.35	0.40	0.45	0.48	0.49	0.51
水力半径（m）	2.00	2.25	2.50	2.75	3.00	
v'（m/s）	0.52	0.54	0.56	0.57	0.58	

表 2－2－17　砂土不冲流速 v'_S　单位：m/s

泥沙沉速 ω_0（cm/s）	0.15～0.25			
水力半径 R（m）	含沙量 S（kg/m³）			
	1.00	5.00	10.0	15.0
0.45	0.49	0.65	0.76	0.84
0.75	0.63	0.89	1.05	1.12
1.00	0.81	1.17	1.34	1.42
1.25	0.98	1.41	1.58	1.68
1.45	1.10	1.58	1.77	1.89

表 2－2－18　粉质壤土不冲流速 v'_S　单位：m/s

泥沙沉速 ω_0（cm/s）	0.0128～0.068	0.145～0.25	泥沙沉速 ω_0（cm/s）	0.0128～0.068	0.145～0.25
水力半径 R（m）	含沙量 S（kg/m³）		水力半径 R（m）	含沙量 S（kg/m³）	
	1.3	10		1.3	10
0.25		0.60	1.25	0.79	1.22
0.50	0.45	0.79	1.50	0.86	1.36
0.75	0.59	0.95	1.75	0.92	
1.00	0.70	1.09	2.00	0.98	

（二）浑水渠道允许不淤流速 v''_S 的确定

允许不淤流速 v''_S 是保证浑水渠道中水流挟带的泥沙不至于淤积在渠道中的流速下限，与含沙量有关，当断面平均流速 $v \geqslant v''_S$ 时，水流能够挟带这一含沙量而不淤积。

允许不淤流速应根据水流挟沙能力，按各地区的经验公式计算确定。

1. 水流挟沙能力 S_*

水流挟沙能力 S_* 是浑水的某一临界含沙量，与流速、水力半径、泥沙悬移质的粒径和沉速等因素有关。当含沙量 $S > S_*$ 时，浑水含沙量超饱和，将发生淤积；反之，当 $S < S_*$ 时为欠饱和状态，会发生冲刷。

水流挟沙能力的计算公式有很多，计算的结果也有较大差异，可参考有关文献[9～11]。

❶　黄河水利委员会水利科学研究所．引黄渠系不冲流速的初步分析．1958

我国现行渠道设计规范中给出了下列黄河流域浑水渠道的水流挟沙能力计算公式[3]：

（1）黄河中游地区，可按沙玉清公式计算：

$$S_* = \frac{Kd}{\omega^{4/3}}\left[\frac{V - V_{01}R^{0.2}}{\sqrt{R}}\right]^n \tag{2-2-9}$$

式中 S_*——浑水渠道的水流挟沙能力，kg/m^3；

d——泥沙的粒径，mm；

ω——沉速，mm/s；

V——渠道的断面平均流速，m/s；

R——水力半径，m；

n——指数，水流弗劳德数 $Fr \leqslant 0.8$ 时，$n=2$；$Fr > 0.8$ 时，$n=3$；

V_{01}——挟动幺速，m/s，泥沙随水流运动时，V_{01} 等于止动幺速 V_{H1}；

V_{H1}——水力半径 $R=1$m 时的止动幺速，m/s，可从表 2-2-19 查得；

K——水流挟沙系数，与不淤保证率有关，可从表 2-2-20 查得，含沙量为正常饱和时，按不淤保证率为 50%，取 $K=200$。

表 2-2-19 止动幺速 V_{H1}

粒径（mm）	止动幺速（m/s）	粒径（mm）	止动幺速（m/s）	粒径（mm）	止动幺速（m/s）
0.001	0.11	0.060	0.24	1.500	0.73
0.002	0.12	0.070	0.25	2.000	0.82
0.003	0.13	0.080	0.26	3.000	0.95
0.004	0.13	0.090	0.27	4.000	1.05
0.005	0.13	0.100	0.28	5.000	1.14
0.006	0.14	0.150	0.31	6.000	1.22
0.007	0.14	0.200	0.36	8.000	1.36
0.008	0.14	0.300	0.41	10.00	1.48
0.009	0.15	0.400	0.46	20.00	1.93
0.010	0.15	0.500	0.49	30.00	2.24
0.015	0.17	0.600	0.53	40.00	2.49
0.020	0.18	0.700	0.56	50.00	2.71
0.030	0.20	0.800	0.58	60.00	2.90
0.040	0.21	0.900	0.61	80.00	3.22
0.050	0.23	1.000	0.63	100.0	3.53

（2）黄河中、下游地区，可按黄河水利委员会水利科学研究院公式计算：

$$S_* = 77\frac{V^3}{gR\,\overline{\omega}}\left(\frac{H}{B}\right)^{1/2} \tag{2-2-10}$$

式中 B、H——水面宽度和断面平均水深，m；

g——重力加速度，m/s^2；

$\overline{\omega}$——泥沙沉降速度的加权平均值，cm/s。

表 2-2-20　水流挟沙系数 K

不淤保证率（%）	水流挟沙系数	饱和程度	变化趋势
0.01	3160.0	超饱和	淤积显著
0.10	2000.0		
1.00	1120.0	高饱和	淤积不明显
10.00	525.0		
15.00	440.0	中饱和	不冲不淤
20.00	376.0		
30.00	299.0		
40.00	248.0		
50.00	200.0		
60.00	161.0		
70.00	134.0		
80.00	106.0		
84.00	91.0		
90.00	76.0	低饱和	冲刷不明显
99.00	36.7		
99.90	20.0	未饱和	冲刷显著
99.99	12.6		

（3）黄河下游地区衬砌渠道，可用山东水利科学研究院公式计算：

$$S_* = 0.117\left(\frac{V^2}{gR}\right)^{0.381}\left(\frac{V}{\omega}\right)^{0.91} \qquad (2-2-11)$$

2. 允许不淤流速的计算

令水流挟沙能力 S_* 等于渠道的设计含沙量 S，可以从水流挟沙能力的公式反算出对应于该设计含沙量的允许不淤流速 v''_s，它与水流中泥沙悬移质的粒径、含沙量和水力半径等因素有关。

此外，还有许多地区性的经验公式可仅供初步设计时参考，如：

（1）西北水利科学研究所公式：[8]

$$v''_s = \left(\frac{gR\omega_0 S}{a}\right)^{1/3} \qquad (2-2-12)$$

式中　R——水力半径，m；

ω_0——泥沙加权平均沉速，cm/s；

g——重力加速度，m/s^2；

S——含沙量，kg/m^3；

a——系数，取值为：泥沙粒径约为 0.01～0.02mm 时，渠道本身土质难以冲刷而不能补给水流以泥沙，可取 $a=20$；沙性土质渠道，水流原是清水，泥沙主要从渠槽冲刷而来，当泥沙粒径较粗，约为0.05~0.10mm时，可取 $a=3$；当泥沙部分来源于流域流失的细泥，部分是从槽面冲刷而来时，可取 $a=7.6$。

（2）由我国人民胜利渠、渭惠渠、银川灌区、内蒙古灌区、打渔张试验渠的实测资料和某些水槽试验资料总结的黄土地区渠道不淤流速公式❶为

$$v''_s = 2.72(S\omega_0)^{1/4}R^{3/8} \quad (2-2-13)$$

式中各项符号的意义与式（2－2－10）相同，但 ω_0 的单位为m/s。

第五节 渠道纵向底坡和弯道半径的选择

一、渠道纵向底坡的选择

渠道纵向底坡的选取不仅仅是一个水力学问题，它直接影响到渠道断面的大小（关系到工程量的大小）和渠道的冲刷、淤积（关系到渠道的稳定性），它还影响到灌溉渠道所控制的农田面积和动力渠道上水电站的发电水头。

虽然底坡的选择常常受到地形的限制，但还是应该满足以下方面的条件。

（1）为保证设计输水能力，选取的渠道底坡应使渠道的水位落差等于设计流量下水流的水头损失。例如，灌溉渠道各段的底坡应满足

$$\sum l_n i_n = z_0 - a_0 - \Delta h - \sum h_j - \sum \Delta p \quad (2-2-14)$$

式中 $\sum l_n i_n$——单线各级渠道的槽底总落差，其中 l_n、i_n 为各级渠道的长度（m）和底坡；

z_0——渠道的起始水位，m；

a_0——单线末级渠道（毛渠）控制的农田断面参考点高程（其选择应使农田能够自流灌溉），m；

Δh——末级渠道出口处水位与 a_0 的高差，一般取0.1~0.2m；

$\sum \Delta p$——单线渠道上各渠系建筑物的槽底落差的总和，m；

$\sum h_j$——单线渠道上各种建筑物水头损失之和，m，在规划阶段可按表2－2－21[12]采用。

表2－2－21 **渠道上各种建筑物水头损失表**

建筑物名称	进水闸	节制闸	公路桥	渡槽（或隧洞）	
				局部水头损失	沿程水头损失
水头损失（m）	0.1~0.2	0.05~0.1	0.05~0.1	0.1~0.2	按其长度和底坡确定

排水渠道的底坡应满足

$$\sum l_n i_n = a_0 - z_0 - \Delta h - \sum h_j - \sum \Delta p \quad (2-2-15)$$

❶ 西北水利科学研究所．黄土地区明渠水流挟沙能力与不淤流速的初步研究．1964

式中 z_0——排水干渠出口处的计算水位（即江湖或容泄区相应设计水位），m；

a_0——单线末级排水渠控制的农田地面参考点高程，m；

Δh——末级排水渠进口处水位与 a_0 的高差，m；

其他符号意义同式（2-2-14）。

（2）底坡的选择必须使相应的流速满足渠道的允许流速要求，应通过计算分析确定。原则上，清水渠道的底坡应缓些，以防止冲刷，一般干渠底坡小于1/5000。

浑水渠道的底坡应陡些，以防止淤积，一般干渠底坡为1/2000～1/5000。黄土地区浑水渠道的底坡可按公式（2-2-16）[3]计算：

$$i = 0.275n^2 \frac{(S_* \omega)^{3/5}}{Q_h^{1/4}} \qquad (2-2-16)$$

式中 S_*——浑水渠道的水流挟沙能力，kg/m³；

ω——泥沙沉降速度，mm/s；

Q_h——浑水渠道设计流量，m³/s。

干渠流量随着沿途取水而逐段减少，其底坡应逐段加大，以防止淤积。干渠以下各级渠道的底坡亦应逐级加大，除了特别平坦的地区外，支渠底坡和斗、农渠底坡一般为1/1000～1/3000和1/200～1/1000。

在山丘地区，为满足灌区要求的较高的水位控制高程，干渠常常取较缓的底坡。表2-2-22[12]可以作为山丘地区一般土质灌溉渠道选择底坡时的参考。

此外，输冰运行的渠道，应取较陡的底坡。有通航要求时，应符合航运部门的有关规定。

表2-2-22 山丘地区渠道底坡表

渠道类别	设计流量范围（m³/s）		
	10～75	1～5	<1.0
土渠	1/5000～1/10000	1/3000～1/5000	1/1000～1/2000
石渠	1/500～1/1000		

（3）渠道各分段之间、各级渠道之间以及重要建筑物上、下游的水面平顺衔接。

（4）施工、运用和管理方便等。

二、渠道弯道半径的选择

弯道水流会形成表层水流向凹岸、底层水流向凸岸的横向环流，以及凹高凸低的水面横比降。

横向环流的存在导致凹侧冲刷、凸侧淤积的现象。过小的弯道弯曲半径会形成过大的横向环流，因而影响弯道的横向稳定性，因此采用较大的弯曲半径是有利的（图2-2-1）。

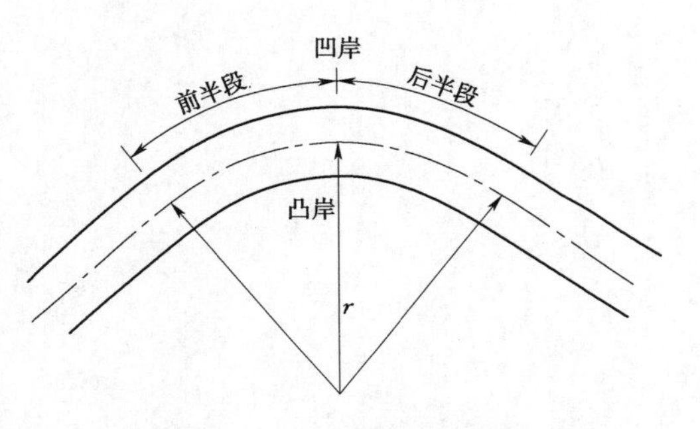

图2-2-1 弯道半径示意图

弯道前半段的最小稳定半径 r 可由式（2－2－17）计算[1]：

$$\frac{r}{B}\ln\left(1+\frac{B}{r}\right)=\frac{v}{v'} \quad (2-2-17)$$

式中 B——水面宽，m；

v——弯道上游直渠段的断面平均流速，m/s；

v'——根据凹岸土质计算的允许不冲流速，m/s。

弯道后半段的最小弯道半径可取 $r=3B$。

最后可取上述两个最小稳定半径中较大的有关作为采用的弯道最小稳定半径，一般也可以取 $r=5B$。

有通航要求的渠道，r 应大于3～5倍的船长。

另外，在最大横比降断面上，凹岸与凸岸的水面高差 Δh 可由式（2－2－18）计算：

$$\Delta h=\frac{\alpha v^2}{gr}\frac{A}{h} \quad (2-2-18)$$

式中 v——弯道上游直渠段的断面平均流速，m/s；

A——过水断面面积，m^2；

h——水深，m；

α——水流动能修正系数；

g——重力加速度，m/s^2。

[1] 西北水利科学研究所．引洮渠道弯曲段试验研究报告．1962

第三章　渠道设计的水力计算方法

第一节　渠道断面水力要素的基本计算方法

一、渠道正常水深和底宽的计算

（1）已知流量 Q、底坡 i、糙率 n 和断面形状及有关尺寸，求渠道的正常水深 h_0。

由式（2－1－5）得到一个 h_0 的非线性方程：

$$Qn/\sqrt{i} = A(h_0)[R(h_0)]^{2/3} \quad (2-3-1)$$

若用手算求解 h_0 时可用试算法；求解 h_0 的计算机程序中一般用二分法或迭代法。

对于梯形断面（包括矩形断面）渠道，有

$$\frac{Qn}{\sqrt{i}} = \frac{[(b+mh_0)h_0]^{5/3}}{(b+2h_0\sqrt{1+m^2})^{2/3}} \quad (2-3-2)$$

式中　h_0——正常水深，m；

m——边坡系数；

Q——渠道的流量，m^3/s；

n——渠道的糙率；

i——渠道的底坡；

b——渠道的底宽，m。

本篇第四章所附的梯形断面渠道水面曲线计算程序 WTSF 中包含有用二分法计算梯形断面渠道正常水深的程序段。

如果用迭代法计算梯形断面渠道的正常水深，可取如下 h_0 的迭代计算式：

$$h_{0,k+1} = \left(\frac{Qn}{\sqrt{i}}\right)^{3/5}\frac{(b+2h_{0,k}\sqrt{1+m^2})^{2/5}}{b+mh_{0,k}} \quad k=0,1,\cdots \quad (2-3-3)$$

式中　$h_{0,k}$、$h_{0,k+1}$——h_0 的第 k 步和第 $k+1$ 步迭代计算值，m；

其他符号意义同式（2－3－2）。迭代初值可取 $h_{0,0}=1$m。

（2）梯形断面渠道，已知 Q、i、n、m 和 h_0，求底宽 b。

该问题的计算机程序中可用二分法或迭代法，手算时可用试算法。用迭代法求解 b 时可用如下迭代计算式：

$$b_{k+1} = \left(\frac{Qn}{\sqrt{i}}\right)^{3/5}(b_k+2h_0\sqrt{1+m^2})^{2/5}\frac{1}{h_0} - mh_0 \quad k=0,1,\cdots \quad (2-3-4)$$

式中　b_k、b_{k+1}——b 的第 k 步和第 $k+1$ 步迭代计算值，m；

其他符号意义同式（2－3－3）。迭代初值可取 $b_0=1$m。

（3）梯形断面渠道，已知 Q、m、i、n 和宽深比 β，求正常水深 h_0 和底宽 b。

$$h_0=\left(\frac{nQ}{\sqrt{i}}\right)^{\frac{3}{8}}\frac{(\beta+2\sqrt{1+m^2})^{1/4}}{(\beta+m)^{5/8}},\quad b=\beta h_0 \qquad (2-3-5)$$

式中 β——宽深比，$\beta=b/h$，为渠道底宽与水深之比，设计时可取水力最佳断面或实用经济断面的宽深比；

其他符号意义同式（2-3-4）。

（4）梯形断面渠道，已知 Q、m、i、n 和设计流速 v，求 h_0、b。

由已知条件可以计算出：

过水断面面积 $A=Q/v$

湿周 $\chi=Qi^{\frac{3}{4}}\Big/(n^{\frac{3}{2}}v^{\frac{5}{2}})$

代入到梯形断面的 $A\sim h$、$\chi\sim h$ 两个关系式中可以反解出 h_0、b，得

$$\begin{cases}h_0=\dfrac{\chi\pm\sqrt{\chi^2-4A(2\sqrt{1+m^2}-m)}}{2(2\sqrt{1+m^2}-m)}\\ b=\chi-2\sqrt{1+m^2}h_0\end{cases} \qquad (2-3-6)$$

两组解中底宽 $b>0$ 的解才是真实的。当

$$1-4A(2\sqrt{1+m^2}-m)\Big/\chi^2=1-4n^3v^4(2\sqrt{1+m^2}-m)/Qi^{3/2}<0$$

时，图2-3-1解不存在，说明给定的 v 或 n 太大，或者 Q 或 i 太小。

二、复式断面渠道的计算

复式断面渠道（见图2-3-1）深槽与浅滩的流速可能相差很大，不能按单一断面计算，而应该将断面依滩、槽分成若干子断面，各自作为独立的水流，分别计算其过水断面面积、湿周和水力半径（子断面之间的界面可以不计入湿周），并认为各股水流的水力坡度相同，即：$J_1=J_2=\cdots=i$，则

$$Q=\left(\frac{A_1R_1^{2/3}}{n_1}+\frac{A_2R_2^{2/3}}{n_2}+\cdots\right)\sqrt{i} \qquad (2-3-7)$$

式中 A_1——各子断面的过水断面面积，m^2；

R_1——各子断面的水力半径，m；

n_1——糙率；

Q——流量，m^3/s；

i——底坡。

式（2-3-7）既可以用来计算流量，也可以用来反求水深等断面水力要素。

三、临界水深 h_K 的计算

根据式（2-1-8），h_K 满足方程

$$1-\frac{\alpha Q^2B_K}{gA_K^3}=0$$

式中 A_K——水深为临界水深 h_K 时的过水断面面积，m^2；

B_K——水深为临界水深 h_K 时的水面宽，m；

Q——流量，m^3/s；

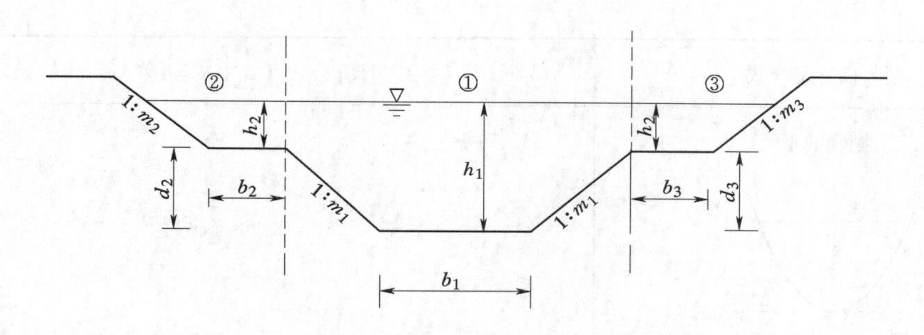

图 2-3-1　复式断面渠道示意图

α——断面动能修正系数，常近似取为 1。

（1）为精确计算 h_K，可用迭代法或二分法，编制成计算机程序，本篇第四章所附的梯形断面渠道水面曲线计算程序 WTSF 中包含有用二分法计算梯形断面渠道临界水深的程序段。

手工计算时，可用试算法或迭代法。梯形断面渠道临界水深的计算可用如下迭代计算式：

$$h_K^{(n+1)} = \left[\frac{\alpha Q^2}{g}\left(b + 2mh_K^{(n)}\right)\right]^{1/3} \frac{1}{b + mh_K^{(n)}},\quad n = 0,1,\cdots \tag{2-3-8}$$

式中　m——边坡系数；

b——底宽，m。

迭代初值 $h_K^{(0)}$ 可取为 1m。

（2）计算公式。表 2-3-1 中为若干情况的计算临界水深的精确或近似计算公式。

表 2-3-1　　临界水深 h_K 计算公式

断面型式	计算公式（式中 $\psi = \alpha Q^2/g$）
矩形	$h_K = (\alpha q^2/g)^{1/3}$，$q = Q/b$
梯形	$h_K \approx (\psi/b^2)^{1/3}$　$(Q/b^{2.5} < 0.1)$ $h_K \approx 0.81\left(\dfrac{\psi}{m^{0.75} b^{1.25}}\right)^{0.27}$　$(0.1 < Q/b^{2.5} < 0.4)$
三角形	$h_K = (2\psi/m^2)^{0.2}$

续表

断 面 型 式	计算公式（式中 $\psi=\alpha Q^2/g$）
抛物线形 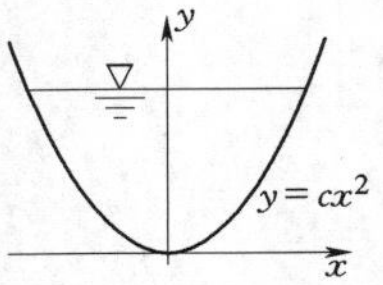 $y=cx^2$	$h_K=0.958\ (c\psi)^{0.25}$
圆 形 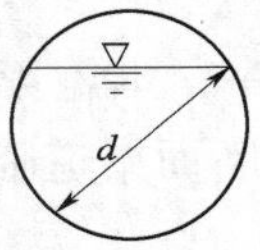	$h_K\approx\frac{1.01}{d^{0.26}}\psi^{0.25}$ $\left(0.02\leqslant\frac{h_K}{d}\leqslant0.85\right)$
椭圆形 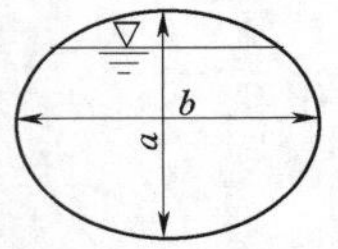	$h_K\approx0.84b^{0.22}\left(\frac{\psi}{a^2}\right)^{0.25}$ $\left(0.05\leqslant\frac{h_K}{2b}\leqslant0.85\right)$

第二节 水力最佳断面和实用经济断面

一、水力最佳断面

水力最佳断面是：在流量、底坡、糙率已知时，具有最小过水断面面积的渠道过水断面型式；或者在过水断面面积、底坡、糙率已知时，使渠道通过的流量为最大的渠道过水断面型式。

在各种渠道断面型式中最好地满足这一条件的过水断面为半圆形断面（水面不计入湿周），实用渠道断面型式中与之比较接近的是U形断面。

在梯形断面渠道中间，边坡系数 m 已确定（取决于土质等条件），满足水力最佳断面条件的宽深比条件为

$$\beta_m=\frac{b_m}{h_m}=2(\sqrt{1+m^2}-m) \tag{2-3-9}$$

相应的水力半径

$$R_m=\frac{h_m}{2} \tag{2-3-10}$$

流量

$$Q=4(2\sqrt{1+m^2}-m)\frac{\sqrt{i}}{n}\left(\frac{h_m}{2}\right)^{8/3} \tag{2-3-11}$$

式中 Q——流量，m^3/s；

m、i、n——边坡系数、底坡、糙率；

h_m——水力最佳断面的水深，m；

R_m——水力最佳断面的水力半径，m；

b_m——水力最佳断面的底宽，m；

β_m——水力最佳断面的宽深比。

进行水力最佳断面的计算时，可先用式（2-3-9）计算出β_m，然后应用式（2-3-5）的方法计算出b_m、h_m。

矩形断面，$m=0$，得$\beta_m=2$或$b_m=2h_m$，其底宽为水深的两倍。

β_m值随着m增大而减小（见表2-3-2中$A/A_m=1.00$的一列），当$m>0.75$时$\beta_m<1$，是一种底宽较小、水深较大的窄深型断面。

二、实用经济断面

实用经济断面[1,3,4]，是一种宽深比β大于β_m值以满足工程需要的断面。虽然它比水力最佳断面宽浅很多，但其过水断面面积A仍然十分接近水力最佳断面的断面积A_m。两者的断面参量之间有如下关系式

$$\frac{A}{A_m}=\frac{V_m}{V}=\left(\frac{R_m}{R}\right)^{2/3}=\left(\frac{\chi}{\chi_m}\right)^{2/5} \quad (2-3-12)$$

$$\frac{h}{h_m}=\left(\frac{A}{A_m}\right)^{5/2}\left[1-\sqrt{1-\left(\frac{A_m}{A}\right)^4}\right] \quad (2-3-13)$$

$$\beta=\left(\frac{h_m}{h}\right)^2\frac{A}{A_m}\left(2\sqrt{1+m^2}-m\right)-m \quad (2-3-14)$$

式中 β、A、V、R、h——实用经济断面的宽深比、过水断面面积、断面平均流速、水力半径、湿周、水深；

A_m、V_m、R_m、χ_m、h_m——水力最佳断面的宽深比、过水断面面积、断面平均流速、水力半径、湿周、水深；

m——边坡系数。

表2-3-2中所列为不同面积比A/A_m时实用经济断面的宽深比β和h/h_m，当$A/A_m=1.00$时，实际上是水力最佳断面。

表2-3-2 水力最佳断面（$A/A_m=1$）和实用经济断面（$A/A_m>1$）的宽深比β和h/h_m

A/A_m	1.00	1.01	1.02	1.03	1.04
h/h_m	1.000	0.823	0.761	0.717	0.683
m	β				
0.00	2.000	2.985	3.525	4.005	4.463
0.25	1.562	2.453	2.942	3.378	3.792
0.50	1.236	2.091	2.559	2.977	3.374
0.75	1.000	1.862	2.334	2.755	3.155
1.00	0.828	1.729	2.222	2.662	3.080
1.25	0.702	1.662	2.189	2.658	3.104
1.50	0.606	1.642	2.211	2.717	3.198

续表

A/A_m	1.00	1.01	1.02	1.03	1.04
h/h_m	1.000	0.823	0.761	0.717	0.683
m	β				
1.75	0.531	1.654	2.270	2.818	3.340
2.00	0.472	1.689	2.357	2.951	3.516
2.25	0.424	1.741	2.463	3.106	3.717
2.50	0.385	1.806	2.584	3.278	3.938
2.75	0.352	1.880	2.717	3.463	4.172
3.00	0.325	1.961	2.859	3.658	4.418
3.25	0.301	2.049	3.007	3.861	4.673
3.50	0.280	2.141	3.162	4.070	4.934
3.75	0.262	2.237	3.320	4.285	5.202
4.00	0.246	2.337	3.483	4.504	5.474

第三节 浑水渠道设计的水力计算方法

浑水渠道常常容易产生冲刷和淤积变形，影响渠道的正常运用。根据设计方法的不同，稳定的浑水渠道可分为两类：不冲不淤渠道和冲淤平衡渠道。

一、不冲不淤稳定渠道的设计方法

设计时，应该使最小含沙量时的不冲流速 v 大于设计的断面平均流速 v，而 v 又大于最大含沙量时的不淤流速 v''，这就是所谓不冲不淤平衡条件。但是考虑到来水含沙量四季不同，按该条件实际运用时仍可能出现淤积，所以设计时常偏重防淤，有时甚至允许稍有冲刷。

除此之外，稳定渠道的断面还应满足一定的河相关系，这体现为在各地区总结出的稳定渠道断面参数（A、χ、R 等）与流量的经验关系式，这类经验公式有很多，可参考有关文献。

设计时，先用经验关系式设计出渠道断面和底坡，然后校核是否满足不冲不淤平衡条件。

1. 黄河中下游地区采用的计算方法

平原地区河、渠经演变形成较稳定的河相关系[15]

$$\frac{\sqrt{B}}{h} = \zeta \qquad (2-3-15)$$

且宽浅式渠道水力半径 $R \approx h$，结合明槽均匀流公式（2－1－5），得

$$h = \left(\frac{nQ}{\zeta^2 \sqrt{i}}\right)^{3/11} \qquad (2-3-16)$$

以上两式中 B、h——水面宽、水深，m；

Q——流量，m^3/s；

i、n——底坡和糙率；

ζ——反映当地渠道宽深关系的经验系数❶，约为5~10，一般采用6~8，土质稳定性很好时也可低至4。

设计时的水力计算步骤如下：已知流量Q、糙率n、边坡系数m，先初选底坡i，由式（2-3-16）计算水深h，再由式（2-3-15）计算水面宽B，就可以计算出底宽b、过水断面面积A和断面平均流速v，校核是否满足不冲不淤要求，若不满足则需要调整底坡或宽深比重新计算。

2. 西北黄土地区采用的计算方法

该地区有渠道断面稳定时的经验公式[16]：

$$b = 1.4Q^{1/2} \tag{2-3-17}$$

$$A = 1.5Q^{5/6} \tag{2-3-18}$$

式中　b——渠道的底宽，m；

A——渠道的过水断面面积，m^2；

Q——渠道的流量，m^3/s。

设计时的水力计算步骤：已知流量Q、糙率n和边坡系数m，由式（2-3-17）、式（2-3-18）计算底宽b和过水断面面积A，从而可以计算出水深h、流速v，校核是否满足不冲不淤条件；计算出湿周χ、水力半径R，可以用均匀流公式（2-1-5）求底坡i。

二、冲淤平衡设计方法[9,17]

考虑到一年内来水来沙的变化，冲淤平衡渠道的设计方法允许渠道中在夏、秋季有一定淤积，冬、春季有一定冲刷，设法使淤积量与冲刷量大体相等，达到年度的冲淤平衡。所以渠道的设计流速可略大于来沙量最小时的允许不冲流速，而又略小于来沙量最大时的允许不淤流速。

为满足冲淤平衡条件，与渠道设计流速相应的水力挟沙能力S_*与最大来沙量S_{max}之间的关系为

$$S_* = S_{max}/E$$

式中　E——许可挟沙比。

例如，泾、洛、渭三大渠系的E值为：泾惠渠$E=1.12$，洛惠渠$E=0.77$，渭惠渠$E=1.03$，平均1.03。

已知水力挟沙能力S_*，再根据水力挟沙能力与流速等的关系式，结合当地的断面参数经验公式，可以计算出设计流速、水力半径、湿周等，确定断面尺寸，然后计算设计底坡。

如果设计底坡小于地面坡降，可用跌水进行调整。反之，如果设计底坡大于地面坡降，则必须设法抬高渠道入口的水位以增大比降，或降低设计的最大许可挟沙量。

❶ 黄河水利委员会科技情报站．黄河下游引黄沉沙池的规划设计问题．1975

第四章 渠道恒定渐变流水面曲线的计算

渠道恒定渐变流的水面线不像均匀流那样与槽底平行，其水深、流速是沿程变化的。进行渠道恒定渐变流水面曲线的分析和计算时，先要确定控制断面和控制水深，然后可以运用计算机程序计算渠道中各断面的水深和流速。

第一节 控 制 水 深

控制断面是渠道中位置、水深可以确定的断面，同时又是分析、计算和绘制水面曲线的起点，控制断面的水深称为控制水深。

控制水深小于临界水深时，流态为急流，下游扰动不能影响上游，因此控制断面是其下游水面曲线的起点；控制水深大于临界水深时，流态为缓流，扰动影响可以向上游传播，控制断面应为其上游水面曲线的起点。

堰、闸等挡水建筑物上游的水位被抬高，该断面可以作为上游渠道水面曲线的控制断面；堰、闸下游常形成收缩断面，其水深通常小于临界水深，可以作为下游渠道水面曲线的控制断面，如图 2－4－1（*a*）、（*b*）所示。

在水跌发生处，流态从缓流过渡到急流，可取转折断面水深为临界水深，该断面同时为上游缓流和下游急流水面线的控制断面，如图 2－4－1（*c*）、（*d*）所示。

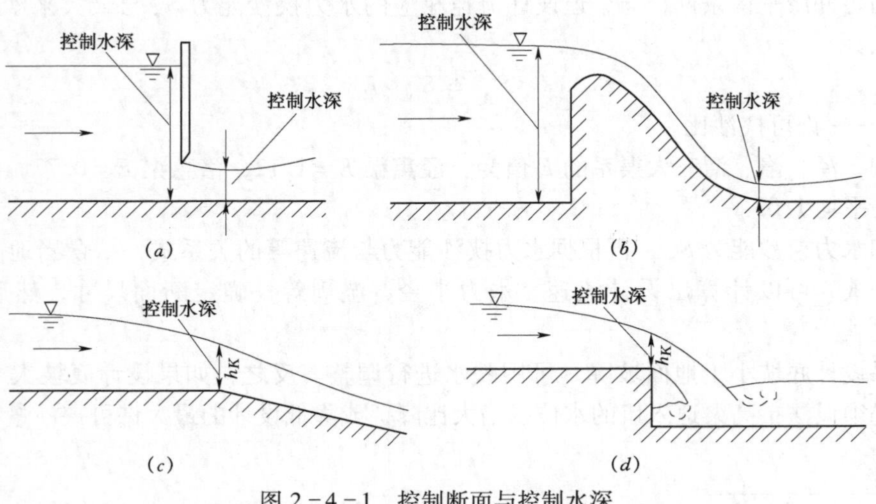

图 2－4－1 控制断面与控制水深

第二节　渠道恒定渐变流水面曲线的数值解法

渠道恒定渐变流水面曲线的计算，需要求解明槽恒定渐变流的微分方程

$$\frac{\mathrm{d}E_S}{\mathrm{d}s} = i - J \tag{2-4-1}$$

式中　J、i——渠道的水力坡度和底坡；

s——渠道沿流动方向的沿程坐标，m；

E_S——明槽过水断面的断面比能，m。

小底坡渠道的断面比能表达式为

$$E_S = h + \frac{\alpha v^2}{2g} = h + \frac{\alpha Q^2}{2gA^2} \tag{2-4-2}$$

式中　Q——流量，m^3/s；

g——重力加速度，m/s^2；

α——动能修正系数；

h——水深，m；

v——流速，m/s；

A——过水断面面积，m^2。

在渠道中从控制断面（$p=1$）开始，每隔一定距离取一个断面。在两个相邻断面之间的渠段上，用差分格式将式（2-4-1）离散化[1]，得

$$E_{S,p+1} - E_{S,p} = \pm \Delta s_p (i - \bar{J}_p) \quad p = 1,2,\cdots \tag{2-4-3}$$

或

$$\left(h_{p+1} + \frac{\alpha Q^2}{2gA_{p+1}^2}\right) - \left(h_p + \frac{\alpha Q^2}{2gA_p^2}\right) = \pm \Delta s_p (i - \bar{J}_P) \quad p = 1,2,\cdots \tag{2-4-4}$$

其中渠段平均水力坡度

$$\bar{J}_p = \frac{1}{2}(J_p + J_{p+1}) = \frac{Q^2 n^2}{2}\left(\frac{1}{A_p^2 R_p^{4/3}} + \frac{1}{A_{p+1}^2 R_{p+1}^{4/3}}\right) \tag{2-4-5}$$

式中　$E_{S,p}$、$E_{S,p+1}$——断面 p、$p+1$ 的断面比能；

Δs_p——两个断面的间距；

n——渠道糙率；

h_p、A_p、R_p、J_p——各断面的水深、过水断面面积、水力半径和水力坡度。

式（2-4-3）、式（2-4-4）中等号右边“±”项的选择：急流时取“+”，缓流时取“-”。根据控制水深可判别流态的急缓。

急流时，控制断面是下游渠段水面线的起点，断面序号向下游方向增加；缓流时，控制断面是上游渠段水面线的起点，断面序号向上游方向增加。

一、方法1：分段求和法

分段求和法计算水面曲线的思路是先假设各断面的水深，然后确定其位置，具体步骤为：

（1）先对水面曲线进行定性分析，确定其水深变化趋势和范围。

（2）从控制断面开始，按一定变化幅度递增或递减地取各断面的水深值，为保证计算精度，两相邻断面的水深变幅不宜太大，一般控制在2cm以内。

（3）计算各断面之间的间距：

$$\Delta s_p = \pm \frac{E_{S,p+1} - E_{S,p}}{i - \bar{J}_p} = \pm \frac{\left(h_{p+1} + \dfrac{\alpha Q^2}{2gA_{p+1}^2}\right) - \left(h_p + \dfrac{\alpha Q^2}{2gA_p^2}\right)}{i - \bar{J}_p} \tag{2-4-6}$$

式中各符号意义同式（2－4－3）～式（2－4－5）。

（4）将分段计算出的断面间距求和，确定各断面的位置，从而确定了水深的沿程变化规律 $h(s)$。

如：断面 p 距控制断面的距离

$$s_p = \sum_{k=1}^{p-1} \Delta s_k \tag{2-4-7}$$

分段求和法计算比较简便，式（2－4－6）中可以由已知的水深直接计算出过水断面面积、断面比能、平均水力坡度以及断面间距，但不方便用于非棱柱形渠道。

二、方法2：逐段求水深

这种方法先给定各断面的位置，再从控制断面出发逐个地计算出下一个断面的水深。

设已求出断面 p 的水深 h_p，且断面间距 Δs_p 已知，要求断面 $p+1$ 的水深 h_{p+1}，则可由式（2－4－4）、式（2－4－5）得到求解 h_{p+1} 的方程

$$h_p + \frac{\alpha Q^2}{2gA_p^2} \pm \Delta s_p \cdot \left(i - \frac{Q^2 n^2}{2A_p^2 R_p^{4/3}}\right) = h_{p+1} + \frac{\alpha Q^2}{2gA_{p+1}^2} \pm \frac{Q^2 n^2}{2A_{p+1}^2 R_{p+1}^{4/3}} \Delta s_p$$

$$p = 1, 2, \cdots \tag{2-4-8}$$

因此，已知控制水深 h_1，可以依此类推，计算出所有断面的水深。

本方法需要求解 h_{p+1} 的非线性方程，但对棱柱形渠道和非棱柱形渠道都适用，水面线计算的计算机程序中多用这种解法。

注意，式（2－4－8）可能有两个解，只有一个是正确的，所以一般用二分法求解 h_{p+1}，这需要先给出一个解的初始区间，可以根据水面线的类型以及其水深变化趋势、范围来给出这个初始区间，保证得到的解是正确的。

断面间距 Δs_p 的选取：急流和水深接近临界水深的情况，Δs_p 取小些有利于保证精度，最好在10m以下；堰、闸上游回水问题，Δs_p 可放宽到100m以上。

三、棱柱形渠道恒定渐变流水面曲线计算程序——WTSF[1]

1. 水面曲线计算程序WTSF的特点

该程序适用于梯形断面棱柱形渠道（包括较大底坡的渠道）的各种类型水面曲线计算。程序中采用给定断面位置求水深的解法，断面间距取为等距的；各断面的待定水深以及正常水深、临界水深用二分法求解。

该程序操作简便，使用者只需按照提示输入流量、底坡、糙率、断面的底宽和边坡系数，以及控制水深、断面数和断面间距，程序便可计算出各断面的水深、流速。

2. 程序运行流程框图

程序运行流程框图见图2－4－2。

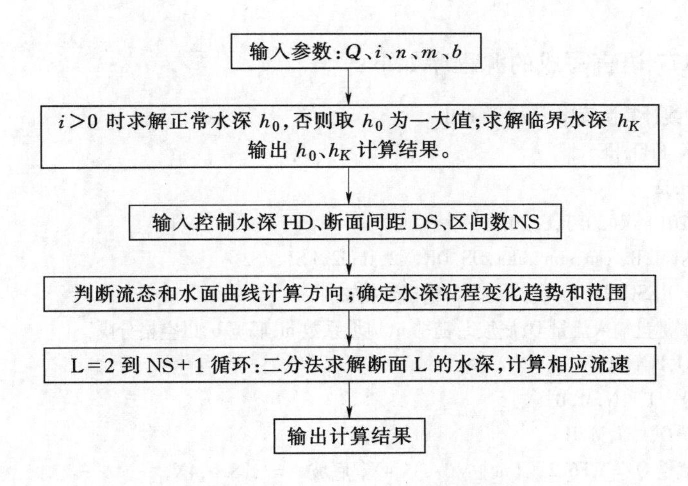

图 2-4-2 程序 WTSF 流程框图

3. 程序中的变量及符号

程序中使用的变量、符号的说明见表 2-4-1。

表 2-4-1 程序 WTSF 变量符号说明

程序中的变量、符号	说　明
Q，I，M，B，N，	流量 Q（m^3/s），底坡 i，边坡系数 m，底宽 b（m），糙率 n
HK，H0，HD，DS	临界水深 h_K，正常水深 h_0，控制水深，断面间距 Δs（单位均为 m）
NS	区间总数（总断面数为 NS+1）
数组 H、V、S	各断面的水深（m）、流速（m）、距控制断面的距离（m）
csn，srm，alfa	$\cos\theta=\sqrt{1+i^2}$，$\sqrt{1+m^2}$，动能修正系数 α
DR	计算方向参数。DR=1 时从上游控制断面向下游计算； DR=-1 时从下游控制断面向上游计算
HB	水深沿程变化所趋向的水深，根据情况可取 H0 或 HK 的值，并用作二分法求断面水深时的初始区间端点值之一
A，B1，R	过水断面面积 A，水面宽 B，水力半径 R
J1，ES1	已知水深的断面的水力坡度、断面比能
J2，ES2，V2	水深待定的断面的水力坡度、断面比能和流速的中间计算值
ERFENFA	二分法求解代数方程的子程序
FHK，FH0，FE	函数子程序，计算 $f_1(h_K)$、$f_2(h_0)$ 和 $f(h_L)$ 的函数值。用二分法求解临界水深、正常水深和 h_L 时，分别用到这三个函数求解以下方程： $f_1(h_K)=A^3\cos\theta-B\alpha Q^2/g=0$ $f_2(h_0)=Qn/\sqrt{i}-AR^{2/3}=0$ $f(h_L)=E_S(h_{L-1})+DR\cdot\Delta s\cdot\left[i-\frac{1}{2}J(h_{L-1})\right]-E_S(h_L)-\frac{1}{2}DR\cdot\Delta s\cdot J(h_L)=0$

4. 源程序

用 FORTRAN77 语言写成的源程序如下：

```
C 梯形断面明槽水面曲线计算源程序：WTSF.FOR
      EXTERNAL FHK,FH0,FE
      REAL I,N,M,J1,J2
      DIMENSION H(201),V(201),S(201)
      COMMON Q,I,N,M,B, csn,srm ,alfa,DS,DR,V2,J1,J2,ES1,ES2
      OPEN(2,FILE ='RESULTS.TXT')        ！输出数据文件
      WRITE( * , * ) '键盘输入流量Q,底坡i,糙率n,边坡系数m,底宽b,以空格分隔'
      READ( * , * ) Q,I,N,M,B
      WRITE( * ,1000) Q,I,N,M,B
      WRITE(2,1000) Q,I,N,M,B
1000  FORMAT(5X,'流量Q =',F6.2,'(m * *3/s)',4X,'底坡i =',F8.5,4X,
     1'糙率n =',F6.4/5X,'边坡系数m =',F4.2,4X,'底宽b =',F7.2,'(m)')
      alfa = 1.05
      csn = (1 - I * I) * *0.5
      srm = (1 + M * M) * *0.5
C  计算临界水深
      HK = ERFENFA(FHK,0.0,40.0,0.0005)
      WRITE( * ,1010) HK
      WRITE(2,1010) HK
1010  FORMAT(5X,'临界水深HK =',F9.6,'(m)')
C     计算正常水深,平坡、逆坡时取H0为一大值
      IF (I.LE.0) THEN
        H0 = 100
        WRITE( * , * ) '底坡i< = 0,无正常水深'
        WRITE(2, * ) '底坡i< = 0,无正常水深'
      ELSE
        H0 = ERFENFA(FH0,0.0,40.0,0.0005)
        WRITE( * ,1020) H0
        WRITE(2,1020) H0
1020    FORMAT(5X,'正常水深H0 =',F7.4,'(m)')
      ENDIF
      WRITE( * , * ) '键盘输入控制水深HD,断面间距DS,总区间数NS'
      READ( * , * ) HD,DS,NS
      H(1) = HD
      A = (B + M * H(1)) * H(1)
      R = A/(B + 2 * H(1) * srm)
      V(1) = Q/A
      J1 = (V(1) * N) * *2/R * *(4.0/3)
      ES1 = csn * H(1) + alfa * V(1) * *2/19.6
C     判断水面线计算方向:DR = 1,控制断面在上游;DR = -1,控制断面在下游
      IF ((HD.GT.HK).OR.((HD.EQ.HK).AND.(HD.LT.H0))) THEN
```

```
        DR = -1
      ELSE
        DR = 1
      ENDIF
C   二分法区间端点 HB 取值
      IF (((HK.GT.H0).AND.(HD.GT.HK)).OR.
     &((H0.GT.HK).AND.(HD.LT.HK))) THEN
        HB = HK
     ELSE
        HB = H0
     ENDIF
     S(1) = 0.0
C   计算各断面水深 H(L)和流速 V(L)
      DO 10 L = 2,NS + 1
        IF(ABS(H(L-1) - H0).LT.0.0005) THEN
          H(L) = H0
          V(L) = V(L-1)
        ELSE
          H(L) = ERFENFA(FE,H(L-1),HB,0.00001)
          V(L) = V2
          J1 = J2
          ES1 = ES2
        ENDIF
        S(L) = (L-1) * DS
10    CONTINUE
C   输出计算结果
      WRITE(2,1030) HD,DS,NS
1030  FORMAT(5X,'控制水深 HD = ',F6.3,'(m)',5X,'断面间距 DS = ',F7.2,'(m)',5X,
    1       '总区间数 NS = ',I3/)
      IF (DR.LT.0) THEN
        WRITE(2,*)'  缓流,控制断面在下游'
      ELSE
        WRITE(2,*)'  急流,控制断面在上游'
      ENDIF
      WRITE(2,1035)
1035  FORMAT(/7X,'L',10X,'H(L)',10X,'V(L)',9X,'S(L)'/18X,
    1     '(m)',10X,'(m/s)',9X,'(m)'/5X,
    2     '-----------------------------------------------------')
      WRITE(2,1040) (L,H(L),V(L),S(L),L = 1,NS + 1)
1040  FORMAT(5X,I3,7X,F7.3,7X,F7.3,4X,F10.2)
      END
      FUNCTION FHK(H)
      REAL I,N,M
      COMMON Q,I,N,M,B,csn,srm,alfa
```

```
      FHK =9.8 * csn * ((B + M * H) * H) * * 3 - alfa * Q * Q * (B + 2 * M * H)
      END
      FUNCTION FH0(H)
      REAL I,M,N
      COMMON Q,I,N,M,B,csn,srm
      FH0 = Q * N/I * *0.5 * (B + 2 * srm * H) * * (2.0/3) - ((B + M * H) * H) * * (5.0/3)
      END
      FUNCTION FE(H)
      REAL I,N,M,J1,J2
      COMMON Q,I,N,M,B,csn,srm,alfa,DS,DR,V2,J1,J2,ES1,ES2
      A = (B + M * H) * H
      V2 = Q/A
      J2 = (N * V2) * *2/( A/(B + 2 * H * srm)) * * (4.0/3)
      ES2 = csn * H + alfa * V2 * V2/19.6
      FE = ES1 - ES2 + DR * (I - (J1 + J2)/2) * DS
      END
      FUNCTION ERFENFA (F,X1,X2,EPS)! 二分法函数子程序
      A = X1
      B = X2
10    FA = F(A)
      FB = F(B)
      IF (FA * FB. GT. 0) THEN
        WRITE( * , * )'(X1,X2)不是有根区间，请重新输入 X1,X2'
        READ( * , * ) A,B
        GOTO 10
      ENDIF
      DO 50 I = 1,30
        ERFENFA = (A + B) * 0.5
        IF (ABS(B - A). LT. EPS) RETURN
        FM = F(ERFENFA)
        IF (FM * FA. LT. 0) THEN
          B = ERFENFA
        ELSE
          A = ERFENFA
        ENDIF
50    CONTINUE
    END
```

5. 注意事项

该程序的输出内容包含汉字，所以最好在中文版的操作系统下运行。计算结果输出到文本文件 RESULTS. TXT 中。

当控制水深为临界水深时，为避免因四舍五入导致程序对流态判断错误，输入的控制

水深HD应比临界水深略大或略小一点：计算该控制断面下游的水面曲线时，因流态为急流，应取HD略小于临界水深；计算该控制断面上游的水面曲线时，因流态为缓流，应取HD略大于临界水深。

例：某溢洪道为一宽5m、长56m的矩形断面陡槽，底坡为0.25，糙率为0.015，流量为$30m^3/s$，计算其水面线。

解：运行程序WTSF，输入数据后，程序输出如下信息：

流量Q = 30.00 (m * * 3/s)　底坡i = 0.25000　糙率n = 0.0150
边坡系数m = 0.00　底宽b = 5.00 (m)
临界水深HK = 1.585236 (m)
正常水深H0 = 0.3783 (m)

显然，控制断面在陡槽的入口处，控制水深为临界水深。使输入的控制水深略小于HK，取HD = 1.58m，DS = 8m，NS = 7，输入。

进一步输出的信息和计算结果为：

控制水深HD = 1.580 (m)　断面间距DS = 8.00(m)　总区间数NS = 7
急流,控制断面在上游

L	H(L) (m)	V(L) (m/s)	S(L) (m)
1	1.580	3.797	0.00
2	0.748	8.017	8.00
3	0.607	9.882	16.00
4	0.535	11.213	24.00
5	0.491	12.220	32.00
6	0.462	13.000	40.00
7	0.441	13.609	48.00
8	0.426	14.088	56.00

参 考 文 献

1 李炜，徐孝平主编．水力学．武汉：武汉水利电力大学出版社，2000
2 清华大学水力学教研组编．水力学（下册）．北京：人民教育出版社，1981
3 中华人民共和国国家标准，GB50288—99灌溉与排水工程设计规范．北京：中国计划出版社，1999
4 中华人民共和国行业标准，SL18—91渠道防渗工程技术规范．北京：水利电力出版社，1992
5 中华人民共和国行业规范，SL/T205—97水电站引水渠道及前池设计规范．北京：中国水利水电出版社，1998
6 Ъолбщаков В А. Справочник по Гидравликке，1977
7 Chow Ven - Te. Open - Channel Hydraulics，McGraw - Hill Book Company，Inc.，1959
8 西北水利科学研究所．渠系泥沙与渠道设计．西安：陕西人民出版社，1959

9 中国水利学会泥沙专业委员会主编．泥沙手册．北京：中国环境科学出版社，1989
10 张瑞谨，谢鉴衡，王明甫，黄金堂编著．河流泥沙动力学．北京：水利电力出版社，1989
11 沙玉清．泥沙运动学引论．北京：中国工业出版社，1965
12 武汉水利电力学院《农田水利》编写组．农田水利（下册）．北京：人民教育出版社，1978
13 Угинчус А А. Новый Метод Проектирования Каналов Экономичного Лоперечного Сечения. Г—С，1953
14 四川省水利电力厅水利勘测设计院．灌溉渠道实用经济断面的设计方法与步骤．1963
15 谢鉴衡，丁君松，王运辉．河床演变及整治．北京：水利电力出版社，1990
16 张浩．高含沙输水渠道设计方法．陕西水利科技，1977（1）
17 沙玉清．冲淤平衡稳定渠道设计法．西北农学院，1959

第三篇

堰闸泄流能力的计算

第一章　堰流和闸孔出流的流量计算式

第一节　堰流和闸孔出流

凡具有自由表面的水流，受局部的侧向收缩或底坎垂向收缩，而形成的局部降落急变流称为堰流。若同时受闸门（或胸墙）控制，水流经闸门下缘泄出的，称为闸孔出流（简称孔流）。

根据底坎的形状和厚度，堰流又可分为：

（1）$\delta/H<0.67$，为薄壁堰流；

（2）$0.67<\delta/H<2.5$，为实用堰流，又可分为折线型和曲线型实用堰；

（3）$2.5<\delta/H<10$，为宽顶堰流；

（4）$10<\delta/H$，为短渠水流。

其中，δ 为堰顶厚度，如图 3－1－1 所示；H 为堰前水头（不包括堰前行近流速水头），它是距上游堰壁（3～4）H 处，从堰顶起算的水深。

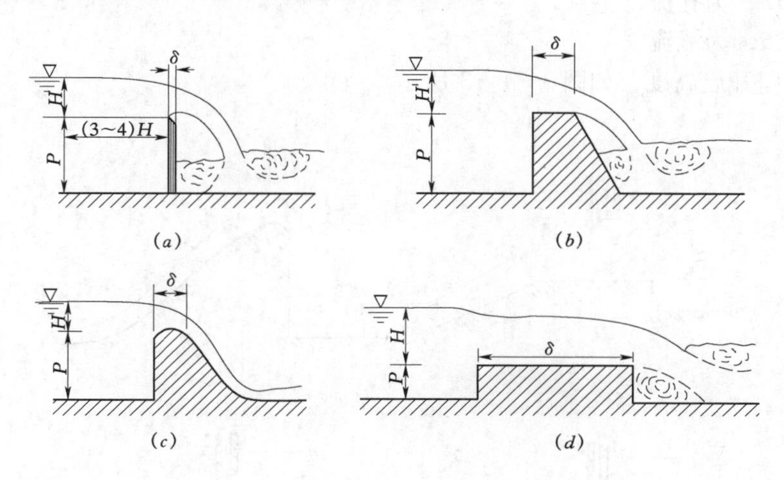

图 3－1－1　堰流
（a）薄壁堰 $\delta<0.67H$；（b）实用堰（折线型）$0.67H<\delta<2.5H$；
（c）实用堰（曲线型）；（d）宽顶堰 $2.5H<\delta<10H$

当具有自由表面的水流，流经闸墩、桥墩、围堰、涵洞的进口等形成的侧向收缩时，可按宽顶堰流来分析，如图 3－1－2 所示，称为无底坎宽顶堰流。

当在底坎上设有闸门（或胸墙）时，堰流和孔流的界限是：

（1）宽顶堰底坎。

$e/H\leqslant0.65$，为孔流；

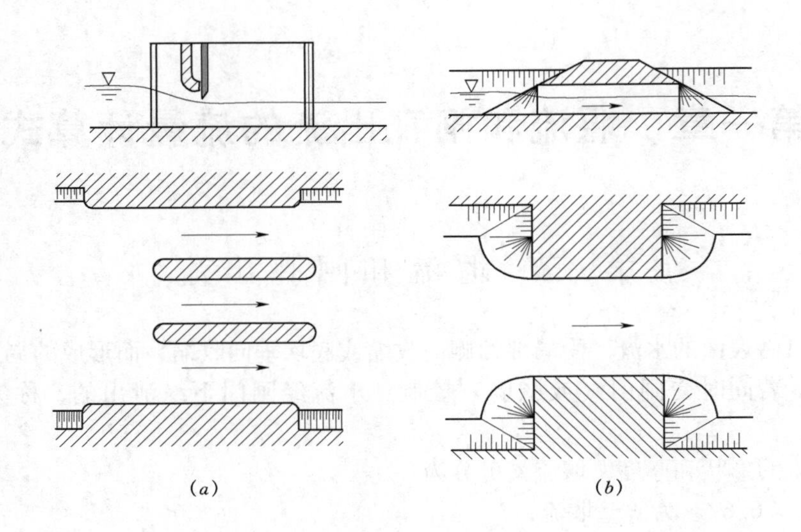

图 3-1-2 宽顶堰流

(a) 过闸水流；(b) 过涵洞水流

$e/H>0.65$，为堰流。

（2）实用堰底坎。

$e/H \leqslant 0.75$，为孔流；

$e/H>0.75$，为堰流。

其中，e 为闸门开启高度，如图 3-1-3 所示。

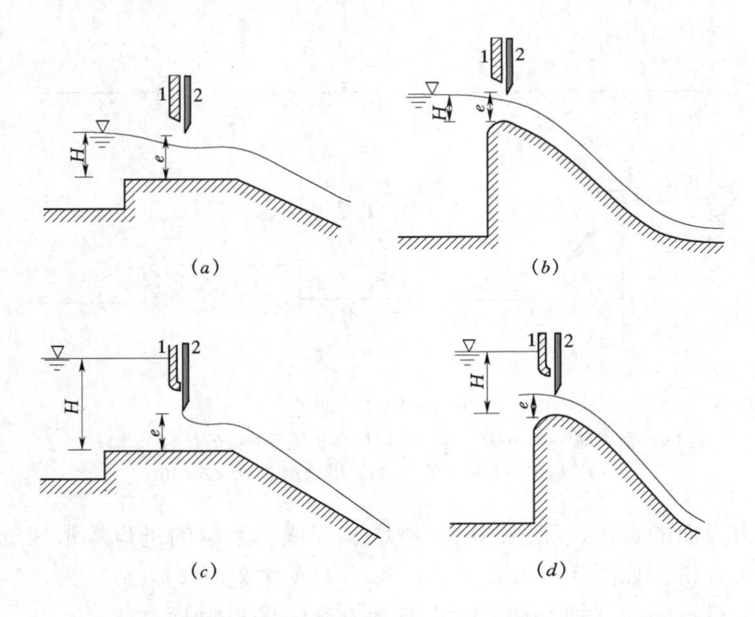

图 3-1-3 闸门开启高度示意图

(a)、(b) 堰流；(c)、(d) 闸孔出流

第二节　堰流流量计算式

堰流流量的计算公式为

$$Q = \sigma_s \sigma_c mnb\sqrt{2g}H_0^{3/2} \tag{3-1-1}$$

或

$$Q = \sigma_s \sigma_c MnH_0^{3/2} \tag{3-1-2}$$

式中　b——每孔净宽；

n——闸孔孔数；

H_0——包括行近流速水头的堰前水头，即 $H_0 = H + \frac{v_0^2}{2g}$；

v_0——行近流速；

m——自由溢流的流量系数，它与堰型、堰高等边界条件有关；

M——系数，$M = m\sqrt{2g}$；

σ_c——侧收缩系数，它反映由于闸墩（包括翼墙、边墩和中墩）对堰流的横向收缩，减小有效的过流宽度和增加的局部能量损失对泄流能力的影响；

σ_s——淹没系数，当下游水位影响堰的泄流能力时，堰流为淹没堰流，其影响用淹没系数表达；当下游水位不影响堰的泄流能力时，为自由堰流，此时 $\sigma_s = 1.0$。

第三节　闸孔出流流量计算式

常用的闸孔出流流量计算公式有下列两种形式。

（1）公式1：

$$Q = \sigma_s \mu enb\sqrt{2g(H_0 - \varepsilon e)} \tag{3-1-3}$$

式中　e——闸门开启高度；

b——每孔净宽；

n——闸孔孔数；

H_0——包括行近流速水头的闸前水头；

ε——垂直收缩系数；

μ——闸孔自由出流的流量系数，它综合反映闸孔形状和闸门相对开度 e/H 对泄流量的影响；

σ_s——淹没系数。自由出流时 $\sigma_s = 10$。

（2）公式2：

$$Q = \sigma_s \mu_0 enb\sqrt{2gH_0} \tag{3-1-4}$$

式中　μ_0——闸孔自由出流的流量系数，与式（3-1-3）的 μ 关系为 $\mu_0 = \mu\sqrt{1 - \varepsilon\frac{e}{H_0}}$；

其余各符号与式（3-1-3）相同。

在一般情况下，行近流速水头比较小，计算时常忽略，用 H 代替 H_0 计算。

横向侧收缩对闸孔出流的泄流能力影响较小，一般当计算闸孔泄流量时不予考虑，故在式（3-1-3）和式（3-1-4）中没有反映侧收缩的影响。

第二章　宽　顶　堰　流

第一节　宽顶堰自由和淹没泄流的界限

宽顶堰自由或淹没泄流，与堰顶上、下游水深有关，一般可取：

$\frac{h_s}{H}<0.8$，自由泄流；

$\frac{h_s}{H}\geqslant 0.8$，淹没泄流。

其中 h_s 为从堰顶起算的下游水深，如图 3-2-1 所示。

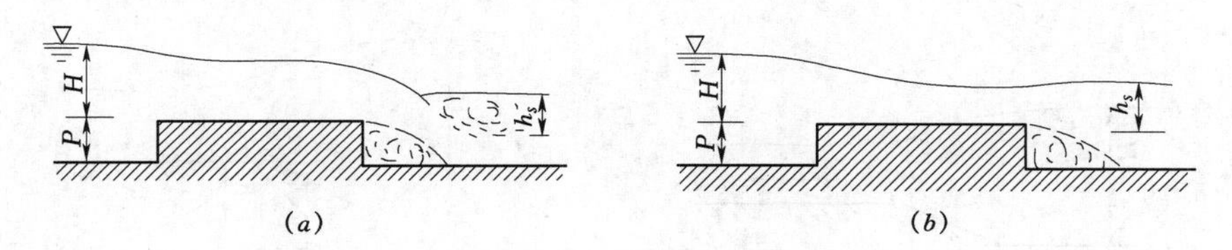

图 3-2-1　宽顶堰的自由和淹没溢流

(a) 宽顶堰自由溢流；(b) 宽顶堰淹没溢流

第二节　有底坎宽顶堰的流量系数

1. 进口边缘为直角的宽顶堰

进口边缘为直角的宽顶堰，如图 3-2-2 (a) 所示。其流量系数由别列津斯基公式计算：

$0<P/H<3.0$，

$$m=0.32+0.01\frac{3-P/H}{0.46+0.75P/H} \tag{3-2-1}$$

$P/H\geqslant 3.0$，$m=0.32$

2. 进口边缘修圆的宽顶堰

进口边缘修圆的宽顶堰，如图 3-2-2 (b) 所示。其流量系数由别列津斯基公式计算：

$0<P/H<3.0$，

$$m=0.36+0.01\frac{3-P/H}{1.2+1.5P/H} \tag{3-2-2}$$

$P/H\geqslant 3.0$，$m=0.36$

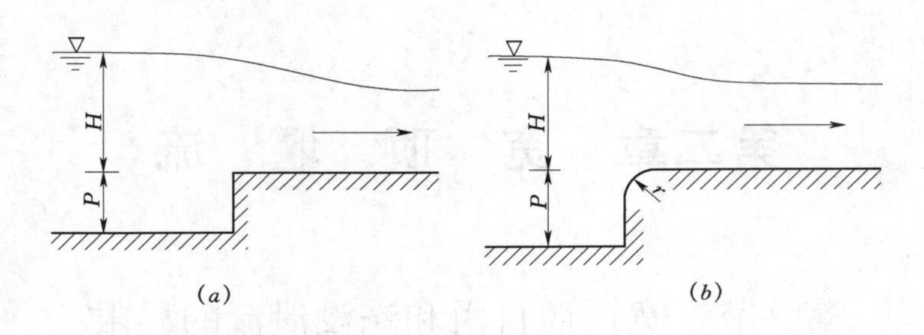

图3-2-2 直角和修圆进口的宽顶堰

(a) 直角边缘；(b) 修圆边缘

式（3-2-2）适用于$r/H \geqslant 0.2$（r为修圆半径），如r过小，则需另行确定。

3. 斜坡式和斜角式进口的宽顶堰

斜坡式进口［见图3-2-3（a）］和斜角式进口［见图3-2-3（b）］的宽顶堰，其流量系数可由表3-2-1和表3-2-2查出。

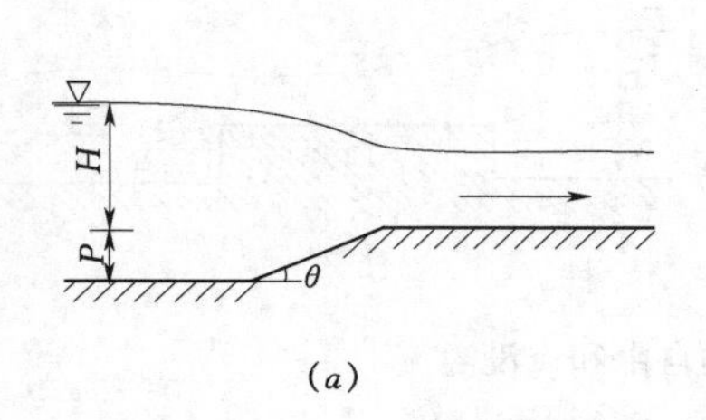

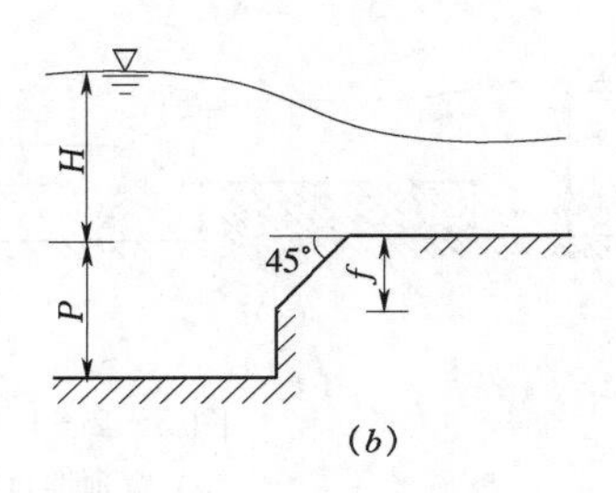

图3-2-3 斜坡和斜角式进口的宽顶堰

(a) 斜坡式；(b) 斜角式

表3-2-1 **上游斜坡式进口流量系数 m**

P/H	ctgθ				
	0.5	1.0	1.5	2.0	≥2.5
0	0.385	0.385	0.385	0.385	0.385
0.2	0.372	0.377	0.380	0.382	0.382
0.4	0.365	0.373	0.377	0.380	0.381
0.6	0.361	0.370	0.376	0.379	0.380
0.8	0.357	0.368	0.375	0.378	0.379
1.0	0.355	0.367	0.374	0.377	0.378
2.0	0.349	0.363	0.371	0.375	0.377
4.0	0.345	0.361	0.370	0.374	0.376
6.0	0.344	0.360	0.369	0.374	0.376
8.0	0.343	0.360	0.369	0.374	0.376
∞	0.340	0.358	0.368	0.373	0.375

表 3-2-2　　上游有45°斜角式进口的流量系数 m

P/H	f/H			
	0.025	0.050	0.100	≥2.00
0	0.385	0.385	0.385	0.385
0.2	0.371	0.374	0.376	0.377
0.4	0.364	0.367	0.370	0.373
0.6	0.359	0.363	0.367	0.370
0.8	0.356	0.360	0.365	0.368
1.0	0.353	0.355	0.363	0.367
2.0	0.347	0.353	0.358	0.363
4.0	0.342	0.349	0.355	0.361
6.0	0.341	0.348	0.354	0.360
∞	0.337	0.345	0.352	0.358

第三节　无底坎宽顶堰的流量系数

对于平底闸，由翼墙的侧向收缩形成的无底坎宽顶堰流，其流量系数可根据进口翼墙的型式，如图3-2-4所示，由表3-2-3、表3-2-4、表3-2-5和表3-2-6查出[1]。

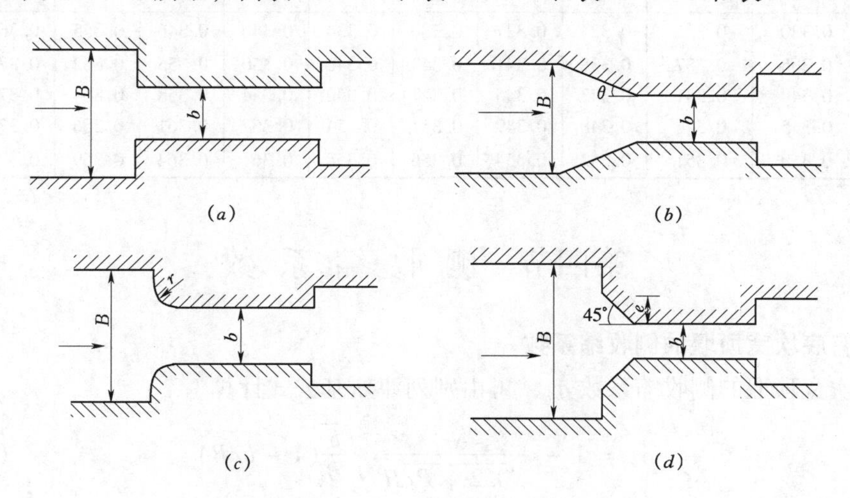

图 3-2-4　翼墙型式

(a) 直角形翼墙；(b) 八字形翼墙；(c) 圆弧形翼墙；(d) 斜角形翼墙

表 3-2-3　　直角形翼墙进口的平底宽顶堰流量系数

b/B	≈0.0	0.1	0.2	0.3	0.4	0.5	0.6	0.7	0.8	0.9	1.0
m	0.320	0.322	0.324	0.327	0.330	0.334	0.340	0.346	0.355	0.367	0.385

表 3-2-4 八字形翼墙进口的平底宽顶堰流量系数

ctgθ	b/B										
	0.0	0.1	0.2	0.3	0.4	0.5	0.6	0.7	0.8	0.9	1.0
0.5	0.343	0.344	0.346	0.348	0.350	0.352	0.356	0.360	0.365	0.373	0.385
1.0	0.350	0.351	0.352	0.354	0.356	0.358	0.364	0.364	0.369	0.375	0.385
2.0	0.353	0.354	0.355	0.357	0.358	0.360	0.366	0.366	0.370	0.376	0.385
3.0	0.350	0.351	0.352	0.354	0.356	0.358	0.364	0.364	0.369	0.375	0.385

表 3-2-5 圆弧形翼墙进口的平底宽顶堰流量系数

r/b	b/B										
	0.0	0.1	0.2	0.3	0.4	0.5	0.6	0.7	0.8	0.9	1.0
0.00	0.320	0.322	0.324	0.327	0.330	0.334	0.340	0.346	0.355	0.367	0.385
0.05	0.335	0.337	0.338	0.340	0.343	0.346	0.350	0.355	0.362	0.371	0.385
0.10	0.342	0.344	0.345	0.343	0.349	0.352	0.354	0.359	0.365	0.373	0.385
0.20	0.349	0.350	0.351	0.353	0.355	0.357	0.360	0.363	0.368	0.375	0.385
0.30	0.354	0.355	0.356	0.357	0.359	0.361	0.363	0.366	0.371	0.376	0.385
0.40	0.357	0.358	0.359	0.360	0.362	0.363	0.365	0.368	0.372	0.377	0.385
≥0.50	0.360	0.361	0.362	0.363	0.364	0.366	0.368	0.370	0.373	0.378	0.385

表 3-2-6 斜角形翼墙进口的平底宽顶堰流量系数

e/b	b/B										
	≈0.0	0.1	0.2	0.3	0.4	0.5	0.6	0.7	0.8	0.9	1.0
0.000	0.320	0.322	0.324	0.327	0.330	0.334	0.340	0.346	0.355	0.367	0.385
0.025	0.335	0.337	0.338	0.341	0.343	0.346	0.350	0.355	0.362	0.371	0.385
0.050	0.340	0.341	0.343	0.345	0.347	0.350	0.354	0.358	0.364	0.372	0.385
0.100	0.345	0.346	0.348	0.349	0.351	0.354	0.357	0.361	0.366	0.374	0.385
≥0.200	0.350	0.351	0.352	0.354	0.356	0.358	0.361	0.364	0.369	0.375	0.385

第四节 侧收缩系数

一、有底坎宽顶堰的侧收缩系数

有底坎宽顶堰的侧收缩系数 σ_c，可由别列津斯基公式计算[2~4]：

$$\sigma_c = 1 - \frac{\alpha}{\sqrt[3]{0.2 + P/H}} \sqrt[4]{\frac{b}{B}} (1 - b/B) \tag{3-2-3}$$

式中 P——上游堰高；

H——堰前水头；

b——两墩间净宽；

B——上游引渠宽，对于梯形断面，近似用一半水深处的渠道宽，即 $B = b'_0 + mh/2$，b'_0 为底宽，m 为边坡系数，h 为渠道水深；

α——系数，闸墩（或边墩）墩头为矩形，宽顶堰进口边缘为直角时，$\alpha = 0.19$；闸墩（或边墩）墩头为曲线形，宽顶堰进口边缘为直角或圆弧时，$\alpha = 0.10$。

式（3－2－3）适用条件：$b/B \geqslant 0.2$，$P/H \leqslant 3.0$。

当 $b/B < 0.2$ 时，用 $b/B = 0.2$ 计算；

当 $P/H > 3.0$ 时，用 $P/H = 3.0$ 计算。

多孔闸过流时，σ_c 的确定可取加权平均值 $\overline{\sigma_e}$，由式（3－2－4）计算：

$$\overline{\sigma_c} = \frac{\sigma_{cm}(n-1) + \sigma_{cs}}{n} \tag{3-2-4}$$

式中　n——孔数；

σ_{cm}——中孔侧收缩系数，按式（3－2－3）计算，式中 b/B 用 $\frac{b}{b+d}$ 代替，d 为墩厚；

σ_{cs}——边孔侧收缩系数，按式（3－2－3）计算，式中 b/B 用 $\frac{b}{b+\Delta b}$ 代替，Δb 为边墩边缘线与建筑物上游引渠水边线之间的距离。

为简化式（3－2－3）的计算，可查表3－2－7（a）、（b）得 σ_c 值。

表3－2－7（a）　侧收缩系数 σ_c 表（$\alpha = 0.10$）

b/B	P/H					
	0.0	0.25	0.5	1.0	2.0	3.0
0.1	0.913	0.930	0.939	0.950	0.959	0.964
0.2	0.913	0.930	0.939	0.950	0.959	0.964
0.3	0.915	0.932	0.941	0.951	0.960	0.965
0.4	0.918	0.936	0.946	0.955	0.963	0.968
0.5	0.929	0.945	0.953	0.960	0.967	0.971
0.6	0.940	0.954	0.961	0.967	0.973	0.976
0.7	0.955	0.964	0.970	0.974	0.979	0.982
0.8	0.968	0.976	0.979	0.983	0.986	0.988
0.9	0.984	0.988	0.990	0.992	0.993	0.994
1.0	1.000	1.000	1.000	1.000	1.000	1.000

表3－2－7（b）　侧收缩系数 σ_c 表（$\alpha = 0.19$）

b/B	P/H					
	0.0	0.25	0.5	1.0	2.0	3.0
0.1	0.836	0.868	0.887	0.904	0.922	0.931
0.2	0.836	0.868	0.887	0.904	0.922	0.931
0.3	0.836	0.872	0.890	0.907	0.924	0.933
0.4	0.845	0.882	0.898	0.915	0.930	0.938
0.5	0.864	0.896	0.911	0.925	0.939	0.945
0.6	0.886	0.913	0.925	0.937	0.950	0.955
0.7	0.911	0.933	0.941	0.951	0.961	0.966
0.8	0.940	0.953	0.958	0.965	0.972	0.977
0.9	0.970	0.976	0.978	0.983	0.986	0.988
1.0	1.000	1.000	1.000	1.000	1.000	1.000

二、无底坎宽顶堰的侧收缩系数

1. 单孔闸

可由表3－2－3～表3－2－4按照单孔闸翼墙的形式，直接查出其流量系数，不必再考虑侧收缩影响。

2. 多孔闸

对于多孔闸，要综合考虑边墩和中墩对溢流能力的作用。其计算方法如下：

若用表3－2－3～表3－2－6直接查出流量系数，则侧收缩系数不再计算，综合流量系数为

$$m = \frac{m_m(n-1) + m_s}{n} \tag{3-2-5}$$

式中 n——闸孔数；

m_m——中孔的流量系数，将中墩的一半看成边墩，如图3－2－5所示，按此边墩形状查表3－2－3～表3－2－6中相应的值，表中b/B用$b/(b+d)$代替，b为每孔净宽，d为墩厚；

m_s——边孔流量系数，按边墩形状查表3－2－3～表3－2－6中相应的值，表中b/B用$b/(b+\Delta b)$代替，Δb为边墩边缘线与上游引水渠水边线之间的距离。

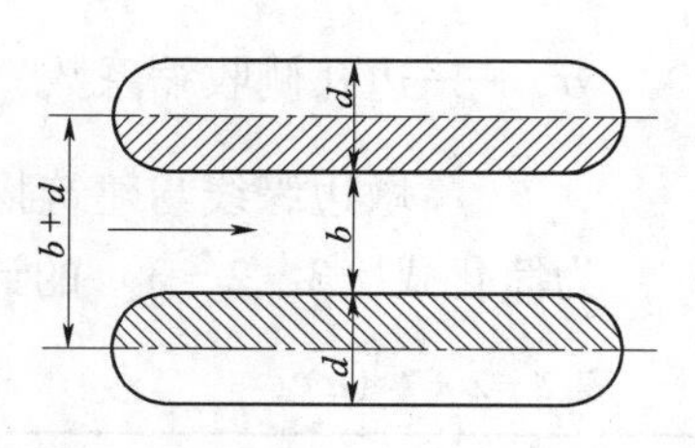

图3－2－5 闸墩

第五节 淹没系数

宽顶堰为淹没泄流时，其淹没系数σ_s可由表3－2－8查出，其中H_0为包括行近流速水头的堰前水头[3]。

表3－2－8 宽顶堰淹没系数σ_s表

h_s/H_0	0≤0.80	0.81	0.82	0.83	0.84	0.85
σ_s	1.00	0.995	0.990	0.98	0.97	0.96
h_s/H_0	0.86	0.87	0.88	0.89	0.90	0.91
σ_s	0.95	0.93	0.90	0.87	0.84	0.82
h_s/H_0	0.92	0.93	0.94	0.95	0.96	0.97
σ_s	0.78	0.74	0.70	0.65	0.59	0.50
h_s/H_0	0.98					
σ_s	0.40					

第三章 实 用 堰 流

第一节 WES标准型剖面及其流量计算[5]

一、堰型

WES标准剖面的曲线方程为

$$x^n = kH_d^{n-1}y \tag{3-3-1}$$

式中 x、y——以堰顶为原点的坐标，如图3-3-1所示；

H_d——不包括行近流速水头在内的设计水头；

k、n——与上游迎水面坡度有关的参数，其值见表3-3-1。

图3-3-1中坐标原点的上游剖面曲线段的圆弧半径R_1和R_2，见表3-3-1。

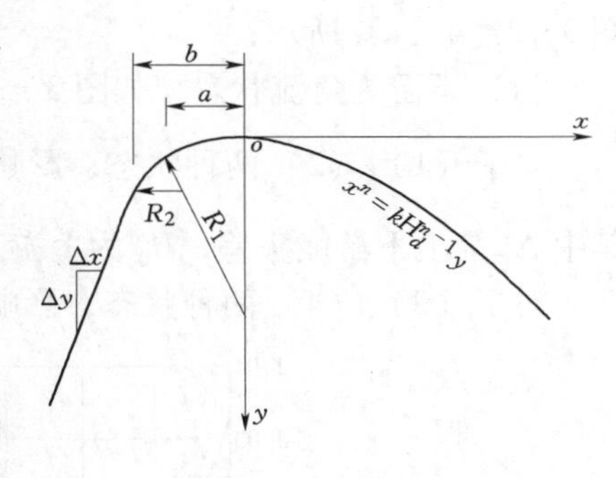

图3-3-1 坐标系

1961年葡萄牙里斯本土木试验室对上述剖面曲线进行修改，建议将原来的二圆弧改为三圆弧。1969年美国陆军工程师团水道试验站对此进行了验证，1970年正式引入工程师团水力学设计规范。新的WES堰型只是在上游面增加了一个半径为R_3的圆弧，使其与直立上游面相切，如图3-3-2所示，改善了水流条件，减少了堰面负压的绝对值，增加了堰的安全度。

表3-3-1 WES剖面曲线方程参数表

上游面坡度$\left(\frac{\Delta y}{\Delta x}\right)$	k	n	R_1	a	R_2	b
3:0	2.000	1.850	$0.5H_d$	$0.175H_d$	$0.2H_d$	$0.282H_d$
3:1	1.936	1.836	$0.68H_d$	$0.139H_d$	$0.21H_d$	$0.237H_d$
3:2	1.939	1.810	$0.48H_d$	$0.115H_d$	$0.22H_d$	$0.214H_d$
3:3	1.873	1.776	$0.45H_d$	$0.119H_d$	—	—

二、流量系数

（1）当$P/H_d \geqslant 1.33$，$\frac{H_0}{H_d}=1.0$时，可忽略行近流速水头，其流量系数$m=0.502$（H_d为设计水头，P为上游堰高）。

（2）当$P/H_d<1.33$，即低堰时，流量系数随P/H_d减少而减少；同时，在相同的P/H_d情况下，还随总水头H_0（包括行近流速水头）与设计水头H_d的比值而变化。图

3-3-3为美国水道试验站得出的上游面为铅直情况的WES剖面堰流量系数 m 的试验结果。图中左上角的曲线，为考虑上游面坡度影响的修正系数 c，乘积 cm 为流量系数值。

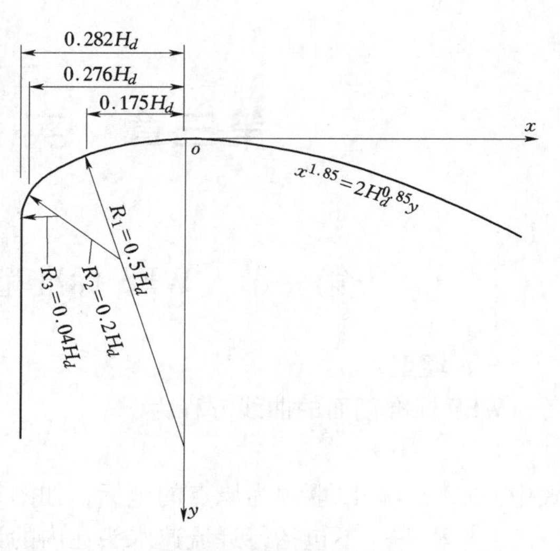

图3-3-2 WES堰型

三、淹没系数

当WES型实用堰的下游，出现以下四种水流衔接状态时，将不同程度地影响堰的过水能力：

(1) 下游为不产生水跃的完全淹没缓流状态，如图3-3-4(a)所示；

(2) 下游为具有下潜水舌的淹没水跃缓流状态，如图3-3-4(b)所示；

(3) 下游产生完全水跃的缓流状态，如图3-3-4(c)所示；

(4) 下游为急流状态，如图3-3-4(d)所示。

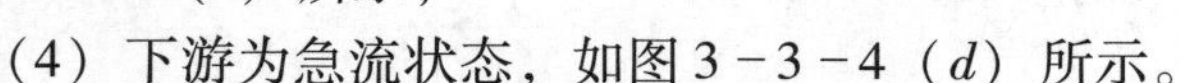

对于(1)、(2)两种状态，影响过水能力的主要因素是下游水位，即主要与 $\frac{\Delta z}{H_0}$ 有关，其中 Δz 为上下游能头差，H_0 为上游总水头。

对于(3)、(4)两种状态，影响过水能力的主要因素是下游护坦相对位置对堰面压

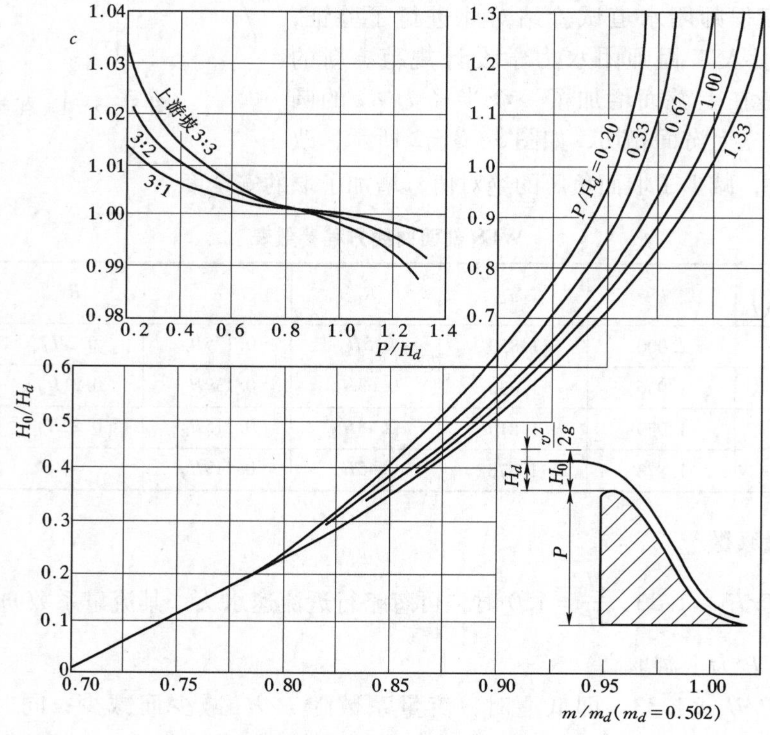

图3-3-3 流量系数 m

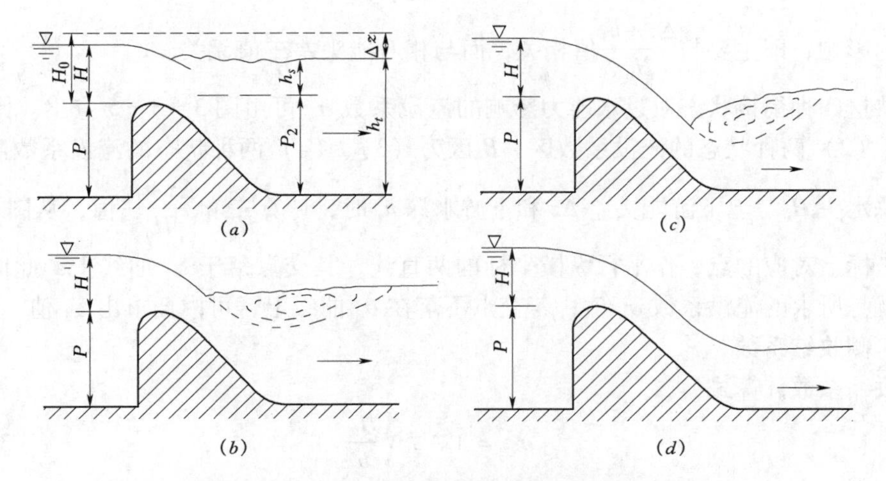

图 3-3-4 WES 型实用堰下游水流衔接状态

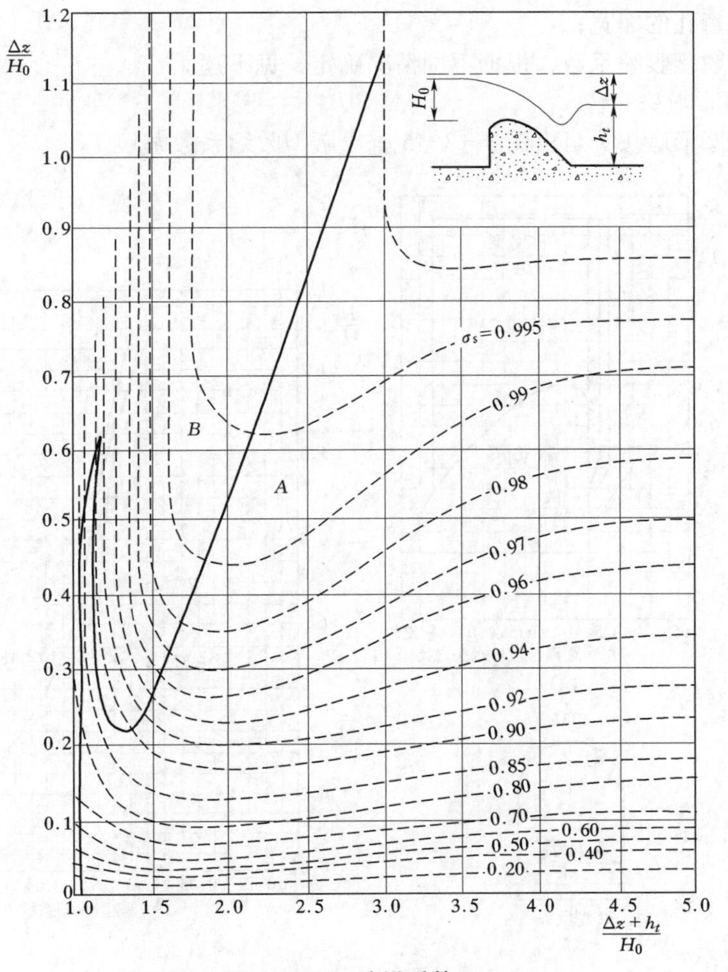

图 3-3-5 淹没系数 σ_s

力分布的影响，即主要与$\frac{\Delta z+h_t}{H_0}$值相关，而与相对能头差$\frac{\Delta z}{H_0}$值无关。

反映这四种衔接状态对过水能力影响的淹没系数σ_s可由图3－3－5查出。图中A区为（1）、（2）两种状态的淹没系数区；B区为（3）、（4）两种状态的淹没系数区。当已知上游总水头H_0、上下游能头差Δz和下游水深h_t时，计算$\frac{\Delta z}{H_0}$和$\frac{\Delta z+h_t}{H_0}$值，从图3－3－5的纵横坐标上对应的点，作平行纵横坐标的两直线，其交点落于σ_s曲线上，此曲线所标的数值就是所求的淹没系数σ_s值；若交点不落在σ_s曲线上，可内插求出σ_s值。

四、侧收缩系数

侧收缩系数计算式

$$\sigma_c = 1 - kN\frac{H_0}{b} \tag{3-3-2}$$

式中 H_0——堰前总水头，即$H_0=H+v_0^2/2g$；

N——侧收缩边数，例如一孔，$N=2$；n孔为$N=2n$；

b——每孔的净宽；

k——墩型收缩系数，根据不同情况确定，见下述。

1. 高堰圆形墩头

对于高堰圆形墩头，可由图3－3－6查出墩型收缩系数k。

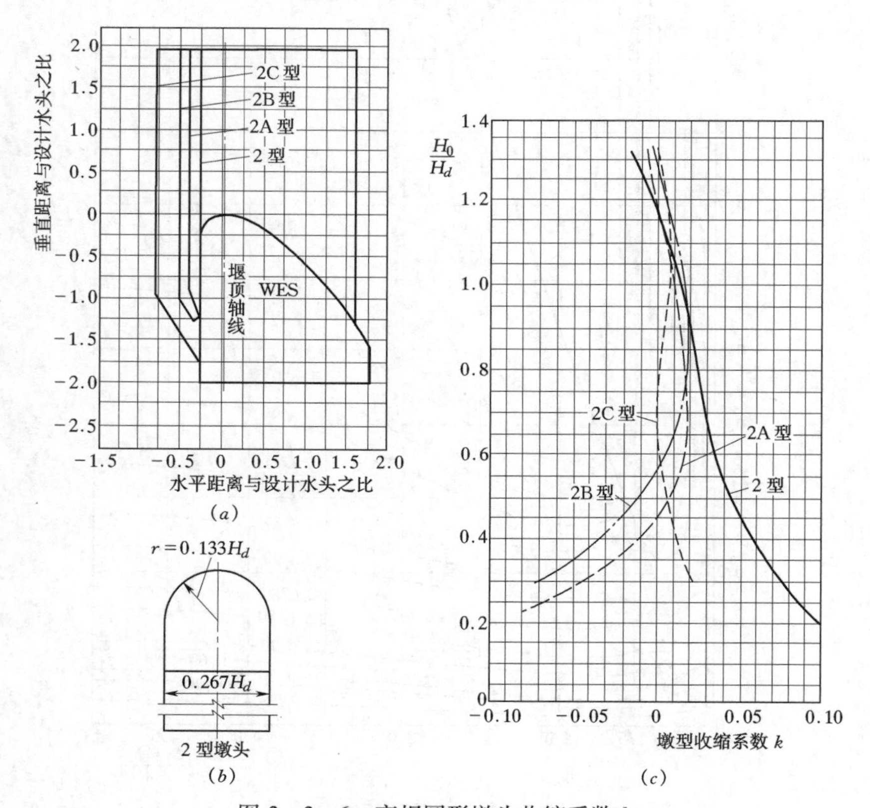

图3－3－6 高坝圆形墩头收缩系数k

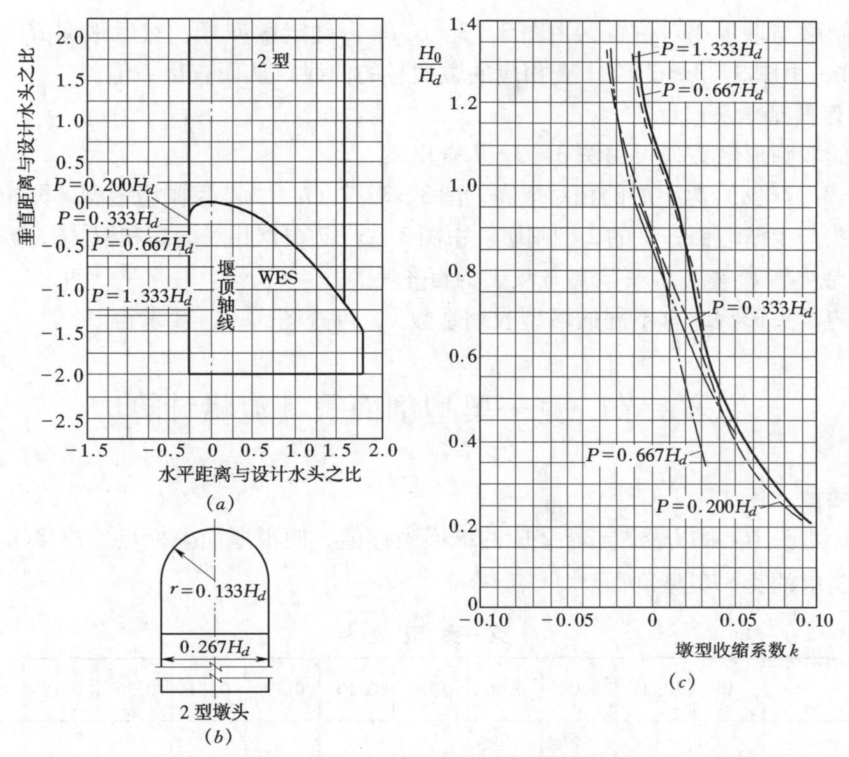

图 3-3-7　低堰圆形墩头收缩系数 k

P—上游坝高

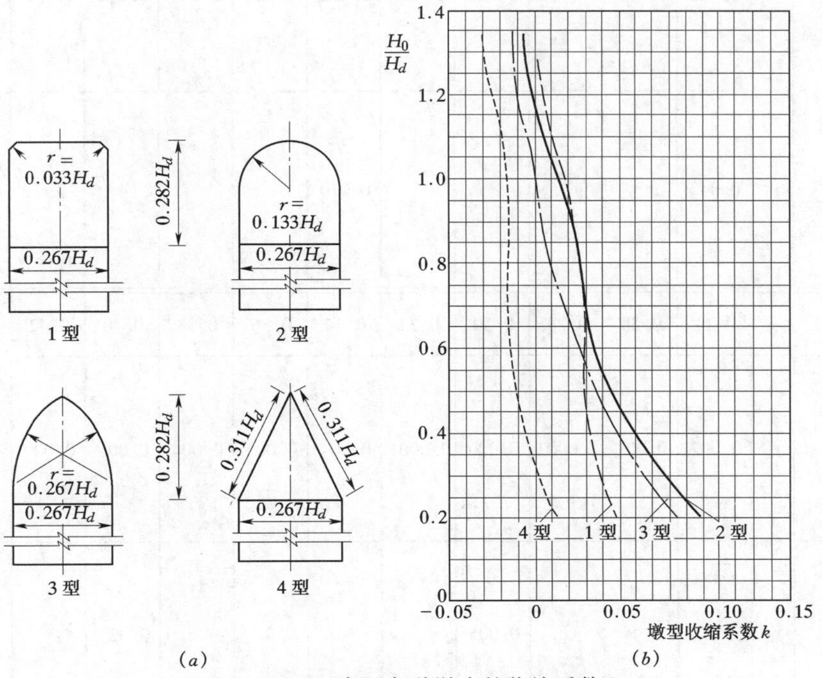

图 3-3-8　高堰各种墩头的收缩系数 k

(a) 墩头形状（墩头顶端与坝上游面齐平）；(b) 墩型收缩系数 k

根据闸墩与堰顶相对位置，由图3-3-6（a）确定墩型号；然后根据H_0/H_d（H_d为设计水头），由图3-3-6（c）查相应的墩型号的曲线，从而查出k值。

2. 低堰圆形墩头

对于低堰圆形墩头，可由图3-3-7查出k。

图3-3-7（a）为上游的相对堰高，图3-3-7（b）为2型闸墩墩型，即相当于图3-3-6中墩头与上游堰面齐平的2型闸墩。由图3-3-7根据相对堰高和H_0/H_d查得k值。

3. 高堰各种墩头（墩头顶部与坝上游面齐平）

不同的墩头形状，有不同的墩型收缩系数k，可查图3-3-8求得。

第二节 克—奥型剖面及其流量计算

一、堰型

用设计水头H_d乘以表3-3-2中的纵横坐标值，便得堰面坐标点，连接这些坐标点，就组成所要求的克—奥型剖面。

表3-3-2 克—奥型坐标

堰型	x	0	0.02	0.04	0.06	0.08	0.10	0.12	0.14	0.16	0.18	0.20	0.22
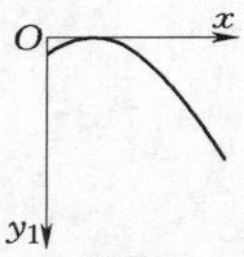 Ⅰ型	y_1	0.126	0.099	0.077	0.060	0.047	0.036	0.027	0.020	0.015	0.010	0.007	0.004
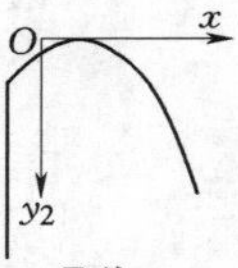 Ⅱ型	y_2	0.043					0.010					0.00	

堰型	x	0.24	0.26	0.28	0.30	0.32	0.34	0.36	0.38	0.40	0.42	0.44	0.46
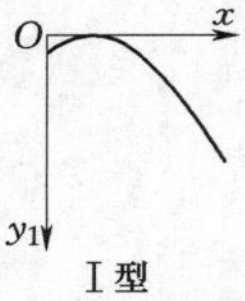 Ⅰ型	y_1	0.002	0.001	0.0003	0.000	0.0001	0.001	0.002	0.004	0.006	0.009	0.013	0.017
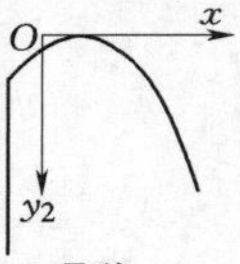 Ⅱ型	y_2				0.005					0.023			

续表

堰　型	x	0.48	0.50	0.52	0.54	0.56	0.58	0.60	0.62	0.64	0.66	0.68	0.70
Ⅰ型	y_1	0.022	0.027	0.033	0.039	0.046	0.053	0.060	0.068	0.076	0.083	0.092	0.100
Ⅱ型	y_2						0.090						
堰　型	x	0.72	0.74	0.76	0.78	0.80	0.82	0.84	0.86	0.88	0.90	0.92	0.94
Ⅰ型	y_1	0.109	0.118	0.127	0.136	0.146	0.156	0.166	0.176	0.187	0.198	0.209	0.220
Ⅱ型	y_2					0.189							
堰　型	x	0.96	0.98	1.00	1.02	1.04	1.06	1.08	1.10	1.12	1.14	1.16	1.18
Ⅰ型	y_1	0.232	0.244	0.256	0.268	0.281	0.294	0.307	0.321	0.335	0.349	0.364	0.379
Ⅱ型	y_2			0.321									

续表

堰型	x	1.20	1.24	1.30	1.34	1.40	1.44	1.50	1.54	1.60	1.70	1.80	1.90
Ⅰ型	y_1	0.394	0.425	0.475	0.510	0.564	0.602	0.661	0.701	0.764	0.873	0.987	1.108
Ⅱ型	y_2	0.480				0.665					0.992		

堰型	x	2.00	2.10	2.20	2.30	2.40	2.50
Ⅰ型	y_1	1.235	1.369	1.508	1.653	1.804	1.960
Ⅱ型	y_2	1.377					2.140

二、流量系数

(1) 当 $P \geqslant 3H$ 时，有

$$m = 0.504\sigma_\phi\sigma_H \qquad (3-3-3)$$

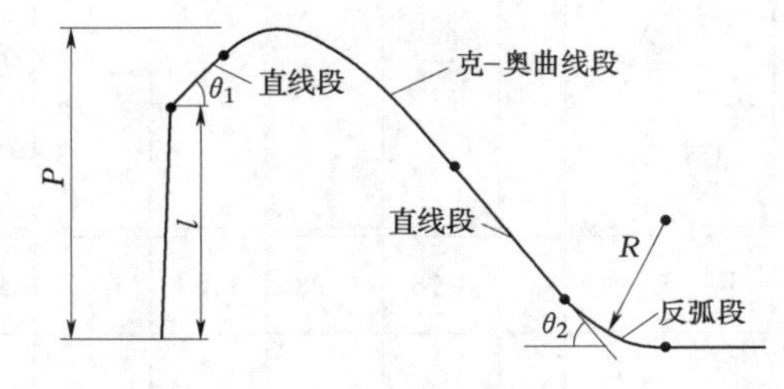

图 3-3-9 克—奥型堰剖面示意图

式中 σ_ϕ——形状系数，与图 3-3-9 中 θ_1、θ_2 及 $\dfrac{l}{P}$ 有关，σ_ϕ 可查表 3-3-3 得出；

σ_H——水头差度系数，反映由于实际溢流水头与设计水头 H_d 不同而引起的溢流量的变化，可查表 3-3-4。

表 3-3-3 形 状 系 数 σ_ϕ[1]

θ_1 (°)	θ_2 (°)	l/P				
		0	0.3	0.6	0.9	1.0
15	15	0.880	0.878	0.855	0.850	0.933
	30	0.910	0.908	0.885	0.880	0.974
	45	0.924	0.922	0.899	0.892	0.993
	60	0.927	0.925	0.902	0.895	1.000

续表

θ_1 (°)	θ_2 (°)	l/P				
		0	0.3	0.6	0.9	1.0
25	15	0.895	0.893	0.880	0.888	0.933
	30	0.926	0.924	0.912	0.920	0.974
	45	0.942	0.940	0.928	0.934	0.993
	60	0.946	0.944	0.932	0.940	1.000
35	15	0.905	0.904	0.897	0.907	0.933
	30	0.940	0.939	0.932	0.940	0.974
	45	0.957	0.956	0.949	0.956	0.993
	60	0.961	0.960	0.954	0.962	1.000
45	15	0.915	0.915	0.911	0.919	0.933
	30	0.953	0.953	0.950	0.956	0.974
	45	0.970	0.970	0.966	0.973	0.993
	60	0.974	0.974	0.970	0.978	1.000
55	15	0.923	0.923	0.922	0.927	0.933
	30	0.962	0.962	0.960	0.964	0.974
	45	0.981	0.981	0.980	0.983	0.993
	60	0.985	0.985	0.984	0.989	1.000
65	15	0.927	0.927	0.926	0.929	0.933
	30	0.969	0.969	0.968	0.970	0.974
	45	0.987	0.987	0.986	0.988	0.993
	60	0.993	0.993	0.993	0.995	1.000
75	15	0.930	0.930	0.930	0.930	0.933
	30	0.972	0.972	0.972	0.972	0.974
	45	0.992	0.992	0.992	0.992	0.993
	60	0.998	0.998	0.998	0.999	1.000
85	15	0.933	0.933	0.933	0.933	0.933
	30	0.974	0.974	0.974	0.974	0.974
	45	0.993	0.993	0.993	0.993	0.993
	60	1.000	1.000	1.000	1.000	1.000
90	15	0.933	—	—	—	0.933
	30	0.974	—	—	—	0.974
	45	0.993	—	—	—	0.993
	60	1.000	—	—	—	1.000

注　当 $\theta_2>60°$时，σ_ϕ 的值仍按 $\theta_2=60°$的情况采用。

表 3-3-4　　水头差度系数 σ_H [1]

H/H_d \ $_1$ (°)	15	20	25	30	35	40	45	50	55	60	65	70	75	80	85	90
0.2	0.897	0.893	0.890	0.886	0.883	0.879	0.875	0.872	0.868	0.864	0.859	0.857	0.853	0.850	0.846	0.842
0.3	0.918	0.915	0.912	0.909	0.906	0.903	0.900	0.897	0.894	0.892	0.889	0.886	0.883	0.880	0.877	0.874
0.4	0.934	0.932	0.930	0.928	0.926	0.923	0.921	0.919	0.916	0.914	0.912	0.909	0.907	0.905	0.902	0.900
0.5	0.961	0.947	0.945	0.943	0.942	0.940	0.938	0.936	0.934	0.933	0.931	0.929	0.927	0.925	0.923	0.922
0.6	0.948	0.960	0.958	0.957	0.956	0.954	0.953	0.952	0.950	0.949	0.947	0.946	0.945	0.943	0.942	0.940
0.7	0.972	0.971	0.970	0.969	0.968	0.967	0.966	0.965	0.964	0.963	0.962	0.961	0.960	0.959	0.958	0.957

续表

H/H_d \ $_1$ (°)	15	20	25	30	35	40	45	50	55	60	65	70	75	80	85	90
0.8	0.982	0.982	0.981	0.980	0.980	0.979	0.978	0.978	0.977	0.977	0.976	0.975	0.975	0.974	0.973	0.973
0.9	0.991	0.991	0.991	0.991	0.990	0.990	0.990	0.989	0.989	0.989	0.988	0.988	0.988	0.987	0.987	0.987
1.0	1.000	1.000	1.000	1.000	1.000	1.000	1.000	1.000	1.000	1.000	1.000	1.000	1.000	1.000	1.000	1.000
1.1	1.008	1.008	1.009	1.009	1.009	1.009	1.009	1.010	1.010	1.011	1.011	1.011	1.011	1.012	1.012	1.012
1.2	1.016	1.016	1.017	1.017	1.017	1.018	1.019	1.019	1.020	1.020	1.021	1.022	1.022	1.023	1.023	1.024
1.3	1.023	1.023	1.024	1.025	1.025	1.026	1.027	1.028	1.029	1.030	1.031	1.031	1.032	1.033	1.034	1.035
1.4	1.029	1.030	1.032	1.032	1.034	1.035	1.036	1.037	1.038	1.039	1.040	1.041	1.042	1.043	1.044	1.045
1.5	1.036	1.037	1.038	1.040	1.041	1.042	1.043	1.044	1.046	1.047	1.048	1.049	1.051	1.052	1.054	1.054
1.6	1.042	1.043	1.045	1.046	1.048	1.050	1.051	1.052	1.054	1.055	1.057	1.058	1.060	1.061	1.063	1.064
1.7	1.048	1.050	1.051	1.053	1.055	1.057	1.058	1.060	1.062	1.063	1.065	1.067	1.068	1.070	1.072	1.074
1.8	1.054	1.056	1.058	1.059	1.061	1.063	1.065	1.067	1.069	1.071	1.073	1.074	1.076	1.078	1.080	1.082
1.9	1.059	1.061	1.063	1.065	1.068	1.070	1.072	1.074	1.076	1.078	1.080	1.082	1.084	1.086	1.089	1.091
2.0	1.064	1.067	1.069	1.071	1.074	1.076	1.078	1.080	1.083	1.085	1.087	1.089	1.092	1.094	1.096	1.099

（2）当 $P/H=2.5\sim0.5$ 为低堰时，有[4]

$$m = k_\alpha m_0 \tag{3-3-4}$$

式中 m_0——克—奥Ⅰ型的流量系数，由式（3-3-5）计算：

$$m_0 = 0.36 + 0.1\frac{2.5 - \delta/H}{1 + 2\delta/H} \tag{3-3-5}$$

式中 δ——堰顶宽，见图3-3-10；

k_α——考虑迎水面倾角影响的系数，由表3-3-5确定。

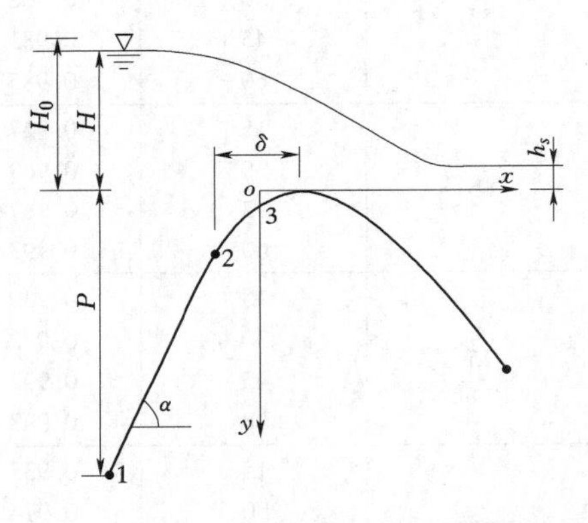

图3-3-10 克—奥堰型顶宽示意图

（3）当 $3.0 > \dfrac{P}{H} > 2.5$ 时，可近似地按 $\left(\dfrac{P}{H}\geqslant3.0\right)$ 堰计算 m。

表3-3-5 迎水面倾角系数 k_α

P/H	1.5~2.5			0.5~0.8		
α (°) \ δ/H	0.3	0.7	1.2	0.3	0.7	1.2
90	1.00	1.00	1.00	1.0	1.0	1.0
60	0.99	0.99	0.995	1.0	1.0	1.0
30	0.97	0.98	0.990	0.99	0.99	0.995

三、淹没界限及淹没系数

克—奥型剖面堰，具有以下两个条件，则为淹没溢流：

（1）下游水位超过堰顶，即 $h_s>0$，见图3-3-11；

（2）堰的下游形成淹没水跃。

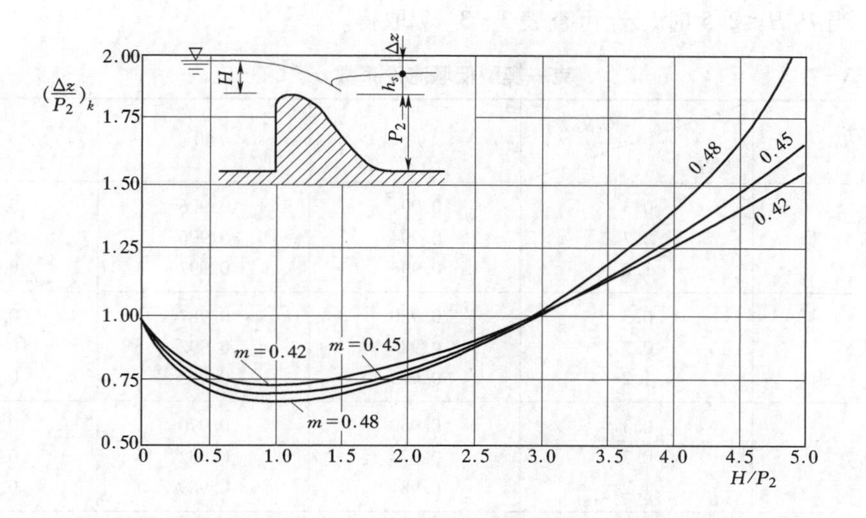

图 3-3-11　克—奥堰型淹没溢流判别计算图

淹没判别界限为

$$\left.\begin{aligned}\frac{\Delta z}{H}&<1\\ \frac{\Delta z}{P_2}&<\left(\frac{\Delta z}{P_2}\right)_k\end{aligned}\right\} \qquad (3-3-6)$$

式中　P_2——下游堰高；

$\left(\frac{\Delta z}{P_2}\right)_k$——下游发生临界水跃时的$\left(\frac{\Delta z}{P_2}\right)$值，可查图 3-3-11[6] 求得。

图 3-3-11 中曲线的 m 是自由溢流时的流量系数，由式（3-3-3）或式（3-3-4）计算。

当已知 m 和 H/P_2 值，由图 3-3-11 中曲线查得$\left(\frac{\Delta z}{P_2}\right)_k$值，与实际的$\left(\frac{\Delta z}{P_2}\right)$值比较，若$\left(\frac{\Delta z}{P_2}\right)<\left(\frac{\Delta z}{P_2}\right)_k$，且$\frac{\Delta z}{H}<1$，则为淹没溢流。

当断定为淹没溢流时，淹没系数 σ_s 可按表 3-3-6 或表 3-3-7 选取。

（1）当 $P/H \geqslant 3$ 时，σ_s 查表 3-3-6 取得。

表 3-3-6　　克—奥型淹没系数表[1]

h_s/H_0	0.00	0.05	0.10	0.15	0.20	0.25	0.30	0.35	0.40	0.45	0.50
σ_s	1.000	0.999	0.998	0.997	0.996	0.994	0.991	0.988	0.983	0.978	0.972

h_s/H_0	0.55	0.60	0.65	0.70	0.75	0.80	0.85	0.90	0.95	1.00
σ_s	0.965	0.957	0.947	0.933	0.910～0.800	0.760	0.700	0.590	0.410	0.000

（2）当 $P/H \leqslant 2.5$ 时，σ_s 可查表3－3－7取得。

表3－3－7 克—奥型低堰淹没系数 σ_s[4]

h_s/H_0	δ/H \ α（°）	90	60	30
0.5	0.3	0.991	0.996	0.997
	0.7	0.994	0.996	0.997
	1.2	0.996	0.997	0.998
0.6	0.3	0.980	0.987	0.991
	0.7	0.988	0.992	0.995
	1.2	0.993	0.995	0.997
0.7	0.3	0.959	0.970	0.977
	0.7	0.974	0.982	0.988
	1.2	0.981	0.989	0.994
0.8	0.3	0.906	0.921	0.937
	0.7	0.948	0.961	0.969
	1.2	0.959	0.969	0.978
0.9	0.3	0.578～0.814	0.656～0.850	0.722～0.872
	0.7	0.850～0.900	0.878～0.917	0.900～0.928
	1.2	0.891～0.897	0.911～0.917	0.922～0.931

表3－3－6和表3－3－7中，δ 为堰顶宽，α 为堰迎水面倾角；h_s 及 H 等均如图3－3－10所示。

（3）当 $3.0 > P/H > 2.5$ 时，σ_s 可查表3－3－6近似采用。

四、侧收缩系数[1,6]

侧收缩系数计算式为

$$\sigma_c = 1 - 0.2\frac{\xi_k + (n-1)\xi_0}{n} \times \frac{H_0}{b} \qquad (3-3-7)$$

式中 n——孔数；

H_0——包括行近流速水头的总水头，$H_0 = H + \frac{v_0^2}{2g}$；

b——每孔净宽；

ξ_k——边墩形状系数，与边墩几何形状有关，可查图3－3－12确定；

ξ_0——闸墩形状系数，与墩头形状、墩的平面位置（由图3－3－13中的 a 值表示）以及淹没程度有关，由表3－3－8选定。

当 $h_s/H_0 > 0.75$ 时，σ_c 与墩头下游形状也有关，表3－3－8中所列数据适用于上下游墩头形状相同的情况。

式（3－3－7）应用范围：$h_s/H_0 \leqslant 0.85 \sim 0.90$；$B \geqslant nb + (n-1)d$；$H_0/b \leqslant 1$（当 $H_0/b > 1$ 时，仍用 $H_0/b = 1$ 计算）。其中 h_s 为下游水位超过堰顶的水深；B 为堰上游引渠宽。

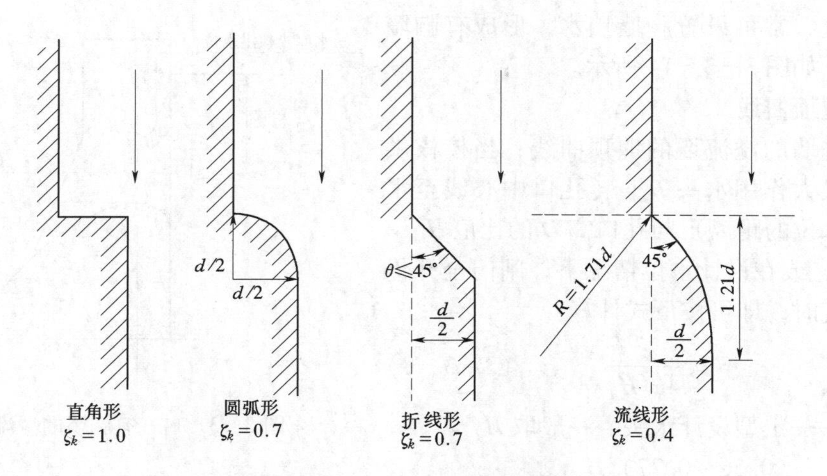

图 3-3-12　边墩形状及形状系数

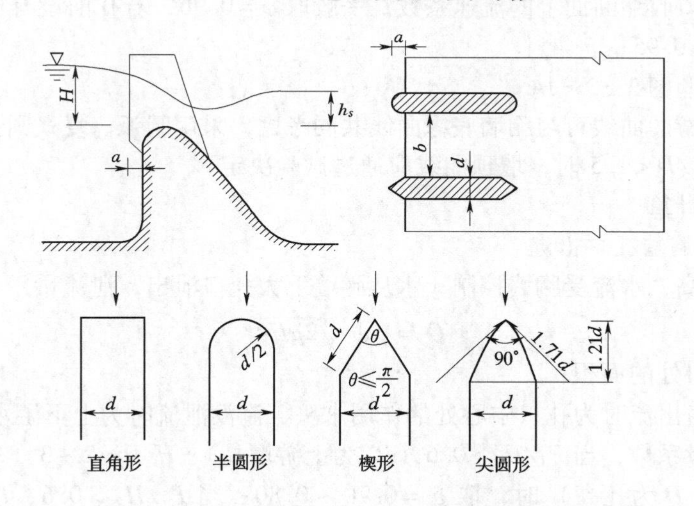

图 3-3-13　墩头形状及形状系数取值示意图

表 3-3-8　　闸墩形状系数 ξ_0

墩头形状	$h_s/H_0<0.75$			$h_s/H_0>0.75$			
	a/H_0			h_s/H_0			
	1	0.5	0	0.75	0.80	0.85	0.90
直角形	0.20	0.40	0.80	0.80	0.86	0.92	0.98
半圆形	0.15	0.30	0.45	0.45	0.51	0.57	0.63
楔　形	0.15	0.30	0.45	0.45	0.51	0.57	0.63
尖圆形	0.10	0.15	0.25	0.25	0.32	0.39	0.46

第三节　带胸墙的实用堰

在满足泄洪要求下，为了减少堰高，可将堰顶高程定得较低，同时又考虑挡水闸门高度不宜过大，常可设置胸墙挡水，形成有胸墙的溢流堰，如图3-3-14所示。

一、堰顶曲线

设有胸墙的溢流堰的堰顶曲线，当校核洪水情况下最大作用水头 H_{max}（孔口中心线至水库校核洪水位的距离）与孔口高 D 的比值 $H_{max}/D>1.5$ 时，或在设计水位情况下，闸门全开仍属孔口泄流时，即可按下式计算：

$$y=\frac{x^2}{4\varphi^2H_d} \qquad (3-3-8)$$

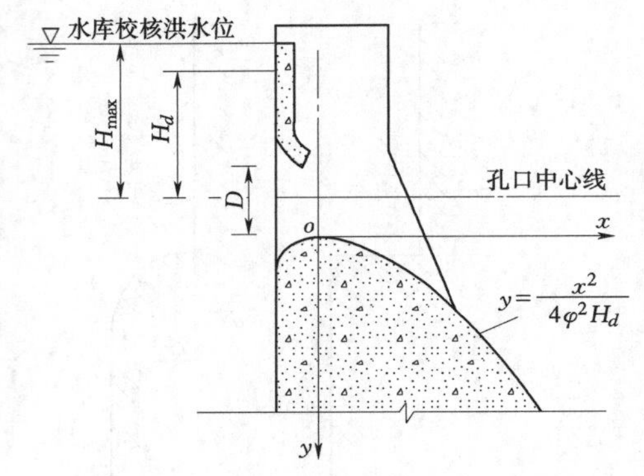

图3-3-14 有胸墙的溢流堰

式中 H_d——定型设计水头，一般取 $H_d=(0.56\sim0.77)H_{max}$；

φ——孔口收缩断面上的流速系数，一般取 $\varphi=0.96$，若孔前设有检修闸门槽时取 $\varphi=0.95$；

其余符号参照图3-3-14。

坐标原点上游的曲线可与胸墙底缘曲线共同考虑，采用圆弧、复式圆弧或椭圆曲线。当 $1.2<H_{max}/D<1.5$ 时，堰顶曲线应通过试验决定。

二、泄流量计算

1. 闸门全开胸墙孔口出流

当库水位较高，水流受胸墙控制，水从胸墙下大孔口泄出，泄流量用下式计算：

$$Q=\mu\omega\sqrt{2gH_z} \qquad (3-3-9)$$

式中 ω——出口处的面积；

H_z——自由出流时为孔口中心处的作用水头，淹没泄流时为上下游水位差；

μ——流量系数，当 $P_1/H_d>0.6$（P_1 为上游堰高）、$H/D=2\sim3$（H 为堰顶以上水头，D 为孔高）时，取 $\mu=0.70\sim0.80$；当 $P_1/H_d>0.6$、$H/D=1.5\sim2.0$ 时，取 $\mu=0.60\sim0.70$[7]。

2. 闸门局部开启时

闸门局部开启控制时，流量系数可按第四章式（3-4-6）、式（3-4-7）计算。

第四节 折线型低堰[8]

一、堰型

折线型实用堰，一般有图3-3-15所示的三种型式，但通常是将上游堰顶角修圆而成图3-3-15中的Ⅲ型断面。

二、流量系数

梯形断面堰流量系数，一般介于宽顶堰与曲线型实用堰之间，其值约为0.33～0.46，并随相对堰顶厚度（δ/H）、相对堰高（P_1/H）和前后坡的不同而异；表3-3-9、表3-3-10的数值，可作为初步估算用。

1. Ⅰ型折线实用堰流量系数

2. Ⅱ型折线实用堰流量系数

当上游坡为 1∶0.5 时，其流量系数可采用Ⅰ型相应断面的流量系数加大2%。

3. Ⅲ型折线实用堰流量系数

具体数值可参照表 3-3-10 选用。

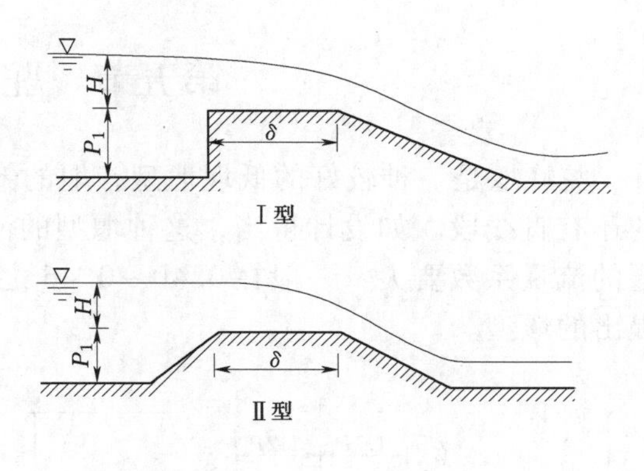

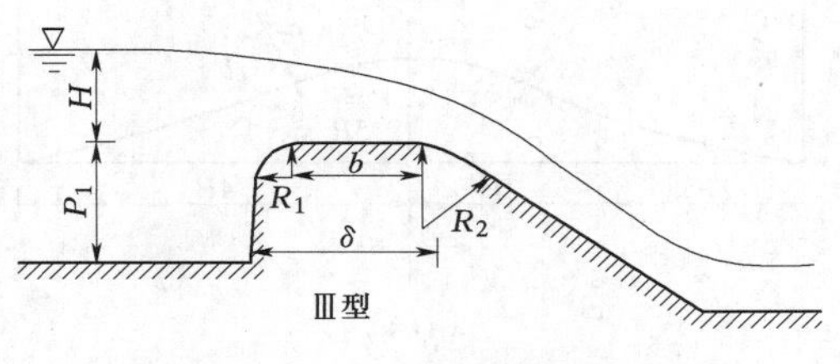

图 3-3-15 拆线型低堰

三、淹没界限及淹没系数

淹没界限与堰面形状、堰顶前缘形状、堰上游坡及堰顶相对厚度 δ/H 等因素有关。

1. Ⅲ型折线实用堰

当 $\delta=(0.5\sim0.7)H$，其淹没界限可近似采用曲线型实用堰的界限，利用式（3-3-6）和表 3-3-6、表 3-3-7 的淹没系数。

当 $\delta=(2.5\sim2.7)H$，堰顶水平段长度 $b\approx2.5H_d$ 时，其淹没界限可近似采用宽顶堰的淹没界限（即 $h_s/H\geqslant0.8$），利用表 3-2-8 的宽顶堰淹没系数。

表 3-3-9　　Ⅰ型折线实用堰流量系数

下游坡	P_1/H	δ/H			
		2.0	1.0	0.75	0.5
1∶1	2~3	0.33	0.37	0.42	0.46
1∶2	2~3	0.33	0.36	0.40	0.42
1∶3	0.5~2.0	0.34	0.36	0.40	0.42
1∶5	0.5~2.0	0.34	0.35	0.37	0.38
1∶10	0.5~2.0	0.34	0.35	0.36	0.36

表 3-3-10　　Ⅲ型折线实用堰流量系数

下游坡	P_1/H	δ/H			
		2.0	1.0	0.75	0.5
1∶1	2~3	0.347	0.388	0.441	0.488
1∶2	2~3	0.347	0.378	0.420	0.441
1∶3	0.5~2	0.357	0.378	0.420	0.441
1∶5	0.5~2	0.357	0.368	0.388	0.400
1∶10	0.5~2	0.357	0.368	0.378	0.378

2. Ⅰ、Ⅱ型折线实用堰的淹没界限

当 $\delta/H=2.5\sim10$ 时，采用宽顶堰淹没界限；

当 $\delta/H\approx0.67$ 时，采用曲线型实用堰淹没界限；

当 $\delta/H=0.67\sim2.5$ 时，其淹没界限介于宽顶堰与曲线型实用堰之间。

第五节 驼 峰 堰

驼峰堰是一种较好的低堰堰型，堰的剖面一般由 2 ~ 3 段圆弧组成，圆弧之间有的还有直线段。如设计得当，这种堰型的流量系数比同等高度的克—奥型非真空实用堰的流量系数要大，一般在 0.40 ~ 0.46 之间。图 3 - 3 - 16 为广东省水利科学研究所提出的堰型。

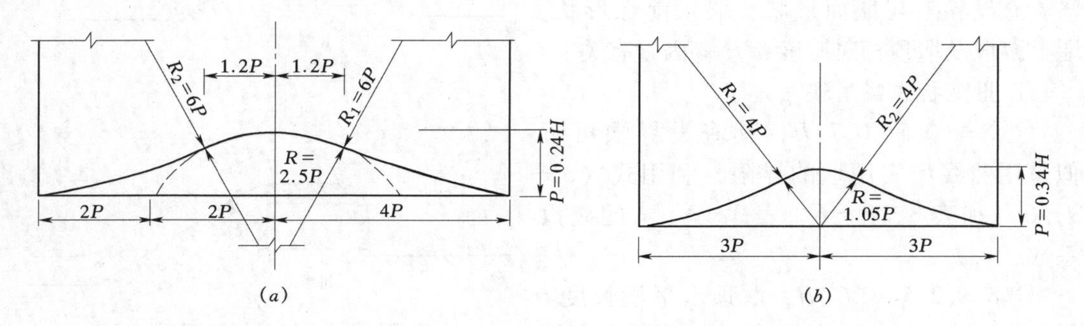

图 3 - 3 - 16 驼峰堰型示意图

在堰高 $P<3$m 低堰的情况下，流量系数按以下各式计算：

(1) 图 3 - 3 - 16 (a) 型：

$$\frac{P}{H}\leqslant 0.24\text{ 时，}\qquad m_0=0.385+0.171(P/H)^{0.657}\qquad(3-3-10)$$

$$\frac{P}{H}>0.24\text{ 时，}\qquad m_0=0.414(P/H)^{-0.0652}\qquad(3-3-11)$$

(2) 图 3 - 3 - 16 (b) 型：

$$\frac{P}{H}\leqslant 0.34\text{ 时，}\qquad m_0=0.385+0.224(P/H)^{0.934}\qquad(3-3-12)$$

$$\frac{P}{H}>0.34\text{ 时，}\qquad m_0=0.452(P/H)^{-0.032}\qquad(3-3-13)$$

式中 H——堰前水头；

P——堰高；

m_0——流量系数（不包括侧收缩影响）。

第六节 侧 堰

由于分洪或引水需要，沿主流旁侧岸边（如河岸、渠堤）设分水口形成侧堰，如图 3 - 3 - 17 (a) 所示。当主流为缓流时，沿分水口口门水面呈壅水状态，如图 3 - 3 - 17 (b) 所示；当主流为急流时，沿口门水面呈降水状态，如图 3 - 3 - 17 (c) 所示。因河渠水流多为缓流，以下将给出主流为缓流时的侧堰计算。

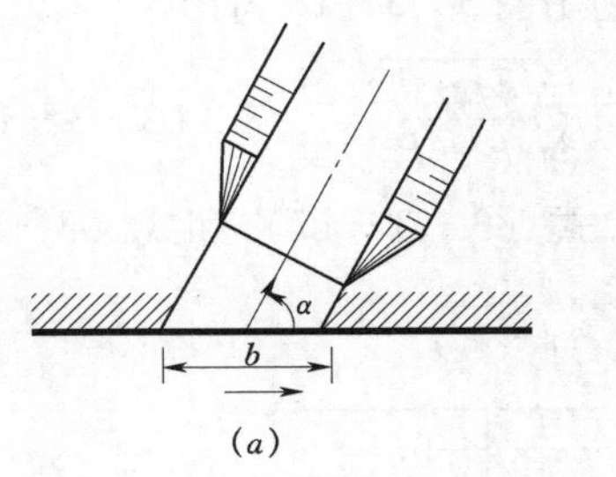

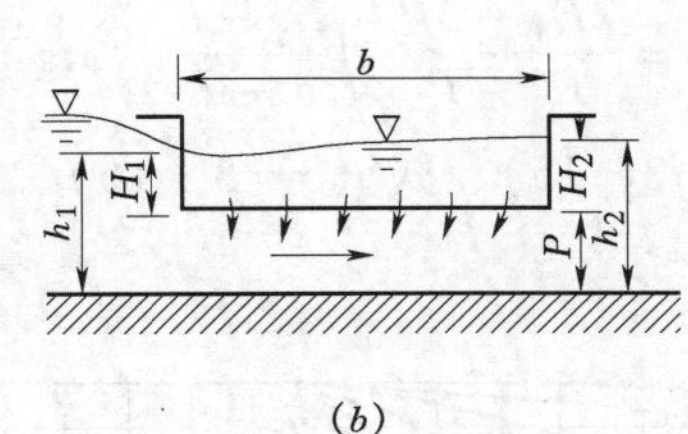

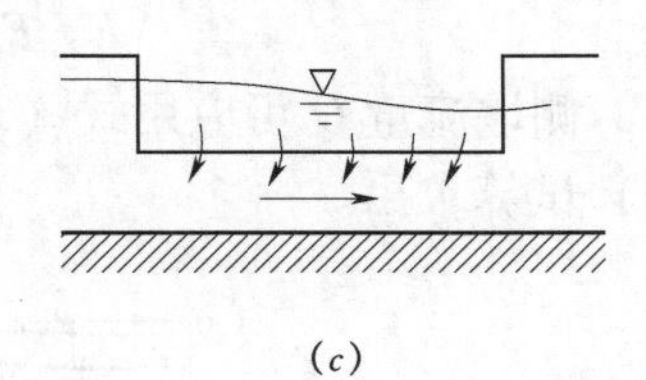

图 3－3－17　侧堰

(a) 侧堰；(b) 缓流状态；(c) 急流状态

一、分水角为锐角时的侧堰水力计算

泄流量可由下式计算[9]

$$Q = m\left(1 - \frac{v_1}{\sqrt{gh_1}}\sin\alpha\right)b\sqrt{2g}H_1^{3/2} \tag{3-3-14}$$

式中　Q——侧堰流量；

m——一般正堰的流量系数，其选取或计算见本篇第二、第三章；

v_1、h_1、H_1——侧堰首端河渠断面的平均流速、水深和堰顶水头。

α、b 的意义见图 3－3－17 所示。

忽略变量流沿程的能量损失，并设为平底坡，侧堰首末端河渠断面间能量方程为

$$h_1 + \frac{v_1^2}{2g} = h_2 + \frac{v_2^2}{2g} \tag{3-3-15}$$

流量关系为

$$Q_1 = Q + Q_2 \tag{3-3-16}$$

式中　Q_1、Q_2——侧堰首末端河渠的流量；

v_2、h_2——侧堰末端河渠断面上的平均流速、水深。

利用式 (3－3－14)、式 (3－3－15) 和式 (3－3－16) 联立，可求出侧堰泄流量 Q。

二、分水角为直角时的侧堰水力计算

假设变量流的断面单位能量 E_S 沿程不变，可有下列关系式[10,11]：

$$Q = Cb\sqrt{2g}\overline{H}^{3/2} \tag{3-3-17}$$

$$b = \frac{B}{C}\left[F\left(\frac{h_2}{E_{s2}},\frac{P}{E_{s2}}\right) - F\left(\frac{h_1}{E_{s1}},\frac{P}{E_{s1}}\right)\right] \tag{3-3-18}$$

$$E_S = h + v^2/2g$$

式中　$\overline{H}$——H_1 和 H_2 的平均值，H_1 和 H_2 见图 3－3－17；

B、b——河渠宽度和侧堰堰宽；

E_S——断面单位能量；

h、v——变量流断面的水深和流速；

C——流量系数，可取 $C=0.95m$，m 为正堰流量系数；

P——堰高，见图 3－3－17；

F——h/E_S 和 P/E_S 的函数，由式（3-3-19）或利用图3-3-18得出。

$$F\left(\frac{h}{E_S},\frac{P}{E_S}\right)=\frac{2E_S-3P}{E_S-P}\sqrt{\frac{E_S-h}{h-P}}-3\mathrm{tg}^{-1}\sqrt{\frac{E_S-h}{h-P}} \tag{3-3-19}$$

侧堰流量 Q 可应用式（3-3-15）、式（3-3-16）、式（3-3-17）和式（3-3-18）试算求出。

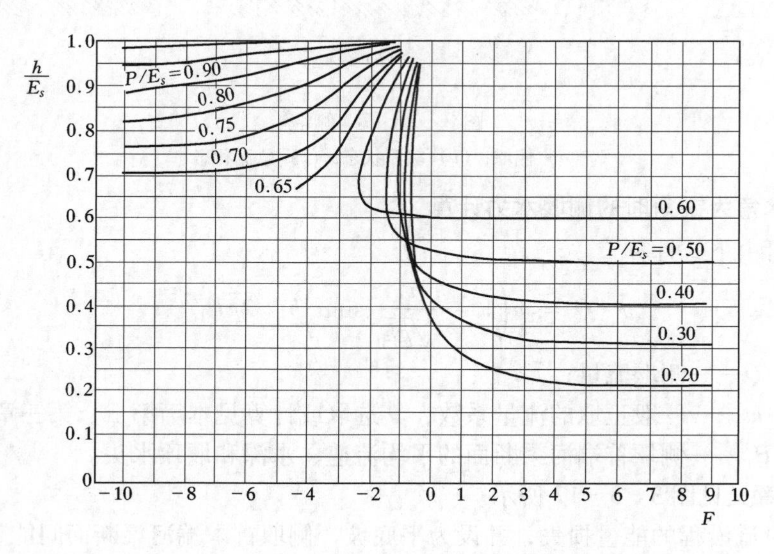

图3-3-18 函数 F—h/E_S 关系图

第四章　闸　孔　出　流

第一节　闸孔自由和淹没出流的界限

当闸门下游发生淹没水跃，下游水位影响闸孔的泄流能力时称为淹没出流，如图3-4-1（*a*）所示。如果水跃远离闸门，即使下游水位高于闸孔开启高度，仍是自由出流，如图3-4-1（*b*）所示。其判别界限是：

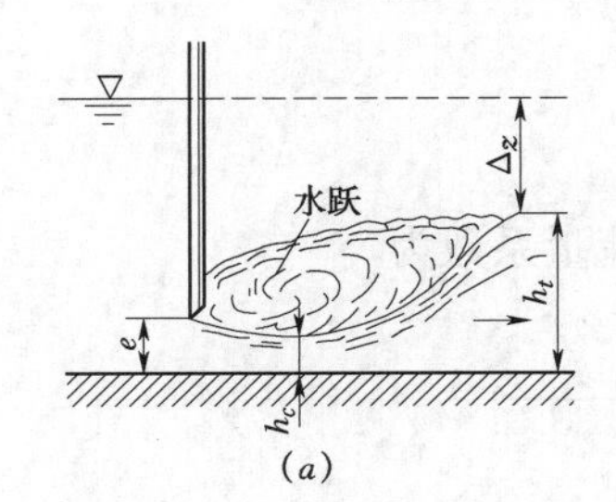

（*a*）

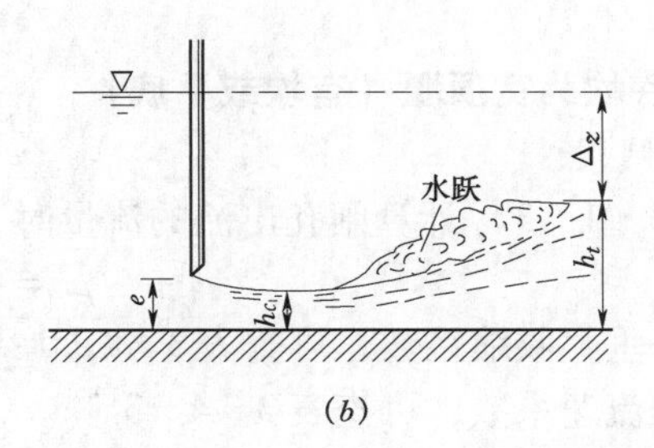

（*b*）

图3-4-1　闸孔出流示意图
（*a*）淹没出流；（*b*）自由出流

自由出流：$$h''_c \geqslant h_t$$

淹没出流：$$h''_c < h_t$$

式中　h_t——从闸室坎顶起算的下游水深；

h_c——收缩断面水深，简称收缩水深；

h''_c——收缩水深的共轭水深。

收缩水深 h_c 用下式计算：

$$h_c = \varepsilon e \tag{3-4-1}$$

式中　e——闸门开启高度；

ε——垂直收缩系数。

对于平板闸门，ε 与相对开度 e/H 有关，其值列于表3-4-1[12]。

表3-4-1　平板闸门垂直收缩系数 ε

闸门相对开度（e/H）	0.10	0.15	0.20	0.25	0.30	0.35	0.40	0.45	0.50	0.55	0.60	0.65
ε	0.615	0.618	0.620	0.622	0.625	0.630	0.630	0.638	0.645	0.650	0.660	0.675

表3-4-2　弧形闸门垂直收缩系数 ε

θ（°）	35	40	45	50	55	60	65	70	75	80	85	90
ε	0.789	0.766	0.742	0.720	0.698	0.678	0.662	0.646	0.635	0.627	0.622	0.620

对于弧形闸门，垂直收缩系数主要取决于弧形闸门底缘的切线和水平线的夹角 θ，如图3-4-2。ε 的数值见表3-4-2[13]。

夹角 θ 用下式计算：

$$\cos\theta = \frac{C-e}{R} \tag{3-4-2}$$

式中 C——弧形门转轴与闸门关闭时落点的高差；

R——弧形门的半径。

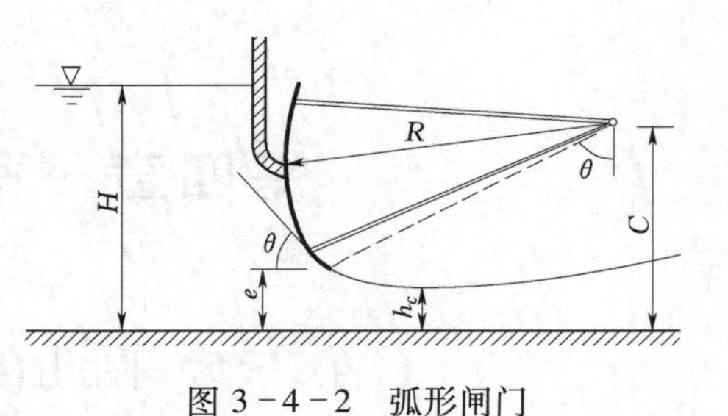

图3-4-2 弧形闸门

第二节 闸孔自由出流的流量系数

一、闸底坎为宽顶堰（有坎或平底）

1. 平板闸门

用式（3-1-3）计算闸孔出流的流量时，其流量系数为

$$\mu = \varepsilon\varphi \tag{3-4-3}$$

式中 ε——垂直收缩系数，可查表3-4-1；

φ——流速系数，可查表3-4-3[14]。

表3-4-3 流速系数 φ 值

闸门孔口型式	图形	φ
闸底板与引水渠道底齐平，无坎		0.95~1.00
闸底板高于引水渠底，有平顶坎		0.85~0.95
无坎跌水处		0.97~1.00

用式（3-1-4）计算闸孔出流的流量时，其流量系数为[15]

$$\mu_0 = 0.60 - 0.18\frac{e}{H} \tag{3-4-4}$$

应用范围：$0.1<\frac{e}{H}<0.65$。

2. 弧形闸门

用式（3-1-4）计算闸孔出流的流量，其流量系数为[15]

$$\mu_0 = \left(0.97 - 0.81\frac{\theta}{180°}\right) - \left(0.56 - 0.81\frac{\theta}{180°}\right)\frac{e}{H} \qquad (3-4-5)$$

应用范围：$25° < \theta \leqslant 90°$，$0.1 < \frac{e}{H} < 0.65$。

二、闸底坎为曲线型实用堰

1. 平板闸门

用式（3－1－4）计算闸孔出流的流量，其流量系数为[15]

$$\mu_0 = 0.745 - 0.274\frac{e}{H} \qquad (3-4-6)$$

应用范围：$0.1 < \frac{e}{H} < 0.75$。

2. 弧形闸门

用式（3－1－4）计算闸孔出流的流量，其流量系数为[15]

$$\mu_0 = 0.685 - 0.19\frac{e}{H} \qquad (3-4-7)$$

应用范围：$0.1 < \frac{e}{H} < 0.75$。

第三节　闸孔出流的淹没系数

对于闸底坎为宽顶堰（包括平底）的淹没出流，淹没系数 σ_s 可查图 3－4－3[15]。

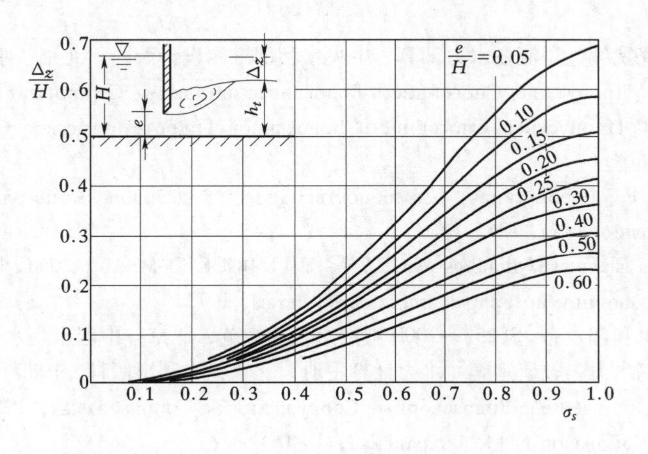

图 3－4－3　淹没系数 σ_s

对于闸底坎为实用堰（见图 3－4－4）的淹没出流，其淹没系数 σ_s 可按下列公式计算

$$\sigma_s = \sqrt{\frac{1 - \frac{h}{H}}{1 - \beta\frac{e}{H}}} \qquad (3-4-8)$$

式中 β——堰顶急变流断面势能改正系数；

h——紧靠闸门出口处的堰顶水深。

$$\mu_0 = \varphi\sqrt{1-\beta\frac{e}{H}} \qquad (3-4-9)$$

可求出β，式中μ_0用式（3－4－6）或式（3－4－7）计算，流速系数$\varphi=0.85\sim0.95$。

比值h/H由下式计算：

$$\frac{h}{H} = -\frac{B}{2}+\sqrt{\frac{B^2}{4}-C} \qquad (3-4-10)$$

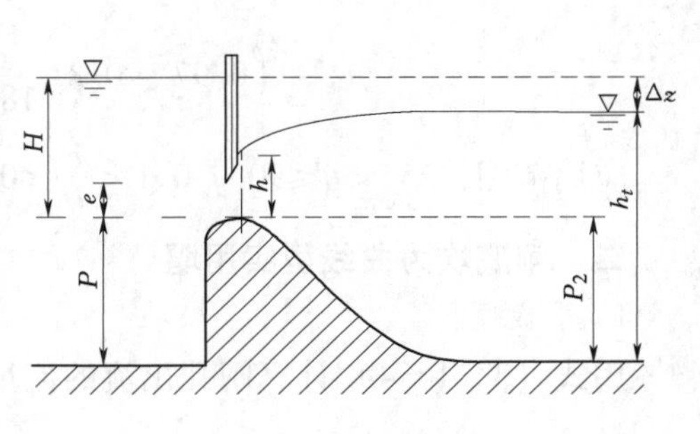

图3－4－4 底坎为实用堰的淹没出流

其中，

$$B = \frac{P_2}{H}-4\varphi^2\frac{e}{H}\left(1+\frac{e}{h_t}\right) \qquad (3-4-11)$$

$$C = \frac{P_2}{H}\frac{h_t}{H}-\left(\frac{h_t}{H}\right)^2+4\varphi^2\frac{e}{H}\left(1-\frac{e}{h_t}\right) \qquad (3-4-12)$$

将式（3－4－11）和式（3－4－12）代入式（3－4－10）求出h/H，继将β和h/H代入式（3－4－8），求出淹没系数σ_s。

参 考 文 献

1 全苏水利科学研究院编．溢流堰水力计算．中央水利部勘测设计院译．北京：水利出版社，1956

2 Береэинский А Р. Пропускная Способность Водосливас широким. Стройизаат, 1950

3 Береэинский А Р. Пропускная Способность Водосливов Гидротехни-ческое Строительство. No.3, 1951

4 Береэинский А Р. Пропускная СпособностьНиэких Водсливов Крив-олинейного Профиля. Гиэротехникаи Мелиорация, 1965

5 Chow Ven-Te. Open Channel Hydraulics McGRAW－HILL BOOK COMPANY，INC. 1959

6 Киселев П Г. Справочник по Гидравлическим Расчетам, 1972

7 中华人民共和国水利部发布．SL253—2000 溢洪道设计规范，北京：中国水利水电出版社，2000

8 武汉水利电力学院水力学教研室编．水力计算手册．北京：水利出版社，1980

9 Чавтораев А И. Облегченные Водозаьорные Сооружения на Торных Реках, 1958

10 Макавеев В М. Коновалов И М. Гидравлика, 1940

11 椿东一郎．水理学（Ⅰ）．1973

12 茹可夫斯基．论文全集（卷Ⅲ）．1936

13 清华大学水力学教研组编．水力学（下册）．北京：高等教育出版社，1965

14 Павловский Н Н. Собрание Сочинений（Ⅰ）, 1955

15 武汉水利电力学院水力学教研室．闸孔出流水力特性的研究．武汉水利电力学院学报，1974（1）

第四篇

泄水建筑物下游消能防冲的水力计算

经泄水建筑物下泄的水流往往具有很高的流速，单位重量水体所具有的能量也比下游河道中水流的能量大得多，对下游河床具有明显的破坏能力。特别是为了节省建筑物的造价，常要求这类建筑物的泄水宽度比原河床窄，致使下泄水流单宽流量大，能量集中，破坏性也更大。因此，必须采取相应的消能措施，消除下泄水流的巨大能量，方能保证下游河床和泄水建筑物本身的安全。

第一章 水 跃[28]

经泄水建筑物下泄的水流是一种高能急流，而下游河道多为缓流，急流到缓流必然发生水跃。因水跃具有消能特性，利用可控制的水跃来消能，是水利枢纽工程中最常见的消能方式。

第一节 矩形断面棱柱体渠槽中的水跃

一、平底矩形断面渠槽水跃基本公式

1. 共轭水深公式

如图 4－1－1 所示

$$\frac{h''}{h'} = \frac{1}{2}(\sqrt{1+8Fr_1^2}-1) \tag{4-1-1}$$

或

$$\frac{h''}{h'} = \frac{1}{2}(\sqrt{1+8\frac{q^2}{gh'^3}}-1) \tag{4-1-2}$$

2. 水跃消能量

$$\Delta E = \frac{(h''-h')^3}{4h'h''} \tag{4-1-3}$$

式中 h''——跃后断面的水深；

h'——跃前断面的水深；

Fr_1——跃前断面水流的弗劳德数，即 $Fr_1=\frac{v_1}{\sqrt{gh'}}$；

v_1——跃前断面水流的平均流速；

q——单宽流量。

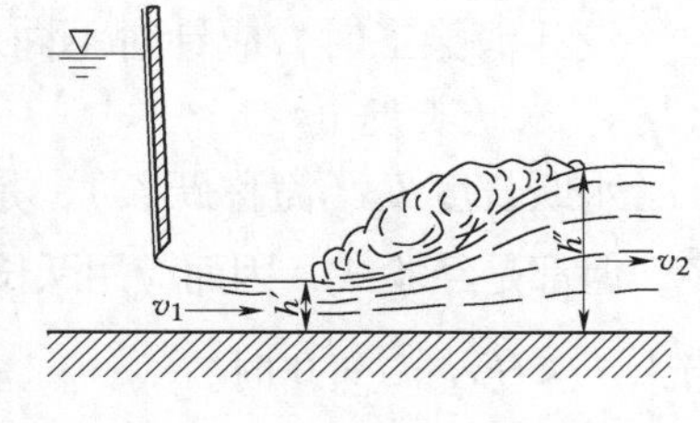

图 4－1－1 矩形断面渠槽水跃

3. 水跃分类和水流特性

（1）按水跃是否受障碍物作用可分为：

1）自由水跃。水流不受障碍物作用，自由地从急流过渡到缓流形成的水跃。

2）强迫水跃。利用障碍物迫使水流形成的水跃。

（2）按水跃形状可分为：

1）波状水跃，如图 4－1－2（a）所示。发生于 $1.0<Fr_1\leqslant1.7$。水面呈波状，波高向下游衰减，这种水跃消能率很低。

2）弱水跃，如图 4－1－2（b）所示。发生于 $1.7>Fr_1\leqslant2.5$。水跃表面有一系列的小旋涡，跃高小，下游水面较平静，消能率低，一般 $\Delta E/E_1<20\%$（E_1 为跃前断面的单位能量，ΔE 是单位重水流通过水跃的能耗）。

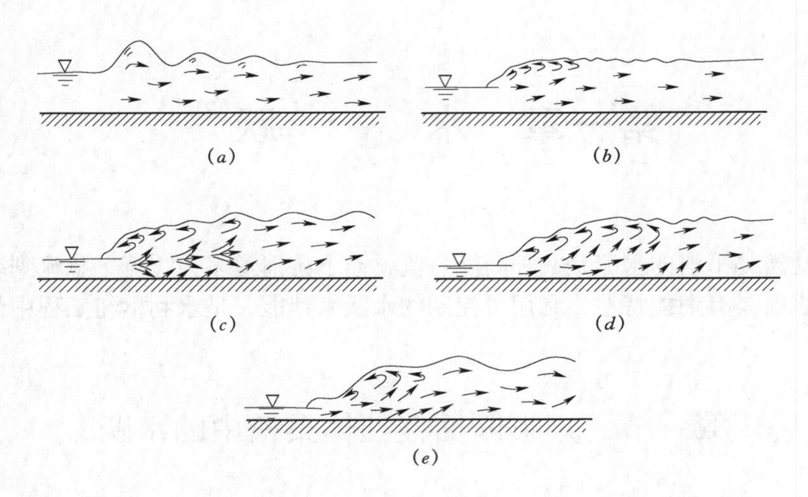

图 4-1-2 水跃类型

(a) $1.0<Fr_1\leqslant1.7$；(b) $1.7<Fr_1\leqslant2.5$；(c) $2.5<Fr_1\leqslant4.5$；(d) $4.5<Fr_1\leqslant9.0$；(e) $Fr_1>9.0$

3）颤动水跃，如图4-1-2（c）所示。发生于$2.5<Fr_1\leqslant4.5$。由于较高流速的底流间歇地向水面窜升，使水面产生大的波浪，并向下游传播，从而引起岸坡的冲刷，消能率可达$\Delta E/E_1=20\%\sim45\%$。

4）稳定水跃，如图4-1-2（d）所示。发生于$4.5<Fr_1\leqslant9.0$。水跃保持十分稳定的均衡状态，下游水面比较平静，消能率可达$\Delta E/E_1=45\%\sim70\%$。这是底流消能较为理想的一种水跃。

5）强水跃，如图4-1-2（e）所示。发生于$Fr_1>9.0$。这种水跃流态汹涌，水面有波浪，消能率可达$\Delta E/E_1=85\%$。

设计消能工时，应针对不同水跃的特征采取相应的措施。

4. 水跃长度

水跃长度L_j（简称跃长），是指跃前断面与跃后断面之间的距离。计算跃长的公式很多，但都是经验式，因而应用跃长公式时应注意其应用条件。根据大量的试验资料[33]整理得

$$\left.\begin{aligned}&\text{当}1.7<Fr_1\leqslant9.0\text{时，}\quad L_j/h'=9.5(Fr_1-1)\\&\text{当}9.0<Fr_1<16\text{时，}\quad L_j/h'=8.4(Fr_1-9)+76\end{aligned}\right\}\tag{4-1-4}$$

5. 护坦上的脉动压力

在水跃段由于水流强烈的紊动，作用于护坦上的脉动压力可按式（4-1-5）估算：

$$p_m=\pm\alpha_m\frac{1}{2}\rho v^2\tag{4-1-5}$$

式中 p_m——脉动压强，沿法线方向作用于护坦表面，当进行消能池底板设计时，该力的方向应作为向上来计算；

ρ——水密度；

v——计算断面上平均流速；

α_m——脉动压力系数，根据水流缓急程度分别取0.05～0.10。

二、矩形断面正坡渠槽的自由水跃

1. 水跃全部在正坡上

如图4-1-3所示，水跃全部在正坡上时，有以下几种情况。

（1）共轭水深关系式：

$$\frac{h''}{h'} = \frac{1}{2}\left(\sqrt{1+8G^2}-1\right) \tag{4-1-6}$$

$$G = \frac{Fr_1}{\sqrt{\cos\theta - \dfrac{kL_{js}\sin\theta}{h''-h'}}} \tag{4-1-7}$$

式中 Fr_1——跃前断面弗劳德数，$Fr_1 = v_1/\sqrt{gh'}$；

v_1——跃前断面平均流速；

L_{js}——水跃长度；

k——水跃形状系数，由试验确定。

通过对试验资料的整理，绘出以底坡 i 为参数的 h''/h' 和 Fr_1 关系曲线[35]（见图4-1-4），可确定 h''/h' 值。

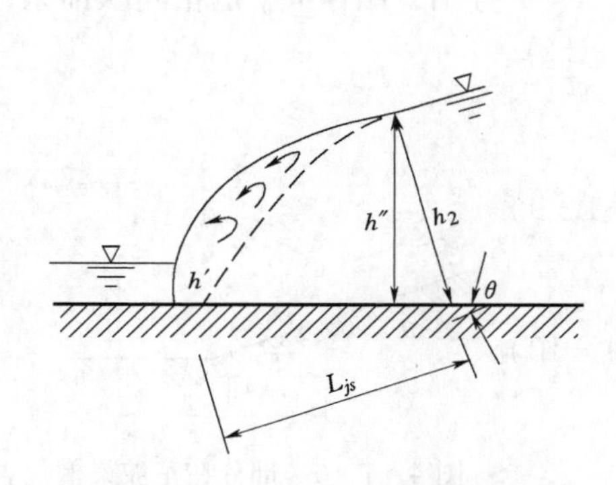

图4-1-3 全部在正坡渠槽上的水跃示意图

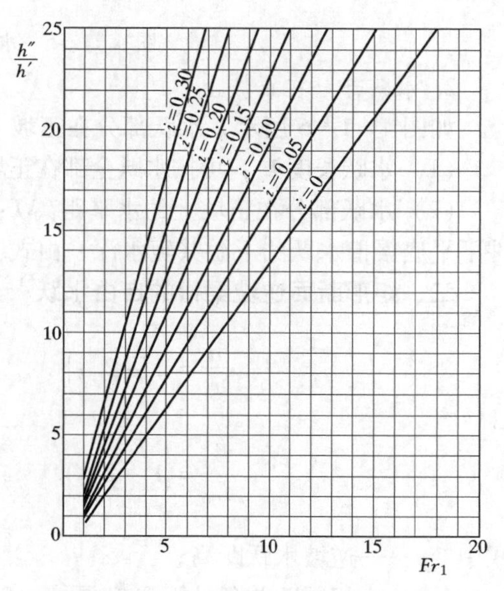

图4-1-4 h''/h'—Fr_1 关系曲线

（2）水跃长度的计算。根据试验资料，整理得跃长

$$L_{js} = L_{j0}(1+0.7i) \tag{4-1-8}$$

式中 L_{j0}——相同跃前条件（即 h' 和 Fr_1 相同）情况下的平底渠槽的水跃长度；

i——渠槽底坡，$i=\sin\theta$。

式（4-1-8）的适用范围：$i \leqslant 0.3$，$Fr_1 < 16$。

水跃长度 L_{js} 也可由图4-1-5[35]查出。

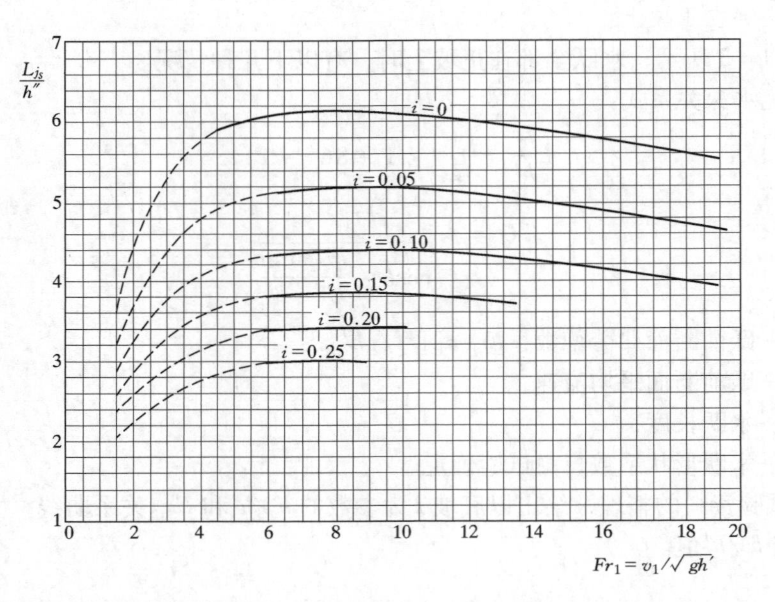

图 4-1-5 水跃长度 L_{js} 计算取值图

2. 水跃部分在正坡上

如图 4-1-6 所示，水跃部分在正坡上时，按以下情况考虑。

(1) 水跃长度 L_{js}：可按水跃全部在正坡上的情况计算。

(2) 水跃部分在正坡上的水平距离 L：可由图 4-1-7 查出，图中 h''_0 是相同跃前条件下平底渠槽水跃的下游共轭水深，由式 (4-1-1) 计算。

三、矩形断面逆坡渠槽的自由水跃[1]

$$\frac{a}{a_0}=1-2|i| \quad (4-1-9)$$

$$\frac{L_{jA}}{L_{j0}}=1-2|i| \quad (4-1-10)$$

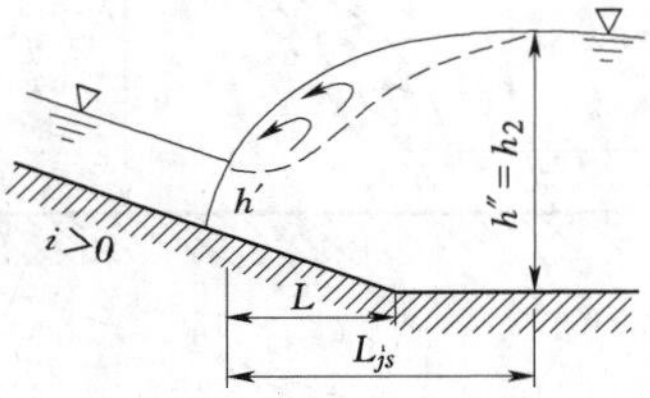

图 4-1-6 部分在正坡渠槽上的水跃示意图

式中 a——逆坡水跃跃高；

a_0——相同跃前条件下平底渠槽水跃跃高，$a_0=h''_0-h'_0$；

L_{jA}——逆坡渠槽水跃长度（见图 4-1-8）；

L_{j0}——相同跃前条件下平底渠槽水跃跃长。

式 (4-1-9) 和式 (4-1-10) 的适用范围：$|i|\leqslant 0.20$，$L_{jA}/h_k<30$，其中 h_k 是临界水深。

逆坡水跃跃后水深

$$h''=h'+a-L_{jA}\mathrm{tg}\theta \quad (4-1-11)$$

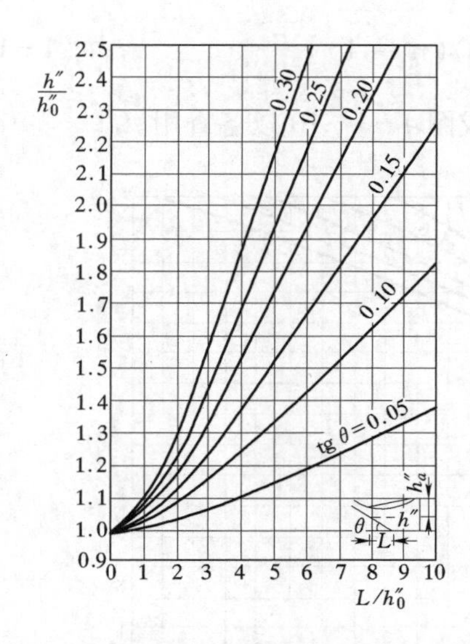

图 4-1-7　水跃部分在正坡渠槽上的平均长度 L 计算取值图

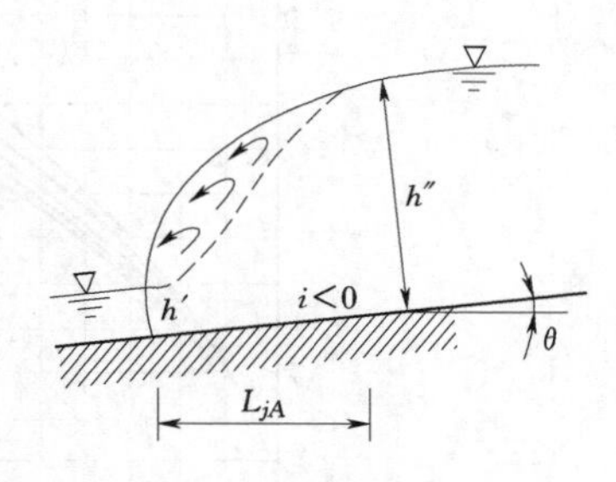

图 4-1-8　逆坡渠槽上水跃示意图

第二节　矩形断面扩散渠槽中的自由水跃

一、共轭水深的基本计算式

$$\left(\frac{\alpha_{01}q_1^2}{gh'}+\frac{h'^2}{2}\right)b_1=\left(\frac{\alpha_{02}q_2^2}{gh''}+\frac{h''^2}{2}\right)b_2-\frac{P_l}{\gamma} \tag{4-1-12}$$

式中　h''、h'——跃前和跃后水深；

b_1、b_2——跃前和跃后断面的宽度；

q_1、q_2——跃前和跃后断面的单宽流量；

α_{01}、α_{02}——跃前和跃后断面的动量修正系数；

P_l——侧墙反力沿扩散槽中线方向的分力。

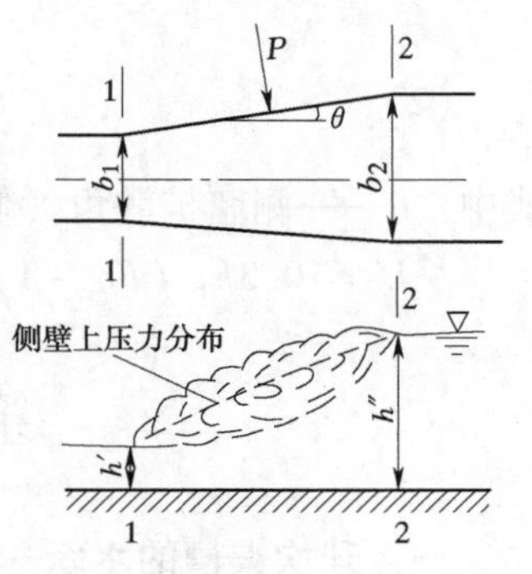

图 4-1-9　扩散渠槽中水跃示意图

如图 4-1-9 所示，侧墙反力与水跃表面轮廓形状有关。试验表明此轮廓形状近似为抛物线形，则由式（4-1-12）得

$$2Fr_1^2=\frac{\beta\eta}{\beta\eta-1}\left\{\beta\eta^2-1-(\beta-1)\left[1+\frac{2(\eta-1)}{n+1}+\frac{(\eta-1)^2}{2n+1}\right]\right\} \tag{4-1-13}$$

$$\beta=b_2/b_1\qquad\eta=h''/h'$$

式中　Fr_1——跃前断面的弗劳德数，$Fr_1=v_1/\sqrt{gh'}$；

n——抛物线的指数。

以指数 $n=1/2$ 和 $n=1$ 的抛物线进行计算所得结果与试验值比较吻合，又考虑到计算的简便，推荐采用 $n=1$，由式（4-1-13）得

$$4Fr_1^2 = \frac{\beta\eta}{\beta\eta - 1}[(1+\beta)(\eta^2 - 1)] \tag{4-1-14}$$

解式（4－1－14）仍需计算，为方便计，制成图4－1－10以备查用。

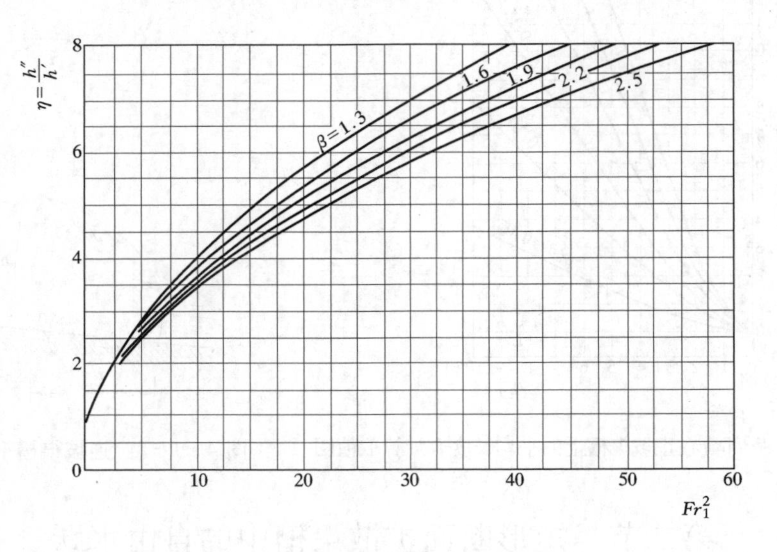

图4－1－10 Fr_1^2 计算取值图

二、跃长计算式

跃长计算公式如下：

（1）当 $3 < Fr_1^2 < 6$ 时 $L = (1 + 0.6Fr_1^2)h''$

当 $6 < Fr_1^2 < 17$ 时 $L = 4.6h''$ （4－1－15）

（2） $$L = \frac{b_1}{b_1 + 0.1L'\mathrm{tg}\theta} \tag{4-1-16}$$

式中 θ——侧墙扩散角（侧墙与池中心线的夹角），一般取 $\theta < 10°$；

$L' = 10.3h_1(Fr_1 - 1)^{0.81}$。

第三节 有坎渠槽的水跃

一、升坎渠槽的水跃

如图4－1－11所示，

$$\left(\frac{h_3}{h'}\right)^2 = 1 + 2Fr_1^2\left(1 - \frac{1}{h_3/h'}\right) + \frac{W}{h'}\left(\frac{W}{h'} - \sqrt{1 + 8Fr_1^2} + 1\right) \tag{4-1-17}$$

二、跌坎渠槽的水跃

如图4－1－12所示，跌坎渠槽水跃按以下几种情况进行计算。

（1）水跃前缘伸到梯坎以上，这时要考虑下游水位作用于梯坎背面的静水压力［见图4－1－12（a）］

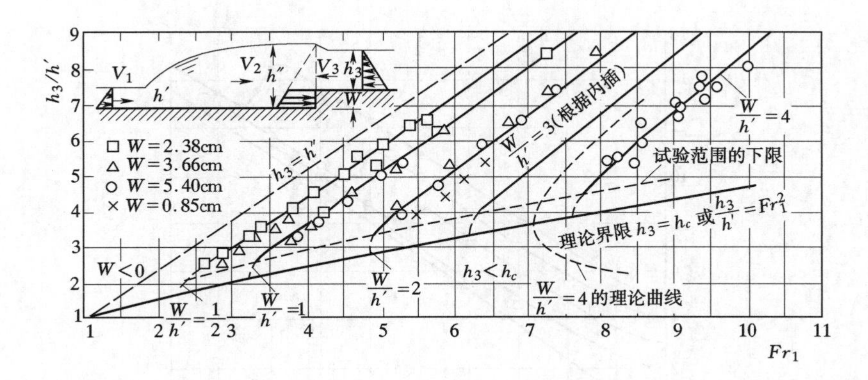

图 4－1－11 升坎渠槽的水跃计算取值图

$$Fr_1^2 = \frac{1}{2}\frac{h_3/h'}{(1-h_3/h')}\left[1-\left(\frac{h_3}{h'}-\frac{W}{h'}\right)^2\right] \tag{4-1-18}$$

（2）水跃前缘退到梯坎以下，这时要考虑上游水位作用在梯坎背面的静水压力［见图 4－1－12（b）］

$$Fr_1^2 = \frac{1}{2}\frac{h_3/h'}{(1-h_3/h')}\left[\left(\frac{W}{h'}+1\right)^2-\left(\frac{h_3}{h'}\right)^2\right] \tag{4-1-19}$$

式中 W——梯坎的高度；

h_3——下游水深。

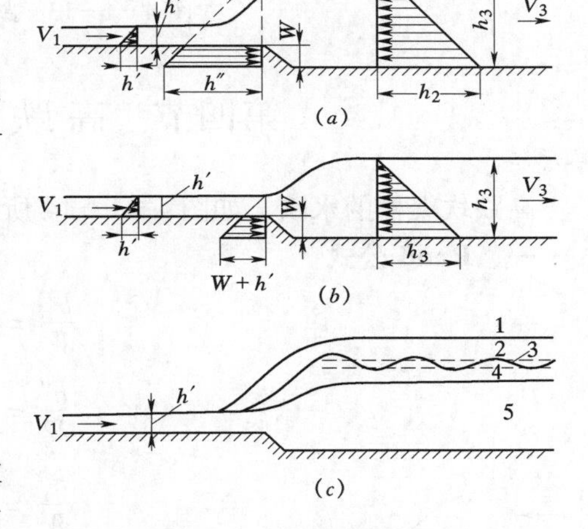

图 4－1－12 跌坎渠槽的水跃

当下游水深 h_3 比水跃的跃后水深 h'' 小或大时，在渠床上设置梯坎可将水跃稳定在指定的位置上。式（4－1－17）是 Forster 和 Skrinde 按图 4－1－11 的条件求得的。式（4－1－17）需用试算法求解，但如用图 4－1－11，对于已知的 h' 和 h_3，即可求出必须的梯坎高度 W。$h_3=h_{cr}$ 是 W 的理论界限值，虚线所表示的是实验界限值。

在图 4－1－11 上，试验值和理论值多少有些差别，可以认为，主要是由于将作用在梯坎上的压力假定为静水压力分布所引起的。另外，对于跨入上升梯坎形成的水跃，除静水压力外还须考虑作用于梯坎上的动水压力，这时可用图 4－1－13 强制水跃来说明。

式（4－1－18）和式（4－1－19）是图 4－1－12 所示的那种跌坎渠道水跃的公式，跨越这种跌坎而发生的水跃，在图 4－1－12（c）中的 2 或 4 的范围内是稳定的，在范围 3 内，将产生图中所示的波动水面，在范围 1 内，水跃向上游逆行，在范围 5 则向下游推移。2 的状态属于式（4－1－18）和图 4－1－12（a），4 的状态属于式（4－1－19）和图 4－1－12（b），可见水跃的稳定范围是很狭小的。对于某一给定的 W/h'，如 Fr_1 逐渐增加，则如图 4－1－13 所示，将发生 h_3/h' 值急剧变小的流态。直到过渡区的开始点 b 为止，是图 4－1－12 中的 2 的状态。c 点以后是 4 的状态。在 b 和 c 之间即为不稳定水跃。

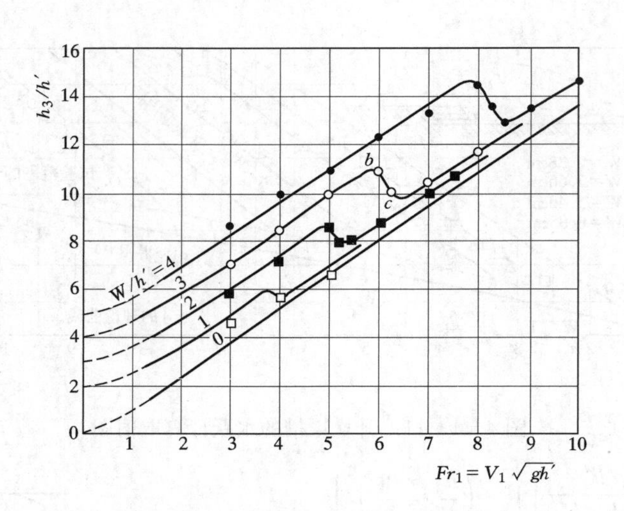

图 4-1-13 跌坎渠槽水跃变化状态

第四节 高跌坎渠槽的水跃[2]

高跌坎渠槽的水跃，如图 4-1-14 所示。

一、Rand 公式

$$\frac{h'}{W} = 0.54D^{0.425} \tag{4-1-20}$$

$$\frac{h''}{W} = 1.66D^{0.27} \tag{4-1-21}$$

$$\frac{h_s}{W} = 1.00D^{0.22} \tag{4-1-22}$$

$$\frac{L_d}{W} = 4.30D^{0.27} \tag{4-1-23}$$

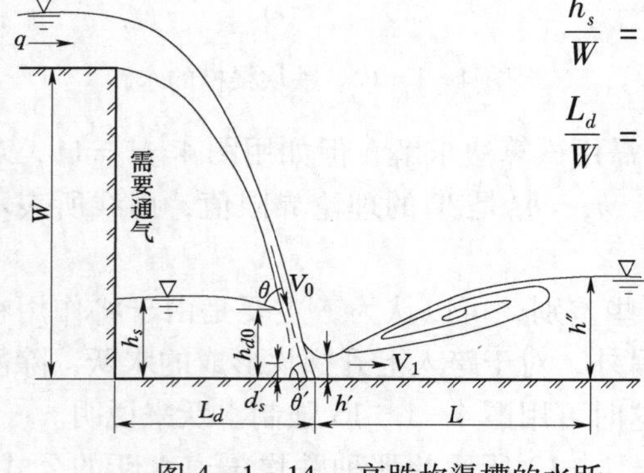

图 4-1-14 高跌坎渠槽的水跃

式中 D——跌落指数，$D = q^2/(gW^3)$；

q——单宽流量；

W——跌坎高；

L_d——挑水距离；

h_s——水舌着水点上游侧水深；

h'——着水点急流水深；

h''——对应的跃后水深。

二、White 公式

$$V_1 = \frac{V_0}{2}(1+\cos\theta) \tag{4-1-24}$$

$$h' = \frac{q}{V_1} = \frac{2q}{V_0(1+\cos\theta)} \tag{4-1-25}$$

$$\frac{h''}{h'}=\frac{1}{2}\left[\sqrt{1+\frac{V_0^3(1+\cos\theta)^3}{gq}}-1\right] \quad (4-1-26)$$

$$h_s=\sqrt{\frac{2V_0q}{g}(1-\cos\theta)+\frac{4q^2}{V_0^2(1+\cos\theta)^2}} \quad (4-1-27)$$

式中　V_0——跌水水舌射入水面前之流速；

θ——水舌射入水面的入射角；

V_1——对渠道床面的冲击流速（等于流向下游的出流流速）；

其他符号意义同前。

三、安芸公式

$$V_1=\frac{1}{1+\alpha}\sqrt{V_0^2+\frac{g(h_{d0}-d_s)^2}{q}\left[V_0\cos\theta+\frac{g(h_{d0}-d_s)^2}{4q}\right]} \quad (4-1-28)$$

式中　$\alpha=d_s/h'$，当 $x=\alpha+2/3$ 时，用下式求算：

$$x^3+\left[\frac{(B+C)}{C}-\frac{4}{3}\right]x-\left[\frac{2(B+C)}{3C}+\frac{A}{C}-\frac{16}{27}\right]=0 \quad (4-1-29)$$

$$A=\left\{\frac{V_0^2}{g}+\frac{(h_{d0}-d_s)^2}{q}\left[V_0\cos\theta+\frac{g(h_{d0}-d_s)^2}{4q}\right]\right\}(1-\cos\theta') \quad (4-1-30)$$

$$B=\left\{\frac{V_0^2}{g}+\frac{(h_{d0}-d_s)^2}{q}\left[V_0\cos\theta+\frac{g(h_{d0}-d_s)^2}{4q}\right]\right\}(1+\cos\theta') \quad (4-1-31)$$

$$C=h_{d0}=0.65\sqrt{\frac{2V_0q}{g}(1-\cos\theta)+\frac{4q^2}{V_0^2(1+\cos\theta)^2}} \quad (4-1-32)$$

$$\theta'=\cot^{-1}\left[\cot\theta+\frac{g(h_{d0}-d_s)^2}{2V_0q\sin\theta}\right] \quad (4-1-33)$$

式中　d_s——在冲击点逆流向上游的水流水深；

α——向下游出流的水深 h' 和 d_s 之比；

h_{d0}——水舌着水点实际有效水垫的水深；

θ'——水舌对渠道床面的冲击角。

在图4－1－14所示的高跌坎渠道中，由于自由下落的水舌冲击床面流向下游时，冲击点处水舌向上下游分流，故在水舌着水点的上游侧形成天然水垫。水垫水深在水流方向的静水压力，相当于沿着自由下落水舌形式的水道，例如沿溢流坝下游坝面下泄的水流改变成水平方向时作用于边界面上的力，即离心力在水平向的分力。由于水垫引起的水舌扩散，使流向下游水流的流速比沿水舌形成水道的流速要低很多。

式（4－1－20）～式（4－1－23）是Rand提出的经验公式，是按跌坎高度和流量给出无因次跌水指数 D，然后将跌水后水跃的水流形状作为 D 的函数来表示的。

式（4－1－24）～式（4－1－27）是White根据动量守恒定律导出的，但在推导式（4－1－24）时略去了上游侧因水垫水深所引起的静水压力。

式（4－1－28）～式（4－1－33）是安芸导出的，此式考虑了到达水垫面的水舌因水垫静水压力转向下游的特点。首先由式（4－1－32）求出水垫水深 h_{d0}；其次令 $d_s=0$，用式（4－1－30）和式（4－1－31）决定A和B，代入式（4－1－29）求出α。将α值代入式（4－1－28）算出V_1的第一近似值，再由V_1值和α值求出d_s，如此反复计算。通常经过大约三次计算，V_1即可收敛。

图4－1－15是安芸在试验条件为自由跌水高度3m、流量为0.5～2.5L/s时所得的试验结果。与Rand、White和安芸各公式计算结果进行比较，Rand公式得出的h''和h_s都比试验值要大，White则相反，给出的值偏小，安芸公式所得之值大体在二者之间。

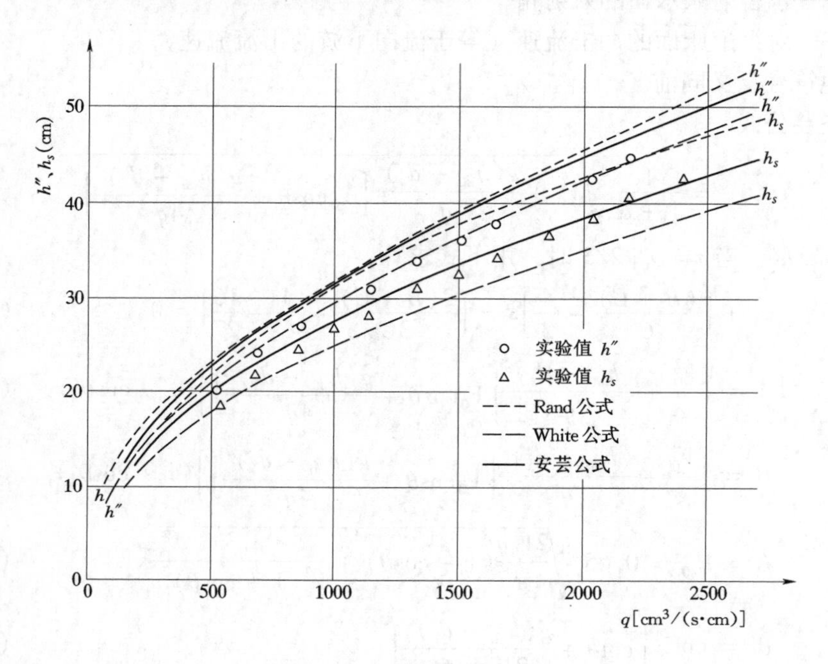

图4－1－15 各公式计算结果比较

第五节 强 制 水 跃[14]

一、用槛使水跃稳定（见图4－1－16）

岩崎公式：

$$\frac{W}{h'}=\frac{(1+2Fr_1^2)\sqrt{1+8Fr_1^2}-1-5Fr_1^2}{1+4Fr_1^2-\sqrt{1+8Fr_1^2}}-\frac{3}{2}Fr_1^{2/3} \qquad (4-1-34)$$

$$Fr_1=V_1/\sqrt{gh'}$$

式中 W——槛高；

Fr_1——跃前弗劳德数；

h'——跃前水深；

V_1——跃前流速。

二、用缓冲墩使水跃稳定（见图4－1－17）

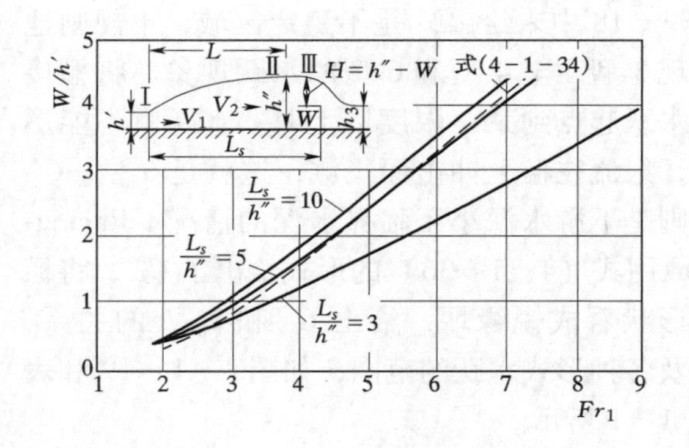

图 4−1−16 槛高 W 与 Fr_1 关系图

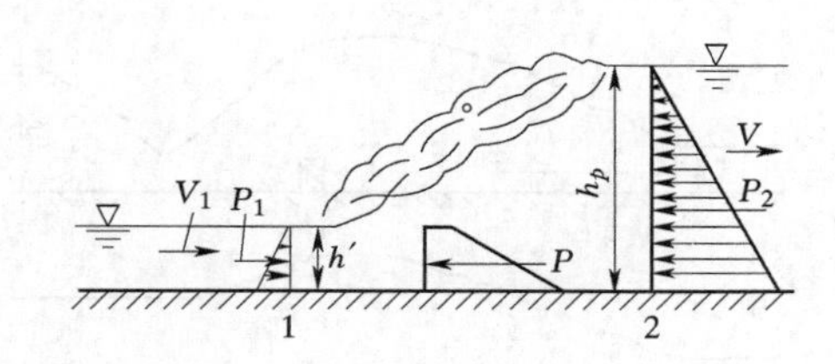

图 4−1−17 有缓冲墩水跃示意图

$$\frac{P/B}{\gamma\frac{h''}{2}}=1-\left(\frac{h_p}{h''}\right)^2-\left(\frac{h''}{h_p}-1\right)\frac{16Fr_1^2}{(\sqrt{1+8Fr_1^2}-1)^3} \tag{4-1-35}$$

$$P=C_b\gamma\frac{V^2}{2g}A \tag{4-1-36a}$$

$$P_1=C_b{}'\gamma\frac{V_1^2}{2g}A \tag{4-1-36b}$$

$$\frac{h_p}{h'}=\frac{1}{2}(\sqrt{1+4C_b+8Fr_1^2}-1) \tag{4-1-37}$$

式中 P——缓冲墩的阻力；

A——缓冲墩上游侧面积；

B——渠道宽；

h'、h''——水跃前后的水深；

Fr_1——水跃前弗劳德数；

h''——对于同样的 h' 和 Fr_1，无缓冲墩时的跃后水深；

C_b——阻力系数；

V——缓冲墩周围的流速；

V_1——跃前流速；

γ——水的单位容重；

g——重力加速度。

在水跃内部设置槛或缓冲墩来分担动水压力，以便减小水跃下游水深和缩短水跃长度，这是强制水跃的目的。跃后水深和流态将随槛或缓冲墩的形状及设置在水跃内部的位置而有各种不同的变化。Rajaratnam 将其分为图 4−1−18 所示的 6 种类型。1 型是槛高小而 x_0/L 较大的情况，水跃形状和通常的水跃无大差别。这里，x_0 是自水跃起点到槛的距离，L 为平底渠道的水跃长度。2 型是将槛高加高的情况，这时槛具有堰的作用；2* 型是自由溢流，2 型是淹没溢流。3 型是将槛向上游移动的情况，槛下游水面隆起，这时槛失去了堰的作用，在水面隆起的下游形成类似淹没水跃的水平旋滚。4 型是进一步减小 x_0/L 的情况，与 3 型类似，但水面隆起更大，槛上游水平旋滚的发展是不充分的。5 型（在图

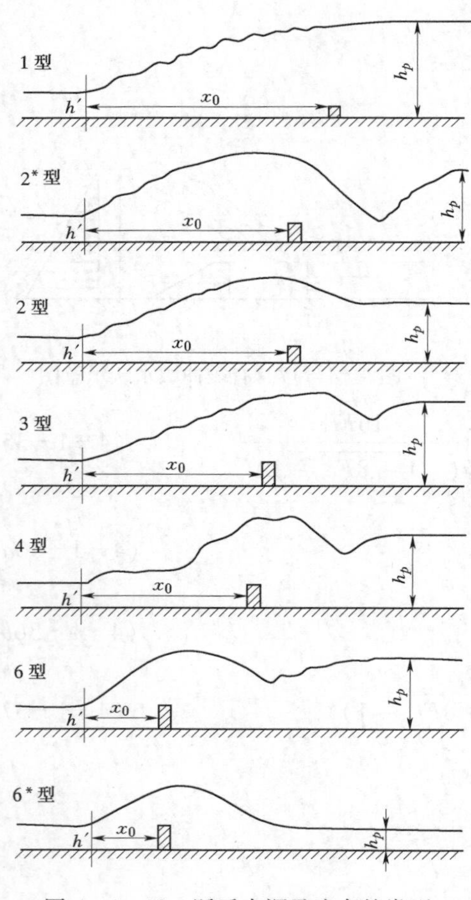

图 4-1-18 跃后水深及流态的类型

4-1-18 中未绘出）是不稳定区域，不规则地出现3 型乃至 4 型和 6 型的水跃现象。将槛接近水跃起点到某一限度以上时，水跃就不能形成，射流往槛上冲击而飞溅，这就是 6 型。6*型则是下游水深小于临界水深的情况。Rajaratnam 用式（4-1-36）的形式给出了 C_b'，将槛的形状看成锐缘堰，给出 C_b' 和 x_0/L 的关系，以及各种形式水跃的范围，如图 4-1-19 和表 4-1-1 所示。

式（4-1-34）是关于 2 型水跃的槛设置在水跃下游时所要求的槛高。此式是岩崎导出的，所依据的条件如图 4-1-16 所示，在 h' 和 h'' 之间建立式（4-1-1），略去断面Ⅱ和Ⅲ之间的能量损失，并将断面Ⅲ上的水深视为临界水深。就其水流状态来说，即使将槛向下游移动，水跃的状态也无大差别，如将槛向上游推进，将产生强制水跃的效果。图 4-1-16 是其试验曲线。

缓冲墩是设置在水跃内部的小砌块，其作用基本上和槛相同，但并无堰的作用。如由式（4-1-36）求出缓冲墩所受之力 P，则由式（4-1-35）得知 h_p/h''，即可求出下游水深减少的程度。对 C_b，可用图 4-1-19 所给之值作为粗略值。

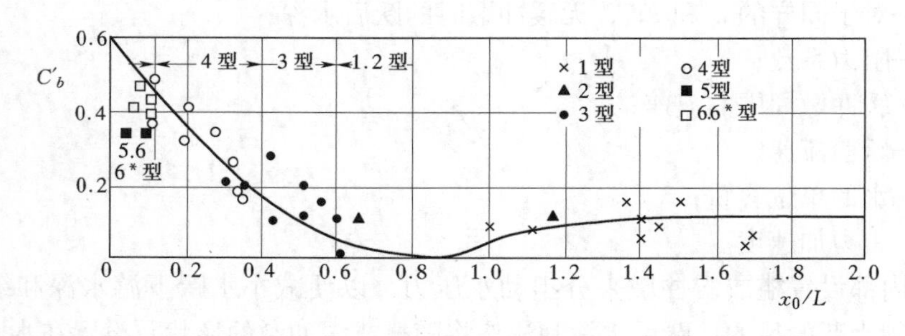

图 4-1-19 C'_b—x_0/L 关系图

表 4-1-1 C'_b—x_0/L 关系表

类型	槛的位置	阻力系数	类型	槛的位置	阻力系数
5，6，6*型	$0 \leqslant \frac{x_0}{L} < 0.12$	$0.46 < C'_b$	3 型	$0.4 < \frac{x_0}{L} < 0.6$	$0.05 < C'_b < 0.18$
4 型	$0.12 < \frac{x_0}{L} < 0.4$	$0.18 < C'_b < 0.46$	1，2，2*型	$0.6 < \frac{x_0}{L}$	$0.01 < C'_b < 0.12$

第六节　挑 水 坎 的 水 跃[19]

一、两种挑水坎

1. 实体式挑水坎

实体式挑水坎的设计图样及示意图，如图 4－1－20（*a*）和图 4－1－21 所示，其参数由图 4－1－22 和图 4－1－23 取得。

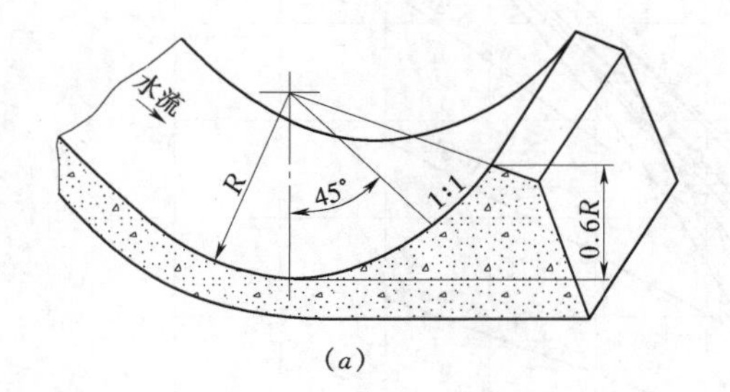

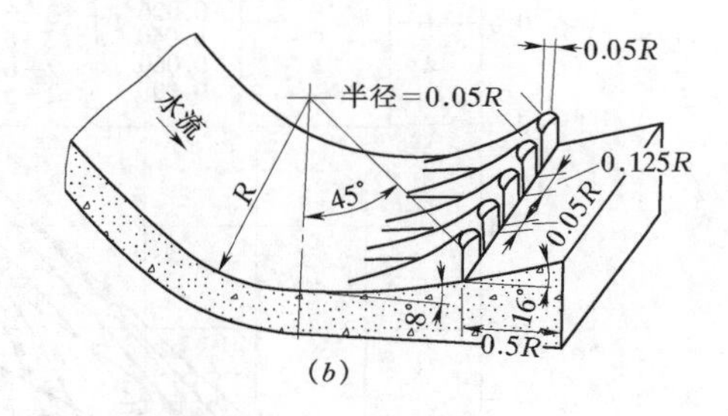

图 4－1－20　挑水坎
（*a*）实体式；（*b*）齿槛式

2. 齿槛式挑水坎

齿槛式挑水坎的设计图样及示意图如图 4－1－20（*b*）和图 4－1－21 所示，其参数由图 4－1－24 取得。

二、挑水坎水跃水力计算

如图 4－1－21 所示，在挑水坎所引起的水跃中，将形成坎前旋滚和底滚两种水平旋涡。由坎所引起的水跃可看成图 4－1－8 上的逆坡渠道的水跃。

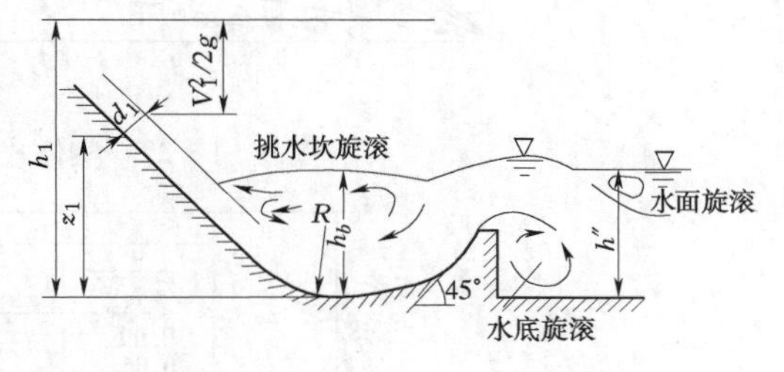

图 4－1－21　挑水坎水跃

图 4－1－22 和图 4－1－23 是 Mcpherson 和 Karr 根据挑水坎凸缘角度 45°以及坎底和下游床面的高度相等的条件给出的实体式挑水坎各要素的关系图。实体式挑水坎的水跃在下游水深的很大范围内都能存在，在 $h'/R=3\sim6$ 时，$h_b/h''=0.2\sim0.8$ 是消能工的适用范围，但由于 $h_b/h''=0.2$ 是水跃接近飞溅的界限，故为安全计，用 $h_b/h''=0.4$ 作为设计条件的下限。

设计时，根据已知的单宽流量 q 和总落差 h'，定出参数 $q/\sqrt{g}h'^{3/2}$，用图 4－1－22 求出相当于 $h_b/h''=0.4$ 时的 h'' 和 h_b。通过反复计算，使 h'' 与下游水深一致，以求出合适的坎底高度。

图 4－1－20（*b*）是将挑水坎凸缘做成齿型，称为齿槛式挑水坎。应用实体式挑水坎的消能工，当挑水坎下游是可冲刷的河床时，由于水底旋滚将砂砾带入坎内，因而可能出现对混凝土表面的磨损。为防止这种情况，并使坎下游水舌有效的扩散，就发展成为齿槛式挑水坎。齿槛式挑水坎的水跃状态比实体式挑水坎的要平静，且能更有效地进行消能，

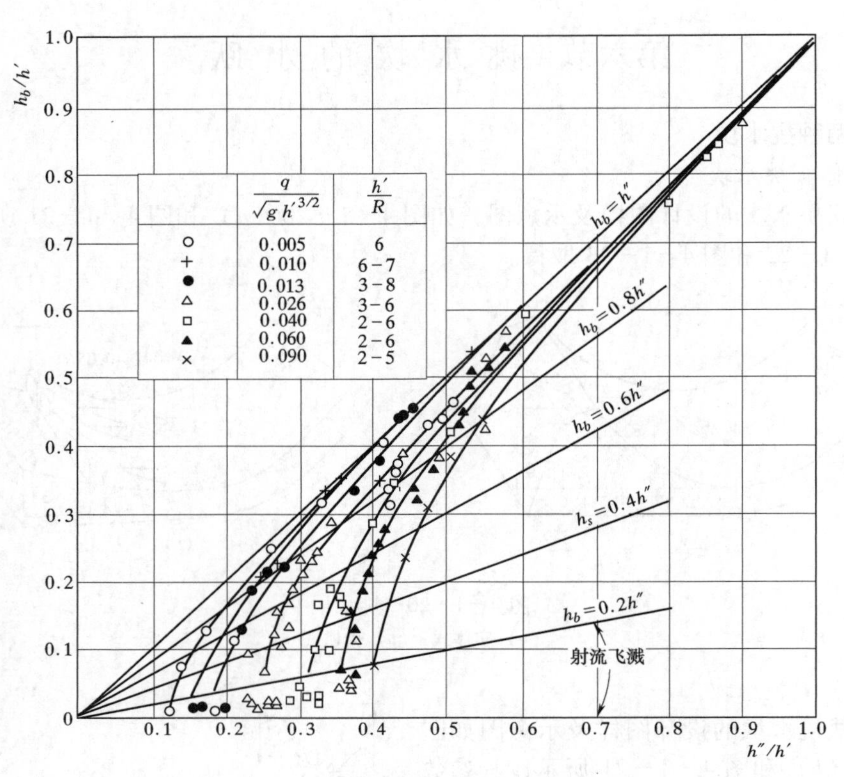

图 4－1－22　实体式水坎各要素关系（一）

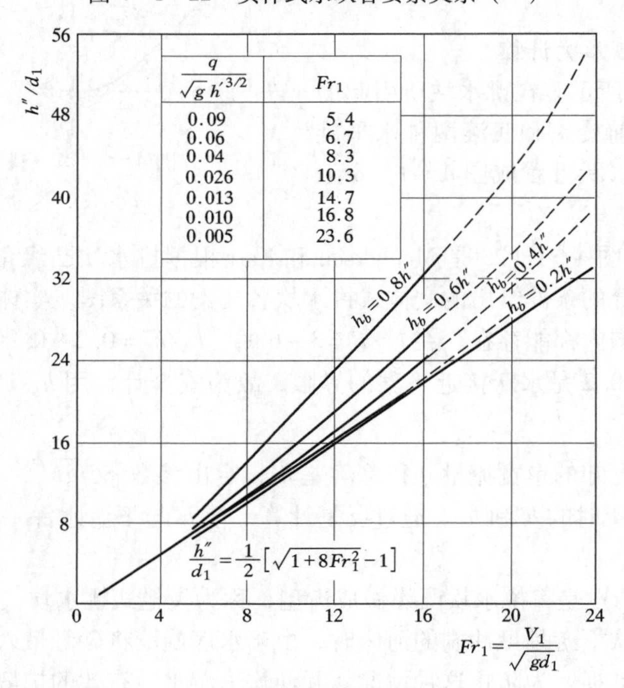

图 4－1－23　实体式水坎各要素关系（二）

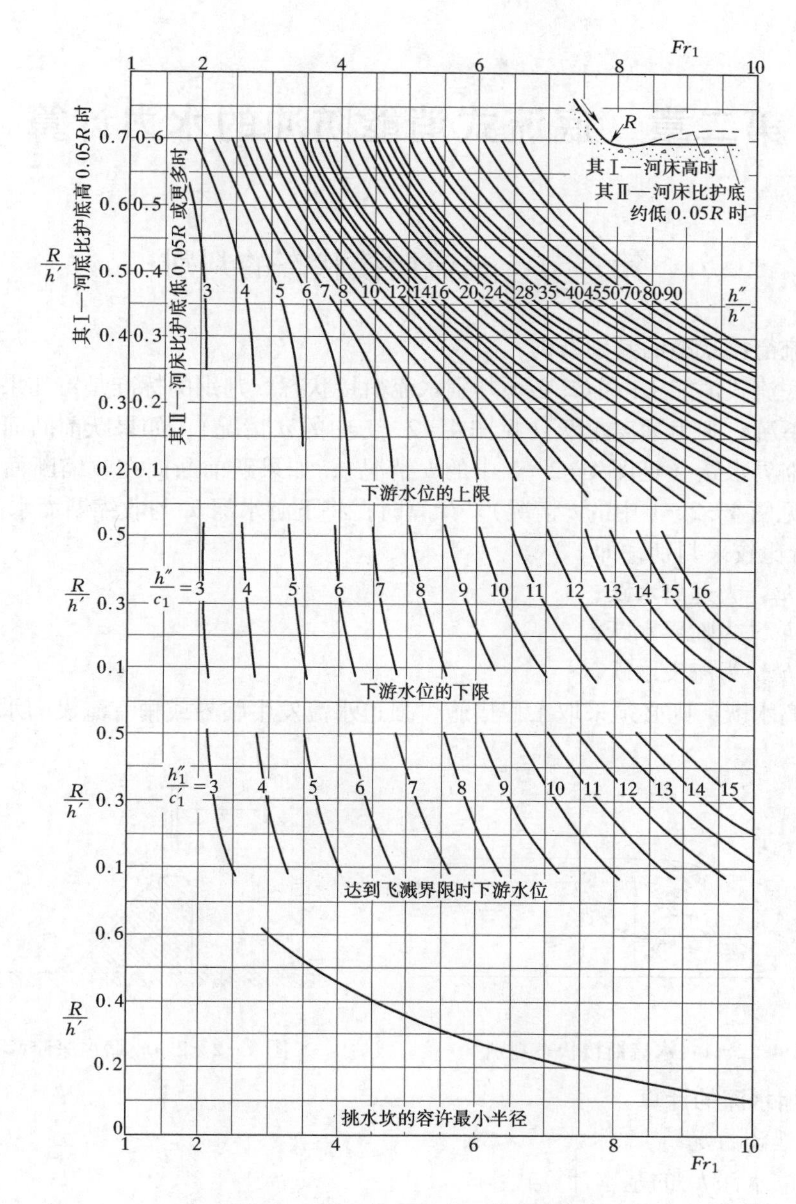

图 4-1-24 R/h'—Fr_1 关系图

但对下游水深的适应范围比实体式挑水坎的要小。美国垦务局在应用挑水坎消能工时，优先采用齿槛式挑水坎，只有在不能满足下游水位要求时，才采用实体式挑水坎。

第二章 底流式消能防冲的水力计算

第一节 水流衔接状态的判别

一、水流衔接状态的判别准则

在设计底流式消能工以前，必须判别水流衔接状态。判别的标准是：如果跃前断面在收缩断面的下游，则为远离水跃（见图4-2-1中的a情况）；如果跃前断面恰在收缩断面处，则为临界水跃（见图4-2-1中的b情况）；如果跃前断面在收缩断面上游，则为淹没水跃（见图4-2-1中的c情况）。计算时，将下游水深h_t与收缩断面水深h_c的共轭水深h''_c进行比较来判别，即

当$h''_c > h_t$，为远离水跃；

当$h''_c = h_t$，为临界水跃；

当$h''_c < h_t$，为淹没水跃。

若为远离水跃，则必须采取工程措施，强迫水流发生临界或稍有淹没的水跃。

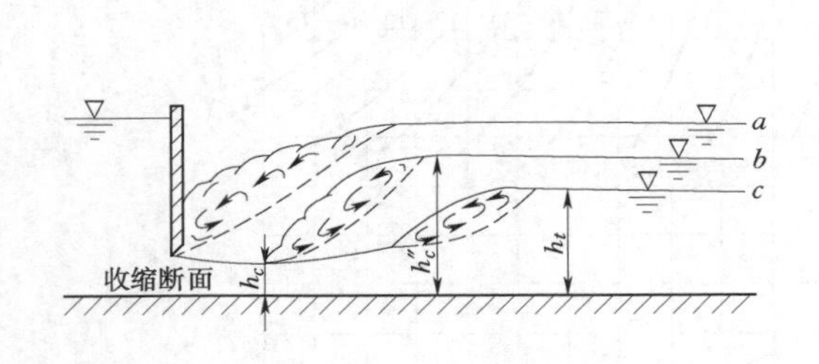

图4-2-1 水流衔接状态判别

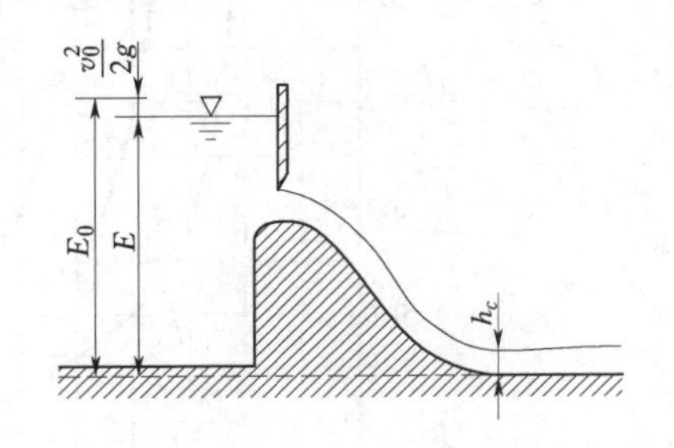

图4-2-2 收缩水深计算图

二、收缩水深的计算

1. 一般泄流情况

（1）收缩水深h_c的基本计算式：

$$E_0 = h_c + \frac{q^2}{2g\varphi^2 h_c^2} \tag{4-2-1}$$

式中 E_0——以下游河床为基准面的泄水建筑物上游总水头（见图4-2-2）；

q——收缩断面处的单宽流量；

g——重力加速度；

φ——流速系数（见下述）。

（2）流速系数φ。流速系数φ，由上游断面到收缩断面的沿程能量损失和局部损失所决定，能量损失愈大，流速系数愈小。

1）低堰情况的φ值可由表4-2-1选取。

2）高坝情况为

$$\varphi = \sqrt{1 - 0.1\frac{E^{1/2}}{q^{1/3}}} \tag{4-2-2}$$

式中　E——上游水位至坝趾的铅直距离，m；

q——单宽流量，$m^3/(s \cdot m)$。

3）在已知 E_0、q 和 φ 后，可由式（4-2-1）算出 h_c。为了简便，亦可由图4-2-3查出，图中 h_k 为临界水深。

2. 平底闸孔出流情况

计算收缩断面水深

$$h_c = \varepsilon e$$

其中垂直收缩系数 ε 由表3-4-1、表3-4-2查出。

表4-2-1　　φ 值

建筑物泄流方式	泄流图形及收缩断面位置	φ
低曲线型实用堰溢流	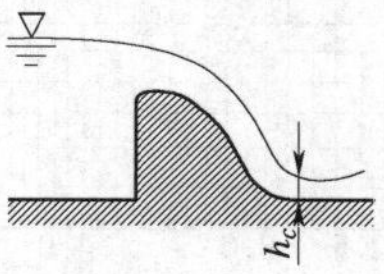 h_c	0.90~0.95（中小型建筑物）
低曲线型实用堰顶闸孔（或胸墙）出流	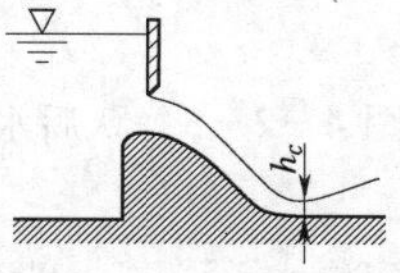 h_c	0.85~0.95
折线型实用堰及宽顶堰溢流	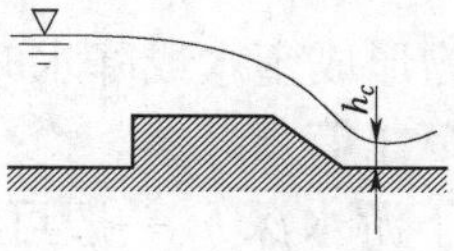 h_c	0.80~0.90
折线型实用堰及宽顶堰闸孔（或胸墙）出流	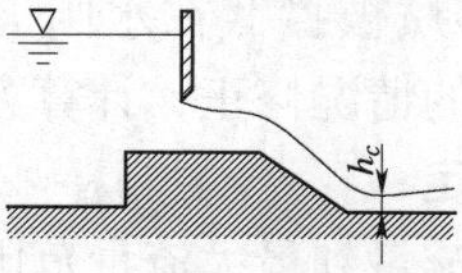 h_c	0.75~0.85

三、跃后水深和下游水深的确定

1. 跃后水深 h''_c

根据所采用的消能工形式，应用相应的水跃共轭水深计算公式。如采用矩形断面平底消能工，则应用式（4-1-1），即

$$h''_c = \frac{h_c}{2}\left(\sqrt{1 + 8Fr_c^2} - 1\right)$$

式中　Fr_c——收缩断面弗劳德数，$Fr_c = q/(h_c\sqrt{gh_c})$；

h_c——收缩断面水深；

q——收缩断面处单宽流量。

h''_c 也可由图 4－2－3 查取。

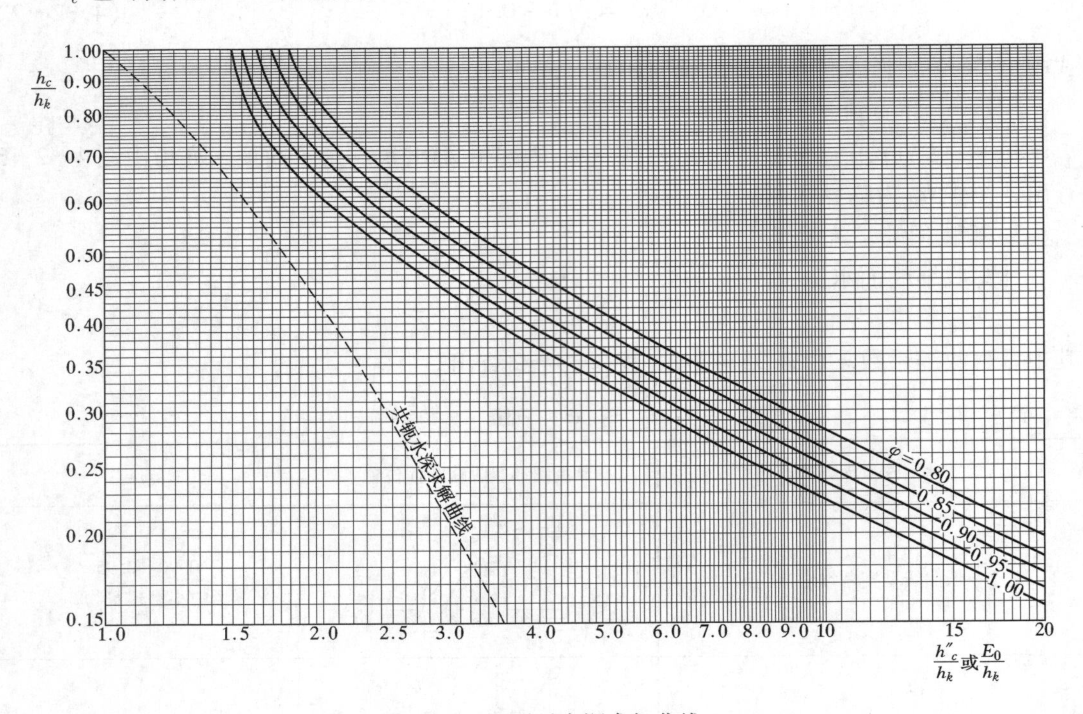

图 4－2－3 跃后水深求解曲线

2. 下游水深 h_t

（1）下游为渠道的情况。下游水深 h_t 一般等于渠道通过相应流量时的正常水深 h_0。若在水闸下游近处有其他建筑物形成壅水或降水时，则应按水面曲线推算至水闸，得出相应的下游水深 h_t，计算方法见第二篇。

（2）下游为河道的情况。下游水深 h_t 一般可根据下游河道水位与流量关系曲线确定。若修建水闸（或水库）后推移质被拦截在水闸上游，则下游河床将受清水冲刷而下切，水位流量关系曲线应按下切后的情况修正，计算方法见河流动力学有关书籍。

四、消能工设计流量的确定

将通过泄水建筑物的最小流量到最大流量范围内的各级流量，按前述方法计算相应的 h_c 和 h''_c，并定出相应的 h_t，则（$h''_c - h_t$）的最大值所对应的流量，即为消能工深度或高度的设计流量，消能工长度的设计流量为最大流量。

第二节 底流式消能工的水力计算

一、消能池的水力计算

以矩形断面平底消能池的水力计算为例。

从下游河床下挖一深度为 S，长度为 L_k 的消能池，并使水跃发生在池内，见图 4－2－4。

1. 消能池深 S 的计算

当确定了消能工的设计流量 Q 和相应的下游水深 h_t 后，就可以进行式（4－1－1）、式（4－2－1）、式（4－2－3）和式（4－2－4）的联解，以求出池深 S

$$\sigma h''_c = h_t + S + \Delta z \qquad (4-2-3)$$

式中　σ——安全系数，可取 $\sigma = 1.05 \sim 1.10$；

Δz——消能池出口水面落差，由式（4－2－4）计算：

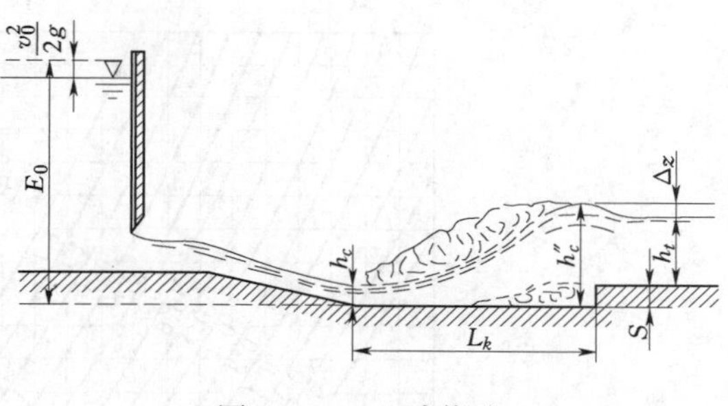

图 4－2－4　消能池

$$\Delta z = \frac{Q^2}{2gb^2}\left(\frac{1}{\varphi'h_t^2} - \frac{1}{\sigma^2 h''^2_c}\right) \qquad (4-2-4)$$

其中　b——消能池宽度；

φ'——消能池出流的流速系数，一般取 $\varphi' = 0.95$。

收缩水深 h_c 的共轭水深 h''_c 由式（4－1－1）计算，收缩水深 h_c 由式（4－2－1）计算，但此时必须注意式（4－2－1）中之 E_0 是以消能池底板为基准的泄水建筑物上游的总水头。

虽然由式（4－1－1）、式（4－2－1）、式（4－2－3）和式（4－2－4）四式联解，即可求出所需池深 S，但是需要进行试算。为简化计算，可由图 4－2－5 直接查出（作此图时已取定 $\sigma = 1.05$）。其用法见图中示例：由 E_c/h_k（h_k——临界水深）作纵坐标的平行线交于 φ 曲线上，从交点作横坐标的平行线；再由 h_t/h_k 作纵坐标平行线与之相交点，即得 $S/h_k = M$，则 $S = Mh_k$。

下面再介绍一种简便算法。首先以下式估算一池深 S_0：

$$S_0 = \sigma_0 h''_{c0} - h_t \qquad (4-2-5)$$

式中　h''_{c0}——以下游原河床高程（即 $S = 0$ 时）为基准算出的收缩断面的跃后水深；

h_t——下游水深；

$\sigma_0 = 1.0 \sim 1.05$。

然后检验池深 S_0 的安全程度，检验的方法是以式（4－2－6）计算安全系数 σ：

$$\sigma = \frac{S_0 + h_t}{h''_c} + \frac{q^2}{2gh''_c}\left[\frac{1}{(\varphi' h_t)^2} - \frac{1}{h''^2_c}\right] \qquad (4-2-6)$$

式中　h''_c——以消能池深 S_0 的池底为基准算出的收缩断面的跃后水深；

q——单宽流量；

φ'——流速系数，可取 0.95。

若计算结果在下述范围内：$1.0 < \sigma < 1.1$，则可选定 S_0 作为池深；否则，另取 σ_0 值估算 S_0，重复上述检验，直到满足为止。

2. 消能池长 L_k 的确定

计算公式

$$L_k = (0.7 \sim 0.8) L_j \qquad (4-2-7)$$

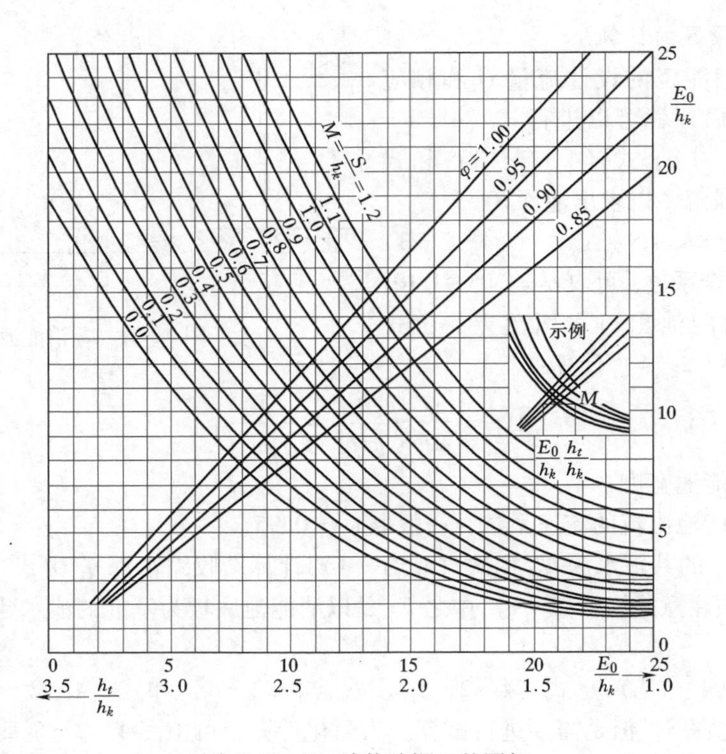

图 4-2-5 消能池深 S 的图解

式中 L_j——自由水跃的跃长，以池长设计流量计算，由第一章第一节相应公式算出。

二、消能坎的水力计算

以矩形断面平底消能坎为例。

在建筑物下游河床上修建一高度为 c 的实体坎，坎的上游面距下泄水流收缩断面的距离为 L_k，水跃在坎前发生，如图 4-2-6 所示。

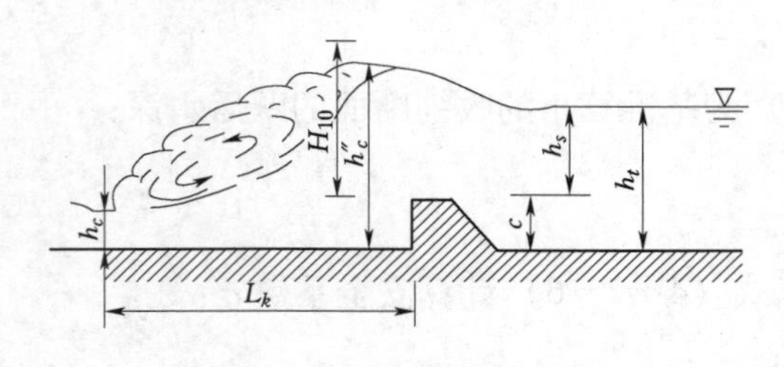

图 4-2-6 实体消能坎

1. 消能坎高 c 的计算

设计流量及下游水深 h_t，可根据本章第二节中所介绍的原则确定。

（1）过坎水流为自由溢流的情况。

判别准则：

$$\frac{h_S}{H_{10}}=\frac{h_t-c}{H_{10}}\leqslant 0.45 \quad \text{为自由溢流}$$

$$H_{10}=[Q/(mb\sqrt{2g})]^{2/3}$$

式中 h_S——由坎顶起算的下游水深；

b——消能坎的宽度；

m——过坎水流流量系数，可取 $m=0.42$。

坎高的计算：

先由式（4-2-1）算出 h_c：

$$E_0 = h_c + \frac{Q^2}{2g\varphi^2 b^2 h_c^2}$$

继由式（4-1-1）、式（4-2-8）两式依次算出 h''_c 和 c：

$$h''_c = \frac{h_c}{2}(\sqrt{1+8Fr_c^2}-1)$$

$$c = \sigma h''_c + \frac{Q^2}{2gb^2(\sigma h''_c)^2} - \left(\frac{Q}{mb\sqrt{2g}}\right)^{2/3} \tag{4-2-8}$$

式中　σ——安全系数，一般取 $\sigma = 1.05 \sim 1.10$。

坎高算出后，需判断坎下游水流衔接流态，判断方法与本章第一节介绍的相同，但 $E_{10} = c + H_{10} = c + [Q/(mb\sqrt{2g})]^{2/3}$，$\varphi = 0.90$。若出现远离水跃，则需建第二级消能坎。第二级消能坎计算方法与上面的计算方法相同。

（2）过坎水流为淹没溢流的情况。

判别准则：

$$\frac{h_S}{H_{10}} = \frac{h_t - c}{H_{10}} > 0.45 \quad 为淹没出流$$

坎高 c 可由式（4-2-1）、式（4-1-1）和式（4-2-9）联立用试算得出。

$$c = \sigma h''_c + \frac{Q^2}{2gb^2(\sigma h'_c)^2} - \left(\frac{Q}{\sigma_S mb\sqrt{2g}}\right)^{2/3} \tag{4-2-9}$$

式中　σ——安全系数，一般取 $\sigma = 1.05 \sim 1.10$；

m——过坎水流的流量系数，$m = 0.42$；

σ_S——坎的淹没系数，由表4-2-2[1]查出。

表4-2-2　σ_S 值

h_S/H_{10}	≤0.45	0.50	0.55	0.60	0.65	0.70	0.72
σ_S	1.00	0.990	0.985	0.975	0.960	0.940	0.930
h_S/H_{10}	0.74	0.76	0.78	0.80	0.82	0.84	0.86
σ_S	0.915	0.900	0.885	0.865	0.845	0.815	0.785
h_S/H_{10}	0.88	0.90	0.92	0.95	1.00		
σ_S	0.750	0.710	0.651	0.535	0.000		

（3）以下介绍一种简化方法，其步骤如下。

1）由已知单宽流量 q，算出临界水深 h_k；由已知下游水深 h_k，算出 h_t/h_k。

2）由已知河床为基准的泄水建筑物上游总水头 E_0，算出 E_0/h_k；再用已知的流速系数 φ 查图4-2-3得 h''_c/h_k；计算：

$$\eta = \sigma\frac{h''_c}{h_k} + \frac{1}{2}\times\frac{1}{\left(\frac{\sigma h''_c}{h_k}\right)^2} \tag{4-2-10}$$

式中 σ 取1.05～1.10。

3）计算：

$$\eta' = \eta - \frac{h_t}{h_k} \tag{4-2-11}$$

由 η' 查图4-2-7得 β。

4）所求坎高：

$$c = h_c(\eta - \beta) \tag{4-2-12}$$

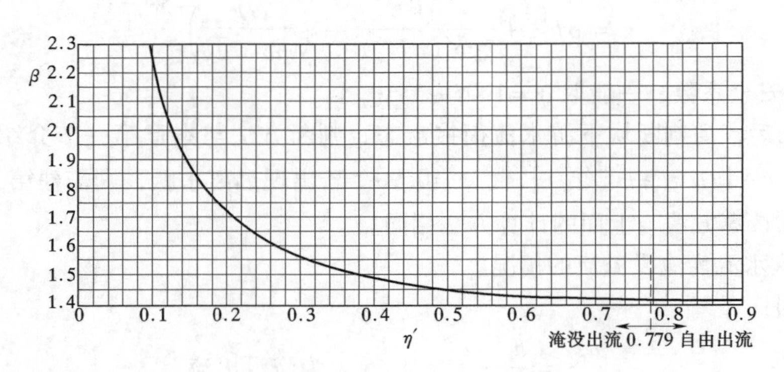

图4-2-7 η'—β 关系图

2. 池长 L_k 的计算

池长 L_k 的计算方法与消能池池长计算相同。

三、综合式消能池的水力计算

以矩形断面平底消能池计算为例。

在下游河床上修建一坎高为 c、开挖一深度为 S 的综合式消能池，使水跃在池内形成，如图4-2-8所示。

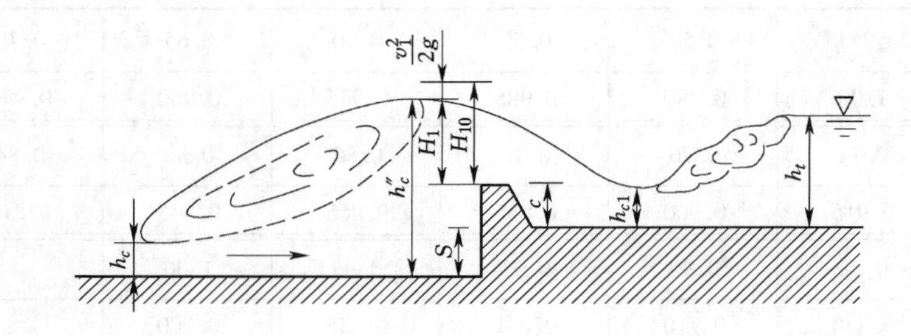

图4-2-8 综合式消能池

设计流量及下游水深 h_t 根据本章第一节中所介绍的原则确定。

下面介绍先确定坎高 c 后确定池深 S 的计算方法。

1. 确定坎高 c

确定坎高 c，使其下游形成临界水跃（即令 $h''_{c1} = h_t$），由式（4-1-1）求 h_{c1}：

$$h_{c1} = \frac{h_t}{2}\left(\sqrt{1 + 8Fr_t^2} - 1\right)$$

式中 $Fr_t = Q/(bh_t\sqrt{gh_t})$。

继由式（4-2-1）确定 c：

$$E_{10} = c + H_{10} = h_{c1} + \frac{Q^2}{2g\varphi_1^2 b^2 h_{c1}^2}$$

式中 φ_1——坎后水流收缩断面流速系数，可取 $\varphi_1 = 0.95$；

H_{10}——坎前总水头，由堰流基本公式计算：

$$H_{10} = \left(\frac{Q}{mb\sqrt{2g}}\right)^{2/3}$$

其中 m 为过坎水流的流量系数，一般取 $m = 0.42$。

求出坎高 c 之后，为安全起见，可使坎高较计算值稍低一些，使坎后形成稍有淹没的水跃。

2. 池深 S 的计算

使池内形成稍有淹没水跃，则

$$\sigma h''_c = H_1 + c + S \tag{4-2-13}$$

式中 σ——安全系数，仍可取 1.05～1.10。

H_1 由式（4-2-14）计算：

$$H_1 = \left(\frac{Q}{mb\sqrt{2g}}\right)^{2/3} - \frac{Q^2}{2gb^2(\sigma h''_c)^2} \tag{4-2-14}$$

已有式（4-1-1）、式（4-2-1）：

$$h''_c = \frac{h_c}{2}\left(\sqrt{1 + Fr_c^2} - 1\right)$$

$$E_0 = h_c + \frac{Q^2}{2g\varphi^2 b^2 h_c^2}$$

式中 E_0——以池底板为基准的泄水建筑物上游总水头。

由上述各式联解通过试算法可求出池深 S。

池长 L_k 的计算方法同前。

四、辅助消能工

当流速小于 16～18m/s 时，允许加设各种形式的辅助消能工，以提高消能的效率，降低对主要消能工深度或高度的要求。

1. 趾墩

趾墩（或叫分流墩）如图 4-2-9 所示。单独加设趾墩可使收缩断面水深 h_c 增加为 h_{c1}，从而使共轭水深 h''_c 减至 h''_{c1}，因而可减少消能池的深度。

若取趾墩的高度 h、宽度 b_1 和间距 b_2 都等于原收缩水深 h_c，即 $h = b_1 = b_2 = h_c$，由试验得出：$v_{1g} = v_{1c}$，$q_g = 2.25q_c$，$h_{1g} = h_c + h_{1c}$。其中：v_{1g}、q_g、h_{1g}分别为墩间流速、单宽流量和水深；v_{1c}、q_c、h_{1c}分别为墩上流速、单宽流量和水深。

由于趾墩的存在，使收缩水深变为 h_{c1}，可由式（4-2-15）解出

$$16.1h_{cr}^3 - (24.8Fr_{c1}^2 + 52.2)h_{cr} + 32.2Fr_{c1}^2 = 0 \tag{4-2-15}$$

式中 $h_{cr} = h_{c1}/h_c$。

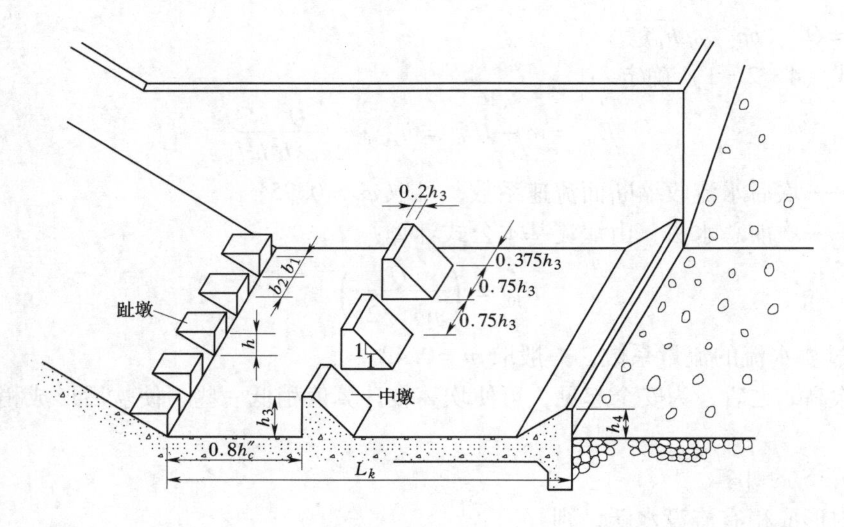

图 4-2-9 趾墩

相应的跃后水深 h''_{c1} 可由式（4-1-1）算出：

$$h''_{c1}=\frac{h_{c1}}{2}\left(\sqrt{1+8Fr_{c1}^{2}}-1\right)$$

式中 $Fr_{c1}=\dfrac{q}{h_{c1}\sqrt{gh_{c1}}}$。

2. 消能墩

单独加设消能墩可增加消能效率，降低跃后水深。

（1）迎水面垂直的消能墩。其尺寸和布置见图 4-2-9，墩高 h_3 可由图 4-2-16 根据收缩断面弗劳德数查中墩曲线得到。

设有上述布置的消能墩，跃后水深 h''_f 可由图 4-2-10 查出，图中 h''_c 为未设辅助消能工时的跃后水深。

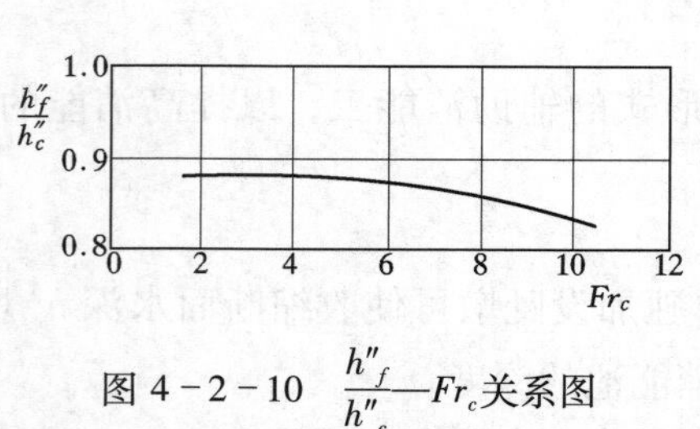

图 4-2-10 $\dfrac{h''_f}{h''_c}$—Fr_c关系图

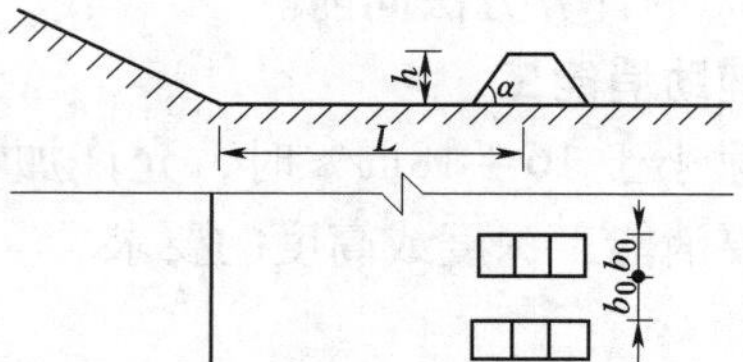

图 4-2-11 梯形消能墩

（2）梯形消能墩[23]，如图 4-2-11 所示：

1）位置 L：

当 $Fr_c<3$ 时，$L=2h_c$；

当 $Fr_c>3$ 时，$L=4h_c$。

2）跃后水深 h''_f：

当迎水角 $\alpha=45°$时

$$\frac{b}{b_0}=1.0,\quad \frac{h''_c-h''_f}{h''_c}=(0.0616\sim0.080)\frac{h}{h_c} \tag{4-2-16}$$

$$\frac{b}{b_0}=\frac{1}{0.6},\quad \frac{h''_c-h''_f}{h''_c}=(0.0705\sim0.093)\frac{h}{h_c} \tag{4-2-17}$$

当迎水角 $\alpha=30°$时

$$\frac{b}{b_0}=1.0,\quad \frac{h''_c-h''_f}{h''_c}=(0.0353\sim0.0445)\frac{h}{h_c} \tag{4-2-18}$$

$$\frac{b}{b_0}=\frac{1}{0.6},\quad \frac{h''_c-h''_f}{h''_c}=(0.0445\sim0.0583)\frac{h}{h_c} \tag{4-2-19}$$

式中　h——墩高，最大墩高等于 h_c。

应用时，上述式中系数可取平均值。

(3) 顶角120°的消能墩。这种消能墩的顶角为120°，两边切成90°角，横向尺寸如图4-2-12所示，高度为$2h_c$。在消能池中的布置是墩顶离收缩断面为$6h_c$，一排墩的数目要使其阻水宽度不大于50%。这种消能墩可减少空蚀破坏，降低跃后水深，减少水跃长度。其跃后水深h''可由图4-2-13查出，图中直线1是自由水跃情况；直线2是图4-2-12中消能墩（a）阻水宽度40%的情况；直线3是阻水宽度50%情况；直线4是图4-2-12中消能墩（b）阻水宽度50%情况。

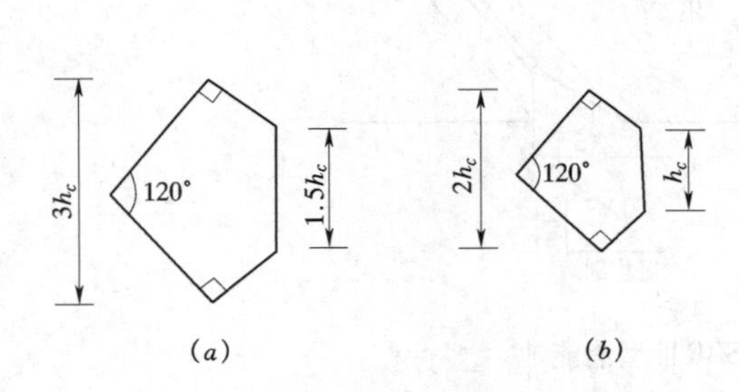

图4-2-12　顶角为120°的消能墩

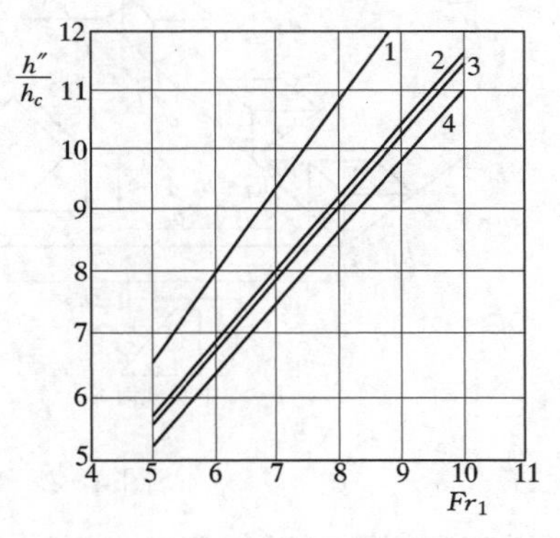

图4-2-13　$\frac{h'}{h_c}$—Fr_1关系图

五、几种消能工的介绍

下面介绍几种运行可靠、消能效果较好、造价又较低的消能工。

1. USBRⅣ型消能池[34,36]

这种消能池适用于$2.5<Fr_c<4.5$的条件，其布置如图4-2-14所示。

护坦高程$\nabla=\nabla_t-h''_c$，∇_t是下游水位。

池长L_k等于自由水跃跃长L_j。

尾坎高度h_4可由图4-2-16查出。

若取趾墩顶宽$b_1=0.75h_c$，尚可得更好的水流状态。

2. USBRⅢ型消能池[34]

这种消能池适用于$Fr_c>4.5$、收缩断面流速小于15m/s的条件，如图4-2-15所示。

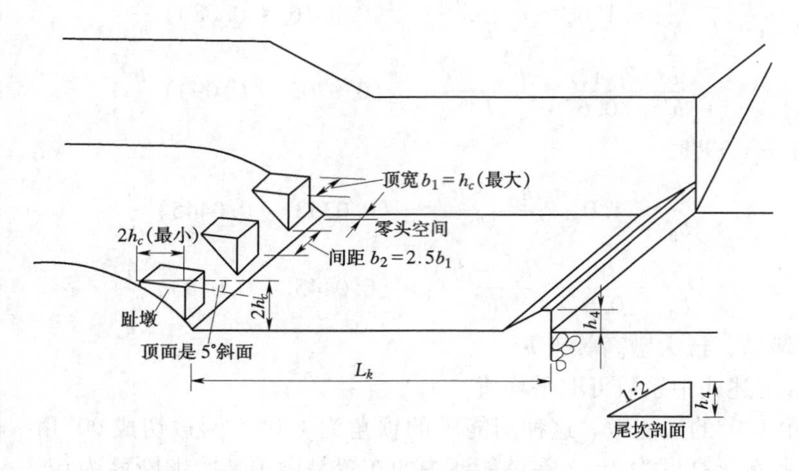

图 4-2-14 USBRⅣ型消能池

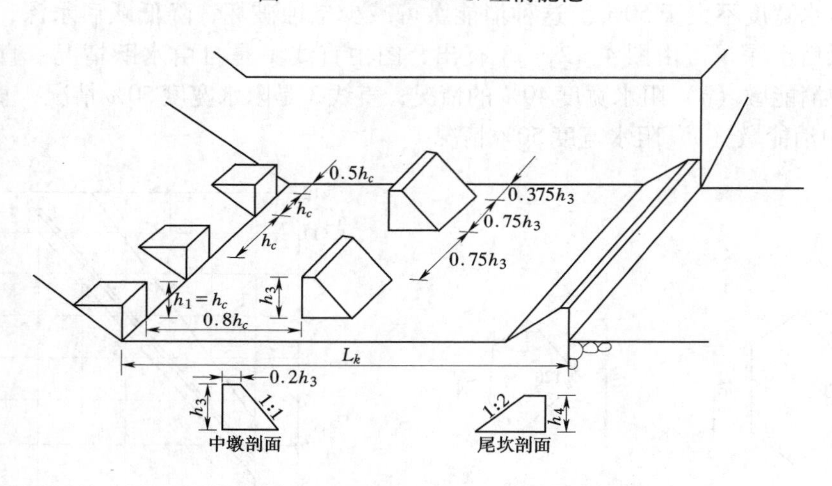

图 4-2-15 USBRⅢ型消能池

趾墩墩宽和间距可近似等于 h_c，以免有半墩出现。

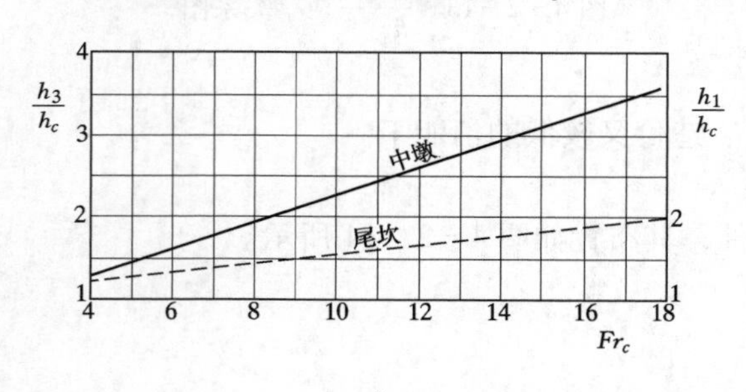

图 4-2-16 $\frac{h_3}{h_c}$ — Fr_c 关系图

中墩高 h_3、尾坎高 h_4 由图 4-2-16 查出。

护坦高程 $\nabla=\nabla_t-h''_c$。

池长 L_k 由图 4-2-17 查出。

3. USBRⅡ型消能池[34]

这种消能池适用于 $Fr_c>4.5$、收缩断面流速大于 15m/s 的条件，在这样高的流速下，为防止空蚀而不设中墩，如图 4-2-18 所示。

趾墩设置同 USBRⅢ型，池长由图 4-2-17 查出。

护坦高程 $\nabla=\nabla_t-1.05h''_c$。

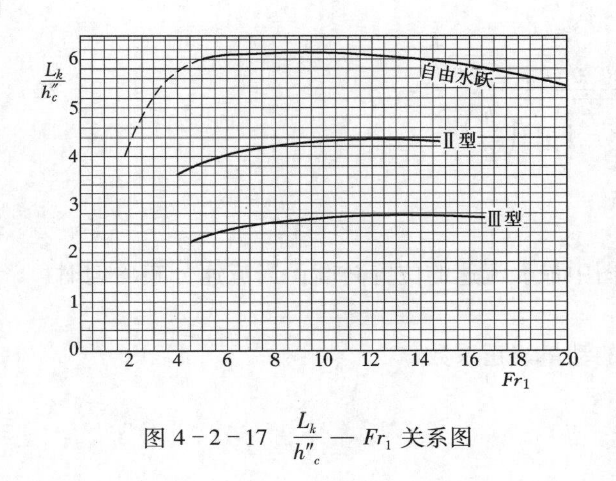

图 4－2－17　$\frac{L_k}{h''_c}$ — Fr_1 关系图

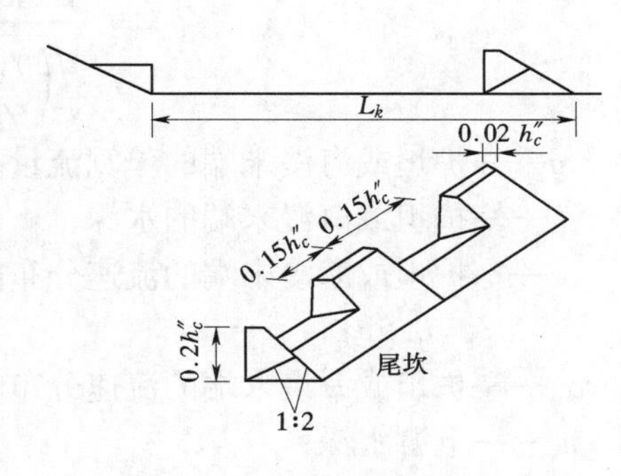

图 4－2－18　USBRⅡ型消能池

第三节　海漫和下游局部冲刷

由于水流出护坦后紊动仍很激烈，且底部流速仍很大，流速分布（包括垂向和水平面上）也未恢复到天然河道流速分布，故对河床仍有较强的冲刷能力。所以在消能池之后，除岩质较好、足以抵抗冲刷者外，一般都要建造海漫，加以保护，以免引起下游严重的局部冲刷。

一、海漫长度的确定

（1）海漫长度 L_p 的估算方法[29]

$$L_p = (8.5 \sim 12.5)h_t \tag{4-2-20}$$

式中　h_t——下游水深。

（2）经验公式[16]

$$L_p = K\sqrt{q\sqrt{\Delta H}} \tag{4-2-21}$$

式中　q——消能池出口单宽流量，$m^3/(s \cdot m)$；

ΔH——水闸上下游水位差，m；

K——系数，视消能的状况和河床土质的允许流速而定。

在良好的消能条件下，为了海漫不致发生严重冲刷，有

1）若河床土质为细砂及砂壤土时，取 $K=10\sim12$；

2）若河床土质为粗砂及黏性土壤时，取 $K=8\sim9$；

3）若河床土质为硬黏土时，取 $K=6\sim7$。

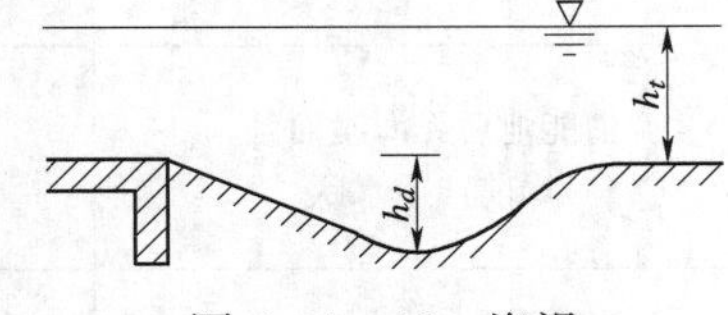

图 4－2－19　海漫

式（4－2－21）适用范围为 $\sqrt{q\sqrt{\Delta H}}=1\sim9$（单位同前）。

二、海漫下游的局部冲刷

按上述方式确定的海漫长度，在其下游虽不致出现严重的冲刷，但仍会有些冲刷，如图 4－2－19 所示。为了保护海漫基础的稳定，在设置齿墙或作防冲槽时，都需要估算这一冲刷深度。

1. 冲刷坑深度 h_d 计算[12]

$$h_d = \frac{0.66q\sqrt{2\alpha_0 - z/h}}{\sqrt{\left(\frac{\gamma_s}{\gamma} - 1\right)gd\left(\frac{h}{d}\right)^{1/6}}} - h_t \quad (4-2-22)$$

式中 q——护坦或海漫末端的单宽流量；

h——护坦或海漫末端的水深；

z——护坦或海漫末端的流速分布图中最大流速的位置高度；当流速分布均匀时，$z=0.5h$；

α_0——护坦或海漫末端的流速分布的动量修正系数；

h_t——下游水深；

d——（d_{50}）床沙粒径；

γ_s、γ——床沙和水的容重。

当海漫末端有流速分布资料时，α_0 和 z 不难确定；没有流速分布资料时，可参考表 4-2-3查出。

当海漫末端的河道已展宽，冲刷坑内单宽流量 q_m 大于海漫末端的单宽流量 q，其比值 q_m/q 如下：

（1）对于下游翼墙扩张角度适宜，有池、坎、齿等较好的消能工，扩散较好，无回流的情况，$q_m/q=1.05\sim1.5$。

（2）若翼墙扩张角不适宜，消能工不强，扩散不良，有回流的情况，$q_m/q=1.5\sim3.0$。

上述情况下，在冲刷坑计算公式中，以 q_m 代替 q 进行计算。

表 4-2-3 **α_0、z 值**

布置情况	进入冲刷河床前的流速分布	α_0	z/h	$\sqrt{2\alpha_0 - z/h}$
消能池后为倾斜海漫		1.05～1.15	0.8～1.0	1.05～1.22
消能池后为较长的水平海漫		1.0～1.05	0.5～0.8	1.10～1.26
消能池后无海漫而且坎前产生水跃		1.1～1.3	0.0～0.5	1.30～1.61
消能池后无海漫而且坎前为缓流		1.05～1.2	0.5～1.0	1.05～1.38

2. 冲刷坑形状的估计

上游坡平均坡度为1:3～1:6，即坑底距海漫末端约为3～6倍冲刷坑深度，下游坡平均坡度为1:10或更缓。

第三章　挑流消能的水力计算

第一节　挑流衔接的特性和挑流消能

在中、高水头的泄水建筑物中，下泄水流的动能较大，可采用挑流鼻坎的结构型式，将水流先抛射到空中，然后在距坝趾较远处落入河槽，与下游水流相衔接，这种衔接方式称为挑流衔接。图 4－3－1 为表示溢流坝挑流衔接的剖面图。

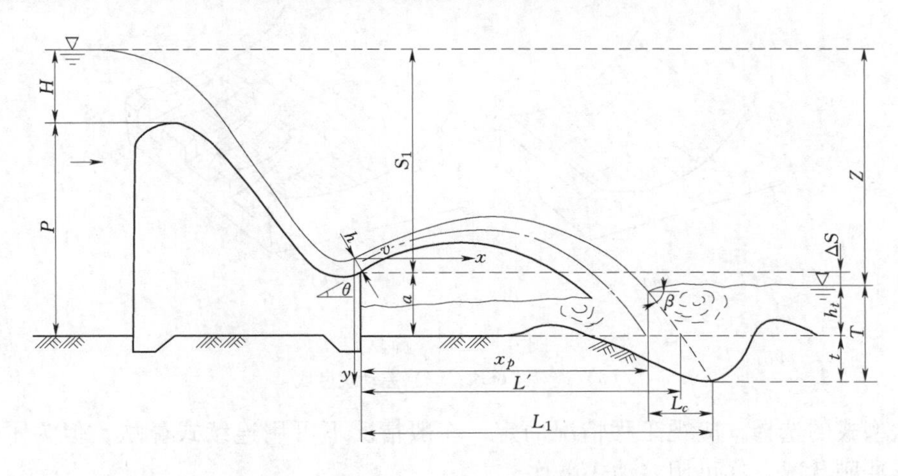

图 4－3－1　挑流消能

挑流衔接时，水流经挑流鼻坎抛入空中，掺入大量空气，形成逐渐扩散的水舌。跌入下游水面以后，水舌继续扩散，并在主流前后形成两个大旋流，当潜入水股的冲刷能力大于河床抗冲能力时，则冲刷河床形成冲刷坑。当冲坑达到一定深度后，水流的余能绝大部分消耗于坑内水体的紊动摩擦中，这时冲坑将保持稳定状态。挑流消能正是利用这一特点，将水流尽量挑离建筑物，利用水舌在空中和下游水垫中消能，使冲刷坑不危及建筑物的安全。

挑流消能的工程结构简单，不需要修建大量的河床防护工程，对具有一定水头的泄水建筑物，且下游地质条件较好时，采用此种消能方式比较经济合理。缺点是雾气大，尾水波动。雾气可能影响附近的高压开关站、输电线路的正常运转，尾水波动可能影响下游岸坡稳定和航运。因此，在整体布置上，必须考虑挑流消能在这些方面存在的问题。

挑流消能水力计算的主要任务有：根据水力条件，正确选择鼻坎型式和尺寸，计算水舌的挑距；估算冲刷深度。

第二节 鼻坎型式与尺寸的选择

一、鼻坎型式的选择

鼻坎型式分为连续式和差动式两种，如图4-3-2所示。它们各有优缺点：连续式鼻坎，施工简便，不易空蚀，在相同水力条件下，连续式鼻坎的挑距比差动式远，但水舌比较集中，对下游河床冲刷不利；差动式鼻坎的高坎（齿）和低坎（槽）可把水流“撕开”，在垂直方向能有较大的扩散，使水舌入水厚度大为增加，有利于减弱水流对河床的冲刷。实验表明，当鼻坎处水流的弗劳德数 $Fr=v/\sqrt{gh}>3.4$ 时，能起减小冲坑深度的作用，但差动式鼻坎（尤其是矩形差动坎）在水流流速较高时，易产生空蚀破坏。

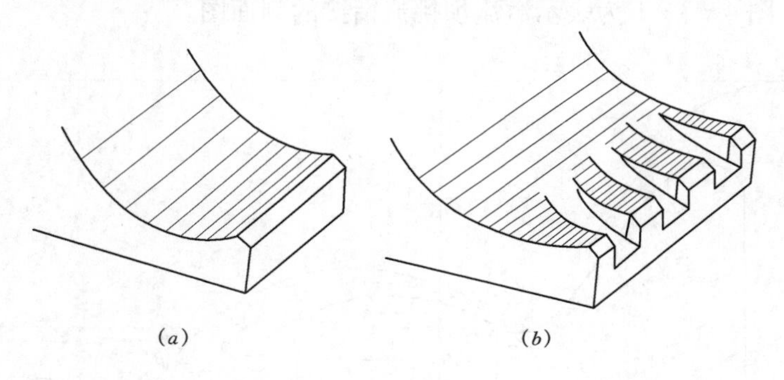

图4-3-2 鼻坎
(a) 连续式鼻坎；(b) 差动式鼻坎

鼻坎型式的选择，应视工程情况而定，一般情况下可用连续式鼻坎，但为了减少冲深，改善冲刷状况，亦可用差动式鼻坎。

二、连续式鼻坎的尺寸

1. 挑角

连续式鼻坎挑角的选择应根据具体情况而定。实验表明，对于单宽流量较大的深水河槽，适当增加挑角 θ 能增大入水挑距 x_p，但入水角 β 增大，相应的入水后水舌延伸长度 L_c 减小，因而总挑距 L_1 值基本不变，但冲深增加。因此，为了减小冲深，以选取 $\theta=15°\sim20°$ 的小挑角为好，对于一般非深水河槽，可采用 $20°\sim30°$。

2. 挑流鼻坎的反弧半径尺寸

反弧半径对水流衔接和挑距都有一定的影响，当反弧半径过小时，水流将产生过大的离心惯性水头，使挑距减小，甚至形成跌水。一般情况下，可采用

$$R=(4\sim10)h_c$$

反弧段流速大，反弧半径也宜选用较大值。长江科学院曾提出影响自由挑射的最小反弧半径 $R_{\min}$ 如下：

$$R_{\min}=\frac{23h}{Fr} \tag{4-3-1}$$

式中 h——挑坎上水深；

Fr——挑坎上水流弗劳德数，$Fr=v/\sqrt{gh}$，v 为挑坎上流速。

3. 鼻坎高程

鼻坎高程的确定应视工程布置而定。鼻坎高程愈低，鼻坎出口断面上的流速则愈大，因而有利于增加挑距；但为了使水舌与建筑物的空间，不致由于水舌所带走空气得不到足够的补充而形成贴壁流，所以鼻坎最低高程应高于鼻坎附近下游水面。由于挑流将水流抛向下游，致使鼻坎附近的水位低于下游水位，因此，实际设计中可取鼻坎最低高程等于或略高于最高下游水位。

三、差动式鼻坎的尺寸

1. 矩形差动坎的主要尺寸

根据试验和设计经验，一般高坎和低坎的平均挑角为25°~30°，二者的差为5°~10°；高坎与低坎的宽度比为1.5~2.0，二者的高差可取（0.5~1.0h）h（h 为坎上水深）。

2. 扩散梯形差动鼻坎的主要尺寸

由原型、模型验证表明：扩散梯形差动坎在改善高坎侧边负压和减小下游冲刷方面，比矩形差动坎、收敛的梯形差动坎都较优越；关于最小冲深时的扩散梯形差动坎鼻坎尺寸的配合问题，可从表4-3-1的数值中参考选用。重要工程的差动式鼻坎最优尺寸，应通过试验确定。

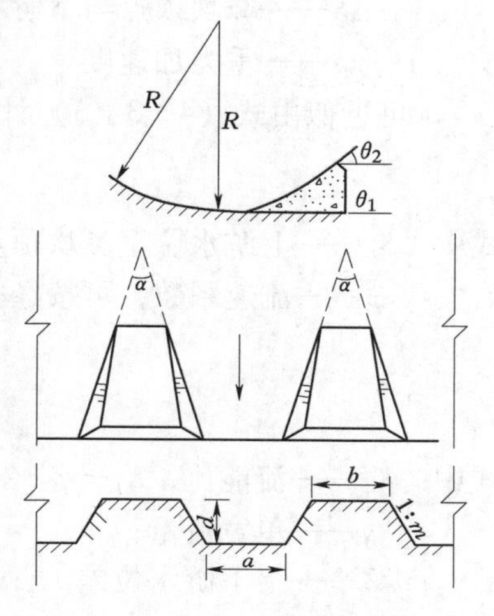

图4-3-3　差动式鼻坎

表4-3-1　**差动式鼻坎尺寸**

尺寸 / Fr	d/h	a/b	b/h	α	m	θ_1	θ_2
4.8~5.6	1.0	0.75~1.0	2.5~2.7	25°	0.4~0.5	0°	25°
5.6~8.5	1.0	1.0~1.35	2.2~2.5	25°~30°	0.5~0.6	0°	30°

注　h 为坎上水深；Fr 为坎上水流的弗劳德数 $Fr=v/\sqrt{gh}$；
其余符号意义见图4-3-3。

差动式鼻坎坎的反弧半径可按连续式鼻坎选用。低坎高程的确定，原则上与连续式鼻坎相同。

第三节　挑流射程的计算

挑流射程计算的主要目的是确定冲刷坑最深点的位置，试验和原型观测表明，最深点大致位于水舌外缘在水中的延长线上，如图4-3-1所示。以下将水舌外缘挑距的计算分为空中和水中两段进行，然后求其总和。

一、鼻坎至下游水面的挑距

如图4-3-1所示，鼻坎至下游水面的挑距 x_p 的计算式为

$$x_p = \frac{v^2\sin\theta_S\cos\theta_S + v\cos\theta_S\sqrt{v^2\sin^2\theta_S + 2g(\Delta S + h\cos\theta_S)}}{g} \quad (4-3-2)$$

式中 h、v——鼻坎出口断面的水深和流速；

θ_S——水舌射出角；

ΔS——鼻坎顶点与下游水面的高差；

g——重力加速度。

v 可近似由式（4-3-3）计算

$$v = \varphi\sqrt{2gS_1} \quad (4-3-3)$$

式中 S_1——上游水位至鼻坎顶点的高差；

φ——流速系数，可按经验公式（4-3-4）计算：

$$\varphi = \sqrt[3]{1 - \frac{0.055}{K_1^{0.5}}} \quad (4-3-4)$$

式中 K_1——流能比，$K_1 = q/(\sqrt{q}Z^{1.5})$；

q——单宽流量；

Z——上下游水位差。

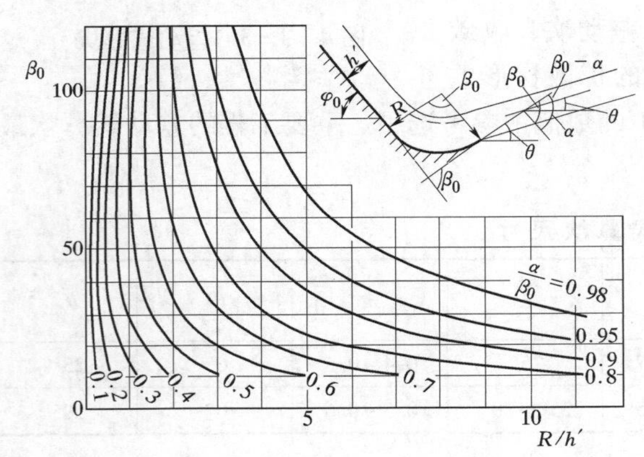

图 4-3-4 β_0—R/h'关系图

θ_s 可用式（4-3-5）[36] 计算：

$$\theta_a = \theta - (\beta_0 - \alpha) \quad (4-3-5)$$

式中 θ——鼻坎挑角；

β_0——溢流坝面与挑坎反弧末端切线的夹角，$\beta_0 = \theta + \varphi_c$，见图 4-3-4；

φ_c——溢流坝面与水平面的夹角；

α——鼻坎出口断面中点水流方向与溢流坝面间的夹角，可由图 4-3-4，根据 β_0 和 R/h'（R 和 h' 见该图）求得 α 值。

在式（4-3-2）中，令 $n = S_1/Z$，v 按式（4-3-3）代入，并忽略鼻坎处水深 h，则得式（4-3-6）

$$x_p = cZ \quad (4-3-6)$$

式中

$$c = 2n\varphi^2\cos\theta_S\left(\sin\theta_S + \sqrt{\sin^2\theta_S + \frac{1-n}{n\varphi^2}}\right) \quad (4-3-7)$$

已有人根据上式绘制成当 θ_S 分别应 0°、15°、20°、25°和 30°时，不同 φ 值的 $n-c$ 关系曲线，如图 4-3-5[18] 所示，可供查用。

二、水面以下水舌长度的水平投影

如图 4-3-1 所示，水面以下的水舌长度的水平投影 L_c 为

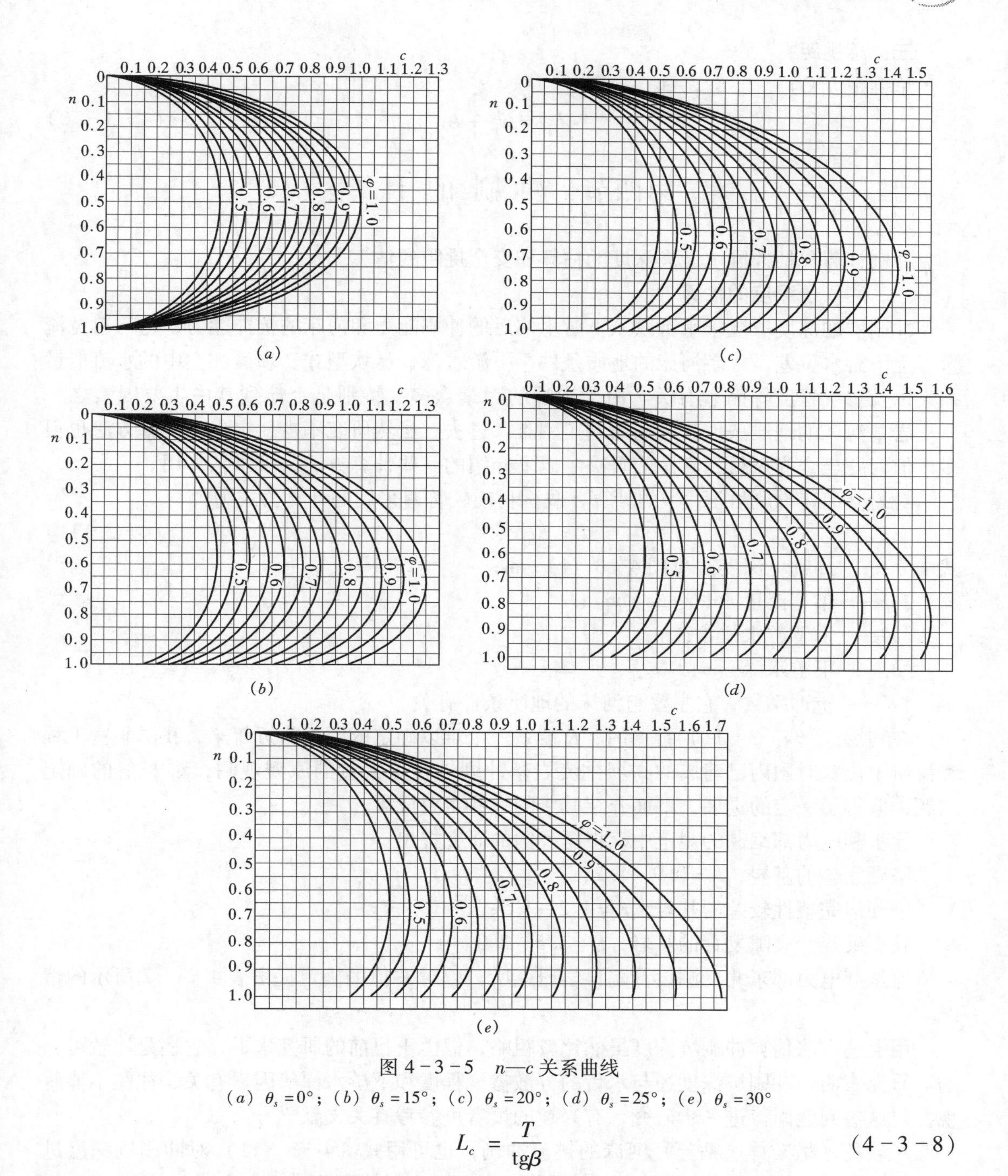

图 4-3-5 n—c 关系曲线

(a) $\theta_s=0°$；(b) $\theta_s=15°$；(c) $\theta_s=20°$；(d) $\theta_s=25°$；(e) $\theta_s=30°$

$$L_c=\frac{T}{\mathrm{tg}\beta} \tag{4-3-8}$$

式中 T——从下游水位起算的冲刷坑深度；

β——水舌外缘与下游水面的夹角，由式（4-3-9）计算：

$$\mathrm{tg}\beta=\sqrt{\mathrm{tg}^2\theta_S+\frac{2g(\Delta S+h\cos\theta_S)}{v^2\cos^2\theta_S}} \tag{4-3-9}$$

式中 ΔS——鼻坎顶端与下游水面的高差。

三、总挑距

总挑距 L_1 为 x_p 与 L_c 之和：

$$L_1 = x_p + L_c \tag{4-3-10}$$

第四节 冲刷的计算

冲刷计算包括冲刷坑最大深度的估算和安全挑距的估算。

一、冲刷坑深度的估算

冲刷坑的深度取决于水舌跌入下游水体后的冲刷能力和河床的抗冲能力，它与单宽流量、上下游水位差、下游河床的地质条件、下游水深、鼻坎型式、坝面和空中的水流能量损失以及掺气程度等因素有关。由于影响的因素众多，特别是牵涉到其中主要因素之一——岩基河床的地质条件，因而遇到了困难。过去，虽然研究不少，提出的计算方法也很多，但问题至今尚未得到满意的解决。以下介绍的一些计算方法，仅供估算用。

对岩基河床冲刷坑深度 t 的计算，我国目前较普遍采用的计算公式为

$$t = Kq^{0.5}Z^{0.25} - h_t \tag{4-3-11}$$

式中 t——冲刷坑深度（见图4-3-1），m；

q——单宽流量，m^3/（s·m）；

Z——上下游水位差，m；

h_t——下游水深，m；

K——抗冲系数，它主要与河床的地质条件有关。

在利用式（4-3-11）计算时，K 值是一个难以确定的因素。近年来，我国某些工程和科研单位，对国内已建成的高坝挑流岩基冲刷进行了大量的原型观测，对 K 值的确定问题，取得了一定的进展，下面介绍其中的一些主要成果。

原水利电力部编制的规范中，根据我国的研究提出：

坚硬完整的基岩，$K=0.9\sim1.2$；

坚硬但完整性较差的基岩，$K=1.2\sim1.5$；

软弱破碎、裂隙发育的基岩，$K=1.5\sim2.0$。

原水利电力部东北勘测设计院科学研究所，曾对 K 值的确定提出表4-3-2所示的情况。

用上述方法估算冲刷坑深度虽然比较粗略，但由于目前的研究水平，它还是比较可行的。研究表明，冲刷坑深度还与水舌的分散掺气程度和下游水深等因素有关，往往不能忽视，但这些问题尚待进一步研究，有兴趣的读者可参考有关文献[31]。

对软基（散粒体、粘土）河床的挑流冲刷，也可用式（4-3-11）对冲刷坑深度进行估算（目前已用于小型工程），根据山西省的经验，K 值可取1.5左右[28]。

二、许可的冲刷坑最大后坡

冲刷坑后坡定义为 $i=t/L_1$，t 为冲刷坑深度，L_1 为总挑距（见图4-3-1）。i 值愈大对坝身的安全愈不利。许可的冲刷坑最大后坡 i_K 值的确定，涉及工程地质条件，较为复杂。规范根据我国已建工程的实测资料提出："冲坑上游侧影响范围，应按地质条件进

表 4-3-2　　　　K 值

节理（裂隙）间距（cm）		<20	20~50	50~150	>150
岩基构造特征	发育程度	很发育，节理（裂隙）三组以上，杂乱，岩体被切割呈碎块状	发育，节理（裂隙）三组以上，不规则呈X或米字形	较发育，节理（裂缝）2~3组，呈X形较规则	不发育，节理（裂隙）1~2组，规则
	完整状态	碎石状	块（石）碎（石）状	大块状	巨块状
	结构类型	压碎结构，松散及松软结构，断层破碎带	镶嵌结构	砌体结构	整体结构
	裂隙性质	以风化或构造型为主，裂隙微张或张开，部分为粘性土充填，胶结很差	以构造或风化型为主，大部微张和部分张开，部分为粘性土充填，胶结较差	以构造型为主，多密闭，部分微张，少有充填	多为原生型或构造型，多密闭，延展不长
冲刷分类		Ⅳ	Ⅲ	Ⅱ	Ⅰ
K		1.5~2.0	1.2~1.5	0.9~1.2	<1.0

行估计，根据经验，其数值约为2.5~5倍坑深”。亦即许可的最大后坡 $i_K=1/2.5\sim1/5$，当冲刷坑后坡 $i<i_K$ 时，就认为冲刷坑不会危及坝身的安全。

第五节　滑雪跳跃式消能工计算[17]

射流的轨道曲线：

$$\xi = \sin2\theta + \sqrt{\sin^2 2\theta + 4\eta\cos^2\theta} \qquad (4-3-12)$$

其中

$$\cos\theta = \sqrt{1+\eta} \qquad (4-3-13)$$

射流下方的水深 h_s（White—岩崎公式）：

$$\left(\frac{h_s}{h_c}\right)^2 = (\alpha^2-1)\left(\frac{h_0}{h_c}\right)^2 + 2\left(\frac{1}{\alpha}-1\right)\frac{h_c}{h_0} \qquad (4-3-14)$$

$$\frac{h_1}{h_c} = \alpha\frac{h_0}{h_c} \qquad (4-3-15)$$

$$\left(\frac{h_0}{h_c}\right)^3 - \frac{H_1-y_0}{h_c}\left(\frac{h_0}{h_c}\right)^2 + \frac{1}{2} = 0 \qquad (4-3-16)$$

$$\alpha = \frac{2}{\sqrt{1+\eta}+\cos\theta} \qquad (4-3-17)$$

其中　　$\xi = x/(H_1-y_0)$；　$\eta = y/(H_1-y_0)$

式中　H_1——射出起点的总水头；

θ——射出角；

y_0——射出起点与河床的高差；

h_0——射出起点的水深；

h_c——临界水深；

h_1——射流降落以后水深；

h_s——射流下方的水深。

各参数见图4-3-6。

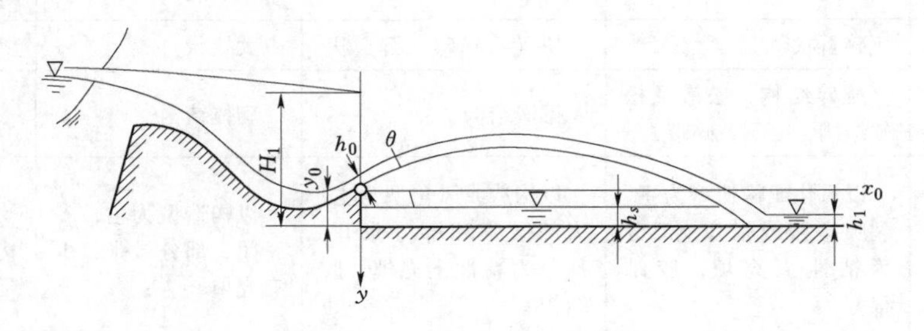

图4-3-6 射流

式（4-3-12）和式（4-3-13）是假设射流的轨道符合抛物体的轨道而导出的，根据模型试验和实测资料，证实它们大体上是可用的。式（4-3-14）~式（4-3-17）是岩崎根据White的方法导出的；首先由式（4-3-17）和式（4-3-15）求出 α 和 h_0/h_c，再由式（4-3-14）求出 h_s/h_c。如果 $h_s \geqslant y_0$，射流下面无自由空间，则可将 y_0 再加高一些。由式（4-3-15）求出 h_1。

第六节 自由跌水式消能工计算[2]

如图4-3-7所示，计算对护坦的冲击流速 V_1。

区域Ⅰ：

$$V_1 = \frac{V_0}{2}(1 + \cos\theta) \tag{4-3-18}$$

或

$$V_1 = \frac{1}{1+\alpha}\sqrt{V_0^2 + \frac{g(h_{d0} - d_s)^2}{q}\left[V_0\cos\theta + \frac{g(h_{d0} - d_s)^2}{4q}\right]} \tag{4-3-19}$$

式中 V_0——跌水水舌射入水面前的流速；

θ——水舌射入水面的入射角；

V_1——对渠道床面的冲击速度（等于流向下游的出流速度）；

q——单宽流量；

h_{d0}——水舌着水点水垫的实际有效水深；

d_s——冲击点逆流向上游的水流水深。

区域Ⅲ：

$$\frac{V_1}{V_0} = \frac{k}{\sqrt{\xi/d_0}} \tag{4-3-20}$$

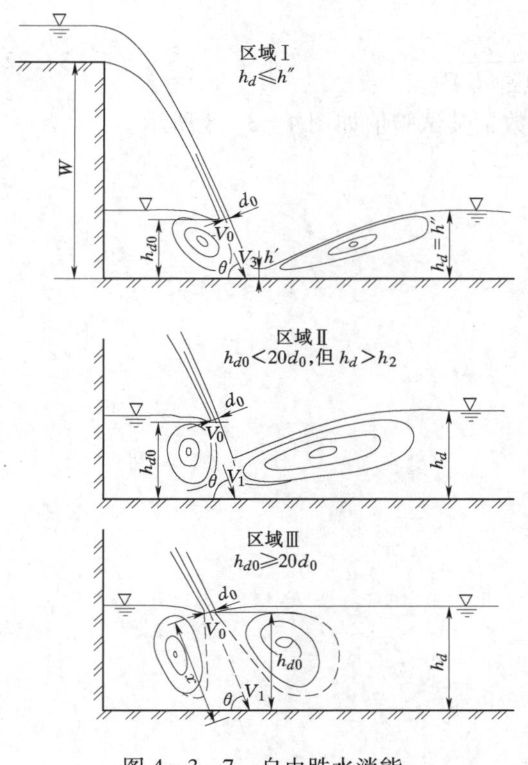

图 4-3-7　自由跌水消能

作用在护坦上的动水压力

$$\frac{P_d}{\omega_0} = \frac{(V_1 \sin\theta)^2}{2g} \quad (4-3-21)$$

式中　V_1——对护坦的冲击流速；

V_0——水舌射入水垫的流速；

ξ——自水舌射入水垫处到冲击点的距离（图 4-3-7 中为 x）；

d_0——水舌在射入水垫时的厚度；常数 $k=2.2\sim2.5$；

P_d——在水舌的冲击点垂直于护坦的动水压力；

θ——水舌对护坦的冲击角。

自由跌水水舌的消能作用是由射流在水垫内扩散完成的。

两侧有边墙限制的二元自由跌水的水舌，随下游水深条件有三种水垫形态，如图 4-3-7 所示。区域Ⅰ，是水舌跌落后以射流形式流向下游，直到下游水深增加至跌落后直接发生水跃的这一范围内的水流现象；这时，水舌扩散只是在着落点上游自然形成的水垫的单侧扩散，下游水深对水垫的作用无影响。

如下游水深 h_d 涨到比水跃的跃后水深 h'' 还高，水垫将受到来自下游的作用，着落点下游流态成为淹没流。当 h_d 在较小的范围时，将激起水跃旋滚，形成坡度向下游升高的水面。当 h_d 超过某值时，水舌着落点的上下游水位差消失，这时水舌在水垫内的扩散现象可按轴对称的二元扩散处理。这种轴对称扩散就是区域Ⅲ；区域Ⅱ是由区域Ⅰ到区域Ⅲ的过渡区间。各区域的水深范围如图 4-3-7 所示。

区域Ⅰ的各水力要素数值，可用渠道水跃的方法计算。这时，冲击护坦的流速等于向下游出流的流速。

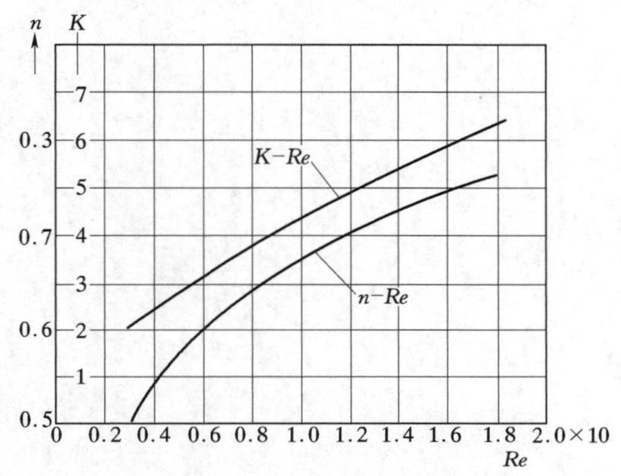

图 4-3-8　常数 K、n 与 Re 的关系图

区域Ⅲ的水舌扩散大致近似于二元射流扩散，冲击护坦流速的最大值可由式（4-3-20）给出。

作用在护坦上的动水压力，可分别用各区域的 V_1 由式（4-3-21）求出。区域Ⅰ的式（4-3-19）主要是用来计算动水压力的，与试验值比较，由式（4-3-18）求出的动水压力过小。

上述水垫形态是发生在二元水流中的情况，对于一定宽度的水舌流入到十分宽阔的

水垫时，其流速的降低可由下式给出

$$\frac{V_{\max}}{V_0} = \frac{K}{(\xi/d_0)^n} \tag{4-3-22}$$

式中，常数 K 和 n 是雷诺数 $Re = V_0 d_0/\nu$ 的函数，其试验值如图 4-3-8 所示。

第四章　面流消能的水力计算

面流消能是利用设置在溢流坝末端的跌坎，把经溢流坝顶下泄的水流导至下游水流表面，在跌坎附近的表面主流与河床之间形成旋滚，该旋滚将高速主流与河床隔开，如图4-4-1所示。这样，一方面通过旋滚消耗余能，另方面高速主流不直接接触河床，达到消能防冲的目的。

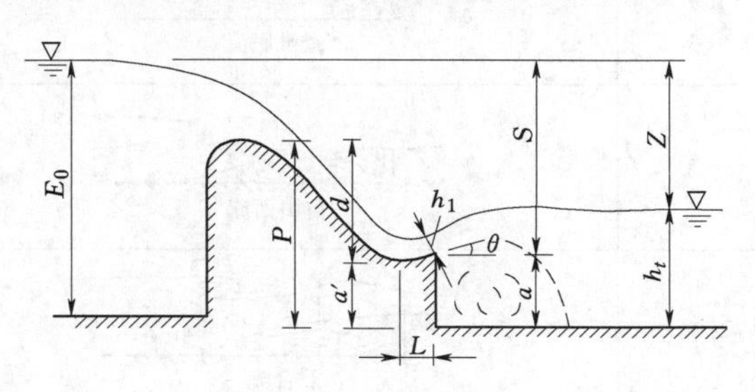

图4-4-1　面流消能

面流消能也是主要消能方式之一，它的优点是：主流在表面，具有底部旋滚，河床加固费用较少，便于排除浮冰及其他飘浮物。其缺点是：水流衔接型式复杂多变，不易控制，下游有较大的波浪，影响航运、岸坡稳定以及水轮机运行。面流消能一般适合中小型建筑物下游水深较大，且变幅较小的情况。不过从20世纪60年代后期起，面流消能也应用于大型高坝水利枢纽中。

第一节　面　流　流　态

面流流态比较复杂，它随下游尾水条件和跌坎的型式而变化。在一定流量及跌坎尺寸条件下，随着下游水深的不同，其流态变化及界限水深也不同（从一种流态转变成另一种流态时对应的下游水深称为界限水深），如表4-4-1中所示。表4-4-1中由淹没底流过渡到自由面流称为第一临界状态，相应的界限水深为h_{t1}；自由面流过渡到混合流为第二临界状态，相应的界限水深为h_{t2}；混合流过渡到淹没混合流为第三临界状态，相应的界限水深为h_{t3}；淹没混合流过渡到淹没面流为第四临界状态，相应的界限水深为h_{t4}；淹没面流过渡到回复底流为第五临界状态，相应的界限水深为h_{t5}。上述界限水深的计算，见本章第三节。

关于流态的演变及界限水深有以下几点说明[22]：

（1）流态演变与挑角θ有关。当$\theta \leqslant 10°$时，按表4-4-1顺序演变。同时试验还表明，$0° < \theta \leqslant 10°$与$\theta = 0°$的界限水深值基本相同，因此，本章的$\theta = 0°$的界限水深计算式适用于$\theta = 0° \sim 10°$的情况。

（2）当$\theta > 18°$时，将只产生混合流以后的流态。

（3）流态演变还与坎高有关，当单宽流量和水头一定、坎高小于最小坎高值时（即$a < a_{\min}$），将不产生面流，当坎高一定、单宽流量超过某限制值q_m时，也不产生面流流态。

（4）当第四界限水深$h_{t4} < 0.98 h_{t2}$时，将不产生混合流态，而从自由面流直接变为淹没面流。

表 4-4-1　　面 流 流 态

顺序	流态示意图	流态名称	界限水深符号
1	 远驱底流	远驱底流	
2	 淹没底流	淹没底流	h_{t1}
3	 自由面流	自由面流	h_{t2}
3′	 混合流	混合流	h_{t3}
4	 淹没混合流	淹没混合流	h_{t4}
4′	 淹没面流	淹没面流	h_{t5}
5	 回复底流	回复底流	
6	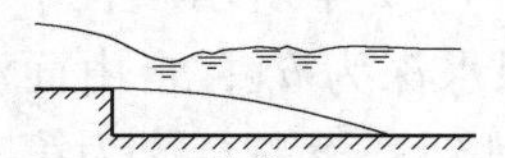 波流	波 流	

（5）界限水深是不稳定的，有其上限和下限值，h_{t4} 较为稳定，一般不考虑其上下限值。

第二节　形成面流衔接的基本条件

面流流态的发生及消失，与单宽流量 q、总水头 E_0、下游水深 h_t 以及坎高 a、坎长 L、挑角 θ 等因素有关（见图 4-4-1）。例如当坎台高度 $a<a_{min}$ 时，只能产生淹没底流；当下游水深 $h_t<h_{t1}$ 时，不足产生面流；当 $h_t>h_{t5}$ 时，产生回复底流。因此，要产生面流衔流必须满足以下两个基本条件。

1. 坎台高度必须大于最小坎台高度 a_{min}

如前所述，从底流演变为面流，坎高 a 必须大于最小坎高 a_{min}，否则将不产生面流流

态。最小坎高 $a_{\min}$ 的计算为[37]

$$a_{\min} = (4.05\sqrt[3]{Fr_1^2} - \eta)h_1 \tag{4-4-1}$$

式中　Fr_1——坎上弗劳德数，$Fr_1 = v/\sqrt{gh_1}$；

v——坎上流速；

h_1——坎上水深；

η——$-0.4\theta + 8.4$；

θ——挑角。

式（4-4-1）适用于 $15 < Fr_1^2 < 50$。当 $\theta = 0°$时，可直接由图 4-4-2 取得 $a_{\min}$。当坝面倾角 $\varphi_c > 35° \sim 40°$时，坎长 L 必须大于 $1.6h_1$。

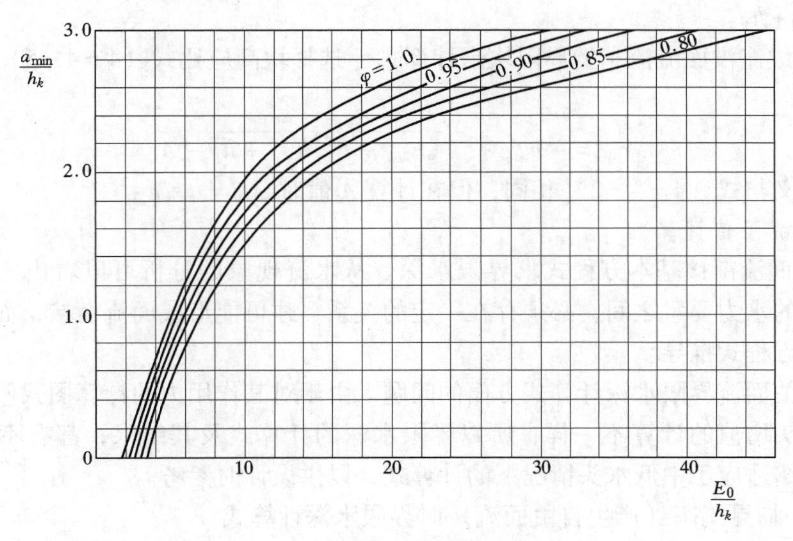

图 4-4-2　$\frac{a_{\min}}{h_k}$—$\frac{E_0}{h_k}$关系图

2. 下游水深 h_t 应满足于 $h_{t1} \leq h_t < h_{t5}$

在运用区间内，下游水深 h_t 必须大于无坎时（$a=0$）产生水跃衔接的跃后水深 h''_c，即 $h_t > h''_c$，同时也应大于或等于有坎时的第一界限水深 h_{t1}。此外，当下游水深大于第五界限水深 h_{t5}时，则面流流态消失，出现回复底流流态。因此，为保证产生面流流态，下游水深 h_t 必须同时小于 h_{t5}。

第三节　面流衔接的水力计算

一、面流流态界限值的计算

1. 坎高界限值计算

在已知流量和下游水深的情况下，形成自由面流及淹没面流的界限坎高计算式[37]如下述。

（1）形成自由面流的界限坎高计算式［选择坎高应比式（4-4-2）的计算值小7%~10%］：

$$a_1 = h_{okp} - 2h_1 - h_t + 2\sqrt{h_t^2 - A} \tag{4-4-2}$$

式中 h_{okp}——临界水头增值，可按式（4－4－3）计算。

$$h_{okp} = \frac{1}{3}(1 + \sqrt{6Fr_1^2 + 1})h_1 \tag{4-4-3}$$

式中 h_1——坎上水深。

$$A = 2Fr_1^2 h_1^3\left(\frac{\alpha_1}{h_1} - \frac{\alpha_t}{t_2}\right) \tag{4-4-4}$$

$$Fr_1 = v/\sqrt{gh_1}$$

式中 α_1、α_t——动量修正系数，一般可取值为1.0；

$t_2 = a + h_1$。

（2）形成淹没面流流态的界限坎高计算式［选择坎高应比式（4－4－5）的计算值小5%］：

$$a_4 = -h_{okp} + \sqrt{(h_{okp} - h_1)h_{okp} + h_t^2 - A} \tag{4-4-5}$$

式中符号意义与式（4－4－2）相同，但在计算 A 值时，$t_2 = a + h_{okp}$。

2. 水深界限值计算

（1）用面流衔接基本方程式求界限水深。从水流现象的分析可以看出，跌坎上水股与下游水流的水力要素之间，必须存在一定的关系，才可能形成面流衔接，面流衔接方程式可由动量方程式推导。

目前有关面流界限水深计算式方面的问题，由于对其作用力的计算图式假定不一样以及对临界水头增值的计算不一样，所以界限水深的计算式及其结果，都有不同程度的差别。下面介绍适应于中低水头情况下的计算式，以供设计时参考。

1）第一临界流态（产生自由面流）时界限水深计算式

$$h_{t1} = \frac{1}{3}[2h_1 + a - h_{okp} + 2\sqrt{(2h_1 + a - h_{okp})^2 + 3A}] \tag{4-4-6}$$

式中符号意义同前，在计算 A 值时，$t_2 = h_1 + a$。其上限 $h''_{t1} = 1.07h_{t1}$，下限 $h'_{t1} = 0.93h_{t1}$。

2）第二临界流态（产生混合流）时，界限水深计算式

$$h_{t2} = a + h_1 + h_{okp} \tag{4-4-7}$$

3）第四临界流态（产生淹没面流）时界限水深计算式

$$h_{t4} = \sqrt{a^2 + 2\left(a + \frac{h_1}{2}\right)h_{okp} + A} \tag{4-4-8}$$

式中符号意义同前，在计算 A 值时，$t_2 = a + h_{okp}$。

4）第五临界流态（产生回复底流时）界限水深计算式

上限：
$$h''_{t5} = a + h_{t4} \tag{4-4-9}$$

式（4－4－6）～式（4－4－9）适用于坎处无闸墩、下游河底为水平时的坝面溢流。这些公式都是按挑角 $\theta = 0°$ 推出的，但适用于 $\theta \leq 6°$。

当坎处有闸墩及出口河床有倾斜段时，其计算可参阅有关文献。

(2) 用经验公式计算面流界限水深[22]。

1) 第一临界流态(产生自由面流)时界限水深值计算式

$$\frac{h''_{t1}}{h_k} = 0.84\frac{a}{h_k} - 1.448\frac{a}{P} + 2.24 \tag{4-4-10}$$

式中 h''_{t1}——第一临界流态界限水深上限值;

P——以坝下游河床起算的坝高。

2) 第四临界流态(产生淹没面流)时界限水深值计算式

$$\frac{h_{t4}}{h_k} = 1.16\frac{a}{h_k} - 1.81\frac{a}{P} + 2.38 \tag{4-4-11}$$

3) 第五临界流态(产生回复底流)时界限水深值计算式

$$\frac{h''_{t5}}{h_k} = \left(4.33 - 4.00\frac{a}{P}\right)\frac{a}{h_k} + 0.90 \tag{4-4-12}$$

式中 h''_{t5}——第五临界流态界限水深上限值。

界限水深的模型试验实测值与按式(4-4-6)、式(4-4-8)、式(4-4-10)、式(4-4-11)的计算值是较为接近的。

(3) 根据模型试验得出的面流衔接特性曲线求界限水深[22]。图4-4-3~图4-4-6为试验得出的低坝面流衔接特性曲线图。在设计中,当已知坝高P、单宽流量的最大—最小区间,初步拟定坎台尺寸 a 和 L,在相应 a/P 值的图中,分别根据 $q/(\sqrt{g}P^{3/2})$ 值,查

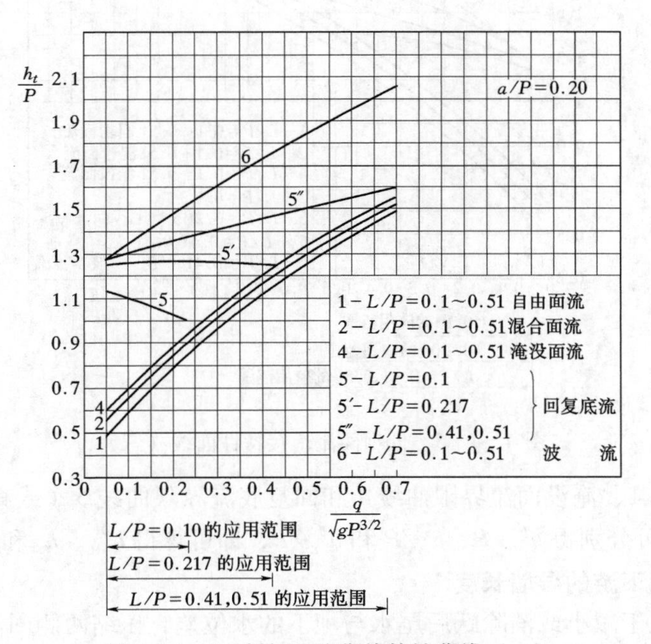

图4-4-3 低坝面流衔接特性曲线(一)

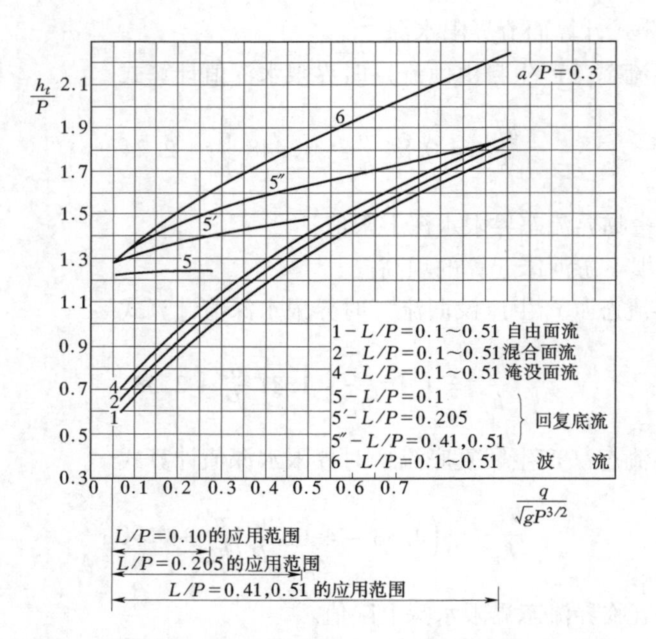

图 4－4－4 低坝面流衔接特性曲线（二）

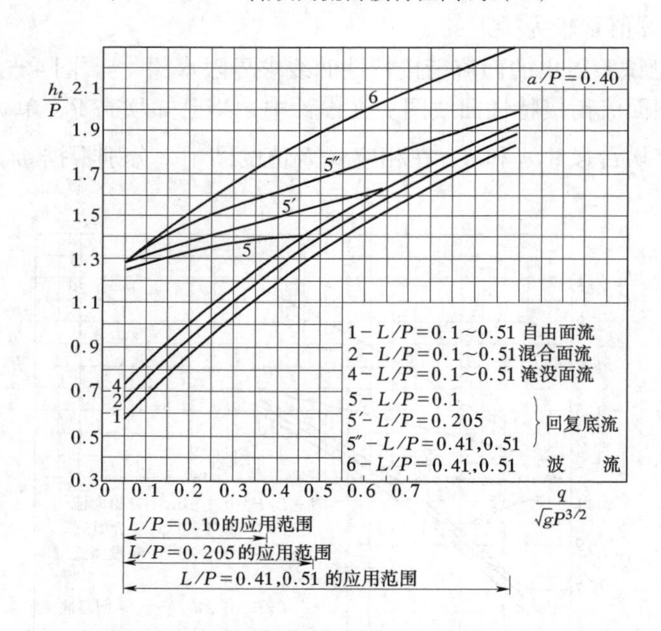

图 4－4－5 低坝面流衔接特性曲线（三）

自由面流界限曲线1、淹没面流界限曲线4和回复底流界限曲线5（或查曲线5′或5″，视L/P范围而定），可分别得h''_{t1}/P、h_{t4}/P和h''_{t5}/P，即可算得h''_{t1}、h_{t4}和h''_{t5}。

二、面流消能下游的导墙长度

导墙的作用在于减小或消除跃后尾水与坝下的水位差，压缩两侧回流区，抑制回流强度，将回流对坎下的淘刷引向导墙端头以下，当导墙长度足够长时，可基本消除回流及其

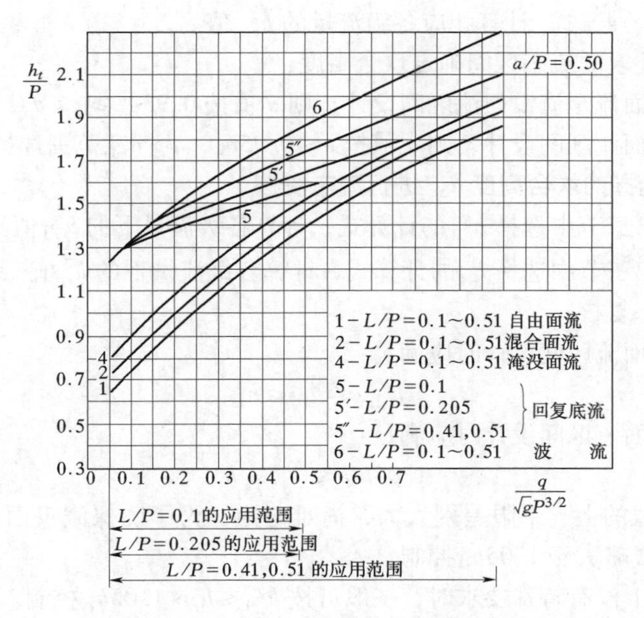

图 4-4-6　低坝面流衔接特性曲线（四）

淘刷。根据经验，这时的导墙长度 $L_\omega \geqslant 1.4l$，l 为自鼻坎至跃后尾水最高点的距离。为了考虑工程经济，在保证坎下不受回流淘刷的前提下，亦可适当缩短导墙长度，使 $L_\omega = 0.9l$，l 可近似按式（4-4-13）确定：

$$l = \left(\frac{3.85h_k}{h_1} - 1.46\right)(h_t - h_1) \tag{4-4-13}$$

式中　h_1——坎上水深。

为了确定鼻坎下面的防冲齿墙和两侧翼墙的埋设深度，要预计下游的冲坑深度。面流的冲刷，除与地质条件有关外，还与其衔接流态有密切关系。到目前为止，仍缺乏可靠的计算方法。对于软基上低坝面流消能下游冲深的估算，可参考有关资料[22]。

第四节　面流消能的水力设计原则与步骤

面流消能水力设计的目的，在于确定坎台尺寸，使设计的各级流量均能发生需要的面流流态衔接。从消能防冲和水流衔接来看，一般认为淹没面流最有利；如有排冰和过木要求，则以自由面流为佳。

设计时，一般按 q_{min}—q_{max} 处于所需要的面流流态区间设计坎台尺寸。当上、下游水位与流量关系曲线、最大及最小单宽流量已经确定时，设计步骤如下述。

一、按坎高 $a=0$ 判别是否能产生面流

按坎高 $a=0$，求得底流衔接时跃后水深 h''_c，若下游水深 $h_t \leqslant h''_c$，则不能产生面流；若 $h_t > h''_c$，则可能产生面流。

二、选择坎台高度 a

（1）按式（4-4-2）、式（4-4-5）计算相应于各级流量的 a_1、a_4 值。

（2）按式（4－4－1）计算相应各级流量的 $a_{\min}$ 值。

（3）按设计要求的流态区间确定坎台高度：

1）若按自由面流至淹没面流区间设计，则 a 值按 $0.93a_1 \geqslant a > a_4$，$a > a_{\min}$ 范围选择。

2）若按淹没面流区间设计，则 a 值按 $a \leqslant 0.95a_4$，$a > a_{\min}$ 范围选择。

三、对上述选择的坎台高度 *a*，进行流态复核

（1）在本章第三节中选择 h''_{t1} 的计算式，计算各级流量下的 h''_{t1} 值。

（2）在本章第三节中选择 h_{t4} 的计算式，计算各级流量下的 h_{t4} 值。

（3）进行流态复核：

1）当按自由面流区间设计时应满足：

$$h''_{t1} \leqslant h_t < h_{t2}$$

2）当按淹没面流区间设计时应满足：

$$1.05h_{t4} \leqslant h_t < h_{t5}$$

由于目前 h_{t5} 值的上、下限差别太大，尚难确定，为了确保淹没面流流态，一般应使下游水深 h_t 等于或略大于 $1.05h_{t4}$ 控制。

3）如果运行上没有特殊要求时，一般可按 $h''_{t1} \leqslant h_t \leqslant 1.05h_{t4}$ 控制。

应该指出的是：面流流态区间的大小与相应坎台尺寸 L/P、a/P 有关。因此，通过流态复核，可以进一步检查坎台尺寸的选择是否相当，从而根据工程的具体情况，通过优选或方案比较，确定合适的坎台尺寸值。

四、计算冲坑深度和校核鼻坎下防冲齿墙的深度是否安全

上述面流计算基于水流为平面问题的假定。要注意闸门运用对流态的影响。由于面流流态变化复杂且不稳定，所以一般仍应通过模型试验给予验证。

第五章　消能戽的水力计算

消能戽是利用淹没挑水坎将水流挑向水面，形成旋滚和涌浪，产生强烈的紊动摩擦和扩散作用，以达到消能防冲的目的。由于消能戽消能效果较好，且体积小，工程量省，施工方便，因而它是一种较好的消能建筑物型式，已在我国逐步推广。但它要求下游基础较为坚实和尾水较深；而且由于水面有一定的波动，戽端易受磨损，对排泄漂浮物也不利。因此，在采用消能戽型式时，应考虑其适用条件。

消能戽按照其挑坎型式不同，分为连续式（实体）消能戽和差动式消能戽两种，如图4－5－1所示。

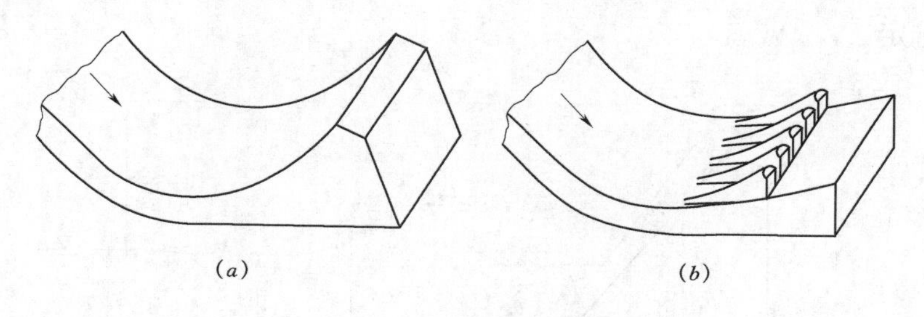

图4－5－1　消能戽
（a）连续式消能戽；（b）差动式消能戽

第一节　戽　流　流　态

图4－5－2所表示的是消能戽随下游水位变化的典型流态过程。消能戽设计所要求的

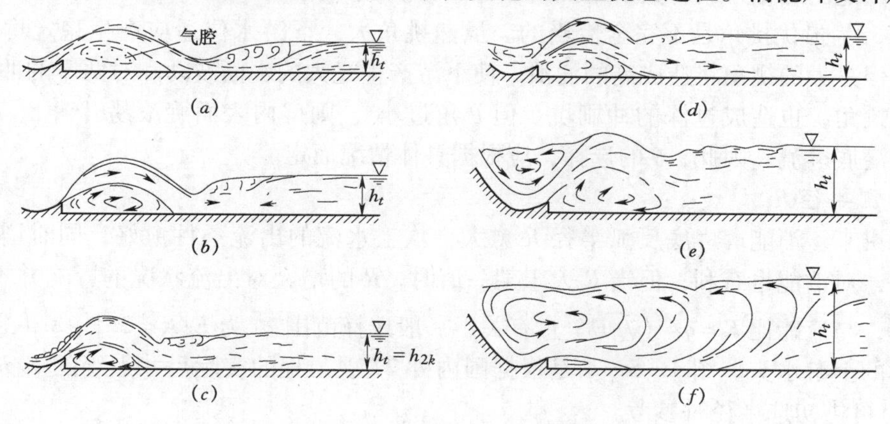

图4－5－2　戽流典型流态
（a）自由戽流；（b）附着戽流；（c）临界戽流；（d）稳定戽流；（e）淹没戽流；（f）潜底戽流

流态，一般以图 4-5-2（d）的稳定戽流为目标。这种流态，形成通常所说的“三滚一浪”。即水流经戽坎作用，戽内形成表面水滚，戽坎后形成涌浪，浪后形成一残流水滚，坎后水舌底部形成一反向水滚。由于这种流态的旋滚体积大，主流上漂，因而对消能防冲有利。但它的涌浪后水流弗劳德数小，易出现波状水跃，冲刷下游岸坡。而且随着淹没程度的增加，特别在小挑角 θ，小反弧半径 R 情况下，易产生潜底戽流，这种情况是需要避免的。

差动消能戽可以调整戽流流态，较之连续式消能戽有降低涌浪高度、缓和戽外底部旋滚、防止河床质卷入戽内等作用，但齿坎侧边易出现负压，产生空蚀破坏。

第二节 连续式消能戽的水力计算

一、连续式消能戽的尺寸选择

如图 4-5-3 所示，设计连续式消能戽时，首先要对挑角、反弧半径、戽唇高度和戽底高程进行选定。

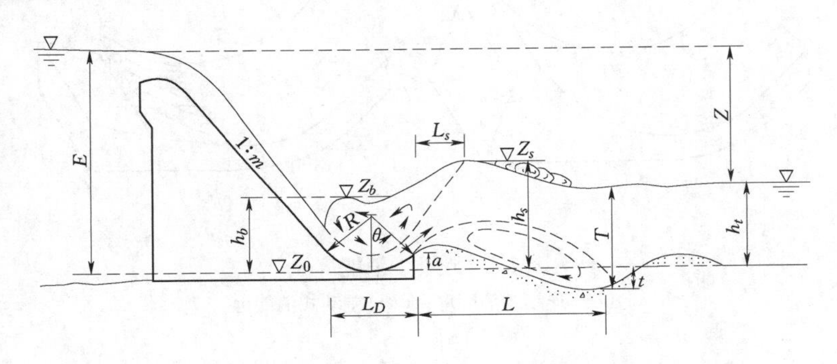

图 4-5-3 连续式消能戽

1. 挑角 θ

目前兴建的工程，大多数采用挑角 $\theta=45°$，少数采用 $\theta=30°\sim40°$。试验表明，过去认为 $\theta=45°$为最优挑角是不完全恰当的。虽然挑角大，下游水位适应产生稳定戽流的范围增大；但是大的挑角将造成高的涌浪，使下游产生过大的水面波动和对两岸的冲刷，同时过大的挑角，也造成过深的冲刷坑。但 θ 角过小，则戽内表面旋滚易“冲出”戽外，并易出现潜底戽流。因此，θ 的选择，应根据具体情况而定。

2. 反弧半径 R

一般讲来，消能戽戽底反弧半径 R 愈大，坎上水流的出流条件愈好，同时增加戽内旋滚水体，对消能也有利；但当 R 大于某一值时，R 的增大对出流状况的影响并不大。R 值的选择，与流能比 $K=q/(\sqrt{g}E^{3/2})$ 有关，一般选择范围[22]为 $E/R=2.1\sim8.4$，E 为从戽底起算的上游水头。图 4-5-4 是根据国内外 27 项工程的实际尺寸点绘的 $E/R\sim K$ 关系图[22]，可供初选半径时参考。

3. 戽唇高度 a

为了防止泥沙入戽，戽唇应高于河床，对于戽端无切线延长时，有 $a=R(1-\cos\theta)$，

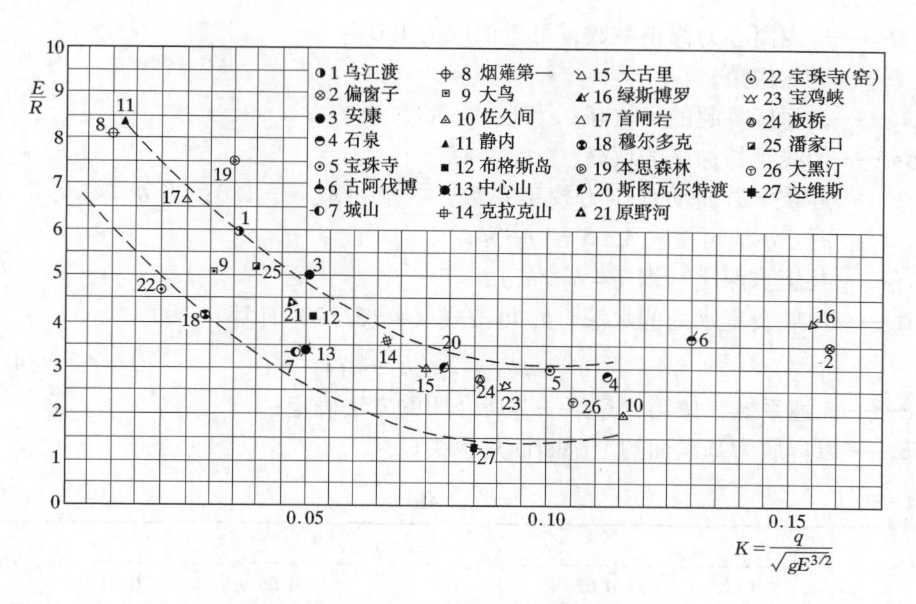

图 4-5-4 E/R—K 关系图

戽唇高度一般约取尾水深度的1/6。高度不够的可用切线延长加高。

4. 戽底高程 Z_0

戽底高程一般取与下游河床同高，其设置标准是以保证在各级下游水位条件下均能发生稳定戽流为原则。戽底太高，容易发生挑流流态；戽底降低，虽能保证戽流流态的产生，但降低过多，挖方量增大。因此，戽底高程的确定，需将流态要求和工程量的大小统一考虑。

二、下游水流衔接和冲深计算

由于对戽流的流态的研究还不够，下面介绍的计算方法，仅供设计时的参考[22]。

1. 水流衔接的计算——“戽跃”共轭水深 h_{2k} 的计算

（1）按临界戽流动量方程计算“戽跃”的共轭水深 h_{2k}。产生临界戽流时，可用动量方程写出戽底断面与下游尾水断面水力要素之间的关系，得到下列临界戽流动量方程，求解“戽跃”的共轭水深（临界戽流界限水深）。

1）戽底与河床不在同一高程，且有切线延长加高戽坎高程的情况，如图 4-5-5 所示。

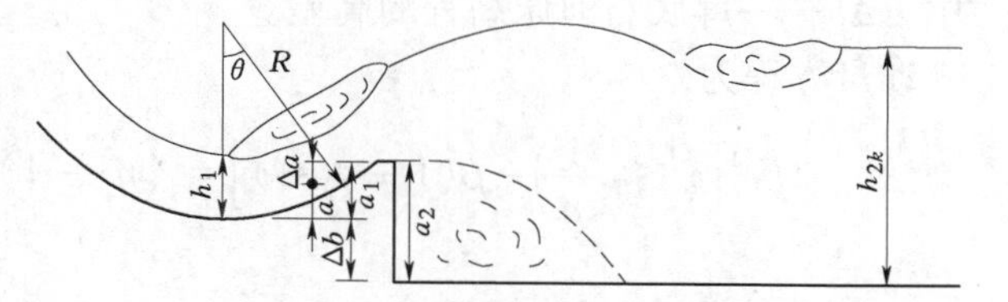

图 4-5-5 戽底与河床不同高程且有切线延长坎高

动量方程为

$$2Fr_1^2\left[(1-\frac{1}{\eta}-\beta(1-\cos\theta)\right]=(\eta^2-1)+\frac{R}{h_1}\sin^2\theta-\frac{2a_2}{h_1}(\alpha\eta-\frac{a_2}{2h_1})+\frac{2\Delta a}{h_1}\cos\theta \tag{4-5-1}$$

式中 Fr——戽底处的弗劳德数，$Fr_1=q/(\sqrt{g}h_1^{3/2})$；

β——戽内离心力修正系数，可近似取为1.0；

θ——戽坎挑角；

a_2——自河床算起的戽坎高；

Δa——切线延长加高的坎高；

α——戽坎下游面动水压力校正系数，一般可取 $\alpha=1.0$；当 $\theta=45°$、$E/R<3.0$ 时，α 值可按表4-5-1估算；

η——共轭水深比（即 $\eta=h_{2k}/h_1$）；

h_1、h_{2k}——戽底及尾水处的水深，h_1 可按式（4-5-2）计算：

$$q=\varphi h_1\sqrt{2g(E-h_1)} \tag{4-5-2}$$

式中 φ——流速系数，按第二章第一节所介绍的方法确定；

E——以戽底为基准面的上游断面总水头。

表4-5-1 α 值

E/R	$K=q/(\sqrt{g}E^{3/2})$					
	0.01	0.02	0.04	0.06	0.08	0.10
2.3~3.0	0.95	0.91	0.86	0.85	0.88	0.96
2.0~2.3	0.95	0.91	0.85	0.835	0.855	0.925
1.5~2.0	0.95	0.91	0.84	0.815	0.825	0.89

2）戽底与河床在同一高程，无切线延长坎高，即

$$a=a_1=a_2=R(1-\cos\theta),\Delta a=0,\Delta b=0$$

动量方程为

$$2Fr_1^2\left[\left(1-\frac{1}{\eta}\right)-\beta(1-\cos\theta)\right]=(\eta^2-1)+\frac{R}{h_1}\left\{\sin^2\theta-2(1-\cos\theta)\left[\alpha\eta-\frac{R(1-\cos\theta)}{2h_1}\right]\right\} \tag{4-5-3}$$

3）戽底与河床不在同一高程，无切线延长坎高，即

$$a=a_1=R(1-\cos\theta),a_2=a+\Delta b$$

式中 Δb——戽底与河床高程的高差。

动量方程为

$$2Fr_1^2\left[\left(1-\frac{1}{\eta}\right)-\beta(1-\cos\theta)\right]=(\eta^2-1)+\frac{R}{h_1}\sin^2\theta-\frac{2a_2}{h_1}\left(\alpha\eta-\frac{a_2}{2h_1}\right) \tag{4-5-4}$$

4）戽底有一水平段（戽式消能池），无切线延长坎高。

当下泄单宽流量过大时，为了加大戽内旋滚体积，增加消能效果，从戽体最低断面开始，设置一段水平池底，使戽体形似消能池，但却保持戽流的特点，故称为“戽式消能池”，如图4-5-6所示。

戽式消能池的水力计算式，可用式（4-5-3）或式（4-5-4），但式中 h_1 应用池底水平段末端的水深 h'_1 代替，h'_1 由推算水面线求得（由 h_1 向 h'_1 推算），一般当水平段 l' 不长时，其水平段末端水深近似可用 h_1 代替。

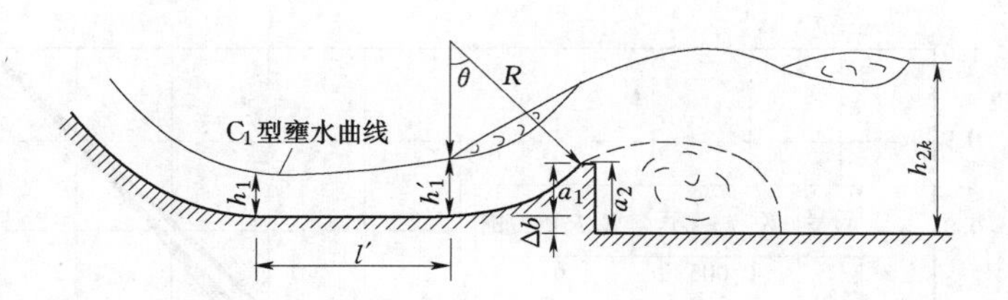

图 4-5-6　戽式消能池示意图

在解求临界戽流的共轭水深 h_{2k} 时，为了避免利用式（4-5-3）的试算麻烦，图 4-5-7 绘出了戽底与河床齐平（即 $a=a_1=a_2$）、$\alpha=1.0$、$\beta=1.0$、$E/R=2.3\sim3.2$ 四种不同挑角时的 $K\sim h_{2k}/E$ 计算曲线。当已知流能比 $K=1/(\sqrt{g}E^{3/2})$ 时，可从图中直接查出 h_{2k}/E，从而得 h_{2k}。当 E/R 超过 2.3～3.2 范围时，可近似采用。

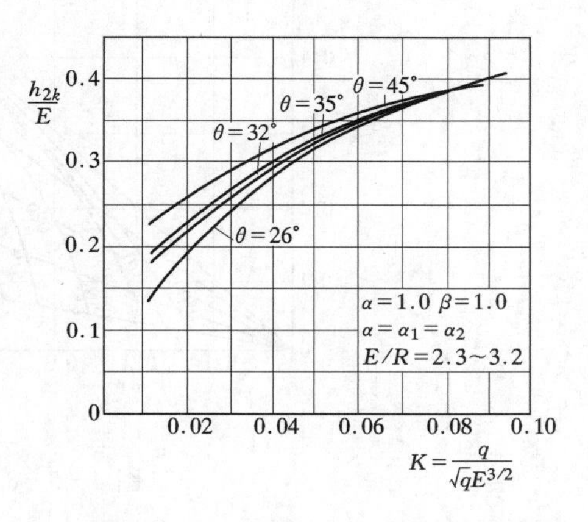

图 4-5-7　$K—h_{2k}/E$ 计算曲线

（2）用经验公式[22]计算“戽跃”的共轭水深 h_{2k}。当戽底与河床不在同一高程，无切线延长坎高（$\Delta a=0$），挑角为45°时，有

$$\frac{h_{2k}}{h_1}=1.4Fr_1+\left[\frac{7.0}{a_2/(a+4.78)}-1.21\right] \tag{4-5-5}$$

式中　$a_2=a_1+\Delta b$，见图 4-5-5；

其他符号意义同前。

当 $a_2=a$ 时，即为戽底与河床在同一高程，无切线延长坎高计算“戽跃”共轭水深的经验公式。

（3）按戽流特性曲线计算“戽跃”的共轭水深 h_{2k}。戽流衔接计算时，也有采用模型实测戽流特性曲线计算的。图 4-5-8 为挑角 45°、入流坝面坡 1∶1 时的一组戽型消能工的特性曲线。该图提供了从自由射流到戽流各种流态时的 h_2/E 及戽底处的相对水深 h_b/E（h_b 见图 4-5-3）。如已知单宽流量 q 及以戽底为基准的上游总水头 E 时，即可按 $K=q/(\sqrt{g}E^{3/2})$ 求得流能比 K，从而找到该流能比曲线与 $h_b=0.2h_2$ 直线的交点，由该点相应的纵横坐标值 h_b/E、h_2/E 可算得 h_b、h_2，即为产生临界戽流时的戽底处水深及所要求的下游水深；同理亦可以求得与 $h_b=0.4h_2$ 直线的交点，并由此得到产生稳定戽流时的戽底水深 h_b 及所要求下游水深 h_2。

各种方法计算所得的“戽跃”共轭水深值，均由于选用系数不同以及量测精度限制，有一定程度的出入，仅作为初步设计参考。重要的工程还是要通过模型试验决定。

2. 戽后涌浪水深 h_s 的确定[22]

在戽后形成涌浪这是消能戽流态的特性。因而确定涌浪水深以及所处的位置，对设计边墙尺寸、了解水流特性都有着重要的意义。

（1）涌浪水深 h_s 估算式

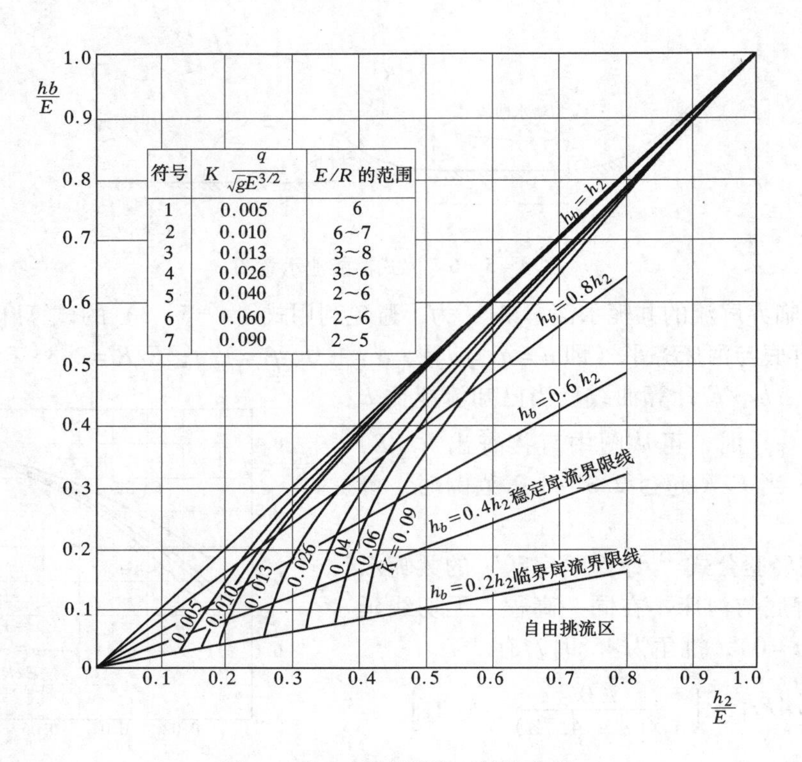

图 4-5-8 戽型消能工特性曲线

$$\frac{h_s}{h_{sk}} = 0.57\frac{h_t}{h_{2k}} + 0.43 \qquad (4-5-6)$$

式中 h_{sk}——临界涌浪水深，即产生临界戽流时相应的涌浪水深，可按式（4-5-7）估算。

$$\frac{h_{sk}}{h_1} = 2.20Fr_1 - 1.0 \qquad (4-5-7)$$

（2）涌浪最高点至戽端的距离 L_s 估算式

$$\frac{L_s}{h_s} = 0.9 - 0.07Fr_1 \qquad (4-5-8)$$

式（4-5-6）~式（4-5-8）是在挑角为45°条件下算得的。

3. 消能戽下游冲刷坑深度的估算[22]

（1）冲坑深度估算

$$T = 0.832q^{0.67}\left(\frac{Z}{d_{50}}\right)^{0.182} \qquad (4-5-9)$$

式中 T——下游水位到冲坑底部的高差，m；

d_{50}——相应于级配曲线50%的对应粒径，m；

q——溢流坝鼻坎上单宽流量，m^3/（s·m）；

Z——上下游水位差，m。

（2）戽末端与冲坑最深点的高差（m）

$$L = 3.0q^{0.67}\left(\frac{t}{d_{50}}\right)^{0.095} \qquad (4-5-10)$$

式中　t——从河床高程算起的冲坑深度，m；

其他符号的意义、单位与式（4-5-9）相同。

第三节　连续式消能戽的水力计算步骤和方法

消能戽应以其运行区间为稳定戽流（或允许部分处于淹没戽流区）的原则作为设计的目的。其计算步骤如下述。

一、计算产生稳定戽流及淹没戽流的界限水深

（1）由式（4-5-1）~式（4-5-4）及图4-5-7求得临界戽流时的共轭水深h_{2k}，但从临界戽流区到稳定戽流区有一个过渡区，因此产生稳定戽流的界限水深$h_{t1}=\sigma_1 h_{2k}$，其中σ_1称为第一淹没系数，取值为1.05~1.1[22]；从稳定戽流进入淹没戽流的界限水深$h_{t2}=\sigma_2 h_{2k}$，其中σ_2称为第二淹没系数，其大小与流能比K、挑角θ、反弧半径R有关，可参照图4-5-9决定，为了保证产生稳定戽流，应使下游水深h_t满足$h_{t1}\leqslant h_t\leqslant h_{t2}$；若允许部分处于淹没戽流区运行时，则允许下游水深$h_t>h_{t2}$；但以不出现潜底戽流为限。如图4-5-9所示。

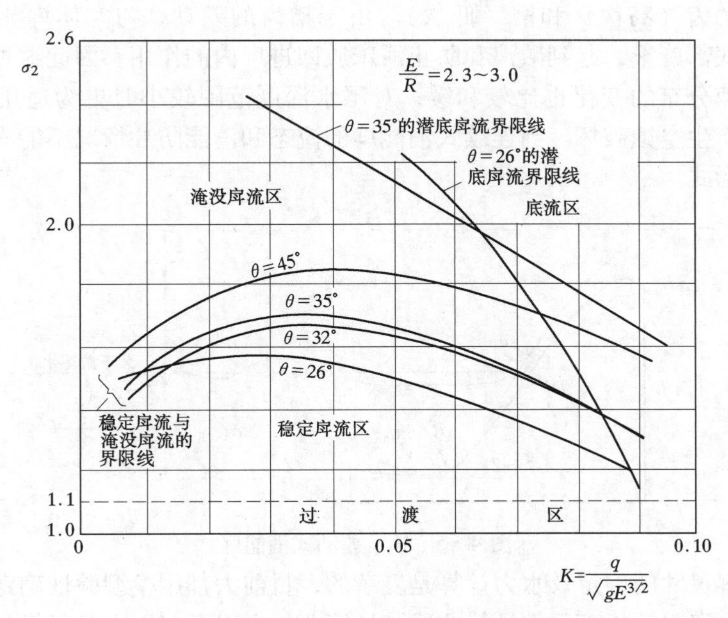

图4-5-9　稳定戽流与淹没戽流的界限区别

（2）如用图4-5-8计算界限水深时，在$h_b=0.2h_2$直线上取值，求得h_2则为临界戽流时所要求的共轭水深h_{2k}。产生稳定戽流界限水深h_{t1}可以按1.05~1.1h_{2k}计算。也可按图4-5-8中在$h_b=0.4h_2$直线上取值（h_{t1}即等于其相应的h_2值）。其余参照步骤（1）进行。

二、设计方法

设计消能戽时，先参照工程实例和戽流流态的要求，初步设计戽体体型和尺寸，然后

对几个特征流量（如设计流量、校核流量，特别是中小流量），按上一步骤计算 h_{t1} 及 h_{t2}，并绘出 h_{t1}（$\sigma_1 h_{2k}$）—Q 和 h_{t2}（$\sigma_2 h_{2k}$）—Q 的关系曲线，在同一图中，绘出下游水深 h_t 和流量 Q 的关系曲线。如果 h_t—Q 曲线全部处于稳定戽流区（或仅有部分处于淹没戽流区），则初步设计的戽体体型和尺寸符合要求；若 h_t—Q 曲线部分伸入过渡区或挑流区，则应对于挑流冲刷进行校核；若冲刷不符合要求，则需重选体型和尺寸。

三、淹没系数选择原则

关于淹没系数的选择问题，对于消能戽来说，最优的流态是稳定戽流，也可允许在大流量、深尾水运用情况下，戽流处于稍有淹没戽流区。增大淹没系数 σ，可降低坎址附近河床冲深，但 σ 值增大，要求的下游尾水深度也增大。对于尾水不足的工程，为了满足尾水深，修建二道坎，从而增加了工程投资；对连续式消能戽，还可能产生大的涌浪，加剧下游岸坡冲刷。总之，σ 值的选择，应综合考虑其优缺点，比较后才能确定。

第四节 差动式消能戽的水力计算

图 4－5－10 是差动式消能戽，它是实体消能戽的一种改进型式，它的特点是戽末设一排不同挑角的齿（高坎）和槽（低坎）。由于槽齿的差动，与实体戽相比，可降低涌浪，缓和戽外底部旋滚，起到减浪和防止河床质回进戽内的作用。因此这种戽的出流较实体戽均匀，流速分布的变化也比较和缓，对尾水深度范围较小时更为适用；但结构较复杂，齿坎可能产生空蚀破坏。当连续式消能戽的流态和消能防冲情况不能满足要求时，可考虑采用此种形式。

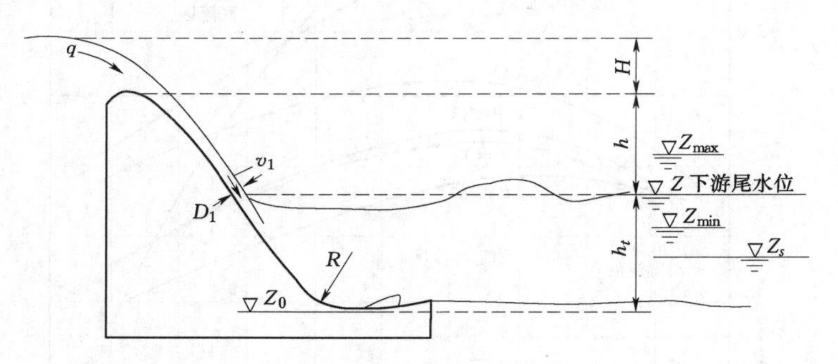

图 4－5－10 差动式消能戽

差动消能戽尺寸的确定及水力计算是复杂的，目前大都用模型验证确定。以下介绍的是根据模型试验资料分析而得的计算曲线。计算曲线在以下范围内是可靠的：①单宽流量 $q \leqslant 46.5 \sim 55.8 m^3/(s \cdot m)$；②按图 4－5－15 的尺寸型式布置；③入戽流速不大于 22.9m/s；④出口水流无特殊要求时（如溢流坝尾端显然没有出现旋流的可能性以及下游渠道中的波浪不成为问题时）。否则按上述计算曲线设计后，应通过模型试验验证，其水力设计方法和计算步骤如下述。

一、根据最大单宽流量确定戽半径

（1）根据坝面最大单宽流量 q 及 H、h（H、h 见图 4－5－10），计算坝面溢流水舌紧临下游水位处的平均流速 v_1、水舌厚度 D_1 及弗劳德数 Fr。

$$v_1 = \varphi\sqrt{2g(H+h)} \tag{4-5-11}$$

式中，流速系数φ可用式（4－2－2）计算；其余符号见图4－5－10。

$$D_1 = q/v_1; \quad Fr = v_1/\sqrt{gD_1}$$

（2）戽的最小允许半径的计算及戽半径的选定：以步骤（1）计算的弗劳德数Fr值，由图4－5－11查得相应的$R_{min}\Big/\left(D_1+\dfrac{v_1^2}{2g}\right)$值，按步骤（1）算得的$v_1$、$D_1$代入，算得最小允许半径$R_{min}$，据此可按$R \geqslant R_{min}$及工程实际选定戽半径$R$。

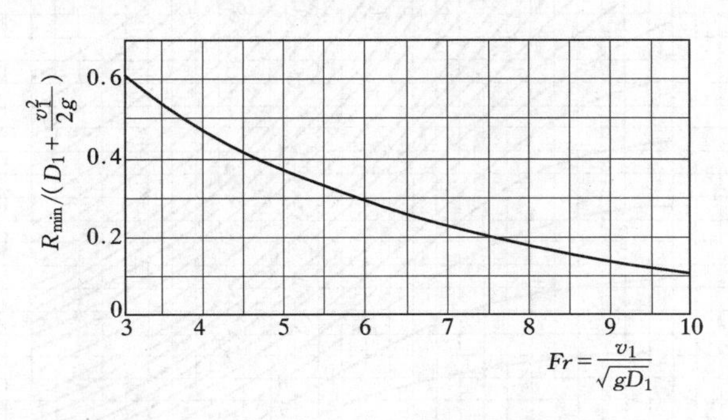

图4－5－11　R_{min}—Fr关系图

二、计算运用区间的各种尾水限制值

首先在运用区间（$q_{min} \sim q_{max}$）中选取几个特征流量，算得其相应的v_1、D_1及Fr，分别计算各个流量相应的最大和最小尾水深度极限值h_{tmax}、h_{tmin}，以及溜出水深h'_s。计算方法如下：

（1）计算最小尾水深度极限值h_{tmin}：根据选定的戽半径算得$R\Big/\left(D_1+\dfrac{v_1^2}{2g}\right)$，再用$R\Big/\left(D_1+\dfrac{v_1^2}{2g}\right)$和弗劳德数$Fr$值，由图4－5－12查得$h_{tmin}/D_1$，然后计算出最小尾水深度极限值。

（2）计算最大尾水深度极限值h_{tmax}：由选定的戽半径算得$R\Big/\left(D_1+\dfrac{v_1^2}{2g}\right)$，按该值和$Fr$值由图4－5－13查得$h_{tmax}/D_1$值，然后计算出$h_{tmax}$。

（3）计算溜出水深h'_s（尾水深度降到此深度时，水流将溜出戽外，形不成旋滚，起不到消能戽的消能作用）：以$R\Big/\left(D_1+\dfrac{v_1^2}{2g}\right)$和$Fr$值，按图4－5－14查得$h'_s/D_1$然后算得$h'_s$。

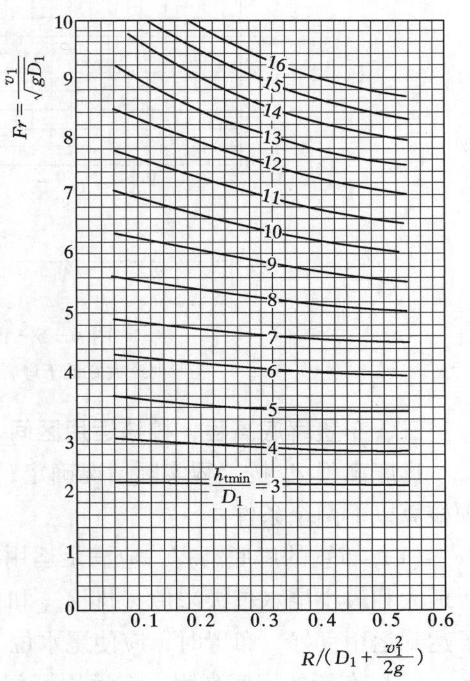

图4－5－12　Fr—R关系图（一）

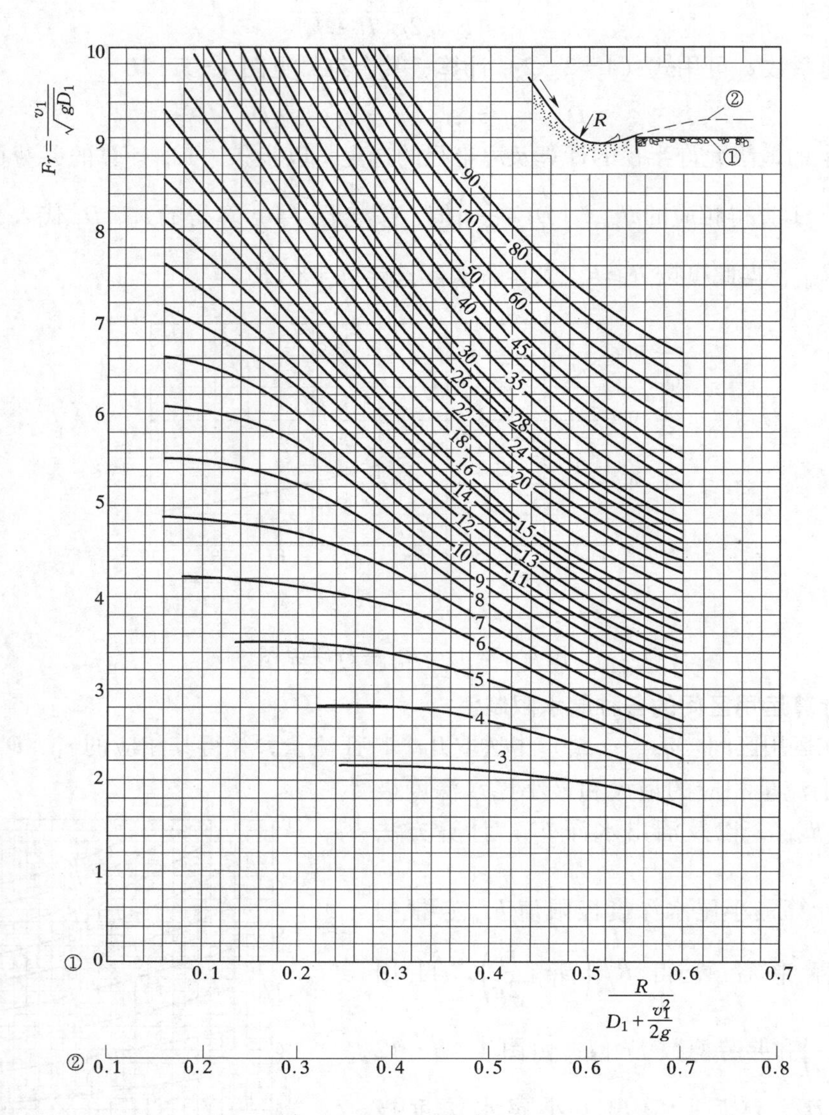

图 4-5-13 Fr—R 关系图（二）

①—河床大致低于戽唇 $0.05R$；②—河床在护坦后向上倾斜

三、布置戽底高程，校核运用区间

戽底高程 Z_0 按工程实际情况确定，在可能情况下，可使戽唇和戽底高于河床，但必须核算以下两个条件：

（1）布置的戽底高程，应满足运用区间内的各个流量相应的下游尾水位（Z），并处于最大和最小尾水位极限值（即 $Z_{\max}$ 和 $Z_{\min}$）之间。$Z_{\max}=Z_0+h_{t\max}$；$Z_{\min}=Z_0+H_{t\min}$。为了达到运用良好，布置时，应使尾水位（Z）尽量接近最小尾水位极限值 $Z_{\min}$。

（2）布置的戽底高程，在运用区间的各种流量下，均应满足溜出水深的相应尾水位 $Z_s<Z$，并使具有一定的安全度，其中 $Z_s=Z_0+h'_s$。

如果不满足上述要求时，则应调整戽底高程或适当加大戽半径，从而扩大下游尾水位适应的范围。

四、计算戽的尺寸

根据所选定戽半径 R，利用图 4-5-15，计算齿的大小、间距和其他有关尺寸。

五、估算由戽内至戽下游的纵向水面线

根据最大流量，由“一”、中步骤（1）算得弗劳德 Fr 和选定的戽半径 R 与坝高 P（从戽底算起）的比值 R/P，由图 4-5-16 查得相应的 A/h_t 值，然后计算涌浪处水深 A 值。试验表明戽内水深 B 值，在设计运转范围内，一般为 80% ~85% 的下游水深值；当在最小尾水深度极限值时，上述百分数下降到 70%；当在最大尾水深度极限值时，此值增加接近于 90%。根据计算得的 B、A 及下游水深 h_t 值，即可粗略估计纵向水面线。

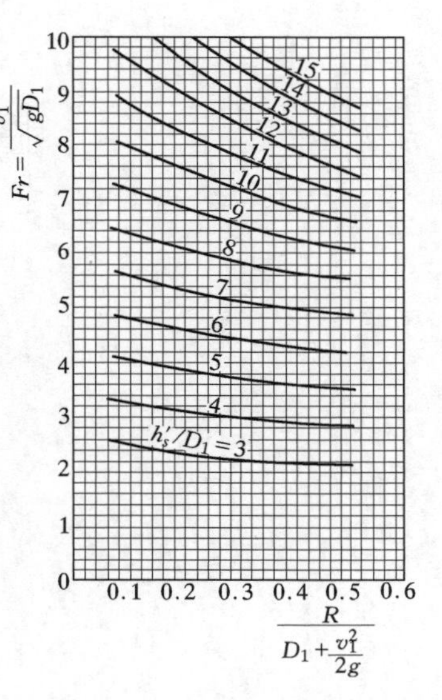

图 4-5-14 Fr—R 关系图（三）

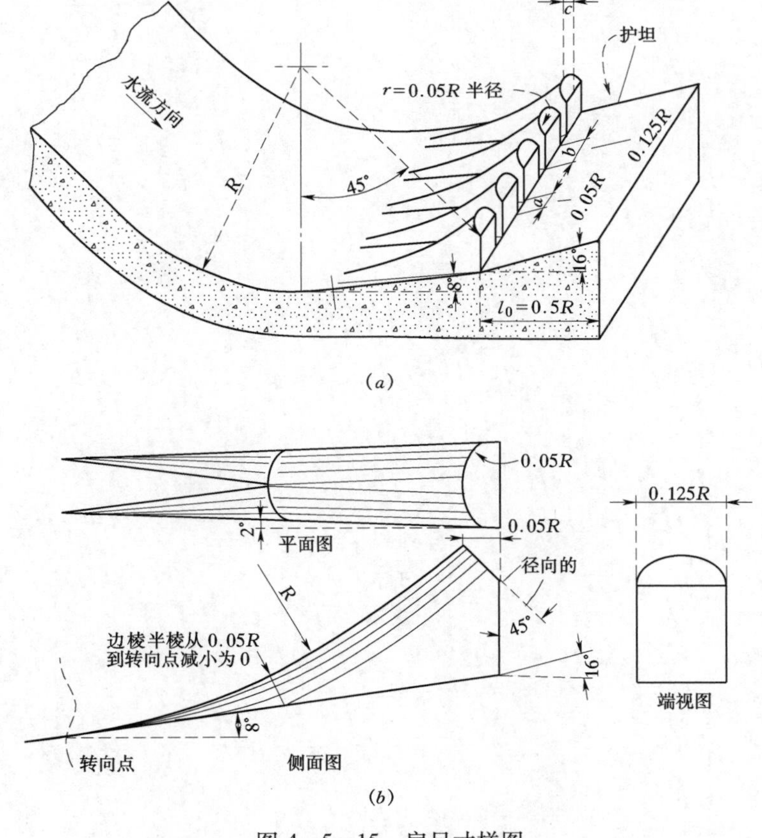

图 4-5-15 戽尺寸样图

（a）戽尺寸布置图；（b）戽齿详图

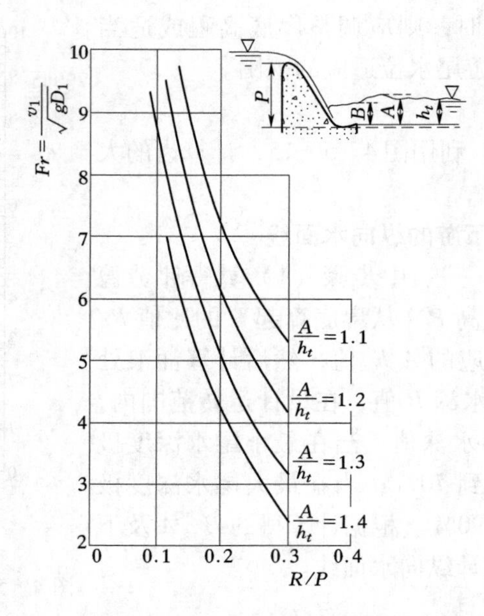

图 4-5-16 Fr—R/P 关系图

第六章 几种特种消能工的水力计算

第一节 特种消能工的几种定型设计[9]

一、陡槽冲击消能工

陡槽冲击消能工，如图4-6-1所示。

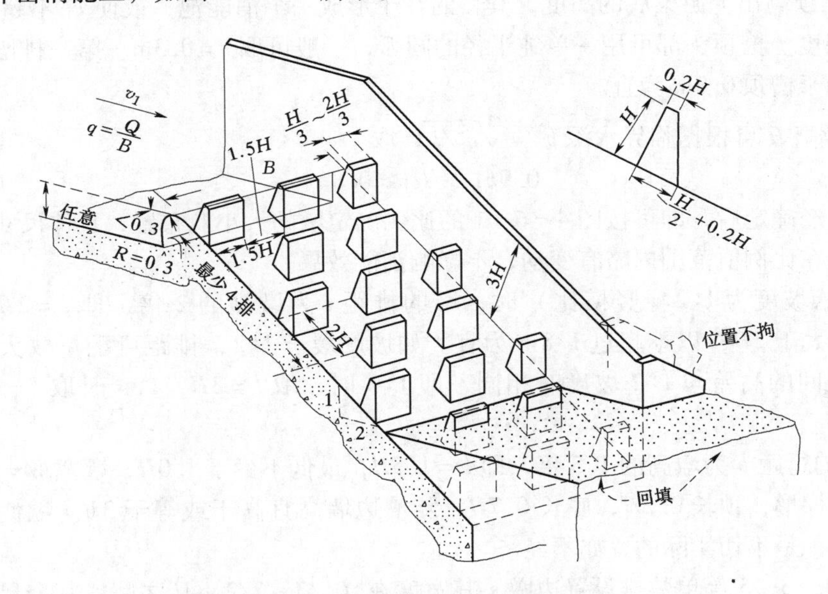

图4-6-1 陡槽冲击消能工（单位：m）

1. 适用范围

适用于陡槽及渠道跌水处，长度无限制，矩形断面或梯形断面均可。

最大容许 $q<5.6\text{m}^3/(\text{s}\cdot\text{m})$。但实际工程运行经验表明，可通过2.0~2.5倍的设计 q 值作短时间的超流量泄洪，亦未造成下游严重冲刷破坏。设计上仍应灵活掌握。

2. 特点

陡槽上沿程加设消能墩后，能维持陡槽进出口流速相等，如进口为缓流，出口仍为缓流，无须在出口处再造消能池。对下游尾水无严格要求，如下游有尾水，可以进一步起到减少冲刷的作用；如无尾水，因部分消能墩（至少1~2排）埋于河床下，最后可达到冲淤平衡。

3. 设计准则

一般宜按可能出现的最大流量 Q 设计，使

$$q=\frac{Q}{B}<5.6\text{m}^3/(\text{s}\cdot\text{m})$$

以此来决定槽宽 B。一般而言，若增加 B 以减小 q，则在结构上较为经济（须视具体情况而定）。

4. 水力设计步骤

（1）进口流速 v_1 愈低愈好，v_1 应小于临界流速，经验公式为

$$v_1 \leqslant \sqrt[3]{gq} - 1.52 \quad (4-6-1)$$

一般情况下陡槽进口流速都能满足上式条件，但如陡槽前由闸门控制放水，且开启度较小或闸前水头较大，流速有可能超过此限。在此情况下，槽前应设一水跃消能池，但池长不必按底流消能的传统设计，只需2倍跃后水深即可，或根据试验确定。消能池尾槛可作为陡槽槽顶，一般呈圆弧形。

（2）槽顶高出上游渠底的高度，其目的在于形成一个消能池，或使 v_1 不超过式（4-6-1）的限度。槽顶头部可用一单纯半径的圆弧，一般可取 $r=0.3$m。第一排墩宜靠近头部，以不低于槽顶0.3m为宜。

（3）墩高 H 可根据临界水深 $h_k=\sqrt[3]{q^2/g}$，取

$$0.9h_k > H \geqslant 0.8h_k \quad (4-6-2)$$

墩高一经确定后，即可按图4-6-1的比例确定墩的大小及布置，具体尺寸可根据布置的方便，在比例值范围内略有变动，不影响消能效果。

1）陡槽坡度为1:2（竖横比）时，墩的排距 l 为墩高的2倍，即 $l=2H$。如 $H<0.9$m，l 可大于 $2H$，以不超过1.8m为宜。如坡度缓于1:2，排距可酌量放大，以维持相邻两排之间的高差与1:2坡度时相同，即1:3时，取 $l=3H$，1:4时取 $l=4H$，依此类推。

2）墩的行距 b 为墩高的1.5倍，即 $b=1.5H$，最低不少于 $1.0H$，墩宽 $W=1.5H$，墩的纵剖面为梯形，顶长 $0.2H$，底长 $0.7H$。陡槽边墙高宜高于或等于 $3H$。欲使墙高能容纳全部水溅，是不切实际的，亦不经济。

3）第1、3、5等单数排设置边墩，其宽度在（1/3～2/3）H 之间，其余尺寸同中间墩。边墩可布置于陡槽的一侧或二侧。如间隙不容许，则无须布置边墩。

4）陡槽上至少应布置4排墩，即可控制水流，使加速减速达到平衡。实际工程中在短陡槽上也有少于4排而运行效果不差的，可作参考。4排以下墩即可保持同一流态。陡槽底必须低于正常河床高度，至少应有一排墩埋入河床下，埋入部分进行回填。

5）墩面一般与槽底正交，但亦可采用直立（垂直于水平线），直立墩面可引起较大的水溅，槽底冲刷较轻，但二者在效果上并无显著差别。

6）陡槽出口周围宜作抛石保护，以防回流淘刷。出口有八字翼墙更好、抛石粒径一般在0.15～0.3m之间。

二、涵管冲击消能箱

涵管冲击消能箱，如图4-6-2所示。

1. 适用范围

适用于小型涵管、涵洞、输放水管道出口等。一般下游无尾水，或有尾水而变动范围较大者。管洞出口断面为圆形、矩形或马蹄形均可。对于矩形或梯形的渠道或陡槽出口，

亦可适用，但渠槽宽必须小于箱宽。

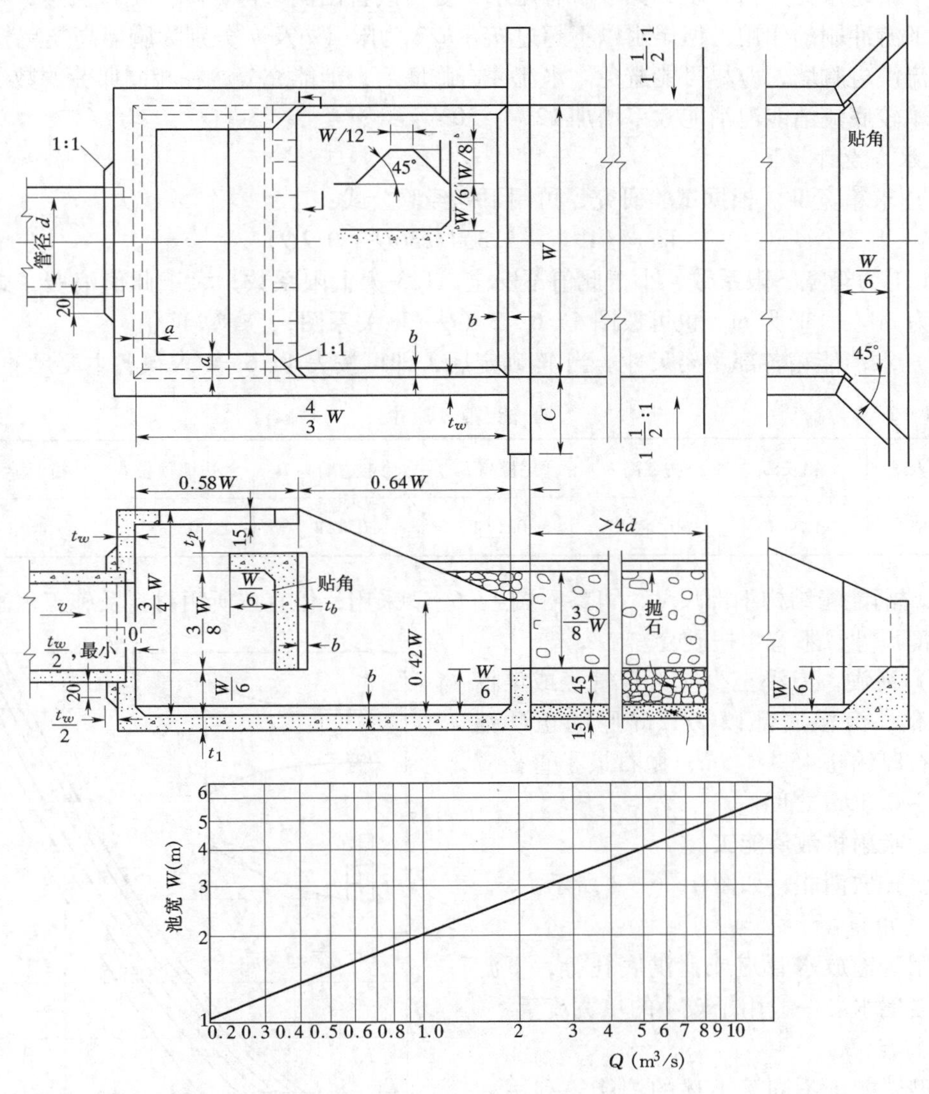

各 细 部 尺 寸

单位：cm

Q（m^3/s）	a	b	c	t_w	t_f	t_b	t_p
2.8	23	8	90	20	20	23	20
5.7	30	10	90	25	28	25	20
8.5	35	15	90	30	30	30	20
11.3	40	15	90	30	33	30	20

图 4-6-2 涵管冲击消能箱

单管最大容许流量 Q 以不超过 $9.6m^3/s$ 为限，出口流速一般应小于 $9.0m/s$。如流量超过限度，可增加消能箱的数目，建造两个或多个平行的消能箱，以保持 $Q<9.6m^3/s$。

2. 特点

对下游尾水无严格要求，如下游有尾水，更可改善出流条件，降低出口流速，有进一步减少下游冲刷的作用，但尾水以不超过 $h'+h/2$ 为限（h 及 h'分别为胸墙高及尾槛高），否则水流漫过胸墙，应尽可能避免。水流冲击胸墙后，消能充分，在相同弗劳德数下，本型消能箱较底流消能池消能效率增加 12% ~30% 。

3. 水力设计步骤

（1）求箱宽 W。根据试验研究，可用下列经验公式：

$$W=(1.1\sim1.3)(\lg36Q+0.2Q) \tag{4-6-3}$$

式中，1.1 为箱宽下限系数，小于此值不安全，1.3 为上限系数，大于此值浪费。式中单位：Q 为 m^3/s，W 为 m。也可按图 4-6-2（Q—W 关系图），查算 W 值。

（2）求消能箱各部主要尺寸。当 W 确定后，即可按表 4-6-1 求得各主要尺寸：

表 4-6-1 消能箱尺寸

箱高 H	箱长 L	胸墙高 h	尾槛高 h'	箱末边墙高 H	边墙顶长 L	箱下游海漫长
$0.75W$	$1.34W$	$0.375W$	$0.17W$	$0.42W$	$0.58W$	$<4d$（管径）

（3）消能箱结构细部尺寸。可参看图 4-6-2 采用，但宜按所用材料及施工水平等确定各细部尺寸，不宜生搬硬套。

（4）海漫。海漫至少应大于管径或渠槽宽的 4 倍，海漫底部以 0.15m 厚的粗砂铺底，抛石厚约 0.45 ~0.5m，抛石最小直径应在 0.12 ~0.36m 之间。

三、喷射扩散消能工

喷射扩散消能，如图 4-6-3 所示。

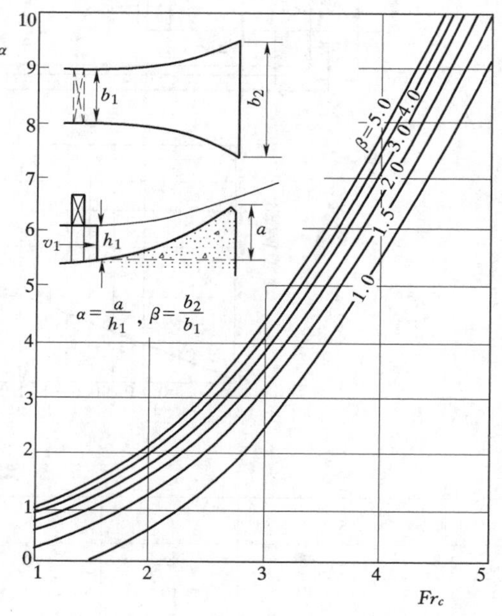

图 4-6-3 喷射扩散消能工

1. 适用范围

适用于输放水管道或泄洪底孔等，下游须有适当尾水。一般用于较小的单宽流量。

2. 特点

此型消能工不同于上述的消能箱利用冲击消能，而是使水流在输放水管道出口处先作横向扩散，然后再以适当挑角射向下游。在性质上与挑流消能无异，其对于尾水及地质的要求亦同于挑流消能，也有雾化问题。此型消能工能否达到充分扩散及自由起挑，主要取决于扩散器的升高率，扩散率及喷射临界弗劳德数而定。

3. 水力设计步骤

（1）根据输放水管道出口断面的宽度 b_1、水深 h_1 及流速 v_1，计算下列参数：

扩散率 $\beta=b_2/b_1$，b_2 为扩散器出口宽度。

升高率 $\alpha = a/h_1$，a 为扩散器坎高。

出口弗劳德数 $Fr = v_1/\sqrt{gh_1}$。

（2）根据南京水利科学研究所的系统研究，用下式确定喷射临界弗劳德数 Fr_c

$$\alpha = 1 + 0.5Fr_c - \frac{1.5}{\beta^{2/3}}Fr_c^{1/3} \tag{4-6-4}$$

若 $Fr > Fr_c$，则表明能自由喷射。否则应改变 α 及 β 值，本式可制成 α—β—Fr_c 关系图，如图 4-6-3 所示。

（3）设计时宜按最低库水位时可能下泄的各级流量计算 Fr 值，在此情况下若能自由挑射，则高库水位亦能自由挑射。

应该注意：由于在推导喷射临界弗劳德数时，未能考虑扩散器的曲率、挑角及扭曲面的影响，一般尚需模型试验的验证，以策安全。

4. 几种类似的扩散消能工简介

以下介绍的几种消能工适用范围，均与喷射扩散消能工相同。

（1）平台扩散消能工。由平台扩散段、渥奇段、陡坡段及消能池组成，实际上是射流经过扩散后的底流消能，如图 4-6-4 所示。

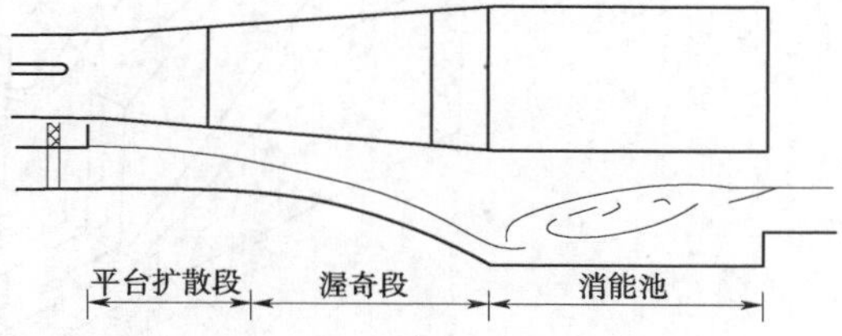

图 4-6-4　平台扩散消能工

（2）突然扩散消能工。若受地形等条件的限制不能采用喷射扩散或平台扩散水跃消能时，可在输放水管道出口将断面突然扩大，如图 4-6-5 所示。但此型消能工由于管壁处有剧烈的脉动压力，可能引起振动，还难于推广应用。

（3）明塘扩散消能工。针对突然扩散消能会在管壁处产生脉动压力等缺点，应使突然扩散后水流有自由水面，如图 4-6-6 所示。然而，由于淹没射流在短距离内难以达到充分扩散的要求，故此型消能工并不经济。

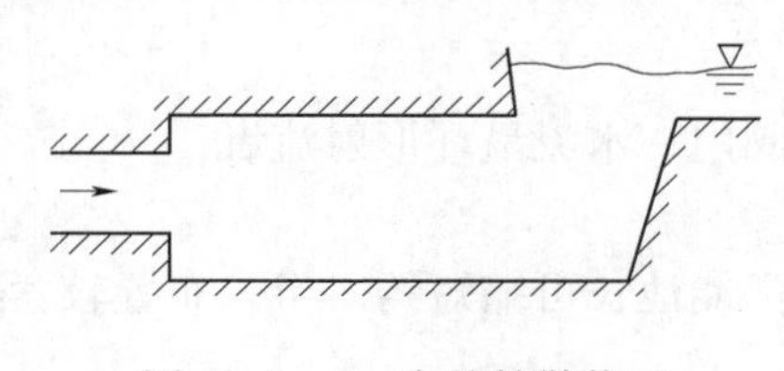
图 4-6-5　突然扩散能工

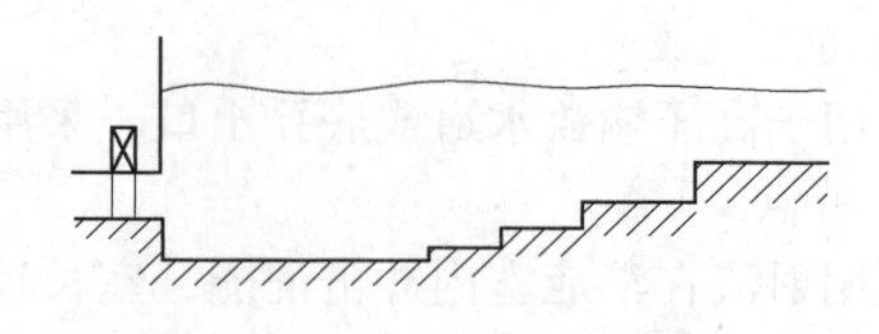
图 4-6-6　明塘扩散消能工

（4）简易扩散消能塘，参见图 4-6-7。

当采用喷射扩散消能时，如下游河床无抗冲能力，则可按图 4-6-7 的布置，设置简易扩散消能圹，消能圹可由抛石或浆砌块石作成，池深约为最大落差的 1/5，最小池宽与射流水舌同宽，或控制出口流速小于 1m/s。池长（包括斜坡段）应与挑距 L_j 相等。当有两个底孔同时出流时，可合用一个消能圹，使两股水舌在圹内对冲消能。

四、喷射消能室

喷射消能室，如图 4-6-8 所示。

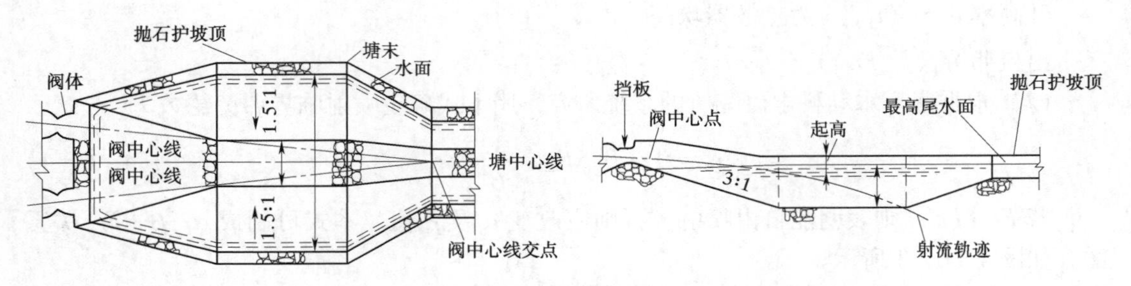

图 4-6-7 简易扩散消能塘

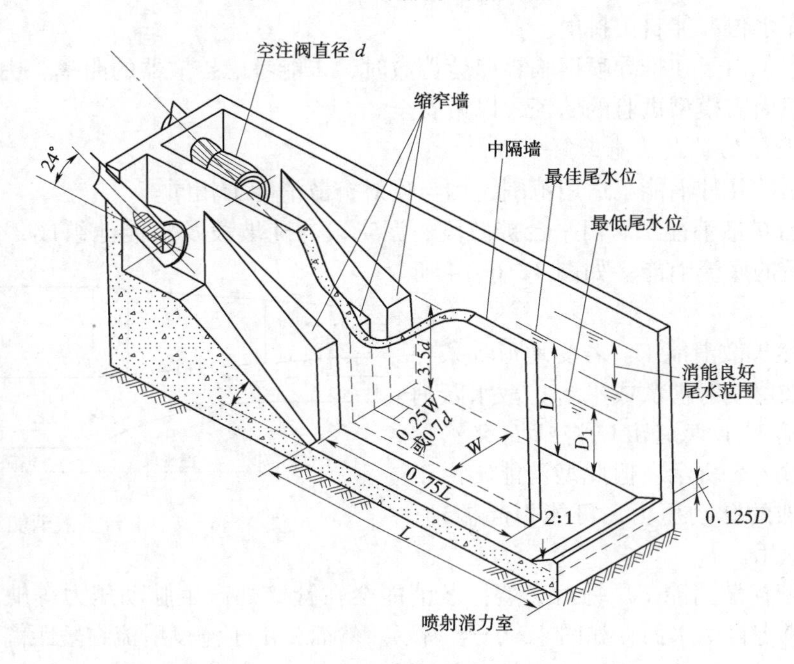

图 4-6-8 喷射消能室

1. 适用范围

适用于高压输放水道或底孔出口，采用空注阀门，水流呈环形射流者。

2. 特点

利用射流在消能室内冲击消能，室长较传统消能池长可缩短约一半，布置较紧凑，但施工质量要求较高。

3. 水力设计步骤

（1）求阀门直径 d。根据设计流量 Q、阀中心线上作用水头 H_e，对于如图4-6-9型式的空注阀（细部尺寸可查阅有关阀门专著），其流量系数 C 可由图 4-6-10 查得，按下列各式先计算阀进口面积 A 及直径 d：

$$A = \frac{Q}{C\sqrt{2gH_e}} \tag{4-6-5}$$

$$d = 2\sqrt{\frac{A}{\pi}} \tag{4-6-6}$$

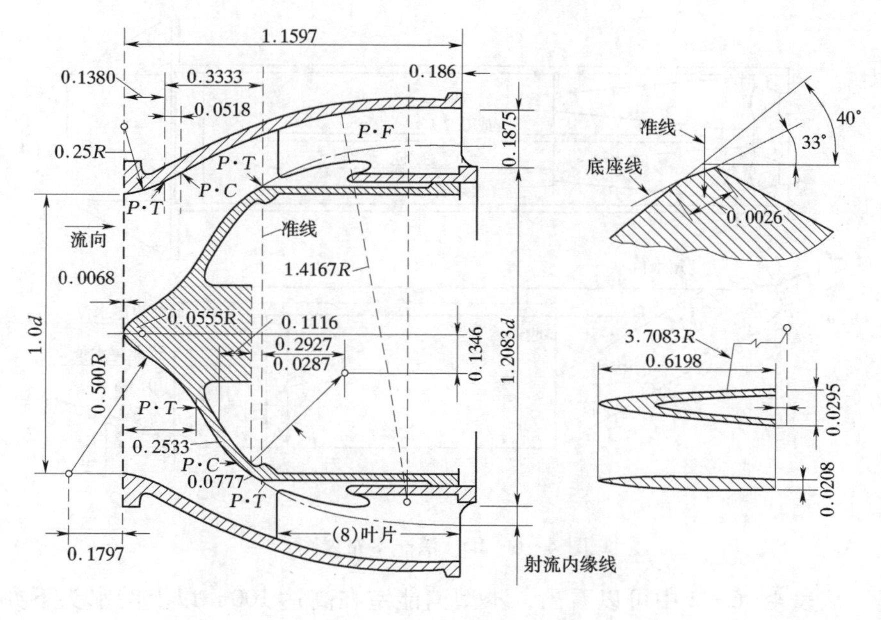

图 4－6－9　空注阀

（2）求消能室各部尺寸。根据 H_e/d 的比值，由图 4－6－11 可查得 L/d、D/d、D_s/d 及 W/d 值，然后即可按图 4－6－12 布置。

4. 设计参考

由于我国尚无采用此种消能方式的工程，特将国外的一些工程实例资料列于表 4－6－2，以供参考。在使用此型消能的国外一些工程中，有隔墙破坏问题，也有发生空蚀破坏的。但空蚀程度轻微，其原因是消能室内局部不平整以及阀体与管轴定线不准，或由于泥

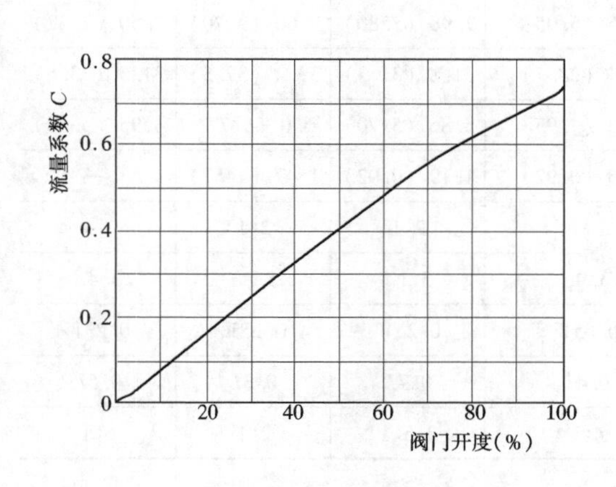

图 4－6－10　阀门开度与流量系数关系图

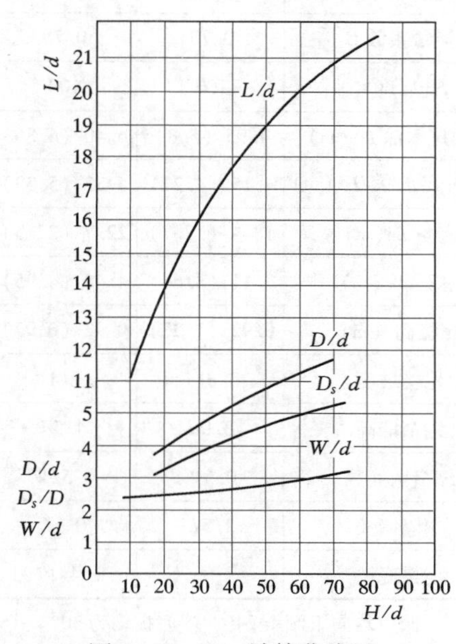

图 4－6－11　计算曲线图

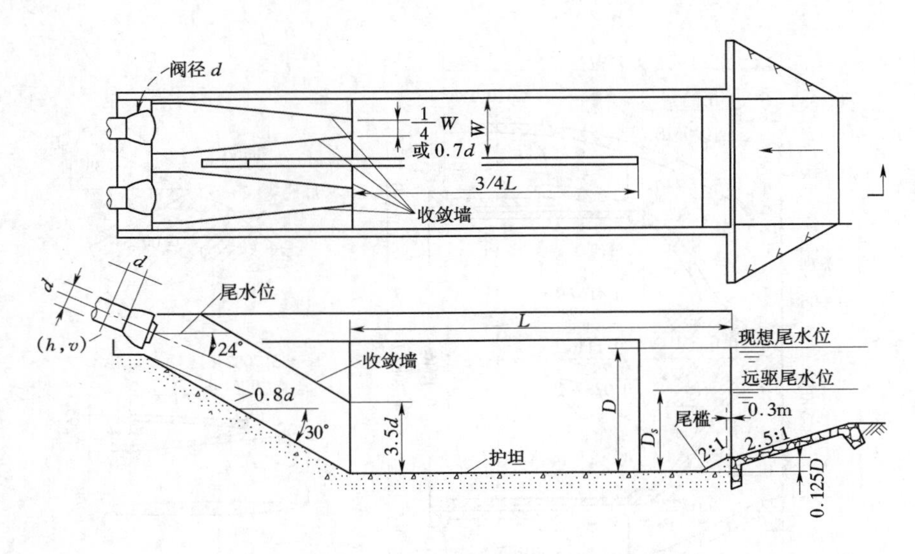

图 4-6-12 消能室布置图

沙的磨损。从表4-6-2中可以看出，本型消能室在高达100m以上的水头下亦能适用，而且水头愈高，流量愈大愈经济。

表 4-6-2 喷射消能室工程实例

消能室尺寸 \ 工程名称	波以森（美国）	法康（美国）	法康（墨西哥）	黄尾	三一（巴西）	纳瓦左（意大利）
阀门直径 d（m）	1.22	1.83	2.28	2.14	2.14	1.83
阀上作用水头 H_e（m）	26.2	24.8	25.0	116.0	96.0	66.2
设计流量（m^3/s）	19.3	41.5	64.8	71.0	108.5	66.4
流量系数 C	0.70	0.70	0.70	0.41	0.70	0.70
阀门开启度（%）	100	100	100	52	100	100
室内尾水深 D（m）	4.95（5.8）	6.40（6.85）	7.50（7.70）	9.60（9.90）	11.8（11.6）	9.15（10.7）
射流冲出水深 D_s（m）	4.15（4.27）	5.32（5.33）	6.15（5.95）	7.90（7.80）	9.60（9.70）	7.50（7.32）
室长 L（m）	18.4（17.7）	22.7（22.5）	26.4（28.7）	31.8（31.3）	39.4（37.5）	31.5（33.6）
室宽 W（m）	3.11（3.66）	4.48（4.95）	5.48（4.95）	5.86（5.70）	6.0（5.77）	4.95（5.50）
尾槛高（m）	0.92（1.22）	0.92（0.92）	0.95（0.92）	1.19（0.92）	1.47（1.52）	—
尾槛坡度	3.3:1	2:1	2:1	2:1	2:1	—
缩窄墙高	$3.0d$	$4.5d$	$3.9d$	$3.1d$	$3.5d$	$3.4d$
缩窄墙间隙	$0.5W$	$0.52W$	$0.65W$	$0.25W$	$0.25W$	$0.23W$
中隔墙长	$1.5L$	$0.5L$	$0.4L$	$0.7L$	$0.3L$	$0.5L$
尾渠底坡	—	4:1	4:1	2.5:1	2:1	6:1

注 1. 阀口均向下倾斜24°，斜底板均为30°。

2. 括弧内数字为各工程根据各自的模型试验决定的尺寸，与按图4-6-11计算的数值出入不大。

五、深筒式消能井

深筒式消能井，如图 4－6－13 及图 4－6－14 所示。

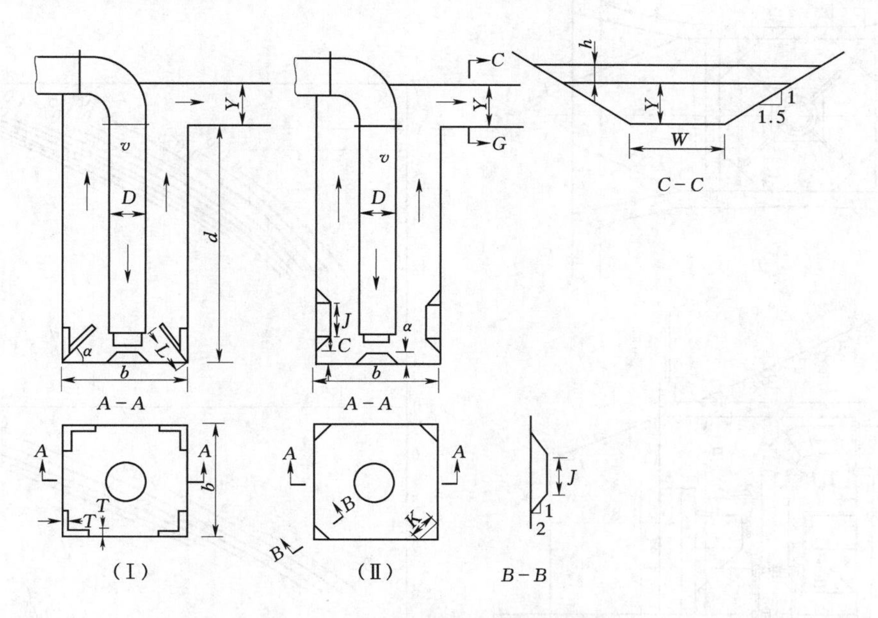

图 4－6－13　深筒式消能井简图

1. 适用范围

适用于输放水管道出口，高水头，小流量。

2. 特点

利用射流对井底的冲击来消能，井底或井壁可设置不同的消能墩块或角铁，以增加消能效果。因井壁易遭磨损，故一般要求部分井壁用不锈钢衬砌，应作经济比较后采用。

3. 水力设计步骤

（1）根据管道直径 D、设计流量 Q 及尾渠容许波高 h 值，计算消能井参数 $[Q^2/(gD^5)]^{1/2}$ 及 h/D 值。

（2）选择井深 d 与井宽 b 的比值 d/b，$d/b=1.0\sim2.0$ 较妥，一般取 $d/b=1.5$。

（3）由图 4－6－15，根据 $[Q^2/(gD^5)]^{1/2}$ 及 h/D 值查得 b/D 值，从而可得井宽值 b。注意本图只适用于图 4－6－13（Ⅱ）的消能井，若用于（Ⅰ）式的设置角铁的消能井，可按查得的 b/D 值的 90% 计算。

（4）根据算出的井宽 b，计算下列参数，各参数符号如图 4－6－13 所示。

（Ⅰ）式消能井：

$T/b=0.053$，T 为角铁边宽。

$L/b=0.333$，L 为角铁长。

$\alpha=45''$，α 为角铁与井底交角。

$C/b=0$，C 为角铁离井底高。

（Ⅱ）式消能井：

$C/b=0.100$，C 为贴角距井底的高度。

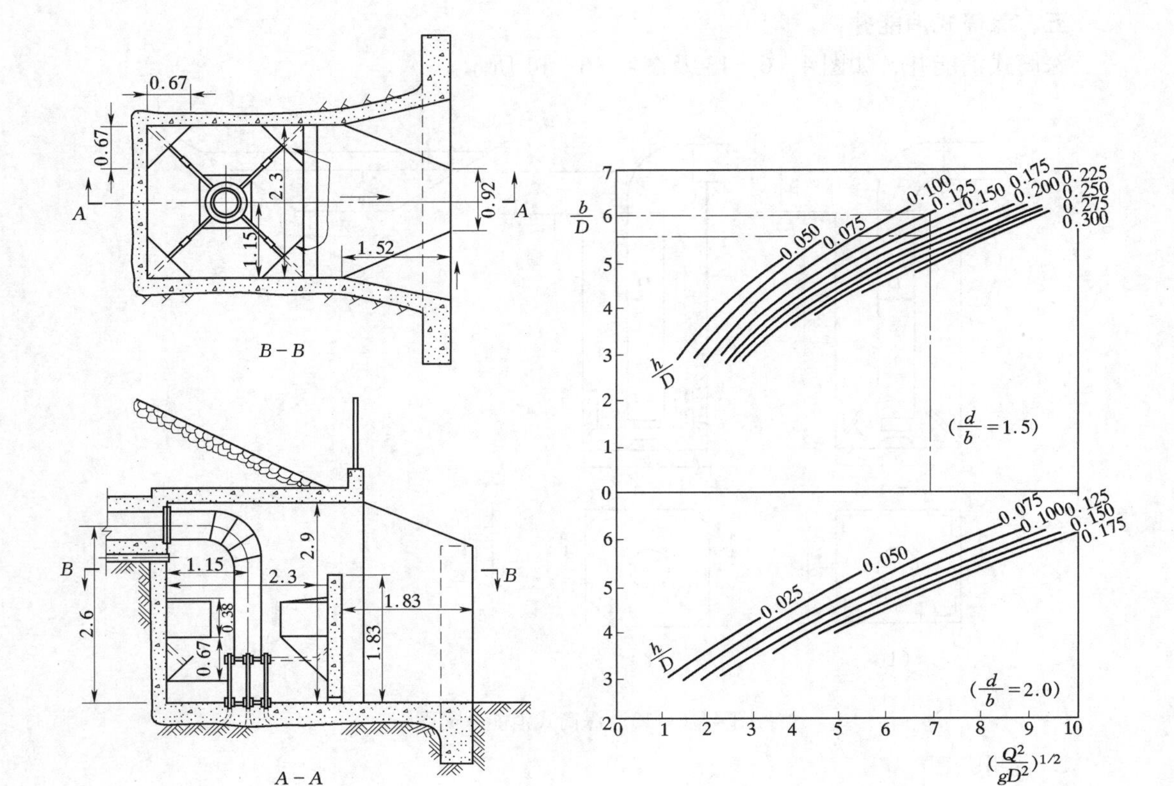

图 4-6-14 定型的深筒式消能井（单位：m）

图 4-6-15 $\frac{b}{D} \sim \left(\frac{Q^2}{gD^s}\right)^{1/2}$

$J/b=0.210$，J 为贴角高度。

$K/b=0.417$，K 为贴角斜长。

$Z=1.4$，Z 为贴角斜率。

(5) 尾渠应作成梯形，边坡为1∶1.5。尾渠中水深 $Y=b/2$，若 $Y\neq b/2$，则应调整井深 d，使 $d+Y=d+b/2$。井深的微小变动不影响其他参数。

(6) 图 4-6-14 是一种定型的深筒式消能井，各部尺寸如图所示，不再赘述。

4. 设计参考

国外一些消能井的工程资料列入表 4-6-3，以供参考。从表上可以看出，此型消能井能承受很大的水头，但设计流量很小。虽有若干消能井受磨损，但用不锈钢板衬砌可以避免，且因井的规模很小，工程费用有限。

表 4-6-3　　消能井工程实例

工程名称	完工年份	道管直径 d (m)	最大水头 (m)	设计 Q (m^3/s)	消能井尺寸 (m)		用途	使用情况
					宽 b	深 d		
文希普坝	1955	0.405	36.6	0.476	1.82	2.52	灌溉	无破坏
文希普坝	1955	0.405	45.7	0.476	1.82	2.52	灌溉	套阀气蚀，井磨损
考勃堡坝	1959	0.610	33.6	0.590	2.74	6.40	城市及工业用水	无破坏
阿格特坝	1966	0.610	25.7	2.180	3.05	4.87	灌溉	井磨损

续表

工程名称	完工年份	道管直径 d (m)	最大水头 (m)	设计 Q (m^3/s)	消能井尺寸 (m)		用途	使用情况
					宽 b	深 d		
麻森坝	1967	0.304	51.8	–	1.83	5.18	放水	无破坏
曼溪坝	1967	0.304	42.7	0.390	1.83	2.44	灌溉	控制杆断裂，井磨损
康特拉罗马坝	1967	0.610	30.5	0.505	2.74	2.74	灌溉	无破坏
斯坦彼得坝	1967	0.304	76.0	–	3.04	4.57	放水	无破坏
饿马坝	1968	0.304	45.6	1.00	1.82	3.96	放水	尚无报告
快乐谷抽水站	1968	0.610	61.0	–	1.82	3.86	排水	尚无报告
辛拉海京溪	1969	0.304	122.0	1.96	2.03	4.12	输水	控制杆断裂，井磨损

六、消能栅

消能栅如图4-6-16所示。

1. 适用范围

适用于小型跌水，下游 $Fr=2.5\sim4.5$。

2. 特点

水流通过栅条间隙，能以接近铅垂的角度直射下游，因而可缩短池长及消除波浪。

3. 水力设计步骤

（1）根据已知流量 Q、上游水头包括水深及行近流速水头 H_e、栅条间隙宽 W 及间隙数目 N，依据下列经验公式求栅条长 l_G

$$l_G=\frac{4.1Q}{WN\sqrt{2gH_e}} \qquad (4-6-7)$$

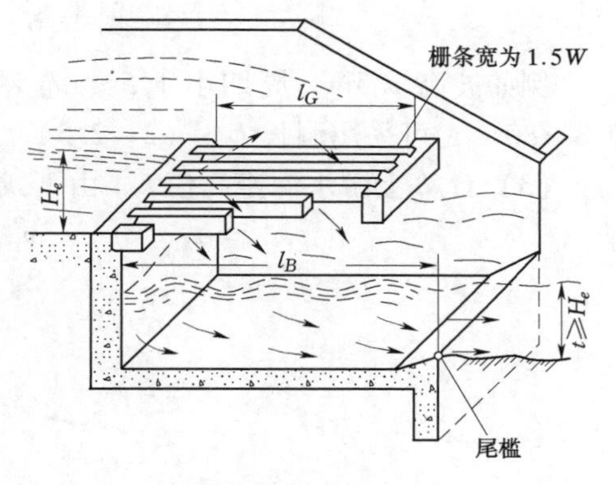

图4-6-16 消能栅

（2）跌水下游池长 $l_B\approx1.2l_G$。

（3）栅条宽为1.5W。

（4）尾水深 $t\geqslant H_e$。若跌水下游渠宽等于或小于上游引渠宽，则此一条件能自行满足，无须挖深以增加尾水，故此型消能栅式的跌水消能工比较经济。

七、潜涵式消波工

潜涵式消波工，如图4-6-17所示。

1. 适用范围

适用于 $Fr=2.5\sim4.5$ 的消能池末尾渠上有严重波浪问题者，波浪周期小于5s。

2. 特点

消波效率高，可消除波高60%～90%。

3. 水力设计步骤

（1）根据下游水深 t，计算潜涵洞高 $D=2t/3$，即潜涵顶盖必须淹没于水下。

（2）根据拟达到的消波效率设计洞长 L：

$L=(1\sim1.5)t$，可消减波高60%～75%
$L=(2\sim2.5)t$，可消减波高80%～88%
$L=(3.5\sim4)t$，可消减波高90%～93%
均以波周期小于5s为限。

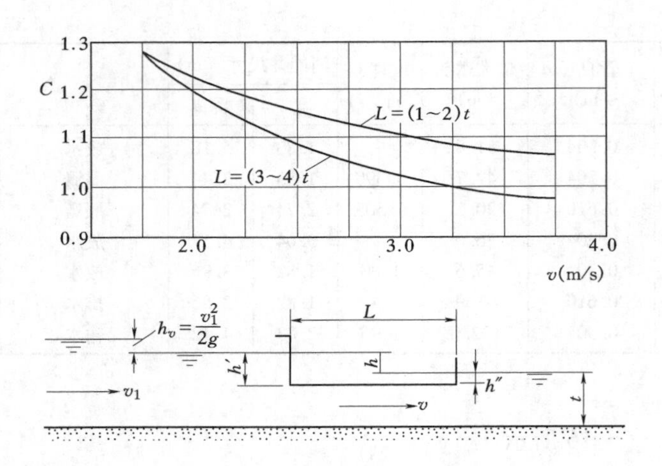

图 4-6-17 潜涵式消波工

例如波高 1.5m，周期小于 5s，希望减至 0.3m，则消波效率应为(1.5-0.3)/1.5=0.8=80%，可采用洞长 $L=(2\sim2.5)t$。

(3) 计算上游水深壅高值 h，由下式计算：

$$h+\frac{v_1^2}{2g}=\left(\frac{Q}{CA\sqrt{2g}}\right)^2 \tag{4-6-8}$$

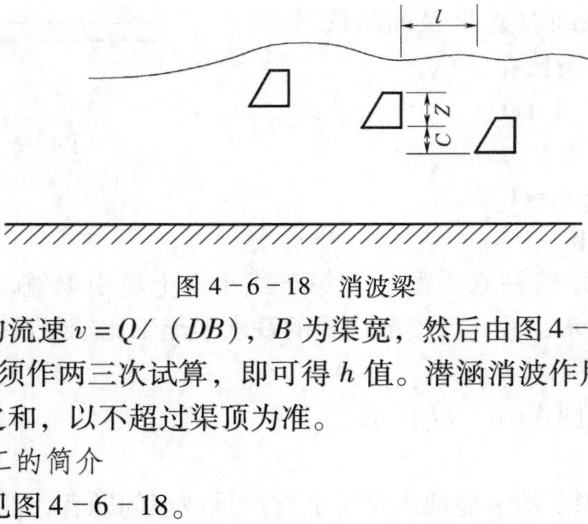

图 4-6-18 消波梁

先计算潜涵中平均流速 $v=Q/(DB)$，B 为渠宽，然后由图 4-6-17 查得相应的流量系数。式（4-6-8）须作两三次试算，即可得 h 值。潜涵消波作用使上游壅高的水深与原来水深及适当超高之和，以不超过渠顶为准。

4. 其他型式消波工的简介

(1) 消波梁。参见图 4-6-18。

各部尺寸如下：$Z=(0.06\sim0.125)H$；　$C=(0.05\sim0.2)t$；　$l=(3\sim5)C$

上式中 H 为以下游渠底为准的上游水头，t 为第一根梁的高度，约等于收缩断面处水深的 1.2~1.5 倍。

(2) 消波排。参见图 4-6-19。

排长 L 至少为 2.5m，两排之间排距至少为 3 倍的 L，排架可用木制，其尺寸如图 4-6-19 所示。此型消波排可消除波高 75%。

以上介绍的三种消波工，如渠道较宽，将极不经济，只有在较窄的渠道上，而波浪又成为必须解决的问题时，才宜使用。

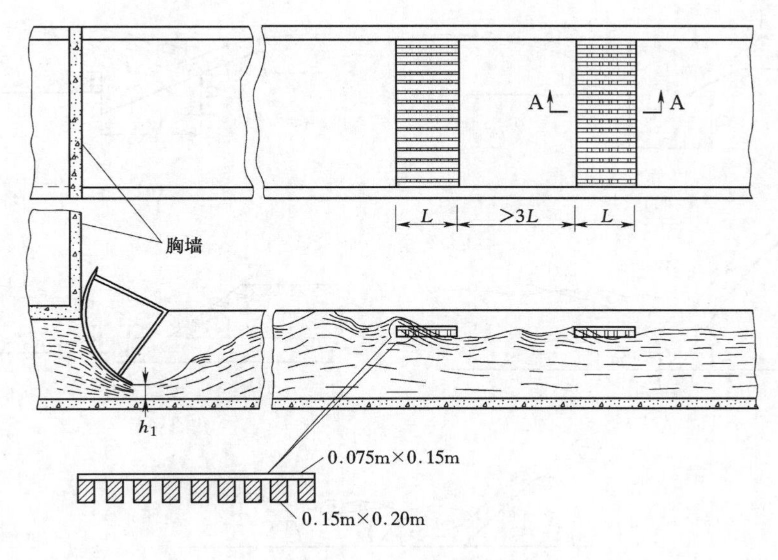

图4-6-19 消波排

第二节 井 流 消 能[9,21]

根据对混合流的进一步研究，若在建筑物出口端附加一个边界条件，则在此新的边界与原出口端边界之间形成一个空间，人为地促成射流在此空间内变形，其特征是射流产生了可变半径的反弧水面和可变的出射角。因为这种空间常为开口端呈矩形的箱状或井状结构物，故称此结构物为消能井，井内的上述特殊流态称为井流。泄流时，井的出口端变作为建筑物新的出口端，其下游照样能形成各型混合流流态。这种井流与混合流的联合流态，具有井内外的双重消能效果，因而很有推广的前途，特简介如下。

一、消能井的类型

从理论上讲，任何泄水建筑物出口端下游一定距离内都可以设置一排竖墙，或露出地面，或部分或全部埋入于地下，从而可以形成地面竖井式、地下沉箱式或竖井沉箱混合式三大类别，如图4-6-20所示。

竖井式一般用于岩基，沉箱式一般用于软基。通常建筑物出口前沿与井身长度的比值悬殊，故一般应在结构强度容许的情况，设置若干顺流向的隔墙使成为一串并联井。井口横断面以接近于正方形的矩形为妥，井的纵断面视建筑物出口形状而变，可为矩形、梯形或三角形等不同形状。

若消能池内设置一排或多排消能墩坎时，可视为消能井的特例或串联浅井式消能井予以研究。迄今对于消能墩坎等辅助消能工的研究都多少带有经验的性质，如以井流的观点解释其水流现象，就有可能使辅助消能工的研究取得理论上的依据。由此可以推论，对消能井的研究不仅可以解释一个附加边界条件所引起的水流现象，而且可以解释和探讨多个附加边界条件所引起的更为复杂的水流现象。

二、井流的边界条件和水力条件

如图4-6-21所示，以纵断面为矩形的消能井为例（同样可适用于非矩形的其他断

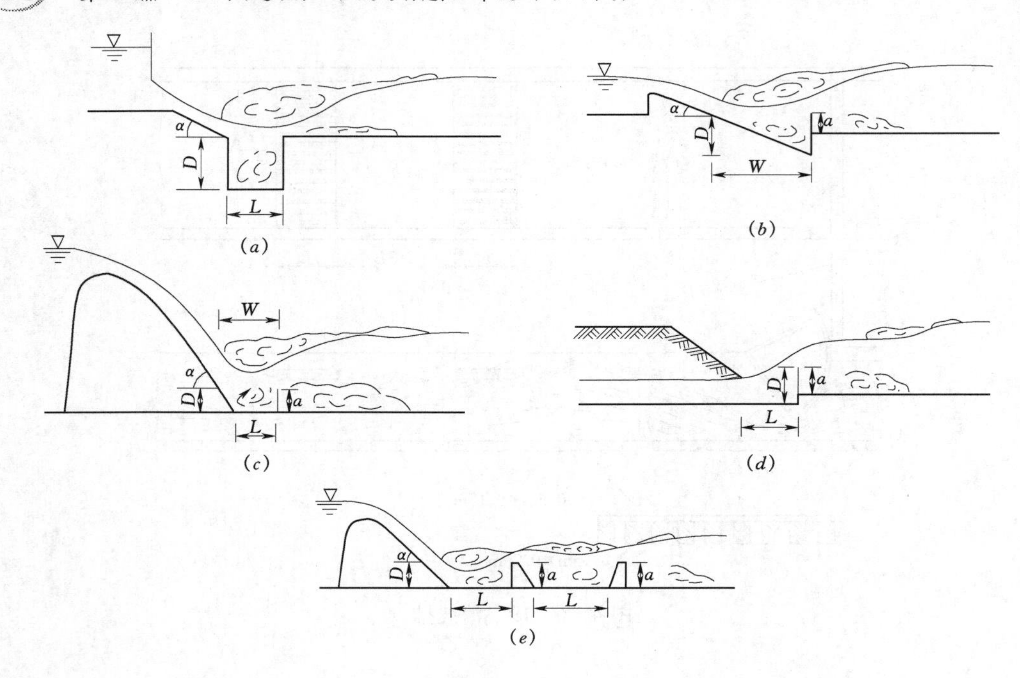

图 4-6-20 消能井的类型

(a)沉箱式闸下消能井;(b)混合式陡槽消能井;(c)竖井式坝下消能井;
(d)混合式涵洞消能井;(e)竖井式串联消能井(消力池内墩坎)

面),对单位井宽而言,有以下边界条件和水力条件。

1. 井身边界条件

井身边界条件指井身各几何要素,有井底长 L 或井面长 W(当 $W>L$ 时应以 W 为准)、井深 D 及井高 a。注意井高系相对于河床平均高程而言,故井高 a 为一可变数,a 通常不等于 D。此外还有附属于井身的几何要素,如入井坡角度 α,或以边坡系数 $m=\text{ctg}\alpha$ 表示,井出口"软鼻坎"上的射流出射挑角 θ,以及井水面反弧半径。因反弧水面线有时由复式圆弧组成,一般可近似简化为两个圆弧半径 R_0 和 R_1,后者是计算出井水流离心力的一个参数,当为单圆弧时,$R_0=R_1$。

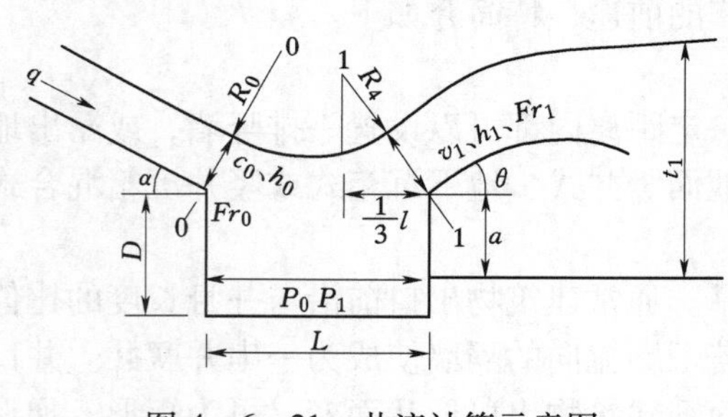

图 4-6-21 井流计算示意图

2. 井的水力条件

井的水力条件包括进出口断面上的单宽流量 q;平均流速 v_0、v_1;平均水深 h_0、h_1;弗劳德数 Fr_0、Fr_1,

$$Fr_0=\frac{v_0}{\sqrt{gh_0}},Fr_1=\frac{v_1}{\sqrt{gh_1}}$$

以及进口断面上的作用水头 T_0 和出口断面上的作用水头 $h_b\approx\alpha\frac{v_1^2}{2g}$,后者是计算离心力的参数。此外还有井壁静水总压力 P_s 和动水总压力 P,并分别以下标 0、1 表示内壁上下游面上的静水和动水总压力，即 P_{0s}、P_0、P_{1s}、P_1。

三、井流的水力现象

射流入井后并不直冲井底或井壁，而是在井内形成一光滑的反弧曲线，一般近似由一个或两个反弧半径组成。井内有顺时针方向的剧烈旋滚，井棱角处有掺气的立轴旋涡，水流能在井内消除一部分能量的原因在此。因井内旋滚的存在，内壁上下游面上的动水压强各不相同。射流离井时能自动形成出射挑角，由于射流通过井的作用形成的反弧水面和挑角，使消能井具备了反弧面和挑流鼻坎的作用，但因井壁顶端并无鼻坎存在，故可称此现象为“软鼻坎”作用。按射流入射角 α 和出射角 θ 的相对大小，井流可区分为典型和非典型井流。

1. 典型井流

典型井流其界限为 $\theta > \alpha$。在既定的水力条件下，若井长或井面长与井深适宜，则反弧水面近似由一个反弧半径组成，若井长过大，则近似由两个反弧半径组成，惟 θ 均恒大于 α，表明井流作用完全。若 α 约大于55°时，因 $\theta \gg \alpha$，超过了射流的安定角，部分射流水股向井内回卷，无论有无尾水作用，均将在井面形成类似于淹没混合流的逆向旋滚，此情况下的消能效果优于正常的典型井流，故可称此型流态为超典型井流。

2. 非典型井流

非典型井流其界限为 $\theta \leqslant \alpha$，是井长过长或过短以及井深不足的结果。水面呈扭曲面，近似由正反两个圆弧组成，或近似为一个反弧与一直线相切，表明井流作用不完全，井内消能效果低于典型井流。

四、井流与混合流的有机联系

无论井流是否典型，因均具有一定的出射角和一定的井高，使井出流断面与下游某均匀流过水断面之间构成了混合流的流动区，从而根据混合流的理论，随尾水的变化能依次形成各种混合流序列流态。且因井流的一些特性，当其与下游混合流联接时，具有以下的几种优点。

1. 避免不利流态

典型井流时，因 $\theta \gg \alpha$，若 α 较大且足以使 θ 超过约30°时，皆不出现交替流和回复淹没底射混合流，同时还有可能避免出现典型面流，或根本不出现面流。即使出现非典型井流时，也有上述类似现象。分析其原因，可能是井流的“软鼻坎”作用，使射流水舌不易下附，因而不产生交替流和回复淹没底射混合流等不利流态。

2. 降低尾水要求

因 $Fr < Fr_0$，故形成同一种混合流序列流态时，所需尾水略低于无井流作用时，因而能以较低尾水形成较高序列的混合流流态，具有减轻下游冲刷的作用。

3. 促进射流起挑

对于低水头的泄水建筑物，一般不能以大于0°的角度起挑，但通过井流作用，低水头下也能产生大角度的挑射水流。此外由于相邻各井间具有隔墙，水流通过并联各井后，因隔墙处产生空隙，还可形成类似于差动式挑坎的挑射水流，增加掺气，改善流量分布，增加消能效果。

4. 避免折冲水流

低弗劳德数的闸下出流，下游容易产生折冲水流，但通过井流作用，下游水流平稳而对称，流速分布均匀，可以避免折冲水流的产生。

5. 井壁安全稳定

井外混合流的底旋滚具有逆向流速，故能将冲渣向井壁回淤，使井壁下游侧产生一个免冲的楔形体，对消能井的稳定有重要作用。

五、井流理论解析

1. 井流基本方程

参见图4-6-21，由井的进出口断面0—1间单宽动量方程得

$$\frac{\gamma}{g}q(\beta_1 v_1\cos\theta - \beta_0 v_0\cos\alpha) = \sum F$$

式中，$\sum F$ 为0—1断面间各外力和，取动量修正系数 $\beta_0=\beta_1=1$，并以 $v_0=q/h_0$，$v_1=q/h_1$，$Fr_0=v_0/\sqrt{gh_0}$ 代入上式，两端乘以 $1/h_0^3$，化简后得

$$Fr_0^2 = \left(\frac{\zeta}{\cos\theta - \zeta\cos\alpha}\right)\frac{\sum F}{\gamma h_0^2} \tag{4-6-9}$$

式（4-6-9）为消能井的井流基本方程，式中 $\zeta=h_1/h_0$，ζ 称为井流共轭水深比。

2. 井流理论方程

式（4-6-9）中 $\sum F=P_0-P_1-f$，按局部水流现象常规，如略去井底摩阻力 f 不计，所得 ζ 值偏低，结果偏于安全。此外，设

$$P_{0s} \approx P_{1s} \approx \frac{\gamma}{2}(D+h_0)^2$$

及

$$P_0 = c_0 P_{0s}, P_1 = c_1 P_{1s} \approx c_1 P_{0s}$$

则

$$\sum F = P_0 - P_1 = (c_0 - c_1)P_{0s} = \pm c_p\frac{\gamma}{2}(D+h_0)^2 \tag{4-6-10}$$

式中，c_0 和 c_1 分别代表井内壁上下游面上动水总压力与静水总压力的比值，c_0 和 c_1 为≥1的一个系数，其值的大小在既定的水力条件下，主要取决于井长 L 和井深 D。压差系数 $c_p=(c_0-c_1)$，视 c_0 和 c_1 的相对大小，可为正值或负值。将上式代入式（4-6-9）化简后得

$$\zeta = \frac{h_1}{h_0} = \frac{\cos\theta}{\cos\alpha \pm \dfrac{c_p}{2}\left(\dfrac{\dfrac{D}{h_0}+1}{Fr_0}\right)^2} \tag{4-6-11}$$

式（4-6-11）即为井流理论方程。显然由于井内的能量损耗，流速沿程减小，而水深沿程增加，故 h_1 恒大于 h_0，即 $\zeta>1.0$。此外，因入射角 α 为定值，$\cos\alpha$ 亦为定值，若

$c_p>0$，则 $\theta<\alpha$，为非典型井流；

$c_p<0$，则 $\theta>\alpha$，为典型井流。

式（4-6-11）中，$\cos\alpha$、D/h_0 和 Fr_0 均为已知值，既可量测又可计算，而式（4-6-9）~式（4-6-10）中的 ζ、θ 和 c_p 为未知值，必须通过试验确定，舍去次要参数，保

留主要参数，找出下列经验关系式：

$$\zeta = f_1\left(\alpha, Fr_0, \frac{D}{h_0}\right) \tag{4-6-12}$$

$$\theta = f_2\left(\alpha, Fr_0, \frac{D}{h_0}\right) \tag{4-6-13}$$

$$c_p = f_3\left(\alpha, Fr_0, \frac{D}{h_0}\right) \tag{4-6-14}$$

如能找出式（4－6－12）和式（4－6－14）或式（4－6－13）和式（4－6－14）的肯定关系式，即可与式（4－6－11）理论方程联解，得出ζ值或θ值。

六、井内水流特性分析

根据对低水头低弗劳德数的闸下消能井的系统试验，得出了以下一些经验关系，以供参考。必须注意，因试验的各参数范围为

$$\frac{L}{h_0} = 2.6 \sim 6.5$$

$$\frac{D}{h_0} = 0.7 \sim 4.5$$

$$\alpha = 17° \sim 90°$$

$$Fr_0 = 2.3 \sim 3.0$$

$$Fr_1 = 1.8 \sim 2.6$$

故所得成果以应用于$Fr = 1.7 \sim 3.0$低弗劳德数闸下消能工程为宜。

1. 入射角α对井流的影响

α只与θ相关，与Fr_0和D/h_0的关系不明显。当$\alpha = 90°$时，射流以跌水形式入井，若井长不足，则跌水越过消能井，失去井的作用；若井长足够，虽跌水射入井内，也不能产生典型井流。初步认为α宜在下列范围较妥：

$$\alpha = 15° \sim 55° \tag{4-6-15}$$

2. 井身尺寸对井流的影响

井长L过大或过小，井深D过小，都不能形成典型井流。初步认为井身宜采用下列相对尺寸：

$$\frac{L}{h_0} > 0.4(3Fr_0 - 1) \tag{4-6-16}$$

$$\frac{D}{h_0} > 1 + 0.14Fr_0 \tag{4-6-17}$$

3. 井面水流反弧曲线

典型井流水面反弧曲线常近似由一个或两个反弧半径R_0和R_1组成，而出现更多的是两个反弧半径。据初步分析，R_0的圆心约在进口断面的延长线上，R_1的圆心约在距井口1/3井长的铅垂线上，并具有下列经验数值：

$$\frac{R_0}{h_0} = 2.6 \sim 4.2 \tag{4-6-18}$$

$$\frac{R_1}{h_1} = 1.3 \sim 1.9 \qquad (4-6-19)$$

按常规，泄水建筑物常采用 $R/h = 4 \sim 10$ 的设计准则，但由式（4－6－18）可见，其下限值有进一步降低的可能。同时若鼻坎采用两个反弧半径时，第二个反弧半径可较第一个反弧半径小一半左右。

4. 出射角 θ

目前还未能得出

$$\theta = f_2\left(\alpha, Fr_0, \frac{D}{h_0}\right)$$

的关系式，但初步分析，若欲产生典型井流时，θ 可用下列经验数值：

$$\theta = \alpha + (0° \sim 10°) \qquad (4-6-20)$$

5. 井进出口水力条件的相关分析

目前还未找出

$$\zeta = f_1\left(\alpha, Fr_0, \frac{D}{h_0}\right)$$

的关系式，据初步分析，若井身尺寸符合式（4－6－16）和式（4－6－17）的关系产生典型井流时，ζ 可用下列经验数值：

$$\zeta = \frac{h_1}{h_0} = 1.08 \sim 1.13 \qquad (4-6-21)$$

从而可得弗劳德数的比值：

$$\frac{Fr_1}{Fr_0} = 0.83 \sim 0.92 \qquad (4-6-22)$$

式（4－6－22）表明了消能井的本身消能作用，具体表现为弗劳德数可降低 8% ~ 17%，故一般可以较低尾水形成较高序列的混合流态，消能井不失为一种减低尾水要求的可行措施。

6. 井内壁压强分布

根据实测得

$$c_0 = \frac{P_0}{P_{os}} = 1.03 \sim 1.09 \qquad (4-6-23)$$

$$c_1 = \frac{P_1}{P_{1s}} = 1.10 \sim 1.22 \qquad (4-6-24)$$

经分析后可初步认为，若井身尺寸符合式（4－6－16）和式（4－6－17）的关系产生典型井流时，压差系数 c_p 可用下列经验数值：

$$c_p = -0.13 \qquad (4-6-25)$$

7. 井的稳定分析

取式（4－6－23）和式（4－6－24）的极限值，经计算后得：

倾覆力矩 $$M = 0.05D^3\gamma \qquad (4-6-26)$$

抗倾覆力矩 $$M' = 0.5L^3D\gamma \qquad (4-6-27)$$

于是得 $$\frac{M'}{M} = 10\left(\frac{L}{D}\right)^2 \qquad (4-6-28)$$

上式说明在任何情况下，消能井是充分稳定的，因 $L/D \gg 1$。

七、井流应用经验方程

利用以上的井内水流特性分析的试验数据，将式（4－6－20）、式（4－6－21）和式（4－6－25）代入井流理论方程式（4－6－11），可得出下列两个等效井流应用经验方程式：

$$\zeta = \frac{\cos[\alpha + (0° \sim 10°)]}{\cos\alpha - 0.065\left(\frac{D/h_0 + 1}{Fr_0}\right)^2} \tag{4-6-29}$$

及

$$\cos\theta = (1.08 \sim 1.113)\left[\cos\alpha - 0.065\left(\frac{\frac{D}{h_0} + 1}{Fr_0}\right)^2\right] \tag{4-6-30}$$

第三节　窄缝挑坎消能的水力计算[3~5,15]

根据有关资料介绍，国外至少已有十余个枢纽工程的20多个泄水建筑物采用了窄缝挑坎，我国也已有数项工程采用窄缝挑坎，将这些工程的特征数据汇总成表（见表4－6－4）。

一、底孔上的窄缝挑流水舌流态

当闸门开度一定时，随上游水位的变化，窄缝挑流水舌可分为以下几种流态。

（1）在水头小于某一数值时，收缩段内就会产生强迫水跃，发生强烈的旋滚。旋滚水流极不稳定，在水平方向不断振荡，在竖向激起断续水股。

（2）随水头的增大，收缩段内的旋滚部分挑出，这时挑流水舌处于“过渡挑流流态”。随水头进一步增大，若收缩比过大，则形成“挑流流态”；若收缩比稍大，则形成“扩散流态”；若收缩比小到和来流配合适当时形成“窄缝流流态”。

（3）典型窄缝挑流水舌在空中明显存在三个区域，如图4－6－22所示。

Ⅰ区：为冲击波在出口附近交汇产生的“水冠”部分。这部分水体由于“水冠”宽度小于水舌主体宽度，三面掺气并受空气阻力影响较大，因而流速小于水舌主体部分流速。且出射角一般大于45°，故挑至一定高度时，就会散落在水体上，在水舌外缘形成一条乳白色的条带。

Ⅱ区：整体扩散区，在水舌出坎以后，水流的中、下部密度较大，水舌呈整体扩散状水股。随距出口末端距离的增大，扩散度、掺气量不断增加，这个区域随水头升高及收缩比变小而缩小。在典型“窄缝流”时，此区长约为挑坎末端水深的1.5～3.0倍。

Ⅲ区：扩散、掺气区。水舌外缘挑角在45°左右（小于“水冠”部分出射角），当距出口距离大于1.5～3.0倍坎末水深时，水舌在空中不再呈整体水股，而是分散成许多细股状。射流水舌较松散并明显掺气。

二、体形参数

1. 收缩比

收缩比有一个合理变化范围，根据相同来流条件下等宽挑坎与窄缝挑坎下游冲刷相等

表4-6-4 窄缝挑坎工程实例

序号	坝名	泄水建筑物	坝高(m)	顶长(m)	总泄流量(m^3/s)	收缩比 b/L	长宽比 L/B	底板形式(挑角)	边墙形式	出口断面形状	所在国家	建成/试验(年份)	备注
1	卡勃利尔(Cabril)	左岸溢洪洞 右岸溢洪洞	134 134	290 290	1000 1000	/6.5	/6.5		扭曲面 扭曲面	矩形	葡萄牙	1954	隧洞出口由直径为6.5m扭曲成矩形（拱坝）正常水位时隧洞出口流速为35m/s
2	阿米尔·卡比尔(Amir Kabil)	泄槽式溢洪道（两孔）	180		1450					矩形	伊朗	1962	拱坝
3	贝莱萨尔(BeleSar)	右岸溢洪道 左岸溢洪道	129 129	410 410	4000	8/37		0°		梯形	西班牙	1963	双曲拱坝，堰顶水头10m 左岸溢洪道为先收缩后扩散
4	阿尔门德拉(Almendra)	左岸溢洪道（两孔）	202	567	3000	2.5/15	10/0.5	0°	有转角	V形	西班牙	1970	挑坎处流速 $u>40m/s$ 分两次收缩，三圆心拱坝
5	巴埃尔斯(Baells)	左岸溢洪道(3孔)	97.35		650	3/14	30/14		有转角		西班牙	20世纪70年代末	采用两次收缩，挑坎以上水头60m，拱坝，另右岸也采用窄缝挑坎
6	阿尔巴雷洛斯(Albarcllos)	左岸溢洪道	90	285	640				内短外长		西班牙	1972	堰上水头7m，挑坎处内侧墙短，外侧墙长使水流导向，双曲拱坝
7	阿塔萨尔	右岸溢洪道	134	484	500				转角	矩形	西班牙	1972	右侧两中孔处坝后接两浅槽，窄槽内有转弯，双曲拱坝
8	圣十字	泄洪洞(2个)	95		2200	1.6/4				矩形	法国		双曲拱坝，在每个孔设3个0.8m的窄缝挑坎，使过水宽度由4m变成1.6m
9	Guadaltetba	右岸溢洪道	83	789	2120				转角	梯形	西班牙	1973	土石坝，窄缝内设挑流齿坎
10	伊斯摩拉达	三孔溢洪道	237		9000	20/48					哥伦比亚	1975	堆石坝，出口最大单宽流量为450m³/（s·m）
11	莫尼考根	底孔				1.5/3.4		0°			加拿大		
12	托克托古尔	溢洪道	215			6/10			转角			1973	两次收缩，再次收缩尺寸不明，土石坝
13	东江	溢洪道	157		6075/2	2.5/10	30/10	0°	折线	矩形	中国	1983	两段收缩，较等宽挑坎减少冲深65%，已采用
14	东风	深孔	168			3/6	4.5/6	10°	直线	矩形	中国	1986	挑坎以上水头77.7m，已采用
15	拉西瓦	中孔 深孔	250 250			2.5/7 2/5	10.5/7 8.5/5	0° 0°	直线 直线	矩形 矩形	中国 中国	1986	中孔试验较等宽挑坎减少冲深15.1m，减轻48.8%，深孔试验较等宽挑坎减少冲深9.9m，减轻36%
16	龙羊峡	溢洪道(3孔)	175		3786	3/10	15.5/10	30°	直线	矩形	中国	1983	试验方案后改成曲面贴角窄缝，重力拱坝
17	二道河子	底孔				2.5/36.5	9.0/36.5	0°	直线	矩形	中国		
18	石砭峪	泄洪洞				3.6/8	8/8	10°	直线	矩形	中国	1988	堆石坝，已采用

的原则，建议：

$$\left(\frac{b}{B}\right)_{max} = 0.696 - 0.028Fr_1 \quad (4-6-31)$$

最小收缩比与边墙形式、振动、流态等有关，一般可选为$\left(\frac{b}{B}\right)_{min} \approx 0.15$。当然收缩比的选择还与来流条件有关，也必须与 L/B 配合。

2. 相对收缩段长度 L/B

L/B 的大小与来流条件及 b/B 有关，在中、深孔，大流量低弗劳德数时，b/B 应取较大值，且 $L/B \approx 0.75 \sim 1.5$ 左右。这时水舌可以得到较好扩散又对起挑水头无明显影响。在表孔、高弗劳德数条件下，收缩比宜选较小值，且 $L/B \approx (1.5 \sim 3.0)$ 左右。在来流与体形配合适当时可获得窄缝流。

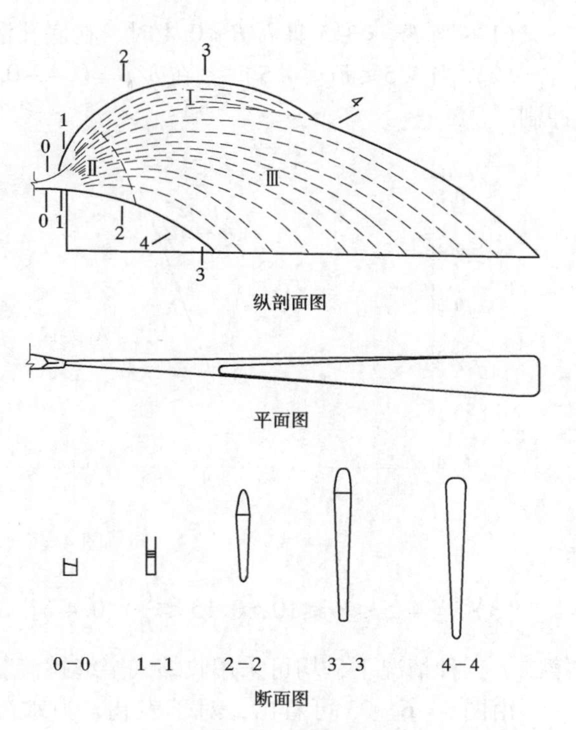

图 4-6-22　窄缝挑流水舌

3. 挑角

一般可采用零度挑角或正负小挑角。当地形、地质条件允许，在布置上也不影响建筑物安全时，可采用 $-10° \sim -3°$ 的小负挑角，这样既可降低起挑水头，增大运用范围，也加大了水舌的扩散和入水长度，有利于减轻下游的局部冲刷。当然，在挑坎末端开设局部缺口也能加大水舌扩散。当要求加大水舌内缘挑距时，可以采用有正挑角的挑坎。

三、应用条件

1. 起挑水头

起挑水头是指收缩段内水流旋滚完全挑出时相应的上游水头。

对于表孔，当从挑坎底板算起的上游坝高为 p，边墙为直线收缩式、底板挑角为零的窄缝挑坎，起挑水头可按下述经验式计算

$$\frac{H_1}{p} = -0.0047 + 0.0095\sqrt{\frac{B}{L}\frac{B}{b}} \quad (4-6-32)$$

2. 终挑条件

窄缝挑坎的终挑水头与等宽挑坎的终挑水头具有类似的规律，即终挑水头小于起挑水头，对于 $L/B = 0.75 \sim 2.67$，$b/B = 0.3$、0.4、0.5 的窄缝挑坎的系统观测表明，两者之比为 $0.46 \sim 0.92$。所不同的是等宽挑流情况下，起挑水头的形成是由于来流水头的降低，挑坎段反弧的作用使水流在坎内形成强迫水跃，而窄缝挑坎是由侧墙收缩或与反弧共同作用使水流形成强迫水跃的。具有小负挑角的窄缝挑坎，其起挑水头约为 0°挑角的 0.60 倍左右，而终挑水头也降到 0.44 倍左右，这样扩宽了运用条件。

3. 运用条件

窄缝挑流水舌的流态与 b/B 及来流条件有关，对于底孔：

（1）当 $Fr_1<3.5$ 且 $b/B<0.4$ 时，在底孔泄流条件下，挑坎内形成强迫水跃。

（2）当 $3.5\leqslant Fr\leqslant 4.5$ 时，在 $b/B=0.4\sim0.5$ 范围内，可以获得好的扩散流态，减轻冲刷。

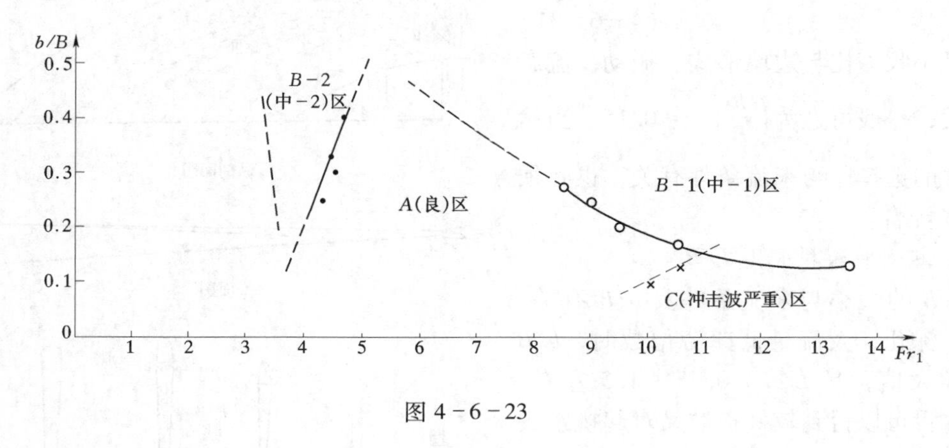

图 4-6-23

（3）当 $4.5\leqslant Fr\leqslant 10$，$0.15\leqslant \frac{b}{B}\leqslant 0.4$ 时，为典型窄缝流，显著减轻冲刷。可见，在第二、三种情况下，均可采用收缩式窄缝挑流。

由图 4-6-23 可看出，对于表孔，当水流 $Fr<4.5$ 左右时，不论收缩比如何变化，均不能获得典型的纵向扩散流态。因此，窄缝挑坎不适用于低水头大流量（即低 Fr）的泄水建筑物。当水流 $Fr_1>4.5$ 时，在 $b/B=0.125\sim0.4$ 的范围内，均可取得典型的纵向扩散流态。对某一确定的收缩比 b/B 值，若 Fr 大于某一数值时，纵向扩散反而变差，这是因为此时泄量过小的缘故。收缩比较小时，扩散良好的，Fr 范围较大。但收缩比也不能无限地变小，收缩比过小时，在 Fr 较大时，虽然扩散良好，但冲击波过于严重，冲击波形成的水花几乎成垂直飞溅，落在窄缝挑坎基础范围内，对建筑物安全不利。另外，收缩比越小，侧墙及底板的受力就越大，给结构设计带来困难。因此，进入窄缝挑坎水流的适宜弗劳德数应为 4.5～10.0 之间。

四、收缩段控制水深计算

1. 窄缝挑坎收缩段中的水面线特征

窄缝挑坎收缩段内存在两条特征水面线，即中线水面线和边墙水面线。其特点是：在冲击波交汇之前，中线水深小于边墙水深，且两者均是沿程增加的。当冲击波交汇后，中线水深急剧增加且大于边墙水深，中线上的水流以较大的出射角向斜前方射出。由于中线上的水流宽度小于水舌主体宽度，且具有斜前方的流速分量，故控制侧墙高度的是侧墙水面线。

2. 收缩始端控制水深 h_2 计算

$$\frac{h_2}{h_1}=1.13+0.02Fr_1 \tag{4-6-33}$$

3. 出口断面控制水深 h_0 计算

出口断面水深可用能量方程和连续方程联合求解。通过级数展开和简化处理，计算坎末控制水深的普适关系式，即

$$\frac{h_0}{h_1}=K(\frac{B}{b})Fr_1\sqrt{\frac{h_1}{E_0}} \quad (4-6-34)$$

式中　E_0——收缩始端总水头。

对于中孔，$K\approx1.0$；对于表孔，坎末边墙控制水深的计算式为

$$\frac{h_0}{h_1}=(0.968+0.049\frac{B^2}{Lb})\frac{B}{b} \quad (4-6-35)$$

式中　h_1——挑坎始端均匀流水深。

4. 冲击波交汇点水深

为了更精确地确定收缩段边墙高度，须计算窄缝挑坎冲击波交汇点水深，即

$$h_{10}=\lambda_0\frac{u_1^2}{g}\sin^2(\beta_{10}+\frac{\theta}{2}) \quad (4-6-36)$$

其中

$$\beta_{10}=\arcsin\frac{1}{Fr_1} \quad (4-6-37)$$

$$\lambda_0=1.032-3\mathrm{tg}\theta+0.062Fr_1(1-0.84\mathrm{tg}\theta) \quad (4-6-38)$$

应用条件为：$5.59\leqslant Fr_1\leqslant9.28$，$5.31°\leqslant\theta\leqslant9.23°$。

可以用 h_2、h_{10} 和 h_0 连线或用 h_2 与 h_0 连线作为边墙高度计算的依据。

五、收缩段动水压力分布及脉动、振动特性

1. 脉动、振动及影响

在各种体形、来流条件下，脉动压力幅值变化不大，一般小于总水头的1%，脉动荷载（面脉动压力）占相应的动水荷载的3%以下。因此，对结构应力不会产生较大的影响。

2. 动水压力分布特性及体形参数的影响

收缩段动水压力分布具有以下特点：

（1）动水压力分布规律与等宽挑坎类似，从收缩端附近增加，达到最大值后在末端降低为零。不同之处是窄缝挑坎上动水压力的增加是两侧墙收缩产生的水流离心力所致。

（2）动水压力峰值与总水头之比随 b/B 减小而增大。图4－6－24是底板上和距底板2.5cm处边墙动水压力峰值与收缩比的关系曲线。

（3）在挑坎末端附近设置小缺口，可使压力峰值减小1/4左右。在相同来流条件下，圆弧侧墙窄缝挑坎底板上压力峰值最大，其次是二次直线收缩式。直线侧墙底板上压力峰值最小。

（4）底板倾斜有挑角的与水平底板的挑坎相比，在相同来流条件和 L/B、b/B 相同情况下，有负挑角的其起始段压力减小而峰值加大，但峰值位置基本不变。

六、水舌扩散特性及计算

1. 外缘挑距计算

在等宽挑坎挑流距离的计算中，广泛地采用抛射体运动公式，即

$$L_0=\frac{u_0^2\sin2\theta}{2g}[1+\sqrt{1+2g(\alpha+h_0)/u_0^2\sin^2\theta}] \quad (4-6-39)$$

或

$$L_0=2\varphi_1^2E_0\cos\theta[\sin\theta+\sqrt{\sin^2\theta+(\alpha+h_0)/\varphi_1^2E_0}] \quad (4-6-40)$$

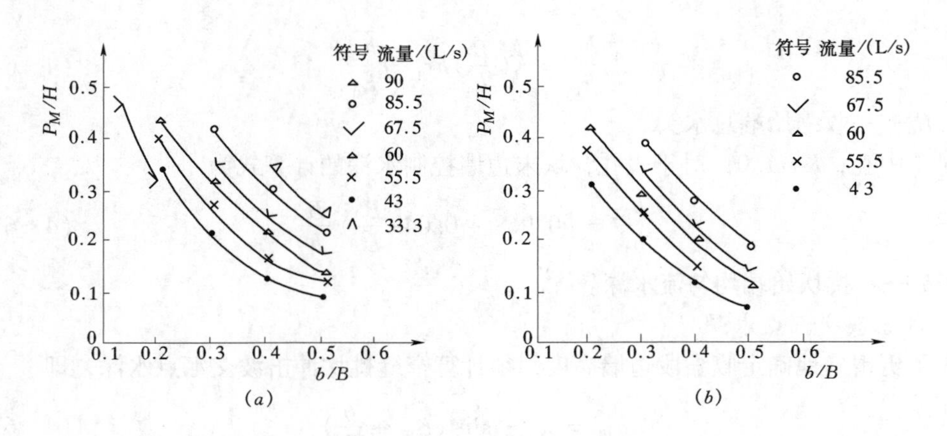

图 4-6-24 P_M/H—b/B 关系图

(a) y(从底板向上计算的坐标)=0cm;(b) y=2.5cm

式中 α——挑坎末端距下游水面的高度;

E_0——挑坎以上水头。

在底孔上坎末水深 h_0、水面倾角 θ 及流速 u_0,可按下述方法确定

$$h_0 = \left(1 - \sqrt{1 - \frac{N}{b}}\right)E_0 \tag{4-6-41}$$

$$\theta = \eta_2 \text{arctg}\left(\frac{NE_0}{b^{1.5}\sqrt{b-N}}\frac{B-b}{2L}\right) \qquad (\alpha_0 \leqslant 45°) \tag{4-6-42}$$

$$N = \sqrt{\frac{2}{g}}\frac{Q}{{E_0}^{1.5}} \tag{4-6-43}$$

考虑到挑坎出口附近水面流线的坦化影响,在式(4-6-42)中,根据试验 $\eta_2 \approx 0.8$。在坎高 α 与坎末以上水头 E_0 之比较小时,若按式(4-6-42)计算的 $\alpha_0>45°$,则选 $\alpha_0=45°$。

$$u_0 = \varphi\sqrt{2g(E_0 - h_0)} \tag{4-6-44}$$

式中 φ——流速系数,可根据具体工程条件选取。

根据挑距最大的原则,按已有资料提出水束最大出射角为

$$\alpha_r = \arcsin\frac{1}{\sqrt{2 + \alpha/\varphi_1^2 E_0}} \tag{4-6-45}$$

$0.75 \leqslant L/B \leqslant 2.67$ 范围内平底直墙窄缝挑坎,深孔泄流水舌出射角的水力参数计算方法

$$\alpha_0 = \text{arctg}\left[E\frac{h_1(B-b)B}{b^2L\left(1 - \frac{Bh_1}{bE_0}\right)}\right] \tag{4-6-46}$$

式中

$$\left.\begin{aligned} E &= 0.0458\left(\frac{2E_0}{h_1}\right)^{n/2} \\ n &= 1.84\left(\frac{L}{B}\right)^{0.1865}\left(\frac{b}{B}\right)^{0.4470} \end{aligned}\right\} \tag{4-6-47}$$

边墙出口水深为

$$h_0 = \left[0.86106 + 0.19595\frac{(B-b)B}{L^2}\right]\frac{h_1 B}{b} \tag{4-6-48}$$

挑流系数的经验公式为

$$\varphi_1 = 0.82\left(\frac{q}{\sqrt{gH^3}}\right)^{0.0255\left(\frac{L}{B}\right)^{-0.408}} \tag{4-6-49}$$

根据深孔平底窄缝挑坎的试验，窄缝挑坎外缘挑距的简捷计算为

$$\frac{L_0}{Z_0} = 1.1132\left(\frac{b}{B}\right)^{-0.33}\exp[-0.0112(\ln Fr_1)^{4.385}] \tag{4-6-50}$$

式中　Z_0——上下游水位差；

$4.81 \leqslant Fr_1 \leqslant 10.32$，$0.2 \leqslant \frac{b}{B} \leqslant 0.7$。

2. 内缘挑距计算

对于一般的挑角为零、L/B 较大的窄缝挑坎，根据底孔泄流观测，建议实际下缘水流出射角 $\alpha = 3.5°$，用式（4－6－39）计算内缘挑距 L_2 可获得满意的结果。

（1）底孔上变长度窄缝挑坎的水舌内缘出射角为

$$\alpha = -27.5\left[\frac{(B-b)B}{L^2}\right]^{0.5513} \tag{4-6-51}$$

计算内缘挑距 L_2 采用式（4－6－52），φ_1 采用式（4－6－49）计算。

（2）根据表孔实测资料，选取水舌内缘出射角为零，通过反算获得水舌内缘挑流系数为

$$\varphi_d = 0.82\varphi_1$$

φ_1 可按有关公式计算。从而得到内缘挑距 L_2 的计算式为

$$L_2 = 1.64\varphi_1\sqrt{\alpha E_0} \tag{4-6-52}$$

3. 水舌入水长度计算

水舌入水长度反映了窄缝挑流水舌的纵向扩散特性，扩散长度 ΔL 可表示为

$$\Delta L = L_0 - L_2$$

七、消能特性及最大冲刷深度的估算

1. 水舌冲击区动水压力分布及脉动压力特性

通过对三种体形在相同来流条件下水舌冲击区河床面动水压力及脉动压力特性进行量测，结果表明，收缩比、来流条件及下游水深是影响下游水舌冲击区动水压力分布的主要因素，其分布特性如图4－6－25所示。主要特点是：

（1）与普通挑坎水舌冲击区动水压力分布特性类似，有峰值存在。

（2）收缩比对压力峰值的影响是明显的。当收缩比较小时，来流量较小，则水舌充分扩散，从而，水舌冲击区动水压力峰值小，甚至无峰值出现，当来流量较大时，则水舌外缘出射角大于45°的部分，运动一定距离后就跌落到水舌主体上，这样使水舌外缘流量集中，冲击区动水压力较大。

对于较大的收缩比，当来流量较大时，水舌充分扩散，而小流量时水舌不易扩散，冲

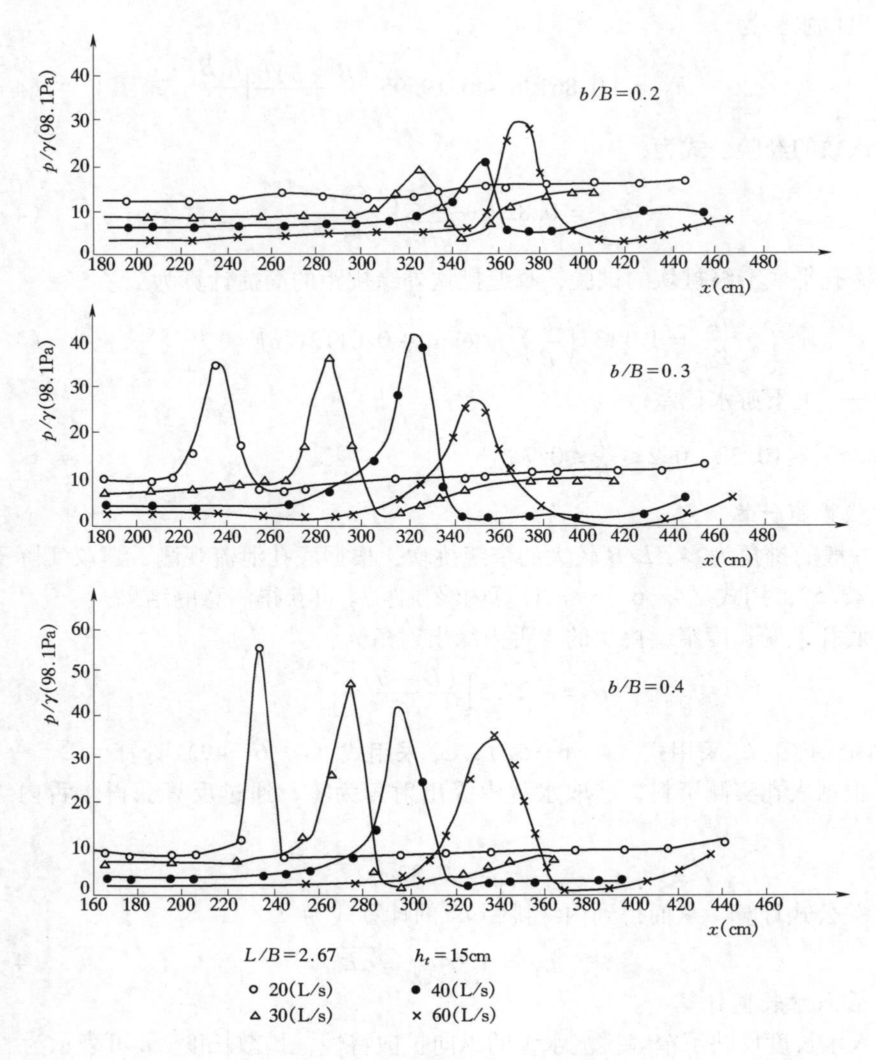

图 4-6-25 冲击区动水压力分布

击区动水压力反而比大流量时大，如图 4-6-25 图所示。这充分说明来流条件一定要和体型配合适当。对于表孔，各种流量的流速变化不大，随流量增加弗劳德数变小，因此在高弗劳德数、小流量时，宜选用小收缩比，大流量、低弗劳德数时较大的收缩比更合适。

（3）下游水深必须达到使冲击水舌在冲击区附近形成淹没水跃，水垫的作用才能充分发挥。

（4）脉动压力分布与动水压力分布类似，峰值与动水压力峰值位置基本重合，并随下游水深增加而减小。脉动压力最大值的均方根和瞬时值，均较等宽挑坎减小 2/3 倍左右。

2. 体形参数对冲刷特性的影响

根据对不同收缩比窄缝挑坎冲刷特性的试验，相对冲刷 T/Z 和相对冲坑后坡 $i=T_1/L_1$ 与 b/B 的关系式，如图 4-6-26 所示。其中，T、T_1 分别为从下游水面、地面算起的最大冲深。

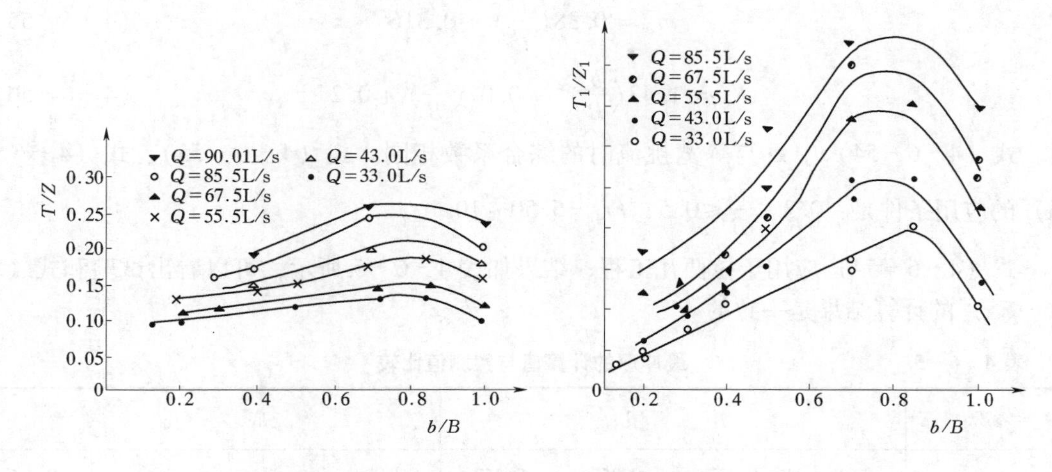

图 4-6-26　$T/Z—b/B$ 关系图

（1）收缩比对冲刷的影响可以分成两个区域，即严重冲刷区和减轻冲刷区，其判别条件为

$$\left(\frac{b}{B}\right)_c = 0.696 - 0.028Fr_1$$

（2）严重冲刷区。当$\left(\frac{b}{B}\right)_c < \frac{b}{B} \leqslant 1.0\left(\frac{b}{B}\right)_c$时，冲刷比等宽挑坎严重。约在$\frac{b}{B}=0.85$左右，出现冲刷极大值，从下游水面算起的窄缝挑坎冲深是等宽挑坎的1.06～1.15倍，从下游河床面算起的二者之比为1.20～1.60。这主要是由于边墙收缩未能使来流形成纵向扩散反而使水流横向收缩，形成了集中泄流，水舌入水单位面积能量增大所致。

（3）冲刷减轻区。当$\frac{b}{B} < \left(\frac{b}{B}\right)_c$时，水舌由集中泄流过渡到扩散流、窄缝流，水舌充分扩散，水舌入水单位面积能量减小，从而冲刷减轻。从水面算起的冲深与等宽挑坎冲深之比为0.30～0.70。

（4）冲刷最小的最优体形的估算方法为

$$\omega = 1.61\overline{h}_k^{0.05} \tag{4-6-53}$$

$$\overline{h}_k^{0.05} = \sqrt[3]{q^2/g}/(H_0 + p)$$

$$\omega = \sqrt{\frac{L}{B}}\frac{b}{B}$$

式中　$\overline{h}_k^{0.05}$——相对临界水深；

p——挑坎以上坝高；

H_0——坝顶水头。

3. 窄缝挑流下游局部冲深估算

根据量纲分析方法，获得窄缝挑流最大冲深的估算式为

$$T = KK_s q^{\frac{m_s}{2}} Z^{1-\frac{3}{4}m_s} g^{\frac{1}{4}(1-m_s)} \tag{4-6-54}$$

根据试验，K_s 和 m_s 可表示为

$$m_s = 0.38\left(\frac{b}{B}\right) + 0.316 \tag{4-6-55}$$

$$K_s = 1.43\left(\frac{b}{B}\right)^2 - 0.07\left(\frac{b}{B}\right) + 0.27 \tag{4-6-56}$$

式（4-6-54）中K与等宽挑流时的综合系数相同。式（4-6-55）、式（4-6-56）的应用条件是：$0.3 \leqslant \frac{b}{B} \leqslant 0.5$，$Fr_1 = 5.50 \sim 10.1$。

式（4-6-54）应用于拉西瓦工程，结果如表4-6-5所示，可以看出试验和式（5-6-55）的计算结果是一致的。

表4-6-5　　最冲深的计算值与实测值比较

参数	中孔				底孔			
b/B	0.5	0.357	0.357	0.357	0.5	0.4	0.4	0.4
流量（m^3/s）	2195	2195	2120	2524	1500	1500	1475	1553
试验T值（m）	49.3	43.3	38.6	41.9	34.6	34.2	34.6	27.6
计算T值（m）	48.7	44.1	43.4	45.9	36.6	34.5	34.0	34.6

第四节　低弗劳德数水跃消能的水力计算[7,8,10]

低弗劳德数水跃消能的显著特点是来流的泄水功率高而水跃消能率低，例如当$Fr_1 = 2 \sim 5$时，其时均消能率只有20%～45%，这说明在水跃下游的水流中，还有大量的未被消散掉的余能（即紊动能和波动能），将造成跃后水流强烈的紊动和波动，需要流经一段距离后才能消失，给下游消能防冲带来较大的困难。

一、低弗劳德数水跃的水力特性

水跃的水力特性包括水跃的长度、共轭水深比、水跃表面形状等，它们是消能池设计中的重要参数，这些参数均随弗劳德数的变化而变化。

1. 水跃的共轭水深比

按水力学中水跃方程的推导方法，计入各种因素的影响，平底矩形水槽二元自由水跃的共轭水深比的一般通式为

$$\left(\frac{h_2}{h_1}\right)^3 + [\varepsilon - 1 - 2(\beta_1 + 2T_2 - 2T_1)Fr^2]\left(\frac{h_2}{h_1}\right) + 2\beta_2 Fr_1^2 = 0 \tag{4-6-57a}$$

$$\left(\frac{h_2}{h_1}\right)^3 + [\varepsilon - 1 - 2(\beta_1 - 2T_2 + 2T_1)Fr^2]\left(\frac{h_2}{h_1}\right) + 2\beta_2 Fr_1^2 = 0 \tag{4-6-57b}$$

其中，ε为无量纲摩阻力：

$$\varepsilon = p_f \Big/ \left(\frac{1}{2}\gamma h_1^2\right) = 0.0064 Fr_1^{3.18} \tag{4-6-58}$$

式中　h_2、h_1——跃后水深和跃前水深；

p_f——水跃段内底部的摩阻力；

Fr_1——跃前断面的弗劳德数，$Fr_1 = u_1/\sqrt{gh_1}$；

β_1、β_2——跃前和跃后断面的动量修正系数，建议取 $\beta_1 = 1.04$，$\beta_2 = 1.03$；

T_1、T_2——跃前和跃后断面的紊动强度，建议取 $T_1 = 0$，$T_2 = 0.05$。

式（4－6－57a）和式（4－6－57b）为计入水跃段底部摩阻力、跃前和跃后断面流速分布不均匀性以及紊动强度的平底二元自由水跃的共轭水深比方程。

如果假定跃前和跃后断面流速分布是均匀的（即 $\beta_1 = \beta_2 = 1$），并忽略其两断面的紊动作用（即 $T_1 = T_2 = 0$），而只考虑水跃底部摩阻力作用，式（4－6－57a）和式（4－6－57b）可简化为

$$\left(\frac{h_2}{h_1}\right)^3 + \frac{h_2}{h_1}(\varepsilon - 1 - 2Fr_1^2) + 2Fr_1^2 = 0 \qquad (4-6-59)$$

对平底闸下出流的低弗劳德数水跃试验研究后得到的公式为

$$(h_2/h_1) = 0.5(\sqrt{1 + 10.4Fr_1^2} - 1), \quad Fr_1 < 4.0 \qquad (4-6-60)$$

$$(h_2/h_1) = 0.5(\sqrt{1 + 8\beta Fr_1^2} - 1), \quad Fr_1 = 1.7 \sim 4.5 \qquad (4-6-61)$$

式中动量修正系数为

$$\beta = Fr_1/(1.03Fr_1 - 0.35)$$

对坝顶闸孔出流下游的低弗劳德数水跃试验研究后得到的公式为

$$(h_2/h_1) = 0.5(\sqrt{1 + 8Fr^2} - 1), \quad Fr < 4.0 \qquad (4-6-62)$$

该式实际上就是著名的 Belanger 水跃方程。

为了比较，将式（4－6－57）～式（4－6－62）绘于图4－6－27。由图4－6－27可以看出：

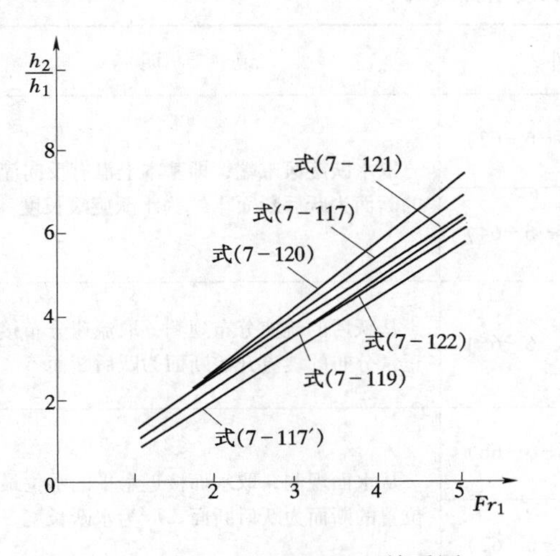

图4－6－27　h_2/h_1—Fr_1 关系图

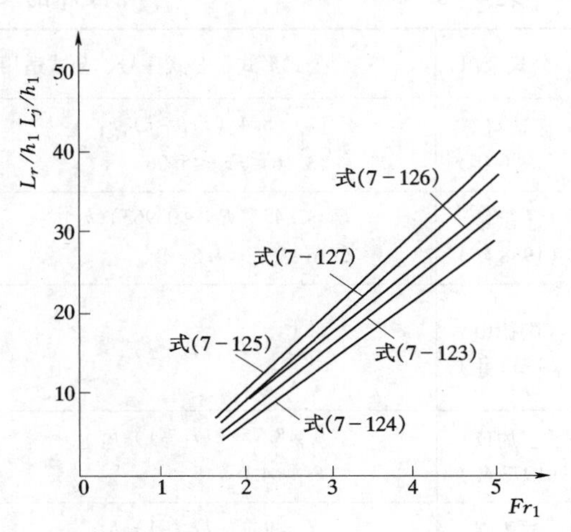

图4－6－28　水跃长度与 Fr_1 关系图

（1）除式（4－6－60）外，其他各式的点子均落在式（4－6－57a）和式（4－6－57b）之间。显然，式（4－6－60）中10.4这个常数偏大，若按式（4－6－61）反算 β 值，则 $\beta = 1.3$，有点过大。

（2）考虑壁面摩阻力的式（4－6－59）所计算的 h_2/h_1 值，始终小于式（4－6－63）所计算的值，这种差值随弗劳德数 Fr 的增加而增加，假若当 $Fr=10$ 时，这个差值只有4%，这就说明水跃摩阻力对低 Fr_1 数水跃的共轭水深比 h_2/h_1 的影响很小，即用式（4－6－62）计算的 h_2/h_1 值可代替式（4－6－59）所计算的值。

（3）考虑不同 β 影响的式（4－6－61）所计算的 h_2/h_1 值，始终大于式（4－6－62）所计算的值；式（4－6－61）与式（4－6－62）所计算的 h_2/h_1 的差值，随 Fr_1 数的增加而减小。所以对于低 Fr_1 数 β 的影响是不容忽略的，β 值与断面选取有关，且与 Fr_1 呈反比。跃后断面离水跃旋滚区越近，流速越不均匀，β 值也就越大。并且 Fr_1 数越小，跃后断面的流速分布越不均匀，β 值也就越大。

（4）Fr_1 数较小时，式（4－6－62）所计算的 h_2/h_1 值，位于式（4－6－57a）与式（4－6－57b）之间。

综上所述，低 Fr_1 数水跃共轭水深比 h_2/h_1 的计算，应考虑 β 值的影响，不应认为 β 值为常数，但壁面摩阻力可以不计。一般情况下，计算 h_2/h_1 时，应考虑综合的影响因素，如除考虑跃前和跃后断面流速分布的不均匀性外，还要考虑壁面摩阻力，跃前和跃后断面的紊动影响等因素。

2. 水跃长度

水跃长度指跃前断面到跃后断面的水平距离。它的确定主要取决于跃前及跃后断面位置的正确确定，一般跃前断面容易确定其位置，但跃后断面位置的确定较难。跃后断面位置的选取不同，水跃长度公式就不同。现将国内外对低弗劳德数水跃长度的研究成果（含计算公式及适用条件）列于表4－6－6。为了比较，并点绘于图4－6－28。

表4－6－6　　低 Fr_1 的水跃长度研究成果

公式来源	公式形式、公式序号、公式适用条件		说　明
张清可等（1986年）	$L_r=8.4(Fr_1-1)h_1$ $3.16\leqslant Fr_1\leqslant 5.06$	（4－6－63）	取水跃旋滚末端，即基本上没有反向流速的断面为跃后断面。L_r 为水跃旋滚长度
于洪银（1988年）	$L_r=7.45(Fr_1-0.963)h_1$ $2.16\leqslant Fr_1\leqslant 4.5$	（4－6－64）	
陶德山（1932年）	$L_j=11.1h_1(Fr_1-1)^{0.93}$	（4－6－65）	从跃后的流速分布观测，取流速分布接近正常分布的缓流开始断面为跃后断面
丁灼仪（1973年）	$L_j=8.75(Fr_1-1)h_1$ $Fr_1<4.0$	（4－6－66）	从水面观测，取水面接近水平的水位最高位置的断面为跃后断面。L_j 为水跃长度
陈椿庭（1964年）	$L_j=9.4(Fr_1-1)h_1$ $Fr_1<4.5$	（4－6－67）	

由图4－6－28可知：

（1）各低 Fr_1 水跃长度公式相差较大。主要原因是水跃前后摆动较大，难以测准；观测者对跃后断面位置选定标准不同。

（2）在低 Fr_1 范围内，各式所标的水跃长度的差异，随 Fr_1 数的减小而减小，Fr_1 数越大，差异越大。

（3）这些计算公式中，所有各式均在式（4-6-64）与式（4-6-65）两线之间，式（4-6-66）为适中线。因此，在目前的研究水平情况下，可应用式（4-6-66）来计算低 Fr_1 水跃的长度。

（4）所有试验表明，低 Fr_1 水跃长度比高 Fr_1 水跃长度短。

3. 水跃的水面线形状

在消能池设计中，水跃的水面线是一个重要因素。

1986 年靳国厚及黄种为提出的水跃水面线计算公式为

$$y/h_1 = 1 + 0.39(x/h_1) + 0.0075(x/h_1)^2,\quad Fr_1 < 4.5 \tag{4-6-68}$$

式中　y——基于 h_1 之上的水深；

　　x——从跃前断面算起的沿流程距离。

1988 年张声鸣提出的水面线计算公式为

$$y_{max}/h_1 = 1 + A(0.5\sqrt{1+8Fr_1^2} - 1.5) \tag{4-6-69}$$

$$\bar{y}/h = 1 + B(0.5\sqrt{1+8Fr_1^2} - 1.5) \tag{4-6-70}$$

$$y_{min}/h_1 = 1 + C(0.5\sqrt{1+8Fr_1^2} - 1.5) \tag{4-6-71}$$

式中　y_{max}、$\bar{y}$、y_{min}——水跃旋滚高度的最大值、平均值和最小值，均为从消能池底算起的水深。

式（4-6-69）~式（4-6-71）适用于 $2.5 \leqslant Fr_1 \leqslant 4.5$，系数 A，B，C 分别为

$$A = 0.223 + 3.498(x/L_j) - 4.525(x/L_j)^2 + 2.774(x/L_j)^3 - 0.322(x/L_j)^4$$

$$0 \leqslant (x/L_j) \leqslant 1$$

$$B = 4.120(x/L_j) - 6.947(x/L_j)^2 + 5.540(x/L_j)^3 - 1.707(x/L_j)^4$$

$$0 \leqslant (x/L_j) \leqslant 1$$

$$C = -0.065 + 3.154(x/L_j) - 4.109(x/L_j)^2 + 2.424(x/L_j)^3 - 0.521(x/L_j)^4$$

$$0.0212 \leqslant (x/L_j) \leqslant 1$$

研究成果表明：

（1）在低 Fr_1 水跃区，水跃表面轮廓（y/h_1）随 Fr_1 数降低而受（x/L_j）的影响变小，且（x/L_j）递增时，（y/h_1）随 Fr_1 数的变化率增大。波状水跃时几乎不产生旋滚，（y/h_1）值接近常数 1，基本上不随 Fr_1 数变化，从而波状水跃消散的能量大为减小。

（2）水跃表面轮廓线不是单一光滑曲线，也不是单值恒定面，而是有一个波动范围。

（3）水跃区水面波动与水跃紊动强度沿流程变化规律一致，且随 Fr_1 数的增加而增大。

二、低弗劳德数水跃后水流的紊动特性

下面分下游有尾坎及无尾坎的两种情况，对低弗劳德数水跃下游的紊动特性进行介绍。

1. 低弗劳德数水跃下游无尾坎时的水流紊动特性

对下游无尾坎时的水跃区及跃后水流的紊动特性试验研究的主要成果，见表 4-6-7

和表4－6－8。可以看出：

（1）紊动流速的脉动值在跃前断面较小，从跃首起沿流程逐渐增大，而后缓慢变小，至跃尾处仍有较大的数值。在距跃首（1～2）h_2 范围内，流速梯度最大的断面处紊流脉动变化大。流速梯度最大处对应的切应力最大，并且紊动也最大。

（2）跃后水流紊动能和紊动强度沿流程呈指数或幂函数递减，见表4－6－7及图4－6－29与图4－6－30。跃首的紊动强度为零，跃尾的紊动强度为0.05。水流在 $x=L_j$ 处，紊动能为跃前断面总能量 H_1 的6%以上（$Fr_1=2.5\sim7.0$）。绝大部分紊动能是在 $x_1=2L_j$ 范围内（即从水跃旋滚末算起的两倍水跃长度范围内）消散掉，这一点从图4－6－29及图4－6－30可以看得很清楚。在 $x=5h_2$ 处产生的紊动很小。水流流经 $x_1=0.9L_j$ 后，均方值紊动能 E_t（$=\overline{u'^2}/2g$）和较大紊动能 E'_t（$=u'^2/2g$）分别减小40%和60%（$Fr_1=2.16$），紊动强度趋于正常渠道的紊动强度分布。

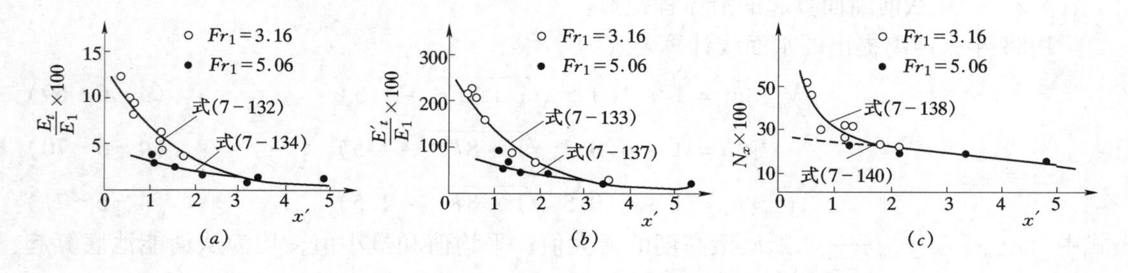

图4－6－29 紊动能及紊动强度沿流程变化图

（a）均方值紊动能；（b）较大紊动能；（c）紊动强度

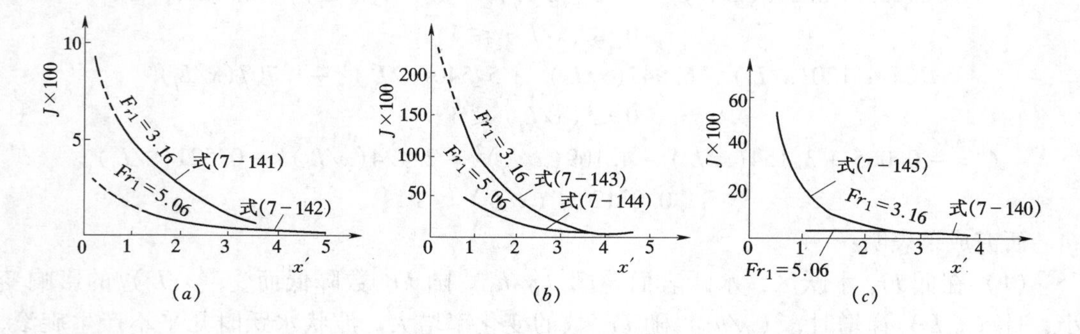

图4－6－30 紊动能及紊动强度沿流程衰减图

（a）均方值紊动能衰减率；（b）较大紊动能衰减率；（c）紊动强度衰减率

（3）跃后水流紊动能和紊动强度随 Fr_1 数呈指数规律递减，见表4－6－8及图4－6－31。

（4）跃后水流的紊动能与单宽流量成正比。尽管 Fr_1 数相同，但单宽流量 q 不同时，跃后水流的紊动能也不同。文献指出，q 每增加0.02m³/s时，紊动能增加10%，q 每增0.015m³/（s·m）时，E_t 和 E'_t 均增加10%。q 每增加0.03m³/（s·m）时，E_t 和 E'_t 均增加24%。

（5）较大紊动能比均方值紊动能大得多。当 Fr_1 数为2.16时，$x'=0$的断面对应的

表 4-6-7　　各类公式汇总表（一）

名称 \ 项目	公式形式及编号		适用条件	
均方值紊动能 E_t	$E_1/E_2=0.14\exp(-0.71x')$	(4-6-72)	$Fr_1=3.16$，	$0\leqslant x'\leqslant 3.2$
	$E_1/E_2=0.035(x')^{-0.71}$	(4-6-73)	$Fr=3.16$，	$3.3\leqslant x'\leqslant 5.0$
	$E_1/E_2=0.035(x')^{-0.71}$	(4-6-74)	$Fr=5.06$，	$0.3\leqslant x'\leqslant 5.0$
较大紊动能 E'_t	$E'_1/E_2=2.82\exp(-0.82x')$	(4-6-75)	$Fr=3.16$，	$0\leqslant x'\leqslant 3.0$
	$E'_1/E_2=0.55(x')^{-0.74}$	(4-6-76)	$Fr=3.16$，	$3.1\leqslant x'\leqslant 5.0$
	$E'_1/E_2=0.55(x')^{-0.74}$	(4-6-77)	$Fr=5.06$，	$0.3\leqslant x'\leqslant 5.0$
断面平均紊动强度 N_x	$N_x=0.29(x')^{0.618}$	(4-6-78)	$Fr=3.16$，	$0.3\leqslant x'\leqslant 2.0$
	$N_x=0.244\exp(-0.12x')$	(4-6-79)	$Fr=3.16$，	$2.1\leqslant x'\leqslant 5.0$
	$N_x=0.244\exp(-0.12x')$	(4-6-80)	$Fr=5.06$，	$0\leqslant x'\leqslant 5.0$
均方根紊动能衰减率 J	$J_1=0.1\exp(-0.72x')$	(4-6-81)	$Fr=3.16$，	$0\leqslant x'\leqslant 5.0$
	$J_2=0.026(x')^{0.76}$	(4-6-82)	$Fr=5.06$，	$0.2\leqslant x'\leqslant 5.0$
较大紊动能衰减率 J	$J_3=2.47\exp(-0.87x')$	(4-6-83)	$Fr=3.16$，	$0\leqslant x'\leqslant 5.0$
	$J_4=0.43(x')^{-1.8}$	(4-6-84)	$Fr=5.06$，	$0.3\leqslant x'\leqslant 5.0$
断面平均紊动强度衰减率 J	$J_5=0.184(x')^{-1.65}$	(4-6-85)	$Fr=3.16$，	$0.3\leqslant x'\leqslant 3.0$
	$J_6=0.034-0.001(x')$	(4-6-86)	$Fr=5.06$，	$0\leqslant x'\leqslant 5.0$

注　表中：E_2—跃后断面平均动能；J_1—紊动能（紊动强度）衰减率；$x'=x_1/L$；x_1—以旋滚末算起的水平距离。

表 4-6-8　　各类公式汇总表（二）

名称 \ 项目	公式形式、序号		适用条件
$E_1=\frac{u'^2}{2g}$	$E_t/E_1=0.0861\exp(-0.2724Fr_1)$	(4-6-87)	$x'=0$
	$E_t/E_1=0.0995\exp(-0.4563Fr_1)$	(4-6-88)	$x'=0.4$
	$E_t/E_1=0.3622\exp(-1.152Fr_1)$	(4-6-89)	$x'=0.9$
$E_t=\frac{u'^2}{2g}$	$E'_t/E_1=2.9175\exp(0.4631Fr_1)$	(4-6-90)	$x'=0$
	$E'_t/E_1=1.9523\exp(-0.5550Fr_1)$	(4-6-91)	$x'=0.4$
	$E'_t/E_1=1.9908\exp(-0.7314Fr_1)$	(4-6-92)	$x'=0.9$
$N_x=\frac{\sqrt{u'^2}}{\bar{u}}$	$N_x=0.8433\exp(-0.1595Fr_1)$	(4-6-93)	$x'=0$
	$N_x=0.6320\exp(-0.1121Fr_1)$	(4-6-94)	$x'=0.4$
	$N_x=0.6202\exp(-0.2105Fr_1)$	(4-6-95)	$x'=0.9$
备　注	E_1 为跃前断面平均动能；公式适用 $Fr_1=2.61\sim4.5$		

$E'_s/E_t=21$（即较大紊动能 E'_t 等于均方值紊动能 E_t 的 21 倍），$x'=0$ 的断面，对应的 $E'_t/E_t=17$；当 $Fr_1=4.34$ 时，$x'=0$ 断面对应的 $E'_t/E_t=15$；$x'=0.4$ 断面对应的 $E'_t/E_t=14$；当 $Fr_1=3.16$ 时，$x'=0.4$ 断面对应的 $E'_t/E_t=17$。

（6）较大紊动能和较大紊动强度常发生在近底处，大约发生在距槽底（0.02～0.05）倍水深，相当于粘滞底层的外缘左右。

（7）跃后水流紊动能出现的频率沿流程递减，距跃尾越近的断面，低频段大能量的频域较宽。对河床冲刷起主导作用的是低频段的大能量，即那些小波速大尺度的紊动旋涡。

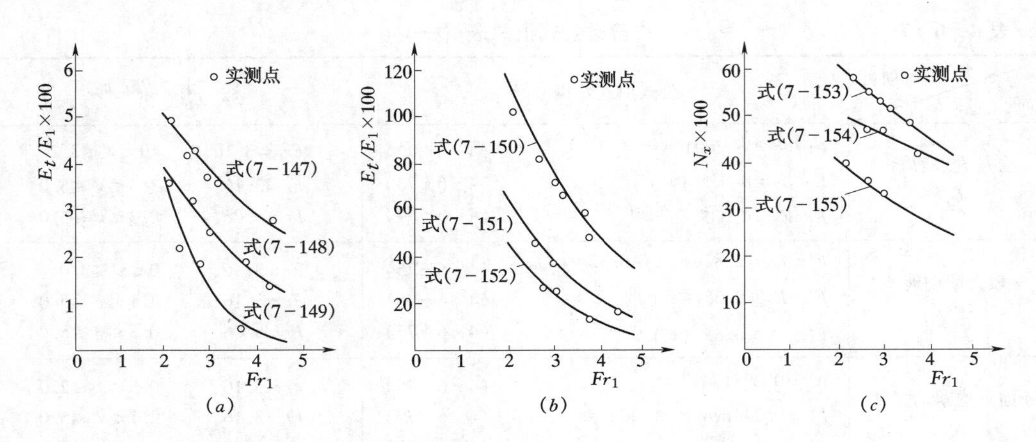

图 4-6-31 紊动能和紊动强度随 Fr_1 变化图

(a) 均方值紊动能；(b) 较大紊动能；(c) 紊动强度

(8) 一般紊流中雷诺应力做功很小，但在强烈有声音的水流掺混区这个功不可忽略。

2. 低弗劳德数水跃下游有尾坎时水流的紊动特性

(1) 水跃下游设置尾坎后，E_t 和 E'_t 都不同程度地比无尾坎时小。最大可减小 59% 和 67%（$Fr_1=2.16\sim4.34$）。

(2) 尾坎附近的紊动强度反而比无尾坎时大。当 $x'=0.4$，$Fr_1=2.99\sim2.35$ 时，尾坎下游附近在 $y_1/h_1=0.2$（y_1 为以槽底为原点指向水面的铅直坐标）处的紊动强度较无尾坎时增加。

(3) 冲刷后的断面紊动强度并不比冲刷前小，但近底区的紊动强度都较冲刷前减小了 17% ~32%。水流紊动对尾坎附近的淘刷及其对下游河床冲刷程度主要取决于近底区紊动值的大小。

(4) 水流的脉动结构不仅与水流内部特征有关，而且还受尾坎的影响，一方面尾坎起着消散能量的作用，另一方面又起着再生紊动的作用，是涡的发源地。说明在泄水建筑物出口处设置合适的消能设施能够减轻水流对底板和下游河床的冲刷。

(5) 水跃下游设置尾坎后，跃后紊动能和紊动强度沿流程衰减，且随 Fr_1 呈指数规律衰减。对于定床不冲刷情况，尾坎下游的紊动能沿流程呈指数或线性函数衰减（见表 4-6-9）。

表 4-6-9　　各类公式汇总表（三）

x_2/L_k \ 项目	公式形式、序号		适用条件
0.4 ~2.0	$E_t/E_v=0.198\exp(-1.245x_2/L_k)$	(4-6-96)	$Fr_1=3.7$
	$E_t/E_v=0.206\exp(-1.439x_2/L_k)$	(4-6-97)	$Fr_1=4.07$
	$E_t/E_v=0.244\exp(-1.706x_2/L_k)$	(4-6-98)	$Fr_1=4.66$
≥2.0	$E_t/E_v=2.1-0.411(x_2/L_k-2)$	(4-6-99)	$Fr_1=3.70$
	$E_t/E_v=1.8-0.411(x_2/L_k-2)$	(4-6-100)	$Fr_1=4.03$
	$E_t/E_v=1.8-0.411(x_2/L_k-2)$	(4-6-101)	$Fr_1=4.66$

注　E_v—量测的断面的平均动能；L_k—消力池长度；x_2—以尾坎末端为原点计起的沿流程水平距离。

（6）紊动纵向积分比尺沿流程逐渐减小，且随冲刷的加深而不断减小。

三、水跃消能率

水跃消能率一般分为水跃时均流消能率、水跃实际消能率和水跃最小实际消能率。

水跃时均流消能率 η 指未考虑跃后水流紊动能时的消能率，即

$$\eta = E_L/H_1 = (\sqrt{1+8Fr_1^2}-3)^3/[8(\sqrt{1+8Fr_1^2}-1)(2+Fr_1^2)] \tag{4-6-102}$$

式中 E_L——水跃段的能量损失，$E_L = H_1 - H_2$；

H_2——跃后断面的总能量。

实际上跃后水流中包含有紊动能，将这部分紊动能减去后所得能量为水跃实际消散能量。

水跃实际消能率 η' 是考虑跃后水流均方值紊动能时的消能率，即

$$\eta' = (E_L - E_t)/H_1 \tag{4-6-103}$$

水跃最小实际消能率 η'' 是考虑跃后水流较大紊动能时的消能率，即

$$\eta'' = (E_L - E'_t)/H_1 \tag{4-6-104}$$

为了比较，将国内外对低 Fr 数水跃消能率的研究成果，综合于表 4-6-10 内。由表 4-6-10 可以看出，水跃实际消能率 η' 与水跃时均流消能率 η 很相近，且低 Fr_1 水跃的最小实际消能率 η'' 却很小，由此也说明了较大紊动能是造成下游河床破坏的主要原因之一。

表 4-6-10　　低 Fr_1 数水跃消能率研究成果

序号	Fr_1	η	η'	η''	η'/η (%)	η''/η (%)	备注
1	3.16	28.1	27.5	1.75	98	62	定床试验
2	5.06	49.3	49.0	48.2	99	98	
3	2.35	20.9	18.4		88		下游无尾坎，定床试验
4	4.34	42.5	40.4		95		
5	2.35	21.9	19.8		90		下游无尾坎，定床试验
6	4.35	46.3	45.1		97		
7	3.70	40.8	40.2		91		跃首至 $1.5L_k$ 间，定床试验
8	4.03	45.6	45.1		99		
9	4.66	50.0	49.6		99		
10	3.70	44.3	43.4		98		跃首至 $1.5L_k$ 间，冲刷稳定后
11	4.03	46.8	46.3		99		
12	4.66	51.5	51.1		99		
13	4.0	39	16		41		动床试验
14	6.0	56.4	17.1		30		动床试验
15	9.72	72.6	54.3		75		

第五节　宽尾墩消能的水力计算[8,11,13,20,23,26,29]

一、宽尾墩的体型参数及其确定

宽尾墩的几何参数直接影响消能效果，对于直墙式宽尾墩（见图 4-6-32）可用下

列特征参数表示：

收缩比

$$\lambda = \frac{B'}{B} = 1 - \frac{b-b'}{B} \quad (4-6-105a)$$

尾端折角

$$\theta = \mathrm{arctg}\frac{b-b'}{2l} \quad (4-6-105b)$$

宽尾墩始折点位置参数

$$\xi_1 = \frac{x}{H_d}; \quad \xi_2 = \frac{y}{H_d} \quad (4-6-105c)$$

式中 x、y——从坝顶算起向下游的水平和垂直向下的距离。

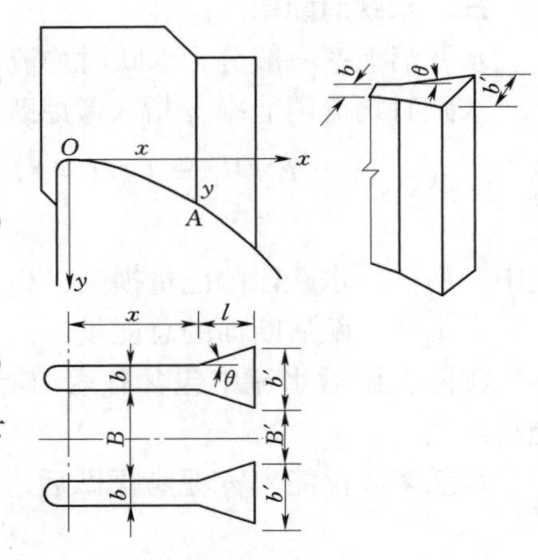

图 4-6-32 直墙式宽尾墩

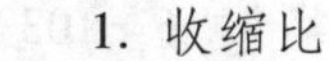

1. 收缩比

$$\lambda = 0.4 \sim 0.7$$

2. 尾端折角

宽尾墩水舌闸室后受到三方面的作用，一是受到宽尾的侧向挑流作用，它使水舌在横向沿程收缩；二是在侧向压力梯度作用下，水流在横向沿程扩散；三是在重力作用下水流在铅直面内急速扩散。建议 $\theta = 15° \sim 26°$。

3. 始折点位置

不影响过流能力的始折点应为 $\xi_1 > 0.82$，和 $\xi_2 > 0.37$；或将定型水头 H_d 用最大水头 H_m 表示（$H_d = kH_m$），则 $x/H_m > 0.82k$，$y/H_m > 0.37k$。

二、宽尾墩挑流消能水力特性

由于墩尾加宽，闸室沿程收缩，水流在闸室内也随之逐渐壅高。水流出闸室后，水面内向翻卷，激起两道形似闭合蝉翼的"水翅"，沿墩尾挑流方向合拢，围成一个上端开口的空腔，见图 4-6-33。

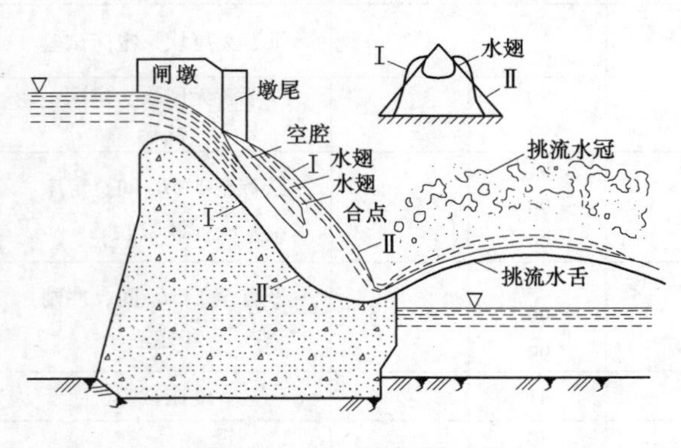

图 4-6-33 宽尾墩出流

1. 宽尾墩出流特点

（1）坝面水流三面接触空气，并有水翅、空腔等流态，水流与空气的接触面积大大增加，而且两个侧面的水流都是紊流，因而水流的掺气量亦随之增加，有利于坝面的防蚀。墩后大面积的无水区更可降低对施工平整度的要求。

（2）水冠是由相邻水股碰撞、顶托形成，而水股又在不断摆动，所以对水冠的扰动较大，使其掺气量更加增加。即使在模型中挑流水冠亦呈气、水混合的乳白色状态，由图可见挑流水冠大量掺气、落点分散。可以推测，在原型中其掺气量将更大。

（3）由于坝面水流掺气和水股互相碰撞等因素，将使水流动能损失增加。同时由于挑射水流高、低相间，挑流水舌呈高而薄的雄鸡尾状，落点分散，空中消能率和水垫消能率都大幅度提高。

2. 坝面压力与空蚀问题

宽尾墩与平尾墩坝面压力的比值随流量加大而逐渐减小，如图 4－6－34 所示。刘树坤的试验指出两者比值为 1.88～1.27，其原因在于大流量时冲击点下移而冲击压力的最大点与离心力的最大点分离。虽在流量较小时，压力增加比例较大，但绝对值较小，仍不是设计控制条件。

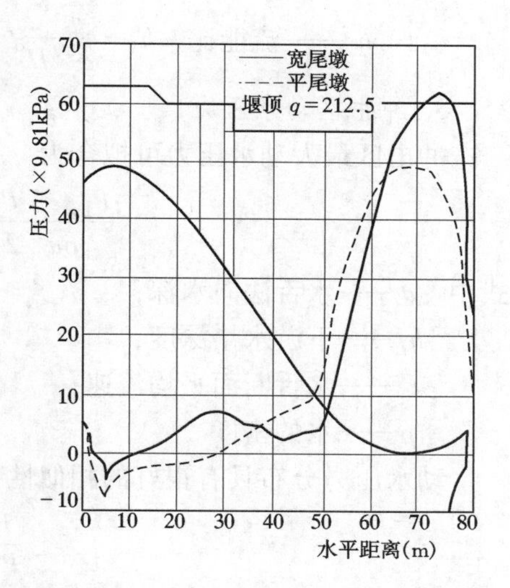

图 4－6－34　压力与水平距离关系图

宽尾墩可以造成大量掺气，对坝面防空蚀很有利。根据宽尾墩出流掺气分布特性，在坝面上掺气浓度是相当高的，可兼起通气槽的作用，保护坝面。

宽尾墩出流对于坝体的冲击属于低频脉动，不会引起坝身的空蚀和振动。

三、宽尾墩消能池联合消能水力特性

1. 水流流态

在流态上具有三大特点（图 4－6－35）：

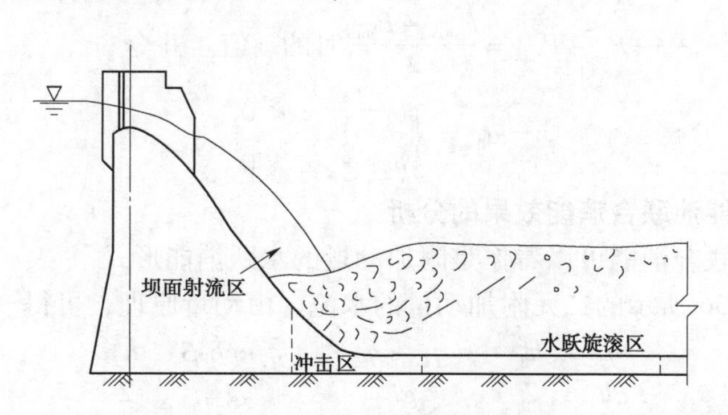

图 4－6－35　宽尾墩消能池水流流态

（1）坝面出现大面积无水区，沿溢流坝下泄的扁而平的二元高速薄片水舌变为竖向尺度大于横向尺度薄而高的多股“竖”水舌。

（2）冲击区具有三元射流特点。

（3）消能塘中产生三轴旋辊。

2. 墩尾水深

刘永川在陕西安康水电工程的试验中建议：

$$\bar{y}/y_0 = 3.09 - 2.07\frac{B'}{B} \tag{4-6-106}$$

$$\bar{y}/B' = 4.83\bar{h}_k^{1.88}\left(\frac{B'}{B}\right)^{-1.74} \tag{4-6-107}$$

式中　$\bar{y}$、y_0——宽尾墩与平尾墩的墩末平均水深；

$\bar{h}_k$——流能比，$\bar{h}_k = \dfrac{q^{2/3}}{g^{1/3}H}$。

3. 冲击区动水压力

冲击区最大动水压力可拟合为

$$\frac{P_{max} - P_{min}}{\rho u_0^2/2} = 11.1\left[\frac{d}{h_t}\right]\left[\frac{B'}{B}\right]^{1.355} \quad (4-6-108)$$

式中 d——水舌法向水深；

h_t——下游水垫深度；

u_0——水舌断面平均流速；

ρ——水的密度。

动水压力分布具有很好的相似性，其分布可表示为

$$\frac{P_\omega}{P_{max}} = e^{-0.693\left(\frac{x}{b_0}\right)^2} \quad (4-6-109)$$

或

$$\frac{P_\omega - P_{min}}{P_{max} - P_{min}} = e^{-0.693\left(\frac{x}{b_0}\right)^2} \quad (4-6-110)$$

式中 P_{min}、P_{max}、P_ω——最小、最大及任一点动水压力；

x——沿壁面从时均压力最大点量起的水平距离；

b_0——$P_\omega - P_{min} = \dfrac{P_{max} - P_{min}}{2}$时的 x 值。并令

$$b_0 = \begin{cases} b_1 & x < 0 \\ b_2 & x > 0 \end{cases}$$

四、宽尾墩消能池联合消能效果的分析

宽尾墩消能池联合消能可以看作是附加动量的水跃消能形式。

对于图 4-6-36 所示的二元附加动量的水流，由动量原理，可得

$$\frac{q_1^2}{gh_1} + \frac{h_1^2}{2} = \frac{(q_1 + q_2)^2}{gh_2} - \frac{q_2 u\cos\beta}{g} + \frac{h_2^2}{2} \quad (4-6-111)$$

式中 q_1——水跃单宽流量；

q_2——射流单宽流量；

h_1、u_1——跃首水深、流速；

h_2、u_2——跃末水深、流速；

u——射流流速；

β_2——射流与水平线交角。

下面分几种情况进行讨论。

1. 无射流注入情况

这种情况，$q_2 = 0$，即得到一般的二元水跃方程为

$$\frac{q_1^2}{gh_1} + \frac{h_1^2}{2} = \frac{q_1^2}{gh_2} + \frac{h_2^2}{2} \quad (4-6-112)$$

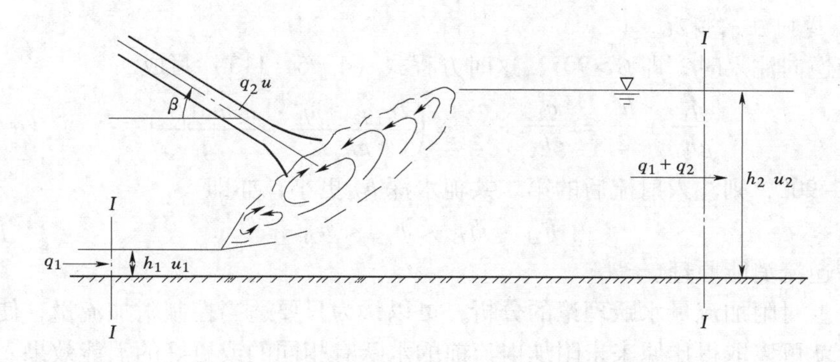

图 4-6-36 有附加动量的水跃

依上式，当第一共轭水深一定时，可求得第二共轭水深 h_2。

2. 射流同向注入情况

这种情况，即 $\beta<90°$，有

$$\frac{q_1^2}{gh_1}+\frac{h_1^2}{2}=\frac{q^2}{gh_2}+\frac{h_2^2}{2}+\left(\frac{2q_1q_2+q_2^2}{gh_2}-\frac{q_2u\cos\beta}{g}\right) \tag{4-6-113}$$

上式的左端与式（4-6-112）左端一样，显然，当

$$\beta_0=\arccos\left(\frac{2q_1+q_2}{uh_2}\right) \tag{4-6-114}$$

时，上式右端与式（4-6-112）右端一样，所以注入射流后，若射流的入射角为 β_0，即其第二共轭水深与来流入射流的第二共轭水深 h_{21} 相等（注意：这时跃后断面的单宽流量已增加到 q_1+q_2）。设 h_{22} 是式（4-6-113）解出的第二共轭水深，则有

$$\left.\begin{aligned}h_{22}&>h_{21}\quad(\beta<\beta_0)\\h_{22}&=h_{21}\quad(\beta=\beta_0)\\h_{22}&<h_{21}\quad(\beta>\beta_0)\end{aligned}\right\} \tag{4-6-115}$$

显然，当 $\beta<\beta_0$ 时，由式（4-6-114）可见，注入射流将恶化原水跃的消能状态；当 $\beta>\beta_0$ 时，注入射流反而使第二共轭水深比未注入射流时的二元水跃的第二共轭水深更小，从而有利于增进原水跃的消能状态。这一点成为宽尾墩—底孔—消能池联合消能的理论基础。一般而言，宽尾墩—底孔射流的入水角 β 应尽量选在下列范围内：

$$\beta_0<\beta<90°$$

3. 射流垂直注入情况

当射流垂直注入水跃时，这时射流的作用纯粹是一股附加流量，即 $\beta=90°$，$\cos\beta=0$，于是方程式（4-6-113）变为

$$\frac{q_1^2}{gh_1}+\frac{h_1^2}{2}=\frac{q_1^2}{gh_2}+\left(\frac{2q_1q_2+q_2^2}{gh_2}\right)+\frac{h_2^2}{2} \tag{4-6-116}$$

这时由于上式右端比式（4-6-112）右端增加了一项 $(2q_1q_2+q_2^2)/gh_2$，所以注入射流（附加流量）的第二共轭水深 h_{23} 比未注入射流时的 h_{21} 要小，即

$$h_{23}<h_{21}$$

因此，只要单纯的附加流量注入水跃，也能降低第二共轭水深，增加消能效果。

4. 射流逆向注入情况

当射流逆向注入时，即 $\beta>90°$，这时方程式（4-6-113）写成

$$\frac{q_1^2}{gh_1}+\frac{h_1^2}{2}=\frac{q_1^2}{gh_2}+\frac{h_2^2}{2}+\left(\frac{2q_1q_2+q_2^2}{gh_2}+\frac{q_2u\sin\beta'}{g}\right) \quad (4-6-117)$$

其中 $\beta'=\beta-90°$，则注入射流后的第二共轭水深 h_{24} 更小，亦即

$$h_{24}<h_{23}<h_{22}<h_{21}$$

这就是所谓逆流消能原理。

通过以上对附加流量水跃理论的分析，可以认为只要适当控制附加流量，使射流入水角尽量大，就可以取得比原来未附加射流前的水跃有相同的或更好的消能效果。

五、宽尾墩消能池联合消能的跃长估算

刘永川公式：

$$S_j=\frac{2}{3}L_{sj} \quad (4-6-118)$$

武爱玲公式：

$$S_j=4.0(h'_2-h_{10}) \quad (4-6-119)$$

宽尾墩与戽斗底流消能联合运用时，刘永川建议跃长为

$$S_j=(3.0-3.5)h'_2 \quad (4-6-120)$$

宽尾墩与戽池式消能池联合运用时，谢省宗建议跃长为

$$S_j=(4.0-3.5)h'_2 \quad (4-6-121)$$

式中 h'_2——产生三元水跃时的下游水深；

h_{10}——相同条件下平尾墩收缩水深；

L_{sj}——二元水跃跃长。

第六节 掺气分流墩与底流联合消能的水力计算[25,26,30]

一、体形参数

柘林泄洪洞消能池陡坡上采用的掺气分流墩如图4-6-37所示，由墩头、支墩、劈流头，竖直掺气坎及水平掺气坎等组成。其主要体形参数如下：

（1）墩头形状一般按设墩断面弗劳德数 Fr_0 选用。当 $Fr_0=2.5\sim7$ 时，宜用半圆柱墩头；当 $Fr_0>6$ 时，宜用三角形墩头。

（2）墩体总高度（含劈流头）

$$h=(1.4\sim1.6)h_0 \quad (4-6-122)$$

式中 h_0——墩前断面水深，其中劈流头高为（0.4~0.6）h_0

（3）收缩比 $\lambda=\sum b/B_0$，B_0 为泄水总宽度，$\sum b$ 为墩坎缩减的泄水宽度。当 $Fr_0=2.5\sim7$ 时，较优的收缩比范围为 $\lambda=0.5\sim0.6$。

（4）水平掺气坎的底坎为 $-7°\sim0°$，水平坎高度为（0.3~0.5）h_0。

（5）竖向掺气坎的挑角，按不平整度控制要求，一般为1:4~1:8，挑坎高度约为（0.1~0.2）h_0。

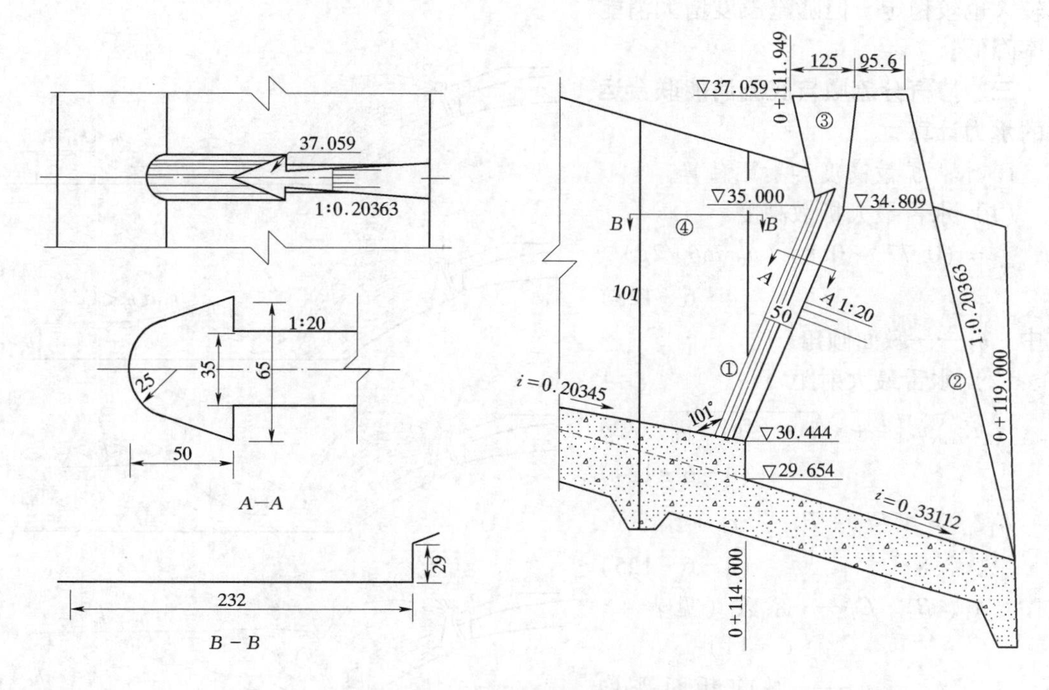

图 4－6－37　消能池上采用掺气分流墩

①—墩头；②—支墩；③—劈流墩；④—垂直掺气坎

二、掺气分流墩与消能池联合运用的流态

随下游水深不同，可划分为四种流态，四种流态可用三个界限水深 h_{t1}、h_{t2}、h_{t3}区分。它们的特点如图 4－6－38 所示。

（1）第一种流态：当 $h_t<h_{t1}$时，为挑射水流与远躯水跃串联流态。其特点是挑射水流冲击底板发生反射弹跳。然后再次回落，附着底板后发生远躯水跃。随着下游水深升高，远躯水跃跃首向上游移动。当刚刚淹没反弹段时，定义为第一界限水深 h_{t1}。消能池前反弹段水深大于下游水深，水舌冲击点压强、消能池脉动压强具有最大值。

（2）第二种流态：当 $h_{t1}<h_t\leqslant h_{t2}$时，为挑射水流与水跃并联叠加的混合流态。这种流态由于反弹水流与下游水流剧烈掺混，水面波动大。随着下游水深增加，主流逐渐下沉，消能池前部反弹段水深、水面波动幅度、冲击点压强、脉动压强由最大值逐渐降低。当刚刚发生较完整底流水跃时，定义为第二界限水深 h_{t2}。

（3）第三种流态：当 $h_{t2}<h_t\leqslant h_{t3}$时，为淹没底流流态。其特点是挑射水流直达底板，并形成底流水跃。随着下游水深增加，消能池前水深大致等于下游水深，水面趋于平稳，挑射水舌入水后在水垫中掺混、扩散的消能量增加，到达底部的水舌分量逐渐减少。水舌冲击点压强峰值逐渐平坦。当水舌冲击点压强无明显峰值，并小于下游水深值，而脉动压强系数又小于 2% 时，定义为第三界限水深 h_{t3}。

（4）第四种流：当 $h_{t3}<h_t$，为水垫旋辊流态。水舌入水后主要靠淹没扩散旋辊消能。

在四种流态中，若从实用观点出发进行评价，则第一种流态最劣。第二种流态不稳定，对于下游水位变化很敏感，常产生较大的波涌水流，因此流态也较差。第三种流态范围较大也较稳定，但随淹没度增大消能效率降低。

三、掺气分流墩与底流消能联合运用的水力计算

1. 水舌扩散高度和射距估算

（1）水舌最大扩散高度

$$h'_{max} = (0.77 \sim 0.8)(u_0^2\sin\theta_1/2g) \quad (4-6-123)$$

式中 θ_1——墩面倾角。

（2）水舌最大射距

$$L'_{max} = K_{Lmax}u_0^2[1 + \sqrt{1 + (4gY_1/u_0^2)}]/2g \quad (4-6-124)$$

$$K_{Lmax} = A_1Fr_1 + B_1\sqrt{Fr_1} + C_1 \quad (4-6-125)$$

式中 A_1、B_1、C_1——系数（见表4-6-11）。

u_0——墩前断面平均流速；

Y_1——出射水舌上表面高程与下游落点高程之差；

Fr_1——底流消能跃前断面弗劳德数。

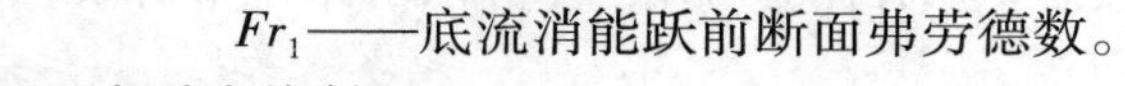

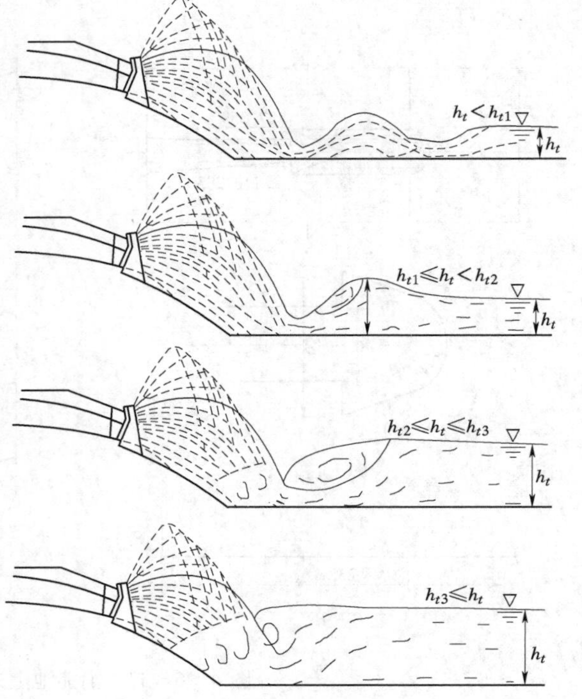

图4-6-38 四种流态

（3）水舌内缘射距

$$L'_{min} = K_{Lmin}u_0^2\cos\theta_2[\sin\theta_2 + \sqrt{\sin^2\theta_2 + (2gY_2/u_0^2)}]/g \quad (4-6-126)$$

$$K_{Lmin} = A_2Fr_1 + B_2\sqrt{Fr_1 + C_2} \quad (4-6-127)$$

式中 A_2、B_2、C_2——系数（见表4-6-12）；

θ_2——水平掺气坎与水平面夹角；

Y_2——出射水舌下表面高程与下落点高程之差。

（4）水舌最大冲击点距离 L_2

$$L_Z/L'_{max} = A_3Fr_1 + B_3\sqrt{Fr_1 + C_3} \quad (4-6-128)$$

式中 A_3、B_3、C_3——系数（见表4-6-13）。

表4-6-12、表4-6-13中，$Fr_1 = 2.5 \sim 7$。

表4-6-11 系数 A_1、B_1、C_1

系数 \ λ	0	0.15	0.24	0.35	0.50	0.59	0.70
A_1	0.1542	0.1155	0.2386	1.1829	-0.0661	-0.0596	-0.0611
B_1	-1.1002	-0.8608	-1.3469	-0.2903	0.1244	0.0894	0.1394
C_1	2.3872	2.1533	2.6420	1.5136	0.9654	1.0406	0.9549

表 4-6-12　　系数 A_2、B_2、C_2

系数 \ λ	0	0.15	0.24	0.35	0.5~0.7
A_2	-0.0422	0.15	0.0827	0.1016	0.06985
B_2	0.06134	-0.8006	-0.6097	-0.7253	-0.5975
C_2	0.7871	1.629	1.4743	1.5946	1.4495

表 4-6-13　　系数 A_3、B_3、C_3

系数 \ λ	0	0.15	0.35	0.50	0.59	0.70	0.77
A_3	0.0382	6.2314	-0.01779	-0.1260	-0.2459	0.1986	-0.1223
B_3	-0.5454	-0.4246	0.4025	0.3068	0.9254	-1.1148	-5.106
C_3	1.7033	1.6387	0.7999	0.7958	0.0527	2.3978	0.3812

2. 消能池水力计算

（1）在临界条件下，有：

1）跃后水深

$$h'_{t1} = (1.4Fr_1 - 2.8\lambda - 0.65)h_1 \quad (4-6-129)$$

2）水跃长度

$$L'_j/h_2 = 1.33\lambda^3 + 10.64\lambda^2 - 10.6\lambda + 6.03 \quad (4-6-130)$$

（2）在实用淹没条件下，有：

1）跃后水深

$$h''_{st} \geqslant (1.04 + 0.185\lambda)h'_{t1} \quad (4-6-131)$$

2）水跃长度

$$L'_{sj} = (1.3 \sim 1.35)L'_j \quad (4-6-132)$$

3. 消能率计算

根据跃后水深，通过能量方程推导出水跃消能量与跃后断面水深和水流弗劳德数的关系式为

$$\Delta E'_j = \frac{h'_2(3 - \sqrt{1 + 8Fr_2^2})^3}{16(\sqrt{1 + 8Fr_2^2} - 1)} \quad (4-6-133)$$

消能量为

$$\Delta E = E_1 - E'_2 - \Delta E'_j \quad (4-6-134)$$

式中　E_1——计算得到的自由水跃跃首断面能量；

E'_2——增设设施以后跃后断面能量。

水跃消能率、设施消能率、总消能率分别为

$$K'_j = \frac{\Delta E'_j}{E_1}$$

$$K_{\Delta E} = \frac{\Delta E}{E_1}$$

$$K_\eta = K'_j + K_{\Delta E} = \frac{E_1 - E'_2}{E_1} \quad (4-6-135)$$

依试验，当 $Fr_1 = 5.3 \sim 7.1$ 时，消能率与收缩比的关系，如图 4-6-39 所示。从图中可以得出，增加设施以后：

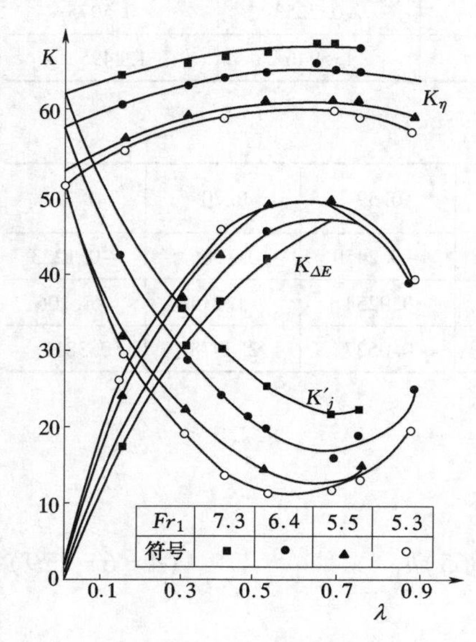

图 4-6-39 K—λ 关系图

（1）总消能率 K_η 随 λ 和 Fr_1 增大而增加。在试验范围，总消能率比自由水跃增长约 11% ~18% 。

（2）设施消能率 $K_{\Delta E}$ 随收缩比 λ 的增大而增加。增加的速率开始快，然后逐渐减缓。至某一收缩比时，出现极大值，而且在增长过程中低弗劳德数增长较快。但在 Fr_1 较小的变化范围内，$K_{\Delta E}$ 最大值差异不明显，略显出低弗劳德数稍大。

（3）水跃消能率 K'_j 随收缩比 λ 增大而降低。至某一收缩比时出现极小值。同一收缩比下，K'_j 值随 Fr_1 增大而增加。

（4）若定义 $K_{\Delta E}$ 最大时，对应的收缩比为最优收缩比。同在试验范围内，最优收缩比为

$$\lambda_0 = 0.5 \sim 0.7$$

（5）在 $\lambda \geqslant \lambda_0$ 范围内，当 Fr_1 一定时，随着收缩比增大，总消能率缓慢增加，设施消能率急剧增大，水跃消能率迅速减小。此处水跃消能率的减小，意味着需要的跃后水深和水跃长度减小。从而可以获得缩短池长，减小池深，降低成本的经济效益。

4. 冲击压强与掺气特性

（1）冲击区最大动水压力的临界值：当 λ 小于 $[\lambda]$ 时，出现冲击区动水压力大于普通挑坎的情况，临界条件为

$$[\lambda] = 0.842 - 0.154 Fr_1 \quad (4-6-136)$$

（2）掺气特性：普通挑坎掺气比为

$$\beta'_1 = 0.042 Fr_1 - 0.241 \quad (4-6-137)$$

分流掺气墩通气比为（$\lambda = 0.15$）

$$\beta'_2 = 0.2 Fr_1 - 0.66 \quad (4-6-138)$$

通气比的增加量为

$$\Delta\beta' = \beta'_2 - \beta'_1 = 0.158 Fr_1 - 0.419 \quad (4-6-139)$$

第七节 有压隧洞多级孔板消能的水力计算[24,27,32]

一、消能原理与水流特性

1. 孔板的体形及参数

图 4-6-40 是孔板体型的演变示意图，描述孔板的主要参数有：孔径比 $\beta = d/D$，即

孔口直径与圆管直径之比；厚径比 $r=t/d$，即孔板厚度与孔径之比；距径比 L/d，即孔板间距与孔径之比；孔板内缘角 α 及在洞中来流的方向等。

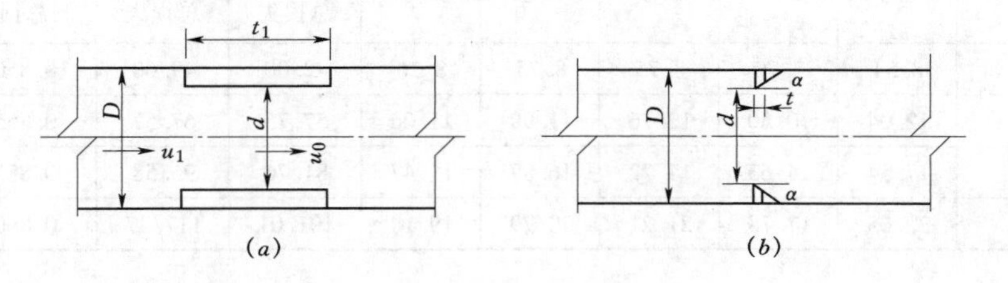

图 4-6-40　孔板

2. 消能特性

孔板的布置型式及过孔板的水流现象如图 4-6-41，高速水流经过孔口突然收缩，紧接着由于隧洞截面又突扩扩大，水流便于洞内形成一股流束，约在孔后 0.4D 左右形成最小收缩断面，这束水股与周围介质分开，于孔板后形成强烈旋涡，受压缩的流束便扩展到整个隧洞断面。孔板就是利用旋涡造成强烈紊动来消杀能量。由于总能量的消散不可能在一级扩散室内完成，于是便采用多级孔板，使水流多次收缩与扩散，从而消除能量，降低流速。

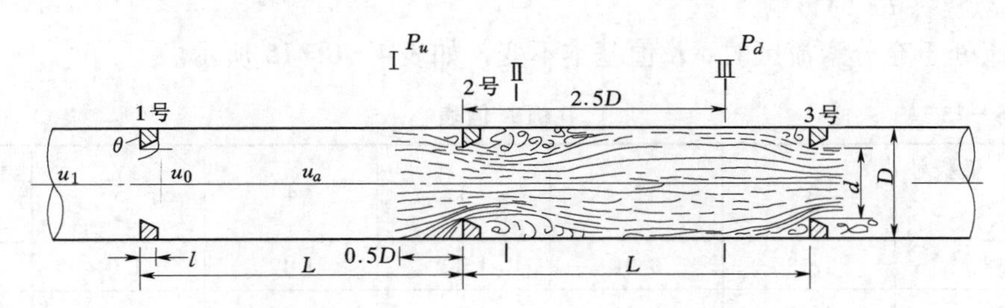

图 4-6-41　孔板过流

孔板造成的局部水头损失 ΔH，主要是水流经过孔板后突然扩大的损失。由孔口后水流收缩断面Ⅱ与水流恢复断面Ⅲ之间的能量方程可推导出计算水头损失的包达—卡尔诺公式：

$$\Delta H=(u_{\mathrm{I}}-u_{\mathrm{II}})^2/2g$$

$$u_{\mathrm{I}}=u_0/C \tag{4-6-140}$$

式中　u_{I}——最小收缩断面流速；

u_0——通过孔口平均流速；

C——收缩系数，通常取 0.6～0.7；

u_{II}——过洞平均流速。

试验通常取孔板上下游水流恢复断面压力差 ΔP 来表示水头损失，即

$$\Delta H=(p_u-p_d)/\gamma \tag{4-6-141}$$

式中，p_u 及 p_d，选在孔板上、下游水流压力及流速恢复正常、分布均匀、不再受孔板影响的位置，只有这样，上下游压差才真正代表孔板消散或损失的水头。小浪底泄洪洞五级孔板在不同水头作用下实测的水头损失，如表 4-6-14 所示。

表 4-6-14　孔板消能水头损失　单位：m

水头（m）＼孔板	1号	2号	3号	4号	5号	五孔板总损失	全洞总损失	5孔占全洞总损失	5孔占总水头
65.0	8.54	7.70	8.75	8.75	8.26	42.00	49.60	0.850	0.76
85.0	12.04	10.50	12.16	11.99	11.06	57.75	67.57	0.855	0.80
115.0	17.54	14.63	17.22	16.87	15.47	81.76	95.58	0.855	0.83
140.0	22.05	17.78	21.21	20.79	19.18	101.01	117.47	0.860	0.84

由表4-6-15可以看出，孔板消能效果是极显著的，可达总水头的80%。

二、各种因素对孔板消能效果的影响

通过对多级孔板水力特性分析，可知影响孔板消能的主要因素可表示为

$$K = f(Re, d_0/D, L/D, \text{孔板形状}, \alpha, \text{含沙量})$$

K为无量纲的水头损失系数（或称消能系数），其表达式为

$$K = \Delta H / \frac{u_0^2}{2g} \tag{4-6-142}$$

K值大小，直接反映孔板消能效率高低，现将各影响因素分析如下。

1. 流动状态Re的影响

当水流处于充分紊流区时，K值基本不变，如表4-6-15所示。

表 4-6-15　孔板K值表

$Re\times10^5$＼孔板号	1	2	3	4	5	K
2.03	1.18	0.91	1.12	1.12	1.04	1.074
2.43	1.16	0.94	1.14	1.09	1.03	1.078
2.93	1.16	0.92	1.14	1.12	1.02	1.072
3.27	1.17	0.93	1.12	1.14	1.05	1.077

鉴于以上分析，只要孔板是设置在充分紊流的管道内，便可忽略雷诺数对消能的影响。

2. 孔径比d/D的影响

在一定流动状态下的水流，一旦孔板间距确定后，K便主要取决于d/D的大小。在孔板厚度及α不变前提下，一般孔板可看成是由“厚”孔板减薄削角而成，见图4-6-40。“厚”孔板通过突然收缩和突然扩散而消耗能量。突然扩散消能，可用Borda公式，写为

$$K_1 = [1 - (d/D)^2]^2 \tag{4-6-143}$$

突然收缩的消能系数，当Re较大时，可写为

$$K_2 = [1 - (d/D)^2]/2 \tag{4-6-144}$$

故总的消能系数（当$\alpha=0°$时）为

$$K' = [1 - (d/D)^2][1.4 - (d/D)^2] \tag{4-6-145}$$

这样，一般孔板的消能系数可认为是“厚”孔板的消能系数与减薄及削角所引起的

消能系数增值之和。可写为

$$K = K' + \Delta K = [1-(d/D)^2] \times [1.4-(d/D)^2] + \varepsilon_1[1-(d/D^2)]^2 + \varepsilon_2[1-(d/D)^2]^3 \quad (4-6-146)$$

单级孔板消能系数可简化为

$$K = [1-(d/D)^2] \times [2.427 - 0.948(d/D)^2] \quad (4-6-147)$$

上式的适用范围为 $t/d = 0.14$，$\alpha = 30°$，$d/D = 0.30 \sim 0.75$。

多级孔板消能系数

$$K = [0.707\sqrt{1-(d/D)^2} + 1 - (d/D)^2]^2 \quad (4-6-148)$$

考虑到空化与消能等各种要求，初步建议 $d/D < 0.7$。

三、多级孔板的水力计算

1. 回流长度

当高速水流的 $Re > 10^5$ 时，分离区长度仅与 d/D 有关。

$$l/D = 5.6(1 - d/D)^{1.26} \quad (4-6-149)$$

通过对多级孔板的计算，得出第一级孔板回流长度最大。

$$l/D = 3.5[l - \varepsilon'(d/D)^2]^{1.4}$$

$$\varepsilon' = 1 - (1-\varepsilon)k \quad (4-6-150)$$

式中 ε'——淹没射流收缩系数；

ε——自由射流的收缩系数；

k——相对收缩比，可取为0.9。

2. 孔板的合理间距

消能基本充分的距径比（L/D）与孔径比（d/D）的关系为

$$L/D = (\beta^2 - 1.61\beta + 0.70)/(0.052 - 0.045\beta) \quad (4-6-151)$$

式中：$\beta = d/D = 0.3 \sim 0.75$，$t/d < 0.14$。

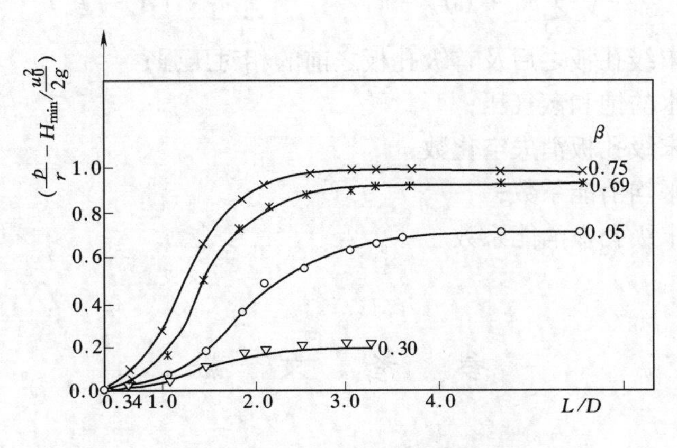

图 4-6-42 孔板的合理间距

孔板间的间距 L，不仅要保证水流有足够的恢复长度 L'，见表4-6-16，还要保证水流在这一恢复长度内不受下一级孔板的干扰，所以扩散室长度必须大于水流充分恢复长度，即

$$L = L' + 0.5D \tag{4-6-152}$$

表 4-6-16　　　　水流的充分恢复长度

孔径比 d/D	0.5	0.6	0.65	0.7	0.75	0.8
充分恢复长度 L'	4.5~5.0	4~4.5	4.0	3.5~4.0	3.5	3~3.5

3. 多级孔板消能系数计算

(1) 当孔板间距选择合理、满足基本消能充分间距时，各级孔板的消能系数基本一致。对于多级情况则消能系数为简单相加，其与间距 L 基本无关。即

$$\sum K = n[1-(d/D)^2][2.427-0.948(\frac{d}{D})^2] \tag{4-6-153}$$

或

$$\sum K = n[0.707\sqrt{1-(d/D)^2}+1-(d/D)^2] \tag{4-6-154}$$

(2) 对于不满足合理间距的情况，有下列关系式：

$$K = 1.03[2-e^{-0.21(L/D)^2}] \tag{4-6-155}$$

建议 n 级孔板的消能系数为

$$K = 1.03n[1-0.56e^{-0.21(L/D)^2}] \tag{4-6-156}$$

4. 空化、空蚀问题及其水力计算

为了减免空化，一方面可采取掺气通水等措施，另一方面可提高压力。用下式控制末级孔板的压力：

$$p_d = ap_u + b \tag{4-6-157}$$

其中

$$a = \frac{\sigma_d - \bar{k}_n}{\sum_{i=1}^{n} k_i + (\sigma_d - \bar{k}_n)}, b = \frac{-\sum_{j=1}^{n} k_j(p_a - p_v)}{\sum_{j=1}^{n} k_j + (\sigma_d - \bar{k}_n)}$$

式中 p_d、p_u——末级孔板之后及首级孔板之前的相对压强；

p_v——水的饱和蒸气压；

σ_d——末级孔板消失空化数；

k_j——平均消能系数；

$\bar{k}_n$——末级孔板消能系数。

参　考　文　献

1 巴什基洛娃 A C. 水工建筑物下游的水力计算. 北京：燃料工业出版社，1954

2 材重宏. 有垂直跌水的水跃消能效果. 见：消能防冲译论文集. 1985

3 戴振霖，于月增. 深孔窄缝挑流水力参数及挑距的研究. 陕西水力发电，1991 (1)

4 戴振霖，宁利中. 窄缝式消能工的冲刷特性. 陕西水力发电，1985 (2)

5 高季章，李桂芬．窄缝式消能工在泄水建筑物中应用条件的研究．水利水电技术，1984（10）
6 勒国厚，黄种为．大单宽流量低佛劳德数水跃消能的试验探讨．水利水电技术，1986（2）
7 靳国厚，张任．低弗劳德数尾坎下游水流紊动特性试验研究．见：全国高水头泄水建筑物水力学问题论文集．1987
8 李桂芬，刘清朝．宽尾墩及窄缝挑坎的水力计算．水力发电工程学报，1990（1）
9 李建中，宁利中．高速水力学．西安：西北工业大学出版社，1994
10 李建中，于洪银．低弗劳德数水跃消能问题的近代研究评述，陕西水力发电，1989（5）
11 刘纪新，范宝江．宽尾墩消力池联合消能工的应用．泄水工程与高速水流，1991（3）
12 刘仁山，刘生．关门山拱坝泄洪新型消能工的试验研究．水利水电科技资料，1985（1）
13 刘永川．新型消能工在安康水电站工程上应用若干问题．水电部西北水利科学研究所，1986
14 宁利中，戴振霖．窄缝式消能工的水力设计．高坝泄洪与消能专题文集，1989
15 宁利中．窄缝挑坎上最大压力计算．陕西机械学院学报，1985（3）
16 斯里斯基 C M．高水头水工建筑物的水利计算．北京：水利电力出版社，1984
17 童显武．东江拱坝滑雪式溢洪道窄缝消能工的试验研究．拱坝技术，1981（2）
18 谭新贤．溢流坝鼻坎挑流射程的简捷计算．华南工学院，1978
19 美国陆军工程兵团．水力设计准则．王诰昭等译．北京：水利出版社，1982
20 武爱玲．宽尾墩与底流消能工的水流特点及其应用．见：1992 年水动力学研讨会文集（二）．水动力学研究与进展编辑部，1992
21 吴媚玲．水工建筑物．北京：清华大学出版社，1991
22 武汉水利电力学院水力学教研室．水力计算手册．北京：水利出版社，1980
23 夏镜如，杨清．宽尾墩应用在高拱坝上消能防冲的研究．泄水工程与高速水流，1990（2）
24 向桐．小浪底泄洪洞多级孔板消能损失系数的研究．高速水流，1987（2）
25 谢省宗，林秉南．宽尾墩消力池联合消能工的消能机理及其水力计算方法．水力发电，1991
26 谢省宗等．宽尾墩戽式消力池联合消能工的水力特性及其水力计算方法．水利学报，1992（2）
27 徐福生等．小浪底泄洪洞多级孔板空化试验．高速水流，1988（1）
28 徐正凡．水力学．北京：高等教育出版社，1987
29 谢省宗等．宽尾墩消力池水力计算．泄水工程与高速水流，1992（2）
30 阎晋垣等．掺气分流墩若干特性的研究．陕西机械学院水科所，1989
31 余常昭．射流冲刷作用及分散掺气影响的研究．水利学报，1962（2）
32 詹克祥等．有压洞消能孔板体型及布置的试验研究．高速水流，1987（2）
33 朱荣林，蔡逢春．挑流冲刷若干问题的探讨及冲刷深度估算公式的比较．见：水利水电科学研究院研究论文集 第3集（水工）．北京：中国工业出版社，1963
34 Aspuru J J. et Blanco J. L. Comparaison Entre Prototype. et Modele Reduite Cas de Evacuateur Superieur en Saut de Ski du Barrage D Almendra (Tormes). Espagne. Thirteenth International Congress on Large Dams Vol14, 1979
35 Bradley J N. Peterka A J. The Hydraulic Design of Stilling Basins, Stilling Basin and Wave Suppessors for Canal Structures, Outlet Works, and Diversion Dams (Basin IV), Proc. ASCE, No. Hy. 5, 1957. 10
36 В ызго М С. К Вопоросу Местнрых Размывах Г. С. No. 9, 1940
37 Hartung F. and Casallner K. The Scouring Energy of the Microturbulent Flow Down - Stream of a Hydraulic Jump, Proceeding 12th Congress IAHR, Vol. 3, Sept. 1967

第五篇

渠系建筑物的水力计算

渠系建筑物是渠道上的水工建筑物。根据其作用及水流特点，可分为：

(1) 配（泄）水建筑物——包括用于控制和调配水位、流量的节制闸，开敞式或涵管式分水闸，退水、泄洪、渠槽首部控制闸等。

(2) 落差建筑物——当地面坡度大于渠底坡度时，为了减少挖填方，常将渠道分段，在各段连接处集中落差，修建陡坡、跌水以连接水流；退水闸和泄洪闸也常用陡坡、跌水与下游水流相接。

(3) 交叉建筑物——渠道与山谷、河流、道路等相遇时，需修建渡槽、倒虹吸管、隧洞、涵洞、桥梁等建筑物，与之交叉跨越，称为交叉建筑物。

(4) 量水建筑物——管理灌溉系统时，需测量其输水流量，常修建巴歇尔槽、量水堰等量水建筑物。

第一章 配（泄）水建筑物[1~3]

第一节 分 水 闸

分水闸一般分为开敞式与涵管式两类。

一、开敞式分水闸

为了减少水头损失，开敞式分水闸后均以淹没出流流态相衔接，如图5-1-1所示。

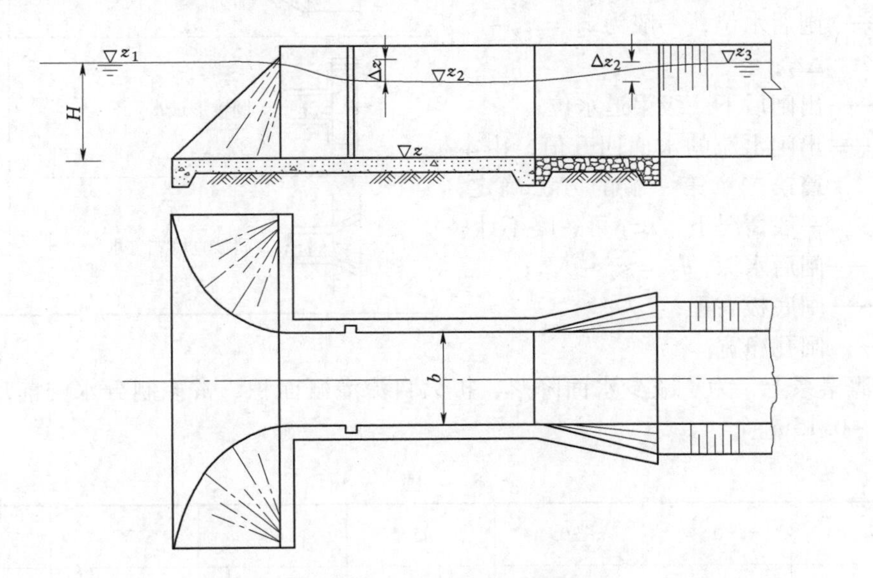

图5-1-1 开敞式分水闸出流

开敞式分水闸水力计算常用计算公式为

$$Q = \varphi\varepsilon\delta b h_2 \sqrt{2g\Delta z_0} \tag{5-1-1}$$

式中 Q——设计分水流量；

φ——流速系数，由表5-1-1按闸前渐变段形式选用；

ε——考虑中墩收缩影响的侧收缩系数，其值与中墩形状（见图5-1-2）有关，计算式为：$\varepsilon = 1 - \alpha\dfrac{H}{H+b}$，$H$为闸前水头，对矩形闸墩$\alpha = 0.2$，对半圆形闸墩$\alpha = 0.11$，对流线形闸墩$\alpha = 0.06$，小型渠道$\varepsilon$可选用0.85~0.95；

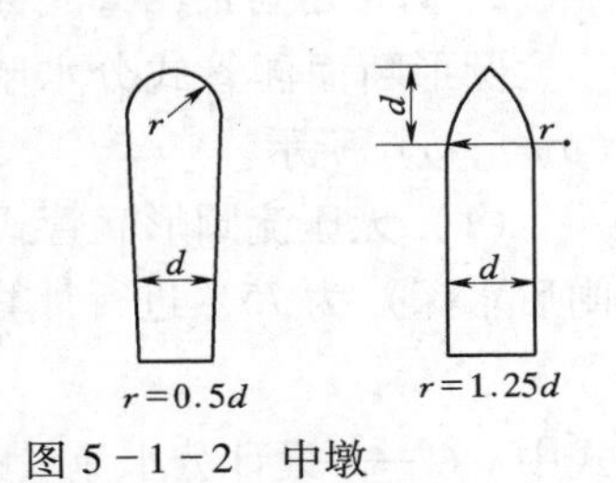

图5-1-2 中墩

δ——分水角系数，下级渠道引水方向与上级渠道水流方向的夹角α叫分水角，以分水角系数反映水流改向所产生的局部能量损失对分流流量的影响：当分流量 $Q<0.2Q_0$（Q_0 为上一级渠道流量），且上一级渠道流速 $v_0>0.8\text{m/s}$，分水角为锐角时，$\delta=0.90\sim0.95$，分水角为90°时，$\delta=0.90$；当分流量 $Q>0.2Q_0$，且 $v_0=1.0\sim1.4\text{m/s}$，及 $\alpha=0\sim90°$时，δ 由表5-1-2选定；

Δz_0——包括闸前行近流速水头在内的闸前后水头差，即 $\Delta z_0=z_1+\dfrac{v_1^2}{2g}-\left(z_2+\dfrac{v_2^2}{2g}\right)$ 为闸前行近流速水头；

z_1——闸前水位，当上一级渠道上无节制闸时，即为闸前渠道水位，当有节制闸时，由节制闸调节的水位确定；

z_2——闸后水位，一般为 $z_2=z_3-\Delta z_2$；

z_3——出闸后下一级渠道水位；

Δz_2——出闸水流的水面回升值，由本篇第三章第一节的方法确定，一般情况下，Δz_2 可忽略不计；

h_2——闸后水深，$h_2=z_2-\nabla_z$；

∇_z——闸底板高程；

b——闸孔净宽。

表5-1-1 流速系数 φ

进水口型式	φ
八字墙进水	0.95
圆锥形进水	0.93
斜坡直墙式进水	0.91

在灌溉渠系上，为了减少水面降落，扩大自流灌溉面积，常控制分水闸前后水位差 $\Delta z=0.05\sim0.15\text{m}$。

表5-1-2 δ 值

分水角 α（°）	0	30	45	60	75	90
δ	1.00	0.97	0.95	0.93	0.90	0.86

二、涵管式分水闸

1. 矩形、拱形断面的涵管式分水闸

矩形、拱形断面的涵管式分水闸一般为无压流涵管式分水闸，为了减少水头损失，出口常以淹没出流流态与下游衔接，其水力计算与开敞式分水闸相同。

2. 圆形断面的涵管式分水闸

圆形断面涵管式分水闸又可分为无压流和有压流涵管式分水闸两类，如图5-1-3（a）、（b）所示。

（1）无压流圆形涵管式分水闸。在设计闸孔尺寸时，按涵管的充水度（h/d）（h 为闸后水深）为75%进行计算，在此条件下，涵管式分水闸的流量可用下式计算：

$$Q=2.22d^2\sqrt{\Delta z_0} \tag{5-1-2}$$

式中 Q——设计分水流量；

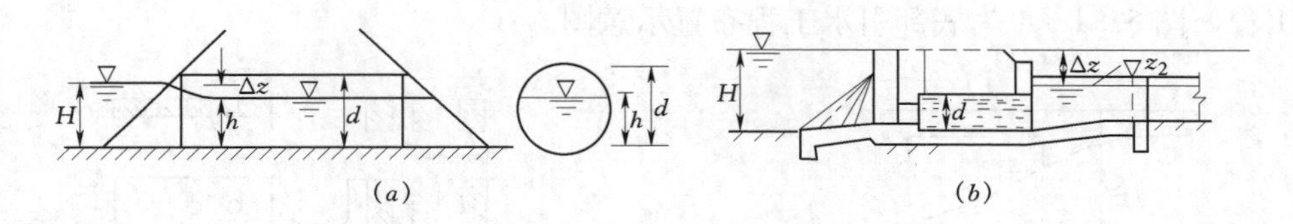

图 5-1-3　圆形断面涵管式分水闸

（a）无压流涵管式分水闸；（b）有压流涵管式分水闸

Δz_0——包括闸前行近流速水头在内的闸前后水头差；

d——圆形涵管直径。

（2）有压流圆形涵管式分水闸。当涵管进口顶部淹没于水面以下一定程度，即 $H/d>k_{2m}$时［k_{2m}由式（7-1-1）算出］，为有压流状态。此种状态下的涵管式分水闸水力计算，应按有压管流计算，公式为

$$Q=\mu_c\omega\sqrt{2g\Delta z_0} \tag{5-1-3}$$

$$\mu_c=\frac{1}{\sqrt{1+\sum\zeta_i\left(\frac{\omega}{\omega_i}\right)^2+\sum\frac{2gl_i}{C_i^2R_i}\left(\frac{\omega}{\omega_i}\right)^2}}$$

式中　Δz_0——包括闸前行近流速水头在内的分水闸进出口水头差，$\Delta z_0=z_{10}-z_2$，当出口为淹没出流时，$z_2=z_3-\Delta z_2$（Δz_2 是出口水面回升值），$\Delta z_{10}=z_1+\frac{v_1^2}{2g}$；

ω——涵管出口断面面积；

μ_c——流量系数；

ζ_i——某一局部能量损失系数，由第一篇查出；

ω_i——相应 ζ_i 或 C_i 的计算断面面积；

C_i、R_i、l_i——管身计算段水流的谢才系数、水力半径和管长，C_i 值可由式（1-3-13）计算，一般初估 μ_c 值可在 0.82~0.90 间选取。

第二节　退水闸、泄洪闸、节制闸

退水闸一般为开敞式。泄洪闸既可为开敞式也可为涵管式，但多为无压流。退水闸及泄洪闸下游多与陡坡相连。因此，这类水闸的水力计算可按堰流自由出流计算方法进行。若水闸采用侧堰形式，则按侧堰计算。其计算方法见第三篇。

节制闸用于调节分水水位。为了减小水头损失，其闸孔宽度应等于或略大于渠道底宽。当要求控制水位及流量按一定要求变化时，应按闸孔出流计算方法（见第三篇）计算闸门不同开启度下的水位与流量关系曲线。

第三节　底部引水工程

为了阻拦大颗粒推移质砂粒和作为一种特殊的格栅消能工，底格栅和圆孔屏板可用于

引水工程。图 5-1-4 为底部引水工程布置示意图。

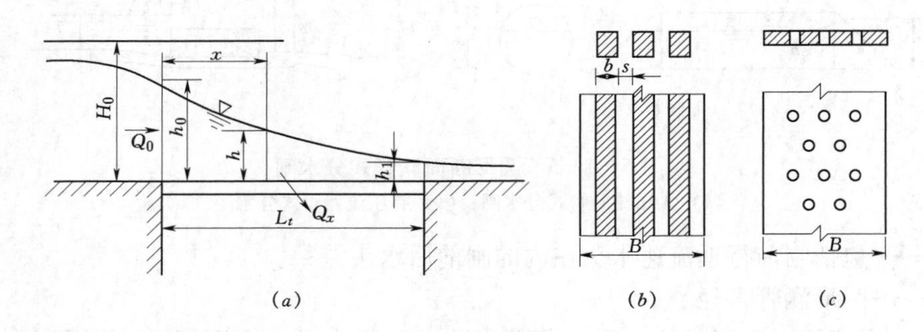

图 5-1-4 底部引水

一、纵向格栅型引水工程

Mostkow 假设引水工程上部的比能不变，给出了图 5-1-4（b）所示顺水流方向平行栅格构成的底部引水工程沿流动方向单位长度上的引水流量计算式（5-1-4）、引水工程上部水流的水面曲线方程式（5-1-5），以及栅格上游端流量全部排入底部、引水工程所必需的底部引水工程长度计算式（5-1-6）。

$$\frac{\mathrm{d}Q}{\mathrm{d}x} = -q = -\mu B\psi\sqrt{2gH_0} \tag{5-1-4}$$

$$x = \frac{H_0}{\mu\psi}\left(\frac{h_0}{H_0}\sqrt{1-\frac{h_0}{H_0}} - \frac{h}{H_0}\sqrt{1-\frac{h}{H_0}}\right) \tag{5-1-5}$$

$$L_t = \frac{Q_0}{\mu B\psi\sqrt{2gH_0}} \tag{5-1-6}$$

上各式中 μ——流量系数，根据表 5-1-3 取用；
B——上部渠道宽度；
ψ——开通度［见图 5-1-4（b）］，$\psi = \sum s/B$；
H_0——由渠底量测的引水工程上游端总水头；
h_0——引水工程上游端水深；
h——距离上游端 x 处断面上的水深；
Q_0——引水工程上游渠道的流量；
L_t——引取全部流量所必需的引水工程长度；
g——重力加速度。

表 5-1-3 纵向栅格流量系数表

设置地点	格栅坡度	μ
渠 底	水 平	0.514~0.609
	1/5	0.441~0.519
溢流坝顶	水 平	0.497
	1/5	0.435

二、圆孔屏板型引水工程

Mostkow 假设引水工程上部的比能不变，并证实了在渠道上设置圆形屏板时引起的能量损失等于圆孔屏板上水流的流速水头，给出了图 5-1-4（c）所示圆孔屏板构成的底部引水工程沿流动方向单位长度上的引水流量计算式（5-1-7）、引水工程上部水流的水面曲线方程式（5-1-8）及栅格上游端流量全部排入底部引水工程所必需的底部引水工程长度计算式（5-1-10）。

$$\frac{\mathrm{d}Q}{\mathrm{d}x} = -q = -\mu B\psi\sqrt{2gH_0} \tag{5-1-7}$$

$$x = \frac{H_0}{\mu\psi}\left[F\left(\frac{h}{H_0}\right) - F\left(\frac{h_0}{H_0}\right)\right] \tag{5-1-8}$$

$$F\left(\frac{h}{H_0}\right) = \frac{1}{4}\sin^{-1}\left(1 - \frac{2h}{H_0}\right) - \frac{3}{2}\sqrt{\frac{h}{H_0}\left(1 - \frac{h}{H_0}\right)} \tag{5-1-9}$$

$$L_t = \frac{H_0}{\mu\psi}\left[\frac{3}{2}\sqrt{\frac{h_0}{H_0}\left(1 - \frac{h_0}{H_0}\right)} - \frac{1}{4}\sin^{-1}\left(1 - \frac{2h_0}{H_0}\right) + \frac{\pi}{8}\right] \tag{5-1-10}$$

上各式中：$\psi = (\sum s)/B$ 为开通度，$\sum s$ 为屏板沿上部水流流动方向单位长度上的圆孔面积和，其余符号意义与纵向栅格型引水工程相同。

关于流量系数 μ 值，从试验结果得知：当屏板坡度为 1/5 时为 0.75，当屏板水平时为 0.80。

中川通过试验得到了圆孔屏板引水工程及与水流成直角的横向栅格引水工程的流量系数 μ 与泄流断面上水流平均 Froud 数的关系，见图 5-1-5。从图中明显地看出，横栅格与圆形屏板的流量系数之间几乎没有差异。

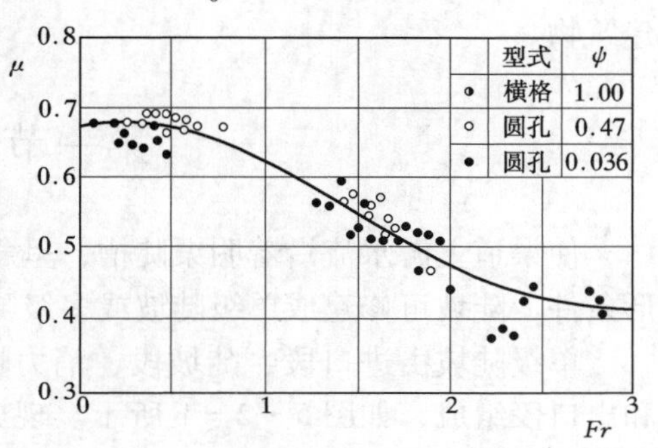

图 5-1-5 μ—Fr 关系图

第二章 落差建筑物[1,4,5,6]

落差建筑物的主要类型有：陡坡、跌水、斜管式跌水和直落式跌井等。其主要作用是：作为调整渠道比降的建筑物；作为引水、进水建筑物；作为退水、分水和泄洪建筑物。

第一节 陡 坡

使渠道上游水流沿着明渠陡槽，呈急流下泄到下游渠道的建筑物称陡坡。根据不同地形条件，陡坡可修建成单级陡坡或多级陡坡。

单级陡坡由进口段、陡坡段、消力塘和出口段组成，如图5－2－1所示。现分述各段的具体布置和水力计算。

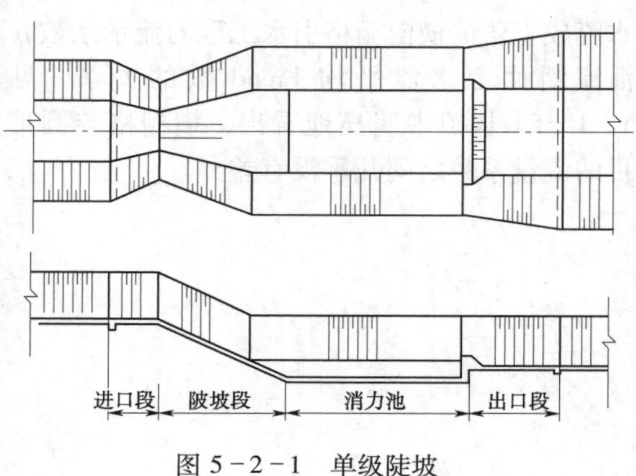

图5－2－1 单级陡坡

一、进口段的布置型式

1. 进口段连接布置的要求

跌水、陡坡的进口段通常由连接渐变段和进口控制段两部分组成。进口段的布置是否合理，直接决定着跌水、陡坡的泄流能力和上游水流的均匀性，并且影响下游水流流态及工程安全。在工程设计中，对进口段的布置，除考虑地形、地质、结构、施工等条件外，在水力设计方面，一般要具备以下条件：

（1）进口布置应根据渠道运行要求，在通过各级流量时，均能保证上游渠道要求的水位，不发生壅水和降水现象。

（2）水流应尽量平顺地通过进口控制段进入跌舌或陡坡。

（3）进口控制段与上游渠道相接的渐变段，应力求左右对称并要有足够长度，使水流缓变收缩，以期水流达到进口控制段时流线接近平行，单宽流量分布均匀。

2. 进口控制段的布置型式

在实际工程中，通常在进口控制段设置闸门以调节上游渠道水位；也可不设闸门而用缺口控制上游渠道水位。

（1）缺口控制段。为使上游渠道水面不壅高或降低，常将控制段缩窄作成缺口，减小水流过水断面，以保持渠内要求的水深。根据渠道断面和流量大小，可布置成单缺口或多缺口（复式缺口）型式。

（2）闸门控制段。为调节上游水位和控制泄流量，在进口段设置闸门以控制水流。

闸门的型式有锐缘平板闸门和弧形闸门，也有作成具有胸墙的闸孔。

（3）退水泄洪道进口控制段。在渠系建筑物中，由渠道入库和从水库泄洪均需设置泄洪退水建筑物，这类建筑物多为陡坡明槽型式，其进口控制段的工程布置，一般要求达到水流平稳地进入退水泄洪道。因此进口控制段在平面上常作成平滑曲线或折线形式，引导水流渐变收缩平稳垂直地通过控制段而进入陡坡段，应尽量避免断面的突然收缩和水流方向的急剧转变。对于与干渠成90°交角的泄洪退水建筑物，控制段前常设置一段引渠，用以调整水流，使之平稳的通过。

3. 连接渐变段的型式及长度

进口连接段即上游渠道到控制段间的连接部分。此连接段的常见型式有：渐变收缩扭曲面连接；八字墙连接；横隔墙连接。进口连接段长度 L_1 与渠道的底宽与水深之比 η（$=\frac{b}{H}$，b 为渠道底宽，H 为渠道设计水深）有关。根据我国各渠道实验经验表明：一般当 $\eta=1.5\sim2.0$ 时，$L_1\leqslant(2.0\sim2.5)H$；$\eta=2.1\sim3.5$ 时，$L_1=(2.6\sim3.5)H$；$\eta>3.5$ 时，L_1 则视具体情况适当加长，以收缩底边线与渠道中线夹角不超过45°为原则。

二、缺口控制段的水力计算

控制缺口水力计算的主要目的是确定缺口的尺寸（底宽、边坡等），或对按布置确定的缺口校核是否能按要求通过各级流量。如为多缺口或多闸孔陡坡时，其水力计算程序是：①先确定缺口或闸孔数目，然后求出每个缺口或闸孔的分流量；②将求得的分流量乘以孔数即得总流量。因此，此处仅介绍单缺口的水力计算。

1. 矩形缺口和台堰缺口的水力计算

矩形缺口和台堰缺口的水流现象与宽顶堰或实用断面堰的情况基本相同，一般采用式（5－2－1）进行计算：

$$Q=\varepsilon m b_c\sqrt{2g}H_0^{3/2} \tag{5-2-1}$$

$$H_0=H+\frac{v_0^2}{2g}$$

式中　Q——流量；

H_0——计入行近流速的堰顶水头；

H——堰顶水头；

v_0——上游渠道平均流速；

b_c——缺口宽度；

m——流量系数，随堰形、堰顶水头、台堰高度等因素而变；

ε——侧收缩系数，随进口渐变段连接型式、渠道底宽与缺口宽之比等而变；

g——重力加速度。

式（5－2－1）可改写为

$$Q=Mb_cH_0^{3/2} \tag{5-2-2}$$

上式中，M 称第二流量系数，其值的大小主要随连接渐变段型式和堰顶水头等因数而变。对于不同的连接渐变段型式（见图5－2－2），可采用以下经验公式进行估算：

（1）扭曲面连接。

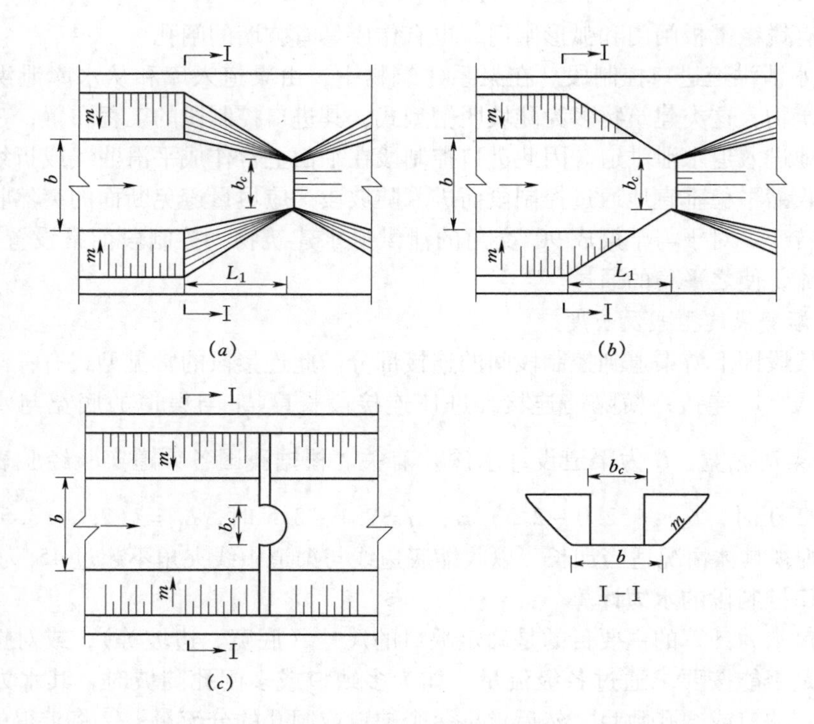

图 5-2-2　矩形缺口和台堰缺口连接渐变段型式

（a）扭曲面连接；（b）八字墙连接；（c）横隔墙连接

$$M = 2.1 - 0.08\frac{b_c}{H_0} \tag{5-2-3}$$

式中　b_c、H_0 含义同式（5-2-1）。

应用范围：$L_1 =$（2～10）H_0，$\frac{b_c}{H_0}=1.5\sim4.5$，$L_1$ 为扭曲面长度。

（2）八字墙连接。

$$M = 2.08 - 0.075\frac{b_c}{H_0} \tag{5-2-4}$$

应用范围同扭曲面连接，其中 L_1 为八字墙长度。

（3）横隔墙连接。

$$M = 1.78 - 0.035\frac{b_c}{H_0} \tag{5-2-5}$$

应用范围：$\frac{b_c}{H_0}=1.0\sim4.5$。

设计缺口，通常是已知设计流量 Q 及相应的堰顶总水头 H_0（可根据渠道内水深与流量的关系得到），用式（5-2-2）求得缺口宽度

$$b_c = \frac{Q}{MH_0^{3/2}} \tag{5-2-6}$$

在求解缺口宽度时，上式是隐函数的表达形式，但将流量系数 M 的计算式代入上式，

即可得以 b_c 为惟一未知量的一元二次方程。

2. 梯形缺口的水力计算

梯形缺口水力计算的主要任务是决定缺口底宽 b_c 和边坡系数 n_c，以使得渠道在通过最大流量 Q_{max} 和最小流量 Q_{min} 之间的不同流量时，缺口以上渠道内的水位变化最小，即保证渠道正常的 $Q—H$ 关系。

一般陡坡、跌水的上游渠道多属缓坡，水流平均流速较小，在进行缺口计算时，行近流速影响较小，一般可忽略不计。

自由出流时，通过梯形缺口的流量可按式（5－2－7）计算：

$$Q = \frac{2}{3}\varepsilon\varphi_0 \sqrt{2g}(b_c + 0.8n_cH)H^{3/2} \tag{5-2-7}$$

式中　H——上游渠道水深（若缺口设有台堰时则为台堰顶以上水深）；

ε——侧收缩系数；

φ_0——流速系数；

n_c、b_c——梯形缺口边坡系数和底宽。

令 $m = \frac{2}{3}\varphi_0 \sqrt{2g}$，$m$ 为流量系数。式（5－2－7）可写成下述形式：

$$Q = \varepsilon m(b_c + 0.8n_cH)H^{3/2} \tag{5-2-8}$$

式（5－2－8）为有侧收缩的梯形狭缝堰流量公式，也是陡坡、跌水控制缺口计算的基本公式。式（5－2－8）中括号内因子为当水流厚度为 $0.8H$ 时梯形缺口的平均宽度 b_{avg}（$b_{avg} = b_c + 0.8n_cH$）。于是，在自由出流条件下，梯形缺口的泄流量为

$$Q = \varepsilon m b_{avg}H^{3/2} \tag{5-2-9}$$

或

$$Q = Mb_{avg}H^{3/2} \tag{5-2-10}$$

式中　$M = \varepsilon m$。

如已知渠道二特性流量及相应水深为 Q_1、Q_2、H_1、H_2（Q_1、H_1 一般可采用渠道设计流量和水深，Q_2、H_2 一般可采用渠道正常引用的较小流量和水深），则将这些值代入式（5－2－8）可得

$$\left.\begin{aligned} Q_1 &= M_1(b_c + 0.8n_cH_1)H_1^{3/2} \\ Q_2 &= M_2(b_c + 0.8n_cH_2)H_2^{3/2} \end{aligned}\right\} \tag{5-2-11}$$

解式（5－2－11），即可得梯形缺口 b_c、n_c 的计算式：

$$\left.\begin{aligned} b_c &= \frac{H_1T_2 - H_2T_1}{H_1 - H_2} \\ n_c &= 1.25\frac{T_1 - T_2}{H_1 - H_2} \end{aligned}\right\} \tag{5-2-12}$$

式中

$$\left.\begin{aligned} T_1 &= \frac{Q_1}{M_1H_1^{3/2}} \\ T_2 &= \frac{Q_2}{M_2H_2^{3/2}} \end{aligned}\right\} \tag{5-2-13}$$

式（5-2-13）中的M_1、M_2值，一般来说，由于$H_1>H_2$，故$M_1>M_2$。但在缺口边界条件一定时，M值随着H的变化很小，在实际计算中可以采用相同的数值，即$M_1\approx M_2\approx M$，对于缺口泄量影响不大。

关于二特性水深和流量问题，在实际工程中，如在选定时缺乏依据，则可按渠道最大水深H_{max}（当$Q=Q_{max}$时）、最小水深H_{min}（当$Q=Q_{min}$时）用式（5-2-14）估算二特性水深：

$$\left.\begin{aligned}H_1&=H_{max}-0.25(H_{max}-H_{min})\\H_2&=H_{min}+0.25(H_{max}-H_{min})\end{aligned}\right\}\qquad(5-2-14)$$

如果式（5-2-14）中H_{min}未知时，则可在式（5-2-15）给出的范围内取一H'值代替它。

$$H'=(0.33\sim0.50)H_{max}\qquad(5-2-15)$$

如果考虑上游渠道行近流速影响时，则可将式（5-2-12）、式（5-2-13）中的H_1、H_2改为H_{01}、H_{02}，H_{01}、H_{02}按式（5-2-16）计算：

$$\left.\begin{aligned}H_{01}&=H_1+\frac{v_1^2}{2g}\\H_{02}&=H_2+\frac{v_2^2}{2g}\end{aligned}\right\}\qquad(5-2-16)$$

式（5-2-16）中的v_1、v_2分别为上游渠道水深为H_1、H_2时的平均流速。

在b_c和n_c确定后，要用Q_{max}和Q_{min}来校核，即求出相应于Q_{max}、Q_{min}的堰顶水头H_{max}、H_{min}及渠道中的正常水深H_{0max}、H_{0min}，从而可分别求出相应于Q_{max}、Q_{min}的渠道正常水深与堰顶水头之差（如有台堰时，堰顶水头及渠道正常水深均为台堰以上之值），然后检查是否满足渠道要求。不满足时，再对b_c和n_c加以调整修正。

一般为便于施工，b_c值尽量取整数为宜。

关于M值的选定，经常是设计工作中的一个困难问题。经验证明，陡坡、跌水缺口上游渠道发生降水或壅水现象，除缺口型式（梯形、矩形）以外，主要是由于M值选择不当所致。M值大小主要决定于堰顶水头、缺口控制段的边界条件及上游连接渐变段型式。对于不同的连接型式（见图5-2-3），建议采用下述经验公式进行估算。

（1）扭曲面连接。在上游渠道边坡系数$m=1\sim2$、缺口边坡系数$n_c=0.25\sim1.00$、连接段长度$L_1>3H_{max}$（H_{max}为上游渠道最大水深）的条件下

$$M=2.25-0.15\frac{b_{avg}}{H}\qquad(5-2-17)$$

$$b_{avg}=b_c+0.8n_cH$$

式中 b_{avg}——缺口平均宽度；

b_c——缺口底宽；

H——堰顶水头，通常取扭曲面始端渠道水深（有台堰时，为台堰以上渠道水深）；

n_c——梯形缺口边坡系数。

（2）八字墙连接。在上游渠道边坡系数$m=1\sim2$、缺口边坡系数$n_c=0.4\sim0.9$、连

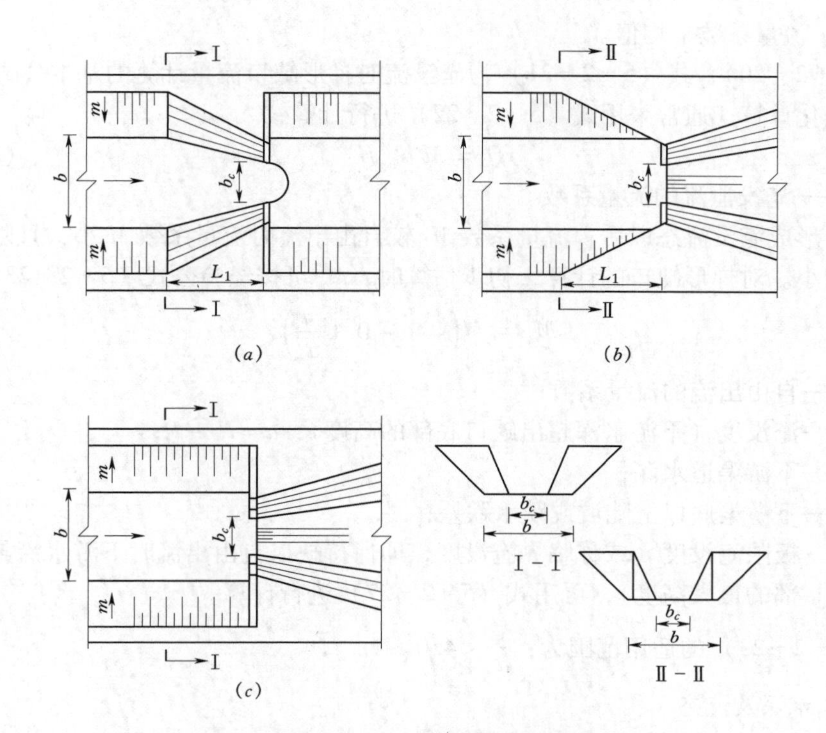

图 5-2-3 梯形缺口的连接渐变段型式

(a) 扭曲面连接；(b) 八字墙连接；(c) 横隔墙连接

接段长度 $L_1 > 2.5H_{max}$ 的条件下，

$$M = 2.15 - 0.15\frac{b_{avg}}{H} \tag{5-2-18}$$

（3）横隔墙连接。在上游渠道边坡系数 $m=1\sim2$、缺口边坡系数 $n_c=0.4\sim0.9$ 的条件下，

$$M = (2.18\sim2.08) - 0.15\frac{b_{avg}}{H} \tag{5-2-19}$$

式中等号右边第一项取值为：

当 $n_c=0.9$、$m=2$ 时，取 2.18；当 $n_c=0.4$、$m=1$ 时，取 2.08；n_c 和 m 介于其间的，可用内插法取值。

上述 M 值之经验式中，均已考虑了侧收缩的影响。

对于梯形缺口淹没泄流，计算公式将变为下述形式：

$$Q = \frac{2}{3}m_p\sqrt{2g}(H-a)^{1/2}\left\{b_c\left(H+\frac{a}{2}\right)+2n_c\left[0.75a^2+a(H-a)+0.4(H-a)^2\right]\right\} \tag{5-2-20}$$

或 $$Q = \frac{2}{3}M_p(H-a)^{1/2}\left\{b_c\left(H+\frac{a}{2}\right)+2n_c\left[0.75a^2+a(H-a)+0.4(H-a)^2\right]\right\} \tag{5-2-21}$$

式中 a——下游水深高出缺口底的数值，称缺口淹没度；

M_p——流量系数平均值。

式（5－2－20）、式（5－2－21）为淹没流时梯形缺口流量计算的基本公式。

为了简化计算，通常采用式（5－2－22）进行计算：

$$Q = M_s b_{avg} H^{3/2} \tag{5-2-22}$$

式中 M_s——淹没泄流的流量系数。

当缺口形成淹没流态以后，流量系数 M_s 较自由出流时流量系数 M 小，且随着淹没度的增加而减小。对梯形缺口的计算，初步估算时，M_s 可按经验公式（5－2－23）选用：

$$M_s = M\left(1.1 - 0.1\frac{a}{a_n}\right) \tag{5-2-23}$$

式中 M——自由出流的流量系数；

a——淹没度（下游水深超出缺口底部的高度），$a = H_t - P$；

H_t——下游渠道水深；

P——下游渠底以上陡坡或跌水跌差；

a_n——极限淹没度（或称临界淹没度，即保持缺口自由出流时下游水深超出缺口底部的最大高度），可用式（5－2－27）进行计算。

式（5－2－23）的适用范围为：$\frac{a}{a_n} < 4.0$。

3. 缺口水深及流态

（1）缺口水深的确定。在陡坡、跌水的设计中，通常以缺口水深为临界水深进行计算，这与水流实际情况是不相符合的。试验研究发现当上游有渐变连接段时，缺口实际水深 h_{CB} 小于缺口临界水深 h_k。临界水深总是位于距缺口控制段面以上 S 处。

在进口为扭曲面渐变型式、$\frac{b}{h} = 3.0 \sim 3.5$、$\frac{b}{b_c} = 2.2 \sim 3.0$ 时（b 为上游渠道底宽，h 为上游渠道水深，b_c 为缺口底宽），缺口处水深采用式（5－2－24）计算，临界水深距缺口的距离 S 采用式（5－2－25）计算

$$h_{CB} = 0.45 q_{cp}^{3/2} \tag{5-2-24}$$

$$S = K_0 h_k \tag{5-2-25}$$

当缺口有台堰，其高度为 $\Delta P = 0.25 \sim 0.50$m 时，$S$ 采用式（5－2－26）计算：

$$S = h_k \tag{5-2-26}$$

$$q_{cp} = \frac{Q}{b_c + n_c h_k}$$

上各式中 h_{CB}——缺口水深；

q_{cp}——按缺口处水深为临界水深计算的缺口断面平均单宽流量；

Q——渠道流量；

n_c——缺口边坡系数；

S——临界水深断面至缺口的距离；

ΔP——台堰高度；

K_0——计算参数，其值与 $\frac{b}{b_c}$ 成正比，当 $\frac{b}{b_c} = 2.2 \sim 3.0$ 时，$K_0 = 0.35 \sim 0.5$。

（2）缺口水流流态的判别与控制。关于陡坡、跌水缺口的自由出流与淹没出流的界限问题，过去一般将下游水深 H_t 是否大于下游渠底以上陡坡或跌水的跌差（即下游水面高程是否超过缺口底部高程）P 作为判别依据。试验研究证明：下游水面高程超出缺口底部高程并不一定形成淹没出流，只有当下游水位影响到缺口的泄流时才会成为淹没出流。

将不影响缺口自由出流的下游最高极限水位时的淹没度值作为缺口自由出流极限淹没度，以 a_n 表示。根据试验研究结果可得下述结论：

1）当跌差 P 一定时，流量 Q 越大，极限淹没度 a_n 值越大；

2）当流量 Q 很小时，a_n 与 P 成反比。

极限淹没度 a_n 与缺口堰顶水头及跌差的关系式可用式（5－2－27）表示：

$$a_n = 1.3H^{0.278}P^{0.722} - P \tag{5-2-27}$$

实际观测证明 $a_n > 0$。淹没出流与自由出流的判别标准为

$$\left.\begin{aligned} a &< a_n \text{ 时,为自由出流} \\ a &\geqslant a_n \text{ 时,为淹没出流} \end{aligned}\right\} \tag{5-2-28}$$

式（5－2－28）用来判别陡坡和跌水缺口自由与淹没流态，简洁可靠。

实际工程运用经验表明，虽然 $a = a_n$ 时缺口仍呈自由泄流，但在这种情况下下游消能情况便复杂了。水流在消能池内耗能率减少，水面波动较剧烈，容易导致下游渠道冲刷，故在实际工程中应尽量避免缺口泄流接近淹没流态和成淹没流态。

三、闸门控制段的水力计算

闸门控制段水力计算的主要目的是确定闸孔数量和闸孔尺寸。当水流未接触到闸门底缘时，过闸水流呈堰流流态；当闸门对过闸水流起控制作用时，过闸水流呈孔流流态。一般渠道上带闸的陡坡、跌水工程，多为闸后紧接陡坡或跌水，所以过闸水流不论堰流或孔流，通常均呈自由出流流态。

1. 堰流计算

无堰台平底堰自由泄流能力计算式为

$$Q = mb\sqrt{2g}H_0^{3/2} \tag{5-2-29}$$

式中 Q——泄流流量；

H_0——堰顶总水头，$H_0 = H + \dfrac{v^2}{2g}$；

H——堰顶水深；

v——闸前渠道平均流速；

b——闸孔宽度；

m——流量系数。

流量系数与闸墩头部形式、上游连接渐变段型式等因素有关，具体取值参见第三篇有关堰流方面的流量系数计算。对平底闸，考虑上述因素，在初步估算时可选用：

$$m = 0.31 \sim 0.36$$

有堰台的堰流泄流能力计算，可参见第三篇有关堰流方面的内容进行。

2. 孔流计算

当闸门对过闸水流起控制作用时，过闸水流属于闸孔出流，具体计算参见第三篇有关

闸孔出流方面的计算。

3. 带胸墙闸孔孔口泄流的计算

对于具有胸墙的闸孔，当闸门提升超过孔高后形成大孔口泄流（图5-2-4），其自由出流的流量计算式为

$$Q = \mu' ab \sqrt{2gH_0} \tag{5-2-30}$$

式中 a——孔口高度；

b——孔口总净宽；

H_0——闸底板以上总水头；

μ'——流量系数，其具体计算介绍如下。

（1）平底孔口流量系数。平底孔口的流量系数随$\frac{a}{H_0}$以及孔口底缘型式等而变，对于胸墙底缘为1/4圆弧（半径为R），当$\frac{R}{a}\leqslant 0.33$时，建议采用经验公式（5-2-31）计算：

$$\mu' = 0.615 - 0.23\frac{a}{H_0} + 0.5\left(1 - 1.1\frac{a}{H_0}\right)\left(\frac{R}{a}\right)^{0.75} \tag{5-2-31}$$

（2）实用堰底孔口流量系数。实用堰底孔口的流量系数在初设时，当$\frac{P_1}{H_d}>0.6$（P_1为上游堰高，H_d为堰顶设计水头）、$\frac{H}{a}=2\sim3$（H为堰顶水头）时，取$\mu'=0.7\sim0.8$；当$\frac{P_1}{H_d}>0.6$、$\frac{H}{a}=1.5\sim2$时，取$\mu'=0.6\sim0.7$。

对于矩形底缘的胸墙，在式（5-2-31）中令$R=0$即可求得μ'。

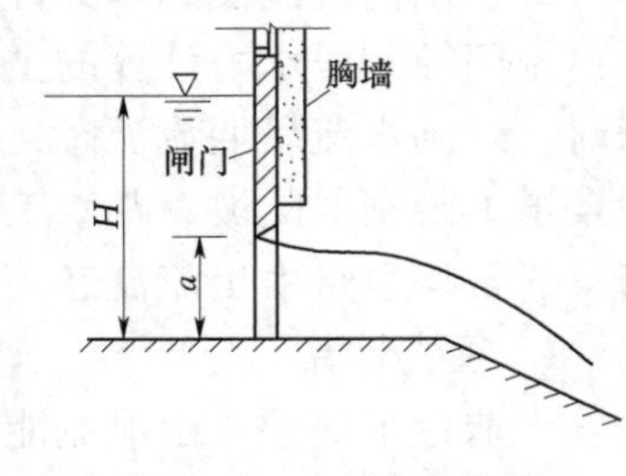

图5-2-4 孔口泄流

四、退水、泄洪道进口的水力计算

在退水泄洪道控制段常设置有宽顶堰、曲线型实用堰及曲线型实用低堰，其泄流能力一般按式（5-2-32）计算：

$$Q = mb\sqrt{2g}H^{3/2} = MbH^{3/2} \tag{5-2-32}$$

式中 Q——泄流流量；

b——闸孔宽度；

H——堰顶水头；

m——流量系数；

M——第二流量系数。

关于宽顶堰和曲线型实用堰的具体计算，可参见第三篇有关堰流方面的内容进行。对于曲线型低实用堰（$\frac{P_1}{H_d}\leqslant 1.33$，$P$为堰高，指上游渠道底低于堰顶的高度，$H_d$为堰顶设计水头），堰面曲线外形不同，流量系数也不同，图5-2-5所示几种型式低堰流量系数可选用$m=0.42\sim0.46$。对于图5-2-5（c）所示的驼峰堰，其堰型及计算还可参见第三

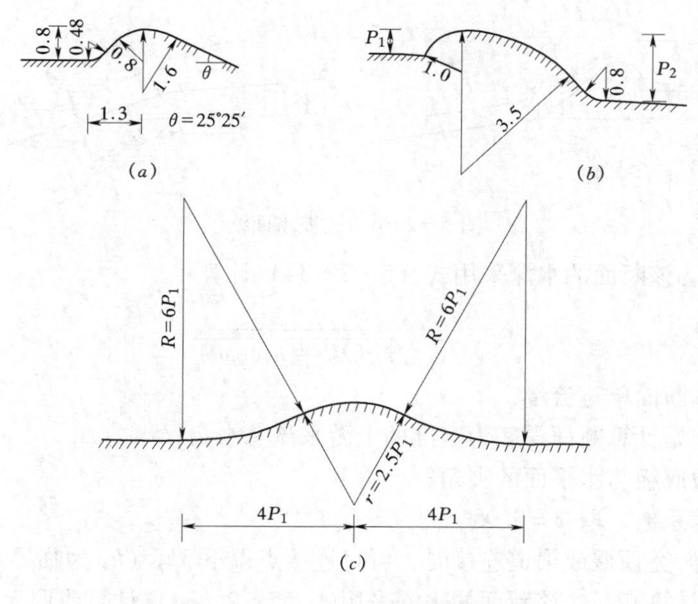

图 5-2-5 低堰型式

篇有关驼峰堰方面的内容。

曲线型低实用堰的上下游堰高 P_1 及 P_2 对流量系数影响较大。实践证明，当$\frac{P_1}{H_d}<0.4$时，P_1 值减小，流量系数显著减小，当$\frac{P_1}{H_d}\leqslant 0.2$时，其泄流能力即与宽顶堰相同。因此，设计曲线型低实用堰上游堰高 P_1 时，以采用$\frac{P_1}{H_d}>0.4$为宜；下游堰高 P_2 对流量系数也有影响，设计 P_2 时应尽量不使堰后出现淹没流态，一般以取$\frac{P_2}{H_d}\geqslant 0.5$为宜。

曲线型低实用堰的流量系数是随着堰顶水头而变的，其实际水头下的流量系数与设计水头下的流量系数的关系可用经验公式（5-2-33）表示：

$$M = M_d\left(\frac{H_0}{H_d}\right)^{0.164} \tag{5-2-33}$$

式中 H_0、M——任意水头（计入行近流速）及相应的流量系数；

H_d、M_d——设计水头（计入行近流速）及相应的流量系数。

五、陡坡段的水力计算

1. 陡坡起始计算断面及起始水深的确定

对底坡较小（一般在6°以内）的陡坡，一般将陡坡的起始断面作为陡坡水面线的起始计算断面，该断面的水深规定为渐变流的临界水深。

对大落差陡坡，计算陡坡水面线时，应从渐变流起始断面（图 5-2-6 中的 c—c 断面）算起。

当陡坡与上游实用堰采用反圆弧曲线连接时，则将反弧末端收缩断面作为陡坡水面线

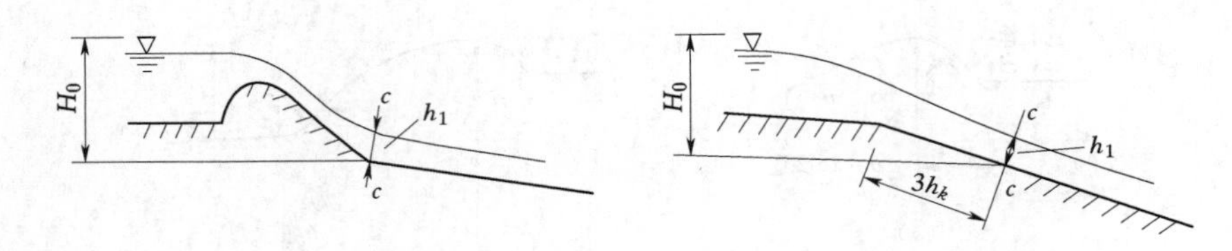

图 5-2-6　陡坡水面线

的起始计算断面，该断面的水深采用式（5-2-34）计算：

$$h_1 = \frac{q}{\varphi\sqrt{2g(H_0 - h_1\cos\theta)}} \tag{5-2-34}$$

式中　q——计算断面单宽流量；

H_0——以起始计算断面渠底为基准的上游来流总水头；

θ——陡坡底板与水平面的夹角；

φ——流速系数，取 $\varphi=0.95$。

当陡坡与上游宽顶堰或渠道连接时，可将连接点以下 $3h_k$（h_k 为临界水深）处作为陡坡水面线的起始计算断面，该断面的水深采用式（5-2-34）计算或取 $h_1=0.6h_k$。

确定起始断面和水深后，对棱柱体陡坡段可按第二篇所述方法进行陡坡段水面曲线计算。当陡坡段存在收缩段、扩散段及弯段等连接时，可参考第六篇急流收缩段、扩散段及弯段的水力计算。

2. 陡坡掺气水深计算

陡坡水流掺气水深可采用式（5-2-35）计算：

$$h_b = \left(1 + \frac{\zeta v}{100}\right)h \tag{5-2-35}$$

式中　h——不计掺气影响的水深；

h_b——计入掺气的水深；

v——不计掺气的陡坡计算断面流速，m/s；

ζ——修正系数，可取 1.0~1.4s/m，流速大者取大值。

3. 陡槽底坡连接曲线

当陡槽底坡由缓变陡时，一般采用抛物线连接，抛物线方程采用式(5-2-36)计算：

$$y = x\mathrm{tg}\theta + \frac{x^2}{K(4H_0\cos^2\theta)} \tag{5-2-36}$$

式中　x、y——以上段陡槽末端为原点的抛物线横、纵坐标；

θ——上段陡坡的坡角；

H_0——抛物线起始断面的比能，$H_0 = h + \frac{\alpha v^2}{2g}$；

h——抛物线起始断面水深；

v——抛物线起始断面平均流速；

K——系数，对于重要工程且落差较大者，取 $K=1.5$，对落差较小者，取 $K=1.1 \sim 1.3$。

4. 陡坡段的加糙

在工程实际中，常采用人工的方法来增加陡坡的糙度。人工加糙能促进水流扩散，降低水流速度，改善下游流态，缩小消能工范围，防止和减轻下游渠道的冲刷，在落差较小的工程中常加以采用。人工加糙对改善水流流态作用的大小，与陡坡加糙布置形式和尺寸密切相关。

人工加糙通常是以一定形式的突出部分所形成。常用的加糙式样如图 5-2-7～图 5-2-11所示。

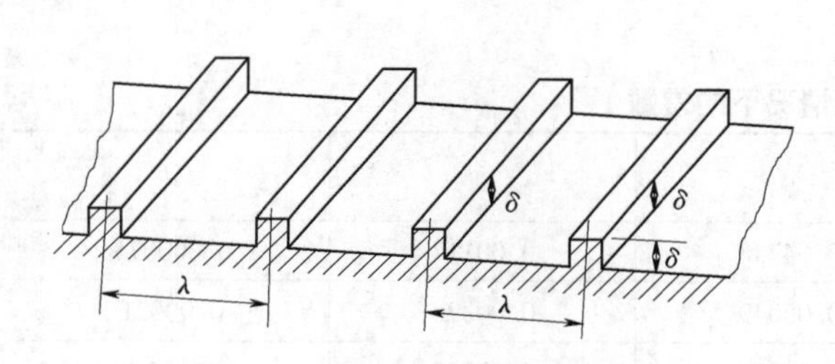

图 5-2-7　矩形梁加糙

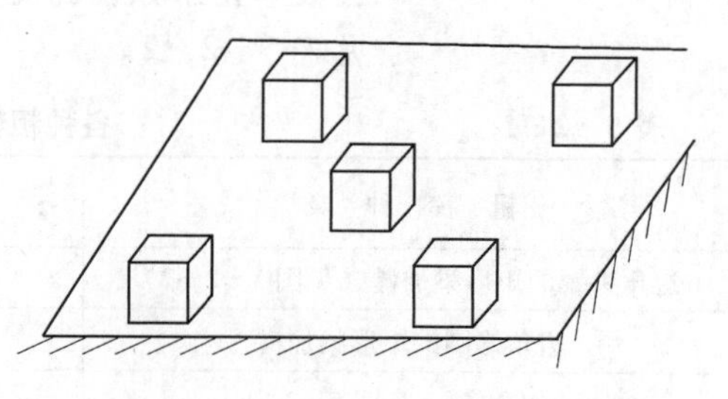

图 5-2-8　棋盘式加糙

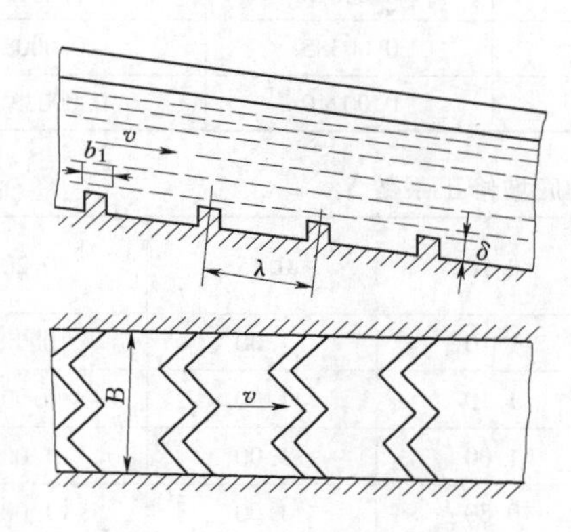

图 5-2-9　双人字形加糙

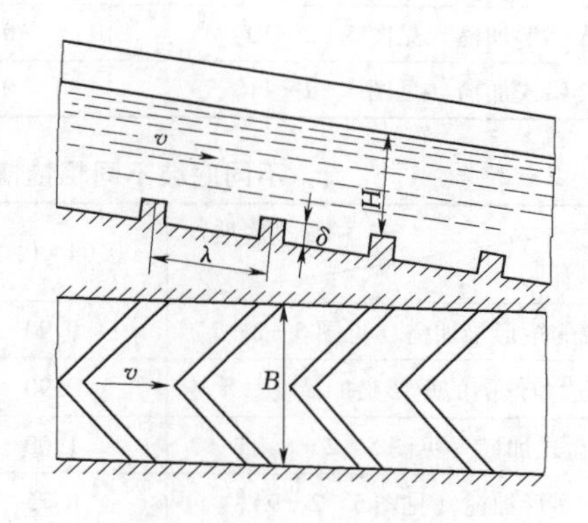

图 5-2-10　人字形加糙

加糙陡坡的断面平均流速可采用式（5-2-37）计算：

$$v = \frac{\sqrt{Ri}}{n_1} \qquad (5-2-37)$$

式中　v——陡槽断面平均流速，m/s；

R——陡槽断面水力半径，m；

i——陡槽底坡；

n_1——单位粗糙系数，$n_1 = \frac{1}{C} = \frac{n}{R^{1/6}}$；

C——谢才系数；

n——糙率，当 $R=1$ 时，$n_1 = n$。

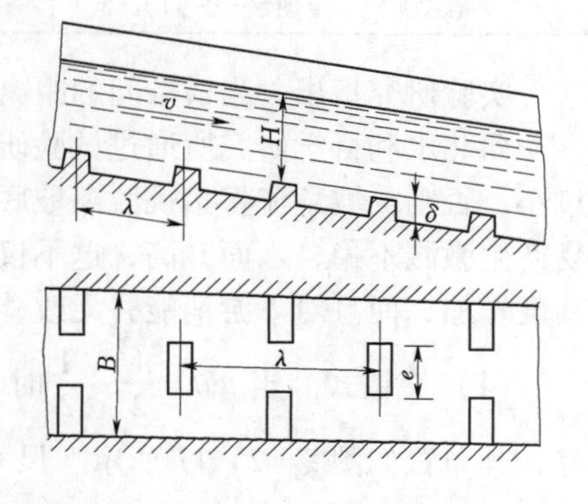

图 5-2-11　交错式加糙

实验指出，系数 n_1 决定于粗糙的种类。对于特定的粗糙形式，n_1 则决定于相对光滑

度 α（$\alpha=\frac{h}{\delta}$，h 为糙条上的水深，δ 为糙条高度）、糙条间的距离 λ 及相对宽度 β（$\beta=\frac{b}{h}$，b 为矩形水槽宽度）。

系数 n_1 可按经验公式（5－2－38）确定：

$$n_1=(a-c\alpha+d\beta)S_i \tag{5-2-38}$$

式中 a、c 及 d——粗糙种类常数，其值列于表 5－2－1；

S_i——底坡修正系数，当陡槽底坡 $i=0.15$ 时，$S_i=1$，不同底坡下的 S_i 值见表 5－2－2。

表 5－2－1　各种粗糙情况下的常数

粗 糙 种 类	a	c	d
边角尖锐的矩形梁加糙（见图 5－2－7）	0.04748	0.00117	0.000075
边角修圆的矩形梁加糙	0.05049	0.00326	0.00021
棋盘式加糙（见图 5－2－8）	0.05200	0.00510	－0.0008
双人字形加糙（见图 5－2－9）	0.11610	0.00610	－0.0012
人字形加糙（见图 5－2－10）	0.08577	0.00385	－0.0008
交错式加糙（见图 5－2－11）	0.05422	0.00210	0.00033

表 5－2－2　不同底坡不同粗糙情况下的底坡修正系数 S_i

粗糙种类 \ 陡槽底坡	0.04～0.06	0.10	0.15	0.20
边角尖锐的矩形梁加糙（见图 5－2－7）	0.90	1.10	1.00	0.90
边角修圆的矩形梁加糙	0.90	1.10	1.00	0.90
棋盘式加糙（见图 5－2－8）	1.00	1.00	1.00	1.00
双人字形加糙（见图 5－2－9）	0.75	0.80	1.00	1.00
人字形加糙（见图 5－2－10）	0.75	0.90	1.00	1.00
交错式加糙（见图 5－2－11）	1.00	1.00	1.00	1.00

实验研究指出，当横条间的距离 $\lambda=8\delta$ 时，系数 n_1 达到最大值。

西北水利科学研究所通过试验研究和调查指出，在陡坡上加设人工糙条，其间距不宜过小，否则陡坡急流将抬挑脱离坡底，使陡坡底面各处产生不同程度的低压，而且水流极易产生激溅不稳，水面升高，这不仅不利于陡坡安全泄水，使糙条工程量增大、陡坡边墙高度增加，而且对下游消能并无改善作用。该所提出的几种加糙尺寸如下：

（1）交错式。当 $\mathrm{tg}\theta=\frac{1}{2}\sim\frac{1}{3}$时，在陡坡上加设交错式矩形糙条较其他形式消能作用好，其布置如图 5－2－11 所示。尺寸如下：

糙条高度 $\delta=\left(\frac{1}{4}\sim\frac{1}{2.5}\right)h_c$（$h_c$ 是未加糙时陡坡末端水深）；

糙条宽度　$b_1=\delta$；

糙条长度　$e=\frac{1}{3}B$（B 为槽底宽）；

糙条间距　$\lambda=(8\sim10)\delta$；

如果跌差 $P\geqslant10$m，离陡坡上端（1/4～1/3）l 处开始设糙条；如果 $P\leqslant5$m，陡坡可以全部加糙，l 是陡坡长度。

如为宽浅陡坡时，在 $tg\theta>\frac{1}{3}$，$\beta_k>4.0$（β_k 为槽底相对宽度，$\beta_k=\frac{B}{h_k}$，B 为槽底宽，h_k 为陡坡临界水深）时，可采用较大的 λ 值，如 $\lambda=(12\sim20)\delta$。

（2）单人字形。当 $tg\theta=\frac{1}{2.5}\sim\frac{1}{1.5}$，跌差较小，且陡坡水平扩散角 $tg\theta_h=\frac{1}{3}\sim\frac{1}{1.2}$时，加糙的目的在于使陡坡水流扩散，使下游消能效果良好，可加设单人字形糙条。单人字形糙条布置的夹角 ϕ 与跌差成正比，其确定原则如下：

当 $1.5\text{m}<P<3\text{m}$ 时，$\phi=160°$；

当 $P<1.5\text{m}$ 时，$\phi=130°\sim150°$。

这些加糙可采用 $\lambda=(8\sim10)\delta$，$b_1=\delta$，$\delta=\frac{h_c}{\xi}$，$\xi=1.5\sim2.0$ 为糙条相对高度。

（3）双人字形。当 $tg\theta=\frac{1}{5}\sim\frac{1}{4}$，$P=3\sim5$m，且水平扩散角 $tg\theta_h$ 很小或 $tg\theta_h=0$ 时，陡坡加双人字形糙条效果较好。在跌差较大时，离陡坡上端（1/5～1/4）l 处开始设糙条，$\lambda=(8\sim10)\delta$，$b_1=\delta$，$\delta=\frac{h_c}{\xi}$，$\xi=5\sim6$。

六、出口消能段的水力计算

为了节约工程量，陡坡消力池多数具有梯形断面或复式断面（低于渠底部分为矩形、高于渠底部分与渠道断面相同，如图5-2-12所示）的形式。此断面形式的消力池的池深及池长可按下述方法确定。消力池各符号见图5-2-13。

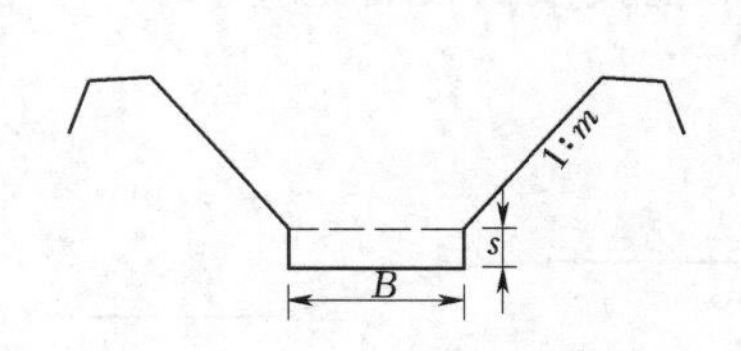

图5-2-12　陡坡消力池断面

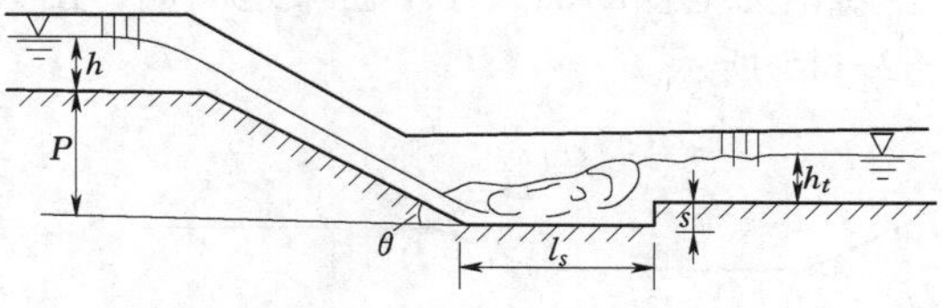

图5-2-13　消力池尺寸

1. 消力池深度的确定

消力池深度 s 可由式（5-2-39）确定：

$$s=h''_c-h_t \tag{5-2-39}$$

式中　h''_c——陡坡末端收缩水深 h_c 的共扼水深；

h_t——下游渠道正常水深。

陡坡下游梯形断面消力池中共扼水深 h''_c（m），可由经验公式计算：

$$\frac{h''_c}{h_c}=17.4\lg\frac{\varphi_c E_0}{q^{2/3}}+0.28 \tag{5-2-40}$$

式中 q——陡坡末端收缩断面上的单宽流量，$m^3/(s\cdot m)$，$q=Q/B$，B为消力池底宽；

h_c——陡坡末端收缩水深，m；

E_0——进口控制断面对消力池底的总能头，m，$E_0=P+h+v^2/2g$；

φ_c——陡坡段的流速系数，可由经验公式计算：

$$\varphi_c = 0.9\left(\frac{m_0 q^{2/3}}{P}\right)^{0.1} \quad (5-2-41)$$

式中 m_0——消力池边坡系数；

q、P单位分别以$m^3/(s\cdot m)$及m计。

式（5－2－41）适用范围为陡坡段糙率$n=0.01\sim0.017$。若$\frac{m_0q^{2/3}}{P}\geqslant3.0$时，可取$\varphi_c=1.0$。

h_c为陡坡末端收缩水深。对于长陡坡，则可按计算水面曲线的方法算得其末端水深，即为h_c；对于陡而短的陡坡则可近似认为水面为直线，其末端水深等于收缩水深h_c，可按经验式（5－2－42）计算：

$$h_c = \frac{0.385Pq^{4/9}}{\varphi_c^2 E_0^2} \quad (5-2-42)$$

2. 消力池长度的确定

消力池长度可由式（5－2－43）估算：

$$l_s = 6.5h''_c \quad (5-2-43)$$

若在消力池中加设消力齿、导流墩等辅助消能工时，池长可缩短，并按式（5－2－44）确定：

$$l_s = 4.6h''_c \quad (5-2-44)$$

3. 消力池出口段

（1）消力池出口纵剖面，可作成1：2或1：3的反坡，如图5－2－14所示。

（2）若消力池横断面大于下游渠道断面，出口后平面衔接段的收缩比应不小于3：1，如图5－2－15所示。

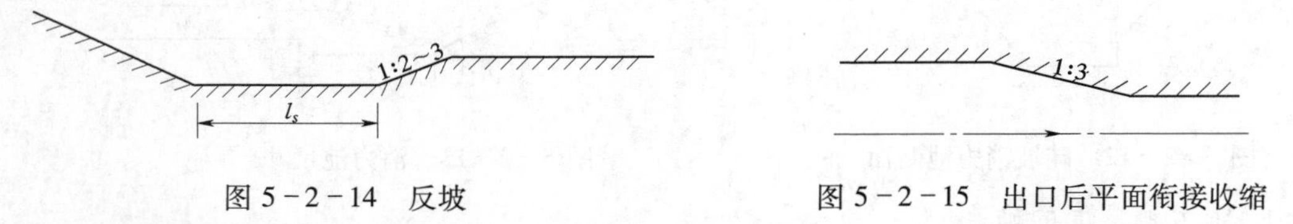

图5－2－14 反坡　　图5－2－15 出口后平面衔接收缩

（3）在消力池消能良好的情况下，出口后护砌段长度约为（3～6）h''_c；在消能作用不充分的情况下，护砌长度约为（8～15）h''_c。

第二节 跌 水

当地形状况不适于修建陡坡时，可以修建跌水，跌水又分为单级和多级跌水两种形式，其水力计算分述如下。

一、单级跌水

单级跌水由进口、跌水墙、消力池和出口四部分组成，如图 5－2－16 所示。

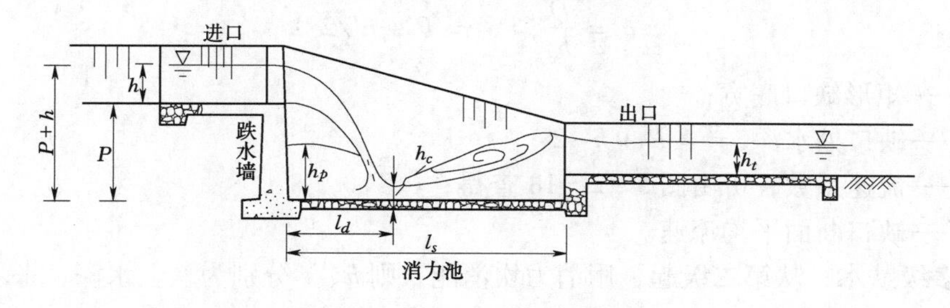

图 5－2－16　单级跌水

进口与陡坡进口相同，根据具体情况可做成矩形或梯形缺口，水力计算参阅本篇第二章第一节。跌水墙为一挡土墙，下游侧可做成倾斜式和垂直式，如图 5－2－17 所示。

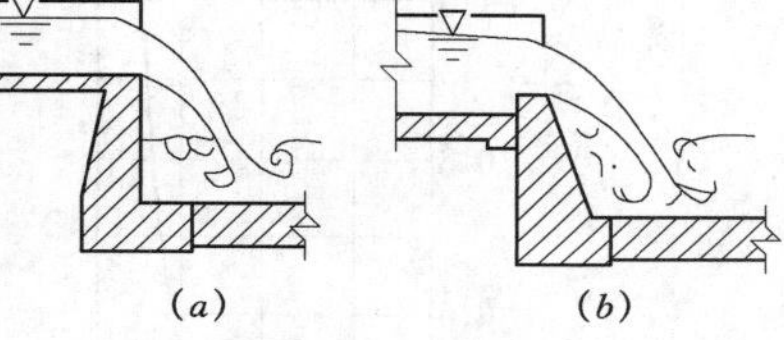

图 5－2－17　跌水墙

（a）垂直式；（b）倾斜式

消能可采用消力池和消力栅，其水力计算如下。

1. 消力池计算

（1）进口为等宽矩形缺口时，矩形断面消力池水力要素的确定。

1）当为垂直式跌水墙，见图 5－2－17（a），且计入水舌上游侧面的水垫静水压力作用时，按（5－2－45）～式（5－2－50）经验公式计算：

跌落水舌长度　$l_d = 4.30D^{0.27}P$　（5－2－45）

水舌后水深　$h_p = D^{0.22}P$　（5－2－46）

收缩水深　$h_c = 0.54D^{0.425}P$　（5－2－47）

跃后水深　$h''_c = 1.66D^{0.27}P$　（5－2－48）

水跃长度　$l_j = 6.9(h''_c - h_c)$　（5－2－49）

池深　$s = h'' - h_t$

池长　$l_s = l_d + 0.8l_j$　（5－2－50）

式中　$D = \dfrac{q^2}{gP^3}$；

q——单宽流量；

其他符号如图 5－2－16 所示。

2）当为倾斜式跌水墙，或不计入水舌上游水垫静水压力时，可按一般平底矩形断面水跃公式计算。其跃前水深 h_c 为

$$h_c = \frac{q}{\varphi\sqrt{2g(P + H_0 - h_c)}}$$

跌落水舌长度为

$$l_d = v\sqrt{\frac{2y}{g}} \qquad (5-2-51)$$

$$H_0 = h + \frac{v^2}{2g}$$

$$q = \frac{Q}{b_c}, \quad y = P + h'/2$$

式中 b_c——矩形缺口底宽；

h'——缺口处水深，$y = P + h'/2$；

φ——流速系数，可由图 5-2-18 查得；

v——缺口断面平均流速。

对于多级跌水，从第二级起，用消力坎消能，则 h、v 分别为坎上水深、平均流速。

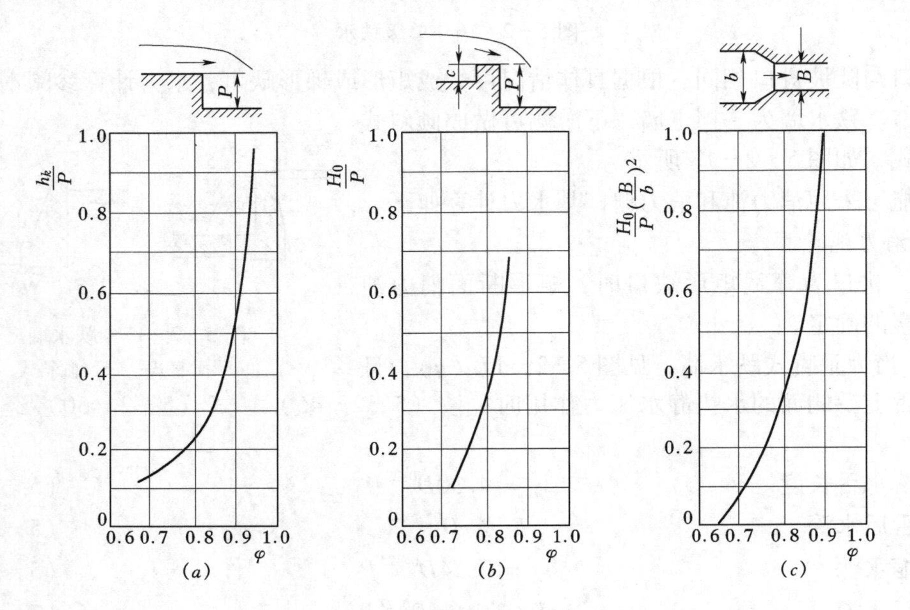

图 5-2-18 流速系数 φ

（a）无侧收缩无堰坎；（b）无侧收缩有堰坎；（c）有侧收缩

（2）进口为梯形缺口时，矩形断面消力池尺寸的确定：

池深
$$s = 1.05h''_c - h_t \tag{5-2-52}$$

池宽
$$B = b_c + 0.8n_c h \tag{5-2-53}$$

式中 h——设计流量时上游渠道正常水深；

其余符号意义同前。

池长仍按式（5-2-50）计算。h''_c、l_d、l_j 仍视其跌坎的形式，由上述矩形缺口的相应公式计算，其中 $q = \frac{Q}{b_c + 0.8n_c h}$，$n_c$、$b_c$ 见图 5-2-19。

末级消力池后的出口段护砌长度与消力池长度相同。

2. 消力栅计算

在小型跌水上，当跌落点后收缩断面弗劳德数 $Fr = \frac{v_c}{\sqrt{gh_c}} = 2.5 \sim 5.0$ 的情况下，采用

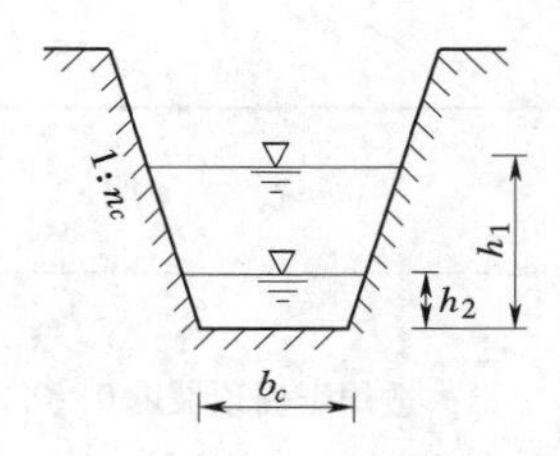

图 5-2-19 梯形缺口进口形式

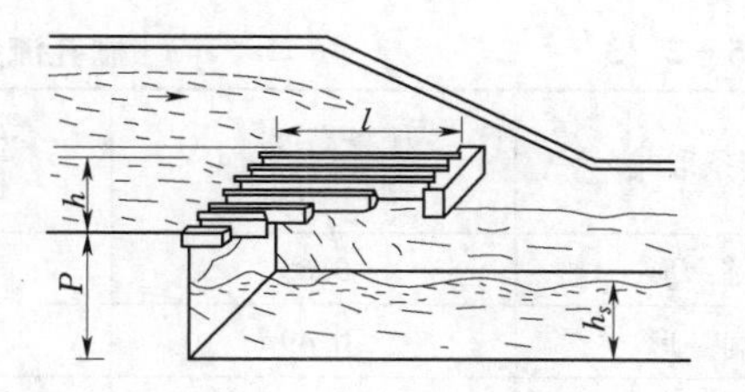

图 5-2-20 消力栅

消力栅更能达到良好的消能效果。消力栅的布置如图 5-2-20 所示。栅条宽 d 与栅条间隙 δ 的关系，一般取 $\delta=d$ 或 $\delta=\frac{2}{3}d$。

水力设计要求是：全部水流由栅的空隙分散跌入下游渠中，形成缓流衔接。为了考虑漂浮物的阻塞，故其栅隙长 l 应大于通过全部流量时栅隙的计算长度 l_1，而栅底渠道衬砌长度为 $1.2l$。

l_1 及 l 可由式（5-2-54）、式（5-2-55）计算：

$$l_1=\frac{Q}{\mu_1 N\delta\sqrt{2gh}} \tag{5-2-54}$$

$$l=\frac{Q}{\alpha\mu_1 N\delta\sqrt{2gh}} \tag{5-2-55}$$

式中 N——消力栅条间隔数，$N=\frac{b}{\delta+d}$，b 为消力栅宽度；

α——漂浮物堵塞栅隙面积系数，一般取 $\alpha=0.5\sim0.75$；

h——相应于流量 Q 的上游渠道均匀流水深；

μ_1——相应以 h 为计算水深的流量系数。

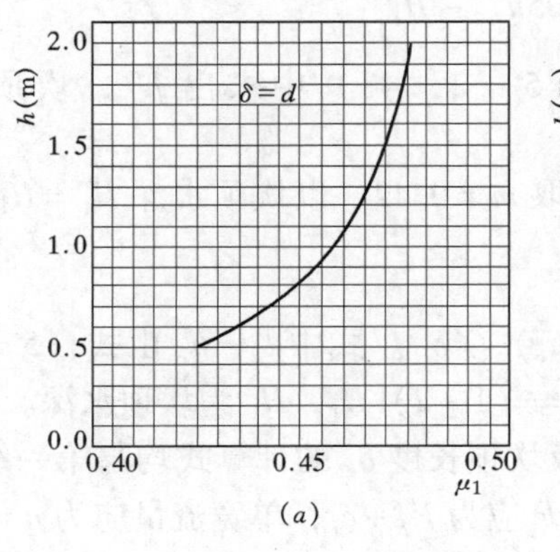

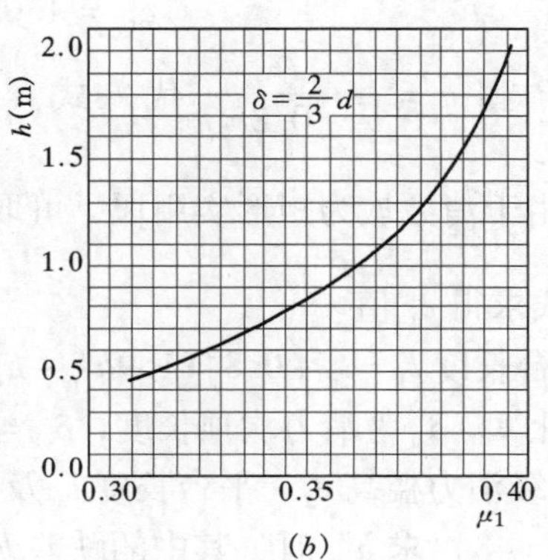

图 5-2-21 h—μ_1 关系图

μ_1 值的大小与栅条形状及$\frac{\delta}{d}$有关，图 5-2-21（a）、（b）是试验测得的矩形栅条当$\frac{\delta}{d}=1$ 和$\frac{\delta}{d}=\frac{2}{3}$时的 μ_1 值，可供查用。对于梯形、圆形、扁形栅条，可由表 5-2-3 查得 μ 值，继而可近似取 $\mu_1=\frac{2}{3}\mu$。

表 5-2-3 栅孔流量系数 μ 值表

栅条形式	$\frac{栅条高度}{栅条间隙}<4$	$\frac{栅条高度}{栅条间隙}>4$	说　明
圆　形	0.65		适用于栅顶坡度 0～0.2
扁　形	0.49	0.59	
梯　形		0.41	

消力栅后渠道护砌长度为（9～12）h''_c，h''_c 是不设消力栅时跃前收缩水深的共轭水深。为了保证自由跌落，应使 $P>h_t\sqrt{1+2Fr_t^2}$（Fr 为相应 h_t 的弗劳德数 $Fr_t=\frac{v_t}{\sqrt{gh_t}}$）。

二、多级跌水

在跌差比较大时（$P>3.0$m），可采用多级跌水，如图 5-2-22 所示。多级跌水的进口和最末一级的消能出口部分的水力计算与单级跌水相同。

跌差的分组方法是多样的，可按地形分段确定不同的各级跌差 P_i。当地面坡度较均匀时，可按各级底部（或水面）落差相等分段，如渠底总跌差为 P_0（$P_0=\nabla_1-\nabla_2$），分为 n 级，则每级跌差为 $P_i=\frac{P_0}{n}$。每级设消力槛消能。下面以梯形缺口底部等跌差，矩形消力池的多级跌水为例，叙述各级水力计算的方法。

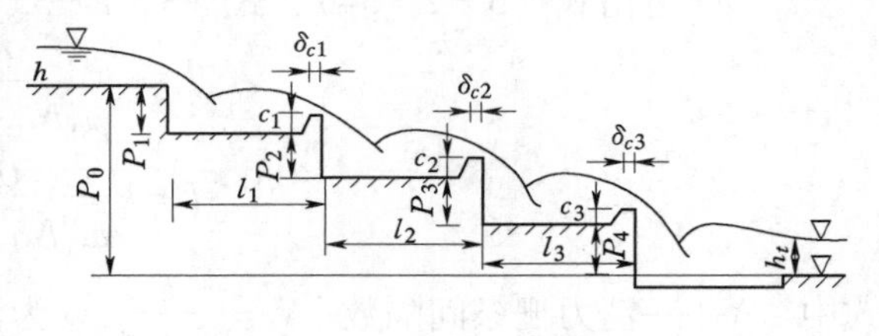

图 5-2-22 多级跌水

（1）第一级消力槛高

$$c_1 = 1.05h''_c - H_1 \tag{5-2-56}$$

以 $P_1=P$ 和 $q=\frac{Q}{b_c+0.8n_ch}$ 代入式（5-2-48）中求出 h''_c，坎顶水头 $H_{10}=\left(\frac{q}{m\sqrt{2g}}\right)^{2/3}$，由于消力坎为矩形实用堰，可取 $m=0.42$，以坎顶水深 $H_1=H_{10}-\frac{q^2}{2gh''^2_c}$ 代入（5-2-56）式求得 c_1 值。

第一级平台长度 $l_1=l_d+0.8(1.9h''_c-h_c)+\delta_{c1}$。式中 l_d、h_c 由式（5-2-45）、式（5-2-47）计算。δ_{c1} 为消力坎顶长度，$\delta_{c1}=(1\sim2)H_1$，H_1 为坎顶水深。

（2）第二级消力槛高 c_2、平台长度 l_2 及坎顶长度 δ_{c2} 的计算式均与第一级相同，但在利用式（5-2-48）求 h''_c 时，其中的跌差 P 应为 P_2+c_1；单宽流量应为 $q=Q/b$，b 为矩形消力池的宽度。

（3）第三级以下各级（除最末一级外）的计算方法均与第二级的相同，第三级的跌差为 P_3+c_2。通常对第三级以后各级（除最末一级外），均可近似采用第三级的尺寸。

（4）最后一级按消力池设计，跌差为 $P_n+c_{n-1}+s$，其中，s 为消力池深度。

第三章　交叉建筑物[1]

当渠道通过较大的山谷、河流或低洼地时，可修建渡槽或倒虹吸管；当渠道为山梁阻挡，修建盘山渠道不经济时，则采用穿山而过的无压隧洞比较合理。这些建筑物统称为交叉建筑物。

交叉建筑物都属于输水建筑物，基本组成为进口渐变段、输水段及出口渐变段。图5－3－1为渡槽的各组成部分。因此交叉建筑物的水力计算包括输水段断面尺寸的确定和进、出口渐变段水面衔接的计算。由于所有交叉建筑物与渠道连接时大都设渐变段（连接段），所以首先叙述渐变段的水力计算，而后分别叙述渡槽、倒虹吸管的水力计算。有关渠道上无压隧洞的水力计算，可参阅第七篇。

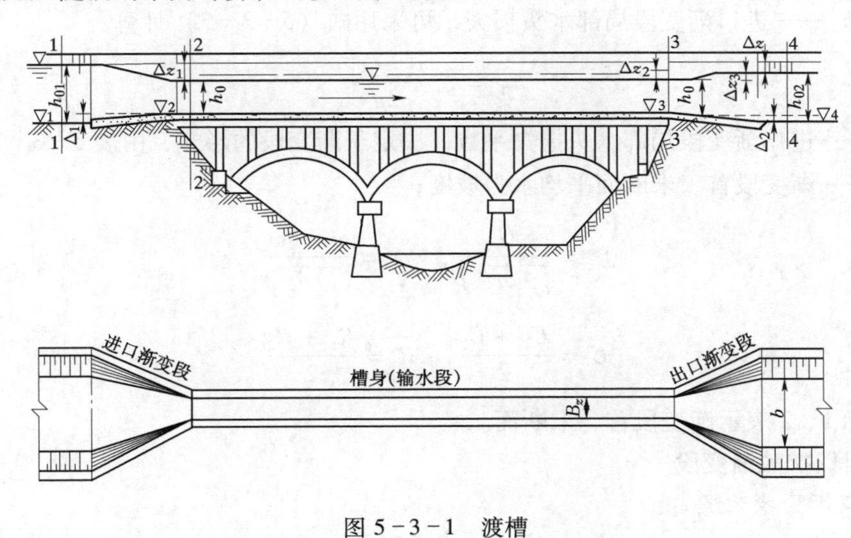

图5－3－1　渡槽

第一节　渐变段的设计

凡是渠道与渠系建筑物连接的地方，由于断面形状和尺寸的不同，都需要用渐变段来连接。工程上常采用的是比较简单的直线底坡渐变段，其水力计算的内容主要是确定进口水面降落及出口水面回升值，如图5－3－2。

一、进口收缩渐变段

1. 进口渐变段长度可取

$$l_1 = (1.0 \sim 2.5)(B_1 - B_2) \tag{5-3-1}$$

式中　B_1、B_2——渐变段首、末断面水面宽。

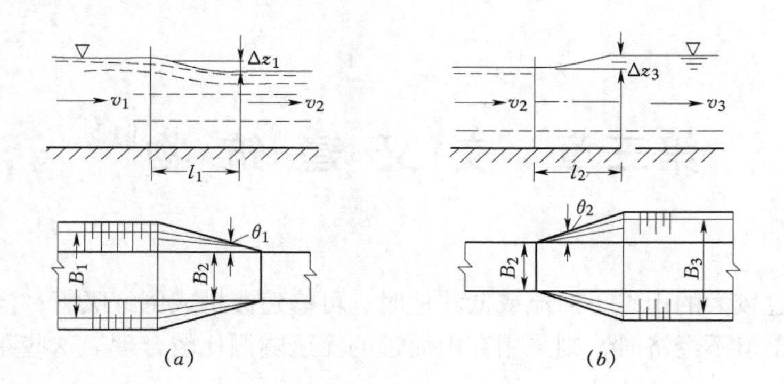

图 5-3-2 渐变段

2. 进口水面降落值 Δz_1

$$\Delta z_1 = \frac{a_2 v_2^2 - a_1 v_1^2}{2g} + h_{j1} + \overline{J_1} l_1 \qquad (5-3-2)$$

式中 v_1、v_2——渐变段首、末断面平均流速；

h_{j1}——进口渐变段局部水头损失，可采用式（5-3-3）计算：

$$h_{j1} = \zeta_1 \frac{v_2^2 - v_1^2}{2g} \qquad (5-3-3)$$

式中 ζ_1——进口渐变段局部水头损失系数，决定于渐变段的形式，由表 5-3-1 查用；

$\overline{J_1}$——渐变段首、末断面平均水力坡度；

$$\overline{J_1} = \frac{Q^2}{\overline{\omega}^2 \overline{C}^2 \overline{R}}, \quad \overline{\omega} = \frac{\omega_1 + \omega_2}{2}$$

$$\overline{C} = \frac{C_1 + C_2}{2}, \quad \overline{R} = \frac{R_1 + R_2}{2}$$

式中，下标 1、2 表示渐变段首、末断面。

二、出口扩散渐变段

1. 出口渐变段长度 l_2

$$l_2 = (2.5 \sim 3.5)(B_3 - B_2) \qquad (5-3-4)$$

式中 B_3、B_2——渐变段首、末断面的水面宽。

2. 出口水面回升值 Δz_3

$$\Delta z_3 = \frac{a_2 v_2^2 - a_3 v_3^2}{2g} - h_{j2} - \overline{J}_2 l_2 \qquad (5-3-5)$$

式中 v_2、v_3——渐变段首、末断面平均流速；

h_{j2}——出口渐变段局部水头损失，采用式（5-3-6）计算：

$$h_{j2} = \zeta_2 \frac{v_2^2 - v_3^2}{2g} \qquad (5-3-6)$$

式中 ζ_2——出口渐变段局部水头损失系数，决定于渐变段的形式，由表 5-3-1 查用；

$\overline{J}_2$——渐变段首、末断面平均水力坡度，计算方法同进口渐变段。

出口扩散渐变段的水面回升值Δz_3，当上下游渠道断面相等时，也可采用式(5－3－7)计算：

$$\Delta z_3 = \frac{1-\zeta_2}{1+\zeta_1}\Delta z_1 \tag{5-3-7}$$

表5－3－1　渐变段局部损失系数

序　号	渐变段型式	ζ_1	ζ_2
(1)	反弯扭曲面形	0.10	0.20
(2)	1/4 圆弧形	0.15	0.2
(3)	方头形	0.30	0.7
(4)	直线扭曲面形	0.05～0.3	0.3～0.5

注　ζ_1、ζ_2值的大小与渐变段形式及其水面收敛角θ_1、水面扩散角θ_2有关。表5－3－1中的（1）～（3）号ζ_1、ζ_2值，适用$\theta<12.5°$；（4）号直线扭曲面形（见图5－3－2），当$\theta_1=15°\sim37°$，$\zeta_1=0.05\sim0.30$；当$\theta_2=10°\sim17°$，$\zeta_2=0.3\sim0.5$。

第二节　渡槽的水力计算

渡槽水力计算的主要任务是确定渡槽槽身横断面的尺寸和底坡，并根据渡槽进、出口的水面降落和回升确定其进、出口的高程。

一、槽身底坡的确定

在相同的设计流量下，槽身底坡i大，流速加大，过水断面就小，可以节约建筑材料，吊装重量减轻，施工方便，造价低；但水面降落加大，减少了下游自流灌溉面积，同时流速大可能造成进出口渐变段过长或对出口后土渠造成冲刷，因此，要进行方案比较以确定底坡，达到既能满足灌区规划的要求，又能节约造价且施工方便的目的。槽身底坡常采用$i=1/1500\sim1/500$，流速$v=1\sim2$m/s。有通航要求的渡槽，流速在1.5m/s以内，底坡小于1/2000。

二、槽身断面设计

槽身断面的计算应用明渠均匀流公式，即

$$Q = C\omega\sqrt{Ri}$$

式中　Q——渡槽的过水流量；

C——谢才系数，常用$C=\frac{1}{n}R^{1/6}$；

n——糙率，根据渡槽建筑材料和施工条件，由表2－2－8、表2－2－9、表2－2－10查出；

R——水力半径；

ω——过水断面积；

i——槽身底坡。

常用的槽身断面形式有矩形和U形两种。

1. 矩形断面

槽身矩形断面水力计算是根据选定的底坡 i，初步拟出断面尺寸，应用明渠均匀流公式计算所通过的流量，若该流量与设计流量相同，而且流速在 1 ~2m/s 范围，则可初定此尺寸，然后校核加大流量情况下能否满足超高和流速的要求，若不能满足则修改断面尺寸或底坡，重新计算，直到满足时为止。

通过设计流量的槽壁超高 Δh（cm），可采用经验公式（5－3－8）计算：

$$\Delta h = \frac{h_0}{12} + 5 \tag{5-3-8}$$

式中 h_0——通过设计流量时槽身断面均匀流水深，cm。

通过加大流量时，槽身断面均匀流水深应不超过拉杆底面。无拉杆时，水深不超过槽顶且有一些余留。

根据韶山灌区设计的经验，在断面积 $\omega = 5.0 \sim 60.0\text{m}^2$ 的情况下，当断面宽深比由 $b/h = 2.0$（水力最优断面宽深比）减少到 $b/h = 1.43$ 时，等面积的流量仅减少 1% 左右，但后者结构受力好，却可节省较多钢材，故建议采用窄深式断面；一般可取 $b/h = 1.25 \sim 1.67$。

2. U 形断面

U 形断面的水力计算方法与矩形断面相同。U 形断面的形式为：底部为半圆形，上部是矩形，如图 5－3－3 所示，宽深比一般取 $b/h = 1.25 \sim 1.4$。

三、渡槽水面总降落值计算

渡槽水面总降落值 Δz 为

$$\Delta z = \Delta z_1 + \Delta z_2 - \Delta z_3$$

式中 Δz_1——进口收缩渐变段水面降落，可由式（5－3－2）计算；

Δz_2——槽身水面降落，$\Delta z_2 = iL$（i 为槽身底坡，L 为槽身长度）；

Δz_3——出口扩散渐变段水面回升，可由式（5－3－5）计算。

四、进、出口底板高程的确定

进、出口底板高程主要根据通过设计流量时，上下游渠道保持为均匀流，不致产生较大的壅水或降水的原则确定。

1. 槽身进口高程 ∇_2

如图 5－3－4（a）所示，槽身进口高程 ∇_2 采用式（5－3－9）计算：

$$\nabla_2 = \nabla_1 - \Delta z_1 + h_{01} - h_0 \tag{5-3-9}$$

式中 ∇_1——上游渠道与进口渐变段起点相接处高程；

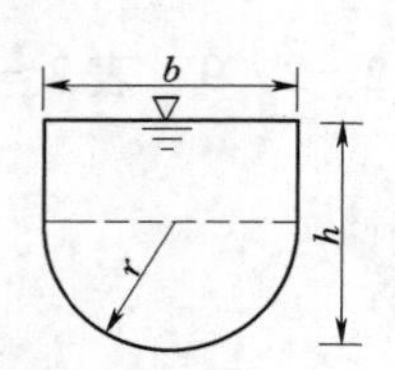

图 5－3－3 U 形断面

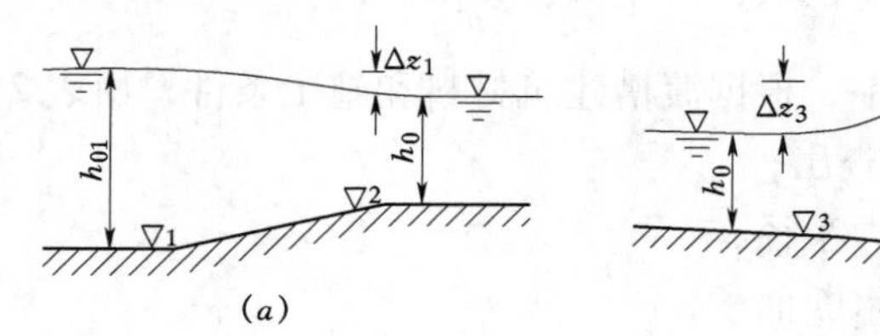

图 5－3－4 渐变段进、出口底板高程计算

Δz_1——进口水面降落值；

h_{01}——通过设计流量时上游渠道均匀流水深；

h_0——通过设计流量时槽身均匀流水深。

2. 出口渐变段末端高程∇_4

如图5-3-4（b）所示，出口渐变段末端高程∇_4由式（5-3-10）计算：

$$\nabla_4 = h_0 + \Delta z_3 + \nabla_3 - h_{02} \tag{5-3-10}$$

式中　Δz_3——出口水面回升值；

∇_3——槽身出口高程，$\nabla_3 = \nabla_2 - iL$；

h_{02}——通过设计流量时下游渠道均匀流水深。

若算出的∇_4表明下游渠道降低过大，而对灌区自流面积减少较多时，可适当抬高下游渠底高程∇_4。这时若仍需要保持槽身为均匀流，则应加大槽身断面，以减小底坡。否则，应在保持断面与底坡不变而抬高∇_4值的情况下，按非均匀流水面线计算上游渠道将产生的壅水高度，一般允许壅高值为0.05～0.1m。

五、渡槽支墩的埋设深度

渡槽跨越河道时，为了减少渡槽长度，在河滩上常作填方渠道，此外在河道中还设置了支承槽身的槽墩（架），从而缩窄了河床过水断面，加大了流速。这样，原有河床与水流不再相适应，河床将发生冲刷，危及槽身安全。采取的措施是控制保留必要的泄洪断面和将支墩埋置至冲刷线以下。

1. 河道泄洪断面的控制及一般冲刷深度计算

（1）河道泄洪断面的控制。修建渡槽后，河道泄洪过水断面应满足式（5-3-11）的要求：

$$\frac{\omega_1}{\omega_2} \leqslant P \tag{5-3-11}$$

式中　ω_1、ω_2——建渡槽前、后计算水位下过水断面面积；

P——冲刷系数，P值不宜过大，其最大允许值见表5-3-2，如超过此值可适当缩短填方渠道长度，增加渡槽长度。

表5-3-2中的深基底，是指基础埋置深度是以地质要求决定的（其基底位于冲刷线以下2.5m）。

对冲刷有防护的浅基底，一般是以冲刷要求决定深度。

（2）冲刷深度t的计算。冲刷深度的计算如下：

$$h_p = Ph \tag{5-3-12}$$

$$t = h_p - h \tag{5-3-13}$$

表5-3-2　P值最大允许值

冲刷前河谷中平均水深h（m）	最大允许冲刷系数P	
	深基底	对冲刷有防护的浅基底
$h \leqslant 3$	2.0	1.50
4	1.8	1.40
5	1.7	1.35
6	1.6	1.30
8	1.5	1.25
10	1.45	1.20
15及以上	1.40	1.20

式中　h、h_p——冲刷前、一般冲刷后水深（见图5-3-5）；

t——一般冲刷深度。

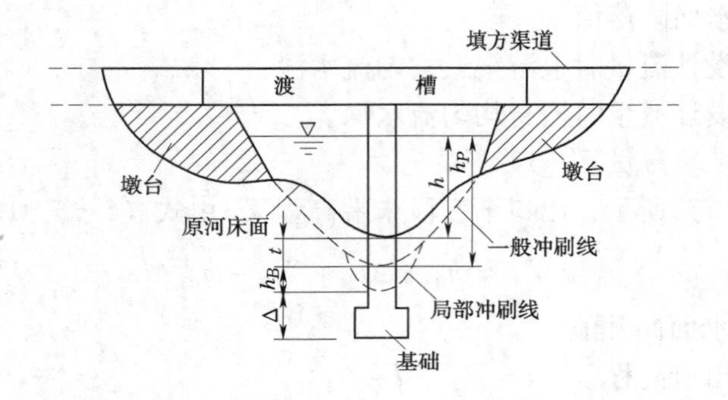

图 5-3-5 河道冲刷前、后水深计算

2. 支墩周围河床的局部冲刷及基础埋设深度

(1) 局部冲刷深度计算。支墩周围河床的局部冲刷深度采用式(5-3-14)计算:

$$h_B = h_P\left[\left(\frac{v_P}{v_H}\right)^n - 1\right] \qquad (5-3-14)$$

式中 h_B——支墩周围河床的局部冲刷深度;

n——渡槽槽墩形状系数(见表5-3-3);

v_H——河床允许的不冲流速;

v_P——建渡槽后计算水位下的主河槽平均流速。

(2) 基础底面埋置深度。基础底面埋置在地面以下的深度采用式(5-3-15)计算:

$$H = t + h_B + \Delta \qquad (5-3-15)$$

式中 Δ——基础板底面在局部冲刷线以下安全深度,当最大冲刷深度在5.0m以内时,Δ值不小于2.0m;当最大冲刷深度为5.0~20.0m时,Δ值不小于2.5~3.5m。

上面介绍的一般冲刷计算公式在我国使用的情况是:平原蜿蜒形河流及山区稳定性河流较合适,变迁性河流偏小;深水河流较合适,浅水河流偏小;主河槽较合适,河滩偏小;含沙量少的河流较合适,含沙量多的河流偏小;大颗粒河沙的河床较合适,细颗粒泥沙的河床偏小。

表 5-3-3 渡槽槽墩形状系数

槽墩平面形状与水流主向交角	n
半流线型(交角小于5°~10°)	1/4
非流线型(交角为零)	1/3
非流线型(交角小于20°)	1/2
在主流摆动的河槽区内(交角在20°~45°)	2/3

第三节 倒虹吸管的水力计算

倒虹吸管与渡槽一样,同样属于跨越河渠道路的交叉建筑物,但由于倒虹吸管在河道、渠道或道路下面穿过,在相同条件下,其长度及水头损失都比渡槽大。一般情况下,当渠道与河流、道路等交叉高差不大,做渡槽有碍洪水的宣泄和车辆、船只的通航,或者地面高差大而使渡槽支墩过高而不经济时,才采用倒虹吸管。

倒虹吸管输水系统一般由进口、管身、出口三部分组成,其布置型式见图5-3-6。

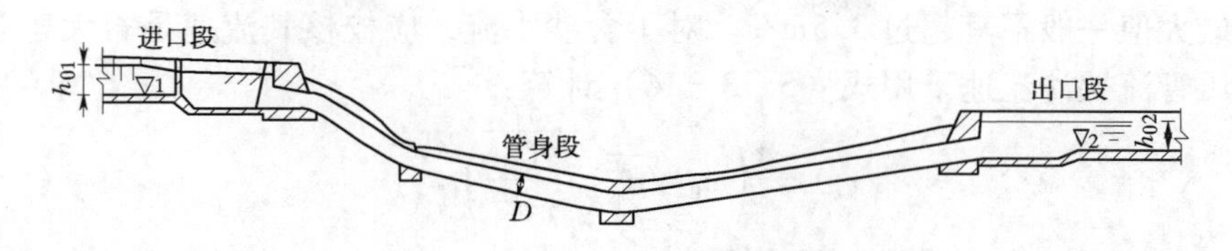

图 5-3-6　倒虹吸管输水系统

一、倒虹吸管水力设计的要求

1. 进口段

倒虹吸管的进口段包括进水口、拦污栅、闸门、沉沙池、渐变段及消力池。

（1）倒虹吸管进水口的形式应根据对水流条件的要求不同而异。对于大型倒虹吸管，进水口常采用椭圆曲线。进水口与管身常用弯道连接，转弯半径一般采用 2.5～4 倍管的内径，见图 5-3-7（*a*）。为了便于施工，也常将管身直接插入挡水墙内，而不用弯管，见图 5-3-7（*b*）。前者水流条件好，后者水流条件差。

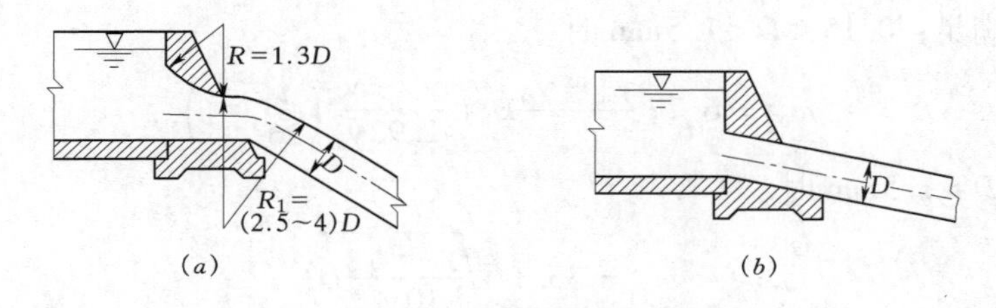

图 5-3-7　倒虹吸管进水口

（2）倒虹吸管进口前常设置闸门，且不论是否设置闸门一般都应预留闸槽备用，因此计算时均应计入闸槽局部损失。

（3）倒虹吸管进口渐变段的作用在于使进口段与渠道平顺连接，以减少水头损失，其长度可按式（5-3-1）决定，局部水头损失系数可按表 5-3-1 选用。

（4）消力池。一般情况下，倒虹吸管进口是按设计流量下为淹没进流设计的。在小流量过流时，则可能出现非淹没的进流状况，因此，进口形成急流，应在进口前设置消力池连接或者在出口处设置闸门以调节进口水位使之产生淹没流态。

2. 管身段

倒虹吸管管身段均采用圆形断面。其布置有斜管式（见图 5-3-6）与竖井式（见图 5-3-8）两种。一般采用斜管的多，只有小型的穿越道路的倒虹吸管才采用竖井式。

倒虹吸管管身断面直径主要以通过设计流量时要求的控制流速而定。一般取 $v=1.5\sim2.5$m/s，当允许水流有较大的水面跌差及通过含沙水流时，可取较大值，反之取较小

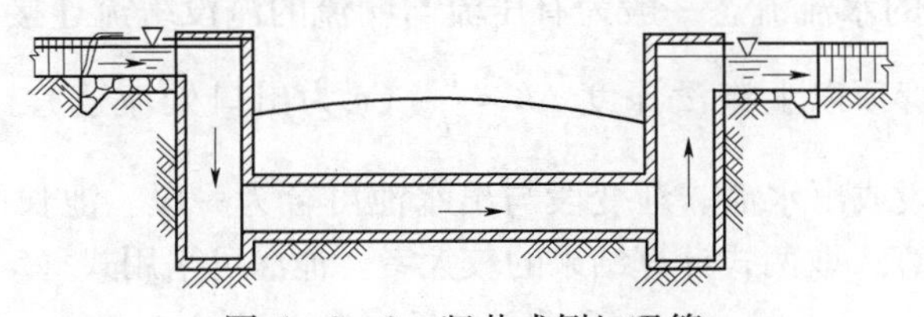

图 5-3-8　竖井式倒虹吸管

值，但其最大值一般不宜超过3.5m/s。对于含沙水流，应校核其流速是否大于管内挟沙流速。有压管流挟沙流速采用式（5-3-16）计算：

$$v_{np} = \left(\omega_0 \sqrt[6]{\rho^4} \sqrt{\frac{4Q_{np}}{\pi d_{75}^2}}\right)^{1/1.25} \tag{5-3-16}$$

式中 v_{np}——挟沙流速（不淤极限流速），m/s；

ρ——挟沙水流含沙量（以重量百分比计算）；

Q_{np}——管内通过的流量，m^3/s；

d_{75}——挟沙粒径，mm，以重量计小于该粒径的沙占75%；

ω_0——泥沙沉降速度，cm/s，与沉降泥沙粒径、水流动力粘滞系数及挟沙水流温度有关，可采用式（5-3-17）~式（5-3-19）计算。

泥沙粒径 $D \leqslant 0.1$mm 时，

$$\omega_0 = \frac{\gamma_s - \gamma_\omega}{1800\mu} D^2 \tag{5-3-17}$$

泥沙粒径满足：$0.15 < D < 1.5$mm 时，

$$\omega_0 = 6.77 \frac{\gamma_s - \gamma_\omega}{\gamma_\omega} D + \frac{\gamma_s - \gamma_\omega}{1.92\gamma_\omega}\left(\frac{t}{26} - 1\right) \tag{5-3-18}$$

泥沙粒径 $D > 1.5$mm 时，

$$\omega_0 = 33.1 \sqrt{\frac{\gamma_s - \gamma_\omega}{10\gamma_\omega} D} \tag{5-3-19}$$

式中 D——泥沙颗粒直径，mm；

μ——水流动力粘性系数，$g \cdot s/cm^2$；

γ_s——泥沙颗粒容重，一般取 $\gamma_s = 2.65\ g/cm^3$；

γ_ω——水的容重，g/cm^3；

t——挟沙水流温度，℃。

虽然通过设计流量时，能满足 $v > v_{np}$，但通过小流量时，若 $v < v_{np}$，仍产生淤积。此时可采用双管布置，当需要通过小流量时，以单管过水提高流速，满足不淤要求。

当管中流速 v 选定后，其管径则为

$$D = \sqrt{\frac{4Q}{\pi v}} \tag{5-3-20}$$

式中 Q——设计流量；

v——选定流速。

3. 出口段

倒虹吸管出口段的水流流态一般为有压流与明流的淹没缓流连接，即出口处的弗劳德数 $Fr = \frac{v}{\sqrt{gh}} < 1.0$，管顶以上淹没深度 $\Delta h = \frac{v^2}{g}$（v 为出口处流速）。为了调整出口水流，可在出口处设置渐变段或出水池。渐变段与出水池可合为一段。池长可采用式（5-3-4）和式（5-3-21）计算，取两式计算结果的较大者。池深可采用式（5-3-22）计算。

池长 $$l = (2.5 \sim 3.5)(B_3 - B_2)$$

或 $$l = (3 \sim 4)h \tag{5-3-21}$$

式中 h——渠道水深。

池深 $$h_p \geqslant 0.5D_0 + \delta + 30 \quad (\text{cm}) \tag{5-3-22}$$

式中 D_0——管道出口内径，cm；

δ——管壁厚度，cm。

当出口为急流时，其池深及池长应按底流消能计算确定。

为了避免通过小流量时在进口处产生不淹没入流的情况，可在出口处设置节制闸，抬高水位，使进口形成淹没流态，以防止管中产生急流段。出口水位的抬高值决定于进口产生淹没流态的要求，从而决定出口节制闸的设计开启高度及出流流态。

二、水面衔接和流量计算

经过倒虹吸管的水面总落差 Δz 为（见图 5-3-9）

$$\Delta z = \Delta z_1 + \Delta z_2 - \Delta z_3 \tag{5-3-23}$$

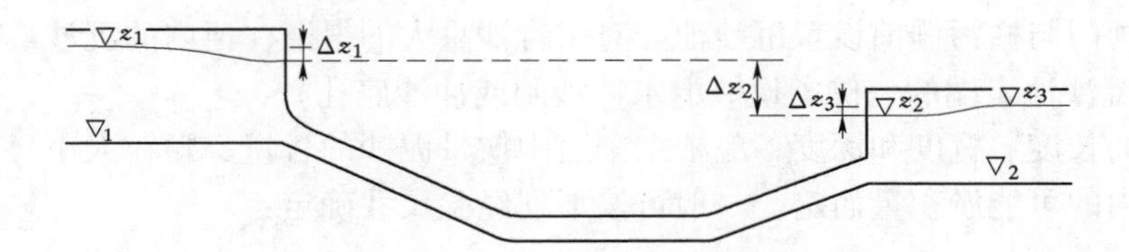

图 5-3-9 倒虹吸管计算

由式（5-3-2），忽略沿程水头损失有

$$\Delta z_1 = (1 + \zeta_1)\frac{v_2^2 - v_1^2}{2g} \tag{5-3-24}$$

由进口渐变段末端断面与管出口断面的能量方程可得

$$\Delta z_2 = \left[\sum_i \zeta_i\left(\frac{\omega}{\omega_i}\right)^2 + \sum_j \frac{2gL_j}{C_j^2}\left(\frac{\omega}{\omega_j}\right)^2\right]\frac{v^2}{2g} + \frac{v^2 - v_2^2}{2g} \tag{5-3-25}$$

由式（5-3-5），忽略沿程水头损失，有

$$\Delta z_3 = (1 - \zeta_2)\frac{v^2 - v_3^2}{2g} \tag{5-3-26}$$

于是可得

$$\begin{aligned}\Delta z = {} & (1 + \zeta_1)\frac{v_2^2 - v_1^2}{2g} + \left[\sum_i \zeta_i\left(\frac{\omega}{\omega_i}\right)^2 + \sum_j \frac{2gL_j}{C_j^2}\left(\frac{\omega}{\omega_j}\right)^2\right]\frac{v^2}{2g} \\ & + \frac{v^2 - v_2^2}{2g} - (1 - \zeta_2)\frac{v^2 - v_3^2}{2g}\end{aligned} \tag{5-3-27}$$

由式（5-3-25）及 $Q = \omega v$ 可得流量为

$$Q = \mu\omega\sqrt{2g\Delta z_2} \tag{5-3-28}$$

$$\mu = \frac{1}{\sqrt{\sum_i \zeta_i\left(\frac{\omega}{\omega_i}\right)^2 + \sum_i \frac{2gL_j}{C_j^2 R_j}\left(\frac{\omega}{\omega_j}\right)^2 + 1 - \left(\frac{\omega}{\omega_2}\right)^2}} \quad (5-3-29)$$

式中　v_1、v_2、v、v_3——上游渠道、进口渐变段末端、管道出口、下游渠道断面平均流速；

ω_1、ω_2、ω、ω_3——上游渠道、进口渐变段末端、管道出口、下游渠道断面面积；

ζ_1、ζ_2——进、出口渐变段的局部水头损失系数，见表5-3-1；

ζ_i——管道局部水头损失系数（不包括ζ_1、ζ_2）；

ω_i——相应ζ_i的计算断面面积；

C_i、R_i、L_i——管身计算段水流的谢才系数、水力半径和管长，而C值可由式（1-1-13）计算。

三、沉沙池

为了将渠道中水流携带的粗颗粒泥沙及杂物等在进水口前沉积下来，避免流入倒虹吸管内，可在闸门与栏污栅前设置沉沙池。对于含沙量大的渠道，池内的沉沙最好采用水力冲淤（即在沉沙池末端的一侧，设一退水冲沙闸或冲沙底孔）。

沉沙池的长度、宽度和深度，应根据渠道中挟带泥沙的含量、颗粒大小、水流速度和在一定期间内的可能淤积量而定。一般可按下列经验尺寸确定：

水平段长度　$lp \geq (4 \sim 5)h$　(5-3-30)

水平段宽度　$B \geq (1 \sim 2)b$　(5-3-31)

沉沙池低于渠底的深度　$T \geq 0.5D + \delta + 20$　(5-3-32)

式中　h、b——上游渠道水深与底宽；

D——倒虹吸管内径，cm；

δ——倒虹吸管壁厚度，cm；

T以cm计算。

渠底与沉沙池底最好用1:2~1:3的斜坡段连接。如高差不大，也可用竖直段连接。

第四节　桥孔的水力计算

一、流经桥孔水流的流态

桥梁架设在渠道上的数量较多。当桥梁为单孔梯形桥孔时，若不改变渠道过水断面，则并不影响渠道过水能力。当桥梁为了减小跨度，将梯形渠道断面变为矩形时（设置桥墩和桥台缩小了渠道过水断面），必须校核桥孔的过水能力，以确定上游渠道的水面壅高值Δz。其布置和水面衔接见图5-3-10。

当$h_0 > 1.3h_{k2}$时，为淹没宽顶堰流；当$h_0 < 1.3h_{k2}$时，为自由宽顶堰流。h_0为渠道中的正常水深；h_{k2}为桥孔断面的临界水深。

二、桥孔尺寸的确定

渠道中桥孔流态一般为淹没宽顶堰流。通过桥孔的流量计算式为

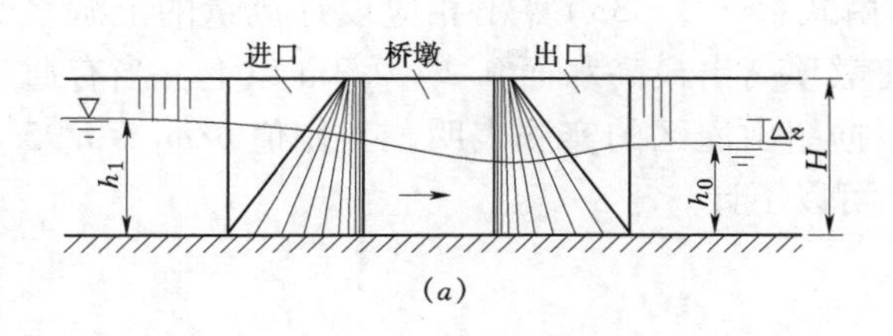

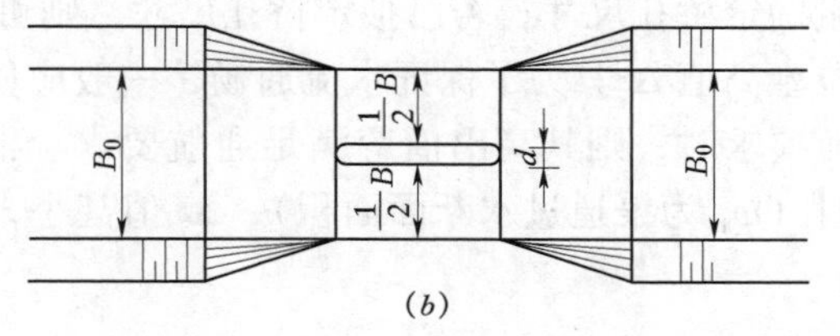

图 5-3-10　桥孔布置及水面衔接

$$Q = \mu\omega\sqrt{2g\Delta z_0} \tag{5-3-33}$$

式中　ω——桥孔总过水断面积，当忽略水流出桥孔的水面回升，对矩形桥孔有 $\omega = Bh_0$；对梯形桥孔有 $\omega = (B + mh_0)h_0$；

B——桥孔底的总净宽；

Δz_0——上游壅高水头，$\Delta z_0 = \Delta z + \frac{v_0^2}{2g}$；

Δz——水面壅高值；

$\frac{v_0^2}{2g}$——上游渠道行近流速水头，一般可忽略；

μ——流量系数，与桥孔进出口渐变段的形式和桥墩墩头（尾）的形状有关，可由表 5-3-4 和表 5-3-5 查出。

表 5-3-4　与桥孔进出口型式有关的流量系数 μ_1

进出口型式	扭曲面	锥形护坡	八字翼墙	淹没拱脚的拱桥
μ_1	0.90	0.81	0.76	0.6

表 5-3-5　与桥墩形状有关的流量系数 μ_2

桥墩形状	$\sigma = \omega/\omega_1$		
	0.9	0.8	0.7
方形头尾	0.91	0.87	0.86
半圆头尾	0.94	0.92	0.95
90°头尾	0.95	0.94	0.92
双圆柱墩	0.91	0.89	0.88
	0.91	0.89	0.88

若为单孔桥，当桥孔与渠道断面相同时，则 $\Delta z = 0$；若单孔桥有墩台（渐变段）收缩时，则 $\mu_2 = 1.0$，$\mu = \mu_1$。若为多孔桥，当桥孔与渠道的边坡相同（墩台不阻水）时，$\mu_1 = 1.0$，$\mu = \mu_2$；当桥孔与渠道的边坡不相同而有墩台阻水时，$\mu = \mu_1\mu_2$。

在实际设计中，一般取 $\Delta z = 3 \sim 5$cm。若已知 Δz 值，可由式(5-3-33)根据设计过流

量确定桥孔尺寸；若已拟定桥孔尺寸，则可由式(5－3－33)算出相应设计流量的上游水位壅高值Δz。为了保证水流通畅，一般应使墩顶高出最高水面0.2～0.3m以上。当有通航要求时，则其高出值应满足通航要求。根据韶山灌区的实测表明，当比值$\omega/\omega_1>0.95$时（ω_1为渠道过水断面面积），Δz值甚小，可以不计。

第四章　量水建筑物[7~10]

灌溉渠系量水是灌区用水管理工作的重要组成部分。量水可应用渠系上修建的水闸、跌水、渡槽等进行，也可修建专门的量水堰槽等。本章将介绍几种适用于明渠中的标准量水堰槽（薄壁堰、宽顶堰、三角形剖面堰、平坦V形堰、巴歇尔槽和无喉道槽）。

第一节　薄壁堰

薄壁堰是指在明渠中垂直水流方向安装的具有一定形状缺口，并加工成薄壁堰口，过流时其水舌表面得到充分发展的量水建筑物。

薄壁堰的堰板顶部厚度规定为1~2mm，堰顶向下游的倾斜面与堰顶的夹角不小于45°，见图5-4-1。堰口宜用耐腐蚀的金属制作，或涂上一层如油、蜡或树脂之类的保护层，以保持平整光滑。小型薄壁堰可用整块钢板加工后在现场安装，大型薄壁堰需在现场安装混凝土基座，然后将加工好的堰板镶嵌在混凝土中。

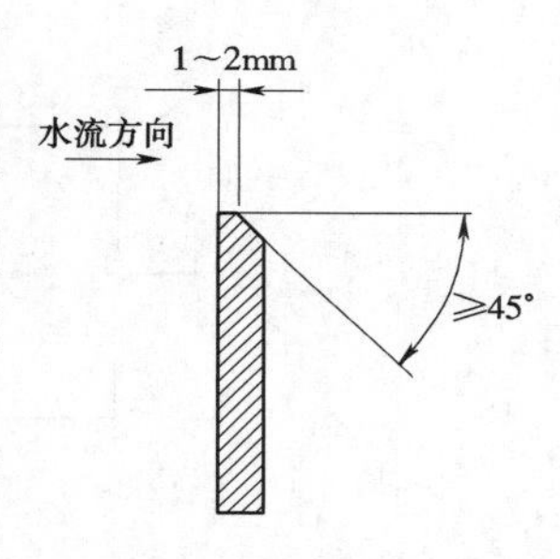

图5-4-1　薄壁堰堰板

水流通过薄壁堰，应形成清晰的水舌从堰顶射出。对无侧收缩的等宽堰，可在堰顶下游两侧各开一通气孔，保证水舌通气良好。水流不应挟带泥沙碎石和漂浮物。下游尾水位至少要低于堰顶0.1m。

薄壁堰分成三种主要类型：三角形缺口堰、矩形缺口堰和等宽堰。

一、三角形缺口薄壁堰

（1）当三角形缺口夹角θ在$\frac{\pi}{9}\sim\frac{5\pi}{9}$时，三角形缺口薄壁堰（见图5-4-2）采用式（5-4-1）计算过堰流量：

$$Q = C_e \frac{8}{15}\mathrm{tg}\frac{\theta}{2}\sqrt{2g}h_e^{5/2} \tag{5-4-1}$$

式中　Q——过堰流量，m^3/s；

C_e——流量系数，查图5-4-3及图5-4-4；

h_e——有效堰顶水头，$h_e = h + K_h$；

h——实测堰顶水头；

K_h——水头修正值，当$\theta = 90°$时，$K_h = 0.00085m$，当$\theta \neq 90°$时，K_h值查图5-4-5；

θ——三角形缺口夹角。

式（5-4-1）的限制条件为：

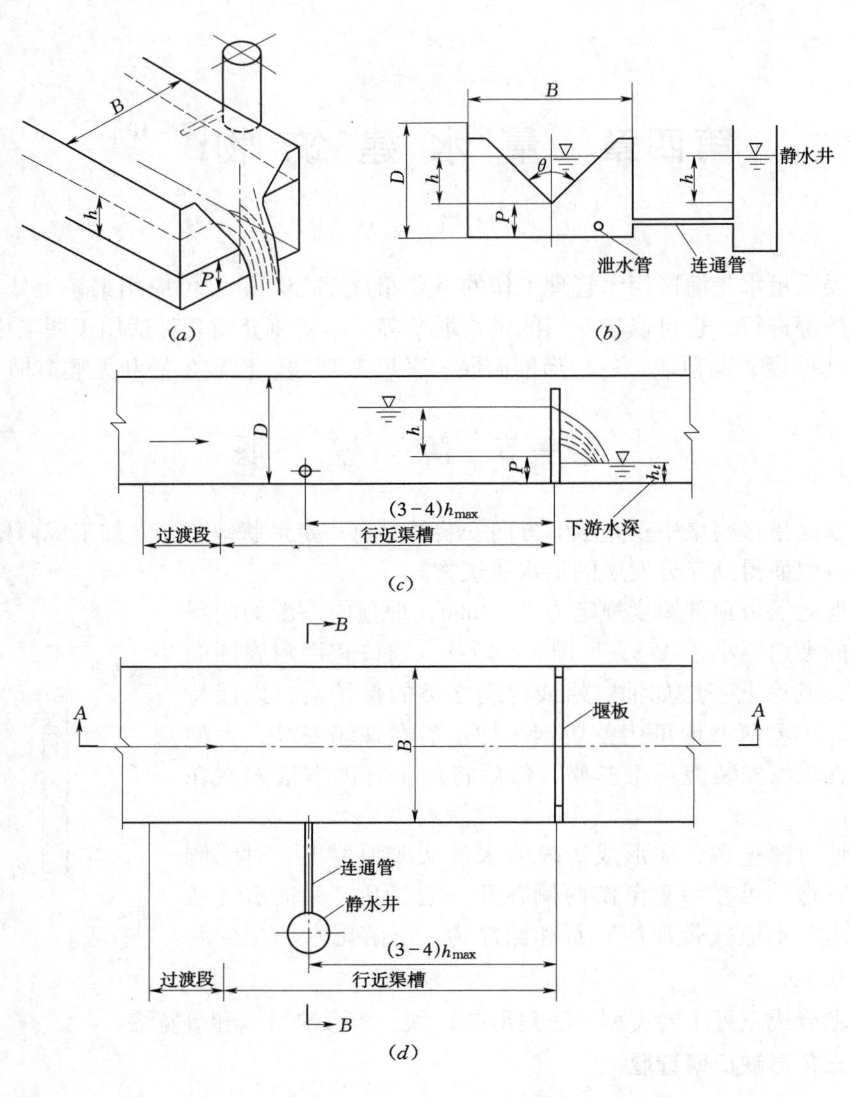

图 5-4-2　三角形缺口薄壁堰示意图

(a) 局部立体图；(b) B—B 剖面图；(c) A—A 剖面图；(d) 平面图

1）当 $\theta = 90°$ 时，$\frac{h}{P}$ 和 $\frac{P}{B}$ 限制在图 5-4-3 表示的范围内应用；当 $\theta \neq 90°$ 时，$\frac{h}{P} \leqslant 0.35$，$0.1 < \frac{P}{B} < 1.5$。

2）$h > 0.06\text{m}$。

3）$P > 0.09\text{m}$。

（2）几种特殊几何关系堰口角的流量计算公式（完全侧收缩）为

$$Q = C_e \frac{8}{15} \text{tg} \frac{\theta}{2} \sqrt{2g} h^{5/2} \qquad (5-4-2)$$

式中，流量系数 C_e 见表 5-4-1。

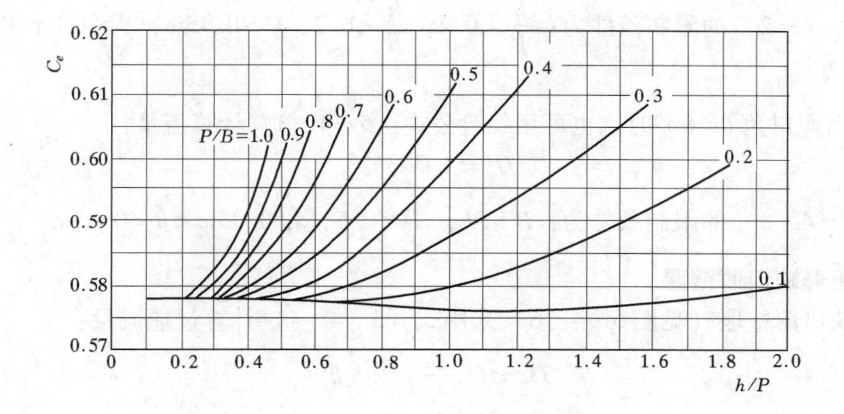

图 5-4-3　三角形缺口薄壁堰流量系数（$\theta=90°$）

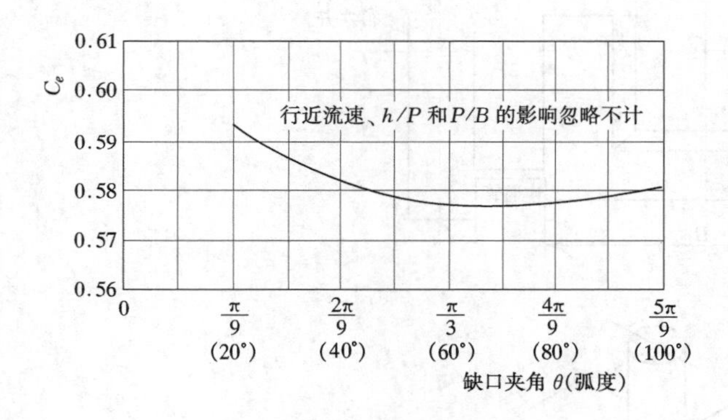

图 5-4-4　三角形缺口薄壁堰流量系数与缺口夹角关系曲线

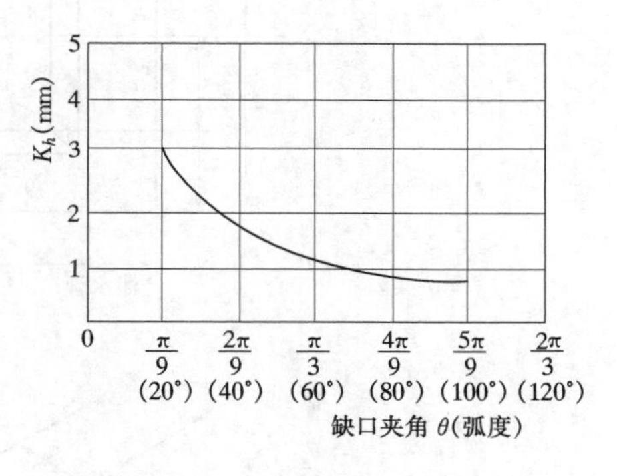

图 5-4-5　三角形缺口薄壁堰水头修正值与缺口夹角关系曲线

表 5-4-1　　3 种特殊堰口角的流量系数表

水　头 h（m）	C_e			水　头 h（m）	C_e		
	tg($\theta/2$) = 1	tg($\theta/2$) = 0.5	tg($\theta/2$) = 0.25		tg($\theta/2$) = 1	tg($\theta/2$) = 0.5	tg($\theta/2$) = 0.25
0.060	0.6032	0.6114	0.6417	0.120	0.5885	0.5989	0.6162
0.065	0.6012	0.6098	0.6383	0.130	0.5876	0.5976	0.6139
0.070	0.5994	0.6084	0.6352	0.140	0.5868	0.5964	0.6119
0.075	0.5978	0.6071	0.6324	0.150	0.5861	0.5955	0.6102
0.080	0.5964	0.6060	0.6298	0.170	0.5853	0.5938	0.6070
0.085	0.5950	0.6050	0.6276	0.200	0.5849	0.5918	0.6037
0.090	0.5937	0.6040	0.6256	0.250	0.5846	0.5898	0.6002
0.100	0.5917	0.6021	0.6219	0.330	0.5850	0.5880	0.5968
0.110	0.5898	0.6005	0.6187	0.380	0.5855	0.5872	0.5948

式（5－4－2）的限制条件为：$\frac{h}{P}<0.4$，$\frac{h}{B}<0.2$，$P>0.45\text{m}$，$B>1.0\text{m}$ 和 $0.06\text{m}<h<3.8\text{m}$。

（3）当堰口角 $\theta=90°$ 时，也可用经验公式（5－4－3）计算流量：

$$Q=1.343h^{2.47} \tag{5-4-3}$$

式（5－4－3）的限制条件为：$B>5h$，$\frac{h}{p}<0.5$，和 $0.06\text{m}<h<0.65\text{m}$。

二、矩形缺口薄壁堰

矩形缺口薄壁堰（见图5－4－6）采用式（5－4－4）计算过堰流量：

$$Q=C_e\frac{2}{3}\sqrt{2g}b_eh_e^{3/2} \tag{5-4-4}$$

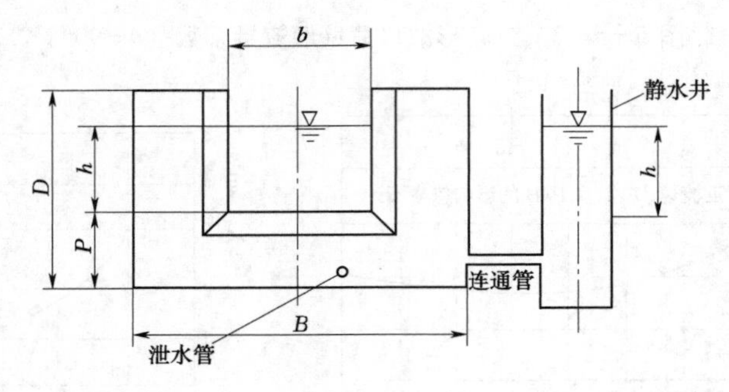

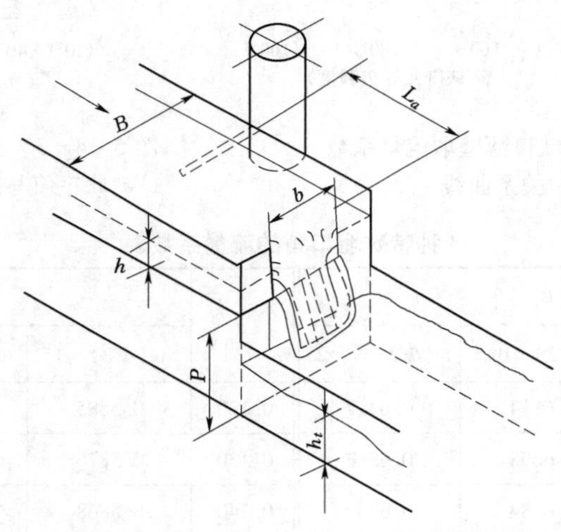

图5－4－6 矩形缺口薄壁堰示意图

式中 C_e——流量系数，查图5－4－7。

不同 b/B 值的 C_e 计算式如下：

$$b/B=0.9,\ C_e=0.598+0.064h/p$$

$$b/B=0.8,\ C_e=0.596+0.045h/p$$

$$b/B=0.7,\ C_e=0.594+0.030h/p$$

$$b/B = 0.6,\ C_e = 0.593 + 0.018h/p$$

$$b/B = 0.5,\ C_e = 0.592 + 0.010h/p$$

$$b/B = 0.4,\ C_e = 0.591 + 0.0058h/p$$

$$b/B = 0.2,\ C_e = 0.589 - 0.0018h/p$$

$$b/B = 0.0,\ C_e = 0.587 - 0.0023h/p$$

b_e——有效堰口宽度，$b_e = b + K_b$；

b——实测堰口宽度；

K_b——宽度修正值，查图5-4-8；

h_e——有效堰顶水头，$h_e = h + K_h$；

h——实测堰顶水头；

K_h——水头修正值，$K_h = 0.001\text{m}$。

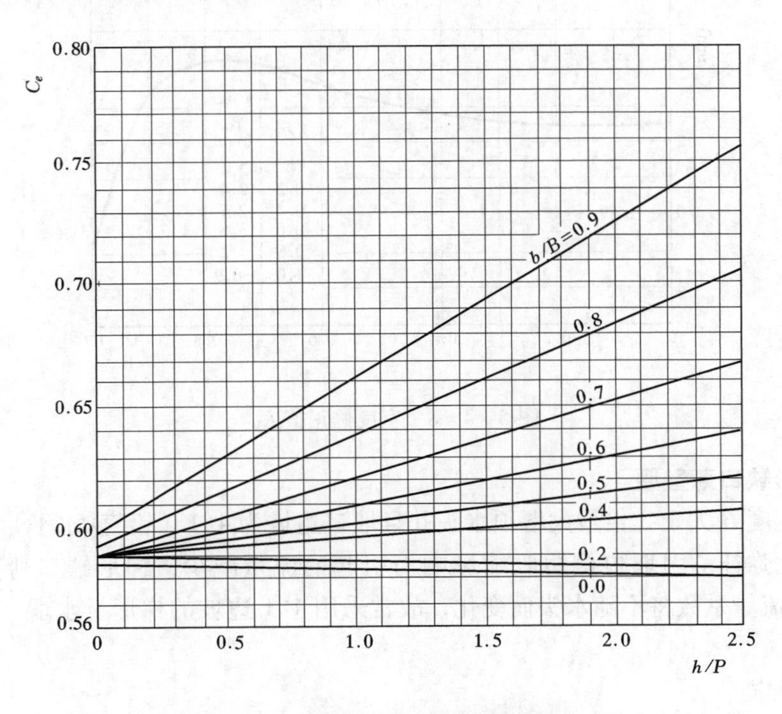

图5-4-7 矩形缺口薄壁堰流量系数图

式（5-4-4）的限制条件为：$\dfrac{h}{P} \leqslant 2.5$，$h \leqslant 0.03\text{m}$，$b \geqslant 0.15\text{m}$，$P \geqslant 0.10\text{m}$，$\dfrac{B-b}{2} \geqslant 0.10\text{m}$。

三、等宽薄壁堰

等宽薄壁堰（见图5-4-9）行近渠槽顺直段长度应大于水面宽度的10倍，渠槽边墙往堰板下游延伸长度应大于$0.3h_{max}$（h_{max}为实测最大堰顶水头），其水舌底缘与下游水面之间的边墙上应设通气孔，使水舌上下表面始终与大气相通，通气孔直径可采用式(5-4-5)估算：

$$\phi = 0.11hb^{0.5} \tag{5-4-5}$$

式中 ϕ——通气孔直径，m；

h——实测堰顶水头，m；

b——堰口宽度，m。

等宽薄壁堰采用式（5－4－6）计算过堰流量：

$$Q = C_e \frac{2}{3} \sqrt{2g} b h_e^{3/2} \tag{5-4-6}$$

式中 C_e——流量系数，$C_e = 0.602 + 0.083h/p$；

h_e——有效堰顶水头，$h_e = h + 0.0012$；

h——实测堰顶水头。

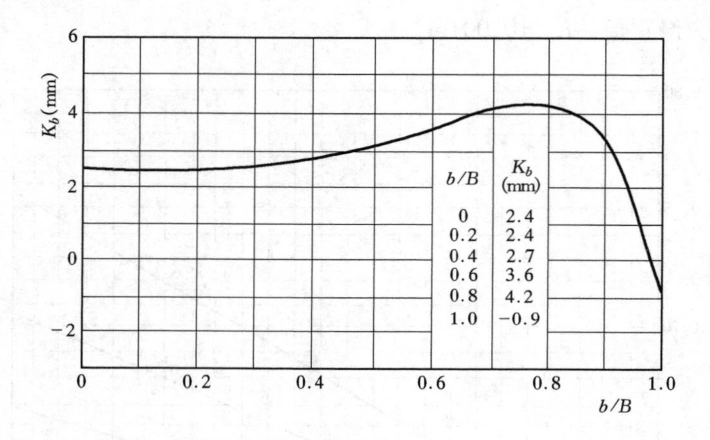

图 5－4－8 宽度修正值 K_b

四、梯形缺口薄壁堰

当堰口宽度 B 大于 3 倍最大堰顶水头并且堰口边坡为 4∶1（铅直∶水平）时，由于堰顶水头的变化弥补了因堰口侧边收缩影响而引起的流量减少，梯形缺口薄壁堰（见图 5－4－10）的流量系数将不随水头而变化，故常采用 4∶1 边坡的梯形量水堰，其过堰流量计算如下。

1. 自由出流

当$\frac{\Delta z}{P_1} > 0.7$时，过堰水流为自由出流，过堰流量采用式（5－4－7）计算：

$$Q = MBH^{3/2} \tag{5-4-7}$$

式中 Q——过堰流量；

B——堰口宽度，一般在 0.25～1.5m 之间；

H——上游堰顶水头；

M——流量系数，当行近流速 $v_0 < 0.3$m/s 时，$M = 1.86$；当 $v_0 \geqslant 0.3$m/s 时，$M = 1.90$。

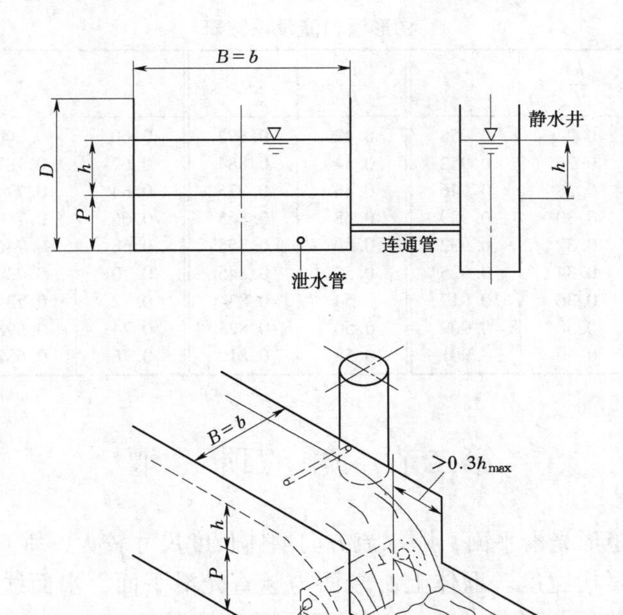

图 5－4－9　等宽薄壁堰示意图

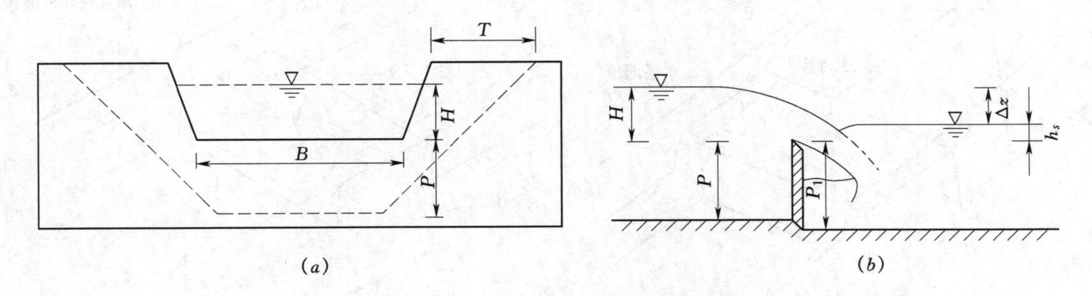

图 5－4－10　梯形缺口薄壁堰示意图

2. 淹没出流情况

当 $h_s>0$、$\frac{\Delta z}{P_1}<0.7$ 时，过堰水流为淹没出流，其流量采用式（5－4－8）计算：

$$Q = \sigma_s MBH^{3/2} \tag{5-4-8}$$

式中　σ_s——淹没系数，可由经验公式（5－4－9）计算或由表 5－4－2 查出；

其他符号意义同前。

$$\sigma_s = \sqrt{1.23-\left(\frac{h_s}{H}\right)^2}-0.127 \tag{5-4-9}$$

式中　h_s——下游高出堰顶的水深。

表 5-4-2　　梯形堰口淹没系数表

$\frac{h_s}{H}$	σ_s	$\frac{h_s}{H}$	σ_s	$\frac{h_s}{H}$	σ_s	$\frac{h_s}{H}$	σ_s	$\frac{h_s}{H}$	σ_s
0.06	0.996	0.24	0.958	0.42	0.892	0.60	0.800	0.78	0.662
0.08	0.992	0.26	0.952	0.44	0.884	0.62	0.787	0.80	0.642
0.10	0.988	0.28	0.946	0.46	0.875	0.64	0.774	0.82	0.621
0.12	0.984	0.30	0.939	0.48	0.865	0.66	0.760	0.84	0.594
0.14	0.980	0.32	0.932	0.50	0.855	0.68	0.746	0.86	0.576
0.16	0.976	0.34	0.925	0.52	0.845	0.70	0.730	0.88	0.550
0.18	0.972	0.36	0.917	0.54	0.834	0.72	0.734	0.90	0.520
0.20	0.968	0.38	0.909	0.56	0.823	0.74	0.698		
0.22	0.963	0.40	0.901	0.58	0.812	0.76	0.682		

第二节　宽　顶　堰

宽顶堰堰顶为矩形光滑平面，顺水流方向堰体长度尺寸较大，垂直于水流方向的堰顶宽度等于矩形行近渠槽宽度。堰体上游端面为竖直光滑平面，水面线在堰顶上有明显跌落。根据宽顶堰上游顶角形状分为：矩形宽顶堰（见图 5-4-11）和圆缘宽顶堰（见图5-4-12）。

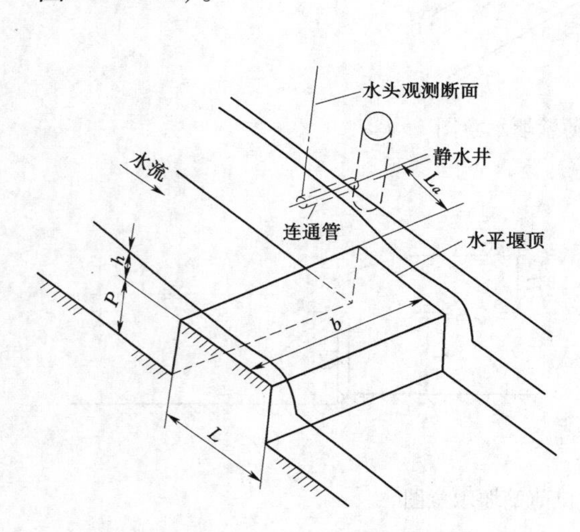

图 5-4-11　矩形宽顶堰示意图

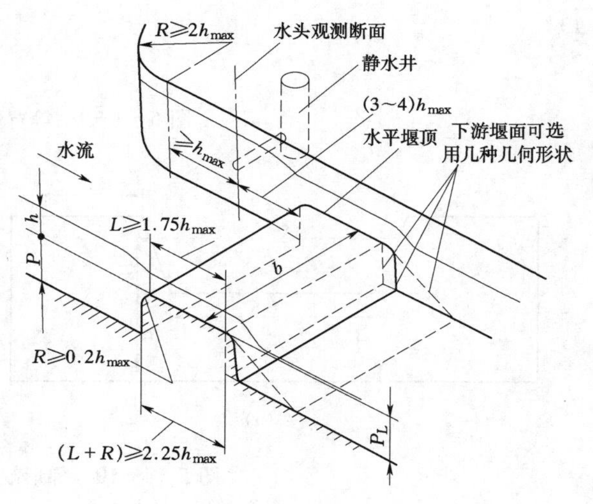

图 5-4-12　圆缘宽顶堰示意图

一、矩形宽顶堰

矩形宽顶堰（见图 5-4-11）过堰流量采用式（5-4-10）计算：

$$Q = \left(\frac{2}{3}\right)^{3/2} Cb\sqrt{g}h^{3/2} \tag{5-4-10}$$

式中　b——堰宽；

h——堰顶水头；

C——流量系数。

当 $0.1 \leqslant h/L \leqslant 0.4$，$0.15 \leqslant h/P \leqslant 0.6$ 时，$C = 0.864$；

当$0.4\leqslant h/L<1.6$，$h/P<0.6$时，$C=0.191h/L+0.782$；

当$h/L<0.85$，$h/P\geqslant0.6$时，C值乘以表5-4-3所列修正系数，中间值用直线内插法求得。

表5-4-3　　修正系数

h/P	0.6	0.7	0.8	0.9	1.0	1.25	1.50
修正系数	1.011	1.023	1.038	1.054	1.064	1.092	1.123

式（5-4-10）的适用条件为：

$h\geqslant0.06\text{m}$；

$b>0.3\text{m}$；

$P\geqslant0.15\text{m}$；

$0.15\leqslant P/L\leqslant4$；

$0.1\leqslant h/L\leqslant1.6$（$h/L>0.85$时，$h/P\leqslant0.85$）；

$0.15\leqslant h/P\leqslant1.5$（$h/P>0.85$时，$h/L\leqslant0.85$）。

二、圆缘宽顶堰

圆缘宽顶堰（图5-4-12）过堰流量采用式（5-4-11）计算

$$Q=\left(\frac{2}{3}\right)^{3/2}C_dC_vb\sqrt{g}h^{3/2} \quad (5-4-11)$$

式中　b——堰宽；

h——堰顶水头；

C_v——考虑行近流速对堰上游实测水头影响的无量纲系数，$C_v=f(C_dbh/A)$，由图5-4-13查出；

A——水位观测断面处渠槽过水断面面积；

C_d——流量系数，采用式（5-4-12）计算：

$$C_d=\left(1-\frac{2xL}{b}\right)\left(1-\frac{xL}{h}\right)^{3/2} \quad (5-4-12)$$

式中　L——顺水流方向堰顶水平段长度；

x——堰顶边界层影响系数，$x=\delta^*/L$（δ^*为边界层厚度），查图5-4-14。

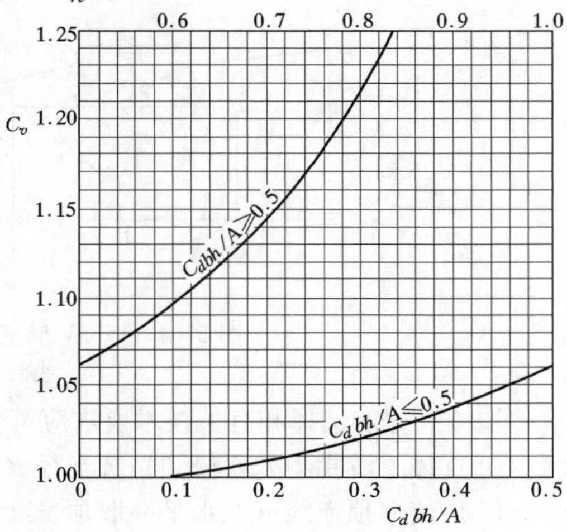

图5-4-13　行近流速系数图

式（5-4-11）的适用条件为：

$h\geqslant0.06\text{m}$，或$h\geqslant0.03L$，选大值；

$b>0.3\text{m}$，或$b>h_{max}$，$b>L/5$；

$P\geqslant0.15\text{m}$；

$h/L<0.57$；

$h/P<1.5$。

三、V形宽顶堰

V形宽顶堰适用于落差较小的河渠，既适用于自由流，也适用于淹没流。堰体布置见图5-4-15。

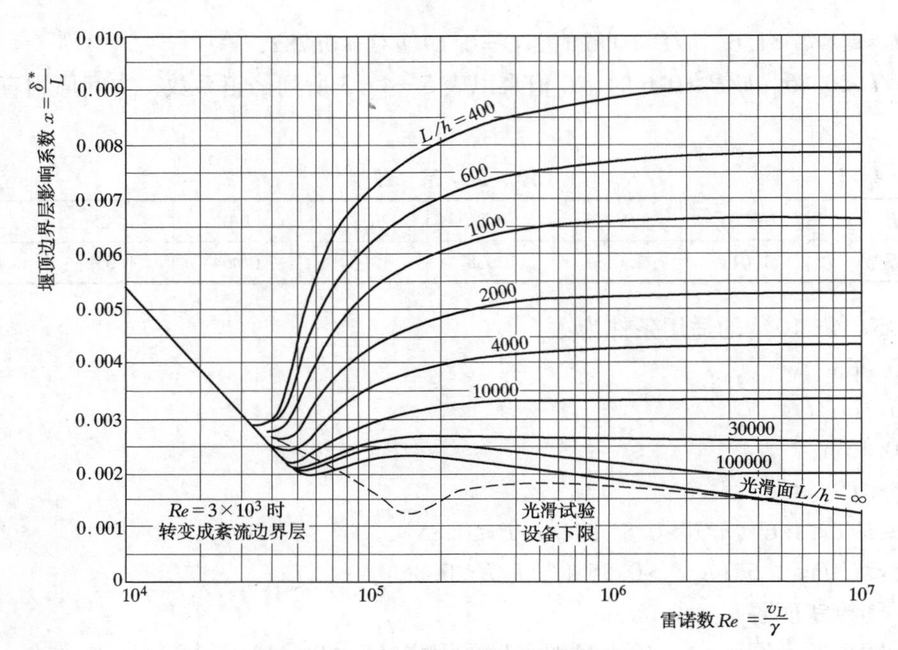

图 5-4-14 堰顶边界层影响系数图

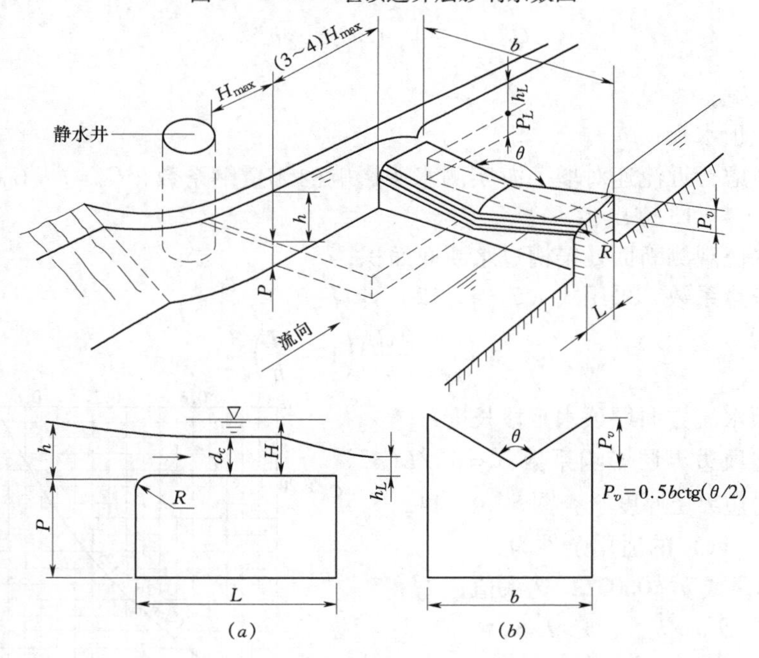

图 5-4-15 V形宽顶堰堰体布置及水流条件图

（a）纵剖面图；（b）前视图

堰体尺寸的选择和有关技术要求应符合下列规定：

(1) 体上游拐角处要修圆，圆半径 R 可在 $0.2h_{max}\sim0.4h_{max}$ 之间选择。

(2) 使堰顶流线近似水平，堰顶长度 L 既不应小于 1.0m，也不应小于 $2h_{max}$。

(3) 在满足最小流量所需精度的要求下，堰顶角 θ 可在 90°～150°之间选择。

（4）当V形堰口与竖直边墙相接而形成“已满流”时，则堰口与边墙连接处的上游拐角也要修圆，圆半径在0.1～0.2L之间。

V形宽顶堰“未满流”时的流量采用式（5-4-13）计算：

$$Q = \left(\frac{4}{5}\right)^{5/2} C_d C_v b \sqrt{g/2}\,\mathrm{tg}\left(\frac{\theta}{2}\right) f h^{5/2} \tag{5-4-13}$$

式中　b——堰宽；

h——堰顶水头；

θ——堰顶角；

C_d——流量系数，$C_d = f_1(h/L)$，由图5-4-16查取；

L——堰顶长度；

C_v——行近流速影响系数，$C_v = f_2\left[C_d \tan\left(\frac{\theta}{2}\right)\frac{h^2}{A}\right]$，由图5-4-17查得；

A——水位观测断面处渠槽过水断面面积；

f——淹没系数。

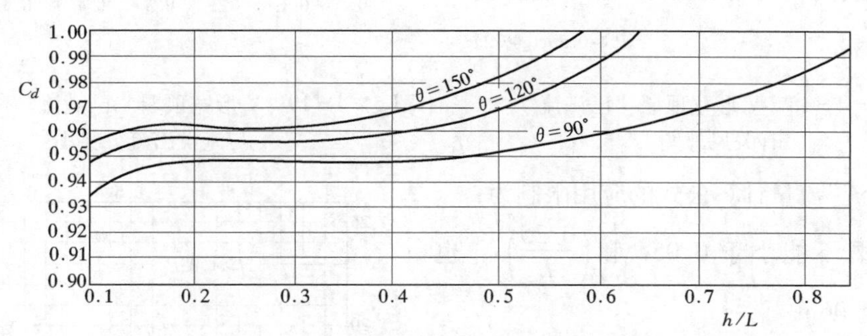

图5-4-16　V形宽顶堰流量系数C_d与h/L和θ关系图

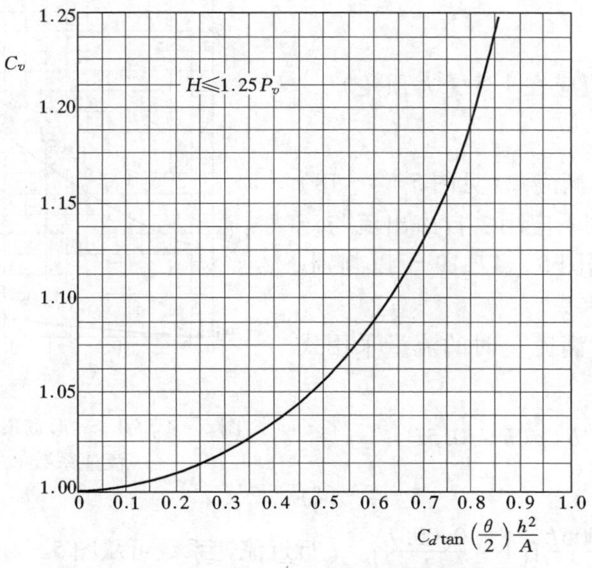

图5-4-17　V形宽顶堰行近流速系数查算图

“未满流”允许在淹没出流下运用，非淹没限$\frac{h_L}{h}$采用0.80，淹没系数f从表5－4－4查得。

表5－4－4　V形宽顶堰淹没系数表

h_L/h	0.80	0.82	0.84	0.86	0.88	0.90	0.92	0.94
f	0.99	0.98	0.97	0.97	0.93	0.89	0.83	0.80

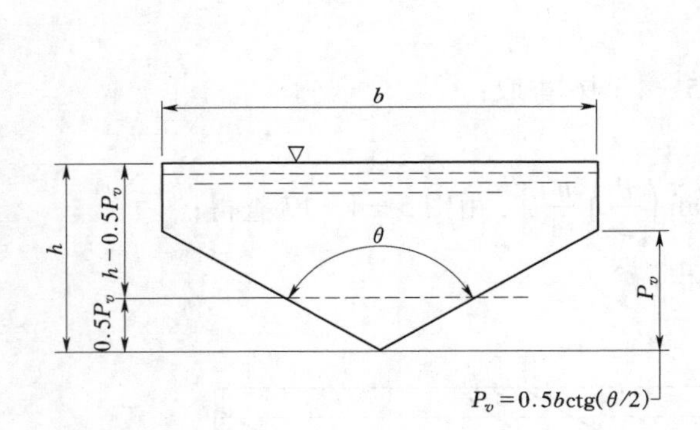

图5－4－18　V形宽顶堰“已满流”有关尺寸图

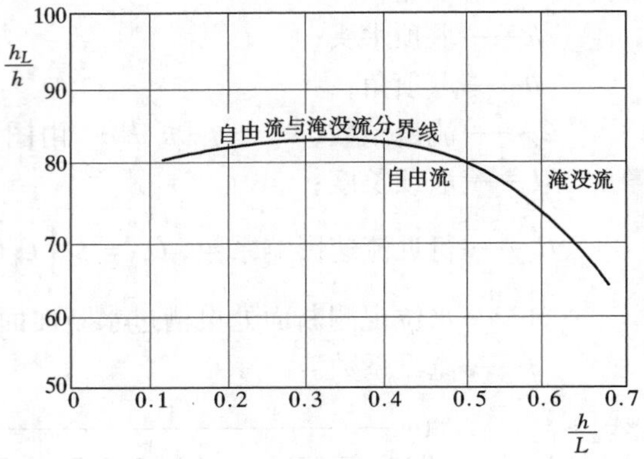

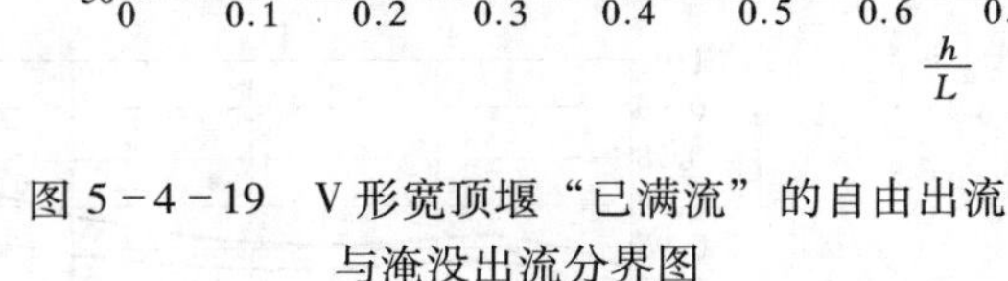

图5－4－19　V形宽顶堰“已满流”的自由出流与淹没出流分界图

“未满流”流量计算公式的应用限制为：

（1）既不能小于0.05L和$\left(\frac{0.25}{L}\right)^2$，也不能小于0.06m。

（2）$\frac{h}{L} \leqslant 0.45$，$\frac{H}{P_v} \leqslant 1.25$，$H$为堰上游总水头。

（3）$\frac{h}{P}$的最大值应在1.5（大顶角）～3.0（小顶角）之间。

V形宽顶堰“已满流”（见图5－4－18）仅限于自由出流条件下应用。自由出流与淹没出流的界限可根据图5－4－19予以判别。图中h_L为下游堰顶水头。

V形宽顶堰“已满流”时的流量采用式（5－4－14）计算

$$Q = \left(\frac{2}{3}\right)^{3/2} C_d C_v b \sqrt{g} (h - 0.5P_v)^{3/2} \tag{5-4-14}$$

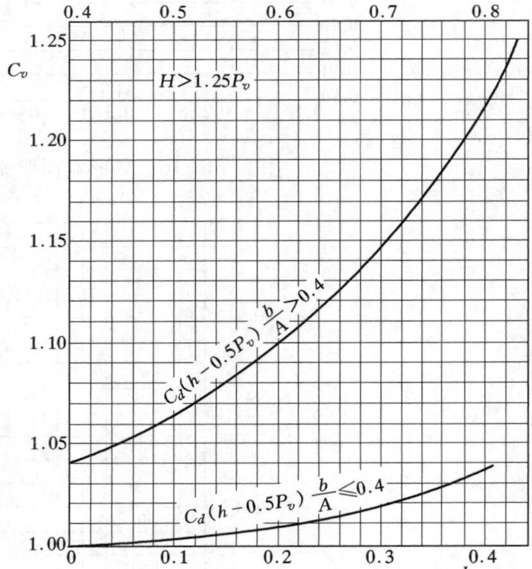

图5－4－20　V形宽顶堰“已满流”行近流速系数C_v查算图

式中，$C_d = \left(1 - \frac{0.006L}{b}\right)\left(1 - \frac{0.003L}{h}\right)^{3/2}$；行近流速系数可从图5－4－20查得。

第三节 三角形剖面堰

三角形剖面堰由纵剖面（顺水流方向）为1∶2（垂直∶水平）的上游坡面和1∶5的下游坡面组成。两个坡面相交成水平直线堰顶，堰顶线与行近渠槽中轴线正交，堰顶交角应保持不变，不得磨圆。堰体安装在矩形或梯形渠槽内（图5－4－21），行近渠槽顺直段长度应大于渠槽宽度的5倍。堰体上下游坡面可以截短，但应满足下列尺寸：上游1∶2坡面段的水平距离不得小于$1h_{max}$，下游1∶5坡面段的水平距离不得小于$2h_{max}$。

堰顶结构按过流状态，可分为自由过流单水位观测堰体和淹没过流双水位观测堰体。单水位观测堰体，堰顶无观测水头的测压孔。双水位观测堰体，堰体设观测水头的测压孔。上游水位观测断面位于堰体上游$2h_{max}$处。淹没流时采用双水位观测，除设置上游水位观测外，在堰顶线下游20mm处设孔径为10mm、孔间中心距离为75mm的测压孔进行堰顶下游面不贴流区（Separation Pocket）的压力观测。一般设5～10个测压孔，汇于一根连通管通向第二静水井。堰顶测压孔最好位于堰顶中心线附近。对于堰宽大于2m的堰体，测压孔可以偏离中心线，但堰顶测压孔中心线距最近边墙距离不得小于1.0m。

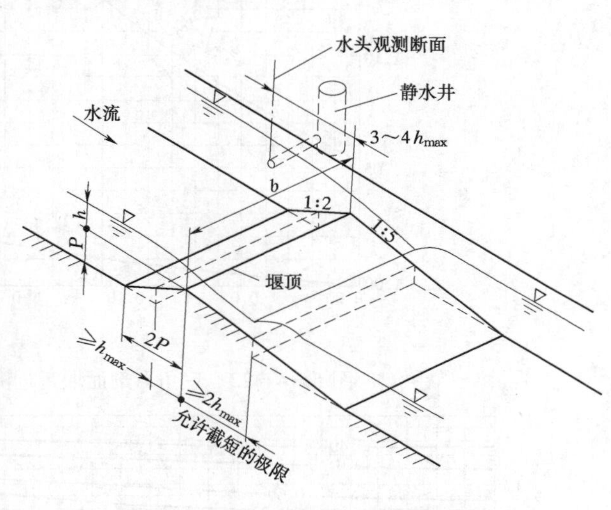

图5－4－21　三角形剖面堰示意图

一、矩形渠槽内三角形剖面堰

矩形渠槽内三角形剖面堰采用式（5－4－15）计算自由过流流量：

$$Q = \left(\frac{2}{3}\right)^{3/2} C_d C_v b\sqrt{g}h^{3/2} \tag{5-4-15}$$

式中　b——堰宽；

h——实测堰顶水头；

C_d——流量系数，$h \geqslant 0.1$m时，$C_d = 1.163$，$h < 0.1$m时，$C_d = 1.163\left(1 - \frac{0.0003}{h}\right)^{3/2}$；

C_v——考虑行近流速对堰上游实测水头影响的无量纲系数，$C_v = f\left[\left(\frac{2}{3}\right)^{3/2} C_d bh/A\right]$，由图5－4－22查出；

A——水位观测断面处渠槽过水断面面积。

式（5－4－15）的适用条件为：

$h \geqslant 0.03$m（堰顶为平滑金属材料）；

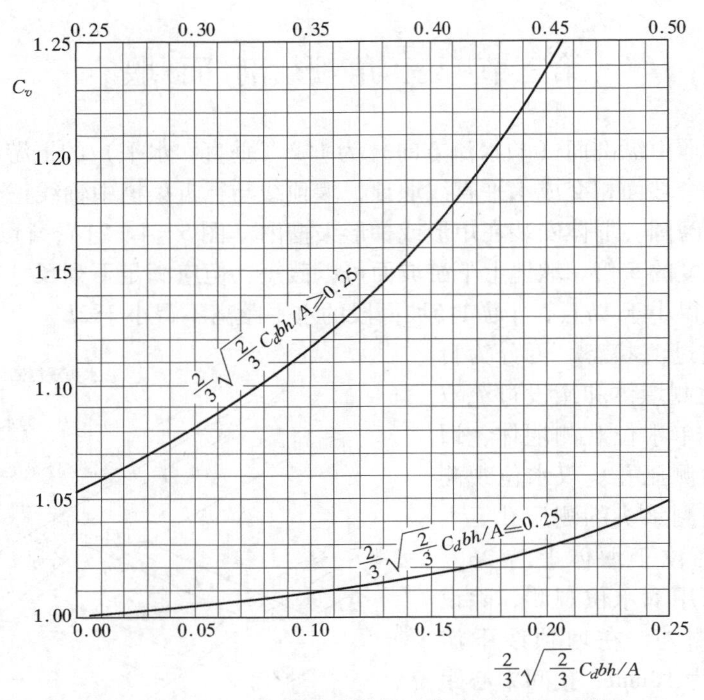

图 5-4-22 三角形剖面堰行近流速系数 C_v 查算图

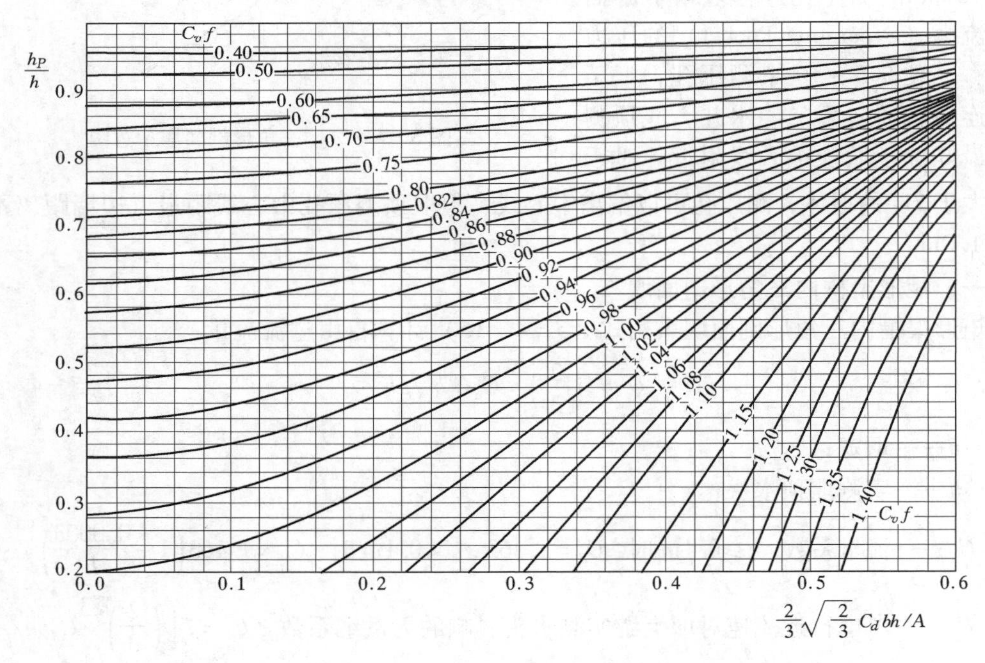

图 5-4-23 三角形剖面堰淹没过流合并系数 $C_v f$ 查算图

$h \geqslant 0.06$m（堰顶为混凝土材料）；

$P \geqslant 0.06$m；

$b \geqslant 0.3$m；

$h/P \leqslant 3.5$；

$b/h > 2.0$。

当下游水深超过堰顶上游总水头75%时呈淹没过流状态。淹没过流流量计算需要双水位观测值。

矩形渠槽内三角形剖面堰的淹没过流流量采用式（5－4－16）计算

$$Q = \left(\frac{2}{3}\right)^{3/2} C_d C_v f b \sqrt{g} h^{3/2} \quad (5-4-16)$$

淹没过流合并系数 $C_v f$ 可由 h_p/h 和 $\left(\frac{2}{3}\right)^{3/2} C_d \frac{bh}{A}$ 查图5－4－23得到，h_p 为淹没流状态下实测的堰顶测压孔水头。

式（5－4－16）的适用条件与式（5－4－15）的适用条件相同。

二、梯形渠槽内三角形剖面堰

梯形渠槽内三角形剖面堰过流流量采用式（5－4－17）计算

$$Q = C_d C_v C_s f b_0 \sqrt{g} h^{3/2} \quad (5-4-17)$$

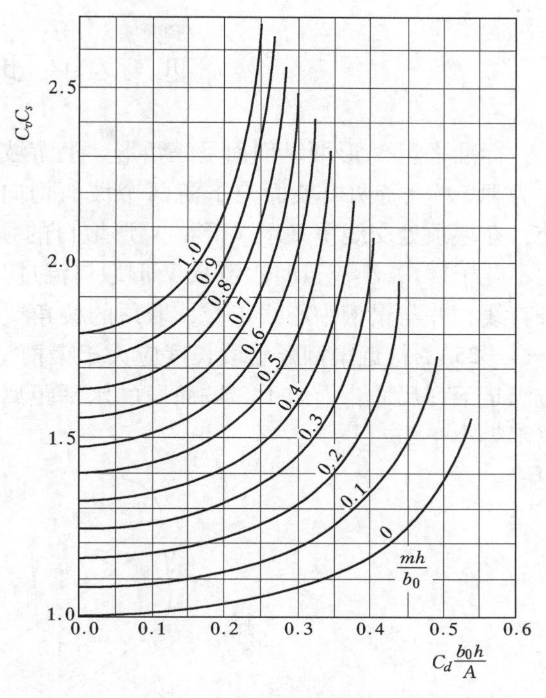

图5－4－24 梯形槽三角剖面堰 $C_vC_s—\frac{C_d b_0 h}{A}$关系图

式中 C_s——形状系数，$C_s = 1 + \frac{4mh}{5b_0}$，$b_0$ 为堰顶宽，m 为梯形断面边坡系数［1（铅直）：m（水平）］；

C_d——流量系数，当边坡系数 m 为1.732（边坡角为30°）和0.577（边坡角为60°）时，C_d 分别采用0.605和0.615；

C_vC_s——合并值，由$\frac{C_d b_0 h}{A}$和$\frac{mh}{b_0}$值从图5－4－24查得，A 为上游观测水头处过水断面面积；

f——淹没系数，根据 h_p/h 值从表5－4－5查得。

表5－4－5 梯形槽三角形剖面堰 $h_p/h—f$ 关系表

h_p/h	0.16	0.20	0.25	0.30	0.35	0.40	0.45	0.50	0.55
f	1.000	0.990	0.980	0.970	0.960	0.950	0.935	0.916	0.896
h_p/h	0.60	0.65	0.70	0.75	0.80	0.85	0.90	0.93	
f	0.872	0.852	0.822	0.790	0.740	0.685	0.570	0.500	

式（5－4－17）的适用条件与式（5－4－15）的适用条件相同。

第四节 平坦V形堰

标准平坦V形堰纵剖面呈三角形，上游坡面坡度为1∶2（铅直∶水平），下游坡面坡度为1∶5，上游两个坡面与下游两个坡面均向中心线倾斜，堰顶线与行近渠槽中轴线正交，在堰顶处交线呈平坦V形，V形堰口的顶点在行近渠槽的中轴线上，堰顶线横向坡度不陡于1∶10，小流量时水流从V形堰口流过，可提高测流精度。堰顶交线在平面上为一条直线，并与渠槽中心线正交，堰顶的棱角要求不变形。堰体安装在矩形渠槽内（见图5-4-25），行近渠槽顺直段长度应大于渠槽宽度的5倍。堰体上下游坡面可以截短，但应满足下列尺寸：上游1∶2坡面段的水平距离不得小于$1h_{max}$，下游1∶5坡面段的水平距离不得小于$2h_{max}$。

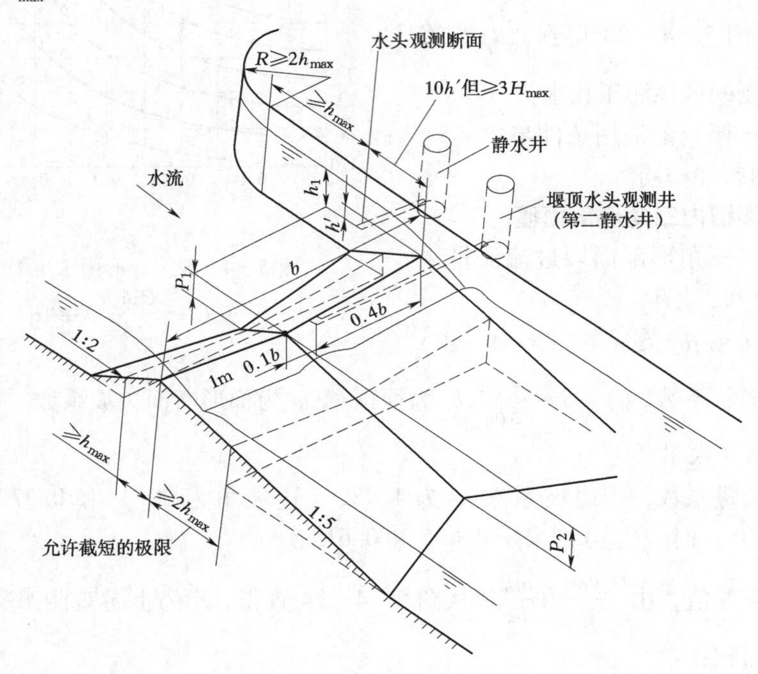

图5-4-25 平坦V形堰示意图

堰顶结构按过流状态,可分为自由过流单水位观测堰体和淹没过流双水位观测堰体。单水位观测堰体,堰顶无观测水头的测压孔。双水位观测堰体,堰体设观测水头的测压孔。上游水位观测断面位于堰体上游$10h'$处,如果此距离小于$3h_{max}$,则应布置在$3h_{max}$处。淹没流时采用双水位观测,除设置上游水位观测外,在堰顶线下游20mm处设孔径为10mm、孔间中心距离为75mm的测压孔进行堰顶下游面不贴流区的压力观测。一般设5~10个测压孔,汇于一根连通管通向第二静水井。堰顶测压孔最好位于堰顶中心线附近。对于堰宽大于2m的堰体,测压孔可以偏离中心线,但堰顶测压孔中心线距最近边墙距离不得小于1.0m。

平坦V形堰自由过流流量采用式（5-4-18）计算：

$$Q = 0.8C_{de}C_v\sqrt{g}mZ_hh_{1e}^{5/2} \tag{5-4-18}$$

式中　C_{de}——流量系数，由表5－4－6查得；

h_{1e}——有效水头，$h_{1e}=h_1-K_h$；

h_1——实测堰顶水头；

K_h——水头修正值，查表5－4－6；

Z_h——形状系数，当$h_1\leqslant h'$时，$Z_h=1.0$；$h_1>h'$时，$Z_h=1-\left(1-\frac{h'}{h_{1e}}\right)^{5/2}$；

C_v——流速系数，可根据h_1/P_1和h_{1e}/h'，查表5－4－7，同时得出C_vZ_h值；

h'——堰顶最高与最低处高程差（V形堰口高度），$h'=\frac{b}{2m}$，m为V形堰顶线横向坡度系数；

b——堰宽。

表5－4－6　平坦V形堰流量系数、水头修正值、非淹没界限及其他限制

平坦V形堰	堰顶横向坡度		
	1/40或更小	1/20	1/10
1. $h_1/h'\leqslant 1.0$			
非淹没流流量系数C_{de}	0.625①	0.620①	0.615①
水头修正值K_h（m）	0.0004	0.0005	0.0008
非淹没界限	65%～75%	65%～75%	65%～75%
其他限制	$h'/P_1\leqslant 2.5$	$h'/P_1\leqslant 2.5$	$h'/P_1\leqslant 2.5$
	$h'/P_2\leqslant 2.5$	$h'/P_2\leqslant 2.5$	$h'/P_2\leqslant 2.5$
2. $h_1/h'>1.0$			
非淹没流流量系数C_{de}	0.630①	0.625①	0.620①
水头修正值K_h（m）	0.0004	0.0005	0.0008
非淹没界限	65%～75%	65%～75%	65%～75%
其他限制	$h'/P_1\leqslant 2.5$	$h'/P_1\leqslant 2.5$	$h'/P_1\leqslant 2.5$
	$h'/P_2\leqslant 8.2$	$h'/P_2\leqslant 8.2$	$h'/P_2\leqslant 4.2$

① 在淹没流情况下，C_{de}分别为：0.631、0.629和0.620。

表5－4－7　根据h'/P_1和h_{1e}/h'求C_vZ_A值

h_{1e}/h'	h'/P_1												
	0.2	0.4	0.6	0.8	1.0	1.2	1.4	1.6	1.8	2.0	2.2	2.4	2.6
0.05	1.000	1.000	1.000	1.000	1.000	1.000	1.000	1.000	1.000	1.000	1.000	1.000	1.000
0.10	1.000	1.000	1.000	1.000	1.000	1.000	1.000	1.000	1.000	1.000	1.000	1.000	1.000
0.15	1.000	1.000	1.000	1.000	1.000	1.000	1.000	1.000	1.000	1.000	1.000	1.000	1.000
0.20	1.000	1.000	1.000	1.000	1.000	1.000	1.000	1.000	1.000	1.000	1.000	1.000	1.000
0.25	1.000	1.000	1.000	1.000	1.000	1.000	1.000	1.000	1.000	1.001	1.001	1.001	1.001
0.30	1.000	1.000	1.000	1.000	1.001	1.000	1.001	1.001	1.001	1.001	1.001	1.001	1.001
0.35	1.000	1.000	1.000	1.000	1.001	1.001	1.001	1.001	1.001	1.002	1.002	1.002	1.002
0.40	1.000	1.000	1.000	1.001	1.001	1.001	1.002	1.002	1.002	1.002	1.003	1.003	1.003
0.45	1.000	1.000	1.001	1.001	1.002	1.002	1.002	1.003	1.003	1.004	1.004	1.004	1.005
0.50	1.000	1.001	1.001	1.002	1.002	1.003	1.003	1.004	1.004	1.005	1.005	1.006	1.006

续表

h_{1e}/h'	h'/P_1												
	0.2	0.4	0.6	0.8	1.0	1.2	1.4	1.6	1.8	2.0	2.2	2.4	2.6
0.55	1.000	1.001	1.001	1.002	1.003	1.004	1.005	1.005	1.006	1.007	1.007	1.008	1.008
0.60	1.000	1.001	1.002	1.003	1.004	1.005	1.006	1.007	1.008	1.009	1.009	1.010	1.011
0.65	1.000	1.001	1.003	1.004	1.005	1.006	1.008	1.009	1.010	1.011	1.012	1.013	1.013
0.70	1.001	1.002	1.003	1.005	1.007	1.008	1.010	1.011	1.012	1.013	1.015	1.016	1.017
0.75	1.001	1.002	1.004	1.006	1.008	1.010	1.012	1.013	1.015	1.016	1.018	1.019	1.020
0.80	1.001	1.003	1.005	1.008	1.010	1.012	1.014	1.016	1.018	1.020	1.021	1.023	1.024
0.85	1.001	1.004	1.007	1.009	1.012	1.015	1.017	1.020	1.022	1.024	1.025	1.027	1.029
0.90	1.001	1.004	1.008	1.011	1.015	1.018	1.021	1.023	1.026	1.028	1.030	1.032	1.034
0.95	1.002	1.005	1.009	1.014	1.017	1.021	1.024	1.027	1.030	1.033	1.035	1.037	1.039
1.00	1.002	1.006	1.011	1.016	1.020	1.025	1.028	1.032	1.035	1.038	1.040	1.043	1.045
1.05	1.002	1.007	1.013	1.018	1.023	1.028	1.032	1.036	1.039	1.042	1.045	1.048	1.050
1.10	1.001	1.006	1.012	1.019	1.024	1.029	1.034	1.038	1.042	1.045	1.049	1.052	1.054
1.15	0.997	1.004	1.001	1.017	1.024	1.029	1.034	1.039	1.043	1.057	1.050	1.053	1.056
1.20	0.993	1.000	1.007	1.015	1.021	1.028	1.033	1.038	1.042	1.047	1.050	1.054	1.057
1.25	0.986	0.994	1.003	1.011	1.018	1.024	1.030	1.036	1.040	1.045	1.049	1.052	1.056
1.30	0.979	0.988	0.997	1.005	1.013	1.020	1.026	1.032	1.037	1.042	1.046	1.050	1.053
1.35	0.971	0.980	0.990	0.999	1.008	1.015	1.022	1.027	1.033	1.038	1.042	1.046	1.050
1.40	0.962	0.972	0.983	0.992	1.001	1.009	1.016	1.022	1.028	1.003	1.037	1.041	1.045
1.45	0.953	0.963	0.974	0.985	0.994	1.002	1.009	1.016	1.022	1.027	1.031	1.036	1.041
1.50	0.943	0.954	0.966	0.976	0.986	0.995	1.002	1.009	1.015	1.020	1.025	1.030	1.034
1.55	0.932	0.944	0.957	0.968	0.978	0.987	0.995	1.001	1.008	1.013	1.018	1.023	1.027
1.60	0.922	0.934	0.947	0.959	0.969	0.978	0.987	0.994	1.000	1.006	1.011	1.016	1.020
1.65	0.911	0.924	0.938	0.950	0.961	0.970	0.978	0.986	0.992	0.998	1.004	1.008	1.013
1.70	0.900	0.914	0.928	0.940	0.952	0.961	0.970	0.977	0.984	0.990	0.996	1.001	1.005
1.75	0.889	0.904	0.918	0.931	0.942	0.952	0.961	0.969	0.976	0.982	0.988	0.993	0.997
1.80	0.878	0.893	0.908	0.922	0.933	0.943	0.953	0.960	0.968	0.974	0.980	0.985	0.989
1.85	0.867	0.833	0.898	0.912	0.924	0.935	0.944	0.952	0.959	0.966	0.971	0.977	0.981
1.90	0.856	0.873	0.889	0.903	0.915	0.926	0.935	0.943	0.951	0.957	0.963	0.968	0.973
1.95	0.845	0.863	0.879	0.893	0.906	0.917	0.926	0.935	0.947	0.949	0.955	0.960	0.965
2.00	0.835	0.852	0.869	0.884	0.896	0.908	0.917	0.926	0.933	0.940	0.946	0.952	0.957
2.05	0.824	0.842	0.859	0.874	0.887	0.899	0.909	0.917	0.925	0.932	0.938	0.944	0.949
2.10	0.814	0.833	0.850	0.856	0.878	0.890	0.900	0.909	0.916	0.923	0.930	0.968	0.973
2.15	0.804	0.823	0.841	0.856	0.869	0.881	0.891	0.900	0.908	0.915	0.921	0.927	0.932
2.20	0.794	0.813	0.831	0.847	0.861	0.872	0.883	0.892	0.900	0.907	0.913	0.919	0.916
2.25	0.784	0.804	0.822	0.838	0.852	0.864	0.874	0.883	0.891	0.899	0.905	0.911	0.916
2.30	0.774	0.795	0.813	0.830	0.843	0.855	0.866	0.875	0.883	0.891	0.897	0.903	0.908
2.35	0.764	0.785	0.804	0.821	0.835	0.847	0.858	0.867	0.875	0.883	0.889	0.895	0.900
2.40	0.753	0.776	0.796	0.812	0.827	0.839	0.850	0.859	0.867	0.875	0.881	0.887	0.893
2.45	0.746	0.768	0.878	0.804	0.819	0.831	0.842	0.851	0.860	0.867	0.874	0.880	0.885
2.50	0.737	0.759	0.779	0.796	0.811	0.823	0.834	0.843	0.852	0.859	0.866	0.872	0.878
2.55	0.728	0.751	0.771	0.788	0.803	0.815	0.826	0.836	0.844	0.852	0.859	0.865	0.876
2.60	0.720	0.742	0.762	0.780	0.795	0.808	0.819	0.828	0.837	0.844	0.851	0.857	0.863
2.65	0.711	0.734	0.755	0.772	0.787	0.800	0.811	0.821	0.829	0.837	0.844	0.850	0.856
2.70	0.703	0.726	0.747	0.765	0.780	0.793	0.804	0.814	0.822	0.830	0.837	0.843	0.849
2.75	0.695	0.719	0.740	0.757	0.772	0.785	0.797	0.806	0.815	0.823	0.830	0.836	0.842

续表

h_{1e}/h'	h'/P_1												
	0.2	0.4	0.6	0.8	1.0	1.2	1.4	1.6	1.8	2.0	2.2	2.4	2.6
2.80	0.687	0.711	0.732	0.750	0.765	0.778	0.790	0.799	0.808	0.816	0.823	0.829	0.835
2.85	0.679	0.703	0.725	0.743	0.758	0.771	0.783	0.792	0.801	0.809	0.816	0.822	0.828
2.90	0.671	0.696	0.718	0.736	0.751	0.764	0.776	0.786	0.795	0.802	0.809	0.816	0.822
2.95	0.664	0.689	0.711	0.729	0.744	0.758	0.769	0.779	0.788	0.796	0.803	0.809	0.815
3.00	0.657	0.682	0.704	0.722	0.738	0.851	0.762	0.773	0.781	0.789	0.796	0.803	0.809
3.05	0.649	0.675	0.697	0.716	0.731	0.744	0.756	0.766	0.775	0.783	0.790	0.797	0.802
3.10	0.642	0.668	0.690	0.709	0.725	0.738	0.750	0.760	0.769	0.777	0.784	0.790	0.796
3.15	0.636	0.662	0.684	0.730	0.718	0.732	0.743	0.754	0.763	0.771	0.778	0.784	0.790
3.20	0.629	0.655	0.678	0.696	0.712	0.726	0.737	0.748	0.757	0.765	0.772	0.778	0.784
3.25	0.622	0.649	0.671	0.690	0.706	0.720	0.731	0.742	0.751	0.759	0.766	0.773	0.779
3.30	0.616	0.643	0.665	0.684	0.700	0.714	0.725	0.736	0.745	0.753	0.760	0.767	0.773
3.35	0.610	0.637	0.659	0.678	0.694	0.708	0.720	0.730	0.739	0.747	0.755	0.761	0.767
3.40	0.603	0.631	0.653	0.672	0.688	0.702	0.714	0.724	0.733	0.742	0.749	0.756	0.762
3.45	0.597	0.626	0.648	0.667	0.683	0.696	0.708	0.719	0.728	0.736	0.744	0.750	0.756
3.50	0.591	0.619	0.642	0.661	0.677	0.691	0.703	0.731	0.723	0.731	0.738	0.745	0.751
3.55	0.586	0.613	0.637	0.656	0.672	0.686	0.697	0.708	0.717	0.726	0.733	0.740	0.746
3.60	0.580	0.608	0.631	0.650	0.666	0.680	0.692	0.703	0.712	0.720	0.728	0.735	0.741
3.65	0.574	0.602	0.626	0.645	0.661	0.675	0.687	0.698	0.707	0.715	0.725	0.730	0.736
3.70	0.569	0.597	0.620	0.640	0.656	0.670	0.682	0.692	0.702	0.710	0.718	0.725	0.731
3.75	0.563	0.592	0.615	0.635	0.651	0.665	0.677	0.687	0.697	0.705	0.713	0.720	0.726
3.80	0.553	0.587	0.610	0.630	0.646	0.660	0.672	0.683	0.692	0.701	0.708	0.715	0.722
3.85	0.553	0.582	0.605	0.625	0.641	0.655	0.667	0.678	0.687	0.696	0.704	0.711	0.717
3.90	0.548	0.577	0.600	0.620	0.636	0.650	0.662	0.673	0.683	0.691	0.699	0.706	0.712
3.95	0.543	0.572	0.596	0.615	0.632	0.646	0.658	0.668	0.678	0.687	0.694	0.701	0.708
4.00	0.538	0.567	0.591	0.611	0.627	0.641	0.653	0.664	0.674	0.682	0.690	0.697	0.704

当上游水位观测断面受条件限制使得其至堰顶的水平距离（l_1）小于 $10h'$，且 $H/P_1>1$（H 为相对于堰顶最低点的上游总水头，P_1 为堰顶最低点相对于上游河床的高度）时，应根据 l_1 及 H/P_1 值对有效流量系数按表 5-4-8 进行修正。

式（5-4-18）的适用条件为：

$h\geqslant0.03$m（堰顶为光滑表面）；

$h\geqslant0.06$m（堰顶为混凝土表面）；

$h'/P_1\leqslant2.5$（P_1 为堰顶最低点至上游渠底的高度）。

表 5-4-8　流量系数 C_{de} 修正值

l_1	H/P_1		
	1	2	3
	流量系数 C_{de} 的增量（%）		
$10h'$	0.0	0.0	0.0
$8h'$	0.0	0.3	0.6
$6h'$	0.0	0.6	0.9
$4h'$	0.0	0.8	1.2

当 $h_{pe}>0.4H_{1e}$（h_{pe} 为堰顶不贴流区有效测压孔水头，$h_{pe}=h_p-K_h$；H_{1e} 为相对于堰顶最低点的上游有效总水头，$H_{1e}=h_1+\dfrac{v^2}{2g}-K_h$，$v$ 为上游水位观测断面的平均流速；其余符号意义同前），过堰水流呈淹没过流状态。淹没过流流量计算需要双水位观测值。

平坦V形堰淹没过流流量采用式（5-4-19）计算

$$Q = 0.8 C_{de} C_u f \sqrt{g} m Z_h h_{1e}^{5/2} \quad (5-4-19)$$

淹没系数f可根据h_{pe}/H_{1e}查表5-4-9得到。淹没过流合并系数$C_u f$可根据h_{1e}/h'和h_{pe}/h_{1e}查表5-4-10～表5-4-14得到。

表5-4-9 根据h_{pe}/H_{1e}求f值

h_{pe}/H_{1e}	0.00	0.01	0.02	0.03	0.04	0.05	0.06	0.07	0.08	0.09
0.3	1.000	1.000	1.000	1.000	1.000	1.000	1.000	1.000	1.000	1.000
0.4	1.000	0.996	0.993	0.990	0.987	0.983	0.980	0.977	0.973	0.970
0.5	0.993	0.962	0.958	0.955	0.951	0.947	0.943	0.939	0.935	0.931
0.6	0.927	0.922	0.918	0.913	0.908	0.904	0.898	0.893	0.888	0.883
0.7	0.877	0.872	0.865	0.858	0.852	0.845	0.837	0.828	0.820	0.810
0.8	0.801	0.790	0.779	0.768	0.754	0.738	0.723	0.706	0.685	0.663
0.9	0.638	0.611	0.582	0.550	0.513	0.475	—	—	—	—
	f值									

注 应用举例：如对0.64的h_{pe}/H_{1e}值，从第四行第五列查得f值为0.908。

表5-4-10 根据h_{pe}/H_{1e}和h_{1e}/h'求$C_v f$值（$0.0 \leq h'/P_1 \leq 0.5$）

h_{pe}/H_{1e}	h_{1e}/h'					h_{pe}/H_{1e}	h_{1e}/h'				
	0.5	1.0	1.5	2.0	2.5		0.5	1.0	1.5	2.0	2.5
0.45	1.000	1.000	1.000	1.000	—	0.70	0.908	0.900	0.898	0.904	—
0.46	1.000	0.997	1.000	1.000	—	0.71	0.902	0.894	0.839	0.897	—
0.47	1.000	0.994	1.000	1.000	—	0.72	0.895	0.888	0.887	0.890	—
0.48	1.000	0.991	0.996	1.000	—	0.73	0.888	0.882	0.881	0.882	—
0.49	1.000	0.988	0.992	1.000	—	0.74	0.880	0.876	0.87	0.874	—
0.50	0.996	0.985	0.988	1.000	—	0.75	0.870	0.869	0.867	0.866	—
0.51	0.993	0.981	0.948	0.999	—	0.76	0.860	0.861	0.860	0.858	0.859
0.52	0.989	0.978	0.980	0.995	—	0.77	0.850	0.853	0.853	0.850	0.850
0.53	0.986	0.978	0.980	0.995	—	0.78	0.840	0.844	0.845	0.841	0.840
0.54	0.982	0.971	0.972	0.988	—	0.79	0.830	0.935	0.836	0.832	0.830
0.55	0.979	0.967	0.968	0.984	—	0.80	0.820	0.825	0.827	0.823	0.819
0.56	0.975	0.963	0.964	0.980	—	0.81	0.810	0.814	0.817	0.813	0.806
0.57	0.971	0.959	0.960	0.976	—	0.82	0.798	0.803	0.807	0.802	0.793
0.58	0.967	0.955	0.956	0.971	—	0.83	0.786	0.792	0.796	0.790	0.779
0.59	0.963	0.951	0.952	0.967	—	0.84	0.774	0.780	0.785	0.776	0.762
0.60	0.959	0.947	0.948	0.962	—	0.85	0.760	0.765	0.771	0.764	0.745
0.61	0.955	0.943	0.943	0.957	—	0.86	0.744	0.750	0.757	0.748	0.725
0.62	0.950	0.939	0.939	0.952	—	0.87	0.725	0.735	0.742	0.730	0.705
0.63	0.945	0.935	0.934	0.947	—	0.88	0.706	0.718	0.724	0.710	0.685
0.64	0.940	0.930	0.930	0.942	—	0.89	0.686	0.689	0.705	0.690	0.659
0.65	0.935	0.925	0.925	0.936	—	0.90	0.663	0.676	0.682	0.640	0.604
0.66	0.930	0.920	0.920	0.930	—	0.91	0.639	0.652	0.658	0.640	0.604
0.67	0.925	0.915	0.915	0.924	—	0.92	0.610	0.625	0.628	0.610	0.570
0.68	0.920	0.910	0.909	0.917	—	0.93	0.580	0.595	0.598	0.577	0.536
0.69	0.914	0.905	0.904	0.910	—	0.94	0.548	0.560	0.560	0.538	0.500

表 5-4-11 根据 h_{pe}/h_{1e} 和 h_{1e}/h' 求 $C_v f$ 值 ($0.5 < h'/P_1 \leqslant 1.0$)

h_{pe}/h_{1e}	h_{1e}/h'					h_{pe}/h_{1e}	h_{1e}/h'				
	0.5	1.0	1.5	2.0	2.5		0.5	1.0	1.5	2.0	2.5
0.45	1.000	1.000	1.000	1.000	—	0.70	0.911	0.911	0.920	0.941	—
0.46	1.000	1.000	1.000	1.000	—	0.71	0.904	0.905	0.914	0.935	—
0.47	1.000	1.000	1.000	1.000	—	0.72	0.896	0.899	0.908	0.927	—
0.48	1.000	1.000	1.000	1.000	—	0.73	0.888	0.893	0.902	0.920	—
0.49	1.000	0.997	1.000	1.000	—	0.74	0.880	0.886	0.896	0.911	—
0.50	1.000	0.994	1.000	1.000	—	0.75	0.870	0.879	0.889	0.904	—
0.51	1.000	0.990	1.000	1.000	—	0.76	0.860	0.871	0.881	0.895	0.900
0.52	0.997	0.987	1.000	1.000	—	0.77	0.850	0.863	0.874	0.885	0.890
0.53	0.994	0.984	1.000	1.000	—	0.78	0.840	0.854	0.866	0.875	0.880
0.54	0.990	0.981	0.996	1.000	—	0.79	0.830	0.845	0.857	0.865	0.870
0.55	0.986	0.977	0.992	1.000	—	0.80	0.820	0.835	0.847	0.854	0.860
0.56	0.982	0.974	0.988	1.000	—	0.81	0.810	0.825	0.836	0.843	0.849
0.57	0.978	0.970	0.980	1.000	—	0.82	0.798	0.815	0.826	0.832	0.835
0.58	0.974	0.966	0.980	1.000	—	0.83	0.786	0.804	0.815	0.820	0.823
0.59	0.970	0.962	0.975	1.000	—	0.84	0.774	0.791	0.802	0.807	0.810
0.60	0.965	0.958	0.971	0.995	—	0.85	0.760	0.777	0.790	0.794	0.790
0.61	0.960	0.954	0.967	0.992	—	0.86	0.744	0.762	0.775	0.778	0.770
0.62	0.956	0.950	0.962	0.987	—	0.87	0.725	0.745	0.760	0.761	0.748
0.63	0.951	0.945	0.957	0.982	—	0.88	0.706	0.725	0.740	0.741	0.724
0.64	0.946	0.940	0.952	0.977	—	0.89	0.685	0.706	0.720	0.720	0.697
0.65	0.941	0.936	0.947	0.971	—	0.90	0.663	0.685	0.699	0.695	0.970
0.66	0.935	0.931	0.942	0.966	—	0.91	0.639	0.660	0.675	0.670	0.640
0.67	0.930	0.926	0.937	0.960	—	0.92	0.610	0.632	0.645	0.640	0.605
0.68	0.924	0.921	0.931	0.955	—	0.93	0.580	0.600	0.615	0.605	0.569
0.69	0.918	0.916	0.926	0.949	—	0.94	0.548	0.565	0.578	0.565	0.530

表 5-4-12 根据 h_{pe}/h_{1e} 和 h_{1e}/h' 求 $C_v f$ 值 ($1.0 < h'/P_1 \leqslant 1.5$)

h_{pe}/h_{1e}	h_{1e}/h'					h_{pe}/h_{1e}	h_{1e}/h'				
	0.5	1.0	1.5	2.0	2.5		0.5	1.0	1.5	2.0	2.5
0.45	1.000	1.000	—	—	—	0.70	0.912	0.919	0.936	0.970	—
0.46	1.000	1.000	—	—	—	0.71	0.904	0.913	0.930	0.963	—
0.47	1.000	1.000	—	—	—	0.72	0.896	0.906	0.923	0.956	—
0.48	1.000	1.000	—	—	—	0.73	0.888	0.900	0.916	0.949	—
0.49	1.000	1.000	—	—	—	0.74	0.880	0.894	0.910	0.941	—
0.50	1.000	1.000	1.000	—	—	0.75	0.870	0.886	0.903	0.933	—
0.51	1.000	0.997	1.000	—	—	0.76	0.860	0.878	0.896	0.924	—
0.52	1.000	0.994	1.000	—	—	0.77	0.850	0.870	0.889	0.915	—
0.53	0.999	0.991	1.000	—	—	0.78	0.840	0.861	0.881	0.905	—
0.54	0.995	0.987	1.000	—	—	0.79	0.830	0.853	0.872	0.894	0.903
0.55	0.992	0.984	1.000	—	—	0.80	0.820	0.842	0.862	0.883	0.893
0.56	0.989	0.980	1.000	—	—	0.81	0.810	0.831	0.851	0.871	0.880
0.57	0.985	0.977	1.000	—	—	0.82	0.799	0.820	0.841	0.859	0.867
0.58	0.980	0.973	0.995	—	—	0.83	0.786	0.809	0.830	0.845	0.854
0.59	0.975	0.969	0.991	—	—	0.84	0.773	0.797	0.817	0.830	0.838
0.60	0.966	0.961	0.987	1.000	—	0.85	0.760	0.783	0.804	0.814	0.820
0.61	0.961	0.956	0.982	1.000	—	0.86	0.744	0.767	0.789	0.795	0.800
0.62	0.961	0.956	0.977	1.000	—	0.87	0.725	0.751	0.771	0.775	0.779
0.63	0.955	0.952	0.972	1.000	—	0.88	0.706	0.732	0.752	0.755	0.753
0.64	0.950	0.948	0.967	1.000	—	0.89	0.686	0.712	0.732	0.733	0.728
0.65	0.944	0.944	0.962	0.997	—	0.90	0.663	0.690	0.710	0.707	0.700
0.66	0.938	0.939	0.957	0.992	—	0.91	0.639	0.666	0.685	0.653	0.633
0.67	0.931	0.934	0.952	0.987	—	0.92	0.610	0.640	0.655	0.653	0.633
0.68	0.925	0.929	0.947	0.981	—	0.93	0.580	0.606	0.626	0.620	0.595
0.69	0.919	0.924	0.941	0.975	—	0.94	0.548	0.570	0.585	0.580	0.553

表 5-4-13 根据 h_{pe}/h_{1e} 和 h_{1e}/h' 求 C_vf 值（$1.5<h'/P_1\leqslant 2.0$）

h_{pe}/h_{1e}	h_{1e}/h'					h_{pe}/h_{1e}	h_{1e}/h'				
	0.5	1.0	1.5	2.0	2.5		0.5	1.0	1.5	2.0	2.5
0.45	1.000	1.000	—	—	—	0.70	0.913	0.925	0.948	0.992	—
0.46	1.000	1.000	—	—	—	0.71	0.905	0.918	0.942	0.980	—
0.47	1.000	1.000	—	—	—	0.72	0.898	0.912	0.936	0.980	—
0.48	1.000	1.000	—	—	—	0.73	0.889	0.905	0.930	0.973	—
0.49	1.000	1.000	—	—	—	0.74	0.880	0.898	0.923	0.965	—
0.50	1.000	1.000	1.000	—	—	0.75	0.870	0.890	0.916	0.957	—
0.51	1.000	1.000	1.000	—	—	0.76	0.860	0.882	0.909	0.949	—
0.52	1.000	0.998	1.000	—	—	0.77	0.850	0.875	0.901	0.940	—
0.53	1.000	0.955	1.000	—	—	0.78	0.840	0.866	0.894	0.930	—
0.54	1.000	0.992	1.000	—	—	0.79	0.830	0.875	0.885	0.920	—
0.55	0.996	0.989	1.000	—	—	0.80	0.820	0.847	0.875	0.909	—
0.56	0.992	0.985	1.000	—	—	0.81	0.810	0.837	0.865	0.896	0.908
0.57	0.988	0.982	1.000	—	—	0.82	0.799	0.826	0.854	0.883	0.896
0.58	0.984	0.979	1.000	—	—	0.83	0.787	0.815	0.842	0.870	0.884
0.59	0.979	0.975	1.000	—	—	0.84	0.774	0.800	0.830	0.854	0.870
0.60	0.974	0.971	0.998	1.000	—	0.85	0.760	0.786	0.815	0.836	0.854
0.61	0.969	0.967	0.994	1.000	—	0.86	0.744	0.771	0.800	0.817	0.834
0.62	0.964	0.963	0.989	1.000	—	0.87	0.725	0.755	0.781	0.798	0.813
0.63	0.958	0.959	0.985	1.000	—	0.88	0.706	0.736	0.761	0.776	0.791
0.64	0.952	0.955	0.980	1.000	—	0.89	0.686	0.716	0.740	0.754	0.766
0.65	0.946	0.950	0.975	1.000	—	0.90	0.663	0.695	0.718	0.728	0.740
0.66	0.940	0.945	0.969	1.000	—	0.91	0.639	0.672	0.691	0.699	0.706
0.67	0.933	0.940	0.964	1.000	—	0.92	0.645	0.644	0.664	0.668	0.670
0.68	0.926	0.935	0.959	1.000	—	0.93	0.611	0.611	0.630	0.634	0.630
0.69	0.920	0.930	0.953	0.998	—	0.94	0.575	0.575	0.579	0.597	0.588

表 5-4-14 根据 h_{pe}/h_{1e} 和 h_{1e}/h' 求 C_vf 值（$2.0<h'/P_1\leqslant 2.5$）

h_{pe}/h_{1e}	h_{1e}/h'					h_{pe}/h_{1e}	h_{1e}/h'				
	0.5	1.0	1.5	2.0	2.5		0.5	1.0	1.5	2.0	2.5
0.45	1.000	1.000	—	—	—	0.70	0.914	0.932	0.957	1.000	1.000
0.46	1.000	1.000	—	—	—	0.71	0.906	0.925	0.951	1.000	1.000
0.47	1.000	1.000	—	—	—	0.72	0.898	0.918	0.945	1.000	1.000
0.48	1.000	1.000	—	—	—	0.73	0.889	0.912	0.939	0.994	1.000
0.49	1.000	1.000	—	—	—	0.74	0.880	0.905	0.932	0.985	1.000
0.50	1.000	1.000	—	—	—	0.75	0.870	0.897	0.925	0.976	1.000
0.51	1.000	1.000	—	—	—	0.76	0.860	0.889	0.917	0.968	1.000
0.52	1.000	1.000	—	—	—	0.77	0.850	0.880	0.909	0.959	1.000
0.53	1.000	0.988	—	—	—	0.78	0.840	0.871	0.901	0.949	0.988
0.54	1.000	0.955	—	—	—	0.79	0.830	0.862	0.892	0.939	0.975
0.55	1.000	0.992	1.000	—	—	0.80	0.820	0.853	0.883	0.927	0.962
0.56	0.996	0.989	1.000	—	—	0.81	0.810	0.843	0.874	0.914	0.949
0.57	0.991	0.986	1.000	—	—	0.82	0.799	0.832	0.863	0.900	0.935
0.58	0.987	0.982	1.000	—	—	0.83	0.787	0.820	0.852	0.886	0.920
0.59	0.982	0.979	1.000	—	—	0.84	0.774	0.806	0.840	0.871	0.902
0.60	0.977	0.975	1.000	1.000	—	0.85	0.760	0.792	0.825	0.855	0.884
0.61	0.972	0.972	1.000	1.000	—	0.86	0.744	0.777	0.810	0.837	0.862
0.62	0.966	0.968	1.000	1.000	—	0.87	0.725	0.761	0.794	0.817	0.840
0.63	0.961	0.964	0.995	1.000	—	0.88	0.706	0.743	0.775	0.795	0.810
0.64	0.955	0.960	0.990	1.000	—	0.89	0.686	0.723	0.754	0.770	0.789
0.65	0.949	0.956	0.985	1.000	—	0.90	0.663	0.700	0.732	0.744	0.760
0.66	0.942	0.951	0.980	1.000	—	0.91	0.639	0.677	0.705	0.716	0.728
0.67	0.935	0.947	0.974	1.000	—	0.92	0.610	0.650	0.677	0.684	0.690
0.68	0.928	0.942	0.969	1.000	—	0.93	0.580	0.617	0.645	0.646	0.651
0.69	0.921	0.937	0.963	1.000	—	0.94	0.548	0.580	0.606	0.605	0.608

第五节 长喉道槽

长喉道槽的收缩段要有足够的长度，以保证能产生平行水流。喉道收缩断面与行近河槽断面应有一个适当的比例，这个比例，对矩形槽不大于0.7，对梯形槽不大于0.5。

长喉道槽仅限于自由流条件下应用，设计前必须确定下游河槽的水位流量关系，可参照河道特性用曼宁公式近似估算。

喉道段及喉道上下游各$0.5h_{max}$范围内应保持良好的光洁度。

一、矩形长喉道槽

只有侧收缩（无底坎）和既有侧收缩又有底收缩的矩形长喉道槽的结构安装形式见图5-4-26。无底坎的测流槽宜修建在含沙量较大的河道上或排污渠道上。当河渠纵坡小于2‰时，宜采用既有侧收缩又有底收缩的驼峰槽，见图5-4-27。

矩形长喉道槽的喉道长度（L）应大于$2.5h_{max}$。喉道内底以上的上游总水头应为下游

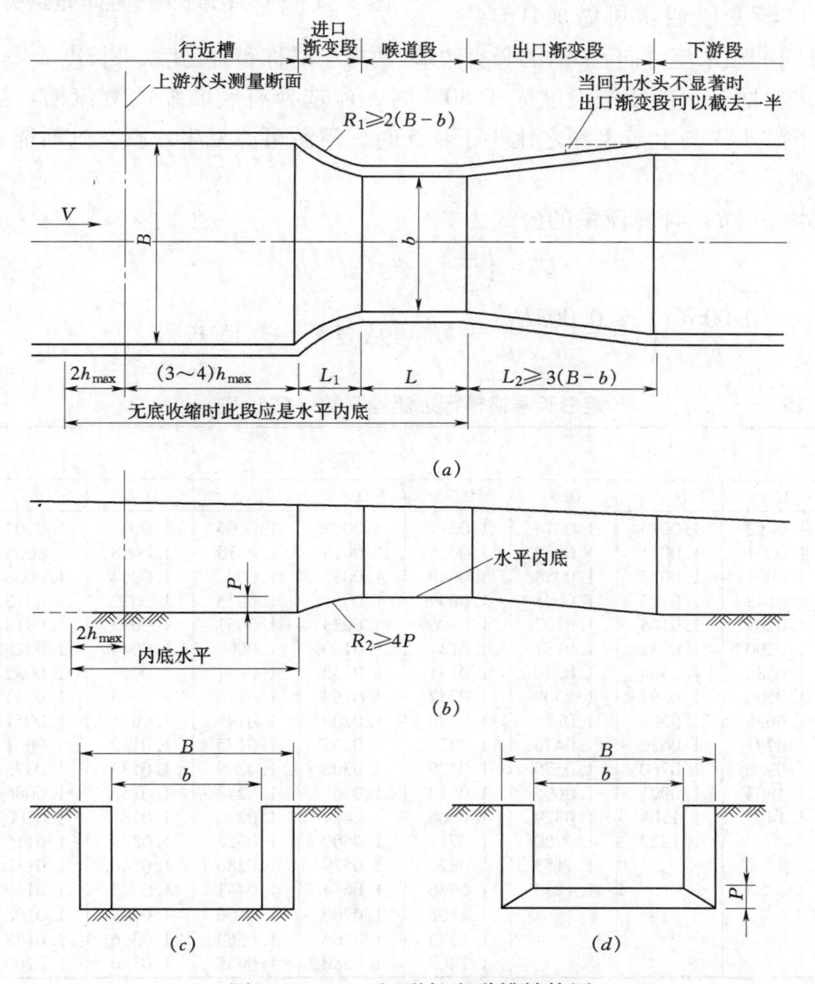

图5-4-26 矩形长喉道槽结构图

总水头的1.25倍。当尾水位足够低，能够保证在任何情况下都是自由出流时，可将出口渐变段截短，但截短后的上游总水头应保证至少为下游总水头的1.33倍。

当进口渐变段的边墙和底板采用曲线形时，边墙的曲率半径 $R_1 \geq 2(B-b)$，底板的曲率半径 $R_2 \geq 4P$（P 为驼峰高或坎高）。

由进口渐变段入口至上游水头观测断面，并向上游延伸至少2倍最大水头范围的内底均应保持水平，且不能高于喉道内底。

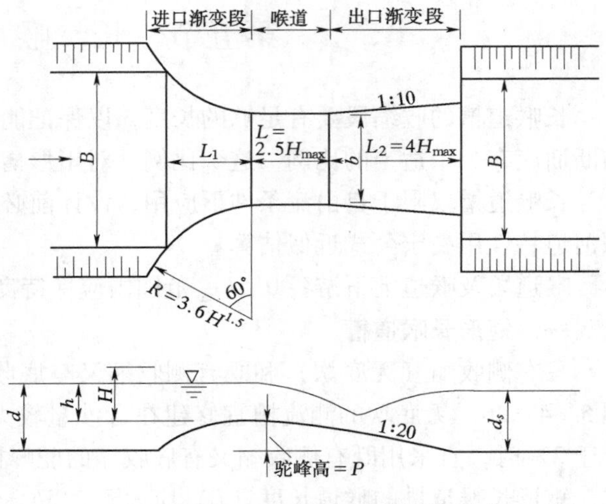

图5-4-27 矩形长喉道驼峰槽结构图

下游出口渐变段通常可做成1:6（垂直水流方向：顺水流方向）扩散的竖直边墙，两岸呈对称布置，其水平长度 $L_2 \geq 3(B-b)$。

当下游水头回升，能使淹没度大于80%时，应选择有底收缩的测流槽。当喉道底坎以上的设计下游水深与上游水深之比小于0.5时，下游可能发生水跃，这时需采用消能措施，以防冲刷。

用实测水头（h）计算流量的公式为

$$Q = \left(\frac{2}{3}\right)^{3/2} \sqrt{g} C_d C_v b h^{3/2} \tag{5-4-20}$$

式中，$C_d = \left(1 - \frac{0.006L}{b}\right)\left(1 - \frac{0.003L}{h}\right)^{3/2}$；$C_v$ 可从表5-4-15查得。

表5-4-15 矩形长喉道槽行近流速系数（C_v）表

$\frac{b}{B}$	$\frac{h}{h+P}C_d$								
	1.0	0.9	0.8	0.7	0.6	0.5	0.4	0.3	0.2
0.10	1.0022	1.0013	1.0014	1.0011	1.0008	1.0006	1.0004	1.0002	1.0001
0.15	1.0051	1.0041	1.0032	1.0025	1.0018	1.0013	1.0008	1.0005	1.0002
0.20	1.0091	1.0073	1.0058	1.0044	1.0032	1.0022	1.0014	1.0008	1.0004
0.25	1.0143	1.0115	1.0091	1.0069	1.0051	1.0035	1.0022	1.0013	1.0006
0.30	1.0209	1.0168	1.0132	1.0100	1.0073	1.0051	1.0032	1.0018	1.0008
0.35	1.0290	1.0232	1.0181	1.0137	1.0100	1.0069	1.0044	1.0025	1.0011
0.40	1.0386	1.0308	1.0240	1.0181	1.0132	1.0091	1.0058	1.0032	1.0014
0.45	1.0500	1.0397	1.0308	1.0232	1.0168	1.0115	1.0073	1.0041	1.0018
0.50	1.0635	1.0500	1.0386	1.0290	1.0209	1.0143	1.0091	1.0051	1.0022
0.55	1.0793	1.0620	1.0476	1.0357	1.0255	1.0175	1.0110	1.0061	1.0027
0.60	1.0980	1.0760	1.0579	1.0429	1.0308	1.0209	1.0132	1.0073	1.0032
0.65	1.1203	1.0921	1.0695	1.0513	1.0367	1.0248	1.0156	1.0086	1.0038
0.70	1.1465	1.1108	1.0829	1.0606	1.0429	1.0290	1.0181	1.0100	1.0044
0.75		1.1327	1.0980	1.0711	1.0500	1.0336	1.0209	1.0115	1.0051
0.80			1.1153	1.0829	1.0579	1.0386	1.0240	1.0132	1.0058
0.85			1.1353	1.0960	1.0664	1.0441	1.0272	1.0149	1.0065
0.90				1.1108	1.0760	1.0500	1.0308	1.0168	1.0073
0.95				1.1275	1.0864	1.0564	1.0346	1.0188	1.0082
1.00				1.1465	1.0980	1.0635	1.0386	1.0209	1.0091

注 表中有效数字仅供内插和分析用。

式（5－4－20）的限制条件为：

（1）h 既应大于 0.05m，也应大于 0.05L。

（2）$b>0.10$m。

（3）$h/b<3$。

（4）$h<2.0$m。

（5）$h/L<0.5$。

二、梯形长喉道槽

梯形长喉道槽的结构安装形式见图 5－4－28。喉道内底水平，进口渐变段的边墙可做成平面或曲面。采用平面时，边墙的收缩比不应大于1∶3；采用曲面时，水流应保持良好的流线型，曲面终端应与喉道侧墙平面相切。

非淹没限与出口渐变段边墙的扩散比（垂直水流方向长度：顺水流方向长度）有关，

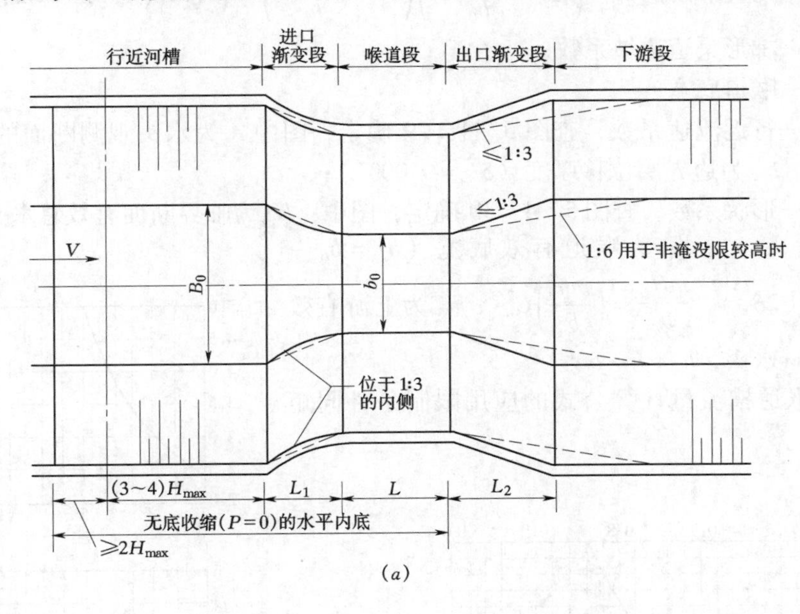

(a)

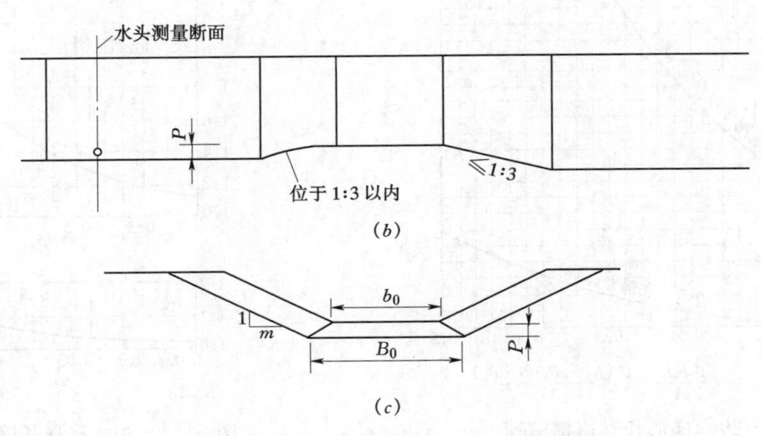

(c)

图 5－4－28　梯形长喉道槽结构图

小于非淹没限的均属于自由出流。不同扩散比的非淹没限 h_l/h_1 见表 5-4-16，h_1 和 h_l 分别为相对于喉道底部的上下游水头。

表 5-4-16 不同扩散比的非淹没限 h_l/h_1

扩散比	非淹没限 h_l/h_1
1:20	0.90
1:10	0.83
1:6	0.80
1:3	0.74

梯形长喉道槽的底宽和边坡的确定有相当大的灵活性，设计时应进行比较后选定最合适的断面，以保证任何情况下均为自由出流。

用实测水头（h）计算流量的公式为

$$Q = \left(\frac{2}{3}\right)^{3/2}\sqrt{g}C_dC_vC_sb_0h^{3/2} \quad (5-4-21)$$

式中 C_d——流量系数，$C_d = \left(1-\frac{0.006\eta L}{b_0}\right)\left(1-\frac{0.003L}{h}\right)^{3/2}$，$\eta=\sqrt{1+m^2}-m$；

m——梯形渠道边坡系数；

b_0——喉道底宽；

C_v——行近流速系数，查图 5-4-29 确定，图中 A 为水头观测断面的过水面积，δ_* 为边界层位移厚度（$\delta_*=0.003L$）；

C_s——形状系数，查图 5-4-30 确定，图中：H_{ce} 为临界断面有效总水头，$H_{ce}=H_c-\delta_*$，b_e 为喉道有效底宽（$b_e=b_0-2\delta_*$），$\frac{mH_{ce}}{b_e}=\left(\frac{mh_e}{b_e}\right)C_v^{2/3}$，$h_e$ 为上游有效水头，$h_e=h-\delta_*$。

梯形长喉道槽流量计算公式的应用限制条件同矩形长喉道槽。

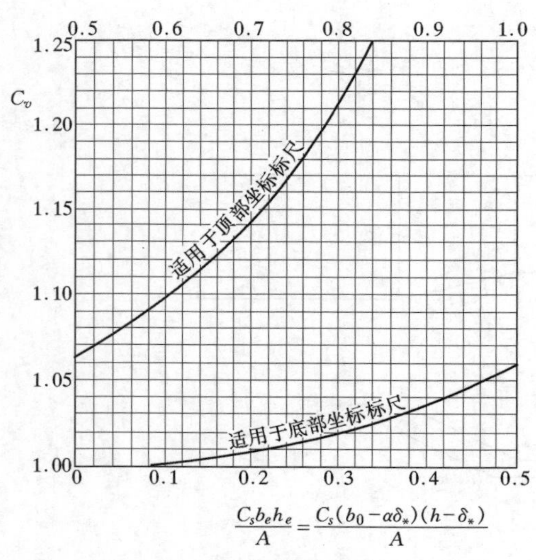

图 5-4-29 梯形长喉道槽流速系数 C_v 查算图

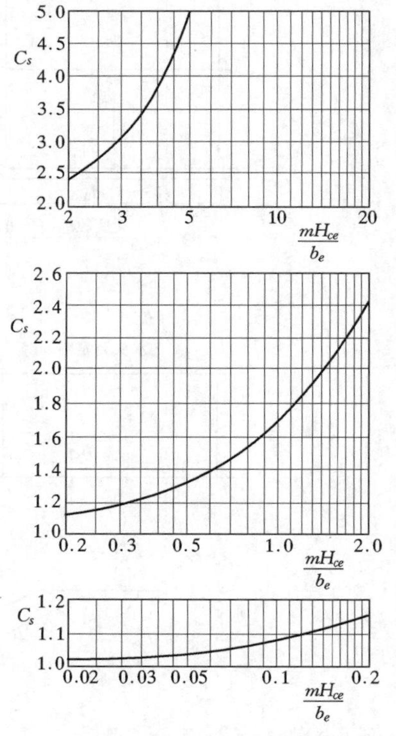

图 5-4-30 梯形长喉道槽形状系数 C_s 查算图

第六节 短喉道槽

一、巴歇尔槽

巴歇尔槽为矩形横断面短喉道槽，由喉道上游均匀收缩段、喉道段和喉道下游均匀扩散段组成（见图5－4－31）。根据喉道宽度尺寸分三种类型：小型槽（$b=0.075$、0.152、0.228m）、标准型槽（$b=0.25\sim2.40$m）和大型槽（$b=3.05\sim15.24$m）。

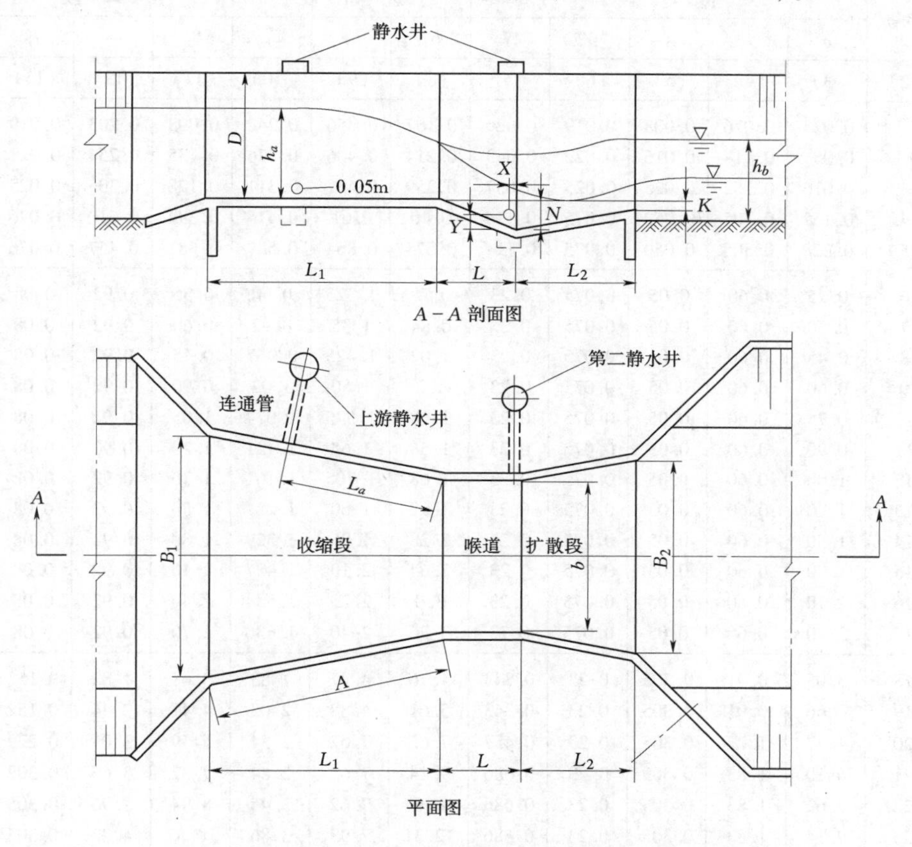

图5－4－31 巴歇尔槽结构图

进口收缩段要求底面严格水平，两侧边墙与底面垂直与纵轴线成1∶5的比值对称收缩。喉道段两侧边墙互相平行，宽度尺寸准确。

为了预防超出设计标准的洪水漫溢，进口收缩段边墙高度应增加0.35～0.50m超高。

上下游翼墙长度取决于河渠的宽度，要求翼墙插入河渠两岸的长度不得少于0.4～0.5m。

大型巴歇尔槽可用混凝土材料建造，糙率要求$n<0.017$。小型巴歇尔槽可用塑料或玻璃钢材料建造。

巴歇尔槽中心线应与行近渠槽中心线重合。顺直的行近渠槽长度应不小于5倍的行近渠槽宽度。

巴歇尔槽进口和出口段应加以防护。上游护底长一般为$4h_{max}$，下游护底长度为（6～

8）h_{max}。

自由流水位观测位置在堰顶上游 $L_a = \frac{2}{3}L_1$ 处。淹没流时下游静水井位置及连通管位置见图 5－4－31 和表 5－4－17。

各种类型的巴歇尔槽结构尺寸见表 5－4－17，水位流量关系见表 5－4－18。

表 5－4－17　　巴歇尔槽尺寸表　　单位：m

类别	序号	喉道段					进口段			出口段			边墙高
		b	L	X	Y	N	B_1	L_1	L_a	B_2	L_2	K	D
(1)	(2)	(3)	(4)	(5)	(6)	(7)	(8)	(9)	(10)	(11)	(12)	(13)	(14)
小型	1①	0.025	0.076	0.008	0.019	0.029	0.167	0.356	0.242	0.093	0.203	0.019	0.229
	2①	0.051	0.114	0.016	0.022	0.043	0.214	0.406	0.276	0.135	0.254	0.022	0.254
	3	0.076	0.152	0.025	0.025	0.057	0.259	0.457	0.311	0.178	0.305	0.025	0.457
	4	0.152	0.305	0.050	0.075	0.114	0.40	0.61	0.415	0.394	0.610	0.076	0.61
	5	0.228	0.305	0.050	0.075	0.114	0.575	0.864	0.587	0.381	0.457	0.076	0.762
标准型	6	0.25	0.60	0.05	0.075	0.23	0.78	1.325	0.90	0.55	0.92	0.08	0.80
	7	0.30	0.60	0.05	0.075	0.23	0.84	1.35	0.92	0.60	0.92	0.08	0.95
	8	0.45	0.60	0.05	0.075	0.23	1.02	1.425	0.967	0.75	0.92	0.08	0.95
	9	0.60	0.60	0.05	0.075	0.23	1.2	1.50	1.02	0.90	0.92	0.08	0.95
	10	0.75	0.60	0.05	0.075	0.23	1.38	1.575	1.074	1.05	0.92	0.08	0.95
	11	0.90	0.60	0.05	0.075	0.23	1.56	1.65	1.121	1.20	0.92	0.08	0.95
	12	1.00	0.60	0.05	0.075	0.23	1.68	1.705	1.161	1.30	0.92	0.08	1.0
	13	1.20	0.60	0.05	0.075	0.23	1.92	1.80	1.227	1.50	0.92	0.08	1.0
	14	1.50	0.60	0.05	0.075	0.23	2.28	1.95	1.329	1.80	0.92	0.08	1.0
	15	1.80	0.60	0.05	0.075	0.23	2.64	2.10	1.427	2.10	0.92	0.08	1.0
	16	2.10	0.60	0.05	0.075	0.23	3.0	2.25	1.534	2.40	0.92	0.08	1.0
	17	2.40	0.60	0.05	0.075	0.23	3.36	2.40	1.636	2.70	0.92	0.08	1.0
大型	18	3.05	0.91	0.305	0.23	0.343	4.76	4.27	1.83	3.68	1.83	0.152	1.22
	19	3.66	0.91	0.305	0.23	0.343	5.61	4.88	2.03	4.47	2.44	0.152	1.52
	20	4.57	1.22	0.305	0.23	0.457	7.62	7.62	2.34	5.59	3.05	0.229	1.83
	21	6.10	1.83	0.305	0.23	0.686	9.14	7.62	2.84	7.32	3.66	0.302	2.13
	22	7.62	1.83	0.305	0.23	0.686	10.67	7.62	3.45	8.94	3.96	0.305	2.13
	23	9.14	1.83	0.305	0.23	0.686	12.31	7.93	3.86	10.57	4.27	0.305	2.13
	24	12.19	1.83	0.305	0.23	0.686	15.48	8.23	4.88	13.82	4.88	0.305	2.13
	25	15.24	1.83	0.305	0.23	0.686	18.53	8.23	5.89	17.27	6.10	0.305	2.13

① 表示无淹没流流态。

小型巴歇尔槽淹没流流量（Q_s），可根据淹没比 σ（h_b/h_a）及上游水头（h_a），查图 5－4－32、图 5－4－33 及图 5－4－34 得到。

标准巴歇尔槽淹没流流量（Q_s）按式（5－4－22）计算：

$$Q_s = Q - Q_E \tag{5-4-22}$$

式中 Q_s——淹没流流量；

Q——自由流流量；

Q_E——淹没流折减流量。

表 5-4-18　　巴歇尔槽流量特性表

类别	序号	喉道宽度 b (m)	自由流流量公式 $Q=ch_a^n$ (m^3/s)	水头范围 h_a (m)		流量范围 Q $\times10^{-4}$ (m^3/s)		淹没比 σ (%)	淹没流流量系数 C_s
				最小	最大	最小	最大		
(1)		(2)	(3)	(4)	(5)	(6)	(7)	(8)	(9)
小型	1①	0.025	$0.0604h_a^{1.55}$	0.015	0.21	0.09	5.4	0.5	—
	2①	0.051	$0.1207h_a^{1.53}$	0.015	0.24	0.18	13.2	0.5	—
	3	0.076	$0.1771h_a^{1.55}$	0.030	0.33	0.77	32.1	0.5	—
	4	0.152	$0.3812h_a^{1.53}$	0.03	0.45	1.50	111.0	0.6	—
	5	0.228	$0.5354h_a^{1.53}$	0.03	0.60	2.5	251	0.6	—
标准型	6	0.25	$0.561h_a^{1.513}$	0.03	0.60	3.0	250	0.6	—
	7	0.30	$0.679h_a^{1.521}$	0.03	0.75	3.5	400	0.6	—
	8	0.45	$1.038h_a^{1.537}$	0.03	0.75	4.5	630	0.6	—
	9	0.60	$1.403h_a^{1.548}$	0.05	0.75	12.5	850	0.6	—
	10	0.75	$1.772h_a^{1.557}$	0.06	0.75	25.0	1100	0.6	—
	11	0.90	$2.147h_a^{1.565}$	0.06	0.75	30.0	1250	0.6	—
	12	1.00	$2.397h_a^{1.569}$	0.06	0.80	30.0	1500	0.7	—
	13	1.20	$2.904h_a^{1.577}$	0.06	0.80	35.0	2000	0.7	—
	14	1.50	$3.668h_a^{1.586}$	0.06	0.80	45.0	2500	0.7	—
	15	1.80	$4.440h_a^{1.593}$	0.08	0.80	80.0	3000	0.7	—
	16	2.10	$5.222h_a^{1.599}$	0.08	0.80	95.0	3600	0.7	—
	17	2.40	$6.004h_a^{1.605}$	0.08	0.80	100.0	4000	0.7	—
大型	18	3.05	$7.463h_a^{1.5}$	0.09	1.07	160.0	8280	0.8	1.0
	19	0.66	$8.859h_a^{1.6}$	0.09	1.37	190.0	14680	0.8	1.2
	20	4.75	$10.96h_a^{1.6}$	0.09	1.67	230.0	25040	0.8	1.5
	21	6.10	$14.45h_a^{1.6}$	0.09	1.83	310.0	37970	0.8	2.0
	22	7.62	$17.94h_a^{1.6}$	0.09	1.83	380.0	47160	0.8	2.5
	23	9.14	$21.44h_a^{1.6}$	0.09	1.83	460.0	56330	0.8	3.0
	24	12.19	$28.43h_a^{1.6}$	0.09	1.83	600.0	74700	0.8	4.0
	25	15.24	$35.41h_a^{1.6}$	0.09	1.83	750.0	93040	0.8	5.0

① 表示无淹没流流态。

标准巴歇尔槽淹没流折减流量按式（5-4-23）计算：

$$Q_E = \left[0.07\left\{\frac{h_a}{[(1.8/\sigma)^{1.8}-2.46]^{0.305}}\right\}^{4.57-3.14\sigma}+0.07\sigma\right]b^{0.815} \qquad (5-4-23)$$

大型巴歇尔槽淹没流流量 $Q_s=Q-Q_E$ 计算分两种情况：

（1）对于 $b=3.05$m 的巴歇尔槽，可根据淹没比 σ（h_b/h_a）及上游水头（h_a）查图 5-4-35求得淹没流折减流量 Q_{E3}（即 Q_E）。

（2）对于 $b>3.05$m 的巴歇尔槽，淹没流折减流量按式（5-4-24）计算：

$$Q_E = Q_{E3}C_s \qquad (5-4-24)$$

式中　Q_E——淹没流折减流量；

Q_{E3}——$b=3.05$m 的巴歇尔槽淹没流折减流量，查图 5-4-35 求得；

C_s——根据喉道宽度查表 5-4-18。

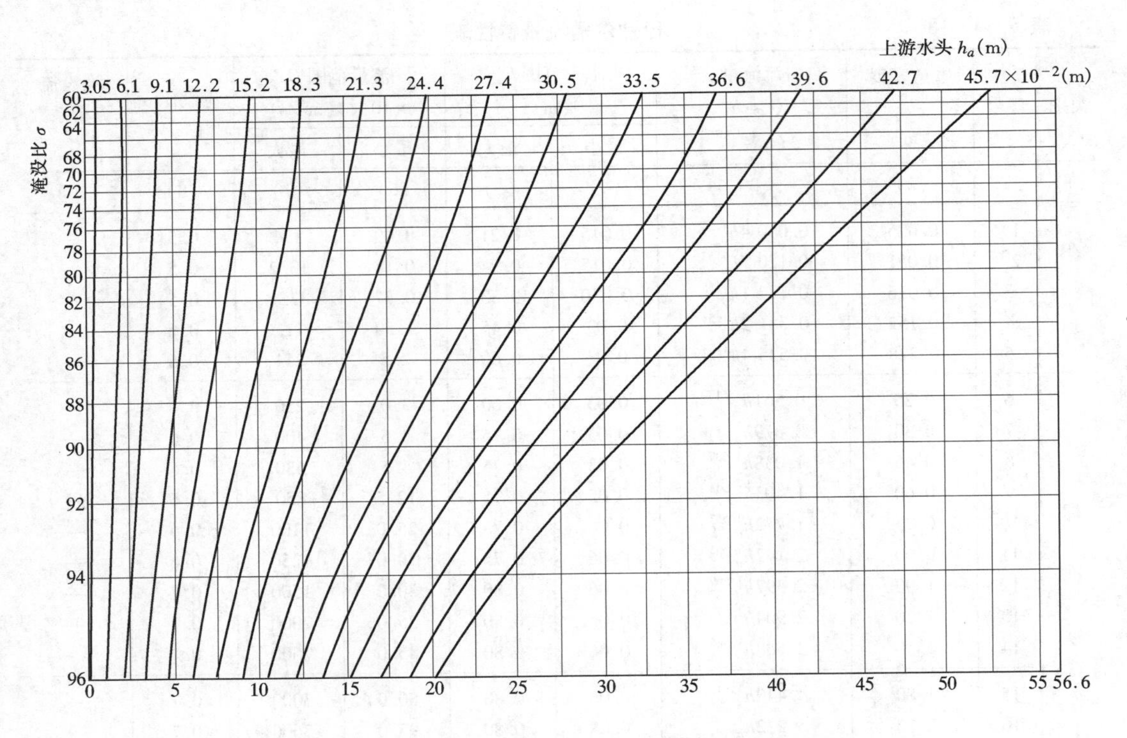

图 5-4-32 巴歇尔槽 $b=0.076$m 计算淹没流曲线图

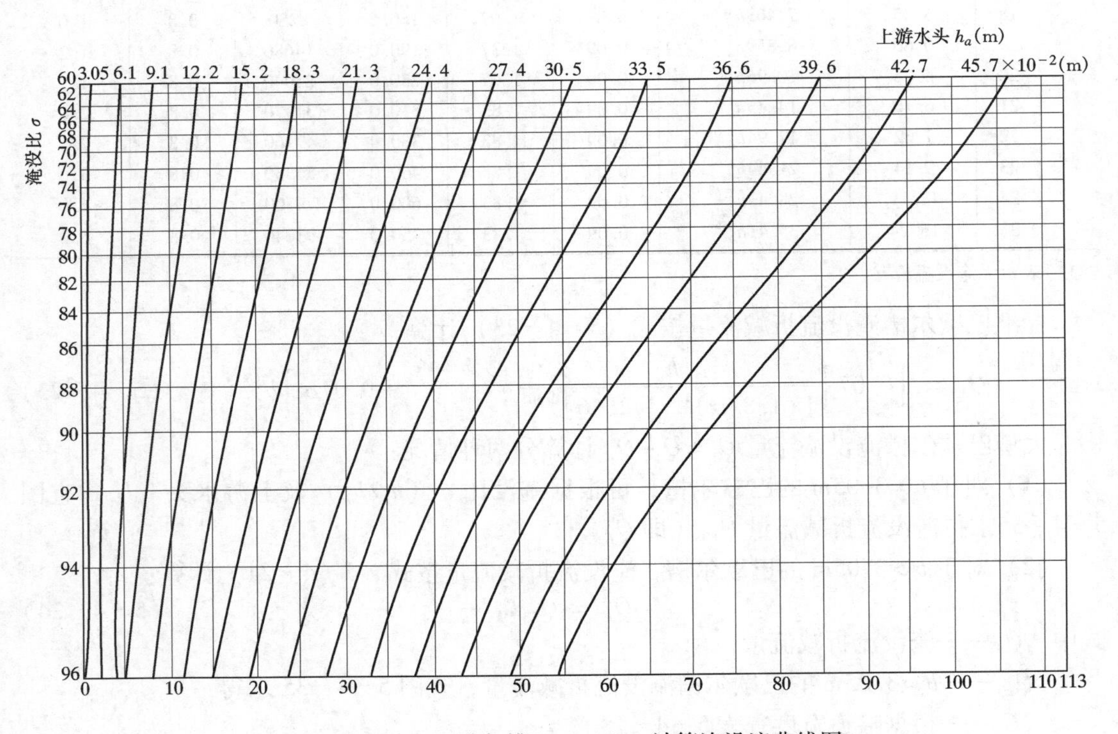

图 5-4-33 巴歇尔槽 $b=0.152$m 计算淹没流曲线图

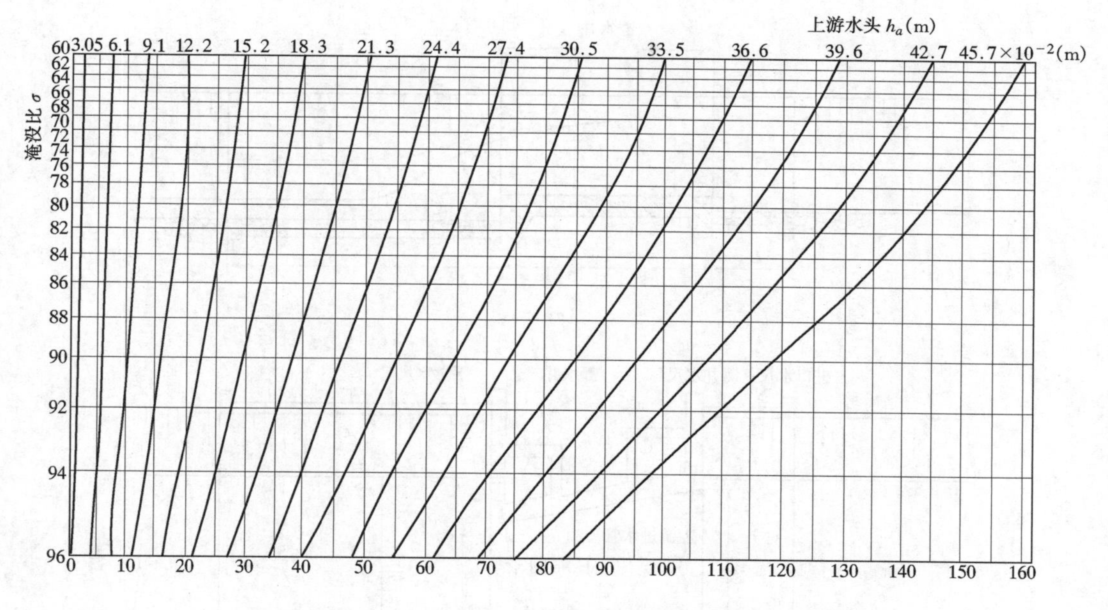

图 5－4－34　巴歇尔槽 $b=0.228$m 计算淹没流曲线图

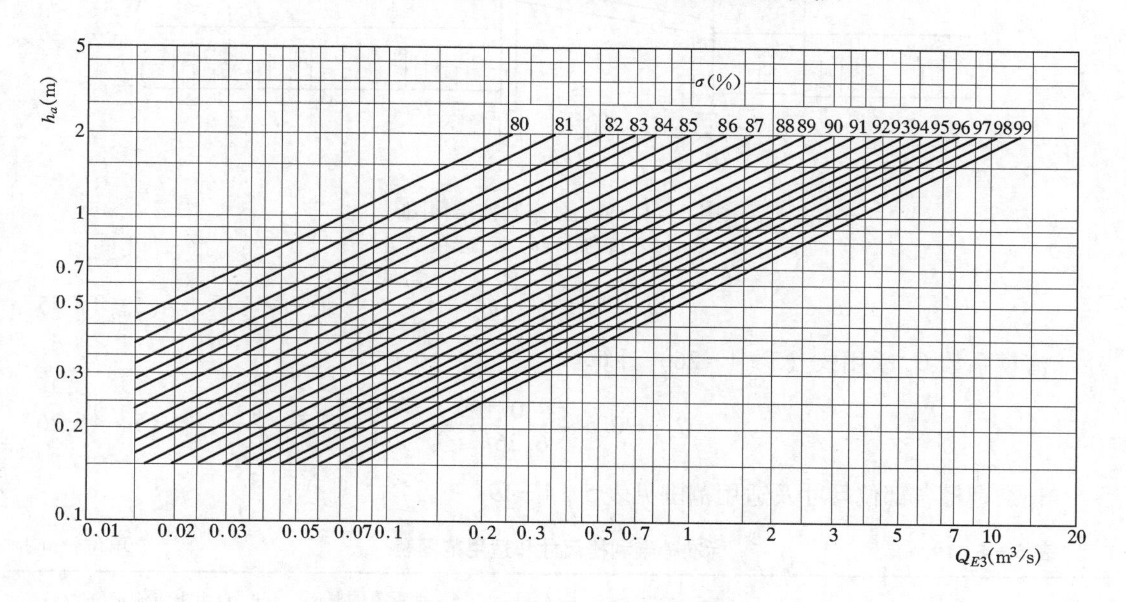

图 5－4－35　巴歇尔槽流量校正图

二、孙奈利槽

孙奈利槽的槽身仅由向下游收缩的矩形断面收缩段构成，其上下游进出口与槽轴线垂直布置，并与河流两岸的垂直翼墙连接，如图 5－4－36 所示。进口段的上游应有一段长度不小于 5 倍河宽的顺直行近河槽，其弗劳德数不应超过 0.5。

当 $h_b/h_a \leqslant 0.2$（h_a、h_b 分别为上下游实测水头）时为自由出流，流量采用式(5－4－25)计算：

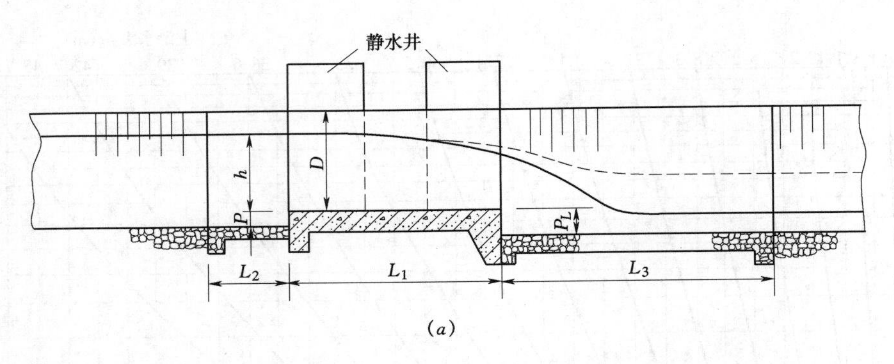

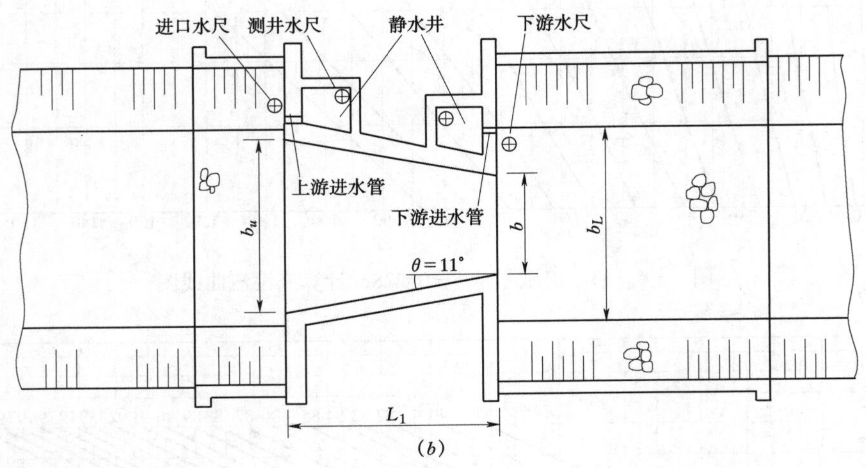

图 5-4-36 孙奈利槽结构图

(a) 立面图；(b) 平面图

$$Q = C_d b \sqrt{2g} h^{3/2} \tag{5-4-25}$$

流量系数 C_d 采用式（5-4-26）计算：

$$C_d = 0.5 - \frac{0.109}{6.26h + 1} \tag{5-4-26}$$

孙奈利槽各部位尺寸及适用范围见表 5-4-19。

表 5-4-19　　标准孙奈利槽尺寸和适用范围表　　单位：m

序号	出口宽 b	槽长 L_1	进口宽 b_u	下游堰高 P_L	边墙高度 D	下游衬砌长度 L_3	水头范围（m）		自由出流流量（m^3/s）	
							最小	最大	最小	最大
1	0.3	0.6	0.51	0.4	0.7	1.8	0.14	0.55	0.03	0.25
2	0.4	0.3	0.68	0.5	0.8	1.8	0.14	0.60	0.04	0.40
3	0.5	1.0	0.35	0.65	0.9	2.0	0.15	0.70	0.06	0.66
4	0.6	1.2	1.02	0.30	1.0	2.5	0.20	0.85	0.10	1.00
5	0.75	1.6	1.30	1.00	1.2	3.0	0.22	1.00	0.16	1.00
6	1.0	2.0	1.70	1.20	1.3	3.0	0.24	1.10	0.25	2.00

参 考 文 献

1 武汉水利电力学院水力学教研室编. 水力计算手册. 北京：水利出版社，1980.

2 铁道部第三勘测设计院编. 铁路工程设计技术手册 桥渡水文. 北京：中国铁道出版社，1993

3 日本土木学会编. 铁道部科学研究院水工水文研究室译. 水力公式集. 北京：人民铁道出版社，1977

4 李崇智编. 灌区水工建筑物丛书 跌水与陡坡. 北京：水利电力出版社，1988

5 SL 253—2000 溢洪道设计规范. 北京：水利电力出版社，1990

6 SL 253—2000 溢洪道设计规范. 北京：中国水利水电出版社，2000

7 北京市标准计量局. 明渠堰槽流量计. 北京：中国计量出版社，1991

8 SL 24—91 堰槽测流规范. 北京：水利电力出版社，1992

9 水利电力部水文局. 明渠水流测量. 北京：中国标准化协会出版社，1986

10 水利部水文司. 明渠水流测量. 北京：中国标准化协会出版社，1992

第六篇

河岸式溢洪道的水力计算

- 第一章　河岸正流式溢洪道
- 第二章　河岸侧槽式溢洪道
- 第三章　竖井式溢洪道
- 参考文献

第一章　河岸正流式溢洪道

河岸正流式溢洪道一般由进口段、陡坡泄槽段和出口消能段组成。出口消能段水力计算可参考第四篇。

第一节　进口段水力计算

进口段一般设有带闸门的宽顶堰和低实用堰，其水力计算见第三篇；进水渠中流速应大于不淤流速，小于不冲流速，且使水头损失较小。在这里阐述宽浅式溢洪道进口的水力计算[1,2]。

一、进口为棱柱体平底槽，且 $\delta/H \leqslant 10$

如图 6－1－1 所示，此时进口水流为宽顶堰水流，用式

$$q = MH_0^{3/2} \tag{6-1-1}$$

计算单宽流量，对于常用的八字形进口，采用 $M=1.5 \sim 1.55$。

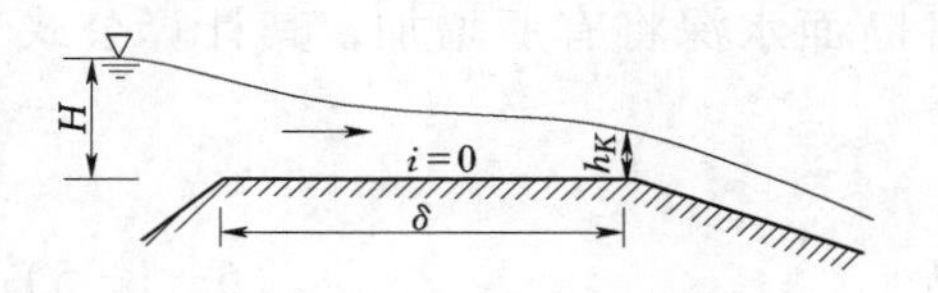

图 6－1－1　棱柱体平底槽（$\delta/H \leqslant 10$）

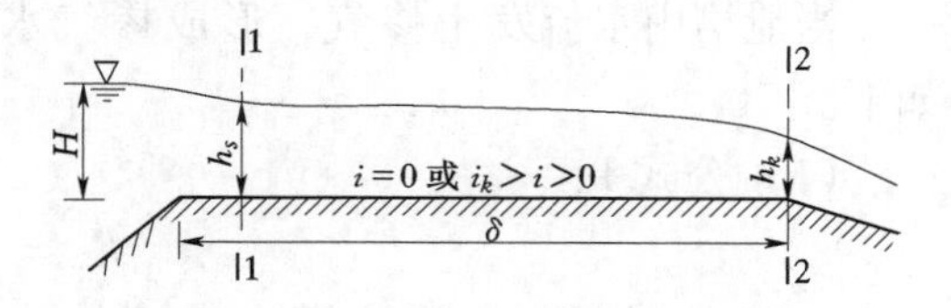

图 6－1－2　棱柱体平底槽（$\delta/H>10$）

二、进口为棱柱体平底槽，且 $\delta/H>10$

如图 6－1－2 所示，此时槽内水流为明渠水流。当槽长仍较短（即允许作为一段去推算水面曲线时），可用下法估算：

由已知的 H、δ 和糙率 n，代入下列两式解出常数 A 和 B：

$$A = B\frac{n^2}{H^{1/3}}\frac{\delta}{H} \tag{6-1-2}$$

$$A = \frac{0.93 - 0.0905B}{B - 2.8} \tag{6-1-3}$$

根据 B 查图 6－1－3，得出流量系数 M，最后按式（6－1－1）求 q。

当槽长较长时，要推算水面曲线可用试算法：设一流量 Q，由图 6－1－2 断面 2—2 的临界水深向上游推算水面曲线（方法见第二篇），得进口断面 1—1 的水深 h_s；根据宽顶堰淹没溢流的公式（4－1－1）求得 Q，若该值与原假设的流量 Q 值一致，则为所求。

三、进口为棱柱体缓坡明槽，且 $\delta/H>10$，但槽长仍较短

此时槽内为明渠水流，当槽长仍较短，允许作为一段去推算水面曲线时，可用下

法估算：

由已知的H、δ、n和槽底坡i，代入式（6－1－4）：

$$A = \left(B\frac{n^2}{H^{1/3}} - i\right)\frac{\delta}{H} \qquad (6-1-4)$$

将式（6－1－3）、式（6－1－4）联立解出B，再由图6－1－3查出M，最后按式（6－1－1）求q。

当槽长较长时，要推算水面曲线，计算方法与第二种情况相同。

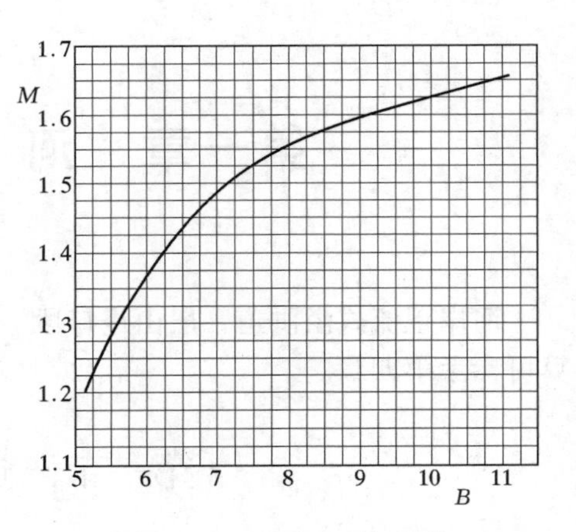

图6－1－3 M—B关系图

四、进口为棱柱体缓坡明槽，且槽身很长

此时在槽内将产生均匀流，故可按明渠均匀流公式计算，求出的均匀流水深h_0，即为图6－1－2中的h_s，然后按宽顶堰公式（3－1－1）求H值，并推得相应的库水位。

第二节 矩形断面顺直陡坡泄槽段水力计算

当泄槽内水流未发生掺气时，由泄流流量、泄槽几何尺寸、底坡和糙率等，按第二篇的水面曲线计算方法计算各断面水深和流速。

当泄槽内水流发生掺气，形成掺气水流时，各断面水深将有所增加，其计算公式如下。[3,4]

（1）公式1：

$$h_a = (1 + c')h \qquad (6-1-5)$$

式中 h_a——掺气水流的水深；

h——未掺气时水流的水深；

c'——掺气水流断面平均所含空气体积W_a与水的体积W比。

c'值与槽壁的粗糙度和水流的弗劳德数有关。

对于十分光滑的表面：

$$c' = (0.06 \sim 0.065)\sqrt{Fr^2 - Fr_a^2} \qquad (6-1-6)$$

对于一般的混凝土表面：

$$c' = (0.07 \sim 0.075)\sqrt{Fr^2 - Fr_a^2} \qquad (6-1-7)$$

对于砌石等粗糙表面：

$$c' = (0.085 \sim 0.095)\sqrt{Fr^2 - Fr_a^2} \qquad (6-1-8)$$

式中 Fr——未掺气水流的弗劳德数，$Fr = \dfrac{v}{\sqrt{gR}}$；

R——水力半径；

Fr_a——开始产生显著掺气情况的弗劳德数，可取$Fr_a \approx 6.7$；

v——断面平均流速。

（2）公式2：

$$h_a = \frac{h}{1-c} \tag{6-1-9}$$

式中　c——掺气水流断面平均所含空气体系 W_a 与水气体积（$W+W_a$）之比。

对于光滑泄槽：

$$c = 0.38\log\frac{i}{q^{2/3}} + 0.509 \tag{6-1-10}$$

对于粗糙泄槽：

$$c = 0.70\log\frac{i}{q^{1/5}} + 0.826 \tag{6-1-11}$$

式中　i——泄槽底坡；

q——单宽流量。

第三节　急流冲击波的计算[5]

若泄槽有弯曲段或收缩段、扩散段，边墙的转折对急流干扰，则形成冲击波。

一、小扰动冲击波计算

小扰动冲击波计算，见图6－1－4。

（1）波角 β_1：

$$\sin\beta_1 = \frac{\sqrt{gh_1}}{v_1}\sqrt{\frac{1}{2}\times\frac{h_2}{h_1}\left(1+\frac{h_2}{h_1}\right)} \tag{6-1-12}$$

在小扰动中，波高较小，$h_1 \approx h_2$，式（6－1－12）简化为

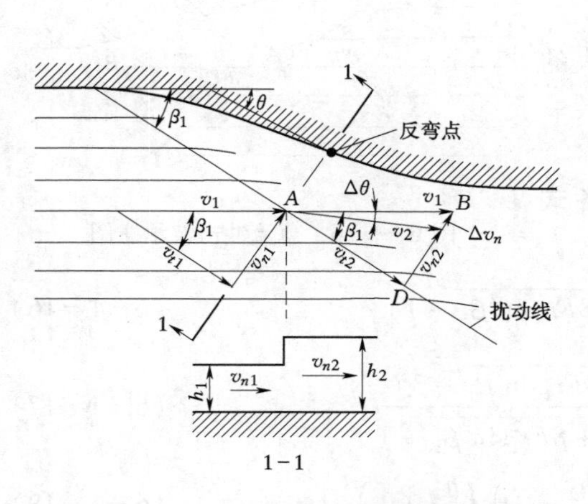

图6－1－4　小扰动冲击波示意图

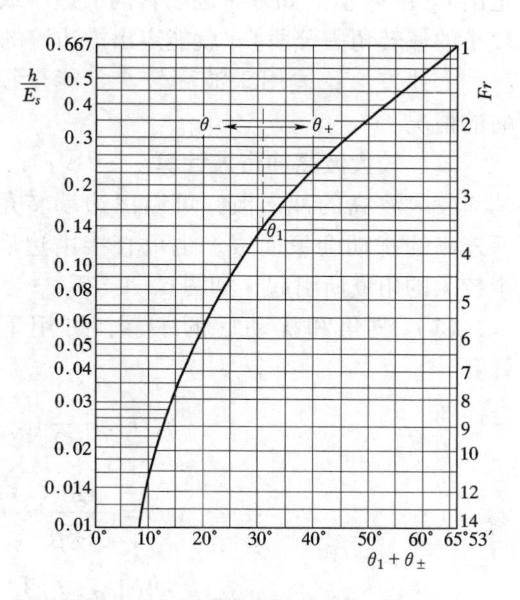

图6－1－5　扰动后水深的简化计算曲线

$$\sin\beta_1 = \frac{\sqrt{gh_1}}{v_1} = \frac{1}{Fr_1} \tag{6-1-13}$$

式中 h_1、h_2——扰动线上下游的水深；

v_1——扰动线上游的流速；

Fr_1——扰动线上游的弗劳德数。

（2）扰动后的水深 h_2：

$$\theta = \sqrt{3}\mathrm{arctg}\sqrt{\frac{\frac{3h}{2E_S}}{1-\frac{3h}{2E_S}}} - \mathrm{arctg}\frac{1}{\sqrt{3}}\sqrt{\frac{\frac{3h}{2E_S}}{1-\frac{3h}{2E_S}}} - \theta_1 \tag{6-1-14}$$

或

$$\theta = \sqrt{3}\mathrm{arctg}\frac{\sqrt{3}}{\sqrt{Fr^2-1}} - \mathrm{arctg}\frac{\sqrt{3}}{\sqrt{Fr^2-1}} - \theta_1 \tag{6-1-15}$$

式中 E_S——断面单位能量，$E_S = h + \frac{v^2}{2g}$；

θ——边墙偏转角；

h、Fr——相应于边墙偏转角为 θ 时，扰动后水深和弗劳德数；

θ_1——积分常数，由起始条件即当 $\theta=0$ 时，$h=h_1$ 来确定。

由上两式，当给出未扰动前水流的 h_1/E_S 或 Fr_1 和总偏转角 θ 时，就能求出扰动后的 h_2/E_S 或 Fr_2 值。

由 h_1/E_S 或 Fr_1 通过图 6-1-5 中曲线查出相应的 θ_1 值，然后将 θ 与 θ_1 相加（当偏转角向内）或相减（当偏转角向外），通过曲线，由 $\theta_1 \pm \theta$ 查出相应的 h_2/E_S 或 Fr_2 值，从而定出 h_2 和 v_2 值。如果将逐渐转向的边墙或流线分段求解（即将边墙总偏转角分为若干个较小的偏转角去分段），就能定出沿边墙的水面变化曲线。

上述方法，适用于波高较小、能量损失可忽略的情况。

二、较大波高冲击波计算

较大波高的冲击波，可以由边墙转角较大的一连串的扰动会聚而成，也可直接由边墙偏转一个较大的角度所引起，如图 6-1-6。

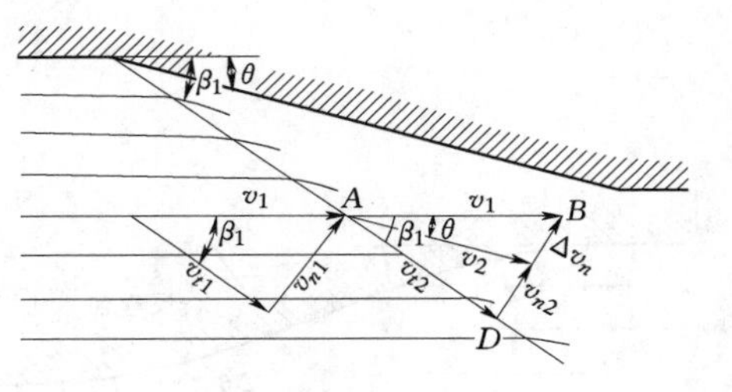

图 6-1-6 急流冲击波示意图

（1）波角和扰动后的水深，可用下列各式计算：

$$h_2/h_1 = \frac{1}{2}\left(\sqrt{1+8Fr_1^2\sin^2\beta_1}-1\right) \tag{6-1-16}$$

$$\mathrm{tg}\theta = \frac{\mathrm{tg}\beta_1\left(\sqrt{1+8Fr_1^2\sin^2\beta_1}-3\right)}{2\mathrm{tg}^2\beta_1+\sqrt{1+8Fr_1^2\sin^2\beta_1}-1} \tag{6-1-17}$$

$$Fr_2^2 = \frac{h_1}{h_2}\left[Fr_1^2 - \frac{1}{2}\frac{h_1}{h_2}\left(\frac{h_2}{h_1}-1\right)\left(\frac{h_2}{h_1}+1\right)^2\right] \tag{6-1-18}$$

式中　　θ——边墙转折角；

h_1、h_2——扰动波前后的水深；

Fr_1、Fr_2——扰动波前后的弗劳德数；

β_1——扰动波波角。

为简化计算，将上列关系画成图6－1－7，图中 Fr_2 的上部分区域，表示通过扰动波后水流转化为缓流的情况；下部分区域表示仍为急流的情况。

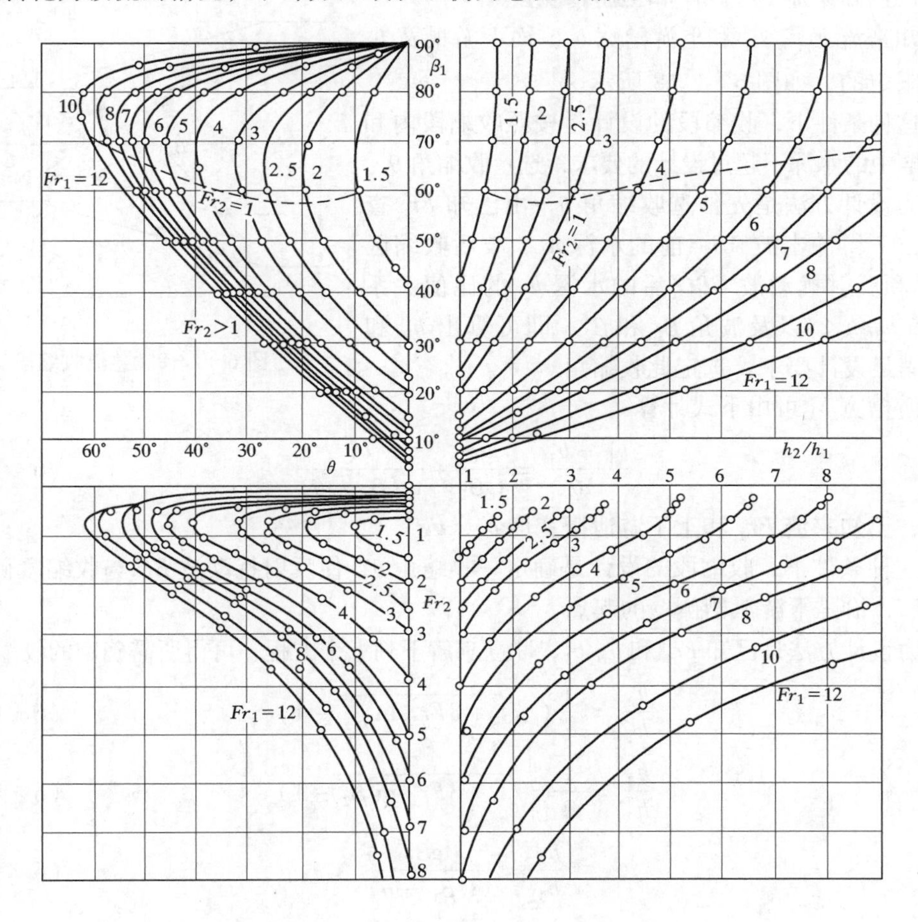

图6－1－7　冲击波前后水力要素关系图

一般计算扰动波的问题是已知扰动波前流动，即流速 u_1 和水深 h_1（即可知 Fr_1），以及边墙转折角 θ，求扰动波波角 β_1 和波后的流速 u_2 和水深 h_2。查图步骤是：以 Fr_1 和 θ 查图6－1－7的第二象限曲线得 β_1；再由 β_1 和 Fr_1 查第一象限曲线得 h_2/h_1，即可知 h_2；再由 h_2/h_1 和 Fr_1 查第四象限曲线或由 θ 和 Fr_1 查第三象限曲线得 Fr_2，由已算出的 h_2，就可得 u_2。

（2）边墙转折的临界角计算。若边墙转折角 $\theta>\theta_m$，将形成脱体扰动波，即扰动波脱离边墙转折点而移至上游。临界角 θ_m 可由式（6－1－19）计算：

$$\mathrm{tg}\theta_m = \frac{\sqrt{2}Fr_1 - 2}{2(\sqrt{2}Fr_1 - 1)^{1/2}} \tag{6-1-19}$$

第四节 急流收缩段水力设计[5]

一、已知来流 Fr_1、h_1 和上游槽宽度 b_1

已知来流 Fr_1、h_1 和上游槽宽 b_1，而下游槽宽 b_3 是未加限定的，如图 6-1-8 所示。

在这种条件下，收缩段的设计是按照收缩段内和下游泄槽中的水深不超过设计的要求，选定收缩角 θ。

水力设计方法是先估选收缩角 θ，由已知 Fr_1 查图 6-1-7 得冲击波 ABA' 前的水深 h_1、波后收缩区水深 h_2 和反射扰动波 CBC' 后的水深 h_3 的比值关系 h_2/h_1 和 h_3/h_2，以及波角 β_1 和 β_2。即可算出 h_2 和 h_3，若满足设计要求，选定此收缩角。

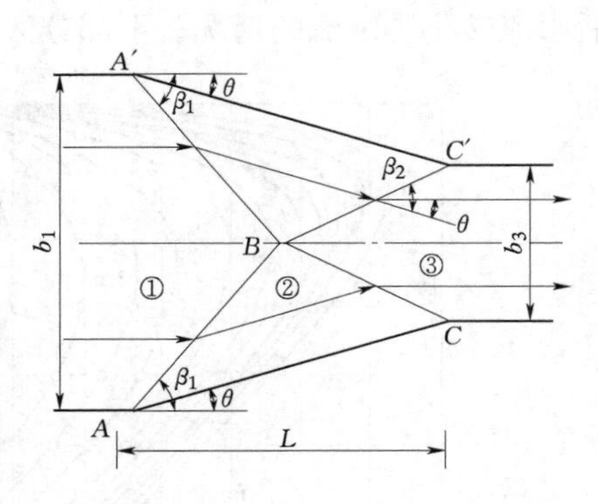

图 6-1-8 急流收缩段

下游槽宽 b_3 可由下式计算：

$$\frac{b_1 - b_3}{\mathrm{tg}\theta} = \frac{b_1}{\mathrm{tg}\beta_1} + \frac{b_3}{\mathrm{tg}(\beta_2 - \theta)} \tag{6-1-20}$$

二、已知来流 Fr_1 和上下游泄槽宽度 b_1、b_3

在这种条件下，收缩段的设计是确定一收缩角 θ，使反射扰动波 BC 与收缩段侧壁 AC 的交点 C，恰是下游泄槽侧壁的起点。

水力设计方法是已知 Fr_1 和 b_1/b_3，联立求解下列七个方程，可得所需确定的收缩角 θ。

$$\frac{h_2}{h_1} = \frac{1}{2}\left(\sqrt{1 + 8Fr_1^2\sin^2\beta_1} - 1\right) \tag{6-1-21}$$

$$\frac{h_3}{h_2} = \frac{1}{2}\left(\sqrt{1 + 8Fr_2^2\sin^2\beta_2} - 1\right) \tag{6-1-22}$$

$$\frac{h_2}{h_1} = \frac{\mathrm{tg}\beta_1}{\mathrm{tg}(\beta_1 - \theta)} \tag{6-1-23}$$

$$\frac{h_3}{h_2} = \frac{\mathrm{tg}\beta_2}{\mathrm{tg}(\beta_2 - \theta)} \tag{6-1-24}$$

$$Fr_2^2 = \frac{h_1}{h_2}\left[Fr_1^2 - \frac{1}{2}\frac{h_1}{h_2}\left(\frac{h_2}{h_1} - 1\right)\left(1 + \frac{h_2}{h_1}\right)^2\right] \tag{6-1-25}$$

$$Fr_3^2 = \frac{h_2}{h_3}\left[Fr_2^2 - \frac{1}{2}\frac{h_2}{h_3}\left(\frac{h_3}{h_2} - 1\right)\left(1 + \frac{h_3}{h_2}\right)^2\right] \tag{6-1-26}$$

$$\frac{b_1}{b_3} = \left(\frac{h_3}{h_1}\right)^{3/2}\frac{Fr_3}{Fr_1} \tag{6-1-27}$$

也可用图 6-1-9 和图 6-1-10 查出。由已知的 Fr_1 和 b_3/b_1，查图 6-1-9 得收缩角 θ；查图 6-1-10 得出 h_3/h_1，即可得 h_3；由 Fr_1 和已查得的 θ，查图 6-1-7 可得 β_1、

h_2/h_1、Fr_2、β_2 等。

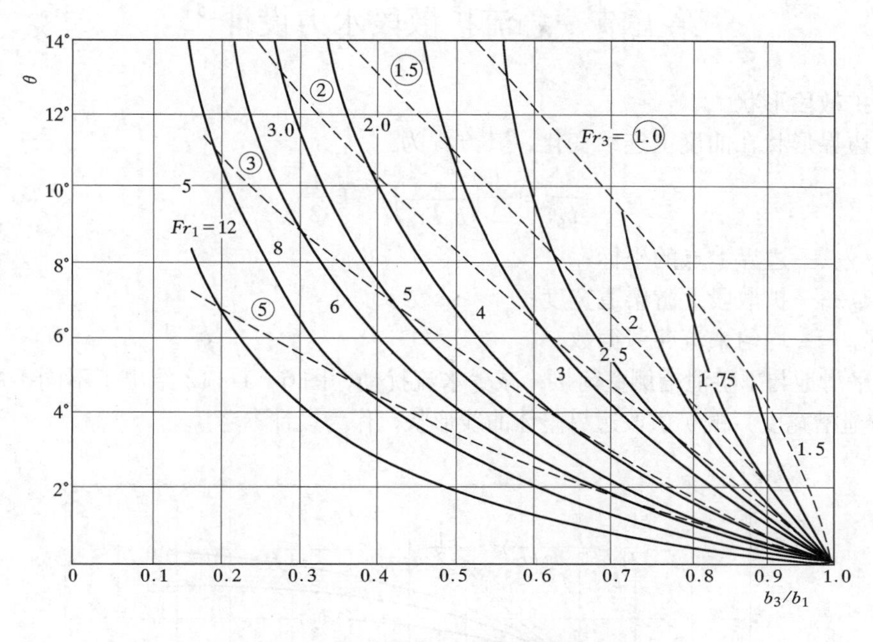

图 6-1-9 收缩角 θ 与 b_3/b_1 关系图

由于在理论分析中，做了一些假设，使求得的理论收缩角 $\theta_{理}$ 与实际的收缩角有一些偏差，图6-1-11是通过实验资料的整理得出的收缩角修正值 $\Delta\theta$。可由求出的 $\theta_{理}$ 查出对应的修正值，则 $\theta_{理}+\Delta\theta$ 即是实际应采用的收缩角。

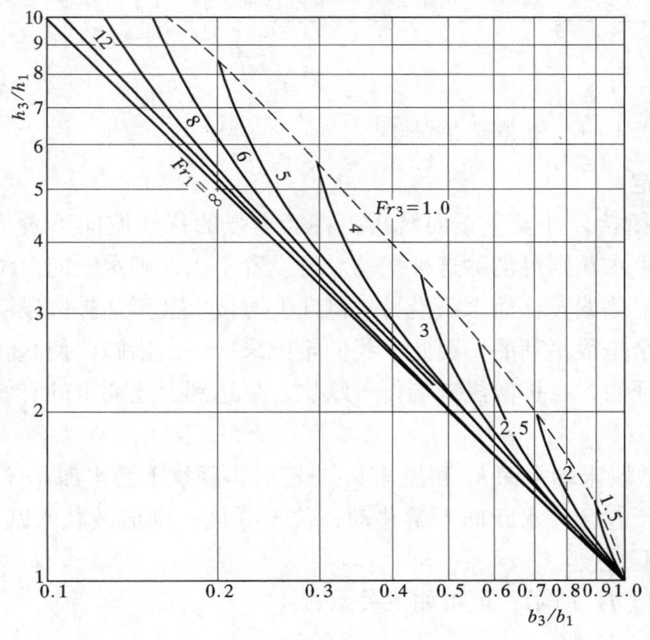

图 6-1-10 h_3/h_1—b_3/b_1 关系图

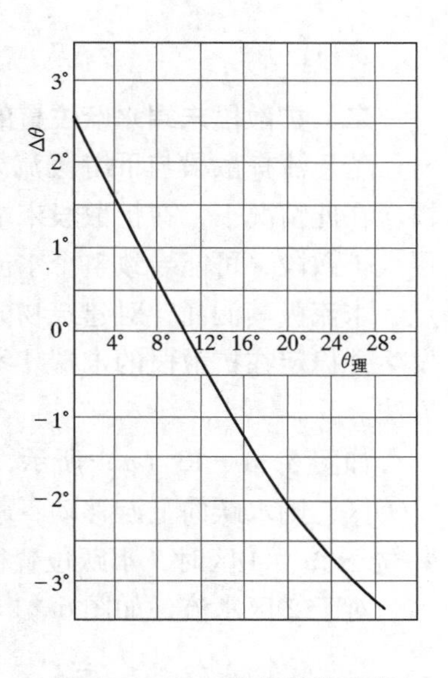

图 6-1-11 收缩角修正值

第五节　急流扩散段水力设计[5]

一、扩散段形状

扩散边界形状在曲度上连续变化，其方程为

$$\frac{y}{b_0}=\frac{1}{2}\left(\frac{x}{b_0Fr_0}\right)^{3/2}+\frac{1}{2} \tag{6-1-28}$$

式中　x、y——边界上点的坐标；

b_0——扩散段上游渠道宽度；

Fr_0——均匀来流弗劳德数。

为了平滑地与下游泄槽侧壁衔接，减少水流扰动，图 6-1-12 给出了不同扩展率 b/b_0（b 为下游泄槽宽度）的扩散段边界整体曲线形状，作为设计参考。

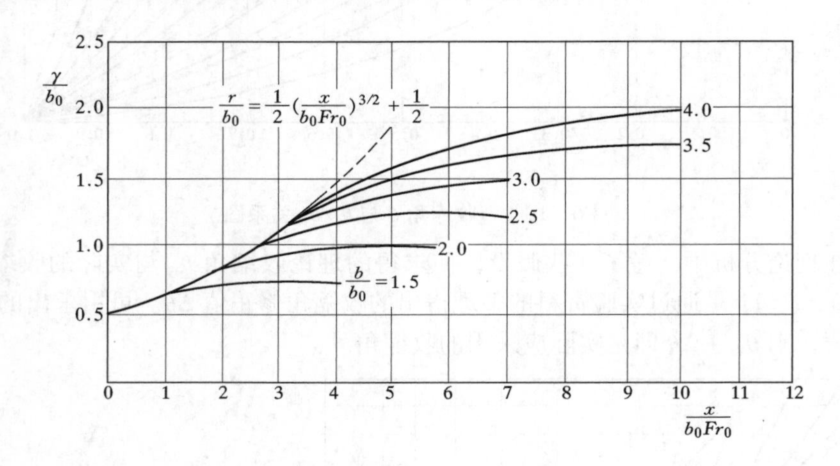

图 6-1-12　扩散段边界曲线

二、扩散段末端水跃位置的稳定

若急流扩散段与下游缓流渠道衔接，并发生正向转折，将产生强的扰动波向下游传播。在此情况下，在扩散段末端发生水跃则可消除这种扰动。若设置不当，则水跃向上游侵入扩散段，可能导致整个水流向一侧偏转，而水跃沿另一侧向上游侵入甚至达扩散段起点，水流极其汹涌，对建筑物的安全是很不利的。因此，我们希望采取一定措施，使水跃发生并稳定在扩散段的末端。实践证明，在扩散段末端作一跌坎，是达到上述要求的有效方法。

如图 6-1-13（a）所示，扩散段末端水深 h_1 和流速 u_1 一定时，跌坎下游水深 h_2 位于①区，则水跃向上游移动；若位于⑤区，水跃向下游移动；位于③区，则成波状水跃。h_2 位于②、④区时，水跃位置得以稳定。

对于②区水流，如图 6-1-13（b）所示，可得如下关系式：

$$Fr_1^2=\frac{1}{2}\times\frac{h_2/h_1}{1-h_2/h_1}\left[1-\left(\frac{h_2}{h_1}-\frac{d}{h_1}\right)^2\right] \tag{6-1-29}$$

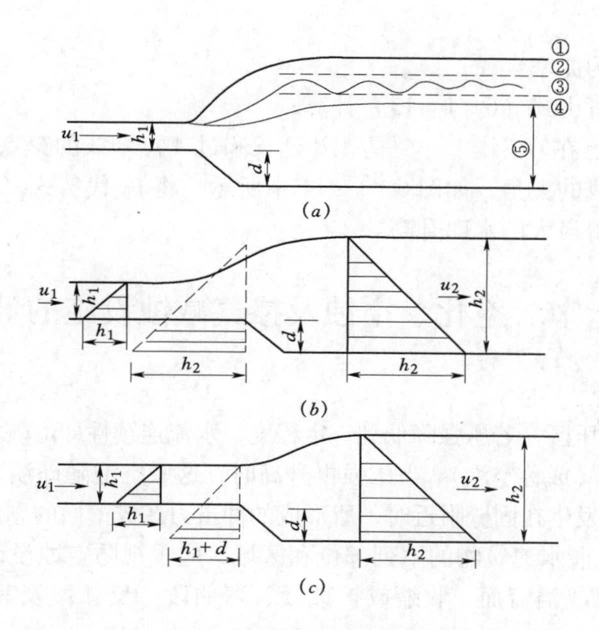

图 6-1-13　扩散段末端水跃

对于④区水流，如图 6-1-13（c）所示，可得如下关系式：

$$Fr_1^2 = \frac{1}{2} \times \frac{h_2/h_1}{1-h_2/h_1}\left[\left(\frac{d}{h_1}+1\right)^2-\left(\frac{h_2}{h_1}\right)^2\right] \qquad (6-1-30)$$

上述式中，$Fr_1 = \dfrac{u_1}{\sqrt{gh_1}}$。

由已知的扩散段末端水深 h_1 和 Fr_1 及下游水深 h_2，通过上述两式可得出所要求的水流状态的跌坎高度 d。

第六节　急流弯曲段冲击波的计算[5]

泄槽的弯段，通常只用一个常数半径的简单曲线连接两直段。急流进入弯段时常发生驻波。由于外墙向内偏转，内墙向外偏转，综合结果出现如图 6-1-14 所示的情形。图中 ABA' 以前为水流未受扰动的区域；ABC 是只受外墙扰动影响的区域，水面沿流程连续升高，至 C 为最高点；$A'BD$ 是只受内墙扰动影响的区域，水面沿流连续下降，至 D 为最低点。CBD 以后为两墙扰动同时影响的区域，以下即不断发生波的干扰、反射等作用向下游传播。

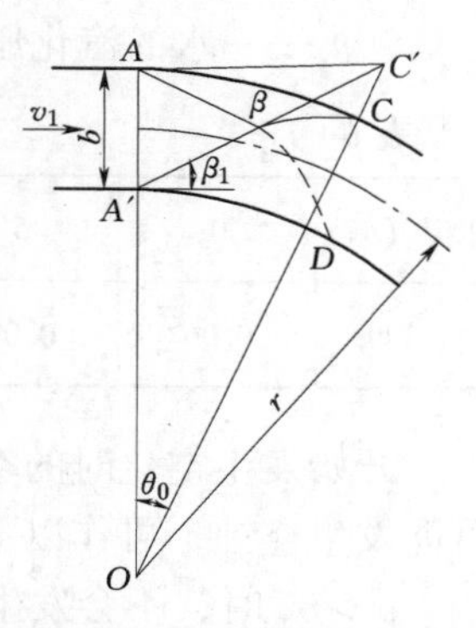

图 6-1-14　急流弯曲段

沿边墙水面变化，可依据上面小扰动冲击波的方法计算。相应于水面最高点 C 位置的中心角 θ_0，可用式（6-1-31）近似计算：

$$\theta_0 = \operatorname{arctg}\frac{b}{\left(r+\dfrac{b}{2}\right)\operatorname{tg}\beta_1} \qquad (6-1-31)$$

式中 b——槽宽；

r——槽中线的曲率半径；

β_1——波角，可由式（6－1－13）计算；

θ_0——假定 C 点在 OC' 线上，C' 是 $A'B$ 延长和过 A 点切线的交点，θ_0 为 OA 线和 OC 线所形成的夹角，如图 6－1－14 中所示。将 θ_0 代替式（6－1－14）中的 θ，便可求得最大的水面升高。

第七节 空化、空蚀及掺气减蚀设施的计算

一、初生空化数

水流流经局部低压区，若压强降低到一定程度，水流连续性即遭破坏，水流内部出现充满蒸汽和空气的汽泡（或称空泡），当压强再升高时，这些空泡随即溃灭，整个这一过程称为空化。当空泡溃灭发生在固壁附近时，所形成的冲击力造成壁面的剥蚀，称为空蚀。

在溢洪道和其他泄水建筑物的下列部位和区域，应重视防空蚀设计：

（1）闸墩、门槽、溢流面、收缩或扩散段、弯曲段、反弧段及其下游段、壁面局部不平整处等。

（2）异型鼻坎、分流墩、消力墩及趾墩处。

（3）水流空化数较小的部位和区域。

水流空化数 σ 可按下式计算：

$$\sigma = \frac{h_0 + h_a - h_v}{\frac{v_0^2}{2g}} \tag{6-1-32}$$

$$h_a = 10.33 - \frac{\nabla}{900} \tag{6-1-33}$$

式中 h_0——来流参考断面时均压强水头，m；

v_0——来流参考断面平均流速，m/s；

h_a——建筑物所在地区的大气压强水柱，m；

∇——当地海拔高度，m；

h_v——水的汽化压强水柱，m，见表 6－1－1。

表 6－1－1　水的汽化压强

水温（℃）	0	5	10	15	20	25	30	40
h_v（m）	0.06	0.09	0.13	0.17	0.24	0.32	0.43	0.75

开始发生空化时的空化数，称为初生空化数 σ_i。泄水建筑物的某些部位和区域是否可能发生空蚀，可作以下判断：

$\sigma > \sigma_i$ 时，不会发生空蚀；

$\sigma < \sigma_i$ 时，可能发生空蚀。

表 6-1-2

若干体型的初生空化数

部位		体型及初生空化数	参考断面（0—0）	特征水头（m）	特征流速（m/s）
闸墩墩头	半圆	$t/b=0.125$，$\sigma_i=1.15$			
	复合曲线	见下表	墩侧闸孔均匀段	断面平均测压管水头	断面平均流速
闸门槽[①]	矩形	$W/D=1.5\sim2.0$ $\sigma_i=0.6\sim0.8$			
	斜坡圆化	$W/D=1.5\sim2.0$ $\Delta/D=0.075\sim0.16$ $\Delta/X=1/10\sim1/12$ $R/D=0.10$ $\sigma_i=0.4\sim0.6$	紧靠门槽上游断面	断面平均测压管水头	断面平均流速
堰面局部变坡	堰面变坡	见下表	紧靠局部变坡上游断面	断面水深	断面平均流速

复合曲线：

L_0/t	t/b	R_1/t	R_2/t	R_3/t	σ_i
2.5	0.125	0.5			1.15
1.25	0.25	5.15	1.48		0.75
1.0	0.5	1.48	0.7	0.15	0.22
1.15	0.4	2.1	0.75	0.15	0.21
2.0	0.5	9.2	1.6	0.15	0.2

堰面变坡：

α	5°	16°	31°
σ_i	0.3	1.1	1.25

续表

部位		体型及初生空化数									计算初生空化数的参考断面及特征值：参考断面（0—0）	特征水头（m）	特征流速（m/s）
泄槽不平整度	三角形	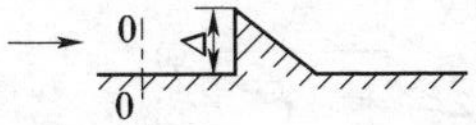 Δ/δ	0.015	0.03	0.06	0.1	0.2	0.6	1.0	$\Delta/\delta=12.2(\Delta/S)^{3/4}$ S—论及断面	紧靠突体上游断面	断面水深	断面平均流速
		σ_i	0.35	0.45	0.58	0.7	0.95	1.6	2.0				
	弓形	 $\Delta\delta$	0.035	0.06	0.1	0.2	0.6	1.8		流程： δ—论及断面边界层厚度			
		σ_i	0.32	0.40	0.46	0.58	0.74	0.82					
挑流鼻坎分流墩	三角锥体	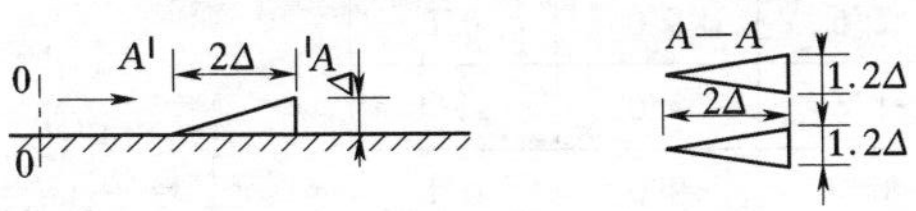 $\sigma_i=0.8$									紧靠坎上游断面	断面水深	断面平均流速
	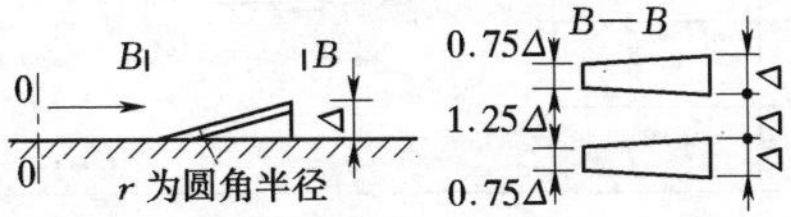 梯形平面（r 为圆角半径）	r/Δ	0.1	0.075	0.05	0.025	0						
		σ_i	0.12	0.12	0.2	0.25	0.68						
消力池内消力墩	矩形平面	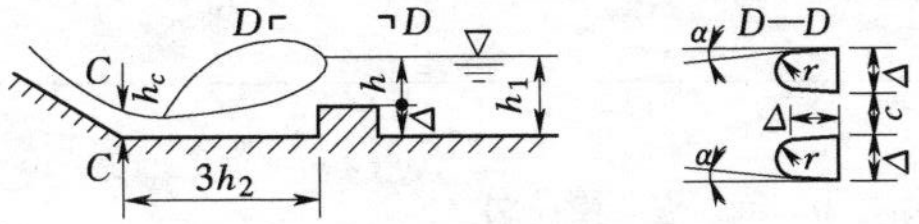 α	0°	5°	5°							墩顶以上水深	收缩断面流速
		r/Δ	0	0	0.13								
		c/Δ	0.37	0.3	0.30								
		σ_i	1.45	1.2	0.95								

① 表中所列初生空化数值适用于平底堰上的深孔门槽；对于设在曲线型堰上的表孔门槽，初生空化数应乘以1.2～1.5。

溢流体型的初生空化数，一般须通过试验的方法得出。表6－1－2为SL 253—2000《溢洪道设计规范》建议的若干体型的初生空化数。

二、不平整度控制

为避免发生空蚀，水流流经的不平整壁面应予处理，SL 253—2000《溢洪道设计规范》建议的不平整度控制标准见表6－1－3。

表6－1－3　不平整度控制标准

溢流落差（m）	不平整高度（mm）	无空蚀坡度		
		上游坡	下游坡	横向坡
20以下	60以下	任意	任意	任意
20～30	30以下	任意	任意	任意
	30～40	1:1	1:2	1:1
	40～60	1:1	1:2	1:1
30～40	8以下	任意	任意	任意
	8～10	任意	1:2	1:1
	10～20	1:2	1:4	1:2
	20～40	1:6	1:10	1:3
	40～60	1:10	1:12	1:3
40～50	5以下	任意	任意	任意
	5～10	1:4	1:8	1:2
	10～20	1:8	1:10	1:3
	20～40	1:12	1:14	1:3
	40～60	1:14	1:18	1:3
50～60	3.5以下	任意	任意	任意
	3.5～5	1:4	1:6	1:2
	5～10	1:10	1:14	1:3
	10～20	1:12	1:16	1:3
	20～40	1:16	1:18	1:3
	40～60	1:20	1:22	1:3
60～70	2.5以下	任意	任意	任意
	2.5～5	1:7	1:11	1:2
	5～10	1:14	1:18	1:3
	10～20	1:16	1:20	1:3
	20～40	1:20	1:24	1:3
	40～60	1:24	1:28	1:3
70～80	10以下	1:20	1:24	1:3
	10～20	1:22	1:26	
	20～40	1:26	1:30	
	40～60	1:28	1:34	
80～90	10～20	1:28	1:32	1:4
	20～40	1:30	1:36	
	40～60	1:34	1:40	
90～100	10～20	1:32	1:38	1:4
	20～40	1:36	1:42	
	40～60	1:40	1:46	

SL 253—2000《溢洪道设计规范》指出：水流掺气后，不平整度控制标准可适当放宽。当流速为35 ~42m/s、近壁掺气浓度为3% ~4%时，垂直凸体高度不得大于30mm；近壁掺气浓度为1% ~2%时，垂直凸体高度不得大于15mm；对于高度大于15mm的凸体，应将其迎水面削成斜坡，坡度可按图6-1-15选用。

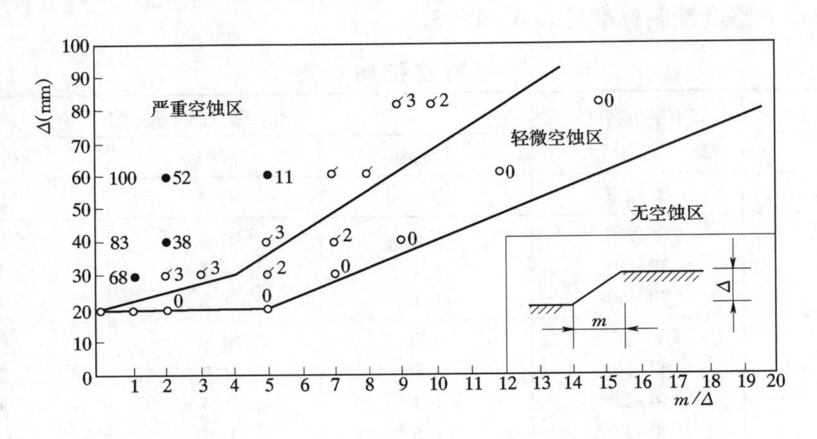

图6-1-15 掺气水流不平整度迎水面斜坡

（图中测点右上角数值为空蚀深度，单位为mm）

三、掺气减蚀设施

掺气减蚀设施体型可采用挑坎、跌坎、通气槽及其各种组合形式（见图6-1-16），布置在易于发生空蚀的部位的上游。规范指出，在掺气减蚀设施保护范围内，近壁处掺气浓度不得低于3% ~4%[6]。

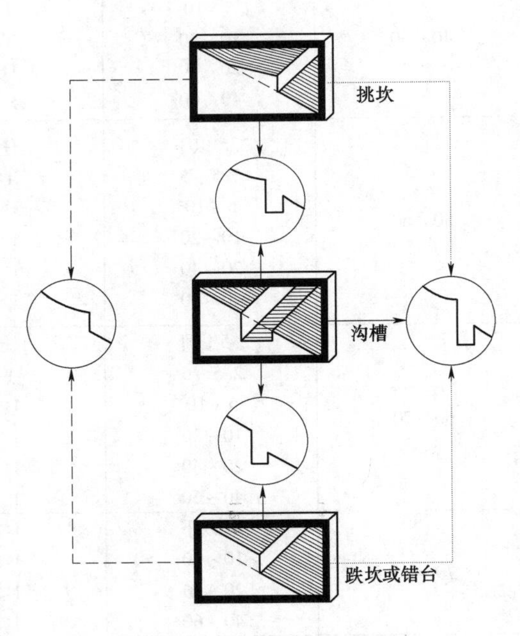

图6-1-16 掺气减蚀措施

1. 体型尺寸

体型尺寸应保证在设计水头范围内，形成稳定的通气空腔。规范建议[6]：

（1）单用挑坎或挑坎与通气槽组合时，挑坎高度Δ可取0.5 ~0.85m，单宽流量大时取大值。

（2）单用跌坎时，坎高d可取0.6 ~2.7m，泄槽坡度较陡时，取其小值。

（3）挑坎与跌坎组合时，挑坎高度Δ可取0.1 ~0.2m，挑角5° ~7°，跌坎高d可比单用时取值略小。

（4）通气槽尺寸以能满足布置通气孔出口的要求而定。槽下游边坡宜削成水平。当单用挑坎时，坎高可由下式估算[7]：

$$\frac{\Delta}{R} \geqslant 23.5\left(\frac{V_0}{\sqrt{gR}}\frac{1}{\cos\alpha\cos\theta}\right)^{-3} \tag{6-1-34}$$

式中　R——水力半径；

Δ——挑坎高度；

V_0——来流流速；

α——泄槽与水平面的夹角；

θ——挑坎与泄槽间的夹角。

2. 空腔长度

如图 6－1－17 所示，空腔长度 L 可由下式估算[7]：

$$\frac{L}{h_0}=BC+\left\{Fr_0^2\frac{\cos(\alpha-A\theta)}{\cos^2\alpha}\left[\sin A\theta+\sqrt{\sin^2 A\theta+\frac{2g\left(\Delta+h_0/2\right)}{V_0}\cos\alpha}\right]+\frac{\Delta+h_0/2}{V_0^2}\text{tg}\alpha\right\} \quad (6-1-35)$$

式中　h_0——来流水深；

Fr_0——来流弗劳德数，$Fr_0=V_0/\sqrt{gh_0}$；

其余符号意义同前。

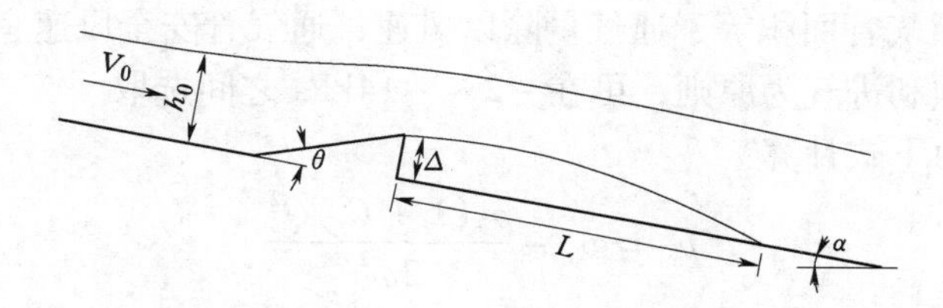

图 6－1－17　挑坎空腔长度计算图

式（6－1－35）中的系数 A、B、C 可查图 6－1－18、图 6－1－19、图 6－1－20 得到。

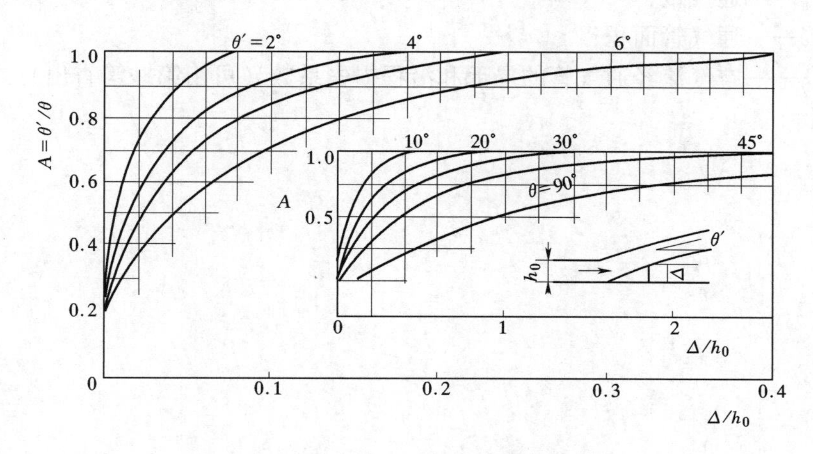

图 6－1－18　系数 A 取值图

3. 通气量

通气量 Q_a 可由下式估算[7]

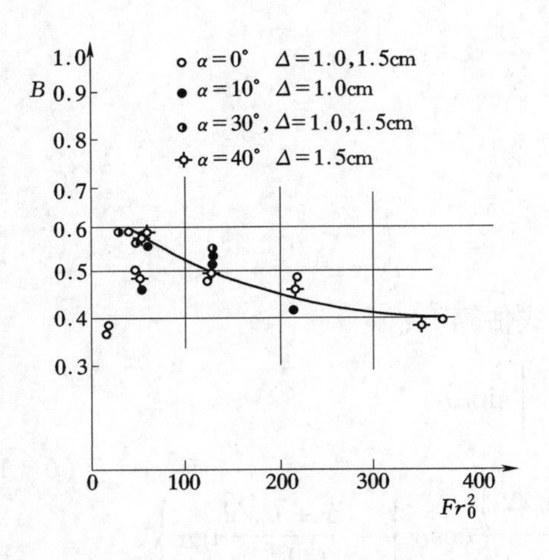

图 6-1-19 系数 B 取值图

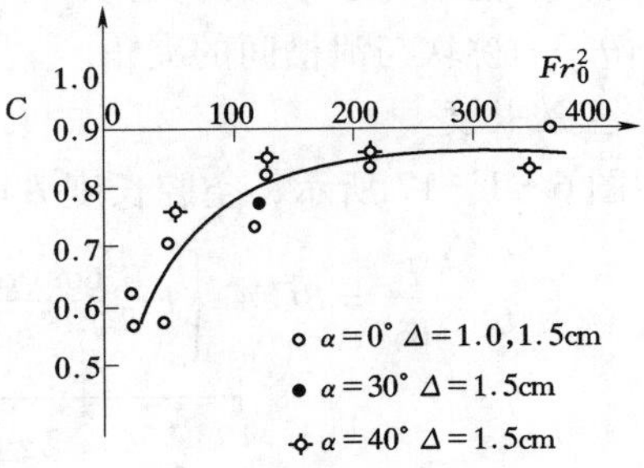

图 6-1-20 系数 C 取值图

$$Q_a = 0.022 V_L B L \tag{6-1-36}$$

式中 V_L——空腔末端断面的平均流速；

B、L——空腔的宽度、长度。

规范[6]指出：通气管面积等于通气量除以风速，通气管安全风速宜小于60m/s。空腔的压强应保证空腔顺利进气为原则，可在-2～-14kPa之间选取。

空腔的压强可由下式计算

$$p_c = p_a - \frac{\rho_a(1 + C_f)Q_a^2}{2\omega^2} \tag{6-1-37}$$

式中 p_c、p_a——空腔和大气压强；

ρ_a——空气密度；

Q_a——通气量；

ω——通气管面积；

C_f——空气流经通气管的局部和沿程损失系数（可由第一篇查出）之和。

第二章　河岸侧槽式溢洪道

侧槽溢洪道是在水库一侧傍山开挖的泄水建筑物，主要由溢流堰、侧槽和泄水道（泄槽）三者组成，如图6-2-1所示。溢流堰和泄槽的水力计算已分别在第三篇和本篇第一章介绍过，现主要阐述侧槽的水力计算。

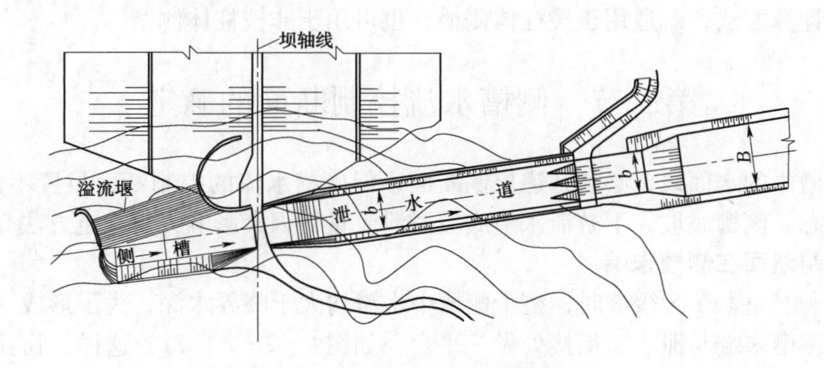

图6-2-1　河岸式侧槽溢洪道

第一节　侧槽内水面线的计算

侧槽内水流为沿程变量流，其水面曲线可用下列方程计算：

$$\Delta z=\frac{Q_1(v_1+v_2)}{g(Q_1+Q_2)}\left[(v_2-v_1)+\frac{v_2}{Q_1}(Q_2-Q_1)\right]+\bar{J}\Delta s \qquad (6-2-1)$$

$$\bar{v}=\frac{v_1+v_2}{2};\ \bar{R}=\frac{R_1+R_2}{2}$$

式中　Δs——计算流段长；

Δz——计算流段 Δs 的两端断面的水位差；

$\bar{J}$——计算流段内平均水力坡降，$\bar{J}\approx\frac{\bar{v}^2n^2}{\bar{R}^{4/3}}$；

v_1、v_2 和 R_1、R_2——计算流段上、下游断面平均流速和水力半径；

Q_1、Q_2——计算流段上、下游断面所通过的流量，$Q_2=Q_1+q\Delta s$；

q——过堰单宽流量。

计算步骤如下：

（1）将侧槽划分为若干流段，并确定控制断面，把包括控制断面在内的流段作为起始的第一流段首先进行计算。

（2）由已知下游断面水深 h_2，算出该断面面积 ω_2、水力半径 R_2 及流速 v_2。

(3) 根据地形及水流条件，确定侧槽纵坡。

(4) 假定水位差 Δz，算出上游断面水深 h_1，并算出相应的 ω_1、R_1、v_1。

(5) 算出 $\bar{J} \approx \dfrac{\bar{v}^2 n^2}{\bar{R}^{4/3}}$，$\bar{v} = \dfrac{v_1 + v_2}{2}$，$\bar{R} = \dfrac{R_1 + R_2}{2}$，如果计算流段不长，可略去 $\bar{J}\Delta s$ 项。

(6) 将以上所得值代入式（6－2－1），求得计算流段两端的水位差 Δz，若计算的 Δz 与（4）中假定的水位差相等，则认为假定是正确的，否则需再次假定水位差，重复(4)、(5)、(6) 步骤，直到两者一致为止。

(7) 把第一流段所求出的上游断面水深 h_1，作为第二流段已知的下游断面水深，进行第二流段的计算，以后各段类推。

以上的计算方法，既适用于棱柱体侧槽，也可用于非棱柱体侧槽。

第二节 侧槽水流控制断面的确定

计算侧槽中的水面线，必须知道控制断面，但侧槽水流的控制断面位置不是固定的，它受水流状态、侧槽底坡、下游泄水道底坡及泄流量等因素影响，其确定方法介绍如下。

一、控制断面在侧槽末端

(1) 当侧槽底坡 i 为缓坡时，整个侧槽中水深均大于临界水深，为了形成一个控制断面，一般在侧槽末端与泄水道衔接处做一平台，如图 6－2－2（a），这样，临界水深可认为发生在水平段末端和泄水道交界处，平台段长度可取 3～4 倍临界水深或更长一些（或在平底衔接末端加建一升坎），如图 6－2－2（b），坎高 d 可确定为

$$d = \left(h_L + \frac{v_L^2}{2g}\right) - \left[h_k + \frac{v_k^2}{2g} + \zeta\left(\frac{v_k^2 - v_L^2}{2g}\right)\right] \qquad (6-2-2)$$

式中 h_k、v_k——升坎断面临界水深和流速；

h_L、v_L——侧槽出口断面水深和流速；

ζ——局部阻力系数，可取 $\zeta = 0.2$。

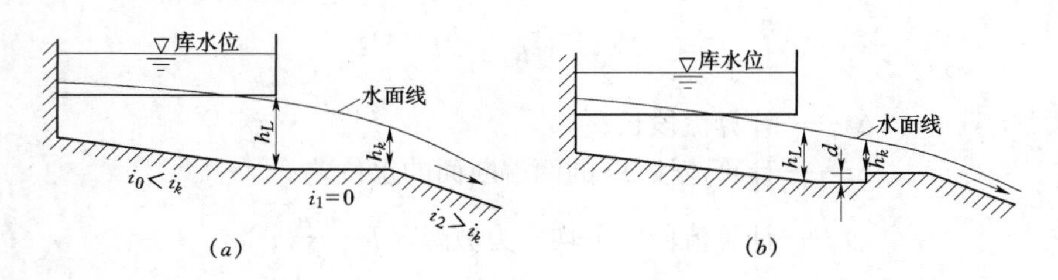

图 6－2－2 控制断面在侧槽末端

对上式中的侧槽末端断面水深 h_L 的确定方法如下：当侧槽内水流为缓流且 侧槽出口断面水深大于临界水深时，可通过经验或试验方法定出，现介绍以下方法。

1) 对非棱柱体矩形槽按经验方法定出[8]：

$$h_L = nh_k \qquad (6-2-3)$$

式中 n——系数，查表 6－2－1，表中 b_0 为侧槽起始断面底宽，b_L 为侧槽出口断面底宽。

表 6-2-1　　系　数　n

b_0/b_L	1	1/2	1/3	1/5
n	1.2～1.3	1.25～1.35	1.3～1.4	1.35～1.45

2）对侧槽长度比 $L/b\leqslant6$ 的棱柱体矩形侧槽，由试验定出[9]：

$$h_L = 1.57(h_k - bc) \qquad (6-2-4)$$

式中　h_k——出口断面临界水深；

b——侧槽底宽；

c——系数，随底坡 i 及侧槽长度 L 与宽度 b 之比值而定，可查图 6-2-3 曲线。

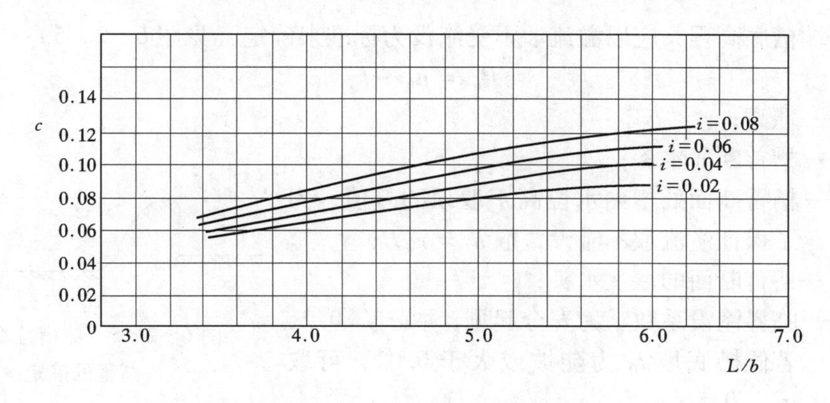

图 6-2-3　c—L/b 关系图

（2）当侧槽底坡较大，可能使侧槽出口刚好等于其相应的临界水深，则控制断面取在出口断面上。初步计算时，可用下式判别（即出口水深恰好等于其临界水深的侧槽底坡）[10]：

$$i = \frac{1.8\omega_k}{LB_k} \qquad (6-2-5)$$

式中　L——侧槽长度；

ω_k、B_k——出口断面水深为临界水深时相应的过水断面面积和水面宽度。

式（6-2-5）适用于棱柱体侧槽。

二、控制断面发生在侧槽段内

当侧槽底坡较陡，槽内可能出现部分急流，临界水深发生在侧槽内某一断面上，此断面的位置可用临界曲线法[11]求得，具体作法如下：

（1）将侧槽分成为若干流段，计算出各分段断面处的流量。

（2）根据侧槽断面的形状、尺寸及各分段断面流量，计算各相应断面的临界水深 h_k。

（3）令各断面水深等于该断面所对应的临界水深，并由式（6-2-1）算出各流段两端断面的

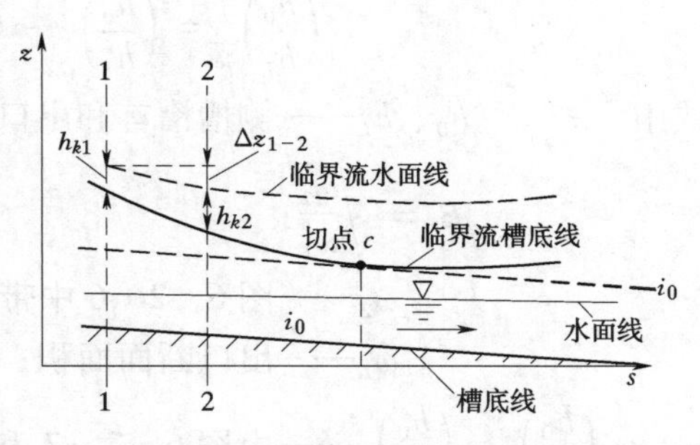

图 6-2-4　确定侧槽内临界水深的临界曲线法

水位差 Δz。计算时可选定上游某断面 1—1 的 h_k 作为水深 h_1，算出其相邻两断面水位差 Δz_{1-2}，即得第二断面水位。仿此可分段推算出各断面水位，见图 6－2－4 中的虚曲线。

（4）由临界水深的水面线，减去各相应断面的临界水深，则得临界流的槽底线。

（5）实际槽底线为一坡度等于 i_0 的直线，如将槽底线平行移动，令此线与临界流槽底线相切，在该切点处的断面即为侧槽内惟一产生临界水深的断面。以此断面为控制断面，分别向上、下游计算水面落差，便得侧槽水面线。

第三节　侧槽首端槽底高程及槽首断面水深的确定

侧槽首端槽底高程，应以溢流堰不受淹没为标准来确定（见图 6－2－5）：

$$P_0 = h_0 - h_s \tag{6-2-6}$$

式中　P_0——堰高；

h_0——槽首断面水深；

h_s——槽首断面处槽内水位高于堰顶的差值，为了保证溢流堰不淹没，取 $h_s = \sigma_{sk} H$；

H——槽首断面的堰上水头；

σ_{sk}——临界淹没系数，为安全起见，取 $\sigma_{sk} = 0.2$，若侧槽底坡 i_0 为陡坡或大于 0.02，可取 $\sigma_{sk} = 0.5$。

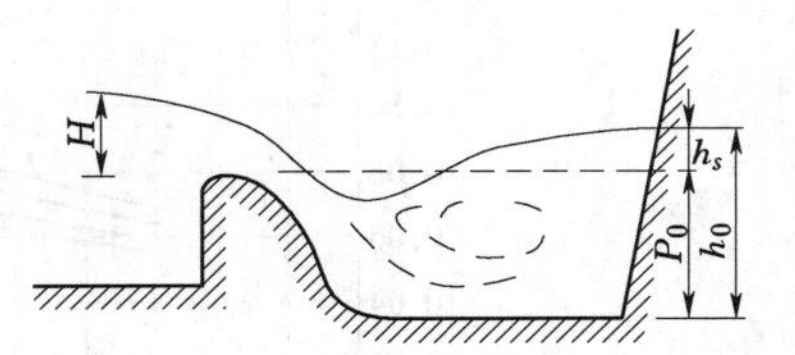

图 6－2－5　侧槽首端槽底高程的确定

由堰顶高程减去 P_0，即为槽首端槽底高程。

为了保证侧槽溢流堰不淹没，一般建议以校核洪水作为侧槽的设计流量。

在对侧槽进行方案比较和初步设计阶段，常不必全部算出侧槽中的水面线，只需把侧槽首端水深 h_0 算出，就可确定侧槽的主要尺寸和估算工程量。

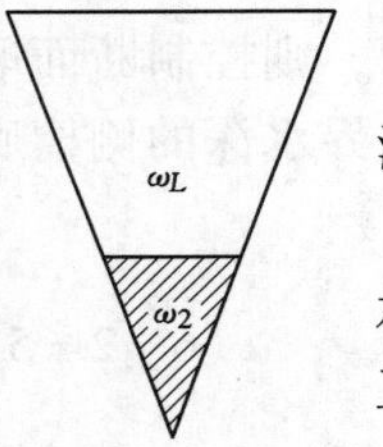

图 6－2－6　侧槽梯形断面

下面介绍已知侧槽出口水深 h_L 来直接计算槽首断面水深 h_0 的图解法[12]。此方法适用于棱柱体侧槽情况；对 $\frac{b_L}{b_0} \leqslant 2.5$ 的非棱柱体侧槽，也可近似应用。b_L 和 b_0 分别为侧槽末端和槽首断面的底宽。当侧槽断面为梯形时，

$$\left(\frac{h_0}{h_L}\right)_T = \left(\frac{h_0}{h_L}\right)_G - (1/3)^{\beta}\left[\left(\frac{h_0}{h_L}\right)_G - \left(\frac{h_0}{h_L}\right)_S\right] \tag{6-2-7}$$

式中　h_0、h_L——侧槽槽首和出口处的水深；

$\beta = \sqrt{\frac{\omega_2}{\omega_L}}$；

ω_2——图 6－2－6 中带阴影的三角形面积，由出口断面边坡延长而得；

ω_L——出口断面面积；

$\left(\frac{h_0}{h_L}\right)_G$、$\left(\frac{h_0}{h_L}\right)_S$——由图 6－2－7 和图 6－2－8 查出，图中 $Fr = \frac{v_L}{\sqrt{gh_L}}$、$G = \frac{iL}{h_L}$，$v_L$

及 h_L 分别表示出口断面的流速和水深，i 为底坡，L 为侧槽长度；

下标 T、G、S——断面为梯形、矩形和三角形。

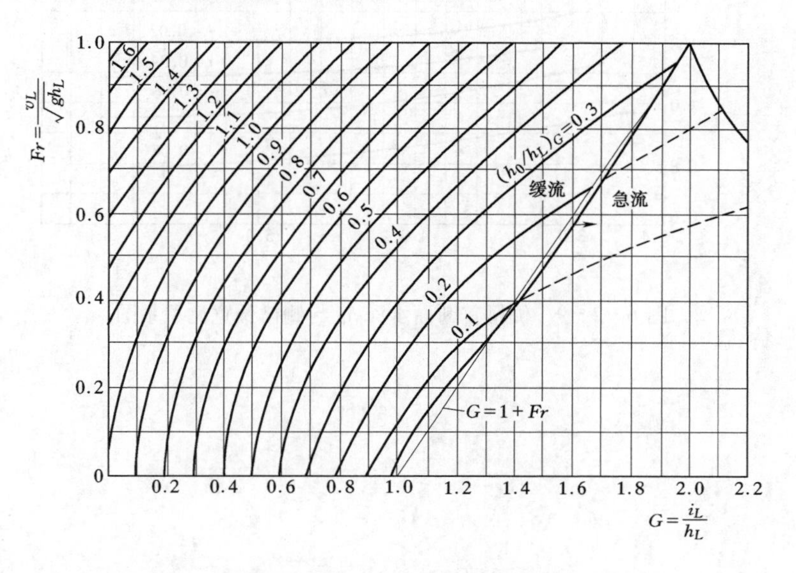

图 6-2-7　Fr—G 关系图（一）

若侧槽断面为矩形或三角形，其槽首断面水深可直接分别通过图 6-2-7 和图 6-2-8 求出。

在槽长和槽宽的比值 L/b 不大于 6、底坡 $i=0.02\sim0.08$ 时，棱柱体矩形断面侧槽槽首断面水深 h_0，也可从图 6-2-9 直接求出。

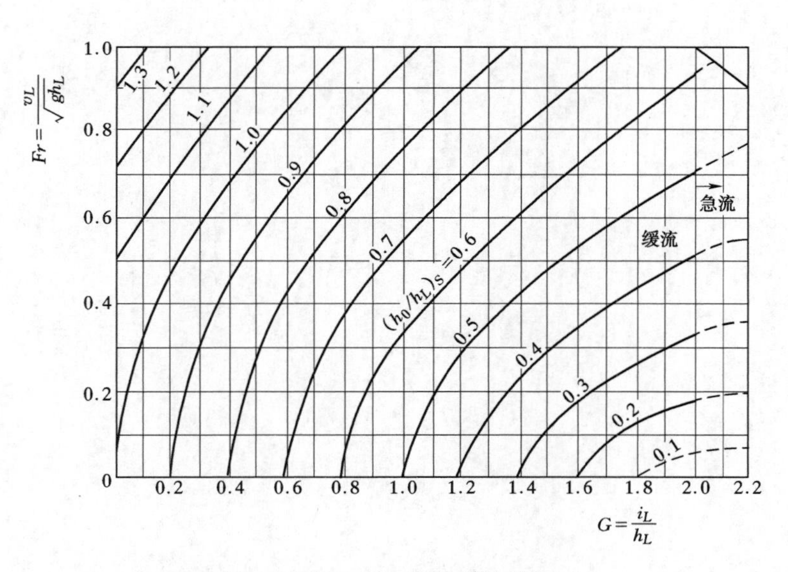

图 6-2-8　Fr—G 关系图（二）

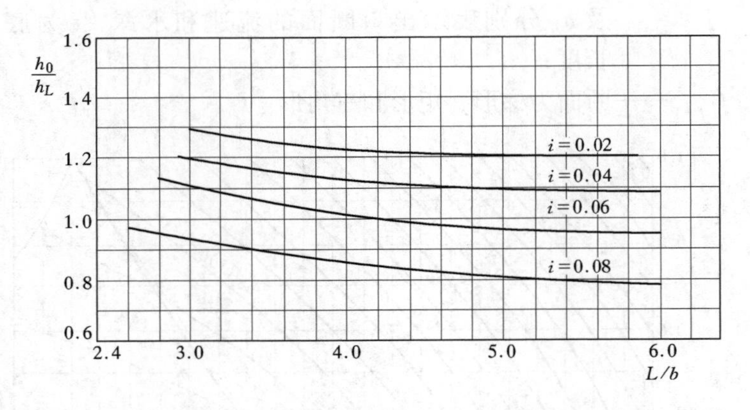

图 6-2-9 侧槽首断面水深 h_0 与侧槽长宽比关系图

第三章　竖井式溢洪道

竖井式溢洪道由以下四部分组成:

（1）进水喇叭口。

（2）渐变段。

（3）竖井。

（4）弯管及出水隧洞（见图6-3-1）。

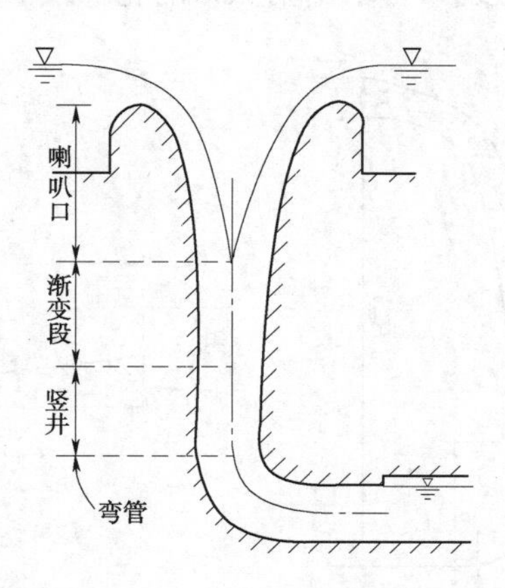

图6-3-1　竖井式溢洪道

为了进水平稳，进水喇叭口采用自由溢流环堰。溢流水舌交汇点处为喇叭口终点，以下用渐变段与竖井相接。

第一节　有平顶段的竖井式溢洪道[3,13]

一、建筑物尺寸的确定

1. 喇叭段

当喇叭口的半径 $R>(5\sim7)H$ 时，宜采用有平顶段（即有斜面段）的喇叭口，H 为堰顶水头，如图6-3-2（b）所示。

根据试验，当斜面倾角 $\alpha=6°\sim9°$ 时，斜平面段末端的水流深度（即曲面段与斜面段相交点断面的水深）$h_0=0.65H$；该断面的流速为

$$v_0=\frac{Q}{2\pi r_0(0.65H)} \tag{6-3-1}$$

式中　$r_0=R-B-\frac{h_0}{2}\sin\alpha$。

当 $R=(5\sim7)H$ 时，斜平面段的水平投影长度一般采用

$$B = (3 \sim 4)H$$

或

$$B = (0.4 \sim 0.5)R$$

确定喇叭口曲线段轮廓线时，认为溢流水舌中心线方程为

$$y = x\text{tg}\alpha + \frac{1}{2}g\left(\frac{x}{v_0\sin\alpha}\right)^2 \tag{6-3-2}$$

沿水舌中心线各点的流速 v_n 和水舌厚度 h_n 为

$$v_n = \sqrt{v_0^2 + 2gy} \tag{6-3-3}$$

$$h_n = \frac{Q}{2\pi(r_0 - x)v_n} \tag{6-3-4}$$

h_n 求出后，根据水舌中心线即可求出喇叭口的轮廓线。

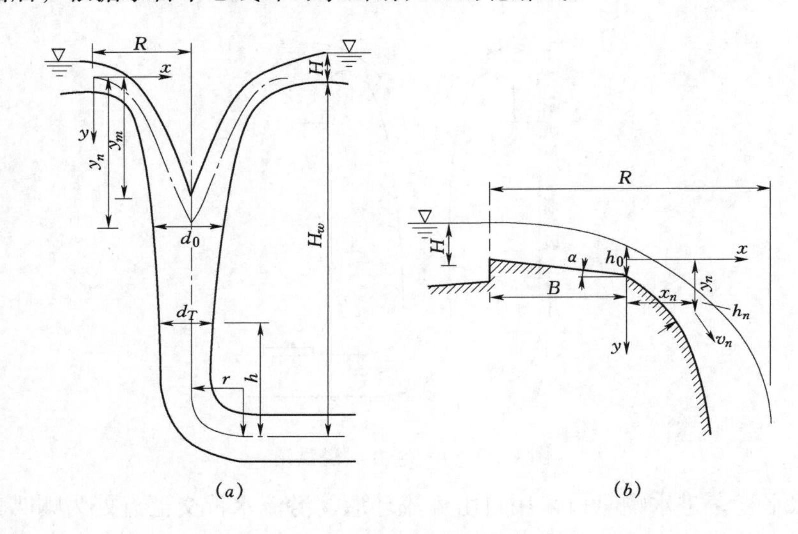

图 6-3-2 有平顶段的溢洪道

2. 渐变段

如果出水隧洞的直径 $d_T < d_0$，d_0 为竖井开始处的直径，则需要一段圆锥形的渐变段，使喇叭口与竖井平顺连接，渐变段的起始断面，即为喇叭口的终点断面。渐变段起始断面的流速为

$$v_y = 0.98\sqrt{2gy_m} \tag{6-3-5}$$

式中 y_m——水舌自由表面交点的纵坐标，见图 6-3-2 (*a*)。

渐变段起始断面的直径 d_0 为

$$d_0 = \sqrt{\frac{4Q}{\pi v_y}} \tag{6-3-6}$$

渐变段其余各断面的直径，可根据每一个断面的流速 $v = 0.98\sqrt{2gy}$ 求得。

渐变段末端断面，其水流由自由下落的水舌过渡到有压流，因此渐变段末端断面应高于出口断面 *B*—*B*，其高差为 *h*，见图 6-3-2 (*a*)。因弯管与出水隧洞的直径相同，故位

能 $h=\sum h_w$（不包括出口损失），根据此条件可确定出水隧洞直径 d_T。

3. 弯管及出水隧洞

竖井与隧洞用弯管连接，弯管曲线半径不应小于 $(2.5\sim4.0)d$，d 为弯管的直径。如果半径太小，则在转弯处可能产生较大负压。出水隧洞可为有压隧洞或无压隧洞：当为有压隧洞时，弯管直径一般等于出水隧洞的直径；当为无压隧洞时，弯管断面面积和断面高度小于出水隧洞的断面面积和断面高度。

渐变段以上，建筑物的轮廓设计要与水流大致吻合，所以一直到渐变段末端的压强可认为是大气压。渐变段以下，直径不变的竖井中常常会发生负压，引起建筑物的空蚀及振动。通气可以有效地减少负压，通气孔的面积，约可采用竖井面积的 10% ~15%。条件许可时，使竖井断面逐渐向下收缩，也可使负压减少。

二、泄流量的计算

泄流量按堰流公式计算，即

$$Q = m2\pi R\sqrt{2g}H_0^{3/2} \tag{6-3-7}$$

当进口有 n 个厚度为 d 的闸墩时，则用式（6－3－8）计算：

$$Q = \varepsilon m(2\pi R - nd)\sqrt{2g}H_0^{3/2} \tag{6-3-8}$$

根据试验，包含有斜平面段喇叭口的溢洪道流量系数 $m=0.36$，侧收缩系数 $\varepsilon=0.9$。

第二节　无平顶段的竖井式溢洪道[3,13]

无平顶段竖井溢洪道（见图6－3－3）的流量系数比有平顶段竖井溢洪道的要高，可按 $m=0.46$ 计算。根据试验，堰顶处水深 $h_0=0.75H$，堰顶处断面平均流速为

$$v_R = \frac{Q}{2\pi R(0.75H)} \tag{6-3-9}$$

水舌中心点轨迹方程为

$$y = \frac{gx^2}{2v_R^2} \tag{6-3-10}$$

喇叭口段任意断面的流速为

$$v_n = \sqrt{v_R^2 + 2gy} \tag{6-3-11}$$

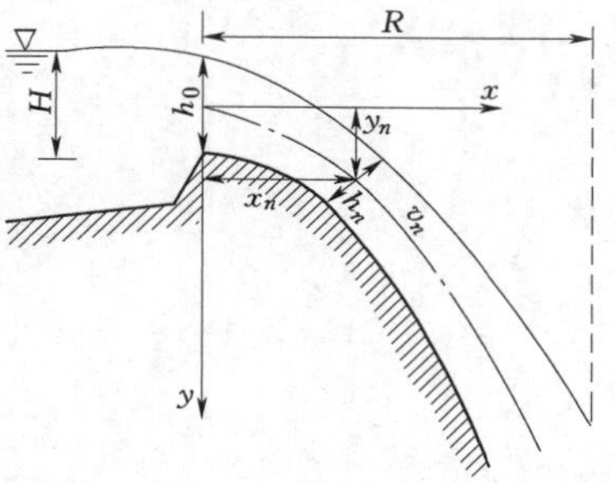

图 6－3－3　无平顶段竖井溢洪道

流速已知后即可求出水流厚度，从而定出喇叭口曲线段的轮廓。

渐变段及弯管等的计算，与有平顶段竖井溢洪道的计算方法相同。

参　考　文　献

1　武汉水利电力学院水力学教研室. 宽浅式溢洪道进口水力计算中的几个问题. 武汉水利电力学院学报，1977（2）

2 江西省水利水电科研所．中小型水库宽浅式溢洪道水力设计．水利科技，1978 增刊
3 武汉水利电力学院水力学教研室编．水力计算手册．北京：水利出版社，1980
4 李建中，宁利中．高速水力学．西安：西北工业大学出版社，1994
5 李炜．急流力学．北京：中国水利水电出版社，1997
6 SL 253—2000 溢洪道设计规范．北京：中国水利水电出版社，2000
7 陈椿庭．高坝大流量泄洪建筑物．北京：水利电力出版社，1988
8 Чавтораев А И. Оълегченные Водозаьорные Сооружения наТорных Реках, 1958
9 农业部农田水利局编．中小型水库侧槽式溢洪道的设计．北京：水利电力出版社，1958
10 陕西水利科学研究所．侧槽溢洪道的水力设计．1977
11 Hinds C J. Engineering for Dams. Vol. 1，1944
12 Li. W. H. Open channels with nonuniform discharge. Trans. ASCE，Vol. 120，1954
13 华东水利学院编．水工设计手册（第六卷）泄水与过坝建筑物．北京：水利电力出版社，1987

第七篇

水工隧洞的水力计算

水工隧洞是水利工程中一个重要的组成部分。由于水工隧洞本身的特点，除了地形和地质条件外，它还涉及到许多水力学问题。首先，为保证水工隧洞能够起到预期的作用，必须获得良好的水流形态，因此要进行流态判别。其次，要对水工隧洞的泄流能力、水头损失、压坡线、水面线进行计算，同时要确定各种过渡段的型式。最后，还有特殊的水力分析问题，例如通气管的设计和空蚀问题等。

按水工隧洞的作用，常分为泄洪隧洞（即泄水隧洞）、引水隧洞、导流隧洞、排沙隧洞等，也可以把各种用途适当地结合起来，做到一洞多用。

水工隧洞的设计按不同的工程需要和可能性，可以设计为有压流（即全洞为满流运行），这时要进行压坡线的计算；也可以设计为无压流（即明渠流运行），此时要进行水面曲线的分布与计算。有时也可以将进口段设计为有压流，下游段为无压流。这些由其用途、地质条件及结构受力要求等因素来确定。

有关明渠急流冲击波和消能水力计算，已由各篇另行介绍，此处不再赘述。

第一章　隧洞水流的计算

第一节　隧洞的水流流态及其判别

一、隧洞水流流态

隧洞水流的流态有三种：有压流、无压流和半有压流。半有压流又分为头部水流封闭而洞身为无压流和洞身前半部为有压流后半部为无压流的两种半有压流状态。

对一定的隧洞，其水流流态主要取决于洞前的上游水位和洞出口的下游水位。当下游水位较高，以致降低了隧洞的泄流能力，此时隧洞为淹没出流；当下游水位较低，对泄流能力不起影响时的出流称为自由出流。

下游水位高于洞顶，并发生淹没水跃（即下游水位已淹没出口洞顶），此时流态为淹没出流，且全洞为有压流。如果下游水位较低，且为自由出流时，其洞内流态决定于上游水位、洞身底坡、进口型式、洞长等因素，此时流态的变化比较复杂，可简述如下[1,2]。

二、缓坡隧洞的流态

如图7－1－1为缓坡隧洞自由出流（$i<i_k$，i为洞身底坡，i_k为临界坡）。当上游水位较低，即比值H/a小于某一常数k_1时洞内水流仍保持为无压流，见图7－1－1（a）。H为以隧洞进口断面底板高程起算的上游水深，a为洞高。当上游水位增加，以至H/a大于k_1，但又小于另一常数k_{2m}时，对隧洞进口上部为锐缘且洞长较短，则出现水流封闭进口而洞内为无压流的半有压流状态，见图7－1－1（b）；但隧洞较长，无论进口顶部为锐缘或曲线时均将出现洞内前一段为有压，后一段为无压的半有压流状态，见图7－1－1（c）。当上游水位增加，以至H/a大于k_{2m}时，则全洞变为有压流，见图7－1－1（d）。

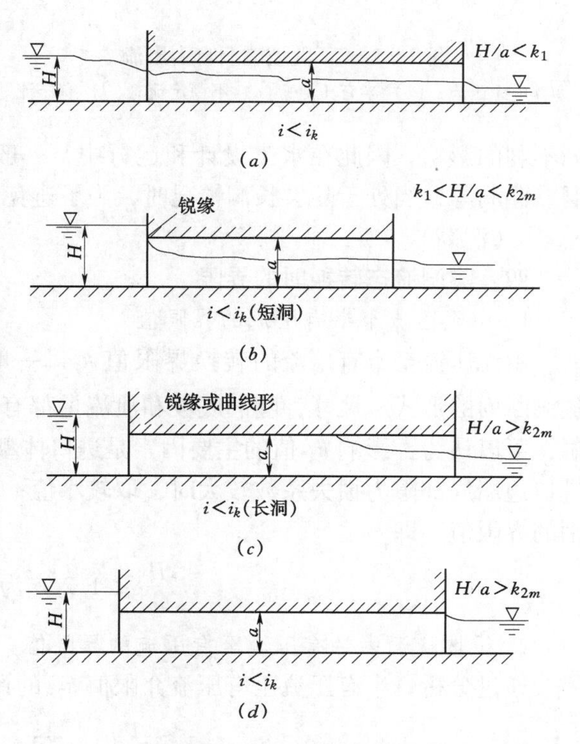

图7－1－1　缓坡隧洞自由出流

（a）无压流；（b）半有压流；（c）半有压流；（d）有压流

三、陡坡隧洞的流态

图7－1－2为陡坡隧洞（$i>i_k$）自由出流。当上游水位较低，$H/a<k_1$时，为无压流，见图7－1－2（a）。当上游水

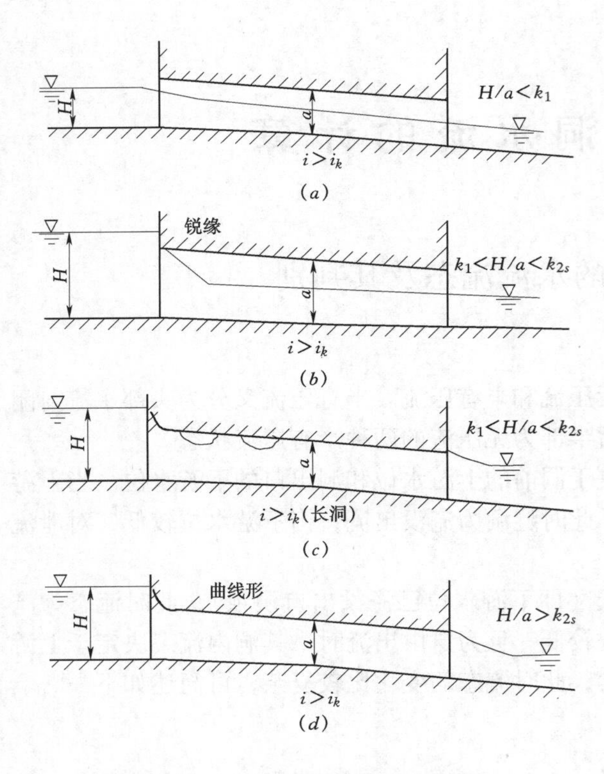

图 7-1-2 陡坡隧洞自由出流

(a) 无压流；(b) 半有压流；(c) 不稳定流；(d) 有压流

位增加，以至 H/a 大于 k_1 而小于另一常数 k_{2s}时，对隧洞进口顶部为锐缘，正常水深 h_0 大于洞高 a，但洞较短，或正常水深 h_0 小于洞高 a 时，将出现水流封闭进口而洞内为无压流的半有压状态，见图 7-1-2（b）。但无论进口顶部为锐缘或曲线形，当 $h_0>a$，洞较长，H/a 大于 k_1 而又小于某一常数 k_{2s}时，洞内将出现时而为无压，时而为有压，并伴随着不稳定的气囊的周期性水流现象，见图 7-1-2（c）。当上游水位增加至 $H/a>k_{2s}$时，全洞为有压流，见图 7-1-2（d）。

上述所谓的洞较短（半有压短洞）或洞较长（半有压长洞）的区分标准，详见本章第四节的水力计算。

图 7-1-2（c）所示的不稳定流态，将使洞内水流的动水压力、流速和流量等水力要素均发生周期性变化，从而对隧洞结构的受力状态、泄流能力、出口消能以及下游河道等，都产生一系列不利的影响。因此在水工设计和运行中，一般不允许采用这种流态。对导流洞、放空洞、涵洞等，当处于陡坡长洞情况时，为了避免这种流态，可做成锐缘进口和使正常水深 $h_0<a$（洞高）。

四、隧洞流态转换时的界限

1. 由无压流至半有压流的界限值

由无压流至半有压流的转换界限值 k_1，一般地说，与进口两侧边墙的形式、尺寸，隧洞断面的形式、尺寸，隧洞底坡和泄流量都有关，均由试验决定[1,3]。对一般的泄水隧洞，可以认为：影响 k_1 值的主要因素是进口体型。k_1 值的变动范围在 1.1～1.3 之间。当进口边墙局部阻力损失系数较大时，取较小值；反之取较大值。一般可取 $k_1=1.2$ 作为判别的界限值。即

$$\frac{H}{a}<1.2 \quad \text{为无压流}$$

2. 缓坡隧洞由半有压流至有压流的界限值

通过分析，半有压流至有压流介限值 k_{2m}的计算公式为

$$k_{2m}=1+\frac{1}{2}\left(1+\sum\zeta+\frac{2gl}{C^2R}\right)\frac{v^2}{ga}-i\frac{l}{a} \tag{7-1-1}$$

式中 $\sum\zeta$——自进口上游渐变流断面到隧洞出口断面间的局部能量损失系数之和；

C——谢才系数；

l——洞长；

R——洞身满流时的水力半径；

i——隧洞底坡；

a——洞高；

$\frac{v^2}{ga}$——出口断面弗劳德数的平方。当出口断面周边全为大气时，由试验［唐泽眉，隧洞（涵管）中流态转换的试验研究，清华大学，1965］得 $v^2/ga=1.62$；当出口断面下游有底板时[2]，认为界限状态下的出口断面水深为临界水深 h_k，即 $a=h_k$，则有 $v^2/ga=1$。

当

$$H/a > k_{2m} \quad 为有压流$$

$$1.2 < H/a < k_{2m} \quad 为半有压流$$

对隧洞底坡的判别：可设无压均匀流水深 h_0 趋于洞高 a，求此时的流量，继而求出临界水深 h_k，当 $h_0>h_k$ 为缓坡；反之为陡坡。

3. 陡坡隧洞由不稳定流态至有压流的界限值

界限值 k_{2s} 由试验决定，在工程中常用 $k_{2s}=1.5$，故当

$$H/a > 1.5 \quad 为有压流$$

$$1.2 < H/a < 1.5 \quad 为半有压流或不稳定流态$$

第二节 隧洞有压流的基本水力计算

一、基本计算公式

有压隧洞一般采用圆形断面，如图 7-1-3 所示。其泄流能力由式（7-1-2）计算：

$$Q=\mu\omega\sqrt{2g(T_0-h_p)} \tag{7-1-2}$$

式中 μ——流量系数，由式(7-1-3)计算；

ω——隧洞出口断面面积；

T_0——上游水面与隧洞出口底板高程差 T 及上游行近流速水头 $v_0^2/2g$ 之和，一般可认为 $T_0\approx T$；

h_p——隧洞出口断面水流的平均单位势能，$h_p=0.5a+\bar{p}/\gamma$；

a——出口断面洞高；

$\bar{p}/\gamma$——出口断面平均单位压能。

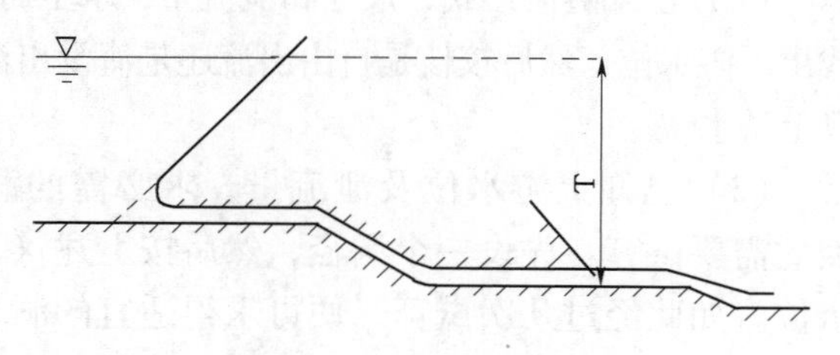

图 7-1-3 隧洞有压流

当有压隧洞出口为自由出流时，$\bar{p}/\gamma$ 的值取决于出口断面下游的边界衔接情况和出口断面水流的弗劳德，一般常小于 $0.5a$。它反映了出口断面压力分布不符合静水压力规律和出口段顶部存在负压的情况。当出口段为逐渐收缩和注意改善出口断面与下游边界的衔接条件时，从而使出口段顶部负压得以消除，可取 $\bar{p}/\gamma=0.5a$ 计算。

当出口为淹没出流时，可取 $h_p=h_s$，h_s 为出口断面底板起算的下游水深。

公式（7－1－2）中的流量系数μ，由式（7－1－3）计算：

$$\mu = \frac{1}{\sqrt{1 + \sum \zeta_i \left(\frac{\omega}{\omega_i}\right)^2 + \sum \frac{2gl_i}{C_i^2 R_i}\left(\frac{\omega}{\omega_i}\right)^2}} \tag{7-1-3}$$

式中 ω——隧洞出口断面面积；

ζ_i——隧洞第i段上的局部能量损失系数，与之相应的流速所在的断面面积为ω_i（指上式根号内第二项中的ω_i）；

l_i——隧洞第i段的长度，与之相应的断面面积、水力半径和谢才系数分别为ω_i（指上式根号内第三项中的ω_i）、R_i和C_i。

隧洞有压流常用的局部能量损失系数ζ在第一篇中查出。式（7－1－3）根号内第二项的求和，包括由隧洞进口上游的渐变流断面开始至隧洞出口断面之间的全部局部能量损失系数（不包括出口能量损失系数）；当出口水流为流入渠道的淹没出流时（即渠道的流速水头不能忽略时），根号内第二项的求和，应包括由隧洞进口上游的渐变流断面开始至出口下游渠道渐变流断面之间的全部局部能量损失系数，此时，应该将根号内第一项的1改写为$(\omega/\omega_2)^2$，ω_2为下游渠道的过水断面面积。谢才系数C可由曼宁公式计算。

二、基本的水力计算内容和方法

1. 计算泄流量或确定上游水位或确定洞径

（1）已知隧洞形式、尺寸和上游水位，求泄流量。先假定为自由出流，由式（7－1－2）、式（7－1－3）求出流量然后查流量与下游水位的关系曲线，看是否为自由出流（下游水位低于出口洞顶为自由出流），若为自由出流，则流量即为所求结果。

当下游水位高于洞顶，且发生淹没水跃时，则为淹没出流，此时可按以上得出的下游水位，重新用式（7－1－2）计算流量，再查流量与下游水位的关系曲线得出相应的下游水位，然后再校核是否为淹没出流。如此作反复试算，直到假设的出流情况与计算结果一致时为止。

（2）已知隧洞形式、尺寸和泄流量，求上游需要的水位。由流量与下游水位关系曲线上找出下游水位，然后校核是自由出流还是淹没出流。继而由式（7－1－2）、式（7－1－3）计算上游水位。

（3）已知上游水位及泄流量，求必需的洞径。由于洞径未定，故流量系数也未定，因此需要试算。先设一个洞径，然后按上述（2）的步骤求上游水位，看是否满足已知的水位。如此经过几次试算，便可求得适宜的洞径。

2. 计算压坡线（即测压管水头线）

为了保证洞顶沿线有一定的正压力（一般地说，相对压强水头不宜小于2m水柱高）以避免产生空蚀，以及为隧洞的衬砌结构设计提供根据，在完成上一步的计算之后，还必须绘制沿洞的压坡线。当绘制压坡线后，如果发现不能满足上述对压力的要求时，则要改变设计。通常采用的方法是将出口断面作适当收缩，使洞内压力得以提高，同时要满足不致太大地减少泄流量，改变设计后，再重新作水力计算。

绘制压坡线的方法如下：先逐项求出局部水头损失 $h_{ji}=\zeta_i\frac{v_i^2}{2g}$，并逐段算出沿程水头损失 $h_{fi}=\frac{2gl_i}{C_i^2R_i}\times\frac{v_i^2}{2g}$，然后以出口断面底板高程为基准面，从进口断面水流具有的总水头 T_0 开始，由上游至下游逐项逐段将各种损失水头累减，便得到各转变断面上的总水头，用直线将各转变断面上的总水头相连，便得总水头线；继而用各转变断面的总水头减去该转变断面的流速水头，可得出各转变断面的测压管水头（$z+p/\gamma$），用直线将各转变断面上的测压管水头连起来即得压坡线。处于压坡线之上的洞身承受负压。

第三节　隧洞无压流的基本水力计算

无压隧洞断面，一般采用门洞形（即圆拱直墙形），也有采用马蹄形、蛋形、圆形的。门洞形断面的中心角一般为 90°～180°，断面的高宽比一般为 1～1.5。

一、短洞与长洞

对于进口为无压流的无压泄流隧洞（见图 7－1－4），其洞长 l 如果不影响泄流能力的隧洞称为短洞；洞长影响泄流能力的隧洞称为长洞。由试验得到下述判别方法[3]。

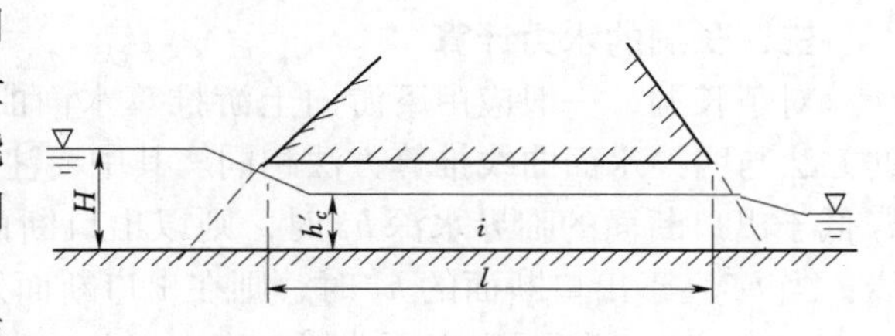

图 7－1－4　隧洞无压流

（1）当底坡为缓坡而趋于平坡，长短洞的界限长度为

$$l_k=(64-163m)H \qquad (7-1-4)$$

式中　H——上游水深；

m——隧洞进口的流量系数，一般取 $m=0.36\sim0.32$，所以式（7－1－4）也可写为

$$l_k=(5\sim12)H \qquad (7-1-5)$$

若洞长 $l>l_k$，为长洞；$l<l_k$，为短洞。

（2）当底坡为缓坡而接近于临界坡 i_k 时，式（7－1－4）或式（7－1－5）算出的 l_k 的上限应增加约 30%。

（3）当底坡为陡坡（$i>i_k$，例如无压导流洞和泄水涵洞多采用陡坡），泄流能力不受洞长影响，按短洞工作状态考虑。

二、短洞的水力计算

由于隧洞的泄流能力不受洞长影响，进口水流为宽顶堰流，故可用式（7－1－6）计算流量：

$$Q=m\sigma_s b\sqrt{2g}H_0^{1.5} \qquad (7-1-6)$$

式中　b——矩形隧洞过水断面的宽度，当过水断面为非矩形时，$b=\omega_k/h_k$；

h_k——临界水深；

ω_k——相应于 h_k 时的过水断面面积；

σ_s——淹没系数，当下游水位较高，已淹没进口的收缩断面，使该处水深 $h'_c>0.75H_0$ 时，为淹没出流，σ_s 值与比值 h'_c/H_0 有关（见图7-1-5[3]）；当 $h'_c<0.75H_0$ 时，为自由出流，$\sigma_s=1$；当淹没时，h'_c 可近似地以下游水位减去进口底板高程而得；

h'_c——进口断面处的水深；

H_0——以隧洞进口断面底板高程起算的上游总水头；

m——流量系数，取决于进口翼墙的型式、上游水库或渠道的过水断面面积与隧洞过水断面面积之比，一般取 $m=0.32\sim0.36$，若进口翼墙较平顺，断面缩窄较少，应取较大的 m 值，反之，应取较小的 m 值。

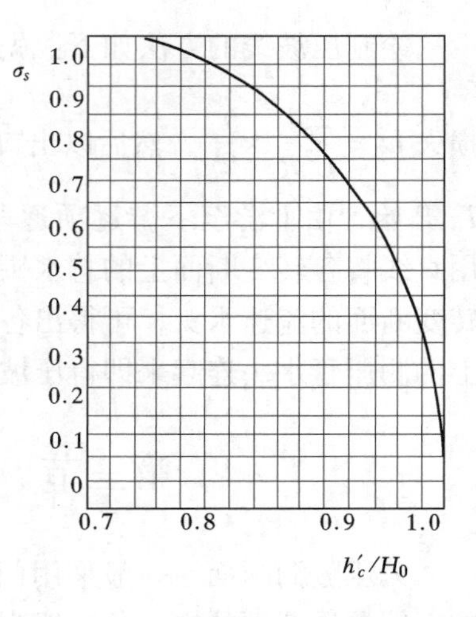

图7-1-5 隧洞进口淹没系数取值

三、长洞的水力计算

对于长洞，一般应由下游向上游推算水面曲线，以求得进口断面处的水深 h'_c，推求的方法与明渠水面曲线推算方法相同。其中要注意的是：如图7-1-6所示，当下游水深 h_s 低于出口断面的临界水深 h_k 时，则以出口断面的 h_k 为控制水深向上游推算 b_1 型水面线；当 h_s 高于出口断面的 h_k 时，则在出口断面处以 h_s 为控制水深向上游推算。其中，当 $h_k<h_s<h_0$ 时，为 b_1 型水面曲线；当 $h_k<h_0<h_s$ 时，为 a_1 型水面曲线。在求出 h'_c 之后，以 h'_c/H_0 在图7-1-5中查出系数 σ_s，再用式（7-1-6）解算问题。

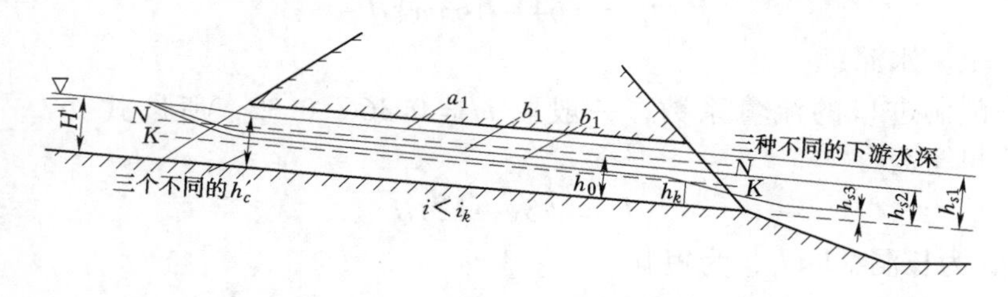

图7-1-6 长洞洞内水面曲线

由此可见，在求长洞流量时，由于要推算水面曲线，必须用试算法；先假设某一个流量 Q 值，由相应的下游水位向上游推算 h'_c，继而由图7-1-5查得 σ_s，最后由式（7-1-6）算得 Q，看该值是否与所假设的 Q 值一致，如果一致，该值就是所求的结果；如果不一致，则要重新假设另一 Q 值，重复上述计算，直至求得结果为止。当隧洞很长时，在洞内将出现均匀流，此时可用均匀流基本公式 $Q=\omega c\sqrt{Ri}$ 计算，其正常水深 h_0 即 h'_c，所以可由均匀流公式与式（7-1-6）联立，用试算法求 Q。

对灌溉渠道中的无压隧洞，通常是按洞内保持均匀流进行设计。此时，洞内要求为缓流，流速控制在1~2m/s，以免在出口处对渠道发生冲刷。其水力计算方法及进出口连接段的型式和长度等要求都与渡槽水力计算相同，其不同的只有断面型式和对净空有一定要求（见后述）。

在进行门洞型断面（见图7-1-7）的水力计算时，可利用如下几何关系式：

$$\sin\frac{\alpha_1}{2}=\frac{b}{2r} \tag{7-1-7}$$

$$r\left(\cos\frac{\alpha_2}{2}-\cos\frac{\alpha_1}{2}\right)=h-d \tag{7-1-8}$$

$$\chi=b+2d+\pi r\left(\frac{\alpha_1-\alpha_2}{180°}\right) \tag{7-1-9}$$

$$\omega=bd+\frac{r^2}{2}\left(\pi\frac{\alpha_1-\alpha_2}{180°}-\sin\alpha_1+\sin\alpha_2\right) \tag{7-1-10}$$

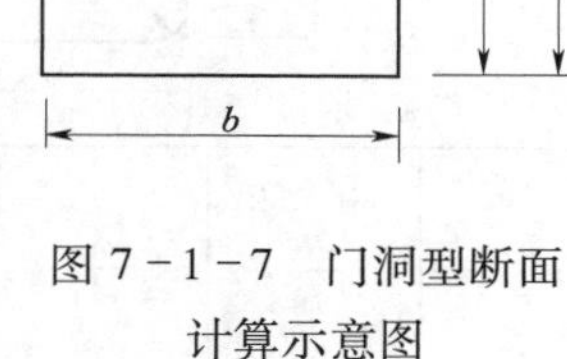

图7-1-7 门洞型断面计算示意图

在已知 b、d、r、h 时，由以上公式可依次求得拱中心角 α_1、水面中心角 α_2、湿周 χ 和过水断面面积 ω。

对标准门洞型（$\alpha_1=180°$，底角修圆）和标准马蹄型断面，可分别利用表7-1-1和表7-1-2进行计算。对圆形断面，可利用图7-1-8的曲线，其中 D、ω_D、χ_D、R_D、v_D、K_D 分别为圆形断面直径和满流时的过水断面面积、湿周、水力半径、断面平均流速和流量模数；h、ω、χ、R、B、v、K 分别为无压流时的水深、过水断面面积、湿周、水力半径、水面宽、断面平均流速和流量模数。流量模数的定义为 $K=Q/\sqrt{i}$，其中 i 为底坡。

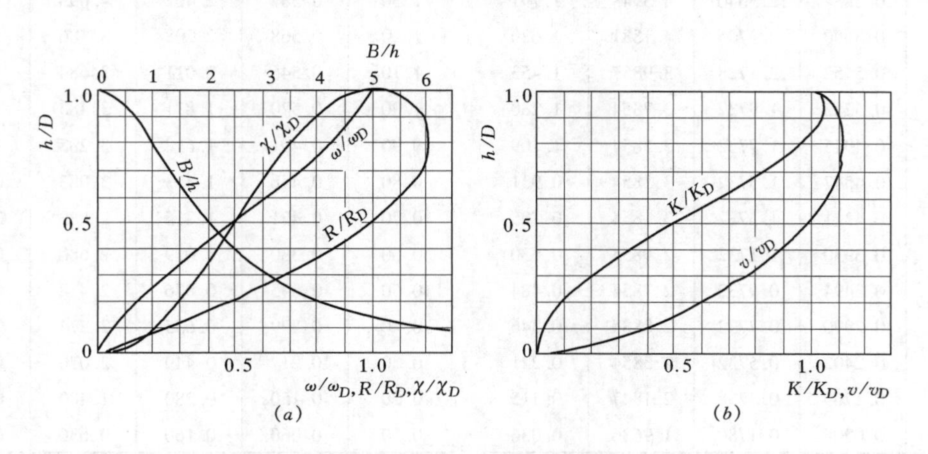

图7-1-8 计算曲线

四、净空面积和净空高度

为了保证隧洞为无压流，在设计断面时，必须在洞内通过最大流量时，其洞内水面以上还应留有一定的净空。SL 279—2002《水工隧洞设计规范》建议[4]，对低流速的无压隧洞，在通气良好的条件下，净空断面积一般不要小于隧洞断面面积的15%，净空高度也不要小于40cm。对于不衬砌隧洞，上述数字尚需适当增加。对高流速的无压隧洞的净空，要考虑掺气的影响，在掺气水面以上的净空面积一般为隧洞断面面积的15%~25%，且水面线不超出直墙范围（对门洞型）。当有冲击波时，应将冲击波限制在直墙范围之内。掺气水深的计算见本章第五节，在掺气水面线以上的净空，宜为断面面积的15% ~25%。

表 7-1-1 标准门洞型断面的水力要素

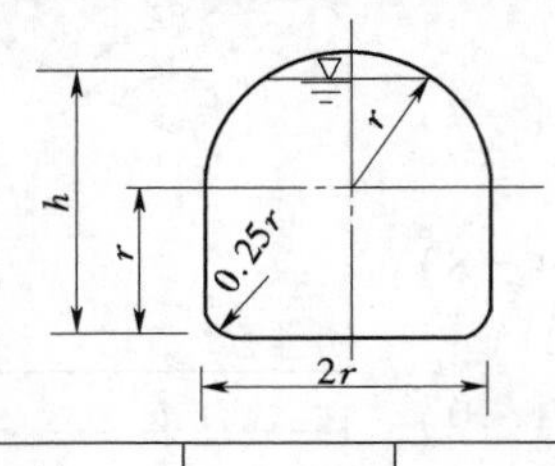

$\frac{h}{r}$	$\frac{R}{r}$	$\frac{\omega}{r^2}$	$\frac{\chi}{r}$	均匀流 $\frac{nQ}{r^{8/3}i^{1/2}}$
2.00	0.5116	3.5440	6.9270	2.269
1.95	0.5556	3.5200	6.2119	2.380
1.90	0.5785	3.4852	6.0249	2.420
1.80	0.6020	3.3950	2.6400	2.403
1.70	0.6088	3.2485	5.3362	2.330
1.60	0.6105	3.0967	5.0784	3.236
1.50	0.6063	2.9298	4.8326	2.100
1.40	0.5970	2.7513	4.6084	1.952
1.30	0.5834	2.5640	4.3948	1.791
1.20	0.5650	2.3705	4.1881	1.620
1.10	0.5452	2.1728	3.9857	1.453
1.00	0.5213	1.9732	3.7854	1.280
0.90	0.4945	1.7732	3.5854	1.109
0.80	0.4547	1.5732	3.3854	0.931
0.70	0.4311	1.3732	3.1854	0.785
0.60	0.3930	1.1732	2.9854	0.630
0.50	0.3494	0.9732	2.7854	0.484
0.40	0.2990	0.7732	2.8884	0.346
0.30	0.2402	0.5732	2.3854	0.221
0.20	0.1709	0.3738	2.1847	0.115
0.10	0.0906	0.1780	1.9636	0.036

表 7-1-2 标准马蹄型断面的水力要素

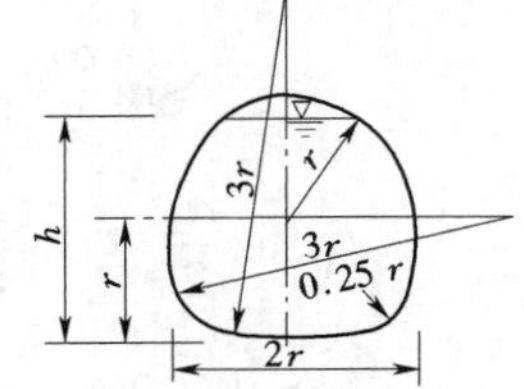

$\frac{h}{r}$	$\frac{R}{r}$	$\frac{\omega}{r^2}$	$\frac{\chi}{r}$	均匀流 $\frac{nQ}{r^{8/3}i^{1/2}}$
2.00	0.510	3.382	6.625	2.161
1.95	0.560	3.360	5.950	2.286
1.90	0.581	3.320	5.723	2.320
1.80	0.603	3.218	5.338	2.296
1.70	0.613	3.087	5.034	2.228
1.60	0.615	2.935	4.770	2.119
1.50	0.611	2.764	4.530	1.980
1.40	0.601	2.590	4.306	1.845
1.30	0.587	2.402	4.093	1.686
1.20	0.568	2.208	3.886	1.515
1.10	0.546	2.011	3.684	1.345
1.00	0.520	1.811	3.483	1.171
0.90	0.491	1.612	3.283	1.008
0.80	0.458	1.413	3.083	0.840
0.70	0.421	1.215	2.883	0.684
0.60	0.380	1.019	2.680	0.534
0.50	0.333	0.826	2.478	0.397
0.40	0.279	0.635	2.274	0.271
0.30	0.217	0.449	2.070	0.162
0.20	0.150	0.280	1.400	0.079
0.10	0.060	0.160	0.630	0.010

第四节 隧洞半有压流的基本水力计算

水流封闭进口，但洞内全为明渠流的隧洞，称为半有压短洞；洞内只有部分明渠流的隧洞，称为半有压长洞。

一、半有压流短洞和半有压长洞的长度界限

对于自由出流，缓坡隧洞，进口顶部无论是锐缘或曲线形，当 $1.2 < H/a < k_{2m}$，洞长

$l < l_{km}$时，为半有压短洞，见图 7－1－1（b）；$l > l_{km}$时，为半有压长洞，见图 7－1－1（c）。l_{km}为缓坡隧洞的长度界限，由式（7－1－11）确定：

$$l_{km} = l_i + l_s + l_0 \qquad (7-1-11)$$

式中　l_i、l_s、l_0——均如图 7－1－9 所示。

$l_i = 1.4a$，$l_0 = 1.3a$，l_s 可由推算 C_1 型水面曲线决定（对于封闭断面，当半有压隧洞的泄流能力大于隧洞在该底坡下均匀流能通过的最大流量时，就求不出正常水深 h_0，此时可用分段求和法推算水面曲线）。其中临界水深 h_k 由第二篇的方法推求，收缩水深 h_c 可由式（7－1－12）[3] 计算：

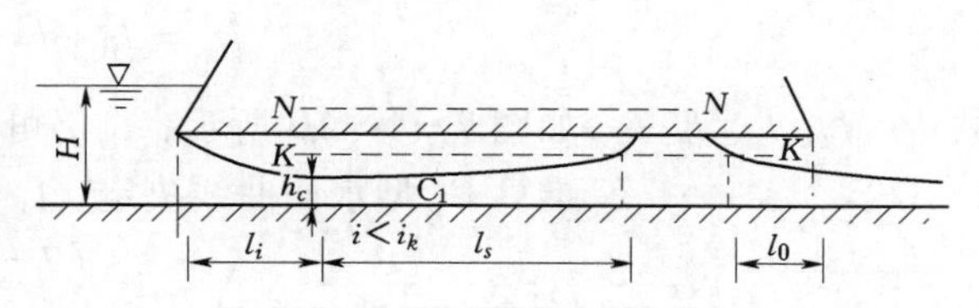

图 7－1－9　缓坡隧洞半有压流

$$\frac{h_c}{a} = 0.037\frac{H}{a} + 0.573\mu + 0.182 \qquad (7-1-12)$$

式中　μ——流量系数，随进口首部类型而定，见表 7－1－3。

表 7－1－3　　流量系数和洞口水流收缩系数

进口首部类型	图　形	μ	η
走廊式		0.576	0.715
衣领式		0.591	0.726
从填方斜坡伸出的洞口		0.596	0.726
具有边坡为 1∶1～1∶1.5 的圆锥体的洞口		0.625	6.735
具有潜没侧墙的喇叭式（θ＝30°）填土边坡为 1∶1.5	θ	0.670	0.740

式（7－1－12）是针对矩形断面隧洞的，对其他形式断面的隧洞要以$\frac{\omega_c}{\omega}$代替$\frac{h_c}{a}$，ω 为隧洞断面积，ω_c 为水流收缩断面面积。

对于自由出流，陡坡隧洞，进口顶部为锐缘，当 $1.2<\frac{H}{a}<k_{2s}$，正常水深 $h_0>a$，$l<l_{ks}$时，为半有压短洞，见图 7-1-2（b）；$l>l_{ks}$时，为半有压长洞，发生不稳定流态，见图 7-1-2（c）。l_{ks}为陡坡隧洞长度界限，由式（7-1-13）确定：

$$l_{ks}=l_i+l_s+l_0 \tag{7-1-13}$$

式中 l_i、l_s、l_0——如图 7-1-10 所示，l_i 仍可近似按 $1.4a$ 计算，l_s 可用分段求和法由推算 C_2 型水面曲线决定，$l_0=0\sim0.5a$，一般可以忽略，h_c 仍可按式（7-1-12）计算。

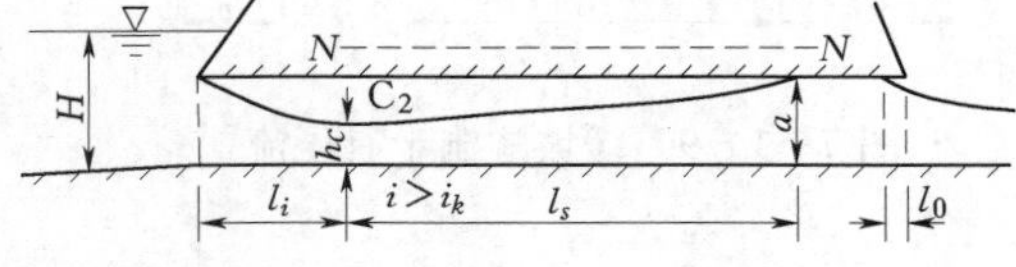

图 7-1-10 陡坡隧洞半有压流

对于进口为垂直洞脸、锐缘、圆角或斜角，洞身断面为矩形或圆形，其表面为混凝土的，无论有无翼墙，无论是缓坡或陡坡，均可利用图 7-1-11 的曲线[5]估算界限长度 l_k。

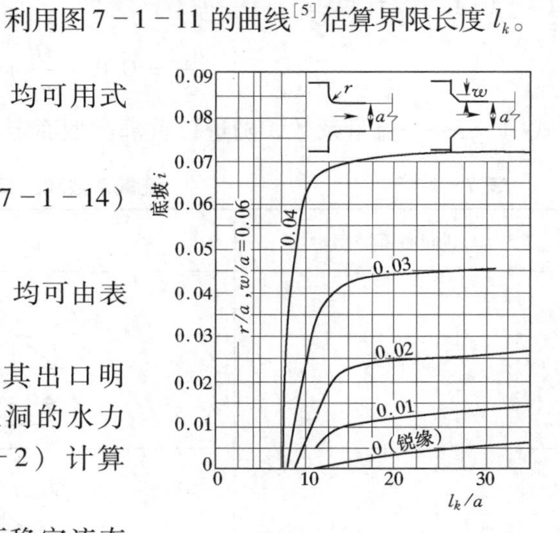

图 7-1-11 i—l_k/a 关系图

二、计算公式和计算方法

对半有压短洞，不论是缓坡或是陡坡，均可用式（7-1-14）计算

$$Q=\mu\omega\sqrt{2g(H-\eta a)} \tag{7-1-14}$$

式中 ω——隧洞断面面积；

μ、η——流量系数和洞口水流收缩系数，均可由表 7-1-3 取得。

对于缓坡半有压长洞，由上述可知，其出口明流段的长度 l_0 很小，故可将缓坡半有压长洞的水力计算作为有压的自由出流，用式（7-1-2）计算流量。

对陡坡半有压长洞，由于发生有害的不稳定流态和难以进行水力计算，一般在设计中应予避免。

在计算时，如不能利用图 7-1-11 判别是短洞或长洞，则要先行假定一种洞长情况，用相应的式（7-1-2）或式（7-1-14）算出流量之后，求临界坡 i_k 以判别底坡的陡缓，再计算水面曲线和用式（7-1-11）或式（7-1-13）求 l_k，将 l_k 与 l 比较，以校核原假定是否正确，所以这是一个试算过程。

第五节 进口段设置有压短洞的无压泄流隧洞的水力计算

高水头的泄水隧洞常采取进口为一段有压短洞（中设一检修门，出口设一工作门），其后的洞身为无压流，如图 7-1-12 所示，这样就可以减小洞身产生空蚀的可能性和减小内水压力。关于进口有压短洞的体形设计，见本篇第二章。

一、洞身为无压流的水流状态

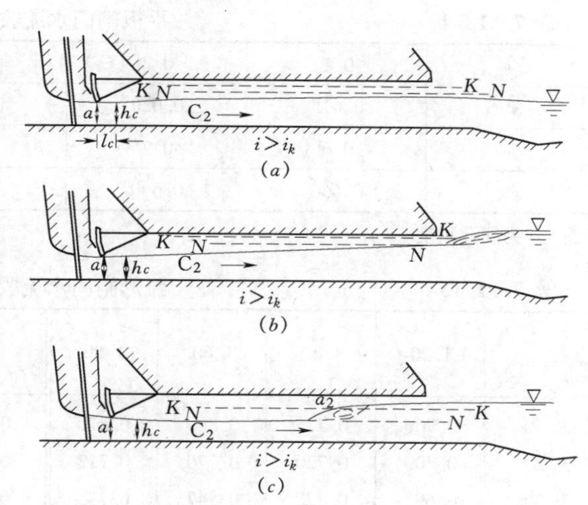

图 7-1-12　进口有压短洞无压泄流

水流从有压短洞泄出，以后为高速明流，常见的情况如下：当隧洞底坡 i 大于临界底坡 i_k 时，闸孔后的收缩水深 h_c 小于均匀流水深 h_0（即 $h_c<h_0<h_k$），洞内水面曲线为 C_2 型急流壅水曲线，此时由于下游水位的高低而有下述三种不影响洞内泄流能力的情况：

（1）当下游水位低于洞内均匀流水深 $N-N$ 线高程，则下游水位不影响洞内水流，如图 7-1-12（a）所示。

（2）当下游水位高于 $K-K$ 线高程，甚至高于洞出口的顶部，但由于洞内急流的动量较大，致使水跃在洞出口之外发生，下游水位仍不对洞内水流产生影响，如图 7-1-12（b）所示。

（3）当下游水位高于 $K-K$ 线高程，但低于洞顶，在洞内产生水跃，如图 7-1-12（c）所示。如果水跃位于收缩断面下游，则不影响隧洞的泄流能力。

二、泄流能力的计算

设下游水位不影响隧洞的泄流能力，此时，其泄流量可由闸孔自由出流的公式计算：

$$Q=\mu Be\sqrt{2g(H-\varepsilon e)} \tag{7-1-15}$$

式中　H——由有压短洞出口的闸孔底板高程起算的上游库水深；

ε——有压短洞出口的工作闸门垂直收缩系数，当有压短洞的顶部无倾斜压板时，可取表 7-1-4 和表 7-1-5[6] 的数值；

e、B——闸孔开启高度、水流收缩断面处的底宽；

μ——短洞有压段的流量系数，由式（7-1-16）计算：

$$\mu=\varphi\varepsilon=\frac{\varepsilon}{\sqrt{1+\sum\zeta_i\left(\frac{\omega_c}{\omega_i}\right)^2+\frac{2g}{C_a^2}\frac{l_a}{R_a}\left(\frac{\omega_c}{\omega_a}\right)^2}} \tag{7-1-16}$$

式中　φ——流速系数，一般约为 0.97；

ω_c——收缩断面面积，$\omega_c=\varepsilon Be$；

ζ_i——自进口上游渐变流断面至有压短洞出流后的收缩断面之间的任一局部能量损失系数；

ω_i——与 ζ_i 相应的过水断面面积；

l_a——有压短洞的长度；

ω_a、R_a、C_a——有压短管的平均过水断面面积、相应的水力半径和谢才系数。

表 7-1-4 平板闸门水流收缩系数

e/a	0.1	0.2	0.3	0.4	0.5
ε	0.615	0.620	0.625	0.630	0.645
e/a	0.6	0.7	0.8	0.9	
ε	0.660	0.690	0.75	0.81	

注 a 为闸孔高度。

表 7-1-5 弧形闸门水流收缩系数

e/a \ ε \ c/a	1.20	1.40	1.60	1.80	e/a \ ε \ c/a	1.20	1.40	1.60	1.80
0.10	0.700	0.725	0.800	0.870	0.60	0.700	0.720	0.730	0.741
0.20	0.700	0.720	0.770	0.712	0.70	0.715	0.725	0.735	0.745
0.30	0.695	0.720	0.747	0.775	0.80	0.740	0.750	0.762	0.770
0.40	0.690	0.715	0.732	0.755	0.90	0.800	0.805	0.805	0.810
0.50	0.690	0.715	0.730	0.745					

注 c 为弧形闸门转轴离洞底的高度。

表 7-1-5 对 $R/a\approx2.0$ 适用，R 为弧形闸门半径，a 为闸孔高度。

求流量时可用式（7-1-15）直接求得。当设计闸孔尺寸 a 时（见图 7-1-12），按闸孔全开考虑，用式（7-1-15）通过试算确定。对一定体型的进口有压短洞，有一定的 ε、φ 值，见本篇第二章。

三、掺气水流的水深

深孔闸后洞内无压流的流速很大，一般都要考虑此时因水流掺气而增加的水深，以得到设计隧洞的高度。隧洞掺气水流不同于溢流坝和陡槽的掺气水流，其特点是隧洞的底坡较缓，水深较大，沿程壅高。试验得出对矩形过水断面的隧洞掺气水流进行估算的经验公式[7]为

$$\lg\frac{h_a-h}{\Delta}=1.77+0.0081\frac{v^2}{gR} \tag{7-1-17}$$

式中 h_a——掺气后的水深；

h、v、R——未掺气水流的水深、流速和水力半径；

Δ——表面的绝对粗糙度，对糙率 $n=0.014$ 的混凝土，$\Delta\approx0.002$m。

应用上式时，最好不超过如下范围：$h>1.2$m；$0.6\text{m}<R<1.4\text{m}$；$15\text{m/s}<v<30\text{m/s}$。在计算中，一般取最大开度设计（$e=a$，当有压短洞的顶部无倾斜压板时，$\varepsilon\approx1$），故收缩水深 $h_c\approx a$，由收缩断面的位置（$l_c\approx1.4a$）开始向下游推算未掺气水流的 C 型水面曲线，便得各断面的 h、R 和 v，最后代入式（7-1-17）计算。

第二章　隧洞各种过渡段的型式

第一节　有压进口的边界曲线

有压泄水隧洞和深孔无压泄水隧洞的进口都是有压的。在高流速情况下，如果对进口的边界曲线设计不当，就可能出现很大的负压，使进口受到气空蚀破坏。为了避免发生空蚀，根据试验研究，提出下述的进口曲线，可供设计时参考。

一、两面收缩和顶面收缩的矩形断面进口

如图7-2-1（a）、（b）分别为两面收缩和顶面收缩的矩形断面进口，进口曲线通常采用1/4椭圆曲线。图7-2-1（a）的洞高为D，也可以用$2h$表示，图7-2-1（b）的洞高定为$D/2$，也可用h表示。进口曲线的椭圆方程为

$$\frac{x^2}{a^2}+\frac{y^2}{b^2}=1 \tag{7-2-1}$$

式中　a、b——椭圆的半长短轴；

　　x、y——如图7-2-1所示。

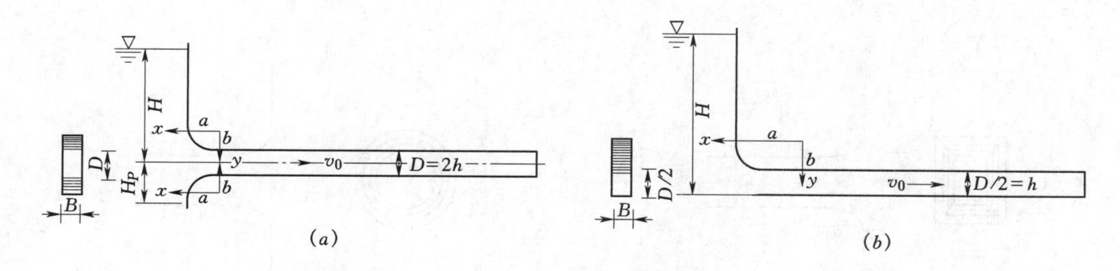

图7-2-1　矩形断面进口

（a）两面收缩；（b）顶面收缩

除进口曲线对进口段压强分布有影响之外，其他一些因素也有不同程度的影响，但在一定条件下，影响是不大的。由试验得知：对图7-2-1所示的两面收缩和顶面收缩，当$H/D>2$时，水头H对进口段压强分布影响不大；对两面收缩，当$H_p-D/2>2D$时，隧洞中心线以下的进口水深H_p对进口段压强分布也影响很小；无论对顶面收缩或两面收缩，当下游均匀段的长度大于（4～5）D，出口就不会影响进口段压强分布；当进口上游面（洞脸）不是如图7-2-1中的垂直情况，而有倾斜面时，只要倾斜角（洞脸与垂直面的夹角）小于10°，倾斜面对进口段压强分布也没有影响；在进水口的不同位置设闸门槽，将对压强分布起局部的扰动，若将门槽放在高压区，就不致降低进水口的最小压力；当洞流雷诺数Dv/ν大于10^5的数量级时，压强分布也就不受雷诺数影响。

当满足以上对进口段压力分布影响不大的条件时，主要是确定进口椭圆曲线的a、b

值。原水利电力部科学研究所经过试验研究提出[1]：对于不同范围的 a/h 值［h 分别相当于图7－2－1（a）的 $D/2$ 和图7－2－1（b）的洞高］，有一种最优的 a/b 值，见表7－2－1。a/h 愈大，则初生空化数愈小。我国过去常采用 $a/h=1.0\sim2.5$。

表7－2－1　a/b

a/h	0.88～1.4	1.4～2.1	2.1～2.42	2.42～3.0
最优的 a/b	2.0	2.5	3.0	3.5

按表7－2－1进行的设计，一般都能满足从整体意义上不发生空化的要求，但是，还应注意防止局部水流发生空化而导致空蚀。

二、四面收缩和三面收缩的进口

目前对此问题的试验研究尚不充分，以下介绍的一些试验研究资料仅供参考。

1. 四面收缩和三面收缩的矩形断面进口

如图7－2－2所示，进口也常用1/4的椭圆曲线。宽高比 B/D 不同，则上下收缩和左右收缩的椭圆曲线不同，可能的组合是很多的。根据一些资料，认为用 $a/b=3$ 较好，此时上下收缩曲线半长轴 $a_1=D$，左右收缩曲线半长轴 $a_2=B$。设计时也可参考表7－2－1的两面收缩资料来决定 a/b（用相同的方法定 a/D 和 a/B）。

2. 四面收缩的圆形断面进口

如图7－2－3所示，进口也常用1/4椭圆曲线。根据一些试验资料，一般可取 $a=D$，$a/b=3$。

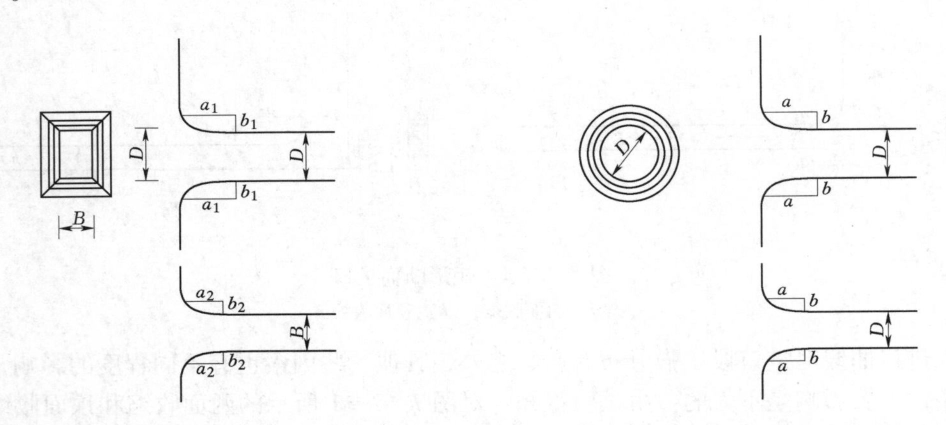

图7－2－2　有收缩的矩形断面进口　　　　图7－2－3　有收缩的圆形断面进口

第二节　进口有压短洞的体型

由于在深孔无压隧洞首部的有压短洞中，突出地存在着空蚀问题，因而对体型的水力

---

[1] 水利电力部科学研究所水利室水工组．泄洪洞进口曲面空穴性能的研究总结

设计要特别重视。除了分别就进口椭圆曲线和闸槽形式进行研究之外，为了进一步保证不出问题，根据我国大量工程实践的经验和一些试验进行总结❶❷，提出了设置压板的进口有压短洞的合宜体型❶（见图7-2-4）。采用这种体型的目的在于提高和改善该段的压力，但又不致增加检修闸门的高度过大，且又保持泄流能力。体型布置的建议如下。

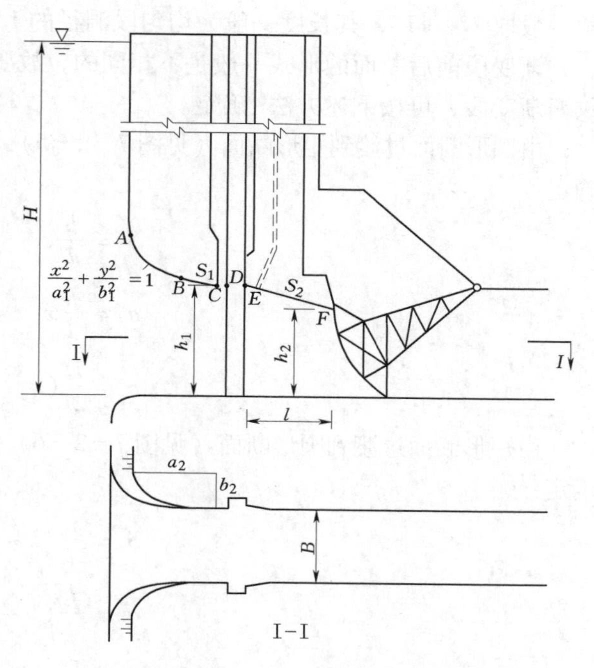

图7-2-4　进口有压短洞的体型

一、进口段 *AC*

进口顶部椭圆曲线 AB 的半长轴 $a_1=h_2$，半短轴 $b_1=a_1/3$，在斜率为 S_1 处接以斜率 S_1 的压板 BC，S_1 略小于压板 EF 的斜率 S_2，当 S_2 取为1∶4、1∶5、1∶6时，相应的 S_1 可取1∶4.5、1∶5.5、1∶6.5。

侧曲线采用1/4椭圆，半短轴 $b_2=(0.22\sim0.27)B$，半长轴 $a_2=3b_2$。

二、闸槽段 *CE*

闸槽型式可取Ⅱ型门槽（详见本篇第三章）。C 点与 E 点同高程，E 点处可稍加圆角，CD 之上留一空口，宽度约取5倍止水的宽度，以便在动水中关闭检修门时，能迅速利用水柱下门。

三、压板段 *EF*

顶部压板 EF 的斜率 S_2 可取为1∶4、1∶5、1∶6。当 $H<30\text{m}$，孔高收缩比 h_2/h_1，取1.10～1.15。当 $30\text{m}<H<70\text{m}$，h_2/h_1 取1.20～1.25，压板段长度 l 最短可取为 h_1。

短洞泄流能力的计算仍用式（7-1-15）进行，其中的垂直收缩系数 ε：当 $H/h_1=3\sim12$ 时，相应于 S_2 为1∶4、1∶5、1∶6的 ε 值分别为0.895、0.914、0.918。流速系数 φ 可近似取为常数0.963，则流量系数 μ 分别为0.862、0.88、0.884。

第三节　渐变段的体型

当洞身的断面变化时（例如由闸室段的矩形断面变为洞身的圆形断面），应该设置渐变段使水流能平顺过渡。在低流速时可以减少能量损失；在高流速时主要避免产生空蚀和过大的冲击波（对无压流而言）。

隧洞扩散渐变段的扩散角（边线与中线的夹角）一般取4°～8°；收缩渐变段的收缩

❶ 哈焕文，章福仪，周胜．明流泄流隧洞短进水口体形的研究．水利电力部水利水电科学研究院，1978

❷ 长江水利水电科学研究院．明流泄洪洞和泄洪底孔压力进口段设计．1978

角一般取7°~11°，其长度一般为均匀段洞径的1.5~2.5倍。

渐变段前后断面的形式一般是不相同的，故要注意断面形状的逐渐过渡，如对常用的收缩渐变段，可按下述方法❶确定。

由圆形断面过渡到矩形断面（见图7-2-5），其间任意断面的尺寸可按式（7-2-2）确定：

$$\left.\begin{aligned} S &= \frac{b}{l}x \\ a &= \frac{h}{l}x \\ r &= \frac{D}{2l}(l-x) \end{aligned}\right\} \tag{7-2-2}$$

由矩形断面过渡到圆形断面（见图7-2-6），其间任意断面的尺寸可由式（7-2-3）确定：

$$\left.\begin{aligned} S &= \frac{b}{l}(l-x) \\ a &= \frac{h}{l}(l-x) \\ r &= \frac{D}{2l}(l-x) \end{aligned}\right\} \tag{7-2-3}$$

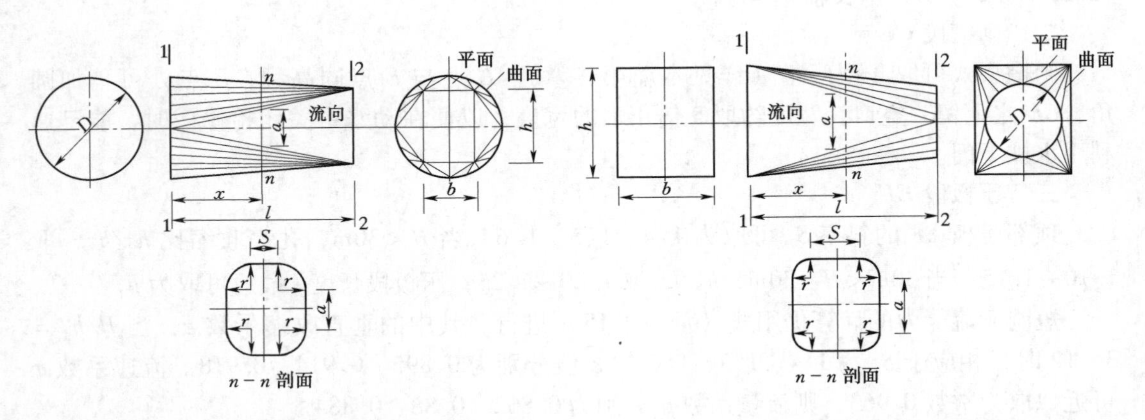

图7-2-5 圆形断面过渡到矩形断面渐变段　　图7-2-6 矩形断面过渡到圆形断面渐变段

式（7-2-2）和式（7-2-3）中的符号，分别如图7-2-5和图7-2-6所示。

第四节 出口及其急流连接段的型式

隧洞有压流出口段顶部存在负压已为试验所证实。通常采用的消除方法是让出口作适当收缩。但是收缩出口断面，会降低泄流能力，故不应作过大的压缩。根据现有资料，其面积收缩比（出口断面面积与均匀段断面面积之比）一般控制在0.8~0.9。

❶ 水利电力部第十一工程局勘测设计院．泄水管收缩形渐变段的水力设计．1978

出口衔接条件也直接影响出口段的压力分布，因此结合具体工程条件，恰当地布置出口衔接型式，可以经济地达到消除负压的目的。由试验得出[8]：如出口为圆形断面，可将隧洞下半圆在出口向下游延长约一倍隧洞直径的长度。如出口为矩形断面，应注意出口断面两侧与下游渠槽翼墙的衔接，要避免存在回流的死角，不使水流产生分离现象，一般可将隧洞下半矩形在出口向下游延长约一倍隧洞高度的长度，然后逐渐扩散。

出口段顶部产生负压的同时，泄流量相应有所增加，故对运用时间短、负压危害性较小、增大泄量有重大经济利益的工程，可考虑引用负压。使负压增大的有效办法是在出口断面下游接以带正坡的明槽[8]。

由于有压或深孔无压泄水隧洞出口的流速一般较高，且单宽流量较大，将对下游河床造成严重的冲刷，因此，不论在下游采用那种消能方式，一般都必须设一扩散段使水流先行扩散，减少单宽流量。

如图7－2－7和图7－2－8分别为常见的出口挑流消能和底流消能的连接段型式。连接段的扩散角α不能过大，否则会引起主流与边界分离，不能达到扩散水流的目的，并可能会引起空蚀和急流冲击波，对消能不利。对急流扩散角α，由试验得知，不要超过由式（7－2－4）求得的α值[1]：

$$\mathrm{tg}\alpha = \frac{1}{3Fr} \qquad (7-2-4)$$

$$Fr = \frac{v}{\sqrt{gh}}$$

式中　v、h——扩散段始末两断面流速、水深的平均值。

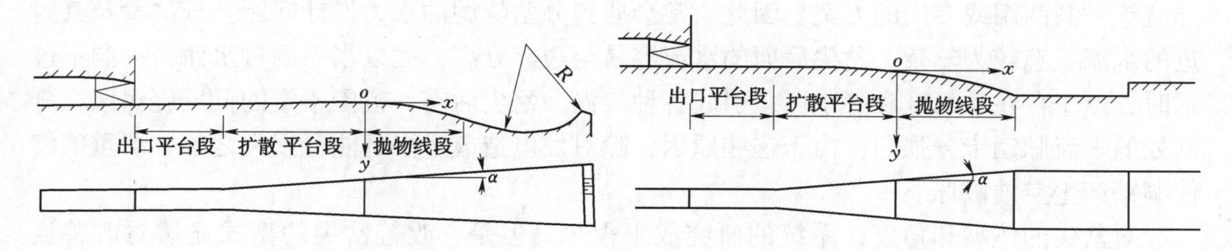

图7－2－7　出口挑流消能连接段　　图7－2－8　出口底流消能连接段

由式（7－2－4）求得的α值，一般是比较小的。在我国一般采用$\alpha=4°\sim8°$，但最大不得超过10°。

在斜坡段，为了避免水流脱离底部发生空蚀，应使水流平顺，故常将斜坡做成抛物线形，其方程为

$$y = \frac{gx^2}{2cv^2} \qquad (7-2-5)$$

式中　v——斜坡段起始断面的流速；

c——安全系数，根据经验，可取1.3～1.5，重要的工程应根据试验确定；

g——重力加速度；

x、y——坐标，见图7－2－7和图7－2－8。

对小型工程，流速不太高的底流消能，斜坡段也可采用不陡于1:3的直线。

挑流反弧段和底流消力池的水力设计均与前面几篇介绍的相同。

第五节 转弯半径

隧洞的路线布置应该考虑到洞内有良好水流流态的要求。

在平面布置上应尽可能采用直线。对有压隧洞或低流速的无压隧洞，如必须转弯，为了保持良好的流态，其转弯半径一般不宜小于5倍洞径或洞宽，转角不宜大于60°（对发电引水隧洞的邻近厂房地段，可适当放宽要求）；曲线段首尾的直线段长度，一般不宜小于5倍洞径或洞宽。对高流速的无压隧洞，为了避免在弯段上产生冲击波和水面壅高封顶等不良现象，应力求避免转弯，如必须转弯时，应通过水工模型试验去确定适宜的曲线形式、弯曲半径和洞高。

在竖直面上一般也布置成直线。如必须转弯，应设置平顺的竖曲线，无压隧洞竖曲线的半径一般不宜小于5倍洞径或洞高；有压隧洞竖曲线的半径一般不宜小于2倍洞径或洞高。对隧洞进口的“龙抬头”，其斜洞段可按式（7-2-5）的抛物线设计，并用一定坡度的直线作为切线与抛物线联结，下游与平洞段联结时用反弧过渡，为使水流平顺，反弧半径 R 不宜小于7.5~10倍洞径或洞高，流速愈大或单宽流量愈大，要求 R 愈大。

第六节 分岔的型式

在水库输水隧洞设计中，为了经济或布置上的原因，常采取发电、泄洪、引水灌溉、导流等一洞两用或多用的方案。因此，常会遇到分岔隧洞的水力设计问题。分岔段及其附近的水流状态较为复杂，岔尖后面的水流容易与边界分离，尤以当一洞过水而另一洞不过水时，由于存在动水区和静水区，引起各种旋涡，岔尖后有一范围不定的低压旋涡区，分岔处的水流脉动十分强烈。由于这些原因，除对发电造成过多的能量损失之外，严重的将使洞壁产生空蚀破坏。

对岔尖的体型和角度，系统的研究成果很少。但是，改善岔尖的型式显然对改善流态、减少能量损失和避免空蚀都是重要的。根据对我国一些工程的调查[1]，将岔尖设计成圆头型要比折线（尖头）型为好；从流态看，分岔角（即两洞轴线的夹角）越小越有利，但岔尖结构太单薄，不利于施工，目前多采有30°~60°之间。

为了避免空蚀，还应同时注意采取其他措施。例如缩小泄洪支洞的出口断面以提高洞内水的压力。工程实践证明这是有效的办法。此外，利用直洞泄洪、斜洞发电，也可减少局部负压。这是因为泄洪的流速一般较大，若用斜洞泄洪、高速水流在复杂的边界条件下转弯，流态更为紊乱，对泄洪不利。

---

[1] 浙江省水利电力局水利科学研究所．水工泄水建筑物的几个水力学问题．1977

第三章　水工隧洞的某些特殊水力学问题

第一节　通 气 管 问 题

泄水隧洞的工作闸门、事故闸门、检修闸门和发电用管道的快速闸门、检修闸门之后，一般都应设置通气管，以便在正常泄流、充水、泄空等情况下担负充气和排气的作用。这是改善洞内流态，避免空蚀和闸门振动等不利情况的重要措施。

在通气管的设计中，通常根据最大充气量来确定通气管的面积。根据原型观测资料：无压泄水隧洞，当闸门全开时，出现充气量的最大值；有压泄水隧洞，当闸门相对开度为0.8时（此时仍出现无压流），出现充气量的最大值。可按这些闸门开度和无压流状态作为设计泄水隧洞的工作闸门和事故闸门的条件。

规范[9]建议按下列三点对通气管面积进行估算。

（1）设于泄水管道中的工作闸门或事故闸门，其门后通气管面积可按如下经验公式计算：

$$a \geqslant 0.09\frac{v_w \omega}{v_a} \qquad (7-3-1)$$

式中　a——通气管的断面面积；

ω——闸门后的管道断面面积；

v_w——闸门孔口处的流速；

v_a——通气管的允许风速，一般取40m/s，对小型闸门可取50m/s。

也可按式（7-3-2）计算：

$$\beta = K(Fr_g - 1)^{[a\ln(Fr_g - 1) + b]} - 1 \qquad (7-3-2)$$

$$Fr_g = \frac{V}{\sqrt{9.81e}}$$

式中　β——气水比，$\beta = Q_a/Q_w$；

Q_w——闸门一定开启高度下的流量，m^3/s；

Fr_g——闸门孔口的弗劳德数；

V——闸门流速，m/s；

e——闸门开启高度，m；

K、a、b——各区间系数，由表7-3-1查出。

（2）发电引水管道的快速闸门，门后的通气管面积可按发电管道面积的3%～5%选用，一般事故闸门的通气孔面积可酌情减小。

（3）检修闸门后的通气管面积，可根据具体情况选定，一般宜大于或等于充水管的面积。

表 7-3-1 区间系数表

S	区间号	L/h	Fr_g 的范围	$\beta = K(Fr_g - 1)^{[a\ln(Fr_g-1)+b]} - 1$		
				K	a	b
A	Ⅰ	6.1~10.66	3.96~20.30	1.158	0.112	-0.242
			3.87~3.960	1.0154	0.000	0.000
	Ⅱ	10.66~27.40	1.94~6.290	1.0150	0.035	0.004
			1.61~1.940	1.0152	0.000	0.000
	Ⅲ	27.40~35.78	1.91~17.190	1.042	0.039	0.008
			1.38~1.910	1.0413	0.000	0.000
	Ⅳ	35.78~77.00	1.08~15.670	1.1300	0.028	0.144
B	Ⅴ	6.1~10.66	4.57~32.590	1.342	0.173	-0.438
			3.49~4.570	1.0153	0.000	0.000
	Ⅵ	10.66~27.40	1.70~18.06	1.0540	0.019	0.013
			1.56~1.70	1.0515	0.000	0.000
	Ⅶ	27.40~35.78	2.45~10.81	1.073	0.053	0.070
	Ⅷ	35.78~77.00	2.33~8.310	1.170	0.182	-0.019

注 A—设平面闸门的压力管道；B—设弧形闸门的无压管道；L—闸后管道长度；h—管道净高度。

第二节 平板闸门的门槽型式

在泄水隧洞中，平板闸门是常用的门型，当高速水流经过闸孔时，常因门槽的边界形式不当而引起门槽和边墙的气蚀破坏。因此，在设计中，对一定型式的门槽，要预先估计它是否会发生气蚀，估计的指标是用如下定义的门槽空化数 σ

$$\sigma = \frac{\frac{p}{\gamma} + h_a - h_v}{v^2/2g} \tag{7-3-3}$$

式中 h_a、h_v——用水柱高表示的大气压强和饱和蒸气压强；

v、p/γ——紧靠门槽的上游断面的平均流速和断面中点的相对压强水头，p/γ 可通过能量方程求得。

根据我国门槽的工程实践和试验资料，规范[9]提供了下述两类平面闸门的门槽型式及其初生空化数 σ_i。据此资料，当由式（7-3-3）算出空化数 σ 之后，就可以选取初生空化数 σ_i 小于 σ 的门槽，安全系数可取 1.2~1.5。

一、Ⅰ型门槽

如图 7-3-1 所示，较优的宽深比 $W/D=1.6\sim1.8$；合宜的宽深比 $W/D=1.4\sim2.5$。

初生空化数的经验公式为

$$\sigma_i = 0.38\frac{W}{D} \tag{7-3-4}$$

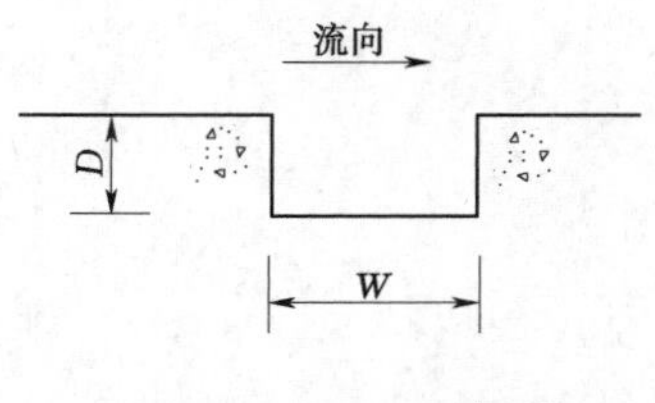

图 7-3-1　Ⅰ型门槽

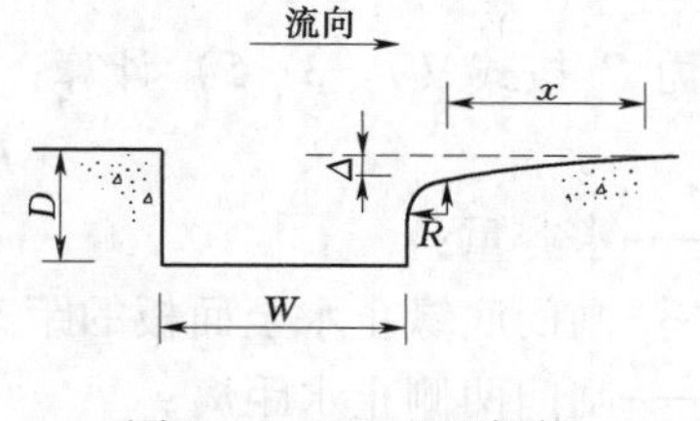

图 7-3-2　Ⅱ型门槽

公式适用范围 $W/D=1.4\sim3.5$。

门槽适用范围：

（1）泄水管道事故门门槽及检修门门槽。

（2）水头低于 12m 的溢流坝堰顶工作门门槽。

（3）电站进水口事故快速闸门门槽。

（4）空化数 $\sigma>1.0$（约相当于水头低于 30m 或流速小于 20m/s）的泄水管道工作门门槽。

二、Ⅱ型门槽

如图 7-3-2 所示，合宜的宽深比 $\frac{W}{D}=1.5\sim2.0$；较优的错距比 $\frac{\Delta}{W}=0.05\sim0.08$；较优的斜坡比 $\frac{\Delta}{x}=\frac{1}{12}\sim\frac{1}{10}$；较优的圆角半径 $R=30\sim50\text{mm}$，或 $\frac{R}{D}=0.10$。初生空化数 $\sigma_i=0.4\sim0.6$。

门槽适用范围：

（1）空化数 $\sigma>0.6$（约相当水头为 30～50m，或流速为 20～25m/s）的泄水管道工作门门槽。

（2）空化数 $1.0>\sigma>0.4$ 的高水头、短管道事故门门槽。

（3）要求经常部分开启，空化数 $\sigma>0.8$ 的工作门门槽。

（4）水头高于 12m，空化数 $\sigma>0.8$ 的溢流坝堰顶工作门门槽。

第三节　平板闸门上的动水压力

闸门在动水中工作时承受的动水压力，包括面板上的动水压力、底缘上游面的上托力、底缘下游面的下吸力以及门顶的水柱压力，以下分别介绍其计算方法。

一、面板上的动水压力

高水头操作的工作闸门或经常部分开启的工作闸门，垂直作用于闸门面板的时均动水压力，一般按静水压力分布计算，脉动值的作用和影响按动力系数予以考虑，即动水压力等于静水压力乘以动力系数，规范建议[9]动力系数值按 1.0～1.2 选取。

二、底缘上游门的上托力和下游面的下吸力

平板闸门常用的底缘型式如图 7-3-3 所示，其中底缘上游倾角 $\alpha_1=45°\sim60°$，下游倾角 $\alpha_2\geqslant30°$。

1. 上托力计算

上托力 P_t 按式（7－3－5）计算：

$$P_t = \gamma\beta d_1 BH \tag{7-3-5}$$

式中 γ——水容重；

d_1——闸门底缘止水至面板的距离；

B——闸门两侧止水距离；

H——闸门上游的工作水头；

β——上托力系数，规范建议[9]：当验算闭门力时，按闸门接近完全关闭时考虑，取 $\beta=1.0$；当计算持住力时，按闸门的不同开度考虑，β 与 α_1 及 e/d_1 有关，可参考表 7－3－2 选用。

表 7－3－2 上托力系数 β

α_1 \ e/d_1	2	4	8	12	16
60°	0.8	0.7	0.5	0.4	0.25
52.5°	0.7	0.5	0.3	0.15	—
45°	0.6	0.4	0.1	0.05	—

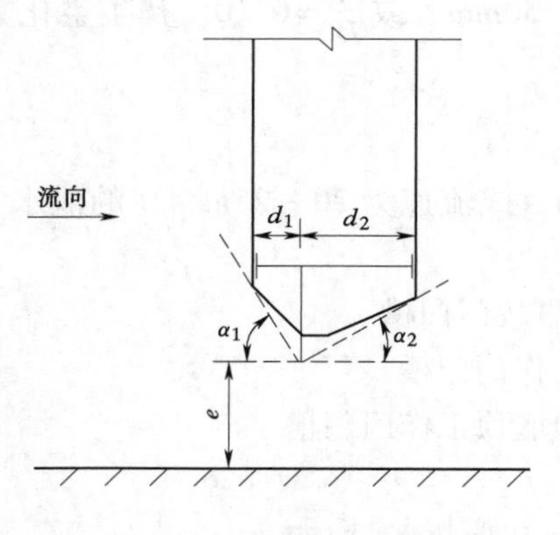

图 7－3－3 平板闸门的底缘型式

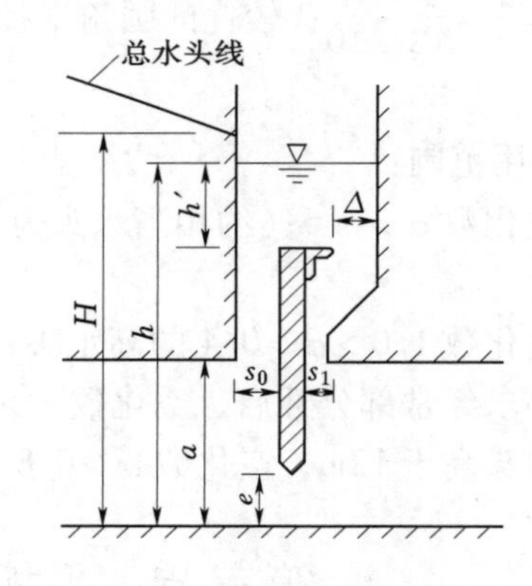

图 7－3－4 短胸墙门井

表 7－3－2 中 β 值适用于在相对开度 $0<\frac{e}{a}<0.5$ 范围内的闸后明流流态，e 为闸门开度，a 为闸门孔口高度（见图 7－3－4）。α_1 和 d_1 见图 7－3－3。

2. 下吸力计算

下吸力 P_s 按式（7－3－6）计算：

$$P_s = p_s d_2 B \tag{7-3-6}$$

式中 p_s——闸门底缘 d_2 部分平均下吸压强，规范建议[9]一般按 20kN/m^2 计算，当流态良好、通气充分、底缘下游倾角不小于 30°时，可适当减少；

B——闸门两侧止水距离；

d_2——闸门底缘止水至主梁下翼缘的距离（见图 7－3－3）。

三、门顶的水柱压力

根据一些工程实测和试验资料❶得出，短胸墙布置下（见图 7-3-4）的门井相对水深 h/H 与门井缝隙比 S_0/S_1 的关系，如图 7-3-5 所示。长胸墙（$\Delta=0$）布置下的 h/H 与闸门相对开度 e/a 的关系见图 7-3-6。在求出门井水深 h 之后，便可得到门顶的水柱压力 h'。

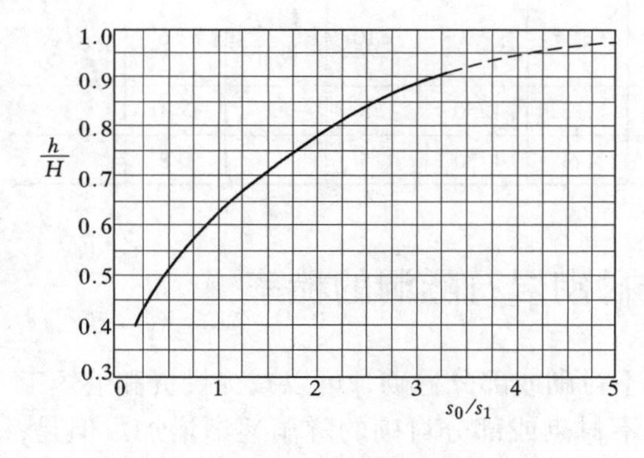

图 7-3-5　h/H—S_0/S_1 关系图

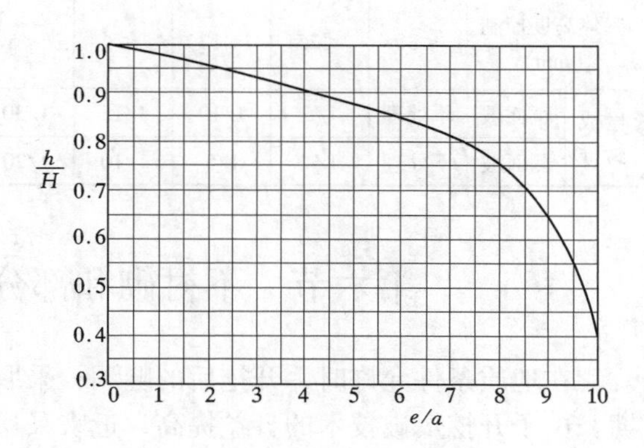

图 7-3-6　h/H—e/a 关系图

第四节　泥沙压力计算问题

当闸门前面有泥沙淤积时，作用在闸门上的泥沙压力可按下式计算[9]：

$$P_n = \frac{1}{2}\gamma_n h_n^2 \mathrm{tg}^2(45° - \phi/2)B \tag{7-3-7}$$

$$\gamma_n = (\gamma_0 - 1)(1 - n)$$

式中　P_n——泥沙压力，kN；

γ_n——泥沙在水中的容重，kN/m³；

γ_0——泥沙颗粒容重，kN/m³；

n——泥沙的空隙率；

h_n——泥沙的淤积高度，m；

B——门上泥沙淤积宽度，m；

ϕ——淤沙的内摩擦角，(°)。

第五节　过流表面不平整度控制

隧洞过流表面由于施工等原因产生的不平整，可能引起空化和气蚀。要求根据水流空化数的大小，对不平整度进行控制和处理，其标准见表 7-3-3[4]。

---

❶　水利电力部第 11 工程局勘测设计研究院．高水头平面闸门垂直动水压力计算．1978

表 7-3-3　　表面不平整度控制和处理标准

水流空化数 σ		>1.70	1.70~0.61	0.60~0.36	0.35~0.31	0.30~0.21		0.20~0.16		0.15~0.10		<0.10
掺气设施		—	—	—	—	不设	设	不设	设	不设	设	修改设计
突体高度控制（mm）		≤30	≤25	≤12	≤8	<6	<25	<3	<10	修改设计	<6	
磨成坡度	正面坡	不处理	1/5	1/10	1/15	1/30	1/5	1/50	1/8		1/10	
	侧面坡	不处理	1/4	1/5	1/10	1/20	1/4	1/30	1/5		1/8	

第六节　不衬砌和部分衬砌岩石隧洞的糙率

在地质条件允许时，开挖后的隧洞，采取不衬砌或部分衬砌，可以减少投资和缩短工期。由于开挖爆破技术的日益提高，近来采用不衬砌或部分衬砌的隧洞逐渐增加。但是，从水力计算的要求来看，在设计中必须正确估计其糙率值，否则会导致较大的错误。

从目前的研究水平看来，由于影响糙率的因素十分复杂，难以作出准确计算。过去，多从各地具体的施工条件和经验去选取。例如，前苏联一般取糙率 $n=0.030\sim0.045$；挪威一般取 $n=0.025\sim0.030$；瑞典一般取 $n=0.030\sim0.040$。我国柘溪水电站的经验是：在较完整的岩石开挖整修后的洞壁，取 $n=0.030\sim0.032$；在节理、裂隙发育地带，未经整修，取 $n=0.035\sim0.040$。刘家峡水电站导流隧洞为石英云母片岩，经喷浆，底板混凝土抹面，实测 $n=0.037$；流溪河水电站引水发电洞为中粒花岗岩，开挖后实际粗糙度为20~30cm，个别达50cm，底部用混凝土抹平，实测糙率 $n=0.0313$；柘溪水电站导流洞为长石英砂岩，局部喷浆，底板进行处理，实测糙率为0.038。以上经验及表 7-3-4，均可供估计糙率 n 值时参考。

表 7-3-4　　开挖岩石不衬砌隧洞糙率

岩面情况	隧洞糙率 n	岩面情况	隧洞糙率 n
岩面经良好整修	0.025	岩面未经整修	0.035~0.045
岩面经中等整修	0.030~0.033	岩面经水泥喷浆	0.020~0.030

通过计算方法估计不衬砌隧洞的糙率，在国内外曾提出过一些经验公式，但一般仍不够成熟。下面介绍的方法[10]仅供参考。

由实测资料总结得到确定沿程阻力系数 λ 的经验公式为

$$\lambda = 0.015 + 1.2k \tag{7-3-8}$$

式中　k——糙率指数，由式（7-3-9）确定：

$$k = \frac{\sqrt{\sum_{1}^{N} |\omega - \omega_i|^2 / N}}{\omega} \tag{7-3-9}$$

式中　ω_i——某一实际开挖的断面面积；

ω——实际开挖断面的平均断面面积（算术平均）；

N——实际量测断面的总数目（通常按每隔 2～5m 量测一个断面）。

式（7－3－8）的适用范围为：$k>0.02$。

当求出 λ 之后，糙率 n 由曼宁公式计算：

$$h=\sqrt{\frac{\lambda}{8g}}R^{1/6} \qquad (7-3-10)$$

式中　R——水力半径，m；

g——重力加速度，m/s^2。

若岩石隧洞只有部分（例如拱顶或底部）衬砌，其沿程阻力系数可由式（7－3－11）计算：

$$\lambda=\chi\lambda_c+(1-\chi)\lambda_0 \qquad (7-3-11)$$

式中　χ——衬砌部分的周长，%；

λ_c——衬砌部分的沿程阻力系数，可借用全部衬砌的值；

λ_0——不衬砌部分的沿程阻力系数，可借用上述全部不衬砌的值。

求出 λ 值后，可代入式（7－3－10）求糙率 n。

参　考　文　献

1　Unite States Department of the Interior Bureau of Reclamation. Design of Small Dams. 1973

2　武汉水利电力学院水力学教研室．水力学．北京：人民教育出版社，1974

3　BOдгE O. 水工手册．华东水利学院译．北京：中国工业出版社，1955

4　中华人民共和国水利部发布．SL 279—2002 水工隧洞设计规范．北京：中国水利水电出版社，2003

5　Chow Ven-Te. Open-Channel Hydraulics. McGraw-Hill Book Co, 1959

6　李隆瑞．高压弧形门的收缩系数和阻力系数及其在输水洞水力计算中的应用．陕西水利科技，1974（7）

7　柴恭纯．深孔闸后矩形槽非均匀流掺气水面线的计算法．水利学报，1965（2）

8　陈惠泉．输水道出水口段的压力分布．水利学报，1958（3）

9　中华人民共和国水利部发布 SL 74—95 水利水电工程钢闸门设计规范．北京：中国水利水电出版社，1995

10　周胜．不衬砌岩石隧洞的摩阻损失．见：水利水电科学研究院论文集 第3集（水工）．1963

第八篇

河道的水力计算

第一章 河道恒定流水面曲线计算

第一节 水面曲线计算的基本方程式

一、水面曲线计算的目的

由于生产建设的要求，常需在河道上修建大坝等水工建筑物、丁坝等河工建筑物以及对河道进行裁弯、疏浚、挖槽、汊道修整等整治工程，另外还有修建码头、桥梁等工程项目。这些工程将对原来河道的边界条件有较大的改变，也使水流形态相应地发生变化。这些水工建筑物或整治等工程的修建，将改变河道的自然状态，使部分河段形成水深沿程增加的壅水河段或水深沿程减小的降水河段。如图8－1－1（*a*）所示的建坝后的回水曲线，如图8－1－1（*b*）所示的浅滩挖槽后的降水曲线。河道中河流水深沿程变化的曲线称为水面曲线。为保证工程及河道的安全运行，在工程设计中需要进行水面曲线的计算。

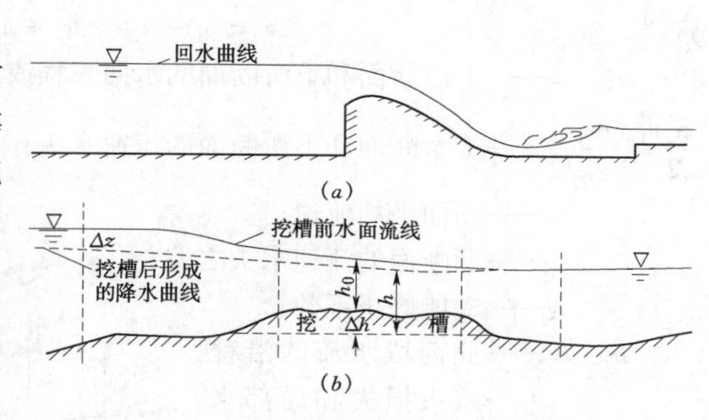

图8－1－1 回水曲线和降水曲线

例如，在河道上修建大坝后，将使大坝上游库区形成的库区回水水面曲线，对此曲线计算可能有下列目的：

(1)了解水库修建后的淹没范围,确定淹没损失、移民规模,以及库盘清理的淹没界线等。

（2）了解水库建成后对重要城镇、工厂、矿山、铁路等的影响程度，并为有关方面的规划提供资料。

（3）对库内文化古迹的防护或迁移的需要。

（4）研究库区地下水运动以及库区坍岸的需要。

（5）需确定回水水位高程是否超过水库分水岭。

（6）需确定回水水位高程是否淹没低坳地区，如淹没需确定这些低坳地区挡水建筑物的修建高程。

（7）需确定回水对上游相邻梯级电站尾水的影响，以及下游相邻梯级电站水库坝上水位对本级电站坝下水位（尾水）的影响。

（8）为水库库区引水工程提供设计依据，等等。

另外，在河道上修建了整治建筑物（如丁坝、顺坝等等）后，一般将引起水位抬高。在河道中进行疏浚、挖槽、炸礁等整治工程将使水位下降。在河道上修建码头、桥梁等工程，也将使河道水位发生变化。这些水位的变化对航道通畅、引水工程等所起的作用和影响，都需要通过水面曲线的计算来确定。对这些具体工程后所形成的水面曲线进行计算，根据各自的具体情况将有着不同的计算目的。

二、基本方程式

由于河道槽底很不平整，难以正确确定断面水深，结合河道的实际条件，一般是直接计算有关断面的水面高程，即水位。根据图 8-1-2 所示 1—1 至 2—2 河段，水面计算的基本方程式有如下形式：

$$z_1 + \frac{\alpha_1 v_1^2}{2g} = z_2 + \frac{\alpha_2 v_2^2}{2g} + h_f + h_j \tag{8-1-1a}$$

或

$$\Delta z = z_1 - z_2 = h_f + h_j + \Delta h_v \tag{8-1-1b}$$

式中 z_1、z_2——上游断面和下游断面的水面高程或水位；

$\frac{\alpha_1 v_1^2}{2g}$、$\frac{\alpha_2 v_2^2}{2g}$——上游断面和下游断面的流速水头；

v——断面平均流速；

Δh_v——两断面的流速水头之差；

α——动能修正系数；

h_f、h_j——此河段水流的沿程水头损失和局部水头损失。

图 8-1-2 中的河段编号，是根据水流流向从上游到下游进行的。由于大多数河道水流为缓流，河道的控制断面一般设在下游，从下游往上游推算。因此河道断面编号顺序，可以从上游到下游，也可以从下游到上游。

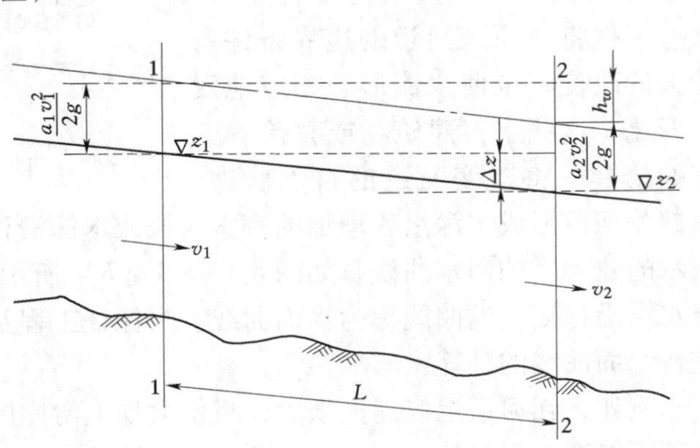

图 8-1-2 基本方程式示意图

下面分别介绍式（8-1-1a）中各项。

三、动能修正系数的选定

动能修正系数 α 与断面上流速分布的不均匀性有关。α 值选用不当，对流速不大的平原河段，其计算结果影响不大；但对流速很大的山区河流或急流险滩，其计算结果影响则较大。单式断面的 α 较复式断面的 α 小，山区河流的 α 较平原河流的 α 大。特别在河道断面发生突变的地方，水流近似为堰流的河段，α 值可达 2.1 左右。在平原河流，α = 1.15~1.5；山区河流 α=1.5~2.0。下面列举几个河流中 α 的计算式[62]。

$$\alpha = 1 + 3\varepsilon^2 - 2\varepsilon^3 \tag{8-1-2}$$

$$\alpha = \frac{(1+\varepsilon)^3}{1+3\varepsilon} \tag{8-1-3}$$

$$\varepsilon = \frac{u_{max}}{v} - 1, \text{或 } \varepsilon = 2.5 - \frac{v_*}{v}, \text{或 } \varepsilon = \frac{14.2}{C}$$

式中 u_{max}——断面最大的点流速；

v_*——摩阻流速；

C——谢才系数，$m^{1/2}/s$。

$$\alpha = 1 + 0.84\left(\frac{1}{C'} - 1\right) \quad (8-1-4)$$

式中　$C' = \dfrac{C}{1.34C + 6}$。

还可从动能修正系数 α 的定义出发，计算天然河道复式断面的动能修正系数 α，即

$$\alpha = \frac{(\sum A_i)^2 \sum\left(\frac{K_i^3}{A_i^2}\right)}{(\sum K_i)^3} \quad (8-1-5)$$

式中　A_i、K_i——复式断面各部分面积和流量模数。

上述计算公式，要求各种有关技术资料比较充足。在技术资料不充足的情况下，可参考其他相关断面的流速分布情况，凭经验直接给出 α 值。

另外可采用下述近似关系式直接给定某一断面的平均流速[1]，

$$\left.\begin{aligned} v &\approx (0.8 \sim 0.9)u_s \\ v &\approx 0.5(u_{0.2} + u_{0.8}) \\ v &\approx u_{0.4} \end{aligned}\right\} \quad (8-1-6)$$

式中　$u_{0.2}$、$u_{0.4}$、$u_{0.8}$ 和 u_s——某一断面沿水深给定位置处的流速，下标数字为相对水深，下标 s 为水面，见图 8-1-3。

使用式（8-1-6）计算断面平均流速 v，则动能修正系数 α 可取值为 1.0。

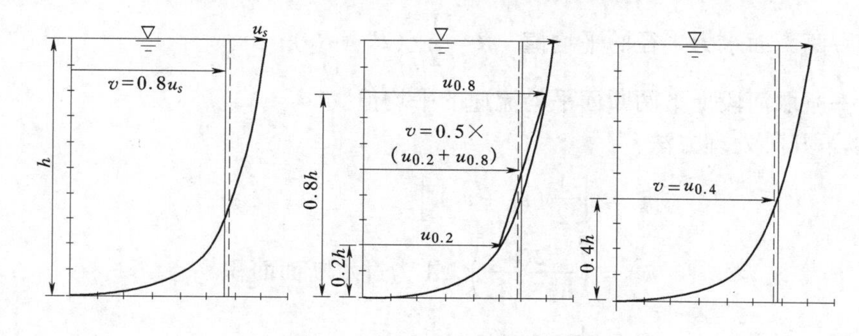

图 8-1-3　平均流速计算图

四、沿程水头损失的计算

均匀流沿程水头损失 h_f 的计算公式为

$$h_f = JL \quad (8-1-7)$$

式中　L——所取河段的长度；

J——水力坡度，$J = \dfrac{v^2}{C^2R} = \dfrac{Q^2}{K^2}$；

C——谢才系数；

R——水力半径；

K——流量模数。

由于河道断面形状和大小沿程均在变化，在应用式（8－1－7）计算河道渐变流的沿程水头损失 h_f 时，应取平均水力坡度 $\bar{J}$，即

$$h_f = \bar{J}L \tag{8-1-8}$$

$$\bar{J} = \frac{Q^2}{\bar{K}^2} = \frac{\bar{v}^2}{\bar{C}^2\bar{R}}$$

式中　　$\bar{J}$——平均水力坡度；

$\bar{K}$、$\bar{v}$、$\bar{C}$、$\bar{R}$——与所取河段两端断面有关的平均水力要素。

关于河段的平均水力坡度 $\bar{J}$ 的计算，可按定义先计算上述有关平均水力要素，再得到平均水力坡度 $\bar{J}$。或者根据计算谢才系数的曼宁公式，可用下列不同的计算方法。

（1）通过分别计算河段两端1—1和2—2断面的水力坡度，并取平均值，即

$$\bar{J} = \frac{1}{2}(J_1 + J_2) \tag{8-1-9}$$

式中，$J_1 = \frac{Q^2}{K_1^2} = \frac{n_1^2 v_1^2}{R_1^{4/3}}$，$J_2 = \frac{Q^2}{K_2^2} = \frac{n_2^2 v_2^2}{R_2^{4/3}}$。

（2）使用下列计算公式：

$$\bar{J} = \frac{n^2\bar{v}^2}{\bar{R}^{1+2y}} \tag{8-1-10}$$

式中　n——糙率；

y——指数，对于山区河道 $y = \frac{1}{5} \sim \frac{1}{4}$，对于平原河道 $y = \frac{1}{6}$；

$\bar{R}$——两断面水力半径的平均值，$\bar{R} = \frac{1}{2}(R_1 + R_2)$；

$\bar{v}$——所取河段上下两断面平均流速的平均值。

$\bar{v}^2$ 有以下几种处理方法：

$$\bar{v}^2 = \left[\frac{1}{2}(v_1 + v_2)\right]^2$$

$$\bar{v}^2 = \left(\frac{2Q}{A_1 + A_2}\right)^2, A \text{ 为过水断面面积}$$

$$\bar{v}^2 = \frac{1}{2}(v_1^2 + v_2^2)$$

式（8－1－9）、式（8－1－10）中计算水力坡度 $\bar{J}$ 的计算公式中糙率 n 的确定是计算沿程损失 h_f 的关键，后面第三节将详细讨论糙率 n 的取值方法。

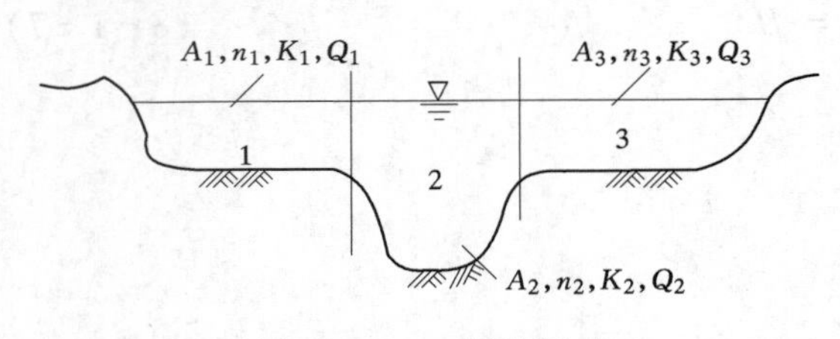

图8－1－4　复式断面

对于如图8－1－4所示的由不同糙率的滩地和主槽所组成的复式断面，则应根据糙率的不同，将断面分为两或三个不同部分（即左右滩地部分和主槽部分），分别求出各部分的流量模数 $K_i = \frac{A_i R_i^{2/3}}{n_i}$，并合计求得整个过水断面的流量模数 $K =$

$\sum K_i$。断面上的水力坡度为 $J = \left(\frac{Q}{\sum K_i}\right)^2$。并代入式（8－1－9）可得平均水力坡度 $\bar{J}$。

五、局部水头损失的计算

一般来说，河道糙率 n 既反映河槽本身因素对水流阻力的影响，如河床边壁的粗糙程度，河槽纵、横形态的一般变化等，又反映了水流因素对水流阻力的影响，如水位的高低，含沙量的大小等，它属于沿程水头损失的范畴。糙率 n 还包括河道上某些连续存在的不显著的局部变化对水流阻力的影响，因此，在一般情况下可无须考虑局部水头损失。但如果河道局部地方有较突出的变化或障碍物，如断面的突缩和尖扩、急弯段、河床中存在的特大礁石或石梁以及河中的桥墩等，将引起水流涡旋丛生、流态复杂，并产生较大的局部水流阻力。而这些局部水流阻力所产生的局部损失，并未包括在糙率等反映沿程水头损失的参数中，在进行河流（特别是山区河流）的水面曲线等计算中则需要考虑。由于局部水头损失的特殊性，必须对具体的局部阻力进行具体的分析研究，求出反映实际情况的局部阻力系数，应用于各种河道水面曲线的计算中。

下面给出在一般情况下，河道局部水头损失的计算示例。

1. 河槽扩大的局部水头损失

$$h_j = \zeta\left(\frac{v_2^2}{2g} - \frac{v_1^2}{2g}\right) \tag{8-1-11}$$

式中　ζ——系数，河槽急剧扩大，$\zeta = -0.5 \sim -1.0$；河槽逐渐扩大，$\zeta = -0.1 \sim -0.333$。

2. 桥墩阻力的局部水头损失[34]

$$h_j = \zeta\frac{v_1^2}{2g} \tag{8-1-12}$$

式中　ζ——系数，方头墩，$\zeta = 0.35$；圆头墩，$\zeta = 0.18$；ζ 取值时长宽比均应为4，如果长宽比大于4，则 ζ 值应有所增加；

v_1——紧接桥墩处的断面平均流速。

3. 汇流的局部水头损失

指支流汇入主流时，支流断面与交汇后的主流断面之间发生的局部水头损失。

$$h_j = 0.1\left(\frac{v_2^2}{2g} - \frac{v_1^2}{2g}\right) \tag{8-1-13}$$

式中　v_1、v_2——汇合前支流上的断面平均流速和汇合后主流上的断面平均流速。

4. 弯道的局部水头损失[34]

$$h_j = 0.05\left(\frac{v_1^2}{2g} + \frac{v_2^2}{2g}\right) \tag{8-1-14}$$

式中　v_1、v_2——急弯段两端断面的平均流速。

需要指出的是，由于天然河道地形的复杂性，在进行水面曲线的计算时，一般将局部水头损失并入沿程水头损失中考虑，这时沿程损失系数具有综合沿程损失的含义。具体操作方法后面将详述。

第二节　水面曲线计算的基本方法

河道水面曲线的计算就是从某控制断面的已知水位开始，根据有关水文和地形等资料，运用水面曲线基本方程式，逐河段推算其他断面水位的一种水力计算。在推算河道水面曲线时，因一般河道水流为缓流，故控制断面一般放在下游，也就是计算从下游向上游逐段进行。然而对于水流为急流的河道，控制断面则放在上游，计算是从上游向下游逐段进行。

计算河道水面曲线时，可根据实际情况，考虑流速水头变化项或不考虑流速水头变化项。这两种情况，在计算工作量方面有较大差别，在计算精度上也有所不同。下面给出了几种流速水头可否忽略的情况，供选择。

（1）初步设计和技术设计阶段，在一般情况下，回水水面的计算，应考虑流速水头。在正常高水位方案比较阶段和规划阶段，没有特别要求，可不考虑流速水头。

（2）当断面变化不大，各断面相当均匀并且流速小于1.0m/s时，在任何设计阶段均可不考虑流速水头（因这一规定所引起的误差最大不超过0.1m）。

（3）平原河流一般可忽略流速水头的影响，但对平原河道的陡坡和跌水段则应考虑其影响。

（4）推算山区河流的水面线，对纵坡比较单一、横断面变化不大的河道，可采用忽略流速水头变化的方法。对于纵横断面变化较大（如陡坡、跌水，急剧收缩与扩散）的河段，则不能忽略流速水头的变化，而且在局部变化较急剧的地方还要额外加进局部水头损失，并应在局部变化急剧处的前后加设断面。

（5）在山区或比较偏僻地区的水库对回水没有特别的控制要求时，回水水面线的精度要求不必十分严格，此时虽然断面变化较不均匀，流速大于1.0m/s，也可不必考虑流速水头影响。

进行河道水面曲线计算的方法很多，如逐段试算法、图解法以及简易计算法等。由于目前计算机及计算技术的发展，在此只重点介绍可适用于计算机编程计算的逐段试算法，以及可在工地现场使用的简易计算法，关于图解法可查阅有关手册或教科书[2,17]。

一、逐段试算法

逐段试算法是推算水面曲线的基本方法，它精确可靠，适用性广，在工程实际上被普遍采用。逐段试算法的基本思想是：根据工程或实际情况的需要，将需进行水面曲线计算的整个河段，分成若干个计算河段（或称子河段、局部河段）。从下游到上游对这些计算河段逐段进行计算求解，从而可得到整个河段的水面曲线。逐段试算法是对式（8-1-1）的直接应用。

1. 一般河道断面水面曲线逐段试算法

对于某段计算河段，考虑式（8-1-1a），并将变量函数流速v变换为流量Q，沿程水头损失引入式（8-1-8）、式（8-1-9），局部水头损失考虑式（8-1-11），有

$$z_1+\frac{\alpha_1 Q^2}{2gA_1^2}=z_2+\frac{\alpha_2 Q^2}{2gA_2^2}+\frac{\Delta s}{2}\left(\frac{Q^2}{K_1^2}+\frac{Q^2}{K_2^2}\right)+\zeta\left(\frac{Q^2}{2gA_2^2}-\frac{Q^2}{2gA_1^2}\right)$$

式中，计算河段长度$L=\Delta s$。将上式整理得

$$E_1=E_2 \quad 或 \quad E_1-E_2=0 \tag{8-1-15}$$

式中

$$E_1=z_1+\frac{\alpha_1 Q^2}{2gA_1^2}+\zeta\frac{Q^2}{2gA_1^2}-\frac{\Delta s}{2}\frac{Q^2}{K_1^2} \tag{8-1-16}$$

$$E_2 = z_2 + \frac{\alpha_2 Q^2}{2gA_2^2} + \zeta \frac{Q^2}{2gA_2^2} + \frac{\Delta s}{2}\frac{Q^2}{K_2^2} \tag{8-1-17}$$

分别代表上游断面与下游断面的能量函数。当流量 Q 及其他条件不变时，E_1 是 z_1 的函数，E_2 是 z_2 的函数。如令

$$DE = E_1 - E_2 \tag{8-1-18}$$

式（8-1-18）为对计算河道进行水面曲线计算的基本关系式。当假定的计算河段两断面的水位符合实际水位时，有 $E_1 = E_2$，$DE = 0$。当这两个断面假定的水位不符合实际水位时，就有 $DE \neq 0$，这时应寻找满足式（8-1-15）的水位，也就是求解式（8-1-15）。

求解式（8-1-15）的思路有基于手工和计算器的列表试算法、有利用计算机编程的二等分迭代法等。由于计算机和计算技术的发展和普及，下面介绍可用计算机编程的二等分迭代法。列表试算法可见有关教科书。

用二等分迭代法进行河道水面曲线计算，也就是求解式（8-1-15）。其基本思想是：将解的存在区域，进行二等分，即分成两个子区域；判定解存在这两个子区域中的某一个子区域，然后对此子区域再进行二等分；……直至最后得到解。下面叙述二等分迭代法的主要方法和步骤。

由于式（8-1-15）或式（8-1-18）中，上游断面能量函数 E_1 是 z_1 的函数，下游断面能量函数 E_2 是 z_2 的函数。一般来说，有一个断面的水位 z_0 已知，需求解另一个断面的水位 z。如，下游断面水位 z_2 已知，有 $z_0 = z_2$，上游水位 z 待求，式（8-1-15）可写成

$$F(z) = E_1 - E_2 = 0 \tag{8-1-19}$$

即为以 z 为自变量的误差函数 $F(z)$ 的表示式。假如求出的 z 符合实际的上游水位 z_1 时，或者说 z_1 为式（8-1-19）的解时，则误差函数 $F(z) = 0$。实际操作时，$|F(z)| < \varepsilon_1$ 或相邻两次得出的水位误差 $|\Delta z| < \varepsilon_2$ 时，则所得出的 z 为上游水位 z_1 的解。其中，ε_1、ε_2 为允许误差。

二等分迭代法求解式（8-1-19）的主要步骤：

（1）适当假定上游水位 $z_3 > z_0$，结合已知下游水位 z_0 代入式（8-1-19）计算误差函数 $F(z_3)$，如果 $F(z_3) \neq 0$，则令 $F(z_3) = F_3$。

（2）令 $z_4 = \frac{z_0 + z_3}{2}$，计算 $F(z_4) = F_4$。

（3）如果 F_3 与 F_4 同号，则令 $z_3 = z_4$，$F_3 = F_4$；

如果 F_3 与 F_4 异号，则令 $z_0 = z_4$。

（4）重复步骤（2）与（3），直到 $|F(z_4)| < \varepsilon_1$ 或 $|\Delta z| = |z_3 - z_4| < \varepsilon_2$，则迭代停止，所得的 z_4 为所求的上游水位 z_1。

然后进入下一计算河段，按上述思路进行计算。在具体实施计算时，大致有以下几个步骤：

（1）根据河道地形及纵横剖面将需计算的整个河段分成若干计算河段。在细分的过程中，应使每个计算河段和相应断面的水力学要素的平均值能够近似地反映实际水流状况，以保证计算的准确性。

（2）输入各断面水位、断面参数，建立各断面几何水力学要素与水位的关系。由于断面几何水力学要素是水位的函数，在试算过程中，要不断重新计算断面几何水力学要素。因此，要输入各断面几何水力学要素与水位的定量函数关系。一般有两种方式：

1）采用插值函数，例如建立拉格朗日二次插值公式：

$$y=\frac{(x-x_2)(x-x_3)}{(x_1-x_2)(x_1-x_3)}y_1+\frac{(x-x_3)(x-x_1)}{(x_2-x_3)(x_2-x_1)}y_2+\frac{(x-x_1)(x-x_2)}{(x_3-x_1)(x_3-x_2)}y_3 \tag{8-1-20}$$

式中的 x_1、x_2、x_3 为插值基点，y_1、y_2、y_3 为插值基点所对应的函数值，这些值都是已知的。将水位 z 作为 x，各断面几何水力学要素如面积 A、水力半径 R 等作为 y，可插值计算任意水位 z 条件下的各断面几何水力学要素 A、R 等。

2）采用列表插值文件，对每个河道断面，选择几个有代表性的插值水位 z_0，对每个插值水位 z_0 计算相应的面积 A_0、水力半径 R_0 等断面几何水力学要素，并做成列表插值文件。在实际计算时，对任意水位 z 的断面几何水力学要素 A、R 等可通过此列表插值文件插值计算得到。

（3）给出各河段糙率、局部水头损失系数以及动能修正系数等参数，并用实测数据进行验证。参数选取过程中，可参考本章第一节和第三节给出的参数取值原则。

2. 特殊河道断面水面曲线逐段试算法

对于特殊河道断面，如复式河道断面水面曲线的逐段试算法，与前面给出的一般河道断面计算的主要方法大致相同。计算的基本方程还是式（8－1－15）或式（8－1－19），也还是使用二等分迭代法作为求解此基本方程的主要计算方法。所不同的是，在面积 A 等断面几何水力学要素的计算、动能修正系数 α 的计算、糙率 n 等参数的取值和计算等方面，与一般河道断面的情况有所不同。

关于断面几何水力学要素的计算。要根据具体断面形状，对主槽和滩地选择不同的插值函数，分别进行计算，然后给出综合的断面几何水力学要素；或者在设计和制作列表插值文件时，根据主槽和滩地的特点，选择合适的插值水位 z_0，计算和给出反应复式河道断面特点的列表插值文件。

关于动能修正系数 α 的计算。由于动能修正系数 α 与河道断面的速度剖面分布有关。根据主槽和滩地的具有速度剖面分布不同的特点，需分别计算主槽和滩地动能修正系数 α 和速度水头 $\frac{\alpha v^2}{2g}$，并给出综合动能修正系数 α。具体可参见式（8－1－5）所述的方法。

关于糙率 n 等参数的计算。由于糙率 n 等参数与主槽和滩地的水流状态、边界的地形有关。可利用谢才公式，在假定主槽和滩地无水流动量交换的情况下，按主槽和滩地分别进行糙率计算，并给出综合糙率 n。

二、简易近似法

在有些场合，需要对水面曲线进行快速估算时，可使用简易近似法。如需对水库回水曲线迅速地进行粗估，可用下面简易近似方法。

1. 抛物线回水公式[16]

图 8－1－5 为一建坝后河道回水曲线示意图，图中曲线 ACB 为建坝前的原水面线，此

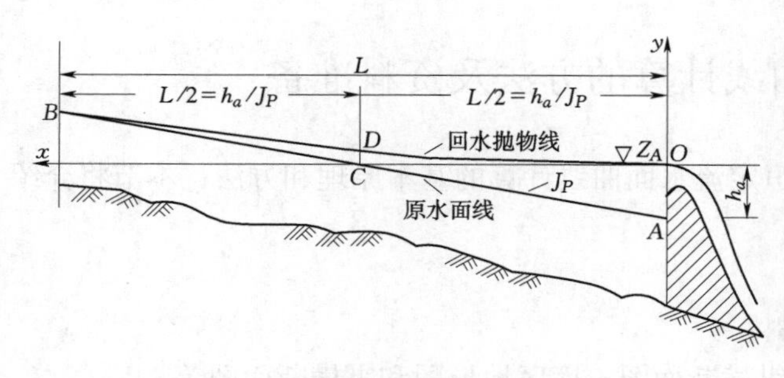

图 8－1－5　建坝后河道回水曲线示意图

曲线的平均水面坡为 J_P。建坝后在坝前形成回水曲线为 ODB，坝前的回水曲线与原水面线 ACB 的高差为 h_a，坝前水位为 Z_A。现假定回水曲线 ODB 近似为抛物线形，设回水曲线 ODB 在坝前的 O 点为一坐标轴的原点，沿水平线向左为 x 轴，沿直线 AO 向上为 y 轴。并且有抛物线 ODB 在原点 O 点与 x 轴相切，在 B 点与原水面线相切。由此可得回水曲线方程式为

$$x^2 = 2\frac{L}{J_P}y = \frac{4h_a}{J_P^2}y \tag{8-1-21}$$

式中　L——回水曲线水平长度。

$$L = \frac{2h_a}{J_P} \tag{8-1-22}$$

2. 回水终点计算公式[63]

如图 8－1－6，L 为坝趾处至回水曲线终点的距离，L_0 为过回水曲线在坝前的水面作一水平线交至河底的距离，l 为过回水曲线在坝前的水面作一水平线交至未建坝时原水面线的距离。设 $s=L_0-l$，则有

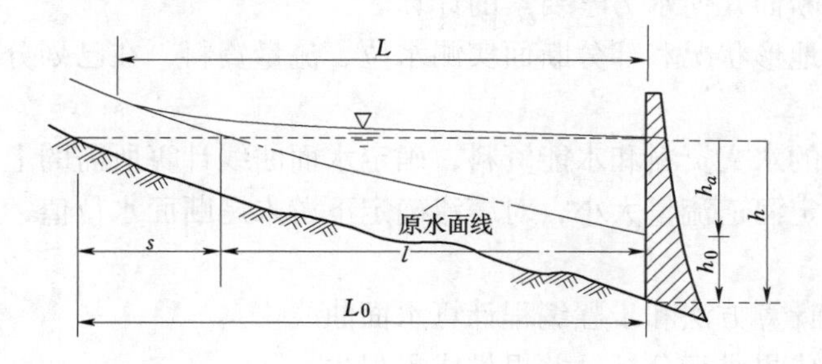

图 8－1－6　建坝后回水终点计算示意图

$$L = \sqrt{L_0^2 - s^2} \tag{8-1-23}$$

如令 $\beta=s/L_0$，上式可写为

$$L = \sqrt{1-\beta^2}L_0 \tag{8-1-24}$$

如果假定原水面线坡度基本上与河床平均坡度 i 相等，并设原水面线在坝前的水深为 h_0，回水曲线在坝前的水面高度与原水面线在坝前的水面高度之差为 h_a，则 β 也可近似地用下式计算

$$\beta = \frac{1}{1+(h_a/h_0)} \tag{8-1-25}$$

第三节 水面曲线计算的方法及资料准备

本章第一节和第二节介绍了河道恒定流水面曲线计算的基本原理和方法，本节将介绍进行水面曲线计算的具体方法和步骤。

一、水面曲线计算的基本资料

进行水面曲线计算需下列基本资料：

（1）地形资料，如河道地形图和纵横断面图，库区地形图和纵横断面图等。

（2）水文资料，如上下游或流域内水文站、水尺站提供的水位、流量过程线，河道或水库的设计流量，河道糙率等。

（3）水能资料，主要指水库的正常蓄水位、死水位、防洪限制水位、设计洪水位、校核洪水位以及防洪调节水位和流量等。

上面所列的基本资料对不同的设计阶段或具体的工程可以有不同的要求，计算所需的资料内容可以有所增减。

二、水面曲线计算的主要步骤

进行水面曲线的计算工程，主要有以下几个主要步骤：

（1）根据计算的主要目的，按照上述要求，收集计算所需的资料。

（2）对已收集的地形资料核实，进行预处理。即根据河道地形图划分计算河段，对设置的计算断面进行断面几何水力学要素的计算。

（3）根据河段地形状况和部分断面实测水位、流量资料，在已划分的计算河段上选定糙率。

（4）根据已有的水文资料和水能资料，确定水面曲线计算所需的上下游边界条件，或称起算条件，如确定河道流量大小，对缓流确定下游末尾断面水位值，对急流确定上游起始断面水位值。

（5）用前述的计算方法和步骤编程计算水面曲线。

（6）对计算的成果进行分析，并提供成果报告。

下面将根据上面给出的计算步骤，分别进行详细介绍。

三、地形资料的处理和计算

对地形资料的处理和计算是进行水面曲线计算的第一步。通过对地形资料的分析，对需计算的河道进行分段、划分和设立计算断面，建立各计算断面的断面几何水力学要素与水位的关系。

1. 对地形资料的基本要求

成功的水面曲线的计算，依赖于较为完善的地形资料。在开始进行水面曲线计算的工程时，应核对地形资料的完整性，也就是对地形资料进行分析以适应水面曲线计算的要求。

地形资料中除了河道及库区的地形图和纵横断面图之外，在河道纵断面资料中还应包括沿程高、中、低水位的同时水面线（同一时刻水面线）。这种资料可了解水流沿程变化情况，可作为划分河段的依据，其中同时水面线资料可用于计算河段或各断面的糙率及水位一流量关系曲线。实际水面线资料是正确计算水面曲线的客观基础之一，离开客观基础，无论进行多么复杂精细的计算，都难于获得正确的结果。横断面资料为求该断面的断面几何水力学要素如面积—水位的关系、湿周—水位的关系等之用。这些断面几何水力学要素与水位的关系，是进行水面曲线计算的重要资料。如没有实测横断面资料，可由大比例尺地形图上量取绘制。如地形图比例尺太小或没有水下地形时，其所得成果，只适用于粗略计算。

遇复式断面，在处理时应特别注意，应根据主槽及滩地的特点计算断面几何水力学要素与水位的关系，对糙率、动能修正系数等参数的处理，也应特别注意。

2. 河道的分段及计算断面的划分

水面曲线的计算是逐段进行的，需要对河道进行分段，划分和设立若干计算断面。河道的分段是否恰当，计算断面的位置选择是否适宜，对水面曲线的计算成果是否符合实际状况，是有极大影响的。

河道分段的原则是使计算河段上下两端计算断面的几何水力学要素的平均值基本上能代表该河段各断面的情况，并要求河段内其他断面的断面几何水力学要素也基本上具有均匀一致性。因此，在一个计算河段内要求各种水力学要素不能有大的变化，应尽量使河床平均底坡基本一致；水面坡度基本一致；流量基本一致；糙率和断面形式也基本一致。同时，计算断面（河段的两端断面）最好选在无回流的渐变流断面上，不可避免时，过水断面面积应扣除回流所占面积。如果河道比较顺直，断面形状基本一致，水流比较平稳，计算的河段可划得长一些；如果河道变化剧烈（弯道急滩较多），则应多布置些断面，把计算的河段划得短一些。

在支流汇入或分出的河段处，由于流量有变化应在支流汇入或分出点前后加设断面，所设的断面位置应使同一河段的流量沿程不变。

在对河道分段时，平原河流的河段划分可长一些。一般情况下，计算河段长度可取2~4km，特殊情况可长达8km。相应的计算河段两端的水面落差（水头）在几十厘米至1~2m之间。山区河流的河段划分可短一些，这是因为山区河流的水面及断面沿程变化很剧烈，流速水头差变化很大，故必须加设断面，使得山区河流的计算河段长度都较小。在一般情况下，计算河段的两端的水面落差可控制在1~3m，计算河段的长度20~1000m。在山区河流落差较大的地方，计算河段的长度甚至与河宽相等或小于河宽。

总之，河段划分要从多方面来考虑，除必须注意上述原则外，还可根据其他情况和要求进行综合考虑。例如在回水曲线计算中，靠近坝前，水面接近水平，河段可取长些；靠近回水末端一段河道，既受回水影响，又受来水影响，水面变化较大，河段可取短些。特别是对于重要的重点城镇、工矿企业、铁路等对水位高程提出特定要求的区域，更应注意其附近河道断面等的变化，则计算断面应适当增多，多分几段计算河段，以提供该区域比较确切的变化数据，从而得到比较准确的计算数据。此外，水库的长度、设计阶段要求的精度，以及水库等级等，也应作为划分河段时的参考。

河段长度应沿相应流量和水位的河床深泓线量取。

对河道的分段一般人工方式进行，兼顾考虑工程的实际情况，如有为其他工程目的重点监测的断面，其数据较为详细，可作为计算断面，在河道分段时加以注意。

3. 断面几何水力学要素的计算

对于计算断面的断面几何水力学要素，如面积 A、湿周 χ、水力半径 R 及断面宽 B（河宽）等，是进行水面曲线计算的重要的水力学要素。由于沿河道各断面的水位 z 是随着流量的变化而发生涨落变化，因此各断面的面积 A 等断面几何水力学要素也将随着水位 z 的变化而变化。在对河道进行分段后，首先从河道的横断面资料中，进行断面几何水力学要素与水位 z 的关系的分析和计算，以获得水位 z—面积 A 关系曲线、水位 z—湿周 χ 关系曲线、水位 z—水力半径 R 关系曲线、水位 z—河宽 B 关系曲线。这四种关系曲线可以是本章第二节中所述的插值函数形式，如式（8－1－20）所示；也可以是本章第二节中所述的列表插值文件形式。

由于天然河道横断面多不规则，精确计算湿周比较困难时，在工程上对计算精度的要求不是很高的情况下，常把横断面当成梯形，用式（8－1－26）进行计算：

$$\chi = B + \psi H \tag{8-1-26}$$

式中 B——水面宽；

H——最大水深；

ψ——系数，与断面的对称情况及断面的边坡有关，ψ 值一般在 0～2 之间变动，矩形断面 $\psi=2$，当断面基本对称时，ψ 与 $(B-b)/2H$ 有关，其中，b 为河底宽，见表 8－1－1。

表 8－1－1 系数 ψ 取值表

$(B-b)/2H$	0	<0.5	0.5～2	2～4	4～6	>6
ψ	2	1.5	0.7	0.3	0.2	0.1

由表 8－1－1 可看出：当 $(B-b)/2H>6$ 以后的数值时，ψ 值变化较小，可近似取 $\psi=0$，则 $\chi\approx B$。即对宽浅河槽，湿周可用水面宽代替。用这种方法求得的湿周，相对误差一般小于 5%。$(B-b)/2H$ 愈大则误差愈小。

当三角形断面 $B/2H>5$ 时，用水面宽代替湿周，误差小于 2%。当抛物线形断面 $B/2H>7$ 时，用水面宽代替湿周误差小于 5%。

对于有泥沙淤积的水库，在进行断面几何水力学要素与水位 z 的关系的分析和计算，并应用于实际水面曲线计算时，应考虑其影响。

四、河道的糙率

（一）影响河道糙率的主要因素

河道糙率是反映河流阻力的一个综合性系数，也是衡量河流能量损失大小的一个特征量。它是水流与河槽相互作用的产物。所以影响河道糙率的因素既有河槽方面的，也有水流方面的。但两者相互作用，相互影响，有些因素难于截然划分。

河槽方面对糙率的影响因素有以下几个方面。

（1）河槽岸壁和河床的粗糙程度及其分布情况，例如河槽岸壁的岩石分布和植被分布等。

（2）河槽在纵向和横向的形态以及它们的沿程变化状况，例如河槽的断面形状、大小及沿程的变化，河床纵剖面形状、深泓线在平面上的形状等。

（3）河工建筑物（如丁坝、潜坝等）和桥渡等的影响。

水流条件方面对糙率的影响因素有以下几个方面：

（1）水位和流量的大小及其随时间的变化情况。

（2）含沙量和由于泥砂运动而形成的水流—河床形态，例如沙纹、沙波等。

（3）水温的变化情况。

（4）河槽松散边界中的渗流运动。

在以上所列的槽壁粗糙情况、河槽形态、水位的高低以及因泥沙运动而形成的水流等因素中，河床形态是影响糙率的主要影响因素。另外，水流—河床形态既可划归为河槽方面的影响因素，又可划归为水流条件方面的影响因素。这就是前面所提到的对糙率的影响因素难于截然划分的原因之一。

由于影响糙率的因素错综复杂，所以河道糙率的确定目前还只能依靠实测和经验给定，无法建立普遍通用的糙率公式。一般来说，山区河道的糙率与其宽深比有较好的关系，如图 8－1－7 所示。由图可看出，当 B/H 较小时，n 向岸壁糙率 n_w 趋近；当 B/H 较大时，n 则接近河床糙率 n_b，中间出现最小值。而平原河道，糙率 n 则常与水流—河床形态（如沙纹、沙波、反沙波、动平床等）有密切的关系。

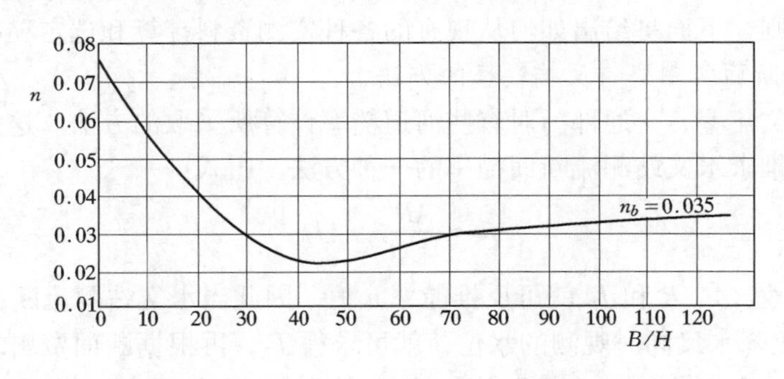

图 8－1－7　山区河道糙率与宽深比关系

（二）河道糙率的确定原则

糙率在水面曲线计算中是一个重要的影响因素。如选用的糙率比实际值偏小，则计算的水面曲线将低于实际的水面曲线。反之，如选用的糙率比实际值偏大，则计算的水面曲线将高于实际的水面曲线。一般情况下需计算的水面曲线都很长，糙率选择不当所产生的累积偏差就可能很大，将对计算成果产生很大的影响，因此必须慎重选用糙率。

在工程设计阶段，由于实测资料的限制，河段糙率不易准确确定。一般应根据下列几个方面，结合河道特征进行综合分析，以决定所采用的糙率。

（1）根据计算区域的水文站、水尺站的实测糙率资料求出各河段糙率与水位、糙率与流量的关系曲线。

（2）根据计算区域实测水面线或洪水调查水迹线资料用曼宁公式反推糙率。

（3）根据河道的地形、地貌、河槽组成，以及水流条件等特性，参考与所需计算的河道有相似的河槽水力学条件的其他河段或河道、水库等已有的实测糙率资料，进行综合分析类比，给出需计算区域各河段的糙率。

河槽糙率随水位而变，在进行水面曲线计算时，如遇计算水位很高超过由实测点所绘的糙率与水位的关系曲线时，则需将水位与糙率关系曲线向高水位方向外延，这时应慎重分析决定。复式断面的主槽糙率与滩地糙率应分别确定。如河槽断面各部分的糙率不同，应求出针对河槽整个断面的综合糙率。

由于天然河道的复杂性，一般来说全计算区域不要用一个糙率，应根据河槽沿程变化的特点，分河段确定各自的糙率。对于一个计算河段来说，河槽两岸覆盖层和植被沿水深均不同，用一个常数糙率是不能反映实际情况的，一般应选用河段的糙率与水位或糙率与流量关系曲线。

总之，糙率应慎重确定。如条件所限不能准确确定时，应注意从偏于安全方面选取。例如在作航道整治工程确定最小航深时，则糙率要选得小一些，这样做可使实际航深可能大一些；在作防洪规划时，则糙率要选得大一些，这样做可使堤防设计得高一些。

最后还须指出，在有实际资料的情况下，应进行糙率的核定，即使用已选用的糙率进行水面曲线计算，其计算的水位成果与实际水位进行比较，两者应尽量接近，否则应对糙率进行修正。

（三）糙率的计算和选定

根据上述原则，下面将给出如何从现有的各种实测资料计算和选定糙率的具体方法。

1. 使用单一断面实测资料反推糙率的方法

这是过去水文年鉴、交通部门对有些河道糙率计算所采取的方法。这是从恒定均匀流曼宁公式出发来推求水文站测流断面糙率的一种方法。由式

$$n = \frac{AR^{2/3}}{Q}\sqrt{J_P} \tag{8-1-27}$$

可知：只要知道 Q、A、R 和 J_P 就可反推糙率 n 值。因此当水文站测流断面处测定了流量 Q，又有上、下比降水尺同时观测的水位，就可求得 J_P，再根据断面资料求得 A 和 R，就可确定糙率 n 值。由于这一方法是以均匀流为前提，所以测流断面前后较长的一段河段内，必须底坡一致，各过水断面形状大小基本一致，河道稳定顺直，河槽组成也基本相同，以形成均匀流状态，这样测定的糙率才具有代表性。

这种单一断面推求糙率的方法，由于只考虑了一个断面的特性，没有考虑整个河段或与之关联的上、下游断面的特性，这些特性在天然河道里是复杂的和沿程变化的，真正的均匀流是不可能存在的。而本章所讨论的水面曲线是河道非均匀流的反映，所以用这种方法时所推求的糙率往往不能代表河段的水流阻力特性。这种分析方法是不全面的。但在资料不全时，也不失为一种替代和补救的方法。

2. 使用河段实测资料反推糙率的方法

糙率反映的是河段的水流阻力特性，一般情况下应从河段实测资料出发反推糙率。由于天然河道的各水力学参数沿程都在变化，而且在一些局部河段内变化剧烈，因此在分析和反推糙率时应适当地选取计算断面、划分计算河段，然后由能量方程所推导的计算公式反推计算河段的糙率。计算断面的设置和计算河段的划分，应与水面曲线计算的断面划分相一致。需要指出的是，计算河段的划分是否合理，将直接影响所推求糙率的正确性和代表性。下面首先介绍由能量方程所推导的反推糙率的计算公式，然后介绍反推糙率的具体

计算方法和需注意之处。

（1）从水位、流量实测资料推定糙率 n 的公式。河流阻力具体反映在水流的能量损失强度——水力坡度 J 之上。从实测和实用观点来说，水流能量损失强度 J 的计算，可通过适用于各种水流流动类型（如均匀流、非均匀流、非恒定流等）的能量方程式求得。但由水流能量损失强度 J 转化换算为糙率 n 则不论流动类型怎样，都是通过曼宁公式 $\left(C=\frac{1}{n}R^{1/6}\right)$ 解决的。而曼宁公式代入谢才公式后的计算公式 $\left(v=\frac{1}{n}R^{2/3}J^{1/2}\right)$ 严格来说只能适用于均匀流。然而河道糙率的测定对其他非均匀流的流型来说，都借用了适用于均匀流的计算公式。下面介绍从水位、流量观测资料推定糙率 n 的一种计算公式：

$$n=\frac{R^{2/3}}{v}\sqrt{J}=\frac{AR^{2/3}}{Q}\sqrt{J} \tag{8-1-28}$$

对均匀流有 $J=i_0$，其中 i_0 为底坡。对恒定非均匀流有

$$J=J_P-\frac{\alpha_2v_2^2-\alpha_1v_1^2}{2gL}=J_P-\frac{Q^2}{2gL}\left(\frac{\alpha_2}{A_2^2}-\frac{\alpha_1}{A_1^2}\right) \tag{8-1-29}$$

式中，L 为计算河段长度，$J_P=\frac{\Delta z}{L}$，以此计算河段 L 上的水面坡度。式（8-1-29）还可写成：

$$J=J_P+Fr^2(i_0-J_P) \tag{8-1-30}$$

式中，弗劳德数 $Fr=v\bigg/\sqrt{g\frac{A}{B}}$ 为计算河段 L 上的平均弗劳德数。

同时，对非均匀流来说，式（8-1-27）中的水力半径 R 和过水断面 A 都应取计算河段 L 上的平均值。

（2）实测河道糙率的具体方法。由河段实测水文资料反推河道糙率，主要有下列两类方法。

1）对每一个计算河段，运用式（8-1-28）计算该计算河段的糙率。依次逐步对每一个计算河段进行计算，直至全部计算河段。这种方法需要较完整的实测资料，特别需要该计算河段两端计算断面的有实测的水位等实测资料。

2）当需计算的区域，实测的资料不够完整时，特别是有实测水位资料的断面相距较远时，这时不能用方法1）计算糙率。可以在有实测水位的断面设置为计算断面，并在有实测水位资料的断面之间，视河段变化情况设置若干计算断面（可按前述的计算断面设置要求来设置）。对每一个计算河段可先假定糙率，然后根据需计算的河段末端的实测水位，用推求水面线的方法，对每一个计算河段逐一向上游推算，一直到有实测水位的计算河段处为止。分析计算出的最后一个计算河段上游计算断面的水位值（即计算水位），如此断面的计算水位与此断面的实测水位有较大的差值，则另行假定糙率 n 值重复上述步骤重新计算，直到计算水位与实测水位相近时为止，此时各计算河段假设的糙率即为进行水面曲线计算时所需的糙率。

上述两种推算糙率的方法是有区别的。使用方法1）推算糙率的方法，将使得有实测水位资料的两断面之间的河段均使用一个糙率，来进行水面曲线的计算，尽管这两个断面之间的河段较长，并设置了若干个计算断面。使用方法2）推算糙率的方法，将使得有实

测水位资料的两断面之间的每一个计算河段都以各自的糙率，进行水面曲线的计算。由于两种方法各有千秋，计算精度也不同，请计算者注意。

在推求河段的糙率时，首先应设置计算断面和划分计算河段，在进行这项工作时应注意如下几点：

1）断面应选在过水断面面积发生显著变化的地方，使计算河段内过水断面面积比较均匀一致或均匀扩大、均匀收缩。

2）水面比降发生突变处，应选作计算断面位置，使得计算河段内水面比降变化较均匀。

3）断面位置应尽量避开有回流处，不可避免时，过水断面面积应扣除回流或死水面积。

4）计算河段长度，即两计算断面的间距，原则上在1～4倍河宽范围内。但由于山区河流水力因素、断面特性、河床及河岸的组成、水流现象等变化急剧，山区河流的计算河段长度可取得小些。（经验表明，大型山区河流的计算段长度有小至60m的，中型山区河流有小至30m的，而这些长度都已小于河宽的一半）。由于人力物力等原因，一般可提供实测水位资料的水文站或水尺站相距较远，在此期间应按上述原则划分计算河段。

5）由于水位不同，各级流量的糙率也不相同，应分别进行分析计算并绘出水位 z 与糙率 n 的关系图。

6）在确定山区河流的糙率时，在某些有显著局部阻力的地方，应考虑局部水头损失，因此糙率 n 和局部阻力系数 ζ 都要确定，此时可利用如下的能量方程：

$$z_1 - z_2 + \frac{\alpha_1 v_1^2 - \alpha_2 v_2^2}{2g} = \frac{n^2 \bar{v}^2 \Delta L}{\bar{R}^{4/3}} + \zeta \frac{v_2^2}{2g} \tag{8-1-31}$$

一般先确定糙率 n 值，然后再确定 ζ。如局部阻力系数 ζ 不容易确定，可忽略局部阻力系数 ζ，也就是令局部阻力系数 $\zeta=0$，这时糙率 n 为含有局部水头损失在内的综合糙率。另应注意动能修正系数 α 一般不能取作1.0。

7）对于山区河流，河道中由于有较突出的石梁、孤石、卡口等，使得河流产生跌水、旋涡等局部急变流现象，在确定计算河段时应注意，所设置的计算断面处应无明显的跌水或强烈旋涡流等没有明显局部阻力的河段。计算河段中产生的局部水头损失，可参考前述第6)点解决。

8）有些河流通过洪水等较大的流量时，滩地通过的流量占全断面所通过的流量的较大比重，这时滩地上的糙率 $n_{滩}$ 值正确与否，直接影响洪水通过时的计算的精度。滩地糙率 $n_{滩}$ 可由下列式（8－1－32）～式（8－1－34）计算得到。

如已从实测资料中确定 $v_{滩}$、$R_{滩}$ 及 J 等参数，则可直接代入式（8－1－32），即

$$n_{滩} = \frac{1}{v_{滩}} R_{滩}^{2/3} J^{1/2} \tag{8-1-32}$$

计算得到 $n_{滩}$。由于此时水面线一般与滩地平均坡度平行，因此可用滩地平均坡度表示式（8－1－32）中的 J[64]。

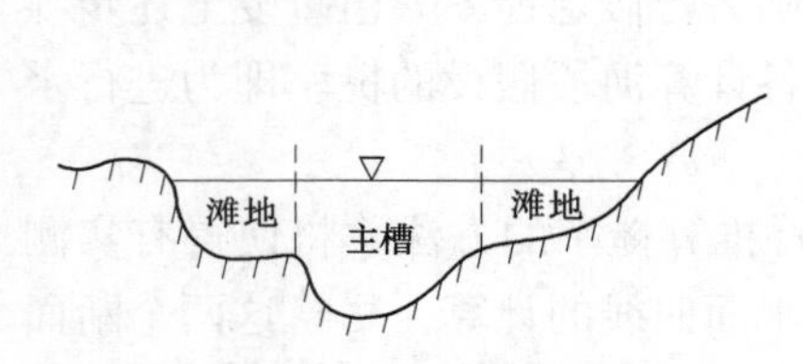

图8－1－8 河道复式断面

另外，对于如图8－1－8所示的河道断面，如果河道主槽糙率 $n_{主}$ 已经根据实测资料确定，而漫滩后的综

合糙率 n 也已根据实测资料算出，则可按下述部分糙率与综合糙率的关系式求 $n_{滩}$。

$$\frac{\chi R^{5/3}}{n}=\frac{\chi_{主}R_{主}^{5/3}}{n_{主}}+\frac{\chi_{滩}R_{滩}^{5/3}}{n_{滩}} \tag{8-1-33}$$

$$n_{滩}=\frac{\chi_{滩}R_{滩}^{5/3}}{\dfrac{\chi R^{5/3}}{n}-\dfrac{\chi_{主}R_{主}^{5/3}}{n_{主}}} \tag{8-1-34}$$

式中　χ、R、n——整个断面的湿周、水力半径和综合糙率；

$\chi_{主}$、$R_{主}$、$n_{主}$——主槽的湿周、水力半径和主槽糙率；

$\chi_{滩}$、$R_{滩}$、$n_{滩}$——滩地的湿周、水力半径和滩地糙率。

（四）植被糙率的确定

河滩或渠道常长有杂草灌木，有一部分水流以较低的流速通过这些植物，将产生由植被所引起的附加阻力。这些附加阻力将加大河段的糙率。由于这些由植被所引起的附加阻力的大小与植被的许多特征因素有关，如植物本身的形状、长势（茁壮或萎弱）、密度、高矮等，还与水流的因素如流速、水深等有关，所以要准确地定出植被的附加糙率是困难的。植被所产生的阻力既有表面摩擦阻力也有形状阻力。一般以形状阻力为主，有人提出确定植被河床总糙率 n 的公式[45]为

$$n=n_0\sqrt{1+C_d\frac{\sum A_i}{2gAL}\frac{1}{n_0^2}R^{4/3}} \tag{8-1-35}$$

式中　n——包括植被阻力和边界阻力等因素在内的总糙率；

n_0——只考虑边界阻力的糙率；

C_d——植被阻力系数，其数量级为1；

$\sum A_i$——植物迎水总面积；

A——过水断面面积；

L——计算河段长度；

$\dfrac{\sum A_i}{AL}$——植被密度，表征河段单位体积上的植被面积；

$\dfrac{C_d\sum A_i}{AL}$——植被特征量。

植被密度是水深的函数。有的植物如小麦下面叶多，则植被密度随水深的增加而减少。又如高粱及灌木顶部多枝叶，则植被密度随着水深的增加而相应增加。此外，对于如大树一类的植被，其阻力作用主要来自树干和下部枝丫，而上部枝叶一般在水面以上，因此植被密度将与随水深无关，为一常数。确定植被密度只能依靠调查研究或实验资料。

另文献［40］提出，用式（8－1－36）或表8－1－2来估算含有植被河渠的总糙率：

$$\frac{n}{n_0}=\frac{1}{\beta\left(\dfrac{\alpha}{2}\right)^{2/3}+(1-\beta)^{5/3}} \tag{8-1-36}$$

式中　n——总糙率；

n_0——基本糙率，即不包括植被阻力的河渠糙率；

α——植物沿河宽方向的间隙系数，设植物平均间距为 b_v，水深为 H，则 $\alpha = b_v/H$；

β——植物的高度系数，设植物平均高度为 h_v，则 $\beta = h_v/H$。

表 8-1-2 n/n_0 比值表

α \ β	0	0.25	0.50	0.75	1.00
0.5	1.0	1.39	1.95	2.50	2.50
0.1	1.0	1.54	2.68	5.00	7.36
0.01	1.0	1.60	3.00	8.20	34.2

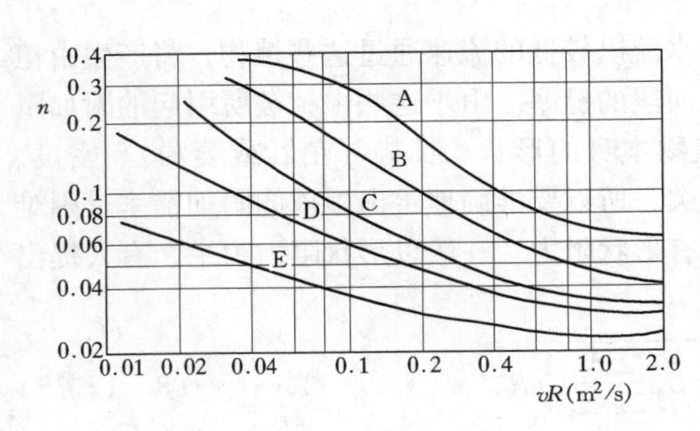

图 8-1-9 总糙率 n 的变化规律

根据美国水土保持部[33]在铺有杂草的渠道上所作的一系列试验，水草渠道的总糙率 n 将随水流条件变化而有较大的变化。这是因为不同种类的植物在不同水流条件下，有时会屹立，使水流感受很大阻力；有时又会受水流作用而弯倒，甚至匍匐地面，使水流受阻面积减小。因此可将水草对水流的阻滞程度分为严重、重、适中、低和很低等五级。表 8-1-3 及图 8-1-9 给出了从试验中得出的相应于各级的总糙率 n 的变化规律。

表 8-1-3 植物阻滞水流分级表

植物分布密度长势（生长情况）	植物平均高度	阻滞水流程度	植物分布密度长势（生长情况）	植物平均高度	阻滞水流程度
密茂、茁壮	>0.75 0.30~0.60 0.15~0.25 0.05~0.15 <0.0~5	A—严重 B—重 C—适中 D—低 E—很低	一般	>0.75 0.30~0.60 0.15~0.25 0.05~0.15 <0.05	B—重 C—适中 D—低 D—低 E—很低

（五）糙率表

下面提供我国、美国和前苏联等国家的天然河道糙率表（见表 8-1-4~表 8-1-6），可供计算中参考。

五、水面曲线边界条件的确定

水面曲线计算所需的上下游边界条件的确定，就是根据已有的水文资料和水能资料，结合工程性质、工程等级、设计任务、设计标准等来确定水面曲线所处的流量值、下游断面或上游断面的水位值。例如，水库回水曲线在计算之前应确定坝前水位作为下游边界条件，确定入库流量作为水面曲线所处的流量值，等等。

表 8-1-4

天然河道糙率表

(1) 单式断面或主槽（水位较高时）

类型		河段特征			糙率 n
		河床组成及床面特性	平面形态及水流流态	岸壁特性	
Ⅰ		河床为沙质，床面平整	河段顺直，断面规整，水流通畅	两侧岸壁为土质或土砂质，形状较整齐	0.020~0.024
Ⅱ		河床由岩板、砂砾石或卵石组成，床面较平整	河段顺直，断面规整，水流通畅	两侧岸壁为土砂或石质，形状较整齐	0.022~0.026
Ⅲ	1	河床为沙质，河底不太平顺	上游顺直，下游接缓弯，水流不够通畅，有局部回流	两侧岸壁为黄土，长有杂草	0.025~0.029
	2	河底由砂砾或卵石组成，底坡较均匀，床面尚平整	河段顺直段较长，断面较规整，水流较通畅，基本上无死水、斜流或回流	两侧岸壁为土砂、岩石，略有杂草、小树，形状较整齐	0.025~0.029
Ⅳ	1	细沙，河底中有稀疏水草或水生植物	河段不够顺直，上下游附近弯曲，有挑水坝，水流不顺畅	土质岸壁，一岸坍塌严重，为锯齿状，长有稀疏杂草及灌木；一岸坍塌，长有稠密杂草或芦苇	0.030~0.034
	2	河床由砾石或卵石组成，底坡尚均匀，床面不平整	顺直段距上弯道不远，断面尚规整，水流尚通畅，斜流或回流不甚明显	一侧岸壁为石质、陡坡，形状尚整齐；另一侧岸壁为砂土，略有杂草，小树，形状较整齐	0.030~0.034
Ⅴ		河底由卵石、块石组成，间有大漂石，底坡尚均匀，床面不平整	顺直段夹于两弯道之间，距离不远，断面尚规整，水流显出斜流、回流或死水现象	两侧岸壁均为石质、陡坡，长有杂草、树木，形状尚整齐	0.065~0.040
Ⅵ		河床由卵石、块石、乱石或大块石、大乱石及大孤石组成；床面不平整，底坡有凹凸状	河段不顺直，上下游有急弯，或下游有急滩、深坑等；河段处于S形顺直段，不整齐，有阻塞或岩溶情况较发育；水流不通畅，有斜流，回流，旋涡、死水现象；河段上游为弯道或为两河汇口，落差大，水流急，河中有严重阻塞，或两侧有深入河中的岩石，伴有深潭或有回流等；上游为弯道，河段不顺直，水行于深槽峡谷间，多阻塞，水流湍急，水声较大	两侧岸壁为岩石及砂土，长有杂草，树木，形状尚整齐；两侧岸壁为石质砂夹乱石、风化页岩，崎岖不平整，上面生长杂草，树木	0.040~0.100

注 本表由电力工业部东北勘探设计院于1977年编制

续表

(2) 滩 地

类型	滩地特征描述			糙率 n(曼宁公式)	
	平纵横形态	床质	植被	变化幅度	平均值
Ⅰ	平面顺直,纵断平顺,横断整齐	土、沙质、淤泥	基本上无植物或为已收割的麦地	0.026~0.038	0.030
Ⅱ	平面、纵面、横面尚顺直整齐	土、沙质	稀疏杂草、杂树或矮小农作物	0.030~0.050	0.040
Ⅲ	平面、纵面、横面尚顺直整齐	砂砾、卵石滩,或为土、沙质	稀疏杂草,小杂树,或种有高秆作物	0.040~0.060	0.050
Ⅳ	上下游有缓弯,纵面、横面尚平坦,但有束水作用,水流不通畅	土、沙质	种有农作物,或有稀疏树林	0.050~0.070	0.060
Ⅴ	平面不通畅,纵面、横面起伏不平	土、沙质	有杂草、杂树,或为水稻田	0.060~0.090	0.075
Ⅵ	平面尚顺直,纵面、横面起伏不平,有洼地、土埂等	土、沙质	长满中密的杂草及农作物	0.080~0.120	0.100
Ⅶ	平面不通畅,纵面、横面起伏不平,有洼地土埂等	土、沙质	3/4茂密的杂草、灌木	0.100~0.160	0.130
Ⅷ	平面不通畅,纵面、横面起伏不平,有洼地、土埂阻塞物	土、沙质	全断面有稠密的植被、芦柴或其他植物	0.160~0.200	0.180

注 1. 表中均列有三个方面的影响因素,河道糙率是三个方面因素的综合作用结果。如实际情况与本表组合有变化时,糙率值应适当变化。
2. 本表只适用于稳定河道。对于含沙量大且冲淤变化较严重的沙质河床,由于糙率值有其特殊性,而本表未能包括其特殊性,因此不宜使用本表。
3. 表(1)中的第Ⅵ类糙率值很大,已超出了一般河道的糙率值,这种河段的水流实质上已为非均匀流,所列的糙率值已包含了局部损失在内。由于所依据的糙率资料较少,在使用此表时应予以注意。
4. 影响滩地糙率很主要的一个因素是植物,植物对水流的影响随水深与植物高度比有着密切的关系,表中没有反映此种关系,在应用时应注意。

表8-1-5 天然河道糙率表

河槽类型及情况	最小值	正常值	最大值
第一类 小河(汛期最大水面宽度30m)			
1. 平原河流			
(1)清洁,顺直,无沙滩,无潭	0.025	0.030	0.033
(2)清洁,顺直,无沙滩,无潭,但多石多草	0.030	0.035	0.040
(3)清洁,弯曲,稍许淤滩和潭坑	0.033	0.040	0.045
(4)清洁,弯曲,稍许淤滩和潭坑,但有草石	0.035	0.045	0.050

续表

河槽类型及情况	最小值	正常值	最大值
（5）清洁，弯曲，稍许淤滩和潭坑，有草石，但水深较浅，河底坡度多变，平面上回流区较多	0.040	0.045	0.050
（6）清洁，弯曲，稍许：淤滩和潭坑，但有草石并多石	0.045	0.050	0.060
（7）多滞流间段，多草，有深潭	0.050	0.070	0.080
（8）多丛草河段，多深潭，或草木滩地上的过洪	0.075	0.100	0.150
2. 山区河流（河槽无草树，河岸较陡，岸坡树丛过洪时淹没）			
（1）河底：砾石、卵石间有孤石	0.030	0.040	0.050
（2）河底，卵石和大孤石	0.040	0.050	0.070
第二类　大河（汛期水面宽度大于30m）相应于上述小河各种情况，由于河岸阻力变小，n值略小			
1. 断面比较规整，无孤石或丛木	0.025		0.060
2. 断面不规整，床面粗糙	0.035		0.100
第三类　洪水时期滩地漫流			
1. 草地无丛木			
（1）矮草	0.025	0.030	0.035
（2）长草	0.030	0.035	0.050
2. 耕种面积			
（1）未熟庄稼	0.020	0.030	0.040
（2）已熟成行庄稼	0.025	0.035	0.045
（3）已熟密植庄稼	0.030	0.040	0.050
3. 灌木丛			
（1）杂草丛生，散布灌木	0.035	0.050	0.070
（2）稀疏灌木丛和树（在冬季）	0.035	0.050	0.060
（3）稀疏灌木丛和树（在夏季）	0.040	0.060	0.080
（4）中等密度灌木丛（在冬季）	0.045	0.070	0.110
（5）中等密度灌木丛（在夏季）	0.070	0.100	0.160
4. 树木			
（1）稠密柳树，在夏季，不被水流冲刷、弯倒	0.110	0.150	0.200
（2）仅有树木残株，未出新枝	0.030	0.040	0.050
（3）仅有树林残株，生长很多新枝	0.050	0.060	0.080
（4）稠密树木，很少矮树，有少许生长于大树下的草木			
洪水在树枝以下	0.080	0.100	0.120
洪水到达树枝	0.100	0.120	0.160

注　1. 本表由美国霍尔顿[33]编制。

2. 糙率n用曼宁公式计算。

表 8-1-6 **天然河道糙率表**

类别	河槽特征	平均水深（m）	n（曼宁公式）
1	半山区河流的平整河槽（砾石，卵石的河床）	2	0.024
		4	0.023
		6	0.023
		10	0.023
2	半山区河流中等弯曲的河槽，平原河流的平整河流槽（土质河床）	2	0.026
		4	0.025
		6	0.025
		10	0.024
3	半山区河流极度弯曲的河槽，有支流和岔河，平原河流的中等弯曲的河槽	2	0.031
		4	0.029
		6	0.029
		10	0.028
4	平原河流极度弯曲的河槽，有支流和岔河，山区河流的河槽（砾石，大砾石河床）	2	0.035
		4	0.033
		6	0.032
		10	0.030
5	平原河流极度弯曲的河槽，河岸有杂草，山区河流具有大砾石河床的河槽，浅的荒溪	2	0.045
		4	0.040
		6	0.038
		10	0.036
6	呈均匀流的多石滩河段，无杂草的河滩	1	0.069
		2	0.058
		4	0.051
		6	0.048
7	中等情况的多石滩河段，25%蔓生杂草的河滩	1	0.092
		2	0.077
		4	0.065
		6	0.060
8	具有大砾石的石滩段，个别部分水流方向特别不规则，50%蔓生杂草的河滩	1	0.115
		2	0.095
		4	0.080
		6	0.073
9	75%蔓生杂草的河滩	1	0.150
		2	0.122
		4	0.101
		6	0.092
10	100%蔓生杂草的河滩	1	0.240
		2	0.195
		4	0.160
		6	0.142

注 本表由前苏联玻尔达柯夫编制。

下面针对水利工程中出现较多的水库回水曲线计算[63]，叙述几个与计算有关的问题。

1. 坝前水位和入库流量的确定

坝前水位与水库调节、防洪要求和入库洪水特性等因素有关。在水库日常调度过程中，当入库流量一定的情况下，出库流量大，则坝前水位低；出库流量小，则坝前水位高。作为水库回水计算中所涉及的坝前水位，应考虑洪水来临时的情况。一般情况下，应对一些可能涉及的大洪水，通过水库的调洪演算，给出水库的坝前水位 $Z_{坝前}$ 和入库流量 $Q_{入}$ 的关系。这个 $Q_{坝前}$ 和 $Q_{入}$ 关系应包括下游防洪所规定的安全泄量等情况。由于入库流量与坝前水位的关系有很多种组合，一般可针对两种极限情况先进行计算，即进行入库流量 $Q_{入max}$ 最大时，相应的坝前水位 $Z_{坝前}$ 并非最高；以及坝前水位 $Z_{坝前max}$ 最高时，相应的入库流量 $Q_{入}$ 并非最大的两种回水曲线的计算，而对这两种曲线取其外包线作为某种设计标准下洪水的淹没线。这种设计回水曲线的方式，叫做“双包线法”，如图 8-1-10 所示。

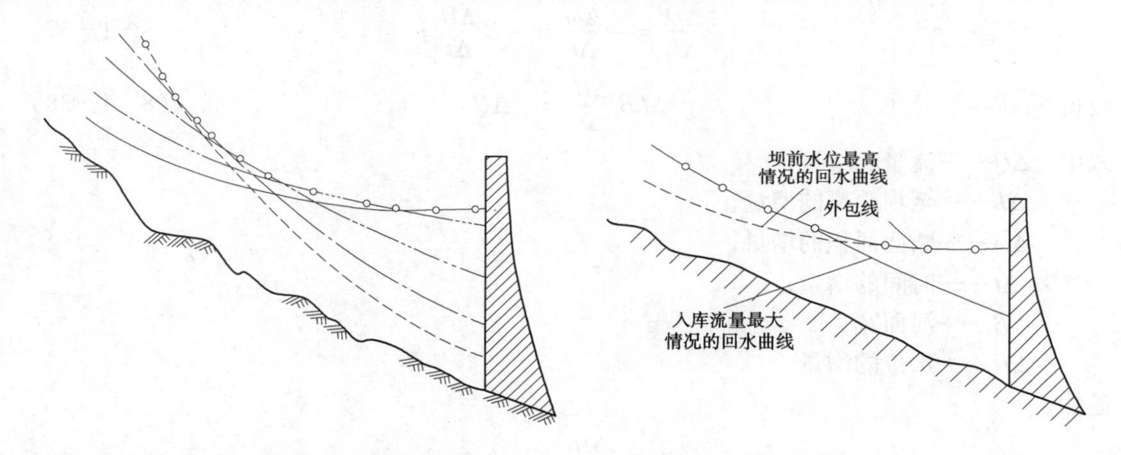

图 8-1-10　双包线法确定淹没回水线　　　图 8-1-11　综合线法确定淹没回水线

长江流域规划办公室设计处丹江水文总站根据 8 年（1966～1973 年）的实测资料，分析认为上面采用“双包线法”确定的淹没回水线偏低，不安全。他们建议用“综合线法”确定淹没回水线，比较符合实际。综合线法的基本思想是：回水过程沿程各站出现最高水位的相应流量，是自入库最大流量起，到坝前出现最高水位的相应泄量止，沿各站是逐渐变化的。于是，以入库最大流量及坝前最高水位的相应出流量按库面（或距离）分配出各计算断面流量（计算方法见后）之后，以坝前最高水位作起始，据此推算的水面曲线即为淹没设计回水线。根据综合线法推算的设计回水线，可视作由无数个瞬时水面线所组成的包线。图 8-1-11 的虚线表示入库流量出现最高情况的水面线；带圆圈的线表示出现在前述两种情况之间的若干瞬时水面线；圆圈点所连的线表示出无数根瞬时水面线所组成的上包线，亦即淹没回水线。实践证明用综合线法推算的结果比双包线法安全，它能靠近最高洪痕。

如水库无调洪任务时，入库流量可用某一标准洪水的最大流量 Q_m，坝前水位用最大流量 Q_m 通过溢洪道时的水位。

上游有梯级水库时，计算流量应考虑上游梯级调节的影响。同时也应分析不同正常高水位对上一级电站尾水位的影响。此时，坝前水位和入库流量都由水能开发方案决定。

2. 沿程计算流量

洪水期间，水库水流处于非恒定流状态，沿程流量是变化的，应该是用非恒定流方法计算。考虑到库区洪水波变化比较平缓，非恒定流动力方程式中的加速度项可忽略不计，因此仍可采用恒定流回水曲线方法计算。一般来说，沿程没有支流流入或流出时，计算流量可采取不变值，如沿程有支流加入或中途有水量被引走，分段时应在该处加设断面，考虑这些流量变化的影响。有支流汇入的水库，干、支流量的分配，应按水文频率遭遇分析决定，为简单计，可采用同频率流量。

上面提出的“综合线法”是在考虑流量沿程分配的基础上进行的回水计算方法。流量沿程分配的根据是非恒定流的连续性方程式。连续方程式的有限差形式为

$$\frac{\Delta Q}{\Delta L}=-\frac{\Delta\omega}{\Delta t}=-B\frac{\Delta H}{\Delta t} \tag{8-1-37}$$

故得

$$\Delta LB\frac{\Delta H}{\Delta t}=-\Delta Q \tag{8-1-38}$$

式中 ΔQ——流量的增量；
ΔL——至坝距离的增量；
$\Delta\omega$——断面面积的增量；
Δt——时间的增量；
B——河面宽；
ΔH——水位的增量。

显然

$$\Delta L_1B_1\frac{\Delta H_1}{\Delta t}=-\Delta Q_1 \tag{8-1-39}$$

$$\Delta L_2B_2\frac{\Delta H_2}{\Delta t}=-\Delta Q_2 \tag{8-1-40}$$

对此式的运用，有两种不同情况：

当 $B_1\frac{\Delta H_1}{\Delta t}\approx B_2\frac{\Delta H_2}{\Delta t}$ 时，则流量的沿程变化分配按距离比；

当 $\frac{\Delta H_1}{\Delta t}\approx\frac{\Delta H_2}{\Delta t}$ 时，则流量的沿程变化分配按淹没面积比。

前者适用于河宽沿程变化不大的情况，后者适用于河宽沿程变化显著的情况。例如，入库最大流量 $Q_{进max}=10000m^3/s$，坝前最高水位相应的出流量 $Q_{出}=6000m^3/s$；水库长度为30km。设入库站到坝址之间设有5个计算断面，其序号为1～5，坝址断面的序号为0，入库站断面的序号为6。根据流量沿程变化按距离比分配，各计算断面上的流量如表8－1－7所示。

3. 决定回水计算的开始断面

无泥沙淤积或淤积不严重的水库，临近坝址一段横断面很大，水面又几乎是水平的，因此无须作水面曲线计算。水面曲线究竟从哪个断面开始，一般可用式（8－1－41）大

致确定：

表 8-1-7　　　　各断面流量分配表

断面序号	0	1	2	3	4	5	6
断面间距（km）		8	6	5	4	4	3
断面上应分配的流量（m^3/s）	6000	7066.7	7866.7	8533.3	9066.7	9600.0	10000

$$\Delta Z = \frac{Q^2}{\overline{\omega}^2 \overline{C}^2 \overline{R}^2} l \qquad (8-1-41)$$

在离坝址为 l 处任取一个断面，在设计流量和设计水位下，将此断面与坝址断面的平均值 $\overline{\omega}$，$\overline{C}$，$\overline{R}$ 代入式（8-1-41），求 ΔZ；如不超过 10cm，即从该断面开始计算回水曲线。否则向坝址再移近一些，使 $\Delta Z \leqslant 10$cm。

有泥沙淤积时，视三角洲前端向坝前延伸程度，可用三角洲前端断面作为开始断面。由于淤积影响，该段水面线变化较为剧烈，应多取几个断面。

如整个水库淤满，应从坝址断面开始推算回水曲线。

4. 多沙河流水库回水计算中的淤积年限

这一问题和入库流量的决定一样，也属于设计标准问题。多沙河流水库通常经淤积计算后，可给出不同淤积年限的淤积量及其分布位置。回水计算除了要求明确入库流量的标准外，还须事先确定根据什么淤积年限后形成的新河床进行推算。

由于淤积引起的回水抬高是逐年发展的，所以事实上水库的清理和移民措施在有条件和有必要时，可分阶段进行。这就要求两种计算流量按几种不同淤积年限进行回水计算。阶段划分的原则可根据入库沙量与库容的相对比值和入库沙量的年变化大小及淹没影响大小等决定。入库沙量年变化大，淹没影响也大，则阶段应长些，即初期迁移量应大些。

第二章 河道非恒定流水面曲线计算

第一节 非恒定流水面曲线计算的基本方程

一、进行非恒定流水面曲线计算的目的

在实际工程中，常常遇到在河道水流中与时间相关的流动问题。如河道中因暴雨径流和上游来水引起的洪水向下游的演进；潮汐引起的入海河口及感潮河段的水位变动；溃坝后水体的突然泄放；闸门启闭过程中或水电站、水泵站的流量调节等引起河渠上下游水位的波动；暴雨期城市排水系统的流动，等等。这些现象共同的特点是，将引起河道上下游水位、流量等水力学要素随时间的变化。这些流动都属于河道非恒定流问题，也称明槽非恒定流问题。这些问题，在生产实践中是非常重要的。解决这一类问题的其中一项主要措施，就是进行河道明槽非恒定流水面曲线的计算。

本章将根据河道中明槽非恒定流的流动规律，即大多数水流的波动过程比较缓慢，可看作明槽非恒定渐变流的特点，给出明槽非恒定渐变流基本方程——圣维南方程，叙述常用的计算原理及计算方法。

二、基本方程[2,3,5]

本节将讨论明槽非恒定渐变流的基本方程，作为确定明槽非恒定渐变流流动时水力要素如水位、流量等随时间和流程的变化规律出发点，描述明槽非恒定渐变流运动规律的偏微分方程，即圣维南方程，这是法国学者圣·维南在 1871 年首先建立的。下面以第二节总流为基础的一维非恒定流基本方程，推导适合明槽非恒定渐变流的圣维南方程。

1. 连续性方程

根据质量守恒原理可推得明槽非恒定流连续性方程为

$$\frac{\partial A}{\partial t} + \frac{\partial Q}{\partial s} = q \qquad (8-2-1)$$

式中 q——旁侧入流量。

此式为有旁侧入流的明槽非恒定流连续性方程，它适用于任意断面形状的明槽。该式说明，过水断面面积 A 随时间 t 的变化率与流量 Q 沿流程 s 的变化率之和等于旁侧入流量。

如 $q=0$ 则为无旁侧入流量的情况，这时方程为

$$\frac{\partial A}{\partial t} + \frac{\partial Q}{\partial s} = 0 \qquad (8-2-2)$$

由式（8－2－1）还可写出由过水断面面积 A 和流速 v 表示的连续性方程：

$$\frac{\partial A}{\partial t} + v\frac{\partial A}{\partial s} + A\frac{\partial v}{\partial s} = q \qquad (8-2-3)$$

为使上述方程便于应用，可将方程中的过水断面面积 A 由水深 h 和水位 z 分别表示。

则式（8－2－1）、式（8－2－3）可改写为用变量 z 和 Q、h 和 Q、z 和 v、h 和 v 表示的连续性方程：

$$B\frac{\partial z}{\partial t}+\frac{\partial Q}{\partial s}=q \tag{8-2-4}$$

$$B\frac{\partial h}{\partial t}+\frac{\partial Q}{\partial s}=q \tag{8-2-5}$$

$$\frac{\partial z}{\partial t}+v\frac{\partial z}{\partial s}+\frac{A}{B}\frac{\partial v}{\partial s}=\frac{1}{B}\left(q-Biv-v\left.\frac{\partial A}{\partial s}\right|_h\right) \tag{8-2-6}$$

$$\frac{\partial h}{\partial t}+v\frac{\partial h}{\partial s}+\frac{A}{B}\frac{\partial v}{\partial s}=\frac{1}{B}\left(q-v\left.\frac{\partial A}{\partial s}\right|_h\right) \tag{8-2-7}$$

式中　i——底坡；

B——明槽宽。

2. 运动方程

根据河道中恒定渐变流的特点，应用动量方程，可得运动方程：

$$g\frac{\partial z}{\partial s}+\frac{\partial v}{\partial t}+v\frac{\partial v}{\partial s}+g\frac{v^2}{C^2R}=0 \tag{8-2-8}$$

或

$$g\frac{\partial z}{\partial s}+\frac{\partial v}{\partial t}+v\frac{\partial v}{\partial s}+g\frac{Q^2}{K^2}=0 \tag{8-2-9}$$

式（8－2－8）、式（8－2－9）为以变量 z 和 v 表示明槽非恒定渐变流运动方程。其中，第四项为谢才公式表示的沿程损失项。式中，C 为谢才系数；R 为水力半径；K 为流量模数；g 为重力加速度。将此运动方程还可改写为用变量 z 和 Q、h 和 Q、h 和 v 表示的运动方程。

以变量 h 和 v 表示的运动方程为

$$\frac{\partial v}{\partial t}+v\frac{\partial v}{\partial s}+g\frac{\partial h}{\partial s}=g\left(i-\frac{v^2}{C^2R}\right) \tag{8-2-10}$$

以变量为 h 和 Q 的运动方程为

$$\frac{\partial Q}{\partial t}+\frac{2Q}{A}\frac{\partial Q}{\partial s}+\left[gA-B\left(\frac{Q}{A}\right)^2\right]\frac{\partial h}{\partial s}=gAi+\left(\frac{Q}{A}\right)^2\left.\frac{\partial A}{\partial s}\right|_h-gA\frac{Q^2}{K^2} \tag{8-2-11}$$

变量为 z 和 Q 的运动方程为

$$\frac{\partial Q}{\partial t}+\frac{2Q}{A}\frac{\partial Q}{\partial s}+\left[gA-B\left(\frac{Q}{A}\right)^2\right]\frac{\partial z}{\partial s}=\left(\frac{Q}{A}\right)^2\left.\frac{\partial A}{\partial s}\right|_z-gA\frac{Q^2}{K^2} \tag{8-2-12}$$

上述两式中，有 $\left.\frac{\partial A}{\partial s}\right|_z=\left.\frac{\partial A}{\partial s}\right|_h+Bi$，其中 $\left.\frac{\partial A}{\partial s}\right|_z$、$\left.\frac{\partial A}{\partial s}\right|_h$ 分别表示水位或水深为常数时，过水断面面积沿程变化率。

3. 明槽非恒定渐变流圣维南方程

前面已推得了明槽非恒定流的连续性方程和明槽非恒定渐变流的运动方程，这两个方程可构成一组偏微分方程组，称为明槽非恒定渐变流圣维南方程组。这一方程组的自变量是流程 s 和时间 t，因变量是表征非恒定流动的两个水力要素，如 z 和 Q、h 和 Q、h 和 v、z 和 v 等。根据已推出的明槽非恒定流连续性方程式（8－2－4）、式（8－2－5）、式（8－2－6）、式（8－2－7）和明槽非恒定渐变流运动方程式（8－2－8）、式（8－2－10）、式

(8－2－11)、式（8－2－12)，可得到不同因变量组合的圣维南方程组。

（1）以 z 和 Q 为因变量的圣维南方程组：

$$\left.\begin{aligned} & B\frac{\partial z}{\partial t}+\frac{\partial Q}{\partial s}=q \\ & \frac{\partial Q}{\partial t}+\frac{2Q}{A}\frac{\partial Q}{\partial s}+\left[gA-B\left(\frac{Q}{A}\right)^2\right]\frac{\partial z}{\partial s}=\left(\frac{Q}{A}\right)^2\frac{\partial A}{\partial s}\bigg|_z-gA\frac{Q^2}{K^2} \end{aligned}\right\} \tag{8－2－13}$$

（2）以 h 和 Q 为因变量的圣维南方程组：

$$\left.\begin{aligned} & B\frac{\partial h}{\partial t}+\frac{\partial Q}{\partial s}=q \\ & \frac{\partial Q}{\partial t}+\frac{2Q}{A}\frac{\partial Q}{\partial s}+\left[gA-B\left(\frac{Q}{A}\right)^2\right]\frac{\partial h}{\partial s} \\ & \quad =\left(\frac{Q}{A}\right)^2\frac{\partial A}{\partial s}\bigg|_h+gA\left(i-\frac{Q^2}{K^2}\right) \end{aligned}\right\} \tag{8－2－14}$$

（3）以 z 和 v 为因变量的圣维南方程组：

$$\left.\begin{aligned} & \frac{\partial z}{\partial t}+v\frac{\partial z}{\partial s}+\frac{A}{B}\frac{\partial v}{\partial s}=\frac{1}{B}\left(q-Biv-v\frac{\partial A}{\partial s}\bigg|_h\right) \\ & \frac{\partial v}{\partial t}+v\frac{\partial v}{\partial s}+g\frac{\partial z}{\partial s}=-g\frac{v^2}{C^2R} \end{aligned}\right\} \tag{8－2－15}$$

（4）以 h 和 v 为因变量的圣维南方程组：

$$\left.\begin{aligned} & \frac{\partial h}{\partial t}+v\frac{\partial h}{\partial s}+\frac{A}{B}\frac{\partial v}{\partial s}=\frac{1}{B}\left(q-v\frac{\partial A}{\partial s}\bigg|_h\right) \\ & \frac{\partial v}{\partial t}+v\frac{\partial v}{\partial s}+g\frac{\partial h}{\partial s}=g\left(i-\frac{v^2}{C^2R}\right) \end{aligned}\right\} \tag{8－2－16}$$

在上述圣维南方程组中，如令 $q=0$，则可用于无旁侧入流的场合。

圣维南方程属于一阶拟线性双曲型偏微分方程。需根据水流的初始条件和边界条件，解圣维南方程，求出水位 z（或水深 h）和流量 Q（或流速 v）随时间和流程的变化关系。

明槽非恒定渐变流的初始条件为某一初始时刻 $t=t_0$ 时，全流段的水位 z（或水深 h）和流量 Q（或流速 v），即

$$\left.\begin{aligned} z_{t=t_0}=z(s) \\ Q_{t=t_0}=Q(s) \end{aligned}\quad\text{或}\quad \begin{aligned} h_{t=t_0}=h(s) \\ v_{t=t_0}=v(s) \end{aligned}\right\} \tag{8－2－17}$$

初始时刻的选择，可以是尚未受到扰动的恒定流流动，也可以是已经发生的非恒定流流动。

明槽非恒定渐变流的边界条件是指需求解的流段上下两端过水断面，在整个计算时段中的水流情况。关于具体的边界条件可以是多种多样的。对于上游断面的边界条件一般是起始断面的水位或流量随时间的变化曲线，即水位过程线或流量过程线（也相应有水深或流速过程线），其数学表达式为

$$z_{s=0}=z(t)\quad\text{或}\quad Q_{s=0}=Q(t) \tag{8－2－18}$$

对于下游断面的边界条件一般是两种。一种边界条件是末尾断面水位流量关系曲线：

$$z_{s=l} = z(Q_{s=l}) \tag{8-2-19}$$

另一种边界条件是末尾断面水位过程线或流量过程线：

$$z_{s=l} = z(t) \quad 或 \quad Q_{s=l} = Q(t) \tag{8-2-20}$$

4. 圣维南方程组解法综述

由于圣维南方程属于一阶拟线性双曲型偏微分方程，在一般情况下，无法求出其普遍的解析解。只能针对具体的明槽非恒定流问题，使用近似的计算方法求解。目前，这些近似计算方法大致可分为采用计算机的数值求解法和简化求解法。

简化求解法就是针对具体非恒定流问题作具体分析，以确定该问题中的主要因素，略去次要因素，使圣维南方程组得到简化，然后对简化的圣维南方程组进行求解的方法。如瞬态法、微幅波法、幂级数法[2,8]以及在水文中使用的马斯京干法[7,22]等。在计算机及计算技术不发达的年代，这些方法起过很大的作用。由于这些方法主要以手工计算为主，辅之于图表进行计算；又由于问题的复杂性，简化方程时对主要因素的确立的准确性等，都将影响最后成果的精确度。另外，由于圣维南方程的复杂性，尽管进行了简化，但计算工作量依然很大。目前，这些方法已逐步淘汰，让位于使用计算机进行计算求解的数值方法。上述简化方法，本章将不介绍。

数值求解法就是针对具体的明槽非恒定流问题的计算区域，使用某种计算方法，对偏微分方程的圣维南方程进行离散，转换为一组代数方程，并根据问题的初始和边界条件，编程由计算机求解这些代数方程，从而得到近似解的方法。如直接差分法、特征线法、有限元法等。这些方法物理概念明确，数学分析严谨，计算结果精度较高。特别是近来计算机和计算技术的发展，这一类的方法的应用已相当广泛，已替代瞬态法等简化求解法。本章将着重介绍直接差分法和特征线法，其他计算方法请查阅有关文献。

第二节　明槽非恒定流的直接差分法[3~5]

直接差分法的基本思想是将方程中的偏微商用差商代替，把原方程离散为差分方程，并在自变量域 s—t 平面（即流程—时间平面）网格上对各结点求数值解。

具体来说是以流程距离 s 为横坐标，时间 t 为纵坐标，根据原始资料情况、计算精度和稳定性的要求，选取距离步长 Δs 和时间步长 Δt，在自变量 s—t 平面上构成矩形网格，如图 8-2-1 所示。其中平行于 s 轴的直线表示某时刻，此直线在 t 轴上的位置编号为 j（1，2，…，j），相应此时刻的量以上标表示；平行于 t 轴的直线表示某距离位置，此直线在 s 轴上的位置编号为 i（1，2，…，i…，N），相应此位置的量以下标表示。两种直线的交点则表示处于某时刻 j 和某距离位置 i 的量。直接差分法就是在这样的一系列结点上，用不连续的差商逼近连续的微商，将连续的微分方程组离散为不连续的结点上的差分方程组，然后联立求解可得这些结点上的未知量。

由于差商可以多种形式逼近微商，可使微分方程组转换成多种形式的差分方程组。因此从求解方式而言，可分为显式差分法和隐式差分法。显式差分法是对任一时段 Δt，由前一瞬时（时段初）已知值，求解后一瞬时（时段末）未知值时，整个过程可从上游到

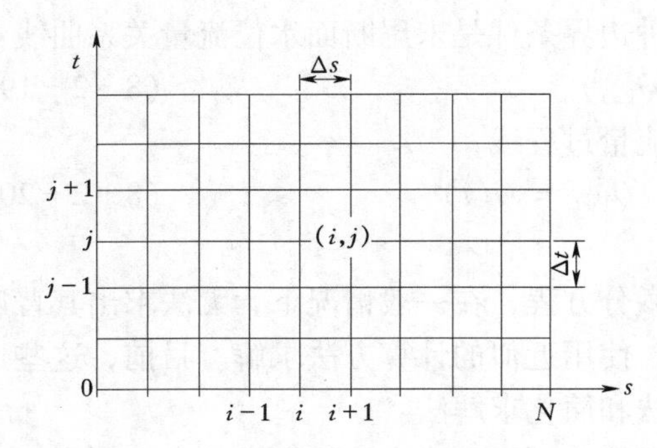

图 8-2-1 矩形网格示意图

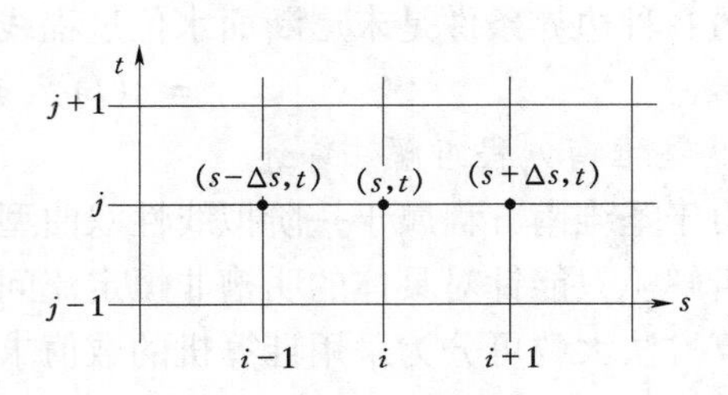

图 8-2-2 差商示意图

下游逐点求解；隐式差分法则在求解后一瞬时的未知值时，需联立求解一组方程，从上游到下游各点同时求出。

一、差分的基本概念

根据圣维南方程组的特点和直接差分法的要求，下面简要介绍几种差商格式和有关差分法的概念和性质。

从微商的定义$f'(x)=\lim\limits_{\Delta x\to 0}\dfrac{f(x+\Delta x)-f(x)}{\Delta x}$，可以看出差商$\dfrac{f(x+\Delta x)-f(x)}{\Delta x}$是微商$f'(x)$的近似，而微商是差商的极限。另外差商的取值是与$x$、$x+\Delta x$这两点有关，这两点的前后顺序不同可构成不同的差商。

1. 向前差商（顺差、前差）

如图 8-2-2 所示，函数$f(x,t)$在i,j点处的一阶偏微商若为

$$\frac{\partial f(s,t)}{\partial s}\approx\frac{f(s+\Delta s,t)-f(s,t)}{\Delta s}=\frac{f_{i+1}^{j}-f_{i}^{j}}{\Delta s}$$

则称为一阶向前差商。

2. 向后差商（逆差、后差）

如图 8-2-2 所示，函数$f(s,t)$在i,j点处的一阶偏微商若为

$$\frac{\partial f(s,t)}{\partial s}\approx\frac{f(s,t)-f(s-\Delta s,t)}{\Delta s}=\frac{f_{i}^{j}-f_{i-1}^{j}}{\Delta s}$$

则称为一阶向后差商。

3. 中心差商（中差）

如图 8-2-2 所示，函数$f(s,t)$在i,j点处的一阶偏微商若为

$$\frac{\partial f(s,t)}{\partial s}\approx\frac{1}{2}\left(\frac{f(s+\Delta s,t)-f(s,t)}{\Delta s}+\frac{f(s,t)-f(s-\Delta s,t)}{\Delta s}\right)$$

$$=\frac{f(s,+\Delta s,t)-f(s-\Delta s,t)}{2\Delta s}=\frac{f_{i+1}^{j}-f_{i-1}^{j}}{2\Delta s}$$

则称为一阶中心差商。中心差商也可看作前后两差商的平均值。

用差商来逼近微商，必然带来一定的误差。现以连续光滑的一元函数$f(x)$为例，对误差进行估计。根据泰勒级数，函数$f(x)$的展开式为

$$f(x+\Delta x)=f(x)+f'(x)\Delta x+\frac{f''(x)}{2!}(\Delta x)^{2}+\cdots+\frac{f^{(n)}(x)}{n!}(\Delta x)^{n}+\cdots$$

因泰勒级数是无穷级数，在近似计算中只取前面部分项之和来表示，则就存在一个截断误差。如为估计一阶向前差商逼近一阶偏微商，函数 $f(x)$ 的展开式可写为

$$f(x+\Delta x)=f(x)+f'(x)\Delta x+\frac{f''(x+\theta\Delta x)}{2}(\Delta x)^2$$

对上式整理得

$$f'(x)=\frac{f(x+\Delta x)-f(x)}{\Delta(x)}-\frac{f''(x+\theta\Delta x)}{2}\Delta x$$

式中 $0\leqslant\theta\leqslant1$。

从上式可知，用一阶向前差商 $\frac{f(x+\Delta x)-f(x)}{\Delta x}$ 逼近一阶偏微商 $f'(x)$ 时，其截断误差为 $-\frac{f''(x+\theta\Delta x)}{2}\Delta x$，与 Δx 同阶，记为 $O(\Delta x)$，即为一阶精度。

同理可推得，用一阶向后差商逼近一阶偏微商时，其截断误差同为 $O(\Delta x)$，也为一阶精度。还可推得，用一阶中心差商逼近一阶偏微商时，其截断误差为 $O(\Delta x^2)$，即为二阶精度。由此可见，中心差商比向前差商和向后差商具有更高的精度。

使用上述不同形式的差商逼近圣维南方程组中的偏微商，可得到不同的差分方程。所得到的每一种差分方程都必须满足相容性、收敛性、稳定性的要求。所谓相容性是指步长 Δs 和 Δt 趋近于零时，差分方程的截断误差也趋近于零，即差分方程趋近于微分方程。而收敛性是指步长 Δs 和 Δt 趋近于零时，差分方程的解应收敛于微分方程的解。对于稳定性是指在计算中，若舍入误差和初始误差始终被控制在一个有限范围内，而不是无限增长，使计算的数值解近似于差分方程的真解。相容性与收敛性是两个不同的概念，前者是必备的条件，后者是最终目标。根据拉克斯等价定理，如果问题是适定的，并且差分方程满足相容性条件，则其收敛性的充分必要条件是该差分方程的稳定性，文献［1］给出了证明。根据拉克斯等价定理，可以通过分析其相容性和证明其稳定性，来证明某种差分方程的收敛性。

将偏微分方程组按上述差商形式转换为差分方程，并进行数值解的方法，因具有高度的通用性和规范的格式性，因此也叫做差分格式。关于圣维南方程组的差分格式，文献记载有许多种，限于篇幅限制，下面各介绍一种显格式和隐格式。对其他差分格式感兴趣的读者可参考其他文献资料。

二、显式差分格式

显式差分格式有许多种，下面只介绍一种差分格式——扩散格式。

因变量为 z、Q 并且无旁侧入流的圣维南方程组可写为

$$B\frac{\partial z}{\partial t}+\frac{\partial Q}{\partial s}=0 \tag{8-2-21}$$

$$\frac{\partial Q}{\partial t}+\frac{2Q}{A}\frac{\partial Q}{\partial s}+\left[gA-B\left(\frac{Q}{A}\right)^2\right]\frac{\partial z}{\partial s}-\left(\frac{Q}{A}\right)^2\frac{\partial A}{\partial s}\bigg|_z-g\frac{|Q|Q}{AC^2R}=0 \tag{8-2-22}$$

现以上述方程组为例，叙述这一格式。

如图 8-2-3 所示，在 i，j 结点上，对流程距离 s 的偏微商用中心差商逼近：

$$\frac{\partial f}{\partial s}=\frac{f_{i+1}^j-f_{i-1}^j}{2\Delta s} \tag{8-2-23}$$

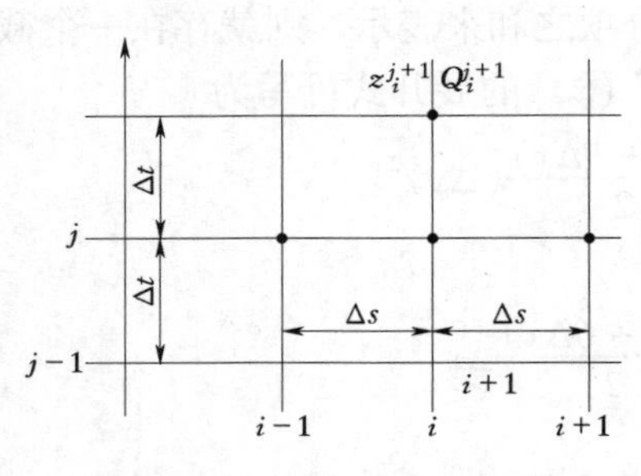

图 8-2-3 扩散格式示意图

对时间 t 的偏微商用下面变相的向前差商逼近

$$\frac{\partial f}{\partial t}=\frac{f_i^{j+1}-\tilde{f}_i^j}{\Delta t} \qquad (8-2-24)$$

式中，$\tilde{f}_i^j=\alpha f_i^j+(1-\alpha)\dfrac{f_{i+1}^j+f_{i-1}^j}{2}$，为已知时刻 j 上相邻三点的带权平均值。其中权重系数 $0\leqslant\alpha\leqslant 1$。

对偏微商的系数即非微商项用 i, j 结点上的值计算。

将上述逼近方法代入圣维南方程组式（8-2-21)、式（8-2-22），整理后可得

$$z_i^{j+1}=\alpha z_i^j+(1-\alpha)\frac{z_{i-1}^j+z_{i+1}^j}{2}-\frac{\Delta t}{2B_i^j\Delta s}(Q_{i+1}^j-Q_{i-1}^j) \qquad (8-2-25)$$

$$\begin{aligned}Q_i^{j+1}=&\alpha Q_i^j+(1-\alpha)\frac{Q_{i-1}^j+Q_{i+1}^j}{2}-\left(\frac{Q}{A}\right)_i^j\frac{\Delta t}{\Delta s}(Q_{i+1}^j-Q_{i-1}^j)\\&-\left(gA-\frac{BQ^2}{A^2}\right)_i^j\frac{\Delta t}{2\Delta s}(z_{i+1}^j-z_{i-1}^j)+\left[\left(\frac{Q}{A}\right)_i^j\right]^2\frac{\Delta t}{2\Delta s}\\&\times\left[A_{i+1}(z_i^j)-A_{i-1}(z_i^j)\right]-g\Delta t\left(\frac{|Q|Q}{AC^2R}\right)_i^j\end{aligned} \qquad (8-2-26)$$

式中，$A_{i+1}(z_i^j)$、$A_{i-1}(z_i^j)$ 分别表示相应于水位 z_i^j 的 $i+1$、$i-1$ 断面上的过水断面面积。

从式（8-2-25)、式（8-2-26）可知，未知时刻各断面点的未知量是根据已知时刻相邻三点的已知量逐点求解的，并且所建立的差分方程是未知数的显式形式，故称显式差分格式。

计算中，当 $\alpha=1$ 时，相当于对 t 取向前差商，这时为一种不稳定的显式格式；当 $\alpha=0$ 时，为纯扩散格式，此时 $\tilde{f}_i^j=(f_{i-1}^j+f_{i+1}^j)/2$。经验表明，取较小的 α 值，如 $\alpha=0.1$，常可得到较好的成果。

扩散格式是一种有条件的稳定格式，稳定条件为库朗条件，即

$$\frac{\Delta t}{\Delta s}\leqslant\left|v\pm\sqrt{g\frac{A}{B}}\right|_{\max}$$

关于显式差分格式，其优点在于计算公式简单，容易编程，还可用于波幅变化较大的水流。不利的是，时间步长 Δt 不能取得过大，必须符合库朗条件。具体计算时应注意，计算边界点时，同内点计算一样，应用差分方程式（8-2-25)、式（8-2-26)，但会出现方程数多于未知数的情况。可以有两种办法解决，一种是将连续性方程和运动方程综合为一个偏微分方程，然后转换为差分方程；另一种是边界上不建立连续性方程和运动方程，而引入特征线方法中的特征方程，如上游边界引入逆特征方程，下游边界引入顺特征方程，在使用时应注意缓流和急流。另外，根据实际的问题需要，可以使用不等距步长 Δs_i，中心差商式（8-2-23）的分母 $2\Delta s$ 改为 $\Delta s_{i-1}+\Delta s_i$，差分方程也作一些相应的改动即可。

还有很多其他类型的显格式，如菱形差分显格式、蛙跳差分显格式，以及交错网格显格式等，在此不一一列举，有兴趣的读者，可查阅其他参考文献。

三、隐式差分格式

隐式差分格式的类型也有很多，下面只介绍一种常用的四点偏心格式，也称为普莱士曼（Preismann. A.）格式。

如图 8－2－4 为一矩形网格，网格中的 M 点处于距离步长 Δs_i 正中，在时间步长 Δt 上偏向未知时刻 $j+1$，M 点距已知时刻 j 为 $\theta\Delta t$，距未知时刻 $j+1$ 为 $(1-\theta)\Delta t$，其中 θ 为权重系数，有 $0\leqslant\theta\leqslant1$。现按线性插值可求出 L、R、U、D 四点的函数值：

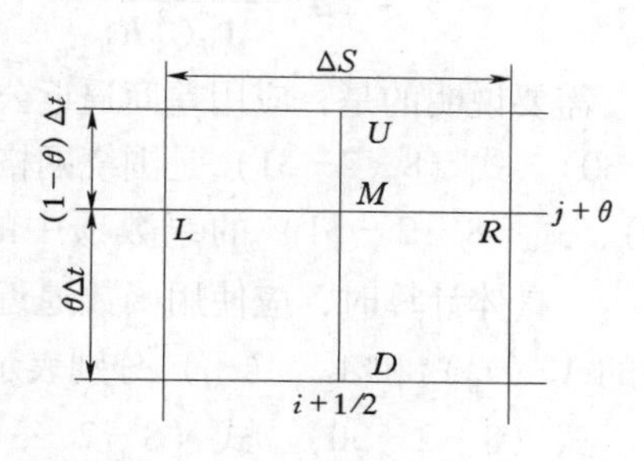

图 8－2－4　普莱士曼格式示意图

$$f_L = f_i^{j+\theta} = \theta f_i^{j+1} + (1-\theta)f_i^j$$

$$f_R = f_{i+1}^{j+\theta} = \theta f_{i+1}^{j+1} + (1-\theta)f_{i+1}^j$$

$$f_U = f_{i+1/2}^{j+1} = \frac{1}{2}(f_i^{j+1} + f_{i+1}^{j+1})$$

$$f_D = f_{i+1/2}^{j} = \frac{1}{2}(f_i^{j} + f_{i+1}^{j})$$

由此可得如图 8－2－4 所示网格偏心点 M 的差商和函数在 M 点的值：

$$\left(\frac{\partial f}{\partial t}\right)_M = \frac{f_{i+1/2}^{j+1} - f_{i+1/2}^{j}}{\Delta t} = \frac{f_{i+1}^{j+1} + f_i^{j+1} - f_{i+1}^{j} - f_i^{j}}{2\Delta t} \qquad (8-2-27)$$

$$\left(\frac{\partial f}{\partial s}\right)_M = \frac{f_{i+1}^{j+1} - f_i^{j+\theta}}{\Delta s_i} = \frac{\theta(f_{i+1}^{j+1} - f_i^{j+1}) + (1-\theta)(f_{i+1}^{j} - f_i^{j})}{\Delta s_i} \qquad (8-2-28)$$

$$f_M = \frac{1}{2}(f_i^{j+\theta} + f_{i+1}^{j+\theta}) = \frac{1}{2}\left[\theta(f_{i+1}^{j+1} + f_i^{j+1}) + (1-\theta)(f_{i+1}^{j} + f_i^{j})\right] \qquad (8-2-29)$$

现针对圣维南方程组式（8－2－21）、式（8－2－22），说明用此四点偏心格式解圣维南方程组的基本方法和步骤。将上述差商的逼近公式（8－2－27）、式（8－2－28）代入圣维南方程组式（8－2－21）、式（8－2－22），整理后得

$$a_{1i}z_i^{j+1} - c_{1i}Q_i^{j+1} + a_{1i}z_{i+1}^{j+1} + c_{1i}Q_{i+1}^{j+1} = e_{1i} \qquad (8-2-30)$$

$$a_{2i}z_i^{j+1} + c_{2i}Q_i^{j+1} - a_{2i}z_{i+1}^{j+1} + d_{2i}Q_{i+1}^{j+1} = e_{2i} \qquad (8-2-31)$$

其中

$$a_{1i} = 1 \qquad c_{1i} = 2\theta\frac{\Delta t}{\Delta s_i}\frac{1}{B_M}$$

$$e_{1i} = z_i^j + z_{i+1}^j - \frac{1-\theta}{\theta}c_{1i}(Q_i^j - Q_{i+1}^j)$$

$$\alpha_{2i} = 2\theta\frac{\Delta t}{\Delta s_i}\left[\left(\frac{Q_M}{A_M}\right)^2 B_M - gA_M\right]$$

$$c_{2i} = 1 - 4\theta\frac{\Delta t}{\Delta s_i}\frac{Q_M}{A_M} \qquad d_{2i} = 1 + 4\theta\frac{\Delta t}{\Delta s_i}\frac{Q_M}{A_M}$$

$$e_{2i} = \frac{1-\theta}{\theta}a_{2i}(z_{i+1}^j - z_i^j) + \left[1 - 4(1-\theta)\frac{\Delta t}{\Delta s_i}\frac{Q_M}{A_M}\right]Q_{i+1}^j$$

$$+\left[1+4(1-\theta)\frac{\Delta t}{\Delta s_i}\frac{Q_M}{A_M}\right]Q_i^j+2\Delta t\left(\frac{Q_M}{A_M}\right)^2\frac{A_{i+1}(z_M)-A_i(z_M)}{\Delta s_i}$$

$$-2\Delta t\frac{g\mid Q_M\mid Q_M}{A_M C_M^2 R_M}$$

需要说明的是，应用差商逼近公式（8-2-27）、式（8-2-28）推导差分方程式（8-2-30）、式（8-2-31）是围绕网格偏心点M进行的。为了书写方便，差分方程式（8-2-30）、式（8-2-31）的系数项中的Q_M、z_M、A_M、R_M，如用通用函数f表示，则应写为$f_{i+1/2}^{j+\theta}$，具体计算时，应使用函数逼近式（8-2-29）来计算这些下标为M的函数量。系数中的A_i（z_M）和A_{i+1}（z_M）分别表示相应于水位$z_{i+1/2}^{j+\theta}$的i和$i+1$断面处断面面积。

式（8-2-30）、式（8-2-31）是关于四个未知变量z_i^{j+1}、z_{i+1}^{j+1}、Q_i^{j+1}、Q_{i+1}^{j+1}的非线性代数方程。实际计算时，一个网格代表一个计算河段，一个这样的河段可建立两个这样的方程。由于未知数大于方程数，对于一个河段方程是不封闭的。对于划有N个断面的全河段，有$N-1$个河段，共可写出2（$N-1$）个代数方程，再加上两端边界条件，则共有$2N$个代数方程。全河段共有$2N$个未知数，$2N$个方程解$2N$个未知数，方程是封闭的。这样在计算时，必须联立求解从上游到下游$2N$个非线性代数方程组，不能像显式差分格式那样逐点求解，这就是隐式差分格式的特点。之所以叫非线性代数方程组是因为方程组的系数含有待求的未知数，因而求解时需反复迭代计算。关于联立求解上述非线性代数方程组的计算方法，已有许多种，读者需要时可参考有关专著和文献。

根据代数方程组式（8-2-30）、式（8-2-31）的特点，此方程可使用一种称为追赶法的解代数方程组的方法来求解。为方便读者使用，下面给出追赶法的解题过程。

对于划有N个断面的全河段，有$N-1$个河段，一共可写出2（$N-1$）个代数方程和上游、下游的边界条件式。

$$\left.\begin{array}{ll}
\text{上边界条件} & a_0 z_1+c_0 Q_1=e_0\\
i=1 & a_{11}z_1-c_{11}Q_1+a_{11}z_2+c_{11}Q_2=e_{11}\\
 & a_{21}z_1+c_{21}Q_1-a_{21}z_2+d_{21}Q_2=e_{21}\\
i=2 & a_{12}z_2-c_{21}Q_2+a_{12}z_3+c_{12}Q_3=e_{12}\\
 & a_{22}z_2+c_{22}Q_2-a_{22}z_3+d_{22}Q_3=e_{22}\\
 & \vdots\\
i=N-1 & a_{1N-1}z_{N-1}-c_{1N-1}Q_{N-1}+a_{1N-1}z_N+c_{1N-1}Q_N=e_{1N-1}\\
 & a_{2N-1}z_{N-1}+c_{2N-1}Q_{N-1}-a_{2N-1}z_N+d_{2N-1}Q_N=e_{2N-1}\\
\text{下边界条件} & a_N z_N+d_N Q_N=e_N
\end{array}\right\}\quad(8-2-32)$$

已知上游边界条件为水位过程线，则由式（8-2-32）上游边界条件式，解出

$$z_1=P_1+R_1 Q_1\quad(8-2-33)$$

式中，P_1是已知的水位边界值，$R_1=0$。将式（8-2-33）代入式（8-2-32）中$i=1$的两方程式，得

$$a_{11}(P_1+R_1Q_1)-c_{11}Q_1+a_{11}z_2+c_{11}Q_2=e_{11}$$

$$a_{21}(P_1+R_1Q_1)+c_{21}Q_1-a_{21}z_2+d_{21}Q_2=e_{21}$$

式中有三个未知量 Q_1、z_2、Q_2，因只有两个方程式，则只能解出两个未知量，另一个未知数则作为参数，即

$$\left.\begin{aligned} Q_1 &= L_2 + M_2 Q_2 \\ z_2 &= P_2 + R_2 Q_2 \end{aligned}\right\} \tag{8-2-34}$$

式中，L_2、M_2、P_2、R_2 可惟一确定。将式（8－2－34）代入式（8－2－32）中 $i=2$ 的两方程式，得

$$a_{12}(P_2 + R_2 Q_2) - c_{12} Q_2 + a_{12} z_3 + c_{12} Q_3 = e_{12}$$

$$a_{22}(P_2 + R_2 Q_2) + c_{22} Q_2 - a_{22} z_3 + d_{22} Q_3 = e_{22}$$

与式（8－2－34）类似，由上式可解得用 Q_3 表示的 Q_2、z_3 的表达式，得

$$\left.\begin{aligned} Q_2 &= L_3 + M_3 Q_3 \\ z_3 &= P_3 + R_3 Q_3 \end{aligned}\right\} \tag{8-2-35}$$

式中，L_3、M_3、P_3、R_3 也是可惟一确定的。

依此类推，假如已得用 Q_k 表示的 Q_{k-1}、z_k 的表达式

$$\left.\begin{aligned} Q_{k-1} &= L_k + M_k Q_k \\ z_k &= P_k + R_k Q_k \end{aligned}\right\} \tag{8-2-36}$$

将式（8－2－36）代入式（8－2－32）中 $i=k$ 的两方程式，得

$$a_{1k}(P_k + R_k Q_k) - c_{1k} Q_k + a_{1k} z_{k+1} + c_{1k} Q_{k+1} = e_{1k}$$

$$a_{2k}(P_k + R_k Q_k) + c_{2k} Q_k - a_{2k} z_{k+1} + d_{2k} Q_{k+1} = e_{2k}$$

解上述两式，可得用 Q_{k+1} 表示的 Q_k、z_{k+1} 的表达式

$$\left.\begin{aligned} Q_k &= L_{k+1} + M_{k+1} Q_{k+1} \\ z_{k+1} &= P_{k+1} + R_{k+1} Q_{k+1} \end{aligned}\right\} \tag{8-2-37}$$

式中各系数为

$$L_{k+1} = \frac{a_{2k} Y_3 + a_{1k} Y_4}{Y_5} \quad M_{k+1} = -\frac{a_{1k} d_{2k} + a_{2k} c_{1k}}{Y_5}$$

$$P_{k+1} = \frac{Y_2 Y_3 - Y_1 Y_4}{Y_5} \quad R_{k+1} = -\frac{Y_1 d_{2k} - Y_2 c_{1k}}{Y_5}$$

其中

$$Y_1 = a_{1k} R_k - c_{1k} \quad Y_2 = a_{2k} R_k + c_{2k} \quad Y_3 = e_{1k} - a_{1k} P_k$$

$$Y_4 = e_{2k} - a_{2k} P_k \quad Y_5 = a_{1k} Y_2 + a_{2k} Y_1$$

如此进行下去，直到 $i=N-1$ 时，从式（8－2－32）中相应的两方程中得到用 Q_N 表示的 Q_{N-1}、z_N 的表达式，即

$$\left.\begin{aligned} Q_{N-1} &= L_N + M_N Q_N \\ z_N &= P_N + R_N Q_N \end{aligned}\right\} \tag{8-2-38}$$

考虑式（8－2－32）中下游边界条件式

$$a_N z_N + d_N Q_N = e_N$$

并与式（8－2－38）中第二式联立求解，可得

$$Q_N = \frac{e_N - a_N P_N}{a_N R_N + d_N} \tag{8-2-39}$$

将式（8-2-39）解得的 Q_N 代入（8-2-38）式可求得 z_N、Q_{N-1}，将下标依次递减代入递推表达式（8-2-37）可顺次求得 z_i、Q_i（$i=N-1$，$N-2$，…，3，2）。从而求得代数方程组式（8-2-32）的解。总的来说，上述求解过程可分为两步：第一步从上游边界条件起，顺次确定递推表达式（8-2-37）中的系数 L_2、M_2、P_2、R_2、…、L_N、M_N、P_N、R_N，即所谓的追（第一消去过程）；第二步从下游边界条件出发，由递推表达式（8-2-37）依次递减求得 Q_N、z_N、Q_{N-1}、Q_{N-1}、…、z_2、Q_1 即所谓的赶（第二消去过程），所以称为追赶法或双消去法。

如上游边界条件为流量过程线，则由式（8-2-32）上游边界条件式，解出

$$Q_1 = P_1 + R_1 z_1 \tag{8-2-40}$$

求解思路与上述过程类似，只是用 z_k 表示的 z_{k-1}、Q_k 的递推表达式为

$$z_{k-1} = L_k + M_k z_k$$

$$Q_k = P_k + R_k z_k$$

隐式差分格式从理论上可证明是无条件稳定的，但由于原始资料等各种条件的限制，时间步长不可能太长，流程距离步长也要适当。权重系数 θ 对计算的稳定性有很大的关系，一般 $\theta>0.6$，但如 θ 取的较大可能精度会差一些。

一般来说，隐式格式用于变化比较缓慢水流，如江河的洪水演进计算等，对于水流变化比较急促的流动，则不适合。另外，隐式差分格式与显式差分格式不同之处还在于程序编制比较复杂。

第三节　非恒定流的特征线法[3~5]

根据偏微分方程的理论，双曲型偏微分方程组具有两族不同的实的特征线，沿特征线可将双曲型偏微分方程组降阶化成常微分方程组——特征方程组，再对常微分方程进行求解。这种可方便地求解较复杂的偏微分方程的方法称为特征线法。圣维南方程组式（8-2-13）~式（8-2-16）属于双曲型偏微分方程组，可以使用特征线法进行求解。特征线法的优点是物理图像清晰，力学意义明确，便于计算机编程。为帮助读者理解和计算，本节首先简要介绍特征线法的基本思想，继而叙述如何建立特征线方程和特征方程，以及怎样用特征线法求解圣维南方程组。

一、特征线法的基本思想

已知一因变量为 u、自变量为 s 和 t 的拟线性偏微分方程，方程形式为

$$a(s,t,u)\frac{\partial u}{\partial s} + b(s,t,u)\frac{\partial u}{\partial t} = c(s,t,u) \tag{8-2-41}$$

与常微分方程比较，偏微分方程式（8-2-41）的复杂性在于，偏微分方程包含有两个方向的微商。特征线法的思想是，能否引进一条曲线，使两个方向的微商化成一个方向的微商。根据二元函数的微商公式，引进一条曲线，其方程一般形式为

$$a(s,t,u)\mathrm{d}t - b(s,t,u)\mathrm{d}s = 0 \tag{8-2-42}$$

或
$$\frac{\mathrm{d}s}{\mathrm{d}t}=\frac{a(s,t,u)}{b(s,t,u)}$$

沿此曲线，式（8－2－41）左端可整理为

$$a(s,t,u)\frac{\partial u}{\partial s}+b(s,t,u)\frac{\partial u}{\partial t}=b(s,t,u)\left[\frac{a(s,t,u)}{b(s,t,u)}\frac{\partial u}{\partial s}+\frac{\partial u}{\partial t}\right]$$
$$=b(s,t,u)\left[\frac{\partial u}{\partial s}\frac{\mathrm{d}s}{\mathrm{d}t}+\frac{\partial u}{\partial t}\right]=b(s,t,u)\frac{\mathrm{d}u}{\mathrm{d}t}$$

因此式（8－2－41）可写为

$$b(s,t,u)\frac{\mathrm{d}u}{\mathrm{d}t}=c(s,t,u) \tag{8-2-43}$$

式（8－2－43）为引入曲线式（8－2－42）后，偏微分方程式（8－2－41）所化成为只包含一个方向微商的常微分方程。所引入的曲线方程式（8－2－42）称为特征线方程，其中 $\mathrm{d}s/\mathrm{d}t$ 称为特征方向；而式（8－2－43）则称为特征方程或特征关系式。这时原来的拟线性偏微分方程式（8－2－41），转化为与之等价的常微分方程式（8－2－42）和式（8－2－43），可以用求解常微分方程的方法得到原偏微分方程的解。

具体求解的方法是联解特征线方程和相应的特征方程，得到特征线上各点（s，t）的未知量。由于方程的系数 a、b 及右端项 c 同时也是未知量 u 的函数，故无法得到两个常微分方程的解析解。一般情况下，是将这两个常微分方程改变为有限差分形式方程，再根据给定的初始条件及边界条件求得近似数值解。

从上述推导可见，特征线法的关键在于如何引入特征线方程。对于圣维南方程组这样的含两个因变量的偏微分方程组，可以利用线性组合法求得与之等价的特征线方程和特征方程，然后再求数值解。

二、圣维南方程组的特征线方程和特征方程

考虑因变量为 z、Q 并且有旁侧入流的圣维南方程组：

$$B\frac{\partial z}{\partial t}+\frac{\partial Q}{\partial s}=q \tag{8-2-44}$$

$$\frac{\partial Q}{\partial t}+2v\frac{\partial Q}{\partial s}+(gA-Bv^2)\frac{\partial z}{\partial s}=v^2\frac{\partial A}{\partial s}\bigg|_z-g\frac{Q^2}{AC^2R}=N \tag{8-2-45}$$

方程组式（8－2－44）及式（8－2－45）为一阶拟线性双曲型偏微分方程组，此方程组存在两根实特征线，故可用特征线法求解。下面使用线性组合法推导圣维南方程组的特征方程组。

由于方程式（8－2－44）和式（8－2－45）两式的量纲不一致，故需将式(8－2－44)乘以待定系数 λ，并与式（8－2－45）组合为

$$\lambda B\left(\frac{\partial z}{\partial t}+\frac{gA-Bv^2}{\lambda B}\frac{\partial z}{\partial s}\right)+\frac{\partial Q}{\partial t}+(2v+\lambda)\frac{\partial Q}{\partial s}=\lambda q+N \tag{8-2-46}$$

考虑 $\frac{\mathrm{d}z}{\mathrm{d}t}=\frac{\partial z}{\partial t}+\frac{\partial z}{\partial s}\frac{\mathrm{d}s}{\mathrm{d}t},\frac{\mathrm{d}Q}{\mathrm{d}t}=\frac{\partial Q}{\partial t}+\frac{\partial Q}{\partial s}\frac{\mathrm{d}s}{\mathrm{d}t}$，则引入以下关系式：

$$\frac{\mathrm{d}s}{\mathrm{d}t}=\frac{gA-Bv^2}{\lambda B}=2v+\lambda \tag{8-2-47}$$

式（8－2－46）可写为

$$\lambda B\frac{\mathrm{d}z}{\mathrm{d}t}+\frac{\mathrm{d}Q}{\mathrm{d}t}=\lambda q+N \tag{8-2-48}$$

由式（8－2－47）可得 $\lambda^2+2v\lambda-\frac{gA-Bv^2}{B}=0$，解此式，得 $\lambda=-v\pm\sqrt{g\frac{A}{B}}$。代入式（8－2－47）得特征线方程为

$$\frac{\mathrm{d}s}{\mathrm{d}t}=w_{\pm}=v\pm\sqrt{g\frac{A}{B}} \tag{8-2-49}$$

此式说明在 s—t 平面上的任一点（s，t），具有两个$\frac{\mathrm{d}s}{\mathrm{d}t}$的值或特征方向：$w_+$为顺特征方向，相应的曲线为顺特征线；$w_-$为逆特征方向，相应的曲线为逆特征线。将已求出的两个 λ 值代入式（8－2－48），并与特征线方程式（8－2－49）的 w_+与 w_-对应组合，可得两个常微分方程组：

沿顺特征线 w_+：

$$\frac{\mathrm{d}s}{\mathrm{d}t}=w_+=v+\sqrt{g\frac{A}{B}} \tag{8-2-50}$$

$$\left(v-\sqrt{g\frac{A}{B}}\right)B\frac{\mathrm{d}z}{\mathrm{d}t}-\frac{\mathrm{d}Q}{\mathrm{d}t}=\left(v-\sqrt{g\frac{A}{B}}\right)q-N$$

或

$$B(w_-)\frac{\mathrm{d}z}{\mathrm{d}t}-\frac{\mathrm{d}Q}{\mathrm{d}t}=(w_-)q-N=\psi_- \tag{8-2-51}$$

沿逆特征线 w_-：

$$\frac{\mathrm{d}s}{\mathrm{d}t}=w_-=v-\sqrt{g\frac{A}{B}} \tag{8-2-52}$$

$$\left(v+\sqrt{g\frac{A}{B}}\right)B\frac{\mathrm{d}z}{\mathrm{d}t}-\frac{\mathrm{d}Q}{\mathrm{d}t}=\left(v+\sqrt{g\frac{A}{B}}\right)q-N$$

或

$$B(w_+)\frac{\mathrm{d}z}{\mathrm{d}t}-\frac{\mathrm{d}Q}{\mathrm{d}t}=(w_+)q-N=\psi_+ \tag{8-2-53}$$

式（8－2－51）式和（8－2－53）分别为相应与特征线 w_+和 w_-的特征方程。这四个方程统称为特征方程组。

当水流为缓流时，$Fr=\frac{v}{\sqrt{gA/B}}<1$，有 $v<\sqrt{gA/B}$，这时 w_+具有正值，即为顺特征线，指向下游；而 w_-具有负值，即为逆特征线，指向上游，如图 8－2－5 所示。当水流为急流时，$Fr=\frac{v}{\sqrt{gA/B}}>1$，有 $v>\sqrt{gA/B}$。这时有 $w_{\pm}>0$，即顺、逆特征线均指向下游，如图 8－2－6 所示。

由明槽流动特性可知，特征线方程中的 $\sqrt{gA/B}$是明槽流动中的微干扰波的相对波速，而 $v\pm\sqrt{gA/B}$则表示了向下游和向上游的传播的绝对波速。因此特征线方程在 s—t 平面上的曲线可看成为微干扰波的轨迹线。微干扰波传递着波动的信息，微干扰波达到后，水流特性（水情）开始变化，其变化规律由特征方向确定。也就是说，沿特征线，水情直接受特征方程控制。

三、圣维南方程组的特征线解法

求解圣维南方程组的特征线法就是对与之等价的四个常微分方程进行求解的方法。在

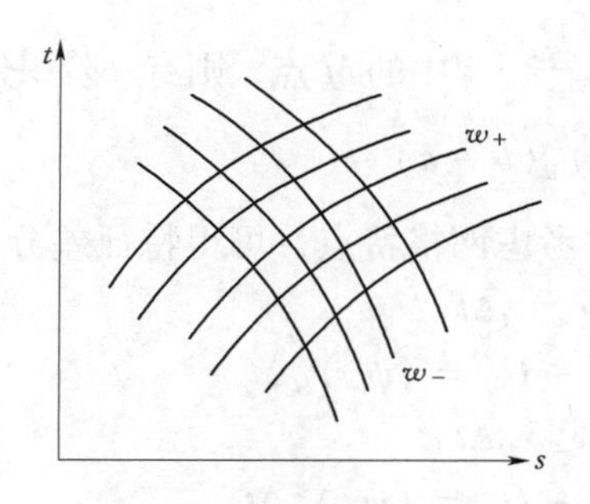

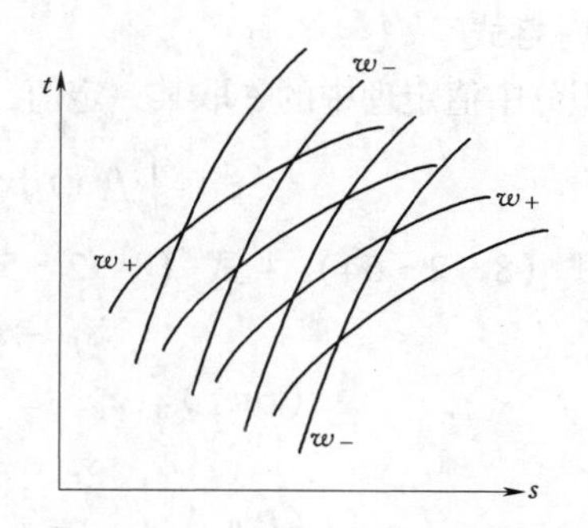

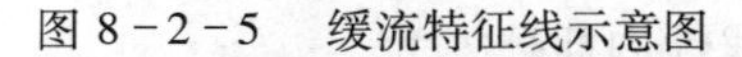

图 8-2-5　缓流特征线示意图　　　图 8-2-6　急流特征线示意图

对常微分方程差分离散求解时，有两类求解方法，一类是特征线网格法，另一类是矩形网格法。由于前一类方法用于求解的特征线网格，很不规则，不便于编程计算和运用，现多采用后一类方法，即矩形网格特征差分法。下面将针对矩形网格特征差分法介绍两种常用计算格式。

根据实际计算的要求，在需求解的 s—t 平面沿时间 t 坐标按时间步长 Δt 划分若干段，并以 j（1，2，…，j…）表示时间分段序号；沿流程 s 划分若干个断面，以 i（1，2，…，i…）表示各个断面序号，$\Delta s_i = s_{i+1} - s_i$ 为流程距离步长，如图 8-2-7 所示。这样在 $s \sim t$ 平面上划分了许多矩形网格，它们的交点称为结点（节点），其坐标可写为 $(s_i,\ t_j)$，简写为 $(i,\ j)$，相应的因变量为 $z(s_i, t_j)$，$Q\ (s_i,\ t_j)$ 简写为 z_i^j，Q_i^j。

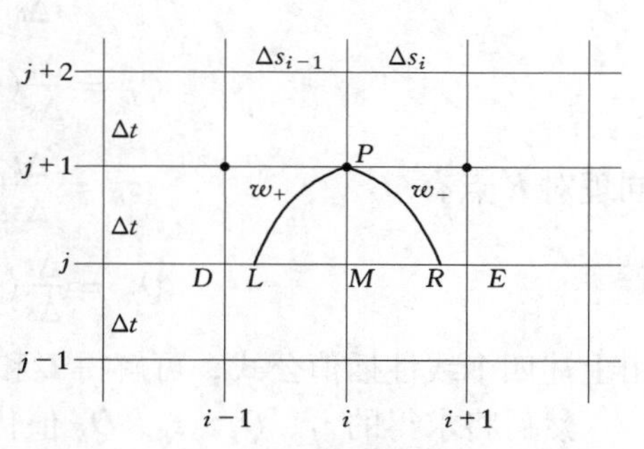

图 8-2-7　矩形网格特征差分法求解示意图

由图 8-2-7，假定 j 时刻及其以前时刻都是经过计算已得到的已知时刻，$j+1$ 为待求的未知时刻。设由某一待求点 P 向已知时刻 j 作顺、逆特征线 w_+ 和 w_-，两特征线与 j 时刻的交点为 L 和 R，分别落在与 P 点相邻的左、右两距离步长之间。

现将式（8-2-50），式（8-2-51）沿顺特征线积分，即从 L 点积分到 P 点；以及将式（8-2-52）、式（8-2-53）沿逆特征线积分，即从 R 点积分到 P 点得

$$\int_{s_L}^{s_P} \mathrm{d}s - \int_{t_L}^{t_P} (w_+)\,\mathrm{d}t = 0 \tag{8-2-54}$$

$$\int_{z_L}^{z_P} B(w_-)\,\mathrm{d}z - \int_{Q_L}^{Q_P} \mathrm{d}Q = \int_{t_L}^{t_P} (\psi_-)\,\mathrm{d}t \tag{8-2-55}$$

$$\int_{s_R}^{s_P} \mathrm{d}s - \int_{t_R}^{t_P} (w_-)\,\mathrm{d}t = 0 \tag{8-2-56}$$

$$\int_{z_R}^{z_P} B(w_+)\,\mathrm{d}z - \int_{Q_R}^{Q_P} \mathrm{d}Q = \int_{t_R}^{t_P} (\psi_+)\,\mathrm{d}t \tag{8-2-57}$$

为将上述积分方程差分离散化，引入积分中值定理 $\int_a^b f(x)\,\mathrm{d}x = f(\xi)(b-a)$，其中 $a < \xi < b$，如何选择 ξ 得到积分近似计算公式，将构成不同的计算格式。

1. 库朗格式

如果积分中值定理中的 ξ 取某一定值，见图 8－2－7 中的 M 点，则有一阶积分近似式：

$$\int_a^b f(x)\mathrm{d}x \approx f(x)_M(b-a)$$

代入式（8－2－54）～式（8－2－57），并考虑网格特点，可得特征差分方程组为

$$s_P - s_L = (w_+)_M \Delta t \tag{8-2-58}$$

$$(Bw_-)_M(z_P - z_L) - Q_P + Q_L = (\psi_-)_M \Delta t \tag{8-2-59}$$

$$s_P - s_R = (w_-)_M \Delta t \tag{8-2-60}$$

$$(Bw_+)_M(z_P - z_R) - Q_P + Q_R = (\psi_+)_M \Delta t \tag{8-2-61}$$

对于 L 点的位置需进行线性内插得到，其线性内插公式为

$$\frac{z_M - z_L}{z_M - z_D} = \frac{s_M - s_L}{\Delta s} = \frac{s_P - s_L}{\Delta s};\frac{Q_M - Q_L}{Q_M - Q_D} = \frac{s_M - s_L}{\Delta s} = \frac{s_P - s_L}{\Delta s}$$

式中假定为等距离步长 Δs。又将式（8－2－58）代入上述两式，可得

$$z_L = \frac{\Delta t}{\Delta s}(w_+)_M(z_D - z_M) + z_M \tag{8-2-62}$$

$$Q_L = \frac{\Delta t}{\Delta s}(w_+)_M(Q_D - Q_M) + Q_M \tag{8-2-63}$$

同理对 R 点有

$$z_R = \frac{\Delta t}{\Delta s}(w_-)_M(z_M - z_E) + z_M \tag{8-2-64}$$

$$Q_R = \frac{\Delta t}{\Delta s}(w_-)_M(Q_M - Q_E) + Q_M \tag{8-2-65}$$

由上述四个线性插值公式，可解得 L 和 R 点的 z_L、Q_L、z_R、Q_R 值。

然后将求得的 z_L、Q_L、z_R、Q_R 值代入特征方程式（8－2－59）、式（8－2－61），就可求得 z_P、Q_P。此格式为显式格式，求解时不需迭代。

2. 一阶格式（一阶精度格式）

如果积分中值定理中的 ξ 取积分下限 a 或上限 b，则有一阶积分近似式：

$$\int_a^b f(x)\mathrm{d}x \approx f(a)(b-a),\int_a^b f(x)\mathrm{d}x \approx f(b)(b-a)$$

分别代入式（8－2－54）～式（8－2－57），并考虑网格特点，如图 8－2－7 所示，可得特征差分方程组为

$$s_P - s_L = (w_+)_L \Delta t \tag{8-2-66}$$

$$(Bw_-)_L(z_P - z_L) - Q_P + Q_L = (\psi_-)_L \Delta t \tag{8-2-67}$$

$$s_P - s_R = (w_-)_R \Delta t \tag{8-2-68}$$

$$(Bw_+)_R(z_P - z_R) - Q_P + Q_R = (\psi_+)_R \Delta t \tag{8-2-69}$$

对于 L 点的位置，有下列线性内插公式：

$$\frac{z_M - z_L}{z_M - z_D} = \frac{s_M - s_L}{\Delta s} = \frac{s_P - s_L}{\Delta s} \quad \frac{Q_M - Q_L}{Q_M - Q_D} = \frac{s_M - s_L}{\Delta s} = \frac{s_P - s_L}{\Delta s}$$

现将式（8－2－66）代入上述两式，可得

$$z_L = \frac{\Delta t}{\Delta s}(w_+)_L(z_D - z_M) + z_M \tag{8-2-70}$$

$$Q_L = \frac{\Delta t}{\Delta s}(w_+)_L(Q_D - Q_M) + Q_M \qquad (8-2-71)$$

同理对 R 点有

$$z_R = \frac{\Delta t}{\Delta s}(w_-)_R(z_M - z_E) + z_M \qquad (8-2-72)$$

$$Q_R = \frac{\Delta t}{\Delta s}(w_-)_R(Q_M - Q_E) + Q_M \qquad (8-2-73)$$

可用试算法或预估校正法计算。先预设 $(w_+)_L \approx (w_+)_M, (w_-)_R \approx (w_-)_M$，由线性插值公式（8-2-70）~式（8-2-73）求出 z_L、Q_L、z_R、Q_R，再代入下式：

$$(w_+)_L = \left(v + \sqrt{g\frac{A}{B}}\right)_L \quad (w_-)_R = \left(v - \sqrt{g\frac{A}{B}}\right)_R$$

计算 $(w_+)_L$、$(w_-)_R$，并与预设值相比，如不等则以计算值代替原预设值重新计算，直到计算值与预设值的误差在允许的误差范围内时为止，此时的 z_L、Q_L、z_R、Q_R 即为所求。在求出 z_L、Q_L、z_R、Q_R 后，代入特征差分方程式（8-2-67）和式（8-2-69），可求得 z_P、Q_P。

实际计算中常采用牛顿·拉夫申迭代法进行计算，读者可参考有关文献。一阶格式也属于显式格式，可逐点求解。

3. 二阶格式（二阶精度格式）

对积分中值定理使用下列二阶积分公式：

$$\int_a^b f(x)\mathrm{d}x \approx \frac{f(a) + f(b)}{2}(b - a)$$

代入式（8-2-54）~式（8-2-57），可得特征差分方程组为

$$s_P - s_L = \frac{1}{2}[(w_+)_P + (w_+)_L]\Delta t = \overline{(w_+)_{P,L}}\Delta t \qquad (8-2-74)$$

$$\overline{(Bw_-)_{P,L}}(z_P - z_L) - Q_P + Q_L = \overline{(\psi_-)_{P,L}}\Delta t \qquad (8-2-75)$$

$$s_P - s_R = \frac{1}{2}[(w_-)_P + (w_-)_g]\Delta t = \overline{(w_-)_{P,R}}\Delta t \qquad (8-2-76)$$

$$\overline{(Bw_+)_{P,R}}(z_P - z_R) - Q_P + Q_R = \overline{(\psi_+)_{P,R}}\Delta t \qquad (8-2-77)$$

特征差分方程式（8-2-75）、式（8-2-77）中上端有横杠的项表示两点的平均值，如同式（8-2-74）、式（8-2-76）中的相应项。对于 L 和 R 点，有下列二次插值公式：

$$z_L = z_D + \frac{z_M - z_D}{s_M - s_D}(s_L - s_D) + \left[\frac{(s_L - s_D)(s_L - s_M)}{s_E - s_M}\right]\left[\frac{z_E - z_D}{s_E - s_D} - \frac{z_M - z_D}{s_M - s_D}\right] \qquad (8-2-78)$$

$$Q_L = Q_D + \frac{Q_M - Q_D}{s_M - s_D}(s_L - s_D) + \left[\frac{(s_L - s_D)(s_L - s_M)}{s_E - s_M}\right]\left[\frac{Q_E - Q_D}{s_E - s_D} - \frac{Q_M - Q_D}{s_M - s_D}\right] \qquad (8-2-79)$$

$$z_R = z_D + \frac{z_M - z_D}{s_M - s_D}(s_R - s_D) + \left[\frac{(s_R - s_D)(s_R - s_M)}{s_E - s_M}\right]\left[\frac{z_E - z_D}{s_E - s_D} - \frac{z_M - z_D}{s_M - s_D}\right] \qquad (8-2-80)$$

$$Q_R = Q_D + \frac{Q_M - Q_D}{s_M - s_D}(s_R - s_D) + \left[\frac{(s_R - s_D)(s_R - s_M)}{s_E - s_M}\right]\left[\frac{Q_E - Q_D}{s_E - s_D} - \frac{Q_M - Q_D}{s_M - s_D}\right] \tag{8-2-81}$$

由于特征差分方程组式（8－2－74）～式（8－2－77）为非线性方程，而且L和Q点的二次插值公式（8－2－78）～式（8－2－81）等式左右两边都含有需求的未知数，故二阶格式需用迭代法进行求解计算。其简单迭代法的步骤如下：

（1）用库朗格式求解所得的L、R、P三点的值$s_L^{(0)}$、$z_L^{(0)}$、$Q_L^{(0)}$、$s_R^{(0)}$、$z_R^{(0)}$、$Q_R^{(0)}$、$z_P^{(0)}$、$Q_P^{(0)}$作为0次迭代值。

（2）由特征线差分方程式（8－2－74）和式（8－2－76）求第一次迭代所需值$s_L^{(1)}$、$s_R^{(1)}$。

（3）由二次插值公式（8－2－78）～式（8－2－81）求L和R点的$z_L^{(1)}$、$Q_L^{(1)}$和$z_R^{(1)}$、$Q_R^{(1)}$值。

（4）再由特征差分方程式（8－2－75）和式（8－2－77）求P点的$z_P^{(1)}$、$Q_P^{(1)}$值，第一次迭代完成。

（5）重复步骤（2）～步骤（4），反复进行迭代，直到满足所需精度时为止。

二阶格式也属于显式格式，可逐点求解。

4. 关于稳定性和边界点的计算

上述介绍的库朗格式和一阶精度格式以及二阶精度格式都属于显式格式。需要说明的是，用显式格式计算时，需满足库朗稳定性条件：

$$\frac{\Delta t}{\Delta s} \leqslant \frac{1}{|w_{\pm}|} \tag{8-2-82}$$

计算才能保证稳定。库朗稳定性条件式（8－2－74）也可保证L和R点分别落在D、M和M、R之间。

关于边界点的计算，如图8－2－8所示。设沿流程结点总数为N，左边界相当于内点计算的右半边ME，右边界相当于内点计算的左半边DM（图8－2－7）。就左边界而言，未知数为s_R、z_P、Q_P，可由逆特征线差分方程和逆特征差分方程，以及上游一个边界条件定解得到。只是求解时需给出类似内点求解时的插值差分公式。右边界的计算类似上述求解过程，也是三个未知数需三个方程定解。

最后需指出的是，上述推导一般是指水流为缓流流态。对于急流流态，由于每一点的波动特性仅与上游干扰波有关，同时仅影响下游网格点。其计算格式和计算步骤都有别于缓流流态，在具体计算时应充分考虑。

第四节　一维洪水演进的数值计算

河道中由于各种因素的原因，常常会发生向下游演进的洪水过程。这些洪水演进过程属于河道非恒定渐变流，受圣维南方程组控制。因此可以圣维南方程组为出发点，结合一种计算方法，即特征线法或直接差分法进行数值计算。许多工程实例表明，用上述数值计

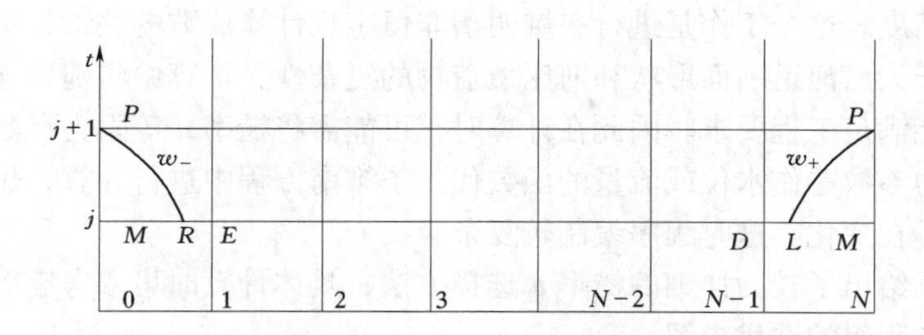

图 8-2-8 边界点计算示意图

算方法，结合当前计算机的发展，可有效地模拟一维洪水演进过程，其成果精度完全达到工程精度要求。本节将针对一维非恒定流及数值计算的特点，叙述进行实际工程计算的步骤及应注意之处。

一、河道断面划分

由于圣维南方程是河道非恒定渐变流的控制方程，特别在天然河道洪水演进的实际计算中，在对计算河段进行计算断面划分时，应注意所取的计算断面所处的位置为渐变流。也就是说，计算断面应建立在河道比较平直河段上。对显式格式，计算断面之间的间距应满足库朗条件。对隐式格式，可根据工程要求和河道地形数据的特点进行划分，但计算断面之间的间距太长对计算成果的精度有所影响，也可能影响收敛，故间距不应太长。

具体划分方法，第一章叙述的比较详细，可参考有关部分。

二、初始、边界条件的选取

在进行一维河道非恒定流数值计算时，由于圣维南方程组性质的需要，要给出问题的初始条件和上游、下游边界条件。一般来说上下游的初始条件和边界条件可由过程线一起给出。上游的初始、边界条件是水位过程线和流量过程线；下游的初始、边界条件是水位过程线、流量过程线和水位流量关系曲线。上下游初始、边界条件合在一起共有 6 种情况。6 种情况的取舍，可根据实际工程情况进行决定。

除了上下游需给出初始和边界条件外，实际计算时，在各计算断面还应给出初始条件，或者说应给出各断面的计算初值。这个值对计算的影响较大，可能使计算不能收敛。一般情况下有两种方法给出计算初值：第一种方法，首先进行该河段恒定非均匀流水面线的计算，即以某初始的典型流量，计算出各计算断面在恒定非均匀流时的水位，并将以此水位值作为各计算断面的计算初值，进行非恒定流的数值计算。此方法已在本篇第一章详细介绍。第二种方法，是借助与河道恒定均匀流的计算公式（即谢才公式），计算各计算断面的水位，并以此作为计算初值。

三、阻力参数的确定

在圣维南方程中，存在一阻力项。在具体计算时，如使用谢才公式表示，并用曼宁公式计算谢才系数时，需事先给出糙率 n；如用达西公式表示，则需事先给出阻力系数 λ。无论使用糙率 n 或阻力系数 λ，在用圣维南方程具体计算一维非恒定流的洪水过程时，对于每一个计算河段，都必须预先给定。由于糙率 n 等阻力参数，实际是表示了该河段的综合阻力因素，本篇第一章或其他参考书上给出的糙率 n 等阻力参数只是参考值，在实际计算中需调整。调整的原则是，所计算出的水位流量值应与实测值尽量接近，也就是两者的误差小于所给精度。这个工作是进行一维明槽非恒定流计算成败的关键，也是最费时的工作。另外，由于天然河道断面形状和河床覆盖物的复杂性，计算中将糙率 n 等阻力参数作为常数，常不能满足工程要求。因此在计算时，可能需将糙率 n 等阻力参数作为变数，即将糙率 n 等阻力参数看作水位或流量的函数代入圣维南方程中进行计算，也就是说使糙率随着水位或流量在变化。这时程序编制较复杂。

本篇第一章给出了较为详细的糙率 n 选择方法，具体计算时可参考有关部分。

四、代数方程组的迭代求解

由于圣维南方程为拟线性方程组，当化成代数方程组后，各系数中含有与未知函数水位、流量等有关的量，如面积、湿周等量就与水位有关。从方程的性质来看，各系数中的量应用同时刻的未知量进行计算，或者说从所有的量为同一个时刻的方程中解出的未知量才是符合要求的未知量。在具体计算求解时，只有用迭代法才能做到。这是因为在计算未知时刻的水位、流量等量时，开始只能利用已知时刻的面积、湿周等量作为初值进行计算，解出的未知量不是真正的未知量。然后，用计算出的水位、流量重新计算面积、湿周等系数有关的量，再次解出水位、流量等量，这是已向符合要求的未知量逼近了一步。以此进行多次迭代，当最近两次迭代值满足给定精度时，此时刻的迭代计算便可结束，计算则进入下一个时刻。

第五节 数值计算实例

近年计算机及计算技术的发展，一般情况下河道非恒定流问题可通过计算机编程计算来解决，不需使用图解法等方法。为了展示用计算机编程求解河道非恒定流问题的基本技能和基本方法，现以渠道非恒定流问题为例，叙述如何使用特征线法和直接差分法进行编程求解。对于河道非恒定流可根据此例的思想进行编程计算，与渠道的计算不同之处在于面积等过水断面要素的处理上，这是因为河道的断面一般为天然的，具体处理方法较为复杂，并因各河段而异。

【例 8-1-1】 某电站由引水渠道从水库取水发电。已知水渠渠长5089.2m，底坡 $i=0.0002$，糙率 $n=0.013$。渠道断面为梯形，底宽 $b=5$m，边坡系数 $m=3$。渠道末端与水轮机相连，初始时，渠道为恒定流，恒定流流量 $Q_0=30\text{m}^3/\text{s}$，下游相应水深 $h=5.5$m。由于负荷等方面的原因，水轮机流量在20min内线性增加到 $150\text{m}^3/\text{s}$，后一直保持不变。又设上游水位 $z=15.518$m，并保持不变。

试计算：（1）渠道起始断面流量变化过程和渠道末端断面水位变化过程。

（2）$t=30$min 时瞬时水面线及各断面相应流量。

根据此计算实例，下面将叙述用直接差分法中的扩散格式和矩形网格特征差分法中的库朗格式进行计算求解。

一、基本方程

考虑因变量为 z、Q 并且无旁侧入流的圣维南方程组：

$$B\frac{\partial z}{\partial t}+\frac{\partial Q}{\partial s}=0 \qquad (8-2-83)$$

$$\frac{\partial Q}{\partial t}+2v\frac{\partial Q}{\partial s}+(gA-Bv^2)\frac{\partial z}{\partial s}=Bi\left(\frac{Q}{A}\right)^2-g\frac{Q^2}{AC^2R}=N \qquad (8-2-84)$$

式中，B 为水面宽，谢才系数 $C=\frac{1}{n}R^{1/6}$。

二、计算准备

1. 过水断面要素

根据梯形断面要素计算公式，有

面积　$A=(b+mh)h$　　湿周　$P=b+2\sqrt{1+m^2}h$

水力半径　$R=A/P$　　水面宽　$B=b+2mh$

计算断面渠底高程见表 8－2－1。

2. 步长

根据实例条件，全长分为 10 个计算渠段，11 个计算断面。每个计算渠段长度也就是距离步长 Δs 约等于 500m（见表 8－2－1）。已知恒定流时最大水深为 5.5m 以及对应的面积、水面宽，最大流速约为 0.36m/s，根据库朗稳定性条件式（8－2－82）及波速表达式（8－2－49），时间步长应满足

$$\Delta t\leqslant\frac{\Delta s}{\left(v+\sqrt{g\frac{A}{B}}\right)_{\max}}\approx\frac{500}{0.36+\sqrt{9.8\times\frac{118.25}{38.0}}}\approx 85\text{s}$$

从此式可取时间步长 $\Delta t=60\text{s}=1\text{min}$。

3. 初始、边界条件

上游边界条件为常数的水位，即 $z=15.518\text{m}$。

下游边界条件为流量过程线，即 $Q=\begin{cases}30+t\times(120-30)/20 \\ 150\end{cases}$，当 $\begin{matrix}Q<150\\Q\geqslant150\end{matrix}$ 时。式中，流量 Q 的单位为 m^3/s，时间 t 的单位为 min。

各计算断面水位初始值按明槽恒定流水面线计算所得，如表 8－2－1 所示。

表 8－2－1　断面划分数据及计算初始数据

断面	1	2	3	4	5	6	7	8	9	10	11
s_0	513.4	512.1	510.9	509.9	509.0	508.1	507.4	506.7	506.1	505.6	
z_d	11.018	10.915	10.810	10.710	10.610	10.510	10.410	10.300	10.200	10.100	10.000
z_0	15.518	15.515	15.510	15.510	15.510	15.510	15.510	15.500	15.500	15.500	15.500
Q_0	30	30	30	30	30	30	30	30	30	30	30

注　s_0 为计算断面间距，m；z_d 为渠底高程，m；z_0 为初始水位，m；Q_0 为初始流量，m^3/s。

三、扩散格式

1. 计算公式

将差分逼近式（8－2－23）、式（8－2－24）代入圣维南方程组，即式（8－2－83）和式（8－2－84），整理后可得内点的计算公式：

$$z_i^{j+1}=\alpha z_i^j+(1-\alpha)\frac{z_{i-1}^j+z_{i+1}^j}{2}-\frac{\Delta t}{2B_i^j\Delta s}(Q_{i+1}^j-Q_{i-1}^j) \qquad (8-2-85)$$

$$Q_i^{j+1} = \alpha Q_i^j + (1-\alpha)\frac{Q_{i-1}^j + Q_{i+1}^j}{2} - \left(\frac{Q}{A}\right)_i^j \frac{\Delta t}{\Delta s}(Q_{i+1}^j - Q_{i-1}^j)$$

$$- \left(gA - \frac{BQ^2}{A^2}\right)_i^j \frac{\Delta t}{2\Delta s}(z_{i+1}^j - z_{i-1}^j) \qquad (8-2-86)$$

$$+ \left[\left(\frac{Q}{A}\right)_i^j\right]^2 i\Delta t - g\Delta t\left(\frac{Q^2}{AC^2R}\right)_i^j$$

式中 $\Delta s = (\Delta s_{i-1} + \Delta s_i)/2$。

为求边界条件计算公式，将连续性方程式（8－2－83）乘以λ和运动方程式（8－2－84）相加，即

$$\lambda B\frac{\partial z}{\partial t} + \lambda\frac{\partial Q}{\partial s} + \frac{\partial Q}{\partial t} + 2v\frac{\partial Q}{\partial s} + (gA - Bv^2)\frac{\partial z}{\partial s} = Bi\left(\frac{Q}{A}\right)^2 - g\frac{Q^2}{AC^2R} = N$$

将此式整理为

$$\frac{\partial Q}{\partial t} + (\lambda + 2v)\frac{\partial Q}{\partial s} + \lambda B\left(\frac{\partial z}{\partial t} + \frac{gA - Bv^2}{\lambda B}\frac{\partial z}{\partial s}\right) = Bi\left(\frac{Q}{A}\right)^2 - g\frac{Q^2}{AC^2R} = N$$

(8－2－87)

按照特征线法的思路，令 $\frac{\mathrm{d}s}{\mathrm{d}t} = \lambda + 2v = \frac{gA - Bv^2}{\lambda B}$，解得

$$\lambda_{\pm} = -v \pm \sqrt{gA/B} \qquad (8-2-88)$$

将差分逼近式代入式（8－2－87）并结合式（8－2－88），整理后可得内点的计算公式。

对于上游边界点，水位 z_0 值为已知，结合图 8－2－8，由逆特征关系得

$$Q_1^{j+1} = Q_1^j - (\lambda_- + 2v)\frac{(Q_2^j - Q_1^j)\Delta t}{\Delta s_1} - \lambda_- B(z_0 - z_1^j)$$

$$-(gA - Bv^2)\frac{(z_2^j - z_1^j)\Delta t}{\Delta s_1} + N$$

对于下游边界点，流量 Q_0 值为已知，结合图 8－2－8，由顺特征关系得

$$z_n^{j+1} = z_n^j - \frac{1}{\lambda_+ B}\left[N - Q_0 + Q_n^j - (\lambda_+ + 2v)\frac{(Q_n^j - Q_{n-1}^j)\Delta t}{\Delta s_1}\right.$$

$$\left. -(gA - Bv^2)\frac{(z_n^j - z_{n-1}^j)\Delta t}{\Delta s_1}\right]$$

2. 计算程序

Fortran 语言程序，现有微机上均可运行。

```
      dimension zz (500, 11), qq (500, 11), z (11), q (11), qp (11), zp (11),
*        z0 (11), ds (11)
      data dt/60. /, nf/11/, g/9. 8/, cn/. 013/, s/0. 0002/, cm/3. /, j/0/, b/5. /
      data ds/513. 4, 512. 1, 510. 9, 509. 9, 509. 0, 508. 1, 507. 4, 506. 7,
*      506. 1, 505. 6, 0. 0/
      data z0/11. 018, 10. 915, 10. 81, 10. 71, 10. 61, 10. 51, 10. 41, 10. 3,
*      10. 2, 10. 1, 10. 0/
```

```
      data z/15.518, 15.515, 15.51, 15.51, 15.51, 15.51, 15.51, 15.5, 15.5,
     *   15.5, 15.5/
      ar=0.5
      do i=1, nf
       q(i)=30.
       qq(1, i)=30.
       zz(1, i)=z(i)
      enddo
      t=0.
      do while (t.le.360.)
        j=j+1
        t=dt/60.*j
        qp(nf)=30.+120./20.*t
        zp(1)=15.518
        if(qp(nf).gt.150.) qp(nf)=150.
        do i=1, nf
         h=z(i)-z0(i)
         bs=b+2.*cm*h
         a=(b+cm*h)*h
         p=b+sqrt(1.+cm*cm)*h*2.
         r=a/p
         v=q(i)/a
         cn1=g*a-bs*v*v
         cn2=(bs*s*v*v-g*v*v*cn*cn*a/r**(4./3.))*dt
         if((i.gt.1).and.(i.lt.nf)) then
         dz=(z(i+1)-z(i-1))
         z00=0.5*(1.-ar)*(z(i+1)+z(i-1))+ar*z(i)
         dq=(q(i+1)-q(i-1))
         q0=0.5*(1.-ar)*(q(i+1)+q(i-1))+ar*q(i)
         zp(i)=z00-dt/bs*dq/(ds(i-1)+ds(i))
         qp(i)=q0-2.*v*dt*dq/(ds(i-1)+ds(i))-cn1*dt*dz/
     *      (ds(i-1)+ds(i))+cn2
      else
       if(i.eq.1) then
       lmd0=-v-sqrt(g*a/bs)
       qpp=q(i)+cn2-(lmd0+2.*v)*dt/ds(i)*(q(i+1)-q(i))
       qp(i)=qpp-lmd0*bs*(zp(1)-z(i))-cn1*dt*(z(i+1)-z(i))/ds(i)
       endif
       if(i.eq.nf) then
       lmd1=-v+sqrt(g*a/bs)
       zpp=cn2-(lmd1+2.*v)*(q(i)-q(i-1))*dt/ds(i-1)-qp(i)+q(i)-
     *      cn1*dt/ds(i-1)*(z(i)-z(i-1))
         zp(i)=z(i)+zpp/lmd1/bs
        endif
```

```
    endif
    write (*, *) t, i, qp (i), zp (i)
    enddo
    do i=1, nf
       q (i) =qp (i)
       qq (j, i) =qp (i)
       z (i) =zp (i)
       zz (j, i) =zp (i)
    end do
    write (*, *) t, q (1), z (1), q (11), z (11)
    enddo
    end
```

程序中主要变量名和数组名说明：

ar—权重系数 α，lmd0—λ_-，lmd1—λ_+，zp(i)—未知时刻水位值 z_i^{j+1}，qp(i)—未知时刻流量值 Q_i^{j+1}，z(i)—已知时刻水位值 z_i^j，q(i)—已知时刻流量值 Q_i^j，其他与库朗格式相同。

四、库朗格式

1. 计算公式

圣维南方程组的特征关系式为

$$\frac{\mathrm{d}s}{\mathrm{d}t}=w_{\pm}=v\pm\sqrt{g\frac{A}{B}} \tag{8-2-89}$$

$$(Bw_{\mp})\mathrm{d}z-\mathrm{d}Q=-N\mathrm{d}t \tag{8-2-90}$$

如图 8-2-7 所示，由线性内插得到 L、R 点计算式：

$$z_L=\frac{\Delta t}{\Delta s}(w_+)_M(z_D-z_M)+z_M \tag{8-2-91}$$

$$Q_L=\frac{\Delta t}{\Delta s}(w_+)_M(Q_D-Q_M)+Q_M \tag{8-2-92}$$

$$z_R=\frac{\Delta t}{\Delta s}(w_-)_M(z_M-z_E)+z_M \tag{8-2-93}$$

$$Q_R=\frac{\Delta t}{\Delta s}(w_-)_M(Q_M-Q_E)+Q_M \tag{8-2-94}$$

特征方程式（8-2-90）可写成：

$$(bw_-)_M(z_P-z_L)-Q_P+Q_L=-(N)_M\Delta t \tag{8-2-95}$$

$$(bw_+)_M(z_P-z_R)-Q_P+Q_R=-(N)_M\Delta t \tag{8-2-96}$$

由式（8-2-95）、式（8-2-96）可解出 z_P 和 Q_P，得

$$z_P=\frac{[Q_R-Q_L+(Bw_-)_Mz_L-(Bw_+)_Mz_R]}{(Bw_-)_M-(Bw_+)_M} \tag{8-2-97}$$

$$Q_P=Q_R+(Bw_+)_M(z_P-z_R)+N_M\Delta t \tag{8-2-98}$$

式中 $N=B\left(\frac{Q}{A}\right)^2 i-\frac{gn^2Q^2}{AR^{4/3}}$。

上游边界已知水位 z 值，则由式（8－2－98）计算 Q_P；下游边界已知流量 Q 值，则由式（8－2－97）计算 z_P 值。

2. 计算程序

Fortran 语言程序，现有微机上均可运行。

```
  dimension zz (500, 11), qq (500, 11), z (11), q (11), qp (11), zp (11),
*         z0 (11), ds (11)
  data dt/60./, nf/11/, g/9.8/, cn/.013/, s/0.0002/, cm/3./, j/0/, b/5./
  data ds/513.4, 512.1, 510.9, 509.9, 509.0, 508.1, 507.4, 506.7,
*       506.1, 505.6, 0.0/
  data z0/11.018, 10.915, 10.81, 10.71, 10.61, 10.51, 10.41, 10.3,
*       10.2, 10.1, 10.0/
  data z/15.518, 15.515, 15.51, 15.51, 15.51, 15.51, 15.51, 15.5, 15.5,
*       15.5, 15.5/
  do i=1, nf
   q (i) =30.
   qq (1, i) =30.
   zz (1, i) =z (i)
  enddo
  t=0.
  do while (t.le.360.)
   j=j+1
   t=dt/60.*j
   qp (nf) =30.+120./20.*t
   zp (1) =15.518
   if (qp (nf) .gt.150.) qp (nf) =150.
   do i=1, nf
    h=z (i) -z0 (i)
    bs=b+2.*cm*h
    a= (b+cm*h) *h
    p=b+sqrt (1.+cm*cm) *h*2.
    r=a/p
    w0=bs* (q (i) /a-sqrt (g*a/bs))
    w1=bs* (q (i) /a+sqrt (g*a/bs))
    cn0=-bs*s* (q (i) /a) **2+g*q (i) *q (i) *cn*cn/a/r** (4./3.)
    if (i.ne.1) then
      zl=z (i) +dt/ds (i-1) * (z (i-1) -z (i)) *w1/bs
      ql=q (i) +dt/ds (i-1) * (q (i-1) -q (i)) *w1/bs
      if (i.eq.nf) then
        zp (nf) =zl+ (cn0*dt+qp (nf) -ql) /w0
      end if
    end if
    if (i.ne.nf) then
     zr=z (i) +dt/ds (i) * (z (i) -z (i+1)) *w0/bs
```

```
    qr = q (i) + dt/ds (i) * (q (i) - q (i+1)) * w0/bs
    if (i. ne. 1) then
      zp (i) = (qr - ql + w0 * zl - w1 * zr) / (w0 - w1)
    endif
    qp (i) = qr + w1 * (zp (i) - zr) - cn0 * dt
  endif
 write (*, *) t, i, qp (i), zp (i)
  end do
  do i = 1, nf
   q (i) = qp (i)
   qq (j, i) = qp (i)
   z (i) = zp (i)
   zz (j, i) = zp (i)
  end do
     write (*, *) t, q (1), z (1), q (11), z (11)
  end do
  end
```

程序中主要变量名和数组名说明：

s—底坡 i，cn—n，z0(i)—断面底部高程（m），b—断面底宽 b，bs—断面水面宽 B，cm—边坡系数 m，nf—计算断面数，ds(i)—计算渠段间距 Δs_i，dt—时间步长 Δt，ql、zl、qr、zr、zp(i)、qp(i)—Q_L、z_L、Q_R、z_R、Q_P、z_P。

五、计算成果

使用特征线法的库朗格式计算程序和直接差分法的扩散格式计算程序，分别进行计算。表 8-2-2 给出了这两种计算格式所计算出的渠道起始断面流量变化过程和渠道末端断面水位变化过程的数据。表 8-2-3 给出了这两种计算格式所计算出的 $t=30\text{min}$ 时瞬时水面线及各断面的相应流量。

表 8-2-2　渠道起始断面流量变化过程和渠道末端断面水位变化过程的计算数据

时间	起始断面流量 Q 库朗格式	起始断面流量 Q 扩散格式	末端断面水位 z 库朗格式	末端断面水位 z 扩散格式
0	30.000	30.000	15.000	15.000
5	30.033	30.065	15.339	15.338
10	29.762	29.703	15.139	15.139
15	34.929	33.741	14.878	14.878
20	60.278	58.547	14.491	14.493
25	94.626	94.104	14.290	14.297
30	126.090	126.288	14.154	14.135
35	151.047	151.769	14.169	14.154
40	167.026	167.469	14.268	14.263
45	174.710	174.946	14.399	14.398
50	177.286	177.354	14.535	14.540

续表

时间	起始断面流量 Q 库朗格式	起始断面流量 Q 扩散格式	末端断面水位 z 库朗格式	末端断面水位 z 扩散格式
55	176.830	176.435	14.650	14.657
60	174.282	173.327	14.743	14.751
65	170.153	168.764	14.817	14.824
70	164.954	163.418	14.873	14.876
75	159.400	157.981	14.909	14.909
80	154.200	153.016	14.928	14.923
85	149.807	148.918	14.932	14.924
90	146.448	145.909	14.924	14.914
95	144.230	144.063	14.909	14.899
100	143.146	143.302	14.891	14.880
105	143.042	143.420	14.873	14.863
110	143.645	144.141	14.856	14.848
115	144.657	145.185	14.844	14.836
120	145.822	146.317	14.836	14.830
125	146.949	147.363	14.832	14.827
130	147.907	148.211	14.831	14.827
135	148.623	148.812	14.833	14.830
140	149.075	149.161	14.837	14.833
145	149.286	149.292	14.840	14.837
150	149.302	149.253	14.844	14.840
155	149.178	149.100	14.848	14.843
160	148.970	148.886	14.850	14.846
180	148.128	148.143	14.853	14.847
200	147.791	148.080	14.850	14.844
220	148.180	148.250	14.849	14.843
240	148.249	148.295	14.849	14.844

注　表中时间单位为 min；流量单位为 m^3/s；水位单位为 m。

表 8-2-3　$t=30$min 时瞬时水面线及各断面相应流量

断面	流量 Q 库朗格式	流量 Q 扩散格式	水位 z 库朗格式	水位 z 扩散格式
1	126.090	15.518	126.288	15.518
2	126.303	15.400	126.488	15.398
3	127.334	15.227	127.497	15.274
4	129.146	15.150	129.229	15.144
5	131.624	15.015	131.479	15.109
6	134.475	14.876	133.953	14.871
7	137.415	14.736	136.464	14.731
8	140.461	14.595	139.257	14.589
9	143.587	14.451	142.402	14.443
10	146.910	14.304	146.190	14.292
11	150.000	14.154	150.000	14.135

注　表中流量单位为 m^3/s；水位单位为 m。

第三章 弯道水流及裁弯工程的水力计算

第一节 弯道水流特性

一、环流的形成

水流在弯曲河段运动时，在重力和离心惯性力的作用下，使凹岸水面高，凸岸水面低，也就是说河面存在横比降，如图8-3-1 (*a*)、(*b*) 所示。为分析弯道环流的形成，在任意断面Ⅰ—Ⅰ上任取一微元柱体，现分析此微元柱体上横向受力的情况。由于弯道内水流质点的速度，沿垂线从水面向河底逐渐减小，或者说微元柱体上质点的流速从上到下逐渐减小。又由于弯道内水流质点所受离心惯性力的大小与该质点的质量成正比、与该质点所处的半径成反比、并与该质点纵向流速平方成正比。那么，微元柱体上质点所受的离心力分布，如图8-3-1 (*e*) 所示，水面附近的各点所受离心力的作用大于河底附近各点所受离心力的作用。另外，由弯道产生的水面横比降使微元柱体两侧体的水流质点受到不同的动水压强作用，在微元柱体两侧所受的动水压强分布，如图8-3-1 (*c*) 所示。两侧的动水压强的压强差使微元柱体受到一个横向的动水压力，其分布如图8-3-1 (*d*) 所示，此动水压力与离心力的方向相反，指向凸岸。微元柱体上的离心力与动水压力合成后的分布如图8-3-1 (*f*) 所示，从图可见上面部分指向凹岸，下面部分指向凸岸，形成一力矩。在该力矩作用下，使水流产生横向旋转运动，其流速分布如图8-3-1 (*g*) 所示，使得水流在沿纵向的主流方向流动的同时，横向的横断面方向还存在表层水流流向凹岸，底层水流流向凸岸的流动，也就是在横向上形成一个封闭的环流。横向水流与纵向水流结合在一起，便构成弯道中的螺旋流。

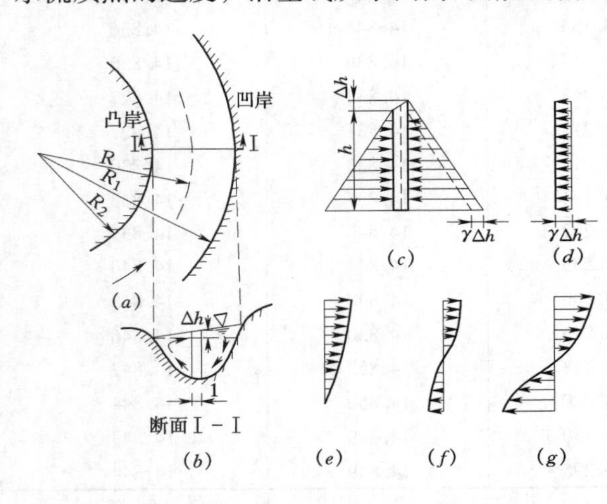

图8-3-1 弯道水流受力与速度分布图

二、环流运动对河床演变的影响

在冲积河道中，弯道水流还可引起河床变形。在河弯处，受环流作用，在凹岸产生压力差，使得凹岸表层水流具有从表面流向河床底部的能力。一般来说，水流中挟带的泥沙沿垂线分布是不均匀的，表层水流含沙量较小，水较清；底层水流含沙量较大，水较浑。当水流在凹岸附近向河底流动过程中，由于水面的流速较大，将对凹岸产生冲刷。冲刷下来的泥沙顺着底层呈螺旋状流动的水流，斜向流向凸岸，使得凸岸底部水流的含沙量加大。由于凸岸底部水流的流速较小、含沙量较大，当水流随螺旋流向上转向表层的过程中，水流挟沙能力降低，挟带的泥沙将部分沉积在凸岸，只有含沙量较少的水流流向表层，并在表层斜向流至凹岸。在这样的环流作用下，凹岸不断冲刷，凸岸不断淤积，螺旋水流不断把泥沙从凹岸向凸岸输移，使得河床横断面成为不对称的抛物线形，并且在平面上凹岸崩塌，凸岸向河中心扩展成为浅滩，使整个河道日益更加弯曲，如图 8－3－2 所示。

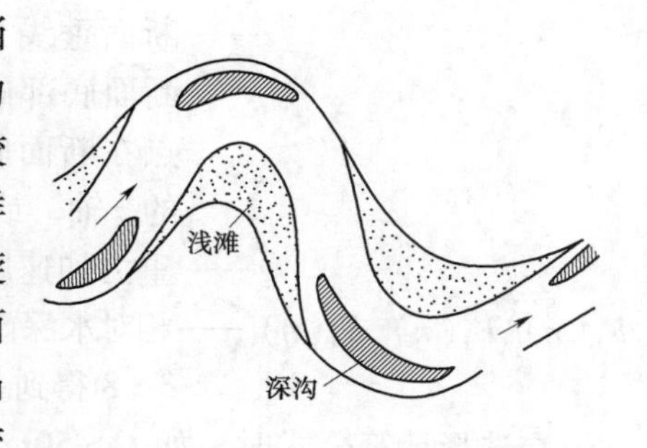

图 8－3－2　弯道河床演变图

设置在弯道及其下游的一些水利工程中，如灌溉引水口或工业用水取水口的确定，河港工程中港址的选择，航道的整治、河弯与下游河床演变的分析等，都要考虑弯道水流的作用与影响。

第二节　弯道水流的水力特征值

下面介绍反映弯道水流水力特征参数的计算公式。这些公式如无特别说明，均可适用于缓流的情况。

一、环流流速垂线分布公式

为了不致影响船只航行，弯道中由环流引起的横向流速 v_r 应小于航行流速允许值。弯道中横断面的横向流速 v_r 沿垂线的分布可用下列公式进行计算。

1. 罗卓夫斯基公式（И. Л. Розовский）[38]

对于光滑床面

$$v_r = \frac{1}{k^2}\frac{v_x h}{r}\left[F_1(\eta) - \frac{\sqrt{g}}{kC}F_2(\eta)\right] \tag{8-3-1}$$

对于粗糙床面

$$v_r = \frac{1}{k^2}\frac{v_x h}{r}\left\{F_1(\eta) - \frac{\sqrt{g}}{kC}[F_2(\eta) + 0.8(1 + \ln\eta)]\right\} \tag{8-3-2}$$

或

$$v_r = \frac{1}{k^2}\frac{v_x h}{R}\left\{F_1(\eta) - \frac{\sqrt{g}}{kC}F_4(\eta)\right\} \tag{8-3-3}$$

$$F_4(\eta) = F_2(\eta) + 0.8(1 + \ln\eta) \tag{8-3-4}$$

式中　v_x——断面沿垂线纵向平均流速；

h——断面垂线的长度，即水深；

C——谢才系数；

r——断面所取垂线处的曲率半径，即柱坐标的 r 轴；

k——卡门常数，$k=0.4\sim0.5$，通常，河道 k 值取 0.5；

η——相对水深，$\eta=\frac{z}{h}$；

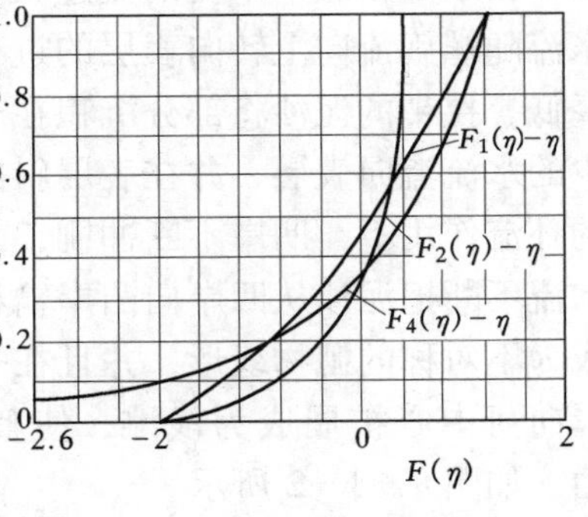

z——断面垂线上任意某一点距断面底部的距离，即起始点在断面底部与垂线重合的 z 轴，或柱坐标的 z 轴；

g——重力加速度；

$F_1(\eta)$、$F_2(\eta)$、$F_4(\eta)$——相对水深函数，可查图 8-3-3 得到。

图 8-3-3 相对水深函数图

在选择计算公式时，如 $C>50\text{m}^{1/2}/\text{s}$，则可选用光滑床面公式；如谢才系数 $C<50\text{m}^{1/2}/\text{s}$，则可选用粗糙床面公式。

2. 马卡维耶夫公式（В. М. Маккавеев）[39]

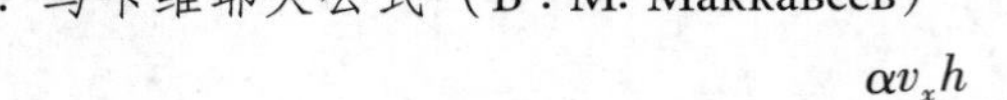

$$v_r = \frac{\alpha v_x h}{r}\varphi(C,t) \qquad (8-3-5)$$

式中 v_x——断面沿垂线纵向平均流速；

h——断面垂线的长度，即水深；

C——谢才系数；

r——断面所取垂线处的曲率半径；

α——修正系数，可取 1.3；

t——相对水深，$t=1-\dfrac{z}{h}=\dfrac{y}{h}$；

y——由水面到计算点的深度；

$\varphi(C, t)$——与谢才系数及相对水深 t 有关的函数，其表达式为

$$\varphi(C,t) = (1-3t^2) + \frac{1}{20}P(1-5t^4) + \frac{5}{162}P^2(1-7t^6) - \frac{1}{96}P^3(1-9t^3)$$

$$-3\frac{N_1}{N_2}\left[\frac{1}{3}(1-3t^2) + \frac{1}{20}P(1-5t^4) + \frac{1}{56}P^2(1-7t^6)\right] \qquad (8-3-6)$$

其中

$$\frac{N_1}{N_2} = \frac{1+\frac{1}{10}P+\frac{5}{56}P^2-\frac{1}{24}P^3+3\frac{1-P}{P}\left(1+\frac{1}{6}P+\frac{5}{24}P^2-\frac{1}{8}P^3\right)}{1+\frac{3}{10}P+\frac{9}{56}P^2+3\frac{1-P}{P}\left(1+\frac{1}{2}P+\frac{3}{8}P^2\right)}$$

参数 P 为

$$P = 0.57 + \frac{3.3}{C} \quad 10 \leqslant C \leqslant 60 \qquad (8-3-7)$$

$$P = 0.0222C + 0.000197C^2 \quad 60 \leqslant C \leqslant 90 \qquad (8-3-8)$$

函数 $\varphi(C, t)$ 比较繁杂，可用计算机编程计算，也可通过查表 8-3-1 计算。

3. 张红武公式[12]

张红武提出较为简洁的指数形公式：

$$v_r = 86.7\frac{v_x h}{r}\left[\left(1+5.75\frac{g}{C^2}\right)\eta^{1.857} - 0.88\eta^{2.14} + \left(0.0344-12.5\frac{g}{C^2}\right)\eta^{0.857} + 4.72\frac{g}{C^2} - 0.088\right] \tag{8-3-9}$$

表 8-3-1　　函数 $\varphi(C, t)$ 计算表

t	C								
	10	20	30	40	45	50	55	60	80
0	0.500	1.272	2.373	3.806	4.648	5.573	6.63	7.673	8.029
0.10	0.475	1.212	2.262	3.630	4.432	5.315	6.24	7.319	7.666
0.20	0.404	1.036	1.938	3.113	3.802	4.561	5.35	6.283	6.603
0.30	0.293	0.759	1.426	2.296	2.806	3.378	3.95	4.643	4.917
0.40	0.149	0.404	0.769	1.244	1.524	1.831	2.142	2.530	2.735
0.50	−0.011	0.002	0.021	0.047	0.192	0.218	0.105	0.122	0.231
0.60	−0.171	−0.408	−0.745	−1.183	−1.438	−1.722	−2.021	−2.361	−2.375
0.70	−0.312	−0.780	−1.447	−2.316	−2.825	−3.368	−3.98	−4.657	−4.825
0.80	−0.413	−1.064	−1.994	−3.205	−3.915	−4.698	−5.55	−6.473	−6.821
0.90	−0.452	−1.207	−2.285	−3.691	−4.452	−5.426	−6.415	−7.490	−8.036
0.98	−0.425	−1.182	−2.264	−3.678	−4.508	−5.424	−6.418	−7.504	−8.211
1.00	−0.408	−1.153	−2.217	−3.608	−4.424	−5.326	−6.300	−7.373	−8.120

公式中各参数的意义见罗卓夫斯基公式。

关于弯道横断面横向流速沿垂线分布的公式，还有很多学者提出了计算公式[9,10,12]，文献［12］给出了一些公式的试验验证资料，本手册仅列出了上述三个计算公式。面对众多的计算公式，应根据实际的弯道情况择优选择。

二、弯道环流流速沿程分布的计算

工程上常需要了解弯道环流流速沿程变化的情况，出弯后环流的衰减长度，入弯后环流发展的极限角的大小等。

1. 弯道环流流速沿程分布公式

（1）罗卓夫斯基公式（1936）：

$$v_r = v_{rc}\exp\left(-\frac{\sqrt{g}x}{Ch}\right) \tag{8-3-10}$$

式中　v_{rc}——弯道出口断面的环流流速；

h——断面垂线的长度，即水深；

C——谢才系数；

x——流程坐标。

（2）张定邦公式（1964）：

$$v_{r\pi} = v_{rc\pi}\exp\left(-23.5\frac{x}{C^2h}\right) \tag{8-3-11}$$

$$v_{rd} = v_{rcd}\exp\left(-14.8\frac{x}{C^2h}\right) \tag{8-3-12}$$

（3）张红武公式（1985）：

$$v_{r\pi} = v_{rc\pi}\exp\left(\frac{5.75\frac{g}{C^2} - 0.306}{6.572 - 200.6\frac{g}{C^2}}\frac{x}{h}\right) \tag{8-3-13}$$

$$v_{rd} = v_{rcd}\exp\left(\frac{5.75\frac{g}{C^2} + 0.306}{443.86\frac{g}{C^2} - 8.634}\frac{x}{h}\right) \tag{8-3-14}$$

式中，下标“π”、“d”分别表示水面与河底。

2. 出弯后环流的衰减长度计算公式

一般来说，弯道环流有一个从进口前开始出现，而后逐渐发展加强，过出口后便衰退的过程。相对而言，关于环流的沿程变化，最重要的是出弯后环流的衰减。如果以环流强度衰减到10%作为标准，可从上述弯道环流流速沿程分布公式求出对应的流程坐标 x 的算术平均值 x_{cp}，即为出弯后环流的衰减长度。

（1）罗卓夫斯基公式：

$$x_{cp} = \frac{2.3C}{\sqrt{g}}h \tag{8-3-15}$$

（2）张红武公式：

$$x_{cp} = \left(40 - 1541\frac{g}{C^2}\right)h \tag{8-3-16}$$

（3）张定邦公式：

$$x_{cp} = 0.13C^2h \tag{8-3-17}$$

（4）M. A. Nouh 公式（1979）：

$$x_{cp} = 1.77\frac{Ch}{\sqrt{g}} \tag{8-3-18}$$

文献［12］给出上述公式的比较成果。

3. 弯道横向水位差[12,39,46]

弯道横向水位差 Δh 是水流在弯道内作曲线运动时所引起的横断面上凸岸与凹岸的水位差，也称为水面的超高 Δh，如图 8－3－1 所示。一般来说，超高 Δh 可从以下积分式得到

$$\Delta h = \alpha_0\int_{r_1}^{r_2}\frac{v_x^2}{gr}\mathrm{d}r \tag{8-3-19}$$

式中 r_1——凸岸的曲率半径；

r_2——凹岸的曲率半径；

α_0——流速分布系数，有下列计算式：

$$\alpha_0 = 1 + 5.75\frac{g}{C^2} \tag{8-3-20}$$

$$\alpha_0 = 1 + \frac{g}{k^2C^2} \tag{8-3-21}$$

$$\alpha_0 = 1 + 0.1293\frac{g}{c_n^2 C^2} \tag{8-3-22}$$

式（8－3－21）中 k 为卡门常数。式（8－3－22）考虑了含沙量的影响，其中 c_n 为涡团参数，有

$$c_n = 0.15[1 - 4.2\sqrt{S_v}(0.365 - S_v)] \tag{8-3-23}$$

式中　S_v——含沙量（以体积百分数计）。

还可使用表 8－3－2 计算 α_0。有的资料中 α_0 达 1.5。

表 8－3－2　　α_0 计算表

C ($m^{1/2}/s$)	10	15	20	25	30	40	50	60	70	80
$f(C)$	1.11	1.08	1.06	1.06	1.05	1.05	1.04	1.04	1.03	1.02

从积分式（8－3－19）可见，只要知道纵向流速 v_x 沿河宽的分布和曲率半径 r，就可求得超高 Δh。针对实际的河道，有以下几种不同的假定。

（1）在一般情况下，弯道水流轴线的曲率半径 r_0 多为河宽 B 的 2～4 倍，纵向流速 v_x 沿河宽的分布变化对超高的影响并不明显，因此可以取断面平均速度 v 代替纵向流速 v_x，则从上述积分式可得

$$\Delta h = \alpha_0\frac{v^2}{g}\ln\frac{r_2}{r_1} \tag{8-3-24}$$

（2）使用断面平均速度 v 代替纵向流速 v_x，弯道水流轴线的曲率半径 r_0 代替被积函数中的 r，可得

$$\Delta h = \alpha_0\frac{v^2}{gr_0}(r_2 - r_1) \tag{8-3-25}$$

或

$$\Delta h = \frac{v^2}{g}\frac{B}{r_0}\alpha_0 \tag{8-3-26}$$

式中，$B = r_2 - r_1$ 为弯道水面宽度。

（3）使用断面中线处的平均流速代替纵向流速 v_x，比能与断面为定值时的横向水位差计算公式为

$$\Delta h = \frac{v_m^2}{g}\frac{B}{r_0}\left(\frac{1}{1+\frac{B^2}{12r_0^2}}\right) \tag{8-3-27}$$

式中　v_m——断面中线处的平均流速；

其余符号意义同前。

（4）假定纵向流速分布与曲率半径的平方倒数有关时横向水位差的计算公式为

$$\Delta h = \frac{c_0^2}{2g}\left(\frac{1}{r_1^2} - \frac{1}{r_2^2}\right) \tag{8-3-28}$$

式中　r_1、r_2——弯道凸岸和凹岸的曲率半径；

c_0——参数，可由下列公式确定。

对矩形断面有

$$c_0 = \frac{Q}{\overline{H}_0 \ln \frac{r_2}{r_1}} \tag{8-3-29}$$

式中 $\overline{H}_0$——直段平均水深；

Q——流量。

对梯形断面有

$$c_0 = Q \div \left[\overline{H}_0 \ln \frac{r_2}{r_1} + \left(\overline{H}_0 + \frac{r_2}{m}\right)\ln\left(1 + \frac{m\overline{H}_0}{r_2}\right) - \left(\frac{r_1}{m} - \overline{H}_0\right)\ln \frac{r_1}{r_1 + m\overline{H}_0}\right] \tag{8-3-30}$$

式中 m——边坡系数；

其余符号意义同前。

(5) 假定弯道上的平均水深等于趋近水深时的横向水位差计算：

$$\Delta h = \frac{v^2}{2g}\frac{r_1^2 - r_2^2}{r_1 r_2} \tag{8-3-31}$$

式中符号意义同前。

由于 Δh 的计算公式很多，并且各公式推导时的假定不尽相同，使得各公式的计算结果有所差异，请读者使用时加以注意。

三、弯道最大冲深值

1. 理论公式

根据上游来水为不带推移质的清水，借助于弯道起动流速公式，可求得在急流情况下弯道最大冲深[66]

$$H_{max} = \left[\frac{\lambda Q}{Bd^{\frac{1}{3}}\sqrt{g\left(\frac{\gamma_s - \gamma}{\gamma}\right)}}\right]^{\frac{6}{7}} \tag{8-3-32}$$

式中 H_{max}——最大冲深值，m，从水面算起；

Q——流量，m^3/s；

B——水面宽，m；

d——河床砂平均粒径，m；

γ_s、γ——床砂、水的重率，t/m^3；

λ——系数，受河弯水流及土质影响，可由式（8-3-33）计算：

$$\lambda = 0.64e^{3.61\left(\frac{d}{H_0}\right)} \tag{8-3-33}$$

其中 $\overline{H}_0$——直段平均水深；

e——自然对数的底。

2. 经验公式

(1) 与曲率半径有关的冲深计算公式[43]：

$$\frac{1}{R} = 0.03H_{max}^{3} - 0.23H_{max}^{2} + 0.78H_{max} - 0.76 \quad (8-3-34)$$

式中 R——河弯中心曲率半径，km；

H_{max}——最大冲深值，m。

（2）与河面宽和曲率半径之比有关的系列冲深计算公式[47,44]：

$$\frac{H_{max}}{H_m} = 1 + 2\frac{B}{R_1} \quad (8-3-35)$$

式中 H_m——计算断面平均水深，$H_m = \frac{\omega}{B}$；

ω——过水断面积；

B——河面宽；

R_1——凹岸曲率半径。

$$\frac{H_{max}}{H_m} = \frac{3.5\frac{B}{R_1}}{\left[1 - \left(1 - \frac{B}{R_1}\right)^{3.5}\right]} \quad (8-3-36)$$

$$H_{max} = \eta H_W \quad (8-3-37)$$

式中 η——系数，可查表8-3-3、表8-3-4求得；

H_W——稳定弯道段的平均水深，有经验计算公式：

$$H_W = \left(1 + \tau\sqrt{\frac{B}{R}}\right)\overline{H}_0 \quad (8-3-38)$$

式中 τ——系数，可查表8-3-5。

前苏联的某些河弯在 $2B < R < 4B$ 条件，凹岸边坡系数与 η 的关系如表8-3-4所示。

表8-3-3 系数 η 取值表

弯道特征	缓变弯道	急变弯道	直角弯道
η	1.50	1.75	2.00

表8-3-4 系数 η 与凹岸边坡系数关系表

m	0~0.5	0.7~1.0	1.25~1.5	1.75~2.0
η	2.50	2.10	1.75	1.50

表8-3-5 系数 τ 取值表

R/B	6	5	4	3	2	1
τ	0.60	0.60	0.65	0.75	0.85	2.0

第三节 最优取水口的位置选择

在进行取水口位置的选择时，应根据弯道水流特性，选择弯道凹岸弯道顶点下游若干远的距离处为宜。良好的取水口位置应具有较大的引水分流比、较少的含沙量等优点。由于选择取水口位置的影响因素较多，目前尚无精确方法，下面介绍一些经验公式及估算方法。

一、经验公式[79,80]

（1）公式1：

$$L = mB\sqrt{4\frac{R}{B}+1} \tag{8-3-39}$$

式中 L——河弯起点至取水口中线的距离，如图8-3-4所示；

B——河道水面宽；

R——河弯平均曲率半径；

m——经验系数，图8-3-5给出分流比为50%时，经验系数m与入渠泥沙占河道泥沙含量的百分数P的关系。由图可见，入渠含沙量较少时，经验系数$m=0.6\sim1.0$。

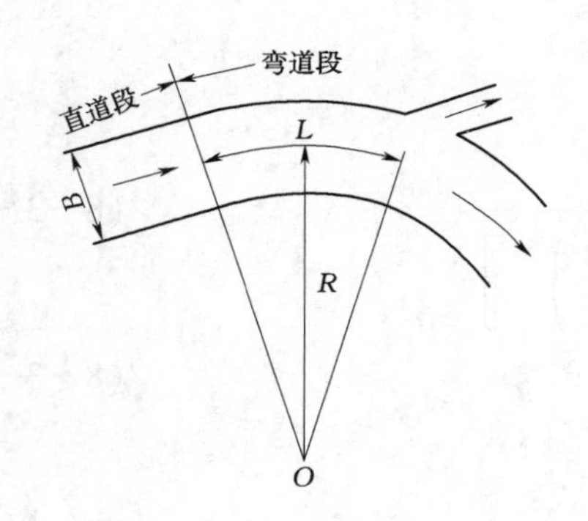

图8-3-4 公式1示意图

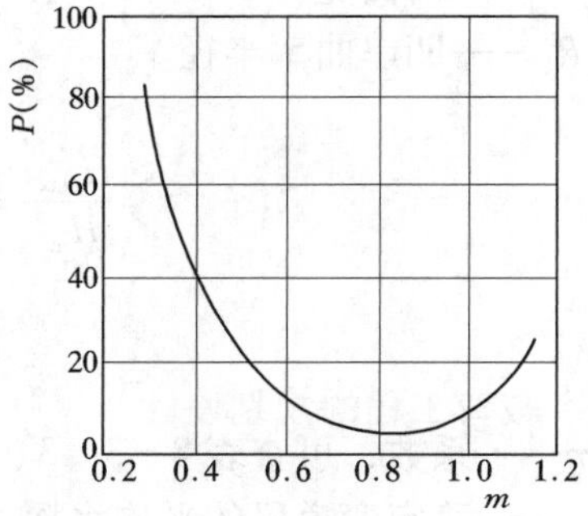

图8-3-5 经验系数m与泥沙含量P的关系

（2）公式2：

$$L_1 = 0.0087R_1\left[\alpha + 2\arccos\left(1-\frac{B}{2AR_1}\right)\right] \tag{8-3-40}$$

式中 L_1——弯道起始处至取水口中线的距离（见图8-3-6）；

R_1——弯道外径；

α——弯曲角（见图8-3-6）；

A——主流宽与河宽比例系数，一般取$A=2.7$；

B——稳定河宽，m，可用阿尔杜林（C. T. Алтунтин）计算公式：

$$B = \xi\frac{Q^{0.5}}{i^{0.2}} \tag{8-3-41}$$

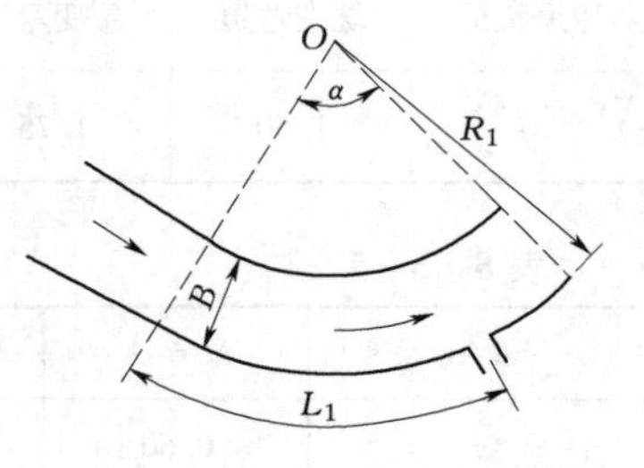

图8-3-6 公式2示意图

式中 Q——多年洪水最大流量，m^3/s；

i——河道纵比降；

ξ——系数。根据阿尔杜林资料，山区河段$\xi=0.75\sim0.9$，山麓河段$\xi=0.9\sim1.0$，中游河段$\xi=1.0\sim1.1$，下游河段$\xi=1.1\sim1.7$。根据我国资料，黄河高林以上游荡性河段$\xi=2.23\sim5.41$，高林以下游荡性河段$\xi=1.43\sim2.07$，长江中游荆江蜿蜒性河段$\xi=0.64\sim1.15$。

二、估算方法

（1）最优取水口的位置L_1可设在距河弯顶点下游不远处，如可设在弯道全长的6/10

~7/10 的地方（从弯道进口算起）。

（2）最优取水口的位置可设在距弯道起始处 3 ~4 倍河宽的地方。

（3）最优取水口的位置可设在与弯道起始处成 30°~50°弯曲角的地方。

（4）最优取水口的位置可设在距弯道起始处 0.66 ~0.9 倍曲率半径的地方。

第四节 裁弯工程的水力计算

弯曲河道上裁弯取直（简称裁弯）的形成成因，可分为自然裁弯和人工裁弯两种。前者是由于河流本身的自然能力，也就是水流的冲刷能力，冲击出一条可连接河弯的上下游段的新河；后者是通过采用人工措施，开挖新河，对河弯进行裁弯取直。

进行裁弯取直有利的方面有：防洪方面，可降低水位，加速泄洪，摆脱弯道险工，缩短堤线；农业方面，可起到保护和增加耕地面积的作用，同时废弃的老河弯，可以进行养殖；航运方面，可以缩短航程，改善航道。

进行裁弯不利的方面有：位于原老河弯的取水工程或港埠将因老河弯的淤废而失去作用；由裁弯引起的上游水位降低，可能使浅滩通航水深减少；水流改道新河后，可能使下游河势发生较大的变化。

一、裁弯工程的规划设计

裁弯工程是一种根本改变河道现状的大型整治工程。必须认真做好裁弯工程的规划和设计工作，以保证裁弯工程的成功。

（一）规划设计的一般原则[15]

（1）裁弯工程由于其规模宏大，影响深远，必须纳入河道整治的整体规划中进行全面考虑。此工程对上下游、左右岸可能产生的有利和不利影响，应给予充分估计，并在部分服从整体，小局服从大局的原则下，尽可能合理地加以解决。

（2）裁弯工程必须尽可能全面满足防洪、航运等经济部门和地方的要求，充分发挥整治工程的综合效益。

（3）必须充分注意因势利导的原则。首先，所裁弯道必须弯曲发展到比较严重，具备了需裁弯取直的条件。其次，在规划引河线路时，要与上下游河势平顺衔接，力求避免引起上下游，特别是下游河势的剧烈变化，从而产生不利影响。

（4）当存在系统裁弯时，个别裁弯必须放在系统裁弯中统一考虑。因为裁弯使水流流动发生根本性的变化，影响整个河道的流动。所以必须统一考虑每一个裁弯工程，使得裁弯邻近处的河段能够顺应河势，平顺衔接。实践表明，进行系统裁弯时，必须自上而下按顺序进行，在一个裁弯已经成功之后，才能开始下游的另一个裁弯。

（5）应进行最优方案的比较。对不同弯道的裁弯方案或者对同一弯道裁弯方案中的不同引河线路，在工程效益和工程造价上都将出现很大差异，必须进行仔细分析比较，选择最优裁弯方案和引河线路。在进行最优方案的分析比较时，应考虑下列裁弯时和裁弯后可能出现的因素：

1）对洪水水位的影响。

2）彻底消除或部分改善旧的险工的情况，以及出现新险工的可能性。

3）缩短航程的距离。

4）对消除和改善不利航行的急弯、浅滩的情况。

5）对取水工程和港埠的影响。

6）新河形成后对沿河工农业发展的有利和不利情况，包括新河线路所经过地带的土地利用情况。

7）新河线路的地质情况对开挖工程的难易程度，对新河发展和控制的影响等。

8）新河外形的比较，如河道的曲折系数、曲率半径、弯道中心角等。

9）工程造价的高低。

（二）引河河线规划

引河河线规划包括确定引河平面型式、位置和长度。引河河线应设计成曲率适度，并与上下游河道平顺衔接的曲线。引河河线一般由复合圆弧及切线组成。

1. 引河进出口的布置和交角

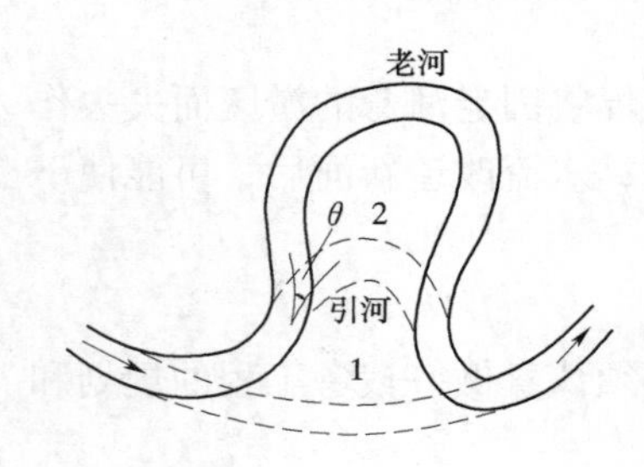

图 8－3－7 裁弯型式
1—外裁弯；2—内裁弯

裁弯型式如图 8－3－7 所示，一般分外裁弯 1 与内裁弯 2 两种。外裁弯型式 1 是将引河的进口设在上游河道弯曲前，出口设在下游河道弯曲后，这样引河分别与上游河段和下游河段平顺连接，河水流动比较顺畅，但引河的路线较长，工程量较大；内裁弯型式 2 是将引河布置在河弯曲颈最狭窄处，这样做能使引河路线较短，工程量较小，但水流不如外裁弯型式顺畅。

采用内裁弯型式时，进口应布置在上游弯道顶点稍偏向下游方处，引河的轴线与上游弯道的轴线交角 θ 应较小，一般 θ 不应超过 $25° \sim 30°$，以有利于正面引水侧面排沙的要求。出口应布置在下游弯道顶点稍偏向上游方处，引河的轴线与上游弯道的轴线交角 θ 一般应为 $20° \sim 30°$，可使水流出引河后能与下游平顺连接。

采用外裁弯型式时，引河进口应选在上游弯道顶点稍偏向上游方处，以利于与弯道上游端水流平顺连接。引河出口则应布置在下游弯道顶点稍偏向下游方处，有利于水流流出引河后，能与弯道下游端平顺衔接。一般来说，这种型式的引河进出口交角也在 $20° \sim 30°$之间。

2. 引河的曲率半径

引河曲率半径就是引河轴线至曲率中心的距离，以 R 表示。确定引河的曲率半径 R，应参照需裁弯河道实测平顺河弯的资料来选定。

（1）估算时应考虑下列因素：

1）依据我国裁弯实测资料有 $R >（3 \sim 5）B$，B 为平滩水位时的河宽。

如考虑建成后放水初期阶段，引河将朝凹岸方向不断展宽，曲率半径相应将增大，这时设计的引河曲率半径可小于上述标准，可采用 $R >（1.5 \sim 3）B$。

2）依据国外裁弯成果有 $R >（6 \sim 7）B$。

3）根据通航要求有 $R >（4 \sim 6）L$，L 为船队长度。

（2）利用经验公式：

$$R = 40\sqrt{A} \tag{8-3-42}$$

式中 A——河床过水断面。

3. 裁弯比

裁弯段老河轴线长度与引河轴线长度的比值，称为裁弯比。根据经验，裁弯比可控制在3～7之间。裁弯比如太小则引河线路长，工程量大，经济效益不高，而且由于引河比降增加不多，流速不大，引河可能冲不开，或发展缓慢。裁弯比太大，引河线路虽短，但引河比降增加很大，冲刷过于剧烈，引河发展太快，不但引河本身不易控制，还可能使下游河势变化过于剧烈，险工河段防守被动。因此，裁弯比必须根据具体情况，审慎选定。

（三）引河断面设计

1. 设计形式

引河断面设计，应有效利用地形条件和自然因素，尽可能是裁弯成本最低。一般情况下，有一次挖成最终的引河断面设计和利用水力逐渐冲开的引河断面设计两种形式。

（1）一次挖成最终断面设计。当引河地区土质抗冲力较强，可保证引河断面不会有展宽的可能，河床也不发生冲淤变形情况下时，可采用这种方式。具体引河断面的设计，可参照本河道邻近平顺河弯的断面资料决定。

（2）利用水力逐渐冲开的引河断面设计。当引河地区土质抗冲力较差，不能保证引河断面不会有展宽的可能，并且此河道有冲淤变化的特性，可依据设计先挖出一较小断面的引河，然后利用水流冲力，在比降增大情况下，使引河逐渐冲刷发展，使老河淤死，经过一定时期达到裁弯目的。这一种情况包括引河开挖断面设计和引河发展成为新河最终断面设计两部分。

关于裁弯引起新老河河床变形计算，可参考河流动力学[15]有关书籍。

2. 设计原则

在进行引河断面设计时，应注意下列原则：

（1）引河路线选择和引河断面设计要考虑土质是否能被冲开；要注意引河河底的土壤成分和稳定性；应验算引河河底流速是否大于河底土壤的起动流速；计算引河水流挟沙力是否大于引河进口含沙量等因素。以决定引河断面的具体设计型式和维护保护措施。

（2）引河断面大小可用不同方案进行技术经济比较。如从通航任务考虑，则断面不能太小，否则水面流速在汛期大于通航允许流速，以致影响通航；从节省工程量考虑则断面不宜过大，同时还可考虑按最优水力断面设计。

（3）引河断面形式的确定，引河河底开挖高程的确定，在有通航任务的引河则应以保证枯水期能通航为原则。断面宽深比如不能满足最优水力断面条件时，则可从河相关系考虑。初步确定后，再结合地下水位、施工条件等进一步设计。

表8-3-6给出了我国一些河流的河相关系。河相关系以$\zeta=\dfrac{B}{H}$表示，即相应整治水位以下河宽（B）与水深（H）的比值。

（4）引河断面一般设计成梯形断面，边坡系数 m 可据土质选定。除在被设计成喇叭形的引河进出口处断面的边坡系数 m 可取较大的值以外，一般引河断面有 $m=2\sim3$。因凹岸一侧放水后将受冲刷，可允许挖的陡一些。

表 8-3-6　　部分河道河相关系 ζ 表

河名	瓯江	沱江	右江	嘉陵江（南合段）	清水河（锦托段）	沅水	北盘江
ζ	4.8～7	4.47	4～8	4.54～6.25	5～9	6.3	6.8
河名	连江	北江	汉江	长江（下荆江段）	黄河（高村以上游荡性河段）		
ξ	6.7～7.9	10	2	2.23～4.45	19.00～32.0		

二、裁弯取直的水力计算[19,15]

河道裁弯取直水力计算的内容包括：河道水面曲线的计算、新老河道的流量分配、河道上游水位的降低值、河道冲淤变化情况的估算等。

一般有下列进行裁弯取直水力计算的基本步骤和有关计算公式。

（1）在进行裁弯取直水力计算时应给出的资料：

1）与裁弯取直有关的河道地形图。

2）引河的断面设计图。

3）河道相关区域的设计水位及其相应的流量。

（2）划分河道的计算河段，确定相应的断面面积及尺寸，确定河床的糙率 n。

（3）计算老河道和引河在不同水位时的水力要素，如过水断面、水深、河宽等。

（4）计算引河和老河道的流量分配。由连续性方程和均匀流公式得流量分配公式：

$$Q_y = \frac{Q_0}{1 + \frac{D_y}{D_l}} \tag{8-3-43}$$

$$Q_l = Q_0 - Q_y \tag{8-3-44}$$

式中　Q_y、Q_l——引河、老河的流量，m^3/s；

Q_0——全河道的总流量，m^3/s；

D_y、D_l——引河与老河道的河道特征数。

$$D_y = \left(\sum_{i=1}^{m} \frac{L_{yi}}{K_{yi}^2}\right)^{\frac{1}{2}}$$

$$D_l = \left(\sum_{i=1}^{n} \frac{L_{li}}{K_{li}^2}\right)^{\frac{1}{2}}$$

式中　L_{yi}、L_{li}——引河与老河道计算的分段长度，m；

$\overline{K}_{yi}$、$\overline{K}_{li}$——引河与老河道计算段的平均流量模数，即 $\overline{K} = \overline{AC}\sqrt{R}$；

m、n——引河与老河道的分段数，当引河长度不大时可以不分段，则此时 $m=1$。

当河道为宽浅式时，可按式（8-3-45）计算平均流量模数 $\overline{K}$：

$$\overline{K} = \frac{1}{n}\overline{BH^{\frac{5}{3}}} \tag{8-3-45}$$

式中　$\overline{B}$——河道平均宽度，m；

$\overline{H}$——河道平均水深，m；

n——河段糙率。

（5）计算上游水位降低值：

$$\Delta z = Q_y^2 D_y^2 = Q_l^2 D_l^2 \tag{8-3-46}$$

式中 Δz——裁弯后弯道上下游总水位差，或称分流断面至合流断面水面总落差，m。

（6）计算引河和老河道的平均流速值：

$$v_y = \frac{Q_y}{A_y} \tag{8-3-47}$$

$$v_l = \frac{Q_l}{A_l} \tag{8-3-48}$$

式中 v_y、v_l——引河与老河道的平均流速，m/s；

A_y、A_l——引河与老河道的过水断面面积，m^2。

根据计算所得的 v_y 和 v_l，可检验引河和老河的冲淤情况。

（7）计算老河道全部淤死后引河中的平均流速和表面流速：

$$v = \frac{Q_0}{A_y} \tag{8-3-49}$$

$$v' = \frac{v}{0.85} \tag{8-3-50}$$

式中 v、v'——老河道淤塞后引河中的平均流速和表面流速，m/s；

Q_0——全河道的计算总流量，m^3/s；

A_y——引河的过水断面面积，m^2。

由 v 可检验引河的冲淤情况，v'可检验引河的航运条件。

（8）计算老河道全部淤塞后，洪水时引河及其上下游河段的水面曲线，以检验堤防的安全度。关于水面曲线计算，可参见本篇第一章。

需要指出的是，上述裁弯取直的水力计算方法，主要针对中小型的裁弯取直工程。由于其裁弯河段不长，水位降落值不大，可用上述方法近似计算引河与老河流量分配值及其他水力要素。对于大型裁弯工程或影响面较大的裁弯工程，应慎重对待，选取较完善的计算方法，甚至还应进行模型试验。

对于裁弯取直工程的设计和规划中，除了应进行上述内容的裁弯取值水力计算外，还应进行上游段冲刷计算、引河段冲刷计算、老河段淤积计算及下游段淤积计算等内容。关于河床冲淤变化的计算内容，可参考河流动力学等有关书籍。

【例 8-1】[19] 某河段裁弯取直工程的水力计算。河段整治前弯曲半径仅 90m，航行条件极为恶劣，1960 年曾进行第一期裁弯工程，但因未达到设计标准，情况仍未得到彻底改善，因此拟进行第二期裁弯工程，即扩大引河尺寸，调整引河平面形态。引河断面方案有两个：方案Ⅰ底宽为 45m；方案Ⅱ底宽为 55m。工程布置及引河设计断面见图 8-3-8。有关资料有：

（1）裁弯河段地形图。

（2）设计引河断面图。

（3）设计水位及相应流量（见表 8-3-7）。

水力计算内容：确定引河、老河流量分配；计算水位落差及平均流速；选择合理的引

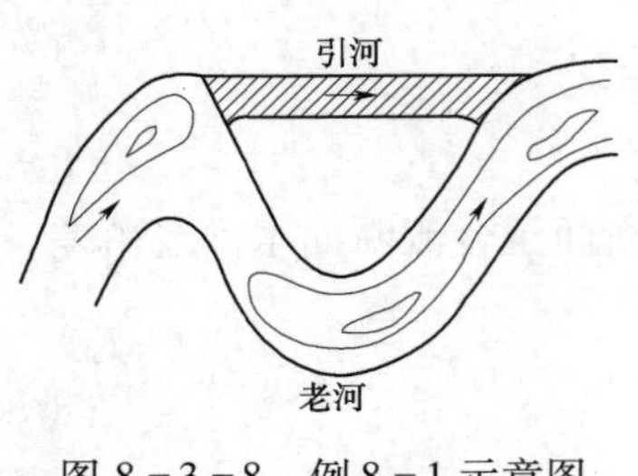

图 8-3-8 例 8-1 示意图

河断面方案。

表 8-3-7 设计水位与流量关系表

计算水位 Z (m)	23.0	25.0	27.0	30.0
相应流量 Q_0 (m^3/s)	170	410	700	1125

解:

(1) 确定设计段。根据河床形态特征，将老河分为两个计算段，引河不再分段。

(2) 确定糙率。由糙率表选定糙率，并经实测资料校核采用老河糙率 $n_l=0.053$，引河糙率 $n_l=0.049$，并假定糙率不随水位变化。

(3) 分别计算各计算段河床形态特征值。从老河河床地形图和设计引河断面图，可分别求得各计算段老河河床形态特征值 B_{li}、H_{li}和引河河床形态特征值 B_{yi}、H_{yi}（见表 8-3-8），其中 K_{li}为流量模数。

(4) 计算老河、引河河床形态特征值A_l、A_y。根据表 8-3-8 中的数据，A_l、A_y 的计算结果如表 8-3-9 所示。其中：

$$A_l = \left(\frac{L_{l1}}{K_{l1}^2}+\frac{L_{l2}}{K_{l2}^2}\right)^{\frac{1}{2}} \tag{8-3-51}$$

$$A_y = \left(\frac{L_y}{K_y^2}\right)^{\frac{1}{2}} \tag{8-3-52}$$

(5) 计算引河、老河道的流量和上游水位落差。由表 8-3-9 按式（8-3-43）、式（8-3-44）、式（8-3-45）分别计算引河和老河的流量和上游水位落差 Q_y、Q_l、Δ_z，计算结果见表 8-3-10，其中 Q_0 值可从表 8-3-7 查得。

(6) 老河道、引河各种流速特征值计算。老河道、引河平均流速 v_l、v_y 可以通过 $v=Q/A$ 算得。在计算老河道过水断面时，应把对应于某一水位的两计算河段的过水断面进行数值平均。

引河表面流速用 $v'_y=\dfrac{v_y}{0.85}$ 计算。

老河道淤塞后，全部流量通过引河时的引河平均流速可用 $v_{ym}=\dfrac{Q_0}{A_y}$计算。计算结果见表 8-3-11。

表 8-3-8 (*a*) 老河道特征值表

河段 i	L_l (m)	$z=23.00$m			$z=25.00$m			$z=27.00$m			$z=30.00$m		
		B_l (m)	H_l (m)	K_l ($\times10^3$)	B_l (m)	H_l (m)	K_l ($\times10^3$)	B_l (m)	H_l (m)	K_l ($\times10^3$)	B_l (m)	H_l (m)	K_l ($\times10^3$)
1	214	68.5	3.82	12.3	78.8	5.13	22.9	112	5.30	34.0	133	7.22	68.0
2	200	65.0	3.35	9.3	75.7	4.65	18.5	85	6.35	32.3	102	7.82	59.6

表 8-3-8 (b) 引河特征值表

L_y (m)	$z=23.00$m			$z=25.00$m			$z=27.00$m			$z=30.00$m		
	B_y (m)	H_y (m)	K_y ($\times10^3$)	B_y (m)	H_y (m)	K_y ($\times10^3$)	B_y (m)	H_y (m)	K_y ($\times10^3$)	B_y (m)	H_y (m)	K_y ($\times10^3$)
第Ⅰ方案底宽 $b=45$m												
300	50	1.90	3.00	55.0	3.64	9.73	59.5	5.29	19.6	67.0	7.53	39.8
第Ⅱ方案底宽 $b=55$m												
500	60	1.92	3.64	65.5	3.68	11.8	70.0	5.37	23.7	78.0	7.67	48.0

表 8-3-9 (a) 部分计算成果表（一）

老 河

z_l (m)	L_l (m)	K_l ($\times10^3$)	K_l^2 ($\times10^6$)	$\frac{L_l}{K_l^2}$ ($\times10^{-6}$)	$\sum_{l=1}^{2}\frac{L_l}{K_l^2}$ ($\times10^{-6}$)	A_l ($\times10^{-3}$)
23.00	214	12.3	151	1.41	3.73	1.93
	200	9.3	86.5	2.32		
25.00	214	22.9	524	0.410	0.995	0.997
	200	18.5	342	0.585		
27.00	214	34.0	1156	0.185	0.377	0.614
	200	32.3	1043	0.192		
30.00	214	68.0	4624	0.046	0.102	0.32
	200	59.6	3560	0.056		

表 8-3-9 (b) 部分计算成果表（二）

引 河

方案	z_y (m)	L_y (m)	K_y ($\times10^3$)	K_y^2 ($\times10^6$)	$\frac{L_y}{K_y^2}$ ($\times10^{-6}$)	A_y ($\times10^{-3}$)
Ⅰ	23.00	300	3.0	9.0	33.4	5.76
Ⅰ	25.00	300	9.73	94.6	3.17	1.78
Ⅰ	27.00	300	19.60	384.2	0.78	0.88
Ⅰ	30.00	300	39.8	1584	0.189	0.434
Ⅱ	23.00	300	3.64	13.2	22.7	4.76
Ⅱ	25.00	300	11.80	139.2	2.15	1.47
Ⅱ	27.00	300	23.70	561.7	0.534	0.73
Ⅱ	30.00	300	48.00	2304	0.130	0.36

表 8-3-10 部分计算成果表（三）

方案	z (m)	A_y ($\times10^{-3}$)	A_l ($\times10^{-3}$)	$\frac{A_y}{A_l}$	$1+\frac{A_y}{A_l}$	Q_y (m^3/s)	Q_l (m^3/s)	Δz (m)
Ⅰ	23.00	5.76	1.93	2.98	3.98	42.7	127.3	0.061
Ⅰ	25.00	1.78	0.997	1.78	2.78	147	263	0.0685
Ⅰ	27.00	0.88	0.614	1.43	2.43	288	412	0.0642
Ⅰ	30.00	0.434	0.32	1.36	2.36	477	648	0.043
Ⅱ	23.00	4.76	1.93	2.47	3.47	49	121	0.0544
Ⅱ	25.00	1.47	0.997	1.475	2.475	165	245	0.059
Ⅱ	27.00	0.73	0.614	1.19	2.19	320	380	0.0546
Ⅱ	30.00	0.36	0.323	1.13	2.13	529	596	0.0364

表 8-3-11 部分计算成果表（四）

方案	z (m)	Q_0 (m^3/s)	Q_y (m^3/s)	Q_l (m^3/s)	Δz (m)	v_y (m/s)	v'_y (m/s)	v_l (m/s)	v_{ym} (m/s)
Ⅰ	23.00	170	42.7	127.3	0.061	0.45	0.53	0.53	1.79
Ⅰ	25.00	410	147	263	0.0685	0.74	0.87	0.69	2.05
Ⅰ	27.00	700	288	412	0.0642	0.92	1.08	0.73	2.22
Ⅰ	30.00	1125	477	648	0.043	0.95	1.12	0.74	2.23
Ⅱ	23.00	170	49	121	0.0544	0.43	0.51	0.51	1.48
Ⅱ	25.00	410	165	245	0.059	0.69	0.81	0.65	1.70
Ⅱ	27.00	700	320	380	0.0546	0.85	1.00	0.67	1.86
Ⅱ	30.00	1125	529	596	0.0364	0.88	1.04	0.68	1.88

从上述计算成果可以看出，采用第Ⅱ方案较为恰当。按第Ⅱ方案施工后，引河最大流速在枯水期为0.51m/s，洪水期为1.04m/s，对船舶航行和河床稳定都是适宜的。同时老河流速相应减少，将引起老河淤积和衰亡。当老河完全淤塞后，全部流量将通过引河，这时流速在枯水期为1.48m/s，中洪水期为1.88m/s。事实上，中洪水期流量不可能全通过引河，因而后者是不可能出现的。

第四章　防护工程及河工建筑物的水力计算

第一节　抛　石　防　护

一、石块尺寸、质量（重量）的确定

1. 在水流作用下石块的稳定计算[48,26]

通过分析石块在水流中的受力情况，可得出石块在一般条件下保持稳定的折算直径（即为将所求石块折算成圆球形的直径，又称折算粒径、当量粒径）为

$$d = \frac{v^2}{c^2 \times 2g\frac{\gamma_s - \gamma}{\gamma}} \tag{8-4-1}$$

式中　d——折算直径，$d = \left(\frac{6V}{\pi}\right)^{\frac{1}{3}} = 1.24\sqrt[3]{V}$；

V——石块体积，m^3；

v——水流流速，m/s；

γ_s——石块的重度，可取 $\gamma_s = 2.65kN/m^3$；

γ——水的重度，$\gamma = 1kN/m^3$；

g——重力加速度，9.81m/s；

c——石块运动的稳定系数，水平底坡 $c = 0.9$，倾斜底坡 $c = 1.2$，也可由实验确定。

在各种不同的具体条件下，可以有下列具体的折算直径 d 的计算公式。

（1）水平底坡。这时 c 可取0.9，则得

$$d = 0.0382v^2 \tag{8-4-2}$$

式中　v——抛石断面处平均流速（曾有人使用起动流速计算 v），m/s。

（2）倾斜底坡并与流向平行。如由抛石堆成的丁坝或潜坝的坝坡，这时 c 可取1.20，则有

$$d = 0.0215v^2 \tag{8-4-3}$$

式中　v——经斜坡流过的平均流速（即石块在动水中抗冲击的最大流速），m/s。

（3）倾斜底坡并与流向垂直。如丁坝坝头首部的抛石护坡（见图8-4-1），这时 c 仍取1.20，则有

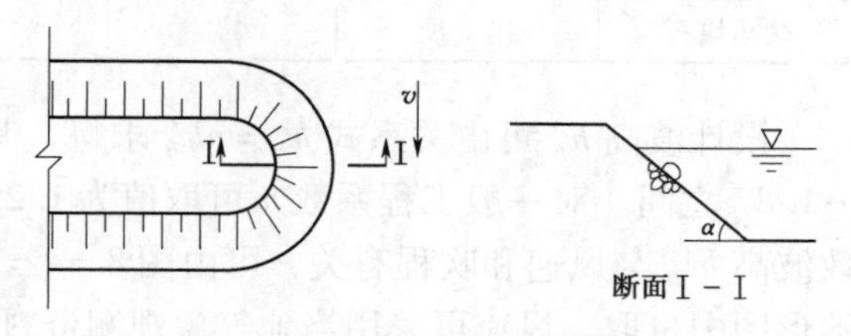

图8-4-1　丁坝坝头的抛石护坡

$$d = 0.0215v^2\sec\alpha \qquad (8-4-4)$$

式中 v——坝头过水断面处的平均流速，m/s；

α——坝头过水断面抛石堆成斜坡的坡度角。

在河床为水平和倾斜的情况下，以重量表示的石块稳定性关系式为[49]

$$G = 0.062v_c^6 \qquad (8-4-5)$$

式中 G——石块重量，t；

v_c——河床底部流速，m/s，可由式（8－4－6）计算[50]：

$$\frac{v_c}{v} = \frac{1}{0.958\lg\left(\frac{h}{d}\right)+1} \qquad (8-4-6)$$

式中 v、h——断面平均流速、水深；

d——折算直径。

2. 在波浪作用下石块的稳定计算

（1）赫德逊公式（R. Y. Hudson）[51]：

$$G = \frac{\gamma_s h_B^3}{K_D\left(\frac{\gamma_s-\gamma}{\gamma}\right)^3\cot\alpha} \qquad (8-4-7)$$

式中 G——单个石块重量；

α——堆石斜坡坡度角；

K_D——系数，与石块（或块体）的形状、护面层粗糙度等因素有关，取值见表 8－4－1；

h_B——设计波高，m。

表 8－4－1 系数 K_D 取值表

护面块体	施工方法	层数	K_D			
			坝身部分		坝头部分	
			破碎波	不破碎波	破碎波	不破碎波
圆石	抛投	2	2.5	2.6	2.0	2.4
圆石	抛投	>3	3.0	3.2	2.7	2.9
棱角块石	抛投	2	3.0	3.5	2.7	2.9
棱角块石	抛投	>3	4.0	4.3	—	3.8
级配	任意		当水深小于6m时，$K_D=1.3$			
棱角块石	抛投		当水深大于6m时，$K_D=1.7$			

设计波高 h_B 可由关系式 $h_B=nh'_B$ 求得。其中 n 为系数，h'_B 为有效波高。系数 n 在 1～1.87 之间。对一般工程系数 n 可取值为 1.25；对大型工程 n 可取值为 1.60 或 1.87。有效波高 h'_B 与风速和吹程有关，可由图 8－4－2 确定。图中吹程就是与对岸的距离，可从地形图中量取。风速可采用当地气象观测资料中汛期时沿吹程方向的最大风速，如无观测资料，可参考国际风速分级表选用（见表 8－4－2）。

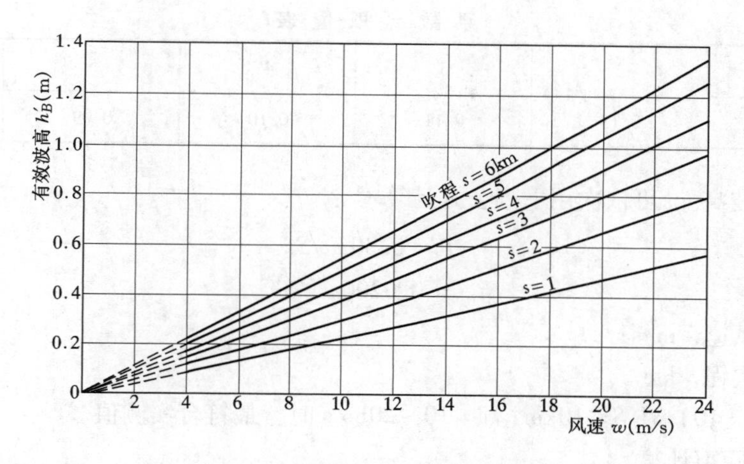

图 8-4-2　有效波高与风速和吹程关系

表 8-4-2　　国际风速分级表

风力等级	风力名称	相应的风速（m/s）	陆地地面物征象
0	无风	0～0.2	烟直上
1	软风	0.3～1.5	烟能表示方向，但风向标不能转动
2	轻风	1.6～3.3	人面感觉有风，树叶有微响，风向标能转动
3	微风	3.4～5.4	树叶摇动不定，旌旗展开
4	和风	5.5～7.9	能吹起地面灰尘和纸张，树的小枝摆动
5	清劲风	8.0～10.7	有叶的小树摇摆，内陆的水面有小波
6	强风	10.8～13.8	大树摇动，电线呼呼有声，举动困难
7	疾风	13.9～17.1	全树摇动，迎风步行感觉不便
8	大风	17.2～20.7	微枝折毁，人向前行感觉阻力甚大
9	烈风	20.8～24.4	建筑物有小损失（烟囱顶部及屋顶瓦片移动）
10	狂风	24.5～28.4	陆上少见，见时，树木拔起或将建筑物损坏较重
11	暴风	28.5～32.6	陆上很少见，有则，必有重大损失
12	飓风	32.7～36.9	陆上绝少，其摧毁力极大

（2）培什金公式（Б. А. Пышкин）[27]：

$$d = \eta\alpha_0 h_B \sqrt[3]{\lambda}\frac{\gamma}{\gamma_s-\gamma} \tag{8-4-8}$$

式中　d——折算直径；

η——安全系数，可根据工程重要程度，取 $\eta=1.2\sim1.5$；

α_0——系数，与边坡系数 m 有关，取值见表 8-4-3；

λ——波长与波高之比，$\lambda=\frac{l}{h_B}$；

l——波长，m；

h_B——波高，m。

表 8-4-3 系数 α_0 取值表

m	2	3	4	5	6
α_0	0.13	0.11	0.10	0.09	0.09

波长 l 和波高 h_B 可依次用下列公式计算[28]：

$$l = 0.39w\sqrt{S} \quad (8-4-9)$$

$$h_B = 0.0206w^{4/3}S^{1/3} \quad (8-4-10)$$

式中 w——风速，m/s；

S——吹程，km。

式（8-4-10）在 $S\leqslant 10$km、$w=10\sim 20$m/s 时，最符合实测值。

二、抛石距离计算

抛石距离是指抛石时，由于水流流动的影响，石块从水面沉至河底的过程中，将随水流冲移的一段距离。因此，在抛投石块时，应选在距预定加固地点的上游适当的距离处进行。抛石距离的估算可使用式（8-4-11）、式（8-4-12）。

（1）根据实测及实验室资料[67]，

$$L = 0.92\frac{vH}{G^{1/6}} \quad (8-4-11a)$$

或

$$L = 0.74\frac{v_0H}{G^{1/6}} \quad (8-4-11b)$$

式中 L——抛石距离，即石块被冲移的水平距离，m；

v——垂线平均流速，m/s；

v_0——水面流速，m/s；

H——水深，m；

G——石块重量，kg。

（2）经验公式[41]：

$$L = 2.5\frac{vH}{d^{1/2}} \quad (8-4-12)$$

式中 L——抛石距离，即石块被冲移的水平距离，m；

d——石块折算直径，cm；

v——抛石处水流平均流速，m/s；

H——水深，m。

第二节 护 坡 防 护

一、块石护坡防护[81]

1. 块石护坡石块尺寸的确定

块石护坡中所用石块尺寸的确定，也就是护坡石块折算直径的估算：

$$d = 1.59K \frac{\gamma}{\gamma_s - \gamma} \times \frac{A\sqrt{1 + m^2}}{m(m + 2)} h_B \tag{8-4-13}$$

式中 d——石块的折算直径，它与石块平均折算直径 d_M 的关系为：$d = 0.85d_M$；

m——边坡系数；

γ_s、γ——石块及水的重率；

h_B——波高；

A——系数，对于堆石护坡，$A = 0.80$；对于砌石护坡，$A = 0.64$；对于方块体的铺石护坡，$A = 0.54$；

K——系数，与边坡系数 m 有关（见表 8－4－4）。

表 8－4－4　系数 K 取值表

m	2.0	2.5	3.0	5.0
K	1.2	1.3	1.4	1.6

2. 干砌块石护坡厚度计算[26]

在波浪作用下，斜坡堤干砌块石护坡的护面厚度 t 可按式（8－4－14）计算：

$$t = K_1 \frac{\gamma}{\gamma_b - \gamma} \frac{h_B}{\sqrt{m}} \sqrt[3]{\frac{L}{h_B}} \tag{8-4-14}$$

式中 K_1——系数，对一般干砌块石可取值 0.266，对砌方石、条石取值 0.255；

γ_b——块石的重度，kN/m^3；

γ——水的重度，kN/m^3；

h_B——计算波高，m，当 $h/L \geqslant 0.125$ 时，取 $h_{B4\%}$；当 $h/L < 0.125$ 时，取 $h_{B13\%}$；h 为堤前水深；

L——波长，m；

m——斜坡坡率，$m = \cot\alpha$，α 为斜坡坡度，式（8－4－14）适用于 $1.5 \leqslant m \leqslant 5.0$ 的情况。

3. 单个块体、块石质量及护坡厚度计算[26]

当采用人工块体或经过分选的块石作为斜坡堤的护坡面层时，波浪作用下单个块体、块石的质量 G 及护面层厚度可按式（8－4－15）计算：

$$G = 0.1 \frac{\gamma_s h_B^3}{K_D \left(\frac{\gamma_s}{\gamma} - 1\right)^3 m} \tag{8-4-15}$$

$$t = nc \left(\frac{G}{0.1\gamma_b}\right)^{\frac{1}{3}} \tag{8-4-16}$$

式中 G——主要护面层的护面块体、块石个体质量，t，当护面有两层块石组成，则块石质量可在（0.75～1.25）G 范围内，但应有 50% 以上的块石质量大于 G；

γ_b——人工块体或块石的重度，kN/m^3；

γ——水的重度，kN/m^3；

h_B——设计波高，m，当平均波高与水深的比值 $\bar{h}_B/h<0.3$ 时，宜采用 $h_{B5\%}$；当 $\bar{h}_B/h\geqslant0.3$ 时，宜采用 $h_{B13\%}$；

K_D——稳定系数，可按表 8-4-5 确定；

m——斜坡坡率，$m=\cot\alpha$，α 为斜坡坡度，式（8-4-15）适用于 $m=1.5\sim5.0$ 的情况；

t——块体或块石护面层厚度，m；

n——块体或块石的层数；

c——系数，可按表 8-4-6 确定。

表 8-4-5　　稳定系数 K_D 取值表

护面类型	构造型式	K_D	说明	护面类型	构造型式	K_D	说明
块 石	抛填二层	4.0		四脚空心方块	安放一层	14	
块 石	安放（立放）一层	5.5		扭工字块体	安放二层	18	$h_B\geqslant7.5$m
方 块	抛填二层	5.0		扭工字块体	安放二层	24	$h_B<7.5$m
四脚锥体	安放二层	8.5					

表 8-4-6　　系数 c 取值表

护面类型	构造型式	c	说明	护面类型	构造型式	c	说明
块 石	抛填二层	1.0		扭工字块体	安放二层	1.2	定点随机安放
块 石	安放（立放）一层	1.3~1.4		扭工字块体	安放二层	1.1	规则安放
四脚锥体	安放二层	1.0					

二、水下沉排护坡

为防止河床、边坡或坡脚被水流的冲刷，可用柴排防护。柴排在水中由于受浮力作用将上浮，需在柴排上压以石块，致使沉排能紧贴河底。固定柴排的抛石最小厚度的计算公式为

$$t_S=\eta\frac{\gamma-\gamma_c}{\gamma_s-\gamma}t_c \tag{8-4-17}$$

式中　t_S——抛石的最小厚度；

t_c——柴排的厚度；

γ——水的重度；

γ_c——柴排的重度；

γ_s——抛石的重度；

η——安全系数，可取 1.2~1.5。

第三节　丁 坝 的 水 力 计 算

在河道整治工程中，有时可采用修筑丁坝措施来壅高河道水位，增加河道水深，调整

水面比降，降低河道流速，稳定河床形态，改善水流流态等，这已在许多地方取得良好的效果。丁坝工程设计中水力计算的主要任务是，筑坝后水面的壅高情况和河床冲刷情况，有以下几方面计算内容和计算步骤。

一、丁坝壅水高度的计算[19,20]

河道、航道在修筑丁坝后，上游水位将壅高 ΔZ，如图8－4－3所示。计算壅水高度 ΔZ，也就是计算筑坝后的上下游断面水位差。

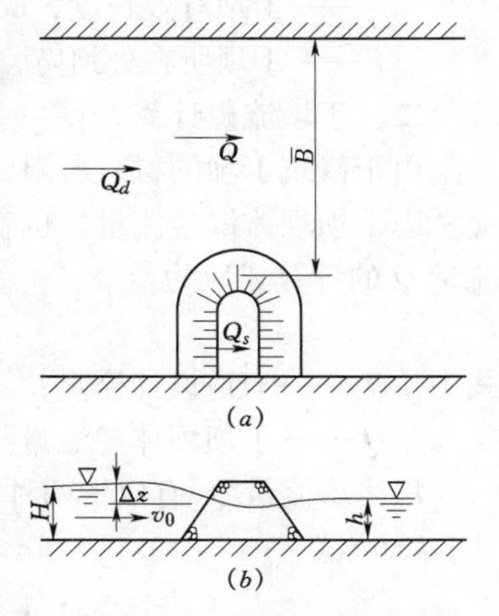

图8－4－3 丁坝壅水高度计算示意图

1. 宽顶堰公式

根据淹没宽顶堰理论，壅水高度 Δz 的计算公式为

$$\Delta z = \frac{Q^2}{2g(\varphi\varepsilon\bar{B}h)^2} - \frac{v_0^2}{2g} \qquad (8-4-18)$$

式中 Q——通过丁坝孔口的流量，即通过丁坝缩窄断面的流量（见图8－4－3）；

φ——流速系数，与流向垂直的丁坝，$\varphi=0.75\sim0.85$，与流向成锐角的丁坝，$\varphi=0.85\sim0.90$，一般情况下，$\varphi=0.85$；

ε——侧收缩系数，与丁坝缩窄断面比有关，也与丁坝坝头形状有关，一般可取 $\varepsilon=0.8$，缩窄显著者，$\varepsilon=0.7$；

$\bar{B}$——坝孔口平均宽度，即丁坝缩窄断面的平均宽度；

h——孔口处的平均水深，可近似用下游水深代替；

v_0——行近流速，m/s，其流速水头 $\frac{v_0^2}{2g}$ 常可忽略不计。

2. 桥墩壅水公式

$$\Delta z = \eta(v_m^2 - v_0^2) \qquad (8-4-19)$$

式中 v_m——在丁坝孔口的流量下，整治线范围内丁坝断面上的平均流速，m/s；

v_0——行近流速，m/s；

η——系数，对于具有中等河滩的平原河流，通过河滩的流量小于全河道总流量的50%时，有 $\eta=0.1$；通过河滩的流量大于全河道总流量的50%时（如河滩很长），有 $\eta=0.15$。

3. 不透水丁坝壅水公式

假定丁坝附近河底不被冲刷，可用下列简单公式计算：

$$\Delta z = 12.4K_c\sqrt{P}\frac{v_c^2}{2g} \qquad (8-4-20)$$

$$K_c = \frac{l_p}{B}$$

式中 v_c——建坝前坝址处平均流速，m/s；

P——丁坝结构作用系数，不透水时 $P=1.0$；

K_c——系数；

l_p——丁坝有效长度，m；

B——丁坝所在处河宽，m。

二、丁坝流量计算

由于修筑丁坝的材料所限，一般来说丁坝坝体是透水的。在计算丁坝的壅水高度时，应考虑丁坝坝体渗透流量。也就是说，壅水高度 Δz 计算公式（8－4－18）中的丁坝孔口流量 Q 的计算式应为

$$Q = Q_d - Q_s \tag{8-4-21}$$

式中 Q_d——河道设计流量；

Q_s——丁坝坝体渗流量。

坝体渗流量 Q_s 有以下两种计算式。

1. 公式一

$$Q_s = K_\phi L\left[\frac{2\sqrt{\Delta z}}{m_1+m_2}\left(b^{\frac{1}{2}} - b_1^{\frac{1}{2}}\right) + \frac{\Delta z^{\frac{3}{2}}}{\sqrt{3(b_1 - m_1\Delta z)}}\right] \tag{8-4-22}$$

式中 Q_s——渗流量；

Δz——上下游水位差；

b——坝体横断面底宽；

b_1——下游水面高程处的坝体横断面宽度（见图8－4－4）；

m_1——上游边坡系数；

m_2——下游边坡系数；

L——坝长（按有渗流的长度计算）；

K_ϕ——紊流渗透系数，cm/s，可按式（8－4－23）求出：

$$K_\phi = p\left(20 - \frac{a}{d}\right)\sqrt{d} \tag{8-4-23}$$

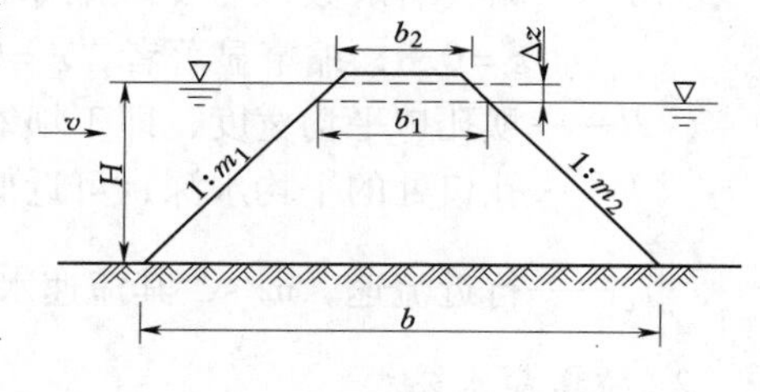

图8－4－4 坝体横断面图

式中 p——坝体孔隙率，按实测坝体资料确定，无资料时，可近似采用 $p=0.35\sim0.50$；

a——系数，圆形石块取14，破碎石块取5；

d——石块折算直径，cm。

2. 公式二

$$Q_s = K_\phi LH\sqrt{i_\phi} \tag{8-4-24}$$

式中 H——上游水深；

i_ϕ——平均渗流坡降，可近似由式（8－4－25）计算：

$$i_\phi = \frac{\Delta z}{(m_1+m_2)H + b_2} \tag{8-4-25}$$

式中 b_2——相应于上游水位高程处的坝体横断面宽度；

其余符号意义同前。

应当注意的是：

（1）式（8－4－22）、式（8－4－24）是独立的两个计算公式，可分别用于计算坝体

渗流量 Q_s。

(2) 式 (8-4-22)、式 (8-4-24) 中，还存在上下游水位差 Δz，也就是壅水高度 Δz 未知的情况。

在使用这两个公式计算坝体渗流量 Q_s 时，应使用试算法。即先假定壅水高度 Δz，计算坝体渗流量 Q_s；然后使用公式 (8-4-18) 重复计算 Δz，以及重复计算 Q_s，对这两个量进行校正，直至满意为止。

三、丁坝上游壅水水面线计算

在计算并确定了壅水高度 ΔZ 值后，可用天然河道水面曲线的方法，编程计算丁坝上游壅水水面线，绘制丁坝上游河段壅水水面线图，并与未筑坝前的天然河道水面曲线进行比较。给出需了解地段、滩地的水深增加值、河道的比降调整值以及壅水长度。天然河道水面曲线的计算方法，可参见本篇第一章。

四、丁坝水力校核计算

1. 丁坝孔口流速校核公式

(1) 一岸修筑的丁坝孔口流速，可按下列近似计算公式进行校核计算。

孔口平均流速
$$v = \frac{Q}{\varepsilon Bh} \tag{8-4-26}$$

孔口最大流速
$$v_{\max} = \frac{v}{\alpha} \tag{8-4-27}$$

式中　α——流速换算数，一般取 $\alpha = 0.8$；

其余符号意义同前。

通航的设计要求 $v_{\max} < v_p$，v_p 为通航允许流速。

(2) 两岸修筑的对口丁坝孔口流速，可按下列近似计算公式进行校核计算。

对口丁坝孔口流速为

$$v = \frac{Q}{H\bar{B}\left(1 - \frac{\Delta z_0}{H}\right)} \tag{8-4-28}$$

式中　H——丁坝上游河道水深，上游水头；

$\bar{B}$——坝孔口平均宽度；

Δz_0——上游水位与孔口中部断面的水位差，与 $\Delta z/H_0$ 有关，可从图 8-4-5 查得；

Δz——上下游水位差；

H_0——包括行近流速水头在内的上游水头，即 $H_0 = H + \frac{v_0^2}{2g}$。

利用图 8-4-5 是计算丁坝的孔口流量的另一种计算方法。图 8-4-5 给出了对口丁坝的孔口流量系数 m 与 $\Delta z/H_0$ 的关系曲线，查找这一关系曲线求出对口丁坝的孔口流量系数 m，从而可用式 $Q = m\bar{B}\sqrt{2g}H_0^{3/2}$ 计算对口丁坝的孔口流量。

2. 丁坝上游各断面平均流速校核公式

丁坝上游各断面平均流速的计算，一般可在丁坝上游壅水水面线计算所获得的各断面的水深或水面高程基础上，进行各断面的平均流速计算。对某些平顺的卵石河段，可用下

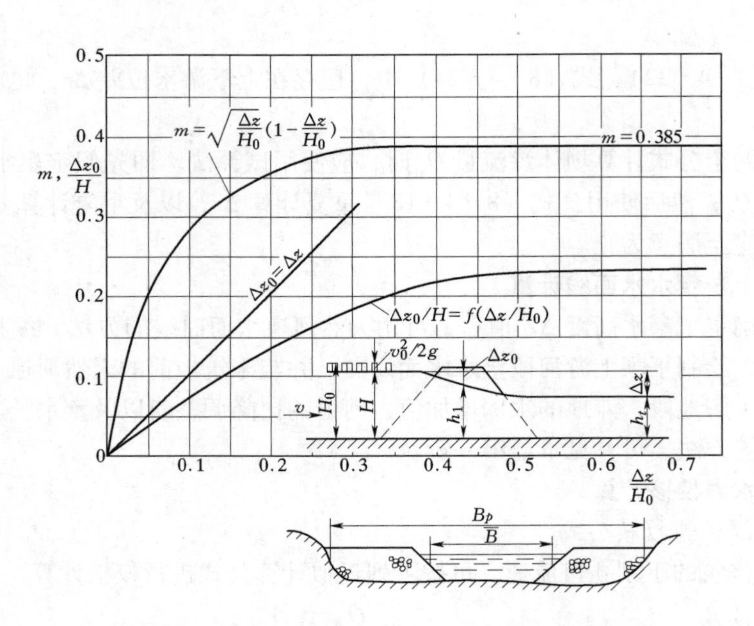

图 8-4-5 对口丁坝 m、$\Delta z_0/H$ 与 $\Delta z_0/H_0$ 关系曲线

列出由均匀流公式推导的近似公式，进行丁坝上游各断面平均流速的计算。

$$v = \frac{1}{n}R^{\frac{2}{3}}J^{\frac{1}{2}} \tag{8-4-29}$$

式中 v——平均流速，m/s；

n——河床糙率；

R——水力半径，m；

J——水面比降。

3. 丁坝孔口间河床上冲刷流速校核公式

建筑丁坝处的河床，若是基岩或覆盖大砾石，则抗冲性强，难于被冲刷，不会影响坝上壅水下降。如果是建筑在砂、卵石河床上，一旦孔口间河床受到强烈冲刷，过水断面积增大，则失去筑坝壅水的作用。所以要作坝孔口河床质起动流速的校核。

沙卵石河床的卵石起动流速计算，目前还不完善，常用的公式有

$$v_0 = 4.6d^{\frac{1}{3}}h^{\frac{1}{6}} \tag{8-4-30}$$

$$v_0 = 5.4d^{0.36}h^{0.14} \tag{8-4-31}$$

式中 v_0——粗颗粒无粘性泥沙的起动流速，m/s；

d——泥沙平均粒径，m；

h——水深，m。

在设计壅水丁坝时，孔口间的计算平均速度，若等于或大于河床泥砂的起动流速，则孔口需要进行块石护坡或采取其他措施。另外，水流经过孔口后进一步收缩，流速加大，孔口下游冲刷较厉害，若不采取措施，将会影响坝体的稳定。因此，需对孔口下游的河床冲刷进行分析计算，并采取有效措施。

第四节　潜坝的水力计算

坝顶高程在枯水位以下的锁坝称为潜坝。潜坝常建在深潭处，增加河底糙率，缓流落淤，调整河床，平顺水流；山区河流上也常建潜坝形成壅水，以调整潜坝上游水面比降。潜坝的坝顶高程应比计划河底高程略低。

潜坝的水力计算，主要包括潜坝壅水高度计算、潜坝坝顶流速校核以及潜坝渗流量计算等内容。这些水力计算内容是潜坝工程设计中的重要部分，计算成果的正确与否，将直接影响工程的效果。对一些大型潜坝工程，还需通过水工模型试验，探讨潜坝壅水效果、坝顶的流速、比降、流态等问题，以保证工程达到预期目的。

一、潜坝壅水高度的计算

（一）计算方法一[20]

1. 基本公式

如图8-4-6所示，关于潜坝壅水高度计算公式，有基于淹没宽顶堰溢流公式

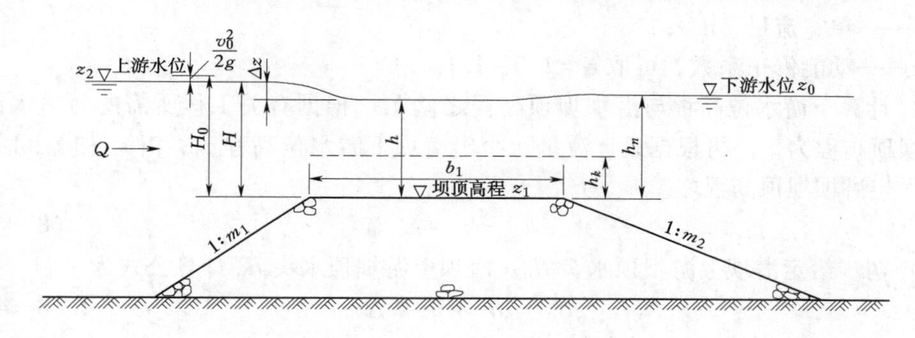

图8-4-6　潜坝壅水高度计算

h_n—潜坝下游坝顶水深，m；z_0—潜坝下游水位；z_1—潜坝坝顶高程；z_2—潜坝上游水位；h_k—坝顶临界水深，m

$$Q = m\sigma B\sqrt{2g}H_0^{3/2} \tag{8-4-32}$$

或

$$Q = \varphi Bh\sqrt{2g(H_0 - h)} \tag{8-4-33}$$

式中　Q——设计流量，m³/s；

m——流量系数，此系数与孔口形状有关，对于梯形潜坝，可近似地取 $m=0.35$；

σ——淹没系数，取值见表8-4-7；

B——潜坝顶溢流断面的平均宽度，m；

H_0——潜坝上游坝顶水头，m（含坝前上游行进流速水头）；

φ——淹没堰的流速系数（反映潜坝在淹没状态下，进口阻力的大小）；

h——坝顶水深，m。

2. 计算步骤

在使用式（8-4-32）、式（8-4-33）进行潜坝计算时，有些参数未知，可使用试算法。即对有些参数先假定，然后进行试算，直到假定值与计算值的误差小于允许误差

时，计算截止。下面给出的计算步骤是一种试算法之一，可在工程中参考使用。

表 8-4-7 淹没系数 σ 值

$\frac{h_n}{H_0}$	σ	$\frac{h_n}{H_0}$	σ	$\frac{h_n}{H_0}$	σ
0.80	1.00	0.86	0.95	0.92	0.78
0.81	0.995	0.87	0.93	0.93	0.74
0.82	0.99	0.88	0.90	0.94	0.70
0.83	0.98	0.89	0.87	0.95	0.65
0.84	0.97	0.90	0.84	0.96	0.59
0.85	0.96	0.91	0.82	0.97	0.50

（1）计算坝顶临界水深。计算坝顶临界水深 h_k，临界水深 h_k 计算式为

$$h_k = \sqrt[3]{\frac{\alpha q^2}{g}} \tag{8-4-34}$$

式中 g——单宽流量，m^2/s；

α——动能修正系数，可取 $\alpha = 1.0 \sim 1.1$。

（2）计算下游水位高程与潜坝坝顶高程之差 h_n。根据有关工程所需的河道水深，假定潜坝坝顶高程为 z_1。再根据设计流量，给出潜坝下游水位高程 z_0。由 z_1 和 z_0 可得下游水位高程与潜坝坝顶高程之差 h_n 为

$$h_n = z_0 - z_1 \tag{8-4-35}$$

（3）初步给定潜坝上游坝顶水头 H_0。潜坝上游坝顶水头 H_0 计算公式为

$$H_0 = h_n + h_v + \Delta z \tag{8-4-36}$$

式中，$h_v = \frac{v_0^2}{2g}$为坝上游行近流速水头，坝上游行近流速 v_0 可从潜坝前缘的过水断面面积求出。Δz 为壅水高度，可根据壅水的要求初步假定。

（4）计算淹没系数 σ。如果 $h_n > 1.3h_k$，则可认为是淹没状态。由$\frac{h_n}{H_0}$比值，可从表 8-4-7中查得淹没系数 σ。

（5）计算潜坝上游坝顶水头 H_0。根据已知的潜坝平均宽度 B、设计流量 Q、流量系数 $m = 0.35$ 和查得的淹没系数 σ，代入式（8-4-32）中，求出潜坝上游坝顶水头 H_0。若结果与初步假设给出的 H_0 相比误差较大，则重复前面的步骤，重新假定相关的量，重新计算 H_0 值；若假设给出的 H_0 和计算得到的 H_0，两者误差小于一给定的允许误差值，则 H_0 计算停止，所得的潜坝上游坝顶水头 H_0 为所需的计算成果。

（6）计算潜坝上游水位高程 z_2：

$$z_2 = z_1 + H_0 - h_v \tag{8-4-37}$$

（7）计算壅水高度 Δz：

$$\Delta z = z_2 - z_0 \tag{8-4-38}$$

新计算的壅水高度 Δz 若与原假定的壅水高度 Δz 相差太大，还需重新假定再计算。

（二）计算方法二

1. 基本公式

潜坝壅水高度为

$$\Delta z = H - (h_t - h_1) \tag{8-4-39}$$

式中 h_t——下游水深；

h_1——潜坝高度；

H——潜坝坝顶水头，可由式（8－4－40）给定：

$$H = \left(\frac{Q}{mB\sqrt{2g}}\right)^{\frac{2}{3}} - \frac{v_0^2}{2g} \tag{8-4-40}$$

式中 Q——过坝流量；

B——溢流部分的坝宽；

v_0——坝前行近流速；

m——流量系数，与 $\Delta z/H_0$ 有关，可由图 8－4－7 查出[82]；

H_0——包含行进流速水头在内的潜坝坝顶水头，$H_0 = H + \dfrac{v_0^2}{2g}$。

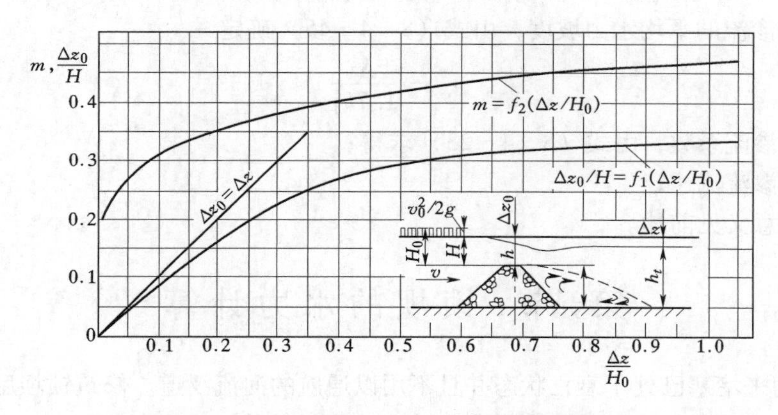

图 8－4－7 潜坝 m、$\Delta z_0/H$ 与 $\Delta z/H_0$ 关系曲线

2. 计算步骤

计算 Δz 值可通过试算方法。

（1）假定 Δz、H，计算$\dfrac{\Delta z}{H}$、$\dfrac{\Delta z}{H_0}$。

（2）根据$\dfrac{\Delta z}{H_0}$，查图 8－4－7 得流量系数 m 值。

（3）将流量系数 m 及其他已知量代入式（8－4－40）得 H，再将求得的 H 值代入式（8－4－39）求出 Δz 值。

（4）比较计算的 Δz 值与假设 Δz 值的误差是否小于允许误差，如小于则说明假设正确，计算终止；否则重新假定$\dfrac{\Delta z}{H}$值，重复上述计算步骤，直至满足要求时为止。

二、潜坝坝顶流速的校核

计算潜坝坝顶的平均流速，有下列计算公式。

1. 计算公式一

$$v_p = \frac{Q}{BH\left(1 - \frac{\Delta z_0}{H}\right)} \tag{8-4-41}$$

式中 Δz_0——坝断面中线处水位差，由图 8-4-7 查得；

其余符号意义同前。

2. 计算公式二

$$v_p = \varphi\sqrt{2g\Delta z} \tag{8-4-42}$$

式中 φ——流速系数：

$$\varphi = \frac{0.46}{\left(1 - \frac{\Delta z_0}{H}\right)\sqrt[3]{\frac{\Delta z}{H}}} \tag{8-4-43}$$

三、潜坝渗流量的计算

潜坝渗流量可确定为

$$q_\phi = h_1 v_\phi = h_1 k_\phi \sqrt{i_\phi} \tag{8-4-44}$$

式中 i_ϕ——渗流的平均水力坡度，由式（8-4-45）确定

$$i_\phi = \frac{\Delta z}{1.7h_1} \tag{8-4-45}$$

k_ϕ——渗流系数，由式（8-4-23）求得；

v_ϕ——渗流流速；

Δz、h_1意义见前述。

第五节 锁坝的水力计算

锁坝是用来堵塞已处于衰亡状态并且不用以通航的河流汊道。修筑锁坝后，可使枯水期的水流流量进入通航的汊道；在洪水期或中水期，当水流漫溢锁坝坝顶时，又可使这些废汊分泄一部分流量，保证了河道的安全。另外，上游的水位也因设置了锁坝而壅高，如图 8-4-8 所示。

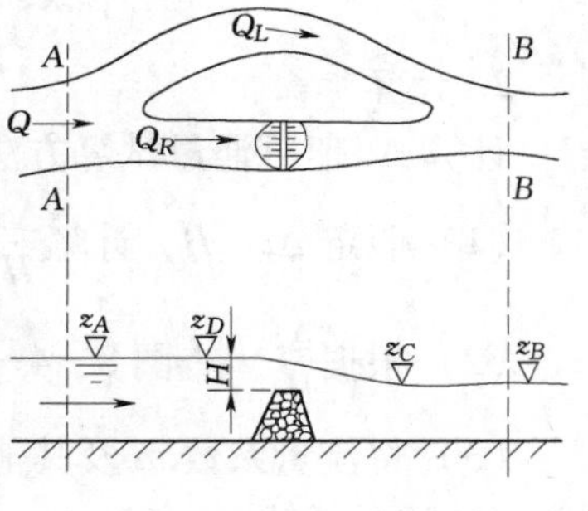

图 8-4-8 锁坝壅高水位示意图

锁坝的水力计算主要为壅水高度的计算和渗流量的计算等方面的内容。锁坝的水力计算可分为两种计算情况：当水位低于锁坝坝顶时，只有一条汊道过流；当水位高于锁坝坝顶时，少数水流从有锁坝的汊道过流，多数水流从无锁坝的汊道过流。

一、水位低于锁坝坝顶，一条汊道过流

当水位低于锁坝坝顶时，全部流量进入无锁坝的通航汊道，可根据已知总流量 Q 和汇合断面水位（汊道汇合后 B 断面见图 8-4-8），由下游至上游（即由 B 断面至 A 断面），进行通航汊道中的水面曲线计算。水面曲线的计算方法可按照第一章所述的方法来

进行，其计算成果可求得水位壅高等其他各项水力要素。

二、水位高于锁坝坝顶，两条汊道过流

当水位高于锁坝坝顶时，修筑有锁坝的汊道仍分泄一部分流量，其他多数水流的流量从无锁坝的汊道经过。这时两条汊道都需进行水面曲线的计算。水面曲线计算前应确定两汊道流量的分流比，而进行两汊道流量分流比的计算与水面曲线的计算是相互关联的，需进行试算法。下面给出主要的计算方法和步骤。

1. 计算原则

对具有分流的汊道进行水面曲线计算，应满足下列两个条件：

（1）两汊道分流量之和应等于河道总流量 Q，即

$$Q = Q_L + Q_R \tag{8-4-46}$$

式中 Q_L——左汊道分流量；

Q_R——右汊道分流量。

（2）对左汊道、右汊道分别按水面曲线计算所得的分叉至汇合两断面水位差必须相等，即

$$(\Delta z)_L = (\Delta z)_R = z_A - z_B \tag{8-4-47}$$

式中 $(\Delta z)_L$——对左汊道由下游向上游水面曲线计算得到的分叉至汇合两断面水位差；

$(\Delta z)_R$——对右汊道由下游向上游水面曲线计算得到的分叉至汇合两断面水位差；

z_A——河道分叉处断面水位；

z_B——河道汇合处断面水位。

2. 计算步骤

两汊道分流量的确定和水面曲线的计算是相互依赖的，其基本思路是在合适的汊道分流量下进行水面曲线的计算，通过水面曲线的计算又不断修正已给出的分流比。这些需要使用试算法来确定，具体计算步骤为：

（1）假定若干流量分流比。如表 8-4-8 中（1）列所示，由假定的分流比得出对应的汊道分流量，如表 8-4-8 中（2）、（3）列所示，表中暂列四个分流比。

表 8-4-8　汊道分流量计算表

(1)	(2)	(3)	(4)	(5)
两汊道流量分流比	左汊道分流量 Q_L	右汊道分流量 $Q_R = Q - Q_L$	沿左汊道推算的分汊断面水位 z_L	沿右汊道推算的分汊断面水位 z_R
分流比 1	Q_{L1}	Q_{R1}	z_{L1}	z_{R1}
分流比 2	Q_{L2}	Q_{R2}	z_{L2}	z_{R2}
分流比 3	Q_{L3}	Q_{R3}	z_{L3}	z_{R3}
分流比 4	Q_{L4}	Q_{R4}	z_{L4}	z_{R4}

（2）沿左、右汊道分别计算在各假定分流比下的分汊断面 A 处水位 z_L 和 z_R。根据上述各种由分流比求出的左、右汊道分流量，从汊道下游汇合断面 B 处的水位 z_B 开始，分别沿左汊道、右汊道向上游进行水面曲线计算，并算至上游分汊断面 A 处为止。沿左汊

道计算所得的分汊断面 A 处水位 z_L 和沿右汊道计算所得的分汊断面 A 处水位 z_R，分别列于表 8-4-8 中（4）、（5）列中。

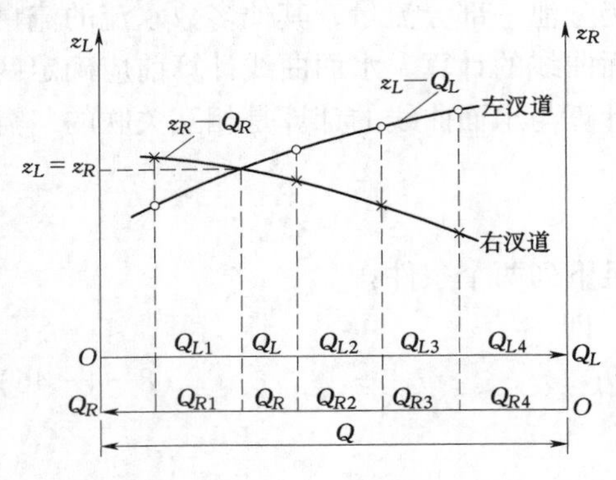

图 8-4-9 z_L—Q_L 和 z_R—Q_R 关系曲线

（3）流量分流比和分汊断面处水位 z_A 的确定。以表 8-4-8 中所列的分流量 Q_L 及 Q_R 为横坐标，以相应的分汊断面水位为纵坐标，描点绘出 z_L—Q_L、z_R—Q_R 两条关系曲线，如图 8-4-9 所示。两条曲线的交点即为所求的流量分流比和分汊断面处水位。

（4）根据所得的实际流量分流比，再重新推算两汊道的水面曲线，从而可算得分汊、汇合断面的水位差及其他水力要素。

3. 关于水面曲线计算

水面曲线的计算可根据汊道分流量和汇合断面水位，按照第一章所述的计算方法进行。在计算通航汊道（无锁坝）水面曲线时，如有挖槽或建筑物，则应将增减的面积考虑进去，回流死水区的面积也应扣除；在计算非通航汊道（有锁坝）水面曲线时，应考虑锁坝的壅水作用，其计算方法是一般的水面曲线计算方法与潜坝壅水计算相结合。首先从汇合断面水位 z_B（见图 8-4-8）推算水面线至锁坝的下游水位 z_C，然后通过按潜坝壅水计算方法得出锁坝壅水高度，从求得坝上游水位 z_D，再用一般的水面线计算方法求得分汊断面水位 z_A。

4. 关于渗流计算

锁坝的渗流量计算，可根据水位低于或高于坝顶，分别与丁坝或潜坝的渗流量计算方法相同。

第六节 河工建筑物的冲刷计算

一、丁坝的局部冲刷计算

由于丁坝束窄河床的作用，使得水流在丁坝的上游产生壅水，并形成水流的高压区；而丁坝坝头附近的水流在绕流作用下，流线集中，流速增大，形成了水流的低压区。位于高压区的水体，其中有少量水体折向河岸形成了回流，其他大部分水体沿丁坝流向坝头附近的低压区。在流动过程中，有部分水体受丁坝挡水作用产生了下降水流，并形成环绕坝头的涡流作用，使得坝头处的河床发生了冲刷。由冲刷从河底冲起的泥沙，大部分被水流带出冲刷坑以外，在丁坝下游形成淤积堆。在这个冲移过程中，有小部分泥沙散落在冲刷坑斜坡上，又在重力作用下，重新返回坑底。冲刷坑的形状常呈漏斗状，最深点靠近坝头偏下游，最大坡角与泥沙在水下安息角接近相等（见图 8-4-10）。

根据丁坝轴线与水流交角 α 的不同，可分为 $\alpha>90°$ 的上挑丁坝、$\alpha<90°$ 的下挑丁坝和 $\alpha=90°$ 的正挑丁坝三种，如图 8-4-11 所示。实验证明：上挑丁坝冲刷深度较大，正挑丁坝次之，下挑丁坝较小。

丁坝局部冲刷计算公式有：

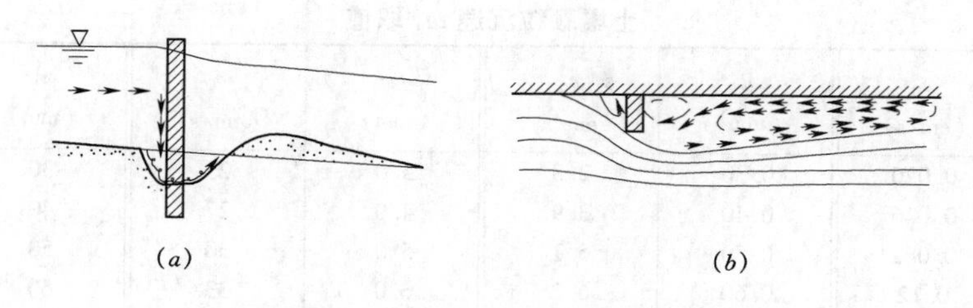

图 8－4－10　丁坝流动状况示意图

1. 1972 年前苏联运输工程部运输设计总局推荐公式[42]

（1）有泥沙进入冲刷坑：

$$H_{\max} = \left(\frac{1.84h}{0.5b+h} + 0.0207\frac{v-v_0}{\omega_0}\right) bK_m K_\alpha \tag{8-4-48}$$

式中　ω_0——土壤颗粒沉速，由表 8－4－9 确定。

（2）无泥沙进入冲刷坑：

$$H_{\max} = \frac{1.84h}{0.5b+h}\left(\frac{v-v_H}{v_0-v_H}\right)^{0.75} bK_m K_\alpha \tag{8-4-49}$$

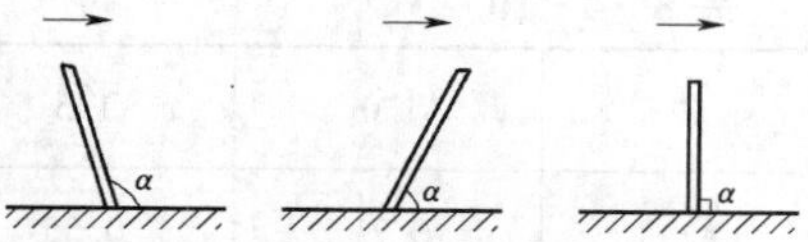

式中　$H_{\max}$——局部冲刷发生后的最大水深，即冲刷坑最深处至水面距离；

h——局部冲刷发生前的水深；

b——丁坝在水流流向法线上的投影长度，即丁坝在垂直与流向方向上的投影长度；

(a)　(b)　(c)

图 8－4－11　丁坝类型

（a）上挑丁坝；（b）下挑丁坝；（c）正挑丁坝

K_m——与丁坝坝头部边坡系数 m 有关的系数，由表 8－4－10 确定；

K_α——与丁坝轴线和流向之间的夹角 α（见图 8－4－11）有关的系数，计算式为

$$K_\alpha = \sqrt[3]{\frac{\alpha^\circ}{90^\circ}} \tag{8-4-50}$$

式中　v——流向丁坝坝头水流的垂线平均流速；

v_0——土壤的冲刷流速，m/s，有以下两种计算公式。

对非粘性土壤：

$$v_0 = 3.6\sqrt[4]{hd} \tag{8-4-51a}$$

对粘性土壤：

$$v_0 = \frac{0.4}{\varepsilon}(3.34 + \lg h)\sqrt{0.151 + C_p} \tag{8-4-51b}$$

式中　d——土壤粒径，m；

ε——系数，当坑中有泥沙进入时用 1.0；

C_p——土壤粘聚力，由实际资料确定，无资料时可查表 8－4－11；

v_H——土壤的起冲流速，计算式为

$$v_H = v_0\left(\frac{d}{h}\right)^y \tag{8-4-52}$$

式中　y——指数，由表 8－4－12 确定。

表 8-4-9 土壤颗粒沉速 ω_0 取值

d (mm)	ω_0 (cm/s)	d (mm)	ω_0 (cm/s)	d (mm)	ω_0 (cm/s)	d (mm)	ω_0 (cm/s)
0.02	0.020	0.30	2.8	3.0	23	30	74
0.03	0.046	0.40	3.9	4.0	27	40	76
0.04	0.082	0.50	5.1	5.0	30	50	78
0.05	0.12	0.60	6.2	6.0	33	60	89
0.06	0.18	0.70	7.3	7.0	36	70	91
0.07	0.25	0.80	8.4	8.0	38	80	98
0.08	0.33	0.90	9.6	9.0	40	90	104
0.09	0.041	1.0	10.7	10	43	100	110
0.10	0.51	1.5	16	15	52	150	135
0.20	1.7	2.0	19	20	60	200	153

表 8-4-10 系数 K_m 取值

M	1.0	1.5	2.0	2.5	3.0	3.5
K_m	0.71	0.55	0.44	0.37	0.32	0.28

表 8-4-11 土壤粘聚力 C_p 单位：9.8kPa

塑限含水量 (%)	孔隙比 (%)					
	0.41～0.50	0.51～0.60	0.61～0.70	0.72～0.80	0.81～0.95	0.96～1.10
9.5～12.4	0.3	0.1	0.1	—	—	—
12.5～15.4	1.4	1.7	0.4	0.2	—	—
15.5～18.4	—	1.9	1.1	0.8	0.4	0.2
18.5～22.4	—	—	2.8	1.9	1.0	0.6
22.5～26.4	—	—	—	3.6	2.5	1.2
26.5～30.4	—	—	—	—	4.0	2.2

表 8-4-12 指数 y 取值

h/d	20	40	60	80	100	200
y	0.198	0.181	0.173	0.167	0.163	0.152
h/d	400	600	800	1000	≥2000	
y	0.143	0.139	0.137	0.134	0.125	

2. K.B. 马特维也夫公式[27,26]

$$\Delta H = 27K_1K_2\left(\text{tg}\,\frac{\alpha}{2}\right)\frac{v_0^2}{g} - 3d \tag{8-4-53}$$

式中 ΔH——坝头冲刷坑深度，m；

v_0——丁坝前水流的行近流速，m/s；

K_1——与丁坝在水流法线方向上投影长度 l 有关的系数，计算式为

$$K_1 = e^{-5.1\sqrt{\frac{v_0^2}{gl}}} \quad (8-4-54)$$

式中 K_2——与丁坝边坡系 m 有关的系数，计算式为

$$K_2 = e^{-0.2m} \quad (8-4-55)$$

式中 α——水流轴线与丁坝轴线的交角，当上挑丁坝 $\alpha > 90°$时，应取 $\text{tg}\frac{\alpha}{2}=1$；

d——河床砂粒径，m；

g——重力加速度，m/s^2。

式（8－4－53）适用于非淹没丁坝的冲刷深度计算。

3. E. B. 波尔达柯夫公式[27,26]

$$H = h_0 + \frac{2.8v_0^2}{\sqrt{1+m^2}}\sin\alpha \quad (8-4-56)$$

式中 H——局部冲刷水深，m，从水面算起；

h_0——坝前行近流水深，m；

v_0——坝前行近流速，m/s；

m 和 α 的意义与式（8－4－53）相同。

式（8－4－56）适用于非淹没丁坝，且河床砂粒粒径较细的情况。

4. 张红武公式[12]

张红武根据坝前水流几种情况，导出细沙河床局部冲深公式为

$$h_m = \frac{1}{\sqrt{1+m^2}}\left[\frac{h_0 v_0 \sin\theta (D_{50})^{0.5}}{\left(\frac{\gamma_s-\gamma}{\gamma}g\right)^{2/9}\nu^{\frac{5}{9}}}\right]^{6/7}\frac{1}{1+1000S_V^{1.67}} \quad (8-4-57)$$

式中 h_m——坝前冲坑水深；

m——根石边坡系数；

θ——来流与坝轴的夹角；

D_{50}——床沙中值粒径；

ν——水流运动粘性系数；

S_V——体积百分数计的含沙量；

h_0、v_0——行近水流水深、行近流速。

式（8－4－57）近年来已在黄河上使用。

二、锁坝的局部冲刷计算

水流从锁坝坝顶漫溢后，下游河床产生局部冲刷。若为淹没泄流，可借用南京水利科学研究所的“静水池尾坎后跌流冲刷的试验”成果计算锁坝冲刷深度[68]：

$$h_p = \frac{0.332}{\sqrt{d}\left(\frac{h}{d}\right)^{1/6}}q \quad (8-4-58)$$

式中 h_p——冲刷坑最大深度（从水面算起），m；

q——单宽流量，$m^3/(s \cdot m)$；

d——河床沙平均粒径，m；

h——水深，m。

三、护岸的冲刷计算

1. 水流平行于岸坡时产生的冲刷[26]

$$h_B = h_p + \left[\left(\frac{v_{cp}}{v_{允}} \right)^n - 1 \right] \tag{8-4-59}$$

式中 h_B——局部冲刷深度（从水面算起），m；

h_p——冲刷处的深度（以近似设计水位最大深度代替），m；

v_{cp}——平均流速，m/s；

$v_{允}$——河床面上允许不冲流速，m/s；

n——系数，与防护岸坡在平面上的形状有关，一般取 $n = \frac{1}{4}$。

2. 水流斜冲防护岸坡时产生的冲刷[21,26]

由于水流斜冲河岸，水位升高，岸边产生自上而下的水流淘刷坡脚，其冲深按式(8-4-60)计算：

$$\Delta h_p = \frac{23\text{tg}\,\dfrac{\alpha}{2}}{\sqrt{1+m^2}} \times \frac{v_j^2}{g} - 30d \tag{8-4-60}$$

式中 Δh_p——从河底算起的局部冲深，m，如图 8-4-12（b）所示；

α——水流流向与岸坡交角，(°)，如图 8-4-12（a）所示；

m——防护建筑物迎水面边坡系数；

d——坡脚处土壤计算粒径，cm，对非粘性土壤，取大于 15%（按重量计）的筛孔直径，对粘性土壤，取表 8-4-13 中对应的当量粒径值；

v_j——水流偏斜时，水流的局部冲刷流速，其计算方法如下所述。

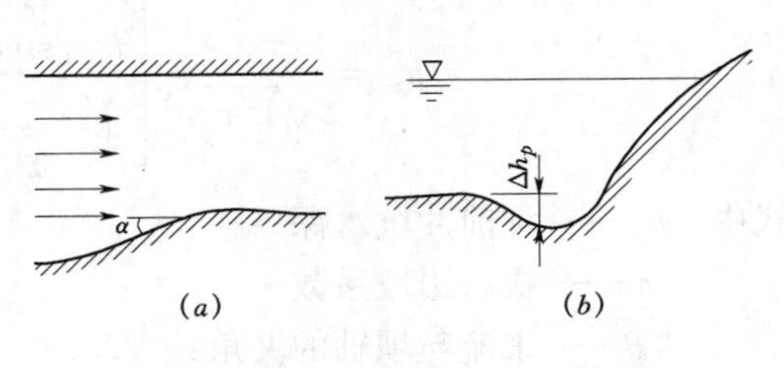

图 8-4-12 岸坡冲刷计算示意图

（1）滩地河床 v_j 的计算：

$$v_j = \frac{Q_1}{B_1 H_1}\left(\frac{2\beta}{1+\beta}\right) \tag{8-4-61}$$

式中 B_1——河滩宽度，从河槽边缘至坡脚距离，m；

Q_1——通过河滩部分的设计流量，m^3/s；

H_1——河滩水深，m；

β——水流流速分配不均匀系数，与 α 角有关，见表 8-4-14。

（2）无滩地河床 v_j 的计算：

$$v_j = \frac{Q}{\omega - \omega_p} \tag{8-4-62}$$

式中　Q——设计流量，m^3/s；

ω——原河道过水断面面积，m^2；

ω_p——河道缩窄部分的断面面积，m^2。

表 8-4-13　　土壤粒径当量值

土壤性质	空隙比（空隙体积/土壤体生活费）	干容重（kN/m^3）	非粘性土壤当量粒径（cm）		
			粘土及重粘壤土	轻粘壤土	黄土
不密实的	0.9~1.2	11.76	1	0.5	0.5
中等密实的	0.6~0.9	11.76~15.68	4	2	2
密实的	0.3~0.6	15.68~19.60	8	8	3
很密实的	0.2~0.3	19.60~21.07	10	10	6

表 8-4-14　　不均匀系数β与α角的关系

α	≤15°	≤20°	≤30°	≤40°	≤50°	≤60°	≤70°	≤80°	≤90°
β	1.00	1.25	1.50	1.75	2.00	2.25	2.50	2.75	3.00

第五章 溃坝的水力计算

第一节 溃坝水力计算的目的

拦河筑坝，兴修水库，对于防洪、灌溉、发电、航运、养殖等都起着很大的作用。在一般情况下，坝是能够而且是必须确保安全的。但是，由于某些偶然因素或特种原因，例如军事和人为的破坏；地震的毁坏；超过设计标准的暴雨洪水的漫顶冲蚀；渗流变形破坏；坍塌、滑坡事故；坝址选择不当，基础处理不好；施工质量差；水库运用、管理、维修不善；水库自然衰亡等，都可能使坝身遭到破坏，而发生溃坝事故。根据国际大坝委员会1974年出版的《坝的失事教训》[52]中统计结果，以及1982年第十四届国际大坝会议上第52题"运行中大坝的安全"总报告中提到大坝失事的原因，认为坝体失事的原因主要是泄洪能力不足和基础方面的问题，可分为如下六类：

（1）水力学方面的问题，包括暴雨洪水的漫顶、渗漏、管涌、坍岸、冰压力等，占45%。

（2）结构问题，如坝型选择，各种建筑型式与性能，建筑材料等，占30%。

（3）地质问题，如坝基的物理力学和化学性质等占7%。

（4）运行和维修不良占6%。

（5）环境影响和人为的破坏因素，如地震、冰凌、战争等，占6%。

（6）其他，如老化、报废，占6%。

国际大坝委员会根据各国（共110个国家和地区）截至1972年年底止的资料统计，共建大坝约13000多座，失事约700次，其中溃坝近300次。由于坝型和库容不同，失事比例也不一样。如按坝型分：土坝失事最多，约占$\frac{1}{2}$；重力坝占$\frac{1}{4}$；支墩坝、拱坝和混合结构坝占$\frac{1}{4}$。如按库容分：中、小型坝失事比例最大，约占80%；大型水库约占20%。

我国溃坝情况[13,72,73]与国外相类似，溃坝绝大多数是中小型水库，约占溃坝总数的96%。这与小型水库的标准低、质量差、管理弱有关。在溃坝总数中，运行期占74%，施工期占26%；按坝型分，土坝最多占98.3%；按主体工程分，大坝占86.9%；按失事的型式分，漫坝占51.5%，质量问题占38.5%，管理不当占4.2%，其他原因占5.8%。从上面的数据来看，中小型水库失事居多，而这些水库又多系土坝。我国人口稠密，小水库众多，失事率高，溃坝影响之严重，不容忽视。

中小型水库（绝大部分是土坝）流域面积小，常为局部高强度的暴雨所影响，短时间形成很大的洪峰和洪量，按洪水频率分析往往达到千年一遇或万年一遇以上的洪水标准。而中小型水库库容有限，设计洪水标准只有百年一遇或千年一遇，一般不能承受超标的洪水，因此容易造成洪水漫顶或基础管涌而垮坝。

坝体溃决后，水库上下游水流都有变化：对坝上游来说，水体突然泄放，水位迅速下降，使水库周围库岸土壤中的原来饱含的地下水骤然改变原来运动状态，流向水库，容易造成坍岸；坝下游形成溃坝涌波，洪流巨浪，汹涌澎湃，排山倒海，所到之处人、物荡尽，洗劫一空，破坏能力极大，造成极为严重的灾害。

关于溃坝的类型。根据溃坝过程的时间长短，可分为瞬时溃坝和逐渐溃坝；根据溃坝缺口规模大小，可分为全部溃坝和局部溃坝。全部溃坝为全坝长（即整个大坝）都溃到坝基的情况。局部溃坝可分两种，一种为沿坝长方向部分区域发生溃坝，但在垂直方向残留着一定高度的坝体的横向局部溃坝；另一种为在大坝局部区域发生溃决缺口，其深度达到坝基的纵向局部溃坝。有时同时存在这两种局部溃坝类型，即同时出现纵横双向局部溃坝。对于刚性坝，如重力坝、拱坝、浆砌石坝、支墩坝等，一般是瞬时溃坝而且多出现局部溃坝。对于散粒体坝，如土坝、堆石坝等，受水流冲刷，坝体受到破坏，达到溃决总有一个时间过程，这个过程的时间虽短，但不像刚性坝的溃决那样瞬时完成，因此可认为是逐渐溃坝类型。同时，散粒体坝多属溃决到坝基的纵向局部溃坝，水库在不太长的时间内全部泄空。

由于溃坝对人民生命财产和国民经济的危害极其严重，因此确保大坝安全，减少溃坝事故，减弱垮坝所造成的危害，是大坝设计、施工、管理、运用中必须着重考虑的头等大事。必须要提出防患的有效措施，同时还应进行溃坝的水力计算。这种水力计算的目的主要是：

（1）随着水库群的发展，为了合理地规划单一水库和水库群的防洪设计标准，必须给出水库溃坝流量过程。

（2）在规划设计水库时有必要进行溃坝流量计算并分析其可能的后果，以便合理地确定水库工程等级、防洪设计标准和下游安全防护措施。

关于大坝失事的防止和减弱溃坝灾害的措施，目前还缺乏全面、系统的总结，下面列举的一些措施[53,54]可供参考。

（1）细心勘测，弄清地质情况，选好坝址。

（2）进行工程普查鉴定，普查项目包括所有可能引起大坝失事的因素，如渗漏、漫顶、沉陷、裂缝、位移、地震、滑坡和材料老化等，提出处理和改进措施。

（3）研究洪水计算方法，核对设计洪水标准。

（4）采取工程措施，扩大溢洪和防渗等能力。如采用非常溢洪道、分级溢洪道或可冲性保险副坝（即自溃坝）等扩大泄洪能力的措施。采用上游使用防渗帷幕、下游使用排水网或加强反滤层等防止渗漏破坏的措施。

（5）加强观测、试验和研究，提高设计、施工和管理水平。配备观测设备，进行经常性观测监视，观测范围是从大坝坝体扩展到深层基础和库岸，发现问题应及时处理。使用一些新的观测技术，如同位素、水下电视、潜水船、水下摄影以及 GPS 卫星定位系统等。

（6）进行快速洪水预报，发布洪水警报，及早采取措施，在水库管理上应有自动化水情系统、警报系统，并应事先研究溃坝后洪水淹没范围及洪峰到达时间，载入水库档案。

（7）制订操作、检修、管理、养护等规章制度和失事的紧急措施，以保证坝的安全运行，还应规定定期检查制度，一般2～3年检查一次。溢洪设备更应勤加检查，至少每年一次，并应设有备用动力，以供急用时打开闸门。

（8）有些国家在修筑土坝时，在土坝的一定高度设置耐冲蚀层，使垮坝不致瞬间连续发展，这样可削减下游洪水波幅，洪峰流量也可削减10%～50%（实测资料），耐冲蚀层的最优高度与库水面距离为（0.46～0.75）H_0，一般为0.6H_0（其中H_0为紧接坝上游的水深），耐冲蚀层材料的冲蚀速度应为土坝筑料的冲蚀速度的$\frac{1}{100}$～$\frac{1}{500}$。

第二节　溃坝水力计算的内容及条件

一、溃坝水力计算的内容

溃坝计算的主要任务：

（1）计算溃坝坝址在某种溃决形式下的流量和水位过程线。

（2）进行溃坝洪水向下游演进的计算，给出沿程各处的流量、水位、流速、波前和洪峰到达时间。

二、溃坝水力计算的条件

1. 溃坝型式的确定[55,56]

在进行溃坝水力计算前，应慎重确定坝的溃决型式。坝的溃决形式一般从规模上分为全溃或局部溃；从时间上分为瞬时溃或逐渐溃。另外，还应预估决口的可能型式和大小。

坝的溃决型式主要决定于坝的类型、坝的基础以及溃坝原因。决口尺寸应与有关部门（如地质、水工、规划等）共同研究确定。

土坝及堆石坝的溃坝原因主要是洪水漫顶和基础管涌、渗漏。这种坝的溃决虽属于逐渐溃坝类型，但由于引起溃坝的水流冲击能力极强，从决口开始时刻到基本形成稳定的溃决断面时，整个时间过程非常短暂（一般半小时左右），为安全考虑可按瞬时溃坝处理。堆石坝及峡谷区的主坝可能会全部溃决。丘陵区或平原水库坝长达几公里，一般只溃主要部分，即为横向局部溃坝。土坝抗冲能力很差，已有实际资料证明决口处将冲刷到坝的基础甚至形成局部冲刷坑。堆石坝由大颗粒组成，有一定抗冲能力，除个别情况外，一般不会冲刷到基础。

土坝溃坝决口长度b值，根据黄河水利委员会水利科学研究院实际资料分析求得的计算公式为[69]

$$b = k(W^{1/2}B^{1/2}H)^{1/2} \tag{8-5-1}$$

式中　b——溃坝决口平均宽度，m；

W——溃坝时蓄水量，万m^3；

B——溃坝时坝前水面宽度或坝顶长度，m；

H——溃坝时水头或溃坝时坝前水深，m；

k——与坝体土质有关的系数，对粘土k值约为0.65，壤土k值约为1.3。

溃坝决口宽度主要是由引起溃坝的水流冲刷能力与坝体材料抗冲能力相互作用的结果。水头 H 是起主要作用的冲刷能力，$W^{1/2}B^{1/2}H$ 反映了坝前水体的总能量，系数 k 值反映坝体的抗冲强度。

混凝土坝中的重力坝、大头坝是靠基础摩擦力来保持稳定，而且是分块校核稳定。这种坝溃决时，坝一般是一次溃决或数次溃决到坝的基础处。混凝土坝中的拱坝是将水压力传到两岸保持稳定，一旦超出了坝的稳定条件，常常是整个坝体全部溃决或在某一高程以上的坝体全部溃决。混凝土坝溃坝时间都很短暂，属瞬时溃坝类型。

对于军事上的或人为的破坏，任何坝型都可考虑全部瞬时溃决。

总之，在确定溃坝形式时，要考虑到各种可能的最不利的情况。

2. 计算方案及初始状态

假定溃坝发生在非汛期，要考虑坝上水位为正常高水位的最不利情况，即水库上、下游的初始水流状态可分别为正常高水位时的入库流量和相应的下游枯水期流量。

假定溃坝发生在汛期，需要确定可能遭遇的洪水频率。原则上应根据工程本身和下游防护目标的重要性，确定不同溃坝型式与不同频率洪水的组合方案。坝上水位由水库调洪决定，一般来说，坝上水位应为坝顶顶高（有防浪墙应加墙高）的漫顶水位。

当水库泥沙淤积严重时，还要考虑淤积对库容的影响，分别计算水库初期无泥沙淤积时溃坝和水库后期有泥沙淤积时溃坝情况。

三、溃坝水力计算所需的基本资料

（1）地形资料，如水库地形图，坝址横断面图，库容曲线及下游河道纵横断面等资料。

（2）下游边界断面的水位流量关系曲线。

（3）不同频率的入库洪水过程及相应下游及支流的洪水过程。

（4）河道糙率。

溃坝水力计算成果的精度，除计算方法本身外，还取决于基本资料的完整与可靠程度。下游溃坝洪水演进的计算，需要在下游河道可能的范围内，划分若干计算河段，设立若干计算断面。计算断面的选取，原则上应尽量取在比降、糙率及断面形状为缓变流段上，或者说变化不大的流段上。在三者有突变之处，或有大支流汇入处应加设计算断面。计算河段的长度，也就是计算断面之间的间距，在靠近坝址处可取较短的间距，然后向下游延伸时可适当加长，一般以 5km 左右的间距较为适宜。具体方法可参见第一章有关部分。在设立计算断面处，如无实测横断面，也可从大比例尺地形图上截取。

下游边界断面尽可能设在有水文站的断面上，或附近有水文站的断面上，这样下游边界断面水位流量关系曲线可采用实测资料。由于水文站一般只纪录了正常情况下的水文资料和较大洪水情况下的水文资料，缺乏高水位大流量的实测资料，为满足溃坝水力计算需要，高水位大流量部分可用水文学或水力学方法延长。

第三节 溃坝水流的基本方程式

一、溃坝水流的流动状态

瞬间彻底溃坝后的水流流态，一般来说，上游形成逆行负波（逆行落水波），下游形

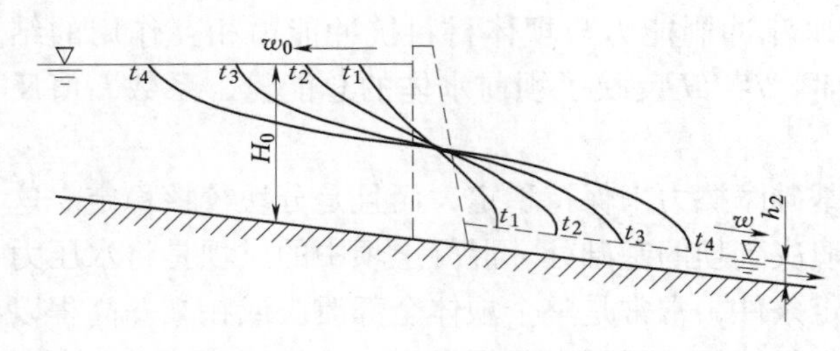

图 8-5-1 溃坝水流状态

成顺行正波（顺行涨水波），如图8-5-1所示。负波以波速 $w_0=\sqrt{gH_0}$ 向上游各方向传播。由于负波波前水深大于波后水深，因此波前速度总大于波后速度。波的外形逐渐展平（水库水面并非水平下降），负波未到之处，水库水流未受扰动。在负波逆行到水库上游水深较浅地区后，坝址处的溃坝流量将逐渐减少。负波向上游传播的同时，下游顺行正波在溃坝初期，后面水深总大于前面水深，后面的波速大于前面的波速。因此后面的元波[1]总要赶超前面的元波，而使波前愈来愈陡，形成涌波（或称立波、断波、不连续波等）现象。经过一段河槽的调蓄作用及河道的阻力作用后，涌波波高将不断缩小，波形变缓，最终消失。如图8-5-2为坝址及下游各断面流量过程线，从图可见溃坝后的流量过程线总趋势是坝址处洪峰陡峭，沿流程逐渐坦化，很快变为较平坦的形式。

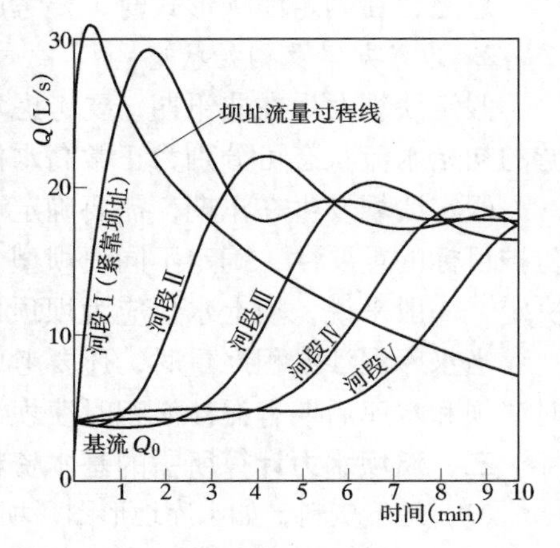

图 8-5-2 溃坝后坝址及各断面流量过程线

溃坝后，随着溃坝波的演进和发展，坝址下游水深逐渐增加。当坝址下游水深处于某一阶段时，在坝址处将时出现一段时间的临界流状态，这时坝上游水库负波中的水流为缓流，坝下游正波中的水流为急流状态，如图8-5-3所示。此时坝址处的水深为临界水深，并且坝下游恒定流水深 h_2 和坝址上游恒定流水深 H_0 的关系为 $\frac{h_2}{H_0}\leqslant 0.1384$。随着下游水深的继续增加，即当 $\frac{h_2}{H_0}>0.1384$ 时，坝下游水流将转变为缓流状态，如图8-5-4所示。这种情况在下游未溃坝时原始水流水深较大的场合也会发生，此时也应有 $\frac{h_2}{H_0}>0.1384$。

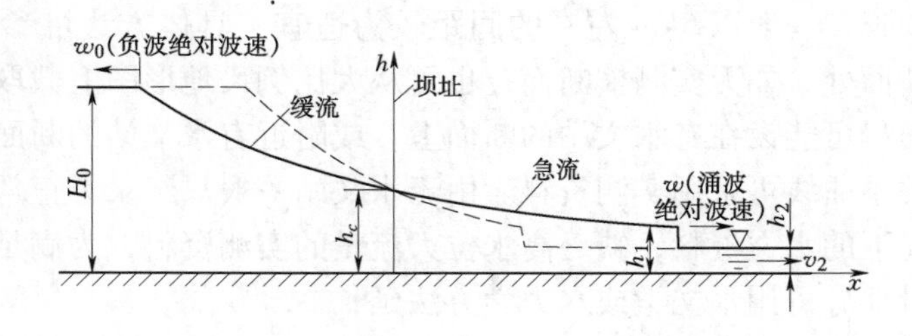

图 8-5-3 溃坝后坝址处出现临界流示意图

[1] 元波就是在相继的微小时段中，由坝址处发出的一个个的波动，并由这些波迭加而形成的整个溃坝顺行波或逆行波。

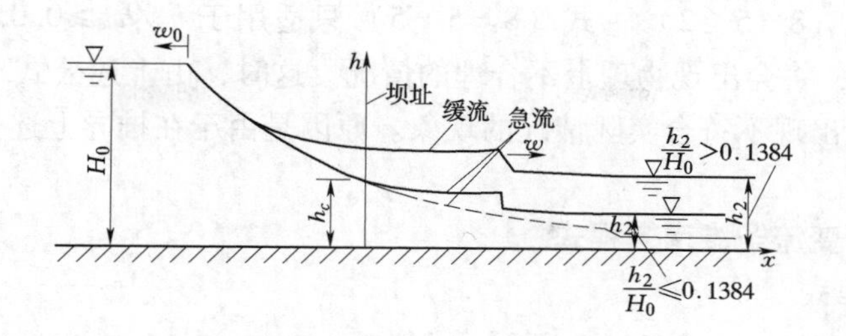

图 8-5-4 溃坝后坝址下游由急流转变为缓流示意图

根据上面溃坝水流流态的分析，可知溃坝水流是一种非恒定的不连续波的运动，并且随着时间的推移和向下游发展，这个不连续波不断坦化，也就是不连续波逐渐减弱。而在溃坝的瞬间，这个不连续波的不连续性最强。因此这种非恒定流动除受圣维南非恒定流方程组的控制外，还要受有关涌波理论的控制，也就是还受不连续波（断波）的运动规律所控制。故溃坝水流的基本方程应为以下介绍的两种类型。

二、不连续波基本方程式[29,33,37]

应用不连续波波前（又叫波额或波峰）运动方程式，也就是对于如图 8-5-5 中所示由断面 1—1 和断面 2—2 所围的、并包含一波前的水体，假定水道底坡近似等于零、断面为棱柱形、摩擦阻力忽略不计以及传播中断波不变形等条件下，应用动量方程式和连续方程式，可得出如下公式：

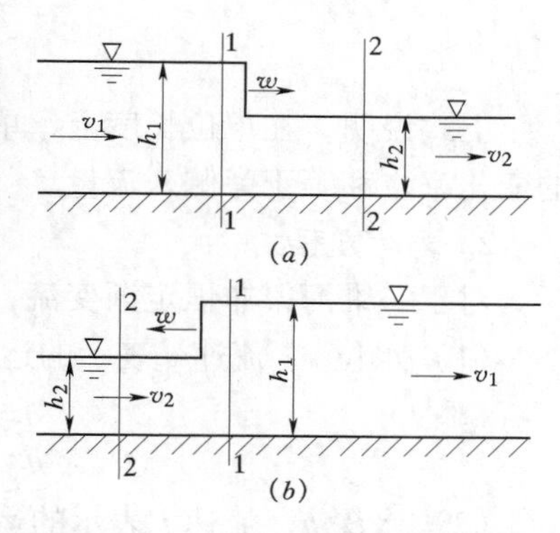

图 8-5-5 不连续波基本方程式推导示意图

（a）顺断波；（b）逆断波

1. 涌波波前速度公式

$$w = v_2 \pm \sqrt{g \frac{A_1}{(A_1 - A_2)A_2} \int_{h_2}^{h_1} A \mathrm{d}h} \tag{8-5-2}$$

式中 A——过水断面面积；

±——正号相应于顺行涌波波速的场合，负号相应于逆波波速的场合。

2. 涌波区的流量公式

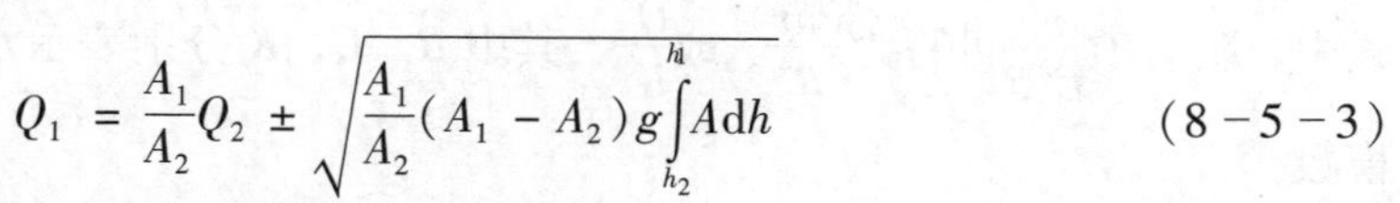

$$Q_1 = \frac{A_1}{A_2} Q_2 \pm \sqrt{\frac{A_1}{A_2}(A_1 - A_2) g \int_{h_2}^{h_1} A \mathrm{d}h} \tag{8-5-3}$$

式中 Q_1、Q_2——通过断面 1—1 和断面 2—2 的流量；

±——正号相应于顺涌波的场合，负号相应于逆涌波场合。

如为矩形断面，则由式（8-5-2）、式（8-5-3）得

$$w = v_2 \pm \sqrt{g \frac{h_1}{h_2} \frac{h_1 + h_2}{2}} \tag{8-5-4}$$

$$Q_1 = \frac{h_1}{h_2} Q_2 \pm \sqrt{\frac{g}{2} \frac{h_1}{h_2} (A_1^2 - A_2^2)(h_1 - h_2)} \tag{8-5-5}$$

必须指出，式（8－5－2）～式（8－5－5）只适用于 $h_2/h_1 \geqslant 0.05 \sim 0.1$ 时的场合。当 $h_2/h_1 < 0.05$ 时，将会出现物理上不合理的情况。这时，由上述公式求得的涌波波速及流量将急速增加，出现不符合实际情况的现象。原因是由于在推导上述公式时忽略了水流阻力。

三、非恒定渐变流圣维南方程式

1. 连续性方程式

$$\frac{\partial A}{\partial t} + \frac{\partial Q}{\partial x} = 0 \qquad (8-5-6)$$

此式说明，过水断面面积随时间的变化率与流量沿流程的变化率之和等于0。也说明单位流段中流量的变化与单位时间内该流段中水量的变化有相互消长的关系。也就是说当上游的流量大于下游的流量，即 $\partial Q/\partial s < 0$，则 $\partial A/\partial t > 0$，河道中将发生涨水波；当上游的流量小于下游的流量，即 $\partial Q/\partial s > 0$，则 $\partial A/\partial t < 0$，河道中将发生落水波。

如单位河段上单位时间中另外有旁侧入流 q，则上式应改写为

$$\frac{\partial A}{\partial t} + \frac{\partial Q}{\partial x} = q \qquad (8-5-7)$$

上式说明，在单位长度上、单位时间内，过水断面面积随时间的变化率与流量沿流程的变化率之和等于旁侧入流量。

2. 运动方程式

对于一维河渠非恒定渐变流，有下列形式的运动方程：

（1）水位 z、流速 v 表示的运动方程：

$$-\frac{\partial z}{\partial x} = \frac{1}{g} \times \frac{\partial v}{\partial t} + \frac{v}{g} \times \frac{\partial v}{\partial x} + \frac{v^2}{C^2 R} \qquad (8-5-8)$$

（2）水深 h、流速 v 表示的运动方程（推导时设河渠底坡 i 较小）：

$$i - \frac{\partial h}{\partial x} = \frac{1}{g} \times \frac{\partial v}{\partial t} + \frac{v}{g} \times \frac{\partial v}{\partial x} + \frac{v^2}{C^2 R} \qquad (8-5-9)$$

（3）水位 z、流量 Q 表示的运动方程：

$$\frac{\partial Q}{\partial t} + \frac{2Q}{A} \times \frac{\partial Q}{\partial x} + \left(gA - B\left(\frac{Q}{A}\right)^2\right)\frac{\partial z}{\partial x} = \left(\frac{Q}{A}\right)^2 \frac{\partial A}{\partial x}\bigg|_z - gA\frac{Q^2}{K^2} \qquad (8-5-10)$$

式中，阻力项 $\frac{v^2}{C^2 R}$ 可写为 $\frac{(nv)^2}{R^{4/3}}$ 或 $\frac{Q^2}{K^2}$，其中 R、C、K 分别表示水力半径、谢才系数、流量模数。

运动方程中各项的物理意义，以式（8－5－8）为例：

$\frac{\partial z}{\partial x}$ 为重力和压力的合力沿水流方向的分力；

$\frac{1}{g} \times \frac{\partial v}{\partial t}$ 为当地惯性力项，表示由当地加速度所引起的惯性力；

$\frac{v}{g} \times \frac{\partial v}{\partial x}$ 为对流惯性力项，表示由对流加速度所引起的惯性力。

将前面推得的河渠非恒定流连续性方程和运动方程组合一起，可构成一组偏微分方

程，称为非恒定渐变流圣维南方程组，或称圣维南方程式。

四、溃坝水流的基本计算方法

瞬间溃坝所形成的溃坝水流水力计算就是对上述涌波基本方程式和圣维南方程式的具体应用。溃坝水力计算的内容主要有：坝址处溃坝流量过程的计算；溃坝波向上、下游演进的计算，特别是下游涌波的演进计算等。

关于溃坝流量过程及其向上、下游（特别是向下游）传播的计算方法，大体上一般有两类[13]：一类是数值法，另一类是近似法。由于目前计算机的发展和普及，一般较多使用数值法，也就是使用计算机编程进行数值计算，计算方法主要是差分法、特征线法等。这类方法理论较严密，可考虑较多的因素，还可给出溃坝非恒定流的整个发展过程以及影响区域等。另外也可根据情况使用近似法，这个方法的特点是考虑溃坝水流中的主要规律和主要因素，简捷地给出满足工程要求的结果。不足之处是不能给出溃坝非恒定流的全貌和全过程。近似法有波前流量法（波额流量法）、圣维南简化法、堰流流量与负波波流量相交法等。

下面将分几个方面介绍溃坝水流的水力计算问题，溃坝坝址最大流量的计算和溃坝初期（一般指溃坝后1～2min之内）下游涌波的计算；坝址流量过程线的计算；溃坝洪水演进的近似计算；溃坝洪水演进的数值计算等。

第四节　溃坝水流的分析及坝址最大流量的计算

一、大坝瞬时全溃场合

1. 里特尔（A. Ritter）对溃坝水流的分析计算[33～35]

（1）假定坝下游无水、坝上下游河槽断面为矩形情况。设河槽底坡 $i\approx 0$，假定溃坝初期水流惯性力占主导，并忽略水流阻力。根据圣维南方程组和特征线理论，可得出溃坝波波形为图8－5－6所示的二次抛物线方程式：

$$3\sqrt{gh}=2\sqrt{gH_0}-\frac{x}{t} \tag{8-5-11}$$

或

$$v=\frac{2}{3}\left(\frac{x}{t}+\sqrt{gH_0}\right) \tag{8-5-12}$$

当 $x=0$ 时，可得坝址处水深 h_c 及流速 v_c 均为常数，即

$$h_c=\frac{4}{9}H_0 \tag{8-5-13}$$

$$v_c=\frac{2}{3}\sqrt{gH_0} \tag{8-5-14}$$

故坝址处最大流量也为常数，即

$$Q=Bh_cv_c=\frac{8}{27}\sqrt{g}BH_0^{3/2} \tag{8-5-15}$$

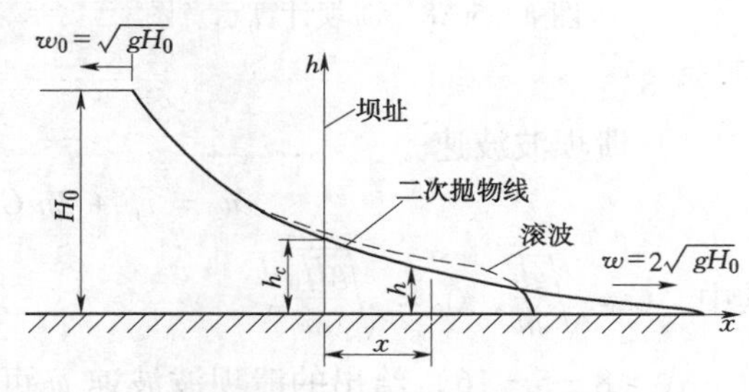

图8－5－6　溃坝波波形为二次抛物线

式中　B——矩形断面的宽度；

H_0——坝上游水深（静水头）。

根据斯科利希（Schoklitsch）的水槽试验，当下游干涸无水时，溃坝波的波形与式（8－5－11）所表示的波形在上段大体相符合，如图8－5－7所示。但在下段，由于存在着边界对水流的阻力，使得实际溃坝波的波前较陡；而式（8－5－11）所表示的、在忽略阻力后所得出的前缘水深薄如羽状。可见理论上的波形与实际有较大出入。在式（8－5－11）的推导中，可从理论上得出溃坝后顺行波的波速 w 为 $2\sqrt{gH_0}$，逆行波的波速 w_0 为 $-\sqrt{gH_0}$。

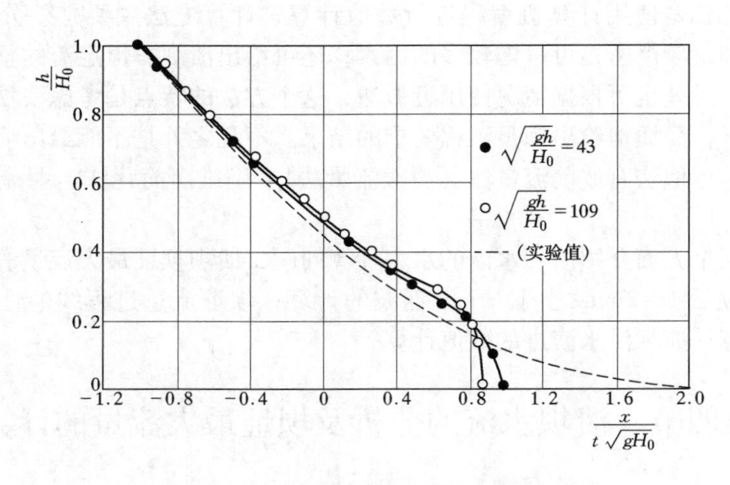

图8－5－7 理论计算与实验比较图

虽然此处得出的溃坝波波形下段与实际有出入，但从图8－5－7可见在溃坝初期，坝址以上和下游紧邻坝址附近处的波形与二次抛物线吻合较好，所得溃坝最大流量也与实际基本一致。

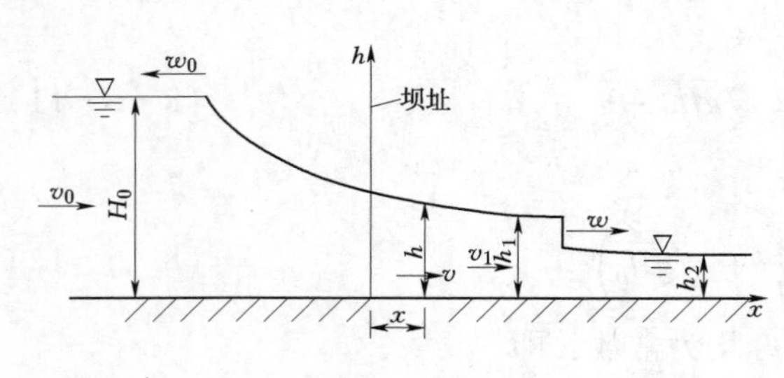

图8－5－8 溃坝计算示意图

（2）假定坝下游有水、坝上下游河槽断面为非矩形情况。设河槽上、下游断面面积为 $A=Kh^m=\frac{BH}{m}$（其中 K 为一常系数，B 为水面宽，m 为表征河槽断面形状的指数）。令河槽底坡 $i\approx0$，假定溃坝初期水流惯性力占主导，并忽略水流阻力。由圣维南方程可得出如下一些结论[71]（参见图8－5－8）：

1）溃坝波波速

$$w=v_0+2mC_0-(2m+1)C \tag{8-5-16}$$

其中 $C=\sqrt{\frac{gh}{m}}$，$C_0=\sqrt{\frac{gH_0}{m}}$。

式（8－5－16）给出的溃坝波波速 w 可分别表示处于顺行波和逆行波时的溃坝波波速 w。如从式（8－5－16）计算所得的结果为正值时，则为顺行波的溃坝波波速；计算结果为负值时，则为逆行波的溃坝波波速。

对于水库溃坝前水不流动即 $v_0=0$ 和下游无水，断面为矩形 $m=1$ 时，可得 $w=2\sqrt{gH_0}$，$w_0=-\sqrt{gH_0}$。

2）溃坝波区域的水流流速

$$v=v_0+2m\sqrt{\frac{gH_0}{m}}-2m\sqrt{\frac{gh}{m}} \tag{8-5-17a}$$

$$v=v_0+2mC_0-2mC \tag{8-5-17b}$$

3）坝址处溃坝水流为临界流。坝址处溃坝水流为临界流条件应为

$$\frac{h_2}{H_0}\leqslant\frac{1}{3.214}\left(\frac{2m}{2m+1}\right)^2 \tag{8-5-18}$$

处于临界流时的水深 h_c 和相应的流速 v_c 为

$$v_c=\frac{2m}{2m+1}\sqrt{\frac{gH_0}{m}} \tag{8-5-19}$$

$$h_c=\left(\frac{2m}{2m+1}\right)^2H_0 \tag{8-5-20}$$

4）坝址处溃坝最大流量

$$Q_M=\frac{1}{m\sqrt{m}}\left(\frac{2m}{2m+1}\right)^3B\sqrt{g}H_0^{3/2} \tag{8-5-21}$$

对各种不同河槽断面形状，溃坝后的一些特征量列于表 8-5-1 中。因属全溃形式，故表中的河槽断面形状也是溃坝缺口断面形状。

表 8-5-1　不同河槽断面形状的溃坝特征量

河槽形状（或缺口形状）	河槽形状指数 m	当下游无水时的溃坝波速 w	当下游无水时的溃坝波速 w_0	坝址处的流速 v_c	坝址处的水深 h_c	坝址处的溃坝流量 Q_M	适用范围（坝址处溃坝水流为临界流的准则）
矩形	1	$2\sqrt{gH_0}$	$-\sqrt{gH_0}$	$\frac{2}{3}\sqrt{gH_0}$	$\frac{4}{9}H_0$	$\frac{8}{27}B\sqrt{g}H_0^{3/2}=0.296B\sqrt{g}H_0^{3/2}$	$h_2/H_0\leqslant 0.1384$
二次抛物线（$y=x^2$）	3/2	$2\sqrt{\frac{3}{2}gH_0}$	$-\sqrt{\frac{3}{2}gH_0}$	$\frac{1}{2}\sqrt{\frac{3}{2}gH_0}$	$\frac{9}{16}H_0$	$0.23B\sqrt{g}H_0^{3/2}$	$h_2/H_0\leqslant 0.175$
等腰三角形	2	$2\sqrt{2}\times\sqrt{gH_0}$	$-\sqrt{\frac{gH_0}{2}}$	$\frac{2}{5}\sqrt{2gH_0}$	$\frac{16}{25}H_0$	$0.181B\sqrt{g}H_0^{3/2}$	$h_2/H_0\leqslant 0.199$
组合抛物线（$y=x^{1/2}$）	3	$2\sqrt{3}\times\sqrt{gH_0}$	$-\sqrt{\frac{gH_0}{3}}$	$\frac{2}{7}\sqrt{3gH_0}$	$\frac{36}{49}H_0$	$0.121B\sqrt{g}H_0^{3/2}$	$h_2/H_0\leqslant 0.228$

2. 斯托克（J. J. Stoker）对溃坝水流的分析计算[36]

斯托克根据特征线理论分析，研究了在矩形河槽、极小的底坡、忽略阻力、下游有一定水深的静止水体等情况下的瞬时全部溃决的溃坝水流流态。他认为当 $h_2/H_0 \leqslant 0.1384$ 时，坝下游水流为急流，坝址处最大流量受该处临界水深控制。在下游有水场合，由下游无水而得出的抛物线形溃坝波不可能直接与下游静止水面相交，如相交则相交处流速不连续，这种不连续性只能经过涌波来实现。故在下游有水的情况，溃坝水流必然以涌波形式向下游运动。斯托克按特征线理论将溃坝水流流态分为四区，如图 8－5－9 所示。

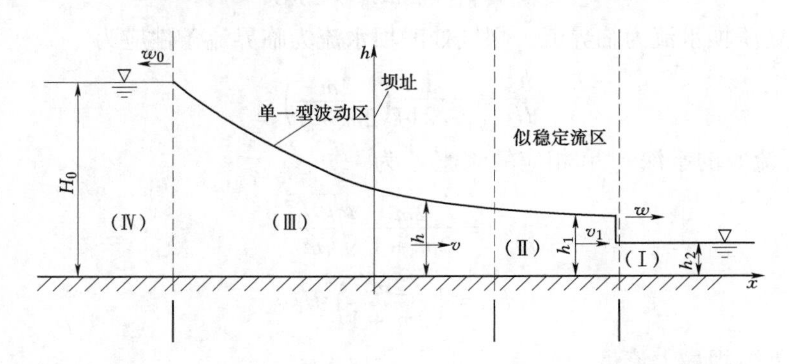

图 8－5－9 溃坝水流流态分区示意图

（Ⅰ）区为静止状态的下游区，上端终于涌波波前。

（Ⅱ）区为不静止的似稳定流区（定常状态区）。

（Ⅲ）区为具有中心辐射状逆特征线的单一型波动区，它的下端与（Ⅱ）区相连，上端与（Ⅳ）区相接。

（Ⅳ）区为未受扰动的处于静止状态的上游区。

斯托克假定紧接溃坝后的初期，坝址下游涌波立即形成，并以水深 h_1 及波速 w 向下游传播，如图 8－5－9 所示。他根据特征线理论并结合断波（即不连续波）连续性方程和动量方程，导出了计算涌波波速、波高、涌波波峰（也称波前、波额）后面的水深和相应的流速，以及坝址处溃坝流量的计算公式。

（1）涌波波速、波高及涌波波峰后的水深和流速公式为

$$\sqrt{1+8\left(\frac{w}{C_2}\right)^2}-1=2\frac{h_1}{h_2}=2\left(\frac{C_1}{C_2}\right)^2 \tag{8-5-22}$$

$$\frac{v_1}{C_2}=\frac{w}{C_2}-\frac{C_2}{4w}\left[1+\sqrt{1+8\left(\frac{w}{C_2}\right)^2}\right] \tag{8-5-23}$$

$$\left.\begin{aligned} v_1+2C_1&=2C_0\\ \frac{v_1}{C_2}+2\frac{C_1}{C_2}&=2\frac{C_0}{C_2}=2\sqrt{\frac{H_0}{h_2}}\end{aligned}\right\} \tag{8-5-24}$$

将式（8－5－22）及式（8－5－23）代入式（8－5－24）可得

$$\frac{w}{C_2}-\frac{C_2}{4w}\left[1+\sqrt{1+8\left(\frac{w}{C^2}\right)^2}\right]+\sqrt{2}\left[\sqrt{1+8\left(\frac{w}{C_2}\right)^2}-1\right]^{1/3}=2\sqrt{\frac{H_0}{h_2}} \tag{8-5-25}$$

式中　w——涌波波速；

h_1——涌波波峰后面的水深；

v_1——相应的流速；

$C_1=\sqrt{gh_1}$；$C_2=\sqrt{gh_2}$；$C_0=\sqrt{gH_0}$。

式（8－5－24）虽然是针对波峰后一个断面来说的，但该式对整个（Ⅱ）区和（Ⅲ）区都能适用，因此可写为下面的一般形式：

$$v+2C=2C_0 \quad 或 \quad \frac{v}{C_2}+2\frac{C}{C_2}=2\frac{C_0}{C_2} \tag{8-5-26}$$

根据坝上游水深 H_0 及下游水深 h_2，使用上面给出的式（8－5－22）～式（8－5－25），即可求解涌波波速 w、水流流速 v_1 和涌波波高 $\zeta=h_1-h_2$。求解方法可用试算法，通过编程电算求得，也可用图解法[14,17]。

由图8－5－10可看出 $h_2/H_0=0.176$ 时，涌波波高 ζ 最大，其值为 $\zeta=0.32H_0$，可见最大 ζ 值接近水库最大水深的 $\frac{1}{3}$。

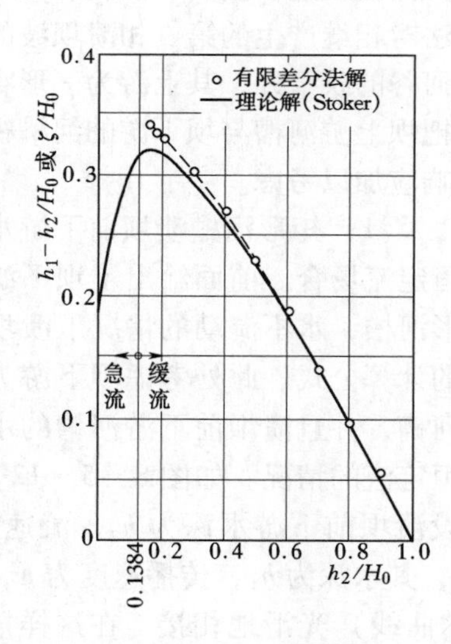

图8－5－10　波高与下游水深的关系（斯托克理论解）以及与有限差分法解的比较

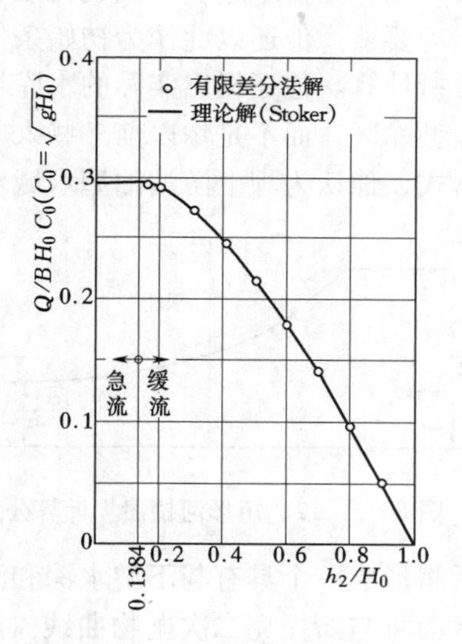

图8－5－11　溃坝流量与下游水深的关系（斯托克理论解）以及与有限差分法解的比较

（2）溃坝流量的计算。坝址处溃坝水流为临界流时，将出现最大流量。由式（8－5－26）可求得这时坝址水深 h_c、流速 v_c，以及最大流量 Q_M 分别为

$$h_c=\frac{4}{9}H_0 \quad v_c=C=\sqrt{gh_c}$$

$$Q_M=\frac{8}{27}B\sqrt{g}H_0^{3/2} \tag{8-5-15a}$$

此式与式（8－5－15）相比完全相同，因此设为式（8－5－15a）。

式（8－5－15a）适用于 $\frac{h_2}{H_0}\leqslant 0.1384$ 的场合，也就是坝址处水流为临界流时的情况。

显然此时的坝址处水深、流速为一定值，从而流量也为一定值，不受下游水深 h_2 的影响。但当 $h_2/H_0>0.1384$，坝下游水流转变为缓流时，溃坝流量则与下游水深 h_2 有关。两者的关系如图 8－5－11 所示。

有关斯托克对溃坝水流的分析计算的精度，1971 年有人用有限差分法对斯托克的成果进行了比较[57]，其结果如图 8－5－10 和图 8－5－11 所示。从图 8－5－10 可以看出，当 $h_2/H_0>0.3$ 时，在涌波波高 ζ 方面，二者符合得很好，但当 h_2/H_0 趋于临界水流条件时，二者有偏离，愈接近临界条件，偏离则愈大。从图 8－5－11 可知在溃坝流量方面，二者有较好的一致性。在涌波波速 w 及涌波波峰后面水流流速 v_1 方面，当$\frac{h_1}{h_2}\leqslant 2$ 时二者符合较好，h_1/h_2 比值越大，偏离也越大。斯托克等人指出涌波波速 w 常小于 v_1+C_1，这一结论也由其它学者[57]所证实。

3. 太卡尔（V. S. Thakar）对溃坝水流的分析研究[59]

太卡尔着重分析了溃坝初期即溃坝后约 1～2min 之内的水流状态，他将这一短暂时段称为第一相，分析了这一时段也就是第一相时段的有关涌波波速、波高、涌波后的水流速度等运动要素。他还以此作为初始条件，用有限差分法对相继产生的第二相溃坝波的传播作了分析计算。他还提出实际的水库坝址一般多建于河谷的狭窄处，其上游为一形状不规则的大型库区，而不是像以前一些人所考虑的那样，把坝上游河槽与坝下游的河槽视为同一种形式，他认为坝上游湖泊型水域对溃坝水流的影响应加以考虑。

(1) 矩形河槽溃坝前下游水流为恒定流场合。前面给出了坝下游为矩形河槽，水不流动的情况下溃坝水流的计算公式。此处考虑坝下游为矩形河槽，并且溃坝前下游河槽的水流为恒定流的情况。如图 8－5－12 所示，设溃坝前下游水深为 h_2，流速为 v_2，溃坝后将形成一个具有与下游水深和流速相应的涌波，其水深为 h_1，传播速度为 w，涌波上游水面将与斯托克二次抛物曲线（一般称为里特尔曲线）光滑地相接。在这样情况下的溃坝水流受下列方程式控制：

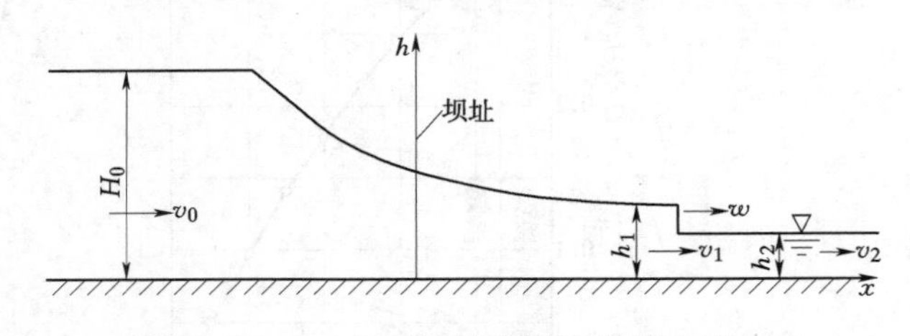

图 8－5－12 矩形河槽溃坝计算公式示意图

$$v_1=2\sqrt{gH_0}-2\sqrt{gH_1}+v_0 \tag{8-5-27}$$

式中 v_1——相应于水深为 h_1 断面上的流速；

v_0——坝上游水库中相应于水深为 H_0 断面上的流速。

根据涌波（断波）动量方程及连续方程可得

$$\frac{(v_1-w)^2}{g}=\frac{h_2}{2}\left(\frac{h_2}{h_1}+1\right) \tag{8-5-28}$$

$$(v_1-w)h_1=(v_2-w)h_2 \tag{8-5-29}$$

由于 v_0 很小，上述推导中 v_0 不计。式中 v_2 及 h_2 可按下游恒定流得出，为已知值。因此，可由式（8－5－27）、式（8－5－28）和式（8－5－29）解得 v_1、h_1 及 w。

分析由式（8－5－27）、式（8－5－28）和式（8－5－29）得到的解，当令 $v_2=0$，

即坝下游为静止水体时，所得到的解显然就是前面给出的斯托克分析所得出的结果。也就是说太卡尔的解包含了斯托克的解，更接近一些实际情况。

（2）非矩形河槽的类似里特尔的解。矩形河槽中坝的瞬时溃坝形成的溃坝波形，在下游无水的场合为二次抛物线形，即里特尔解表达式（8－5－11）、式（8－5－12）

$$\sqrt{gh}=\frac{1}{3}\left(2\sqrt{gH_0}-\frac{x}{t}\right)$$

$$v=\frac{2}{3}\left(\sqrt{gH_0}+\frac{x}{t}\right)$$

下面讨论溃坝水流在非矩形河槽情况，讨论时其他条件如同里特尔解。

首先用下述公式对河槽断面型式进行概化拟合，即令

$$A=\alpha e^{\mu(h/H_0)^\lambda} \qquad (8-5-30)$$

来确定断面面积 A 与水深 h 的函数关系。其中 α、μ 及 λ 是一些与断面型式相适应的常数，可根据自然河槽的断面型式，利用水位、面积等数据，由式（8－5－30）和图 8－5－13 的方式拟合确定。

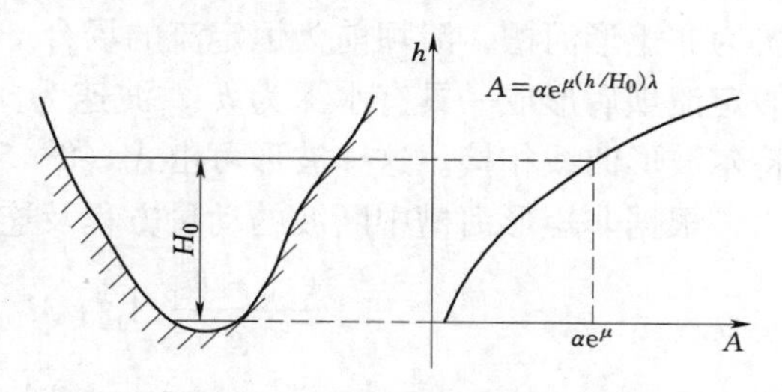

图 8－5－13　河槽断面及断面函数

根据特征线理论，并考虑忽略阻力的情况下，应有

$$\frac{x}{t}=F_0-F-C \qquad (8-5-31)$$

$$v=F_0-F+v_0 \qquad (8-5-32)$$

$$F=\int_0^h\sqrt{gB/A}\,dh;\quad C=\sqrt{g\frac{A}{B}}$$

式中　v_0——坝上游相应于水深为 H_0 断面上的流速。

由于 v_0 很小，所以在下面推导过程中，忽略不计。考虑到式（8－5－30），可得参数 F、C 的表达式

$$\left.\begin{aligned}\frac{F}{\sqrt{gH_0}}&=\frac{2\sqrt{\lambda\mu}}{1+\lambda}\left(\frac{h}{H_0}\right)^{\frac{1+\lambda}{2}}\\\frac{F_0}{\sqrt{gH_0}}&=\frac{2\sqrt{\lambda\mu}}{1+\lambda}\\\frac{C}{\sqrt{gH_0}}&=\frac{1}{\sqrt{\lambda\mu}}\left(\frac{h}{H_0}\right)^{\frac{1-\lambda}{2}}\end{aligned}\right\} \qquad (8-5-33)$$

将式（8－5－33）代入式（8－5－31）、式（8－5－32），则可得下列描述非矩形河槽溃坝波波形及水流流速的公式：

$$\frac{x/H_0}{t\sqrt{g/H_0}}=\frac{2\sqrt{\lambda\mu}}{1+\lambda}\left[1-\left(\frac{h}{H_0}\right)^{\frac{1+\lambda}{2}}\right]-\frac{1}{\sqrt{\lambda\mu}}\left(\frac{h}{H_0}\right)^{\frac{1-\lambda}{2}} \qquad (8-5-34)$$

$$\frac{v}{\sqrt{gH_0}}=\frac{2\sqrt{\lambda\mu}}{1+\lambda}\left[1-\left(\frac{h}{H_0}\right)^{\frac{1+\lambda}{2}}\right] \qquad (8-5-35)$$

根据由 $\alpha=54.81$、$\mu=5.549$、$\lambda=0.3473$ 等系数值确定的某种典型河槽，太卡尔用上述类似里特尔解绘制出该河槽的溃坝波波形，如图 8－5－14 所示。作为比较，该图还同时绘出了里特尔的矩形河槽溃坝水流解式（8－5－11）、式（8－5－12）。

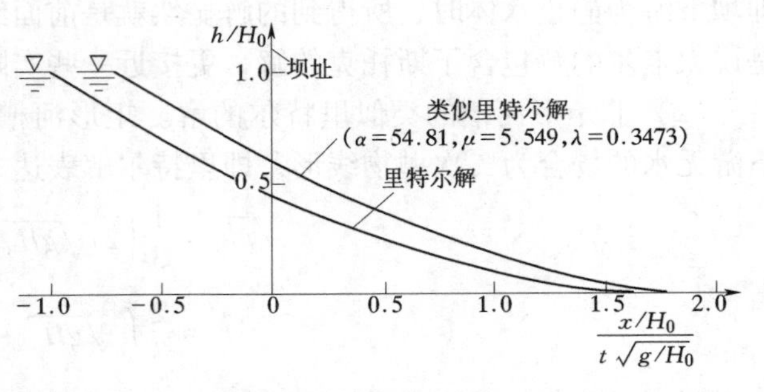

图 8－5－14 里特尔和类似里特尔解给出的溃坝波波形

（3）非矩形棱柱体河槽溃坝前下游起始水流为恒定流场合。对于坝下游为非矩形河槽，溃坝前为恒定流的场合，与前面讨论在矩形河槽中溃坝波的方式一样，假定溃坝后形成一具有水深为 h_1、波速为 w 的溃坝涌波的起始水流，并与上游的类似里特尔波形曲线相接。这一波形可由式（8－5－34）及式（8－5－35）决定。

根据非矩形河槽中断波的动量方程及连续性方程可得

$$\frac{(v_1-w)^2}{g}A_1+M_1=\frac{(v_2-w)^2}{g}A_2+M_2 \qquad (8-5-36)$$

$$(v_1-w)A_1=(v_2-2)A_2 \qquad (8-5-37)$$

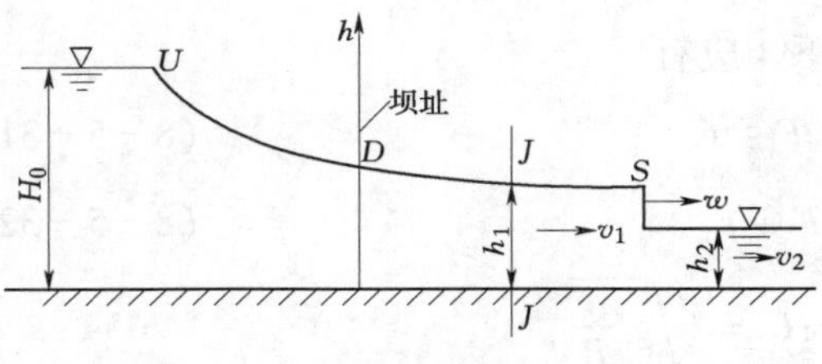

图 8－5－15 非矩形棱柱体河槽溃坝计算公式示意图

式（8－5－36）、式（8－5－37）中的下标“1”表示涌波与式（8－5－34）所确定的波形相衔接断面的运动要素，也就是图 8－5－15 上的断面 J—J。M 表示断面面积对自由表面的面积矩。

当 h_2、v_2 为已知时，用迭代法求解式（8－5－35）、式（8－5－36）及式（8－5－37），可得 h_1、v_1 及 w 值。

式（8－5－36）、式（8－5－37）也可改写为

$$v_1=w\left(1-\frac{A_2}{A_1}\right)+\frac{A_2}{A_1}v_2 \qquad (8-5-38)$$

$$w=v_2+\left[\frac{g(A_1\bar{h}_1-A_2\bar{h}_2)}{A_2(1-A_2/A_1)}\right]^{1/2} \qquad (8-5-39)$$

式中 $\bar{h}_1$、$\bar{h}_2$——过水断面 A_1 及 A_2 的形心到相应水面的距离，即形心点水深。

在溃坝初期时刻，也就是溃坝后 1～2min 内的一个很微小时段，水流急剧加速，惯性力占据主导地位，摩阻力可以忽略，这时的溃坝水流特征可由式（8－5－34）～式（8－5－37）来描述，即如图 8－5－15 中的 UJ 段所示。实践指出，断面 J—J 只是涌波波峰段 JS 的开始断面；涌波波峰段 JS 中的水流近似于均匀流，该段的水深和流速与断面 J—J 的水深和流速相同。在天然情况下，这个涌波在一微小时段（例如 100s）可能前进几公里。因此，在这一水流区域中用上述计算方法得到的水位和流速的分布，可用来作为后续时段在考虑河槽型式和水流阻力的情况下，进行该涌波相继向下游传播的演进计算的出发点。

(4) 上游湖泊形水库对溃坝水流的影响。由于大坝坝址一般总是选择在河谷狭窄处，坝上游多为湖泊形水库，所以溃坝波的形成是溃坝水流从大面积的湖泊水域经过坝前狭窄段瞬时向下游河槽泄空的结果。因此，坝上游由里特尔在矩形河槽或概化的棱柱体河槽所得出的负波解，对这种湖泊形水库是否有意义和有效，很值得探讨。由于坝上游大面积湖泊形水库的水位将紧随坝址处水位的下降而同时下降，也就是当负波到达湖泊形水域时，是向四周同时扩散，引起整个湖泊区水面同时下降，如图 8-5-16 所示。这种水流特性必将影响坝下游河槽的溃坝水流。当向坝上游逆行负波通过水库狭窄区到达湖泊区时，原在狭窄区的单方向传播的负波将在湖泊区转变为向多方向传播，这样向下游方向供水的面积突增，因此必然会影响坝址处的溃坝流量和涌波特性。这一问题在下面大坝瞬时横向局部一溃到底场合中还将讨论。

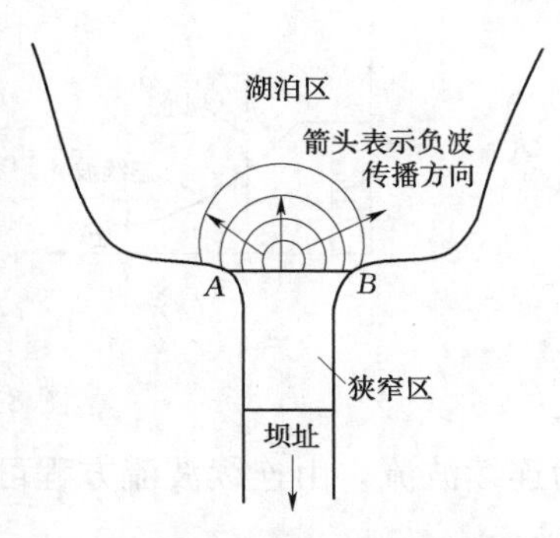

图 8-5-16 溃坝波在湖泊形水体中的传播

4. 谢任之对溃坝水流的分析研究[13]

谢任之从圣维南方程和不连续波方程出发，全面研究了溃坝瞬间的连续波、临界流和不连续波流态，提出了瞬间全溃的坝址最大流量的统一公式。

由于对溃坝水流的分析主要目的在于推求瞬间全溃的溃坝瞬间的峰顶流量，溃坝水流所受的主要作用力是重力，推导时忽略了底坡和阻力的作用，即所谓平地无阻力的假定。为使成果适应各种河谷断面，引入下列面积函数式：

$$A = aH^m \tag{8-5-40}$$

式中 H——水深；

a——河谷断面系数，如为矩形河谷断面，就等于河宽；

m——河谷断面形状指数，矩形断面 $m=1$，三角形断面 $m=2$，抛物线河谷 $m=1\sim2$，天然复式断面 m 可能大于2。

可将 A—H 的关系点在双对数纸上，通常成直线关系，其切距即为 a，而斜率即为 m。

针对溃坝前坝址上游水深 H_0 与坝址下游水深 H_2 的比值参数 $\alpha=\dfrac{H_2}{H_0}$，和某一临界值 $\alpha_c=\left.\dfrac{H_2}{H_0}\right|_c$ 的大小关系，可将溃坝流动分为三种情况：

(1) 连续波流。$\alpha<\alpha_c$，下游水深 H_2 对坝址处的波流无影响，坝址水面连续，为自由出流，坝址上下游为连续波流，如图 8-5-17 (*a*) 所示。

(2) 临界流。α 等于某一临界值 α_c 时，溃坝瞬间坝址流态处于临界状态，其上游为连续波，下游为不连续波，如图 8-5-17 (*b*) 所示。

(3) 不连续波流。$\alpha>\alpha_c$，下游水深 H_2 影响坝址处的波流，坝址上下游为不连续波流，如图 8-5-17 (*c*) 所示。

下面按连续波流、临界流、不连续波流等三种情况介绍。

(1) 连续波流。当 $\alpha<\alpha_c$，下游水深 H_2 对坝址处的波流不产生影响，坝址上下游均

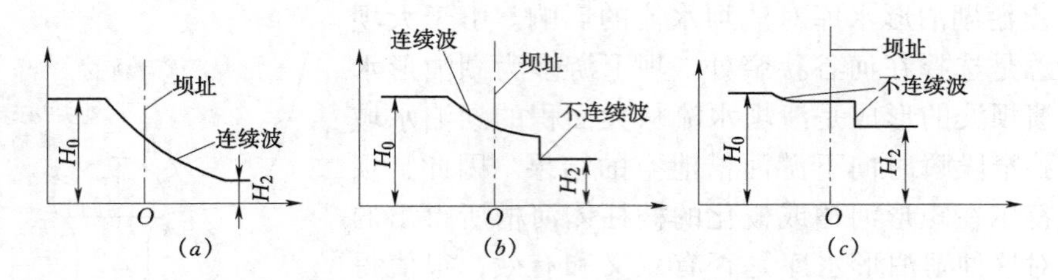

图 8-5-17 溃坝水流流动的三种情况

为连续波流。由连续波流方程可推得坝址处最大流量计算公式：

$$q_m = \lambda B_0 \sqrt{g} H_0^{3/2} \tag{8-5-41}$$

式中，H_0 为上游水深；λ 为流量参数，有

$$\lambda = m^{m-1}\left[\frac{2\sqrt{m}+\dfrac{u_0}{\sqrt{gH_0}}}{1+2m}\right]^{2m+1} \tag{8-5-42a}$$

谢任之称式（8-5-41）为“统一公式”，因为此式概括了各种断面形状、各种初始条件，包括了溃坝前河道平均速度 $v_0=0$ 或 $v_0\neq 0$ 的情况，还包括了一些学者所推导的公式。而这些复杂情况都反映在流量参数 λ 的计算公式中。

设初始条件 $u_0=0$，或 $\dfrac{u_0}{\sqrt{gH_0}}\rightarrow 0$，则

$$\lambda = m^{m-1}\left[\frac{2\sqrt{m}}{1+2m}\right]^{2m+1} \tag{8-5-42b}$$

对于矩形断面，$m=1$，则 $\lambda=\dfrac{8}{27}$，而式（8-5-41）为

$$q_m = \frac{8}{27} B_0 \sqrt{g} H_0^{3/2}$$

上式与里特尔公式（8-5-15）完全一致。

对于三角形断面，$m=2$，则 $\lambda = 2\left[\dfrac{2\sqrt{2}}{5}\right]^5 = \dfrac{360}{3125} = 0.115$

$$q_m = 0.115 B_0 \sqrt{g} H_0^{3/2}$$

对于二次抛物线断面，$m=1.5$，则 $\lambda = \dfrac{1.5^{2.5}}{2^4} = 0.172$

$$q_m = 0.172 B_0 \sqrt{g} H_0^{3/2}$$

对于四次抛物线断面，$m=1.25$，则 $\lambda = \dfrac{2^{3.5}\times 1.25^{2.0}}{3.5^{3.5}} = 0.220$

$$q_m = 0.220 B_0 \sqrt{g} H_0^{3/2}$$

（2）临界流。根据临界流的定义，坝上游为连续流，坝下游为不连续流。因此，有必要确定临界值 $\alpha_c = \left.\dfrac{H_2}{H_0}\right|_c$ 和溃坝处最大水深比 $\beta_m = \dfrac{H_m}{H_0}$。

在考虑坝上游为连续流，利用连续流的成果；坝下游为不连续流，引入不连续波方程。两者结合，推导出计算临界值 α_c、溃坝处最大水深比 β_m 的计算公式和方法。

溃坝处最大水深比 β_m 的计算公式为

$$\beta_m = m\left[\frac{2\sqrt{m} + \frac{u_0}{\sqrt{gH_0}}}{1+2m}\right]^2 \tag{8-5-43}$$

临界值 α_c 的计算方程为

$$\alpha_c^{2m+1} - \beta_m^m\alpha_c^{m+1} - \left[\beta_m^{m+1} + \frac{[(1-\sqrt{\beta_m})2\sqrt{mgH_0} + u_0 - u_2]^2(m+1)\beta_m^m}{gH_0}\right]\alpha_c^m + \beta_m^{2m+1} = 0 \tag{8-5-44}$$

将式（8-5-43）代入式（8-5-44），可求出 α_c。式（8-5-44）为三次方程，可用数学中的经典解法求解；也可采用试算法，由计算机编程求解。

当 u_0 和 u_2 较小，$\frac{u_0}{\sqrt{gH_0}}$、$\frac{u_2}{\sqrt{gH_0}}$ 较小时，可将式（8-5-44）简化为

$$\alpha_c^{2m+1} - \beta_m^m\alpha_c^{m+1} - [\beta_m + 4(1-\sqrt{\beta_m})^2 m(m+1)]\beta_m^m\alpha_c^m + \beta_m^{2m+1} = 0 \tag{8-5-45}$$

由初始条件 $\frac{u_0}{\sqrt{gH_0}}\to 0$，则最大水深比 β_m 为

$$\beta_m = m\left[\frac{2\sqrt{m}}{1+2m}\right]^2 = \frac{4m^2}{(1+2m)^2} \tag{8-5-46}$$

代入式（8-5-45），得

$$\alpha_c^{2m+1} - \left[\frac{4m^2}{(1+2m)^2}\right]^m\alpha_c^{m+1} - \left\{\frac{4m^2}{(1+2m)^2} + 4\left(1-\left(\frac{4m^2}{(1+2m)^2}\right)^{1/2}\right)^2 m(m+1)\right\}$$
$$\times\left[\frac{4m^2}{(1+2m)^2}\right]^m\alpha_c^m + \left[\frac{4m^2}{(1+2m)^2}\right]^{2m+1} = 0$$

整理得

$$\begin{aligned}&(1+2m)^{4m+2}\alpha_c^{2m+1} - (1+2m)^{2m+2}4^m m^{2m}\alpha_c^{m+1}\\&-(1+2m)^{2m+1}4^{m+1}m^{2m+1}\alpha_c^m + 4^{2m+1}m^{4m+2} = 0\end{aligned} \tag{8-5-47}$$

对于表示不同断面的 m 值，由式（8-5-46）、式（8-5-47）可求出相应的 β_m 和 α_c。如矩形断面 $m=1$，由式（8-5-46）、式（8-5-47）可求得

$$\beta_m = \frac{4}{9} = 0.444, \alpha_c = 0.138$$

其成果与里特尔解完全一样。

其他几种常遇断面临界流的特征值，见表 8-5-2。

表 8-5-2　临界流流态特征值表

河谷断面形状	m	$\alpha_c=\frac{H_2}{H_0}$	$\beta_m=\frac{H_m}{H_0}$	河谷断面形状	m	$\alpha_c=\frac{H_2}{H_0}$	$\beta_m=\frac{H_m}{H_0}$
矩形	1.0	0.138	0.444	二次抛物线	1.5	0.272	0.563
四次抛物线	1.25	0.205	0.51	三角形	2.0	0.373	0.64

(3) 不连续波流。当 $\alpha > \alpha_c$ 时，下游水深 H_2 的大小，将影响坝址出流，成为不连续波流。这时可利用式（8-5-44），将 α_c 换成 α，有

$$\alpha^{2m+1} - \beta_m^m \alpha^{m+1} - \left[\beta_m^{m+1} + \frac{[(1-\sqrt{\beta_m}) \times 2\sqrt{mgH_0} + u_0 - u_2]^2 (m+1)\beta_m^m}{gH_0}\right]\alpha^m + \beta_m^{2m+1} = 0 \tag{8-5-48}$$

在不连续波流中，只要符合 $\alpha = \dfrac{H_2}{H_0} > \alpha_c$，则可用式（8-5-48），由已知的 α，用试算法求出 β_m。

另外，可由不连续波流方程导出坝址处最大流量计算式：

$$q_m = \lambda B_0 \sqrt{g} H_0^{3/2} \tag{8-5-49}$$

式中，λ 为流量参数，即

$$\lambda = \frac{\beta_m^m}{m}\left[\sqrt{\frac{(\beta_m^m - \alpha^m)(\beta_m^{m+1} - \alpha^{m+1})}{(m+1)\beta_m^m \alpha^m}} + \frac{u_2}{\sqrt{gH_0}}\right] \tag{8-5-50}$$

由式（8-5-49）可见，与连续波流式（8-5-41）“统一公式”相同，仅式（8-5-50）表示的流量参数 λ 的表达式不同。从式（8-5-50）可见，因 β_m 可由式（8-5-48）求出，流量参数 λ 受下游水深比 α 和 u_2 的影响，给出 α 和 u_2，则可求得流量参数 λ。

如 $u_2 = 0$，或 $\dfrac{u_2}{\sqrt{gH_0}} \to 0$，则式（8-5-50）可简化为

$$\lambda = \frac{\beta_m^m}{m}\sqrt{\frac{(\beta_m^m - \alpha^m)(\beta_m^{m+1} - \alpha^{m+1})}{(m+1)\beta_m^m \alpha^m}} \tag{8-5-51}$$

式（8-5-48）可简化为

$$\begin{aligned} &\beta_m^{2m+1} - [1 + 4m(m+1)]\alpha^m \beta_m^{m+1} + 8m(m+1)\alpha^m \beta_m^{m+0.5} \\ &- [\alpha + 4m(m+1)]\alpha^m \beta_m^m + \alpha^{2m+1} = 0 \end{aligned} \tag{8-5-52}$$

根据不同 m 取值的河谷断面，不同的下游水深比 α，可由式（8-5-52）、式（8-5-51）以及式（8-5-49）可计算得到 β_m、λ，进而得到坝址处最大流量 q_m。为方便计算，表 8-5-3 给出了部分参数计算成果，实际计算时可进行参考。

表 8-5-3 部分参数计算成果

数值 \ 形状		矩 形	四次抛物线	二次抛物线	三角形
m		1	1.25	1.5	2.0
α_c		0.138	0.205	0.272	0.373
β_c		0.444	0.51	0.563	0.64
$\lambda_{\alpha \leq \alpha_c}$		0.296	0.22	0.172	0.115
$\alpha = 0.2$	β_α	0.495	0.51	0.563	0.64
	λ_α	0.274	0.22	0.172	0.115
$\alpha = 0.3$	β_α	0.580	0.59	0.595	0.64
	λ_α	0.258	0.216	0.181	0.115

续表

数值 \ 形状		矩　形	四次抛物线	二次抛物线	三角形
$\alpha=0.4$	β_α	0.655	0.660	0.670	0.670
	λ_α	0.237	0.197	0.174	0.126
$\alpha=0.5$	β_α	0.730	0.730	0.733	0.733
	λ_α	0.218	0.188	0.157	0.118
$\alpha=0.6$	β_α	0.776	0.780	0.785	0.785
	λ_α	0.166	0.148	0.128	0.099
$\alpha=0.7$	β_α	0.830	0.830	0.835	0.840
	λ_α	0.124	0.108	0.097	0.080
$\alpha=0.8$	β_α	0.900	0.900	0.905	0.905
	λ_α	0.098	0.086	0.080	0.066
$\alpha=0.9$	β_α	0.950	0.950	0.952	0.952
	λ_α	0.049	0.044	0.041	0.035
$\alpha=1.0$	β_α	1.0	1.0	1.0	1.0
	λ_α	0	0	0	0

5. 正、负波相交法[29]

已知向坝址上游传播的连续逆向负波方程为

$$v = 2\sqrt{gmH_0} - 2\sqrt{gmh} + v_0 \tag{8-5-17a}$$

向下游传播的不连续涌波方程为

$$\frac{h^m h_2^m}{h^m - h_2^m}\frac{(v-v_2)^2}{g} = \frac{1}{m+1}(h^{m+1} - h_2^{m+1}) \tag{8-5-53}$$

式中　v——溃坝初期时刻的坝址断面上的平均流速；

h——与初期相应的坝址水深；

H_0——溃坝前坝址上游水深；

v_0——溃坝前坝址上游相应于水深为 H_0 断面上的平均流速；

h_2——溃坝前下游原河槽恒定流的水深；

v_2——与 h_2 相应的断面平均流速；

m——河槽断面形状指数，见前面的表 8-5-1。

式（8-5-17a）和式（8-5-53）是在河槽断面形式概化为 $A=Kh^m=\frac{BH}{m}$这种关系式的情况下，根据特征线理论和不连续波基本方程式，推导出来的。

溃坝初期在坝址上产生着向上游传播的逆负连续波和向下游传播的不连续涌波的衔接，因此，坝址上的水深和流速由联解方程式（8-5-17a）和式（8-5-53）而得，从而瞬时溃坝最大流量为

$$Q_M = vBH \tag{8-5-54}$$

关于大坝瞬间全溃的溃坝水流计算的问题，除以上介绍的5种方法外，还有波额流量法，波流、堰流相交法等，此处不一一介绍。

二、大坝瞬时部分溃场合

1. 大坝瞬时横向局部一溃到底场合

当瞬时横向（沿坝长方向）局部溃坝场合时，溃坝初期坝址上游形成负波，如图8-5-18所示，向决口正对的上游呈扇形传播。随着时间的增长，逆波传播面迅速扩展，流入决口的溃坝流量也迅速增大。同时决口水深将很快上升，流量也相应很快达到最大值。但不像瞬间全部溃坝那样，溃坝初期时刻就迅速出现最大流量，而是时间上稍微滞后一点。根据试验资料[60]表明：决口宽度 b 对坝址处出流水深 h_d 的影响如图8-5-19所示。从该图看出：随着决口相对尺寸 b/B 的增大，决口处相对水深 h_d/H_0 值将减小。或者说 B/b 值增加，h_d/H_0 也随之增加。相对水深 h_d/H_0 的增加，将使溃坝流量的增加。可从物理说明，由于决口 b 小于坝长 B，这种决口上游负波将具有多方向提供下泄水量的特点，从而使决口水深增加，流量也随之增大。因此瞬时横向局部一溃到底的溃坝，其最大流量不能用瞬时全部溃坝的公式计算，需要乘一个大于1的改正系数。文献[60]建议这一改正系数为 $\left(\frac{B}{b}\right)^{\frac{1}{4}}$。其中 b 为溃坝决口顶宽，B 为坝长，或两者都可用其平均值。这样前面介绍的瞬时全部溃决最大流量的计算公式，在乘上 $\left(\frac{B}{b}\right)^{\frac{1}{4}}$ 项后，都可适用于瞬时横向局部一溃到底的场合，这时全溃公式中的 B 应换以局部溃坝中的决口宽 b。例如，就 $h_2/H_0 \leqslant 0.1384$ 来说，瞬时横向局部一溃到底的最大流量，根据试验可用式（8-5-55）~式（8-5-57）进行计算[60]。

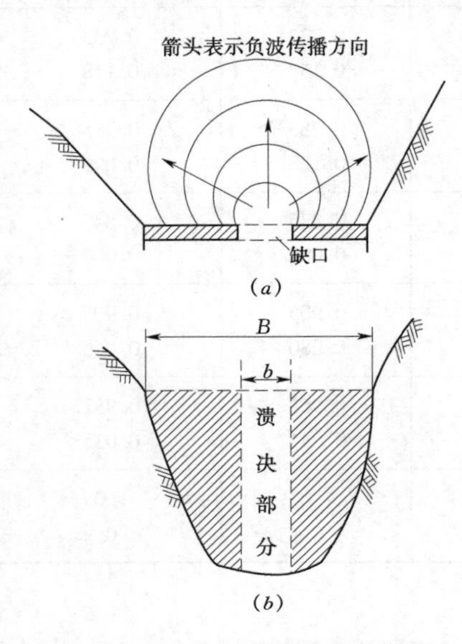

图8-5-18 大坝瞬时横向局部溃决
(a) 平面图；(b) 横截面图

$$Q_M = \frac{8}{27}\sqrt{g}\left(\frac{B}{b}\right)^{\frac{1}{4}} b H_0^{\frac{3}{2}} \tag{8-5-55}$$

决口处水深

$$h_d = \frac{H_0}{10^{0.3b/B}} \tag{8-5-56}$$

决口处流速

$$v_d = 0.926 \times 10^{0.3b/B}\left(\frac{B}{b}\right)^{\frac{1}{4}} H_0^{\frac{1}{2}} \tag{8-5-57}$$

关于改正系数 $\left(\frac{B}{b}\right)^{\alpha}$ 的指数 α，各家说法不一，除了取 α 为1/4外，也有取为0.4

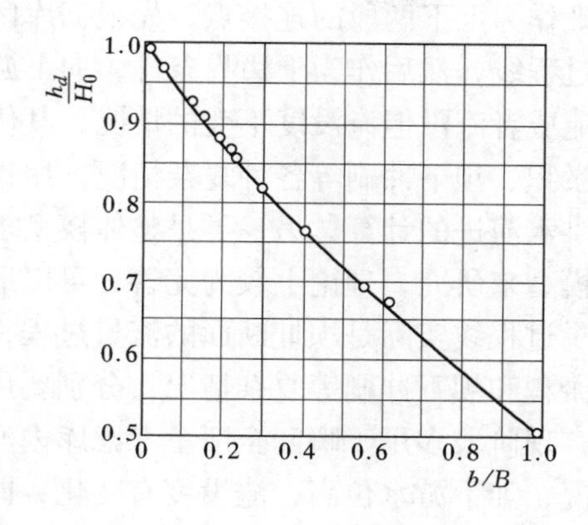

图 8-5-19 h_d/H_0 与 b/B 关系图

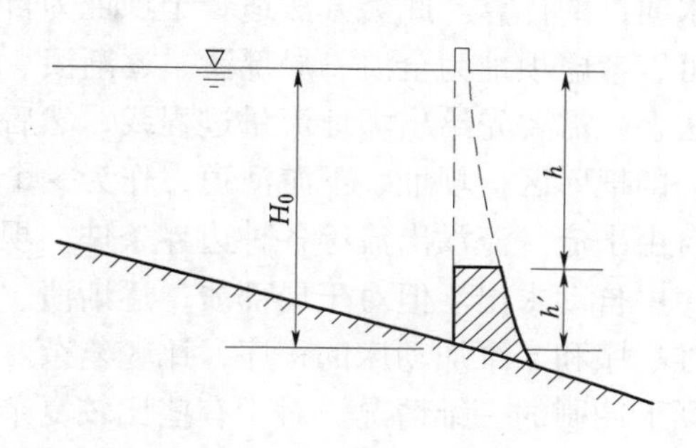

图 8-5-20 大坝瞬时垂向局部溃决

的[69]。这一指数与哪些因素有关，目前还研究得不够，可能与坝线型式（如直线、弧线）、水库型式等有关。

2. 大坝瞬时垂向局部溃坝场合

如图 8-5-20 所示，大坝瞬时未溃到底，尚残留着一个高度为 h' 的残坝，称为沿坝高方向瞬时发生局部溃坝，此时最大溃坝流量可用式（8-5-58）计算[60]：

$$Q_M = \frac{8}{27}\sqrt{g}\left(\frac{H_0 - h'}{H_0 - 0.827}\right) \times B\sqrt{H_0}(H_0 - h') \tag{8-5-58}$$

如坝长和坝高方面同时出现瞬间局部溃坝（即双向局部溃坝），此时溃坝最大流量为

$$Q_M = \frac{8}{27}\sqrt{g}\left(\frac{B}{b}\right)^{1/4}\left(\frac{H_0 - h'}{H_0 - 0.827}\right) \times b\sqrt{H_0}(H_0 - h') \tag{8-5-59}$$

美国水道实验站对式（8-5-59）作了修改，得出下列颇为简便的公式（8-5-60）[61]：

$$Q_M = \frac{8}{27}\sqrt{g}\left(\frac{BH_0}{bh}\right)^{0.28} bh^{1.5} \tag{8-5-60}$$

式中 h——决口处残坝坝顶至水面的距离，也称决口顶上水深，即 $h = H_0 - h'$。

黄河水利委员会水利科学研究所根据实验求得式（8-5-61）[69]：

$$Q_M = \frac{8}{27}\sqrt{g}\left(\frac{B}{b}\right)^{0.4}\left(\frac{11H_0 - 10h}{H_0}\right)^{0.3} bh^{1.5} \tag{8-5-61}$$

第五节 坝址流量过程线的推求[71,76~78]

要评估溃坝对下游的影响，必须作洪水演进的研究，除了可使用近似公式以外，常使用数值解法。而使用数值解法进行洪水演进的研究，就需要给出坝址流量过程线，也就是求出坝址处流量与时间的关系曲线（即 Q—t 曲线）。一般来说，进行溃坝洪水的计算，

有两大类方法。一类是分段模型求解法，即把坝址作为上下两段的连接点，先根据库区情况和下游水位对坝址出流的影响，求出坝址流量过程线，然后作为上边界条件，向下游作洪水演进的计算。此类方法适合于坝址为自由出流或者淹没但淹没度不变的情况，其优点是可以考虑坝址为全溃、局部溃、逐渐溃、库内淤积、坝下冲刷等各种复杂情况。用这种方法，就需要先给出坝址流量过程线，然后进行洪水演进的计算。另一类是整体模型求解法，即把库区、坝址、下游河道，作为一个整体模型来研究，理论上较为完善，可以适用于自由出流、淹没出流等各种边界条件，坝址流量过程线实际是坝址断面的流量过程，在程序中自动求出。但对于局部溃，逐渐溃、库内淤积和坝下冲刷等复杂情况，分别要用到二维程序和二维加动床的程序，比较复杂。因此，现阶段多用于瞬间全溃不考虑库内淤积和坝下冲刷的一维情况。对于有些比较复杂的情况，如下游水位高，淹没度有变化，同时又需要考虑一下局部溃、逐渐溃、库内淤积和坝下冲刷等复杂情况时，则往往用两种模型进行计算，以整体模型为基本成果，又以分段模型来考虑局部溃、逐渐溃、库内淤积和坝下冲刷等因素的影响，求出相对影响关系。

关于坝址流量过程线的计算，一般有两类算法。一类是从较完善的方程出发，根据坝址处的溃坝流动状况，依据偏微分方程和常微分方程的数学理论，求得坝址流量过程的理论解或半理论解，然后根据这些解直接计算或数值计算得到坝址流量过程线。由于这个方法考虑的各种因素较全面，求解过程较复杂，也叫详算法。

另一类是鉴于详算法求流量过程线，比较复杂，可采用概化典型流量过程线法来计算解决。通过详算法成果及模型试验数据的整理分析，发现瞬时溃坝流量过程线与最大流量 Q_M、溃坝前下泄流量 Q_0 及溃坝前可泄库容 W（简称溃坝库容）有关。其线形可概化为四次抛物线，也可概化为 2.5 次抛物线，即溃坝初期时刻，流量突增到 Q_M，紧接着流量迅速下降，形成下凹的曲线，最后趋近于原下泄流量 Q_0（见图 8-5-21）。根据上述数据资料的分析，可得出由四次和 2.5 次抛物线表示的两种典型的概化流量过程线，表 8-5-4 及表 8-5-5 分别表示了这两种概化线。在图 8-5-21 及表 8-5-4、表 8-5-5 中，T 为溃坝库容泄空时间，t 为任一时刻。工程上多用四次抛物线来概化流量过程线。

表 8-5-4 四次抛物线表

t/T	0	0.05	0.1	0.2	0.3	0.4
Q/Q_M	1.0	0.62	0.48	0.34	0.26	0.207
t/T	0.5	0.6	0.7	0.8	0.9	1.0
Q/Q_M	0.168	0.130	0.094	0.061	0.030	Q_0/Q_M

表 8-5-5 2.5 次抛物线表

t/T	0	0.01	0.1	0.2	0.3	0.4	0.5	0.65	1.0
Q/Q_M	Q_0/Q_M	1.0	0.62	0.45	0.36	0.29	0.23	0.15	Q_0/Q_M

当 Q_M、Q_0 及 W 已知时，就可用试算确定流量过程线，其步骤如下：

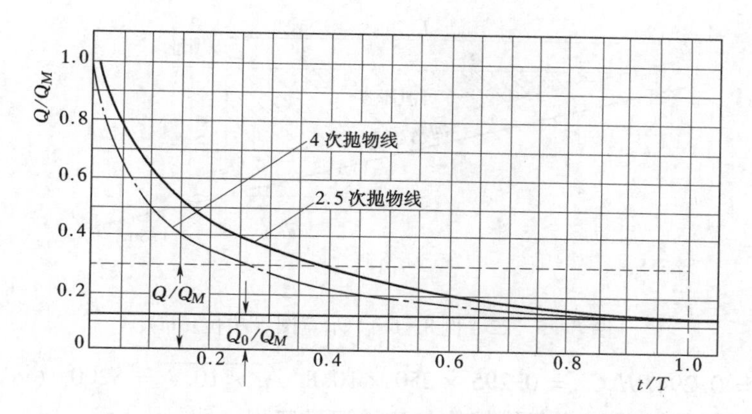

图8-5-21　详算法中流量过程线的概化图

（1）根据 Q_M 及 W 初步确定泄空时间 T。T 由式（8-5-62）计算：

$$T = K\frac{W}{Q_M} \tag{8-5-62}$$

式中　K——系数，对四次抛物线来说，K 一般为4~5；对2.5次抛物线，K=3.5。

（2）根据 T、Q_M、Q_0 由表8-5-6或表8-5-7初步确定流量过程线。

（3）验算过程线与 $Q=Q_0$ 直线之间的水量是否等于溃坝库容，如不相等，则须调整初步定的 T 值，直到两者相等为止。验算时注意，如局部溃决未溃至库底，溃坝库容为残坝高程以上库容；如全部溃至库底则为坝前水位以下的库容减去通过 Q_0 时天然河槽容积。

在实际工作中，有人建议用下法直接求解 T，经检验后，尚能符合实际。即

$$T = \frac{W}{\left(\frac{\overline{Q}}{Q_M}\right)Q_M - Q_0} \tag{8-5-63}$$

式中　$\frac{\overline{Q}}{Q_M}$——流量过程线纵坐标的平均值。

概化典型流量过程线法，虽简便，但由于把溃坝流量的全部过程，简化为一个单一曲线形式处理，因此没有考虑各水库的库容特性及坝址泄流过水能力等因素，很难得出较为理想的结果。

【8-5-1】　宽为250m的矩形河道上有一坝，溃坝前下游起始状态为均匀流，Q_0 = 720m^3/s，i=0.0009，h_2=1.8m，v_2=1.6m/s，坝上游水深 H_0=10.8m，如图8-5-22所示。水库泄空后，库区仍维持 Q_0=720m^3/s 的均匀流，试确定溃坝坝址处流量过程线。

解： 应用斯托克方法，先计算最大流量 Q_M；然后采用概化典型流量过程线法，计算溃坝坝址处流量过程线。

假定下游水深为1.8m，但不流动。因 $\frac{h_2}{H_0}=\frac{1.8}{10.8}=0.167>0.1384$，坝址下水流为缓流，最大流量不能按式（8-5-15）计算，可查图8-5-11求得。

$$Q_M/BH_0C_0 = 0.295$$

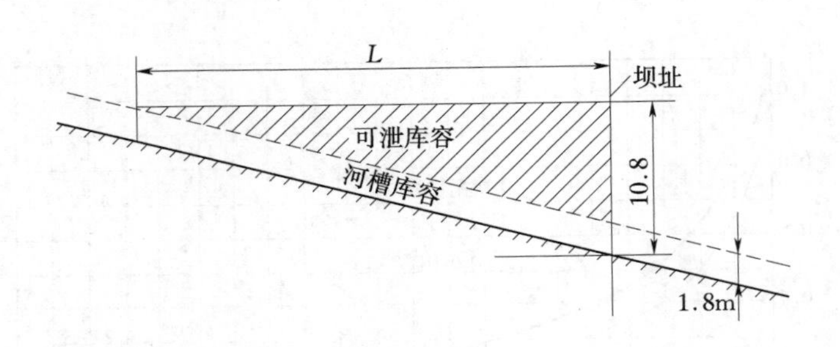

图 8-5-22 例 8-5-1 示意图（单位：m）

$$Q_M = 0.294BH_0C_0 = 0.295 \times 250 \times 10.8\sqrt{g \times 10.8} = 8200 \ (\mathrm{m^3/s})$$

可泄库容 W 为总库容减去仍维持均匀流的河槽容积，即

$$W = \frac{1}{2}H_0LB = \frac{1}{2}(10.8 - 1.8) \times 10000 \times 250 = 1125(\text{万 m}^3)$$

其中，水库长 $L = (H_0 - h_2)/i = (10.8 - 1.8)/0.0009 = 10000$（m）。

水库泄空时间 $T = K\dfrac{W}{Q_M}$，$Q_M = 8200\mathrm{m^3/s}$，选定 $K = 6.55$，则 $T = 6.55 \times \dfrac{1125 \times 10^4}{8200} = 9000\mathrm{s}$，根据 T 和 Q_M，即可算出概化流量过程线（四次抛物线法），见表 8-5-6。

表 8-5-6 计算成果表

t/T	0	0.05	0.1	0.2	0.3	1.0
t（s）	0	450	900	1800	2700	9000
Q/Q_M	1.0	0.62	0.48	0.34	0.26	0.09
Q（$\mathrm{m^3/s}$）	8200	5080	3930	2790	2130	720

按表 8-5-6 绘得流量过程线，如图 8-5-23 所示。由该图可求得过程线与 $Q = Q_0$ 直线间的水体容积约为 1118 万 $\mathrm{m^3}$，与 1125 万 $\mathrm{m^3}$ 接近，误差仅为 0.62%。

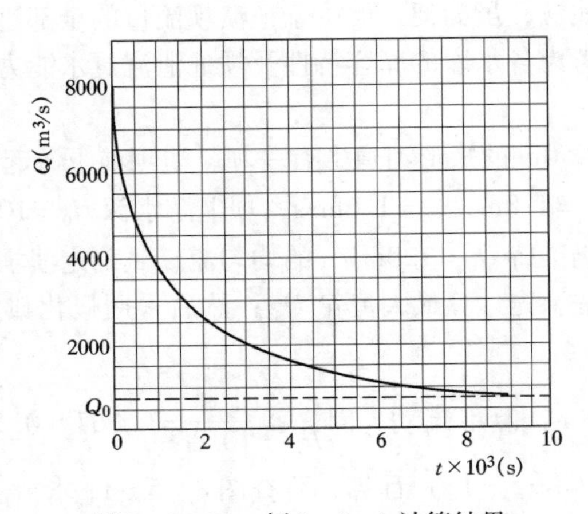

图 8-5-23 例 8-5-1 计算结果

第六节 溃坝洪水向下游演进的简化计算[52,71,77,69]

一、溃坝下游流量的计算

以上一节所述求得的坝址处流量过程线为第一边界条件，可以用任何非恒定流解法向下游推演，求得任何断面的流量过程线和水位过程线。但因溃坝波为单波，峰形尖瘦，向下游演进时，水流受河槽调蓄的作用，流量过程线尖峰部位很快坦化，所以有条件的采用洪水演进中的水量平衡法等较简化的方法，不过这些方法仍繁复。因此，推荐下面的经验公式：

$$Q_{LM} = \frac{W}{\dfrac{W}{Q_M} + \dfrac{L}{vK}} \tag{8-5-64}$$

式中 Q_{LM}——当溃坝最大流量演进至距坝址为 L 处时，在该处出现的最大流量；

W——水库溃坝时的库容；

Q_M——坝址处的溃坝最大流量；

L——距坝址的距离；

v——河道洪水期断面最大平均流速，在有资料的地区 v 可采用历史上的最大值，如无资料，一般山区可采用 3.0～5.0m/s，半山区可用 2.0～3.0m/s，平原区可采用 1.0～2.0m/s；

K——经验系数，山区 $K=1.1\sim1.5$，半山区 $K=1.0$，平原区 $K=0.8\sim0.9$。

黄河水利委员会水利科学研究所[69]根据实际资料分析认为，式(8－5－64)中的 vK 值应取下列数值：山区河道，$vK=7.15$；半山区河道，$vK=4.76$；平原河道，$vK=3.13$。

式（8－5－64）中的 vK 近似于洪水波在河道中的传播速度。由式（8－5－64）可知：当 L 趋近于 0 时，Q_{LM} 等于 Q_M；当 L 越大时，距离 L 与波速 vK 之比（即时间）也越大，河槽调蓄作用就越显著，Q_{LM} 值就会逐渐减小。因此 $\dfrac{L}{vK}$ 可看作是河槽调蓄作用的指标。

二、溃坝洪水传播时间和流量过程线[69]

溃坝之后，溃坝洪水什么时间会到达下游各站是人们所关切的问题。溃坝洪水比一般洪水的传播要快得多，其波速在坝址附近最大，距坝址愈远，波速削减愈快。黄河水利委员会水利科学研究所根据实验求得溃坝洪水传播时间及概化流量过程线如下。

1. 洪水起涨时间计算公式

$$t_1 = K_1 \frac{L^{1.75}(10-h_0)^{1.3}}{W^{0.2}H_0^{0.35}} \tag{8-5-65}$$

式中 L——距坝址距离，m；

H_0——坝上游水深，m；

W——可泄库容（可泄总水量），m^3；

h_0——溃坝洪水到达前下游计算断面的平均水深，m，即与基流 Q_0 相应的平均水深；

K_1——系数，等于$0.65\times10^{-3}\sim0.75\times10^{-3}$，取平均数为$0.70\times10^{-3}$；

t_1——洪水起涨时间，s。

2. 最大流量到达时间计算公式

$$t_2 = K_2\frac{L^{1.4}}{W^{0.2}H_0^{0.5}h_M^{0.25}} \tag{8-5-66}$$

式中 K_2——系数，等于0.8~1.2；

h_M——最大流量时的平均水深，可根据式（8-5-64）求出最大流量，再由水位流量关系曲线求得；

t_2——最大流量到达时间，s。

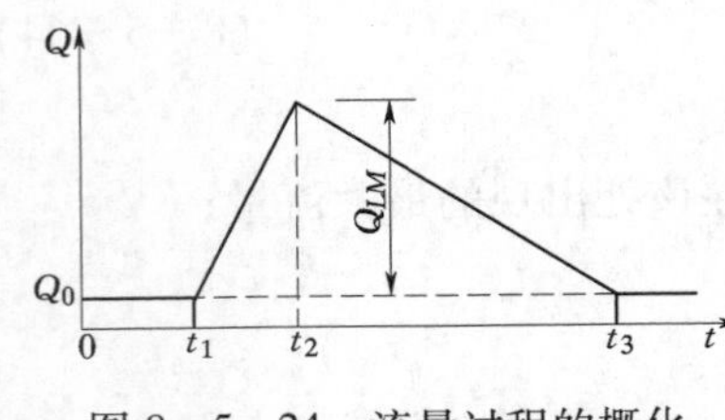

图 8-5-24 流量过程的概化

3. 溃坝下游流量过程线

一般来说，洪水起涨陡，峰值到达快，峰后流量下降比峰前缓慢。根据式（8-5-65）和式（8-5-66）求得洪水到达时间 t_1 和最大流量到达时间 t_2 后，将流量过程概化为三角形（见图8-5-24），即可用式（8-5-67）求得 t_3

$$t_3 = \frac{2W}{Q_{LM}} + t_1 \tag{8-5-67}$$

式中 Q_{LM}——计算断面处最大流量，按式（8-5-66）计算；

W——下泄总水量。

【例 8-5-2】 某水库位于山区。河槽为V形，库容 $W=2280$ 万 m^3，坝长 $B=230m$，$H_0=18.7m$，粘性土坝。由于洪水漫顶，在××年7月24日9时溃坝。溃决口门平均宽度 $\bar{b}=80m$，溃坝洪水到达下游38km处A站历时为3h30min，基流水深 $h_0=2.0m$，最大流量 $Q_{LM}=2710m^3/s$，最大流量到达历时为4h30min，最大水深7.5m；洪水到达下游68km处B站历时为6h40min，基流水深 $h_0=4.0m$，最大流量 $Q_{LM}=1660m^3/s$，最大流量到达历时为7h30min，最大水深7.92m。按上述方法作验证计算。

解：

1. 求溃坝最大流量

（1）求决口宽，由式（8-5-1）得

$$b = 0.65(2880^{1/2}\times230^{1/2}\times18.7)^{1/2} = 76m$$

（2）求坝址处出现的最大流量，由式（8-5-55）得

$$Q_M = \frac{8}{27}\times\sqrt{9.81}\left(\frac{230}{76}\right)^{1/4}\times76\times(18.7)^{3/2} = 7500m^3/s$$

（3）溃坝下游流量的计算，按式（8-5-64），对山区V形河道选用 $vK=7.15$，求得：

38km处A站出现的最大流量 $Q_{LM}=2730m^3/s$，与实测值接近；

68km处B站出现的最大流量 $Q_{LM}=1820m^3/s$，与实测值接近。

2. 洪水传播时间与流量过程线

按式（8-5-65）~式（8-5-67）求得各站时间，如表8-5-7所示。

表 8-5-7 计算成果表

站名	t_1		t_2		t_3		附注
	计算值	实测	计算值	实测	计算值	实测	
A	3: 38	3: 30	4: 06	4: 30	8: 16	10: 00	计算 t_1 时，K_1 取 0.7×10^{-3}；
B	6: 57	6: 40	8: 32	7: 30	13: 55	15: 00	计算 t_2 时，K_2 取 1.2

注 3: 38 表示 3h38min。

第七节 溃坝洪水向下游演进的一维数值计算[13]

当溃坝坝址下游水位较高，淹没度较大，而且随时间变化时，需要采用整体模型法来计算坝址出流与下游洪水演进，当然只能用一维数值解法来解决瞬间全溃的流量过程。对于局部瞬间溃、逐渐溃和瞬间全溃时下游水位较低，或虽然较高，但淹没度不随时间变化时，通常可采用分段模型法，先求出坝址处流量过程线（如本章第五节所述），然后以此作为上边界输入，进行下游河道的洪水演进计算，其近似法已如本章第六节所述，精确的解法，则需采用一维数值解法。

在采用一维数值解法中，整体模型和分段模型基本上是一致的，不同点只是整体模型以水库回水末端为上边界输入，而分段模型以坝址为上边界输入。前者在坝址处有初始的水位间断，即上游水位与下游水位有一个初始水位差，溃坝后此水头差逐渐减少，以致产生坝址的溃坝过程线。由于数值解是对时、空进行差分离散，而受计算时间和费用的限制，时间和空间的步长不可能取得太小，故在用整体模型的一维数值解，求出坝址瞬间全溃的峰顶流量后，应采用瞬间全溃峰顶流量的解析解得出结果（如本章第四节所述），并进行互相对比验证。

天然河道断面通常是比较复杂的，非棱柱体的，因此实际上为二维水流。简化为一维水流，是为了使程序简单，算时减少。一维模型存在的问题，不仅是将横断面内的非水平水位概化为平均水位，而更主要的是在于如何处理河道沿流向断面宽度时而扩大时而缩小的问题，通常的作法有三种：

（1）在动量方程中取水面宽度为河道宽，或按河道侧坡延长到与水面交线处的宽度为河道宽，所取的这种河道宽可能比实际河道主槽宽稍大；而在连续方程中则采用包括河滩在内的水面宽。这样做的目的是考虑滩地水流大部分不参加向下游的水流运动，但起到蓄水削减洪峰和减少传播速度的作用。所取的比实际河道主槽宽稍大的河道宽是为了补偿滩地水流[30]，即所谓滩地蓄水，主槽过流。

（2）认为水流的扩散受扩散角控制，大于扩散角的宽度的水流，将不参加向下游的水流运动，而将此部分宽度切去。

（3）不考虑扩散收缩与否，在计算时，将各断面的水面宽度与断面积制成为水深的关系表，输入计算机中，在程序执行时由计算机自行查用，反映沿程不同水深时的宽度和断面积的对流惯性项的影响。

因为描述溃坝洪水演进的基本方程为圣维南方程，在进行溃坝洪水向下游演进的计算时，可采用本篇第二章明槽非恒定流水面曲线计算所介绍的计算格式和计算方法。由于溃坝洪水的特点在许多方面不同于一般的洪水特点，故在计算时，应切实加以注意。下面给出计算时应注意的几点：

（1）溃坝洪水实质是二维水流过程，将其简化为一维水流过程，本身就存在一个近似前提。应更具实际情况，合理进行简化和概化。

（2）滩地水流部分参加过流，大部分起到蓄水作用的现象是客观存在的。但是对表示洪水过流的河道宽如何进行取值，扩散角如何采用，较难准确定量，有一定任意性。可根据实际情况，参考其他的溃坝洪水案例或计算工程，凭经验合理加以考虑。

（3）溃坝水流变化剧烈，时间步长往往受稳定性和收敛性的控制，不能取得太大。同时由于溃坝水流要演进到所求断面处的边界条件是未知数，故多采用显式，由上游向下游演进逐步推算。但在许多溃坝洪水计算工程中，用隐格式也收到了较好的效果。在用隐格式计算时，也应注意时间步长和空间步长不应取得太大。

参 考 文 献

1 格拉夫，阿廷拉卡著．河川水力学．赵文谦，万兆惠译．成都：成都科技大学出版社，1997
2 徐正凡主编．水力学（下册）．北京：高等教育出版社，1987
3 Yevjevich V．著．明渠不恒定流（第一卷）．林秉南等译校．北京：水利电力出版社，1987
4 周雪漪．计算水力学．北京：清华大学出版社，1995
5 郑邦民，槐文信，齐鄂荣编著．洪水水力学．武汉：湖北科技出版社，2000
6 汪德灌．计算水力学理论及应用．南京，河海大学出版社，1989
7 吴明远，詹道江，叶守泽合编．工程水文学．北京：水利电力出版社，1987
8 吴持恭主编．水力学．北京：高等教育出版社，1982
9 张瑞瑾，谢鉴衡，王明甫，黄金堂．河流泥沙动力学．北京：水利水电出版社，1989
10 王平义．弯曲河道动力学．成都：成都科技大学出版社，1995
11 许念曾．河道水力学．北京：中国建材工业出版社，1994
12 张红武，吕昕．弯道水力学．北京：水利水电出版社，1993
13 谢任之编著．溃坝水力学．济南：山东科学技术出版社，1993
14 清华大学水力学教研组编．水力学．北京：人民教育出版社，1981
15 武汉水利电力学院河流泥沙工程学教研室编著．河流泥沙工程学（上册）．北京：水利出版社，1981
16 武汉水利电力学院．水力学．北京：中国工业出版社，1960
17 武汉水利电力学院水力学教研组编．水力计算手册．北京：水利出版社，1980
18 顾慰慈编著．城镇防汛工程．北京：中国建材工业出版社，2002
19 平原航道整治编写组．平原航道整治．北京：人民交通出版社，1977
20 山区航道整治编写组．山区航道整治（上册）．北京：人民交通出版社，1975
21 给排水设计手册编写组．给排水设计手册．北京：中国建筑工业出版社，1974
22 长江水利委员会主编．水文预报方法．第二版．北京：水利电力出版社，1993
23 姚乐人主编．防洪工程．北京：中国水利水电出版社，1997
24 张红武，马继业等．河流桥渡设计．北京：中国建材工业出版社，1993

25 姚乐人主编．江河防洪工程．武汉：武汉水利电力大学出版社，1999
26 中华人民共和国水利部国际合作与科技司编．堤防工程技术标准汇编．北京：中国水利水电出版社，1999
27 武汉水利电力学院河流动力学及河道整治教研室．河道整治．北京：中国工业出版社，1965
28 水利电力部第五工程局，水利电力部东北勘测设计院．土坝设计（上），北京：水利电力出版社，1978
29 河尔汉盖里斯基 B A．河渠中不稳定流动的计算．王承树译．北京：科学出版社，1954
30 利格特 J A．不恒定流基本方程 明渠不恒定流．第一卷．北京：水利电力出版社，1987
31 王锐琛主编．中国水力发电工程 工程水文卷．北京：中国电力出版社，2000
32 徐正凡主编．水力学．北京：高等教育出版社，1982
33 Chow V T. Open-channel Hydraulics, McGraw－Hill Book Company, INC. 1959
34 Henderson F M. Open Channel Flow, Macmilan Publishing co Inc, 1966
35 Mahmood K. Yevjevich V. ed. Unsteady Flow in Open channels. Vol. 2, Water Resources Publications, 1975
36 Stoker J J. Water Waves. Interscience, 1957
37 物部長穗．水理學．岩波出版，1961
38 Розовский И Л. Движение Воды на Повороте Открытого Русла , Изд . АН Укр ССР , Киев , 1957
39 Караушев А В. Проблемы Динамики Естественных Водных Потоков , Ленинград , 1960
40 Гонэаров В Н. Основы Динамики Русловых Потоков , 1954
41 高冬光．公路桥涵设计手册 桥位设计．北京：人民交通出版社，2000
42 苏联运输工程部运输设计总局．公路技术资料（7）．桥渡勘测设计规程，北京：人民交通出版社，1976
43 Leliavsky. An Introduction to Fluvial Hydraulics. London : Chapman and Hall Ltd. 1966
44 武汉水利电力学院河流动力学及河道整治教研室．河流动力学．北京：中国工业出版社，1961
45 Petryk S. and Bosmajian G. , Analysis of Flow through Vegetation. J. of Hy. Div. ASCE, Vol. 101, No. Hy. 7, 1975
46 Apmann. Estimating Discharge from Super elevation in Bends. J. of the Hy. Div. , ASCE, Jan. 1973
47 Nwachukwn B A . Laboratory study of Scour at Channel Bends, Pro. Of the First Canadian Hydraulics Conferences CSCE. May 1973
48 Isbash S V. Lebedev L V. Change of Natural Streams during Construction of Hydraulic, IAHR Ninth Convention, Belgrade, 1961
49 Knieb H G. Bemessung von Schüttstein-Deckwerken in Verkehrswasserbau Teil 1. Lose Steinschüttungen. Mitteilungs Blatt der Bundesamt für Wasserbau, Nr. 42, 1977
50 Searcy J K. Use of Riprap for Bank Protection. Hydraulic Engineering Circular No. 11, Hydraulics Branch, Bridge Division, Office of Engineering and Operations, Bureau of public Roads, Washington, D. C. , June, 1967
51 Hudson. Laboratory Investigations of Rubble-Mound Breakwaters. J. of Waterways and Harbors, ASCE, Sept, 1959
52 Dward Gruner. Classification of Risk. 11th Int. Congress on Large Dams, V01. I
53 The Mechanism of Dam Failure. The Trasactions of the 9th Congress on the Large Dams. Vo1. III
54 Fread D L. Harbough T E. Transient Hydraulic Simulation of Breached Earth Dams. J. of Hy. Div. ASCE, Vol. 99, No. 1, 1973
55 Johnson F A. Illes P. A Classification of Dam Failures. Water Power and Dam. Construction, Vol. 28, No. 12, 1976

56 Balloffet A. Cole E. Balloffet A F. Dam Collapse Wave in a River. J. of Hy. Div. ASCE, V0l. 100, No. 5, 1974
57 Martin C S. Zovne J J. Finite Difference Simulation of Bore Propagation. J. of Hy. Div. ASCE, Vol. 97, No. 7, 1971
58 Robevt, Jansen B. Dam and Public Safety Bureau of Reclamation. 1983
59 Thaker V S. The Dam-Break Problem Studies Towards Solution in the Natural Situation. Irrigation and Power (Indian), Vol. 33, No. 3, 1976. 7
60 Rouse H. ed. Engineering Hydraulics, 1949
61 美国溢洪道设计洪水问题. 水利水电译丛, 1965 (4)
62 张沛文, 朱贵祥. 山区河流航道滩险整治水力计算的探讨. 水运工程技术情报, 1974 (9)
63 谢吉成, 王玉成, 张世柱. 丹江口水库库区回水曲线试验分析研究. 水利水电科技情报, 1977 (3)
64 黑龙江省水利勘测设计院. 黑龙江省河道滩地糙率初步分析. 水利技术, 1976 (2)
65 田朝文. 弯道水流及最小稳定曲率半径. 见: 西北水科所科研报告选集第三集泥沙专业手册 第一号, 1964
66 王木兰, 汪德爟. 明渠弯道水流与冲刷问题. 华东水利学院学报, 1978 (1)
67 长江水利水电科学研究院. 长江中下游的护岸工程 (讨论稿). 1979
68 南京水利科学研究所. 水工建筑物下游局部冲刷综合研究. 南京水科院水工研究所, 1958
69 黄河水利委员会水利科学研究所. 溃坝水流计算方法初步探讨. 科研成果选编, 1977 (1)
70 谢任之. 水库垮坝流量的计算方法. 山西水利科技, 1974 (3)
71 彭登模. 溃坝最大流量及溃坝流量过程线计算的体会及建议. 人民长江, 1965 (5)
72 赵世俊. 溃坝问题雏议. 见: 水利工程管理论文集 第一集, 1981 年全国大坝安全学术讨论会专辑. 中国水利学会工程管理专业委员会, 1984
73 柯礼聃等. 我国大坝安全问题展望. 见: 水利工程管理论文集 第一集, 1981 年全国大坝安全学术讨论会专辑. 中国水利学会工程管理专业委员会, 1984
74 沈崇刚等. 国外大坝安全措施和加强我国科研工作的建议. 见: 水利工程管理论文集 第一集, 1981 年全国大坝安全学术讨论会专辑. 中国水利学会工程管理专业委员会, 1984
75 黄宗佑. 溃坝洪水波数学模型. 见: 水利工程管理论文集 第一集, 1981 年全国大坝安全学术讨论会专辑. 中国水利学会工程管理专业委员会, 1984
76 水库溃坝流量的简化计算. 辽宁省水文总站, 1973 (12)
77 唐友一. 溃坝水流状态计算方法的探讨. 水利水电技术, 1962 (4)
78 铁道部第二设计院革委会. 关于水库溃坝流量的计算. 科技简讯, 1977 (1)、(2)
79 Дульнов В Б. Выбор Места Вода из Потока на Изгибе Русла , Гидротехника и Мели-орация , №. 10, 1950
80 Нгуен Тхой Зап , Метод Ретулирования Русла при Десплотиной Водозаборе Гидротехника и Мелиорация , №. 11, 1972
81 Шанкин П А. Расчет Каменных Креплений от Кософ Земляных Плотин , Гидроме - хника и Мелиорация , №. 11, 1952
82 Киселев П Г. Справочнак по Гпдровлическиим Расчетам , 1972
83 Ротедбурт И С. Вельнов В С. Моляков М Л. Мостовые Переходы , 1976

第九篇

渗流计算

第一章 堰闸地基的渗流计算

第一节 达 西 定 律

本篇所述水工建筑物的地基和土坝、水井等渗流的水力参数的计算，都是以达西（H. Darcy）定律为基础的。达西定律可表达为

$$\nu = kJ \tag{9-1-1}$$

$$J = -\frac{\mathrm{d}H}{\mathrm{d}l} \tag{9-1-2}$$

式中 J——渗流坡降，即渗流水头 H 沿流程 l 的下降率；

k——土的渗流系数，具有流速的量纲，反映土体的渗流性能，其数值需要通过现场或室内试验进行测定。在初步估算时，表 9-1-1[1] 中的数值可供参考。

表 9-1-1　　渗 流 系 数

1	土体的种类	k（cm/s）	5	混有粘上的砂土	$5\times10^{-3}\sim0.01$
2	密实（经夯实）粘土	$10^{-10}\sim10^{-7}$	6	纯砂土	$0.01\sim1.0$
3	粘　土	$10^{-7}\sim10^{-4}$	7	砾石（粒径为 2~4mm）	3.0
4	砂质粘土	$10^{-4}\sim5\times10^{-3}$	8	砾石（粒径为 4~7mm）	3.5

用渗流流量 Q 表达可写为

$$Q = k\omega J \tag{9-1-3}$$

式中 ω——渗流过水断面面积，包括土粒和孔隙所占面积。

由 ω 可知，渗流流速 ν 是小于实际渗流速度 ν' 的，两者的关系为 $\nu' = \nu\frac{\omega}{\omega-\omega'}$，其中 ω' 为过水断面面积 ω 范围内土体颗粒所占的断面面积。

根据试验，式（9-1-1）也可用于渗流区内任一点的流速 u，即

$$u = kJ \tag{9-1-4}$$

达西定律表明渗流流速与渗流坡降成正比，故又称为渗流的线性定律。渗流的流态也有层流与紊流之别，线性定律只适用于层流渗流运动。在水工实践中，规定达西定律应用范围的临界流速 ν_k 的经验公式[2]为

$$\nu_k = \frac{(0.75n + 0.23)N\nu}{d} \tag{9-1-5}$$

式中 n——土的孔隙率，即孔隙的体积与土体所占总体积的比值；

ν——水的运动粘滞系数；

d——土的粒径；

N——常数，约为7~9。

实践证明，大部分的渗流问题都在达西定律的适用范围之内。但在某些情况下（例如由粗颗粒组成的截流戗堤、丁坝等），有 $\nu > \nu_k$，此时要用非线性的渗流定律；当渗流已进入紊流的阻力平方区时，有

$$u = K_\phi \sqrt{J} \tag{9-1-6}$$

式中 K_ϕ——紊流渗透系数，由试验确定。

第二节 直线比例法

直线比例法是工程中对堰闸底板所受的扬压力作粗略估算的一种方法，其特点是计算简捷，适用于快速估算；但其结果的精度较低，而且不能据此计算其他渗流的水力要素。

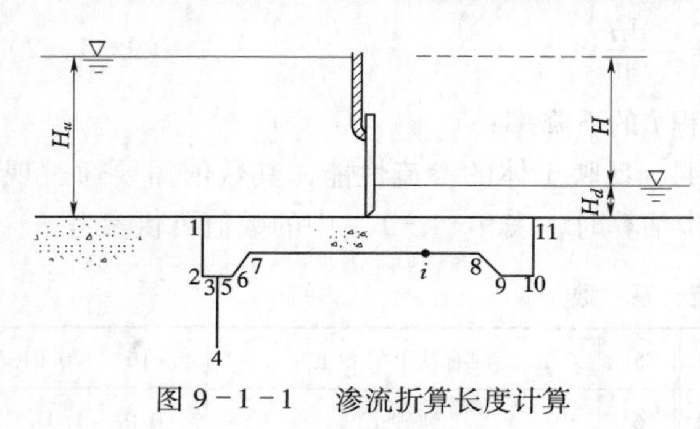

图9-1-1 渗流折算长度计算

当下游排水设备比较好时，作用水头（上下游水位差）通过从上游渗流到下游之后，就全部损失掉。直线比例法假定渗流中的水头损失，是沿经折算的地下轮廓线均匀分配的，亦即设地下轮廓线上某点 i 的渗流水头为

$$H_i = \frac{S_i}{L}H \tag{9-1-7}$$

式中 H——上下游水位差；

L——经折算后的地下轮廓线的总长度（或称总折算长度），其意义见后述；

S_i——自 i 点开始沿地下轮廓线至下游端点的折算长度，例如图9-1-1中的 i~11的折算长度，其意义见后述。

经折算后的地下轮廓线总长度 L，可取为

$$L = L_H + mL_V \tag{9-1-8}$$

式中 L_H——包括水平的和与水平线的夹角小于或等于45°的地下轮廓线长度；

L_V——包括垂直的和与水平线的夹角大于45°的地下轮廓线长度；

m——修正系数，根据经验，对无板桩等垂直防渗设备的轮廓线，取 $m=1.3$~1.7[3]；对有板桩等垂直防渗设备，取m=3[4]。

S_i 也与 L 的计算一样，按式（9-1-9）进行计算：

$$S_i = S_{iH} + mS_{iV} \tag{9-1-9}$$

式中 S_{iH}、S_{iV}——与 L_H、L_V 具有相似的意义。

在初步计算中，为了迅速估算为安全所必须的地下轮廓线的长度，根据圬工建筑物地基防止土体渗流破坏的要求，经折算的地下轮廓线长度可由式（9-1-10）[4]决定：

$$L = cH \tag{9-1-10}$$

式中 c——渗径系数，与地基的土类有关，当渗流逸出处有反滤层时，可取表9-1-2中的数值，对不大重要的建筑物，可减少20%采用；

H——上下游水位差。

表9-1-2 渗径系数

土类	c	土类	c
极细砂或淤泥	8.5	粗砾石并含有粗卵石	3.0
细砂	7.0	漂砾并含有一些粗卵石和砾石	2.5
中砂	6.0	软粘土	3.0
粗砂	5.0	中等硬度的粘土	2.0
细砾石	4.0	硬粘土	1.8
中砾石	3.5	极硬粘土或硬盘	1.6

第三节 阻力系数法

阻力系数法是一种将流体力学在较简单的边界条件下得到的解析解应用到复杂边界条件下的一种近似计算方法。当堰闸地下轮廓的几何尺寸、上下游水位差、土的渗流系数和透水地基深度为已知时，用此法可以求出堰闸底板承受的扬压力、地基的渗流量和逸出坡降。此法来自巴甫洛夫斯基的分段法[2]，以后不断有人加以改进。下面介绍南京水利科学研究所提出的现已写成规范的一种经改进的阻力系数法[5]。该法计算的公式和方法如下。

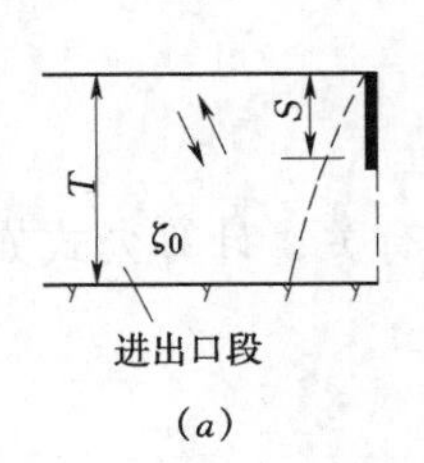

(a)

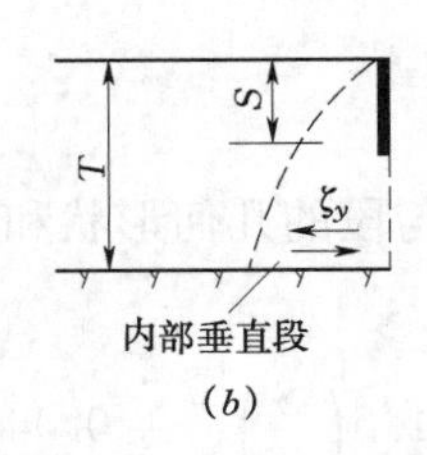

(b)

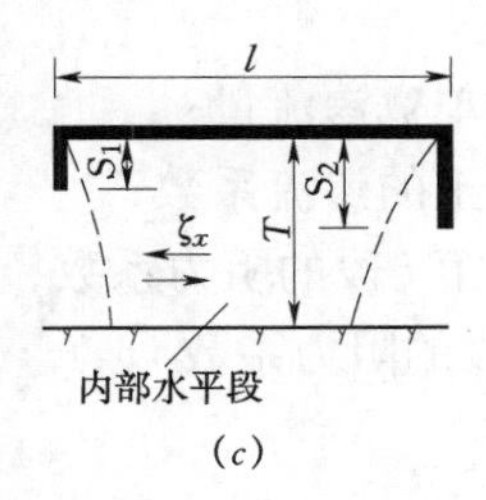

(c)

图9-1-2 地基分段基本型式

一、地基的分段

首先大致划出通过底板角点和通过板桩尖点的等水头线，通过这些等水头线将地基分段，也就是沿着地下轮廓有高差的两点分为一段。对一般堰闸地基的渗流，按照这一原则，可归纳为图9-1-2所示的三种基本的型式，即进出口段，内部垂直段和内部水平段。图中S表示垂直长度，在进出口段为底板进出口的埋深与板桩长度之和，对内部垂直段则为地下轮廓的凸部与内部板桩长度之和。图9-1-3所示的地基渗流，按上述分段方法可分为7

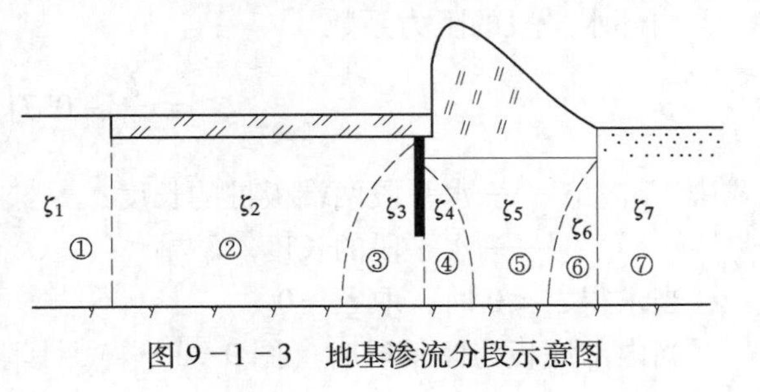

图9-1-3 地基渗流分段示意图

段，其中①、⑦为进出口段，③、④、⑥为内部垂直段，②、⑤为内部水平段。

二、地基计算的有效深度

阻力系数法的运用，原则上只适用于透水地基为有限深的情况，当地基深度很大时，可化为有效深度计算；根据规范[5]规定，地基计算的有效深度 T_e 可按式（9－1－11a）或式（9－1－11b）计算：

当 $\dfrac{L_0}{S_0} \geqslant 5$ 时

$$T_e = 0.5L_0 \tag{9-1-11a}$$

当 $\dfrac{L_0}{S_0} < 5$ 时

$$T_e = \frac{5L_0}{1.6\dfrac{L_0}{S_0} + 2} \tag{9-1-11b}$$

式中 T_e——土基上水闸地基的有效深度，m；

L_0——地下轮廓的水平投影长度，m；

S_0——地下轮廓的垂直投影长度，m。

T_e 应按式（9－1－11a）和式（9－1－11b）中的大值取用，若 T_e 大于地基实有深度 T，应按实有地基深度 T 计算，若 T_e 小于 T，则用 T_e 计算。

三、各段水头损失和单宽渗流量的计算

各段的水头损失 h_i 按式（9－1－12）计算：

$$h_i = \zeta_i \frac{q}{k} \tag{9-1-12}$$

总水头（上下游水位差）为

$$H = \sum h_i = \frac{q}{k}\sum\zeta_i \tag{9-1-13}$$

式中 q——单宽渗流量；

k——土的渗流系数；

ζ_i——第 i 段的阻力系数，其值与段的几何形状和尺寸有关，计算公式如下：

进出口段的阻力系数

$$\zeta_0 = 1.5\left(\frac{S}{T}\right)^{1.5} + 0.441 \tag{9-1-14}$$

内部垂直段的阻力系数

$$\zeta_y = \frac{2}{\pi}\ln\mathrm{ctg}\left[\frac{\pi}{4}\left(1 - \frac{S}{T}\right)\right] = 1.466\lg\mathrm{ctg}\frac{\pi}{4}\left(1 - \frac{S}{T}\right) \tag{9-1-15}$$

内部水平段的阻力系数

$$\zeta_x = \frac{l}{T} - 0.7\left(\frac{S_1 + S_2}{T}\right) \tag{9-1-16}$$

式中 S_1、S_2——水平段两端板桩的长度；

l——水平段的长度。

当求得 $\zeta_x \leqslant 0$ 时，取 $\zeta_x = 0$。

当内部底板为倾斜段时（图9－1－4），其阻力系数为

$$\zeta_s = \alpha\zeta_x \qquad (9-1-17)$$

式中　α——修正系数，由式（9－1－18）确定：

$$\alpha = 1.15\frac{T_1 + T_2}{T_2 - T_1}\lg\frac{T_2}{T_1} \qquad (9-1-18)$$

式中　T_1、T_2——小值一端和大值一端的地基深度。

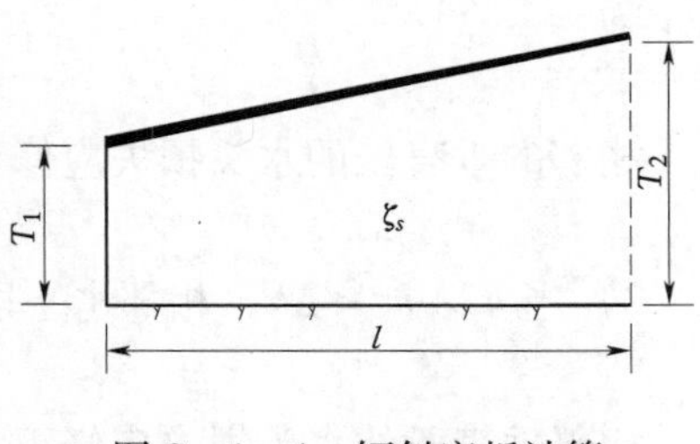

图9－1－4　倾斜底板计算

因此，对具有倾斜底板的水平段，在按式（9－1－16）求ζ_x时，其中l/T一项的T用平均值，S_1/T中的T应按实有的T_1计算，S_2/T中的T应按实有的T_2计算。

如水平段为水平底板与倾斜底板相连，可在其连接点处将水平段划分为平底板和斜底板的两段，分别计算其阻力系数。

当倾斜底板的斜率小于1:3时，可作为平底板计算。

将求得的各段阻力系数和$\sum\zeta_i$代入式（9－1－13）便得单宽渗流量q，继由式（9－1－12）求得各段的水头损失h_i。

四、对进出口处水头损失的修正

由式（9－1－14）得到的进出口段阻力系数，在某些情况下有较大的误差，因此要对上述方法求出的进出口段水头损失h_0值进行修正，修正后的水头损失值h'_0为

$$h'_0 = \beta h_0 \qquad (9-1-19)$$

式中　β——修正系数，由式（9－1－20）确定：

$$\beta = 1.21 - \frac{1}{\left[12\left(\frac{T'}{T}\right)^2 + 2\right]\left(\frac{S}{T} + 0.059\right)} \qquad (9-1-20)$$

式中　T——进、出口段的地基深度；

T'——进、出口段另一侧的地基深度，如图9－1－5所示。

当求得$\beta>1$时，按$\beta=1$采用，即不要修正；当$\beta<1$时，需要修正，由式（9－1－19）得h'_0，亦即得到进出口段水头损失的减少值为$\Delta h=(1-\beta)h_0$，此时，还要相应地将该Δh值调整到其相邻的水头损失值中去，具体过程如下：

（1）如图9－1－5（a）所示，常有$h_x \geqslant \Delta h$（h_x为与进出口板桩相邻的水平段的水头损失），此时，与板桩相邻的水平段的水头损失应修正为

$$h'_x = h_x + \Delta h \qquad (9-1-21)$$

（2）如图9－1－5（b）、（c）所示，当$h_x<\Delta h$时，常有以下两种情况：

1）当$h_x+h_y \geqslant \Delta h$（$h_y$为与$h_x$相邻的垂直段的水头损失），相邻水平段的水头损失应

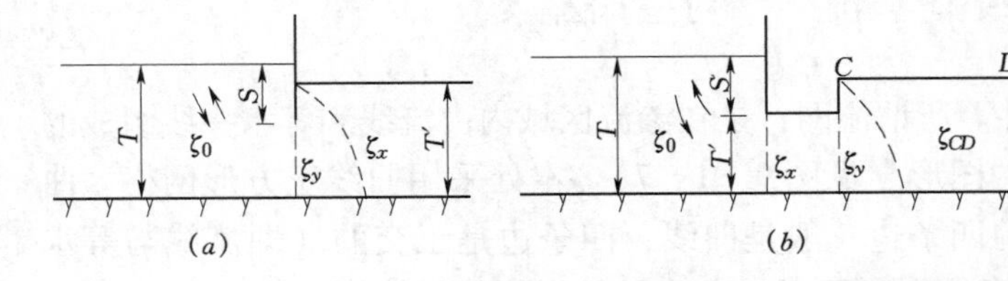

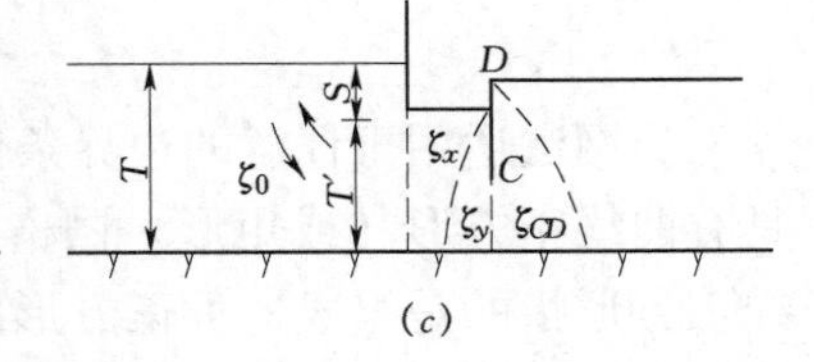

图9－1－5　进出口段水头损失修正计算

修正为

$$h'_x = 2h_x \qquad (9-1-22)$$

相邻的垂直段的水头损失应修正为

$$h'_y = h_y + \Delta h - h_x \qquad (9-1-23)$$

2）当 $h_x + h_y < \Delta h$，相邻水平段的水头损失应修正为

$$h'_x = 2h_x \qquad (9-1-24)$$

相邻垂直段的水头损失应修正为

$$h'_y = 2h_y \qquad (9-1-25)$$

相邻 CD 段（水平段或垂直段）的水头损失应修正为

$$h'_{CD} = h_{CD} + \Delta h - (h_x + h_y) \qquad (9-1-26)$$

五、作扬压力图

根据求得的各段水头损失值，并设各段内的水头损失可沿相应段的水平长度均匀分配，便可求得作用在地下轮廓线上的水头线。由水头线、地下轮廓线以及过地下轮廓线上下游端点铅垂线所包围的图形，即为作用在地下轮廓线上的扬压力图，设该图形的面积为 A，则单宽扬压力为 γA，其中 γ 为水的容重。

六、出口段渗透压强分布图的确定和渗流坡降的计算

如图 9－1－6 所示，出口水力坡降往往呈急变形式，其水平长度 L'_x 可由式（9－1－27）计算：

$$L'_x = \frac{\Delta h}{\Delta H \Big/ \sum_{i=1}^{n} \xi_i} T \qquad (9-1-27)$$

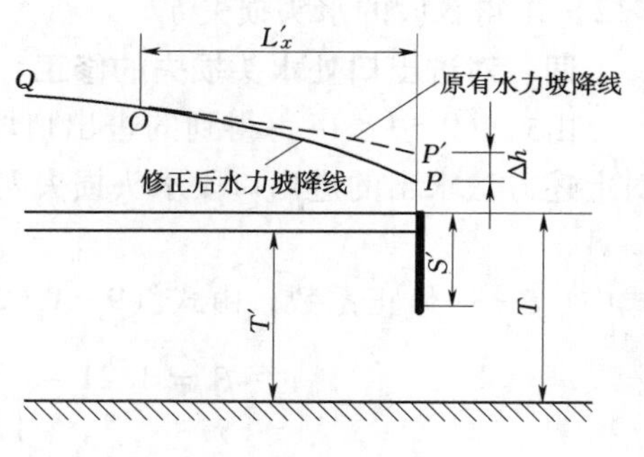

图 9－1－6　出口水力坡降

出口段渗透压强分布图可按下述方法进行修正。即将图 9－1－6 中的 QP'线，根据 $\Delta h = (1-\beta)\ h_0$ 和式（9－1－27）计算的 L'_x 值，分别定出 P 点和 Q 点，连接 QOP，即为修正后的水力坡降线。

出口渗流平均坡降 J 由式（9－1－28）确定：

$$J = \frac{h'_0}{S} \qquad (9-1-28)$$

式中　S——出口段地下轮廓的垂直长度。

第四节　流　网　法

流网法适用于任意的边界条件。所谓流网，是在渗流区域内由流线和等水头线组成的具有曲线正方形（或矩形）网格的图形（见图 9－1－7）。本处采用曲线正方形网格。曲线正方形指的是组成这种正方形的四条边一般是曲线，四条边是正交的（即流线与等水头线相互垂直），用直线连接其对角点时，两条对角线的长度近似相等且近似正交。

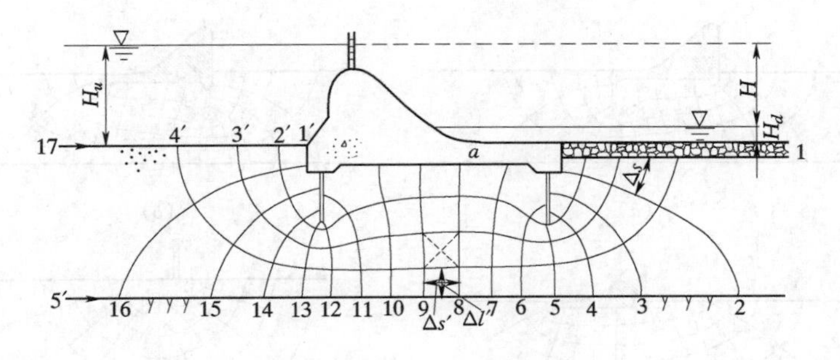

图 9-1-7　流网

一、绘制流网时应注意的问题

绘出正确的流网是用流网法求解渗流问题的基础。绘制流网最好利用电拟法试验仪进行。这种仪器的原理简单，易于制作。当缺乏设备，可用手绘近似地完成流网的绘制。

手绘流网时要注意的问题如下：

(1) 边界轮廓线和不透水层表面线都是边界流线，例如在图 9-1-7 中的线 1′和线 5′都是边界流线，其他流线 2′、3′、4′是位于它们两者之间的，为中间流线。

(2) 上下游河床表面线都是等水头线，例如在图 9-1-7 中的线 1 和线 17 都是等水头线，其他等水头线 2、3、…、16 是位于它们两者之间的。

(3) 如果透水地基很深，就不必将流网绘到不透水层表面。常以建筑物地下轮廓线水平长度的中点为圆心，以建筑物水平尺寸的两倍或以建筑物最大地下垂直尺寸（如板桩或帷幕）的 3~5 倍为半径，在透水地基区域内绘圆弧与上下游河床表面线相交，此圆弧就可作为流网的边界流线。

(4) 注意遵守流网的定义去绘制流网。经验证明，一般都不能通过一次绘图就得到正确的流网图，而必然要通过反复的修改调整才能达到。初绘时，可先按边界流线形状大致绘出中间的 3~4 条流线和相应的等水头线，然后再严格地根据流线和等水头线都是光滑曲线，且彼此相互正交（各网格均构成曲线正方形）的要求，用上述的两条对角线的长度相等且正交的检查方法反复修正。修正时要照顾到整体，除在某些紧靠地下轮廓线为折线的网格以及最靠底部一条流带的格子（如图 9-1-7 的流线 4′与 5′之间的格子）可能出现 $\Delta s' > \Delta l'$ 的曲线矩形之外，其余所有网格都要符合要求。在地下轮廓线突然转折的地方，是不可避免地要出现三角形或多角形等不规则的网格形状，但是这些个别的网格，对整个流网的精度没有大的影响。流网的网格愈小，精度愈高，故可视工程的要求而决定是否将流网加密绘制。

(5) 流网图形状只与渗流区的边界条件有关，而与上下游水位差的大小无关，当土体为均质各向同性时，也与土壤的渗流系数无关。

图 9-1-8 为某些典型情况下的流网图，以供参考。

二、根据流网图求渗流的水力要素

当作出流网图之后，可用下述公式求出渗流的各项水力要素：

从下游算起的第 i 条等水头线上的渗流水头为

$$H_I = \frac{i-1}{n-1}H \tag{9-1-29}$$

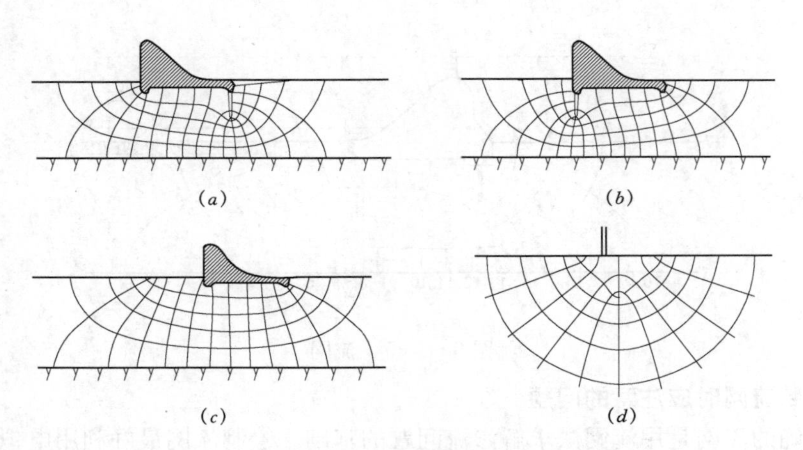

图 9-1-8 典型流网图

式中 H——上下游水头差；

n——流网中的等水头线总数，例如图 9-1-7 中，$n=17$。

i 为从 1 开始的由下游向上游顺序计算的等水头线编号数，如果地下轮廓线上某些转折点不在等水头线上，那么这些点上的 i 值就不是整数，例如图 9-1-7 中的 a 点，其 i 约为 7.75。

地下轮廓线上的渗流水头加上浮托力水头，即为作用于地下轮廓线上的扬压力（以水头表示）。显然，将上述求渗流水头的方法改为求渗流水头的损失也是可以的。

某一网格内的平均渗流坡降为

$$J = \frac{H}{(n-1)\Delta s} \tag{9-1-30}$$

式中 Δs——在该网格内通过其中点的沿流线方向的长度，可在流网图中量取，如图 9-1-7 所示。

单宽渗流量为

$$q = k\frac{H}{n-1}(m-1) \tag{9-1-31}$$

式中 m——流网中的流线总数（例如，图 9-1-7 中，$m=5$）；

其余符号意义同前。

当最靠底部一条流带的网格出现曲线短形时，单宽流量为

$$q = k\frac{H}{n-1}\left(m-2+\frac{\Delta l'}{\Delta s'}\right) \tag{9-1-32}$$

式中，$\Delta l'$ 和 $\Delta s'$ 如图 9-1-7 所示。

第五节 分层土及各向异性土的堰闸地基渗流计算

一、分层土的堰闸地基渗流计算

若地基中有分层土，每层土本身是均匀各向同性的，但各层的渗流系数彼此不同，则同样可以用流网法[6]计算。

由于各层土的渗流系数不同，流线在不同土料的交界面处发生转折，如图9-1-9所示。a、b、c、d表示网格的边长，转折时流线与交界面的夹角（转折角）α和β有如下关系：

$$\frac{\mathrm{tg}\beta}{\mathrm{tg}\alpha}=\frac{k_1}{k_2} \tag{9-1-33}$$

两层流网网格边长的关系如下

$$\frac{c}{d}=\frac{b}{a}\frac{k_2}{k_1} \tag{9-1-34}$$

由式（9-1-34）可知，如果上层网格为曲线正方形，$a=b$，则下层网格应为曲线矩形，矩形边长的关系为

$$\frac{c}{d}=\frac{k_2}{k_1} \tag{9-1-35}$$

在作上层流网的同时，根据式（9-1-33）和式（9-1-35）可作出下层流网。作下层流网时，除了转折角β和曲线矩形的边长要符合式（9-1-33）、式（9-1-35）的规定和曲线矩形的对角线非正交之其作法要求外，均与上节所述的相同。图9-1-10示出一具有两层不同渗透系数土料的流网图，据此可按上节的方法确定渗流水力要素。

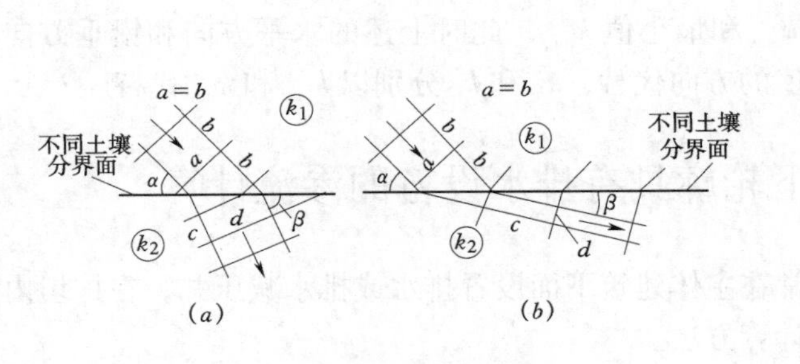

图9-1-9　流线转折
（a）$k_2<k_1$；（b）$k_2>k_1$

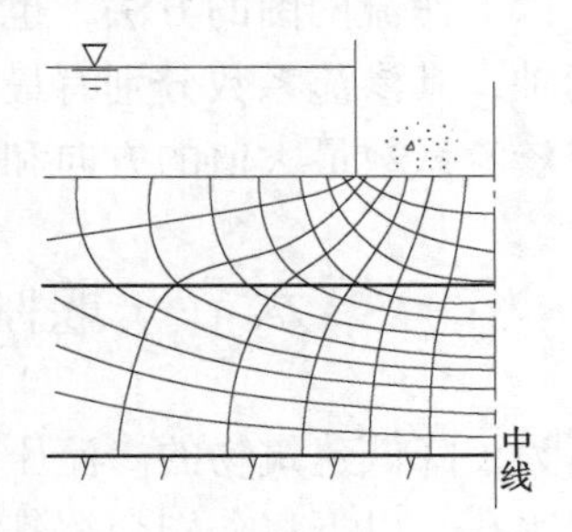

图9-1-10　不同渗透系数土料的流网图

二、各向异性土堰闸地基的渗流计算

在许多自然沉积的土基中，土是各向异性的，其水平方向的渗流性能常比垂直方向的渗流性能大很多。设k_h、k_v分别为土的水平和铅垂方向的渗流系数，则$k_h>k_v$。此时，可按下述流网法[6]进行渗流计算。

如图9-1-11所示，其中（a）图为原各向异性地基剖面，现将该剖面的水平尺寸x乘以$\sqrt{k_v/k_h}$作为一新剖面的水平尺寸，即得（b）图。该图称为转换剖面，对该剖面可按渗流系数为均值$\bar{k}=\sqrt{k_hk_v}$的均匀各向同性土作出流网图。继而将流网图的水平尺寸除以$\sqrt{k_v/k_h}$，即得原剖面尺寸各向异性土的流网图，这时的流网图是斜交的，如图9-1-12所示。其中（c）图即为原剖面各向异性土的流网图。

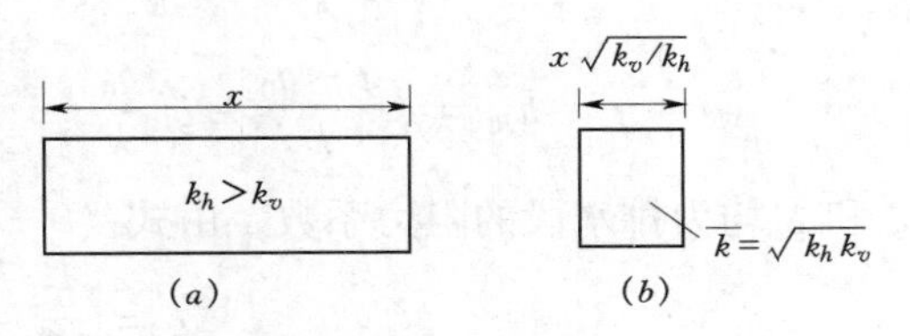

图9-1-11　异形地基剖面示意图

有了流网图后，仍然可按上节的方法确定渗流水力要素。但要注意：当求渗流坡降时，式（9－1－30）中的 Δs 为过斜交曲线网格中心点在流线上量取的网格长度；当求渗流量时，式（9－1－31）中的 k，应以上述 $\bar{k}$ 代替。

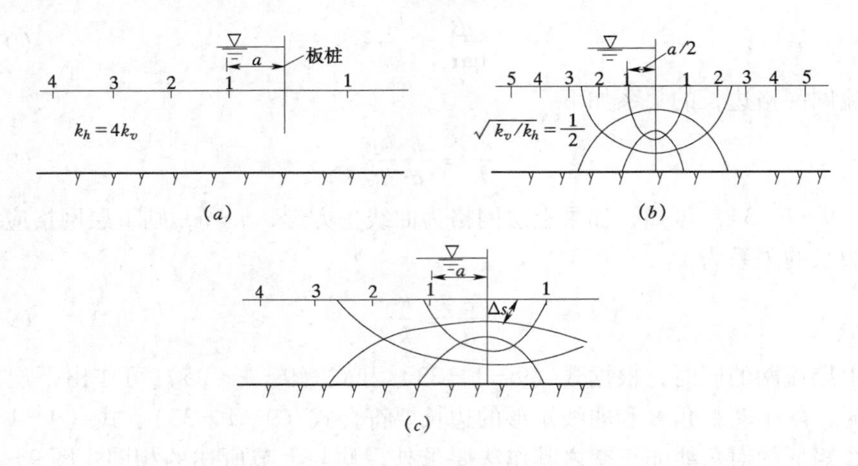

图 9－1－12　斜交流网图

以上作流网图的方法，也可以应用到这样的各向异性土：即当沿任意方向的相互垂直的两轴，其渗流系数分别有最大值 k_{max} 和最小值 k_{min}，此时上述的水平方向和铅垂方向分别以渗流系数最大值的方向和最小值的方向代替，k_h 和 k_v 分别以 k_{max} 和 k_{min} 代替。

第六节　堰闸地下轮廓具有排水设备的渗流计算

为了降低建筑物的渗流压力，常在主体建筑下面设置排水或排水减压井，在护坦内设置冒水孔。以下将分别介绍其渗流计算方法。

一、平底板内设置排水[5]

如图 9－1－13 所示，水头线的渐近线与排水段上下游两边线的交点高出排水的水面，分别为 h_A 和 h_B，此即排水对上游及对下游的水头损失，其大小可由式（9－1－36）、式（9－1－37）求出：

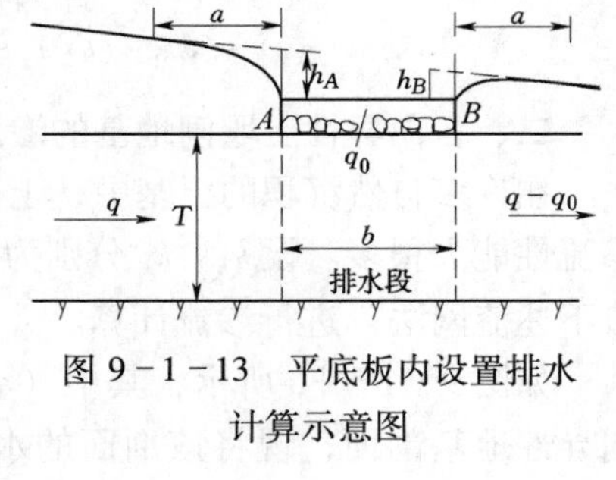

图 9－1－13　平底板内设置排水计算示意图

$$h_A=\zeta\frac{q}{k}+\zeta'\frac{q_0}{k} \qquad (9-1-36)$$

$$h_B=\zeta\frac{q-q_0}{k}-\zeta'\frac{q_0}{k} \qquad (9-1-37)$$

ζ 和 ζ' 均为排水段的阻力系数，由式（9－1－38）、式（9－1－39）计算：

$$\zeta=\frac{b}{2T}-1.466\lg\mathrm{ch}\frac{\pi b}{4T} \qquad (9-1-38)$$

$$\zeta'=0.733\lg\mathrm{cth}\frac{\pi b}{4T} \qquad (9-1-39)$$

式中　b——排水段的宽度；

其余符号意义同前。

由于地基渗流，在经过排水后，水头仍有回升，因而水头线的渐近线在 B 点总是高出排水水面，由式（9－1－37）求得的 h_B 应为负值。

用阻力系数法将地基分段，则有排水段与其上游各段之间以及排水段与其下游各段之间的水头损失关系式：

$$(\sum\zeta)_u \frac{q}{k} + \zeta \frac{q}{k} + \zeta' \frac{q_0}{k} = H_1 \qquad (9-1-40)$$

$$(\sum\zeta)_d \frac{q-q_0}{k} + \zeta \frac{q-q_0}{k} - \zeta' \frac{q_0}{k} = H_2 \qquad (9-1-41)$$

式中　$(\sum\zeta)_u$、$(\sum\zeta)_d$——阻力系数法求出的排水段上游各段和下游各段的阻力系数之和；

H_1——堰闸上游水面与排水水面的水位差；

H_2——排水水面与堰闸下游水面的水位差，一般认为排水水面与下游水面有同一高程，即 $H_2=0$，$H_1=H$。

解算步骤：

用本章第三节讲述的阻力系数法求 $(\sum\zeta)_u$ 和 $(\sum\zeta)_d$，同时由式（9－1－38）、式（9－1－39）求出 ζ 和 ζ'，然后联立解式（9－1－40）、式（9－1－41）得 q 和 q_0，继而由式（9－1－36）、式（9－1－37）求得 h_A 和 h_B。并按阻力系数法求得其他各段的水头损失，最后连接各关键点的水头，即得扬压力图。

水头线在排水段左右两侧处的水头应和排水水位相一致。当需要精确时，可将水头线作局部修正，如图9－1－13所示。

排水上游的修正范围为

$$a = \frac{h_A}{q/k}T \qquad (9-1-42)$$

排水下游的修正范围为

$$a = \frac{h_B}{(q-q_0)/k}T \qquad (9-1-43)$$

二、设置排水减压井[5]

如图9－1－14所示，在堰闸强透水层地基上，钻一排减压井。井直径为 d，间距为 a，井深为 w，透水层深度为 T。渗流入井的局部水头损失为

$$h = \zeta \frac{q_0}{k} \qquad (9-1-44)$$

式中　q_0——将井列线想像成排水沟，并考虑为平均单宽入井流量（即每个井的出水量为 aq_0）；

ζ——减压井段的阻力系数，当覆盖层延长很远时可由式（9－1－45）计算：

$$\zeta = \frac{a}{T}(f+0.11) \qquad (9-1-45)$$

其中，

$$f = 2.3\left[\frac{1}{2\pi} + 0.08\left(\frac{T}{w}-1\right)\left(\frac{T}{w}+1\right)\right]\lg\frac{a}{\pi d} \qquad (9-1-46)$$

减压井段与其上游各段之间以及与其下游各段之间的水头损失关系式分别为

$$(\sum\zeta)_u \frac{q}{k} + \zeta \frac{q_0}{k} = H \tag{9-1-47}$$

$$(\sum\zeta)_d \frac{q-q_0}{k} - \zeta \frac{q_0}{k} = 0 \tag{9-1-48}$$

式中 $(\sum\zeta)_u$、$(\sum\zeta)_d$——用阻力系数法求出的减压井段上游各段和下游各段的阻力系数之和。

沿井壁周围的渗流平均坡降为

$$J = \frac{a}{\pi d w} \frac{q_0}{k} \tag{9-1-49}$$

解算步骤与上述设置排水相似。

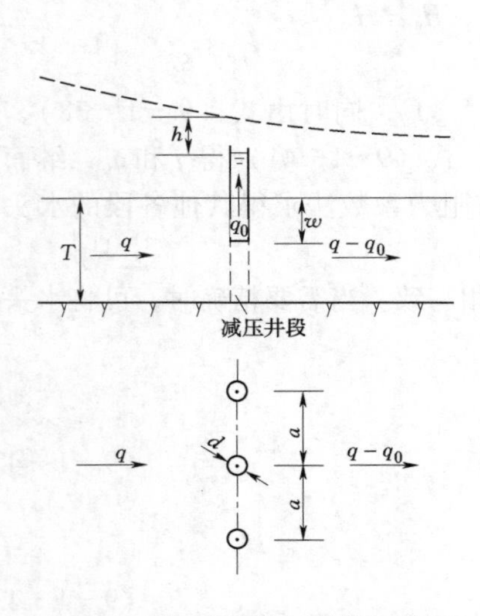

图 9-1-14 设置排水减压井计算图

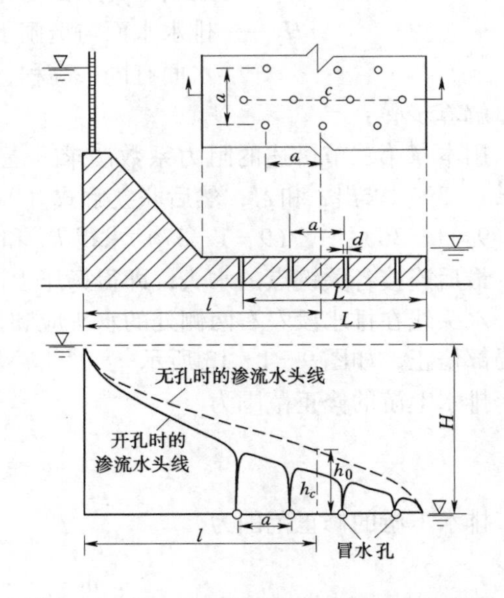

图 9-1-15 护坦上开孔的渗流压力分布图

三、护坦上开冒水孔[5,7]

如图 9-1-15 所示，先按护坦没有开孔，用阻力系数法或其他方法求出地下轮廓所受的扬压力图。其中孔距中点 c 的渗流压力，以水头表示为 h_0。护坦开孔以后的孔距中点渗流压力，以水头表示为 h_c。h_c 与 h_0 的关系可用式（9-1-50）计算：

$$\frac{h_c}{h_0} = \frac{A}{1 + (1+\pi)\frac{d}{a}\frac{l}{a-d}} \frac{L}{L'} \tag{9-1-50}$$

$$A = \frac{0.35}{0.77 - \sqrt{d/a}} \tag{9-1-51}$$

式中 l——要计算的孔距中点至堰闸上游面沿地下轮廓线的长度；

L——地下轮廓线的总长度；

L'——最靠上游的一列孔至护坦末端的距离；

a、d——冒水孔的间距和直径。

由式（9－1－50）求得各孔距中点的渗流压力 h_c，然后近似地模仿无孔时水头线的趋势，以曲线连接，便得护坦开孔的渗流压力分布图，如图9－1－15所示。

由于本法只求得一点的渗流压力，根据三点去作一曲线，不大精确，但可作估算用。

第二章 土坝的渗流计算

对于土坝设计的渗流计算，常假设为平面问题去进行分析，即沿坝轴线在地形地质变化显著处，将坝分为若干段，分别求出各段的渗流水力要素。

对比较不利的渗流情况，一般均应进行计算：①在库水位为最高情况下，应计算坝体和坝基恒定渗流情况下的渗流量，并定出浸润线和逸出处的渗流坡降。②当库水位急剧下降时，应作为非恒定渗流处理，确定其浸润线和逸出处的渗流坡降。

第一节 均质土坝的渗流计算

一、均质土坝在不透水地基上，无排水设备

无排水设备（图 9-2-1）和设贴坡排水的渗流计算方法是相同的❶。

根据分段法[2]及其修正[8]，单宽渗流量 q 和渗出高度 a_0 可由式（9-2-1）、式（9-2-2）联立用试算法解出：

$$q = k\frac{H_1^2 - (H_2 + a_0)^2}{2(\lambda H_1 + s)} \tag{9-2-1}$$

$$q = ka_0(\sin\beta)\left(1 + 2.3\lg\frac{H_2 + a_0}{a_0}\right) \tag{9-2-2}$$

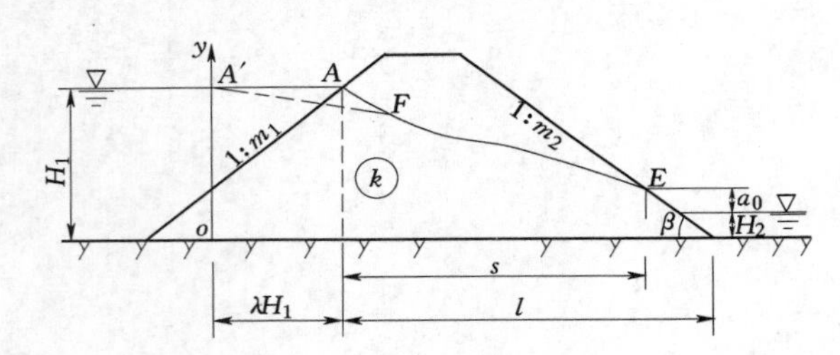

图 9-2-1 均质土坝无排水设备渗流计算

式中 k——渗流系数；

s——浸润线的水平投影长度，即

$$s = l - m_2(a_0 + H_2) \tag{9-2-3}$$

式中 λ——系数，由式（9-2-4）确定：

$$\lambda = \frac{m_1}{1 + 2m_1} \tag{9-2-4}$$

H_1、H_2、β、a_0、m_1 和 m_2 均如图 9-2-1 所示。

浸润线方程为

$$y^2 = H_1^2 - \frac{2q}{k}x \tag{9-2-5}$$

用式（9-2-5）求出的浸润线是通过 A' 点的，但实际渗入点是 A 点，因而应从 A 点

❶ 无论对均质土坝、心墙土坝或斜墙土坝，无排水设备和设贴坡排水的渗流计算方法都是相同的。

作一垂直于上游坡面而切于浸润线的弧线 AF（可凭直观画出），则曲线 AFE 即为所求的浸润线。

在初步计算中，可假定浸润线逸出点就是下游坝坡与下游水面的交点，即 $a_0=0$。此时单宽渗流量仍可由式（9-2-1）求出。

下游坝坡渗出段的最大渗流坡降为

$$J=\frac{1}{m_2} \tag{9-2-6}$$

二、均质土坝在不透水地基上，下游有排水设备

当有排水棱体，其浸润线逸出与下游水面相交的情况，如图 9-2-2 所示。此时的渗流计算与上述无排水设备时的结果相似。单宽渗流量为

$$q=k\frac{H_1^2-H_2^2}{2(\lambda H_1+s)} \tag{9-2-7}$$

式中　s——如图 9-2-2 所示，$s=d-m_1H_1+e$，$e=(0.05\sim0.06)H_1$，在初步计算中可将 e 忽略；

λ——仍由式（9-2-4）确定。

浸润线方程仍可由式（9-2-5）计算。

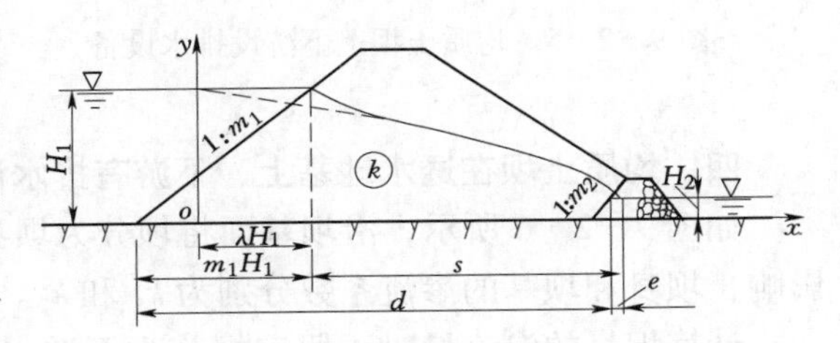

图 9-2-2　均质土坝有排水设备渗流计算

当设置垫式排水，下游无水时（$H_2=0$，见图 9-2-3），浸润线逸出点距排水设备首端的距离为 e。当设置管式排水，下游无水时（$H_2=0$，见图 9-2-4），浸润线逸出点通过管的中点。以上两种情况均可用式（9-2-7）、式（9-2-5）去进行计算，但对其中的 e 值，当管式排水，$e=0$；当垫式排水，可由式（9-2-8）计算：

$$e=\frac{h_1}{2}=\frac{1}{2}(\sqrt{d_1^2+H_1^2}-d_1) \tag{9-2-8}$$

式中，h_1 和 d_1 见图 9-2-3。

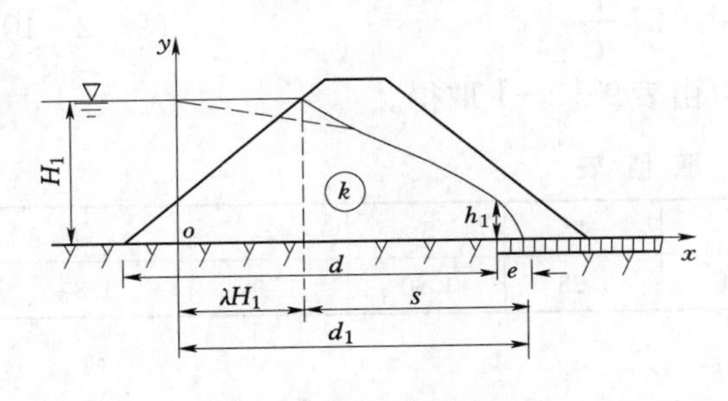

图 9-2-3　设垫式排水时

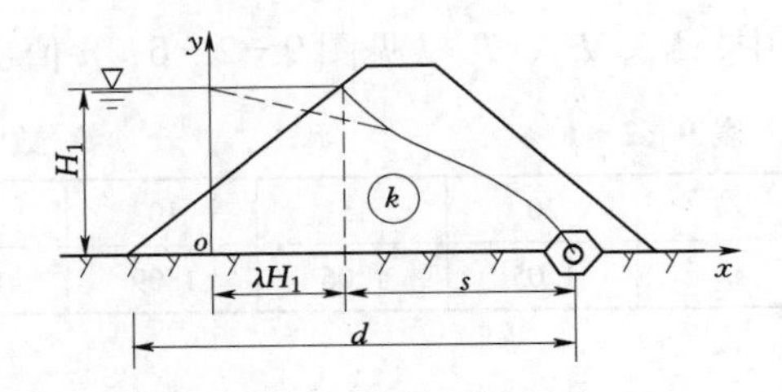

图 9-2-4　设管式排水时

三、均质土坝在不透水地基上，上、下游均有排水设备

建造火电厂的贮灰场，大都需要分期建造灰坝以贮存粉煤灰渣。目前比较成熟的经验证明，灰坝的构造可由初期坝和以后的各级子坝构成，除初期坝和第一级子坝大都采用当

地材料构筑外，其余各级子坝均可采用灰渣作坝，如此既可腾空库容，又可大大节约构筑子坝的费用。由于初期坝是以后各级子坝的基础，因此对初期坝的排水系统要求较高，即不仅在下游要设置排水，而且在上游也要设置排水系统，如图9-2-5所示。

设置如此完善的排水系统，其目的是要将坝前灰库内除灰渣外的弃水排至下游，以保证初期坝内具有最低的浸润线。但是当灰库灰位较高还来不及增做子坝，而又适逢洪水季节时，排水系统无法及时排走大量的雨水，致使初期坝内的浸润线抬高。当库水位恒定时，其浸润线的稳定位置可通过实验进行确定。

当下游设置垫式排水，下游无水（$H_2=0$），如图9-2-3所示，浸润线逸出点距排水设备首端的距离为 e。当设置管式排水，下游无水（$H_2=0$），如图9-2-4所示，浸润线逸出点通过管的中点。

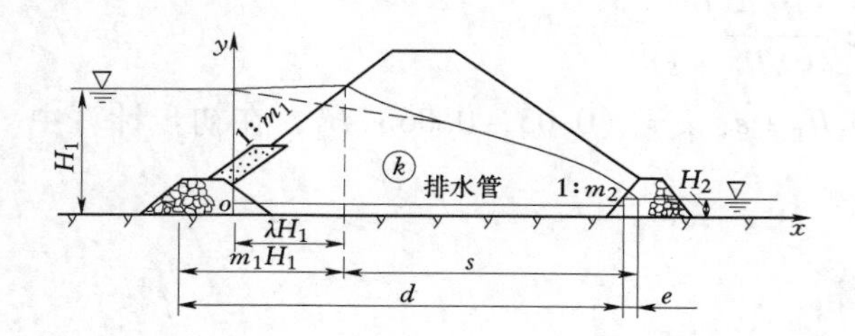

图9-2-5 均质土坝上下游设排水设备

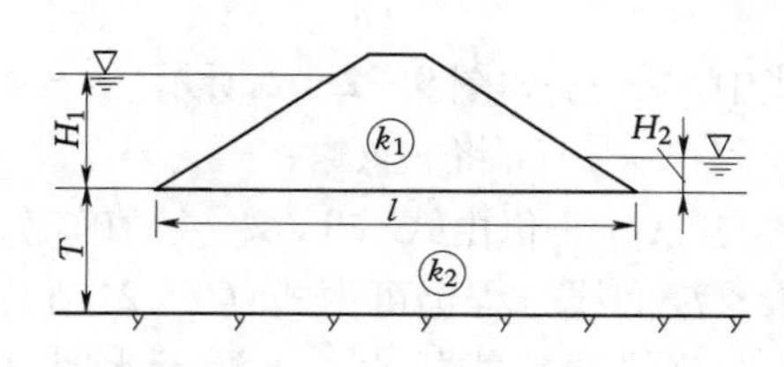

图9-2-6 均质土坝在透水地基上的计算简图

四、均质土坝在透水地基上、下游有排水设备或无排水设备

如图9-2-6所示，沿坝基面将坝分为坝身和坝基两部分，假设该两部分的渗流互不影响，坝身和坝基的渗流系数分别为 k_1 和 k_2。

计算坝身的渗流量时，假定坝基为不透水，应用以上介绍的方法解决。计算坝基的渗流时，假定坝身为不透水，按有压渗流考虑，其单宽渗流量可按式（9-2-9）、式（9-2-10）[9]确定：

$$q_2 = k_2 \frac{T(H_1 - H_2)}{nl} \tag{9-2-9}$$

$$n = 1 + 0.87 \frac{T}{l} \tag{9-2-10}$$

式中，H_1、H_2、T、l 见图9-2-6；n 值也可由表9-2-1取得。

表9-2-1 参数 n 取值表

l/T	20	15	10	5	4	3	2	1
n	1.05	1.06	1.09	1.18	1.23	1.30	1.44	1.87

第二节 心墙土坝的渗流计算

一、心墙土坝在不透水地基上，无排水设备

先将心墙的梯形断面简化为矩形，如图9-2-7（a）所示，即心墙厚度取为

$$\delta = \frac{\delta_1 + \delta_2}{2} \tag{9-2-11}$$

式中　δ_1、δ_2——心墙在库水位高程上和在地基上的厚度。

将具有渗流系数为 k_2 的心墙，化引成具有与坝壳同一渗流系数的均质坝[2]，心墙的化引厚度 δ_0 如图 9-2-7（b）所示，由式（9-2-12）确定：

$$\delta_0 = \frac{k_1}{k_2}\delta \tag{9-2-12}$$

化为均质坝之后，便可按上节的方法进行渗流计算，所计算得到的浸润线高度 h_1 和 h_2，即为原心墙上下游的浸润线高度。

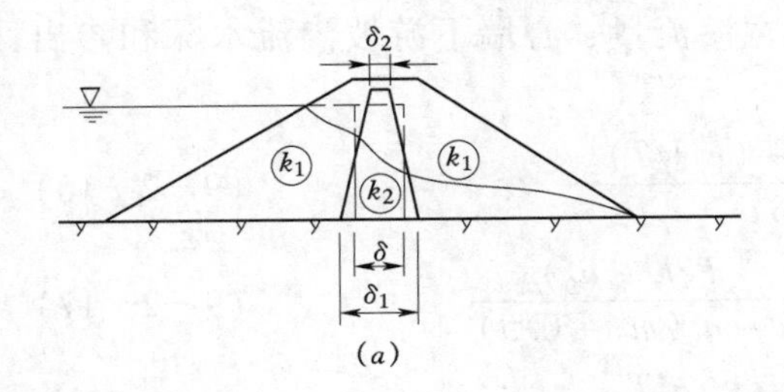

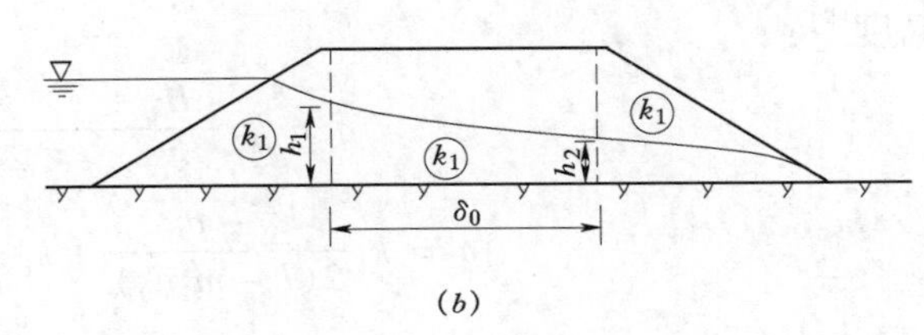

图 9-2-7　无排水设备心墙土坝渗流计算

二、心墙土坝在不透水地基上，有排水设备

由于心墙上游的坝体部分对渗流的影响较小，故可假设库水位在上游坝壳部分没有下降。

对棱体排水（图 9-2-8），其浸润线逸出情况与图 9-2-2 相似，单宽渗流量和心墙下游坡处渗流水深 h 可由式（9-2-13）、式（9-2-14）联立用试算法解出：

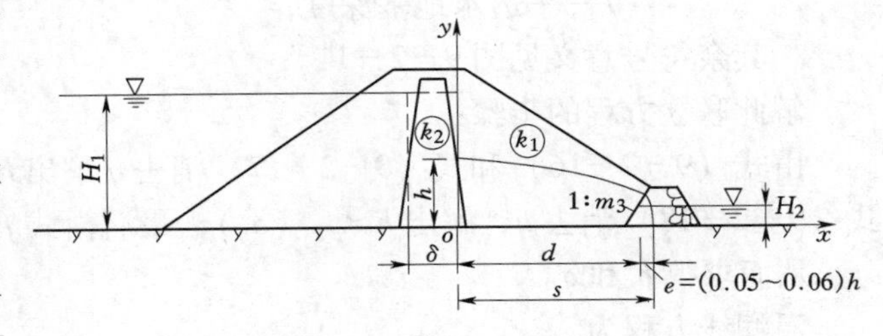

图 9-2-8　心墙土坝渗流计算

$$q = k_2 \frac{H_1^2 - h^2}{2\delta} \tag{9-2-13}$$

$$q = k_1 \frac{h^2 - H_2^2}{2s} \tag{9-2-14}$$

浸润线方程为

$$y^2 = h^2 - \frac{2q}{k_1}x \tag{9-2-15}$$

式中　h——心墙浸润线的逸出高度；

其余符号意义同前。

垫式排水，下游无水的情况，如图 9-2-9 所示。管式排水，下游无水的情况，如图 9-2-10所示。这两种情况均可用式（9-2-13）、式（9-2-14）和式（9-2-15）计算。垫式排水的 e 值可用式（9-2-8）计算，但其中的 H_1 应改为如图 9-2-9 中所示的 h。

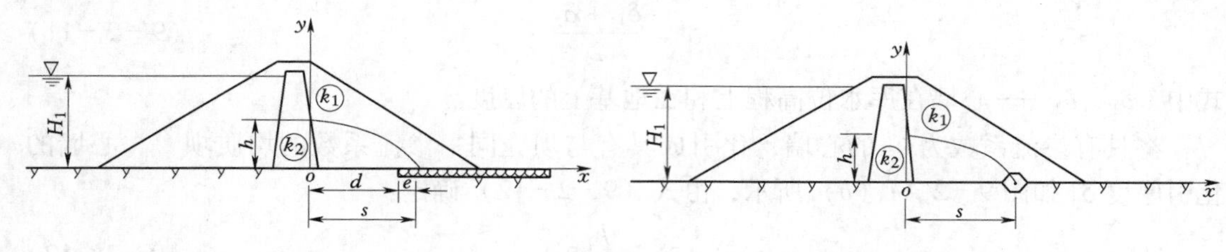

图 9-2-9 垫式排水情况（心墙土坝）　　图 9-2-10 管式排水情况（心墙土坝）

三、心墙土坝在有限透水地基上，心墙筑至不透水层，无排水设备

如图 9-2-11 所示，不考虑心墙上游坝体部分对渗流的影响时，其渗流计算可通过联解式（9-2-16）~式（9-2-18）求出单宽渗流量、心墙下游坡渗流水深和渗出高度[9]：

$$q = k_2 \frac{(H_1 + T)^2 - (h + T)^2}{2\delta} \tag{9-2-16}$$

$$q = k_1 \frac{h^2 - {a_0}^2}{2(l - m_2 a_0)} + k_3 \frac{T(h - a_0)}{l - a_0(m_2 + 0.5)} \tag{9-2-17}$$

$$q = k_1 \frac{a_0}{m_2 + 0.5} + k_3 \frac{a_0 T}{a_0(m_2 + 0.5) + 0.44T} \tag{9-2-18}$$

式中 k_1、k_2、k_3——坝壳、心墙和坝基的渗流系数；

T——透水地基深度；

其余符号意义见图 9-2-11。

解此联立方程的步骤：

由式（9-2-16）和式（9-2-17）消去 q 解出 $h=f_1(a_0)$；再由式（9-2-16）和式（9-2-18）消去 q，解出 $h=f_2(a_0)$，最后由式 $f_1(a_0)=f_2(a_0)$ 通过试算法求得 a_0，从而求得 h 和 q。

浸润线方程为

$$2qx = k_1 h^2 + 2k_3 Th - k_1 y^2 - 2k_3 Ty \tag{9-2-19}$$

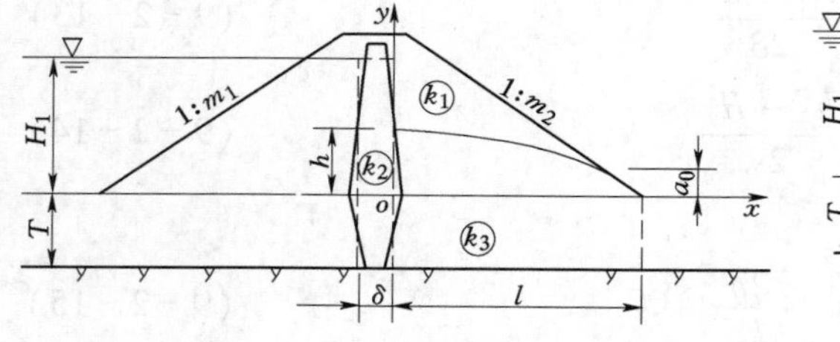

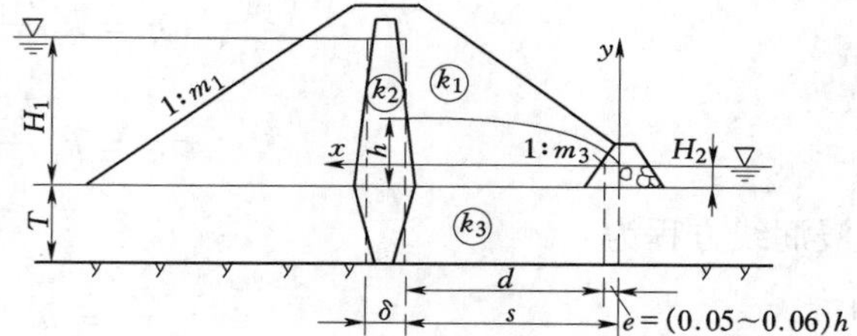

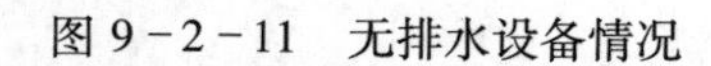

图 9-2-11 无排水设备情况　　图 9-2-12 有排水设备情况

四、心墙土坝在有限透水地基上，心墙筑至不透水层，有排水设备

不考虑心墙上游坝壳部分对渗流的影响。对棱体排水，浸润线逸出部分如图 9-2-12 所示。单宽渗流量和心墙下游坡渗流水深 h 可由式（9-2-20）、式（9-2-21）联立解出：

$$q = k_2 \frac{(H_1 + T)^2 - (h + T)^2}{2\delta} \tag{9-2-20}$$

$$q = k_1 \frac{h^2 - H_2^2}{2s} + k_3 T \frac{h - H_2}{s + 0.44T} \tag{9-2-21}$$

式中，各符号见图 9-2-12。

浸润线方程为

$$y^2 = \frac{(h - H_2)^2}{s} x \tag{9-2-22}$$

当下游无水（$H_2=0$），坐标原点随着移至排水棱体底面。对垫式排水（下游无水）和管式排水（下游无水），其浸润线逸出部分坐标轴分别如图 9-2-13（*a*）、（*b*）所示。对这两种排水情况，同样可用式（9-2-20）、式（9-2-21）和式（9-2-22）去进行计算。垫式排水中的 *e* 值可用式（9-2-8）计算，但其中 H_1 应改为 *h*。

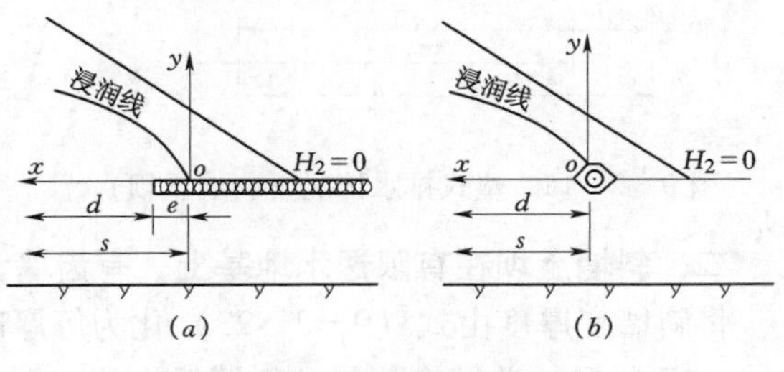

图 9-2-13 下游无水情况

（*a*）垫式排水；（*b*）管式排水

第三节 斜墙土坝的渗流计算

一、斜墙土坝在不透水地基上，有排水设备

如心墙一样将变厚度的斜墙化为等厚的斜墙，则厚度取为

$$\delta = \frac{\delta_1 + \delta_2}{2} \tag{9-2-23}$$

式中，δ_1 和 δ_2 如图 9-2-14 所示。

对棱体排水（图 9-2-14），其浸润线逸出部分如前述心墙坝一样。单宽渗流量和斜墙后渗流水深 *h* 可由式（9-2-24）、式（9-2-25）联立试算解出：

$$q = k_2 \frac{H_1^2 - h^2}{2\delta \sin\theta} \tag{9-2-24}$$

$$q = k_1 \frac{h^2 - H_2^2}{2(d - m_1 h + e)} \tag{9-2-25}$$

式中 k_1、k_2——坝身和斜墙的渗流系数；

其余符号意义见图 9-2-14。

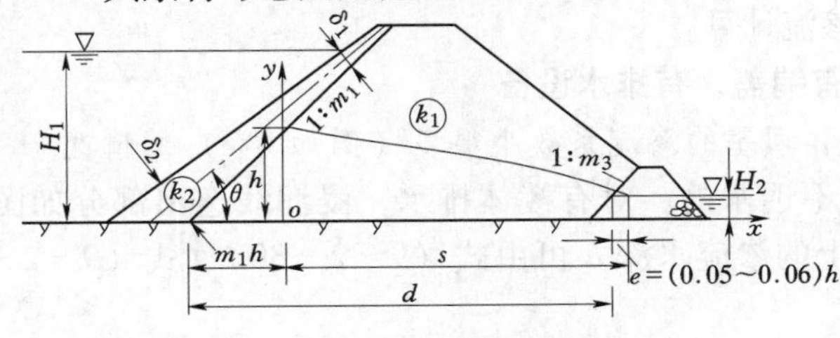

图 9-2-14 斜墙土坝渗流计算

浸润线方程为

$$y^2 = h^2 - \frac{2q}{k_1} x \tag{9-2-26}$$

垫式排水（下游无水）和管式排水（下游无水），其浸润线逸出部分分别如图 9-2-15 和图 9-2-16 所示。它们的渗流计算，同样可以用式

(9-2-24)~式(9-2-26)进行。垫式排水中的 e 值计算与心墙坝情况相同。

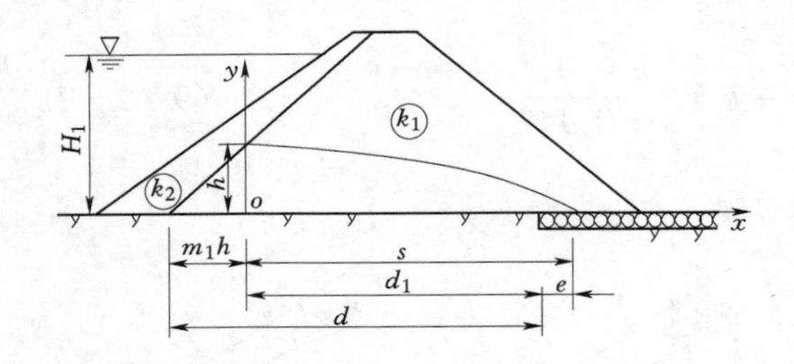

图 9-2-15 垫式排水情况(斜墙土坝)

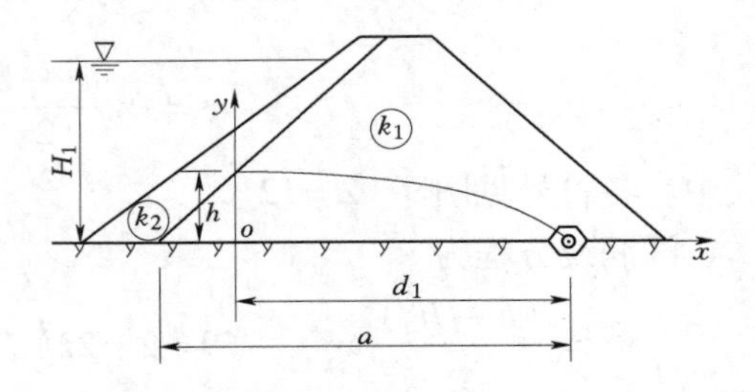

图 9-2-16 管式排水情况(斜墙土坝)

二、斜墙土坝在有限透水地基上,有齿墙,有排水设备

将斜墙变厚度由式(9-2-23)化为等厚度 δ。对有排水棱体,浸润线逸出部分如图 9-2-17 所示,单宽渗流量和斜墙后渗流水深可由式(9-2-27)、式(9-2-28)联立试算解出:

$$q = k_2 \frac{H_1^2 - h^2}{2\delta \sin\theta} + k_2 \frac{T(H_1 - h)}{t} \tag{9-2-27}$$

$$q = k_1 \frac{h^2 - H_2^2}{2(d - m_1 h + e)} + k_3 \frac{T(h - H_2)}{d - m_1 h + 0.44T} \tag{9-2-28}$$

式中 t——齿墙厚度;

θ——斜墙中线的倾角;

k_1、k_2、k_3——坝身、斜墙及齿墙、地基的渗流系数;

其余符号意义见图 9-2-17。

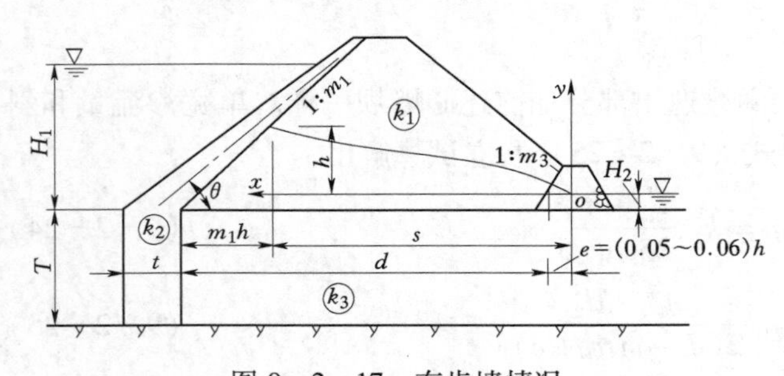

图 9-2-17 有齿墙情况

浸润线方程为

$$y^2 = \frac{(h - H_2)^2}{d - m_1 h + e} x \tag{9-2-29}$$

当下游无水($H_2 = 0$),坐标原点随着逸出点移至排水棱体底面。对垫式排水(下游无水)和管式排水(下游无水),其浸润线逸出部分分别与图 9-2-15 和图 9-2-16 一样。可同样用式(9-2-27)、式(9-2-28)、式(9-2-29)进行渗流计算。

三、斜墙土坝在有限透水地基上,有铺盖,有排水设备

1. 斜墙和铺盖的渗流系数都比坝体和坝基的渗流系数小很多(例如1%)的情况

此时可近似地将斜墙和铺盖看成是不透水的。对有棱体排水,浸润线逸出部分如图 9-2-18所示,单宽渗流量和斜墙内坡上的渗流水深 h 可由式(9-2-30)、式(9-2-31)联立试算解出:

$$q = k_3 \frac{T(H_1 - h)}{n_1(s_b + m_1 h)} \tag{9-2-30}$$

$$q = k_1 \frac{(h^2 - H_2^2)}{2s} + k_3 \frac{T(h - H_2)}{s} \tag{9-2-31}$$

式中　s_b——铺盖长度；

n_1——系数，由式（9－2－32）确定；

其余符号意义见图9－2－18。

$$n_1 = \frac{l + n}{2} \tag{9-2-32}$$

其中，n 见表9－2－1，表中的 $l = s_b + m_1 h$。

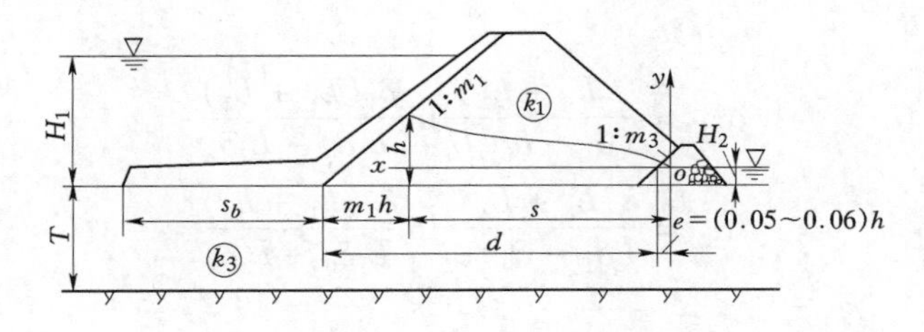

图9－2－18　有铺盖情况

浸润线方程为

$$y^2 = \frac{(h - H_2)^2}{d - m_1 h + e} x \tag{9-2-33}$$

当下游无水（$H_2 = 0$），坐标原点随着移至排水棱体底面。对垫式排水（下游无水）和管式排水（下游无水），其浸润线逸出部分和坐标位置与图9－2－13相同。同样可用式（9－2－30）～式（9－2－33）进行渗流计算。

2. 普遍适用的方法

普遍适用方法包括斜墙和铺盖的渗流系数与坝体和坝基的渗流系数相差不多和其他特殊情况。

对棱体排水（图9－2－19），计算方法如下[10]：

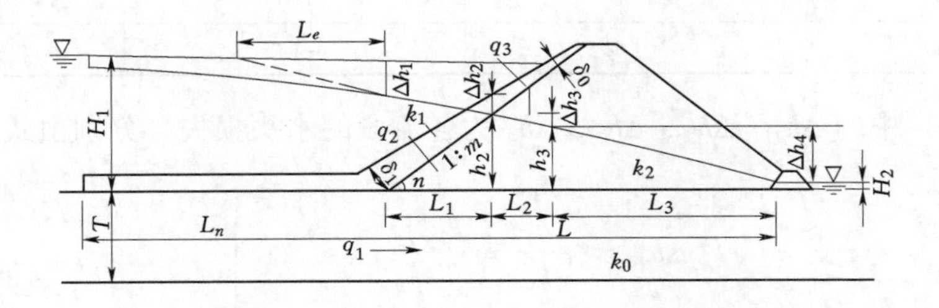

图9－2－19　棱体排水情况

坝基、斜墙（铺盖包括）和坝身的渗流系数分别为 k_0、k_1 和 k_2。通过坝基和坝体的渗流量由三部分组成，即通过铺盖段的单宽渗流量 q_1、通过下半段斜墙的单宽渗流量 q_2 和通过上半段斜墙的单宽渗流量 q_3，有关的计算参数见图9－2－19，其计算公式如下：

$$\left.\begin{aligned}
q_1 &= k_0 \frac{\Delta h_1}{L_e} T \\
q_2 &= k_1 \int_{L_n}^{L_n+L_1} \frac{\Delta h_1 + \dfrac{\Delta h_2}{L_1}(x - L_n)}{\delta_1 - \dfrac{\delta_1 - \delta_0}{L_1 + L_2}(x - L_n)} \frac{\mathrm{d}x}{\cos\theta} \\
q_3 &= k_1 \int_{L_n+L_1}^{L_n+L_1+L_2} \frac{H_1 - y}{\delta_1 - \dfrac{\delta_1 - \delta_0}{L_1 + L_2}(x - L_n)} \frac{\mathrm{d}x}{\cos\theta}
\end{aligned}\right\} \qquad (9-2-34)$$

求积分，用关系式 $L_1 + L_2 = mH_1$、$L_1 = mh_2$ 和 $L_2 = m(H_1 - h_2)$ 代入，并对积分式中的对数项合并为

$$\alpha_1 = \frac{L_1 + L_2}{(\delta_1 - \delta_0)L_1} \ln \frac{\delta_1(L_1 + L_2)}{L_1\delta_0 + L_2\delta_1}$$

$$\alpha_2 = \frac{L_1 + L_2}{(\delta_1 - \delta_0)L_2} \ln \frac{\delta_0(L_1 + L_2)}{L_1\delta_0 + L_2\delta_1}$$

改写式（9-2-34）为

$$\left.\begin{aligned}
q_1 &= k_0 \frac{\Delta h_1}{L_e} T \\
q_2 &= k_1 \left[\frac{\Delta h_1 m h_2}{\cos\theta} \alpha_1 + \frac{mH_1 \Delta h_2}{(\delta_1 - \delta_0)\cos\theta} (\delta_1 \alpha_1 - 1) \right] \\
q_3 &= k_1 \frac{mH_1(\Delta h_1 + \Delta h_2)}{(\delta_1 - \delta_0)\cos\theta} (1 + \alpha_2 \delta_0)
\end{aligned}\right\} \qquad (9-2-35)$$

由于通过斜墙的渗流量占总渗流量的比重较小，结合实际土坝计算，可知 α_1、α_2 大致接近于一个常数而略随坝高变化。α_1、α_2 的值可按表 9-2-2 查用。

表 9-2-2　　α_1、α_2 值

坝高（m）	<20	20~50	>50
α_1（1/m）	1/3	1/6	1/9
α_2（1/m）	-1/2	-1/3	-1/4

式（9-2-35）中的 Δh_1、Δh_2、Δh_3、Δh_4 为各流段的水头损失，分别由式（9-2-36）计算：

$$\left.\begin{aligned}
\Delta h_1 &= \zeta_1 \frac{q_1}{k_0} = \frac{L_e}{T} \frac{q_1}{k_0} \\
\Delta h_2 &= \zeta_2 \left(q_1 + \frac{1}{2} q_2 \right) \Big/ k' \\
\Delta h_3 &= \zeta_3 \left(q_1 + q_2 + \frac{1}{2} q_3 \right) \Big/ k'' \\
\Delta h_4 &= \zeta_4 (q_1 + q_2 + q_3) / k'''
\end{aligned}\right\} \qquad (9-2-36)$$

相应各段的阻力系数由式（9-2-37）计算：

$$\left.\begin{aligned}\zeta_2 &= \frac{L_1}{T + h_2/2}\\ \zeta_3 &= \frac{L_2}{T + (h_2 + h_3)/2}\\ \zeta_4 &= \frac{L_3}{T + H_2 + 2(h_3 - H_2)/3}\end{aligned}\right\}\qquad(9-2-37)$$

相应各段的平均渗透系数为

$$\left.\begin{aligned}k' &= \frac{k_0 T + k_2 \dfrac{h_2}{2}}{T + \dfrac{1}{2}h_2}\\ k'' &= \frac{k_0 T + \dfrac{k_2}{2}(h_2 + h_3)}{T + \dfrac{1}{2}(h_2 + h_3)}\\ k''' &= \frac{k_0 T + \dfrac{k_2}{3}(H_2 + 2h_3)}{T + \dfrac{1}{3}(H_2 + 2h_3)}\end{aligned}\right\}\qquad(9-2-38)$$

将式（9-2-35）、式（9-2-37）、式（9-2-38）代入水头损失计算式（9-2-36），得到求解水头损失的方程组为

$$\left.\begin{aligned}\frac{\Delta h_2}{\Delta h_1} &= \left(\frac{T}{L_e} + \frac{1}{2}\phi_1 h_2\right)\Big/\left(\frac{T}{mh_2} + \frac{1}{2m}\frac{k_2}{k_0} - \frac{1}{2}\phi_2\right)\\ \frac{\Delta h_3}{\Delta h_1} &= \frac{m(H_1 - h_2)}{T + \dfrac{k_2}{2k_0}(h_2 + h_3)}\left[\frac{T}{L_e} + \phi_1 h_2 + \phi_2\frac{\Delta h_2}{\Delta h_1} + \frac{1}{2}\phi_3\left(1 + \frac{\Delta h_2}{\Delta h_1}\right)\right]\\ \frac{\Delta h_4}{\Delta h_1} &= \frac{L_3}{T + \dfrac{k_2}{3k_0}(H_2 + 2h_3)}\left[\frac{T}{L_e} + \phi_1 h_2 + \phi_2\frac{\Delta h_2}{\Delta h_1} + \phi_3\left(1 + \frac{\Delta h_2}{\Delta h_1}\right)\right]\\ \frac{H_1 - H_2}{\Delta h_1} &= 1 + \frac{\Delta h_2}{\Delta h_1} + \frac{\Delta h_3}{\Delta h_1} + \frac{\Delta h_4}{\Delta h_1}\\ h_3 &= H_2 + (h_2 - H_2)\sqrt{\frac{L_3}{m(H_1 - h_2) + L_3}}\\ h_2 &= \Delta h_3 + \Delta h_4 + H_2\end{aligned}\right\}\qquad(9-2-39)$$

式中：$\phi_1 = \dfrac{k_1}{k_0}\dfrac{m\alpha_1}{\cos\theta}$；$\phi_2 = \dfrac{k_1}{k_0}\dfrac{mH_1(\alpha_1\delta_1 - 1)}{(\delta_1 - \delta_0)\cos\theta}$；$\phi_3 = \dfrac{k_1}{k_0}\dfrac{mH_1(\alpha_2\delta_0 - 1)}{(\delta_1 - \delta_0)\cos\theta}$。

解算方程式（9-2-39）的步骤如下：

可先算出系数 ϕ_1、ϕ_2、ϕ_3，然后假定一个 h_2 算出 h_3，再由式（9-2-39）依次进行计算，并由最后一式验算假定的 h_2 是否正确，即试算求解。

在求得各段水头损失及 h_2 后，再计算渗流量。式（9－2－35）可改写为

$$\left.\begin{aligned} q_1 &= k_0 \frac{\Delta h_1}{L_e} T \\ q_2 &= k_0 \left(\phi_1 h_2 \Delta h_1 + \phi_2 \Delta h_2 \right) \\ q_3 &= k_0 \phi_3 (\Delta h_1 + \Delta h_2) \\ q &= q_1 + q_2 + q_3 \end{aligned}\right\} \tag{9-2-40}$$

以上计算方法，适用于各种铺盖的计算。其中也包括没有铺盖的情况（此时 $L_e = 0.44T$），这种情况有时会用来估算由于铺盖裂缝而失效的情况。

斜墙下游坝体的浸润线为抛物线。当坝体设水平垫层排水（$H_2 = 0$）或棱体排水时（见图9－2－20），抛物线的顶点与下游水面渗出点间的距离 e 一般很小，可忽略不计，或记为 $e = 0.02H_1$。当坐标原点如图9－2－20所示时，浸润线方程为

$$y^2 = \frac{(h_2 - H_2)^2}{L_2 + L_3} x \tag{9-2-41}$$

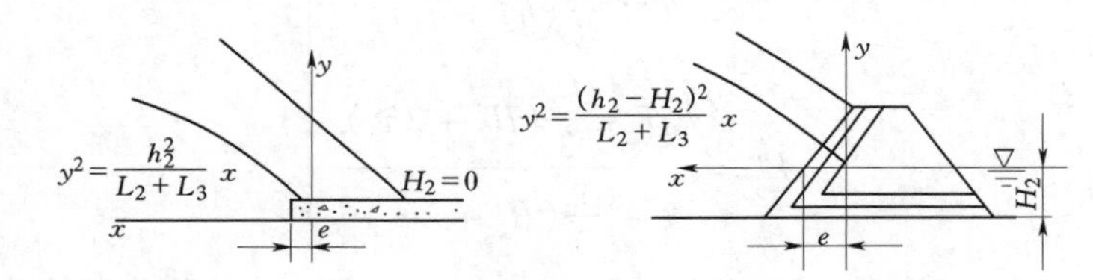

图9－2－20 坝体为水平垫层排水和棱体排水的情况

第四节 库水位下降时土坝浸润线的计算

一、计算原则

当库水位下降时，坝体孔隙中所含的水分，一部分自上游坡面逸出，从而坝体中的浸润线逐渐下降，但滞后于库水位的下降形成非恒定渗流。此时上游坡受到的渗流作用力，将减低上游坡的稳定性。尤其当水库水位骤降时，渗流作用力变大，再加上孔隙水压力的影响，可能导致上游坡的坍滑，因而在重要的工程设计中，要对上游坡的稳定性进行校核。为此，先要确定库水位下降过程中浸润线的位置，才能处理渗流作用力对坝坡稳定的影响。

严格求解非恒定渗流的浸润线是困难的，故常采用近似的简化方法进行处理。

可采用 $k/\mu v$ 作为判别浸润线滞后于库水位下降的一个判别指标[11]，k 为渗流系数，μ 为土的排水系数，v 为库水位下降速度（一般作为常数考虑）。对均质土坝，当 $0.1 < k/\mu v < 60$ 时，应该考虑浸润线的变动，作为非恒定渗流计算；当 $k/\mu v < 0.1$ 时，应按库水位降落前的恒定渗流来处理，此时可用流网法求解各渗流水力要素；当 $k/\mu v > 60 \sim 100$ 时，浸润线与库水位接近同步下降，可不考虑库水位下降时对坝坡稳定的不利影响。

对于心墙坝，如果坝壳透水性甚强，就可以假定上游坝壳的浸润线在库水位下降的任何时刻，均成一水平直线，并与当时的库水位位置相同。这样，就不发生对坝坡稳定不利的问题。但在一般情况下，仍应按均质情况那样去判别是否应作为非恒定渗流处理。

对于斜墙坝，由于斜墙土料的渗流系数很小，库水位下降对斜墙浸润线的影响很慢，可假定库水位下降后，浸润线才开始变动，即作为恒定渗流处理，用流网法求解各渗流水力要素。

以下将给出一些特定坝型的非恒定渗流浸润线的分析解和普遍适用的时段流网法解。

二、均质土坝在库水位下降时浸润线的解析解法[12]

在不透水地基上有排水棱体的均质坝，如图9-2-21所示。

近似地认为，初始时（$t=0$）恒定渗流浸润线逸出点在下游水位与棱体内坡的交点处。浸润线方程为

$$h(0)^2 = H^2 - \frac{H^2 - H_2^2}{l}x \tag{9-2-42}$$

式中　$h(0)$——初始时的浸润线高度。

$$l = d - m_1 H \tag{9-2-43}$$

$$H = \sqrt{(m_1\bar{q}_0)^2 + H_1^2 - 2m_1\bar{q}_0 H_1 + 2\bar{q}_0\Delta l} + m_1\bar{q}_0 \tag{9-2-44}$$

其中

$$\bar{q}_0 = \frac{H_2^2 - H_1^2}{2(l_1 + \Delta l)} \tag{9-2-45}$$

$$\Delta l = \frac{m_1}{1 + 2m_1}H_1 \tag{9-2-46}$$

l、H、H_1、H_2、d、m_1、l_1、Δl 如图9-2-21所示。

初始时的单宽渗流量为

$$q(0) = -k\bar{q}_0 \tag{9-2-47}$$

由以上各式求出的初始时的各渗流要素，是确定库水位下降时非恒定渗流浸润线的基础。假设库水位的下降速度 v 接近于常数。水深由初始时的 H_1 下降到时刻为 t 的 h_1，此

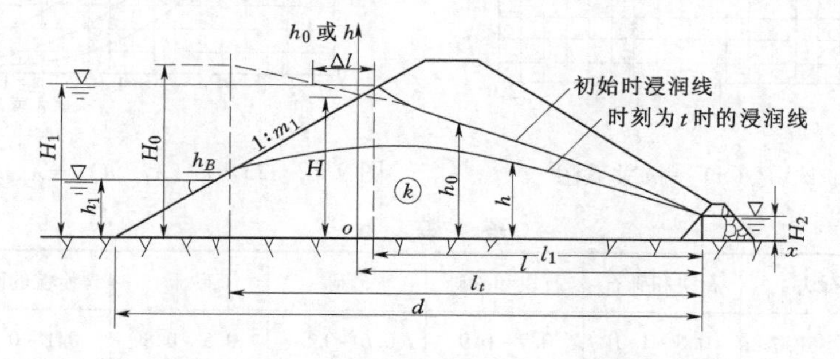

图9-2-21　库水位下降时土坝渗流计算

时，浸润线在上游坡的出渗高度 h_B（图9-2-21），由式（9-2-48）计算

$$f(h_B) = \frac{h_B}{m_1 + 0.5}\left[1 + \frac{h_1}{h_B + 2m_1h_1/(2m_1+1)^2}\right] - \frac{H + h_1 + h_B}{2m_1}P(n)$$

$$-\bar{q}_0[1 - P(n)] - \frac{H_0^2 + (h_1 + h_B)^2}{2l_t}F(\lambda_l, n) = 0 \tag{9-2-48}$$

$$H_0^2 = H^2 - 2\bar{q}_0 m_1(H - h_1 - h_B) \tag{9-2-49}$$

$$l_t = l + m_1(H - h_1 - h_B) \tag{9-2-50}$$

$$n = \frac{m_1(H - h_1 - h_B)}{\sqrt{2\frac{k}{\mu}t(H + h_1 + h_B)}} \qquad (9-2-51)$$

式中 $P(n)$——函数，由图9－2－22确定；

k——坝身渗流系数；

μ——坝身排水系数，$\mu = \alpha p$；

p——土的孔隙率；

α——系数，取决于土料的种类，在缺乏试验资料时，可采用表9－2－3[13]的数据确定；

$F(\lambda_l, n)$——函数，由图9－2－23确定；

λ_l——由式（9－2－52）计算：

$$\lambda_l = \frac{l_t}{\sqrt{2\frac{k}{\mu}t(H + h_1 + h_B)}} \qquad (9-2-52)$$

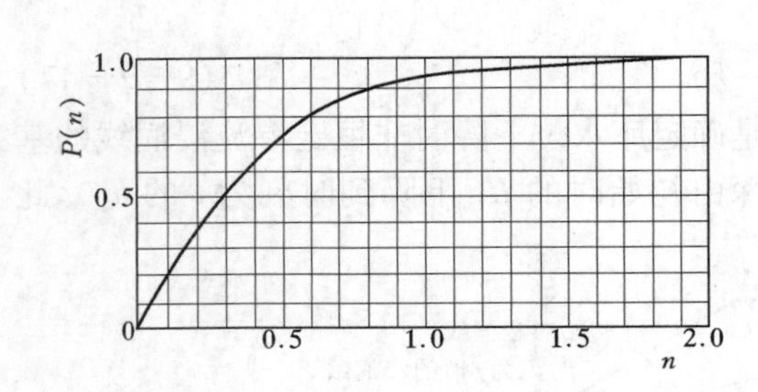

图9－2－22 $P(n)$—n关系图

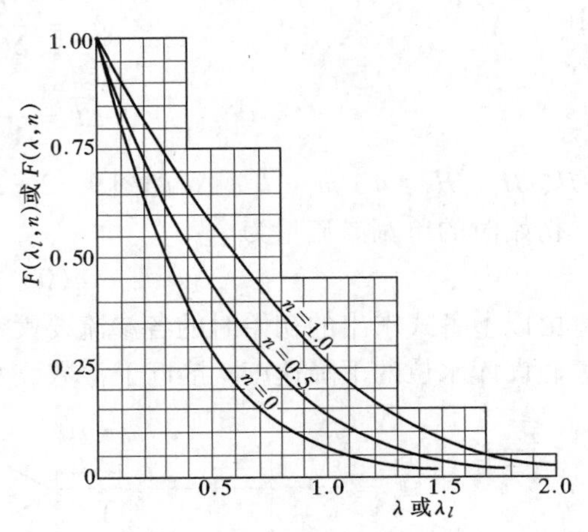

图9－2－23 $F(\lambda_l, n)$—λ、n关系图

表9－2－3 系数 α

土类	石块	石块和砾石	石块和砂砾	砂砾	砂土	含粉粒的砂砾	壤土
α	0.9～1.0	0.8～1.0	0.7～0.9	0.6～0.8	0.5～0.8	0.1～0.5	0～0.3

用试算法求解式（9－2－48）中 h_B 的步骤：

假定一 h_B 值，分别由式（9－2－49）、式（9－2－50）、式（9－2－51）、式（9－2－52）和图9－2－22、图9－2－23求出 H_0、l_t、n、λ_l 和 $P(n)$、$F(\lambda_l, n)$ 值，再代入式（9－2－48）验算是否满足。当试算了两个以上的数值之后，可用内插法确定 h_B 值。继而根据此 h_B 值确定相应的 H_0、l_t、n、λ_l 和 $F(\lambda_l, n)$ 值。

用式（9－2－53）计算当库水位降至水深 h_1 时的浸润线：

$$h = \sqrt{h(0)^2 - \left[H_0^2 - (h_1 + h_B)^2\right]\sqrt{F(\lambda,n) - \frac{y}{l_t}F(\lambda_l,n)}} \qquad (9-2-53)$$

式中　　　$y = x + m_1\ (H - h_1 - h_B)$；　　　　(9-2-54)

$F\ (\lambda,\ n)$ ——由图9-2-23中的曲线确定；

$$\lambda = \frac{y}{\sqrt{2\dfrac{k}{\mu}t(H + h_1 + h_B)}} \quad (9-2-55)$$

$h(0)$ ——由式（9-2-42）确定。

由上可见，当给出 x 值，连同已知的 k、μ、h_1、t 值及利用公式和曲线已先求出 $h\ (0)$、h_B、H_0、l_t、n、λ_l、$F\ (\lambda_l,\ n)$ 值，便可相继由式（9-2-54）得 y 值，由式（9-2-55）得 λ 值，查图9-2-23得 $F\ (\lambda_l,\ n)$ 值，最后由式（9-2-53）算得 h 值。如是由给出的几个 x 值，可算得相应的几个 h 值，于是浸润线就确定了。

对于垫式排水（$H_2=0$）和管式排水（$H_2=0$），其初始浸润线溢出部分分别与图9-2-3和图9-2-4相同，可同样用上述各公式进行计算。

在初步设计时，如忽略出渗高度（$h_B=0$），则上述计算可得到简化。

三、心墙土坝在库水位下降时浸润线的计算

对在不透水地基上的心墙坝，有排水设备，可以近似地用本章第二节介绍的方法，先将心墙化成与坝壳具有同一渗流系数的均质坝，然后计算库水位下降时的浸润线。另根据一些狭缝模型试验资料，制成图表[14,15]，比较简便，可供计算时参考，现介绍如下。

坝剖面如图9-2-24所示。假定心墙为不透水，上游坝壳和透水地基的渗流系数 k 相同。模型试验时，是以心墙边坡为3∶1、上游坝壳顶宽（与下降前库水位的高程相应，见图9-2-24）$B=0.36H$（H 为下降前的上游库水深）的情况下得到的资料。但根据试验可知，该结果在心墙边坡为垂直至2∶1的范围之内，不会产生很大的误差。在坝壳顶宽小于0.36H 时，则要经一定的修正（见后述）。

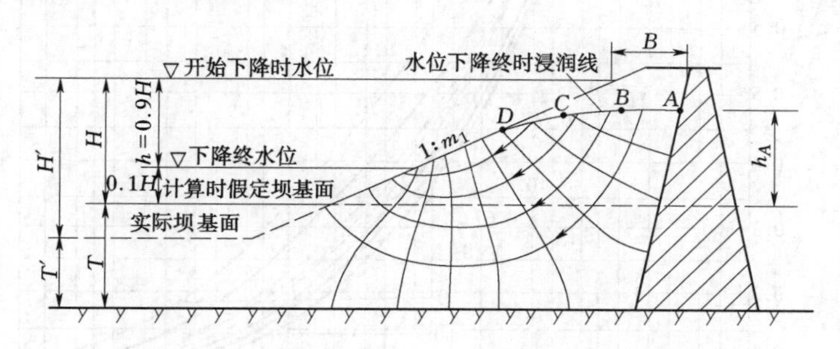

图9-2-24　库水位下降时心墙土坝渗流计算

设库水深由原来的 H 降落到离坝基面为0.1H 的深度，降落速度为常数 v。根据上游坝坡系数 m_1 和参数 $k/\mu v$ 及 T/H（T 为透水坝基的厚度），从图9-2-25～图9-2-28中可查得库水位降落终了的瞬间浸润线上 A、B、C、D 四点的水位高度 h_A、h_B、h_C、h_D（均从坝基面算起）。A 点为浸润线与心墙坡面交点，D 点为出渗点，B、C 点为曲线 AD 水平投影三分点的位置。当坝壳顶宽小于0.36H 查图得到的浸润线上四个点的高度再减去表9-2-4中给出的高度，即得实际的浸润线高度。

当给定库水位的降落深度 h，不一定正好降到离坝基面为0.1H'处（H'为实际水深）时，可令 $h=0.9H$，乃求出假定的水深 H。继而假设坝基面抬高到水深为 H 处，这样，库

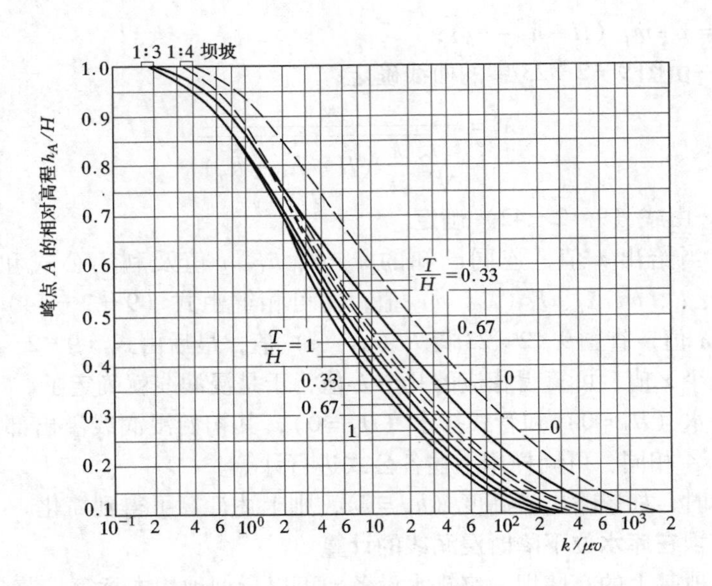

图 9-2-25 库水位降落时坝壳中浸润线 A 点的高度

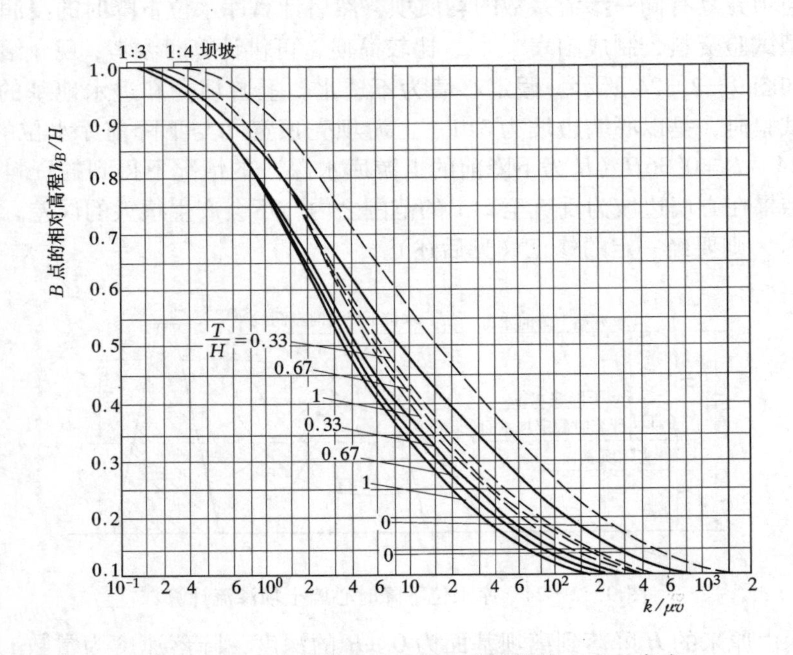

图 9-2-26 库水位降落时坝壳中浸润线 B 点的高度

水位便降落到离坝基面为 0.1H 处了。此时相应有假设的透水坝基厚度为 $T=T'+H'-H$（T'为实际的透水坝基厚度）。经过上述的假设处理之后，便以 m_1、T/H、$k/\mu v$ 等参数从图 9-2-25～图 9-2-28 查得库水位降落后的浸润线位置。由于上述方法是将坝前库底抬高了，故影响结果的精度，但从流网分析可知，坝壳排水主要是坝坡上部影响大，降终水位的下部影响较小。因此该法还是可以采用的，且计算的浸润线比实际的稍高，在分析坝坡稳定时偏于安全。

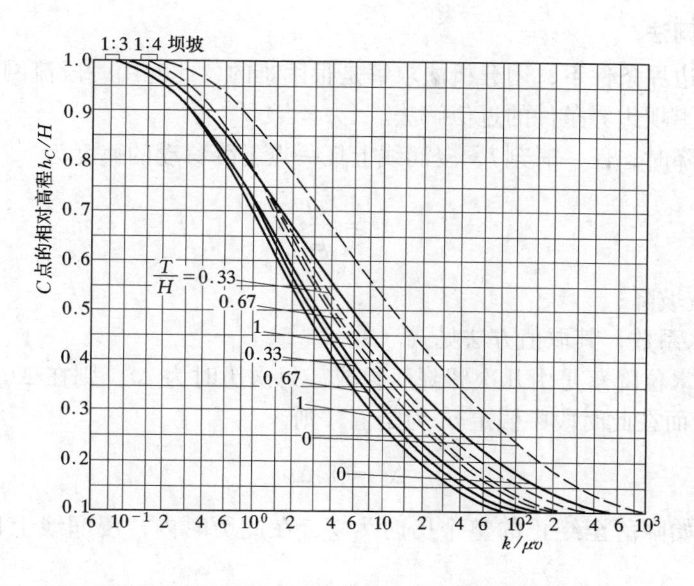

图 9-2-27　库水位降落时坝壳中浸润线 C 点的高度

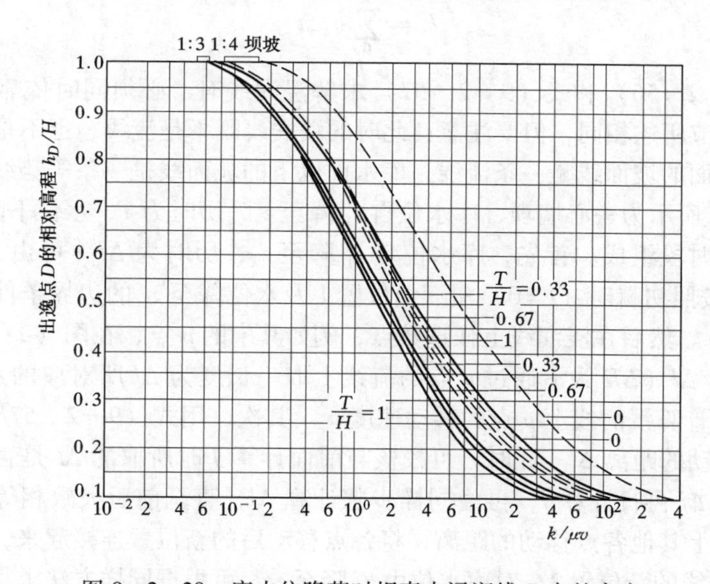

图 9-2-28　库水位降落时坝壳中浸润线 D 点的高度

表 9-2-4　　坝壳顶宽小于 0.36H 时的浸润线高度改正值

$\frac{k}{\mu v}$	$m_1=3$			$m_1=4$		
	$B=0.36H$	$B=0.18H$	$B=0$	$B=0.36H$	$B=0.18H$	$B=0$
0.2	0	0.015H	0.03H	0	—	—
1	0	0.03H	0.06H	0	0.02H	0.05H
10	0	0.03H	0.06H	0	0.02H	0.05H
100	0	0.025H	0.05H	0	0.015H	0.04H

四、时段流网法

在各种复杂边界条件下，用分析法求解是很困难的，此时用时段流网法[16]求近似解，是一种适合任何土坝边界条件的近似解法。

当库水位下降时，任一时刻 t，浸润线上任一点下降移动的速度为

$$u_l = \frac{kJ}{\mu} \tag{9-2-56}$$

式中 J——渗流坡降；

μ——排水系数，其取值方法见式（9－2－51）。

可以假定库水位降落是由几次骤降所组成。每次历时为 Δt，则在 Δt 时段内浸润线移动的距离为 Δl，而在此时段中假定 u_l 为定值，则

$$\Delta l = u_l \Delta t \tag{9-2-57a}$$

库水位从开始降落至终止的整个历时为 T，在此历时内，浸润线上任一点移动的距离为

$$l = \sum_0^T u_l \Delta t \tag{9-2-57b}$$

利用式（9－2－56）和式（9－2－57）求解浸润线时，必须同时依靠流网法。画流网的原则与1.4节所述相同，但要注意：此时的浸润线既不是流线，也不是等势线，浸润线出渗点至库水面的坡面线是一条流线，库水面以下的坡面线是一条等势线。

图9－2－29所示为一心墙坝，库水位自 z_1 降至 z_4，历时为 T，水位下降速度为 v，设将降落分为三个时段组成。首先，库水位自 z_1 降至 z_2，历时为 Δt［可由式 $\Delta t_1 = (z_1 - z_2)/v$ 求出］，按照初瞬时（$t=0$）浸润线位置1及水位降至 z_2 的边界条件绘出流网，见图9－2－29（a）。然后在浸润线上任选数点，例如其中的 p 点，在图（a）中量出 p 点的渗流坡降 $J=\Delta H/\Delta l$（ΔH 为沿通过 p 点的流线上取一长度为 Δl 所对应的水头降落），用式（9－2－56）计算浸润线上 p 点的移动速度 u_l。其次，用式（9－2－57a）计算浸润线上 p 点沿流线移动的距离 Δl。此时，可校核与前面计算 J 时所取的 Δl 是否相同。如不相同，则重新假定 Δl 再行计算 J，再经同样步骤计算 Δl，直至前后大致相等为止。以同样方法计算浸润线上其他各点移动的距离，将各点移动后的新位置连接起来，便是库水位由 z_1 降至 z_2 时浸润线的新位置2。对库水位由 z_2 降至 z_3，可根据同样方法求得浸润线的新位置3，见图9－2－29（b），并求得浸润线位置4，见图9－2－29（c）。本法的精度随时段的加多和流网的加密而提高。

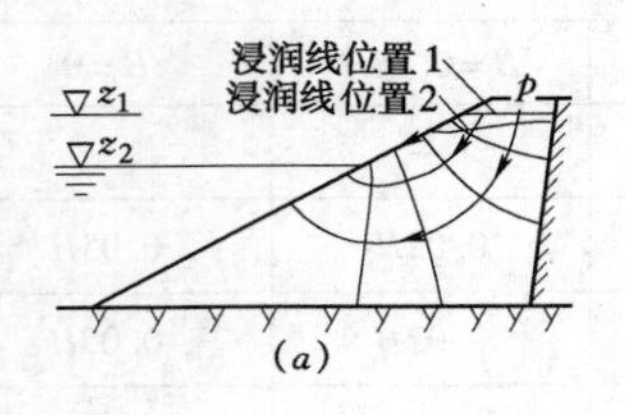

(a)

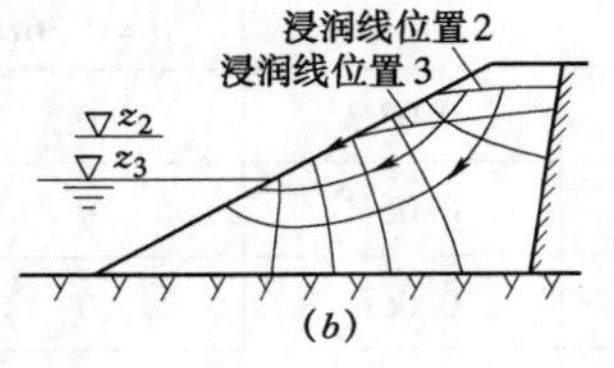

(b)

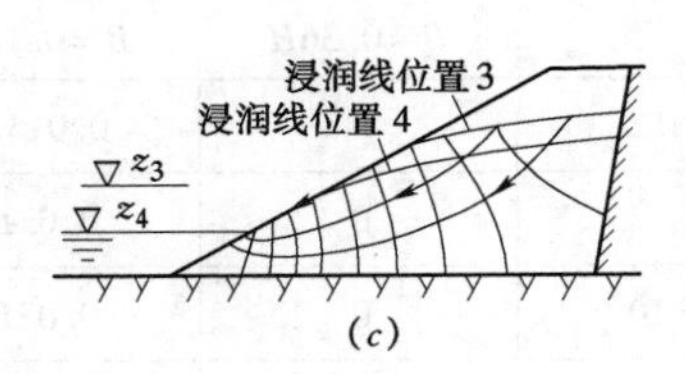

(c)

图9－2－29 时段流网法

第五节 坝基设截水墙的土坝渗流计算

坝基防渗常采用截水墙。截水墙包括土截水槽、板桩、混凝土墙和各种灌浆槽，其中土截水槽常被采用。以下介绍在有限透水地基上设截水墙的土坝渗流计算方法[17]。

根据试验资料，当截水墙的位置选在坝基中线至上游坡脚范围内的一定位置上，如图9－2－30所示，此时的浸润线位置最低，相应的单宽渗流量可近似由式（9－2－58）计算：

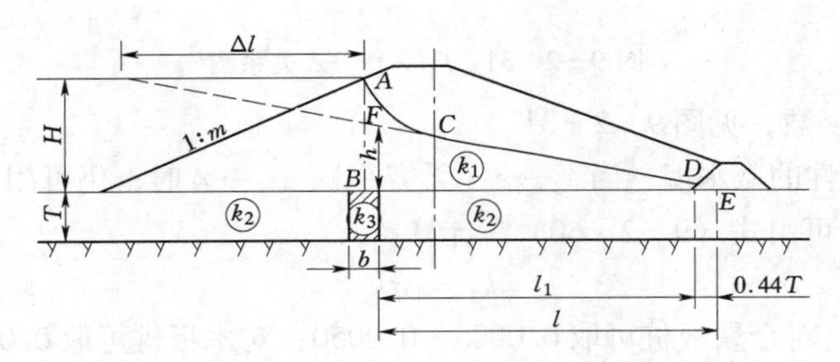

图9－2－30 坝基设截水墙的土坝渗流计算

$$q = k_2 T \frac{h}{l} \tag{9-2-58}$$

式中 k_2——透水坝基的渗流系数；

T——透水坝基厚度；

l——如图9－2－30所示，$l = l_1 + 0.44T$（l_1为截水墙下游面至排水棱体上游坡脚的距离）；

h——截水墙下游面的渗流水头，由式（9－2－59）计算：

$$h = \frac{A_0\left(1 + \dfrac{\alpha_2}{\alpha_3}\right) + \dfrac{\alpha_2^2}{2\alpha_3}}{A_1\left(A_0 + \dfrac{\alpha_1\alpha_2}{\alpha_3}\right) + A_2(1 + A_0)} H \tag{9-2-59}$$

其中，$\alpha_1 = \dfrac{k_1}{k_2}\dfrac{\Delta l}{T}$；$\alpha_2 = \dfrac{1.36}{\lg\dfrac{3H}{b}}$；$\alpha_3 = \dfrac{k_1}{k_3}\dfrac{b}{T}$；$\alpha_4 = \dfrac{k_1}{k_2}\dfrac{l}{T}$

$$A_1 = 1 - \frac{\alpha_1}{\alpha_4};\quad A_2 = \frac{\alpha_1}{\alpha_4} + \frac{\alpha_2}{2\alpha_4} + \frac{\alpha_1}{2\alpha_3}\left(1 + \frac{\alpha_2}{\alpha_4}\right)$$

$$A_0 = 1 + 2\alpha_1 + \alpha_2;\quad \Delta l = mHf(Z);\quad Z = 2m\sqrt{\frac{k_1 H}{k_2 T}}$$

式中 k_1、k_3——坝体和截水墙的渗流系数；

b——截水墙的厚度；

m——上游边坡系数；

H——上游库水深；

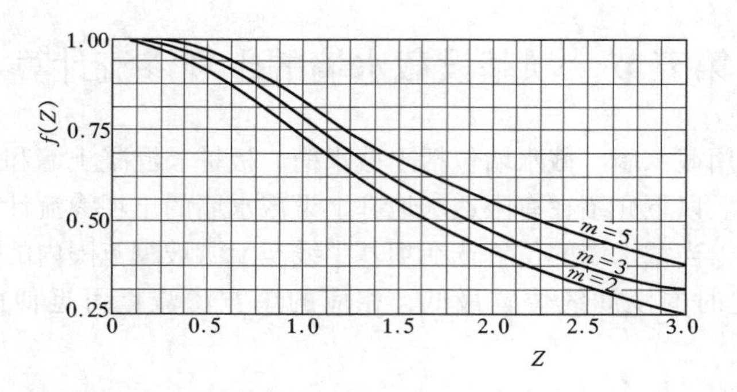

图 9-2-31 $f(Z)$—Z 关系图

$f(Z)$ ——函数，见图 9-2-31。

对可忽略透水性的截水墙，当 $k_3 \to \varepsilon$（无穷小）、$\alpha_3 \to \infty$ 时，仍可用上法计算 h；对考虑透水的板桩，k_3 可由式（9-2-60）[18] 计算：

$$k_3 = \eta k_2 \tag{9-2-60}$$

式中 η——系数，对金属板桩可取 0.0025～0.0050；对木板桩可取 0.02～0.03，此时以 $b=1$ 代入式（9-2-59）中的 α_3 进行计算。

浸润线的作法如下：如图 9-2-30 所示，将 E 点与 F 点连成直线，该线分别与坝基中线和排水棱体上游坡面交于 C 和 D 点，将 A 点与 C 点连一光滑曲线（曲线的 A 端垂直坝上游坡），则得浸润线 ACD。

当下游设垫式排水或管式排水时，上法仍然适用，但其中的 l_1 为截水墙下游面至垫式排水上游端或管中点的距离。

第六节 土坝下游设减压井的渗流计算

当堤坝位于弱透水性的覆盖层上，在覆盖层与不透水层之间为强透水层。此时为了减小背水坡脚附近的渗流压力，防止发生管涌等渗流变形，常在背水坡下游设置减压井，如图 9-2-32 所示。对此，我国进行了一些研究[15,19,20]，今将其中一个包括完全井（$W=T$）和非完全井（$W<T$）的渗流计算方法[20]介绍如下。

当强透水层与覆盖层的渗流系数比值 $k_1/k_2 \geqslant 100$ 时，覆盖层就可作为不透水层考虑。此时无论井的贯入深度 W 是否到达不透水层，当 $r_0/a \ll 1$，$2s/a \geqslant 1$ 时（r_0 为井的半径，a 为井距，s 为上游渗流进口到井列线的距离），均可用式（9-2-61）、式（9-2-62）计算。

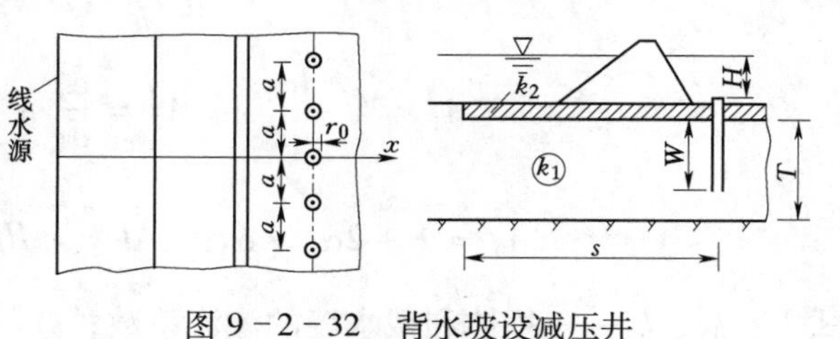

图 9-2-32 背水坡设减压井

井的渗流量

$$Q = \frac{k_1 HT}{\frac{s}{a} + F} \tag{9-2-61}$$

井间压力水头

$$h_c = \frac{0.11 + F}{\frac{s}{a} + F}H \qquad (9-2-62)$$

式中　F——函数。

当封井底时，

$$F = 2.3\left[0.16 + 0.085\left(\frac{T}{a}+1\right)\left(\frac{T}{W}-1\right)\right]\lg\frac{a}{2\pi r_0} \qquad (9-2-63)$$

当不封井底时，

$$F = 2.3\left[0.16 + 0.085\left(\frac{T}{a}+1\right)\left(\frac{T}{W + r_0\left(1-\frac{W}{T}\right)}-1\right)\right]\lg\frac{a}{2\pi r_0} \qquad (9-2-64)$$

上游渗流进口至井列线之间的压力水头线接近直线变化，故可用式（9－2－65）计算任意距离 x 处的压力水头

$$h_x = H - (H - h_c)\frac{x}{s} \qquad (9-2-65)$$

据试验，对 $W < T$ 的井，若 $a <（T - W）$时，井后的水头有所回升，当 a 愈小，回升愈大。例如当 $a =（T - W）/1.8$ 时，回升水头约比井间压力水头大 $0.05H$；最大的回升位置约在井列后 $2T$ 的距离内即已形成。

当覆盖层有一定的透水性时，背水坡下游地面有微小的出渗排水，强透水层的压力水头有所降低。据试验，将 $k_1/k_2 = 100$ 与 $k_1/k_2 = 10$ 的情况相比较，h_c 约减小43%，这是相当显著的。

当坝基为分层各向异性土时，仍可近似用式（9－2－61）、式（9－2－62）计算。但必须将地基转换为单层均质地基，其换算厚度 T_0 和换算渗流系数 k_0 分别为

$$T_0 = \sqrt{\sum_{i=1}^{n}(T_i k_{hi})\sum_{1}^{n}(T_i/k_{vi})} \qquad (9-2-66)$$

$$k_0 = \sqrt{\sum_{i=1}^{n}(T_i k_{hi})\Big/\sum_{1}^{n}(T_i/k_{vi})} \qquad (9-2-67)$$

式中　T_i——第 i 层的含水层厚度，层号由上而下顺序计算；

k_{hi}、k_{vi}——第 i 层含水层的水平方向和垂直方向的渗流系数；

n——分层土的总层数。

同时，井的贯入深度 W 也须转换为

$$W_0 = \sum_{i=1}^{j} T_i k_{hi}/k_0 \qquad (9-2-68)$$

式中　j——井贯入到达的层数。

第三章 水工建筑物的渗透绕流计算

当堰闸与土坝或与河岸连接时，以及当土坝与岸坡连接时，在连接处的一定范围内会发生空间无压渗透绕流。显然，解决这些绕流计算问题是比较繁琐和困难的。以下针对恒定渗流并假设土体是均质各向同性的情况下进行介绍。当堰闸的边墩（包括边墙和刺墙）与其相连的土坝或岸坡透水层位于同一高程的水平不透水层上时，或者当土坝与其相连的河岸透水层位于同一高程的水平不透水层上时，都假设沿任一竖直线上的渗流是符合渐变渗流条件的（亦即假设渗流流速沿竖直线是不变的）。这样就可得水头函数的平方符合拉普拉斯方程，从而将复杂的空间渗流问题变为平面（水平面上）问题，得到了很大的简化。以下介绍的，都是基于上述假定提出的对某些绕流情况适用的分析法和普遍适用的流网法。

第一节 堰闸与土坝连接的绕渗计算

由于堰闸与土坝的连接处一般有边墩、边墙和刺墙，故其绕渗区域的边界条件是很复杂的。下面介绍的计算方法[21]，是先将复杂的渗流区域划分成各个单独的典型渗流区段进行考虑，然后合并处理。

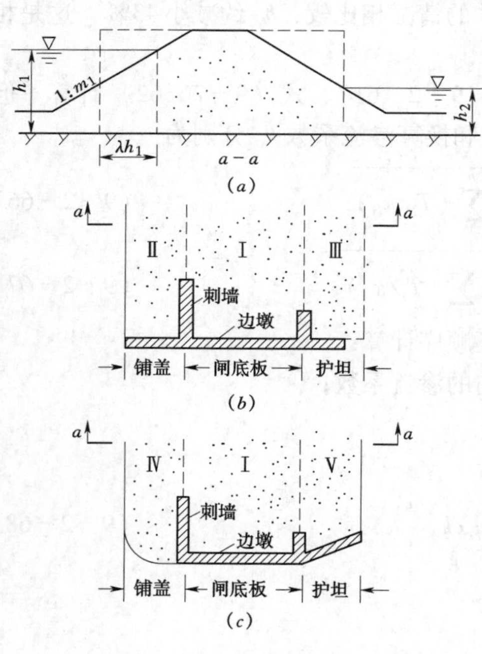

图 9-3-1 渗流区域分段

分段的方法：如图9-3-1（a）所示，先将坝的断面变为虚拟的垂直边坡。可近似地这样进行[22]：从上游水面与上游坡的交点向上游取λh_1的距离，作出垂直边坡线，λ由式（9-2-4）确定；通过下游水面与坝下游坡的交点作出下游垂直边坡线，最后通过刺墙末端画延长的虚线（该虚线认为是等水头线），便将渗流区域分成各种渗流区段。图9-3-1（b）、（c）示出五种常见的典型渗流区段。根据边墩、边墙和刺墙的不同情况，在图9-3-1（b）中分为Ⅰ、Ⅱ、Ⅲ等三种典型区段，在图9-3-1（c）中分为Ⅰ、Ⅳ、Ⅴ等三种典型区段。下面依次给出各种典型渗流区段的渗流水力要素计算式和区段边界水深确定的方法。顺便说明，以后所指的水深，都是从同一水平不透水层（边墩以它为基础）起算的浸润线高度。

一、典型区段Ⅰ的渗流水力要素计算

如图9－3－2所示，沿着区段内轮廓渗流的水深：

（1）3′－1′轮廓线上：

$$h=\sqrt{\frac{h_B^2+h_H^2}{2}-\frac{h_B^2-h_H^2}{\pi}\arcsin\frac{2\sin\left(\frac{\pi x}{b}\right)+m-n}{m+n}} \tag{9-3-1}$$

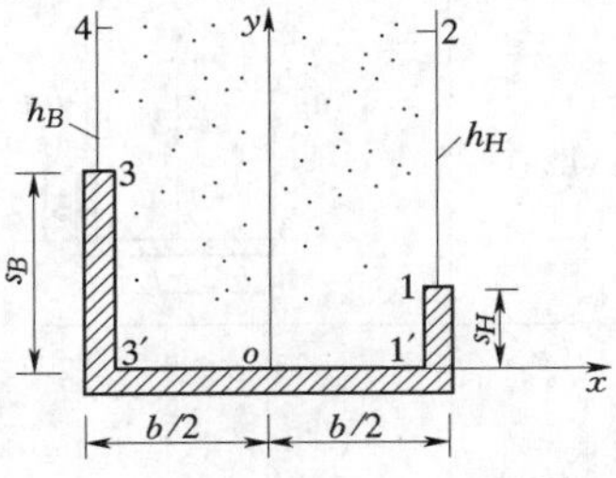

（2）3－3′轮廓线上：

$$h=\sqrt{\frac{h_B^2+h_H^2}{2}+\frac{h_B^2-h_H^2}{\pi}\arcsin\frac{2\text{ch}\left(\frac{\pi y}{b}\right)-m+n}{m+n}} \tag{9-3-2}$$

图9－3－2　典型区段Ⅰ的计算

（3）1′－1轮廓线上：

$$h=\sqrt{\frac{h_B^2+h_H^2}{2}-\frac{h_B^2-h_H^2}{\pi}\arcsin\frac{2\text{ch}\left(\frac{\pi y}{b}\right)+m-n}{m+n}} \tag{9-3-3}$$

式中　h_B、h_H——区段上下游边界处的水深；

m、n——段型常数，由式（9－3－4）决定：

$$\left.\begin{aligned}m&=\text{ch}\left(\frac{\pi s_B}{b}\right)\\n&=\text{ch}\left(\frac{\pi s_H}{b}\right)\end{aligned}\right\} \tag{9-3-4}$$

流经沿着刺墙延长线的上游面3－4和下游面1－2的总渗流量和单宽渗流量为

$$Q=k\frac{h_B^2-h_H^2}{2\pi}\text{arch}\frac{2\text{ch}(\pi y/b)\pm(m-n)}{n+m} \tag{9-3-5}$$

$$q=\frac{k(h_B^2-h_H^2)}{b(n+m)}\frac{\text{sh}\left(\frac{\pi y}{b}\right)}{\sqrt{\left[\frac{2\text{ch}(\pi y/b)\pm(m-n)}{n+m}\right]^2-1}} \tag{9-3-6}$$

式中　k——渗流系数；

$(m-n)$前的负号用于上游面，正号用于下游面。

在上游面 $h=h_B$，在下游面 $h=h_H$。

二、典型区段Ⅱ、Ⅲ和Ⅳ的渗流水力要素计算

对Ⅱ、Ⅲ和Ⅳ各区段，同样可利用式（9－3－1）～式（9－3－6）进行计算，只需将与这些区段相应的短型常数 m 和 n 值代入即可（见表9－3－1）。

沿Ⅲ型区段的透水轮廓线（在3－3′或1－1′段）的总渗流量和单宽渗流量（见表9－3－1）为

$$Q=k\frac{h_B^2-h_H^2}{2\pi}\text{arch}\frac{\pm[2\sin(\pi x/b)-n+m]}{n+m} \tag{9-3-7}$$

$$q=\frac{k(h_B^2-h_H^2)}{n+m}\frac{\cos(\pi x/b)}{\sqrt{\left[\frac{\pm2\sin(\pi x/b)-n+m}{n+m}\right]^2-1}} \tag{9-3-8}$$

表 9-3-1 典型区段Ⅱ~Ⅳ的示意图及其计算公式

区段类型	区段示意图	m	n	计算渗流水力要素的公式序号
Ⅱ左	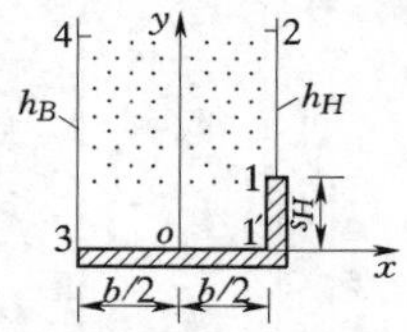	1	$\mathrm{ch}\dfrac{\pi s_H}{l}$	式(9-3-1)，式(9-3-3)，式(9-3-5)，式(9-3-6)
Ⅱ右	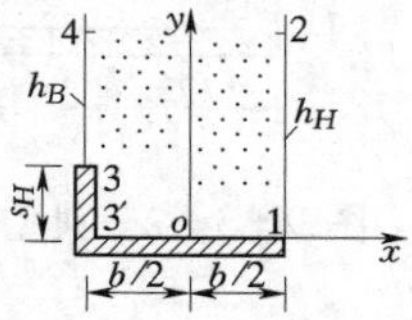	$\mathrm{ch}\dfrac{\pi s_B}{l}$	1	式(9-3-1)，式(9-3-2)，式(9-3-5)，式(9-3-6)
Ⅲ左	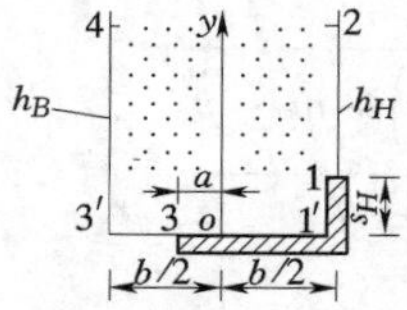	$-\sin\dfrac{\pi a}{l}$	$\mathrm{ch}\dfrac{\pi s_H}{l}$	式(9-3-1)，式(9-3-3)，式(9-3-5)，式(9-3-7)，式(9-3-8)
Ⅲ右	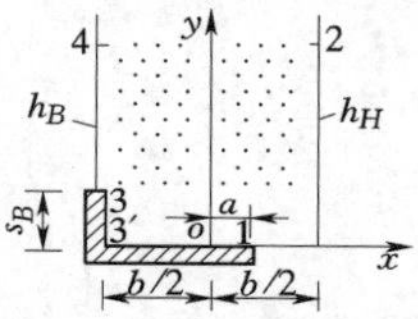	$\mathrm{ch}\dfrac{\pi s_B}{l}$	$-\sin\dfrac{\pi a}{l}$	式(9-3-1)，式(9-3-2)，式(9-3-5)，式(9-3-8)
Ⅳ左	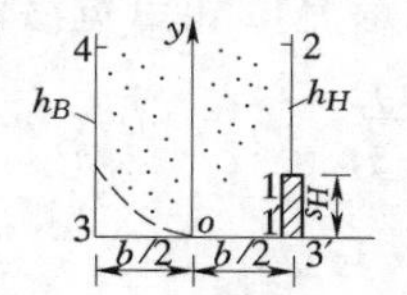	-1	$\mathrm{ch}\dfrac{\pi s_H}{l}$	式(9-3-3)，式(9-3-5)~式(9-3-8)
Ⅳ右	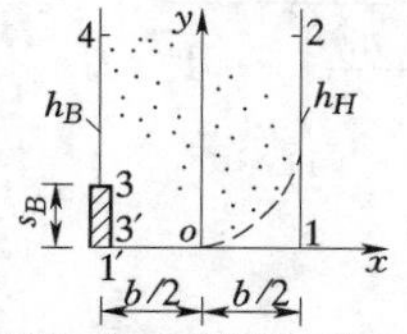	$\mathrm{ch}\dfrac{\pi s_B}{l}$	-1	式(9-3-2)，式(9-3-5)~式(9-3-8)

三、典型区段Ⅴ的渗流水力要素计算

如图9-3-3所示，沿着区段倾斜轮廓线的渗流水深由式(9-3-9)计算：

$$h = \sqrt{h_H^2 + (h_B^2 - h_H^2)h_r} \qquad (9-3-9)$$

式中 h_r——无量纲值，与 θ、s/b、x/b 有关，由图9-3-4的曲线确定。

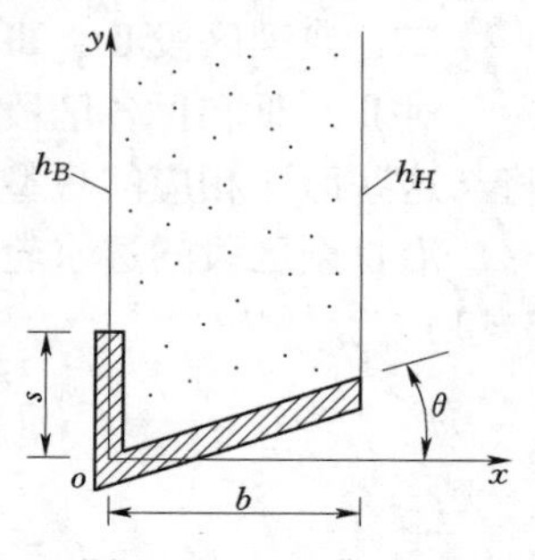

图9-3-3 典型区段Ⅴ的计算

四、区段边界处渗流水深的确定

在以上各典型区段的渗流水力要素计算公式中，区段上下游边界线上的渗流水深 h_B 和 h_H 是尚待确定的，只有这个问题解

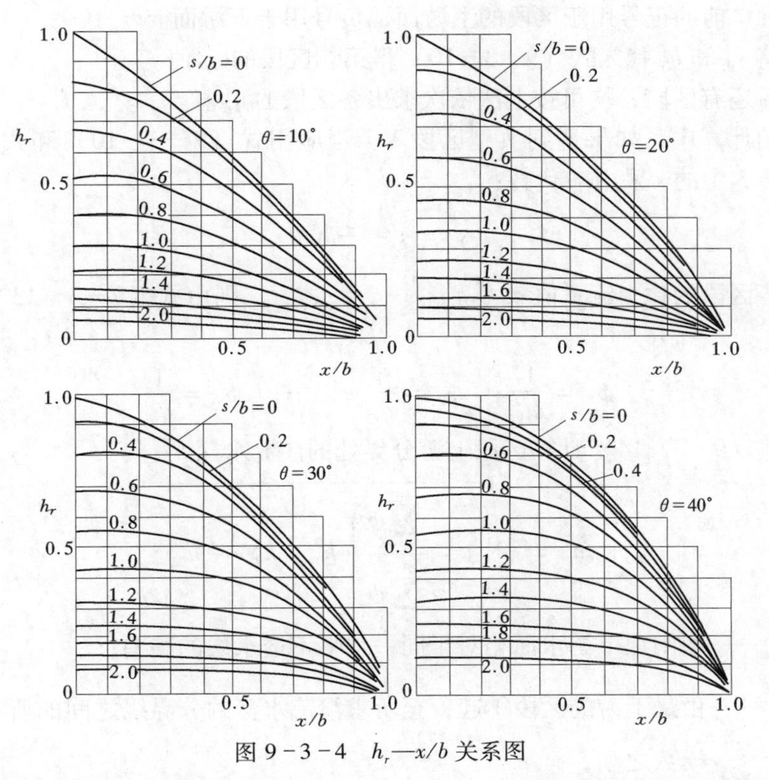

图 9-3-4　h_r—x/b 关系图

决了，才能将所有渗流水力要素计算出来。以图 9-3-5 来说明区段上游边界线处渗流水深 h_c 的计算方法和步骤。

前述以刺墙的延长线作为区域的分界线只是在一定范围内才是正确的，因为超过了一定范围时，延长线与实际的等势线的偏离就大了。在图 9-3-5 中，就流线 ab 的范围内进行绕流计算。

先给予第一道刺墙延长线的纵坐标 y_1 值，并按经验取 $y_1=(1.2-1.5)s_1$，以 y_1 和 b_1 代入式 (9-3-10) 中的 y_i 和 b_i，求得第①区段的化引流量 q_{ri}：

$$q_{ri}=\frac{1}{\pi}\text{arch}\frac{2\text{ch}(\pi y_i/b_i)\pm(m-n)}{m+n}\tag{9-3-10}$$

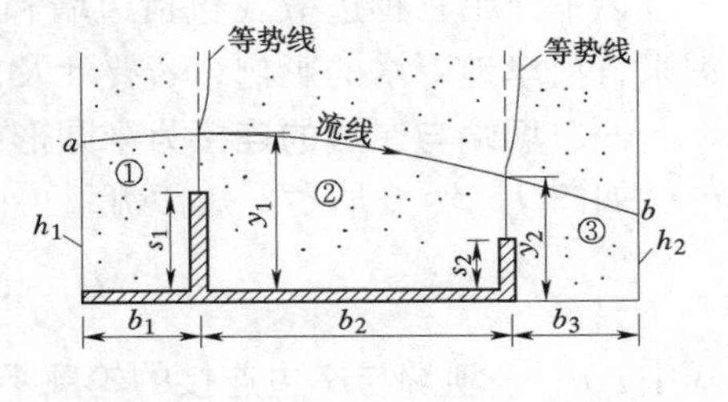

图 9-3-5　区段边界处的计算

式中　i——区段的序号。

$(m-n)$ 前的负号用于该区段的上游面，正号用于下游面；段型常数 m 和 n 由前述的公式决定。

另又将 y_1 和 b_2 代入式 (9-3-10)，便得第②区段的 q_{r2} 值；继而将 q_{r2} 和 b_2 代入式 (9-3-11)，求得第二道刺墙延长线的 y_2 值：

$$y_i=\frac{b_i}{\pi}\text{arch}\frac{(m+n)\text{ch}(\pi q_{ri})\pm(m-n)}{2}\tag{9-3-11}$$

式中，$(m-n)$ 前的正号用于区段的上游面，负号用于下游面。

如此又将 y_2 和 b_3 代入式（9－3－10）得第③区段的 q_{r3} 值。

如果以后还有区段，均可按上法依次求出各区段的 q_{ri} 值。

在以上的计算中，如果遇到典型区段Ⅴ，当应用式（9－3－10）和式（9－3－11）时，图9－3－3中的 s 采用 s_i 代替：

$$s_i = s - \frac{2}{3}b\text{tg}\theta \tag{9-3-12}$$

当算出各区段的化引流量值 q_{r1}、q_{r2}、…、q_{rp} 之后，则由式（9－3－13）求各区段的段形模数 ϕ_i：

$$\phi_1 = \frac{1}{q_{r1}};\quad \phi_2 = \frac{1}{q_{r2}};\quad \cdots;\quad \phi_p = \frac{1}{q_{rp}} \tag{9-3-13}$$

最后由式（9－3－14）计算区段上游分界处的渗流水深 h_c：

$$h_c = \sqrt{\left(1 - \frac{\sum_1^c \phi}{\sum_1^p \phi}\right)(h_1^2 - h_2^2) + h_2^2} \tag{9-3-14}$$

式中 h_1、h_2——堰闸上下游水面相对于同一水平不透水层的高差；

$\sum_1^c \phi$——由最上游的区段①起，至所求渗流水深的分界线之间的所有区段的段形模数之和；

$\sum_1^p \phi$——全部区段（从 $1\sim p$）的段形模数之和。

第二节 堰闸与岸坡连接的绕渗计算

以下介绍三种边墩（包括边墙和刺墙）型式的岸坡绕渗的分析计算方法，其中不考虑来自河岸地下水的影响，若要计及，可参考有关文献[21,22]。

一、坝端与岸边的连接为半圆形或平面[23]

如图9－3－6所示，总渗流量可由式（9－3－15）计算：

$$Q = 0.366k(h_1^2 - h_2^2)\lg\frac{B}{r} \tag{9-3-15}$$

式中 r——坝端与岸边连接的轮廓半径，当坝端为平面时，$r=2l/\pi$（$2l$ 为坝宽）；

B——绕流区域的半径，自坝轴线向上游算起，按具体情况至不透水层为止，或至河岸急剧弯曲处为止等；

h_1、h_2——坝上、下游水面与同一水平不透水层的高差。

二、坝端与岸边的连接设置刺墙[22]

如图9－3－7所示，渗流水深和渗流量计算如下。

1. 渗流水深

沿 $2-3-a-4-5$ 轮廓线上的渗流水深

$$h = \sqrt{(h_1^2 - h_2^2)h_r + h_2^2} \qquad (9-3-16)$$

式中 h_r——无量纲值，由以下各式计算。

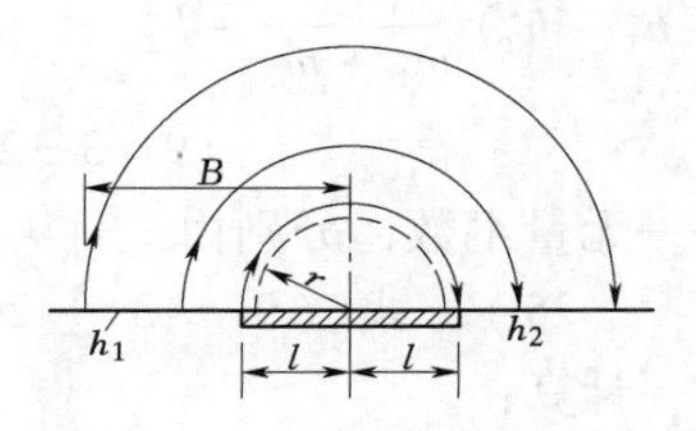

图 9-3-6 半圆形的连接

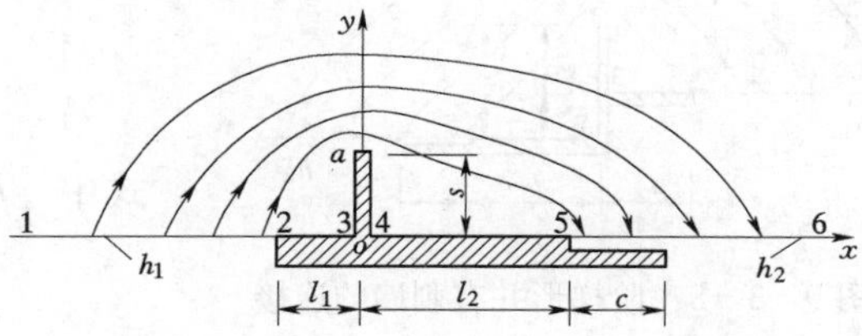

图 9-3-7 有刺墙的连接

（1）2-3 线上：

$$h_r = 1 - \frac{1}{\pi}\arccos\left\{\frac{1}{a}\left[b + \sqrt{1 + \left(\frac{x}{s}\right)^2}\right]\right\}, \quad (-l_1 \leqslant x \leqslant 0) \qquad (9-3-17)$$

$$\left.\begin{aligned} a &= 0.5\left[\sqrt{1 + \left(\frac{l_1}{s}\right)^2} + \sqrt{1 + \left(\frac{l_2}{s}\right)^2}\right] \\ b &= 0.5\left[\sqrt{1 + \left(\frac{l_2}{s}\right)^2} - \sqrt{1 + \left(\frac{l_1}{s}\right)^2}\right] \end{aligned}\right\} \qquad (9-3-18)$$

（2）3-a 线上：

$$h_r = 1 - \frac{1}{\pi}\arccos\left\{\frac{1}{a}\left[b + \sqrt{1 - \left(\frac{y}{s}\right)^2}\right]\right\}, \quad (0 \leqslant y \leqslant s) \qquad (9-3-19)$$

（3）a-4 线上：

$$h_r = \frac{1}{\pi}\arccos\left\{\frac{1}{a}\left[\sqrt{1 - \left(\frac{y}{s}\right)^2} - b\right]\right\}, \quad (0 \leqslant y \leqslant s) \qquad (9-3-20)$$

（4）4-5 线上：

$$h_r = \frac{1}{\pi}\arccos\left\{\frac{1}{a}\left[\sqrt{1 + \left(\frac{x}{s}\right)^2} - b\right]\right\}, \quad (0 \leqslant x \leqslant l_2) \qquad (9-3-21)$$

2. 渗流量

（1）流过 1-2 线的总渗流量

$$Q = k\frac{h_1^2 - h_2^2}{2\pi}\mathrm{arch}\left\{\frac{1}{a}\left[\sqrt{1 + \left(\frac{x}{s}\right)^2} + b\right]\right\}, \quad (-\infty \leqslant x \leqslant -l_1) \qquad (9-3-22)$$

式中，a、b 值由式（9-3-18）确定。

（2）流过 5-6 线的总渗流量

$$Q = k\frac{h_1^2 - h_2^2}{2\pi}\mathrm{arch}\left\{\frac{1}{a}\left[\sqrt{1 + \left(\frac{x}{s}\right)^2} - b\right]\right\}, \quad (l_2 \leqslant x \leqslant \infty) \qquad (9-3-23)$$

式中，a、b 值由式（9-3-18）确定。

三、坝端与岸边的连接为阶梯形并设置刺墙[22]

如图 9-3-8 所示，渗流水深和渗流量计算如下。

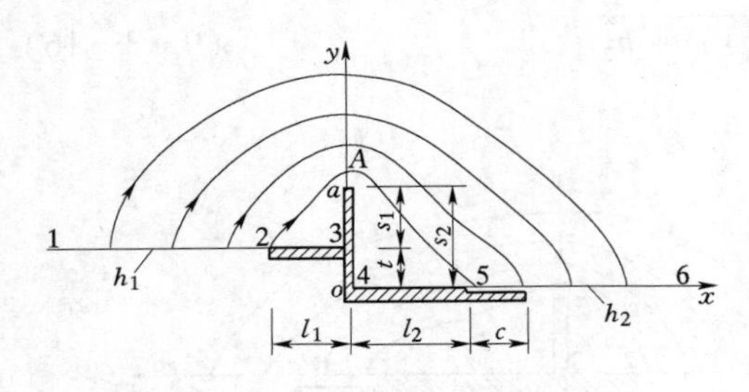

图 9-3-8 阶梯形并有刺墙的连接

1. 渗流水深

(1) 刺墙端点 a 的渗流水深

$$h_a = \sqrt{(h_1^2 - h_2^2)\frac{m_1}{m_1 + m_2} + h_2^2} \tag{9-3-24}$$

式中 m_1、m_2——无量纲数，分别由式（9-3-25）、式（9-3-26）计算：

$$m_1 = \frac{2}{\pi}\text{arsh}\sqrt{\frac{(y_A - t)^2 - s_1^2}{s_1^2 + l_1^2}} \tag{9-3-25}$$

$$m_2 = \frac{2}{\pi}\text{arsh}\sqrt{\frac{y_A^2 - s_2^2}{s_2^2 + l_2^2}} \tag{9-3-26}$$

式中 y_A——图 9-3-8 中 y 轴上任一点 A 的坐标，一般可取 y_A =（1.1～1.2）s_2。

(2) 2-3-a 轮廓线上的渗流水深

$$h = \sqrt{(h_1^2 - h_a^2)h_r + h_a^2} \tag{9-3-27}$$

式中，h_r 由式（9-3-28）、式（9-3-29）计算。

在 2-3 线上：

$$h_r = 1 - \frac{2}{\pi}\arccos\sqrt{\frac{1 + \left(\frac{x}{s_1}\right)^2}{1 + \left(\frac{l_1}{s_1}\right)^2}}, \quad (-l_1 \leqslant x \leqslant 0) \tag{9-3-28}$$

在 3-a 线上：

$$h_r = 1 - \frac{2}{\pi}\arccos\sqrt{\frac{1 - \left(\frac{y}{s_1}\right)^2}{1 + \left(\frac{l_1}{s_1}\right)^2}}, \quad (0 \leqslant y \leqslant s_1) \tag{9-3-29}$$

(3) a-4-5 轮廓线上的渗流水深

$$h = \sqrt{(h_a^2 - h_2^2)h_r + h_2^2} \tag{9-3-30}$$

式中，h_r 由式（9-3-31）、式（9-3-32）计算：

在 a-4 线上：

$$h_r = \frac{2}{\pi}\arccos\sqrt{\frac{1 - \left(\frac{y}{s_2}\right)^2}{1 + \left(\frac{l_2}{s_2}\right)^2}}, \quad (0 \leqslant y \leqslant s_2) \tag{9-3-31}$$

在 4-5 线上：

$$h_r = \frac{2}{\pi}\arccos\sqrt{\frac{1 + \left(\frac{x}{s_2}\right)^2}{1 + \left(\frac{l_2}{s_2}\right)^2}}, \quad (0 \leqslant x \leqslant l_2) \tag{9-3-32}$$

2. 渗流量

（1）流过 1－2 线的总渗流量

$$Q = k\frac{h_1^2 - h_2^2}{\pi}\text{arch}\sqrt{\frac{1+\left(\frac{x}{s_1}\right)^2}{1+\left(\frac{l_1}{s_1}\right)^2}},\quad (-\infty \leqslant x \leqslant -l_1) \tag{9-3-33}$$

（2）流过 5－6 线的总渗流量

$$Q = k\frac{h_a^2 - h_2^2}{\pi}\text{arch}\sqrt{\frac{1+\left(\frac{x}{s_2}\right)^2}{1+\left(\frac{l_2}{s_2}\right)^2}},\quad (l_2 \leqslant x \leqslant \infty) \tag{9-3-34}$$

第三节 流 网 法

当堰闸的边墩与其相连的岸坡（或土坝）透水层位于同一水平不透水层上，假设沿任一竖直线上的渗流符合渐变流条件，则可将恒定的空间无压渗流问题变为平面问题处理，水头函数的平方符合拉普拉斯方程：

$$\frac{\partial^2(h^2)}{\partial x^2} + \frac{\partial^2(h^2)}{\partial y^2} = 0 \tag{9-3-35}$$

式中 x、y——水平面上的直角坐标；

h——由水平不透水层起算的渗流水头（渗流水深）。

由此可见，无压空间渗流问题，也可以通过在平面上作流网求解，这里流网的定义和绘图的要求均与平面恒定渗流的流网完全相同。图 9－3－9 为一空间无压渗流的等高线上流网图。当作出该图之后，由于它不同于平面恒定渗流具有的水头函数一次方符合拉普拉斯方程，故利用该图去求渗流的各项水力要素的公式要作相应的改变[9]：

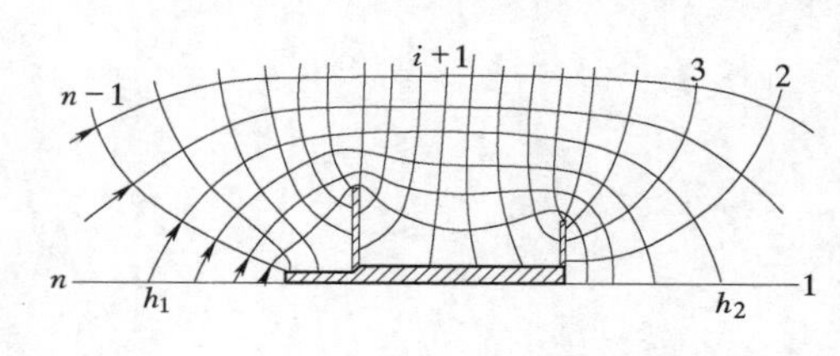

图 9－3－9 无压渗流等高线上流网图

相邻两条等水头线之间的关系为

$$H_{i+1}^2 - H_i^2 = \frac{h_1^2 - h_2^2}{n-1} = \Delta(H^2) \tag{9-3-36}$$

式中 h_1、h_2——上、下游水面与同一水平不透水层的高差；

H_i——从 1 开始编号，由下游向上游顺序的第 i 条等水头线的水头，亦即第 i 条等水头线上由同一水平不透水层起算的浸润线水深；

n——等水头线的总数。

当已知 n、h_1 和 h_2，先取 $H_i=2$，便可由式（9－3－36）求得图 9－3－9 中第 2 条水头线的水头 H_2，如此相继由该式求得其余各条等水头线的水头。

每条流槽（即相邻两条流线之间的流道）的渗流量为

$$\Delta Q = 0.5k\Delta(H_2^2) \tag{9-3-37}$$

总渗流量与流槽数成正比，亦即与渗流区的大小有关。当绕土坝渗流时，其绕流范围可按图9-3-5中的$y_1 =$（1.2~1.5）s_1取定。当岸坡绕渗时，从上游岸坡入渗的范围应按地质地形的具体情况取定。

在某一网格内的平均渗流坡降

$$J = \frac{H_{i+1} - H_i}{\Delta s} \tag{9-3-38}$$

式中 Δs——在该网格内通过其中点的顺流线方向的长度。

用流网法解空间无压渗流时，其精度随网格的加密而提高。

第四章　井的渗流计算

计算井的渗流时，一般可将井分为以下类型：在无压含水层中的井称为无压井（普通井）；对于深入到承压层中的井称为有压井（自流井）。在无压井或有压井中，又可分为完全井和非完全井：完全井的底部到达不透水层，而且整个含水层都有进水的壁面；若不能满足上述条件的，称为非完全井。

第一节　无压井的渗流计算

一、无压完全井

如图 9-4-1 所示，井位于水平不透水层上，供水流量可用式（9-4-1）计算：

$$Q = 1.36\frac{k(H^2 - h_0^2)}{\lg\frac{R}{r_0}} \tag{9-4-1}$$

式中　H——含水层厚度；

h_0——井中水深；

r_0——井的半径；

R——影响半径，其值随土的性质、含水层厚度和抽水的持续时间等因素而变，由试验确定。

在初步计算中，R 可采用下列数值：对细颗粒土 $R = 100 \sim 200$m；对中等颗粒土 $R = 250 \sim 500$m；对粗颗粒土 $R = 700 \sim 1000$m。

浸润线方程式为

$$h^2 - h_0^2 = 0.73\frac{Q}{k}\lg\frac{r}{r_0} \tag{9-4-2}$$

式中　h——距离为 r 处的渗流水深。

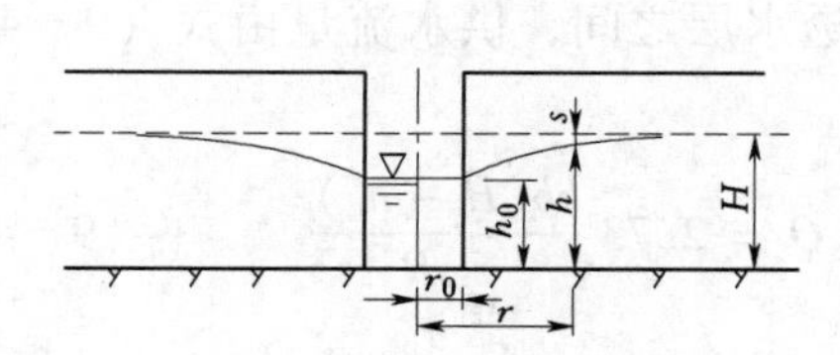

图 9-4-1　无压完全井供水流量计算

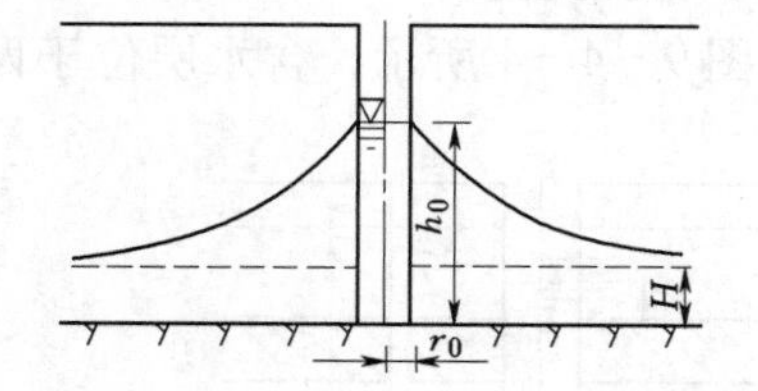

图 9-4-2　无压完全井渗流量计算

当进行抽水试验测定渗流系数值时，由距离为 r 的观测井得 h 值，便可用式（9-4-2）计算。注水井与抽水井的工作条件相反，浸润线形成倒转漏斗形，注水的目的一般是

为了测定渗流系数。对位于水平不透水层上的无压完全井（见图9－4－2），其渗流量的计算式为

$$Q = 1.36\frac{k(h_0^2 - H^2)}{\lg\frac{R}{r_0}} \qquad (9-4-3)$$

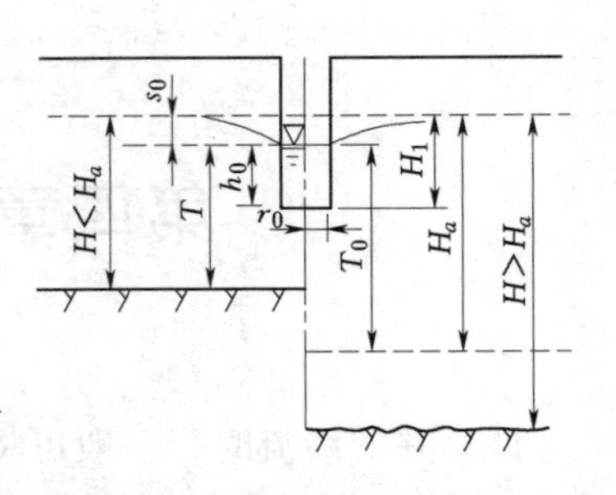

图9－4－3 无压非完全井渗流计算

二、无压非完全井

无压非完全井，如图9－4－3所示。分为 $H<H_a$ 和 $H>H_a$ 两种情况进行计算。H_a 为界限厚度，可近似地由表9－4－1[1]决定，表中 H_1 和 s_0 分别为原地下水面与井底和井中水面的距离。如需要较精确的 H_a，可按式（9－4－4）[1]用试算法求出：

$$2H_a\left[1 - \sqrt[4]{\frac{2(H_a - s_0) - h_0}{H_a - s_0}}\sqrt{\frac{h_0 + 0.5r_0}{H_a + s_0}}\right] = s_0 \qquad (9-4-4)$$

表9－4－1　　界 限 厚 度 H_a

s_0/H_1	0.2	0.3	0.5	0.8
H_a	$1.3H_1$	$1.5H_1$	$1.7H_1$	$1.85H_1$

当 $H<H_a$（图9－4－3左边），不透水层为水平时，供水流量由式（9－4－5）计算[1]：

$$Q = 1.36\frac{k(H_a^2 - T^2)}{\lg\frac{R}{r_0}}\sqrt{\frac{h_0 + 0.5r_0}{T}}\sqrt[4]{\frac{2T - h_0}{T}} \qquad (9-4-5)$$

式中　T——井中水面与不透水层的距离。

当 $H>H_a$（见图9－4－3右侧），可仍用式（9－4－5）计算，但式中的 T 应换为 T_0，$T_0 = H_a - s_0$。

第二节　有压井的渗流计算

一、有压完全井

如图9－4－4所示，含水层位于两个水平不透水层之间，供水流量由式（9－4－6）计算：

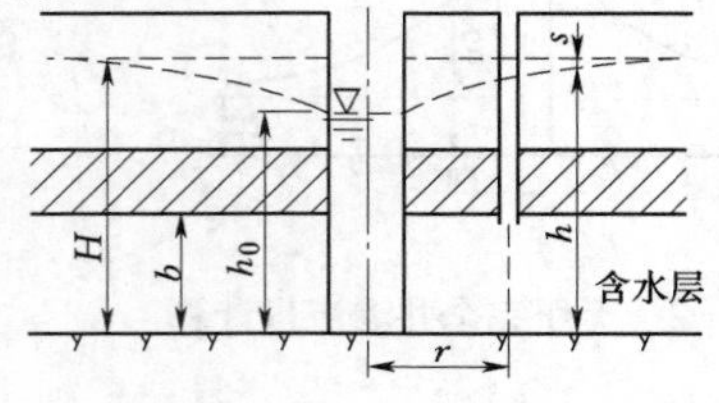

图9－4－4　有压完全井供水流量计算

$$Q = 2.73\frac{kb(H - h_0)}{\lg\frac{R}{r_0}} \qquad (9-4-6)$$

式中　b——含水层厚度；

H——含水层的压力水头。

当进行抽水试验测定渗流系数时，可以观测井中的 r 和 h 分别代替式（9－4－6）中的 R 和 H。

对注水的有压完全井，含水层位于两个水平不透水层之间（见图9-4-5），渗流量的计算式为

$$Q = 2.73\frac{kb(h_0 - H)}{\lg\dfrac{R}{r_0}} \tag{9-4-7}$$

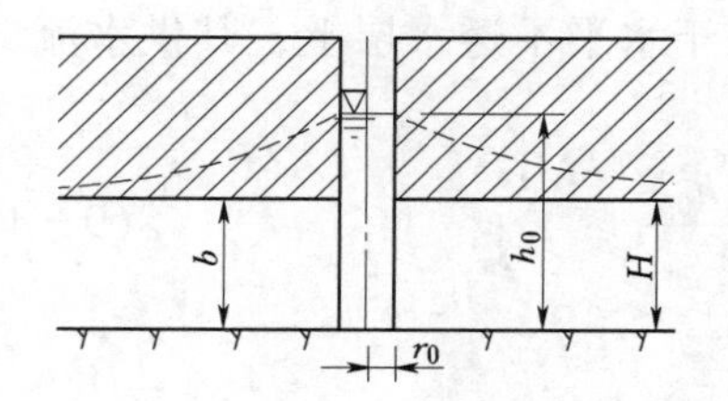

图9-4-5　有压完全井渗流量计算

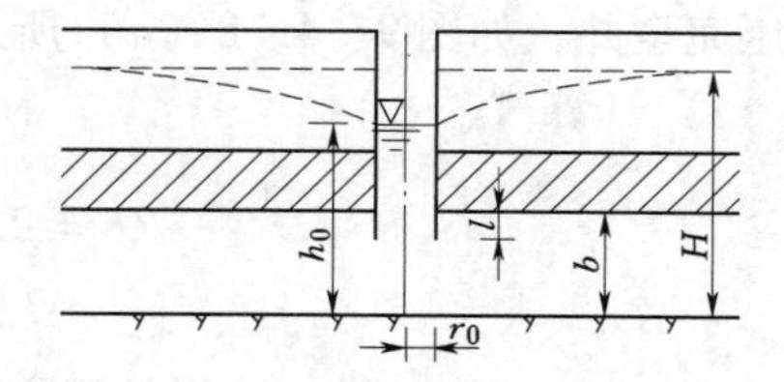

图9-4-6　有压非完全井渗流计算

二、有压非完全井

如图9-4-6所示，含水层位于两个水平不透水层之间，供水流量可由式（9-4-8）计算[24]：

$$Q = 2.73\frac{kl(H - h_0)}{\lg\dfrac{R}{r_0}}\left(1 + 7\sqrt{\frac{r_0}{2l}}\cos\frac{\pi l}{2b}\right) \tag{9-4-8}$$

式中　l——穿进含水层的井壁长度。

当含水层厚度 b 很大时，可由式（9-4-9）计算[25]：

$$Q = 2.73\frac{kl(H - h_0)}{\lg\dfrac{1.6l}{r_0}} \tag{9-4-9}$$

第三节　半有压完全井的渗流计算

对含水层位于两个水平不透层之间的完全井，当抽取过多水量时，会出现井中水位低于含水层顶板的情况（见图9-4-7），此为有压渗流变为无压渗流的情况（简称半有压渗流或混合渗流），这时的供水流量可由式（9-4-10）计算：

$$Q = 1.36\frac{k(2Hb - b^2 - h_0^2)}{\lg\dfrac{R}{r_0}} \tag{9-4-10}$$

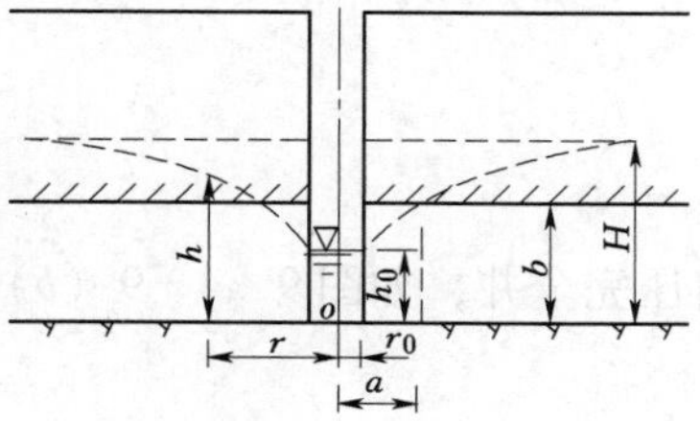

有压段的水头线方程式为

$$h - b = 0.366\frac{Q(\lg r - \lg a)}{kb} \tag{9-4-11}$$

图9-4-7　半有压完全井渗流计算

式中　a——由井轴线至流态转变断面的距离，可利用边界条件 $r = R$ 和 $h = H$ 求得。

第四节 位于供水或不透水直线边界附近的水井渗流计算

一、位于供水直线边界附近的完全井

无压完全井，如图9－4－8（a）所示。该井位于水平不透水层上，其供水流量由式（9－4－12）计算[20]：

$$Q = 2.73\frac{k(H^2 - h_0^2)}{\lg\frac{2A}{r_0}} \tag{9-4-12}$$

式中 A——水井轴线至供水边界的距离。

有压完全井，如图9－4－8（b）所示。该井的含水层位于两个水平不透水层之间，其供水流量由式（9－4－13）计算：

$$Q = 2.73\frac{kb(H - h_0)}{\lg\frac{2A}{r_0}} \tag{9-4-13}$$

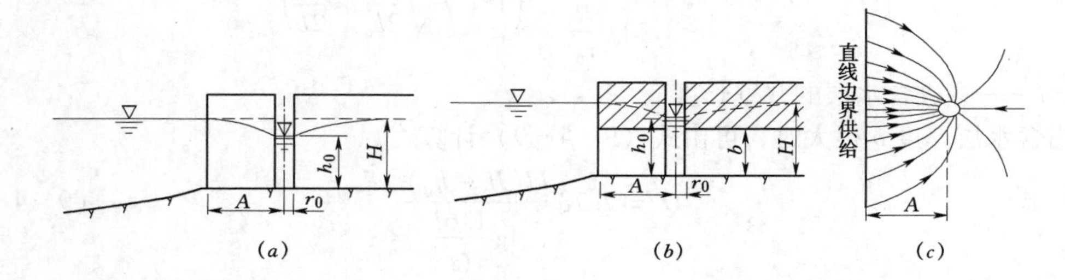

图9－4－8 完全井渗流计算（供水直线边界附近）
（a）无压完全井；（b）有压完全井；（c）平面流线

二、位于不透水直线边界附近的完全井

无压完全井，如图9－4－9（a）所示。该井位于水平不透水层上，其供水流量由式（9－4－14）计算：

$$Q = 2.73\frac{k(H^2 - h_0^2)}{\lg\frac{R^2}{2Ar_0}} \tag{9-4-14}$$

有压完全井，如图9－4－9（b）所示。其供水流量由式（9－4－15）计算：

$$Q = 2.73\frac{kb(H - h_0)}{\lg\frac{R^2}{2Ar_0}} \tag{9-4-15}$$

三、位于相互垂直的不透水边界附近的完全井

如图9－4－10所示，无压完全井位于水平不透水层上，其供水流量由式（9－4－16）计算[24]：

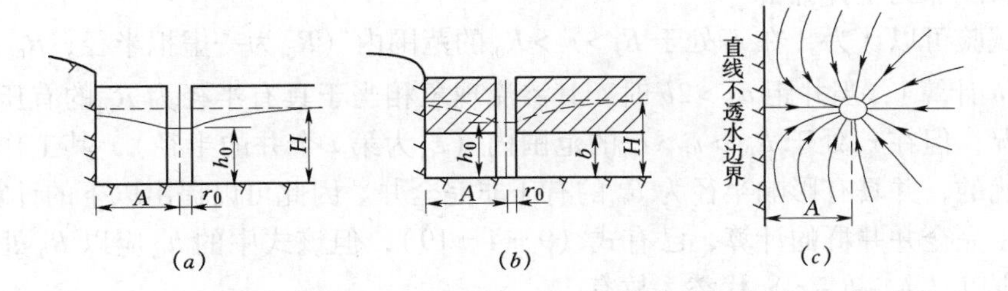

图 9-4-9　完全井渗流计算（不透水直线边界附近）
（a）无压完全井；（b）有压完全井；（c）平面流线

$$Q = 2.73 \frac{k(H^2 - h_0^2)}{\lg\left(\dfrac{R^4}{8r_0AB\sqrt{A^2+B^2}}\right)} \tag{9-4-16}$$

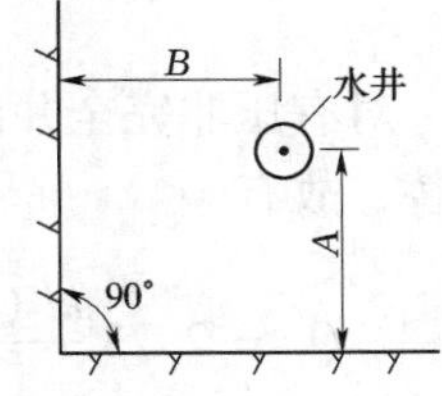

图 9-4-10　完全井渗流计算（相互垂直不透水边界附近）

有压完全井的供水流量由式（9-4-17）计算[24]：

$$Q = 2.73 \frac{kb(H - h_0)}{\lg\left(\dfrac{R^4}{8r_0AB\sqrt{A^2+B^2}}\right)} \tag{9-4-17}$$

式中　A、B——井轴线至两互相垂直不透水边界的距离。

第五节　井群的渗流计算

当地层中不只一个井在工作时，如井与井之间的间距小于影响半径，则相互间会产生干扰；如要使供水量保持与单个水井时一样，则每个井的抽水降深要增加，这些就是井群的工作情况。

一、无压完全井井群

n 个无压完全井位于水平不透层上，有以下 n 个联立方程式

$$\sum_{i=1}^{n} Q_i \lg R_i - \sum_{i=1}^{n} Q_i \lg d_{ij} = 1.36k(H^2 - h_{0i}^2),\quad (j = 1,2,3,\cdots,n) \tag{9-4-18}$$

式中　d_{ij}——第 i 个井的井壁至第 j 个井中心点的距离，当 $i=j$ 时，$d_{ij}=r_{0i}$；

Q_i、R_i、h_{0i}——第 i 个井的供水量、影响半径和井中水深。

由上 n 个方程可求出 n 个井的供水流量 Q_i 或求出各井水深 h_{0i}。

二、有压完全井井群

有 n 个有压完全井，其含水层位于两个水平不透水层之间，有以下 n 个联立方程式

$$\sum_{i=1}^{n} Q_i \lg R_i - \sum_{i=1}^{n} Q_i \lg d_{ij} = 2.73kb(H - h_{0i})\quad (j = 1,2,3,\cdots,n) \tag{9-4-19}$$

式中　b——含水层厚度。

由上 n 个方程可求出 n 个 Q_i 或 n 个 h_{0i}。

三、有压非完全井井群

根据试验可以认为，在 r_i 处于 $R_i > r_i > R_{0i}$ 的范围内（R_{0i} 为一虚拟半径，$R_{0i} \geqslant b$，一般可取 $R_{0i}=b$ 计算），当井距 $d_{ij} > 2b$ 时，其渗流现象相当于具有半径为 R_{0i} 的有压完全井井群工作情况；但在 r_i 处于 $R_{0i} > r_i > r_{0i}$ 的范围内（r_{0i} 为第 i 个井的半径），其工作情况为各井互不干扰的，并具有影响半径为 R_{0i} 的有压非完全井。因此可以提出以下的计算方法：

对有压完全井井群的计算，已有式（9－4－19），但该式中的 h_{0i} 应以 R_{0i} 处的水头 h_i 代替，d_{ij} 应以（$d_{ij}-b+r_i$）代替，故有

$$\sum_{i=1}^{n} Q_i \lg R_i - \sum_{i=1}^{n} Q_i \lg(d_{ij} - b + r_i) = 2.73kb(H - h_i) \quad (j = 1,2,3,\cdots,n) \tag{9-4-20}$$

对有压非完全井的计算，已有式（9－4－8），但该式中的 H 应以 h_i 代替，R 应以 b 代替，故有

$$Q_i = 2.73\frac{kl_i(h_i - h_{0i})}{\lg\dfrac{b}{r_{0i}}}\left(1 + 7\sqrt{\frac{r_{0i}}{2l_i}}\cos\frac{\pi l_i}{2b}\right) \quad (i = 1,2,3,\cdots,n) \tag{9-4-21}$$

以上共有 n 个 Q_i（或 n 个 h_{0i}）和 n 个 h_i 未知数，可将包含在式（9－4－20）及式（9－4－21）中的共 $2n$ 个方程式联立解算，求出每个井的供水流量 Q_i（或井中水深 h_{0i}）。

四、无压非完全井井群

可以近似地将含水层在非完全井井壁过滤层工作段的1/2处为界，分为上下两个渗流工作区域。上部为无压完全井井群渗流区，下部为有压非完全井井群渗流区，流向无压非完全井群的供水量是二者供水流量之和。无压完全井井群和有压非完全井井群仍按上述方法计算。

第六节 接近直线供水边界单排井列的渗流计算

如图9－4－11所示，设各井的尺寸、工作情况和供水流量 Q 均彼此相同。

一、无压完全井井群

$$Q = \frac{\pi k(H^2 - h_0^2)}{2.3\lg\dfrac{\lambda}{\pi r_0} + \dfrac{\pi A}{\lambda}} \tag{9-4-22}$$

式中 λ——井距的一半。

二、有压完全井井群

$$Q = \frac{2\pi kb(H - h_0)}{2.3\lg\dfrac{\lambda}{\pi r_0} + \dfrac{\pi A}{\lambda}} \tag{9-4-23}$$

式中 b——含水层厚度。

以上两式中的 A，其定义如图9－4－11所示。

三、有压非完全井井群

当 $\lambda > b$ 时，将 $r > R_0$ 区域作为有压完全井井群；将 $r < R_0$ 区域作为有压非完全井井群。则有

$$Q = \frac{2\pi kb(H-h)}{2.3\lg\frac{\lambda}{\pi R_0} + \frac{\pi A}{\lambda}} \tag{9-4-24}$$

$$Q = 2.73\frac{kl(h-h_0)}{\lg\frac{R_0}{r_0}}\left(1 + 7\sqrt{\frac{r_0}{2l}}\cos\frac{\pi l}{2b}\right) \tag{9-4-25}$$

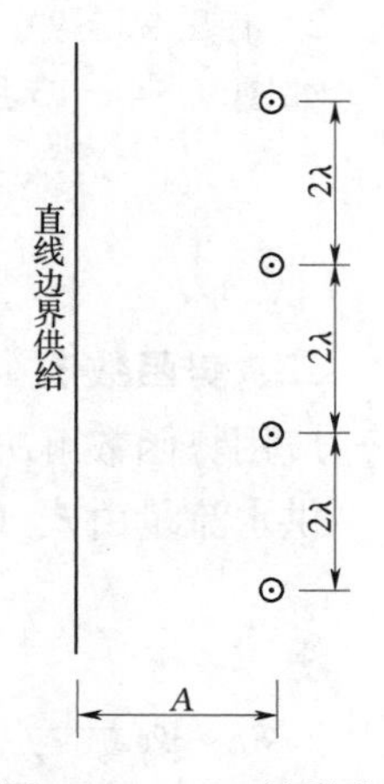

图 9-4-11　单排井列的渗流计算

式中　h——在 $r = R_0$ 处的水头，一般近似取 $R_0 = b$ 进行计算。

联解式（9-4-24）、式（9-4-25）可求得 Q 和 h。

四、无压非完全井井群

与上节介绍的相似，在井过滤层工作段 1/2 处，分为上下两个区域计算，上部为无压完全井井群，下部为有压非完全井井群，其供水流量为二者之和。

第七节　分层土中井的渗流计算

对于含水层为水平层状、各层的渗流性能不同的情况，一般有下面两种计算方法。

一、分层计算法

本法认为各水平透水层的渗流互不干扰，可分别计算各层供水流量而得供水流量。

1. 无压完全井

如图 9-4-12 所示，最上一层按无压完全井考虑，其余各层按有压完全井考虑，分层土无压完全井的渗流量

$$Q = \frac{1.36}{\lg\frac{R}{r_0}}\left[k_n(b_n + h_0) + \sum_{i=1}^{n-1}2k_ib_i\right](b_n - h_0) \tag{9-4-26}$$

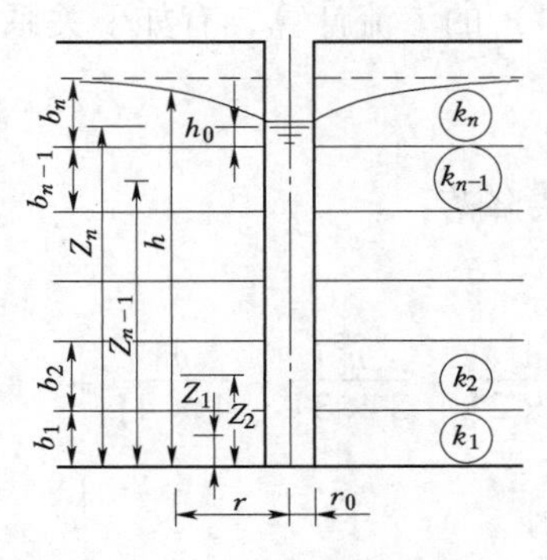

图 9-4-12　无压完全井分层计算

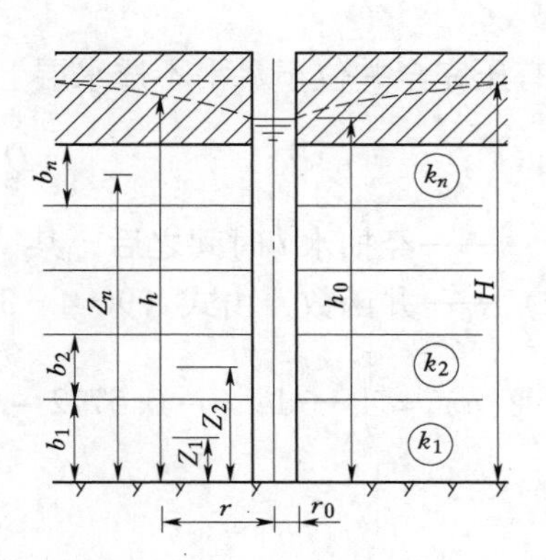

图 9-4-13　有压完全井分层计算

2. 有压完全井

如图 9-4-13 所示，各层均单独按有压完全井考虑，便可得

$$Q = \frac{2.73(H - h_0)\sum_{i=1}^{n} k_n b_n}{\lg(R/r_0)} \tag{9-4-27}$$

二、势函数法

应用势函数解决水平层状土的无压完全井和有压完全井的计算[27]，比上法精确。

供水流量由式（9-4-28）计算：

$$Q = 2.73\frac{\varphi_R - \varphi_0}{\lg(R/r_0)} \tag{9-4-28}$$

式中 φ_R、φ_0——$r=R$ 和 $r=r_0$ 处断面的势函数，可由式（9-4-29）的势函数公式确定：

$$\varphi = \sum_{i=1}^{n} k_i b_i (h - Z_i) \quad (h > Z_n) \tag{9-4-29}$$

式中 h——在所求势函数的断面上由不透水层起算的水头（渗流水深），如图 9-4-12 和 9-4-13 所示；

b_i——第 i 层的厚度（只算透水部分，i 的顺序由底向上算），如图 9-4-12 和图 9-4-13所示；

Z_i——所求势函数的断面上第 i 层（只算透水部分）的中心至不透水层的距离，如图 9-4-12 和图 9-4-13 所示。

为了绘制水头线（或浸润线），可先设取 h 值，代入式（9-4-29）求出 φ 值，然后由式（9-4-30）求出相应的 r 值。

$$\varphi = 0.37Q\lg\frac{r}{r_0} + \varphi_0 \tag{9-4-30}$$

第八节 井的非恒定渗流计算

对有压完全井位于水平不透水层上（见图 9-4-4）的渗流计算，有如下关系[28]：

$$Q = 12.6\frac{kbs}{W(u)} \tag{9-4-31}$$

式中 s——经抽水 t 时间之后，某一距离 r 处的水头降落；

$W(u)$——井函数，由式（9-4-32）确定：

$$W(u) = \int_u^{\infty}\frac{e^{-u}}{u}\mathrm{d}u = -0.5772 - 2.3\lg u + u - \frac{u^2}{2\times 2!} + \frac{u^3}{3\times 3!} - \frac{u^4}{4\times 4!} + \cdots \tag{9-4-32}$$

其中

$$u = \frac{\mu r^2}{4kbt} \tag{9-4-33}$$

μ 为排水系数（见第二章第四节），若已知 μ 值，可由式（9-4-33）求出 u，继而

求出 $W(u)$ 值，也可查表 9－4－2 得到。表 9－4－2 的用法为：例如当 $u=6\times10^{-2}$，相应查得 $W(u)=2.30$。

由式（9－4－31）可求出在一定抽水流量下，任一时间 t，任一位置 r 的水头降落 s。

表 9－4－2　　水井函数 $W(u)$ 表

u	1.0	2.0	3.0	4.0	5.0	6.0	7.0	8.0	9.0
$\times1$	0.219	0.049	0.013	0.0038	0.0011	0.00036	0.00012	0.000038	0.000012
$\times10^{-1}$	1.82	1.22	0.91	0.70	0.56	0.45	0.37	0.31	0.26
$\times10^{-2}$	4.04	3.35	2.96	2.68	2.47	2.30	2.15	2.03	1.92
$\times10^{-3}$	6.33	5.64	5.23	4.95	4.73	4.54	4.39	4.26	4.14
$\times10^{-4}$	8.63	7.94	7.53	7.25	7.02	6.84	6.69	6.55	6.44
$\times10^{-5}$	10.94	10.24	9.84	9.55	9.33	9.14	8.99	8.86	8.74
$\times10^{-6}$	13.24	12.55	12.14	11.85	11.63	11.45	11.29	11.16	11.04
$\times10^{-7}$	15.54	14.85	14.44	14.15	13.93	13.75	13.60	13.46	13.84
$\times10^{-8}$	17.84	17.15	16.74	16.46	16.23	16.05	15.90	15.76	15.65
$\times10^{-9}$	20.15	19.45	19.05	18.76	18.54	18.35	18.20	18.07	17.95
$\times10^{-10}$	22.45	21.76	21.35	21.06	20.84	20.66	20.55	20.37	20.25
$\times10^{-11}$	24.75	24.06	23.65	23.36	23.14	22.96	22.81	22.67	22.55
$\times10^{-12}$	27.05	26.36	25.96	25.67	25.44	25.26	25.11	24.94	24.86
$\times10^{-13}$	29.36	28.66	28.26	27.97	27.75	27.56	17.41	27.28	27.16
$\times10^{-14}$	31.66	30.97	30.56	30.27	30.05	29.87	29.71	29.58	29.46
$\times10^{-15}$	33.96	33.27	32.86	32.58	32.35	32.17	32.02	31.88	31.76

通过抽水试验，由式（9－4－31）也可求出 k 和 μ 值，方法如下[29]：

当 $u<1/50$ 时，$W(u)$ 展开式中从第三项开始以后可忽略不计，式（9－4－31）变为

$$s=0.183\frac{Q}{kb}\lg\frac{2.25kbt}{r^2\mu} \tag{9-4-34}$$

在单对数纸上令纵轴（普通等分刻度）为 s，令横轴（对数刻度）为 t。将在 r 处观测井的水头降落记录，在 $t\sim s$ 图上点成曲线，当 t 值较大时，点绘的点子将成为直线。把此直线所对应 t 轴上的一个对数周期（例如从刻度 1～10 或从 10～100）所对应的 s 差值设为 Δs，将此直线延长与 $s=0$ 轴的交点 t 值设为 t_0，则

$$k=0.183\frac{Q}{b\Delta s} \tag{9-4-35}$$

$$\mu=2.25\frac{kbt_0}{r^2} \tag{9-4-36}$$

对于无压完全井位于水平不透水层上（见图 9－4－1）的非恒定渗流计算，也可利用上述各式，但各式中的 b 应改为 H。

第五章 土体的渗透变形与控制

当渗流在土体中运动时，土体可能发生破坏性的渗透变形，甚至导致水工建筑物的失事。因此渗流稳定性的控制问题，是工程安全及经济的决定性因素之一。本章介绍渗透变形的形式及其判别与控制的标准。

第一节 渗透变形的形式和临界渗透比降的计算

在透水地基上建造闸、坝、堤、围堰等水工建筑物，必须建造防渗工程，以对闸、坝起到减少渗漏量和防止渗透破坏的双重作用，对堤防和围堰起到防止渗透破坏的作用。

渗透变形破坏有以下几种形式。

1. 管涌

在一定水力比降的渗流作用下，土体中的细颗粒沿着骨架颗粒间所形成的孔隙管道发生移动或相继被渗流带走的现象，称为管涌。

2. 流土

位于渗流溢出处的土体，在一定水力比降的渗流动水压力作用下，无粘性土的颗粒群同时起动，而在粘性土中则发生土块隆起和膨胀、浮动、断裂的这种渗流破坏现象，称为流土。

3. 接触冲刷

当渗流沿着两种颗粒不同的土层交界面（例如沿着反滤层与土体之间的接触面）流动时，沿层面把其中的小颗粒带走的这种现象，称为接触冲刷。

4. 接触流土

当渗流运动方向垂直于渗透系数相差较大的相邻两层土体时，在一定水力坡降渗流作用下，渗透系数较小的土体中的小颗粒土不断流入渗透系数较大颗粒土层（例如反滤层）空隙中的这种现象，称为接触流土。

上述四种渗透破坏现象，机理各不相同，它们的临界渗透比降也不同。发生管涌的渗透比降小于发生流土的渗透比降，发生接触冲刷的临界渗透比降小于发生管涌的临界渗透比降，接触流土的临界渗透比降大于接触冲刷的临界渗透比降。

第二节 管涌和流土的判别方法

管涌和流土是两种基本的渗透变形现象。管涌反映了土的一种特性：有的土在一定水力坡降下发生管涌现象，而有的土却在流土破坏以前的任何水力坡降下不会发生管涌。但是，任何土料在一定的渗流坡降下，都可能发生流土。一般粘性土，由于土粒之间存在较大的粘聚力，渗流难以把土粒逐个带走，所以不会发生管涌，而只有流土问题。

对非粘性土（砂土、砂砾石）的渗透变形形式，如需进行判别是相当复杂的，至今还没有完整的理论说明。不同的作者提出不同的标准，下面介绍管涌和流土的两种判别标准供参考。

一、伊斯托明娜（B. C. Истомина）的试验研究[30]

该试验研究认为：开始发生管涌时的渗流破坏坡降 J_F 和土的不均匀程度关系最大。土的不均匀程度用不均匀系数 $\eta = d_{60}/d_{10}$ 表示，式中 d_{60} 和 d_{10} 为两个土粒直径，它们分别为小于该直径的土粒重量占总重量的60%及10%。

图9－5－1给出 J_F 与 η 的关系曲线。对具有一定的 η 的土料，当渗流坡降增大到曲线以上范围时，产生渗透变形，变形的形式如下：

（1）对于 $\eta \leqslant 10$ 的土，渗流破坏的主要形式是流土。

（2）对于 $\eta > 20$ 的土，渗流破坏的主要形式是管涌。

（3）对于 $10 < \eta < 20$ 的土，渗流破坏的形式是流土或是管涌。

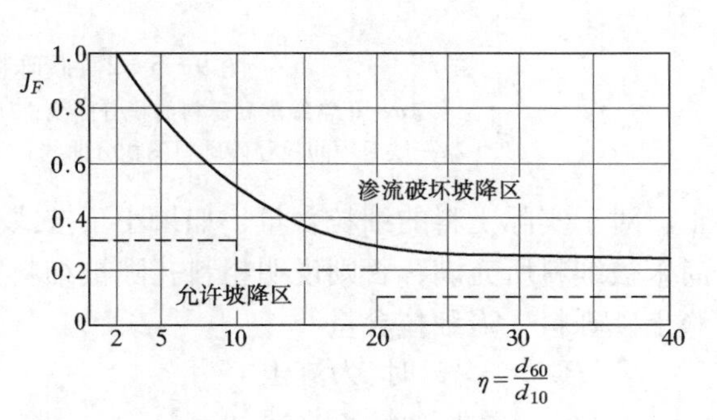

图9－5－1 J_F—η 关系图

经验证明，对 $\eta < 10$ 的土料，按上述方法进行判别是比较精确的，而对 $\eta > 20$ 的土料，渗流破坏的主要形式是管涌，但事实上仍有可能发生流土；究其原因，是用不均匀系数 η 作为判别土料渗透变形形式的指标，并不能完全反映出土体的渗透性能，因而也是不够精确的。

二、中国水利水电科学研究院的判别方法[31]

中国水利水电科学研究院刘杰根据土体细粒含量（填料颗粒）的体积等于粗料（骨架颗粒）空隙体积的原则，得到细粒含量 P_Z 的表达式为

$$P_Z = \frac{\gamma_{d1} n_2}{(1 - n_2)\gamma_{s2} + \gamma_{d1} n_2} \tag{9-5-1}$$

式中 γ_{d1}——细粒本身的干容重；

n_2——粗体本身在密实状态下的空隙体积（在细粒刚填满时，相当于单位体积混合料内的细粒体积）；

γ_{s2}——粗料的土体容重。

上式是在理想情况下得到的。在实际中，式（9－5－1）修改为

$$P'_Z = P_Z + \Delta P_Z = \frac{\gamma_{d1} n_2}{(1 - n_2)\gamma_{s2} + \gamma_{d1} n_2} + \frac{74}{\left(\frac{D_{15}}{d_{85}}\right)^{1.4}} \tag{9-5-2}$$

式中 D、d——骨架和填料的粒径。

如图9－5－2所示，对于缺乏中间粒径的砂砾料，其颗粒级配微分曲线上的断列点 A 为细粒含量与粗粒含量的界限。大于此粒径的土粒为骨架，反之为细粒填料，此即为双峰

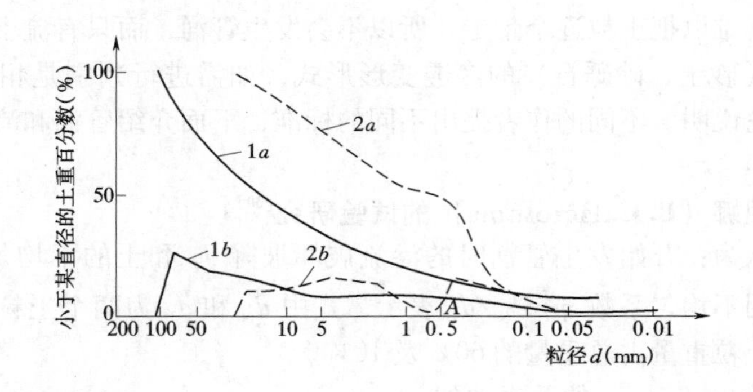

图 9-5-2 砂砾料粒径特性曲线

1a—正常级配砂砾料的积分曲线；1b—正常级配砂砾料的微分曲线；
2a—缺乏中间粒径砂砾料的积分曲线；2b—缺乏中间粒径砂砾料的微分曲线

土。对于实际土料的细粒含量，如果小于按式（9-5-2）所计算的值，则说明粗料孔隙尚未被细料所充满，否则说明粗料孔隙被细料完全充满。刘杰提出对于缺乏中间粒径的双峰土砂砾料，当细粒含量

$$\left.\begin{aligned}&P_Z > 35\%\ \text{时,为流土}\\&P_Z < 25\%\ \text{时,为管涌}\\&25\% < P_Z < 35\%\ \text{,为流土或管涌}\end{aligned}\right\}\qquad(9-5-3)$$

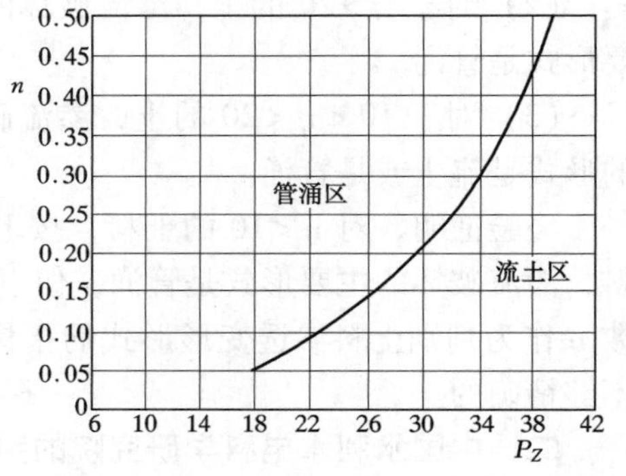

图 9-5-3 式（9-5-4）图解

三、南京水利科学研究院的方法[10]

南京水利科学研究院沙金煊根据细粒填料充满骨架孔隙这一关系，得到细粒含量

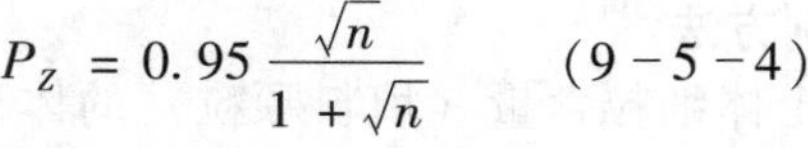

$$P_Z = 0.95\frac{\sqrt{n}}{1+\sqrt{n}}\qquad(9-5-4)$$

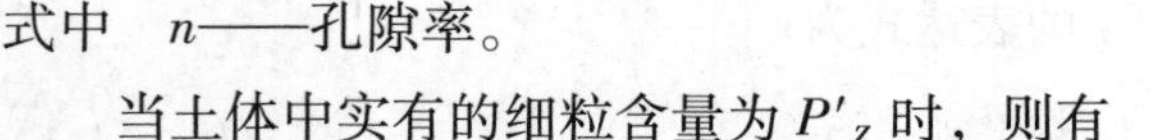

式中 n——孔隙率。

当土体中实有的细粒含量为 P'_Z 时，则有

$$\left.\begin{aligned}&P'_Z > P_Z\qquad\text{为流土}\\&P'_Z < P_Z\qquad\text{为管涌}\end{aligned}\right\}\qquad(9-5-5)$$

这个方法的骨架和填料的区分粒径采用 $d=2\text{mm}$。土体中大于 2mm 的颗粒为骨架（粗料），否则为填料（细粒），P'_Z 为土体中粒径 $d<2\text{mm}$ 的含量，可由颗分曲线上查得。

为了方便，式（9-5-4）可用图 9-5-3 表示。

第三节 渗流稳定的控制[32]

一、临界渗透比降的计算

在堰闸地基和土坝坝体发生的渗透变形中，主要的问题是管涌和流土；然而，由于地质构造和水力条件的不同，可能有不同的表现形态。

1. 临界管涌比降

（1）南京水利科学研究院临界管涌比降公式：

$$J_c = \frac{cd_3}{\sqrt{\frac{k}{n^3}}} \tag{9-5-6}$$

式中　d_3——相应于颗分曲线上含量为3%的细粒含量，cm；

k——渗透系数，cm/s；

n——砂砾土的孔隙率；

c——常数，$c=42$（$s^{-1/2}\cdot cm^{-1/2}$）。

（2）康得拉契夫临界管涌比降公式：

$$J_c = \frac{\frac{\gamma_s}{\gamma_\omega}-1}{1+0.43\left(\frac{d_0}{d}\right)^2} \tag{9-5-7}$$

$$d_0 = 0.214\eta d_{50}$$

$$\eta = \frac{d_n}{d_{100-n}}$$

式中　γ_s——颗粒容重，kN/m^3；

γ_ω——水容重，kN/m^3；

d_0——水力当量孔径，mm或cm，应与d_{50}的单位相同；

d_{50}——砂砾土的中值粒径，mm或cm；

d_n、d_{100-n}——颗粒级配曲线上相应于百分含量为n及$100-n$的粒径，mm或cm，其中n为砂砾土的孔隙率；

d——管涌流失颗粒的粒径，mm或cm，与d_0的单位相同。

2. 临界流土比降

（1）在堤坝下游坡脚渗流出溢处，当没有盖重或反滤层时，渗流由下而上，非粘性土流土的临界比降计算公式如下。

1）太沙基公式：

$$J_c = \left(\frac{\gamma_s}{\gamma_\omega}-1\right)(1-n) \tag{9-5-8}$$

2）南京水利科学研究院公式：

$$J_c = 1.17\left(\frac{\gamma_s}{\gamma_\omega}-1\right)(1-n) \tag{9-5-9}$$

式中，各符号的意义同前。

（2）堤坝下游坡脚渗流出溢处，当有相对不透水覆盖层时，渗流由下向上，覆盖土的流土临界比降按式（9-5-10）计算：

$$J_c = \left(\frac{\gamma_s}{\gamma_\omega}-1\right)(1-n) \tag{9-5-10}$$

（3）如图9-5-4所示，堤坝下游坡脚渗流出溢处，当有相对不透水覆盖层时，渗流由下向上，整块砂卵石及覆盖土一起发生流土，临界扬压水头按式（9-5-11）计算：

$$h = \left(\frac{\gamma_{s1}}{\gamma_\omega} - 1\right)(1 - n_1)t + \left(\frac{\gamma_{s2}}{\gamma_\omega} - 1\right)(1 - n_2)d \qquad (9-5-11)$$

式中 γ_{s1}——覆盖层土的颗粒容重，kN/m^3；

n_1——覆盖层土的孔隙率；

γ_{s2}——地基砂砾料的颗粒容重，kN/m^3；

n_2——地基砂砾料孔隙率。

式（9-5-11）中h和d是两个变量，h由渗流流网确定，d愈大（愈深），流网上的h也愈大。因此，式（9-5-11）可用试算法求解。一旦求得h和d，也就知道了临界扬压水头和流土的深度。

此种情况时流土的平均临界比降为

$$J_c = \frac{h}{t + d} \qquad (9-5-12)$$

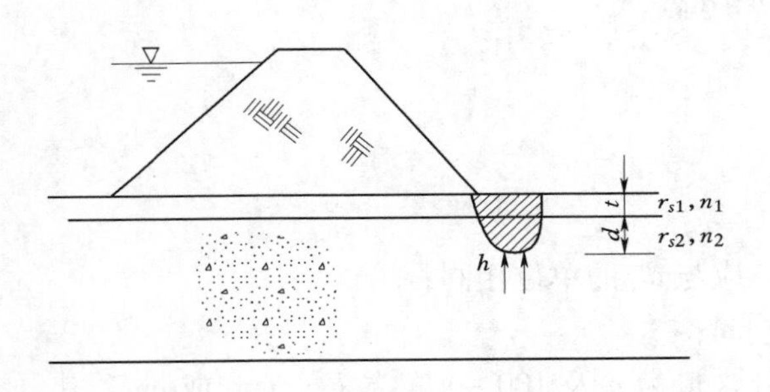

图9-5-4 堤坝下游坡脚处渗流（无透水盖重）

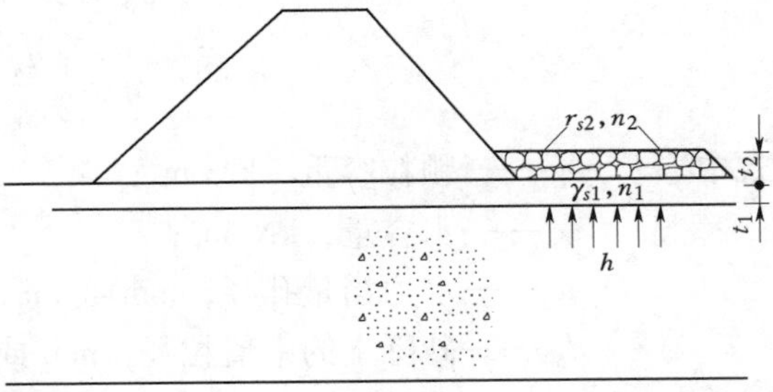

图9-5-5 堤坝下游坡脚处渗流（有透水盖重）

（4）如图9-5-5所示，堤坝下游坡脚渗流出溢处，当在相对不透水覆盖层上铺设透水盖重时，覆盖层内的临界流土比降J_c按式（9-5-13）计算：

$$J_c = \left(\frac{\gamma_{s1}}{\gamma_\omega} - 1\right)(1 - n_1) + \left(\frac{\gamma_{s2}}{\gamma_\omega} - 1\right)(1 - n_2)\frac{t_2}{t_1} \qquad (9-5-13)$$

式中 t_1、γ_{s1}、n_1——相对不透水覆盖层的厚度、土体的颗粒容重和孔隙率；

t_2、γ_{s2}、n_2——透水盖重的厚度、颗粒容重和孔隙率。

如果相对不透水覆盖层的临界流土比降J_c已经试验或经验方法确定，可由上式经整理后得到求透水盖重的厚度t_2的计算公式：

$$t_2 = \frac{t_1\left[J_c\gamma_\omega - (\gamma_{s1} - \gamma_\omega)(1 - n_1)\right]}{(\gamma_{s2} - \gamma_\omega)(1 - n_2)} \qquad (9-5-14)$$

3. 接触冲刷临界比降

接触冲刷的临界比降，可按图9-5-6的关系曲线确定。

当渗流沿着两种不同土层的接触面流动时，如图9-5-7所示，其临界接触冲刷比降J_c随下层细粒土的平均直径d与上层粗粒土的平均直径D的比值d/D成线性变化。

$$d = \frac{\sum p_i d_i}{\sum p_i}，\quad D = \frac{\sum P_i D_i}{\sum P_i} \tag{9-5-15}$$

式中　d_i、p_i——细粒土的某级粒径和相应于该级粒径的颗粒含量；

D_i、P_i——粗粒土的某级粒径和相应于该级粒径的颗粒含量。

图9-5-6中的曲线也可用于水平反滤层接触面的冲刷问题。此曲线的适用范围要求雷诺数 $Re>5000$，且下层细粒土没有粘聚力。

4. 接触流土临界比降

接触流土（如图9-5-8所示）的临界流速 v_c（cm/s）可用式（9-5-16）计算：

$$v_c = 0.26 d_{60}^2 \left(1 + 1000 \frac{d_{60}^2}{D_{60}^2}\right) \tag{9-5-16}$$

式中　d_{60}——下层细粒土的含量为60%的粒径，mm；

D_{60}——上层粗粒土的含量为60%的粒径，mm。

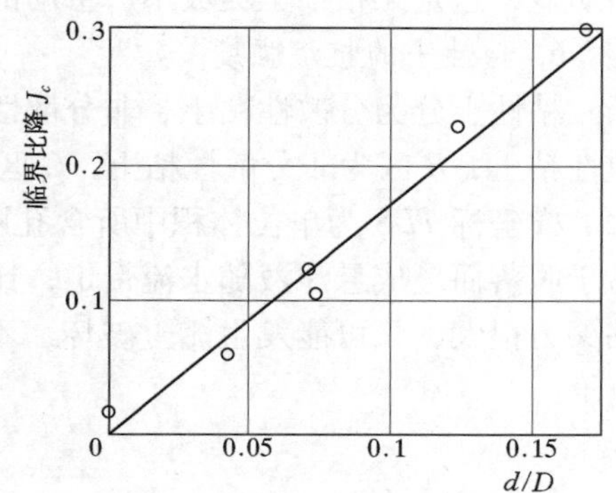

图9-5-6　接触冲刷的临界比降

一般情况下，接触流土的抗渗临界比降应通过室内试验得到。

5. 堤坡的抗冲刷能力[33]

堤坝下游坡面渗流溢出后，渗水对堤坝具有一定的冲刷作用。堤坡抗冲刷破坏的临界比降可用式（9-5-17）估算：

$$J_c = \frac{\gamma'}{\gamma_\omega}(\text{tg}\varphi - \text{tg}\beta)\cos\beta + \frac{c}{\gamma_\omega} \tag{9-5-17}$$

式中　γ'——土的浮容重；

γ_ω——水的容重；

$\text{tg}\varphi$——土的摩擦系数；

φ——土在水下的内摩擦角；

c——土的粘聚力；

β——堤坡的坡角。

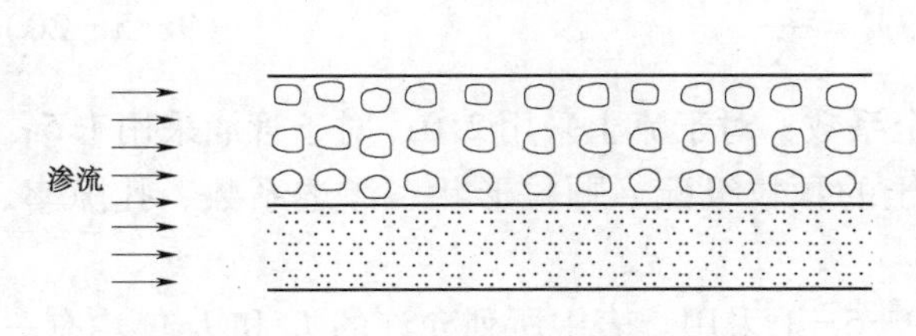

图9-5-7　接触冲刷渗流

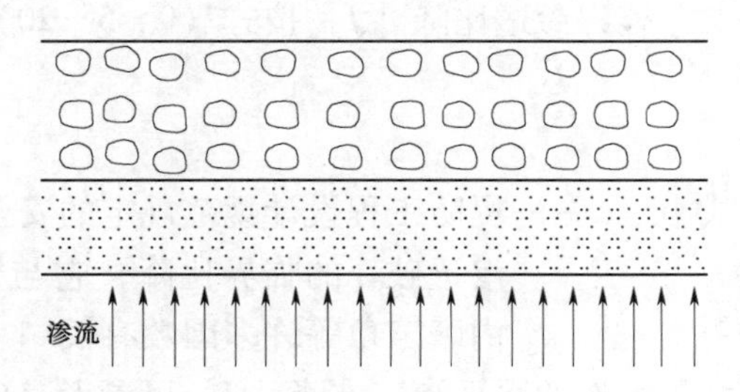

图9-5-8　接触流土渗流

出溢点的渗流比降为 $J=\sin\beta$，设土的浮容重为1，当忽略粘聚力 c，$J=J_c$ 时，由式（9-5-17）得到：

$$\mathrm{tg}\beta = \frac{1}{2}\mathrm{tg}\varphi \tag{9-5-18}$$

堤坡不产生冲刷破坏的条件为

$$\mathrm{tg}\beta < \frac{1}{2}\mathrm{tg}\varphi \tag{9-5-19}$$

很明显，这是无粘性土堤坡不产生局部冲刷破坏的一个最低要求。

6. 粘性土的抗渗强度

粘性土分为分散性粘土、非分散性粘土和过渡性粘土。如图9-5-9所示，*A*区为分散性粘土，*B*区为非分散性粘土，*C*区为过渡性粘土。图9-5-9中的纵坐标为钠的百分比，横坐标*TDS*为单位体积中所含孔隙水金属阳离子总量。分散性粘土遇水后土体颗粒易于脱落而形成悬浮液随水流带走，比细砂和粉土更容易破坏；而非分散性粘土一般由于粘聚力很大，只可能发生流土破坏，不可能发生管涌破坏，其临界破坏比降可以达到20以上。

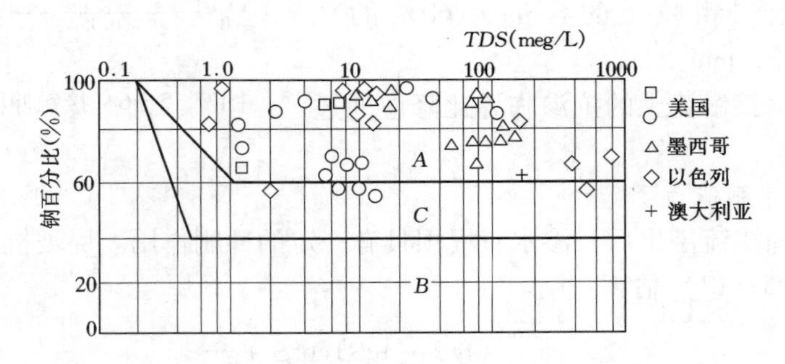

图9-5-9 土壤中金属离子含量

二、堰闸地基水平渗透坡降的允许值[10]

为了控制闸坝土基上的渗透破坏，防止内部管涌及接触冲刷，需要控制水平渗流坡降和下游出口关键部位的出渗坡降。实际的水平渗流坡降可以用第一章第一节介绍的直线比例法决定（即等于上下游水头差与经折算的堰闸地下轮廓线的总长度之比*H/L*）；实际的下游出口坡降，可按流网法沿齿墙垂直向上渗流的平均值计算。

容许渗透比降［*J*］按式（9-5-20）计算：

$$[J] = \frac{J_c}{K} \tag{9-5-20}$$

式中 *K*——堤防工程设计规范规定的安全系数：对于流土采用2.0；对于管涌采用1.5；

J_c——渗透破坏的临界比降，它与土的颗粒级配、颗粒形状、渗透系数、孔隙率、内摩擦角等许多因数有关。

允许的水平渗流坡降［*J*］可参考表9-5-1采用。表中所列允许的J_x和J_0值均有一个不大的范围，这是为了适应土体的颗粒粗细掺杂不均匀情况和坚实程度不同以及建筑物等级的不同等情况。此外，表列数据已考虑了大致相当于1.5的安全系数。如果闸坝下游渗流出口有滤层盖重保护，则表列数据可以适当提高30%～50%。

表 9-5-1　各种土基上闸坝设计的允许渗流坡降

地基土质类别	允许渗流坡降		地基土质类别	允许渗流坡降	
	水平段 J_x	出口 J_0		水平段 J_x	出口 J_0
粉砂	0.05~0.07	0.25~0.30	砂壤土	0.15~0.25	0.40~0.50
细砂	0.07~0.10	0.30~0.35	粘壤土夹砂礓土	0.25~0.35	0.50~0.60
中砂	0.10~0.13	0.35~0.40	软粘土	0.30~0.40	0.60~0.70
粗砂	0.13~0.17	0.40~0.45	较坚实粘土	0.40~0.50	0.70~0.80
中细砾	0.17~0.22	0.45~0.50	极坚实粘土	0.50~0.60	0.80~0.90
粗砾夹卵石	0.22~0.28	0.50~0.55			

三、水工建筑物下游渗流溢出坡降的允许值

为了防止下游发生外部管涌和流土，逸出坡降不能超过某一渗流破坏允许坡降值。

1. 管涌的允许坡降值

对上升渗流，可参考伊斯托明娜提出的允许坡降 J_0 数值。

$$\left.\begin{array}{ll}(1)\ 对\ \eta < 10\ 的土， & J_0 = 0.3 \sim 0.4 \\ (2)\ 对\ \eta > 20\ 的土， & J_0 = 0.1 \\ (3)\ 对\ 10 < \eta < 20\ 的土， & J_0 = 0.2\end{array}\right\} \tag{9-5-21}$$

2. 流土的允许坡降值

（1）对非粘性土，上升渗流，除了可用前述的临界抗渗比降作为破坏比降来计算外，还可参考用式（9-5-22）计算流土的破坏坡降[23]：

$$J_F = \left(\frac{\gamma_s}{\gamma} - 1\right)(1-n) + \beta n \tag{9-5-22}$$

式中　γ_s、γ——土粒干容重和水的容重；

n——孔隙率；

β——系数，粗砂和中砂可取 $\beta = 0.5$，细砂可取 $\beta = 0$。

当求得了 J_F 后，一般可采用 1.5~2.0 的安全系数来决定其允许坡降值。

（2）前已述及，当渗流在土坝坡面逸出，不计土的粘聚力时，坝坡的坡角 β 要满足式（9-5-23）才不致发生流土，即

$$\text{tg}\beta \leqslant 0.5\text{tg}\varphi \tag{9-5-23}$$

式中　φ——土的内摩擦角。

一般情况下，所设计的坝坡难以照顾式（9-5-23）的要求，故常设置排水设施以降低浸润线的位置，或者设置护坡以增强边坡的稳定。

如按照上述各项基本要求核算渗流是安全稳定的话，则仅需按照坝体和地基的排水设备要求，做反滤坝趾及排水沟就够了。否则，就要另加控制渗流的措施，如铺盖、垂直防渗、减压井和反滤盖重等。

参 考 文 献

1 Киселев П К. Справочник по Гидралическим Расчетам , 1972

2 Павловский Н Н. Собрание Сочинений, Ⅱ, 1956

3 格里申 M M. 水工建筑物（上册），水力发电建设总局专家工作室译，1958

4 Lane E W. Security from Under — Seepage Massonary Dams on Earth Foundation, Trans. ASCE, Vol. 100, 1935

5 中华人民共和国水利部发布，SL265—2001 水闸设计规范，北京：中国水利水电出版社，2001

6 Cedergen H R. Seepage, Drainage and Flow Nets, 1977

7 南京水利实验处. 冒水孔试验与研究. 1952

8 Михайлов Г К. О Фильтракчии в Прапецоидальнюх Плотах на Гориэотальном Водоупоре, Г и М, 1952

9 Эамарин Е А. В. В. Фандеев, Гидротехнические Сооруженя, 1960

10 毛昶熙主编. 渗流计算分析与控制. 北京：水利电力出版社，1990

11 南京水利科学研究所. 土坝非稳定渗流和坝坡稳定分析的有限单元法计算. 见：南京水利科学研究所研究报告汇编，1966 ~ 1978

12 Шестаков В М. Определение Гидродинамических Сил в Эе - мляных сооруженях Откосах прп Падении Уровей в Бье - фах Вопрсы Фильтрационных Расчетов Гидротехнических Сооружений. ВОДГЕО, 1956

13 Schnitter, Zeller G J. 水库水位的升降在土坝内所引起的渗流. 土工译报，1958（5）

14 周汾，徐家海，刘杰. 水库水位降落时心墙型土坝上游坝壳中自由水面位置的确定. 水利学报，1962（1）

15 水利电力部第五工程局，水利电力部东北勘测设计院. 土坝设计（上册）. 北京：水利电力出版社，1978

16 Cedergren H R. Discussion on “Investigation of Drainage Rates Affecting Stability 0f Earth Dams. by F. H. Kellogg”, Trans. ASCE, Vo1. 113, 1948

17 Щестаков В М. Расчет Фильтрации череэ Эемляные Плоти - ны на Прони - цаемом Прослое, Г. С. , 1957. 1

18 ВОДГЕО. 水工手册. 华东水利学院译，北京：燃料工业出版社，1955

19 周汾，李春华. 堤坝下游的排水减压井. 北京：水利电力出版社，1979

20 南京水利科学研究所. 江河大堤的渗流控制. 见：南京水利研究所研究报告汇编（1966 ~ 1978）

21 Недрига В П. Расчет Сопряжений Плотин с Эемляными Да - мбами, Г. С. , 1949

22 Недриги В П. 水工建筑物设计手册. 顾慰慈，滕庭熊译. 北京：水利电力出版社，1992

23 Гармонов И. В. Лебедев А. В. Основные Эадачи по Динами - ке Годэемных Вод, 1952

24 日本土木学会编. 水力公式集. 昭和 46 年改订版. 铁道部科学研究院水工水文研究室译. 北京：人民铁道出版社，1977

25 Harr M E. Groundwater and Seepage, 1962

26 北京地质学院. 地下水动力学. 北京：中国工业出版社，1961

27 Аравин В И. Нумеров С. Н. 水工建筑物的渗流计算. 伍修焘，李协生译. 北京：水利电力出版社，1959

28 Theis C V. The Relation between the lowering of the Piezometric Surface and the Rate and Duration of Discharge of a Well Using Ground – Water Storage, Trans. Am. Geophys. Union, Vol. 16, 1935
29 Cooper H H. Jacob C E. A Generalized Graphical Method for Evaluating Formation Constants and Summarizing well_ Field History, Trans. Am. Geophys. Union, 27 , 1946
30 Истомина В С. Фильтрационная Устойчивость Грунтов, 1957
31 刘杰. 土的渗透稳定与渗流控制. 北京：水利电力出版社，1992
32 白永年等. 中国堤坝防渗加固新技术. 北京：中国水利水电出版社，2001
33 董哲仁主编. 堤防除险加固实用技术. 北京：中国水利水电出版社，1998

第十篇

水环境中污染物输移扩散的水力计算

第一章　紊流中污染物的输移与扩散

第一节　分　子　扩　散

一、分子扩散方程

C 为单位水体体积内异质的含量（异质的质量或重量或体积），称为浓度（对应地可称为质量浓度，重量浓度或体积浓度）；D_m 为分子扩散系数，量纲为［L^2/T］，取决于液体和异质的物理性质，可由试验决定。

1. 费克型扩散方程（即分子扩散浓度时空关系的基本方程式）

假设扩散各向同性，分子扩散满足下式（常称为费克第二定律）：

$$\frac{\partial C}{\partial t}=D_m\left(\frac{\partial^2 C}{\partial x^2}+\frac{\partial^2 C}{\partial y^2}+\frac{\partial^2 C}{\partial z^2}\right) \qquad (10-1-1)$$

如果扩散为各向异性，即 $D_x\neq D_y\neq D_z$，则上式为

$$\frac{\partial C}{\partial t}=D_x\frac{\partial^2 C}{\partial x^2}+D_y\frac{\partial^2 C}{\partial y^2}+D_z\frac{\partial^2 C}{\partial z^2} \qquad (10-1-2)$$

2. 二维分子扩散方程

$$\frac{\partial C}{\partial t}=D_x\frac{\partial^2 C}{\partial x^2}+D_y\frac{\partial^2 C}{\partial y^2} \qquad (10-1-3)$$

3. 一维分子扩散方程

$$\frac{\partial C}{\partial t}=D_x\frac{\partial^2 C}{\partial x^2} \qquad (10-1-4)$$

二、分子扩散方程的若干解析解[18]

1. 无限区域的瞬时点源

$$C(x,t)=\frac{M}{\sqrt{4\pi D_x t}}\exp\left(-\frac{x^2}{4D_x t}\right) \qquad (10-1-5)$$

式中　M——扩散物质总质量。

2. 有限区域的瞬时点源

在 $x=-L$ 处有一个完全反射的岸壁，即 $x=-L$ 时，$D_x\frac{\partial C}{\partial x}=0$

$$C(x,t)=\frac{M}{\sqrt{4\pi D_x t}}\left\{\exp\left(-\frac{x^2}{4D_x t}\right)+\exp\left[-\frac{(x+2L)^2}{4D_x t}\right]\right\} \qquad (10-1-6)$$

在 $x=-L$ 和 $x=L$ 处均有完全反射岸壁，即 $x=-L$ 和 $x=L$ 时，$D_x\frac{\partial C}{\partial x}=0$

$$C(x,t)=\frac{M}{\sqrt{4\pi D_x t}}\sum_{-\infty}^{\infty}\exp\left[\frac{-(x+2nL)^2}{4D_x t}\right] \qquad (10-1-7)$$

式中通常取很少的几项即可，如 $n=0$，±1。

3. 瞬时点源二维扩散

$$C(x,y,t)=\frac{M}{4\pi t\sqrt{D_xD_y}}\exp\left(-\frac{x^2}{4D_xt}-\frac{y^2}{4D_yt}\right) \quad (10-1-8)$$

4. 瞬时点源三维扩散

$$C(x,y,z,t)=\frac{M}{8(\pi t)^{3/2}(D_xD_yD_z)^{1/2}}\exp\left(-\frac{x^2}{4D_xt}-\frac{y^2}{4D_yt}-\frac{z^2}{4D_zt}\right) \quad (10-1-9)$$

5. 时间连续点源三维扩散

$$\begin{aligned}C(r,t)&=\frac{m}{4\pi^{3/2}D\sqrt{r^2/4}}\int_{\theta}^{\infty}\exp(-u^2)\mathrm{d}u\\&=\frac{m}{2\pi^{3/2}Dr}\left[\int_0^{\infty}\exp(-u^2)\mathrm{d}u-\int_0^{\theta}\exp(-u^2)\mathrm{d}u\right]\\&=\frac{m}{4\pi Dr}\mathrm{erfc}\left(\frac{r}{\sqrt{4Dt}}\right)\end{aligned} \quad (10-1-10)$$

式中 $\mathrm{erfc}(x)=\frac{2}{\pi}\int_x^{\infty}\exp(-z^2)\mathrm{d}z$ 为余误差函数。当 $t\to\infty$ 时，$\mathrm{erfc}(r/\sqrt{4Dt})=1$，上式为

$$C(r,\infty)=\frac{m}{4\pi Dr} \quad (10-1-11)$$

式中 m——单位时间内投放扩散物质的强度。

6. 瞬时无限长线源

$$C(x,y,t)=\frac{m}{4\pi(D_xD_y)^{1/2}}\exp\left[-\frac{x^2}{4D_xt}-\frac{y^2}{4D_yt}\right] \quad (10-1-12)$$

三、层流运动中的随流扩散[17]

1. 随流扩散方程

$$\frac{\partial C}{\partial t}+u_x\frac{\partial C}{\partial x}+u_y\frac{\partial C}{\partial y}+u_z\frac{\partial C}{\partial z}=D\nabla^2C \quad (10-1-13)$$

式中 ∇^2——哈密顿算子。

二维随流扩散方程为

$$\frac{\partial C}{\partial t}+u_x\frac{\partial C}{\partial x}+u_y\frac{\partial C}{\partial y}=D\left(\frac{\partial^2C}{\partial x^2}+\frac{\partial^2C}{\partial y^2}\right) \quad (10-1-14)$$

一维随流扩散方程为

$$\frac{\partial C}{\partial t}+u_x\frac{\partial C}{\partial x}=D\frac{\partial^2C}{\partial x^2} \quad (10-1-15)$$

2. 随流扩散方程若干解析解

（1）瞬时点源。对三维随流扩散解为

$$C=\frac{M}{(4\pi Dt)^{3/2}}\exp\left[-\frac{(x-ut)^2+y^2+z^2}{4Dt}\right] \quad (10-1-16)$$

对二维随流扩散解为

$$C = \frac{M}{4\pi Dt}\exp\left[-\frac{(x-ut)^2+y^2}{4Dt}\right] \tag{10-1-17}$$

对一维随流扩散解为

$$C = \frac{M}{\sqrt{4\pi Dt}}\exp\left[-\frac{(x-ut)^2}{4Dt}\right] \tag{10-1-18}$$

（2）三维空间中时间连续稳定点源。

$$C(x,y,z,\infty) = \frac{m}{4\pi Dx}\exp\left[\frac{-u(y^2+z^2)}{4Dx}\right] \tag{10-1-19}$$

扩散各向异性时，

$$C(x,y,z,\infty) = \frac{m}{4\pi\sqrt{D_yD_z}x}\exp\left[-\frac{u}{4x}\left(\frac{y^2}{D_y}+\frac{z^2}{D_z}\right)\right] \tag{10-1-20}$$

（3）二维空间中的时间连续点源。

$$C(x,y) = \frac{\overline{m}}{\sqrt{4\pi xuD}}\exp\left(-\frac{uy^2}{4xD}\right) \tag{10-1-21}$$

式中　$\overline{m}$——z 轴上单位时间连续稳定排放的扩散物质的质量，$\overline{m}$的量纲为［$ML^{-1}T^{-1}$］。

第二节　紊　动　扩　散

一、紊流输移扩散方程

令：$u_x=\overline{u_x}+u'_x$，$u_y=\overline{u_y}+u'_y$，$u_z=\overline{u_z}+u'_z$，$C=\overline{C}+C'$。式中$\overline{u_x}$、$\overline{u_y}$、$\overline{u_z}$、$\overline{C}$代表任意空间点上的三个方向的流速以及浓度的时间平均值，u_x、u_y、u_z 和 C 代表相应的瞬时值。且在紊流运动中，除壁面附近紊动受到限制的区域以外，分子扩散项一般都可忽略。

1. 三维紊流输移扩散方程

$$\frac{\partial\overline{C}}{\partial t}+\overline{u_x}\frac{\partial\overline{C}}{\partial x}+\overline{u_y}\frac{\partial\overline{C}}{\partial y}+\overline{u_z}\frac{\partial\overline{C}}{\partial z}$$
$$=\frac{\partial}{\partial x}\left(E_x\frac{\partial\overline{C}}{\partial x}\right)+\frac{\partial}{\partial y}\left(E_y\frac{\partial\overline{C}}{\partial y}\right)+\frac{\partial}{\partial z}\left(E_z\frac{\partial\overline{C}}{\partial z}\right) \tag{10-1-22}$$

2. 二维紊流输移扩散方程

$$\frac{\partial\overline{C}}{\partial t}+\overline{u_x}\frac{\partial\overline{C}}{\partial x}+\overline{u_y}\frac{\partial\overline{C}}{\partial y}=\frac{\partial}{\partial x}\left(E_x\frac{\partial\overline{C}}{\partial x}\right)+\frac{\partial}{\partial y}\left(E_y\frac{\partial\overline{C}}{\partial y}\right) \tag{10-1-23}$$

3. 一维紊流输移扩散方程

$$\frac{\partial\overline{C}}{\partial t}+\overline{u_x}\frac{\partial\overline{C}}{\partial x}=\frac{\partial}{\partial x}\left(E_x\frac{\partial\overline{C}}{\partial x}\right) \tag{10-1-24}$$

式中　E_x、E_y、E_z——x、y、z 轴方向的紊动扩散系数。

二、欧拉型紊动输移扩散方程的某些解答[18]

考虑流动为一维均匀流（即$\overline{u_x}=\overline{u}=\text{const}$，$\overline{u_y}=\overline{u_z}=0$），紊动为三维且紊动扩散系数为常数时，紊动输移扩散方程为

$$\frac{\partial \overline{C}}{\partial t}+\overline{u}\frac{\partial \overline{C}}{\partial x}=E_x\frac{\partial^2 \overline{C}}{\partial x^2}+E_y\frac{\partial^2 \overline{C}}{\partial y^2}+E_z\frac{\partial^2 \overline{C}}{\partial z^2} \tag{10-1-25}$$

当$\overline{u}$、E_x、E_y、E_z分别为常数时，给出一些典型情况的解。

1. 无限区域瞬时点源情况

$$\overline{C}(x,y,z,t)=\frac{M}{[(4\pi t)^3E_xE_yE_z]^{1/2}}\exp\left[-\frac{(x-\overline{u}t)^2}{4E_xt}-\frac{y^2}{4E_yt}-\frac{z^2}{4E_zt}\right] \tag{10-1-26}$$

2. 无限区域时间连续点源情况

$$\overline{C}(x,y,z,\infty)=\frac{m}{4\pi x\sqrt{E_yE_z}}\exp\left[-\frac{\overline{u}}{4x}\left(\frac{y^2}{E_y}+\frac{z^2}{E_z}\right)\right] \tag{10-1-27}$$

或

$$\overline{C}(x,y,z,\infty)=\frac{m}{2\pi\overline{u}\sigma_y\sigma_z}\exp\left[-\left(\frac{y^2}{2\sigma_y^2}+\frac{z^2}{2\sigma_z^2}\right)\right] \tag{10-1-28}$$

式中 m——单位时间在坐标原点投放扩散物质的质量；

$\sigma_y=\sqrt{2E_yx/\overline{u}}$，$\sigma_z=\sqrt{2E_zx/\overline{u}}$。

3. 时间连续点源一侧有边界的紊流扩散

$$\begin{aligned}\overline{C}(x,y,z)&=\frac{m}{2\pi\overline{u}\sigma_y\sigma_z}\exp\left[-\frac{y^2}{2\sigma_y^2}-\frac{(z-H)^2}{2\sigma_z^2}\right]+\frac{m}{2\pi\overline{u}\sigma_y\sigma_z}\exp\left[-\frac{y^2}{2\sigma_y^2}-\frac{(z+H)^2}{2\sigma_z^2}\right]\\&=\frac{m}{2\pi\overline{u}\sigma_y\sigma_z}\exp\left(-\frac{y^2}{2\sigma_y^2}\right)\left\{\exp\left[-\frac{(z-H)^2}{2\sigma_z^2}\right]+\exp\left[-\frac{(z+H)^2}{2\sigma_z^2}\right]\right\}\end{aligned} \tag{10-1-29}$$

4. 瞬时点源一维的情况

$$\overline{C}(x,t)=\frac{M}{\sqrt{4\pi E_xt}}\exp\left[-\frac{(x-\overline{u}t)^2}{4E_xt}\right] \tag{10-1-30}$$

5. 瞬时半无限长线源一维的情况

$$\overline{C}(x,t)=\frac{C_0}{2}\left[1-\mathrm{erf}\left(\frac{x-\overline{u}t}{\sqrt{4E_xt}}\right)\right] \tag{10-1-31}$$

6. 瞬时有限长线源一维的情况

$$\overline{C}(x,t)=\frac{C_0}{2}\left[\mathrm{erf}\left(\frac{x-\overline{u}t+x_1}{\sqrt{4E_xt}}\right)+\mathrm{erf}\left(\frac{x_1-x+\overline{u}t}{\sqrt{4E_xt}}\right)\right] \tag{10-1-32}$$

7. 瞬时无限长线源二维的情况

$$\overline{C}(x,y,t)=\frac{M}{4\pi t\sqrt{E_xE_y}}\exp\left[-\frac{(x-\overline{u}t)^2}{4E_xt}-\frac{y^2}{4E_yt}\right] \tag{10-1-33}$$

8. 时间连续恒定点源一维非稳态情况

$$\overline{C}(x,t)=\frac{C_0}{2}\left[\mathrm{erfc}\left(\frac{x-\overline{u}t}{\sqrt{4E_xt}}\right)+\exp\left(\frac{x\overline{u}}{E_x}\right)\mathrm{erfc}\left(\frac{x+\overline{u}t}{\sqrt{4E_xt}}\right)\right] \tag{10-1-34}$$

9. 恒定点源三维稳态情况

$$\overline{C}(x,y,z)=\frac{m}{4\pi R}\exp\left(-\frac{\overline{u}R}{2E_x\sqrt{E_yE_z}}+\frac{x\overline{u}}{2E_x}\right) \tag{10-1-35}$$

这里，$R=\left[(x\sqrt{E_yE_z})^2+(y\sqrt{E_xE_z})^2+(z\sqrt{E_xE_y})^2\right]^{1/2}$。

10. 无限长恒定线源一维横向稳态情况

$$\overline{C}(x,y)=\frac{m_z}{\sqrt{4\pi x\overline{u}E_y}}\exp\left(-\frac{\overline{u}y^2}{4xE_y}\right) \tag{10-1-36}$$

第二章 河流中污染物的输移与扩散

第一节 剪切流动的离散

具有流速梯度的流动称为剪切流动。由于剪切流动中时均流速分布的不均匀而导致的附加物质扩散称为离散，也称为分散或弥散（Dispersion）。

一、一维纵向离散方程[17]

$$\frac{\partial C_a}{\partial t}+v\frac{\partial C_a}{\partial x}=\frac{1}{A}\frac{\partial}{\partial x}\left[A(E_x+K)\frac{\partial C_a}{\partial x}\right] \quad (10-2-1)$$

式中 A——过水断面面积；

v——断面的平均时均流速，即为各点时均流速的断面平均值；

C_a——过水断面的平均时均浓度，即为各点时均浓度的断面平均值；

E_x——纵向紊动扩散系数；

K——纵向紊动离散系数。

对明渠均匀流或直径不变的管道，可简化为

$$\frac{\partial C_a}{\partial t}+v\frac{\partial C_a}{\partial x}=\frac{\partial}{\partial x}\left[(E_x+K)\frac{\partial C_a}{\partial x}\right] \quad (10-2-2)$$

令 $M=K+E_x$，称为综合扩散系数或混合系数。当 M 不沿流程改变时，方程的形式变为

$$\frac{\partial C_a}{\partial t}+v\frac{\partial C_a}{\partial x}=M\frac{\partial^2 C_a}{\partial x^2} \quad (10-2-3)$$

二、二维明渠均匀流的纵向离散[10]

艾尔德（Elder）最先于1959年应用泰勒的方法分析二维明渠均匀流的离散问题。认为流动为各向同性紊动，即 $E_x=E_z$，则

$$K=5.86hu_* \quad (10-2-4)$$

$$E_x=E_z=0.067hu_* \quad (10-2-5)$$

纵向综合扩散系数：$M=K+E_x=5.86hu_*+0.067hu_*=5.93hu_*$ (10-2-6)

式中 h——明渠水深；

u_*——摩阻流速。

第二节 河流中的紊动扩散

一、垂向紊动扩散系数 E_z[19]

二维明渠中垂向紊动扩散系数

$$E_z=\kappa hu_*/6 \quad (10-2-7)$$

如果取卡门常数 κ 为 0.4，上式成为 $E_z = 0.067hu_*$

二、横向紊动扩散系数 E_y

$$E_y = \alpha_y u_* h \tag{10-2-8}$$

式中　α_y——系数，对于不同形式的明渠和河道，其取值范围较宽。

α_y 介于 0.1 和 0.26 之间，若取平均值，则有

$$E_y = 0.13u_* h \tag{10-2-9}$$

对于顺直的灌溉渠道，Elder（1959）得到的横向紊动扩散系数为

$$E_y = 0.23u_* h \tag{10-2-10}$$

Fischer（1973 年）也在同类渠道得到了与 Elder 相同的结果，建议采用[19]

$$E_y = 0.15u_* h \tag{10-2-11}$$

在天然河道中，α_y 至少大于 0.4，如果河流弯道较缓，边壁不规则度适中，α_y 一般在 0.4~0.8 范围。对于实际应用，Fischer 建议采用

$$\alpha_y = E_y/hu_* = 0.6(\pm 0.5) \tag{10-2-12}$$

三、纵向紊动扩散系数

由于紊动而引起的纵向扩散大约和横向扩散具有同量级。但在实际应用上，可将纵向扩散忽略不计，因为由流速梯度而引起的纵向离散系数比紊动扩散系数大得多。

第三节　河流中的离散

一、横向离散系数[17]

（1）对于顺直的渠道，用横向混合系数 M_y 来表示：

$$M_y = \beta_y hu_*,\ 0.15 < \beta_y < 0.30 \tag{10-2-13}$$

式中　M_y——横向混合系数 $M_y = E_y + K_y$；

u_*——摩阻流速，且 $u_* = (gRi)^{1/2}$；

R——水力半径；

i——水力坡降；

h——平均水深。

（2）对于蜿蜒河道：在弯曲程度不太大的渠道中，

$$K_y = \alpha_y hu_*,\ 0.3 < \alpha_y < 0.9$$

对于弯曲程度剧烈，且弯道中出现的二次环流使横向离散系数有显著的增加，可取

$$1.0 < \alpha_y < 3.0$$

1969 年，Fischer 基于罗佐夫斯基弯道横向流速分布公式，得出弯道的横向离散系数为

$$\alpha_y = \frac{1}{4\kappa^5}\left(\frac{vh}{u_* R_w}\right)^2 \tag{10-2-14}$$

式中　R_w——弯道半径；

v——断面平均流速。

二、纵向离散系数

计算河流纵向离散系数的几种方法介绍如下。[18]

1. 数值积分方法

令纵向流速 $u(y)$ 为断面平均流速 v 与偏离流速 $\hat{u}(y)$ 的和，即 $u(y)=\hat{u}(y)+v$，得

$$K=-\frac{1}{A}\int_0^B \hat{u}h\left[\int_0^y \frac{1}{hE_y}\left(\int_0^y \hat{u}h\mathrm{d}y\right)\mathrm{d}y\right]\mathrm{d}y \qquad (10-2-15)$$

式中 A——过水断面面积，$A=B\bar{h}$；

$\bar{h}$——断面平均水深；

B——水面宽，E_y 的大小一般随水深 $h(y)$ 而变。

用式（10-2-15）求 K 值，要求具备实测的流速分布资料，然后采用数值积分计算。

2. 经验方法

（1）Elder 提出的公式（1959 年）：[10]

$$K=5.93hu_*\qquad (10-2-16)$$

式中 h、u_*——河道平均水深和剪切流速。

（2）Fischer 提出的公式（1975 年）：

$$K=0.011\frac{u^2B^2}{hu_*}\qquad (10-2-17)$$

式中 B——水面宽度；

u——河道纵向平均流速，这是一个常被采用的公式；

其余符号意义同前。

（3）McQuivey 和 Keefer 提出的公式（1974 年）：[11]

$$K=0.058\frac{Q}{iB}\qquad (10-2-18)$$

式中 B——水面宽度；

Q、i——河道流量和能坡。

（4）Liu 提出的公式（1977 年）：[13]

$$K=\beta\frac{u^2B^3}{u_*A},\quad \beta=0.18\left(\frac{u_*}{u}\right)^{1.5}\qquad (10-2-19)$$

式中 A——河流过水断面面积；

β——无量纲系数；

其余符号意义同前。

（5）Liu 和 Cheng 提出的公式（1980 年）：[14]

$$K=r\frac{u_*A^2}{h^3}\qquad (10-2-20)$$

式中 r——无量纲系数，一般取为 0.6 或 0.51；

其余符号意义同前。

（6）Magazine 提出的公式（1988 年）：[17]

$$K = 75.86P^{-1.632}Ru \tag{10-2-21}$$

式中　R——水力半径；

P——反映糙率及障碍等因素的参数，对于天然河道 Magazine 给出估计 P 的公式为

$$P = 0.4u/u_*$$

（7）Iwasa 和 Aya 提出的公式（1991 年）：[17]

$$K = 2.0\left(\frac{B}{h}\right)^{1.5} hu_* \tag{10-2-22}$$

（8）Koussis et al 提出的公式（1998 年）：[6]

$$K = 0.6\left(\frac{B}{h}\right)^{2} hu_* \tag{10-2-23}$$

（9）Seo 和 Cheong 提出的公式（1998 年）：[4]

$$K = 5.915\left(\frac{B}{h}\right)^{0.620}\left(\frac{u}{u_*}\right)^{1.428} \tag{10-2-24}$$

（10）槐文信提出的公式（2002 年）：[22]。利用天然河道和室内人工规则和非规则断面形式的蜿蜒河道资料（Fukuoka and Sayre，1976 年[7]；Guymer，1998 年[5]）来确定公式中的参数，得到的经验公式为

$$K_x/(hu) = 0.05(B/h)^2 \tag{10-2-25}$$

$$K_x/(hu) = \alpha_2(L/h)$$

当 $L/h \leqslant 10$ 时，$\alpha_2 = 0.03$；当 $L/h > 10$ 时，$\alpha_2 = 0.05$。

式中　L——弯道长度，这里的蜿蜒河道系连续的弯道所形成的，如图 10－2－1 所示。

3. 矩法[18]

$$K = \frac{v^2(\sigma_{t_2}^2 - \sigma_{t_1}^2)}{2(\overline{t_2} - \overline{t_1})} \tag{10-2-26}$$

式中　$\overline{t_1}$、$\overline{t_2}$——示踪物质质点通过断面 x_1 和 x_2 的时间均值，可由式（10－2－27）确定：

$$\bar{t} = \frac{\int_{-\infty}^{\infty} tC_a\mathrm{d}t}{\int_{-\infty}^{\infty} C_a\mathrm{d}t} \approx \frac{\sum_i t_i C_{a_i}\Delta t_i}{\sum_i C_{a_i}\Delta t_i} = \frac{\sum_i t_i C_{a_i}}{\sum_i C_{a_i}} \tag{10-2-27}$$

式中　$\sigma_{t_1}^2$、$\sigma_{t_2}^2$——示踪质点到达 x_1 和 x_2 的时间方差，可由式（10－2－28）计算：

$$\sigma_t^2 = \frac{\int_{-\infty}^{\infty}(t - \bar{t})^2 C_a\mathrm{d}t}{\int_{-\infty}^{\infty} C_a\mathrm{d}t} \approx \frac{\sum_i (t_i - \bar{t})^2 C_{a_i}}{\sum_i C_{a_i}} \tag{10-2-28}$$

采用矩法求 K 值，必须将实测的浓度资料绘出，如图 10－2－2 所示。一般而言，矩法比积分方法和经验方法准确。然而，矩法的缺点是浓度线的两端在实测中不易确定，导致计算得到的 σ_t^2 的误差较大。

4. 演算法

下游断面的浓度与上游断面的浓度之间关系为

$$C_a(x_2,t) = \int_{-\infty}^{\infty}\frac{C_a(x_1,\tau)}{\sqrt{4\pi K(t_2 - t_1)}}\exp\left\{\frac{-[x_2 - x_1 - v(t - \tau)]^2}{4K(t_2 - t_1)}\right\}v\mathrm{d}\tau \tag{10-2-29}$$

式中：$t_1 = x_1/v$,，$t_2 = x_2/v$。若把实测 C_a（x_1，t）曲线作为已知条件，假定 K，利用上式可算出一条 C_a（x_2，t）过程线，若算出的浓度过程线与实测曲线吻合较好，则所假定的 K 是所求，否则重新假定 K 值，直到满意为止。

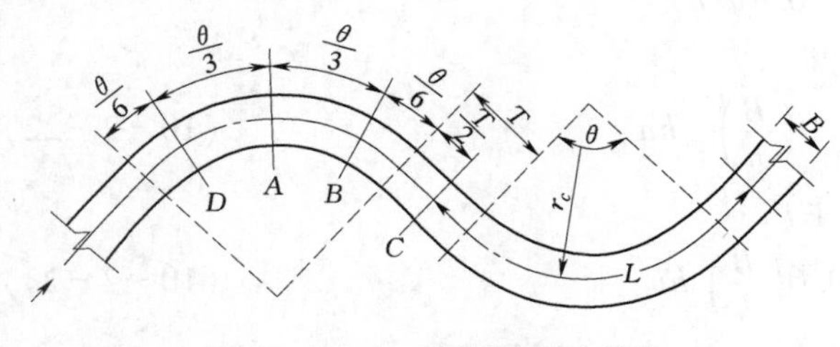

图 10－2－1 蜿蜒河道示意图

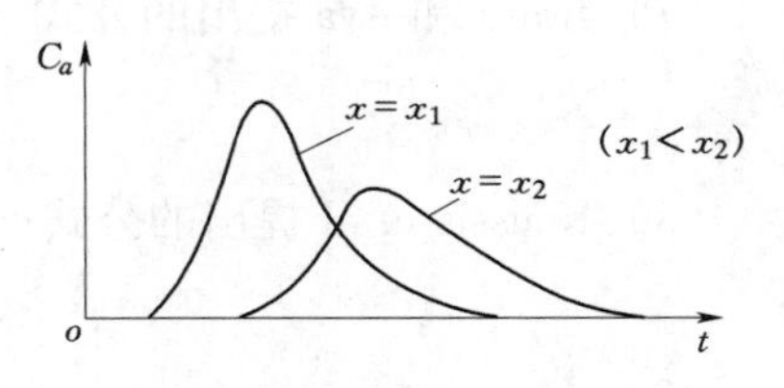

图 10－2－2 断面平均浓度的时间过程线

第四节 污染带的计算

一、矩形河道污染带的计算[18]

1. 污染带内的浓度

设单位时间进入线源的扩散物质的质量为 m，质量为 m 的均匀线源进入水深为 h 的水流的扩散等同于强度为 m/h 的点源在 xoy 平面上的二维扩散。坐标系如图 10－2－3 所示。假定点源的位置在（x_0，y_0），令 $y' = y/B$，$x' = E_y x/(vB^2)$，$y'_0 = y_0/B$，$C_m = m/(vhB)$。这里，C_m 为污染物与河水完全混合后的浓度。得相对浓度的关系式为

$$\frac{C}{C_m} = \frac{1}{\sqrt{4\pi x'}}\sum_{n=-\infty}^{\infty}\left\{\exp\left[-\frac{(y'-2n-y'_0)^2}{4x'}\right]+\exp\left[-\frac{(y'-2n+y'_0)^2}{4x'}\right]\right\} \tag{10-2-30}$$

式中，n 取整数，在实际应用时，一般取 $n=0$，1，-1 进行计算就可满足要求了。

2. 污染带的宽度

带宽是指污染带的横向宽度。由于浓度在横断面上的分布呈正态分布，宽度为 $4\sigma_y$ 的正态分布曲线下的面积占总面积的 95.4%，故习惯上取 $4\sigma_y$ 的宽度来表征污染带的宽度。

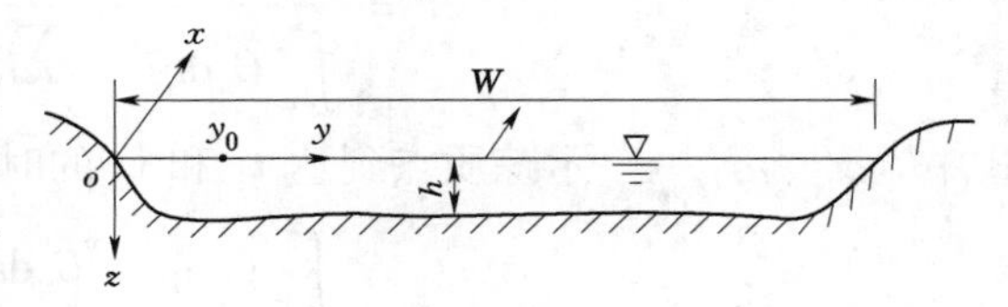

图 10－2－3 矩形河道坐标系

对于中心排放，若污染物尚未扩展到河岸，此时的污染带宽为 $4\sigma_y$，即

$$W = 4\sigma_y = 4\sqrt{2E_y x/v} \tag{10-2-31}$$

对于岸边排放

$$W = 2\sigma_y = 2\sqrt{2E_y x/v} \tag{10-2-32}$$

3. 达到全断面均匀混合所需要的距离（带长）

带长的定义是从源点起算，到达断面上最大浓度和最小浓度之差不超过 5% 的断面距离。

对于中心排放情况，有带长公式

$$L_m = 0.1\frac{vB^2}{E_y} \tag{10-2-33}$$

对于岸边排放，用$2B$来代替中心排放公式中的B，得岸边排放的带长为

$$L_m = 0.1\frac{v(2B)^2}{E_y} = 0.4\frac{vB^2}{E_y} \tag{10-2-34}$$

黄克中和江涛（1996年）[21]应用最大熵原理，从理论上导出了满足上述定义带长的公式

$$L_m = \alpha\frac{vB^2}{E_y} \tag{10-2-35}$$

式中　α——带长系数，根据点源或线源以及源的位置而定。

（1）对点源情形，有

$$\alpha = \frac{1}{6}\left[1 - 3\frac{y_0}{B} + 3\left(\frac{y_0}{B}\right)^2\right] \tag{10-2-36}$$

当中心排放（$y_0/B=1/2$）时，有$\alpha=1/24$，当岸边排放（$y_0/B=1$或$y_0/B=0$）时，$\alpha=1/6$。

（2）对横向线源情形，近似有

$$\alpha = \frac{1}{6} - \frac{y_{01}+y_{02}}{4B} + \frac{y_{01}^2+y_{01}y_{02}+y_{02}^2}{6B^2} \tag{10-2-37}$$

式中　y_{01}、y_{02}——线源的始点和终点的横坐标，且规定y_{01}和y_{02}必须在河中心线的一侧（即y_{01}，$y_{02}<B/2$或y_{01}，$y_{02}>B/2$）。

二、天然河道污染带的计算——累积流量法[1]

1. 累计流量的自然坐标系

建立一个平面自然坐标系。x坐标与流线重合，y坐标与x坐标（流线）垂直。取x轴为河道中的一条流线，该流线将河流流量等分为二，沿x轴的各分段长度Δx彼此相等，沿y轴的各分段Δy也彼此相等。纵向坐标线都是流线，横向坐标都是过水断面线，它们处处与纵坐标线垂直。引入单宽流量的概念，即$q=uh$，在图10-2-4的坐标系中，有流量

$$Q = \int_{y_R}^{y_L} q\mathrm{d}y \tag{10-2-38}$$

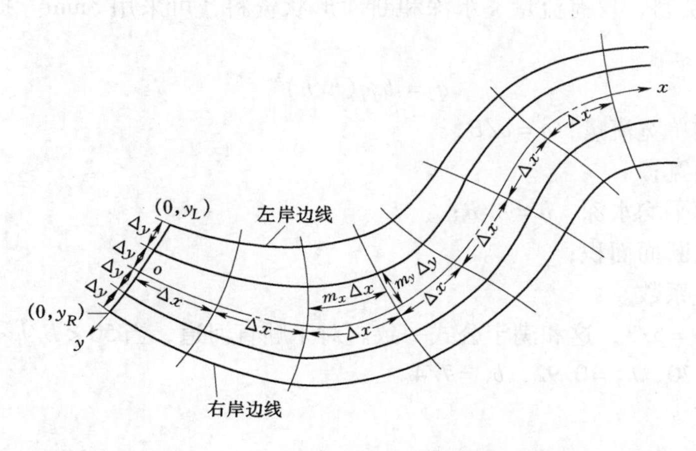

图10-2-4　天然河道的自然坐标系

同时引进坐标的度量系数m_x，m_y，以修正沿曲线坐标相邻两坐标间的距离与相应的沿坐

标轴的距离之差值，见图 10-2-4。且定义 m_x 为沿纵向坐标线量度的距离与在 x 轴上量度的距离之比，m_y 为沿横向坐标线量度的距离与在 y 轴上量度的距离之比。显然，x 轴上的 $m_x=1$，y 轴上，$m_y=1$。那么在坐标系的任何各处 $m_x=m_y=1$，则坐标系为直角的笛卡儿坐标系。必须指出，对于非恒定流，上述坐标系是随时间变化的。

2. 基本方程

在上述坐标系下，可得二维连续性方程和随流扩散方程

$$m_x m_y \frac{\partial h}{\partial t}+\frac{\partial}{\partial x}(m_y hu)+\frac{\partial}{\partial y}(m_x hv)=0 \tag{10-2-39}$$

$$m_x m_y \frac{\partial}{\partial t}(hC)+\frac{\partial}{\partial x}(m_y huC)+\frac{\partial}{\partial y}(m_x hvC)$$

$$=\frac{\partial}{\partial x}\left(\frac{m_y}{m_x}hM_x\frac{\partial C}{\partial x}\right)+\frac{\partial}{\partial y}\left(\frac{m_x}{m_y}hM_y\frac{\partial C}{\partial y}\right) \tag{10-2-40}$$

3. 累积流量自然坐标系下的恒定二维基本方程

$$\frac{\partial C}{\partial x}=\frac{1}{Q^2}\frac{\partial}{\partial \eta}\left[D_y(x,\eta)\frac{\partial C}{\partial \eta}\right] \tag{10-2-41}$$

式中 $D_y(x,\eta)$——横向扩散因素，$D_y(x,\eta)=m_x h^2 uM_y$，量纲为 $[L^5T^{-2}]$；

$\eta(y)$——无量纲累计流量坐标，$\eta(y)=\frac{q_c(y)}{Q}$；

Q——河流流量。

4. 无量纲累计流量坐标的建立及横向扩散因素 D_y 的处理

(1) 在使用累计流量法时，必须建立无量纲坐标，也就是要建立 η 和 y 的数值关系。对于有实测流速、流量、水深和断面形状等资料的情形，先求出 q_c，再由式 (10-2-42) 求 η：

$$\eta(y)=\frac{q_c(y)}{Q} \tag{10-2-42}$$

若没有流速资料，仅有流量、水深和断面形状资料，可采用 Sium[3] 提出的求单宽流量的经验公式：

$$q=b_0\bar{q}(h/\bar{h})^{b_1} \tag{10-2-43}$$

式中 $\bar{q}$——平均单宽流量，$\bar{q}=q/B$；

B——水面宽；

$\bar{h}$——断面平均水深，$\bar{h}=A/B$；

A——过水断面面积；

b_0、b_1——经验系数。

当 $b_0=1$，$b_1=5/3$，这和满宁公式一致。对于顺直河道，当 $50<B/\bar{h}<70$，$b_0=1$，$b_1=5/3$；当 $B/\bar{h}>70$，$b_0=0.92$，$b_1=7/4$。

此时有

$$\eta(y)=\frac{q_c}{Q}=\frac{1}{Q}\sum_{i=1}^{j}q_i\Delta y_i \tag{10-2-44}$$

式中：$y=\Delta y_1+\Delta y_2+\cdots+\Delta y_i$。为了使上式满足 η 在 $y=B$ 处等于 1，在计算中，可对经

验参数值进行一些修改。

（2）横向扩散因素 D_y 是 M_y 和（$m_x h^2 u$）的乘积，它是一个变数。对 M_y 和（$m_x h^2 u$）都取全长平均，则 D_y 是常数，式（10－2－41）变为

$$\frac{\partial C}{\partial x} = \frac{D_y}{Q^2}\frac{\partial^2 C}{\partial \eta^2} \qquad (10-2-45)$$

令

$$D = \frac{D_y}{Q^2} = \frac{m_x h^2 u M_y}{Q^2} \qquad (10-2-46)$$

有

$$\frac{\partial C}{\partial x} = D\frac{\partial^2 C}{\partial \eta^2} \qquad (10-2-47)$$

式中 D——也称为横向扩散因素，量纲为［L^{-1}］。

第五节 河流水质数学模型

一、河流水质 BOD—DO 系列模型[16,23,24]

1. 斯特里特—菲尔普斯（Streeter－Phelps）BOD—DO 模型

在稳态条件下，一维河流水质模型的基本方程为

$$u\frac{\partial C}{\partial x} = K\frac{\partial^2 C}{\partial x^2} + \sum S \qquad (10-2-48)$$

斯特里特—菲尔普斯建立的 BOD—DO 模型有以下假定：

（1）方程中的源漏项 S，只考虑好氧微生物参与的 BOD 衰减反应，并认为该反应是符合一级动力反应，$\sum S = -k_1 L$。

（2）引起水体中溶解氧 DO 减少的原因，只是由于 BOD 降解所引起的，其减少速率与 BOD 降解速率相同；水体中的复氧速率与氧亏成正比，氧亏是指溶解氧浓度与饱和溶解氧浓度的差值。

由上述两个假设，稳态的一维 BOD、DO 水质模型可用下列两个方程来表示：

$$u\frac{\mathrm{d}L}{\mathrm{d}x} = K\frac{\mathrm{d}^2 L}{\mathrm{d}x^2} - k_1 L$$

$$u\frac{dO}{dx} = K\frac{d^2 O}{dx^2} - k_1 L + k_2(O_s - O) = K\frac{\mathrm{d}^2 O}{\mathrm{d}x^2} - k_1 L + k_2 D \qquad (10-2-49)$$

式中 L——某处河水 BOD 浓度，mg/L；

O——某处河水溶解氧的浓度，mg/L；

O_s——河水在某温度时的饱和溶解氧浓度，mg/L；

D——某处河水氧亏浓度，mg/L；

x——离排污口处($x=0$)的河水流动距离，m；

u——河水平均流速，m/s；

k_1——BOD 的衰减系数，d^{-1}；

k_2——河水复氧系数，d^{-1}；

K——河流离散系数，m^2/s。

在 $L\ (x=0)\ =L_0$，$O\ (x=0)\ =O_0$ 的初值条件下，求其积分解，得到以下的 S—P 模型。

（1）考虑离散时，

$$L=L_0\exp(\beta_1 x)$$

$$O=O_S-(O_S-O_0)\exp(\beta_1 x)+\frac{k_1 L_0}{k_1-k_2}[\exp(\beta_1 x)-\exp(\beta_2 x)] \tag{10-2-50}$$

式中：

$$\beta_1=\frac{u}{2E}\left(1-\sqrt{1+\frac{4Kk_1}{u^2}}\right)$$

$$\beta_2=\frac{u}{2E}\left(1-\sqrt{1+\frac{4Kk_2}{u^2}}\right) \tag{10-2-51}$$

（2）忽略离散时，

$$L=L_0\exp(-k_1 x/u)$$

$$O=O_s-(O_s-O_0)\exp(-k_2 x/u)+\frac{k_1 L_0}{k_1-k_2}\times[\exp(-k_1 x/u)-\exp(-k_2 x/u)] \tag{10-2-52}$$

或者用氧亏来描述溶解氧的变化：

$$D=D_0\exp(-k_2 x/u)+\frac{k_1 L_0}{k_1-k_2}[\exp(-k_1 x/u)-\exp(-k_2 x/u)] \tag{10-2-53}$$

初值 L_0，O_0 的计算，为使计算公式具有一般性，将水质变量初值写为 C_0，其计算公式为

$$C_0=\frac{QC_1+qC_2}{Q+q} \tag{10-2-54}$$

式中 C_0——河流边界处的污染浓度，mg/L；

Q——河流的流量，m^3/s；

C_1——河流中污染物的背景浓度，mg/L；

q——排入河流的污水流量，mg/L；

C_2——污水中污染物的浓度，mg/L。

一般情况下，我们想要知道最大氧亏是多少，它发生在河道的什么位置。假设：x_c 为最大氧亏发生的距离，称为临界距离；相应的最大氧亏称为临界氧亏 D_c；对应的溶解氧称为临界溶解氧 O_c。

（1）临界距离 x_c：

$$x_c=\frac{u}{k_2-k_1}\ln\left\{f\left[1-(f-1)\frac{O_s-O_c}{L_0}\right]\right\} \tag{10-2-55}$$

（2）临界溶解氧 O_c 和临界氧亏 D_c：

$$O_c=O_s-\frac{L_0}{f}\left\{f\left[1-(f-1)\frac{O_s-O_0}{L_0}\right]\right\}^{\frac{1}{1-f}} \tag{10-2-56}$$

$$D_c = \frac{L_0}{f}\left\{f\left[1-(f-1)\frac{D_0}{L_0}\right]\right\}^{\frac{1}{1-f}} \quad (10-2-57)$$

式中　f——自净系数，是复氧系数与耗氧系数之比：$f = k_2/k_1$，反映水体中溶解氧自净作用的快慢，是衡量一条河流的环境污染容量的一个指标。各种水体的 f 值列于表 10－2－1。[23]

表 10－2－1　　各种水体的 f 值（Fair，1939）$T = 20℃$

水　体	$f = k_2/k_1$	水　体	$f = k_2/k_1$
水池塘	0.5～1.0	慢速、大潮汐河流	1.0～2.0
慢速的大河流	1.5～2.0	一般速度的大河	2.0～3.0
快速的河流	3.5～5.0	瀑　　布	5.0

2. 托马斯（Thomas）BOD—DO 模型

对于稳态河流，由于悬浮物的沉淀与上浮也会引起水中 BOD 的变化。因此，托马斯在斯特里特—菲尔普斯模型的基础上，考虑了一项因悬浮物沉淀与上浮对 BOD 速率变化的影响，增加了一个沉浮系数 k_3。其基本方程式为

$$u\frac{dL}{dx} = -(k_1 + k_3)L$$

$$u\frac{dO}{dx} = -k_1L + k_2(O_S - O) \quad (10-2-58)$$

式中　k_3——BOD 沉浮系数，d^{-1}；

其他符号意义同前。

在边界条件为 $L(x=0) = L_0$，$O(x=0) = O_0$ 的情况下，托马斯模型的积分解为

$$L = L_0\exp\left[-\frac{(k_1+k_3)}{u}x\right]$$

$$O = O_S - (O_S - O_0)\exp(-k_2x/u) + \frac{k_1L_0}{k_1+k_3-k_2}\{\exp[-(k_1+k_3)x/u] - \exp(-k_2x/u)\} \quad (10-2-59)$$

3. 多宾斯—坎普（Dobbins－Camp）BOD—DO 模型

对稳态河流水质方程，在托马斯模型的基础上，进一步考虑：

（1）由于底泥释放和地表径流所引起的 BOD 的变化，其变化以速率 R 表示。

（2）由于藻类光合作用增氧和呼吸作用耗氧以及地表径流引起的 DO 的变化，其变化速率以 P 表示。多宾斯—坎普 BOD—DO 模型采用以下的基本方程组：

$$u\frac{dL}{dx} = -(k_1 + k_3)L + R$$

$$u\frac{dO}{dx} = -k_1L + k_2(O_S - O) - P \quad (10-2-60)$$

式中　R——底泥释放 BOD 引起的变化率，mg/（L·d）；

P——藻类光合、呼吸作用或地表径流所引起的溶解氧变化率，mg/（L·d）；

其他符号意义同前。

在 $L(x=0)=L_0$，$O(x=0)=O_0$ 的边界条件下，多宾斯—坎普 BOD—DO 模型的积分解为

$$L=L_0F_1+\frac{R}{k_1+k_3}(1-F_1)$$

$$O=O_S-(O_S-O_0)F_2+\frac{k_1}{k_1+k_3-k_2}\left(L_0-\frac{R}{k_1+k_3}\right)(F_1-F_2)$$

$$-\left[\frac{P}{k_2}+\frac{k_1R}{k_2(k_1+k_3)}\right](1-F_2) \tag{10-2-61}$$

或

$$D=D_0F_2-\frac{k_1}{k_1+k_3-k_2}\left(L_0-\frac{R}{k_1+k_3}\right)(F_1-F_2)+\left[\frac{P}{k_2}+\frac{k_1R}{k_2(k_1+k_3)}\right](1-F_2) \tag{10-2-62}$$

其中，

$$F_1=\exp[-(k_1+k_3)x/u]$$

$$F_2=\exp(-k_2x/u)$$

多宾斯—坎普 BOD—DO 模型中，当参数 R、P 为零，该模型即为托马斯 BOD—DO 模型。当参数 k_3 也为零时，该模型即成为斯特里特—菲尔普斯 BOD—DO 模型。

应用多宾斯—坎普 BOD—DO 模型同样可求解临界距离 x_c：

$$x_c=\frac{u}{k_2-(k_1+k_3)}\ln\left[\frac{k_2}{k_1+k_3}+\frac{k_2-(k_1+k_3)}{(k_1+k_3)L_0-R}\left(\frac{R}{k_1+k_3}-\frac{k_2D_0-P}{k_1}\right)\right] \tag{10-2-63}$$

当由给定的临界氧亏 D_c，可以推求河段排污口 BOD 的最大允许排放浓度 L_0：

$$L_0=\frac{D_c-\{P/k_2+k_1R/[k_2(k_1+k_3)]\}(1-F_2)-D_0F_2}{\{k_1/[k_2-(k_1+k_3)]\}(F_1-F_2)}+\frac{R}{k_1+k_3} \tag{10-2-64}$$

式（10－2－63）和式（10－2－64）均含有 L_0 和 x_c，需采用数值计算方法对两式联立求解。

4. 奥康纳（O′Connon）BOD—DO 模型

在托马斯模型的基础上，奥康纳将总的 BOD 分解为碳化耗氧量（L_C）和硝化耗氧量（L_N）两部分，其方程组为

$$u\frac{\mathrm{d}L_C}{\mathrm{d}x}=-(k_1+k_3)L_C$$

$$u\frac{\mathrm{d}L_N}{\mathrm{d}x}=-k_NL_N \tag{10-2-65}$$

$$u\frac{\mathrm{d}O}{\mathrm{d}x}=-k_1L_C-k_NL_N+k_2(O_S-O)$$

式中 L_C——$x=x$ 处河水 CBOD 浓度，mg/L；

L_N——$x=x$ 处河水 NBOD 浓度，mg/L；

k_1——CBOD 的衰减系数，d^{-1}；

k_2——河水复氧系数，d^{-1}；

k_3——CBOD 的沉浮系数，d^{-1}；

k_N——NBOD 的衰减系数，d^{-1}；

其他符号意义同前。

在 $L_C\ (x=0)\ =L_{C0}$，$L_N\ (x=0)\ =L_{N0}$，$O\ (x=0)\ =O_0$ 的边界条件下，得到奥康纳 BOD—DO 模型的积分解为

$$L_C=L_{C0}\exp\left[-\frac{(k_1+k_3)}{u}x\right]$$

$$L_N=L_{N0}\exp\left[-\frac{k_N}{u}x\right]$$

$$\begin{aligned}O&=O_S-(O_S-O_0)\exp(-k_2x/u)\\&+\frac{k_1L_0}{k_1+k_3-k_2}\{\exp[-(k_1+k_3)x/u]-\exp(-k_2x/u)\}\\&+\frac{k_NL_{N0}}{k_N-k_2}[\exp(-k_Nx/u)-\exp(-k_2x/u)]\end{aligned} \tag{10-2-66}$$

或

$$\begin{aligned}D&=D_0\exp(-k_2x/u)\\&-\frac{k_1L_0}{k_1+k_3-k_2}\{\exp[-(k_1+k_3)x/u]-\exp(-k_2x/u)\}\\&-\frac{k_NL_{N0}}{k_N-k_2}[\exp(-k_Nx/u)-\exp(-k_2x/u)]\end{aligned} \tag{10-2-67}$$

二、多河段水质的稳态模拟

对于一条实际河流的水质模拟或水质预测时，首先必须对研究河段的水量水质基本资料进行收集、整理和分析，其主要工作包括以下几方面。

（1）河道的计算流量。天然河流的流量变化很大，其流量对河流的自净能力有着重要影响。因此，应根据水质模拟或预测的目的，确定河流的计算流量。在进行水污染控制规划时，由于河道枯水期的流量较小，稀释作用较弱，污染较严重，反映出对河流更为不利的情况。因此，一般选择枯水期某一流量作为计算流量。

（2）河流形态特征资料。包括河道形态，河段各断面面积、平均流速，河床坡度、糙率等。

（3）河流的污染源分布。污染物排放口、取水口位置，污染物的性质与排污量（流量与主要污染物浓度），沿河水质监测资料（COD、BOD_5、DO 等），以及污水处理现状与规划情况。

（4）河流水质参数。如离散系数 K，降解系数 k_1，复氧系数 k_2 等。

（5）河流支流的上述资料及支流汇入干流的位置。

对于单一河道，根据自身的特点和沿程流量输入与输出的状况，将河道划分成 n 个计算河段，共 $n+1$ 个断面。分段的原则是使得每一河段大体适用一维河流水质模型的应用条件。断面的编号从上游向下游依次为 0，1，2，…，i，$i+1$，…，n。模拟计算河水 BOD_5 浓度与 DO 浓度概化，如图 10-2-5 所示。

图 10-2-5 中：Q_i——在断面 i 处排入河流的污水流量；

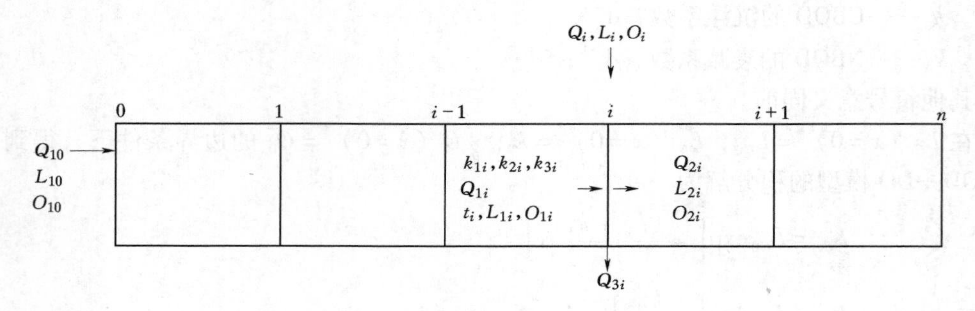

图 10-2-5 一维河流水质模拟计算概化图

Q_{1i}——由上游流到断面 i 的河水流量;

Q_{2i}——由断面 i 向下游流出的河水流量;

Q_{3i}——在断面 i 处引走的流量;

L_i, O_i——在断面 i 处排入河流的污水 BOD_5 浓度与 DO 浓度;

L_{1i}, O_{1i}——由上游流到断面 i 的河水 BOD_5 浓度与 DO 浓度;

L_{2i}, O_{2i}——由断面 i 向下游流出的河水 BOD_5 浓度与 DO 浓度;

k_{1i}, k_{2i}, k_{3i}——由 $i-1$ 断面至 i 断面间的 BOD_5 衰减速率常数，复氧速率常数，与沉淀或再悬浮速率常数;

t_i——河水由 $i-1$ 断面至 i 断面的流动时间。

1. 基本关系式

$$U\vec{L} + \vec{m} = \vec{L}_2 \tag{10-2-68}$$

式中 U——一个 $n \times n$ 阶的下三角矩阵，即

$$U = \begin{bmatrix} u_{11} & & & & & \\ u_{21} & u_{22} & & & & \\ \vdots & & & & & \\ u_{i1} & u_{i2} & \cdots & u_{ii} & & \\ \vdots & & & & & \\ u_{n1} & u_{n2} & \cdots & u_{ni} & \cdots & u_{nn} \end{bmatrix}$$

u_{i1}, u_{i2}, …, u_{ii}——河流中 BOD_5 的传递关系系数;

$\vec{L}$——由各个阶点输入河流各断面的 BOD_5 值组成的 n 维列向量:

$$\vec{L} = (L_1 \quad L_2 \quad \cdots \quad L_n)^T$$

$\vec{L}_2$——由河流各断面向下游输出的 BOD_5 值组成的 n 维列向量:

$$\vec{L}_2 = (L_{21} \quad L_{22} \quad \cdots \quad L_{2n})^T$$

$\vec{m}$——起始水质对下游各断面影响的向量:

$$\vec{m} = (m_1 \quad m_2 \quad \cdots \quad m_n)^T$$

2. BOD_5 的模拟关系式

$$\vec{L}_2 = A^{-1}B\vec{L} + A^{-1}\vec{g} \tag{10-2-69}$$

$$A = \begin{bmatrix} 1 & 0 & \cdots & 0 & 0 \\ -a_1 & 1 & \cdots & 0 & 0 \\ \vdots & \vdots & \vdots & \vdots & \vdots \\ 0 & 0 & \cdots & -a_{n-1} & 1 \end{bmatrix}; \quad B = \begin{bmatrix} b_1 & 0 & \cdots & 0 & 0 \\ 0 & b_2 & \cdots & 0 & 0 \\ \vdots & \vdots & \vdots & \vdots & \vdots \\ 0 & 0 & \cdots & 0 & b_n \end{bmatrix}$$

式中，$\vec{L} = (L_1 \quad L_2 \quad \cdots \quad L_n)^T$；$\vec{L}_2 = (L_{21} \quad L_{22} \quad \cdots \quad L_{2n})^T$；$\vec{g} = (g_1 \quad 0 \quad \cdots \quad 0)^T$，是给出 $i=1$ 断面处 BOD_5 值的 n 维列向量，其中，$g_1 = a_0 L_{20}$，$a_{i-1} = \dfrac{\alpha_{i-1}(Q_{1i}-Q_{3i})}{Q_{2i}}$，$b_i = \dfrac{Q_i}{Q_{2i}}$，$\alpha_{i-1} = \exp(-k_{1i}t_i)$。

矩阵方程给出了河道每一个断面向下游输出 BOD_5 值$\vec{L}_2$ 与各个断面输入河流的 BOD_5 值$\vec{L}$之间的关系。在水质模拟时，$\vec{L}$是一组已知量，$\vec{L}_2$ 是需要待求的模拟量。而在进行水污染控制系统规划时，$\vec{L}_2$ 是一组已知的河流 BOD_5 的约束量，而$\vec{L}$则是需要确定的量。

3. DO 的模拟关系式

令

$$U = A^{-1}B$$

$$V = -C^{-1}DA^{-1}B$$

$$\vec{m} = A^{-1}\vec{g}$$

$$\vec{n} = C^{-1}B\vec{O} + C^{-1}(\vec{f}+\vec{h}) - C^{-1}DA^{-1}\vec{g}$$

$$\vec{f} = (f_0, f_1, \cdots, f_{n-1})^T$$

及

$$\vec{h} = (h_1, 0, \cdots, 0)^T$$

都是表征起始条件影响的 n 维列向量。其中，C 和 D 是两个 $n \times n$ 阶矩阵。

$$C = \begin{bmatrix} 1 & 0 & \cdots & 0 & 0 \\ -c_1 & 1 & \cdots & 0 & 0 \\ \vdots & \vdots & \vdots & \vdots & \vdots \\ 0 & 0 & \cdots & -c_{n-1} & 1 \end{bmatrix} \quad D = \begin{bmatrix} 0 & 0 & \cdots & 0 & 0 \\ d_1 & 0 & \cdots & 0 & 0 \\ \vdots & \vdots & \vdots & \vdots & \vdots \\ 0 & 0 & \cdots & d_{n-1} & 0 \end{bmatrix}$$

则有

$$\vec{L}_2 = U\vec{L} + \vec{m} \tag{10-2-70}$$

$$\vec{O}_2 = V\vec{L} + \vec{n} \tag{10-2-71}$$

U 和 V 是两个由给定数据计算的 $n \times n$ 阶下三角矩阵，m 和 n 是两个由给定数据计算的 n 维向量。每输入一组 BOD_5（$\vec{L}$）值，就可以获得一组相应的河流的 BOD_5 值和 DO 值（$\vec{L}_2$ 和$\vec{O}_2$）。由于 U 和 V 反映了这种输入、输出的因果变换关系，因而称 U 为河流 BOD 稳态响应矩阵，称 V 为河流 DO 的稳态响应矩阵，其中：$c_{i-1} = \dfrac{(Q_{1i}-Q_{3i})}{Q_{2i}}\gamma_{i-1}$，$d_{i-1} = \dfrac{(Q_{1i}-Q_{3i})}{Q_{2i}}\beta_{i-1}$，$f_{i-1} = \dfrac{(Q_{1i}-Q_{3i})}{Q_{2i}}\delta_{i-1}$，$h_1 = c_0Q_{20} - d_0L_{20}$，$\gamma_{i-1} = \exp(-k_{2i}t_i)$，$\beta_{i-1} = \dfrac{k_{1i}(\alpha_{i-1}-\gamma_{i-1})}{k_{2i}-k_{1i}}$，$\delta_{i-1} = Q_s(1-\gamma_{i-1})$。

第三章 水库、湖泊中污染物的输移与扩散

第一节 湖泊、水库水质的完全均匀混合模型[23]

一、弗莱威特（Vollenweider）模型

对于水面和水深均不大、四周污染源较多的湖泊水库，可以看作完全均匀混合水体。完全混合模型假定湖泊是完全均匀混合的，湖泊中某种营养物浓度随时间的变化率是输入、输出和在湖泊内沉积的该种营养物质的量的函数，可以用质量平衡方程表示。

1. 污染物（营养物）混合和降解模型

$$V\frac{\mathrm{d}C}{\mathrm{d}t} = \overline{W} - QC - k_1 CV \tag{10-3-1}$$

式中 V——湖库的容积，m^3；

C——污染物或水质参数的浓度，mg/L；

$\overline{W}$——污染物或水质参数的平均排入量，mg/s；

t——时间，s；

Q——出入湖库流量，m^3/s；

k_1——污染物衰减或沉降速率系数，s^{-1}。

对式（10－3－1）积分得

$$C(t) = \frac{\overline{W} - (Q + k_1 V)C_0}{Q + k_1 V}\left\{\frac{\overline{W}}{\overline{W} - (Q + k_1 V)C_0} - \exp\left[-\left(\frac{Q}{V} + k_1\right)t\right]\right\} \tag{10-3-2}$$

式中 $\overline{W}$——$\overline{W} = \overline{W}_0 + C_p q$；

$\overline{W}_0$——现有污染物排入量，mg/s；

C_p——拟建项目废水中污染物浓度，mg/L；

q——废水排放量，m^3/s；

C_0——湖库中污染物起始浓度，mg/L。

$$C(t) = \frac{\overline{W}}{\alpha V}(1 - \exp(-\alpha t)) + C_0 \exp(-\alpha t) \tag{10-3-3}$$

$$\alpha = \frac{Q}{V} + k_1$$

对于难降解有机物，$k_1 = 0$，则有 $\alpha = \frac{Q}{V}$。

（1）当经过较长时间，湖库污染物（营养物）浓度达到平衡时，有 $\frac{\mathrm{d}C}{\mathrm{d}t} = 0$，则其平衡浓度可用下式计算：

$$C = \frac{\overline{W}}{\alpha V} \tag{10-3-4}$$

（2）求湖库污染物（营养物）浓度达到一指定浓度 $C(t)$ 所需时间 t_β，可用式（10－3－5）计算：

$$t_\beta = \frac{V}{Q + k_1 V}\ln(1-\beta) \tag{10-3-5}$$

式中，$C(t)/C_p = \beta$。

（3）无污染物输入（$\overline{W}=0$）时，浓度随时间变化为

$$C(t) = C_0\exp[-(Q/V + k_1)] = C_0 e^{-\alpha t} \tag{10-3-6}$$

这时，可求出污染物（营养物）浓度与初始浓度之比为 η（$\eta>1$），$C(t)/C_0 = 1-\beta$，所需时间

$$t_\eta = \frac{1}{\alpha}\ln\frac{1}{\eta} \tag{10-3-7}$$

2. 溶解氧模型

$$\frac{dD}{dt} = \left[\left(\frac{Q}{V}\right) + k_1\right]L + k_2[C(O_S) - C(O)] - R \tag{10-3-8}$$

式中 D——氧亏；

k_2——大气复氧系数，d^{-1} 或 s^{-1}；

R——湖库中生物和非生物因素耗氧总量，mg/d 或 mg/s；

其他符号意义同前。

上式中没有考虑浮游植物的增氧量，其中耗氧总量 R 可用式（10－3－9）计算：

$$R = \gamma A + B \tag{10-3-9}$$

式中 A——养鱼密度，kg/m^3；

γ——鱼类耗氧速率，mg/（kg·d）或 mg/（kg·s）；

B——其他因素耗氧量，mg/（m^3·d）或 mg/（m^3·s）。

二、藻类生物量与营养物质负荷量相关模型

湖泊水体中植物生物量是指某时刻系统中植物的总重量或个数，常用叶绿素 a 的浓度 C_{ca} 表示。叶绿素 a 的浓度 C_{ca} 与湖泊水体中磷的浓度 P 等有着非常紧密的关系。

Dillon 和 Rigler（1974 年）根据湖泊夏季叶绿素 a 浓度和春季叶绿素 a 浓度资料，分析得到：当系统中氮的浓度与磷的浓度之比 $N/P \geqslant 12$ 时，夏季叶绿素 a 浓度 C_{ca} 与春季磷的浓度 P_s，存在如下经验关系：

$$\lg C_{ca} = 1.449\lg P_s \tag{10-3-10}$$

Chaprad 和 Taeapchak（1976 年）根据美国和加拿大部分湖泊中磷的年平均浓度 P 与春季平均浓度 P_s 的资料，得到的经验关系式为

$$P = 0.9P_s \tag{10-3-11}$$

由此，Dillon 和 Rigler（1974 年）模型转化为

$$\lg C_{ca} = 1.449\lg P - 0.066 \tag{10-3-12}$$

第二节 卡拉乌舍夫扩散模型[23]

对于水域宽阔的湖库，入湖河流或岸边的污染源，以一定的流速携带了污染物进入水体，由于水面突然开阔，入湖的河水或废污水便以河口或点污染源为圆心的扇形形式输移和扩散（见图 10-3-1）。

根据湖水中的输移和扩散过程，用质量平衡原理可得下式

$$\frac{\partial C}{\partial t}=\left(E-\frac{q}{\varphi H}\right)\frac{1}{r}\frac{\partial C}{\partial r}+E\frac{\partial^2 C}{\partial r^2} \quad (10-3-13)$$

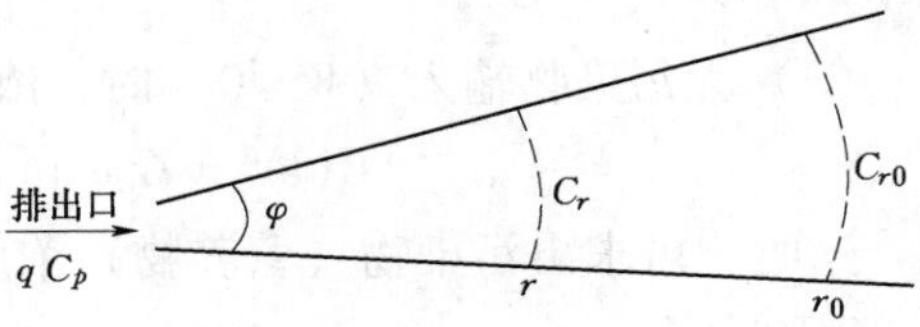

排出口 $q\ C_p$ φ C_r C_{r0} r r_0

图 10-3-1 湖边排污口扇形扩散

式中 q——排入湖中的废水量，m^3/s；

r——湖内计算点离排放口距离，m；

C_r，C_{r0}——所求计算点及在离排放口充分远 r_0 处的污染物浓度，mg/L；

E——径向紊流混合系数，m^2/d；

H——废污水扩散区平均水深，m；

φ——废污水在湖中的扩散角（由排放口处地形确定，如在开阔、平直和与岸垂直时，$\varphi=\pi$；而在湖心排放时，$\varphi=2\pi$）。

一、难降解有机物，在稳态、无风时

对于难降解有机物，在稳态、无风时，由上式积分得

$$C=C_p-(C_p-C_0)\left(\frac{r}{r_0}\right)^{\frac{q}{\varphi HE}} \quad (10-3-14)$$

式中 r_0——选离排放口充分远的某点；

C_0——取 r_0 点的现状值。

在湖泊中，考虑到湖泊中风浪的影响，E 可以采用如下经验公式计算：

$$E=\frac{\rho H^{2/3}d^{1/3}}{\beta g}\sqrt{\left(\frac{uh}{\pi H}\right)^2+\bar{u}^2} \quad (10-3-15)$$

式中 ρ——水的密度；

H——计算范围内平均湖水水深；

d——湖底沉积物的直径；

g——重力加速度；

β——经验系数；

$\bar{u}$——风浪和湖流造成的湖水平均流速；

h——湖库中波浪高。

二、简化水质模型

1. 湖水流速很小、风浪不大的情况

在湖水流速很小、风浪不大情况下，可忽略式（10-3-13）中的弥散项并考虑污染物质的自净项，在稳态条件下，可得污水在湖水中浓度的递减方程：

$$q\frac{\mathrm{d}C}{\mathrm{d}r}=-k_1CH\varphi r \tag{10-3-16}$$

代入边界条件 $r=0$，$C=C_0$（C_0 为排污入湖口浓度），则其解为

$$C=C_0\exp\left(-\frac{k_1\varphi H}{2q}r^2\right) \tag{10-3-17}$$

当上式应用于 BOD 时，可以写为

$$L=L_0\exp\left(-\frac{k_1\varphi H}{2q}r^2\right) \tag{10-3-18}$$

式中 L_0，L——排污出口处和离排污出口为 r 距离的 BOD 值，mg/L；

k_1——耗氧速率系数，d^{-1}。

2. 湖水溶解氧方程

在以上相同条件下，湖水溶解氧方程为

$$q\frac{\mathrm{d}D}{\mathrm{d}r}=(k_1L-k_2D)\varphi Hr \tag{10-3-19}$$

式中 D——离排污出口距离为 r 处的氧亏值；

k_2——湖水的复氧速率系数。

式（10-3-19）的解为

$$D=\frac{k_1L_0}{k_2-k_1}[\exp(-mr^2)-\exp(-nr^2)]+D_0\exp(-nr^2) \tag{10-3-20}$$

式中 D_0——排放口处的氧亏量；

$m=\dfrac{k_1H\varphi}{2q}$；$n=\dfrac{k_2H\varphi}{2q}$。

第三节 深水湖泊与水库水质模型

在涉及深水湖泊和水库水质问题分析时，可以将湖库容积沿水深方向划分为若干 Δy 厚度的水平层，如图 10-3-2 所示。对于高度 y 的水平层可以分别建立热量守恒、质量守恒和水流连续性方程。

$$\frac{\partial T_y}{\partial t}=\frac{E}{A_y}\frac{\partial}{\partial y}\left(A_y\frac{\partial T_y}{\partial y}\right)-\frac{1}{\rho C_sA_y}\frac{\partial}{\partial y}(A_y\varphi_y)-\frac{1}{A_y}\frac{\partial}{\partial y}(v_yA_yT_y)+\frac{1}{A_y}\frac{\partial}{\partial y}(u_{i,y}B_yT_{i,y}) \tag{10-3-21}$$

$$\frac{\partial C_y}{\partial t}=\frac{E}{A_y}\frac{\partial}{\partial y}\left(A_y\frac{\partial C_y}{\partial y}\right)-\frac{1}{A_y}\frac{\partial}{\partial y}(v_yA_yC_y)+\frac{1}{A_y}\frac{\partial}{\partial y}(u_{i,y}B_yC_{i,y}-u_{0,y}B_yC_y)+\frac{1}{A_y}\frac{\partial}{\partial y}(W_0A_yC_y)+\frac{S}{A_y} \tag{10-3-22}$$

$$\frac{\partial Q_{vy}}{\partial t}=q_{i,y}-q_{0,y} \tag{10-3-23}$$

式中 T_y、C_y——高程 y 处的水温和浓度；

$u_{i,y}$、$u_{0,y}$——高程 y 的入库和出库水平流速；

v_y——高程 y 的垂向流速；

W_0——相应于 C_y 水质组分的颗粒沉降速度；

$T_{i,y}$，$C_{i,y}$——高程 y 入流水温和浓度；

A_y，B_y——高程 y 水库水面面积和水库平均宽度；

φ_y——到达高程 y 的辐射热；

E——紊动扩散系数；

ρ，C_s——水的密度和比热；

Q_{vy}，$q_{i,y}$，$q_{0,y}$——高程 y 处的垂向流量、水平入流和出流流量；

S——相应于 C_y 水质组分的内源项。

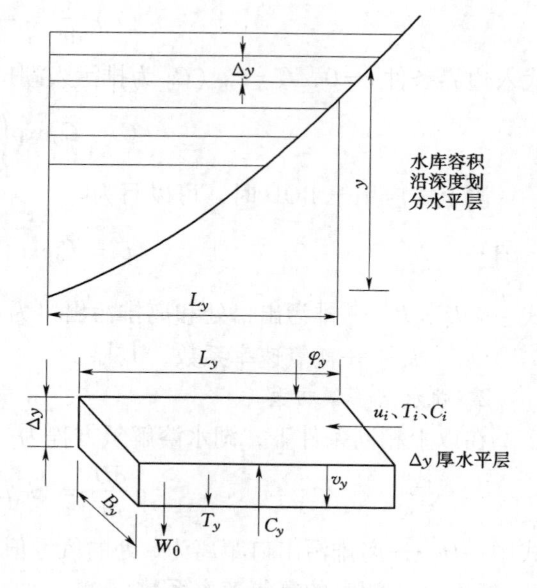

图 10-3-2 深湖一维水质模型

以上三式可在一定初始条件和边界条件下求解。

第四节 浅水湖泊与水库水质模型

将水位基准面设在水面波动的平均水平面处，组成右手坐标系，z 轴向上为正，其水位基准面构成 xoy 平面直角坐标系。该水位基准面到波动水面某点的距离为 z，水位基准面到该点水底的距离为 h，如图 10-3-3 所示。则该点水深为 $H=z+h$。由此建立的水流连续性方程为

$$\frac{\partial z}{\partial t}+\frac{\partial[u(z+h)]}{\partial x}+\frac{\partial[v(z+h)]}{\partial y}=0 \tag{10-3-24}$$

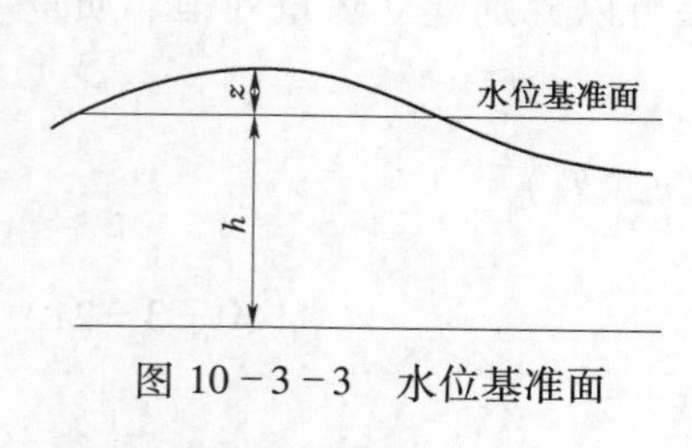

图 10-3-3 水位基准面

式中 z——水位基准面到波动水面的距离；

h——水位基准面到水底的距离；

u——垂线平均流速在 x 方向的分量；

v——垂线平均流速在 y 方向的分量。

x 方向的动量方程为

$$\frac{\partial u}{\partial t}+u\frac{\partial u}{\partial x}+v\frac{\partial u}{\partial y}=fv-g\frac{\partial z}{\partial x}-\frac{gu\sqrt{u^2+v^2}}{C_z^2(z+h)}+\xi_x\left(\frac{\partial^2 u}{\partial x^2}+\frac{\partial^2 u}{\partial y^2}\right) \tag{10-3-25}$$

y 方向的动量方程为

$$\frac{\partial v}{\partial t}+u\frac{\partial v}{\partial x}+v\frac{\partial v}{\partial y}=-fu-g\frac{\partial z}{\partial y}-\frac{gv\sqrt{u^2+v^2}}{C_z^2(z+h)}+\xi_y\left(\frac{\partial^2 v}{\partial x^2}+\frac{\partial^2 v}{\partial y^2}\right) \tag{10-3-26}$$

式中　g——重力加速度；

C_z——谢才系数；

f——柯氏力常数，$f=2\Omega\sin\varphi$，φ 为计算水域的地理纬度，Ω 为地转角速度，约为 $2\pi/(24\times3600)\ s^{-1}$；

ξ_x、ξ_y——x、y 方向上的涡粘滞系数。

平面二维水质对流扩散方程为

$$\frac{\partial[(z+h)C]}{\partial t}+\frac{\partial[(z+h)uC]}{\partial x}+\frac{\partial[(z+h)vC]}{\partial y}$$
$$=\frac{\partial}{\partial x}\left[E_x(z+h)\frac{\partial C}{\partial x}\right]+\frac{\partial}{\partial y}\left[E_y(z+h)\frac{\partial C}{\partial y}\right]+S_C(z+h) \qquad (10-3-27)$$

式中　C——沿水深平均的污染物浓度；

E_x、E_y——x、y 方向的扩散系数；

S_C——污染物的源或汇。

第四章 近海中污染物的输移与扩散

第一节 河口的紊动扩散系数和纵向离散系数

一、垂向扩散系数[18]

河口为等密度潮流时，垂直混合主要决定于由河床切应力引起的湍流。因此，垂直扩散系数可采用河流中的公式，即

$$E_z = 0.067u_*h \tag{10-4-1}$$

重要的是 u_* 的计算，在平潮时，u_* 接近零，潮流速度最大时，u_* 最大；在实际计算时，取其平均值即可。

对于非恒定流，切应力不易测定，通常将上式中的 u_* 用潮水的垂线平均的纵向流速 u_a 来代替，1967 年，鲍登（Bowden）提出了下列关系式：

$$E_z = 0.0025u_ah \tag{10-4-2}$$

对于稳定密度分层河口的垂直扩散系数的研究不多，很难给出合适的 E_z 值，下面介绍两个时常引用的公式：

1. Munk and Andarson 提出的公式

$$E_z = E_{z0}(1 + 3.33R_{ig})^{-1.5} \tag{10-4-3}$$

式中 E_{z0}——中性稳定时的 E_z 值，可采用式（10－4－1）计算；

R_{ig}——梯度里查森数，计算式为

$$R_{ig} = g\frac{\partial\rho}{\partial z}\Big/\left[\rho\left(\frac{\partial u_t}{\partial z}\right)^2\right] \tag{10-4-4}$$

式中 u_t——潮流流速的均方根值；

ρ——环境密度；

z——自河底向上计算的距离。

2. 在没有波浪情况下，Pritchard 提出的公式

$$E_z = \frac{8.59\times10^{-3}u_t}{(1+0.276R_{ig})^2}\left[\frac{z^2(h-z)^2}{h^3}\right] \tag{10-4-5}$$

式中 z——从河底向上计算的距离；

h——水深；

u_t——潮流流速的均方根值。

二、横向混合系数

给出一些原型的结果，以供参考，如表 10－4－1 所示。

表 10-4-1 河口和海湾的横向混合系数

河口名称	Fraser	Fraser	Cordova	Gironde	旧金山海湾	Delaware
M_y/hu_x	0.44	1.61	0.42	1.03	1.00	1.20
说明	平潮期	退潮期				

三、纵向离散系数

将坐标原点取为出海口，x 轴自海口指向内陆。河口纵向离散系数的计算公式为

$$K = u_f x\left[\ln\left(\frac{S}{S_0}\right)\right]^{-1} \tag{10-4-6}$$

式中 K——纵向离散系数，包括了除随流扩散外的所有导致混合的因素；

u_f——一个潮汐周期内平均的河水断面平均流速；

S_0——出海口处的含盐度。

当缺乏含盐度的实测资料时，可利用 Hefling 和 Connell 的公式给出 K 值：

$$K = 378.45u_{tmax}^{4/3} \tag{10-4-7}$$

式中 $u_{tmax}^{4/3}$——河口入海处最大潮汐速度，m/s；

K 的单位以 m^2/s 计。

第二节 河口感潮河流水质模型[23]

一、一维潮周期平均模型

取污染物浓度的潮周期平均值，一维河口水质模型如下：

$$E_x\frac{d}{dx}\left(\frac{dC}{dx}\right)-\frac{d}{dx}(u_xC)+r+s=0 \tag{10-4-8}$$

式中 r——污染物的衰减速率；

s——系统外输入污染物的速率；

u_x——不考虑潮汐作用，由上游来水（净泄量）产生的流速；

其他符号意义同前。

假定 $s=0$ 和 $r=-k_1C$，有

（1）对排放点上游（$x<0$） $\frac{C}{C_0}=\exp(f_1x)$ （10-4-9）

（2）对排放点下游（$x>0$） $\frac{C}{C_0}=\exp(f_2x)$ （10-4-10）

式中 $f_1=\frac{u_x}{2E_x}\left(1+\sqrt{1+\frac{4k_1E_x}{u_x^2}}\right)$，$f_2=\frac{u_x}{2E_x}\left(1-\sqrt{1+\frac{4k_1E_x}{u_x^2}}\right)$。

C_0 是在 $x=0$ 处的污染物浓度，可以用式（10-4-11）计算：

$$C_0=\frac{W}{Q\sqrt{1+\frac{4k_1E_x}{u_x^2}}} \tag{10-4-11}$$

式中 W——单位时间内排放的污染物质量；

Q——河口上游来的淡水的平均流量净泄量。

纵向弥散系数 E_x 的数值在很大范围内变化，其数量级为 $10 \sim 10^3 m^2/s$。常用的经验公式如下。

（1）荷—哈—费（Hobbery—Harbeman—Flshet）提出的公式：

$$E_x = 63 n u_{x,\max} R^{\frac{5}{6}} \tag{10-4-12}$$

式中 n——糙率；

R——河口的水力半径，m；

$u_{x,\max}$——断面上纵向最大潮汐平均流速，m/s。

（2）狄奇逊（Dichison）提出的公式：

$$E_x = 1.23 u_{x,\max}^2 \tag{10-4-13}$$

（3）海福林—欧康奈尔（Hefliing—O' Connell）提出的公式：

$$E_x = 0.48 u_{x,\max}^{4/3} \tag{10-4-14}$$

（4）鲍登（Bowden）提出的公式：

$$E_x = 0.295 u_{x,\max} H \tag{10-4-15}$$

式中 H——平均水深，m。

二、一维稳态 BOD—DO 耦合模型

河口的稳态一维潮周期平均的 BOD—DO 或 BOD—D（氧亏）耦合模型为

$$E_x \frac{d^2 D}{dx^2} - u_x \frac{dD}{dx} - k_2 D + k_1 L = 0 \tag{10-4-16}$$

给定边界条件：当 $x = \pm\infty$ 时，$D = 0$（相当于排污前河口氧亏为零），式（10-4-16）解为

（1）对排放口上游（$x<0$），$D = \dfrac{k_1 W}{(k_1 - k_2)Q}(A_1 - B_1)$ （10-4-17）

（2）对排放口下游（$x>0$），$D = \dfrac{k_1 W}{(k_1 - k_2)Q}(A_2 - B_2)$ （10-4-18）

其中，

$$A_1 = \frac{\exp\left[\frac{u_x}{2E_x}(1+f_1)x\right]}{f_1};\quad B_1 = \frac{\exp\left[\frac{u_x}{2E_x}(1+f_2)x\right]}{f_2}$$

$$A_2 = \frac{\exp\left[\frac{u_x}{2E_x}(1-f_1)x\right]}{f_1};\quad B_2 = \frac{\exp\left[\frac{u_x}{2E_x}(1-f_2)x\right]}{f_2}$$

$$f_1 = \sqrt{1 + \frac{4k_1 E_x}{u_x^2}};\quad f_2 = \sqrt{1 + \frac{4k_2 E_x}{u_x^2}}$$

式中 D——氧亏；

W——单位时间内排入河口的 BOD 量；

Q——河口上游来水量（净泄量）；

u_x——与净泄量对应的纵向平均流速（$u_x = Q/A_x$）；

E_x——纵向弥散系数。

三、一维动态混合模型

在一维流场中，如果排放口的废水能在断面上与河水迅速充分混合，对于大型河口可用一维非恒定流方程的数值模型，以偏心差分法计算流场，再采用一维动态混合模型预测河口任意时刻的水质。

一维非恒定流模型包括水流连续性方程和运动方程：

$$B\frac{\partial z}{\partial t}+\frac{\partial Q}{\partial x}-q=0 \tag{10-4-19}$$

$$\frac{\partial Q}{\partial t}+\frac{\partial (Qu)}{\partial x}+gA\frac{\partial z}{\partial x}+\frac{gnQ|Q|}{AR_h^{4/3}}+g\frac{Ad_c}{\rho_w}\times\frac{\partial \rho}{\partial x}-\frac{AC_{da}\rho_a}{R_h\rho_w}u_{10}^2\cos\alpha=0 \tag{10-4-20}$$

在没有旁侧入流以及忽略风力作用时，水流连续性方程和运动方程式有如下形式：

$$\frac{\partial z}{\partial t}+\frac{1}{B}\frac{\partial Q}{\partial x}=0 \tag{10-4-21}$$

$$\frac{\partial Q}{\partial t}+u\frac{\partial Q}{\partial x}+Ag\frac{\partial z}{\partial x}+\frac{gQ|Q|}{C_z^2R_h}-u^2\frac{\partial A}{\partial x}=0 \tag{10-4-22}$$

式中　$\frac{\partial Q}{\partial t}$——流量随时间的变化项（惯性项）；

$\frac{\partial (Qu)}{\partial x}$——由水的输运引起移流或动量改变产生的力；

$\frac{\partial z}{\partial x}$——水力坡降（$z$ 为水面的高程）；

$gA\frac{\partial z}{\partial x}$——流体位能变化产生的力（$z=h+H$，$H$ 为断面河底高程）；

$\frac{gnQ|Q|}{AR_h^{4/3}}$——河底剪切或摩阻力；

$g\frac{Ad_c}{\rho_w}\times\frac{\partial \rho}{\partial x}$——沿河口纵向密度不同引起的压差力；

$\frac{AC_{da}\rho_a}{R_h\rho_w}u_{10}^2\cos\alpha$——风对水面的剪力；

Q——河口上游来水量，m^3/s；

A——断面积，m^2；

B——总的河宽，m；

H——断面平均水深，m；

q——单位长侧向流入量，$m^3/(s\cdot m)$；

t——时间，s；

u——纵向的断面平均流速，m/s；

g——重力加速度，m/s^2；

n——曼宁粗糙系数；

C_z——谢才系数；

R_h——河口水力半径；

d_c——从水面至断面形心的距离，m；

ρ_a——空气密度，kg/m^3；

ρ_w——水的密度，kg/m^3；

C_{da}——空气流过水面所产生的拉力（常数，一般取0.0025或稍小）；

α——风向与河口纵向轴线的夹角；

u_{10}——水面上10m处风速，m/s。

一维动态水质模型：

$$\frac{\partial C}{\partial t}+u_x\frac{\partial C}{\partial x}=\frac{1}{A}\frac{\partial}{\partial x}\left(AE_x\frac{\partial C}{\partial x}\right)-kC+S_{pi} \tag{10-4-23}$$

式中 C——污染物浓度，mg/L；

k——污染物降解系数，s^{-1}；

S_{pi}——第i河段排入的污染物，g/（m^3·s），$S_{pi}=\dfrac{cq_p}{\Delta x_i BH}$；

C——在i段排入的废水污染物浓度，mg/L；

q_p——在i段排入的废水流量，m^3/s；

Δx_i——混合段长度，m。

以上方程可以采用差分方程求解，初值和边界条件可以根据实际情况确定。

第三节 海湾水质模型[23]

一、污染物二维输移扩散模型

1. 二维流体动力学模型

对于沿岸浅海，特别是半封闭海湾，其基本运动是由外来潮波引起的潮汐运动，可以建立二维数学模型预测平面各点的水质。在建立潮波运动的参考坐标系时，不考虑地球曲率的影响，将参考坐标系置于静止海平面上，类似如图10－3－3所表示的情况。这种近似描述，适用于水平范围远小于地球半径的海域，这对于沿岸海域和海湾是适用的。建立的描述垂向充分混合海域的平均运动可用以下方程组表示。

连续性方程：

$$\frac{\partial z}{\partial t}+\frac{\partial[u(z+h)]}{\partial x}+\frac{\partial[v(z+h)]}{\partial y}=0 \tag{10-4-24}$$

式中 z——自静止水面算起的水位高度，即代表潮位涨落；

h——自静止水面算起的海水深度；

u、v——对应x、y轴的流速分量。

动量方程：

$$\frac{\partial u}{\partial t}+u\frac{\partial u}{\partial x}+v\frac{\partial u}{\partial y}=fv-g\frac{\partial z}{\partial x}-\frac{gu\sqrt{u^2+v^2}}{C_z^2(z+h)}+\xi_x\left(\frac{\partial^2 u}{\partial x^2}+\frac{\partial^2 u}{\partial y^2}\right) \tag{10-4-25}$$

$$\frac{\partial v}{\partial t}+u\frac{\partial v}{\partial x}+v\frac{\partial v}{\partial y}=-fu-g\frac{\partial z}{\partial y}-\frac{gv\sqrt{u^2+v^2}}{C_z{}^2(z+h)}+\xi_y\left(\frac{\partial^2 v}{\partial x^2}+\frac{\partial^2 v}{\partial y^2}\right)$$

（10-4-26）

式中　C_z——谢才系数；

f——柯氏力常数；

ξ_x、ξ_y——x、y 方向上的涡粘滞系数；

其他符号意义同前。

（1）初值。可以自零开始，也可以利用实测值直接输入计算。

（2）边界条件。陆边界：边界的法线方向流速为零；水边界：可以输入根据开边界上已知潮汐调和常数的水位表达式或边界点上的实测水位过程；有水量流入的水边界：当流量较大时，边界点的连续方程应增加 $\Delta tQ_i/2\Delta x\Delta y$ 项；当流量较小时可以忽略（Q_i 为流入水量）。

2. 二维平流一扩散物质输运模型

在潮流流场模型的基础上，建立海湾中污染物输运模型，用以预测海域污染物的浓度分布情况。常用的二维平流扩散物质输运模型如下：

$$\frac{\partial[(z+h)C]}{\partial t}+\frac{\partial[(z+h)uC]}{\partial x}+\frac{\partial[(z+h)vC]}{\partial y}$$

$$=\frac{\partial}{\partial x}\left[(z+h)E_x\frac{\partial C}{\partial x}\right]+\frac{\partial}{\partial y}\left[(z+h)E_y\frac{\partial C}{\partial y}\right]+S_p(z+h) \quad (10-4-27)$$

式中　C——沿水深平均的污染物浓度；

E_x、E_y——纵向和横向的扩散系数；

S_p——污染物的源或汇。

（1）初值。流场中（i，j）点的污染物初始浓度 $C_{i,j}^{(0)}$ 等于该污染物的基线浓度 C_h。污染物源强按下式计算：

$$C_{i,j}^{(0)}=C_h \qquad S_{i,j}^{(m)}=\begin{cases}\dfrac{C_p^{(m)}Q_p^{(m)}}{\Delta x\Delta y} & \text{排放点}\\ 0 & \text{非排放点}\end{cases} \quad (10-4-28)$$

式中　$Q_p^{(m)}$——废水排放量。

（2）边界条件。陆边界：法线方向的一阶偏导数为零；水边界：可以取边界内测点的值。

二、海湾水质预测简化方法

由河流输送或城市及工厂排放到海洋中的污水，一般是含有各种污染物的淡水。它的密度都比海水小，入海后趋于浮在海面上逐渐与海水混合并且向四周扩展。废水入海后与海水混合和扩散情况与海流条件有关，常见的弱混合海域（潮汐小、潮流不大、铅直混合较弱）的扩散，见图 10-4-1。

1. 经验方法

在废水呈半圆形扩散、污染物为非降解有机物、扩散域的前沿锋面处浓度的稀释系数一定时，扩散面积 A 与废水排放量 Q 存在如下经验关系：

$$A = \frac{\pi}{2}r^2 = \alpha_1 Q^a \tag{10-4-29}$$

式中 r——污染物扩散半径；

α_1、a——经验系数与指数。

离排物口距离 r 处的污染物浓度 C，可由下式计算

$$\frac{C}{C_0} = \alpha_2 Q^{-br} \tag{10-4-30}$$

式中 C_0——排污口污染物浓度；

α_2、b——经验系数与指数。

以上经验系数和指数，可以通过类似海域实测资料确定。

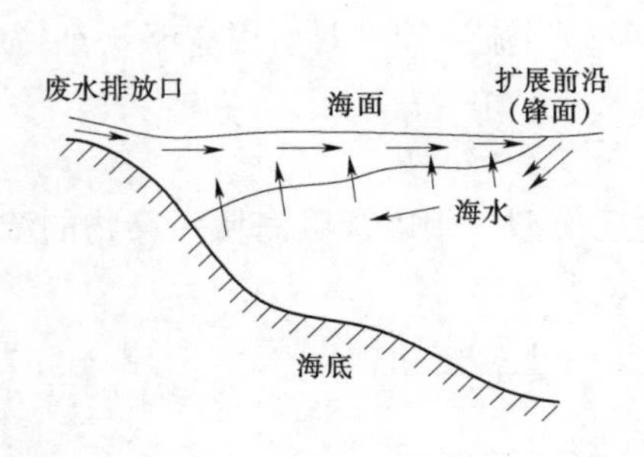

图 10-4-1 废水在海面上的扩展

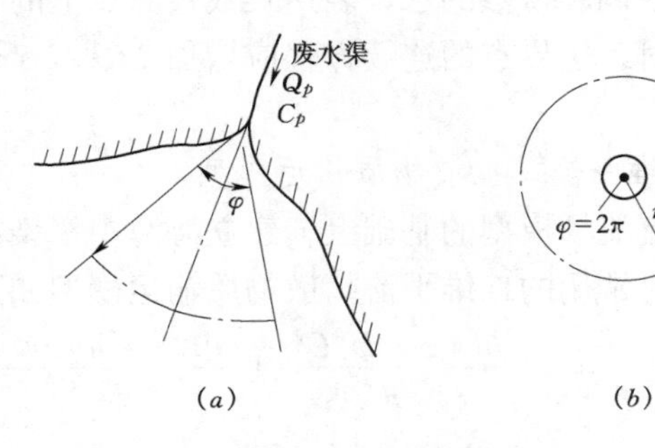

图 10-4-2 海域排放示意图

(a) 近海排放；(b) 远海排放

2. 约瑟夫—新德那（Joseph—sendner）模型

该模型假设废水排入海湾后呈扇形扩散，如图 10-4-2 所示。距离排物口 r 处弧面的污染物平均浓度 C_r，由式（10-4-31）计算：

$$C_r = C_h + C_p \exp\left(\frac{-\varphi d v_m r}{Q_p}\right) \tag{10-4-31}$$

式中 C_h——海水中污染物基线浓度，mg/L；

C_p——废水中污染物浓度，mg/L；

Q_p——废水排放量，mg/L；

φ——混合角度，视海岸形状和水流情况而定，远海排放取 2π（见图 10-4-2），平直海岸排放取 π；

v_m——混合速度，m/s，一般取 0.01 ±0.005m/s，近海岸可取 0.005m/s；

d——混合深度，m，视海岸具体情况，按表 10-4-2 选用。

表 10-4-2　　混合深度 d 的参考数据

海　域	近　岸	大河口、港口	距离海岸 2~25km	大陆架
d（m）	2	2~6	2~10	≥10

第五章　射流和浮力射流

废水废气从排放口多以射流的形式排入受纳流体。

一股流体从几何尺寸远小于受纳流体所占空间尺寸的喷口流入受纳流体，并同其混合的流动状态，叫做射流。

若从喷口流出的流体与其周围的受纳流体的物理性质相同，射流形成主要是喷口处初始动量的作用，这类射流称为纯射流（简称为射流）。若射流形成是喷口处流体与受纳流体的密度差产生浮力的作用，这类射流称为卷流或羽流。若射流不仅具有初始动量，而且还受浮力的作用，这类射流称为浮力射流或强迫卷流。

按环境流体所处状态，射流可分为静止环境中的射流和流动环境中的射流；按环境流体所占空间，可分为有限空间射流和自由射流；又按环境流体的密度分布不同，可分为均匀环境中的射流和分层环境中的射流；按射流喷口形状可分为平面射流（二维）、圆形射流（轴对称）和矩形射流（三维）；按喷口的法线方向可分为水平射流、铅垂射流及倾斜射流；按流动型态，射流又可分为层流射流和湍流射流。另外，同一般流动一样，射流还可分为不可压缩的和可压缩的，非恒定的和恒定的。

第一节　静止均匀环境中的浮力射流

一、静止均匀环境中的射流

图 10－5－1 为静止环境中的纯射流，其特征量的变化规律列于表 10－5－1 中。

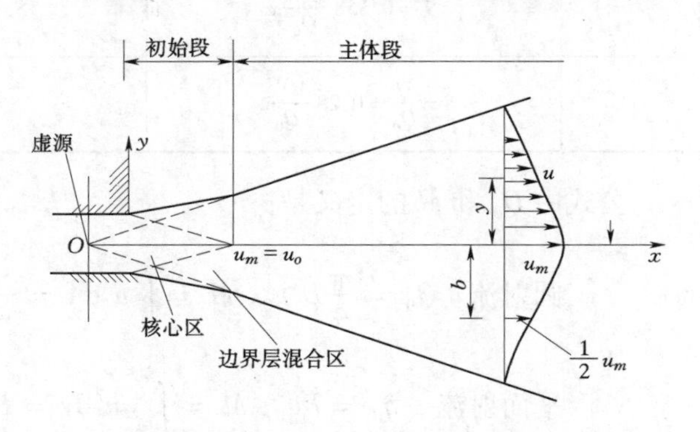

图 10－5－1　静止环境中的纯射流

表 10－5－1 中，b 为射流半宽，定义为在射流的横断面上从射流中心线起算的某一距离上的纵向流速等于该断面上射流中线流速一半的距离；B 为平面射流的出口宽度；D 为圆形射流的出口直径；脚标 c 表示中心线上的值；c 为浓度；S 为稀释度。若用出口流量

Q_0 和动量 M 表示其特征量，其结果列于表 10－5－2 中。

表 10－5－1 用喷口几何参数表示的射流公式

特 性	圆射流（$x \geqslant 6.2D$）	平面射流（$x \geqslant 5.2B$）
射流半宽	$b=0.114x$	$b=0.154x$
中心线流速	$\frac{u_c}{u_0}=6.2\left(\frac{D}{x}\right)$	$\frac{u_c}{u_0}=2.28\left(\frac{B}{x}\right)^{1/2}$
中心线浓度（不计本底浓度）	$\frac{c_c}{c_0}=5.59\left(\frac{D}{x}\right)$	$\frac{c_c}{c_0}=1.97\left(\frac{B}{x}\right)^{1/2}$
中心线稀释度	$S_c=\frac{c_0}{c_c}=0.18\left(\frac{x}{D}\right)$	$S_c=0.51\left(\frac{x}{B}\right)^{1/2}$
平均稀释度	$\overline{S}_c=\frac{Q}{Q_0}=0.32\left(\frac{x}{D}\right)$	$\overline{S}=0.62\left(\frac{x}{B}\right)^{1/2}$

表 10－5－2 用出口通量 Q_0 和动量 M 表示的射流公式

特性	圆射流（$x \geqslant 6.2D$）	平面射流（$x \geqslant 5.2B$）
Q_0 的量纲	L^3T^{-1}	L^2T^{-1}
M 的量纲	L^4T^{-2}	L^3T^{-2}
射流半宽	$b=0.114x$	$b=0.154x$
中心线流速	$\frac{u_c}{u_0}=7.0\frac{Q_0}{M^{1/2}x}$	$\frac{u_c}{u_0}=2.28\frac{q_0}{M^{1/2}}\frac{1}{x^{1/2}}$
中心线浓度（不计本底）	$\frac{c_c}{c_0}=6.31\frac{Q_0}{M^{1/2}}\frac{1}{x}$	$\frac{c_c}{c_0}=1.97\frac{q_0}{M^{1/2}}\frac{1}{x^{1/2}}$
中心线稀释度	$S_c=0.158\frac{M^{1/2}}{Q_0}x$	$S_c=0.51\frac{M^{1/2}}{q_0}x^{1/2}$
平均稀释度	$\overline{S}=\frac{Q}{Q_0}=0.28\frac{M^{1/2}}{Q_0}x$	$\overline{S}=0.62\frac{M^{1/2}}{q_0}x^{1/2}$

公式中 Q_0 和 M 的定义是：

圆射流 $$Q_0=\frac{\pi}{4}D^2u_0,\ M=\int_A u^2\mathrm{d}A=\frac{\pi}{4}D^2u_0^2$$

平面射流 $$q_0=Bu_0,\ M=\int_{-\infty}^{\infty}u^2\mathrm{d}y=Bu_0^2$$

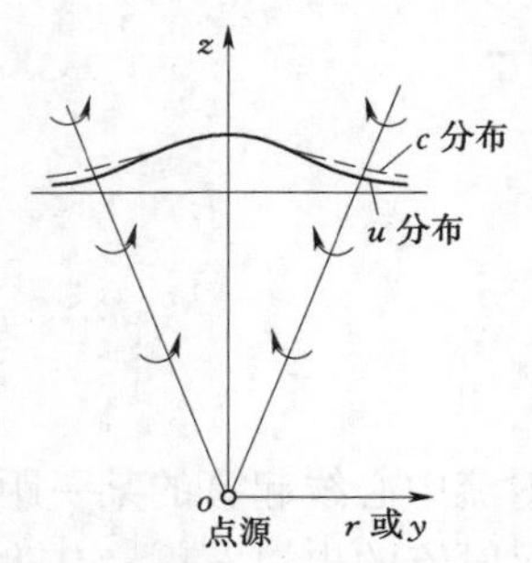

图 10－5－2 静止环境中的羽流

二、静止均匀环境中的羽流

羽流的特征是在出口处浮力通量占主导地位，流动主要依靠浮力来驱动，其流动如图 10－5－2 所示。其流动的主要特征量列于表 10－5－3 中。

表 10-5-3　　羽流特性计算公式

特　　性	圆形羽流	平面羽流
比浮力通量量纲	L^4T^{-3}	L^3T^{-3}
浮力羽流半宽	$b=0.102z$	$b=0.147z$
体积流量	$Q=0.156P^{1/3}z^{5/3}$	$Q=0.535P^{1/3}z$
比动量通量	$M=0.37P^{2/3}z^{4/3}$	$M=0.774P^{2/3}z$
中心线流速	$u_c=4.74P^{1/3}z^{-1/3}$	$u_c=2.05P^{1/3}$
中心线浓度	$c_c=11.17Q_0c_0P^{-1/3}z^{-5/3}$	$c_c=2.40q_0c_0P^{-1/3}z^{-1}$
中心线稀释度	$S_c=c_0/c_c=0.089Q_0^{-1}P^{1/3}z^{5/3}$	$S_c=c_0/c_c=0.417q_0^{-1}P^{1/3}z$
平均稀释度	$\overline{S}=Q/Q_0=0.156Q_0^{-1}P^{1/3}z^{5/3}$	$\overline{S}=q/q_0=0.535q_0^{-1}P^{1/3}z$

其中比浮力通量 P 对圆形断面的浮力羽流为：$P=\dfrac{\Delta\rho_0}{\rho_a}gQ_0=P_0$

对平面的浮力羽流为：$P=\int_{-\infty}^{\infty}\dfrac{\Delta\rho}{\rho_a}gu\mathrm{d}y=\dfrac{\Delta\rho_0}{\rho_a}gq_0=P_0$

第二节　静止分层环境中的浮力射流

静止环境中的浮力射流示意图，见图 10-5-3。其流动的几何特征量包括最大上升高度 x_m、零浮力高度 x_n、扩展层底缘高度 x_a 和水平扩展层厚度 h_s 等。李炜和槐文信通过量纲分析总结了多种情况下的特征量，现分述如下。

一、铅垂平面浮力射流

基于 Wright and Wallace（1979 年），Wallace and Wright（1984 年）分别给出的线性分层环境中的浮力射流特征量的资料，李炜和槐文信提出[20]：

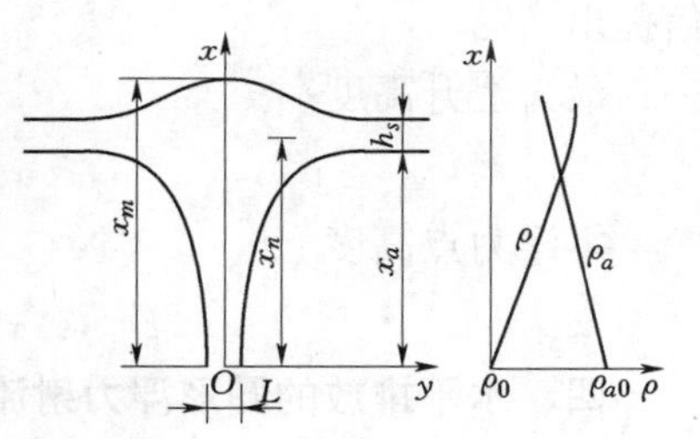

图 10-5-3　静止分层环境中的浮力射流

最大上升高度

$$x_m=7.95(F_0S)^{-2/7}b\sqrt{F_0}\qquad(10-5-1)$$

零浮力点高度

$$x_n=4.12(F_0S)^{-1/3}b\sqrt{F_0}\qquad(10-5-2)$$

扩展层厚度

$$h_s=4.6(F_0S)^{-2/9}b\sqrt{F_0}\qquad(10-5-3)$$

扩展层底缘高度

$$x_a=1.7(F_0S)^{-1/2}b\sqrt{F_0}\qquad(10-5-4)$$

最小稀释度

$$S_m=0.59(F_0S)^{-1/2}\sqrt{F_0}\qquad(10-5-5)$$

式中　b——平面射流孔口宽度；

F_0——喷口处密度弗劳德数，即

$$F_0 = \frac{T_{a0} u_0^2}{g(T_0 - T_{a0}) L}$$

$$S = \frac{L}{T_0 - T_{a0}} \frac{\mathrm{d}T_a}{\mathrm{d}x}$$

T_{a0}——射流出口高度处的环境温度；

T_a——环境温度；

L——特征长度，对于圆形射流取射流的出口直径，对于平面射流取射流的出口宽度；

$\mathrm{d}T_a/\mathrm{d}x$——环境的温度梯度。

二、倾斜排放平面浮力射流

基于 Lee and Cheung（1986 年）对排放角为 45°的线性分层环境中的浮力射流特征量的资料，李炜和槐文信提出[20]：

最大上升高度

$$x_m = 8.6(F_0 S)^{-2/7} b\sqrt{F_0} \tag{10-5-6}$$

零浮力点高度

$$x_n = 2.9(F_0 S)^{-3/7} b\sqrt{F_0} \tag{10-5-7}$$

最小稀释度

$$S_m = 0.62(F_0 S)^{-4/9}\sqrt{F_0} \tag{10-5-8}$$

三、铅直圆形浮力射流

基于 Crawford 等（1962 年）、Fan（1967 年）、Abraham 等（1969 年）、Fox（1970 年）、Ogino 等（1980 年）对线性分层环境中的圆形浮力射流特征量的资料，李炜和槐文信提出[20]：

最大上升高度

$$x_m = 4.8(F_0 S)^{-1/3} D\sqrt{F_0} \tag{10-5-9}$$

零浮力点高度

$$x_n = 2.9(F_0 S)^{-2/5} D\sqrt{F_0} \tag{10-5-10}$$

四、水平排放的圆形浮力射流

基于 Wright 等（1982 年）对线性分层环境中的水平排放圆形浮力射流特征量的资料，李炜和槐文信提出[20]：

最大上升高度

$$x_m = 2.87(F_0 S)^{-4/9} D\sqrt{F_0} \tag{10-5-11}$$

零浮力点高度

$$x_n = 1.3(F_0 S)^{-5/9} D\sqrt{F_0} \tag{10-5-12}$$

扩展层底缘高度

$$x_a = 2.38(F_0 S)^{-2/5} D\sqrt{F_0} \tag{10-5-13}$$

最小稀释度

$$S_m = 0.8(F_0 S)^{-5/9}\sqrt{F_0} \tag{10-5-14}$$

第三节　静止局部分层环境中的浮力射流

Wallace and Sheff（1984 年）对如图 10－5－4 所示的局部分层环境中铅垂平面浮力射流进行了试验，给出了最大上升高度、扩展层厚度及其底缘高度和最小稀释度的试验资料。应用量纲分析方法于局部分层环境的浮力射流，可得到一组与线性分层环境中的浮力射流相同的参考量，而其中喷口处密度弗劳德数和分层强度分别定义为

$$F_0 = \rho_1 u_0^2/[g(\rho_1 - \rho_0)b] \qquad (10-5-15)$$

$$S = \frac{\rho_1 - \rho_2}{\rho_1 - \rho_0}\frac{b}{\Delta x_1}\frac{H_1}{H} \qquad (10-5-16)$$

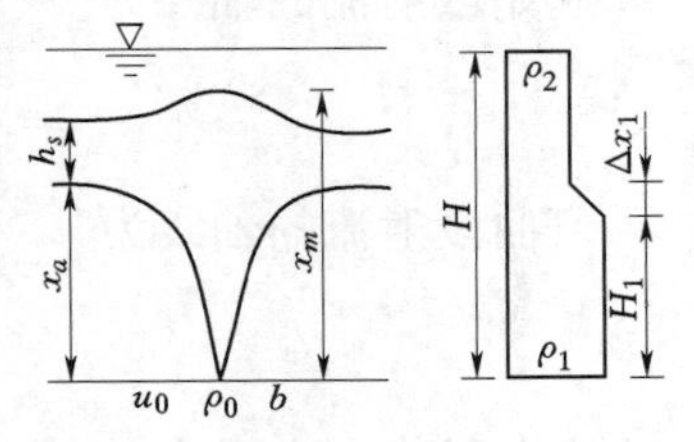

图 10－5－4　局部分层环境中浮力射流

式中的物理量参见图 10－5－4。

李炜和槐文信用这些参考量整理 Wallace and Sheff（1984 年）的资料，提出的经验公式为[20]：

最大上升高度

$$x_m = 24.0(F_0 S)^{-1/6} b\sqrt{F_0} \qquad (10-5-17)$$

扩展层厚度

$$h_s = 11.1(F_0 S)^{-1/4} b\sqrt{F_0} \qquad (10-5-18)$$

扩展层底缘高度

$$x_a = 10.2(F_0 S)^{-1/9} b\sqrt{F_0} \qquad (10-5-19)$$

最小稀释度

$$S_m = 5.53(F_0 S)^{-1/9}\sqrt{F_0} \qquad (10-5-20)$$

第四节　横流环境中的浮力射流

横流中的射流和浮力射流理论在河流及海岸的排污工程中极为常见，也有较多的成果。就其排放的形式主要有铅垂出流和水平出流两种形式。因而下面就按这两种形式分别予以介绍。

一、横流中垂直出流的射流

由于水流的推动作用，从底部排放的垂直射流将发生弯曲，整个射流可分为三段，如图 10－5－5 所示。在出口后存在一个射流核心区，这一段称为起始段Ⅰ。起始段以后射流逐渐改变方向，由垂直于底部逐渐转化为平行于水流方向，这一段称为弯曲段Ⅱ，弯曲段以后射流基本和水流方向一致，称为顺流贯穿段Ⅲ。段Ⅰ和段Ⅱ属于近区，又称为初始稀释区，段Ⅲ属于远区，又称为再稀释区。

由图 10－5－5 可看出，由于射流外的绕流前后不对称，所以射流各断面上最大流速的连线（即射流的轴线）和射流的中心线不一致。一般来说，射流的中心线是基于示踪

物质在各断面上最大浓度的连线来确定的。

1984 年，Subramanya 等人通过理论分析和试验[2]，得到了射流断面的宽度 Δy 为

$$\frac{\Delta y}{D} = 2.07\left(\frac{z}{D}\right)^{0.27} \tag{10-5-21}$$

起始段射流的轴线为

$$\frac{z}{D} = 1.40\left(\frac{k^2 x}{C_D D}\right)^{0.44} \tag{10-5-22}$$

弯曲段射流的轴线为

$$\frac{z}{D} = 1.45\left(\frac{k^2 x}{C_D D}\right)^{0.31} \tag{10-5-23}$$

弯曲段终点坐标为

$$\frac{z_t}{D} = 1.65k \tag{10-5-24}$$

式中 k——流速比，$k = u_0/u_a$；

u_0——射流出口流速；

u_a——环境流速；

D——射流出口直径；

C_D——绕流阻力系数，由试验确定（见图 10-5-6）。

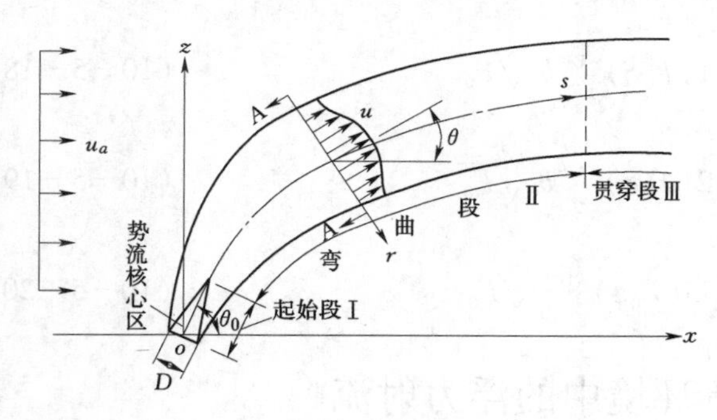

图 10-5-5 横流中的圆形射流

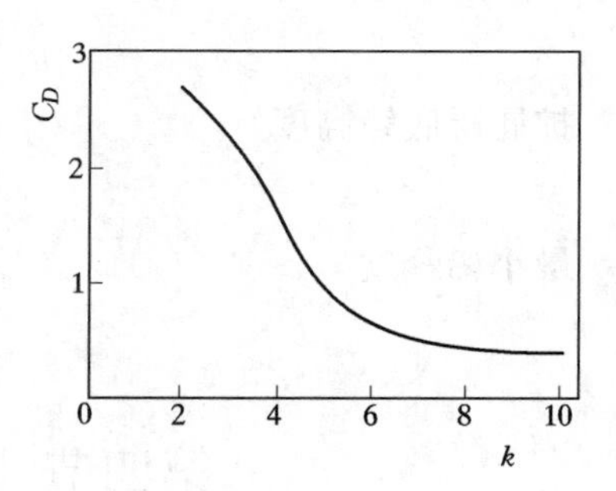

图 10-5-6 横流中阻力系数与流速比的关系

1998 年槐文信等采用湍流模型，结合数值计算给出了横流中垂直射流的近区射流的轴线和射流中心线的公式分别为[8]

射流轴线方程

$$\frac{z}{D} = 0.89k^{0.94}\left(\frac{x}{D}\right)^{0.36} \tag{10-5-25}$$

射流中心线方程

$$\frac{z}{D} = 0.73k^{1.04}\left(\frac{x}{D}\right)^{0.29} \tag{10-5-26}$$

二、横流中垂直出流的浮力射流

比起射流来，浮力射流的影响因素就多了浮力的作用，其流动过程仍可分为起始段、

弯曲段和顺流贯穿段。前两段称为初始稀释区，后一段称为再稀释区。

对于浮力射流特性的研究，可采用数值分析和试验研究的手段来进行。但为了实用，人们通过量纲分析和试验来建立一些估算轴线和稀释度的经验公式。在叙述这些成果之前，先定义几个特征长度。

对于圆形射流，定义特征长度

$$l_{am} = M_0^{1/2}/u_a \qquad (10-5-27)$$

其物理意义是指由动量引起的垂向速度［由 $M_0^{1/2}/z$ 来体现］已衰减到出现与横流流速同一量级时射流到达的高度。

对于圆形卷流，定义特征长度

$$l_{ab} = P_0/u_a^3 \qquad (10-5-28)$$

其物理意义是指由浮力引起的垂向速度［由 $(P_0/z)^{1/3}$ 来体现］已衰减到出现与横流流速同一量级时卷流到达的高度。

对于圆形浮力射流，定义特征长度

$$l_{ad} = (M_0^2/u_a P_0)^{1/3} \qquad (10-5-29)$$

其物理意义是指由浮力射流引起的垂向速度已衰减到出现与横流流速同一量级时浮力射流到达的高度。

此外，还采用 l_m 来表示静止环境中浮力射流的特征尺度，其定义为

$$l_m = M_0^{3/4}/P_0^{1/2} \qquad (10-5-30)$$

上各式中　M_0——出口动量；

P_0——出口浮力通量；

u_a——环境流速。

在近区取水平断面，在远区取垂直断面分析，分别用动量方程及含有物质守恒方程，可得横流中浮力射流的无量纲关系式。

（1）$l_{am} > l_{ab}$，即浮力射流的动量作用大于浮力的作用，其轴线方程和断面平均稀释度为

$z \leqslant l_{am}$（起始段）

$$\frac{z}{l_{am}} = C_1\left(\frac{x}{l_{am}}\right)^{1/2} \qquad (10-5-31)$$

$$S = \frac{C_1}{D_1}\frac{u_0}{u_a}\left(\frac{x}{l_{am}}\right)^{1/2} = 0.9\frac{u_0}{u_a}\left(\frac{x}{l_{am}}\right)^{1/2} \qquad (10-5-32)$$

$l_{am} < z \leqslant l_{ad}$（弯曲段）

$$\frac{z}{l_{am}} = C_2\left(\frac{x}{l_{am}}\right)^{1/3} \qquad (10-5-33)$$

$$S = \frac{C_1^2}{D_1 C_2}\frac{u_0}{u_a}\left(\frac{x}{l_{am}}\right)^{2/3} = 0.49\frac{u_0}{u_a}\left(\frac{x}{l_{am}}\right)^{2/3} \qquad (10-5-34)$$

$z > l_{ad}$（贯穿段）

$$\frac{z}{l_{ab}} = C_4\left(\frac{x}{l_{ab}}\right)^{2/3} \qquad (10-5-35)$$

$$S = \frac{C_1^2 C_4^2}{D_1 C_2^3} \frac{u_0}{u_a} \left(\frac{x}{l_{am}} \right)^{4/3} \left(\frac{l_{ab}}{l_{am}} \right)^{2/3} = 0.38 \frac{u_0}{u_a} \left(\frac{x}{l_{am}} \right)^{4/3} \left(\frac{l_{ab}}{l_{am}} \right)^{2/3} \quad (10-5-36)$$

（2）$l_{am} < l_{ab}$，即浮力射流的浮力作用大于动量的作用，其轴线方程和断面平均稀释度为：

$z \leqq l_m$（起始段）

$$\frac{z}{l_{am}} = C_1 \left(\frac{x}{l_{am}} \right)^{1/2} \quad (10-5-37)$$

$$S = \frac{C_1}{D_1} \frac{u_0}{u_a} \left(\frac{x}{l_{am}} \right)^{1/2} = 0.9 \frac{u_0}{u_a} \left(\frac{x}{l_{am}} \right)^{1/2} \quad (10-5-38)$$

$l_m < z \leqq l_{ab}$（弯曲段）

$$\frac{z}{l_{ab}} = C_3 \left(\frac{x}{l_{ab}} \right)^{3/4} \quad (10-5-39)$$

$$S = \frac{C_3^3}{D_1 C_2^2} \frac{u_0}{u_a} \left(\frac{x}{l_{am}} \right)^{5/4} \left(\frac{l_{ab}}{l_{am}} \right)^{3/4} = 0.53 \frac{u_0}{u_a} \left(\frac{x}{l_{am}} \right)^{5/4} \left(\frac{l_{ab}}{l_{am}} \right)^{3/4} \quad (10-5-40)$$

$z \leqq l_{ab}$（弯曲段后的羽流）

$$\frac{z}{l_{ab}} = C_4 \left(\frac{x}{l_{ab}} \right)^{2/3} \quad (10-5-41)$$

$$S = \frac{C_3^4}{D_1 C_1^2 C_4} \frac{u_0}{u_a} \left(\frac{x}{l_{am}} \right)^{4/3} \left(\frac{l_{ab}}{l_{am}} \right)^{2/3} = 1.17 \frac{u_0}{u_a} \left(\frac{x}{l_{am}} \right)^{4/3} \left(\frac{l_{ab}}{l_{am}} \right)^{2/3} \quad (10-5-42)$$

以上各式中的系数由试验给出，据现有试验成果，推荐其取值为：

$C_1 = 1.8 \sim 2.5$，$C_2 = 1.6 \sim 2.1$，$C_3 = 1.4 \sim 1.8$，$C_4 = 0.90 \sim 1.43$，$D_1 = 2.4$

三、横流中水平出流的浮力射流

目前有较多的中小型工厂将废水采用圆形管道在河流的岸边水平排放，出流与来流垂直，如图 10－5－7 所示。

由图 10－5－7 可知，浮力射流在水平面内受到出口动量 M_0 和环境水流的驱动，在铅垂平面上则主要受到浮力和环境水流的作用。因此在铅垂面内，据横流和浮力的长度比尺 l_{ab} 为标准，将浮力射流分为三段（Lee 等）[9]。

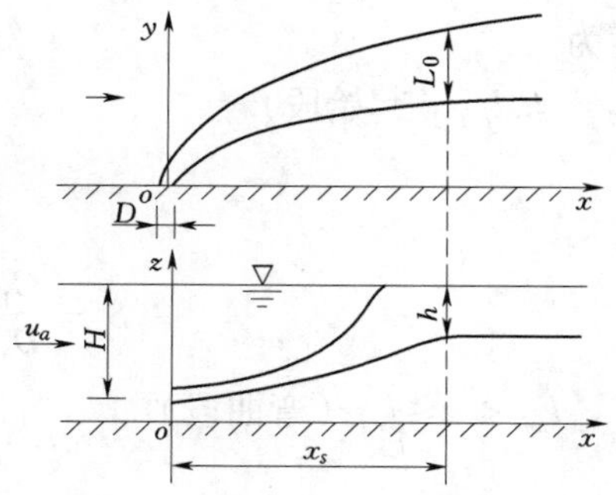

图 10－5－7 横流中水平出流的圆形浮力射流

1. 以浮力为主的近段（$z < 5l_{ab}$）

在该段内的最小稀释度为

$$S_m = 0.31 \frac{P_0^{1/3} H^{5/3}}{Q_0} \quad (10-5-43)$$

式中 Q_0——污水流量；

H——出口处的水深；

P_0——射流出口处浮力通量。

2. 以浮力为主的远段（$z \geqslant 5l_{ab}$）

在该段内的最小稀释度为

$$S_m = 0.32\frac{u_a H^2}{Q_0} \tag{10-5-44}$$

水面上的时间平均最小稀释度和对应的空间位置分别为

$$S_m = 1.1\frac{u_a H^2}{Q_0} \tag{10-5-45}$$

$$x = 1.1\frac{H^{3/2}u_a^{3/2}}{P_0^{1/2}} \tag{10-5-46}$$

3. 以浮力为主的过渡段

在$z=(2\sim5)\ l_{ab}$的范围内是过渡段。在该段内，采用公式（10－5－43）或公式(10－5－44)均可，因为用这两式计算的结果很接近。

参　考　文　献

1 Yotsukura N and Sayre W W. Transverse mixing in natural channels, Water Resources Research. 1976, 12 (4)

2 Subramanya K, and Porey P D. Trajectory of a turbulent cross jet. J. of Hydr. Res., IAHR, 1984, 22 (5)

3 Sium O. Transverse flow distribution in natural streams as influenced by cross－sectional shape. M. S. Thesis, University of Iowa, 1975

4 Seo I W. and Cheong T S. Predicting longitudinal dispersion coefficient in natural streams, J. of Hydraulic Engineering. 1998, 124 (1)

5 Guymer I. Longitudinal dispersion in sinuous channel with changes in shape. J. of Hydraulic Engineering, 1998, 124 (1)

6 Koussis A D. and Jose R M. Hydraulic estimation of dispersion coefficient for streams, J. of Hydraulic Engineering. 1998, 124 (3)

7 Fuhuoka S. Sayer W W. Longitudinal dispersion in sinuous channels, J. of hydraulics Div. 1973, 99 (1)

8 槐文信，李炜，彭文启．横流中单圆孔紊动射流计算与特性分析．水利学报，1998 (4)：7－14

9 Lee J H W and Peter N－J. Intitial dilution of horizontal jet in cross－flow. J. Hyd. Eng, ASCE, 1987, 113 (5)

10 Elder J W. The dispersion of marked fluid in turbulent shear flow. J. Fluid Mech., 1959, (5)

11 McQuivey R S. and Keefer T N. Simple method for predicting dispersion in streams. J. of Env. Engr. Div. Proc. ASCE, 1974, 100 (4)

12 Fischer H B. Discussion of《Simple method for predicting dispersion in streams by McQuivey R. S., Keefer T. N.》. J. of Env. Engr. Div. Proc. ASCE. 1975, 101 (3)

13 Liu H. Predicting dispersion coefficient of streams. J. of Env. Engr. Div. Proc. ASCE, 1977, 103 (1)

14 Liu H. and Cheng A H D. Modified Fickian model for predicting dispersion. J. of Hydr. Div., Proc. ASCE, 1980, 106 (6)

15 Jobson H E. and Sayre W W. Vertical transfer in open channel flow. J. of Hydr. Div., Proc. ASCE, 1970,

96 (3)
16 W. 金士博著. 水环境数学模型. 北京：中国建筑工业出版社，1987
17 赵文谦. 环境水力学. 成都：成都科技大学出版社，1986
18 黄克中. 环境水力学. 广州：中山大学出版社，1997
19 费希尔等著，清华大学水力学教研组译，余常昭审校. 内陆及近海水域的混合. 北京：水利电力出版社，1987
20 李炜，槐文信著. 浮力射流的理论及应用. 北京：科学出版社，1997
21 黄克中，江涛. 明渠均匀流污染带的最大信息熵理论. 水利学报，1996 (2)
22 槐文信等. 蜿蜒河道中纵向分散系数的水力估测. 武汉大学学报（工学版），2002，35 (4)
23 雒文生. 宋星原编著. 水环境分析与预测. 武汉：武汉水利电力大学出版社，2000 (12)
24 傅国伟. 河流水质数学模型及其模拟计算. 北京：中国环境科学出版社，1987

附录Ⅰ　水的物理性质

附表1　　水的物理性质（1）

温度（℃）	密度γ（kg/m^3）	粘滞性系数μ（$\times10^{-8}$ $kg\cdot s/cm^2$）	运动粘滞性系数ν（$\times10^{-2}$ cm^2/s）	饱和蒸汽压（绝对压强）p（$\times10^{-1}$ kg/cm^2）	表面张力系数σ（$\times10^{-5}$ kg/cm）	压缩率$\frac{1}{E_v}$（$\times10^{-5}$ cm^2/kg）	体积弹性系数E_v（$\times10^4$ kg/cm^2）
0	999.9	1.829	1.794	0.062	7.71	4.926	2.030
5	1000.0（4℃）	1.549	1.519	0.090	7.64	4.796	2.085
10	999.7	1.336	1.310	0.13	7.57	4.682	2.136
15	999.1	1.167	1.146	0.17	7.50	4.575	2.186
20	998.2	1.029	1.010	0.24	7.42	4.482	2.231
25	997.1	0.913	0.898	0.32	7.35	4.403	2.271
30	995.7	0.816	0.804	0.43	7.26	4.348	2.300
40	992.2	0.666	0.659	0.75	7.09	4.281	2.336
50	988.1	0.560	0.556	1.26	6.92	4.274	2.340
60	983.2	0.479	0.478	2.03	6.74	4.303	2.324
70	977.8	0.415	0.416	3.18	6.57	4.359	2.294
80	971.8	0.364	0.367	4.83	6.38	4.440	2.252
90	965.3	0.323	0.328	7.15	6.20	4.556	2.195
100	958.4	0.289	0.296	10.33	6.00	4.695	2.130

注　密度、粘滞性系数、运动粘滞性系数、表面张力、压缩率、体积弹性系数均为一个标准大气压下的数值。

附表2　　水的物理性质（2）

体积膨胀系数　0.207×10^{-3}（0～33℃） 融解热（4.187kJ/kg）　79.4 汽化热（4.187kJ/kg）　539	临界温度（℃） 374.15 临界压力（大气）　218.39 临界密度（kg/m^3）　323	折射率1.334 }水—空气 临界角48.5° }水—空气 音速（m/s）　1483（20℃）

附表3　　水的物理性质（3）

各种压力下水的密度（kg/m^3）

压力（kg/cm^2）	温度（℃）					
	0	20	50	100	200	300
1×10^2	1004.8	1002.7	992.3	962.9	870.7	715.3
2×10^2	1009.6	1007.1	996.5	967.3	877.5	734.6
3×10^2	1014.3	1011.5	1000.5	971.7	884.0	750.3
5×10^2	1023.1	1018.8	1007.9			
10×10^2	1043.9	1038.3	1026.2			

附表 4 其他流体的物理性质

液 体	分子式	密度（kg/m^3）	粘滞性系数（$kg\cdot s/m^2$）	体积膨胀系数	比热[$kJ/(kg\cdot °C)$]	压缩率（m^2/kg）	表面张力（kg/m）	音速（m/s）
丙 酮	$CH_3\cdot CO\cdot CH_3$	791	0.32×10^{-4}	1.487×10^{-3}	0.516	8.99×10^{-9}	—	1190
乙 醇	$C_2H_5\cdot OH$	789	1.19×10^{-4}	1.120×10^{-3}	0.577	8.44×10^{-9}	2.29×10^{-3}	1168
乙 醚	$(C_2H_5)_2O$	714	0.243×10^{-4}	1.656×10^{-3}	0.556	12.57×10^{-9}	1.68×10^{-3}	1006
四氯化碳	CCl_4	1594	0.97×10^{-4}	1.236×10^{-3}	0.202	—	2.72×10^{-3}	935
苯	C_6H_6	879	0.659×10^{-4}	1.237×10^{-3}	0.415	7.90×10^{-9}	2.95×10^{-3}	1295
甘油	$C_3H_5(OH)_3$	1261	1.49×10^{-4}	0.505×10^{-3}	0.580	2.21×10^{-9}	6.47×10^{-3}	1923
水银	H_g	13550	1.58×10^{-4}	0.1819×10^{-3}	0.333	0.402×10^{-9}	4.97×10^{-3}	1451
空气		1.293（0℃，760mm 汞柱）	0.1844×10^{-5}	3671×10^{-6}（0℃，760mm 汞柱）	0.240（0℃，760mm 汞柱）			331.7（0℃）

附录Ⅱ　国际单位与工程单位换算表

物理量	国际单位制（SI）		工程单位制	
	量纲	单位中文名、符号及换算关系	量纲	单位中文名、符号及换算关系
长度	L	米 m　厘米 cm，1m＝100cm	L	米 m　厘米 cm，1m＝100cm
时间	T	秒 s　小时 h，1h＝3600s	T	秒 s　小时 h，1h＝3600s
质量	M	千克 kg 1kg＝0.102 工程单位	$FL^{-1}T^2$	工程单位 1 工程单位＝9.8kg
力	MLT^{-2}	牛顿 N 1N＝0.102kgf	F	千克力　kgf 1kgf＝9.8N
压强应力	$ML^{-1}T^{-2}$	帕（帕斯卡）Pa 1Pa＝1N/m^2＝0.102kgf/m^2 巴　bar 1 巴＝10^3 毫巴 ＝1.02kgf/cm^2＝10^5Pa 1 个标准大气压（atm） ＝1.033 工程大气压（at） ＝101325Pa ＝760mm 汞柱 ＝10.33m 水柱	FL^{-2}	千克力/米^2　kgf/m^2 千克力/厘米^2　kgf/cm^2 1kgf/m^2＝9.8Pa 1kgf/cm^2＝0.98bar 1 个工程大气压 ＝0.9678 标准大气压 ＝98067Pa ＝735.6mm 汞柱 ＝10m 水柱 ＝1.0kgf/m^2
功能热	ML^2T^{-2}	焦耳 J　1J＝1N·m＝1W·s 1J＝0.2388cal（卡） 1 千卡（kcal）＝4187J	FL	千克力·米　kgf·m 卡（cal）　千卡（kcal） 1cal＝4.187J 1kgf·m＝9.8J
功率	ML^2T^{-3}	瓦 W1W＝1J/s（焦耳/秒） 1W＝0.102kgf·m/s ＝0.2388cal/s	FLT^{-1}	千克力·米/秒　kgf·m/s 1 马力（HP）＝735.5W 1kgf·m/s＝9.8J/s＝9.8W
粘度（动力粘度或粘性系数）	$ML^{-1}T^{-1}$	帕·秒 Pa·s　1Pa·s＝10 泊（Poise） 1Pa·s＝0.102kgf·s/m^2	$FL^{-2}T$	千克力·米/秒^2　kgf·s/m^2 1kgf·s/m^2＝9.8Pa·s ＝98 泊（Poise）
运动粘度（运动粘性系数）	L^2T^{-1}	米^2/秒　m^2/s 1m^2/s＝10^4 斯（Stokes）	L^2T^{-1}	米^2/秒　m^2/s